股市百科

財技、炒股、實戰
全集

周顯

香港財經移動出版
HONG KONG MOBILE FINANCIAL PUBLICATION

股市百科
財技、炒股、實戰全集

作者：周顯

出版
香港財經移動出版有限公司
香港柴灣豐業街 12 號啟力工業中心 A 座 19 樓 9 室
(八五二) 三六二零 三一一六

發行
一代匯集
香港九龍大角咀塘尾道 64 號龍駒企業大廈 10 字樓 B 及 D 室
(八五二) 二七八三 八一零二

印刷
美雅印刷製本有限公司

初版一刷
二零二二年十一月

二版一刷
二零二四年八月

如有破損或裝訂錯誤，請寄回本社更換。

免責聲明
作者於本書提及之所有股票只作參考及教育用途，並不構成任何股票的
買賣建議。書中所有股票價格已力求準確，唯作者不保證完全無誤。
作者已盡力令本書內容詳盡、準確及中肯，但不保證本書內容的完整性
及準確性，對於任何資料錯誤或由此引致的損失，作者和出版社不會
承擔任何責任。

財技密碼
序

財技密碼

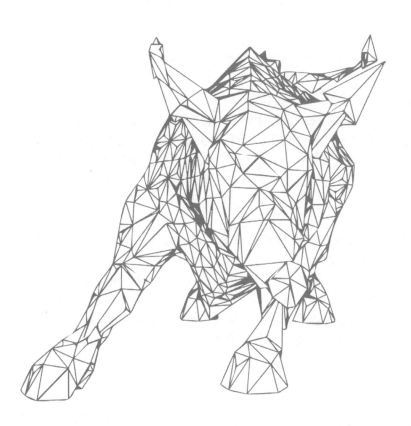

序

1.

這些年來，我一直想寫一本關於財技的專書，腦中思考之時，筆下也記下了不少片段，日積月累之下，也頗有「積蓄」。終於一天發奮起來，用上了好幾個月的時間，組織寫作了一本史上所無、中外不錄的財技理論專書，是為《財技密碼》。

2.

大約是在 2011 年時吧，小友梁杰文也是寫了一本財技著作，電郵了給我，希望我給予意見。我見獵心喜，回覆電郵說：反正我正想寫一本，不如我倆聯名著作吧。這其實是一種「槓桿式收購」，希望可以憑藉他的幫助，減少了我的工作量。

於是，我寫下了一些意見，由他修改，偶爾也自己動手，寫下一些零碎的片段。如是者電郵來電郵往，改了七、八次，然後，我忽然覺得不妥。

不妥在啥呢？在於他的作品是基於香港的《證券條例》的相關內容，相應而舖陳出來的，相對來說，是較為實用性的。然而，我心中想的，卻是一本理論性的、放諸四海皆通的財技著作，說的是概念性的內容。一如我的其他著作，都是以理解為先，技術層面只是作為說明概念的工具而已。這不是誰好誰不好、何者較佳的問題，而是思考取向和寫作方向的問題。

這是無法調和的死結，除非我願意親手動筆，從頭到尾去寫一遍，但這也得梁君同意才成。於是，我唯有忍痛放棄了這合作，由梁君獨力去完成餘下工作。

在這一點，當時我是深感抱歉的，幸好他出版的這一本《香港股票財技密碼》大受歡迎，再版了好幾次。這時候，我想也沒有抱歉的必要了。

3.

本書大約有四成的內容，都是取材自以前發表過的東西，包括了《炒股密碼》，但超過了一半，都是新作。

有的讀著認為，這種做法是很不好的事。我承認這做法不好，但這也是沒有法子的事。我出版《炒股密碼》的時候，那時我只有一本股票著作，在沒有選擇之下，只有把有關財技的內容，也寫了進去。畢竟，財技是和炒股票息息相關的事情，把兩者合成一書，也是順理成章的事。其實，重新組織也是創作的一種，其腦力激盪之處，不身歷其境者是難以明白的。

另一個做法，是在撰寫本書時，有關的部份另寫新段。但這樣一來，新段只是舊瓶新酒，在概念上，其實和舊作殊無分別，既浪費了作者的時間，也浪費了讀者的心力，可能要花上好一些時間，才能看得出兩者的相同之處。這當然是很無謂的事。

因此，我選擇了的做法，是利用部份舊文，合併成為了這一本《財技密碼》，然而，這些放進了《財技密碼》的片段，則不會在其他的著作之內再出現了。

很多讀者也投訴過，我的作品不停的修改再版，令到他們買不勝買，實在是非常拙劣、甚至是非常「奸商」的安排。

我是在 2007 年出版《炒股密碼》，在 2008 年出版《從價值投資法到大破價值投資法》(即《我的揀股秘密》的前身)。這兩本書的內容，在當時，均是絕對新穎的，因此，它們都成為了暢銷書。但是，如果以今日的眼光來看，這兩本書的內容實在不值一哂，很多讀者都有這個知識水平，把這些內容寫出來。我在重看它們之時，往往有羞愧無地、不敢自容的尷尬情況。

為甚麼會有這種現象出現呢？

原因很簡單，時代進步了，讀者進步了，而我，當然也不會站著不動。

在以上的客觀現實之下，大家倒是認為：我應該等到書本寫得完美了，才好出版，抑或是不停重寫、不停再版？到底是哪一種方法，比較好呢？如果是前一種，相信直至今天，我還未能出版任何一本的著作，因為已出版了的作品之中，沒有一本是完美的，換言之，也沒有一本是不需要任何修改的。

我曾經在上課時，問過班上的學生：「你們寧願買下了 2007 年出版的不成熟的《炒股密碼》，還是寧願當時我並沒有出版那書，直至 2012 年，才買下更完美完備的《新炒股密碼》呢？」

一位同學說得坦白：「我是在 2009 年，依照你的理論去炒股，掘得第一桶金的。如果你在 2012 年才出版這本書，我豈不是賺不到這筆錢了？」

由此可見，在「兩害」相比之下，還是隨著我在思想上的進步，繼續去出版修改版，比較上是更好的。再說，我作為一位作者，當出版新版的時候，也決沒有理由不去修改舊書的錯誤，以及加進最新的發現，如果一成不改地去再版，這對於我的「寫作道德」而言，也是有虧的。

4.

最後一提的，是本書有關數字的用法。我在習慣上，當採取中文寫數目字時，指涉的是約數，但當用上阿拉伯數目字時，則指的是實數。例如說，「一萬」這個詞的真正數字，可能是「9,998」，也可能是「10,004」，均可以寫成「一萬」。但是，如果是數目字「1,000」，它只能是「1,000」，不能是「1,001」，也不能是「998」。我當然認為，這種中文的表達，最恰當的用法。

第 一 部 份
財技、公司、股票: 一些基本概念

這部份的內容,是一些定義性的、概念性的解說,也即是提綱挈領的一篇導言,是基本性的、理論性的論說。

這部份的內容,其實是會計學和公司秘書的基本知識,只要稍為對「公司」的法例有著基礎知識的人,都應該懂得。但是,這部份的知識,對於財技來說,卻又是極其重要,所以也有必要向大家簡述一次。畢竟,我的作品的內容,都是希望做到「老嫗能解」,無論是誰,都能看得明白,同時,一個博士級的專家閱讀時,卻又有所得。事實上,不少百億富豪或財技高手,都是我的讀者,我也很感激他們的錯愛。

公司的基本原理,其實卑之無甚高論,不過是萬變不離其宗,玩一些 2+2=4,又或者是 2+2=3+1,又或是 2+2=10,000-9998,諸如此類的把戲。不過,我們必須對其中的基本概念掌握得很清楚,才能夠洞察出這種「魔術」的內裡乾坤。

把這些耳熟能詳的內容舊瓶新酒,用財技的角度去重新闡述出來,也不無溫故知新的意義。我的一些學生,雖然熟讀這些內容的其中條款,可是卻是知其然而不知其所以然,在學習過了有關內容的闡述之後,對於其來龍去脈和互相之間的脈絡,也是知得更深。我希望讀者看了這部份的內容之後,也有同感。

1. 甚麼是財技?

「財技」,顧名思義,就是「財務技巧」,這包括了財務和會計、商業法律、以及市場學這三種知識的混合,去得到金錢或利益。

從廣義來看,財技的定義十分廣闊,一個人要結婚擺酒,究竟是向財務公司借錢,還是利用信用卡透支,又或者是標一份義會,都是不同的財技手法。甚至是,一對男女結婚了,分開報稅還是合併報稅,也是財技的應用。然而,這些個人的財技,在日常語言的說法,叫作「理財」,但其實,兩者的性質是一樣的。

在個人的財務管理,可以分為「理財」和「投資」方面。你向銀行借錢,是「理財」,為了申請公屋,因而轉職到一份薪水較低的工作,從廣義的角度去看,是一種「理財」;而你買樓、買股票、銀行存款,則是「投資」。從公司的角度看,經營一盤生意,是它的投資,而財技,則是它的理財手法。

值得注意的是,我剛才說,因要申請公屋而接受較低的薪水,皆因較低的薪水才可以獲得申請者的身份。而獲得一種法律身份,正是財技之一,例如說,在

美國，申請破產保護，便是常見的手法。少不得說的，個人申請破產，也是一種個人的財技。另一方面，把公司「毒害」（專業名詞叫作「poisoning」），刻意令到公司的生意收入減少，或者是欠下巨債，以免遭人敵意收購，也是常用的財技，好比一個人在離婚之前，故意找一份收入低微的工作，甚至是故意欠下巨債，只是為了少付一點瞻養費，在本質上，這兩者也是相同的。

我之所以使用「個人理財」來作說明「甚麼是財技」，是企圖向讀者指出，財技的本質，其實十分簡單，並沒有甚麼神秘之處，而每一個人、每一間公司，都必須使用財技，也脫離不了財技。只不過是有的玩法比較高深，有的玩法比較簡單，是小學數學和研究院數學的分別，可是，就是最高深的數學，也離不開加減乘除四則運算這些最簡單的概念，同樣道理，就是最高深的財技，也脫離不了一些最簡單的操作，有時候，說穿了，根本不值一哂。

本書的主題，並非以上這些個人的財技，而是有關公司的財技，而集中討論的重點，就是上市公司的財技。然而，上市公司的財技，和私人公司、以至於個人的財技，有很多時候，是不可分的，因為很多時候，上市公司要使用財技來得到金錢或利益，不能單獨行事，而必須是連同一些個人，又或者是一些私人公司，一致行動，才能夠完成。所以，本書的主題固然是討論上市公司的財技，但亦不免旁及了其他不同主體的財技，因為在大部份的情形之下，它們是不可分的。

1.1 財技謀取的利益

在上一段，我小心地定義了財技是「取得金錢或利益」的手段。為甚麼我不乾脆用上「用財技來賺錢」這種說法呢？

因為利用財技，不一定是為了賺錢。前文說過的例子，一個人到財務公司借錢去，從廣義來說，也是財技的一種，而如果他要準備一些文件，去滿足財務公司的審批要求，就更加是財技了。

是的，財技的目的，不一定是賺錢，可以是為了借錢，也即是所謂的「融資」。正如義會的利息通常比信用卡透支為低，如果適當地使用財技來作融資，也可以收到借款更多、利息更低的效果。

我在好些著作中建議過讀者，在投資股票時，必須留下現金，作為不時之需，就是全副身家都用了來投資股票，不惜借貸欠債，也得留下現金，因為欠債頂多是被追債，沒有現金，卻可能餓死或沒錢交租、露宿街頭，後果嚴重得多。

另一方面，財技也不一定為了金錢。例如說，攤薄其他股東的股權，也是財技的適用之一。又例如說，提高公司的形象，也是財技的應用之一。如果要有一比，一個人戴著一枚勞力士金錶，去問朋友借十萬元，可能比穿著破爛，去借一千元，前者會更加容易成功。

所以，一間公司的上市，就是其中不牽涉到集資，也沒有任何的出售股票，卻可以提高公司股票的流通性，從而提高其價值，這也算是財技的運作。

如此說來，財技能夠謀取的利益，是多方面的，有有形的，也有無形的，有的和金錢有關，有的和金錢無關，這其中的變化多得數也數不清。本書只能夠把其基本原理解說出來，但是要細數其所有的招式變化，卻是不可能的，也沒有此必要，因為財技的進步日新月異，也會隨著新法例的出現，經濟環境的變化，以及不同的社會形態而不停改變。到別的地方去搞公司，也有「各處鄉村各處例」的不同法例，但法例縱有不同，其財技概念卻是一脈相承的。所以我們只須學會其基本的原理，隨著不同的客觀環境，不停的隨著時代演進，這才是正確的學習財技之路。

1.2 從合法到非法的財技

使用財技操作去為自己謀取最大的利益，是中性的行為，這其中的手法，有合法的，也有非法的，而在合法和非法兩者之間，也有灰色地帶。

1.2.1 合法的財技

合法的操作方式，多到數不盡，例如說，把公司上市，印發債券集資，進行收購與合併活動，都是數不盡的例子的其中之一。換言之，只要是不犯法的作為，都是合法的財技，我們在教科書所學到的，都是合法的財技。

1.2.2 非法的財技

非法的操作手法也有很多，例如說，把現金從公司的賬戶直接撥進私人的口袋，也即是赤裸裸的「偷錢」，這自然是最低級的非法財技了。當然了，非法的財技也有著很多，但這些都是犯法的行為，和持鎗行劫，其實分別不大。從犯法的角度來看，這自然是非常低檔次的做法。

1.2.3 灰色地帶

至於灰色地帶，例如說，用公司的現金，天價買下大股東私人的垃圾資產。當然了，這個天價同時也是一個「合理價錢」，「合理」的意思就是經過了估價公司的專業評估，而估價公司作出這個「合理評估」，也少不免要收下一個合理的專業費用。在這個過程之中，表面上是完全合法，可是，大股東已經得了利，小股東已經吃了虧，所以我只能說是灰色地帶。我們可以說，大部份的高級財技，都是屬於灰色地帶，而這個「光譜」中的財技，也是最困難、最考功夫的。

1.2.4 靠近犯法的灰色

灰色地帶介乎合法和非法之間，其中的界線是很模糊的。

又以剛才的大股東以天價把垃圾資產賣給公司為例子，如果這一間是上市公司，這種做法便算是「關連交易」，而法例對於關連交易的規限是很嚴格的，單單憑藉一份估值報告，恐怕不容易通過有關部門的監察。因此，大股東往往繞了個圈兒，利用第三者的名義，來出售這項垃圾資產。做到這個地步，這「灰色」自然是更灰幾分、更接近黑了。

然後，這位第三者在出售了垃圾資產之後，從上市公司的身上收到了錢，如果他一直把這筆錢存在自己的戶口，那也僅限於灰色而已，技術上，這是合法的。如果他把這筆錢原封不動地交到大股東的手上，這就不折不扣的是非法了。

1.2.5 非法而證據不足

犯法也有兩種分類。嗯，犯法可以有一千種、十萬種不同的分類，而這裡所說的分類，則是從結果的角度去看。從結果的角度去看，犯法的結果只有兩種，第一種是犯法之後，逍遙法外。 第二種則是法是犯了，卻給抓個正著，結果很可能是牢也坐了。不管是打劫強姦、殺人放火，只要不給逮著，或者是給逮著了，又或是人人都知他就是犯人，無奈證據不足，只有放人，甚至是連提出檢控的證據也夠不上，在技術上，也可以說成是「沒有犯法」。

繼續用上一個例子，如果第三者把錢交回給大股東時，經過了周詳的「洗錢」過程，把錢洗得乾淨溜溜，完全沒有半分毫的紕漏。既然找不出證據來，這究竟算是合法，還是不合法呢？

1.2.6 靠近合法的灰色

至於靠近合法的灰色地帶，例如說，公司流動現金不足，一位董事以不合理的高息借錢給公司，以作營運；甚至是，董事局首先是把公司手頭的現金，以派息的方式，派光了之後，跟著又提出融資計劃，這即是說，一邊派息，一邊高息借貸，這當然是合法的做法，可是，其中必然也是大有蹊蹺，後文將會有一些例子，說明這些財技的背後。

1.2.7 應用範圍

最「正派」的財技，當然是「合法搶錢」，例如說，私有化就是最典型的例子。但是，如有有效地運用灰色地帶，也是必需具備的知識。然而，在大部份業界的心目中，手段非法而證據不足，也是有效的財技。當然了，完全犯法，單單是「博捉不到」的做法，那就是胡來了。

不過，所謂的「證據不足」，那也是有限度的。如果政府有心抓人，用「放大鏡」去找證據，成功入罪的機會便大得多了。

其中最有名的例子，是在 1987 年的全球性股災，漫畫大王黃玉郎因投機期指而欠下巨債，串同胞妹與秘書，偷取了其上市公司「玉郎集團」（上市編號：343，即今日的「文化傳信」）三千多萬元，結果被判刑 4 年。

有關這宗案件，我聽到的故事是：負責的警官對黃玉郎的美女秘書(不是串謀的那一位)說：「妳還是另找一份工作吧，我們商業犯罪調查科用了八成的人手去辦這宗案件，你的波士是鐵定入罪的了。」至於為甚麼當時的港英政府下了這麼大的決心，要動用偌大的警力去「做」黃玉郎，這又是另一個故事了，這裡不談。

所以，所謂的「財技」，其實就是從合法到灰色地帶，最灰的部份，就是犯法而證據不足，而且是「目測」所見的證據不足，而不是「放大鏡」下的證據不足，就是在這一片廣闊的地帶之內遊繞。至於完全非法的那一部份，例如說，把公司的現金直接打進自己的戶口，這就是「明搶」，而不能算是財技了。前文不是說過了嗎？財技就是混合了「財務和會計，商業法律，以及市場學」三種知識的技巧，如果不管法律，就不成財技了。

1.3 成功的和失敗的財技

財技就像所有的事物，有成功的，也有失敗的，這本來是不證自明，自不待言的。我之所以不厭其煩地提出這一件事，是因為很多人以為財技是一門很神秘的操作方式，彷彿只要是財技一出，就天下無敵，賺到了巨款，這可以叫作「莊家戰無不勝論」，這當然是大錯特錯的觀念。

玩財技，很多時就像是操作一門生意，玩而失敗，虧蝕大本，例子是莊家炒爆股票，自己損手爛腳，也是常有發生的事，其中一個最有名的例子，當然是那位炒「蒙古能源」(股票編號：276)而輸了二十多億元的仁兄了。由於炒股票做莊家，並非合法的行為，所以其名字從略。

1.3.1 甚麼是「成功」？

使用財技，必定有一個目的。換言之，它是一個「目的為本」的行為，必須達成了其目的，才能叫作「成功」。正如前文所言，財技的目的，不一定是為了賺錢，也可為了其他原因，例如融資，又例如說，把股票的價值提高，都是財技可能要做到的目的。

簡單地說，財技的成功與否，是以它究竟能不能夠達成其目的為定義。如果達成了目的，那就是成功了，如果只能部份達成，例如說，要想集資，但集資的數目不如理想，這算是局部達成。然而，使用財技，很付出很高的成本，例如說，律師費、佣金等等，如果涉及了市場操作，成本更高，如果「局部達成目的」，但並不能夠收回昂貴的成本，那當然便算是失敗了。

1.3.2 失敗的種類

使用財技失敗了，也可以分為不同的種類。正如我在前文說過，財技的手法

不離開財務和會計、商業法律，以及市場學三種，而財技失敗，也離不開這三種失敗。

1.3.2.1 法律失敗

第一種是「程序上的失敗」，又或者是「法律失敗」。如果以申請上市為例子，因為不符合資格，上市失敗，就屬於這一種類。不消提的，在這一方面最大的失敗，就是坐牢。

1.3.2.2 財務會計失敗

第二種是「財務會計失敗」，又以上市為例子，不管法律文件如何齊備，法律程序如何符合，如果賬目不合格，賺不到交易所要求的利潤，也是不能上市的。問題來了：假如一間公司做假賬，這究竟算是「法律失敗」呢，還是「財務會計失敗」呢？

如果一間公司因為賬目條件不足，而不能達致其使用財技的目的，當然是「財務會計失敗」了。可是，當它做了假賬之後，其財務會計就沒有問題了，而這就變成「法律失敗」了。當然，兩種失敗，甚至是三種失敗，都可以同時發生在一宗財技事件之中，而本書的目的，是令到讀者對於財技運作有一個基本的概念知識，而不是瑣碎的對每個名詞大下定義。所以，究竟造假賬是一種失敗，還是兩種失敗的混合，並不在討論範圍之內，各位讀者可以自行作出詮釋。

1.3.2.3 市場失敗

第三種是「市場失敗」。如果是打算炒股票、賣股票來賺錢，但是，股價卻炒不起來，又或是市場沒有承接力，股票賣不出去，這就是「市場失敗」了。另一方面，如果打算融資，但債券賣不出去，又或是銀行不肯借錢，甚至是遇上了股災，這也屬於「市場失敗」。

「市場失敗」也可分為兩種，第一種是「整個市場都失敗」，例如說，金融危機之時，當然是整個市場都癱瘓了，甚麼都做不成了，所以有人認為，不是財技操作者的錯，而是市場的錯。

第二種則是「個人的失敗」，是自己的操作不好，因而導致失敗。這就是學技不精，怨不得人了。有人可能會說，把握市場氣氛，也是財技的重要知識，其重要性不在法律知識和會計知識之下。從這個角度去看，如果因為預計不到金融危機，因而導致自己的失敗，當然也算是「個人的失敗」。當然了，一個成功的財技操作者，也必須顧及市場，如果連市場的脈搏也掌握得不清楚，那就是必然的失敗者了。

在我所看過的成功財技操作案例之中，最為人所津津樂道的，全都是在牛市第三期，市場最瘋狂的時候，去完成的。這就可以證明了掌握市場節奏的重要性。

這是從宏觀的角度去看，可是，更多的例子，是在平常的日子，也有人成功，也有人失敗。這些失敗者，當然算是「個人的失敗」了。

1.4 「維基百科」有關「財技」的條文

很多人參考一個專有名詞的定義時，會檢查「維基百科」，我也不例外。可是，當我檢視「維基百科」有關「財技」的條文，卻發現了，撰寫這條目的人，其實是個門外漢，而其寫出的定義內容，幾乎每句都是錯誤。

然而，這「每句錯誤」，恰好正代表了一般人對於財技的誤解，由於這是通常性的誤解，這誤解也就很有代表性，所以也實在有此需要，作出糾正。我照錄了「維基百科」的「財技」條文，而括號內的，就是我作出的糾正。我認為，當讀者看完了這段錯誤的條文，也看完了我的糾正，將會對「甚麼是財技」這個問題，有上了進一步的瞭解。

財技是一種金融投資、企業融資及財務策劃的技術，不正財。(周按：此說不確。它是「目標為本」，可以正，也可能不正。)常用於上市公司、外匯公司、金市、期貨市場、派生工具之運作等。

一般在金融業的衍生工具(周按：遠遠不止衍生工具)，主要是為了讓投資者分散或對沖風險而設計(周按：遠遠不止於分散或對沖風險，還有許多其他的用途，見前文)；但玩弄財技的人又不是為了風險管理(周按：有時是，有時不是)，他們有獵人心態(周按：此話不確)，唯一目的是找快錢，之後盡快離場(周按：此話也不確，財技很多時是很長線的玩法)，不考慮商業倫理(周按：有時會考慮，有時不作考慮)和公司的健康成長(周按：很多時公司有了財技，會成長得更健康，如李嘉誠的「長和系」，便常玩財技)。

1.5 結論：目標為本

總括而言，財技是集合了法律、財務會計和市場學的一種專門技能，它是一種中性的、目標為本的財務行為。它可以是個人的，也可以是公司的，更可以是上市公司的。個人的財技，可以列進「理財」的範圍，但是，由於很多時候，個人財技和公司財技會有密不可分的關係，所以本書也會略為提及。

財技可以為善，為公司融資，為股東創造利益，也可以為惡，奪取股東的利益。有的合法，有的非法，有的成功，有的失敗，究竟如何運用，存乎一心而已。

2. 公司和股票

如果要討論甚麼是公司的財技,除了釐清「甚麼是財技」之外,第二個先決條件,就是解釋「甚麼是公司」。

2.1 公司就是法人

在法律上,公司相等於一個成年人,因而稱為「法人」,英文是「legal person」。公司是法人,但法人並不一定是公司,也可以是公司以外的「法人團體」,舉例說,政府、學校、宗教團體、慈善機構,都是法人團體,但它們並不是公司。

公司只是法人的一種,它為了商業而存在。換言之,為商業而存在的法人,就是公司。商業不一定是做生意,控有資產也是公司的目的之一。經濟學理論告訴我們,用公司來作商業交易,比個體戶更能減低成本,用經濟學的術語,是減低了「交易費用」。用公司來控有資產,有時候也能夠有效的減少交易成本。

公司的擁有者不一定是個人,也可以是另一間公司,這公司上面可以還有公司,但是一層一層的公司上去,不可能無窮無盡,一定有最終的擁有者。然而,到了最後,公司的擁有者也可以是一個非公司的法人團體,例如說,是政府,又或是一個慈善機構,諸如此類。

法人和普通人一樣,受到法律的規管,也受到法律的懲罰,例如罰款。不過,人類擁有肉體,法人則只是一個法律上的存在,人類犯上了刑事罪行,可以抓去坐牢,但法人則不可能坐牢,因此,法人只能被控以民事訴訟,縱是被刑事檢控,例如出版色情刊物,犯了《淫褻及不雅物品條例》,也只能是罰款了事。

一個法人,不可能脫離人而獨自存在,而是必須有負責人,負責經營運作,也對它的失當行為負責。在政府,有問責官員,在學校,有校監和校董,在公司而言,它的「法人代表」就是公司的董事。不消提的,如果公司犯上了刑事罪行,例如說,造假賬、蓄意瞞稅等,公司董事是很可能被抓去坐牢的。

最後一提的是,公司這個法人,除了要遵守當地法例之外,所有的國家都有《公司法》,專門規管公司的行為。

2.2 甚麼是股票

公司的經營者是董事,而其擁有人則是股東,而股票則是證明股東身份的法律文件。換言之,股票就是股東的身份證。

我的抽屜一張股票,是「英發國際」(股票編號:439),它是我唯一的一張實物股票,放在抽屜已好多年了。大概是 2001 年吧,有位朋友叫我買了一手,

然後到股東大會看看。我聽他的話買了一手，卻沒到大會去，因為那時他說已不需要了。此後，這張股票靜靜的躺在我家中，直至我寫到這裡，忽然想起此事，便拿了出來。

我拎著股票，左看右看上看下看，看不出它究竟有啥用途。它不能吃、不能穿、也不能用，在我身邊十多年了。在這十多年間，這間公司發生了很多很多的事情，幾乎倒閉了，經過了重組之後，又重新上市了，但它的存在與否，對我的生活沒有哪怕是一丁點兒的影響。這樣的一張紙，可以很值錢，也可以一錢不值，究竟價值何在呢？

2.2.1 印刷成本是 0.39 元

一位名叫「林前進」的股壇前輩教導過我，股票的印刷成本是每張 0.39 元。我希望沒記錯，但記錯也無妨，這數字怎樣加加減減，影響不了主題。注意，前述的是每張的印刷價錢，無論是一萬股、一千萬股、一億股，甚至是十億股，只要印刷在一張紙的上面，成本都是 0.39 元。

作為一張印刷品，股票的製作極粗劣，花紋不好看，單面印刷，以 0.39 元的印刷成本來看，實在物非所值。上世紀七十年代，香港股市空前絕後的大崩潰，市值蒸發了九成以上，不少股票頓成廢紙，遂興起了「把股票當牆紙」的流行語。但這只是流行語，我從沒見過有人這樣做，相信是股票的外貌太醜陋了，掛不了牆。相比起來，鈔票的設計更精美，印刷時也使用了防偽的高科技，紙質也比股票優良得多，吸引了不少人把鈔票用鏡框鑲好，掛在牆上當裝飾，然而僅限於數十張連成一起未經切割的鈔票。

單看印刷成本，發行人只要以超過 0.39 元的平均價格售出股票，就可獲得利潤。這只是現今的成本價。在「無紙化」以後，成本幾乎變成零，股票的價格可壓至低無可低，都能產生利潤。

巴菲特可能是最注意印刷成本的上市公司老闆。他的上市公司巴郡是地球有史以來第一隻每股超過十萬美元的股票，如此一來，股票的印刷成本降至微不足道，孤寒到這地步，果然不愧是股神。

反觀香港，在 2007 年之前，還是遍地仙股，更有些淪落至厘股。有幾間蚊型公司的股票發行量多達數百億股，比「滙豐銀行」（股票編號：5）還多，真令人哭笑不得。但這些每手二千股的仙股或厘股，其成本不變是每張 0.39 元，一張股票的印刷費仍高於市場價格，吸引了發行商繼續大印特印。其經營理念是：用低價賣出成本接近零的股票，賺到的還是暴利。

2.2.2 表面價值和法律價值

有些東西，就連豬八戒都能一眼看出其價值，例如可以代步的汽車，可以穿

的衣服，可以住的房子，可以坐的沙發，可以看的書，可以吃的食物，可以喝的美酒，等等等等，不勝枚舉。這些憑著豬八戒的常識都能看出來的價值，我叫作「表面價值」。

舉個例子，你把車匙交給代客泊車，他拿著車匙，把汽車開走，可是法定車主是你，不是他。

有一次，我買了一台車，車價是四十萬元，先付十萬元訂金。等了兩星期，新車到了，我開給車行一張三十萬元的支票，就把車開走了。支票不排除是空頭，車行不一定收到錢。車行的保障，是持著牌簿，即是該台車的法定身份證明文件。三十萬元過戶後，車行才把牌簿交給我。

汽車的擁有權分為兩部份，一是汽車這件實物，另一是牌簿，後者只是一張紙，卻定義了擁有者的法律地位。一部四十萬元的汽車，實物只值十萬元，七成半的價值在牌簿這張紙上。我把這張表面上毫無價值的紙的價值，叫作「法律價值」。屋契，或者是我買藝術品時附上的證明文件，都是同類物品。女性需要注意的是，購買名牌手袋時附上的「出世紙」，不算此類，因為名牌手袋可以不附出世紙而出售，出世紙也不能抵押金錢。

我對價值的分類還有幾項，不想離題，先在這裡打住。暫時我們要知道的是：股票的表面價值是一張紙，它的法律價值是作為該公司股東的身份地位。

這項分類看起來無聊，實質上非常重要。因為財技的很多基本原理，就是圍繞著法律和價值這兩個概念，不停的在兜兜轉轉：有時得看股票的法律價值，有時卻只看其的實質價值。這好比一個買賣偷車賊贓的人，只看車，不看牌簿，然而如果是把車拿給財務公司，去作抵押，則財務公司只看牌簿，再加一紙保單，便足夠了，財務公司不必要持有實物汽車。

2.2.3 股票和鈔票的分別

看了前文的分析，大家明白了股票是一張印刷品，表面價值接近零。它比牆紙還不如，因製造成本更低。但，這並不意味著股票無用，它的用途，就是法律價值了。但是，如果要學懂財技，就必須得知股票的價值和其成本，這是基本的概念，而一切的分析，也是由此開始。

明知股票的成本只是 0.39 元，我仍堅持以股票作為唯一的投資，這叫「明知山有虎，偏向虎山行」。這七八年間，我先後持有兩所物業，均不到半年便賣出了，一蝕一賺。我對股票不離不棄，並非笨蛋，而是經過準確的計算。計算雖準確，方法卻簡單，所用的數學是最基本，比四則運算更基本，基本得非但幼稚園學生懂得，就連禽獸也懂得。

說禽獸也能懂得，並不是誇張的說法，而是實情如此。1、2、3 是最基本的序數，我估計有一半的禽獸懂得，靈長類可能是 100%，鸚鵡有許多品種，我猜

大部份的品種都能數到三。你可能不同意我把人類當成禽獸，但總無法否定有部份的人類確是禽獸，當中有些更是禽獸不如，這些「禽獸」數數字也一定 no problem。沒記錯的話，鸚鵡數到 5 就搞不清了。靈長類好不了多少。實驗的方式是：5 個人進屋，4 個出來，它無法肯定裡面是否有人。我估計，沒有學過數字的原始人，同樣的實驗不一定能勝過黑猩猩和鸚鵡。

1 比 2 大，2 比 3 大，用數學符號表達，就是 1>2，2>3。完了，這就是我決定買股票所用的數學。

我們買股票時，用的是甚麼？是鈔票。買股票就是以鈔票換股票。鈔票是甚麼？以港元為例，它是一張印刷品，依照香港法例，它與美元掛鈎，構成了聯繫滙率，每 7.8 港元可兌換 1 美元，但普通市民並沒有這兌換權，只有銀行或法定機構，才能以此滙率向金管局用港元兌換美元。

美元是甚麼？説穿了，是廢紙一張，但美國法律保證了它的票面價值：1 美元的紙幣 = 1 美元的價值。

這種所謂保證的操作方法是：你拿著一張 100 美元鈔票，到美國任何一間銀行，它可以換成 5 張 20 元的美鈔。你再拿一張 20 元到銀行，可換到 4 張 5 元美鈔。再拿 5 元可換到一堆硬幣。反過來再換，由硬幣換 5 元鈔票開始，最後你可換回一張一百元的鈔票。怕麻煩的話也可以直接用硬幣去換 100 元，前提是你手上的硬幣面值相等，沒有銀行不允許這樣的換來換去。

換句話説，有關貨幣的法律給你保證了你手上拿著的鈔票是廢紙，而廢紙真是廢紙，即是代數的 A = A，邏輯學上的 tautology，即是甚麼也沒説過！

沒有錯，股票是廢紙，鈔票也是廢紙，後者雖然紙質較好，印刷也更精美，但你總不能否認，股票的面積大得多，這方面的成本可以抵銷了紙質和印刷。鈔票的最大優點，是存入銀行有利息可收，但股票不一定有股息。

不過，以塞浦路斯在 2013 年提出收取巨額存款税的例子，把鈔票存進銀行，非但不一定能夠得到利息，甚至還可能給政府合法搶錢。最後，鈔票可以在高速通脹後化為廢紙，股票也可以在公司倒閉後化為廢紙，從這個角度看，兩者又是相同的了。

既然兩者都是廢紙，拿鈔票換股票，理論上，你一點都沒吃虧。這當然得看你買的是甚麼股票，但那是後話了。舉例：付錢擺酒結婚，換一個老婆回來，表面上沒有吃虧，但最後是賺得無數利潤（好老婆是無價的），還是血本無歸（可能還要貼錢離婚），也是後話。但在交易的那一刹那，不管是買股票還是結婚，你是沒有吃虧的。

就此，我企圖向大家説明，政府印鈔票和公司印股票，從某層次來看，原理是相同的。當然，鈔票的原理比股票更為深奧，我用更深奧的理論去解釋相對顯淺的理論，可能是比喻不倫了。

2.3 小結

在本章中，我解釋了公司和股票。這其中的股票是公司擁有者的證明文件，這又衍生了另一個問題：為其麼這份證明文件，會用股票的形式去存在呢？答案是：這是方便把股票自由轉讓。

換言之，股票是人類用經驗摸索出來的最方便形式，可以自由轉讓公司的全部、或局部擁有權。有意思的是，當把股票從甲之手轉讓到乙之手，又轉讓到了丙之手，在理論上，可以完全不影響公司內部的行政管理，因為行政管理是由董事負責，而股東和股票，只涉及了利益的分配。當然，這只是理論上的說法，在實際上，股東和董事的關係，是息息相關，密不可分的。有一點是必須記得的，就是股票的作用，是可以方便地自由轉讓。這就是股票存在的意義。

無論股票，還是以後會闡述的優先股和可換股債券，都只不過是一張紙，一份法律文件，訂明了它的法律地位，而它們的印刷成本，不過是區區的是幾毫子。

以上只是財技的起點，也即是最基本要知道的知識。在往後的章節中，將會層層推進，會有更深入的討論。

3. 股本和面值

這是會計的基本知識，也是財技的基本知識，不先理解這個，就不能明白財技。所以，我挑了最簡單的部份，用最簡單的方法，同大家述說一下。如果是學過會計的人，可以跳過不看，當然也不妨一看。

3.1 甚麼是股本？

你和朋友合資開公司，各人一共付了 100 萬元出來，這 100 萬元就是公司的股本了。如果把股票分為 100 萬股，每股的「面值」就是 1 元。

這 100 萬元拿出來，是做生意用的，從它拿出來的第一天起，這數字就不是 100 萬元了，而是不停的改變著。例如説，到政府登記，成立公司，要付錢；租辦公室，要付錢；裝修，要付錢；請員工，要付錢。

在另一方面，公司也會有收入。所以過了一段日子，這 100 萬元可能多了，也可能少了，前者就是「盈利」，後者就是「虧蝕」。

不論是盈利還是虧蝕，股本的數目仍是 100 萬元，這數字是不變的。而這筆股本，可以用來作為公司支出，但是除非公司清盤，否則不可以從公司拿走。把股本提出來，是犯法的，就算是股東貸款（借住一陣先啫），也不可以，只有公司賺到的利潤，才可以提走。

3.2 增加股本

現在公司賺了 100 萬元，也即是説，加上公司的股本，就是 200 萬元了。

但這當然只是一個數字，甚至是一個數字遊戲，而不是代表了公司真的有了 200 萬元現金，在戶口之內。這 200 萬元的一部份，可能是生財工具，即是變不了現金的資產，也有部份，是和客戶做了生意，但仍未能收回的貨款。

但是，公司的現金不一定是少於 200 萬元，亦有可能是更多。舉個例子，做漫畫雜誌的公司，當出版了之後的三星期，便能夠從發行商那裡，收回貨款。但是，他們在印刷商的賬期，卻常常高達兩個月，甚至以上。三星期收款、兩個月的賬期，中間有了一個多月的差距，如此一來，它便可以有淨流入的現金。

但是，不管公司的現金流是怎樣，在賬目上，它是有 200 萬元的資產。

好了，現在公司有了 200 萬元的資產，相比起股本的 100 萬元，它又多出了 100 萬。對於這多出來的 100 萬元，它可以有 3 個做法：

1. 甚麼都不理，一切照舊。

2. 把賺到的利潤分給股東，這叫做「派息」。有關派息，將會在下文，有著詳細的討論。

3. 把賺到的利潤，也即是 100 萬元，加進股本之內，這就叫做「增加股本」。

當然，公司也可以把這 100 萬元的一部份拿來派息，一部份拿來增加股本，一部份甚麼都不理，都完全可以，任由它去自由分配。

這裡先說「增加股本」。

現在假設把這 100 萬元全用來作增加股本：增加股本後，股數可以不變，只是每股的面值，則從 1 元變成了 2 元。這即是說，在增加股本之後，每張股票的面值都增加了。

增加股本的好處，我想來想去，只有一項，就是同公司做生意的對手，看見公司的股本增加了，也即是說，看到公司的本錢，也即是資本額，增加了，他們也會相應地對公司的信心大增，這自然是有利於做生意的。

然而，增加股本的壞處就多了，最嚴重的是，當利潤變成了股本之後，以後便不能夠把這筆錢作為派息，供給股東享用。別說是用來派息，甚至是用作「董事預支」，也是違法的。換言之，公司不能夠「提取資本」，除非是清盤，否則不能把股本提取出來，這缺點就是失卻了彈性，自然非常不好的事。

3.3 送紅股

除了增加股票的面值之外，還有另外一個方法，就是把賺到了的利潤，加進股本之內，這就是送紅股了。

如果用上述的例子，也是把那 100 萬元全數用來增加股本，但又不增加每張股票的面值，更簡單的方法就是送紅股：每名股東多送一張面值 1 元的股票。這一張股票，就是紅股了。

簡單點說，在公司送了紅股之後，你的名下便多出了一些紙張，也即是股票。

1. 如果你有 1 萬股，在 1 送 1 紅股之後，你便擁有 2 萬股了。

2. 如果是 10 送 1，你是 1.1 萬股，如果是 1 送 3，你則有 4 萬股。

所謂的「送紅股」，就是如此簡單的一回事。但有一些技術性的問題，以下舉出兩個例子：

1. 10 送 1 紅股，即每 10 股股票，便可多得 1 股，持有 9 股或以下者，則只有向隅了。

2. 1 送 1 和 10 送 10，表面上看來是一樣的，但卻有著微小的分別。

第 2 個例子的解說是：如果是 1 送 1，你只有 9 股，便會變成 18 股，但如果是 10 送 10，而你同樣是有 9 股，因湊不齊 10 股，你將一股也得不到，只能繼續維持手頭的 9 股。只有 9 股的可能性固然不大，但是，如果是經過了多次的合股，例如 10 合 1 之後，再來 200 合 1，情況就很難說了。有關合股的問題，後文會再說。

股東收到了紅股之後，他的實質權益並沒有增加，這條數學是小學生也明瞭的：1/1,000 和 2/2,000，在股東權益的角度去看，是完全沒有分別的。一間公司有 100 股，你我各佔 50 股，然後多發行了 100 股，你我各各多出了 50 股，即是變成了總共有 200 股，你我各佔 100 股，除了多了一張張的股票，浪費紙張和浪費存放的地方外，有甚麼不一樣了？

更有甚者，送紅股非但沒有增加了公司的價值，反而會耗費成本。如果是上市公司，更需要發公告、印文件、召開股東大會等等，現金固然支出不少，也耗費了不少人力。

當利潤變成了股本之後，以後便不能用來派息了。有關這一點，在上一節的「增加股本」已經說過了。事實上，送紅股也不過是增加股本的其中一個方法而已。

3.4 削減股本

既然有增加股本，當然也有削減股本。

現在，假設公司沒有賺錢，而是悲慘地虧了本，嗯，便當是虧了 50 萬元吧。在這情況下，公司可以：

1. 甚麼都不理，一切照舊。
2. 削減股本。

削減股本的原理很簡單：公司虧了本，股東所佔的本金亦少了，所以便要相應地削減股本。假如公司把虧去的 50 萬元，全都在反映在股本的削減之上，公司的股本便剩下 50 萬元，而每張股票的面值變成了 0.5 元。

削減股本有甚麼好處呢？

現在假設公司的股本是 100 萬元，在上一年，業績很不好，虧蝕了 50 萬元。但在今年，又賺回了 50 萬元，兩年下來，剛好不賺也不蝕。

在以上的這個情況之下，公司的股本是 100 萬元，現在經過一蝕一賺之後，也是還原基本步，依舊是 100 萬元。既然公司不能「提取資本」，所以，在這一年賺到的 50 萬元，便不可能用來派息了。

可是，如果公司在去年虧蝕了 50 萬元之後，便把這部份的虧蝕在股本額上削減了，即是股本少了、股票的面值也減了。於是，明年所能賺到的利潤，便能夠利用派息的方法，把錢交到股東的手上。

3.5 股票的面值

法例規定了，公司不能以低於其面值的價格，發行股票。這即是說，如果公司股票的面值是 1 元，它可以用 1 元的價格發行新股，可以用 10 元發行新股，

但卻不可以用 0.9 元的價格發新股。

如果公司賺了 100 萬元，它的資產雖有 200 萬，每股的資產值是 2 元，但它仍然可以 1 元的價格發行新股，因為發新股的最低價格只是不能低於面值，在面值以上，也即是 1 元以上，則任何價格也可以。

不過，有些地方的法例規定，例如中國，上市公司是不能低於資產值發行新股的，這也是「各處鄉村各處例」，但只要明白了基本概念，個別條例上的改變，也就一說便明。

所以，前文所一直批評的發紅股，終於有了一項優點，就是當公司增加了股本之後，它發行股票的最低價格便提高了。當然了，如果現時的股價是 1 元，股票面值是 0.1 元，就算把其面值提高一倍，至 0.2 元，也是沒有甚麼意義。但如果公司的股價是 0.09 元，那就非得要削減面值，才能發行新股了。

公司不可以低於股票面值發行股票，但當它削減股本後，也即是減了面值，就可以了。所以，一些公司在以低價發行新股，或者是供股時，往往要先削減股本，技術上，才變成可行。

另一個原因，則是如果全部都是舊股東，不削減股本和面值，待得賺回股本、兼且有突之後，才去派息，也許沒有大問題。可是，假如公司引入了新的股東，這些新股東當然不能夠容忍公司要統統賺回以前蝕掉的錢，才可以派息。因此，在技術上削減股本和股票面值，也就有其必要性了。

最後一提的是，讀者可能會混淆了「股本」和「股票面值」這兩個概念。但要分辨清楚，其實十分簡單：「股本」是以公司為本位，公司所擁有的本金，而「股票面值」則是以股東為本位，是他持有的一張一張的股票，以及其票面所印刷著的價格。

4. 新股和舊股

股票有新股和舊股之分。我們必須理解這概念，才能繼續後面的分析。

4.1 甚麼是舊股？

「舊股」即是現有的股票，也即是現時在股東手上的股票。這些股票，是現時正在市場上流通著的，股東可以自由買賣，如果這是上市公司的股票，則可以透過交易所的平台，自由去買賣。

換一個說法，舊股是市場的自由買賣，是股東之間的交易，它可以是大股東的買賣，也可以是小股東的買賣，更加可以是新加入股東的買賣，但不管是誰買誰賣，都和公司並沒有關係，也不會影響到公司的運作。而就公司而言，也不會因為舊股的買賣，因而籌集到任何的資金。

證券交易所裡買賣的股票，都是舊股。而舊股的交易價格，也即是這股票的市場價格。

4.2 新股的發行

公司發行新股，是集資方法的一種。所謂的「新股」，就是新印刷出來的股票，印刷過程一般需要兩星期至一個月不等。

4.2.1 如何發出新股

上市公司把新的股票印刷出來，然後把這些新股賣給投資者。這些新印刷、新賣出的股票，其所換得的金錢，將會存進公司的戶口，變成了公司的資本。同時間，由於剛剛印刷了這些新股票，公司的總股票數量因而多了，每名股東所佔有的公司份額也就相對少了。

打過比方，公司的總股數本來是 10 萬股，現在發行了 1 萬股新股，每股的發行價是 1 元。這即是說：

1. 公司的戶口多了 1 萬元現金。

2. 公司的總發行股數變成了 11 萬股。

3. 假設有一名股東，原來擁有 2 萬股，以之除以原有公司的 10 萬股，即 2 萬 /10 萬，即是他佔有公司的 20% 股份。經過印行新股 1 萬股之後，這位股東變成了擁有 2 萬 /11 萬股，即是 18%。用專業的術語，是他擁有的份額給「攤薄」了。如果公司賺了錢，他所分得到的利潤，也會按比例地被攤薄了。

所以，我們可以說，印發新股是公司集資的一個途徑，但會造成「攤薄效應」，然而，買賣舊股只是股東之間的私人交易，則不會有攤薄的情況出現。

值得注意的是，公司印發新股，可以是為了集資，讓公司得到現金，卻並非必然如此，這其中的道理，就有如阿媽是女人，但並非所有的女人都都阿媽。很

多時候，發出新股，是為了其他的原因，例如說，用新股來換取資產，又或者是，用股票來交換債務，諸如此類。

4.2.2 新股的票面值與發行價

前文已經解釋過甚麼是票面值，也即是它的股本價值。股本是形容公司的，例如說，一間公司有 1 萬元股本。票面值是形容股票的，如果有 1 萬元股本，而有 1 萬股，每股的票面值便是 1 元了。

正如我們在前文討論過，發行新股時，其價格不能低於票面值，只能高過。這是因為票面值只是代表了原始資本的成本。

1. 一間公司可以在原始資本中賺了錢。投資額是 1 元，但它賺了 10 元，資產值就是 11 元了，當然不能以原始資本，也即是票面值來發出新股了。

2. 一間公司可以大有前途，例如說，30 年前的微軟，購買其新股當然也得付出溢價，不可能以原始股的成本價出售。

但書: 以上只是理論上的說法，實際的操作當然有很多其他的竅門。

4.3 供股

一伙人夾錢做生意，湊集了一批資金，成立了一間公司。這些資金，在開始時，是足夠的，可是，隨著時間的發展，公司可能需要額外的資金，舉例說，它虧了本，不夠現金周轉，又或者是，它希望額外的資金去發展業務，於是公司便有了集資的需要。

公司需要資金時，有很多方法應付，其中的一個方法，就是「供股」: 大家按照股權比例，大股東付多點，小股東付少點，一起把現金存到公司的戶口，這就是「供股」的原理。

供股時，股東們按照比例，付出了現金，所以，他們也會按照比例，收到用這些現金買回來的新股票，付出多少現金，得回多少新股票，至於沒有付錢的股東，就不會獲得新股票。

說到供股的價格，有時會比市場價格高，這叫做「溢價供股」，有時會比市場價格低，這叫做「折讓供股」。還有就是股東供股的數量，每一股究竟要供上多少股？如果比例不大，例如說，每持有 10 股，才需要供上 1 股，那是「小比例供股」；如果反了過來，每持有 1 股，便要供 10 股，這就叫做「大比例供股」。

把供股得來的資金，放回公司，公司的現金多了，而在賬目上，每股所能分到的資產，也多出了現金值。所以，在股票的價值而言，供股前和供股後是沒有分別的，這也是理論上如此，實際上，當然要複雜得多，也「古惑」得多。

供股所印發出來的，全部都是新股。沒有參與供股的股東，其股權當然也會被攤薄，不在話下。如果是大比例供股，攤薄效應會很大，如果是小比例供股，攤薄效應也較小。

第二部 份
公司的價值所在

這一部份的內容，一共分為七個章節，其中包括了公司的資產和業務，固然是其價值之所在；另一方面，其營業額的多寡，甚至是股票的流通量，也均是構成公司價值的一部份。

5. 甚麼是資產？

對於「資產」，會計學上有著很多不同的定義，我在寫本段時，略查了「維基百科」，其中有 4 種不同的定義：

1. 在 1940 年出版的《An Introduction to Corporate Standard》說的「未消逝成本觀」：「……成本可以分為兩部分，其中已經消耗的成本為費用，未耗用的成本為資產……」

2. 在 1953 年，美國會計師學會所屬的會計名詞委員會在其頒佈的第 1 號《會計名詞》提出的「借方餘額觀」：「作為資產，它代表的或者是一種財產權利，或者是所取得的價值，有的則是為取得財產權利或為將來取得財產而發生的費用支出。」

3. 在 1957 年，美國會計師學會發表的《公司財務報表所依恃的會計和報表準則》「經濟資源觀」：「資產是一個特定會計主體從事經營所需的經濟資源，是可以用於或有益於未來經營的服務潛能總量。」

4. 在 1962 年，《會計研究論叢》第 3 號──《企業普遍適用的會計準則》提出的「未來經濟利益觀」：「資產是預期的未來經濟利益，這種經濟利益已經由企業通過現在或過去的交易獲得。」

我在這裡，並不打算使用以上這些「定義式」的解釋方法，去說明甚麼是資產。事實上，我認為以上的說法，都帶著會計學上的偏見，雖然並非錯誤，但至少並不完全精確，而且這種不精確，有著失之毫釐，誤導千里的缺點，其中最為嚴重的，莫過於把「資產」和「生財工具」兩種不同的概念混淆了。所以，我決定用我的方法，去說明甚麼是「資產」，以及如何去區分「資產」和「生財工具」。而我使用的方法，將不是「定義式」，而是用日常語言，去簡單地作出說明。

5.1 我對「資產」的定義

我給「資產」所下的定義，十分簡單：凡是能夠換回現金的，都是資產。而

這定義不但對公司有效，對私人也都同樣有效。

以上的定義看似簡單，實際上，有著一定的複雜性。如果你擁有一千萬元現金，這當然是一項資產。如果你擁有一間價值一千萬元的住宅單位，當然也是資產。但如果你持有的不是住宅單位，而是一幅地皮呢？這又算不算是資產呢？

再舉一些例子，如果你擁有價值一千萬元市值的藍籌股，當然算是資產，但如果擁有價值一千萬元的垃圾仙股，在市場上完全沒有成交的，又算不算是資產呢？

現在舉出最極端的例子，如果你擁有一批豆鼓鯪魚罐頭，價值一千萬元，這算不算是資產？又或者是，你擁有一批桌椅刀叉，數量足夠開一間餐廳，這又算不算是資產呢？

所以，我的看法是，資產可以有著明確的定義，但這個定義，卻是漸進式的，我們可以用現金來作為資產的一個極端：現金就是最為終極的資產，而越是接近現金的，則它越是越近資產，反過來說，和現金距離越遠的，它就越不是資產了。

從以上的說法，我們可以推論得出：現金是終極資產，相對來說，住宅樓宅比起地皮，前者更為資產得多。同樣道理，藍籌股和垃圾股相比較，前者也是更為資產。再比下去，罐頭和桌椅刀叉，當然是距離資產越遠了。

5.2 資產定義的進一步說明

讀者看了上一段，也許會以為，越是容易變回現金的，就越是資產。但我並無此意。大家都知道，賣出房子並不容易，如果要出售一個單位，往往得花上幾個月的時間。但如果你有一批豆鼓鯪魚罐頭，而且還是名牌子「珠江橋牌」的產品，你又有門路可以賣掉，或者是經過有辦法的掮客去出售，可能不出三天，便能夠賣出這批罐頭了。但是，我們當然知道，從資產定義的角度去看，房地產是遠比豆鼓鯪魚罐頭更為資產的。

會計學上的資產，定義十分廣闊，我則通常有一把尺，其中一端是白痴，另一段是李嘉誠。即是說，一端的資產，是白痴也懂得去管理，另一端，則是只有李嘉誠級數的商業頭腦，才能管理。記著，我不用「智力」這名詞，因為，智力和做生意的才能，是並不一致的：智力太低對做生意固然沒有好處，太高智慧如愛因斯坦，在很多時候，對於做生意反而是缺點。打個比方，由愛因斯坦去生產智能手機，其複雜程度可能要博士級人馬，才能弄懂，這對他而言，可能已經是最最「方便用家」的了。

對於度量「資產」的這把尺，用上甚麼量度方法，我會用兩種方法去分析，第一種是有沒有市場、有沒有客觀的價格，第二是所需要的專業知識。而這兩種分類方法，在本質上，是回到我那把尺上：持有資產者，要有多愚蠢，或是要有多聰明，才能保存它的價值。

5.3 資產的客觀價格

最客觀的資產，莫過於現金，其次就是黃金，但是黃金無息可收，所以已不流行。藍籌股的價格雖然不停浮動，但也有客觀的價格。或者是大型屋苑的住宅單位，甚至是一幢商業大廈，一幢酒店，也有頗為客觀的價格。又或者說，一個最愚蠢的投資者，如果獲得了這些資產，如果要把它們變為現金，都可以很容易在市場，以市價，或很低的折扣價脫手。然而，如果是一些存貨，例如成衣、罐頭等等，在會計賬目上，當然算是資產，但是卻沒有客觀的價格。

簡單點說，一間餐廳，其現金和自置物業，是有客觀價格的資產，其商譽和存貨，是沒有客觀價格的資產。所以，前者是更資產的資產，而後者，則是沒有不麼資產的資產。

5.4 管理資產所需的專業知識

要管理一些資產，也需要專業知識。當收租佬，當然很容易，但是要管理一盤生意，那就困難得多了。就算是當收租佬，住宅單位收租，可以很簡單，商業大廈就比較困難，不過可以聘請管理公司代辦。商舖找合適的租客，令到舖位升值，是一門學問，如果是一個商場，更要聘用不少人手，去做宣傳工作，像一盤生意般去經營。至於買股票，有時遇上供股，也需要專業知識，很多人連供股的程序也不知曉，在 2009 年，「匯豐控股」(股票編號： 5) 宣佈「12 供 5」的大型供股，便難倒了不少股東。

簡單點說，越是需要專業知識去管理的資產，距離「資產」的定義越遠，對於管理資產的智力和專業知識的要求越低者，越是接近「資產」的定義。

5.5 小結

從上述的分析當中，我對於「資產」的漸進式定義是： 管理它所需要的智力和專業知識。然而，我們同時也知道，股票是十分複雜的資產，而藍籌股業務繁多，要理解它的價值，也是複雜得很，並非一個無知婦孺所能輕易明白的事。然而，一罐珠江橋牌豆鼓鯪魚的價值，卻是婦孺皆知。那麼，為甚麼藍籌股比起珠江橋牌豆鼓鯪魚來，是更加接近資產呢？這是因為出售過程。藍籌股有一個公開的交易市場，價格透明，可以輕易地透過交易所的平台，買賣套現。而在這個買賣交易的過程之中，並不需要甚麼的專業知識，也不需要甚麼智力。

因此，我們也可以得出另一個結論：市場流通量越高的東西，越是接近資產。而有關股票的流通價值，下文繼續會有討論。「財技」，顧名思義，就是「財務技巧」，這包括了財務

6. 業務型資產和生財工具

本書所述說的「資產」，和會計學上的「資產」定義，有著明顯的不同。有一部份會計賬目中的「資產」，在我的心目中，根本不是資產。就中國人的說法，有一個專業名稱，叫「生財工具」。如果以餐廳作為例子，那些杯杯碟碟、桌桌椅椅、廚房設施，一旦不做餐廳，退租了，新的業主如果是開時裝零售的，簡直視此為負累，還得花錢處理掉。

商譽的價格可以在極短時間從高點跌至負數，例如說，一間餐廳給發現有蟑螂在食物裡頭，往往令到食店變成了「鬼見愁」，在這個情況之下，餐廳的危機處理手法，很多時是把餐廳改名。之所以要改名，正是因為舊名字已經成為了負資產。

另外的一種情況，當公司推出的產品滯銷時，廠房、生產線、租來的店面、員工，統統變成了負資產，每天吸掉手頭的現金。一間餐廳沒有人來吃飯，每天都在燒錢！哪有一種資產，是沒有淨現金流入，反而是不停的支出呢？在這種情況之下，自然不能夠把它們視作為「資產」了。

換言之，在我們分析一盤會計賬目時，必須分辨出甚麼是資產，甚麼是生財工具。資產是有折扣價的，例如餐廳買下的物業，但是白痴也能管理，交由地產代理放租，就可以了。公司的值錢地方，是它的生財工具，包括了公司文化、和員工(可美稱為「人才」)，甚至包括了餐廳的菜牌，因為菜牌的菜色和價目，都能反映顧客的偏好，是非常重要的商業資訊。這些東西放在專業人才的手裡，才能變錢，如果是由「凱子」去經營，就只能是負資產了。

6.1 業務型的資產

有一天，同才子陶傑吃中午飯，他問起我關於股票的情形。我回答說：「凡是有大量實質資產的股票，都不炒。你看『蘋果』和『Facebook』有甚麼資產？單一業務、單一產品，完全沒有防守能力，一旦出現了產品滯銷，送出去也沒有人要。它的發部門，蘋果電腦的生產線、租用的舖位裝修，斗零也不值，可以說是負資產。但是當炒的股票，卻是這一類。」

現在我們知道了，業務是很難經營的，如果把「蘋果」和「臉書」送給了我，我也無法經營。這些科技公司，就是送給李嘉誠，相信他也會感到頭疼。說到資產，還是現金、房地產等，較為「白痴」。

但是，有一些大型公司，其業務已經上了軌道，擁有優秀的管理團隊，和固定的生財工具，以及多元化的客源，只要是做過大生意的商人，都能把它管理。這些資產性的業務，同位於另一端的「白痴資產」，沒有多大的分別，其中的一個例子就是「東亞銀行」(股票編號： 23)。

又用回餐廳的例子，如果只有一間餐廳，這是業務，資產只佔很少的部份。「喜尚控股」(股票編號: 8179)控有四間餐廳，主要也是業務。但是，經營數百間餐廳的「大家樂」(股票編號: 341)，卻可算是資產。當然了，「大家樂」作為資產的「白痴程度」，仍然遠比不上有客觀價格的房地產。

然而，當很多很多的業務聚集在一起，就成為了一項很有價值的資產了。以前我舉過「佐丹奴」(股票編號: 709)作為例子。在 2011 年，「佐丹奴」在全球擁有 2,671 間店舖，要成立一個如此龐大的網絡，需要時間來作累積，就算是投入一千億資金，也不可能在一兩年之內，設立二千多個銷售點。所以說，一兩個租來的店面不值錢，但是一個由數以百計、數以千計店面組成的銷售網絡，卻是貴重的資產。至於有興趣購買這網絡的，只會是同行，例如 Zara、Uniqlo、H&M 之類。

我再舉一個例子。我有一個生意上的伙伴，在 2010 年時，想辦一間證券行。他有兩個選擇，一是自己入表申請，零星費用加起來，成本大約是一百萬元；二是收購一間現成在經營的，收購價是三百萬元。他差點買下了後者，可惜給第三者捷足先登，買了下來。

為甚麼他不自己去申請，而要多花兩百萬元，買下一盤業務呢？因為可以省回大約半年的申請時間，亦可馬上擁有一個網絡，節省了創業初階的摸索期。

所以，公司的業務從某方面看，還是值錢的，可以視為一項資產。然而，它的主要性質，畢竟還是業務。

6.2 業務型資產的定義

業務型的資產，是需要投入資金，才能得到回報。

也是用餐廳作為例子，餐廳的資產，是其裝修、桌椅等等生財工具，但是生財工具是不能單獨生財的，東主必須聘請廚師、樓面，甚至是會計員，才能把生財工具變成收入。又以「東亞銀行」作為例子，它的其中一個重要資產，是其商譽，可是商譽是不能獨立賺錢的，而是配合一盤生意，才能把商譽變成實質的收入。

絕大部份的資產，除了銀行存款可以收息之外，其他的都需要投入資金，才能變成收入，就算是房地產，用來收租，也需要保養、維修、管理費等等雜項支出。前文說過，資產的「白痴程度」，可以用管理所需的專業知識來去作界定，現在則可多加一項，就是也可以用投入的資金以產生的利潤比去作決定。

舉個例子，經營一間貿易公司，那是一盤生意，經營一間酒店，資產和業務各佔一半，但是一幢收租的大廈，則是資產佔了大部份的價值，投入的資金只是微不足道。

6.3 業務型資產的一個例子

在香港的環境，工廠大廈單位是房地產的一種，可視為流通性資產。以我的定義，即是任何一個智力正常的人，都能輕易把它賣出，套回現金。但在有些情況下，廠房則難以合理價錢賣出。講多無謂，舉例實際：

我認識一位廠家，少年時從內地偷渡來港，當植字工人餬口。他對機械有天份，在八十年代，發明了一種植字機，掘得了第一桶金，雖只是小小的一桶，但已足夠他開設實業公司，專門生產機器，例如啤機之類。他最大的願望是生產切割人造眼角膜的機器，該種機器市場價格十分昂貴，他則想出了廉價大量生產的方法。總之，他是一位主意多多的實業家，希望得到更多更多的資金去滿足他的鬼主意，於是，他找上了我，希望我能為他帶來資金。

在 2001 年，我到他的廠房去參觀。該廠位於大亞灣核電廠附近，這鬼地方在我當政治評論員的時候說得多了，想不到竟然到此一遊的際遇。我從深圳乘車，轉了好幾次車，搞了好幾個小時，轉得暈頭轉向，最後一程是他的手下在一個荒蕪的小鎮接我，走了二十分鐘的車程，在四周人一般高的草叢中，見到了他的廠房。那是三幢的建築群，一幢是工場，一幢是宿舍，一幢是辦公大樓，員工有二三百人。那裡的生活健康，人品純樸，可恨的是，我是個無可救藥的魔鬼，向來對於健康生活敬謝不敏，喜歡壞人，尤其是壞女人，遠多於好人。如此這般之下，我草草談完正事，忙忙吃完一頓健康晚餐之後，即刻施展最快的輕功，逃出「天堂」，逃到地獄也似的深圳去了。

這廠房蓋了他不少錢，在會計簿上，列入資產部份，除了一點折舊外，賬面價值沒短少了多少。然而萬一這位生活健康的朋友生意失敗，要賣出去，恐怕是「打靶價」，只能及其建築費的一二成。換言之，它的出售價值同傢俱雜物和存貨等等一樣，遠及不上其賬面價值，因此只能列為生財工具。至於設施，除了折舊外，要賣出時，最要命的是搬遷費，拆卸運走再重新組裝的價錢，隨時比它的二手價還要高，這種情況相等於港人熟悉的「負資產」，是賣不走的累贅物。

所謂的生財工具，從資產的角度看，意即當它要在市場出售時，其市場遠低於其賬面值的。它是可以為公司賺很多錢的機器，但必須配合其他的生產因素，例如人才和商譽，才能賺錢，它單獨作為一項資產時，價值是有限的。就像把人的全身器官採摘出來，分售給器官販子，雖然都能賣到些錢，我估計黑市價可以賣二三十萬元。但一個人的生產能力，如果全力去工作，則遠遠高於二三十萬元。由此可見，一件東西結合起來的價值，可以遠遠高於它分拆出售的價格。

6.4 商譽和無形資產

商譽也是公司資產，是「無形資產」的一種。它必須用很長的時間和很高的

成本製造出來,因此在賬簿上,往往價值極高,經常到達不合理的地步,例如說,可口可樂和麥當勞的招牌價值,就是它們的最大資產。

很少人留意的是,維持商譽也需要極高的成本,只因在賬目上,它列入「宣傳費」,隱藏了這筆費用。

股票、債券和現金都不需要維持成本,物業的修葺費用只佔其價值的極少數,但維持商譽的成本(往往,但不一定)高得驚人。

更要命的是,它的資產值累積很很慢,但喪失時可以快如閃電,一次公關危機,例如發現產品有毒,或者製作過程或宣傳口號有欺騙成份,一旦處理不當,足以把百年老字號的商譽變成負資產。

(商譽變成負資產的定義是:同樣貨品冠上全新的牌子和名字,其銷量反高於原來的商標。)

就是沒有公關危機,當市場發生巨大變動時,也會摧毀商譽這種無形資產。

上世紀九十年代,香港報業因《蘋果日報》的出現而發生劇烈變動,《華僑日報》迅速結業,等同於數十年建立的商譽資產一下子變成了零。《成報》這份屹立數十年的香港報業二哥,由於銷量大跌,其商譽在極短時間大幅貶值,怎樣在賬目上撇賬則不得而知了。

相比來說,廠房設施這些生財工具雖然賣不到甚麼錢,但不會一下子變成零。遇上火災等意外時,固然一燒而光,但有保險賠償。然而,商譽卻沒有保險可投了。在《國產凌凌漆》中,周星馳中了槍,幸好他穿了避彈衣,可惜沒有避彈褲,結果要袁詠儀為他療傷。是的,商譽保險就像避彈褲,世上並不存在,故此,商譽一旦摧毀了,就無可彌補。

6.5 周大福和新世界

有人說,鄭氏家族現時的旗艦是「周大福」(股票編號: 1929),而不再是「新世界」(股票編號: 17)了,因為前者的市值是一千億以上,而後者只得其一半。

我不知這些人是怎樣分析公司的,因為如果把這兩間公司隨便送給我一間(假設啦,幻想下都得啫),打我一百次,問我一百次,我都會揀「新世界」。我沒有詳細計算過這兩者的資產,但在我的心目中,「新世界」的真正價值最少是現價位的一倍以上,即是有一千多億,這是起碼的數字。

但是「周大福」,卻連一半也沒有,五百億元也不值。

為甚麼「周大福」的市值高於「新世界」?

很簡單,因為它是業務型的公司,屬於全攻型,沒有甚麼資產負累,好比『蘋果』和『Facebook』,自然會值得更高的溢價。然而,照我的看法,鄭家的旗艦仍然是在「新世界」,那還用說嗎!

6.6 專利權資產

一些公司擁有某種行業的專營權，例如「中華電力」（股票編號： 2)擁有九龍和新界的電力供應專營權，「電能實業」（股票編號： 2)擁有香港島和南丫島的電力供應專營權，「載通國際」（股票編號： 62)擁有在九龍經營專線巴士的專營權。它們從政府的手上，獲得這些專營權，其中最重要的條件是：它們必須具有經營有關業務的能力。換言之，其運作能力和專利是分不開的，這即是說，它們不能停止經營，單純把專利租出去給別人，便能坐地分肥。此外，如果其經營出現了問題，政府有可能在期滿之後，不再續約給它，例子是「中華巴士」（股票編號： 26)在 1933 年獲得了在香港島經營巴士的專營權以後，持續經營了巴士業務 65 年，終於在 1998 年被香港特區政府收回了專營權。

由此可見，專營權並非是固定不變的。但從另一方面看，專營權的批出和續約，並非單單由價高者得。政府會考慮到，如果把專營權另外批了給別的公司，在交接期間，將會出現不少技術上的問題。此外，在政治上，把專營權轉走，也會受到社會的質疑，因此，在一般的情況下，如果專營公司沒有引起市民的普遍不滿，續約是沒有問題的。

儘管專營權可能會被取消，但是這個可能性並不大，因此它仍然可被視為資產。但是這個資產，由於是必須投入資金，以及優秀的管理，才能賺錢，因此，這仍然算是「業務型資產」，又或者照中國人的傳統說法，叫「生財工具」。呂志和在 2002 年取得了澳門的博彩牌照，這個賭牌即被視為重要的資產。呂志和於 2004 年把賭牌注入了「銀河娛樂」（股票編號： 27)，即可換回這家上市公司的股票，也可發出新股，換回資金，以發展賭業。

用我那把尺去量度，專利權資產既不「白痴」，也不像「蘋果」或「Facebook」般難以經營，正如位於尺中間的位置。一間「白痴式」的房地產，價格可升可跌，專利權的收入卻是穩定得多，香港的兩間電力公司固然年年賺大錢，澳門的六間賭場雖然利潤有多有少，可是盈利最少的一間，所賺取的也是暴利。相比之下，其他所有形式的資產的值錢程度，或可稱為「含金量」，都遠在其後。

6.7 礦作為資產

這一小節，我們是去探討，「礦」的本質是甚麼，究竟是資產，還是業務？由於香港有太多的資源股，而交易所為了吸引資源股來港上市，又或者是「借殼」上市，所以我們有必要認識「礦」這資產，或業務。

6.7.1 礦的經營方式

礦業的基本過程有兩個步驟，一是勘探，二是開採，兩種都是專業性很強的

工作，無論是石油、煤、金屬，都離不開這兩種過程。

6.7.1.1 勘探

專家會估算，礦場開採可以獲得的經濟價值。礦產資源的位置、數量、品位、形狀、礦物含量，可以從具體的地質證據來勘探出來，這就是俗稱的「蘊藏量」。在這方面，我們只有相信專家，而交易所也指定了幾個專家去評估。在這方面，我們不要問，只要信，就成了。

一個礦就像一間工廠，它的生產礦石，並非不用成本，而是必須付出開採成本、運輸成本，以及各種不同種類的成本。有的礦的成本較高，有的礦的成本較低，這就像有的工廠的成本較高，有的工廠的成本較低。反過來說，如果我們不把資金投進去開礦，而是投進去別的地方，一樣有回報，而且回報可能會更多。

在 2007 年，股壇人士紛紛去看礦，有邀我去的，我都拒絕了。看工廠還可以看到成本，人家騙你五億元，還得拿出兩億元去開廠，但是去看礦，能看出甚麼來？一道樓梯，通往地底，分析員能看到甚麼？有的甚至是乘坐飛機，在空中轉一個圈就算了。有一個例子更離譜，因為石油是海底，所以坐直升機看的是茫茫大海，指著水面說，裡面的藏量是多少多少，問你服未？

如果去看工廠，還可以有餘興節目，因為內地凡是工廠，例有一 K，可以擁女唱 K，還值得一行，正是醉翁之意不在酒，記者之意不在廠，但是去看礦，吓，一片荒地，前不巴村，後不巴店，有何好看的地方？所以，如果有一個分析員，或者一個財經演員對公眾說，親身去看過了這個礦，他不是笨蛋，就是騙人，兩者必居其一。因為正如前言，看礦是沒有用的。

6.7.1.2 開採

開礦需要很長的時間，要好幾年之後，才開始有回報。不計那些繁瑣的文件手續，例如土地使用權證及生產許可證等等，勘查、豎井、發掘巷道、建礦廠，全都是錢、錢、錢。通常，還需要進行基建項目，即是興建公路，或者是碼頭，才能把把礦石運到買家手中。通常，最令人震驚的是基建項目的成本。據說，當年「蒙古能源」(股票編號： 276) 的負責人帶著一眾分析員去看礦，只能在飛機上，遠遠觀看，因為當時根本沒有路。

6.7.2 一個礦的價值

因此，討論礦藏量是多少，而且根據礦藏量去作價，根本就是無稽之談。因為礦藏最重要的是開採成本。

梁杰文在《香港股票財技密碼》的說法是：你有 10 億元的黃金，可以隨時拿到金行沽出，換回港幣，花錢享樂，你的身家便有 10 億元。如果把價值 10 億

的金磚埋在內蒙古鄂爾多斯的地底呢？要把金磚從地底「開採」出來，便得先請一班礦工、買挖土機、起道路、起橋樑，把金磚運出來，前前後後，花費了9億元，你的身家很便不是10億元，而是1億元。如果開採時發生礦難，要作出賠償，停產整頓，金礦更很可能變成了「負資產」。

　　一個礦藏量的意思，是指它的總開採量，相等於一間製衣工廠只能製造出一萬件衣服，之後便不准再生產了。這個例子不好，我用農地去表達：一塊農地可以生產一千年、一萬年，這相當於它的農產品蘊藏量是無限，但這塊農地，是否可以值一百億呢？就是小學生也知道答案：並不。因為生產農產品是需要成本的：農人下田耕作是人力成本，機械和肥料都要成本，這正如礦場的開礦成本。

　　因此，一個礦的價值比諸農地還不如，無怪乎在2007年大家瘋狂買礦時，礦主紛紛出讓，拿現金到大城市享福去了。

6.7.3 計算礦的價值的方法

　　其實，計算礦股的方法，應該是每年投入多少錢，每年的回報又是多少，然後計算現金流。基本上，所有的生意業務，從餐廳到科網事業，都是用同樣的方法去計算其價值。不過其他的生意的營業狀況難以預測，全都是「靠估」，但是礦產的價格卻有客觀的標準，不過，隨著市場價格的變動，收入也會因而改變，不排除市價跌得太低時，比開採成本更低，這礦便變成了負資產。

　　現時對礦的評估方法如成本法、收益法、市場定價法，以及資本市場上的市盈率比較法、市帳率比較法、EV/EBITDA倍數法，到了最後，都是萬變不離其宗。

6.7.4 礦的本質

　　所以，礦的本質，好比是一間製衣廠的布疋，是原材料，它要等開採出來，才能夠成為商品。它其實是資產和業務的混合，是介乎資產和生財工具之間的事物，不能算作是純資產。

6.8 現金和營運資金

　　如果你有一百萬現金，這一百萬就是你的資產，你可以用來隨便亂花，看戲、吃飯、付房租，送給愛人，怎樣做都可以，沒有甚麼好說的，因為花光了也是自己的事。但是，如果公司有一百萬現金，那就是另一回事了。

　　如果公司沒有任何的業務，公司現金和私人現金在本質上沒有分別，當然，挪用公司現金是犯法的，但我並非想討論這個。我要說的是，如果公司有業務，這些業務需要投入資金以產生利潤，所以，放在公司的現金，不一定是能動用的。

在專業術語上，這些現金，叫作「營運資金」，技術上是不能動的。所以，如果一間公司擁有現金，必須要看其有多少是屬於營運資金。記著，營運資金並不能算是資產，而究竟多少營運資金才算是足夠，得視乎不同的生意狀況而定。如果是本小利大銷售高的那一種，例如開一間門庭如市的私房菜，並不需要太多的現金儲備，但是以本博本的業務，例如「國美電器」（股票編號：493)，便需要更大份額的營運資金。

如果是初起的生意，銷售量既不穩定，甚至沒有保證，例如西元二千年的科網股，或者是尚未有利潤的 Facebook，那就需要更多的營運資金了。

6.9 資產和生財工具的分別

在這一章節之中，我們討論了甚麼是生財工具。在分析討論的過程當中，我們可以發現，這兩者之間的界線是很模糊的，在它們的中間，有著大片的灰色地帶，但我並不打算去繼續詳細定義這個灰色地帶，因為，灰色地帶存在於大部份的定義事物中，甚至是男人和女人的簡單二分法，中間也有難以定義的灰色地帶，我當然不會作出強行定義這種徒勞的笨事。

照我的看法，一間公司最為重要的資產，莫過於一項無形資產：人才。我寫過了無數文章，詳述了人才對於公司的重要性。但是，本書的名字是《財技密碼》，而不是講述優良管理的公司，所以對於這一課題，只有從略。

7. 垃圾資產和資產估值

有一些資產，在會計賬目上，登記為「資產」。但是，說它是資產呢，它賣不出去，有時送也沒有人要。說它是業務呢，它根本是擺明虧本的生意，也不會有前途，更不會有錢途的了。這些，就是垃圾資產了。

7.1 為何有垃圾資產？

上市公司經營或持有垃圾資產的原因，一共有三種:

投資失敗，本來以為它們不是垃圾，後來才知。買錯了資產，收購錯了公司，或者是經營了一門業務，但因經營不善而虧本，這些都是司空見慣的事，不值得奇怪。所以，公司常常有著一些垃圾資產，又或是，整間公司都是垃圾資產，都是常常發生的事。

法例規定，上市公司必須經營業務，所以就是殼股，都得經營一盤生意，意思意思，以維持上市地位。所以呢，公司為了保持上市地位，因而經營垃圾業務，又或者是擁有垃圾資產，也是司空見慣的事。

上市公司以關連交易，或不為人知的關連交易去購入垃圾資產，是為了在公司之內調走珍貴的現金，這種常見的現象，又稱為「偷錢」。所以有時候，垃圾資產也有其價值。一間垃圾公司，不時能以數百萬元的價格賣掉，然後，買家以數千萬元或以上的價格，把這間垃圾公司賣給上市公司，便能夠成功的把現金從上市公司的戶口，套取出來。

7.2 垃圾資產的計算

垃圾資產的價值有時候是零，有時候是負數，因為假如它是一盤年年蝕本的業務，經常性地作出淨現金支出，這盤業務的價值就是負數。這當然是正確的計算方法，香港人早有一個術語，叫作「負資產」。

更奇怪的是，垃圾資產居然也有可能是正數值，例如說，它在剛過去的一年，虧掉了 3,000 萬元。以公司稅率 16.5% 計，如果把 3,000 萬元純利撥到這間蝕本公司，便可以省掉 495 萬元的稅款。所以，在理論上，如果有人把這些虧本公司蒐集起來，再出售給賺大錢的公司，便是一間有利可圖的生意。事實上，有很多會計師樓的工作之一，便是搞著這些業務。

7.3 資產價值和市賬率

在股票的世界，計算資產價值和股價比例的方式，叫「市賬率」（Price-to-

Book Ratio，P/B），計算方法是每股市價除以每股淨資產。這即是説，如果市賬率是 1，股價就等於資產值，如果市賬率是 2，股價只有資產值的一半，如果市賬率是 0.5，股價就是資產值的一半，也即是説，股價低於資產值了。

前面説過，有一些資產是垃圾資產，在會計的賬目上，也算是資產。如果我們要認真的去計算，應該把它們剔除，所以資產值和市賬率，也可以有兩個：一個是會計上的，另一個則是我們自己計算的，真實的價值。

這一段是告訴大家，會計賬目上的資產值，和真實的資產值，是截然不同的兩回事。很多時，會計賬目的所謂「資產」，只是垃圾資產，甚至是負資產，但在賬目上，它們是非常貴重的資產。

7.4 資產重估

你用三百萬買了一個住宅單位，現在房子漲了價，市值變成五百萬。但你還未賣出單位。這種情況下，你算不算賺了兩百萬？反過來説，房子貶了值，市值變成二百萬，但你還未賣出單位，算不算蝕了一百萬？

這類形式的賺蝕，我們稱為「賬面利潤」和「賬面虧損」，但實際上，所謂的「賬面」和事實並無分別。我會傾向採用最簡單的計算方式，即是賬面漲了價，就是賺了錢，賬面虧了本，就是蝕了本。所有的其他解釋方式，或者會計方式，都是掩眼法，被掩眼法所迷倒的，就是豬八戒，因為《西遊記》中，專門上當的，就是老豬悟能。

在上市公司的會計數簿中，當它買進了一件資產，在一段時間後，不管資產是升值還是貶值，只要它一天未：1.沽出，或 2.重估（升值時叫「重估」，貶值時叫「撇賬」），這項投資的賺蝕一天未在其賬簿中反映出來。換句話説，上市公司同你一樣，用三百萬買了一個住宅單位，三年後，單位漲價成五百萬，假如它沽出該單位，可得到二百萬元的利潤，這是賬目上的純利。假如它沒有沽出，在資產負債表上，這項資產的價值仍然是買入價三百萬，而非市價五百萬。直至有一天，不管這一天是馬上，還是五年後，十年後，這單位作出了一種叫「資產重估」的會計手法，賬簿上就可以「假設」該資產已賣出，寫上二百萬元的利潤。

這明明是一項會計手法，不管該單位重估不重估，它的價值沒有變。但實際的操作上，資產重估後得出來的利潤，市場會接受它是一項利好消息，股價往往因此而上升。

反過來説，上市公司買入了一項垃圾資產，例如用一億元買入了一個網站，不管該網站如何虧蝕，在它倒閉之前，都不能算是虧蝕，除非，該項投資做出了會計上的「撇賬」，才能把這一億元的全部或部份視為投資上的虧蝕。

以上的例子，説明了一些道理：

1. 會計在評估資產方面，是極不可靠的。我們計算上市公司的資產數字時，必須親自動手，不能相信它的會計賬目，因為當資產的市場價值發生變動時，會計法例非但不需要馬上作出相應變動，甚至可以相隔許多年才糾正，但實際上，該項資產的價值已不知改變了多少次了。

2. 對於流通性強的資產，例如股票、債券、房地產之類，雖然會計賬目不一定馬上反映其現在價值，但作為有分析股票能力的我們，如果細心計算，還能計算出其現價。一間公司的資產中，很多是無形資產，例如前面的例子說，投資了一億元在一個網站，這網站現時還在虧本，因此沒有市盈率可計算，但它卻很有賺錢潛質，未來可能賺錢，可能賺大錢，也可能賺小錢，說不準還會虧蝕一段時間，又或者，它雖然很有機會在未來賺錢，但現在先得注資五千萬來度過難關……這種公司，神仙也難計算出它的市價來。下一節會繼續分析這種資產的計算方法。

以上這段文字寫於 2007 年，但是，今天的上市公司，已經採用了「按市價入賬」的方法，去計算資產值。可是，我並無意修改以上的內容，這是因為本書的寫作原意，是向大家解釋財技的基本原理，是一本概念性的敘述。當大家懂得了這些基本的原理之後，便能夠一理通，百理明，無論到了那一個國家，參與那一種法律上的金融活動，只要稍為變通，都能明瞭其基本原理。因此，我亦沒有必要汲汲地去跟隨法律條文的改動，因為法律條法是不停改變的，但是基本原理，卻是永遠不會改變的。

7.5 小結

從上文的分析，可以得出結論：計算資產總值是不可靠的，因為計算的難度實在太高了。但是，見山又是山，就算不可靠的數字，總比沒數字為佳，因此我們分析股票時，還是不得不計算其資產總值。只是當計算時，得時刻記著，這些計算結果並不可靠，只能作為參考，不能盡信。

此外，現在雖流行「市價入賬」，但會計賬目的不準確和不可靠，依然不變，因為有很多資產，其實是難以估算價值的。況且，「市價入賬」的形式，亦會造成另一種的資產計算錯誤，相比起以前，只是各有缺點而已。

8. 資產價格的折讓

給你兩個選擇：

1. 你擁有 1 個住宅單位；

2. 你擁有一間公司的 10% 股票，而這公司擁有 10 個住宅單位。

這個問題，我在課堂之上，問過不同的學生很多次。表面上，從數學上、或者是從會計學上，以上兩者都是等價的，乍看起上來，完全沒有分別。但是，幾乎是每個學生，都會選擇第 1 項。

為甚麼會有這種情況出現呢？很簡單，因為在數學上和在會計學上，這兩者之間雖然沒有分別，但是在實際上，這兩者是有很大的分別的。

8.1 管理權的問題

這個分別，是管理權。如果管理權在我的手上，我會寧願要 10 間房子的 10% 股份，但如果管理權不在我的手上，我便寧願要 1 間房子了。擁有管理權，等於擁有決策權和主導權，你可以決定賣掉其中的任何一間，甚至可以多買一間，或者是同銀行借錢，隨你喜歡怎樣都成，所以這個管理權是有價值的。因為管理權誰屬，代表了彈性在誰人的手上，而作為小股東，雖然 (在理論上) 權益是一樣的，但是卻沒有了彈性，所以其價值也比較低。

因此，在通常的情況下，地產股相比其資產淨值是有折讓的，因為擁有房子的股票，其價值畢竟比不上擁有房子本身。說穿了，股東價值是一個零和遊戲，不會無中生有，憑空產生一些價值出來的。當大股東的股票更有價值時 (因為他擁有了控制權和管理權)，這代表了小股東的股票相比來說，沒那麼有價值。所以，地產股大股東手中的股票價值高於其資產值，而小股民手中的股票的價值則低於其資產值。

順理成章地去推論，凡是資產，放在公司，都是一種浪費，而且，越是接近資產，例如現金，放在公司，其浪費程度也越高。

簡單點說，把資產放在公司，是一種浪費，資產越多，浪費也越大，所以，當把資產放進了公司之後，它的股票價格也會出現了折讓，換言之，一間擁有 10 個住宅單位的公司，其股票價值必然也低於這 10 個住宅單位的總和，可能是 9 個、8 個，甚至是 7 個、6 個、5 個。而我們看很多上公司，資產對股價折讓五成，也是常常發生的事。

8.2 楚人無罪，懷壁其罪

一間上市公司，如果有太多優質的「白痴資產」。(就是白痴程度的智力，

也能夠容易控制的資產，例如說，現金、房地產)，偏生這些公司的股價又長期偏低，而大股東的控制權又不穩，那就很容易惹人敵意收購。劉鑾雄當年意圖收購的「華人置業」(股票編號: 127)、「東亞銀行」(股票編號: 23)、「香港上海大酒店」(股票編號: 45) 等等，都是這一類型的公司。

巴菲特師傅 Benjamin Graham 提出的「價值投資法」，說穿了，就是收購這些控有大量「白痴資產」的上市公司的控制權，然後把這些資產「拆骨」，即是分批賣掉，就是這麼的一回事。

8.3 小結: 資產淨值的不可靠資產

你名下有現金，可以隨意花掉，你名下有物業，可以賣掉套現。因此，你個人的資產淨值是可靠的。資產在公司的手裡，它不一定（或一定不）會把資產套現；現金在公司的手裡，它不一定（或一定不）會將它當成股息派給你，故此上市公司的資產只是虛幻，不一定（或一定不）會「變成現實」(actualize)，即變成你手裡的現金。你要套現的唯一方法，是把股票賣掉，無眼屎乾淨盲。

我們從上文的分析當中，得到了三個結論:

結論一: 如果公司有資產，其資產相對於股票價值，必然有折扣。

結論二: 既然有折扣，就是浪費。上市公司擁有資產，就是一種對資源的浪費。

結論三: 優秀的公司不會擁有太多的資產。

本章是極其重要的概念，我也因而把它獨立成章，以示其重要性，而在下面章節的分析當中，也將會多次出現有關這個概念的舖陳分析。

9. 資產、業務 vs 防守、進攻

前面說了，公司擁有太多的資產，對於它的發展，並不是好事。我們所舉的例子，是餐廳老闆應該把自置舖位放在自己的名下，再租給公司。但是在某些情形之下，這種做法是不可行的。

要知道，在某程度上，資產和生財工具的分界是很模糊的。以一間餐廳為例子，自設廠房、中央廚房，可以有效的降低成本，增強競爭力。然而，這間自設的廠房，又算不算是「白痴資產」呢？做生意有高峰期，又有低潮期，在高峰期多賺錢，在低潮期，能不虧蝕，或是少蝕一點，就要偷笑了。有時候，一間公司能不能挺過低潮，就看它的經營成本，如果一間餐廳能夠擁有自置舖位，往往就是能夠屹立不倒的一大因素。

在財務上，自置舖位相當於交租給自己，如果餐廳賺不回租金，已相當於虧蝕。餐廳在賺錢時，把利潤全部派息，派得光光的。到低潮時，再向股東供股集資，這在概念上，是完全可以的。這種做法，在私人公司時，不過是左袋交右袋，易如反掌。然而如果在上市公司，每種財務動作都費時失事，以供股為例子，不單化時間，也得付出不菲的交易費用。所以，一間上市公司仍然需要持有某些資產，以增強逆境時的防守力，也是必不可少的。

以「大家樂」(股票編號：341) 為例子，它固然是一間「全攻型」的公司，但也擁有一些舖位，以作「防守」之用，也是有效的財務管理。

9.1 資產升值和業務的分析

有人認為，餐廳買下舖位，可以減低成本，改善利潤。但是，從財務管理的情況去看，如果經營一間餐廳，連租金也付不起，那就不應該繼續經營下去了。事實上，以香港在 2003 年打後的情況，如果「大家樂」(341) 把資金不開餐廳了，投往炒舖，將會賺到數以倍計的利潤。

打個比方，航空公司為燃油的價格波動，而購買石油期貨，作出對沖。理論上，如果航空公司的機票售價連燃油費也付不起，倒不如把飛機賣掉，改為炒石油期貨，利潤會更大。但從另一方面看，機票是預售的，其價格是幾個月前定下的，石油卻是即用的，其價格卻是現價，兩者有著時間差，因此航空公司購買石油期貨，作出對沖，也是可以理解的。

我的意思是指，資產可以作為一個緩衝，有效的減低短期成本衝擊。例如說，如果租金在短時間大幅增加，必然會導致經營困難，不少餐廳因而倒閉。但是附近的餐廳倒閉了，意味著我的餐廳的生意將有增加，但前提是：我的餐廳必須比鄰近對手挺得更久，到得他們都死光了，我便可活下來了，而且活得比以前更好，因為競爭對手少了。在這個死守等待對手的時刻，我的自置舖位，便發生功效了，

因為這個舖位等於是肥人的脂肪,可以在飢餓時,作為營養來作維持生命。但是,如果長期而言,我的餐廳盈利也追不上租金的上升,連租金也付不起,倒不如關掉它,把店子租給別人,也可收到更高的回報。

至於,應該把資金用來買「白痴資產」,還是用來投資和開發業務,這純粹是看眼光,不能一概而論。但是在一個健康的經濟體系,投資和開發業務的所賺,應該遠勝於「白痴資產」的升值,但是在一個畸形的、白痴的經濟體系,資產價和不停地無理上升,則坐擁「白痴資產」者所賺更多,投資和開發業務反而變成了輸家,這也是説不準的事。不過,在這種情況之下,更正確的方法應該是把餐廳也賣掉,把所有的資金都用來炒作資產,利潤將會更高。

9.2 「和黃」和它的全攻型生意

「和黃」(股票編號: 13) 的其中一個為人詬病的大缺點,就是其負債高企。當然,它亦持有大量現金,但是其負債比率如此之高,也是嚇怕人的。

但根據前文的分析架構,「和黃」的資產和業務比例,才是最高明的。

如果你是一個富豪,你個人會不會借貸?答案是當然不會,因為無論任何借貸,都有風險,一旦市場逆轉,自己的情況便會很麻煩了。這就是巴菲特所説過的話,大意是説: 我知道借貸槓桿可以賺到更多的錢,而且以我的情況,少量借貸仍然是十分的安全,可是,我現在的生活是這麼開心,又何必去冒哪怕是一點點的風險呢?

這答案是對的,所以今日的李嘉誠是不會借錢投資的。

第二個問題是: 借錢做生意雖然危險,可是做生意怎能不借錢?沒有借貸的公司,發展也不會太快。

這問題也是問得對的,所以李嘉誠本人雖然不用借錢,可是他的旗艦「長江實業」(股票編號: 1) 卻不妨借一點點,以維持財務的健康,和公司的發展。

好了,現在是第三個問題: 「長實」的借貸比率很低,可是「長實」以下的公司,例如「和黃」,借貸比率是不是應該更高呢?答案是: YES。因為借貸比率越高,代表了可用更少的本錢去做更多的生意,何樂而不為?

舉個例子: 我有一千萬元,現在成立了一間炒股公司,用公司來炒股票。現在我要購買一千萬元的股票,我應該動用多少現金?我的打算是動用五百萬元,然後再向銀行或股證券公司借貸五百萬元,自己省掉五百萬元,一旦市場逆轉時,我便把公司關掉,只蝕去戶口的五百萬元,而不用「蝕入肉」。我的手上,還剩下了五百萬元現金,還可以憑藉這五百萬元,博取另一個翻身的時機。

我這樣做,當然要有成本,成本就是槓桿所使用的借貸,需要付出利息成本。但從安全性的角度去看,後一種做法,安全程度當然是更高,因為可以為自己留

下最後的一筆本錢。當然，股票的孖展槓桿，是要私人擔保，是要蝕入肉的，但是為自己留下現金，始終是可以帶來彈性，頂多是必要時，把這筆錢存在至親好友的戶口，或者是索性儲存現鈔，如此而已。

在李嘉誠和「和黃」的個案，首先，「和黃」的借貸，李嘉誠並不用作出私人擔保，就是「和黃」虧蝕至倒閉，他也不用蝕上身、蝕入肉。而如果「和黃」真的需要現金，頂多是由李嘉誠私人購進它的債券，還可以賺取利息呢！

在「和黃」這間公司而言，還有一個優點，就是高負債令它的市值變小，從炒股票的角度看，將會令它變得更好炒。試想想，現時它的市值是三千億元，如果減少一千億元的負債，其市值隨時增加不止一千億元，因為負債減少了，代表財務狀況健康了，自然會更好地反映出來。但從另一方面看，莊家炒這股票，豈不費力甚多？如果要玩任何財技，也是市值越小，越容易玩。

當然了，一間負債很高的公司，結果可能是執笠，母公司不用負責。但「和黃」所持有的業務都是專營或半專營事業，或者是自然壟斷事業，例如貨櫃碼頭、電網、超級市場、移動電話網絡等。這些根本是人人垂涎的生意，如果李嘉誠肯賣，大把人撲倒去買，所以它也是不會執笠的，甚至比現時高一倍的溢價去賣殼，也能容易的找到買家。(後記：寫了這段之後，「和黃」居然真的出售其擁有的「百佳超級市場」，真的是教人意想不到。)

總括而言，「和黃」的高負債，是李嘉誠故意的，因為這才是經營一盤生意最高明的財務管理方式。

9.3 「信和」黃氏家族的例子

另一個說明例子，是在 1970 年，新加坡的黃廷芳家族在香港成立了「信和集團」，發展地產業務，然後在 1972 年，「信和地產」在香港上市了，也即是今日的「尖沙咀置業」(股票編號：247)。

「信和集團」在香港的真正高速發展，是它在 1981 年，把旗下的「信和置業」分拆上市，上市編號是「83」，才算是真正的在香港大展拳腳。

在這時，香港的地產市場已經是強手雲集，李嘉誠、郭得勝、李兆基、鄭裕彤四大家族各據地盤，新來者「信和置業」企圖打進這個市場，唯一的方法，就是使用高槓桿的政策，用高價搶樓、高槓桿投資，來強硬插進這個新市場。它曾經多次以歷史高價投得土地，在香港地產界有「超級大好友」的稱號。

在 1983 年至 1984 年間，香港的地產市道大跌，「信和」的虧損超過十億港元，幾乎破產，後來休養生息了好幾年，才算是復元。

在 1997 年的年初，「信和置業」聯同維德集團和中銀香港組成財團，以118.2 億的歷史高價，投得了柴灣巴士站上蓋的地皮，而在當年的秋天，發生了

亞洲金融風暴，樓價大幅下跌，令到「信和集團」陷入了財政極度困難的局面。結果是，發展商向政府申請修改圖則，增加這塊地皮的可建築樓面面積，後來還被審計署揭發了，這次的增加可建築樓面面積，地政總署並沒有收取補地價。

結果這塊地皮在 1998 年動工，2001 年落成，一共建成了 8 座大樓，每座高 62 層，總算是為財團賺了錢。在 2012 年，「信和」的利潤是 50 億元，資產總值是 1,005 億元，而在作者撰寫本段時的這一刻，它的市值是 781 億元。來自新加坡的過江龍黃氏家族，總算在香港是落地生根了。

問題來了：人人都知道，在全世界，地產發展受到了地產周期波動的影響，為甚麼黃氏家族這樣的老江湖，到了人生路不熟的香港，居然膽敢使用高槓桿的財務手法，去發展地產業務呢？當然，這是為了打開香港市場，必須使用大膽的手段。可是大膽之餘，作為一個資深的地產發展商，必然也要做足安全措施。而「信和置業」從登陸香港，到打出江山，前後花了二十多年，而這二十多年的高槓桿投資，安全網何在呢？

答案是「信和置業」的創辦人黃廷芳，早年已經在新加坡發了大財。他在上世紀的四十年代，經營醬油業，賺得了第一桶金，跟著就在新加坡發展地產業，他是新加坡最繁盛的商業街烏節路的大地主，其旗艦叫做「遠東集團」。從 2007 年起，黃廷芳家族在「福布斯新加坡富豪榜」中，排名第 1。By the way，黃廷芳已於 2010 年仙遊，現時這家族已經分家了，香港地區的掌門人，是他的長子黃志祥。

到了這裡，大家可以看到，黃氏家族真正的堡壘陣地，在新加坡，所以，它在香港的地產業務發展，卻不妨做上高槓桿。表面上看來，黃氏家族在 1984 年，以及在 1998 年，財務狀況好像是十分危險，但這只是就「信和置業」這間香港公司而言，實際上，如果從黃氏家族作為一個總體去看，他們的財務狀況卻是十分穩健。

當時的地產市道確實是回升了，「信和置業」因而反敗為勝，賺了大錢，黃氏家族成為了大贏家。假使當時的地產市道繼續下跌，黃氏家族頂多是把「信和置業」破產清盤，也不會影響到它的母公司「尖沙咀置業」，更加不會影響到它在新加坡的大本營「遠東集團」。如果「信和置業」只是一時間的財務不穩定，周轉不靈，而前途還是一片大好，那麼黃氏家族大可以酌量注入資金，讓「信和置業」繼續運作下去。因此，當年還沒有分家的黃氏家族的「信和置業」，是進可攻，退可守，就正如李嘉誠在「和記黃埔」的策略一樣，可說是英雄所見略同了。

9.4 小結

我們可以把上市公司分成「資產型」和「業務型」兩大種類，「太古股份」(股

票編號： 19)算是資產型，「新鴻基地產」(股票編號： 16)的租金收入比重越來越大，也可以算是這一類型，市面一般説的「收息股」，就是這一類型的股票。而「思捷環球」(330)和「富士康國際」(2038)就是典型的業務型了。

除非上市公司清盤或除牌，任何股票都有價值。上市公司或許一文不值，但只要老闆想藉由這部上市機器繼續賺錢，它的股票一定有個底價。這個股票的底價，就是它的流通價值，源出自它的上市地位。

我們前文的其中一個結論是：「資產價值有折讓」。因為資產放在上市公司，不如放在手裡。從此推論下去，越是「愚蠢的資產」，即是任何人都能經營的資產，不宜放在上市公司，因為這些資產是有折讓價格的。上市公司擁有的資產，越需要專業知識、越「聰明」越好。

另一方面，越是沒有資產的公司，其股價會越高，像「蘋果」，如果它的產品一旦滯銷，其生產線將會一文不值。「蒙牛乳業」(股票編號： 2319)和「騰訊」(股票編號： 700)也是相類。

如果你有一間餐廳，要自置一個物業，去經營這間餐廳，應該用餐廳的名義，還是用自己的名義去買入？如果用餐廳的名義，萬一餐廳要倒閉時，物業便一併清盤。如果物業在自己的個人名下，餐廳要倒閉，要賣掉物業去救，還是不救，主動權在自己的手上，這然是更為上算的財技。資產要拿在自己的手上，生財工具和業務則放在公司，説穿了，不過就是這麼簡單的一回事。

第 三 部 份
股票的上市和監管機構

這一部份所説的，是公司的上市，在交易所裡進行買賣。

一間公司在上市之後，財技的玩法便變得多元化了，有著了更多的變化。但是，在同時，它也受到了更為嚴密的監管。本書的內容大部份都是圍繞著上市公司有關的財技，所以我們也應該同時去探討其基本原理，以及有關的政府部門。

10. 債務和營業額

一間公司只要是做生意，就有營業額，當然，營業額的高低，並不等於利潤。一間公司大做生意，同時大蝕其本，也是在所多有。另一方面，一間公司除了資產之外，還可能有著負債，也即是欠下的款項，這也是常有發生的事。畢竟，做生意，誰沒有負債呢？就是沒有銀行貸款，總也有些結欠未清還的貨款吧？

債務和營業額，在日常語言方面，並不難去理解，在會計學方面，有著嚴格的定義，但是，我在這裡並不打算去重覆這些人所共知的詮釋，而是用上另一角度，去討論債務和營業額在財技方面的重要性。

10.1 資產和負債

假設有兩間公司：

A 公司沒有資產，也沒有負債；

B 公司有現金 5 億元，負債 5 億元。

兩者，有何分別？

從資產負債的角度看，兩者沒有分別。前著的資產和負債都是零；後者有五億元資產，五億元負債，相減後，結果也是零。但從財務學的角度看，A 公司是個空殼，沒有前途可言。B 公司有現金在手，而負債有短期的，有長期的，總之，雖然要付利息，卻不用立刻償還全數。既然借來的錢有借來的時間，聰明的管理階層就有變的可能，即是可用時間來做生意賺錢，把手頭的錢變大。雖然往往事與願違，投資最後是蝕光收場，這已是後話。從這角度看，5 億現金加 5 億負債的公司，遠遠勝過資產負債同為零的公司，雖然兩者的 NAV（資產淨值）同為零。

10.2 蠱惑老闆的計算方式

在一個聰明絕頂兼且古惑無雙的老闆的眼中，對公司財務的看法又高深了一層。

既然 5 億負債不用馬上償還，那 5 億現金橫豎放著沒用，不如先偷出來，放進自己的戶口，將公司的錢變成私人的錢，豈不快哉！一口氣把 5 億元偷出來是不可能的，因有債務要償還，但偷 3 億出來，只要財技夠高強，是易如反掌的事。到最後，公司的確很可能資不抵債，但他可以：

1. 自己憑著偷去的 3 億元，在一段期間已賺了 10 億，不介意用其他途徑把偷出的 3 億放回公司的賬戶。

2. 市況好的時候，可印股票來還債，或者供股，或者發行可換股債券，去償還這偷去了的 3 億元。市場有太多集資的方法了。

3. 上市公司不比私人公司，欠債不一定要求私人擔保。當它無力償還債務時，債權人也不想它倒閉，導致血本無歸，很多時會同意削債的要求，說不定還肯以股代債。

4. 就是真的破產，公司的價值也不一定值得上被偷去的 3 億元，這椿生意還是賺了。

問題是，該用甚麼手法偷走 3 億元呢？

方法有很多，只要老闆肯幹，大把高手會獻策給他，最簡單的方法是前述的法子，用高價買入一件垃圾資產。這種行為在科網熱時尤其容易，一個一毛不值、成本十萬元的網站，也可估值至數億元。又或者是，在礦股流行時，去買一個垃圾礦。現在比較困難了點，監管機構的監察也比較嚴了點，因為先前有太多盜賊犯過案了，監管機構便賊過興兵。但道高一尺，魔高一丈，只要老闆有智慧，軍師有知識，偷錢還是不太難的。

從這一點去分析，一間公司的真正資產淨值，並不是資產減去負債，而是可以把兩者作出某個程度的分開，這兩者之間，是不可以完全對沖相減的。

10.3 營業額作為資產

資產和負債可以如此地作出擺弄，那麼營業額呢？

如果從以上的角度去看，營業額也可以作為「資產」的一部份去作出評估。

現在假設你有一間餐廳，營業額是每年一千萬元，而經營狀況則剛好是不賺不蝕。理論上，這間餐廳為你帶來的收入是零，因為它並沒有利潤。可是，這間餐廳有一千萬元的營業額，而大家都知道，餐廳是淨現金流入的生意，而它的支出呢，薪水是必須準時發的，租金不妨拖幾天，但是食材入貨，則可以有一至三個月的「數期」，即是延期支付。

換言之，只要你願意，可以把這筆延期支付的錢，挪來作為己用，用來投資買樓付首期，又或是用來炒股票，甚至是用來清還私人貸款，都可以。當然，這是私人挪用了公款，但是，就算是私人不去挪，公司把這筆錢用來投資增值，賺了的錢歸公司所有，也是絕對合法的。

簡單點說，營業額可能為公司帶來額外的頭寸，但這是在現金流充裕的公司，才可以做到。

我見過最絕的例子，是一間大型漫畫公司的老闆，用了十多年的時間，把印刷廠的數期，從一個月，拖到了一年以上，他的結賬，永遠是結一年前的賬單，永遠沒完沒了，這相等於把一年多前的貨款，全都賴掉了。但對於債主而言，也是沒有法子的事，因為一旦追債，這間公司可能沒錢還，清盤了事，那就更為得不償失了。從這角度看，營業額在某程度上，也可以作為資產的一部份去看。

10.4 另一個例子：百佳的現金流太多

在我寫作這一段的時候，正值李嘉誠旗下的「和記黃埔」(股票編號：13) 正在出售「百佳超級市場」。話說人們討論這樁生意，其中有一點常被提及，就是百佳擁有強大的現金流，這是非常吸引的條件。對，我今天想分析的，就是現金流在公司的作用。

大家都知道，現金流是非常重要的東西，不管公司的盈利是多麼的好，只要發生了資金鏈斷裂，一時周轉不靈，都可能會導致公司倒閉。

另外的一種香港常見的情況，就是很多公司本來不怎麼賺錢的，但是公司擁有強大的現金流，老闆可以把這些資金挪用作炒股炒樓，結果發了大財，這也是屢見不鮮的事了。

還有一種情況，就是像「大家樂」(341) 這種餐飲集團，由於擁有大量的現金收入，可以把這些現金用來開新店，大部份的盈利則可用來派息。

換句話說，開新店擴張，卻不用投入新資金，這是很划算的事，尤其是在餐飲業務的初期，一間店快速變成兩間，兩間分店變成四間，靠的就是這個。但是，除了以上的做法，現金流還有甚麼作用呢？大量現金，可以收息，不過收得不多，對盈利的貢獻不大；可以拿來放貴利，不過這就是另一盤生意了；可以借給母公司使用，不過前提是母公司需要這筆錢。以百佳的情況，它的分店已經夠多了，現金流的作用恐怕不大。

以上的情況，告訴我們，現金流是非常重要的，但受到「邊際效用遞減定律」的影響，現金流太多，雖然不壞，但至少已經作用不大了。而對於百佳這種大公司，現金流的作用並不大，因為大股東不會把錢拿來炒股炒樓。正如我在前文所分析，現金放在公司，就如同把「白痴資產」放在公司，是浪費。照此類推，現

金流太多，同資產太多一樣，也是一種浪費。

10.5 營業額和利潤爆升

假設有兩間公司：

A 公司的利潤是一百萬元，營業額是一億元；

B 公司的利潤是一百萬元，營業額是一千萬元。

如果這是行業性的差距，例如說，地產發展的毛利很高，貿易的毛利很低，所以兩者之間的邊際利潤也就不同，這當然是很正常的事。

另一個可能性，則是兩間都是經營同樣的業務，比方說，成衣零售吧，之所以出現營業額不同利潤不同，那就只有一個可能性：一間的經營狀況很好，邊際利潤較高，可以用更少的營業額，去賺取相同的利潤。另一間則經營不善，所以邊際利潤不高。

A 公司的營業額這麼高，而利潤這麼低，自然是不好的現象。可是，從另一方面去看，要做上這麼大的營業額，也不容易。從另一方面去看，一間公司有這麼大的營業額，一旦它的經營狀況改善了，它的利潤便可以大幅增加了。

如果用實例來表達：一間營業額一億元的公司，當改善了經營狀況之後，不難大幅提高利潤，變成賺五百萬元、一千萬元，都是有可能的事。但是如果是一間只有一千萬元營業額的公司，要短期內變成賺五百萬元、賺一千萬元，幾乎是不可能的任務。

大家都知道，我一直看好「思捷環球」(股票編號： 330)。雖然直至執筆為文的 2013 年為止，它的業績不過爾爾，但我喜歡它的其中一個原因，就是因為它的營業額很高，每年達到二百多億元，一旦翻身，利潤可以爆升得很快，如此而已。

10.6 小結

我們從本章節的分析，可以看到，資產和負債可以作出某程度的詮釋和擺佈，而營業額在某程度上，可以作為公司的某種「資產」。

所以，當我們分析公司的「資產」時，也必須十分小心，作出適當的處理手段，這就是財技，而不是會計。

11. 股票的流通價值

一間非上市公司的股票,你會願意用幾倍市盈率去購買?三倍、四倍、還是五倍?無論如何,一間公司在上市後,其股票價格一定會比上市前高。否則,公司也無需要上市了。

公司在上市前和上市後有差價,而且在上市之後,其股票還往往升值了很多倍,這個例子,就證明了股票的流通價值。

11.1 非上市公司的回報率

如果你要投資一間私人公司,假設是朋友開設的貿易公司,或者是酒樓吧,你期望多久能收回成本呢?我用這問題問過不少朋友,也撫心自問過,我想一年至三年是「人體極限」,沒有人期望五年後才能回本,如果是五年後回本的生意,也沒有人會去投資。

換了在上市公司,市盈率在 1 至 3 倍的,幾乎是天方夜談,就算是 5 倍,也是鳳毛麟角,極其罕有。這證明了一個事實:一般來説,投資在非上市公司的回報率比較高,投資在上市公司的回報率比較低。這是因為公司上市後,其股票由「死股票」變成了「生股票」,流通性加強了,因而出現了溢價。所以,把非上市公司變成了上市公司,便有像把農作物送上公路,可以有效的令到股票的價值增加。

11.2 公路運輸農作物的比喻

在古時,不時發生飢荒,因為餓肚子而「人相食」,也是不時發生的事。但中國的國土是這麼的大,就是發生飢荒,也不可能是整個國家的共同問題。這正如作者第一次寫出本段的 2010 年,中國先是西南部發生旱災,繼而長江流域發大水,水災旱災一起來,也是屢見不鮮的事。

古代之所以有飢荒,究其根柢,並非因為整個中國的糧食不足,而是沒有運輸能力,令產糧地區的食物迅速而成本低廉地運送到飢荒的災區。中國的領導者都明白這一點,因此只要是太平盛世,無有不建設水陸交通,以方便運輸糧食,今日仍然存在的大運河,就是這種思維下的產物。

如果我建了一條公路,在公路附近的農地都會受惠,因為其農作物可以利用這條公路運輸到更遠的地方去,這就是增加了農作物的流通性,因此,也令農作物的價格增值了。同時間,因為公路需要建造成本,假設公路因而需要收費,農作物的增值價值必須高於路費,也即是使用公路的成本,這才有利可圖。因此,使用這條公路的農作物必須是高檔商品。

上市公司就好比那條公路。只有高檔的農作物才能使用公路，也只有大規模的公司才有資格上市，因為上市和維持上市地位的成本不菲。公司上市的最大得益，就是其股票可以在交易所買賣，這增加了股票的流通性，從而令股票的價格增值了，就像公路使農作物的價格增值了。兩者的道理是相通的。

注意「價格增值了」這句話。這也帶出另一個重點：上市股票的價格較相同情況的非上市公司為高。

11.3 殼股的流通價值

一間全無資產，也全無業務的上市公司，唯一剩下的價值，就是其流通價值，這反映於在其「殼價」的身上。注：根據法例，一間上市公司不能沒有業務，但是不少上市公司一年的營業額只有一千數百萬元，相比起其數以億元計的「殼價」，這營業額可以當作是零。

對於「流通價值」這概念，最重要的一點是：資產價值和業務價值是固定的，是不變的。但是對於流通價值，卻並不止於殼價。對於有資產、有業務的上市公司，其流通價值是具有乘數效應，即是可以把其資產價值和業務價值同時放大。

同一項資產，或者是同一項業務，放在流通量大的上市公司當中，比起非上市公司，或小型上市公司，前者會有更高的股票價值。因此，有一些上市公司便可以藉著這個流通價值的優勢，去收購別家企業，因為資產或業務放在這公司裡，可以提高其股票價值。這即是說，一項業務可能現值 5 元，但是放在這間公司，因為其流通價值的優勢提高了其原來的股票價值，所以可能令到業務的價值升了，到達 10 元。於是，這間公司以 7 元去購買這項業務，這對於雙方都是有利的，變成了雙贏方案。表面上，「利豐」(股票編號：494)便是採用了這個經營模式。但實際上，這公司的業務太過複雜，我只能說，我看不透它。

打一個比喻，成交量越大的股票，例如藍籌股，相等於一條更為寬大的公路，可以把農作物運送得更快捷，當然也值得更高的溢價。這所以，藍籌股的市盈率會比其他的股票高，而高成交量的股票，等於其流通價值更高，對股價也有幫助。

11.4 資訊差的問題

人們既然明知上市公司的回報率比私人公司低，還要購買上市公司的股票，當然有其理由。其中的一個最大理由，是有關私人公司的資訊太少，一般人的搜集資訊能力有限，難以找出較為優質的公司來。

相反，上市公司有著公開的資訊，我們要挑選一間優質的上市公司，所花的時間遠遠低於挑選優質的私人公司。這好比利用公路運輸的農作物是很容易購買

得到，買家也很容易作出挑選，但如果要分頭去到各大農莊尋找作物，我們首先要得到各大農莊的地理資料，再要千里迢迢的去一一探訪、挑選，如果要找出一百間農莊，可能得走上一年，這太費時失事了。

以上的「資訊差」令上市公司對投資者的選擇有著特別的優勢，也令前者享有更高的市盈率，而投資者是甘心付出的。反過來從公司的角度去看，股票享有更高的市盈率，也即是更高的溢價，自然是有利於公司本身。

11.5 成交量

所謂的「流通量」，可以用另一個說法：「成交額」去表達。成交額越多，也就是流通量越大，也就是說，可以令到股票的價值更高。所以，財技的其中一個方法，就是製造成交，使能夠有效的提高股票的價值。

製造成交的更簡單說法，就是令到有更多的人去買賣這股票，成交量就升了。財技操作者可以用合法的方法，例如說，用上公關技巧，利用傳媒報導和評論的力量以遊說投資者，加入買賣這股票；又或者是用不合法的手法，例如說，自己製造成交。

在賭場，有一種古老的職業，叫作「點火」。賭錢的人喜歡熱鬧，如果一張賭桌冷冷清清，便沒有賭徒願意到來賭錢。所謂的「點火」，就是賭場自僱的「假客人」，圍在賭桌，假裝賭錢，把場面搞熱鬧了，以吸引真正的客人，過來賭錢。而財技中的「打成交」，就是「點火」之類的做法，利用自己人的虛假交易，買買賣賣，便能夠吸引到更多的買家，去購買這股票。

不過，這種做法是「虛假交易」，在香港，以至於全世界，都是違法的。

11.6 小結

總括而言，一間公司的價值，或者是一張股票的價值，是來自資產、業務和其流通價值。如果我們跳高一層去看，當然也可以把業務和流通價值，都視作為「資產」的分類，這只是抽象層次的不同而已。

12. 證券交易所

證券交易所就是買賣證券的地方，用現時流行的說法，是證券交易的平台。所謂的「證券」，是一個集合名詞，包括了債券、認股證、股票等等紙張性的資產法律文件。

你擁有一間公司的股份，有一份文件，證明你的擁有權，這份文件就是股票。股票可以自由買賣。如果有人要在交易所這個地方買賣股票，必須先得到交易所的同意，交易所也會向買家和賣家收取費用，因為他們使用了交易所這個平台。

請注意，有時我會不自覺地，用上了「股份」這個名詞。我不知道「股份」和「股票」的專業定義是甚麼，但是日常用法，「股份」指的是比較大分量的，也是概念上的，例如說，我擁有這間公司的 5% 股份，如果我只擁有一手股票時，很少會用上「股份」這個名詞。「股票」指的是一張一張的，實物的紙張。

此外，一隻股票要在交易所這個平台買賣，必須先提交申請，並且得到交易所的審批。審批成功後，便可以在交易所掛牌買賣了，這就叫做「上市」。相似的例子是某一消費產品，例如說，周顯牌的洗髮水吧，要在 PK 超級市場售賣，得先向 PK 超級市場提出申請，還要付「上架費」，當申請批准了，可以公開售賣了，也可以稱為「上市」。

12.1 世界上的第一間交易所

在以前，人們在露天的市集交易，到了十三四世紀，來自各國的商人在居住旅館做生意，成為了交易所前身。有現代意義的交易所，定義應該是不涉及貨物，只是票據或文件的交易，最多加上現金。當時歐洲不少大城市都有了交易所，例如威尼斯、佛羅倫斯、熱亞那、安特衛普，不過多數史家 (不是全部) 都把布魯日視為第一間交易所的設立地。

當時的交易所的主要交易範圍是貨幣和債券，而非股票，那時也沒有上市公司。要說上市公司，得從股份制公司開始說起，因為有了股份制公司，才有股票的出現。

對於股份制公司在甚麼時候出現，商業史家人言人殊，有人說是法國 (1250 年，但這只是傳說)，有人說是瑞典 (較遲，在 1289 年)，真正有確切文獻記錄的，是英國人在 1600 年創立的「倫敦商人在東印度貿易的公司」」(The Company of Merchants of London Trading into the East Indies)，共有 125 名股東，資本是 7.2 萬鎊，折合約 82 萬荷蘭盾。後文會解釋為何要把它轉換成荷蘭盾。

荷蘭人見到英國人成立東印度公司發了大財，也見獵心喜，1602 年，在阿姆斯特丹成立了「荷蘭東印度公司」(Vereenigde Oost-Indische Compagnie)，也來大搞「東印度貿易概念」。由於當時荷蘭的金融業比英國發達得多，吸引了來

自四方八面、五湖四海的股民，包括了貴族、商人、藝術家、僕人、奴隸，集資超過六百五十萬荷蘭盾。就在荷蘭東印度公司成立的翌年，歷史性的時刻到臨了，第一家股票交易所在阿姆斯特丹誕生，目的就是炒賣荷蘭東印度公司的股票。

荷蘭的印度公司是有史以來的第一次股市泡沫。它第一天上市，就升了15%，兩年不到，升了三至四成，一百年後，股價漲了一千倍。值得注意的是，這間公司是有業績支持的：它的發展迅速，在 1669 年的全盛時期，已是全地球最富有的企業，擁有 150 艘商船，40 艘戰艦，員工人數超過 5 萬。一條小資料是：在 1677 年，一位名叫「Antoni van Leeuwenhoek」的布商，估計荷蘭的人口是 100 萬。相比之下，香港現有 700 萬人，如果照比例乘上去，相等於是 7 乘 5=35 萬名員工。兩間崛起於香港的國際大機構「匯豐控股」(股票編號：5)和「和記黃埔」(股票編號：13)的全球員工分別是 33 萬人和 22 萬人，仍然比不上當年的荷蘭束印度公司。

有兩點是值得注意的：

第一點，後來至少還出現了三間東印度公司，證明了一窩蜂的去抄襲概念股，古已有之。

第二點，大家趕不上當年的「荷蘭東印度公司」泡沫，可不必懊惱，因為今日的股票升幅，遠遠高於當年。

美國的「沃爾瑪」在 1970 年上市，經歷了約 40 年，至今營業額升了 10 萬倍(你沒有看錯這數字，是大約 40m 到大約 400b)，還不計其派息數字。巴菲特在 1962 年開始買入「巴郡」股票時，股價大約是 10 元，2005 年最高峰時，「巴郡」的股價是 15 萬元，在 43 年間，升了 1.5 萬倍，不過中間沒有派息。「微軟」在 1986 年上市，到 1999 年股價高峰時，在 13 年間，升了 6 百倍。根據湯財找出來的資料，從 1987 年股災到 2007 年，20 年間，「新鴻基地產」(16) 和「長江實業」(1) 的升幅是接近 10 倍，「恆基地產」(12) 則是 12.5 倍，派息不算。

由於作者太過懶惰，只用手邊的資料，所以有的計算營業額，有的計算股價，跨越的年期也由 20 年至 43 年不等，無法統一度量衡。無論怎看，以上公司的業績增長和股價升幅，均是遠遠高於荷蘭東印度公司。但由此證明了，美好的日子是在今天，在將來，而不是在幾百年前。

12.2 證券交易所歷史：民國時期的例子

話說在東印度公司的時代，交易所並非專利的生意，而是人人都可開設的私營企業。其實，交易所之為專利事業，是近代才「發明」的做法。

1914 年，北洋政府頒佈了《證券交易所法》。歷史小知識：那時候的北洋政府的正名是「中華民國」，是當時中國唯一合法和得到國際承認的政府。

1916 年的漢口證券交易所應該是中國的第一間交易所，但是開立後不久便停業了。跟著是 1918 年的北平證券交易所，1920 年的上海華商證券交易所，然後是天津、青島⋯⋯結果是，到了 1921 年中，已經有了超過 140 間交易所，而這些交易所的業務除了買賣證券之外，往往也包括了期貨。

有一個顛撲不破的真理：當證券交易所不斷成立的時候，就是泡沫爆破的先兆。粗俗的說法，是「鼻屎好食，鼻囊挖穿」。

1921 年底，中國人傳統上的「年關」令到大部份人都要撲水過年，導致了銀根抽緊，這個只進行了一年半的泡沫，便迅速爆破了。由於 1921 年就是民國 10 年，所以這事件被稱為「民十信交 (信託公司和交易所) 風潮」。

撇開話題，話說當時的蔣介石奉孫中山之命令，到上海投機證券，以籌集革命的資金，結果就是在這一次股災當中，輸光收場，灰頭土臉的回到南方。結果反而因禍得福，成就了他的功業。假如他在上海時贏了大錢，必定樂不思蜀，不回南方了，歷史也必將改寫。

12.3 香港的股票交易所

香港在開埠不久，便有了股票的買賣交易，但到了 1891 年，香港經紀協會成立，成為了第一間正式的證券交易所。所謂的「證券」，意即一份表示產權的文件，其中包括了股票、債券、認股權等等。用數學上的「集合論」去表達：股票是證券的子集，證券是股票的母集。

在 1921 年，第二間交易所成立了，名叫「香港股份商會」。這間交易所的特色，是華人也有參與。後來在 1947 年，以上的兩間交易所合併，成為了「香港證券交易所」。

香港交易所主要還是由英國人壟斷了業務，所以在 1969 年，以李福兆為首的高等華人，便成立了「遠東證券交易所」，專做華人生意，和香港交易所分庭抗禮。李福兆是富商李石朋的孫兒，在香港，舉凡是名叫「李福 X」(第三代)、「李國 X」(第四代)、「李民 X」的權貴，主要都是李石朋家族的後人。

由於遠東交易所的成功，在 1971 年和 1972 年，華資先後創辦了「金銀證券交易所」和「九龍證券交易所」。讀史至此，我們又證明了一個撲顛不破的真理：當證券交易所不斷成立的時候，就是泡沫爆破的先兆。香港股票史上最大的一個泡沫，是於九龍交易所成立的翌年，即 1973 年爆破的。

正是《三國演義》說的：「話說天下大勢，分久必合，合久必分」，以上四間的交易所，經過了很多年的醞釀和籌備，終於在 1986 年，合併成為「香港聯合交易所」，同時，它亦享有作為證券交易市場的唯一專營權。就在聯合交易所成立的明年，即 1987 年 10 月，發生了「黑色星期一」，全球性的大股災，香港

因為停市四天，跌幅尤大。這再一次證明了，前述的「撲顛不破的真理」，真是一個撲顛不破的真理。

「聯合交易所」也即是今日的「香港交易所」。它在成立後，快高長大，在2000年也上了市，也成為了在自己的公司掛牌交易的上市公司，在2012年，它是總值全球第八的證券市場，亞洲排名第三。

12.4 其他各國的交易所

美國現時有七間證券交易所，加上納斯達克是八間。

本質上，納斯達克本來只是一個報價系統：客戶不能互相對盤買賣股票，而是經由指定證券商買入和賣出，換言之，客戶是把股票賣給證券商，或同證券商買入。但是，當它經過了好幾次改革之後，它同交易所幾乎已毫無分別了。至少在客戶的角度看來，在納斯達克買賣股票的流程，同在其他交易所毫無分別。

日本有東京、大阪、名古屋三間證券交易所，加拿大至少有七間，西班牙有兩間，德國有八間，印度有兩間。正如前文所述，香港以前有四間：香港會、遠東會、金銀會、九龍會，1986年才合併為聯合交易所。

由此可見，證券交易所有多間競爭是常態，一間獨大反而是變態。然而，如果把香港視為中國的一個城市(事實也是如此)，則中國也有三間證券交易所：香港、上海、深圳。

12.5 證券交易遊戲規則的改變

證券交易所當然有它的法規，這些法規包括了白紙黑字寫成的條文，以及不成文的慣例。股民為了賺錢，必須時刻留意法例和慣例的改變，例如說，在2007年的資源股熱潮之後，交易所為了迅速適應市場的新玩法，而不停的改變有關的法例。至於「非常重大收購」(very substantial acquisition) 的玩法，更是不停的改變。

我最感深刻的一個例子，就是多年以來，香港的交易所不允許澳門賭業有關的業務來港集資，無論是新股上市，或者注入資產，都不可以。這應該是香港和澳門一直以來的默契，雖然沒有明文法例，但是股市中搞財技的，無人不知這是常識。

所以從2004年後期開始，濠賭股大炒特炒，我因為「知識太豐富」了，不肯相信這是事實，所以一直不肯落注，結果是交易所突然對濠賭股大開綠燈，這應該是各方早已商議好了的內幕。我正是因為熟悉當時的法規，卻忘記了凡事都會改變的，結果是大跌眼鏡，兼且錯失了一次小牛市。

12.6 股票不經交易所而交易

一間公司上市之後，其股票便可以在交易所的平台，來作買賣交易。可是，它的股票可不可以不經過交易所的平台，私下買賣呢？答案是：可以。上市之後的公司股票，仍然可以按照私人公司股票的買賣方式，簽一張買賣合約，bought and sold note，進行買賣，完全不用驚動交易所，交易所也不會有這種買賣交易的記錄。

一間上了市的公司，也用不著把所有發行了的股票，都在交易所上市，而是可以把總發行的一部份，例如三成、五成、六成等等的股票數量，去作上市。至於其他沒有上市的股票，雖然同樣享有公司股東的所有權利，如在股東會投票、享受派息等等，但其手上的股票，卻不能在交易所的平台去作買賣。

13. 新股上市

前文說過，股票的精要所在，就是可以自由買賣。順此思路推理下去，越方便它的自由買賣，股票的價值就越高。所謂的「上市」，也就是說，公司的股票可以在交易所的平台買賣。由於交易所的這個平台，招徠了大量的買賣雙方，促成交易，可以增加股票的流通量，所以，這也有效的令到股票的價值增加。

在 2011 年，香港足足有 101 間公司新上市。

13.1 基本原理

本書是講述「seller's side」的著作，而本部份撰寫的方向，也是從公司和其擁有者的角度，去作出分析，而不是從散戶的角度去看。簡而言之，正如我一直很喜歡說的：「公司上市的目的是為了賺錢，而不是送錢，更加不是為了讓散戶贏錢。」

有關新股上市的基本原理，就是這一點：沒有一間公司上市的目的是為了讓散戶賺錢，而幾乎所有的公司的上市目的，都是為了在市場賺錢。所有有關新股的分析，都是基於這一個基本定理而去推理的。

股票市場並非沒有散戶賺錢的機會。一隻新股上市時，可能是用高價賣了給你，可是在 5 年後，時移勢易，以前的高價變成了現在的低價了，當然就買得過。可是在 5 年前的上市的那天，買者卻是笨蛋。根據我的不完全統計，所有的上市公司當中，有九成以上在上市後，曾經跌破上市價。傳統的基金是不准購買上市未足三年的股票，其中當然大有玄機。

以「長江實業」(股票編號: 1) 為例子，它是在 1972 年上市的，一年後便蹤上了空前絕後的大股災，當時買進了的股民變成了笨蛋。但是，如果把股票持有至今天，跟李嘉誠同行，當然是大賺特賺了，但這並不違背當時是笨蛋這一個客觀的事實。

不過，本章的主題是在於以上市來增加原有股票的價值，而不是如何以高價賣出手頭的股票，所以有關這一部份的分析，只能在後文再談。本書的記敘架構，是以概念為基本，而不是以例子條目為基本，所以所有的實際操作實例，都是為了解釋概念而出現。

13.2 啤殼上市

前面說過，上市代表了股票的流通，由於流通的股票可以供給大量的股民買賣，令到上市公司的價值大為提升。所以，把公司搞上市，也就成為了賺錢的一條妙方。

也是由於上市可以令到公司的股票的價值提升，因此，這就引出了公司造假賬，從而獲得上市地位的做法，用專業的術語，這叫做「啤殼上市」。

在執筆為文的這一刻，一間上市公司的「殼價」大約是三億港元，最低上市要求是三年利潤，第三年的利潤不能少於三千萬元。從這兩個數字，可以看得出造假賬造出虛假利潤，去把公司弄上市，是大有利潤可圖的。

故此，「啤殼上市」的目的，就是把股票完全不值錢、或是不那麼值錢的公司，推了上市，從而提高其股票價值，以及其公司的價值。這很可能，但不一定，涉及造假賬。當然了，如果利用造假賬而上市，那就是非法的財技了。不過，既然光是上市地位的價值，已達到三億元之鉅，那麼，無論是真賬還是假賬去上市，都是值回其價的。

13.3 真上市，假集資

上市後股價大跌，行內人的評語多半是：「哦，老闆真的集資了。」這當然是沒買的人所說的風涼話，買了的人的評語鐵定是另一些話：粗話。 股票市場的蠱惑花樣十分多，其中一項是「真上市，假集資」。 把公司推上市，很少不希望真的集到資金，但集不到時，往往照上如儀，原因有許多種：

1.「殼」有價值，先賺了「殼價」才說。有些公司搞上市，來來就是為了「賣殼」。 2. 雖然現在集不到資，不排除將來也集不到，先上了再說，免得明年的業績下跌時，要上也上不了。 3. 搞上市時花了不少錢，碰巧市道不佳，如果現在撤下，以後再上時，豈非要再花一筆？

在這情況下，唯一的方法，是由上市者自己付出集資的全額。付不出，不要緊，會有人借給你，前提是集資額不要太多，譬如說，五千萬，很多金主都願意借出這價錢。

賬是這樣算的：假設上市靠的是做假賬，公司不值一分錢，但單是殼就值三億元了，而集資回來的五千萬，規定放在戶口裡，不准動用，「金主」還可以指定心腹進入董事局，「看守」著這筆錢，保證它不能動用。

在金主而言，這是幾近沒風險的投資，因為單單是抵押品，就值三億元，借出五千萬，當然是毫無風險可言了。而對於公司的老闆，借五千萬元，付出利息，公司可以獲得價值三億元的上市地位，當然也是十分划算的事。

13.4 分拆子公司上市

既然上市可以增加股票的流通量，從而提高股票的價值。一間上市公司大可以把其旗下的子公司也來分拆上市。子公司的股票價值提高了，於是，母公司所

持有的股票也會水漲船高，升值了，從而得到利潤。又或者是，既然上市公司的地位，也即是「殼」的價值是如此之高，母公司手持的殼越多，其資產也越多，這自然是有利於母公司的價值。

分拆子公司上市，除了以上的賺錢方法之外，還有很多不同的應用，下文會再討論。

13.5 提高形象

大家都知道，公司申請在證券交易所上市，得經過繁複的手續，通過一連串的考察，才能成功。因此，公司能夠上市，同時間也能夠提高公司的形象，令到公眾人士對公司的信心大增，從而提高其股票的價值。所以，把公司上市，一來可以提高其股票的流通量，二來可以提高公司的形象，而這兩者，都能有效的提高股票的價值。

以上的分析，指出了公司的形象有助於股票的價值。這又衍生出了另外一個問題，就是大搞公關，利用公關來搞好形象，會不會也對股票的價值有所幫助呢？答案：可以的，也是有效的。

在2011年，「米蘭站」(股票編號：1150)上市，在2012年，「翠華餐廳」(股票編號：1314)上市，由於這兩間公司都是為香港大眾所熟悉，所以也引來了不少公眾的捧場買股票，單單是我認識的朋友，已經有不少是因為它們的名氣，而購入了這兩隻股票了。很多香港人，在這數十年間，一直是「匯豐控股」(股票編號：5)的忠心粉絲，對它不離不棄，只是在2009年的「世紀供股」一役之中，才令到他們芳心破碎。也有很多人是iPhone fans，因而對「蘋果」的股票產生了莫大的好感，一直死持不放。這些心理上的好感，來自其公司的正面形象，從而提高了其股票的價值，也是肯定存在的效果。

問題是：利用提高公司形象，去提高股票的價值，這究竟能不能夠算作是財技呢？本書是一本討論財技的書，是否應該去分析這每方面的手法呢？

14. 上市公司的監管機構

把公司上市，有很多的好處。

而它最大的兩個缺點：

第一個缺點就是要付出費用，而且還真不少。不消說的，凡是要付錢的，都是不好的東西。首先是上市費用，以 2013 年的價錢來作為標準，最低消費大約需要三千萬元。跟著是維持上市地位的費用，包括了上市前的核數費，公司秘書的薪水，付給交易所的各種支出，還有一些是隱藏性支出，不能公諸於世的。例如說，它不方便瞞稅了，因為瞞稅反而會按低股價，對公司更為不利，此外，維持股價也需要成本。

第二個缺點則是越多越多的監管，也是不消說的，凡是監管，都是不好的東西。除了受到《公司法》所監管之外，還得受到《上市規則》的監管。負責監察上市公司的機構，就是證監會。事實上，很多唧噹入獄的上市公司老闆，其所犯下的罪行，如果放在私人公司，根本就不是罪行。所以也可以說，如果他們不是把公司上了市，根本也不會坐牢。

14.1 證監會

和股票有關的法定機構有很多，包括了公司註冊處、稅務局、商業犯罪調查科等等。其中最重要的，也和炒股有直接關係的，就是交易所和證監會，先前我們經介紹過交易所，在這一個章節中，我們則會約略介紹一下證監會。

「證監會」的全名是「證券及期貨事務監察委員會」，理論上，是一個獨立於香港特別行政區公務員系統的法定機構，這當然是掩耳盜鈴的做法。不管它在法律上的定義是怎樣，總之，在實質上，它根本就是一個政府機構。顧名思義，它的工作就是監管市場上的所有證券參與者，看看他們有沒有違規。

交易所是有限公司，是私營的專利事業，主要目的是賺錢。證監會負責監管，即是捉賊和防止罪案，保持交易的公平和秩序。但是，交易所和證監會是兩個截然不同的機構：前者負責運作整個交易系統，兩者往往有混淆和重疊的部份，有時候要混在一起去講解，可令讀者更容易理解它們的相關性及打龍通性。

證監會的收入來自股票交易，每宗交易都得付出 0.003%，作為它的營運費用。所以，我們作為股民的同時，也是證監會的老闆，起碼理論上如此，但如果你真的這樣想，就是太傻太天真了。

14.2 第一間證監會的出現

荷蘭東印度公司的簡寫是「VOC」，無獨有偶，荷蘭文「貪污腐敗」的簡

寫亦是「VOC」(Vergaan Onder Corruptie)。當時的荷蘭大眾有此聯想，無他，因為荷蘭東印度公司本身的確是一個貪污腐敗的機構。正如成龍大哥所説，香港和台灣因「太自由而很亂」，因此「中國人是要管的，否則便會為所欲為」，在證券市場，如果太自由，也會為所欲為，所以也是要監管的。

政府對證券業的監管，是從專門另立法例開始的。在開始時，證券業只被視為眾多商業活動的一種，所以監管著它的，也只是一般的法例。1620年，英國的「南海公司」的股票大炒特炒，市場上湧現了很多股份公司，大炒特炒其股票，被人稱為「泡沫公司」(Bubble Company)，以「泡沫」來形容股市，就是在那時開始的。由於南海公司是政府支持的私人機構，英國政府為了免其被泡沫公司所拖累，便在年中通過了《泡沫法案》(Bubble Act)，這等於宣佈泡沫公司為非法，凸顯了南海公司的專營地位。這條法案，就是世上的第一條針對證券的法例。

三百年後的1934年，美國檢討了1929年的股市大崩潰，成立了地球上的第一個證監會。而第一任的證監會主席就是當時的大炒家，Joseph Patrick Kennedy，即是後來的甘迺迪總統的父親。這好有一比，有如香港請到了炒股票的神級人物劉鑾雄當證監會主席，他當然有能力把市場監管得有條不紊。

關於這位Joseph Patrick. Kennedy，有兩個屬於他的小故事：

第一個故事是他在1929年的大蕭條前夕，把股票賣光了，原因是擦鞋童向他提供股票貼士。沒錯，這個無人不曉的故事的主人翁，便是他。

第二個故事是他在股市崩潰時的身家是4百萬元，但在6年後的1935年，他的身家是1.28億元，這差額是他在房地產市場賺的，炒股而優則做地產，這一點，也和香港的股壇大亨劉鑾雄極為相似。

14.3 香港證監會的出現

由於1929年美國的股市崩潰，因而出現了美國證監會，這是賊過興兵的做法，好聽點，可叫「亡羊補牢」。

香港的證監會成立於1989年，原因正是1987年的股災之後的亡羊補牢。

14.4 證監會和上市公司的關係

證監會的監管對象，包括了上市公司、證券行、經紀以及從業員、證券投資者等4類人士。由於本書的主題是財技，所以無關的部份，例如散戶股民，內容從略。

我可以大膽的説，香港的上市公司當中，也許沒有100%，但總有90%以上，都是拉登的弟弟：「拉得」，縱不犯法，也有違例。只是證監會也知道，水清無

魚，只要上市公司不是做得太過份，可視為「合法踫撞」，證監會也就不為已甚。

　　法例賦予證監會傳召證人和「疑犯」的權力，而且在這方面的權力，從某方面來看，比警察和廉政公署還要大。

　　例如說，當它盤問時，證人不能保持緘默，而必須要回答問題。不過回答時有一個技巧，就是在回答問題之前，可以提出「聲明」，以聲明這些問題的答案，不能用來檢控本人。所以有律師建議，被證監會傳召問話時，被問者應該不停的「聲明」，或一開始就去作出聲明，今日所作的所有回答，都是「聲明」。

　　我的朋友香志恆律師則認為，這種做法相當危險，有可能保護不了自己，所以，最佳的辦法，還是在作出每一個回答之前，都「聲明」一次，在法律上，會比較安全，而不是單單用一句「聲明」，來打包了當日所答的每一條問題。

　　它的第二個凌駕於警察和廉政公署的權力，就是當一個人被它傳召問話之後，不能把這件事透露給任何人知道。配偶是否也在限制之內，我便不清楚了。夫婦在法律上可被列為一體，一起商量打劫殺人都不犯法，因為這只等同於你在腦中想像打劫殺人，但如果你和第三者討論打劫殺人，便沒有這項「優惠」，必將列入「竊聽拉的名單」了。

　　當然，證監會也有及不上警察和廉政公署的地方，例如說，其調查人員沒有鎗，被調查者不會被扣留 48 小時 (廉署是無限期)，如果不方便，可以隨時離開，只不過隨時離開的代價是，又得找個時間，再來一次，多麻煩一次。

14.5 證監會的懲罰權力

　　證監會的懲罰有很多，如果是對付經紀和投資者罰款、譴責、冷淡對待 (不准使用香港的證券市場設施，例如不准買賣股票)、(對證券行和從業員) 釘牌等等。上市公司方面，它可以作出「暗示」，要求上市公司「停牌」，也即是暫時停止在交易所的平台交易；嚴重一點的，是「勒令」，意即強迫，上市公司停牌，而這一停，可以是以「日」來計，可以是以「月」來計，也可以是以「年」來作單位。有的股票，則已被停牌了許多年，陷進了「長期停牌」的情況，其股東當然是很慘情了。

　　我在 2013 年，撰寫本段時，隨便翻查了一些長期停牌公司的資料，其中的一間是「佑威國際控股有限公司」(股票編號： 627)，它的問題是「資產不足證明公司有足夠的業務運作」，所以在 2008 年 9 月 17 日開始停牌至今，已經快要 5 年了，也委任了臨時清盤人。這公司的狀況，是進入了「除牌程序第三期」，第三期，也即是最後一期，如果它不能及時找到解決方案，便會被交易所除牌了。

　　「佑威國際」之所以要長期停牌，而且還要除牌，是因為它已經進入了清盤程序，既然一間公司要清盤了，這即是說，這公司也快要不存在了，當然是要除

牌。然而，也並非沒有過不清盤而除牌的例子，例如說，「洪良國際」。

「洪良國際」(當年股票編號： 946) 是一間台資公司，創立於 1993 年，主要業務是在中國經營休閒服和生產布料。它在 2009 年在香港交易所上市，上市後三個月，因為被發現招股書內容不可靠，違反了《證券及期貨條例》，被證監會勒令停牌，並要求法院凍結其資產，也即是從上市集資得來的十多億元。

這故事的結局是，「洪良國際」向證監投降。在 2012 年，它同意以每股 2.06 元的價格，合共斥資 10.3 億港元，回購約七千七百名公眾小股東手上的股份，約佔 25% 股權，而公司則被除牌。它的保薦人兆豐資本則被批評為嚴重失實，危害股民利益，被判罰款 4,200 萬港元，並且撤銷融資牌照。

以上的個案，相對來說，都只是輕罪而已，因為證監的權力，僅只限於罰款和釘牌以及提出民事檢控，如此而已。真正的重罪是，就是它把案件轉介到廉政公署、商業犯罪調查科，或者直接轉介律政署，提出刑事檢控，一旦入罪，後果就是「踎監」，這才是真正的極刑。

所以，我們也可以說，案件只要留在證監會，還不會是大問題，但如果它走出了證監會，去到了別的機構，後果才是最嚴重的。我曾經和友人笑說，當日的「洪良國際」，還不失為識時務的俊傑，及時向證監投降，息事寧人，賠款除牌了事。否則，如果和證監硬鬥下去，吃虧的，一定是上市公司。豈不聞古語有云：「貧不與富敵，富不與官爭」？

14.6 張良計和過牆梯的進化

有一位仁兄，自小含著鑽石匙出生，父親是超級富豪，八九十年代時他二三十歲，已縱橫金融界，擁有兩間上市公司、兩幢五星級酒店，其他資產不計其數，在 1997 年，身家已接近一百億。他對我說：「我們熟悉每一條監管法例，是因為親眼看著它們的一條一條出現，都是為了防止我們上下其手。每當我們想出一條妙計，不停施展後，監管機構才後知後覺，制定防範的法例，但這時我們已改用第二招了。」

是的，在八十年代，監管粗疏，連上市公司借錢給大股東也沒有管制，實在太容易做手腳了。別以為大公司的管理階層比較乾淨，照樣可以搶錢，事實上，籃籌股也可搶錢，西元二千年前後的「電訊盈科」(股票編號： 8) 就是最佳的例子。

沒有錯，監管條例是不停轉變的。所以財技者也要與時並進，創造出新的手法。我常常說，除了財技者需要懂得這些條例之外，一般股民作為「經常性苦主」，為了自保，也應該不時留意財技手法和監管法例的改變，就像一個良好市民也被鼓勵定期收看《警訊》，以瞭解最新的罪案情報。

14.7 AL 逃出證監會之手的個案

話説我認識一位「犯案屢屢」的「大賊」，代號叫「AL」，大約在 2001 年，他是最「當打」的時候，個 file 成呎厚，是當時證監會的「極度重犯」。他深知一旦給證監逮住，就難以逃脱。於是，他使用了一個極乾脆的法子，逃過了證監會的傳召。

他改名為「Johnny」，換了手機，搬了家。作為一位市場莊家，他本來就是「三無人士」，所以證監會的職員根本無法找到他。大家須知，在初期的階段，傳召證人啫，又不是通緝，找不到這個人，又有甚麼辦法？當然了，如果非要找到一個人不可，還有很多的法子，不過別忘記，證監會的職員都是人啫，打份工，使乜咁博？找不到人，循例再找，一直找不到，過了兩三年，甚麼案件都完結了，AL 大搖大擺的重出江湖，搞掂！

其實，AL 的例子，只是小兒科。假設有一個內地人，在香港的某間證券公司開設了戶口，然後不停的在網上買賣股票，永不踏足香港。這位內地人的報住地址和住址證明是河北省的某個小鎮，或是內蒙古蒙古包，或索性是青藏高原的無人地帶，下飛機後要轉五次車、坐二三十小時車程的那一種，要傳召他到證監會，真的是比上火星還要困難。一個內地的手機號碼，每天都能收到幾個「偽造各種證件、大學文憑」的信息，一百幾十元已可仿造一張假身份證，質素保證能夠騙到負責開戶口的那位經紀。再説，那位負責開戶的經紀，也不排除是「甘心受騙」，因為被欺騙了，經紀只是太笨，但是笨不是罪，是不用負上刑責的，但是經紀為客戶開了戶口，做了交易，賺了佣金，已經是有賺了。

所以説，證監會只管去監管本地的莊家，卻管不了內地的違規者。此所以內地的莊家越來越多，是因為他們有著先天的優勢。簡單點説，證監會的職員，都是打份工啫，太過麻煩的事，是犯不著去做的。

第 四 部 份
提升股票價值

這在先前的三個部份，我大致上解說了有關財技所需要的基本知識，而在以下的章節，我將會闡述財技的應用。然而，正如本書的主題，所謂的「財技應用」，主要都是講述它的基本原理和理論，當然了，如果理論掌握得好，那就一理通、百理明，甚麼財技都能夠一聽就明，心領神會了。

我在第一章已經開宗明義地說過了，財技的目的，是為了財技使用者的利益，然而，這個利益可以是有形的，也可以是無形的，不一定是為了賺取現金。而其中的一項財技使用者的利益，就是提升股票的價值。

下面8個章節的內容，就就是多種不同的增加股票價值的方法。當然了，提升股票價值的最佳和最基本的方法，就是把它上市，以增加其流通性，但是這一招在前面已經說過了，所以下文也就不贅了。

15. 市場定位： 如何迎合市場

財技除了法律、會計財務之外，還有一個重要的技巧，就是市場學。所謂的「市場學」，就是消費者的心理，而上市公司的「消費者」，就是它的股東，以及潛在股東，也即是將會買它的股票的人。

很明顯的，如果人們對這間上市公司越有好感，越喜歡購買它的股票，它的股票價值也就越高。問題是，如何能夠令到人們／消費者喜歡它的股票呢？

讀者請注意： 理論上，財技的應用，以及吸引潛在股東／消費者的行為，並不止於上市公司，也可以應用於一般的公司，因為就是普通的一間公司，其股票有價、有人有興趣購買，也是很令人高興的事。只是，這些非上市公司的股票買賣不能經過交易所的平台，難以流通，而使用財技是需要成本的，而且成本不菲。如果付出了昂貴的成本，去使用財技，去提高股票的價值，但是股票卻難以流通，結果很可能是得不償失。

正如我在先前說過，所有的人都需要理財，所有的公司都需要財技，只是因應個別不同的需要，使用不同的財技，一個富豪的理財方式，和一個中產階級的理財方式，明顯不同，老年人和青年人的理財方式，也有分別，甚至是不同性格的人，如作者這般的享樂至上的，或是腳踏實地的，抑或是像我的一個學生般，發了誓「不發達毋寧死」的，都會採用不同的財技方式。

同樣道理，公司和上市公司，往往也需要不同的財技，甚至是不同的上市公司，也有不同的財技需要。本書的主題，集中於上市公司的財技，然而，上市公司也是公司，必須遵守著《公司法》裡的種種法例，所以，我在本書開始之時，便已略述了公司和股東的基本架構。

15.1 股票的賣點

我們買入一間上市公司的股票，可以是為了很多不同的原因，例如說，為了它的資產，為了它的業務，為了它的流通量，甚至是為了它的股價夠平⋯⋯諸如此類。而一間上市公司的股票之能夠吸引消費者／股東，也是憑著個別的獨特理由，市場學的術語，叫做「賣點」。

一間上市公司擁有賣點，或者是能夠製造出賣點，便能夠有效的增加它的股票價值。財技的功用之一，就是製造股票的賣點。不消說的，有很多上市公司，並沒有運用這些財技，以製造出公司的賣點來，這是一點也不希奇的：從經營的角度看，平平無奇的經營者的數量，當然是比傑出的經營者更多。

15.1.1 賣點的一例：賣人

售賣人物，是提升股票價值的最簡單、最有效、成本最低的一個方法。例子之多，多得數不勝數，例如說，李嘉誠之於「長江實業」(股票編號： 1)，蓋茨之於「微軟」，喬布斯之於「蘋果」，都是很好的例子。

對於香港人來說，其中最為有名的例子，當數在 1999 年，李澤楷以「盈科數碼」借殼「德信佳」(當時的股票編號： 1186)，令到股價在一日之間，突升數十倍的事件了。

15.1.2 賣點就是市場學

如果大家認為：「如果是這樣，財技不就是市場學嗎？」這種想法，至少對了一大半。不過就算是市場學，也不能不顧及一些法律的問題，例如說，推銷衣服，和推銷食品，以至於推銷嬰兒吃的奶粉，甚至是律師、醫生這些專業人士的推銷，都有不同的法律限制，所以任何的宣傳推廣，都得注意法律問題，推銷股票也不例外。從另一方面看，推銷消費品，需要吸引的包裝，以招徠消費者。同一個原理，推銷股票，也需要某程度的「包裝」，這就是會計財務學的配合了。如果採用以上的這個解釋，財技，說穿了，不過也是市場學的一個分支而已。

至於如何有效的運用賣點，將會在下一章，討論市場定位時，一併闡述。其實，賣點和市場定位這兩個市場學的概念，雖有微少的分別，卻又有很大程度的重疊，所以，我唯有把這個章節的一部份內容，放進了下一章之內。本來，這兩

章是寫成了一章，但是思前想後，發覺還是分成兩章，較為妥當，但是，當分成了兩章之後，又覺得有點問題，故此不得不補寫了這一段，以作分辯。

15.2 以財技來作包裝賣點

究竟甚麼股票才有賣點，這實在是一個十分玄妙的問題。如果用最直接的說法，當然是公司經營管理優秀，行業前景一片光明，財務狀態良好，而且增長快速，最好還持有一些優質資產，諸如此類，都是股票的賣點，都能夠吸引股民去買入這股票，從而提升其股票價值。

然而，所謂的「財技」，並非以上的這些。

以上的這些，是經營公司的技巧，而不是財技。財技是一種中立的專門技能，與經營並無關係，同時卻又息息相關。這好比一間專業的廣告公司，客戶給它一件產品，去作宣傳推廣，它的工作，只是把這一件產品發揚光大，但是對於產品本身，廣告公司是無從置喙的，它不能說：「這件產品不好，所以不能推銷，賣不了貨。」它只能依據這件產品的特質，去作宣傳推廣，好的產品有好的銷法，壞的產品也有壞的銷法，財技就是這麼的一回事。

如果大家認為：「如果是這樣，財技不就是市場學嗎？」這種想法，至少對了一大半。不過就算是市場學，也不能不顧及一些法律的問題，例如說，推銷衣服，和推銷食品，以至於推銷嬰兒吃的奶粉，甚至是律師、醫生這些專業人士的推銷，都有不同的法律限制，所以任何的宣傳推廣，都得注意法律問題，推銷股票也不例外。從另一方面看，推銷消費品，需要吸引的包裝，以招徠消費者。同一個原理，推銷股票，也需要某程度的「包裝」，這就是會計財務學的配合了。

如果採用以上的這個解釋，財技說穿了，不過也是市場學的一個分支而已。

嬰兒吃的奶粉，也有分類，有的專門給一歲以下的嬰兒去吃，有的是一歲至三歲的，為甚麼會有這麼嚴格的分類呢？因為分類越是嚴格，越是定義清楚，它的顧客群便越是穩定：你覺得適合，就來光顧，你覺得不適合，就不用購買了。

股票的市場定位，也是這個原理。像美國的「沃爾瑪」專做超級市場，「蘋果」專做智能手機，又或是香港的「思捷環球」(股票編號:330) 專做品牌服裝銷售，都有明確的市場定位。

15.3 分拆業務

為甚麼股票需要有明確的市場定位呢？這得從買家，也即是投資者的角度去看。假如你看好「蘋果」的智能手機，便想去買它的股票。

可是，假如「蘋果」不但經營手機業務，同時也在經營超級市場，甚至是地

產發展,而這一間公司,把不同的業務綑綁在一起了,如此一來,你還會購買「蘋果」的股票嗎?

第一個可能性:如果你只是看好「蘋果」的智能手機業務,卻不看好它經營的超級市場和地產發展業務,你當然不會去購買這股票了。

第二個可能性:這三種業務你都看好,可是卻遭遇到兩個技術上的難題:

第一個難題是,一間公司只有一盤生意,股票的價值容易計算,但是,一間公司同時擁有三盤生意,每盤生意的營業額不同、邊際利潤不同、發展空間又不同,加在一起來計算,你該如何去計算其股票的真實價值呢?

第二個難題是:你雖然同時看好這三門生意,但同時也想投資進這三門生意中,可是,假設這間「蘋果」的智能手機、超級市場和地產發展業務的比例分別是 70%、20%、10%,但是,你卻希望以平均注碼投資進這三種不同的業務,即是 33%、33%、33%。

以上的難題,有一個解決的方法,就是分拆業務。

15.3.1 例子:「和電國際」

大家都知道,李嘉誠旗下的「和記黃埔」(股票編號: 13)是一間在全世界都擁有業務,業務範圍囊括了能源、電訊、零售、地產、貨櫃碼頭、基建等等的大型綜合企業。它在 2004 年,把它在多個地區的電訊,同時在香港和美國分拆上市,稱為「和電國際」,當時它在香港的股票編號是「2332) ,在美國的編號則是「HTX」。在 2009 年,「和電國際」再把它在香港和澳門的電訊業務,分拆成「和記電訊香港控股」(股票編號: 215)。

而這些分拆,可以令到投資者單單買進這個地區的電訊業務,也可算是「釋放」了這些股票的價值。而由於這些子公司的股票價值提高了,其母公司「和記黃埔」擁有這些子公司的股票,其價值也因而水漲船高。

理論上,就是以上的道理,但實際上,當然還有更深刻的分析。在 2010 年,「和記黃埔」私有化「和電國際」,那又是另外的一個財技故事了。

記著一點:以上的例子,用「分拆上市」的方式,來提高股票的價值,只是數不盡的手法的其中一種,而決不是唯一的一種,我只是隨手舉一個例子而已。提高股票價值的財技手法有很多種,反過來說,「分拆上市」的作用,也並不僅限於提高股票的價值,而是有著數不盡的用途。

15.3.2 啤殼賺錢

例如說,既然上市公司的上市地位有價,假設每一間上市公司的「殼價」是三億元,分拆多一間出來,相等於前述的「啤殼上市」,扣除分拆所需的成本,也是白賺了二億多元。另一個分拆的理由是集資,而下文會再討論這個課題。

再一次的提醒大家，本書的寫作方向，是解釋財技的基本原理，所以順序是以概念和理論為經絡，希望讀者看完本書之後，可以一理通，百理明，至於財技的具體運作，在本書中，只是用作説明理論，並不是主體。以本章為例子，主題是「迎合市場的財技」，「分拆上市」、「啤殼上市」，以及下文説及的「分股」、「合股」等等，都是説明主題的記述，而在本書之中，也不會另起欄目，去分門別類地去解釋「分拆上市」、「啤殼上市」之類的實際應用。

15.4 綑綁銷售

經濟學或市場學有所謂的「綑綁銷售」，根據「維基百科」的説法：「把兩種貨品一起出售，消費者必須同時購買兩種而不能只選其一。」具體地説，鉛筆和筆端的擦膠連在一起，是一種綑綁銷售，報紙把新聞、娛樂、財經、副刊、馬經、體育、風月連在一起，也是一種綑綁銷售。

同樣地，在股票的世界，也存在著綑綁銷售，剛才所舉的例子，李嘉誠旗下的「和記黃埔」(股票編號： 13) 是一間在全世界都擁有業務，業務範圍囊括了能源、電訊、零售、地產、貨櫃碼頭，是一種綑綁銷售，而「新鴻基地產」(股票編號： 16) 同時擁有收租物業和地產發展，也是綑綁銷售。

剛才我們不是説過了嗎？一間上市公司的市場定位越是清晰，它的股票價值越高，為甚麼會有綑綁銷售的情況出現呢？

以報紙為例子，為甚麼它要把新聞、娛樂、財經、副刊、馬經、體育、風月連在一起來出售呢？很多國家，有新聞報、財經報、體育報、娛樂報、馬經，分拆出售，不是很好嗎？很明顯，市場是不會錯的，香港報紙的把眾多的不同內容融於一爐，一定有它的優點，至少和把它分拆出售，兩者是各擅勝場，都能夠顧及到市場和讀者的需要，香港的這種銷售方式才會如此成功。

香港報紙在綑綁銷售上的成功，理由是很簡單的：消費者希望買一份報紙，可以得到所有需要的資訊，因為新聞、娛樂、財經、副刊、馬經、體育、風月等等，都是人們每天所必需的資訊，如果一份報紙可以提供所有的資訊需要，消費者用不著分別去購買新聞報、財經報、體育報、娛樂報、馬經，無疑是更為方便。這好比有洗髮精、護髮素，但亦有洗髮護髮二合一，香港的報紙的綑綁銷售，就相仿於洗髮護髮二合一了。

當然，有的綑綁是不需要的，以我為例子，就從不看馬經和波經，可是，其他的內容，諸如新聞、財經、娛樂、副刊等等，我都是全看，而區區的馬經和波經，只佔了一份報紙的兩三成篇幅，縱是不看，也沒有甚麼損失。我相信很多人都像我一樣，並不全看報紙的每一版，但是照樣天天買報紙，雖然，在互聯網發達的今天，看實體報紙的人是越來越少了。

股票的綑綁銷售，原理也是一樣，像「和記黃埔」這種公司，雖然在全世界的不同地方，擁有各種不同的業務，表面上，好像是業務太過分散了，令人無所適從。但是，它的市場定位，就正是在全世界的不同地方，擁有各種不同的業務，因為這可以為股民提供一站式服務：只要股民買入這單一的股票，就可以同時分散投資到全世界不同的地方、不同的業務了。

15.5 「新鴻基地產」的例子

　　「新鴻基地產」(股票編號： 16) 的市場定位，是值得拿出來討論的。在撰寫此段的 2013 年，它的利潤來源一共有兩大項，一是物業收租，另一則是地產發展，兩項主要的收入各佔一半。在寫這一段時，我並沒有細心翻看它的年報，所以也沒有實質而確切的數據，而「新鴻基地產」除了本業地產之外，還有電訊業務「數碼通」(股票編號： 315)，巴士業務「載通國際」(股票編號： 62)，以及互網網業務「新意網」(股票編號： 8008) 等等，然而，這些業務相比起它的地產本業，只是小菜幾碟，並不重要。此外，本書的主題是闡說理論，只要大前提沒錯，精確的數據是無關宏旨的，所以我也並沒有花時間去查閱。

　　記得我在前文說過，把資產放在公司，在財務方面，是很浪費的一回事嗎？因為會造成資產折讓，股票的總值必然低於資產的總值，所以，上市公司應以業務先行，資產越少越好，輕裝上路，股票才能夠收到最大的效用，體現其最大的價值，像美國的「微軟」、「蘋果」、「沃爾瑪」等等股票，最主要的「資產」，就是它的生財工具，而不會有我所說的「白痴資產」。

　　我曾經舉過「碧桂園」(股票編號： 2007) 來作例子。在金融海嘯之前，是「碧桂園」最當炒的時候，其股價曾經一度高過「恆基地產」(股票編號： 12)。但在撰寫本段時的 2012 年，「恆基地產」反而是「碧桂園的」的一倍市值。然而，「碧桂園」的真正資產價值，只怕連「恆基地產」的兩成都不到，因為後者擁有大量的土地資產，而「碧桂園」的主要資產，不過是其業務而已，其土地儲備，也不過是相等於「原材料」，是用來生產、變回現金的。

　　但是，「碧桂園」是業務型的公司，著著進攻，所以其市盈率就很高很很高，可以很當炒很當炒，而「恆基地產」的大部份價值都是持有資產，所以就不當炒了。反過來說，當市場下滑時，沒有資產的公司將會跌得很快，我用的術語是「無險可守」，這就像一間餐廳沒有自置物業，而是拿著現金，不停的開分店，在賺錢時，它將會賺得更多更快，因為自置物業的租金回報率只是幾個巴仙，但開餐廳的回報率卻是高出十倍八倍，可以達到幾成。但當遇上「沙士疫症」，又或是遭遇「地產霸權」，租金猛升時，首先垮台的，卻必定是「無險可守」，沒有自置物業的餐廳了。

現在說回「新鴻基地產」，為甚麼它把收租業務和地產發展業務放在一間公司之內，而不去分拆上市呢？

我們在前面分析過了，用資產來收租，回報率是很低的，除非是遇上樓價飛升，才能有高速的增長。地產發展就不同了，本來就是一門利潤豐厚的事業，當遇上樓價飛升時，雖然用資產來收租，已經可以「享用」到高速增長的暴利，但是在這個時候，地產發展更加可以「享用」到暴利中的暴利。當然了，如果樓價下跌，地產發展的收入會跌得更快，而收租業務的下跌速度和幅度都會較慢。

以上的分析，並沒有考慮到借貸槓桿的問題。一般而言，收租股的槓桿比較低，因為租金的回報率很低，不可能負擔到高槓桿的利息，而地產發展則由於毛利很高，往往能夠接受高槓桿所要支付的利息。我們亦可以看到，地產發展股往往是使用高槓桿比率，以達到迅速壯大。前文述及的「信和置業」，就是一個很好的例子。

現在大家都知道，收租物業會造成股價的折讓，而地產發展能製造出很高的溢價，把兩者分開來，定位更加清晰，固然可以把股票的價值提高，但是，也不排除世上有一種投資者，要求一間公司同時擁有收租物業和地產發展兩種業務，以求平衡發展。

地產發展固然是利潤豐厚，但是它並沒有固定而穩定的收入，一旦市場逆轉，很容易會發生資金鏈斷裂的情況。方今是 2013 年，這兩年來，中國的「內房股」便有很多間陷進了這個「無險可守」的情景。「恆基地產」的掌舵人李兆基便曾經說過，經歷過 2003 年前後的房地產大熊市，才發覺到收租物業和穩定現金流的重要性。

正如我在前文說過，收租物業固然拉低了公司的發展速度，但是卻可以在逆境時，為公司帶來一份穩定的收入，這是一個非常有效的緩衝。有了這個緩衝，在好景的時候，或許發展的速度會給拖慢了，但是在逆境的時候，卻往往能夠救回公司一命。

從這個角度去看，「新鴻基地產」的把收租物業和地產發展兩種業務共冶一爐，未始不是一件好事，因為這樣子，就把它變成了一間進可攻、退可守的大型企業。收租物業固然拖低了地產發展的市盈率，但是，地產發展業務，何嘗不可以拉高收租物業的市盈率呢？兩者拉扯之下，在總體來說，是把它的股票價值拉高了呢，還是把它的股票價值按了下去，誰敢肯定？

然而，我肯定的是，「新鴻基地產」郭氏家族的身家以千億元計，股價是高是低，不過是一個數字而已，要不要把它的股票價值釋放出來，又有甚麼相干呢？再說，郭家兄弟雖然精於地產業務，但向來也不是甚麼財技高手，幹不幹這種財技操作，也是次要的事。到了今日，郭氏兄弟不和，更加不可能再搞出甚麼財技了。

15.6 另一個例子: 英皇國際

如果照我的意見來看，把「新鴻基地產」的地產發展業務分拆上市，作為子公司，母公司主守，子公司主攻，的確可以收到更大的效果。這就好比我在先前說過的例子，新加坡的黃廷芳家族在香港的控股公司是「尖沙咀置業」（股票編號：247)，主守，子公司是「信和置業」（股票編號：83)，主攻。至於李嘉誠家族的母公司「長江實業」主守，子公司「和記黃埔」主攻，這其中的道理是一樣的。

是在 2012 年吧，有一次，「英皇系」楊受成的「掌櫃」范敏嫦請了一班分析員，在英皇駿景酒店之內的米芝連一星級餐廳駿景軒吃飯，主題是介紹「英皇國際」（股票編號：163)。當時，由於我本人，以及有好幾個朋友經我的推介之下，也買入了這股票，於是我不請自來，在飯局吃了一半的時候，硬闖了進去。

范敏嫦是女中豪傑，同時間擁有律師和會計師資格，當她說到有甚麼方法，可以提高「英皇國際」(163) 的股票價值時，我脫口而出：「把收租業務和地產發展業務分拆開來，就可以了。」范敏嫦的回答是：「我同意你的意見，但是，這不能急，得慢慢的、一步一步的來，對嗎？」

15.7 殼股的形象

我在 2007 年初版的《炒股密碼》，曾經提及一隻股票：「有一些公司，按照上述的定義，因為市值太低，可以被列為「殼股」。但它卻完全沒有玩過財技。例如「新澤控股」（股票編號：95)。我們把這種公司比喻為『睡火山』，意即這火山是有很多年沒有爆發過，是『睡』著了，但它顯然還是『活』，還是隨時有可能爆發的。」

這間公司在 2012 年時，終於轉了手、賣了殼，股價曾經炒過了一轉，但後來，又沉寂了下來。

在 2012 年，這間公司的資產是十六億，負債是十億，年賺一千多萬，其實它的狀況十分不賴，但是它的股價卻從來沒有大炒過，最高的時刻，是升了一倍左右，但是成交卻並不多。直至 2013 年執筆為文的這一刻，它的市值不過是三億多，和市價殼價的三億元也差不了多少。

為甚麼會有這個情況出現呢？這間公司經營的是內地房地產業務，在芸芸殼股來看，算是有實質業務的了，其資產財務的情況也不差，甚至有利潤，相比較股價來說，利潤還真的不錯呢。

然而，為甚麼這些經營狀況不錯，有資產、有利潤的公司，在股價方面，甚至是比不上一些全無資產業務的殼股呢？

我把這個現象，歸因於上市公司的市場定位。一些殼股，例如所謂的「中南

系」的股票，雖然是股價常常往下跑，但是勝在形象鮮明，公司通常沒有業務，至少是沒有重要的、實質的業務，平時是亂炒一通，當市況大好時，便注入概念資產，大炒特炒，這叫做輕身上路，可進可退。

然而，當一間公司有資產、有業績時，但是資產又不好、業績又不夠，究竟它是一隻殼股呢，還是一間正正經經做生意的公司呢？說它是殼股，它有一盤賺錢的生意，如果要注入概念性的資產，由於它本來的賺錢業務，公司的定位又不清楚，主題又不夠純正了。如果說它是一間正正經經做生意的公司，年賺區區一千多萬元，單單是殼價，就值三億元了，這叫做「妹仔大過主人婆」，道理也說不通。所以，這些公司的股票價值，也就因為市場定位的不準確，無法把其股票的價值釋放出來了。

反過來說，如果市場定位準確，就是一隻在業務上毫無價值、年年虧蝕的殼股，也還是能夠在市場上站到一個立足地位，例如說，乾脆把這間上市公司變成一個賭場，把其股票變成賭具，天天製造成交、製造波幅，照樣能夠吸引不少股民，參與它的買賣。從這角度看，買賣股票可以像賭場的賭桌，只要交易均真，就算是長賭必輸，也照樣能夠吸引到賭客。事實上，不少殼股的財技操作者，真的是把公司變成賭場，把股票變成賭具，也的確吸引到不少股民「進場」買賣。事實證明了，這實在是一種非常有效的市場定位、營銷模式。

15.8 經營業務的種類

市場常常會把公司的業務，來作為股票的分類方式，例如說，銀行股、零售股、、資源股、公用股、地產股、工業股、科網股……諸如此類。然而，市場的口味是不時改變的，例如說，在 1997 年時，流行地產股，在 1999 年時，流行科網股，在 2004 年時，流行濠賭股，在 2007 年時，流行資源股……諸如此類。

財技中的市場學，就是在需要的時候，市場定位出你的賣點。

例如說，「和黃」(股票編號: 13) 是一間業務廣泛的綜合企業，有能源、電訊、地產、貨櫃碼頭、零售等等的不同業務，但是，在 1999 年，當科網股大熱時，它便凸出自己的科網業務，搖身變成了科網股。這就是一種市場定位，也是一種形象包裝。

15.9 要點在定位正確

從以上的分析，我們可以看到，市場定位對於一隻股票的價值，是多麼的重要。一個正確的市場定位，可以把一間公司的股票的價值提高，而所謂的「正確的市場定位」，不外乎是「概念清晰」四字而已。

它不一定是單一業務，也可以是「綑綁銷售」，像當年的「怡和集團」，是香港的英資第一大行，只要股民購買香港概念，而且英國仍然是香港的宗主國，英資商行有著經營上的特權，那這股票就有著清晰的定位了。當然，它也可以是單一的業務，例如說，專營化妝品零售的「莎莎國際」(股票編號：178)。它甚至可以是一隻完全沒有實質業務的殼股，只要它們定位準確，都可以有效的提高其股票價值。

　　當然，我在本節說的所謂「定位」，並不是說，一間公司可以胡亂的定位。凡是市場定位，都必須配合其客觀的狀況，像作者本人，無論怎樣去定位，都不能定作風流倜儻的翩翩公子，皆因外型所限，怎也倜儻不起來。由於我是一個寫作的人，總算出版過幾本書，寫過一些專欄，則可以定位為一個才子，就算我的文章寫得並不怎樣，騙不到真正的文章大家，如金庸、李敖、龍應台，又或是我的才子朋友陶傑，但至少可以唬唬那些不看書的傢伙吧？正如「米蘭站」(股票編號：1150) 可以憑著適當的市場定位，在上市後的一段時間，狠狠的炒過一段時間，但是，它卻不能夠自稱為藍籌股。皆因，市場定位也得配合事實，而不是憑空、單憑想像去定奪的。

16. 股票的分分合合

假如有一間公司，總值是一億元。如果它分成了一億股，每股一元，又或者是分成了一千萬股，每股十元，又或者是分成一百萬股，每股一百元。這三者是沒有分別的，至少在表面上，這是「朝三暮四」的把戲。

然而，在我們之前的分析，「朝三暮四」和「朝四暮三」，其中之間，還是有微少的分別的。而在某些情況之下，利用「拆股」和「合股」的方法，可以有效的增加股票的價值。

16.1 拆細

「股份分拆」亦即是把一股割分為數股。這即是說，如果你是擁有一股的，一拆二拆細後，就變成了兩股，一拆十，那就有十股了。這相等於你把一張一百元鈔票，換成兩張五十元，或者是五張二十元，又或者是十張十元鈔票。如果你喜歡，甚至可以把它換成一百個一元硬幣。不論你如何轉換，其價值都是一百元，沒有任何的分別。

一百元的價值雖然不變，但十張十元紙幣，和一張一百元的「紅底」，還是分別的。例如說，當我購買雜物，沒有零錢時，那便只有找換了。乘坐巴士，也不會「找零」，如果你趕著乘巴士，但身上只有一張一百元，又沒有八通通，那就只有忍痛把一百元投進去，無仇報了。這例子說明了，零錢和大面額鈔票終究是有一點點分別的，皆因千元大鈔找續不便，零錢使我們更容易買東西。

有一次，我問蕭若元這個問題：「明明是朝三暮四，為甚麼要『拆細』？」

蕭若元的回答很妙：「因為散戶覺得一球一球地掃貨，十分威風，所以『拆細』成毫股或仙股，很受散戶歡迎。」 所以，把股票拆細，有點像把一件商品的價格，從 20 元減至 19.9 元，可以引來更多的客戶，當然是「貪平」的客戶了。

16.2 合股以提高形象

股票真奇妙，既可「拆細」，也可以「合」。把一股變成兩股或以上，叫「拆細」。反之，把兩股或以上變成一股，叫「合」。「股份合併」就是將原有股份合併起來，例如說，如果是 2 合 1，即是原來 1 元的票面值，會變成了 2 元。但是原來總發行量是 1 億股的，就變成了 5 千萬股。這等於把兩張 500 元鈔票，合成了一張 1,000 元的鈔票，鈔票的張數是少了，但總價值不變。

合股由「二合一」、「五合一」、「十合一」、「五十合一」、「一百合一」，我記得最凶殘的是 2004 年的「中鋁資源」(股票編號： 476)，試過 200 合 1，再高就沒有見過了。

一個男孩第一次約會。他有一千元,一共是 10 張一百元鈔票。他覺得一疊一百元鈔票不夠威風,於是,他用這 10 張一百元鈔票,換了 1 張一千元鈔票。吃飯埋單時,也比較有面子。合股的其中一個原因,也正是一樣。

仙股的形象確實不好,有些投資者聞仙股而色變,因此,把仙股合起來,變成毫子股,甚至是蚊股,公司可以提升形象,增加某一類投資者的信心。例如說,一般基金是不會買的毫股和仙股,要想變成「基金股」,股價最好在 1 元以上。在以前,甚至要在 1 美元以上的股票,才能吸引到大型基金。但是現在有好幾隻藍籌股的股價都不超過 1 美元,「建設銀行」(股票編號: 939) 是全地球最大的銀行,也不到 1 美元,所以大家也就算了。不過股價要超過 1 元港幣,卻仍然是必守的死線,所以如果要吸引到基金購買,合股是必不可少的形象包裝。

所以,一些股票在變身之前,首先「合股」,把股價變大,形象就變「靚仔」了。1999 年時,盈科數碼動力 (當日股票編號:1186) 宣佈 5 合 1,原來是為了搞好形象,和「香港電訊」(股票編號: 8) 合併,是一個例子。

搞好形象,吸引基金,對股價當然是好事,但這件好事是可以成功達成呢,還只是莊家的主觀願望,就不敢肯定了。

16.3 計算上的慣性

我有一個很聰明的朋友,叫「曾文豪」,是個很疊水的大炒家。他對我說過:「我炒美股和港股指數時,會自動把數字從五位數字,調節到三位數字,那感覺才能出來。」

唉,我又何嘗不是如此?我炒慣了不超過 10 元的股票,當股價是十幾廿蚊,甚至是一百多元,我的計算也是有困難的。譬如說,1 元股票升至 1.02 元,我馬上有了感覺,但是 20 元的股票,如果升至 20.4 元,我得要在腦中計算兩三秒,才能算出它能不能抵消買賣的手續費。

很多人都會慣性地買賣自己熟悉的價位的股票。所以,把股份拆細或合併,的確可以吸引到不同的客源。如果有效地運用這種技術,也能夠有效的提高股票的價值。

16.4 送紅股

紅股本該是派送股息的一種,即是以股代息,不過是強制性的以股代息。但我想來想去,實在想不出它和派息有甚麼關係。

紅股的會計學和財務學原理,我在先前的章節已經解釋過。

其實,財技工作者根本不需要明白這些概念上的理論,只需要明白它實際操

作的方式便成了。簡單點說，在公司送了紅股之後，你的名下便多出了一些紙張，也即是股票，嗯，如果是在無紙化的未來交收方式，那就連紙張都沒有了。

如果你有 1 萬股，1 送 1 紅股後，你便擁有 2 萬股了。如果是 10 送 1，你是 1.1 萬股。如果是 1 送 3，你則有 3 萬股，就是如此簡單。有一個技術性的問題：1 送 1 和 10 送 10 是有分別的，因為如果是 1 送 1，你手上有 9 股，便會變成 18 股，但如果是 10 送 10，而你也是只有 9 股，因湊不齊 10 股，你將一股也得不到，繼續維持是 9 股。只有 9 股的可能性固然不大，但如果是經過了 200 合 1 之後，就很難說了。

在股東收到了紅股之後，他的實質權益並沒有增加，這條數學是小學生也明瞭的，1/1,000 和 2/2,000 是沒有分別的。一間公司有 100 股，你我各佔 50 股，然後多發行了 100 股，你我各各多出了 50 股，即是變成了總共有 200 股，你我各佔 100 股，除了多了一張張的股票，浪費紙張和浪費存放的地方外，有甚麼分別？ 更有甚者，送紅股非但沒有增加了公司的價值，反而因為發公告、印文件、召開股東大會等等煩瑣的行政工作，現金固然支出不少，也耗費了不少人力。

送紅股這個主意，應該是小學生也能知道，純粹是「朝三暮四」的把戲，但許多人到死也不知 (居然還包括了著名的「股神」級人馬)，竟然讚揚某公司送紅股的做法 (我記得的原文大致是：該公司多年來的業績甚好，而且還派了幾次紅股云云)，真的令人啼笑皆非。這證明了「橋唔怕舊，最緊要受」。

簡單點說，的確有人會為收到一張股票，而感到高興。尤其是那長期投資，股票鎖在夾萬裡，不大看股價的投資者，所以他們也不知道紅股發出後，股價也會相應調整。當他們收到了寄來的一張紅利股票，心裡是有著收到禮物般的開心。

李兆基的「中華煤氣」(股票編號：3) 曾經好幾次 10 送 1 紅股，那又是另外一個故事。「中華煤氣」是一間沒有政府發的專利權，卻在實質上享有壟斷地位的民生公司。這種公司，如果股價大升，給人發現了其暴利的真相，當然不是好事。它 10 送 1 紅股，便可藉著股價的調整，沖淡了它的上升壓力。

換言之，這是政治考慮。公司的股價平穩，便可以保持低調，悶聲大發財了。

總而言之的一句：送紅股在很多時候，的確能夠提升公司的形象，從而也可以提高股票的價值。

16.5 小結

從這一章中，我們可以得知，股票的拆細和合股，以及送紅股，也是非常有效的財技，可以提升股票的價值。而看完了這一章，相信大家也明白了，我在本書的開首時，為何不厭其煩的，首先解釋了公司和股票的基本原理吧。

17. 會計賬目 (上) 粉飾賬目

正如鄧小平説的名句：「黑貓、黃貓，捉到老鼠的就是好貓。」一間公司最重要的，就是業績優良，能夠賺錢。如果它的業績亮麗，形象再不好，再沒有賣點，市場定位再差，甚至是流通量不夠，成交不多，它的股票價值也會步步高陞。反過來説，一間公司業績不好，形象搞得再好，市場定位如何正確，甚至是天天都有鉅額的成交，長期而言，它的股價都只會往下走。

一間公司的業績，就是在其會計賬目的反映。換言之，如果要搞好一間公司的股票價值，最基本的財技，也是更有效的方法，就是從其會計賬目著手。

我把「會計賬目」這部份，分成了兩章：這一章説的是「粉飾賬目」，下一章則是「偽造賬目」。

17.1 免責條款

我的專業，是寫作投資理論，而不是會計。在二十年前，我在一間年營業額過億元、年盈利過千萬元的公司，當過好幾年財務總監，當時的職責，只是管理好幾個會計員的工作，以及到會計師樓開會，和有賬目往來的客戶溝通，如此而已，並不需要落手落腳去計算。今天的我，也是一間年收入過十億元的投資理財公司的財務總監，這公司的老闆是我的好朋友，我做這份工作，也是義務，不收薪水，而我的職責，則是偶爾同他吹水，為他的投資提出意見，以及協助公司的上市工作，如此而已，當然也沒有上班。

在這十多年間，我為很多上市公司牽紅線，撮合過不少生意，成功的，有不少，但失敗的數量，則以十倍計，甚至可能是以百倍計。這些上市公司的生意，很多都牽涉到會計學和財務學，但我所做的工作，充其量，不過是從上市公司的手上，拿到賬目，看完之後，和另一方討論，甚至是連賬目也不用看，只是由一方口述，説出了問題的精要所在，然後大家口頭討論，如此而已。

我之所以説出以上的工作經驗，是企圖向大家説明，我的確常常接觸到會計學，也讀過不少會計學的教科書，可是，卻從來沒有親手做過任何的會計工作，論到會計學上的實務知識，我甚至不如一個未畢業的會計系學生。所以，在有關這一章節的內容，我的寫作方向，是講述大約的基本原理，是其「精神」之所在，而不會涉及實務上的，如何把賬目搬來搬去。

17.2 搬賬

公司在經營時，虧了本，當然會在賬目中，反映出來。然而，虧本雖然是一個客觀的事實，但是要把這筆虧了本的錢，作出某程度的調動，卻是可以的。

例如説，有一個客戶，欠了公司一筆錢，一直沒有歸還，公司是把這筆欠債仍然是當成了應收賬，還是假定對方已不可能歸還了，索性把它當成壞賬？如果是後者，會計學的術語叫做「撇賬」，也即是説，這筆錢，已經失去了，已經沒有了，已經不存在了，所以，也得在賬簿之中，減去了這一筆數字。

這個客戶的欠債不還，固然是一個客觀的事實，公司要把這筆賬撇掉，也是遲早要做的事，可是，公司究竟應該在甚麼時候，才去撇賬呢？是在今天，是在明天，還是在明年？這就是擺弄賬目的一個途徑了。

另一個例子，是這間上市公司投資了一間子公司，例如説，我最喜歡舉的例子，一間餐廳。要開一間餐廳，首先得去花錢裝修，門外門內，還有廚房裡的專業設備，買桌子、買椅子、買餐具、買廚房用品，還要買職員制服。這間餐廳開業了，也有著不少的支出，例如説，食物支出、薪水支出、租金支出、水電支出，諸如此類。

很不幸，這間餐廳經營得不好，虧蝕了，當然，它的虧蝕數字，是要反映在母公司，也即是上市公司的賬目之中。但是，有一些在會計學上，屬於餐廳資本的東西，像桌子、椅子、餐具、廚房用品、職員制服之類，也即是説，我在前文所説的「生財工具」，它們是並不列入公司的損益賬 (profit and loss account) 裡。

假設這間餐廳的前景不妙，看來遲早都要關門大吉了。上市公司對於這間「遲早完」的餐廳賬目，有兩種做法：

第一種做法，是等待它正式關門大吉之後，才去把這筆投資撇賬。到了這個時候，桌子、椅子、餐具、廚房用品、職員制服等等，都可以一次過變成了零，撇掉了，沒有了。但在還沒有完全撇賬，餐廳每個月、每年的經營虧蝕，都仍然會記錄在上市公司的會計賬目之中。

第二種做法，是未待餐廳結束，先一步把餐廳的這筆投資撇了賬，當成了「全軍覆沒」(total loss)。按：「全軍覆沒」是我想不出「total loss」的中文時，自己想出來的譯法，並不是會計學的專有名詞 (編按：中文為「全損」)。但既然上市公司已經把整筆投資都已一次性地撇清了賬，把投資變成了零，那麼，以後不管這餐廳的虧蝕情況是如何如何，也將不會在上市公司的賬目之中，顯露出來了。公司既然可以選擇在不同的時間去撇賬，就有了彈性，而這個彈性，也就是粉飾賬目的基礎了。用另一種説法，撇賬的原理，是長痛不如短痛，一次性地把壞東西切割，免得它影響到以後的賬目。

又以前述餐廳為例子，它在會計賬目上，雖然已經不存在了，但在實質上，它仍然在經營著，説不定有一天，突然奇蹟出現，它的生意大好起來，這就是失而復得，意外驚喜了。要不，它在關門之前，頂手了給另一位經營者，收到了一筆頂手費，也不失為一筆額外的收入。這即是説，一百萬元的投資，與其計算它每年虧蝕二十萬元，倒不如一下子當作是全軍覆沒了，無眼屎乾淨盲，説不定有

一天，可以收回十萬元，反而是一筆意外之財，而在會計賬目上，這十萬元可以當成是收入，是利潤呢！

17.3 削減股本

這一部份的內容，我在前文的「股本和面值」的一章，已經述說過了。

簡單點說，如果公司先虧蝕了五十萬元，跟著又賺回了五十萬元，在會計上，這算是不賺也不蝕。可是，當它虧蝕了五十萬元之後，便去削減股本，換言之，股本少了五十萬元。然後，當公司再賺回五十萬元時，這新賺到的五十萬，卻可以變成利潤。

我可以用一個日常生活的比喻，以作說明：

有一天，你去了澳門，在賭場賭錢，先是輸了一萬元，跟著又贏回一萬元，結果是平手離場，沒輸也沒贏。跟著又有一次，你又到了澳門賭錢，這一次，輸了一萬元，十分肉赤，不在話下。然後，在第二天，你又到賭場去，這一次，你十分幸運，贏了一萬元，十分開心，也不在話下。

好了，現在就是你最後的一次進賭場，贏了一萬元，走出來的那一秒，就在賭場門口，你踫到了我，我問你：「是贏是輸？」

你會回答：「贏了一萬元。」還是：「昨天輸了一萬元，今天剛好贏回來，所以算是打和。」

究竟是那一個答法，那就得看你在昨天輸了一萬元之後，在你的心中，究竟有沒有「削減賭本」了。如果你已經削減了賭本，這一萬元，就當作是贏了的。但如果沒有削減，那就只能算是打和了。

至於「削減股本」，說穿了，不外乎是這麼的一回事，只不過「削減賭本」是唯心主義的，是你自由心志，去想出來的，但是「削減股本」則是唯物主義的，是要登記在會計賬目上的。

在實際操作上，「削減賭本」並非只是一個心理上的數字，而是有實際的作用。例如說，在你輸了一萬元，但又未曾贏回一萬元的那一天，踫到了一條茂利，這條茂李說要同你夾錢，再去賭過。於是，你和茂李兩人，便一人出一份錢，圍了一個「pool」，興興頭頭的到賭場去，希望食一餐大茶飯。

在這個情況之下，你和茂李的那份「本錢 pool」，當然不可能算上你昨天輸掉的一萬元，而是從零開始，重新算過。否則，豈不是要等你贏回昨天輸掉的一萬元之後，大家才可以分錢？這當然是不可能的事。所以，你在昨天輸掉的一萬元，就是「削減賭本」，在賬目上，劃掉了。

「削減股本」的原理，也是一樣。因為可能有新股東加入，如果虧了本之後，不去「削減賭本」，對不起，搞錯了，是不去「削減股本」，那麼，新來的股東豈不是很吃虧？這就是「削減股本」的真諦。

17.4 子公司入賬

相信不用多作解釋，大家都知道甚麼是母公司，甚麼是子公司吧。簡單點說，母公司持有子公司的股票，但理論上，兩間公司可以獨立運作。這好比我持有「和記黃埔」(股票編號: 13) 的股票，然而，我雖然是這間公司的股東，但它的經營連作，跟我是全無關係的。

在我本人的賬簿之上，記上一筆的，是擁有這股票，也會記上這股票的價值，如果這間公司賺了錢，我可以按照我的股份比例，去享有它的利潤，而假如它派息，我也可以按照比例，去收取它的股息。

我可以用股東身份，收取它的利潤，然而，這公司也有一千多億元的欠債，在我的賬簿之上，是不是也應該按照比例，分擔這些債務呢？

答案是: 不用。因為我只是股東，而由於我所佔的股份太少，它不能算是我的子公司，所以，在我的賬目之中，並不需要記下它的債務。換言之，它的欠債，並不能算是我的欠債。

所謂的「子公司」，是民間的俗儒，在會計賬目之中，對於持有不同股份比例的「子公司」，有著不同的嚴格定義。本來，本書的原意，是分析理論上的概念，所以並不打算細緻地去解說會計學上的定義，再者，這也不是我的專長，隨便找一個會計師，都比我知道得多。可是，這些定義對於理解後文，卻是不無幫助，所以，我姑且記錄下來:

1. 母公司擁有子公司的 50% 或以上，子公司是「附屬公司」，兩者的賬目需要合併處理，換言之，母公司需要按照所佔股份的比例，把子公司的欠債，也記在母公司的賬簿之內。

2. 母公司擁有子公司的 20% 至 50%，則子公司是「聯營公司」，母公司只是按照股份比例，在賬簿上登記子公司的盈利或虧蝕，至於子公司的債務，母公司不必記錄在賬簿。

3. 母公司持有該公司的 20% 以下，則甚麼也算不上，只能算是股東。該公司的盈利和虧蝕，都不關母公司的事。這正如我是「和記黃埔」的股東，但是，「和記黃埔」的盈利和債務，在我的賬簿之內，是全無關係的，只有在它派息的時候，我收到了股息之後，才需要把這筆錢記進賬戶。當然，我也可以「按市價入賬」，有關這一個名詞的分析，前因已經說過了，後面也會再次提及。

在我寫此段的這一刻，「長江實業」(股票編號: 1) 持有「和記黃埔」的 49.97% 股份，因此兩者是聯營公司的關係，所以，「和記黃埔」過千億元的高負債，也用不著記在「長江實業」的賬簿之上，雖然，李嘉誠私人還持有少量「和記黃埔」股份，令到他本人加上「長江實業」，總共控有「和記黃埔」的 52.42% 股份。

從以上的法例，我們可以看到，如果透過聯營公司去控有一間子公司，可以把債務從賬目中隱藏不見。當然，母公司和子公司的財技玩法有很多，多得數也數不盡，以上所說的「隱藏債務」，只是數不盡的手法的其中一種，餘不一一。

17.5 資產重估

如果我有一項投資，是長期投資，例如說，買樓啦，買股票啦，可以是上市公司股票，也可以是非上市公司的直接投資。既然這些是長期投資，就不打算短期出售，但是，這些資產的價格，不時會有變動，升升跌跌的，在會計賬目上，我可以怎麼辦呢？

1. 我可以依據它在某一日的價格，「按市價入賬」(mark-to market)，再比對我買入它的價錢，就可以知道我的這筆投資，究竟是賺是蝕。如果我買入來的是公司自用的辦公室，我可以每年為它重新估值，估價高於買入價了，就當成是利潤，估價低於買入價，那就是虧損了。

2. 我可以認為買入這股票是長期投資，不用看它的短期賺蝕，用不著每年「按市價入賬」，而是喜歡甚麼時候去重新估值，去把利潤／虧損入賬，悉隨尊便，哪一天做便哪一天做，都可以。

由於把資產用來重新估值，在時間上，有著許多的彈性，它可以把公司利潤增加，又或者是減少。故此，它也是粉飾賬目的一種非常有效的財技。

17.6 派息

有關派息的分析，我在後文會有一個專門部份，去作討論。在這裡，我先向讀者說一個故事。

有一天，我同一個老闆，在國金二期的咖啡店喝茶聊天。他說：「我的上市公司有三億現金，我想派發一次性的高息，提升公司的形象，你覺得怎樣？」

我說：「一次性的高息，倒不如分幾年去派發，對公司的形象更好。」

他接納了我的意見。

從這個故事中，我們可以看到兩點：

1. 派息有助於提升公司的形象。

2. 持續的派息政策，比一次性的派息，更為有效。

我常常說：「派息是最有效的維持股價方法之一，是一門非常高深的財技。」下文再談。

17.7 經常性和非經常性收入

如果你是經營餐廳的，餐廳的利潤就是經常性收入，不管利潤有多少，是一百萬元，還是一億元，這都是經常性收入。如果你的餐廳是自置舖位，你用一億元買下來，然後用一憶零一百萬元賣出去，這一百萬元雖少，但也是非經常性收入，如果你把舖位賣了兩億元，多出來的一億元，也是非經常性收入。因為，你的經常性業務是餐廳，不是買賣舖位，所以買賣舖位的利潤／虧蝕，便算是非

經常性利潤 / 非經常性虧蝕了。

請別抬槓説：買賣舖位需要支付律師費、經紀佣金、印花稅等等，以上説的是理論，讀者明白就可以了，不必著重細節。

經營餐廳的人，買賣舖位賺錢，不算是經常性利潤。但是，有些人的本業就是炒舖，每年都有好幾次的買買賣賣，那麼，買賣舖位的所得，就是經常性利潤了。一個人偶然賭馬贏錢，這算不上是他的經常性收入，但如果他沒有工作，職業賭馬，賭馬贏錢也算是經常性收入。

所以，一間公司可以憑藉非經常性收入，去粉飾它的賬目。例如説，李喜誠的「和記黃埔」便最常常以出售業務，來得到非經常性的利潤，例如它在 1999 年的「賣橙」，把旗下的「Orange 電訊」賣了給德國的 Mannesmann，賺到了逾千億元的利潤，令到「和記黃埔」成為了當年全地球最賺錢的公司，而它的股價，也在 2000 年創上了史上高峰，達到了 139.545，而這個股價，直至 13 年後的 2013 年，也未曾再次見到過。

17.8 甚麼是「粉飾賬目」？

所謂的「粉飾賬目」，説穿了，就是使用一些合法的會計技巧，把賬目變得好看一點，換言之，這是一種「隱惡揚善」的手法。但是，有一點是必須明白的，就是有很多時候，粉飾賬目的手法，只是把數字往前往後的去搬，整體大數是一個不變的數字，換言之，現在的賬目更好看，代價是以前的、或以後的賬目更難看，又或者是，為了令到以後的賬目更好看，不惜馬上「自殘」，把所有的壞事統統搬到現在，一次過引爆所有的炸彈，為以後的「美麗賬目」開路。

又：由於中文的「爛賬」和「壞賬」，都有「欠債不還」的意思，我為免讀者誤會，但又想不出恰當的用詞，唯有用了累贅的「難看賬目」。

從這角度去看，粉飾賬目並非單純是「化妝術」，而是一種目標為本的財技。當我們現在需要一盤好看賬目，又或是希望在以後讓人見到一盤好看賬目，那為了達成目標，就不惜犧牲以前、或現在的賬目。

奇怪的是，有時候，一盤虧本的賬目，也有其一定的用途，例如説，財技使用者希望藉此嚇怕投資者，令到股價下跌，好讓自己買進更多的股票，諸如此類，不能盡錄。當然，我們也可以説，故意造出一盤難看的賬目出來，也是一種「粉飾」，正如電影化妝，也有專門化妝成醜角色的法門。以上的粉飾賬目手法，只是略述一二，真實的運作手法，當然還有很多很多。

18. 會計賬目 (下) 偽造賬目

粉飾賬目和偽造賬目在定義上的分別,就是,前者是合法的,後者則是犯法的。不過,犯法也有犯法的好處,就是自由度高得多。換個説法,如果是粉飾賬目,其賬目必須是真實的,只不過是「化妝」罷了,它必須受到事實的限制,但是,偽造賬目卻是整容、是戴面具,甚至是連頭也換了,變化當然是大得多了。

偽造賬目的招數有很多,一言以蔽之,就是無中生有,好事則小事化大,壞事則大事化小,餘此類推。

18.1 虛假盈利

一間公司最重要的,就是盈利,股票的價格,就是由盈利所推動的。所以,偽造賬目的最基本招數,就是製造虛假盈利。

怎樣去製造虛假呢?最簡單方便的,當然是從製作虛假生意開始。例如説,如果是成衣製造商,就假裝有幾個大型批發商,向自己訂購大量成衣,如果是模特兒經理人公司,就找友好用高價去聘請自己旗下藝人,去拍廣告、去拍電影,諸如此類。

我在撰寫這一段之前,企圖在網上找尋一些例子,但是不得要領。因為造假賬是非常嚴重的罪行,必須要有堅實的證據,才可以寫出來。我也在腦中搜尋過,例如説,「泰興光學」(當年的上市編號: 392) 的老闆「眼鏡大王」馬寶基父子,在我的記憶中,以為他們涉及了偽造虛假盈利。誰知一看資料,原來他們是因為串謀發表虛假陳述及串謀詐騙,涉及虛假交易和發假信用狀,結果馬寶基被判入獄 12 年,其子馬烈堅入獄 10 年,卻與製造虛假盈利無關。由此可以見得,單憑記憶寫作的不可靠。

18.2 虛假資產

一間公司,除了盈利可以支持股價之外,它的資產究竟有多少,也是構成其股票價值的因素。所以,一間上市公司如果在賬目上,擁有一些並不存在的資產,的確能夠對其股價有正面的幫助。

當然了,這些並不存在的虛假資產,通常要在很遠很遠的地方,是本地股民難以核實的,才不容易被人識破。所以,我們常常見到上市公司持有一些很遙遠的廠房,或是很遙遠的公司,其為虛假的可能性,便不容抹煞了。

在 1998 年,「廣南集團」(股票編號: 1203) 因為金融風暴而出現了大幅虧蝕,負債達到了三十億元,變成了負資產十三億元。其管理層為了掩飾虧損,於是偽造文件,企圖欺騙核數師,涉及數額十八億元,結果東窗事發,成為了轟動一時

的醜聞。這宗事件，本質是管理層企圖掩飾公司的虧損，於是為公司製造出虛假的現金，而這些「現金」，就是虛假的資產、虛假的現金了。

18.3 虛假交易

前面說過，用虛假生意來製造虛假盈利，是虛假的經常性收入。虛假的盈利也可以通過虛假的交易造成，這些交易可以製造出一次過的非經常性盈利，也是對股票價值有幫助的利好消息。

既然虛假交易的目的，只是為了幫助股價，它不一定需要製造出虛假盈利，才能達到這個目的，而是有著很多不同的途徑。例如說，一些虛假的收購與合併交易，也能夠有效的提升股票的價值，至少在短期之內，這做法是有效的。

有一宗例子，一間創業板公司宣佈集資，股價大跌，但是突然之間，它又宣佈了因為另有集資渠道，對象是一間內地有名的大機構，於是便取消了原先的集資計劃，股價也因而翻了幾翻。最後那間內地有名的大機構購買它的股票的計劃，卻無疾而終，這上市公司的股價，自然也是江河日下，慘不忍睹了。

市場一直懷疑，這宗交易從來就是虛假的，大家不妨猜猜這是哪一間公司？我可不能把其名字透露出來，因這宗事件並沒有進入法律程序，如果我把它的名字說了出來，則可以被控誹謗，告到褲甩也。

在寫這一段的 2012 年 4 月中，大量民企被疑造假賬，引起了一波又一波的民企風暴。其中「博士蛙國際」（股票編號：1698）一筆 3.92 億元的交易備受質疑，德勤辭任該公司核數師，主因是未能取得相關審計訊息，導致無法完成審計，並且質疑「博士蛙國際」賬目的真確性。結果是「博士蛙國際」的股價在跌逾三成之後停牌，直至 2013 年的 4 月，還未復牌。(按：本段分於兩個時間撰寫，故此出現了 2012 年和 2013 年的兩個不同時間。)

18.4 造假賬的成本

製造假賬，是需要成本的，而且成本還很不輕。以前面的例子，你是成衣製造商，利用虛假的大型批發商，去向自己訂衣服，製造虛假盈利。於是，你得要用真金白銀，去購買這些成衣，這些真金白銀，就是你造假賬的成本了。

從上述的例子，我們將會發現，造假賬的成本計算方式，是你花了多少錢的成本，去製造出多少錢的盈利。例如說，你花了一千萬元，去購買成衣，但是成衣的製造成本，要四百萬元，於是，公司賺了六百萬元，而你卻花了一千萬元，這四百萬元的差價，就是你造假賬的成本了。

當然，你可以把用一千萬元買回來的衣服，割價出售，收回一些成本。但這

又牽涉到另一個問題：如果割價出售，消息有可能會因此洩漏出去，那就得不償失了。你花了這麼多的錢來做假賬，當然不能夠為了區區的小數目，而壞了大事。

所以，造假賬的成本，視乎行業間的毛利率，毛利率高，即是從營業額中所收回的利潤更高，造假賬的成本就低了。例如說，如果做的生意是電腦程式顧問，毛利率高達九成以上，假賬的成本便低得和味了。反過來說，如果做的生意是貼牌生產工廠 (OEM，original equipment manufacturer)，毛利率只有幾個巴仙，則這條假賬，做到破產都做不出來。

18.5 虛假營業額

前文說過營業額和毛利率之間的矛盾，但有一些公司，連營業額也來造假，便可以解決營業額的問題。

美國有一間研究公司，叫「Muddy Waters Research Group」，創辦人叫「Carson Block」，員工只有幾個人，在 2011 年發表了多份研究報告，披露在美國上市的中國民企的財務問題，並且在發表報告前預早沽空，以獲巨利。Carson Block 當然因而賺了大錢，但也坦承，是在投資中國民企吃了大虧後，才反過來狙擊這些民企。

Muddy Waters Research 曾經指出，有一間在納斯達克上市的公司，位於大連，調查員到當地後，發現廠房內空無一人，根本沒有生產，情形有如「鬼工廠」。另外有一間工廠，在 2010 年的營業額，只有四百萬美元，但在其上市文件，卻誇大成為三千萬美元。

由於這些公司的問題，只是 Muddy Waters 的單方面論述，所以我沒有把其名字揭露出來。然而，我們也可以看出這種做法的問題所在，就是多隻香爐多隻鬼，這樣子的做出一間空廠房，結果就是很容易遭人揭穿。簡單點說，假賬的牽涉範圍越廣，被揭發的機會越高，這是不易的真理。

18.6 真有有假、假有有真

講謊專家都知道，說謊的不二法門，是十句真話，夾雜著一句假話，以大部份的真話，去包裝少量的假話，才可以令人置信。同樣道理，造假賬的大原則，是假中有真，真中有假，真的部份越多，越容易騙人，假的部份越多，越容易東窗事發，出事收場。

我記得，在很多年前，我的經紀好朋友 Jason 和一伙行家到了內地，參觀葉劍波「海域集團」的工廠。他在回來之後，大讚這廠房「好堅，堅過石堅」，於是大力推薦葉的「海域孖寶」：「海域集團」(前股票編號：1220) 和「海域化工」(股票編號：2882，現已改名為「香港資源」)。結果是，沒多久之後，葉劍波被

控串謀詐騙及處理犯罪得益，案件涉款一點八億元，請注意這個數字。葉劍波本人被判囚七年，「海域孖寶」則進入了清盤程序。

話說我熟識的一位老闆簡志堅曾經意圖做白武士，去拯救「海域化工」。他做完了盡職審查之後，一天同我吃午飯吹水時，說了一句話：「個廠真係好堅，賣出去，都隨時賣到幾千萬。」

一個可以賣到幾千萬元的廠房，其建築成本是多少？而葉劍波的涉案數字，不過是一點八億元而已。

我對於此事的評語是：「車，間廠做到咁靚，咪一樣做假賬！」

葉劍波的故事，不足為訓。這雖然是一個 counter example，但仍然不能抹煞以上的說法：假賬之中，真的部份越多，成本越低，越難被人察覺也。

18.7 做假賬與上市

《財經日報》是香港的一份網上財經報紙，網址是 businesstimes.com.hk。它在 2011 年 6 月 9 日的報導：「因涉嫌造假上市、上市後繼續造假，一些中國概念公司在美國資本市場遭到『獵殺』。三個月在美上市 5 家中國民企股被除牌，另 15 家被停牌，全部涉造假賬。」

根據它的報導：「僅在一年以前，中概股還是美國金融危機之後資本市場上的強心劑。中國經濟網的數據顯示，2009 年在美上市的中國公司股價幾乎全線上漲，平均收益在 130% 左右。當年有 5 家中概股累計漲幅超過 1000%。/ 但正是因為這些公司的業績好到令人難以置信，很快便遭到做空者的調查與獵殺，那 5 家明星公司幾乎全軍覆沒——艾瑞泰克因涉嫌造假已被停牌；東方紙業在與著名的做空者『渾水公司』（Muddy Water）一番大戰之後，股價從 13.6 美元跌到 3.8 美元；其他幾家的股票也全都跌到 2 - 3 美元。」

但我並不打算把「造假賬上市」列為一個章節，而這一章的主題，是「造假賬而提高股票的價值」。上市的本質，就是增加股票的價值，至於從上市的過程之中，兩個最常見的賺錢方式，一是融資，二是出售股票，我將會在下文另設兩個部份：融資和出售股票，作出專題分析。

我之所以作出如此的分章分節，是概念上的分類，因為本書是一本理論性的探討，故此概念必須搞得很清晰。我希望讀者在思考之後，能夠明白我作出這種分類的深意。

18.8 操控會計賬目的基本原則

無論是粉飾賬目，抑或是做假賬，都是目標為本的行為，總之凡是在會計賬目上做手腳，都必須以目標為本，清楚地知道這樣做的目的，因應著目標而去做

事。否則，這就不是成功的財技，而是亂來。

就粉飾賬目而言，這好比是女人化妝：一個女人如果天天化濃妝，大家見慣了她化濃妝的樣子，一旦她卸了濃妝，素顏見人，模樣往往嚇死人不賠命。一間公司如果慣了粉飾賬目，一旦不去粉飾，可能會有令人震驚的反效果。

然而，這些驚嚇人的反效果，有時也未始沒有作用，例如說，在一間公司的經狀況否極泰來之際，也即是股價最低的時候，先把投資者嚇走，財技使用者則來一個低價入貨，以廉價買進股票，也是常常被使用的手法。

至於造假賬，缺點就是要付出成本，假賬越假，成本越高，這是不變的定律。所以，做假賬的第一大原則，就是不能夠長期去做下去，否則單單是付出成本，已經無法維持下去了。換言之，假賬必須是目標為本，當這目標達成了之後，便要停止，否則便會引火焚身，不可收拾了。

最常見的一種情況，就是公司需要每年都有盈利增長，才會維持股價上升的動力。當有一年，公司的盈利倒退時，它為了維持股價，便做了小部份的假賬，只是很少很少的假賬，令到它從九成變成了十一成而已，這當然沒有甚麼問題。

到了第二年，盈利又再倒退了一點點，於是，公司又得再做假賬了。這一次，由於去年的利潤已經有十一成了，所以它要做的假賬，則要變成十二成，才能有增長，才能吸引到投資者。至於它的收入，則可能進一步倒退，變成只有原來的八成了。

於是乎，假賬越做越大，從一成假賬，變成了兩成假賬，跟著變成三成、四成、五成……一直下去，公司／老闆終於支付不出越來越高的假賬成本，這樣下來，公司只有倒閉，老闆也只有坐牢了。

這種屢見不鮮的事件，問題出在甚麼地方呢？答案是：造假賬、維持股價增長，只是手段，而不是目的。財技的本質，是目標為本，我們必須很清楚，維持股價的目的，究竟是甚麼呢？是為了融資、為了出售股票，還是為了另外的原因？

當然，對有些人來說，單單維持股價增長，就是原因之一，因為樣做夠「威」！「威」的確是一個目標，有的人寧願坐牢也要威，剎那光輝可比永恆，也不失為人生的一個自由選擇。但如果不為甚麼目標，只是生物本能般，甚麼都沒想過，便去做假賬維持股價，這就不是目標為本了，也就注定了在未來必然會失敗。

在上文，我一直很小心的使用「股票價值」，而沒有使用「價格」兩字。相信讀過經濟學的人都知道，「價值」和「價格」是意思相近，但又有著不同意義的兩個名詞，這就好比物理學上的「質量」和「重量」的分別。

你在中環的愛都大廈擁有一個單位，愛都大廈外牆維修，因為外觀漂亮了，肯定可以增加它的價值，也很可能提高它的價格，但這只是可能，而不是一定。

然而，你用高價去購買它的單位，它加價，你再買，它再加，你再買，一掃就是十個單位，而且越買越貴。

你的這種做法，對其價值一點兒幫助都沒有，因為它的本質並沒有因你的購買而改變，面積既沒有大了，景觀也沒有好了，設施亦沒有多了，更加不會令到它的交通便利了，但是，卻能夠有效的提高它的價格。

股票的價值和價格，在定義上的分別，就在這裡。

所以，前文的說及「提升股票的價值」，說的是價值，到了這一章，才同大家討論價格的問題。

19. 股票價格 (上) 買家

在上文，我一直很小心的使用「股票價值」，而沒有使用「價格」兩字。相信讀過經濟學的人都知道，「價值」和「價格」是意思相近，但又有著不同意義的兩個名詞，這就好比物理學上的「質量」和「重量」的分別。

你在中環的愛都大廈擁有一個單位，愛都大廈外牆維修，因為外觀漂亮了，肯定可以增加它的價值，也很可能提高它的價格，但這只是可能，而不是一定。

然而，你用高價去購買它的單位，它加價，你再買，它再加，你再買，一掃就是十個單位，而且越買越貴。你的這種做法，對其價值一點兒幫助都沒有，因為它的本質並沒有因你的購買而改變，面積既沒有大了，景觀也沒有好了，設施亦沒有多了，更加不會令到它的交通便利了，但是，卻能夠有效的提高它的價格。

股票的價值和價格，在定義上的分別，就在這裡。

所以，前文的說及「提升股票的價值」，説的是價值，到了這一章，才同大家討論價格的問題。

19.1 買它，它就升了

有關股票的價格，我在剛剛涉足股票時，號稱「供股天王」的股壇高手大凌張 (志誠) 曾經對我說過一句令我茅塞盡開的至理名言：「要股票升，還不容易？買它，它就升了。」

簡單點說，股票的價格是供求關係的表現，是由願意買入這股票的金，以及願意沽出這股票的數量，兩者的互動關係，表現出來的，就是其價格了。當買入的金錢增加了，用經濟學的術語去說，就是需求增加了，假如其他情況一切不變，其價格就會上升，反之，其價格就會下跌。股票的供求關係、價格系統，說穿了，不外乎是這碼子事。

是的，股票就是這麼簡單的一回事，只要有很多人去買它，股價就會上升了。不管我們用些甚麼分析架構，終究脫離不了供求關係。當我們利用了最最有效的分析架構，把一隻股票的基本因素分析得淋漓盡致，認為它是最全世界最抵買、最有潛質的股票，如果它沒有買家，股價一定不會升。

反之，縱是一間快要倒閉的上市公司，只有有人願意購買這隻垃圾股票，它還是非升不可的。

不過，在一般散戶的角度去看，炒股票，股票的價格，就是一切。但是，從財技操作的角度去看，把股價打高，只是手段，並非目的，它只是一個過程，而非結局。

炒股票的目的何在，在下面的章節會再談，在這一章所集中討論的，是股票的價格，是「要股票升，還不容易？買它，它就升了。」

19.2 誰去買股票？

我們現在知道了，有很多錢去同時買一隻股票，它的價格就會上升。這又衍生了一個連帶的問題：買家究竟是誰呢？

買股票的人有很多，可能是大股東，可能是董事，可能是散戶，也可能是機構投資者，但不管買股票的人是誰，只要是有人買，也會對股票的價格有著正面的幫助。注意，我說的是「正面幫助」，而不是說「把股價打高了」，因為不管買股票的錢有多少，只是中了需求面的那一半，至於另一半，即是供應面，也即是有多少股票去沽，也能發揮到相反的作用。需求和供應兩方面的力量互相抵消了，剩下的，才是決定股票價格的因素。因此，買股票只能對股價有「正面幫助」，而不是令到股價上升，在股票下跌時，它也可能只是令到股價跌得少了。

19.3 股票的需求

股票的需求，不是由人數來決定的，而是由投入的金錢來決定的。假設有100個人想買股票，但這100個人的口袋都沒有錢，這股票的需求仍然是零。假如有一個億萬富豪，他打算用10萬元去購買某股票，這股票的需求便是10萬元了，而這個人有100億身家、1,000億身家，或者是全副身家只有10萬元，這無關宏旨，因為市場不管一個人的身家有多少，只管他有多少錢願意投放到市場。

這好有一比：「你有錢啫，你一毛不拔，對我有甚麼好處？」然而，「你雖然窮，但傾囊而出，對我有好處，我也會感激。」

19.4 有買必有賣

買股票的人，最明顯，又最理所當然的人，就是大股東，又或者是財技操作者本人了。不用多言，大股東本人很可能也是財技操作者，但也不是必然如此。財技操作者也大可以用盡方法，合法的，或不合法的，令到其他人，例如說，他的親友、機構投資者，又或者是散戶，去買入這隻股票。錢是沒有眼睛的，不論是誰人，只要是買入了股票，對股價都有著正面作用。問題在於，股票是一買一賣，才能形成一宗交易。當一些人在買股票的時候，同時也是另一些人在沽股票。當財技操作者令到別人購進他的股票同時，他是不是在沽出其股票呢？這一部份的深入討論，我將會在下面的「出售股票」的時候，才去分析。

19.5 製造股價的波幅

本來這一節說的是成交額，因為股票只要有成交量，就可以吸引買家。但是，

我想了又想，終於還是決定了，把成交量的部份，寫進了前文的「流通量」部份，因為成交額和流通量是一個硬幣的正反兩面，只是角度不同，說的其實是相同的東西。

除了成交量之外，還有別的操作，可以影響到股票的價格，例如說，股票的升幅和跌幅。

人們買賣股票賺錢，其原理就是捕捉它的升跌差價，經過高沽低買，因而賺錢。因此，當股票有比較大的升跌波幅時，往往能夠引進一些「炒波幅」的投資者買入。例如說，有一些投資者，只是參考五十大升幅榜，又或是五十大跌幅榜，作為購進某一隻股票的參考指標。升幅榜的原理，就是購入強勢股，跌幅榜的原理，就是趁低吸納，又或是博它反彈，而這兩種投資者，在市場裡，都有不少的。

因此，除了成交量之外，製造股票的波幅，也是吸引買家的有效方法之一。

19.6 公司回購

「股份回購」是以公司的現金，於市場上，買入公司的股票。而法例對於回購的規定是：

1. 數目不得超過已發行股本的 10%。

2. 購買價不得較之前五個交易日的平均收市價高出 5% 或以上，即是回購行動只可用來穩定股價，不能用來炒高股價。

3. 公司在發布業績之前一個月，不得進行回購。

4. 上市公司在回購股份後，必須向交易所申報。

5. 公司回購後的三十天內，不得發行新股，或公布發行新股的計劃，例如配股或供股。

記著一點，公司用現金回購了股票，但是股票的發行量並沒有變，如果回購價是合理的，則股東的權益並沒有改變。所以這在本質上是「朝三暮四」，但在實際操作上，當然也是大有玄機。

19.6.1 回購的傳統理論

「回購」的理論，是股價太過低殘，但公司有大量現金，於是由公司出錢，回購股票，然後予以註銷。回購後，股票的流通量少了，價格便會上升，所有股東都會受益。此外，因為回購後，註銷了部份股份，總發行股數減少，也提高了每股的權益和盈利。理論上是如此，我當然同意這種說法。

19.6.2 回購是不務正業

我的看法是，公司的現金，本來是拿來做生意的，不是用來自炒股票的。如

果你投資了一家餐廳，餐廳手頭有現金，不拿這些現金來派息，或是用來發展新投資，而用來收購其他股東手上的股份，你覺得荒謬嗎？

對於股價，回購有即時作用，可以頂住股價，短期內對股價有利。這幫助是輕微的、短暫的，改變不了賬簿，也不能令虧本的公司變成賺錢。在賬簿上，我們見到的是現金少了，股票發行量也少了，每股價值是不變的。

一間公司的現金如果是用作回購這種無聊的事情，當然有它的特別財技理由，例如說，董事局想頂住股價，但又不想自己出錢去做，而蹬巧公司有現金，就不妨作出「回購」這種財技安排了。

19.6.3 美國公司的回購理由

有些基金經理，例如彼得林治，居然贊成回購，這固然令我不敢苟同了。但是，美國的情況和香港相比，也有不同。

在美國，回購有著實質的意義，因為把現金用作派息，股東要再付出股息稅，變成了雙重抽稅，但把現金用作回購股票，則為股東省掉了這筆支出。但這是稅務問題，香港則是沒有股息稅的，所以不存在這個考慮。

19.6.4 為甚麼管理階層不買？

再分析下去，如果股價低賤，公司的管理層要是看好公司的前景，為何不私人增持，而用公司的現金回購？增持完全合法，大股東亦有利潤，何樂而不為？

從投資者的角度去看，回購通常都是壞事。最經典的例子是花旗集團在金融海嘯前的 10 年，花了 310 億美元回購自己的股票，結果股價下跌了 97%。然後，公司迫得接受美國政府 450 億美元的援助計劃。試想想，這 310 美元連上利息，都差不多是 450 億美元了，換言之，如果花旗銀行沒有花錢來回購自己的股票，根本不會在金融海嘯出事，更不用美國政府來打救！所以，總的說來，回購就是一種財技手法，用公司的現金，去做財技，如此而已。

19.6.5 回購就是炒股票

回購的本質，是公司做莊家，炒自己的股票。如果它以低價買入了自己的股票，就是贏錢，對股東有利。反之，則是虧本，對公司有害。回購就是這樣的荒謬事情，我不明白股民為何看不出來。假設有一間上市公司，它沒有正當的業務。每當牛市時，它便把股價炒高，然後批股集資。集到了資金後，它也不用來發展業務，而是留在公司的戶口，等待熊市來臨時，便慢慢回購股份。假設它是在 1元批股的，然後再以 0.5 元回購，公司股東便「賺」了 0.5 元。

理論上，公司可以不停地經過炒賣本身的股票，而不停地得到利潤，為股東們創造效益，前提當然是股東沒有拋掉這股票，而是長期持有。但我想試問一句：

你們作為投資者，希望持有這種股票嗎？雖然，不排除這間公司會賺大錢！附帶一句：交易所不准許一間上市公司長期持有大量現金，更不會容許它有大量現金還去批股。所以利用低價回購、高價批股的循環，去賺取利潤，是有技術上的困難。但是技術上的困難不難去解決，例如說，這公司可把集資到的部分資金去購買固定資產，例如收租物業，剩下的，則留下作為回購，頂住股價之用。

我不介意大股東自己出錢來做莊，炒自己的股票，更不介意技不如人，輸錢給他。但是，回購的「business model」，是公司管理層用公司的現金來炒股票，一邊批股，或者一邊供股，集到資金後，又來玩回購。這當然不是做生意的手法，但卻是很高的財技了。

19.6.6 黃光裕的例子

大股東另一個「出術」的模式，是一方面明修棧道，公司回購股份，一方面暗渡陳倉，沽出私人帳戶內的公司股票，即是用公司的現金，來收購自己的股票。

「國美電器」(股票編號：493) 的黃光裕，被香港證監會指控，在 2008 年 1 月 22 日至 2008 年 2 月 5 日期間，利用上市公司的現金，回購本來由黃光裕持有的股份，牽涉 1.298 億股，總值約 22 億港元。黃光裕其後將售股所得款項向一家財務機構償還一筆 24 億港元的私人貸款。

這宗案件直至執筆為止，尚未判決，我對這事也並沒有評論。我只是舉出了一個相類的例證，究竟其中是甚麼原因，讀者可以自己心中去作判斷。

20. 股票價格（下）賣家

學過最基本的經濟學的人都知道，價格理論有兩個元素，一個是需求，一個是供應。這兩個元素的交叉點，就是價格的均衡點了。

在上一章，我討論過了股票的買家，但是股票必須經過一買一賣，才能夠成功完成一宗交易，所以買家和賣家的數目永遠是相等的。但是，如果有更多的錢，去追逐相同數目的股票，股價便會上升，反過來說，如果相同數目的錢，卻遇著了更多數量的沽出股票，股價自然就會下跌了。

分析到了這裡，大家應該明白了，股票的價格是由買家的需求方所出的錢，以及賣家的供應方所出的股票，互動而得出的來的結果。在上一章，我們討論過需求的半部份，在這一章，我們將繼續去討論供應的半部份。

20.1 所有股票的供應量

股票的數量越多，其價格便越低，這是不易的真理。順著推理下去，上市的股票越多，股票的平均價格也就越低，這也是不易的真理。譬如說，中國 A 股的市盈率往往高於香港的股票，皆因中國的上市程序遠比香港困難，令到其供應量減少了，所以 A 股的平均價格也會高於香港股市。

所以，所有股票的平均價格，是由所有上市股票的總量所影響的。但是，本書的主題是財技，而這一點則有關於股票的基本價格理論，牽涉太遠，表過就算。

20.2 個別股票的供應量

個別股票的供應量，是由其流通量去決定的。例如說，國企的大股東都是中國政府，而中國政府是不會沽出這些股票的，所以這些都是非流通的股票。很多新上市股票都有「大股東禁售期」，在這段期間，大股東的股票不准沽出，這也是非流通股票。至於「匯豐控股」，根本沒有大股東，是 100% 全流通的股票。

不准流通的股票，不能買賣，因此不會影響到股價。從這角度看，不會影響到股票的供求關係。

20.3 乾

「乾」是一種純從莊家炒賣角度去看的供求方式，英文是「corner」。其實，它也是流通量的意思。但是，流通量指的是市場的流通量，指的是官方的數字，但是「乾」卻計算了莊家持有的股票，和計算過不會沽出的股票。

20.4 乾的計算

以下是一些乾的計算方式:

1. 如果莊家本人,同時也是大股東,持有 65% 的股票,他自己當然不會沽出這 65% 的股票,所以,流通量也就只有 35%。

2. 莊家的友好持有了 10% 的股票,這些都是共同進退的友好,所以也可以不計算。

3. 股票由長期投資的基金持有,莊家清楚知道,他們不會隨便沽出股票。很可能還是持著實貨,存在夾萬。

4. 已經輸得太慘的小股東,譬如由 1 元跌至 0.1 元,跌了 9 成,當然也無心沽出。

20.5 乾的定義

上一段列出的最後兩組人士,長期基金和輸得太慘的小股東,當股價升到某一價位時,還是會沽出股票的。因此,所謂的「乾」,是有兩個定義:

1. 絕對定義: 莊家本人控制的股票,即是在他的名下,或是在其人頭的名下的股票。

2. 相對定義: 莊家雖然不能直接控制這些股票,但是從客觀因素判斷,在在某價位以下,這些是不會沽出的股票。我在本書的前一個版本是這樣描述的:「股價由 1 元跌至 0.1 元,最後的大成交價位是 0.3 元,從 0.3 元至 0.1 元的下跌是沒成交的「乾跌」。由此得知,無人能在 0.3 元以下買到廉價成本的股票,散戶的最低成本價是 0.3 元,在 0.1 元至 0.3 元沽出的,全是蝕讓的貨。由於下跌了好一段時間,在 0.1 元至 0.3 元的價位,也徘徊了一段時間。這種情況下,我們可以說『0.3 元以下,貨很乾。』意即股價可從 0.1 元打到 0.3 元,沒有沽售壓力,『壓力位』在 0.3 元以上。」

所以,「乾」的定義有兩個,一個是相對的,另外一個則是絕對的。

20.6 操控供求和價格的分析

一個財技高手,需要操控股價的時候,有兩點是基本的要點:

第一就是點算需求面,即是說,自己可以動用到的資金,以及自己以外,可以指揮到、或遊說別人去購買的資金,究竟有多少。注意: 我用的字眼是「資金」,而不是「現金」,因為這些購買股票的資金,是可以透過借貸,例如股票按揭,即孖展,而借回來的。

第二就是究竟供應量有多少,即是說,絕對供應量有多少,以及相對供應量

有多少，這兩個數字都是必須計算的。

把以上的兩點相除起來，就得出成功的機會率。細心的讀者可能會發現，以上的需求量和供應量，都是最大的可能數字，例如說，我所能夠動用的總資本是一億元的「購買力」(正如前言，因為我可以「做孖展」借貸，所以我會用「購買力」，而不用「現金」)，但是，我要把股票的價格做到目標的價位，以及目標的時間長度，卻不一定用光一億元的資金，當市況好時，可能用五千萬元、七千萬元，就已經足夠了，當市況差時，或者是突然遇上股災，把一億元用光了而未能達標，也是常常發生的事。股票莊家輸光收場，更是屢見不鮮的。

說到供應量，在一個操作股票價格的過程之中，不可能100%的股票持有人在同一時間，不約而同地把股票沽出來。所以，計算相對供應量和絕對供應量，也只是一個最大可能的參考數字，在現實上，這是幾乎不可能會發生的。

不過，以上的購買力和供應量的兩個極大化數字，雖然不一定會達到其交叉點的極限，但是在一個財技佈局，卻是必須用這個來作為基準，去作出基本的計算，並且作為參考數字。例如說，我現時手頭的購買力是一億元，股票現價位1元，以現價位計算，股票的絕對供應量是一億元，相對供應量是五千萬元，所以，在現價位，就是100%的街貨都沽了出來，我的購買力也可把它們統統買光了。可是，假如我把股價打上2元，我的購買力只能買到絕對供應量的一半，相對供應量的全部⋯⋯假如我把股價打上3元、打上4元⋯⋯餘此類推。

當然，這只是一個在開始時候，參考供求關係的基準方式，如果操作股價是要把流通的「街貨」全部買光，「盡收天下兵器」，那就沒有財技操作這回事了。在把股票的價格打高的同時，也有其他辦法，可以吸引到有更多的投資者，加入購買這股票。有關這方面的討論，我們會在「出售股票」的章節之中，再作分析。

另一方面，如果一個財技操作者，用一億元的資金，去炒街貨價值一億元的股票，無疑是絕對安全。可是，如此一來，利潤回報就不高了。一個高明財技人，是能夠以小炒大，例如說，用二千萬元的成本，去炒街貨價值一億元的股票，利潤回報才夠吸引，當然，這也會招來風險，然而，在金融界，在財技界，沒有操作是全無風險的。

20.7 結論

股票的價格，是由買家和賣家的互動，所產生出來的。所以，如果要控制股票的價格，也必須要控制其賣家的數量：如果要股價升，增加利好消息，令到賣家不肯沽出股票，那它便會上升得更加容易了。反之，如果財技操作者想股票價格下跌，例如說，想以更低的價格，去買進更多的股票，便可以逆向操作，令到賣家出售更多的股票，而且是不問價錢地亂拋，那麼，便可以把股價打下來了。

21. 派息的分析

本書的撰寫方向,是從公司的管理角度,去分析財技,換言之,單單是 seller's side 的角度。但是,在本章節,我將會講述「派息」的內涵,卻是從一個全方位的角度去論述。之所以採取這個講述角度,是因為想讓讀者更為了解派息的本質,所以必須把 buyer's side 的分析也一併加進來,正正反反的去作出論述,方可以令到讀者得到更為全面的理解。

21.1 又是餐廳作例子

朋友是搞餐廳的,我們湊趣,每人出點錢,投資開一間,由朋友管理。這間餐廳賺了錢,便要分紅,把賺來的錢分給各股東。假若他不分紅,就太壞了:餐廳雖然賺了錢,但錢留在公司,有得看,沒得用,等於沒錢。所以,如果是私人公司,只有等待分紅,才能體現股東的價值。如果公司賺錢而不分紅,則同不賺沒有分別。

21.2 體現股東價值

上市公司派息,等於私人公司的分紅。我們希望分紅,股東希望派息,因為公司賺了錢,便要分錢,這是在私人公司的股東價值的最大體現。

然而,上市公司和私人公司在本質上並不相同。私人公司的股票,不易找買家,難以出售。上市公司的股票有公開的交易市場,隨時能沽出股票,就算不獲派息,也能憑股票套取現金。

投資一間私人公司,最大的股東價值在於派息。可是,一間上市公司,股東價值卻可以反映在股票的市價之上。換言之,如果你投資在一間私人公司,公司賺錢不派息,你手上持有的,只是一張廢紙。

但如果你投資在一間上市公司,縱使公司不派息,其賺錢後的價值,也可以在股價中反映。

事實上,購買上市公司的股票,股價才是最重要的,派息反而是其次。微軟在 1975 年成立,1986 年上市,2003 年才第一次派息,但是在派息後的 3 個月,股價下跌了 13%,而同期的道瓊斯指數,只是下跌了 3.7% 而已。很明顯,派息此舉在投資者而言,並非是好消息。

投資的目的是為了增值,如果缺錢用,就不可能買股票,然後等待派息。這做法是最危險的。股票最大利潤,或者最大風險,是在升值,或跌價,如果它跌了一成,收多少年息才能補回來?凡事看大不看小,千萬不要「執條襪帶累身家」,買股票應只看它的升值能力,而非息率。

21.3 在會計賬簿上沒有分別

從會計的角度看，把錢留在公司和派息給股東，錢沒多了，也沒少了。假使股價是 1.1 元，派息 0.1 元，明天開市前的股價便是 1 元，整體價值沒有變過。

另一角度看，收息者還是吃了虧。派息收回的現金，要在一個月後，才過戶到股東的手上。在這個月內，他損失了這 0.1 元的「使用權」。 派息的好處是心理上的。派息後，股票仍在手上，但戶口多出了 0.1 元。從實際看，1.1 元的股票變成 1.0 元，心理上覺得股價低了，便不那麼容易沽出。同時，股價的圖表沒反映派息，單看圖表，以為是股價跌了，不知就裡的人會以為是股票便宜了。我們可以用另一種操作方式，去分析派息：假設股東有 1,000 股，有兩個情況：

1. 派息率是股票市價的 1%，他收到了等值的現金。

2. 他在市場沽出了 20 股。

以上兩種操作，在計算上，是全無分別的。所以，只要公司的價值反映在股價之上，股東可以利用沽出股票來替代派息，而且，派息率還由自己去決定：他沽出了多少股票，息率就是多少。況且，用這種操作手法，派息率是由自己操縱，而非由上市公司操縱，彈性在自己的手上，當然更勝一籌。

但從散戶的角度看，這種操作會製造出碎股，當然有點吃虧了。此外還有「以股代息」的送紅股，前文已經說討論過了，下文會進一步去分析。

另一種方法是，如果這公司的增長潛力很高，可以支付利息有餘，那亦可以把股票抵押，用另一種方式去提取現金。科網股的不少老闆們，包括了蓋茨的拍擋 Paul Allen，便是利用這個方式，去「自我派息」。

只要股價和公司的利潤增長得比利息快，抵押股票的方法便比派息更為有利，而且派不派，派多少，彈性全在股東的手裡。

而從這個角度看，派息是一種「朝三暮四和朝四暮三」的行為，在賬簿上，派息前和派息後，是沒有分別的。表面上的確如此，但實際上，當然是有點分別的。後文再述。

21.4 派息的理念矛盾

你用真金白銀來購買股票，理由只有一個，就是這股票的價值比你的現金為高，所以，你才會去用現金來買股票。用另一種表達方式，就是你買股票的大前提，是認為這間公司的管理階層，其賺錢能力比你高，所以你便把現金投放在他們的股票之上，讓他們來為你賺錢。

派息則是一種逆向操作，由上市公司反了過來，派錢給你。這種做法，顯然是大有矛盾的：你是因為這公司的股票的升值潛質高，才去買它，為甚麼現在反過來，希望它把錢派回給你呢？，這是不是不合邏輯，也很荒謬的事情呢？

在美國，很多高增長的公司都不派息，巴菲特的「巴郡」便是從來不會派息，因為其股票是高增長股，現金留在他們手裡，比留在散戶手裡用途更大，增長潛力更高，那為甚麼要派息？這就解釋了為何微軟開始派息，股價反而下跌：因為這意味著這公司的高增長期已經過去了。

21.5 為股東提供現金流

還有一個技術原因，就是為股東提供現金流。這概念比較複雜。會計學上，不管資產有多大，穩定的現金流至為重要。例如你買了房子，拿去銀行按揭，不管你的資產有多麼多，銀行還是要求你有現金流入，才願意借錢給你。現金流可以是收租、打工收入，穩定的股息也勉強可以，但假如閣下以炒股維生，擁有價值一億元的股票，借錢能力恐怕還及不上月入兩萬元的打工仔。

從銀行評估貸款人的經常性收入的角度看，房地產租金視為經常性收入，評估貸款時，可以作為計算還款能力的依據，而股息則不可以，因為房租收入是肯定收到的，但是股息收入則是不確定的，就算是「匯豐控股」(股票編號: 5) 的股息，也不確定。所以，縱使派息可以為股東提供現金流，但是，它卻仍然不被視為穩定的經常性收入，在會計賬目上，它的確定性遠遠不如收租。

照我的看法，現金流固然重要，但這只是就上市公司的賬簿而言。假如是打工仔，或是商人，有固定的薪水，或固定的現金流，股票只是投資工具之一。你買下了一隻股票，隨時可以在市場沽出，套回現金。股票派不派息，又有何相干？

但是，對於大股東和某些持有了重要股權的基金而言，要在市場沽出股票，有著種種的限制，例如公佈減持，也會影響到公司的形象，這也是大股東會考慮派息的一個因素。

像「巴郡」這種長期持有股票的大型基金，如果其子公司全都不派息，根本沒有現金流入，所以在這些公司而言，也會希望股票有息可以，用不著於沽出小部份股票來套取小量現金。

21.6 管理階層為何要派息？

除了所謂的「逆向思考」，也有一句諺語，叫「屁股決定腦袋」，哎呀，到了這裡，我無法不自認是粗人，說的比喻都是粗俗話。總之，這裡的逆向思考的方式，是改變我們屁股的位置：假設你是上市公司的主席，而非股東，在屁股決定腦袋的前提下，你會怎樣決定派息政策？

大家首先記著兩項互不相容的要點：

　　1. 管理階層同小股東非親非故，作為管理階層，沒有任何理由優待小股東。對於陌生人，我一毛錢也不捨得給，消費或做善事是一回事，經營上市公司是生意，不是開善堂。

　　2. 上市公司戶口的現金，任由管理階層動用，同荷包內的現鈔分別不大。但作為股息派出後，它的使用權落入各股東的手上，同管理階層再無關係了。換言之，在可能的情況下，管理階層的首選是完全不派息，或派得越少越好，唯一的理由是，派息後得到的，比起派出去的，能有更高的回報。

　　派息政策是董事局的決定，法律並無硬性規定，不派息不算是偷走了股東的錢，股東權益並沒有短少了一分一毫。這並不犯法，亦非不道德，故此絕無必須如此做的理由。大家千萬別說：公司賺了錢，股息是股東應得的權利。別天真了，金融和政治是世界上最現實的兩門，只有利益計算，沒有同情心這回事。

　　分析如下：很多投資者，包括大部份的機構投資者在內，都喜歡定期派息的公司。這並非全因小農心態，喜見有錢可收，也有客觀的因素存在。一般人認為，肯派息的公司，作風比較正派，至少管理階層肯同股東分享其現金，意味著他們對小股東的態度是慷慨的。

　　是我客觀地描述一般人的想法，並不代表我的意見。對於派息，我的看法一如看其他的傳統智慧，認為七分愚笨，雖然也有三分精明，但七減三之後，依然是笨蛋。我指的是相信派息政策慷慨有利股東的人，是笨蛋。

　　股票的價格同任何商品一樣，由市場決定。市場由人組成，人的想法的互動決定了股票的價格。不管他們的想法是聰明還是笨蛋，總之，人們喜歡收息時，肯派息的股票會比較受歡迎，股價也相對地較高，一般的情況下總是如此。

21.7 派息的原因

　　上市公司派息的原因只有一個：對管理層而言，派息比不派更有利。

21.7.1 第一個情況：管理階層是大股東

　　這就是香港大部份的上市公司的情況。現在我採用「屁股代入法」（empathy，編按：一般譯作「同理心」）去分析，假設我是那位精明的上市公司主席。是的，這句話的含義等同於：我就是那位精明的賊。

　　我既然如此精靈，對於公司的財務政策，有著許多的考慮。

　　1. 派息給股東，意即從我的荷包掏錢出來，分給別人，我很不樂意。

　　2. 不派息給股東，則會影響股價，三五散戶猶可，基金一個不喜歡，掟貨洗倉，可不是說笑的，隨時一下子跌去三成股價，我的身家便大大縮水了。

　　我雖憎恨派息，但相比起股價下跌，兩害取其輕，我倒寧願派息了。

唉，股價下跌，直接令我的身家蒸發幾成，同時影響到公司未來集資的可能性，因為股價插低了，利用資本運作（例如批股、發債券）所能集到的資金也就較少。這些還是小事，假如我把股票抵押了給財務公司，還有可能因股價下跌而被迫在市場拋售股票，那就 game over 了。說到派息，派出的不過是三兩巴仙而已，兼且自己既是大股東，派出的股息也能收回大部份，實際出街之數，不過箋箋，當付手續費而已。

21.7.2 第二個情況：管理階層是打工仔

外國很多上市公司由專業管理人掌管，香港則不多，最典型的例子是「滙豐控股」（股票編號：5），中小型企業的代表則是「佐丹奴國際」（股票編號：709）。國企是異數，它的大股東是中國政府，但由共產黨派員去掌控，故此其管理階層有雙重身份，暫且撇除，不予分析。

「滙豐控股」的股權極度分散，「佐丹奴」則由幾個大型基金控制著決定性的股權；兩者的管理階層都享有高官厚祿，而不費分毫成本——他們固然可購入自家公司的股票，但這只屬於個人投資。總之，他們作為董事局成員的身份，並非由擁有公司的股票而獲得。因此他們的所作所為，必須以取悅股東為上。雖然，「滙豐控股」的股東猶如一盤散沙，控制「佐丹奴國際」的幾個基金則很容易的聯結起來，打幾個電話就可以了，但兩者管理層的基本心態是一樣的。

打工仔就像曾蔭權，首要是「做好呢份工」，最怕是「冇咗呢份工」。派息的內涵是公司流失了現金，相等於自己短少了可動用的錢，當然不是好事。但如不派息，惹毛了股東，則可能在股東會中，決議炒了自己的魷魚，那損失就更慘重了。兩害取其輕，為了保住份工，還是派息較佳。

21.8 老闆的慷慨和派息的形象

有些分析員喜歡形容某些公司的派出高息率，是大股東「慷慨」。這種說法的大前提，也許只有一個：他們同意，上市公司的大股東，是把上市公司的口袋，視為私人的口袋。

事實上，法律賦予一間公司的管理階層很大的權力，去動用公司的資源。我在《我的揀股秘密》分析得很清楚，如果上市公司的管理階層精通操作，公司的錢，也即是現金和資產，相比他在私人戶口的錢，兩者的分別是不大的。

在這裡，我們提出了新問題：在會計賬目上，公司派息不派息，是「朝三暮四」的行為，可是假如這公司永遠也不派息，記著，是「永遠」，那其中的分別就很大很大了。

我們用回猴子的比喻：朝三暮四和朝四暮三，當然是沒有分別，但如果不是

早上和晚上，而是三五七年之後，猴子能不能活到收四顆橡實那時，還未可知，更何況，在三五七年之後，那位養猴人是不是真的依諾，派發四顆橡子，而是「欣然宣佈」，我反口了。猴子又焉能奈他何？

所以，一間公司的派息和不派息，在賬簿上雖是沒有分別，但是如果它是永遠不會派息，那就是兩回事了。任何一間公司，如果宣佈永遠不會派息，那不管它賺了多少錢，資產值有多鉅大，它的價值都是零。除非它宣佈清盤，否則股東永遠拿不回本利。這好比一筆定期存款，或是一筆儲蓄保險，不管其投資期是多久，終究得有本利歸還的一天，這筆資產才算是有價值。

所以，公司派息也不無好處：它造成了一個慣例，如果這公司一向有著派息的歷史，可以預測，在以後，它也會繼續派息，至少不會出現「錢是賺了不少，股東卻分不到」的情況。

換言之，派息的最大好處是：老闆是意圖告訴大家：我不是把上市公司當成私人的錢包，請股東們相信，公司賺錢後，是會分給你們的。而這樣做，對於公司的形象、股價而言，也是有正面的幫助。

當然了，正如毛主席 1942 年在「延安文藝座談會上的講話」中說過：「世上沒有無緣無故的愛，也沒有無緣無故的恨。」

派息既然提升了公司形象，有時候也意味到在未來的更大騙局，因為騙局的先決條件，就是操作人員需要有公信力和良好形象。就算派息與騙局無關，至少在提升形象的同時，提升了股價，令到股民以更高的市盈率去買入股票，也不失為一個重大的好處。

21.9 把派息視為融資成本

散戶就算收到股息，也別高興。

一般用一百元買了的股票，一年能收到的股息，絕少超過 3%，我就以這個比率去計算：你要 23.5 年的時間，才能憑股息收回成本。一個人的一生，前 25 年是唸書和學習，到 75 歲才退休的人少之又少，換言之，你的一生只有不到兩個 25 年的投資時間！這即是說，收股息是不切實際的投資方式，要資本符合期望地增值，只有希望股價上升。

如果從公司的角度看，其中一個闡釋派息的思維，可以視作：公司把股票賣了給股東，如果用另外的角度看，可以視為向股東借了錢，而公司的派息給股東，則可被視為付給股東的利息。

用另一個方式去表達：公司發行新股，向投資者出售了股票，讓投資者成為了股東，假設說，發售了 1 億元的股票吧。然後，公司每年派出 500 萬元的股息，給股東享用，息率就是 5% 了。如果我們從另一個方向去看這件事，這相等於用

5% 的息率，向這些股東「借錢」，貸款 1 億元，年息 500 萬，但是卻不用償還本金，這自然是很划算的。

當然，利潤和息率是兩回事，公司所賺的錢，可能遠遠多於所派的息。但是，如果純從現金流去分析，把派息視為融資成本，單單從這個角度去看，這兩者是等價的。

從上市公司管理階層的角度看，賣出股票，收回現金，是無本生利。說到每年固定派息給股東，的確是成本，但在賬簿中，不妨算作低息貸款，因為相對於銀行的高昂利息，付出股息可視為獲得廉價資金的成本。你也可把派息視為做生意的「回贈優惠」：你賣出 100 元貨品給某位客戶，回贈幾巴仙的現金，以令客戶繼續光顧（不沽出股票），和吸引未來的的新客戶（將會購買股票的人），不失為高明的做生意手法。

別要把上述思維視為怪論。假設自己是上市公司老闆，把印股票作為一門生意，這就是正確的思維。

反過來說，上市和維持上市地位都要付出龐大成本，如不是想靠印股票來賺錢，那公司為何要上市呢？

21.10 證明了公司不缺現金

派息除了可給基金動用，作為日常經費之外，也間接證明了公司的財政健全，不缺現金。理論上，派息是公司不缺現金的表現，間接證明了賬目的真實性，沒有做假賬，否則公司用來派息的現金從何而來？理論上是如此說，但真實的情況是，許多派息紀錄優良的公司，結果被發現賬目不清不楚。

這些公司「做世界」的方式，是一邊派高息，一邊批股，或批出可換股債券，套取現金。舉個例子，先前說過的「中國包裝集團」(股票編號: 572) 便曾經用這這種招數。其實，一邊派息，一邊批股，在財務上是很愚蠢的做法。派息付的手續費微不足道，批股的成本就高了，包銷費通常也要 2.5%，為甚麼同時派息又批股，這明明是無謂的浪費？偶一為之，年年派息，偶然批股，還可接受，若是常常如此，年年派息，常常批股，作出如此浪費的舉動，不用問阿貴，這公司一定是大有問題了。有關批股的分析，會在下面的章節中，作出討論。

股東年年收到高息，卻很多時沒留意到它已批出了股票，因而大為開心，為了繼續收取高息，也就無意沽出股票。股票沒人沽，股價就不會跌，大股東以後還可以繼續批新股，遊戲不斷玩下去，豈不美哉！

馬寶基的「泰興光學」(股票編號: 389) 的招式，則是當股票有價時，把股票抵押給金主，藉此套取現金，維持盈利和派息。

以上的這些做法，當然是飲鴆止渴，不能長久。所以，這間上市公司遲早「突

然死亡」，股東們 total loss 後，才發現好「息」誤事，為時已晚，噬臍莫及了！

21.11 以股代息的「晉級版」

所謂的「以股代息」，也即是派出一張紅股，來代替派息。甚麼是「紅股」，在前文已經解釋過了。簡單點說，「以股代息」就是發出一張股票，以代替派息，而股東除了手上多出了一張紙之外，並沒有得到任何的好處。從公司的方面看，首先當然要付出印刷股票的成本，另一方面，公司的股本也增加了，因為股息進了公司的本金戶口……如果看不明白這一段，請看前文「3. 股本與面值」。

「以股代息」一共有三種：

1. 強制性的以股代息，股民只能收股票，不能收現金，沒有選擇。
2. 派發現金息，但是股民可以選擇收股票。
3. 以上兩種的混合版，同時可以收到現金股息，又可以收到紅股。

21.11.1 What is "by default"？

凡是有選擇的派息，例如說，股民可以自由選擇收取現金，或是收取紅股，這些都會有一個「by default」的條款。正是「魔鬼藏於細節裡」，如果詳細研究 by default 的細節，將可令你得到不少收穫，又或者是省掉不少金錢。

如果是有選擇的，股民一定要通知中央結算，他們的選擇是甚麼。當然了，不少的股民都是很懶的，不去通知的，也佔了大多數。如果一個股東並沒有通知中央結算，中央結算會自動為他選擇預設的選項，這個預設的選項，就是「by default」。

21.11.2 以股代息，「匯豐控股」的例子

2010 年 5 月 4 日，匯豐控股董事會宣布第一次季度股息，每股是 0.624 港元，股東可以選擇以現金，也可以選擇以股代息，by default 則是收現金股息。

如果股民選擇以股代息，股價計算方式是以除淨日，即 5 月 19 日起計 5 個工作天的平均價。由於宣佈日和除淨日相差了 2 星期，新股售價在 3 星期後定為 70.14 元。

股東如果要以股代息，最遲要在 6 月 23 日通知中央結算。而在當天，「匯豐控股」的收市價是 76.4 港元，相比 70.14 港元的發行價格，有 8.93% 的溢價。如果是「留心時事」的股東，當然是懂得選擇了。

股東在 7 月 7 日收到股票，當日的「匯豐控股」收市價是 71.2 元。相比起在 6 月 23 日時的價格，的確是跌了不少。但別忘記，股東的成本價只是 70.14 元，還賺了 1.015 元。如同收股息相比，1.015 元減去 0.624 元，是 0.391 元。不要少

看這區區小數，兩者的回報相差是 62.6%！

值得注意的是，假如你只擁有少量股票，利用以股代息，收下了碎股，其價格也會有所折讓。不過「匯豐控股」的碎股的折讓不大，而且也有活躍市場，以 62.6% 的利潤相比，還是以股代息較為有利。

21.11.3 送股兼送息，新世界發展的例子

在 2011 年度，「新世界發展」(股票編號: 17) 的末期息是 28 仙，當中 1 仙以現金支付，其餘 27 仙則是以股代息。公司容許股東選擇全數收取 28 仙現金股息，但 by default 是 1 仙現金加 27 仙股票。

這條款的巧妙處是：一般派息，如果同時有現金和以股代息兩種選項，by default 只能是現金，不能是股票。另一方面，「新世界發展」是藍籌股，為了維持形象，不能不維持派現金息。如今它用了這項財技，既派了現金息，滿足了市場的要求，不會惹怒喜愛派息的基金，又可以 by default 地以股代息，是一石二鳥的高明法子。

21.11.4 By default 的巧妙處

從前文可以看到，一般來說，by default 都是令股東吃虧的。但是一本通書不能看到老，前面也說過，by default 也有一些限制，最簡單的方式就是派現金股息，大股東有時也懶得去玩「搣你笨三千」的財技，所以有時候，簡簡單單地，by default 地收取現金股息，反而是贏家。

然而，如果派息有著很多複雜的玩法，例如前述的「新世界發展」2010 年末期派息，被動地玩 by default，就多半吃虧收場了。當然了，反過來說，一個財技工作者的設計 by default 的條款，一定是對自己最為有利的做法。

21.12 股東喜歡派息的終極原因

理論上，派息是沒有好處的，現金留在公司，相比起留在個人的手裡，會有更大的用途。因為這是股票的大前提：如果把現金留在手裡，利潤會更大，我們乾脆沽出股票就可以了，何必買入，或是持有股票？

然而，從另一方面看，我們雖然希望把現金留在公司，發展業務，好使它賺更多的錢，但這只是短期的做法。假如有一間公司，每年的利潤都有五成的增長，這自然是十分好的一回事，但它卻永遠不派息，於是，股東擁有這些股票，和牆紙是完全沒有分別的。

所以，派息是一定要派的，問題是早派，還是遲派。像微軟，在 1986 年上市，由於一直維持高增長，所以一直不肯派息，要把現金留在公司，加大投資額。直

至它的高增長期完結了之後，到了 2003 年，才開始首次派息。對於公司的長遠發展而言，這當然是正確的決定。問題是： 如果一間公司堅持了 17 年不派息，很難以相信，它在以後會「轉死性」，突然改為派息。換言之，公司的穩定派息政策，對於公司的長遠發展，雖然並非是最有利的，但是卻有利於令到股東相信，管理層賺了錢之後，的確是有心同股東們分享成果。這是新版《炒股密碼》的分析。但是，現在我又有了另一重的想法。

從個人理財方面，一個人要賺最多錢的策略，是從年輕時開始儲錢，盡量一毛錢也不花，做個孤寒鐸，這一生人便可以賺到最多的錢了。

但是，孤寒鐸的天敵就是早死。一個人如果死掉了，人在天堂，錢在銀行，不管他有多少錢，都沒有作用。天有不測之風雲，一個人究竟是甚麼時候死亡，是誰也説不定的。

所以，一個人為了對沖早死這項因素，最有效的理財方式，是把錢分成兩份，一部份拿來儲蓄，另一部份拿來享樂。雖然是兩頭不到岸，既不能夠賺最多的錢，也不能享最多的樂，但是找一個中間的平衡點，應該是最好的做法。

同樣道理，一間公司，不管它的前途多麼美好，不管它的前景多麼秀麗，總有走下坡，或者是倒閉的一天。絕大部份的公司都不能維持三十年以上。所以，如果你投資一間公司的股票，一直持有不放，而它又全不派息，到了最終時，甚麼也拿不到，血本無歸的機會是很大很大的。

所以，公司要派息，其實是相等於為公司的突然倒閉而作出的對沖，令到我們不致於「渣都無」。這就相等於個人理財中的「花錢享樂」，在投資成績方面是一個害處，卻是人生當中必要的對沖，因為人們如不及時享樂，去作對沖，一旦早死，便很吃虧了。

21.13 派息以提升股票的價值

在這一部份多個章節的內容，就是提升股票價值的種種不同的方法，而派息就是其中非常有效的方式。至於為甚麼股東們會喜歡派息，前文已經分析得很清楚了。

然而，派息雖有一千萬個好處，卻有一個很大的壞處，就是公司需要支付現金，去派出這些股息，而就公司的現金流和資產值而言，把現金流出，顯然不是好事。換言之，派息的本質，就是公司派出現金，去提高股票的價值，這也即是説，後者的價值一定要大於前者，公司派息，才是有意義的，才是有正面作用的。

21.13.1 派息和管理層的持股量

我本來想寫「大股東的持股量」，但是細心想想，還是寫下了「管理層」，

因為這兩者雖然很多時是重疊，大股東就是管理層，但是，也偶有大股東並非管理層、管理層只持有少量股票的，例如說，「匯豐控股」。因為決定派息率的，在程序上，是管理層，而不是大股東，所以我在深思熟慮之後，還是用了「管理層」作為主詞。可是，也有一些管理層，是受到大股東左右的，例如說，「太古股份」(股票編號: 19) 的大股東史懷雅家族雖然不在董事局中，但是，卻毫無疑問，對於公司的運作擁有最高的決策權。然而，為了把描述寫得簡單起見，我還是一竹篙打一船人，乾脆寫成「管理層」。

前面說過，派息是提高股票價格的成本，然而，這成本究竟有多高呢？這是不確定的，因為這有一個「家家不同」的因素，就是「管理階層的持股量」。

假設公司總派息的現金是 2 億元，這是不是它用了 2 億元來作為維持股價的成本呢？答案是: 否。因為這得把大股東的持股量也計進去。假設大股東持有 50% 的股份，在這個情況之下，當公司派息 2 億元，其中有 50%，也即是 1 億元，是派進了大股東的口袋裡頭。換言之，派息維持股價的成本，只是 1 億元而已。

從這個思路想下去，管理階層所持有的股票越多，派高息的損失便越少，反過來說，假如管理階層只持有很少很少的股票，派息的成本就很高了，因為現金留在公司，管理階層可以拿來用，但是，現金派了給股東，便不關管理階層的事了。

然而，我們卻發現，管理階層持股量越少的公司，派息政策越是慷慨，這究竟是為甚麼原因呢？

答案是: 像「匯豐控股」、「佐丹奴國際」(股票編號: 709) 這些公司，管理階層並非大股東，如果幹得不好，很容易在股東大會時，給幾個主要股東趕了下台，連管理權也喪失了。所以，在這種公司，很多時候管理階層都有需要「討好」股東，以維持自己的地位，而討好股東的最佳方式，則莫過於派發高息了。

所以，究竟應該是派高息，還是派低息，哪種比較有利於管理階層，並沒有一定的答案，因為每個情況都是獨特的，個別不同，並沒有一定的公式。

21.13.2 一個真實例子: 派高息和定期派息

大約在 2013 年初，有一位上市公司老闆，約了我在中環的國際金融中心下午茶，閒談中，他說到打算派發高息。當時他的上市公司的市值，大約是五億元左右吧，卻坐擁二億元至三億元的現金，所以打算把兩億元以上的現金，作為股息派出。

「不是吧，這豈不是送很多的錢給股東嗎？」我驚奇地問: 「就是你拿著八成的股票，也要支出四千萬呀，太不划算了。」

「你一定猜不到，我持有股票有多少。」他說。

「莫不成你控有九成？」我試探地問。

「不，」他搖頭說：「我持有 95%，就是派出兩億，也不過是派走了一千萬，我卻可以拿回一億九的現金，除笨有精。」

我想了一想，問他：「你大把錢，不缺現金，派高息又有甚麼用？」

「但派高息，可以提高形象，造好股價呀。」他說。

「現在這個市況，實在不成氣候，就是造好股價，也無法賣出股票套現，有甚麼用？」我說：「更何況，你的公司的形象這麼壞，單單靠著派發一次性的高息，大賊做善事，也是無補於事。」

「那我該怎麼辦？公司的生意已上了軌道，一年賺兩三千萬，沒有問題，也不缺現金周轉，把錢留在公司，也是浪費。」他說。

「我的看法，是你不如把錢留著，分幾年派發，年年派幾千萬，一次不信，第二次不信，第三次，市場終於會相信了。」我說：「長期下來，公司的形象便好起來了。」

「在這段期間，我也可以把股價慢慢的推高。三年之內，股價升兩三倍，變成十幾億市值，都不為過吖。」他點頭說：「反正我拿著 95% 的股票，要把股價打高，一點都不困難。」

說到這裡，我忍不住像石堅般奸笑起來：「三年之後，說不定市況大好，大把散戶買股票，到時你想怎樣，就怎樣了。」

然而，直至執筆為止，究竟這位老闆有沒有依我的計去行事，還是依舊去派一次性的高息，仍然是未知之數。我當然也沒有買這股票。

21.13.4 第二個真實例子：派息作交代

也是沒多久前，我有一個好朋友，想搞借殼上市。當然了，要借殼上市，很多時要找人買股票，而人們當然是在高的價位買進這股票，到了後來，虧本是幾乎肯定的事。

「我可不想別人虧本。」朋友躊躇說。

「那你就別要做這樁交易了。」我說：「沒有人虧本，交易的成本誰來付？」

「可不可以有兩全其美的方法？令到我既可以做成交易，買股票者又不致於虧本。」

「你的公司每年的盈利是多少？」我問。

「大約有四千萬元。」他說。

「那你可以這樣做：你的公司每年派息二千萬元，股東收了這筆錢，便算是投資股票的回報了。」我說。

「但是，股價照樣是會大跌呀，他們始終是虧了本。」他說。

「你可以對股東說，公司的股價是高是低，是市場的問題，你也無能為力，因為你是正當商人，不炒股票的。」我說：「總之，你把公司做好，年年賺錢，

年年派息，已經是盡了責任，也沒有欺騙他們。」

「但我把現金拿出去派息，豈不是虧了本？」他問。

於是，我把前文的分析，對他說了一遍：「銀行借錢給你，你要付出利息，對嗎？」

「沒錯。」他說：「借錢當然要付利息。」

「股東買你的股票，可以視為他們借錢給你投資，你派息給他們，等於是向他們支付借出這筆錢的利息。」

「照你的計算方法，」他馬上明白了：「這筆利息的息率，還是遠遠低於銀行的利息呢！我還有賺呢！」

「在借殼上市之後，你已經擁有了公司的一半股份，每年派息兩千萬元，你也可以得回一千萬，計算下來，派息的成本不過是一千萬元而已。而一隻創業板的殼價是一億多，你已經是大賺特賺了。」

「一億多的殼價，一年派息一千萬，長期下來，點鼓油都點乾了。」他說。

「但是你利用這隻殼，一年都不止賺一千萬啦，而且遠遠不止添！」我說：「不過先決條件，當然是你懂得如可去玩，否則就天都幫不到你了。」

他還在想，我補充了一句：「一年派息兩千萬，唔通叫你派足十幾年咩！十幾年之後，都唔知乜嘢世界，股災都爆發左幾次，第三次世界大戰又唔定，你的朋友說不定已經死了幾個，更大的可能是早就沽出了股票，還用得著講信用嗎？總之，你求其派上三年五年的股息，已經是盡晒人事，以後的事，誰也怪不得你！」

朋友恍然大悟，拜服離去。

21.14 小結

派息的功用之妙，存乎一心，以上只是把原則說了出來，並且舉了一些例子，但是真正如何使用，實在有太多的可能性，不能盡錄了。讀者們能否掌握，只有熟讀理論，再加上經驗上的實習，經驗越多，能力越強，除此之外，別無他法。這好比下棋，步法規則就只是這麼的簡單，初學者和大國手都是依著相同的棋例去下棋，但是棋力高下，卻因天賦的高低，因而大大的不同，財技的運作，也是一樣。

22. 提升股票價值的成本

提升股票的價值，是一件好事。但是，世上沒有白吃的午餐，要進行這些好事，一定要花上一些成本，才能做到。換言之，要想提升股票的價值，是需要付出代價的。

22.1 上市成本

把股票推上市，在證券交易所中買賣，需要付出高昂的成本。首先就是上市費用，以執筆時的 2013 年計算，大約需要三千萬元。同時，上市之後，一闊三大，會計師要用最大的那幾間，不時要找律師辦文件，聘用公司秘書，維持上市地位付給交易所的費用，統統都是錢。

22.2 財技成本

很多財技手法，例如分拆上市，搞收購與合併等等，都需要付出費用。這些費用很多時是沒有用途，兼且非常昂貴的，例如說，一宗收購當中，往往需要一個獨立的財務顧問，這筆費用可能是十萬元，但公司獲得的，只是一份完全沒有用的報告，公司當然不會因這一份報告的內容，而改變它的決策，這份報告只是給股東參考的一份完全無用的文件而已。

22.3 公關成本

搞公關，提高公司的形象，當然也要付出公關費用。這些公關費用，除了支付公關公司、聘請公司的公關人員，搞「投資者關係部」之類，還有很多其他的支出。例如說，「伯明翰環球」(股票編號： 2309) 的老闆楊家誠曾經豪花三百萬元，請了多位投資者飛到英國，去看公司的伯明翰球隊比賽，全程頭等機票、豪華食宿全包，都是公關的成本，目的就是用作提升股票的價值。

22.4 派息成本

派息作為提升股票價的成本，上一章已有詳述，這裡不贅。

22.5 會計成本

粉飾賬目，當然需要成本，但是真正成本高昂的，是造假賬。要知道，造假

賬並非單單是偽造出一條條的會計賬目，而是從賬目到銀行戶口的往來，以至於訂單，甚至要找人假扮客戶，又或者是賄賂會計部的員工，以至於賄賂會計師樓的核數人員，統統都是成本。

更不可少的，就是交稅的成本。香港有限公司的利得稅率是 16.5%。換言之，如果要製造出 1,000 萬元的虛假利潤，便得付出 165 萬元的稅，這是必須要付出，沒有得逃避的。如果是內地，稅率比香港高出一倍，造假賬的稅務成本也是高出了一倍，這自然是更為高昂的成本了。

不消提的，做假賬的最大成本，是被揭發了之後，可能要坐牢。這個成本之高，在很多人的心目中，可能是無限大。不過，當然也有一些亡命之徒，認為這不是成本。更多的人是在造假賬時，認為造得天衣無縫，一定不會被人發覺。如果造假賬真的是絕對絕對不會被人發覺，「坐牢成本」當然是零。很可惜，世事甚麼都有可能，也不會有永不可能被揭穿的秘密，所以，很多人都會因為偽造賬目，而被拉去坐牢。這其中最大的可能性，是偽造的過程的確是毫無破綻，但是，由於其間牽涉了不少「辦事」的人，只要其中有一個人和老闆反目，把真實的故事揭發了出來，那就一子錯，滿盤皆落索了。

22.6 版面工作

股票的買賣，如果是涉及莊家活動的專業，叫作「版面」工作。所謂的「版面」，大利市機也。

版面工作是最基本的股票工作，也是財技的基本功，因為絕大部份的財技，都得仰賴股票的價格，去作出相應的活動：把股票的價格打高、按低，在市場中沽出股票，又或者是要買入股票，以至於維持股票的現有價格，以及製造成交，這些全部都是版面工作。

版面工作要動用資金，也要聘請人手，當然是極度耗費金錢的事。同時，這工作也是有著危險性，操縱市場和虛假交易都是刑事罪行，也是要坐牢的。要聘請專人去做有機會坐牢的工作，自然要加 loading，付出額外的成本，況且，版面工作是一門非常專業的操作，需要專業人士去做，更不是一個人獨力可以做到的，而是需要一個龐大的網絡，這自然又得「加錢」。

另一個更大的成本，就是動用資金。股票是很奇怪的東西，當一切的客觀因素不變時，公司的資產和盈利沒有變化時，只要沒有人去理會它，它的股價就多半會下跌，而不會平穩地維持不變的。除非它的資產或利潤有著根本性的變化，又當例外。所以，如果「有人」希望維持股價不變，甚至是上升，就要付出成本，而這些成本，就是其動用的資金。大家都知道，資金的成本是非常非常昂貴的，因為，它就是萬惡的金錢。

22.7 成本與效益

這一章中，說明了要提升股票的價值，得付出很多很多的高昂成本。如果要運用財技，去提升股票的價值，便必須要付出這筆成本。這也就是說，運用了財技之後的收益，必須要多過其成本的付出，才是有效益的，才值得去做。

簡而言之，財技也是一種投資，得講求成本與效益，投入的資金是多少，回報率又是多少，都要計算清楚，這才是正確的財技的方向。

我們可以看到，很多公司，不做好公關、不搞好股價，正正是因為不願意付出這些成本。它們不願意付出成本的原因，只有一個，就是付出成本之後，不一定能夠收回本利，所以也就省事了。事實上，沒有賺錢機會在面前時，無端去付出成本，便是浪費。例如說，有一隻叫「華電福新」（股票編號：816）的股票，在 2012 整整一年，每天的成交量，只是幾萬股至幾十萬股之間，有幾天甚至完全沒有成交。但是，到了 2013 年的 2 月，它的成交量突然增加，變成了以百萬股計，到了 3 月，成交量更過億了。這種「不炒則已，一炒驚人」的手法，自然也同成本效益有關，這好比一間零售店子，在淡季的時候，索性連門也不開，員工薪水和電費也省掉了。

甚至有一些公司，明明是夠資格上市的，卻選擇放棄，這當然也同成本效益有關。發生次數最多的個案是，在 2003 年，一隻創業板的殼價，是一千萬元左右，這差不多相等於上市要花掉的費用，在那個時候，當然也就沒有人去把公司推往創業板了。不過，殼價在隨後的幾年，急速上升，到了 2008，已升至過億元了，在 2003 年冒險上市的，均都賺了大錢。但，在當年，誰人有這個本事，預測到未來呢？

我有一個朋友，在 2003 年差點因為不肯付出一筆十萬元的律師費用，而放棄一間「二十一章」的上市。到最後，律師樓願意將其中的一半收費，即是五萬元，押後至上市成功之後，才去收取，這間「二十一章」的投資公司，才終於成功上市。在執筆寫此書的 2013 年，「二十一章」的上市公司的殼價，也要一億多元了。

第 五 部 份
公司、股東和董事局

　　一間公司的主要參與者，就是股東、董事，也即是管理階層，和員工三大部份。在財技操作而言，員工是沒份兒參與的。

　　在這部份，一共有 3 個章節，內容正是分別討論公司、股東和董事，以及其相互的關係。

23. 公司的目的

　　經濟學教科書說，公司經營的目的，就是利潤的極大化。換言之，就是賺錢，賺越多的錢越好。我告訴大家，這個說法，是錯的，就算不是全錯，至少，也是頗為錯誤的。

　　正解是：公司的最大目的，是為了得到滿足感的極大化。話說回來，滿足感的極大化，往往也是利潤的極大化，但這也並非必然，而是有著很多的例外。注意的是，我在「滿足感的極大化」這句話，並沒有加上主詞，這是刻意的，因為股東和管理階層的利益並不完全一致，管理階層的滿足感極大化，並不相等於股東的滿足感極大化。在下面的章節，會有更為詳細的分析。

23.1 一些例子作為說明

　　生物學家說，人類(和所有生物)生存的目的，就是為了繁殖，也即是說，複製我們的基因。性行為固然是為了繁殖基因，賺錢也是，因為錢多了，獲得性行為的機會也較多，對象的水平也較高，有利於繁殖。把錢作為遺產，留下給子女，也可以讓他們有更好的繁殖機會。除了賺錢之外，我們唱歌、跳舞，都是吸引異性的方法，就算是創作，也能夠有效的吸引到異性。

　　問題在於，有很多的活動，例如說，在家打機，又有何吸引異性的地方呢？對於繁衍後代，又有何幫助呢？答案是：沒有。為甚麼我們常常會做一些無聊的事，而這些事，明顯是對我們的基因複製是毫無幫助的呢？

　　這是因為在「設計」的過程中，只能就大方向去設定規則，既然這只是大方向，就不能巨細無遺地去切合每一個細節，因此，也就必然有著細節上的缺陷了。這好比政府發於社會福利，本意是救助窮人，但一定也會導致了濫用。人類吃東西，味覺的作用本來是為了辨別食物益害，越是好吃的東西，越是有益，反之則為有害，這是人類的天性。但是，到了後來，人類單是為了滿足味覺而進食，而

味覺之於食物的好壞，也並非絕對準確，辣椒無益，苦口良藥，都是味覺失效的好例子。

公司的情況，也是一樣。公司的成立，本來是為了賺錢，但是，由於結構性的原因，人們也會用公司來做其他的事情，以達到其他的目的。

23.2 威威食雞理論

假設你是一間公司的老闆，我是一個神仙。我出現在你的面前，提出兩個情況，任你選擇：

1. 你的公司年賺十億元，但在同一行業，你只佔第二位，因第一名的年利潤是十五億元。

2. 你的公司年賺七億元，佔了該行業的首位，老二只能年賺五億元。

我雖是神仙，也不知你怎選擇。現實世界的觀察是，大部份商人寧願少賺些，都要當一哥。無數實例指出，商人傾向不惜蝕本，或少賺許多打減價戰，只為得到或維持市場領導者的地位，例子我不說，相信大家隨口也能舉出數十個來。

財富到了某一地步，多幾億和少幾億分別不大，但能夠當龍頭，兼且打倒競爭對手，其快樂、其滿足感，再多幾個億也買不到。做生意打倒競爭對手的快感，就像歌手拿到獎項，推銷員成為銷量冠軍，這是江湖地位的肯定。商人、歌手、推銷員這三種職業有著同一特性，就是適合鬥心特強的人，鬥心不但要求金錢，名譽同樣重要。

公司的目的不是賺錢極大化，而是效用極大化，即是帶給管理階層最大的快感。這是我對傳統經濟學教科書提出的指正。

當多一個億同少一個億分別不大時，在很多的情況之下，管理階層的目的是建立一個能有多大就多大的王國。當你去到全世界，都有分公司職員到機場迎接你，由下機到上機回家全程都有人侍候你，以至膜拜你，這種威威食雞，這種賞心樂事，實在難以向第三者形容。

換句話說，從公司賺錢的角度看，管理階層和小股東的利益一致。但從公司發展的角度看，管理階層對擴張的意慾大於小股東，縱使這擴張不一定符合最大的經濟效益，只因管理階層可得到因公司擴張而得到的威望，這卻非小股東所能享受。後者只能分享到利潤。

23.3 權力和金錢

中國古語有云：「大丈夫一日不可以無權，小丈夫一日不可以無錢。」換言之，得到權力，和得到金錢，兩者在某程度上，是等價的。甚至可以說，權力比金錢更重要。

有一些公司，可以擁有極大的權力，相比其金錢利益，卻是極度的不成比例，其中最有代表性的例子，就是傳媒了。例如説，在我執筆之時的 2013 年 4 月 18 日，「壹傳媒」(股票編號： 282) 的市值是二十億元左右。但它掌握了香港和台灣的兩個重大傳媒，港台人人聞其名而色變，論到影響力，自然並不是區區的二十億元所能及到。所以，我們會發現，在很多時，人們會寧願虧本，也要去大搞傳媒，正正是為了得到這份影響力。

同樣的道理，搞娛樂事業，例如拍電影、出唱片、捧明星，也往往是為了影響力，而不是為了金錢利益。有一位老闆，名字不説了，在上世紀的九十年代，名聲很是不好，令到他在結交朋友，和傾談生意方面，都不順利。於是，他砸下了大把大把大把的金錢，還花上了很多很多的時間，去大搞娛樂事業，拍了很多電影，捧紅了很多偶像，結果呢？他憑著這些無形資產，認識了不少的國內高官大款，打通了人脈，賺到了十倍百倍的金錢和影響力，這些界外效益，當然不是純粹在娛樂事業的會計賬目中，可以衡量的。

23.4 個人的娛樂和興趣

搞娛樂事業，拍電影、出唱片、捧明星，除了因為可以得到人脈和影響力之外，還有一個很重要的因素，就是很多人本身就喜歡這回事。我們既然可以花錢去聽演唱會，可以花錢買一間度假別墅，只是作為消遣，當然也可以去搞一盤生意，就只是為了娛樂自己。

我有一個好朋友，叫「高健行」，是金融界的財技高手，當他賺到了錢之後，便去搞演唱會、捧歌星，一年花幾百萬元，只是為了他喜歡聽歌，如此而已。他原來喜歡的是中文舊歌，但搞得興起，連韓國樂隊少女時代演唱會，也參與了投資，而他為了支持朋友張達明，也投資了一筆，去主辦張的棟篤笑。

我有不少朋友，自己開一間高級餐廳，只是為了招呼朋友，根本不在乎賺蝕。例如説，銅鑼灣的「飯堂」，是由兩位金融界名人黎亮和李鋕麟所開的，就是為了有一間自己的餐廳，去招呼生意上的朋友。我更有一些朋友，一年在唱 K 去夜總會的消費，都是巨額數字，倒不如自己開一間，把錢花在自己的身上。

在這個情況之下，公司只是作為老闆的娛樂、消遣，目的是消費，而不是賺錢。但是，它們是不是公司呢？是。它們有做不做生意呢？做。如果有錢可賺，他們賺不賺呢？賺。然而，如論其主要功能，它們是消費，而不是賺錢。

23.5 人情味

有很多的公司，有很多的老臣子，在那裡打了很久的工，明明已經沒有甚麼利用價值的了。但是，由於老闆念舊，仍然繼續聘用他們。這是常常發生的事。

然而，老闆的這種仁慈，當然會影響了其盈利。

在很多年前，我做過好幾年的財務總監，初擔任此職時，公司才剛成立，已經賺了不少錢。到了年終，討論加薪時，我說：「應該定一個加薪的總幅度，然後根據這個預算，去攤派到各部門和各人的手上。」

那位年輕的老闆卻不同意：「員工的薪水應該由其表現和對公司的價值所決定，不應由公司的預算所限制。」

當然了，說到加薪的幅度，也免不了要涉及老闆喜歡的員工，人工多加一點，他不喜歡的員工，人工少加一點，公司甚至有一些閒人，乃至是馬屁精，都能夠獲得一個職位。我做過的一些公司，甚至有專人為老闆安排娛樂，而秘書的部份工作，是處理老闆的私人事務，也是司空見慣的事情了。

由於本書並非會計財務或是管理學的教科書，我並不打算評論以上的做法是否正確。毫無疑問，這些做法都會影響到公司的利潤。我只是藉此指出，在很多時候，公司的決策並非是為了利潤的極大化，而是為了很多的其他原因，在這裡，稱之為「滿足感的極大化」。

23.6 公司是一個法人

簡而言之，前文說過，公司是一個法人，而很多方面的經營，就算是虧本的生意，例如傳媒，又或者是餐廳，都必須用公司的形式去經營，別無他法。在這些的情況之下，公司是成立了，卻並不是以賺錢為最終目的。

當然了，賺錢並非終極目的，並不代表其擁有人是厭惡賺錢。就是紅十字會這些非牟利團體，也不會討厭金錢，因為誰都知道，任何一個組織，沒有金錢，便無法運作下去，而金錢越多，它的運作就越是暢順，越是能夠壯大。

或者我們可以用上另外一種表達方式：經營公司是為了滿足感的極大化，但是滿足感不一定是來自金錢，別的東西，例如權力、影響力、達成理想、幫助到別人，也能夠得到滿足，不過，滿足感不一定來自金錢，但金錢卻一定可以帶來滿足感。經營傳媒雖然不一定是為了賺錢，但是賺錢的傳媒，一定比虧本的傳媒為佳，況且，賺錢的傳媒也一定比虧本的傳媒更有影響力。如果用經營餐廳來作例子，很多人經營餐廳是為了興趣，不是為了賺錢，但是，如果餐廳能夠賺錢，代表了經營者的意念，得到了顧客的認同，這也是一件好事。簡而言之，賺錢是公司的目的之一，卻不是公司的唯一目的。

24. 股東和管理階層的矛盾

在上一章所提到的種種界外利益，都是只有在管理階層，才能享受到，例如說，把自己的親戚朋友，都請進公司來任職，又例如說，擁有一間傳媒，去唱衰自己的敵人、去捧紅自己的女友，而藉著傳媒的影響力，去巴結高官巨富，甚至是拿勳銜……所有的這些的利益，都只有是管理人，才能夠享受得到。如果單單從股東的角度去看，則他們所能享受到的，只有兩樣，第一，是股票的價格，第二，是股息，沒有第三了。

Benjamin Graham 的巨著《證券分析》指出，管理階層和股東之間一共有五點利益衝突。以下文字的內容經我重寫，更作出了錦上添花的鋪陳。我的改寫非但為了避開抄襲知識產權，更為了能令讀者容易理解，亦絕無歪曲作者的原意。

24.1 對管理階層的酬勞

管理階層也是打工仔。縱使他是大股東，在公司的身份之一也是打工仔，為股東打工。作為打工仔，不管是富是窮，皆希望薪高、花紅厚、認股權平。而且錢是沒人嫌多的，有時候，有錢人比窮人更貪婪。

以上種種對公司盈利有著極惡劣的負面影響。用香港財技人士的術語，出巨額的薪水、花紅、認股權給本人，都是「偷錢」的途徑。

其他的偷錢方法，包括了吃飯喝酒等娛樂開支，房租和汽車、旅遊和子女留學費用是員工福利，高價請心愛的女明星當廣告代言人，或是購買名貴禮物送給「公司的重要客戶」……凡此種種，妙計百出，洋鬼子包括股神巴菲特在內，恐怕聞所未聞，我也從未在西洋傳媒見過有關報導。在這方面的財技，洋人同唐人差天共地了。

24.2 公司的發展速度

正如我在前文說過，管理階層對於公司的經營目的，並不是要求利潤的極大化。有時候，管理階層希望要做市場的領導者，為了做大做強，不惜犧牲利潤。但有時，管理階層為了其他的特別原因，甚至是不惜降低利潤，例如說，後文會述及到的，為了爭奪控股權，刻意的把公司的利潤壓低。

總之，在一般的情況之下，無論是股東和管理階層，都會希望公司的發展速度越快越好，但是，在某些特殊的情況下，卻有例外。

24.3 公司營運的連續性

我直接從書中抄出五點，再用我的智力和創作力去鋪寫，當我鋪寫到這裡

時，馬上覺得不妥。原文是這樣的：「公司在虧本時，應該持續經營，還是售出虧本的資產？還是索性清盤？」

1. 公司應該「持續經營」或「售出虧本的資產」，管理階層和股東的利益是一致的，因此這段是分析錯了。在我如鷹的目光下，就算是巴菲特的師傅寫錯了，也是照批評不誤。這一來是我的鐵筆無情，二來是我對自己判斷的自信，當我看出不對時，我肯定錯的是別人，不會是我。

2. 上市公司申請清盤，管理階層和股東的損失同等慘重，雙方都不會喜歡、或在這過程從中得益。申請清盤對股東有利的情況，只存在於非上市公司。

這裡再補充一點：利益一致和看法一致是不同的概念。我同朋友合夥做生意，在該合營公司中，我們的利益是一致的，都是希望該公司賺錢。但我們對公司經營路線的看法，卻不必一致。我認為賣花生能賺錢，他卻認為賣鹹魚能賺更多。就算我肯讓步，同意賣鹹魚，也可能一個堅持零售，一個傾向批發。每個人對不同事物都有不同的看法，管理階層和股東各有不同，管理階層當中有內部矛盾，小股東們的看法更是一盤散沙。

我猜想，Graham 本來要表達的是管理階層和小股東的利益衝突。但公司的財務運作，如持續經營、出售資產或清盤，並無關雙方的利益衝突，因為雙方的利益是一致的。反而是公司的經營方向，雙方會有不同的看法，看法雖然不同，利益仍是一致的。

24.4 公司的信息

管理階層掌握了很多的公司信息，其中最令人感興趣的，是對股價敏感的內幕消息。這些內幕消息，有些必須立即公佈，例如重要的財務活動，收購合併或供股之類，有些不一定要公佈，例如正在商談中的項目，不一定會成事，那就可公佈可不公佈，就算公佈了，成事的可能性是高是低，管理階層心中有數，但不用在公告中明言出來——通常的公告是「有可能成事，但也有可能不成」，機會率則不會公開，也無法量化——小股東自然也不可能知道。

很明顯，就管理階層的立場，內幕消息不宜同小股東分享，以保持自己炒股票時的優勢。

24.5 投入和勤力程度

這一段是我想出來的，同葛拉漢無關。

劉鑾雄先生同我轉述過一段話，說話者是一位身家低他一級的上市公司主席，大概如下：公司上市前，做生意的壓力極大，既怕虧本，又怕被追債。上市後，公司是公眾的，虧本也不容易倒閉，又可從市場集資，私人擔保都撤消了，

追債頂多只追公司，不涉及個人。生意上的壓力頓然輕鬆下來，做事也沒那麼積極了。

我們買了某公司的股票，身為股東，一定希望它的管理階層努力賺錢，賺得越多越妙，最好他們是賺錢機器，每天工作二十四小時，全心全力為公司謀取最大的利益。很可惜，人們管理公司的目的並非利潤極大化，而是效用極大化，即是快樂極大化。帶給人生快樂的，除了賺錢外，還有「粉多、粉多」的東西。

在 1955 年，專門生產紙板遊戲的 Parker Brothers 生產了一種很有趣的遊戲，叫作「Careers」。它出過中文版，譯為「從心所欲」。玩者要贏得遊戲，須得從 3 種不同的項目拿到分數：名譽 (fame)、快樂 (happy)、金錢 (money)。

在這 3 個不同的項目之中，只要加起來，能夠有 60 分，就可以勝出了。如果只有 2 人在玩，那條件就要高一點，得加起來有 100 分。在名譽、快樂、金錢，3 種不同的分數中，其中一種獲得很高分時，其他的可以少一點，卻不能沒有。例如名譽很高分時，快樂分可以少點，但不能一分也沒有。在這遊戲中，可能獲得最高分數的職業，是做太空人，錢雖然賺得不夠做生意多，但有榮譽，也有滿足感。誰最快在分數上達標，誰就勝出，不過基本條件是，3 種分數都要有，缺一不可。

正如這個遊戲，人生是一個「Mix」。就算你是世界首富，但沒有愛情、親情、名譽，亦不准同朋友聊天吹水，以及慢慢享用美食美酒，錢縱使再多，一萬億十萬億，生活也沒有意義。每個人對人生的要求都不同，有人把錢放在首位，有人視家庭為重，有人一生的首要「工作」就是結交異性，越多越好；有人（像我）上天入地尋找世界美食……但沒有人只要其中一項就足夠。事業至上的人不停工作，但對其他的人生要求只是少要，並非不要：工作狂也要結婚生仔，有時候也要旅行休息，更不可能斷絕六親。

股東的理想是管理階層都是賺錢機器，但這不可能。退一步看，至少管理階層要努力工作，盡量為公司多賺錢，但這退一步要求也不一定能達到。畢竟，人是有血有肉的動物，而非機器，大部份的人在經濟狀況變好後，做事反變得疏懶。實證的資料顯示，零售商人買下並供完了自置舖位後，勤力程度便有所減退。皆因不用交租，輕易就能收支平衡，壓力大減，工作便用不著那麼勤快了。

我再舉一個例子。有一個搞漫畫的商人，叫「劉定堅」，他很年輕就當了一間漫畫公司的老闆，是個十分聰明的人。大家知道，參與漫畫行業的青年人多是窮家出身，而且熱愛漫畫，對工作很具熱誠。正好漫畫是一門勞力密集的行業，你熱愛工作時，公司正好要求你做更多的工作，兼且該行業的薪金特別低，只夠基本生活，連娛樂費也擠不出來。漫畫助理們多半家居環境狹小，很多索性在公司睡覺，睡醒就做，倦了就地而睡，省了上下班的時間和車錢，反正公司有大把的同齡少年可供吹水，回家反而更悶。

這個偉大發現，我認為成就不下於 Peter Drucker 等管理學先驅，可與「柏金遜定律」前後輝映。劉氏發現給助理加薪並不能提高生產力，尤其月薪超過七千元後，生產力會急劇下降。經他細心觀察後，結論是助理人工不高時，除了工作就沒有別的娛樂，當人工超過七千元時，便有了生活必需開支之外的娛樂費，助理便會分心去想有關花錢的事情，生產力遂下降了。「柏金遜定律」指出增加人手並不能增加生產力而名聞世界，我認為劉定堅的「七千元理論」亦應得到同級的光環。補充一點，這是他在 1990 年的天才發現，應用在今天，得作出通脹調整。

管理階層同漫畫助理雖然薪水大不同，但其為人者，則一也。是人則有人性，人性不一定把工作放在首位，就是置首，其勤力和積極性也不一定符合小股東的要求水平。作為小股東，這確是很無奈和很不愉快的事實。

24.6 管理階層的心中價值

一間公司，不管它上市與否，只要符合下列三項條件的其中一項，在管理階層的心中，它就有價值：

1. 它在經營上能獲得利潤。
2. 它擁有現金。
3. 它有值錢的資產，可以出售套現，或者抵押借錢。

24.7 心中價值的表達方式

所謂公司對某人的價值，必須有表達方式。例如出版社對我有價值，表達方式是付版稅給我；某位朋友對我有價值，表達方式是他在人前人後美言我；某位美女對我有價值，表達方式是……太猥瑣了，就此打住。

公司在管理階層心中的價值，可分為四點：

1. 他可以隨意動用公司的現金，前文說過，這包括衣食住行、吃喝玩樂、嫖賭飲吹。用會計學的術語說，是公司提供宿舍，同客戶的應酬，送給客戶的禮物，公司汽車和司機，總之只要他需要，統統可由公司買單。

2. 他可以使用公司的資產，汽車、遊艇、飛機，還有大屋，可以自己享用，亦可以供給親友享用。如我般喜歡藝術品的人，自然也可買些名畫回來，作為室內裝飾兼投資，甚至帶回家慢慢欣賞。

3. 他可以動用公司的人力資源，例如說，叫職員為辦理私事，舉凡交費排隊，訂位買票，甚至是子女升學，送禮給女友，都可交由手下代辦。在上世紀九十年代，半山區有個名叫「雍景台」的豪宅發售，買樓者大排長龍，其中一位赫然是有名的富婆、無線電視台的大股東利孝和夫人，傳媒大幅報導了此事。我閱報後，

不禁感嘆：這富婆雖然擁有巨額資產，但沒有直接管理公司，遂連排隊買樓都要親自進行。我當時不過是家中小型公司的小小董事，因有秘書，所有生活瑣事都不必煩惱了。金錢權力的用途，可見一斑。

（這裡必須岔開一筆：世上最開心的事情之一，就是指揮他人為你辦事，不管公事私事，都十分過癮。做領導的工作壓力無疑大，但人人叫你老闆，這種威威食雞的心情，是世上任何樂事都無法相比的。請大家注意，這並非我的想法，因為我是個無可救藥的懶人，我只是客觀地描述大部份人的想法。話說乾隆皇帝遊過江南後，慨嘆自己的生活質素竟然比不上一名江南富戶，縱然如此，他也決不會讓位不當皇帝，而下江南享清福。正因如此，做過老闆的不會再打工，除非是生意失敗，迫不得已；從政者永遠企圖做到死才退下來，除非是任期結束，或被攆下台；富豪為了更大的權力，寧願少賺錢也要從政，這叫「大丈夫不可以一日無權，小丈夫不可以一日無錢」。最後的例子是，在黑猩猩的世界，領袖都是被打下來的，從沒自願退位。）

4. 他可以使用公司的招牌，例如名片印著：某某公司主席，是多麼威威食雞的事。反觀本人，雖然持有幾股「長江實業」（股票編號：1），但卻不可能印上「長江實業集團小股東」的名片派街坊。

以上的四點權益，只限於管理階層享用，小股東並無資格。從這四點可看出，公司的擁有權在管理階層的手裡，小股東並不擁有公司。

24.8 小結

上述指出了管理階層和小股東的利益分歧。這說明了前者的利益並不能代表了後者。問題是，當分歧出現時，哪一方的決定更佔優勢？

25. 股東的分類

在上一章，我們分析了管理層的利益，和股東的利益，兩者之間，不一定是相同的。總而言之，管理層能夠享受到的，是作為公司擁有者的所有利益，包括了有形的利益，和無形的利益。但是，股東的利益卻只有兩點，第一是股價的上升，第二就是股息的派發，除此之外，就甚麼也沒有了。

然而，作為股東，在股東大會時，享有投票權，所以，他們根據所擁有的股份數目，在公司之中，卻能擁有不同的權力，去保障自己的利益。本章就是以股東擁有股份比例的數目，作為分類的經線，去分析他們在上市公司中，所能享有的權力。

25.1 散戶

散戶的意思，是控有微不足道的股票數目的人。我當然是散戶，相信大部份的讀者和股票投資者，都是散戶。我們散戶所享有的公司利益。就是股價和派息。散戶對於公司的影響力，可謂全無，所以，假如他們對公司不滿，最佳的方法，就是把手上的股票沽出。

正是由於散戶太過容易沽出手頭的股票，他們很是在意公司的短期股價，對於公司的忠誠度，是很低的。換言之，他們是合則來，不合則去，也正是由於他們太過容易跑掉，所以很少會對公司的決策有著長期性的關注，自然更少地以股東的身份，去參加股東會，去為公司的重大決定而投下一票。

要知道，微小的力量，得團結起來，才能發揮到影響力，如果是一盤散沙，那就甚麼用都沒有了。在政治上，因為個人不能隨便脫離這個社會，除非移民，否則不能逃離政府的統治，所以人們也會利用投票，去選出對自己有利的政客。但是，在上市公司，散戶遇上了不好的管理階層，只要沽出手頭的股票，就可以逃跑了，根本用不著去投票。所以，在公司的角度看，散戶是完全沒有權力的一群。

當然，有時候，公司的管理階層，也不過是散戶。例如說，「匯豐控股」（股票編號： 5）的董事局內，並沒有大股東。我在撰寫本段時，翻查了交易所的披露易，擁有最多股份的人，是 De Croisset Charles Francis Wiener，擁有 33,430,792 股，只佔總發行股數的 0.3%。第二位是 Aldinger William Frederick，擁有 15,870,581 股，只佔有發行量的 0.14%。其他的董事局成員，所佔股份比例更低。當然了，由於「匯豐控股」的股價很高，這股數也是數以十億元計的巨額，但是，如果以股份比例去算，以這樣寥寥的股數，如果純屬股東的身份，自然難以對公司產生很大的影響力。但是，他們對於公司，仍然是擁有巨大的影響力，這主要是他們作為董事局成員，也即是作為管理階層的身份，所發揮的作用。

25.2 重要小股東

所謂的「重要小股東」，一共有兩個角度，第一個是擁有者的角度，第二個是董事局的角度。

25.2.1 擁有者的角度

如果用持股量的角度去看，則是擁有的股票數目，超過了市場短期的吸納量，多得不能在市場隨便沽出，以我的估計，大約是幾個巴仙左右吧。

如果從擁有者的角度去看，作為重要小股東，由於不能在市場沽清股票，所以不能單看短期的股價波動，而是必須看長期的股價表現，以及它的派息狀況。換句話說，重要小股東必須要和公司坐上同一條船，因為他們的利益是一致的。

25.2.2 董事局的角度

如果從董事局的角度看，由於很多重要決議，都得在股東大會通過。在很多重要決定時，法例還規定了，大股東不准投票。在這個時候，重要小股東在公司的影響力，便能夠發揮出來了。舉一個例子，「思捷環球」(股票編號：330) 在 2012 年，進行了 2 供 1 的供股，在它決定供股之前，一定會徵詢其重要小股東 Marathon Asset Management LLP 的意見。因為 Marathon Asset Management LLP 持有 154,912,4757.99 股，佔了總發行股數的 7.9%，如果它不同意「思捷環球」提出的供股條款，很可能便會拒絕付款供股，這個供股計劃便大有麻煩了。所以，董事局在有大行動之前，往往得徵詢重要小股東的意見。換言之，重要小股東是有 say 的股東，可以作為參與「遊戲」的 player。散戶呢？則沒有任何的話語權。

25.2.3 董事局和重要小股東不和

上述的情況，大前提是董事局和重要小股東維持良好關係，如果兩者不和，董事局決定要「吃掉」或玩殘重要小股東，那又是另外一回事了。

我聽過最有趣的一宗個案，是在一宗大比例供股事件。在超過 2 供 1 的供股，叫作「大比例供股」，按照香港的法例，大股東是不准在股東會投票的，這令到重要小股東在「大比例供股」的過程中，其地位和其投票取向，格外重要。在這一宗個案之中，幕後大老闆是一個財技超級高手，無論在智計上、在法律知識上，都是一流中的一流水平。而那位重要小股東不甘被「大比例供股」所魚肉，於是便決定在股東大會的那天，親去踩場，說一些難聽的話，好讓記者採訪，並且在決議時，投下反對票。

話說這位幕後大老闆，是一位富豪級人馬，擁有一整幢大廈，他所擁有的上市公司和非上市公司，統統都在大廈之內，他開股東會的地方，當然也是大廈的地方。現在那位一心來踩場的重要小股東來了，進了電梯，噢，電梯突然停了。

那位重要小股東心急如焚，當然是猛按警鐘，但不消說的，沒有人理會他。過了一段時間，電梯的故障忽然沒事了，把重要小股東送到了他想去的層數，但是，正如大家的所料，有關供股的表決已經完結了。

在這宗事件中，有關的「財技」只是電梯突然無故停了，這固然是十分可笑，但也是非常有效，甚至可以說是最有效的方法，只有天才，才可以想得出來。

25.2.4 兒童基金的例子

話說上世紀的九十年代，電影業百花齊放，賺錢易過借火，如能請到大明星為你拍片，可說是穩賺不賠的生意。正逢一幫膽正命平的大圈仔，一心食大茶飯，食了好幾頓大茶飯，當然是犯法的那一種，忽然有一個重大的發現，就是拍電影是更大的茶飯。

於是，他們決定找某位天王巨星拍戲，想到就做，打了個電話給天王巨星的經理人，就要拿檔期。

身為天王的經理人，自非善男信女，當然不會害怕區區的幾個大圈仔，拋下了一句：你要，便親自來拿。

嘿嘿，大家不妨猜猜，結果是怎樣？

當天，電影公司的樓下聚集了數百人，恭候大圈仔的大駕光臨。這數百人並非捐香油的善男信女，而是周身紋滿了兇殘圖案的江湖人物，至於他們有沒有身藏攻擊性武器，則不得而知，因為多位故事提供者都沒有提及。

數百名香港仔等了不知多久，終於等到大圈仔的來臨。大家不再妨猜猜，來了多少個大圈仔？幾十個？幾百個？都不對。

答案是：四個。

四個對數百，正是應了那句俗話，一人一泡尿便能把這四人淹死。問題是，撒尿用的是「肉槍」，四名大圈仔卻身懷真槍，不知是紅星還是黑星，總之是四把曲尺。四把曲尺發不了一百發子彈，當時當地聚有數百人，就是任他們射光子彈；兼且彈無虛發，槍槍命中，死剩的人的尿，仍然足以淹死四名大圈仔。很可惜，這數百人是一班烏合之眾，像做臨記般，如我沒記錯，現身一晚的酬金是每人二百元。記著，他們是臨記，不是武師，所以這酬金不包動作，連打架都不包，更遑論以身擋槍了。

在古龍的經典小說《多情劍客無情劍》中，李尋歡以一把小李飛刀，鎮住了少林寺八百高手，一把飛刀只能殺一個人，八百僧人卻沒一個敢動手。大圈仔比起小李探花是差了一點，不過四把槍也嚇倒了數百蠱惑仔，沒一個敢攔住四人的去路。

於是，四人順利走到經理人的面前，經理人被槍指著頭，跪地投降之後，乖乖的奉上了檔期。大圈幫拍了一部爛電影，賺了不少錢，自也不在話下。

從這例子可見，只要是有組織和有實力，就算幾個人，也能發揮極大的作用。

沒有錯，重要小股東究竟能不能夠發揮到影響力，端要視乎他們是誰人，能力究竟有多高。或者毋寧說，他們有多懂得玩這遊戲。

在 2005 年，由英國人 Christopher Hohn 創辦的 The Children's Investment Fund(TCI，兒童基金) 買進了 18% 的「領滙」 （股票編號： 823），成為其第二大股東，震動了「領匯」的管理階層，當時的主席鄭明訓甚至親自飛往英國，和 Hohn 面談，講解公司的業務。

這是因為 Christopher Hohn「此馬來頭大」，所以「領匯」的管理層才不敢怠慢。在 2004 年，也即是他入股「領匯」的前一年，德國交易所意圖以每股 74.2 元，收購倫敦交易所，這個價格比起後者的收市價每股 47.6 元，有五成的溢價。偏生 TCI 基金持有德國交易所的 8% 股權，而他認為收購價太貴，於是聯合其他基金，反對收購，馬上得到了其他基金經理的支持，結果德交所不但收購不成，其主席及行政總裁還遭 TCI 踢了下台。

另一樁事件也是發生在 2004 年，背景是 TCI 持有韓國著名煙草公司「KT&G」的 4.3% 股份。

「KT&G」的前身成立於 1948 年，是由韓國財政部成立的煙草專賣局。它本來名叫「Korea Tobacco & Ginseng」，後來改名為「Korea Tomorrow & Global Corporation」。它是韓國最大的煙草公司，擁有多個最暢銷的煙草牌子，在 2009 年，市場佔有率是 62%。它還兼營人參、製藥、生物科技、房地產等等業務，每年營業額遠遠超過 20 億美元，香港人熟悉的「正官庄高麗參」就是它的產品。它在 1997 年，變成了股份制公司，到了 2002 年，完成了股份的全部私營化，造就了 TCI 購入其股份，變成其重要小股東的契機。

當時，KT&G 正在回購自己公司的股份，但將其部份回購回來的股份，分派給其員工。我手下沒有詳細的資料，但從表面去看，這是管理階層「偷錢」的技倆，因為分發出來的股份，收得最多的，就是 KT&G 的管理階層。

TCI 遇到了這種事情，其反應是，要脅公司註銷所有回購的股份，完全不分發給其員工，否則便會聯合其他股東，要求撤換管理層。

由此可以見得有辦法的玩家，只要，控有一間公司的區區數巴仙股份，因他們太過精通遊戲規則，嚇怕了董事局，深恐被他們攻陷一陣半陣，唯有嚴陣以待。

25.2.5 簡志堅的例子

「領匯」和「KT&G」均是半官方的機構，是不懂得玩金融遊戲的「凱子」（這名詞得用國語來唸），這種管理階層，雖然控制了董事局，卻難以招架只得幾個至十幾個巴仙股份的兒童基金的攻勢，因為後者是財技高手。然而，如果董事局也是財技高手，他和重要大股東的「埋身肉博」，又會有甚麼後果呢？

　　我有一個朋友，精確點說，我有一個老闆，是財技高手，叫「簡志堅」。簡先生在金融界是赫赫有名的大人物，但他甚少埋堆，也沒有手下，我是少數能在他身邊活動的人。有趣的是，他從不約人吃中午飯，因他沒有秘書，所有的工作都是親力親為，因此每逢中午吃飯時候，他便要到銀行去。

　　話說簡先生之威風，他入股某間公司，即能點鐵成金，令股價大升特升。一些大型銀行的研究部門作出的分析報告，往往提及他入股某公司，即能構成推介該公司股票的理由，其江湖地位可見一斑。財技當中，有一項極難玩的，就是重組破產的公司。九七後，簡先生經銀行邀請，重組過夜總會大王鄧崇光的「柏寧頓國際」（股票編號：202，現改名「國中控股」）。

　　鄧崇光是中國城夜總會和聖地牙哥酒店的前老闆，同娛樂圈的愛美神傳出過多次緋聞。他偷渡來香港時，連鞋子也沒有，十多年後卻成為十億富豪。他在九七一役輸光後，得友人打本，回內地搞飲食，一搞就成功，陸續開了幾間分店，雖非重建江山，也叫百戰不殆，是個能屈能伸的人物。

　　說回簡先生拯救「柏寧頓國際」的先決條件，是銀行要答應削債九成，兼且以股代債。他接手後，股價升了十倍，理論上，銀行（如不沽出股票）可收回全部債項，真是奇妙的財技。附註：現在此公司已賣了給內地富豪張揚，這幾年的操作，都同簡先生無關了。

　　銀行食髓知味，明星傅明憲的老公葉劍波「出事」後，銀行也誠邀簡先生當白武士，拯救葉當主席的「海域集團」（股票編號：1220）。

　　上面故事有三點要補充：

　　1. 簡先生只肯考慮「海域集團」，但對其子公司「海域化工」（股票編號：2882）則不感興趣。

　　2. 2009年補記：簡先生結果沒買這公司，卻入股了「宏通集團」（股票編號：931），成為了大股東，不久後便遇上了金融海嘯，不過，我購進了這股票好幾次，幸好都能賺錢離場。

　　總之，簡先生是我認識的財技高手中的前五名，兼且還是一位極有實力的富豪。我為簡先生辦事，有時需要提供財務證明。他隨便拿出一個戶口，就有數億元現金，是現金，連定期存款都不是。同等數額的戶口，他最少有三幾個，因為隨便拿出來的存摺，有時並非同一本。現金也有這麼多，其他資產有多少，我真的不敢想像了。

　　說完了人物，現在說故事。話說在 2005 年，簡先生購入了「中盈控股」（股票編號：766) 的大量股票，成為該公司的重要小股東，持有 17% 的股票。既有「簡生效應」，他購入的股票越多，其股價也就節節上升，我沒記錯的話，應該是由 0.2 元升至 1.5 元，以 2005 年的標準，算是市場焦點了。

　　然而，問題在於，簡生並沒進入該公司的董事局。

後來，該公司發生了一些很不幸的事，我不知事件的詳情，就算知，也不能公開寫出來。我雖不知事件內容，但可肯定其為不幸，皆因其股價在短短時間，陸續跌了超過五成，到了後來，更因為缺乏實質業務，而停牌多月。

我也不知簡先生和董事局之前的關係是好是壞，但肯定知道的是，股價大跌後，他同董事局的關係變得異常惡劣，由此他以股東的身份提出議案，要求更換所有董事。

法律上，股東絕對有這權利。董事局遂召開股東大會。經典的財技鬥法故事開始了。

當時的董事局度出的絕世好橋是：把股東大會的地點定在中緬邊界附近的雲南省潞西市，來舉行今次股東特別大會。這個潞西市距離昆明 785 公里，航空距離 427 公里，這即是說，必須飛到昆明，再轉內陸機，之後還得坐上十多個小時的汽車，行走於荒蕪的山路，才能到達目的地。至於沿途的治安情況，說老實話，我不大清楚，我問過人，也問過簡生和他的助手，沒人敢肯定。

簡志堅被報紙訪問時，怒斥公司選擇開股東會的地點，簡直是「天方夜談」：「這根本就是在留難我們(股東)，迫我們無法出席。那地方至少要轉兩次飛機，之後點去都仲未知！這樣董事即使做得不好，我們都無法質詢，這有什麼透明度可言？那你走去伊拉克開(股東會)都得啦！」

當然了，到了股東大會的那天，簡先生並沒出席，也找不到代表出席，代他投票。這當然了，就是送我一千萬元，我也不會去，給我二十名荷槍實彈的保鑣，我也不敢去。就本人的膽量而言，最少要有一千人以上的解放軍，美軍也可以，加上裝甲車護送，還有三五千萬元的酬勞，才會考慮。

在這種客觀情況下，提出議案的大股東缺席，議案經投票後遭否決。董事局成員遂維持不變。

上述故事想說明的是：不管你的財技有多高，就算高如球簡先生，被人家控制了董事局，也不免受制於人。簡先生是高手、是玩家、是富豪，依然如此，作為散戶者，更是無能為力，手上拿的股票，完全沒有影響力，不應妄以為自己有任何的權益，抱有不切實際的性幻想，這樣只會阻礙了你的客觀分析能力。

記著，公司的擁有者是管理階層，而非股東。非上市公司如是，上市公司也是如是。這就是本節的主題。

25.3 相對大股東

周星馳電影《唐伯虎點秋香》中，秋香出現的那一幕，由周星馳飾演的唐伯虎，覺得秋香的樣貌不過爾爾。然而，其餘的三大才子：祝枝山、文徵明、周文賓則說：牡丹雖好，也要綠葉扶持。原來秋香身旁的其他婢女，俱都醜陋到了極

點，相比之下，就顯得秋香貌美如天仙了。

所以，所謂的「大股東」，也是相對性的：大股東所擁有的股票並不用多，只要是比其他小股東更多，便能夠成為「大股東」了。例如說，李澤楷持有的「電訊盈科」（股票編號： 8），股數是 2,011,671,159 股，即只佔了 27.66%，但由於他的持股量已經比所有的其他股東都要多，自然更多過作為第二大股東的「中國網絡通訊集團」，因後者只持有 1,343,571,766 股，佔總發行股數的 18.48%。所以，無論怎樣，李澤楷仍然算是「電訊盈科」的第一大股東。

我認識一位擁有很多上市公司的老闆，他旗下的每一間上市公司，都是沒有大股東的，當然，他自己不會公開持有這些股票，而是交由他的手下、人頭、友好去代為持有股票，但是，這些「代理人」手上的股票，永遠都是不多。所謂的「不多」，指的是非但沒有超過 30% 的大股東，甚至連兩成、一成的股票也沒有，往往只有幾個巴仙而已。

我和這個老闆不熟，見面不足十次，但聽他親口說過：「因為法例對於大股東的管制太嚴，所以我的公司，索性沒有大股東，監管機構便奈我不何了。」

當然，要上市公司沒有單一的大股東，這位幕後老闆必須有很強的網絡，有很多的代理人，才能夠做得到，這是過人的能力，並非阿貓阿狗都能做到的。以上的這位老闆，手頭有很多間上市公司，可以做到量產化，才有成立一個龐大人頭網絡的資源。試想想，如果他只有一間兩間上市公司，又怎可能有足夠的資源，去打造一個龐大的人頭網絡呢？

25.3.1 相對大股東的控制權

如果大股東是「相對大股東」，並沒有絕對的控股權，他對於公司的控制權，便不穩定，假如有人獲得了比他更多的股份，便可以在股東大會中，把他踢走。這個把他踢走的人，也用不著買下比他更多的股份，只是需要聯合幾個重要小股東，加起來的股份比他更多，那就足夠踢走一個相對大股東了。

這就好比在政治世界，一個採用議會制的政府，最大黨的議員人數並不超過半數，便唯有和友好黨派結盟，組織聯合政府，這道理是一樣的。

所以說，相對大股東之所以能夠「執政」，能夠控制到董事局，組織管理階層，控制整間公司，端的有賴重要小股東的支持和祝福。這即是說，在一間公司之中，沒有絕對大股東，只有相對大股東，其重要小股東的權力便會大增，佔到了舉足輕重的地位。

如果用權力鬥爭的說法，重要小股東可以是對大股東的一個有效制衡，而大股東所佔的股份越小，重要小股東的權力便越大，這是不變的定律。但有一些公司，並沒有重要的小股東，在這情況之下，廣東話俗語叫作：「海上無魚蝦為大」，相對大股東便可以為所欲為了。

25.3.2 爭奪控制權

大股東的持股量必須超過一半，這位子才能坐得穩當，這應該是常識了，用不著多作解釋。如果他的持股量低於一半，這代表了市場的股票數量超過了一半，在理論上，如果有人能夠在市場上購買超過一半的股票，便可取大股東的地位而代之。

所以說，相對大股東的控制權，由於不超過半數，是不穩當的，最大的倚仗就是他控制了董事局。這當然不是絕對的安全。

在上世紀的八十年代，當時新崛起的股壇大亨劉鑾雄，先後「狙擊」了多間上市公司，都是大股東沒有控制性股權，因此他可以藉著在市場大手購買股票，以取得其控制權。其被「狙擊」過的上市公司包括了：莊紹綏家族的「能達科技」(當時股票編號：65)、「華人置業」(股票編號：27)、「東亞銀行」(股票編號：23)、「香港上海大酒店」(股票編號：45)等。劉鑾雄因而被冠上了「股壇狙擊手」的稱號。按：「狙擊」並非這種行為的專業術語，而只是傳媒的鮮活形容。這種行為的專門名詞叫「敵意收購」(hostile takeover)。

25.3.3 「九龍倉」收購戰

要數香港有史以來最為經典的收購戰，則不得不數 1980 年的「九龍倉」(股票編號：4) 收購戰。

「九龍倉」是在 1886 年由遮打爵士和怡和大班凱瑟克所共同創立的。對，就是「遮打道」的那位遮打 (Sir Paul Chater)。它的主要業務是經營九龍的碼頭及倉庫業務，因而擁有了一批最貴重的物業：尖沙咀的海港城。港島中環的置地、九龍尖沙咀的九龍倉，是怡和集團在香港的左右兩翼，不可缺其一。

這公司沒有單一的最大股東，因此只要買下了 29% 的股票，已可成為它的單一最大股東。早在 1978 年時，李嘉誠已早著先鞭，默默吸貨，令到九龍倉的股價由 13.4 元，狂升至 56 元。

據說當時怡和的老闆和匯豐主席商量，後者「勸退」了李嘉誠。於是，李嘉誠把手上的股份統統賣給了包玉剛，包本來也是在收集「九龍倉」的股票，登時如虎添翼。而包玉剛則「回報」李嘉誠，把手頭的「和記黃埔」股票賣了給李，因而奠定了李嘉誠後來在 1979 年購入「和記黃埔」的基礎。按：這個故事流傳已久，但我有點懷疑，理由是包玉剛背後的銀行家也是匯豐銀行，為何匯豐勸退李嘉誠，而不勸退包玉剛？我認為更大的可能，是「和記黃埔」當時已因財困被匯豐銀行接管了，而匯豐銀行則已決定把手頭的「和記黃埔」股票賣給李嘉誠，所以促成了包李兩人的互相交換對方心儀的股票，俾使兩宗收購都可以成功，而匯豐銀行也可以同時做成兩宗生意。

早在 1977 年，包玉剛的「環球航運集團」以 1377 萬載重噸，成為國際級的

船王。相比之下，董建華的父親董浩雲的「東方海外」(股票編號： 316) 的載重量「只有」1000 萬噸，比包還要少一點點。當時包玉剛已感到全球航運業將會盛極而衰，已有了棄舟登陸的打算，才會去打算收購「九龍倉」。

包玉剛順利成為了「九龍倉」單一最大股東，當然也進入了董事局。到了這時候，包玉剛的意圖昭然若揭。他和怡和的收購戰已到達了短兵相接，大家都在市場不停購入股票，把股價搶高至六十多元。

最後，包玉剛動用了 21 億元，以 105 元的超高價去提出收購，這是志在必得的價錢，最後終於把持股量增至 49%，奪得了控制權。但事後他才發現，他所買的股票當中，原來有一半是怡和放出來的，因為對方心想反正收購戰已打輸了，倒不如趁這高價，乘機出貨，也可以收回本利。

在香港早期的公司，很多都是一堆富豪「維威喂」，大家夾份投資，湊合成為一間公司，因此股權分散，沒有單一大股東，是很普遍的事。但是經過了八十年代的多宗收購戰之後，不少人學乖了，採用了更嚴密的方法來防止被敵意收購，例如說，當年的「怡和」便是見過鬼怕黑，於是採用了「互相控股」的複雜方式，來防止旗下的公司再被收購。

25.4 大股東

前文說過，李澤楷持有「電訊盈科」(股票編號： 8)27.66% 的股票，這已經是大股東了。為甚麼持有 27.66% 的股票，已經可以當大股東，不愁遭到別人敵意收購呢？這是因為一條法例：觸發點。

香港的《公司收購及合併守則》是這樣寫的：「當某人或某群一致行動的人士： (i) 買入一間上市公司 30% 或以上的投票權……則有關人士便必須提出全面收購建議，買入該上市公司餘下的股份。」中國的《證券法》第八十一條，也有類似的說法：「通過證券交易所以證券交易，投資者持有一個上市公司已發行的股票的百份之三十時，繼續進行收購的，應當設法向該上市公司所有股東發出收購要約。但經國務院證券監督機構免除發出要約除外。」

打個比方，如果你持有一間上市公司三成的股份，有人要挑戰你的控制權，當他的持股量一旦超越了三成，要挑戰你的地位時，他必須提出全面收購，價錢是這半年來買入這股票的最高價。換言之，他要馬上準備買入其餘七成股份的資金。

要準備這筆大錢，並不容易。我且舉前面包玉剛收購「九龍倉」的故事，作為例子。當日他提出的以 105 元收購，是只購入五成的股票，作為界限，一旦他買夠了，收購便立時停止。這一招，就是為了避免以高價購入了 100% 的股票，構成了資金壓力。

所以，只要大股東的持股量超過三成，便有了這重保護罩，如果敵人要攻進來，就得預備大筆的資金。因此，三成持股量又叫做「觸發點」（trigger point）。就我所知，幾乎每一個地方的股票市場，都有「觸發點」的條款。

所以，我把持有三成以上的股東，簡單地稱為「大股東」，因為他在公司的位置，比起低於三成的持股量的「相對大股東」來，前者的安全系數是高得多的。

25.4.1 林建岳的「豐德麗」

問題是：利字當頭，只要有利可圖，儘管困難，也需要資金，也會不少人願意去發動敵意收購。近期最有名的例子是由林建岳控制的豐德麗（股票編號：571）遭遇美資基金 Passport Capital 的狙擊。

當時，林建岳只持有 36% 的「豐德麗」，Passport Capital 發現了其中大有商機，便在市場增持「豐德麗」。它在 2007 年，已收 5% 以上，依例需要公佈，買入平均價是 5 元。然後是股價大跌，它不斷買入「溝貨」，到了 2008 年 12 月，它向兩個對沖基金購入了 5% 的股份，作價是每股 0.32 元（你沒看錯這數字，前面早說過了，股價大跌嘛）。這時，它的持股量已升至 28%，快要挑戰到岳少的大股東地位。背景資料是，Passport Capital 當時管理資產達到，嗯，根據不同的資料，分別折算為港元 200 億或 320 億港元，也許是因為「股票價格可升可跌」，在不同的時間，有不同的數值，要不就是有一則資料是錯的（當然不排除兩個都錯），但我不去深究了，反正也無關宏旨。總之結論是，它完全有財力吃下整間豐德麗，因為豐德麗的市值僅為 12 億港元，卻擁有價值數以倍計的優質資產。事實上，林建岳擁有的最有價值的地產項目，都放在這間公司之內，真像一頭肥美健康的水魚。

在這時，輪到林建岳吃虧了，因為前述的《公司收購及合併守則》，其後半段是是這樣的：「當某人或某群一致行動的人士：……(ii) 已經持有一間上市公司 30% 以上，但不多於 50% 的投票權，並在隨後任何 12 個月的期間內，再增持 2% 以上的投票權，則有關人士便必須提出全面收購建議，買入該上市公司餘下的股份。」所以，林建岳最多只能增持 2%，到達 38%，便要停止了。這令得他的形勢變得很被動。

在這關鍵時刻，「豐德麗」突然宣佈配股，並且發行認股權證，佔擴大後股份後的 8.82%。Passport Capital 唯有反擊，向高等法院申請禁制令，要求禁止這次配股，理由是林建岳和負責配股的中南證券可能是「一致行動人士」，故意以此來攤薄 Passport Capital 的持股權益，並且間接增加岳少的持股量。

結果這宗官司，是「豐德麗」和中南證券贏了，因為並無實質的證據顯示林建岳與中南證券有聯繫（當然沒有實質證據，因為不可能有文件記錄或錄音！），自然也無法證明前者透過配股來攤薄 Passport Capital 的權益，以及間接增加了

林建岳本人的持股量。

Passport Capital 的下場是估計輸去了 1 億元,而後來更面對中南證券的索償,理由是這一宗官司令到中南證券損失了因配股而賺到的利潤。我找不到這一宗官司的判決,但是中南證券的老闆莊友堅的一名得力手下對我說,官司是他們贏了,具體的賠償金額我忘記了,記得大約是五千萬元左右。

25.4.2 其他的大公司

很多公司的大股東的持股量都是在這個水平,例如李嘉誠之於「長江實業」(股票編號: 1),郭氏家族之於「新鴻基地產」(16),鄭裕彤家族之於「新世界發展」(17)。這證明了,城中最富有的人都是持有這個持股量,當中一定有著玄機。

其中最為明顯的原因,當然是距離 30% 這觸發點更遠,所以安全系數更強。以前述的 Passport Capital 為例子,當他們已持有 28% 時,只有 36% 的大股東林建岳便會覺得不安,因為對方只差 8% 便可以追上他了。然而,持有 42% 的安全系數當然更高,因為對方要加買 14%,才可以超越他。而 8% 和 14% 的差距,是足足多出了七成半。

當然,不排除有第二個原因,就是他們可能有很多友好,持有一定數量的股票,自己持有四成多,加上這些友好的持股,也即是實質上的超過五成了。

25.4.3 一般性授權批股

另外一個很多人忽略的技術性因素,就是上市公司召開股東周年大會時,可以通過決定發行新股票的「一般性授權」。如果印行股票超過了兩成,則要另開股東大會來投票通過,這便多出了一重障礙。

更好玩的地方,在於在股東大會通過了「一般性授權」之後,股票可以暫時不發行,永遠扣著這個權利,甚麼時候隨時發行都可以,作為一張王牌之用。

大股東扣著這兩成的股票,甚麼時候出現了危機,便可以效法前述林建岳之於「豐德麗」的例子,把股票配售出去。當然了,配售人士必須是和大股東和上市公司無關的「獨立第三者」,至於這些獨立第三者是甚麼人,用的是甚麼定義(是法例的定義、大股東的定義,還是旁觀者如你和我的定義),就人言人殊了。

最後一提的是:四成股票再加兩成,總數是幾成?答案是 $4+2 \neq 6$,而是 $4+2=5$,即五成。本來總數是 100,其中有 40,現在多出了 20,所以總數是 120,而原來的 40,加上新來的 20,那就是 60,相比起新的總數 120,60/120 便得出是五成。

25.5 絕對大股東

如果大股東持有超過五成的股票,那就是絕對安全了,因為沒有人可以比他

擁有更多的股票，這也即是說，沒有人能夠取代他的大股東地位，例如李兆基之於「恆基地產」(股票編號：12)，所以我把這個情況稱為「絕對大股東」。

25.6 超級大股東

我會把持股量超過 51% 很多很多的大股東，例如說，持有超過七成的股票，稱為「超級大股東」。這名字實在不妥，但我實在想不出其他的表達方式。當我想出來時，會為它改名。

為甚麼我會再作出這樣的一個分類呢？因為持有超過 51% 很多很多的大股東，和只有 51% 的大股東，有著本質上的分別。這個本質上的分別，可以分成為兩方面，一是個人利益上的分別，另一則是法律上的分別，而正因為這兩種質上的分別，令到他們的行為，也有異於只持有 51%，或只比 51% 多出一點點的絕對大股東。兩者既然在行為上有所不同，因此也必須分成兩類，較為妥當。

25.6.1 行為上的分別

假如一位大股東擁有了 51% 的股票，那即是說，在他以外的小股東和散戶們，仍然有 49% 的股份。在這個情況下，公司的一半利益，是屬於這位大股東，但是，這位大股東的個人利益，仍然和公司有著一半的相異，這一半的相異，就是其做出損害公司的行為的誘因。

舉個例子，如果公司賺了 1 億元，把這筆錢全數留在公司，作為大股東兼且是管理階層的這位仁兄，便可以全數動用這 1 億元的現金。但是，假如他把這 1 億元用來派息，那麼，他只能收到 0.51 億元的現金，另外的 0.49 億元，便是送了給小股東和散戶們，從此失去了控制，這自然是一件不好的事。

假設在另一個情況，假如這是一位「超級大股東」，他持有 90% 以上的股票，如果公司派息，自己可以收到 9 成的股息，其他人只能收到 1 成，在他而言，派息的「現金損耗率」只是 1 成，那就是大有可為的是了。畢竟，現金放在上市公司裡，和放在自己的口袋裡，雖然沒有甚麼分別，畢竟還是有一點點分別的。例如說，自己的私人投資失利，便不可能拿上市公司的現金去作填補，因為這是犯法的。所以，如果「現金損耗率」不高，還是把上市公司的錢搬到自己的手上，較為上算。

又或者，如果自己只是持有 51% 的股票，那麼，公司發出高薪給自己，年薪幾千萬元，以及自己亂花錢，大吃大喝大嫖，由公司買單，自然是一件十分划算的事，因為這些賬單，另有 49% 的股東，去為你去會鈔。但是，如果自己持有了 90% 的股票，就算是吃喝出糧，都由公司去結賬，街外股東也只是代付了 1 成，自己所得的好處不大。反之，如果所有的個人消費都由公司去結賬，自己亦

支了巨額薪水,勢必影響到公司的利潤,以及公司的公眾形象,從而影響到股價。由於自己是佔了 90% 的超級大股東,股價不好,對於自己的身家財富,也是大大的有損,這自然是划不來的事。

所以,結論是:大股東所持有的股份越多,他和公司的利益便越是關係密切,掛鈎越是緊密。因此,大股東所持有的股份數目,會影響到他的行為,自然也會影響到他的財技目的。(還記得嗎?我們在前面說過,財技是一項「目的為本」的專業行為。)

然而,究竟甚麼是「比 51% 多出很多很多的股票」,這是一個唯心主義的定義,沒有一個指標性的計法。總之,我們知道的是,絕對大股東持有的股票越多,他和公司的利益的相互關係便越深,因為,這是人性。

25.6.2 法律上的分別

前文說的是利益上的分別,會影響到絕對大股東的行為。但是,除了利益上的分別,在法律上,絕對大股東和超級大股東之間,也有著嚴格的分別和定義,這當然也會影響到其行為。

法例規定上市公司的股票流通量必須佔上 25% 以上,所以大股東最多的持有量是 75%,但是,如果公司在上市時,市值超過 100 億港元,便可向交易所申請酌情權,公眾持股量可以減低至 15% 至 25% 之間。這也是情不得已之舉,因為市值太高時,集資額也會高,如果市況並非超好,市場上往往難以提供足夠的現金,這個酌情權可以令到不少大型公司克服了這個技術性問題,順利上市。

在 2011 年底上市的「周大福珠寶」(1929) 就是市值過千億的巨無霸企業,因此非但獲得了酌情權,而且還是非常特別的酌情權。在上市後,大股東鄭裕彤家族持有的股份數量是 89.3%。這即是說,街貨只有區區的 10.7%。

25.7 大股東的隱藏股票

根據法例,只要持有 5% 的股票,便得向交易所申報,並且公開在交易所的網站。然而,在交易所的「披露易」網站,雖然可以查到大股東名下的股票數量,但是其真正控制的股票數量,卻不一定為世人所知。

法例雖然規定了「一致行動人士」得被視為同一個體,但是如何舉證,卻是難以定義。如果持有股票者是大股東的太太子女,兄弟姊妹,又或者是兩人有著金錢上的往來,該人買股票的錢,是由大股東的銀行戶口所「借」出的,當然是無可抵賴,捉個正著。但是法例卻不禁止大股東的朋友購入股票,有甚麼方法證明這些「股東朋友」是「一致行動人士」呢?答案是:沒有,所以前述的 Passport Capital 也沒法子去證明林建岳和中南證券是,雖然大家都知道林先生和

中南證券的莊先生是好朋友。

所以，雖然大股東的持股數量，是非常重要的資訊，可是別要輕信官方的資料就是真實的數字。

對於不屬於大股東名下戶口，大股東卻能直接控制的股票，專業術語稱為「橫手」。本人持有的則是「正手」。這個名詞在下文將會常常出現。

另一個必須注意的要點是，大股東買賣股票，必須申報交易所。可是，橫手的持股量只要低於 5%，則不用申報。他的買賣當然較為方便，因此如果大股東持著隨時準備賣出的股票，還是放在橫手倉裡，買賣較有彈性。

25.8 大股東不是人

大股東不一定是個人，也可以是一個機構。當然，一個人可以成立一間公司，然後用公司的名義來控股，但是公司也會有最後的受益人，而交易所的記錄也會把實質的受益人的名字列出。這裡說的「不是人」並非指這個，而是指一些沒有最後受益人的機構。

25.8.1 國家

沒有甚麼人不知道甚麼是「國企」了，這即是「國家擁有的企業」，在香港，泛指中國政府當大股東的上市公司。另外，「地鐵公司」(股票編號： 66) 和「領匯房產基金」(股票編號： 823) 的大股東是香港特區政府。其他國家的主權基金也可以成為上市公司的大股東。

一般而言，這些公司得顧全形象，作風比較正派，更加不會賣盤，放棄大股東的身份。當然了，國營企業的經營通常低於私人企業，又是另一回事了。

問題是，國家不會在國企中偷錢，但是國家派進國企當董事的人，卻可能會大動手腳。2011 年 5 月，「中國移動」(股票編號： 941) 的 7 名高層管理人員下台，原因包括涉嫌收受賄賂、攜款外逃等，就是一個例子。

25.8.2 家族基金

公司的創辦人在一命歸西之後，或是在年老退休之時，由於不想分家，往往便把財產放進家族基金裡，由家人共同管理。這些公司包括了「九龍倉」(股票編號： 4)、「新鴻基地產」(16)、「大家樂」(341) 等等。

由於創辦人通常有不少子女，這些子女共同管理公司時，往往各立山頭，大家互有親信，插進公司，而子女的外家也會和公司大做生意，接受訂單，做出一些合法地「搵公司著數」的行為。

有一宗私有化事件，母公司正是由家族基金持有。話說子公司向下炒了十年

八年後，然後母公司以接近一倍的超高溢價，私有化子公司。

坊間的評論咸以為大股東是無比慷慨，但，我從來沒有見過慷慨的大股東。因此，評論一定是錯的，所謂的「慷慨」，必定有坊間不為人知的原因。況且，如果大股東是慷慨的，那就不會向下炒，炒足十年，炒到私有化的溢價接近一倍，還有利潤，可以向家族基金交代。這也可以反證出，原來的股東如果持有了股票十年，其損失是多麼的巨大了。

我的高見認為，唯一的合理猜測是：在近年來，管理階層已趁低價密密收了不少股票，高價私有化，他們正好順理成章，把股票賣回給家族基金，無驚無險賺大錢。

25.8.3 慈善基金

現時不少富豪都把部份財富撥出，成立了慈善基金會，甚至有些還捐出了大部份的財富，例如「震雄集團」(股票編號：57)的創辦人蔣震先生。在他們生前，這些基金會對公司和股價的運作，應同成立基金之前，不會有多大的分別。但當他們百年歸老，騎鶴歸西之後，慈善基金會由別人接手，這筆財富變成了「別人的錢」(other people's money)，其在上市公司的作風會否隨之而改，也是一件耐人尋味的事。

近期最著名的例子是「華懋集團」。

它原來的大股東王德輝被綁架者殺掉了，經過一連串的事件，先是龔如心把亡夫王德輝的生意一步一步的接手過來，跟著是同老爺王廷歆的官司，以一張曾經受質疑的遺囑取勝，然後當龔死後，又走出了一個風水師和按摩師陳振聰，上演了一幕震驚香港的好戲。這場官司最後得勝的是龔如心的弟弟龔仁心，繼續的故事是，敗訴的陳振聰遭政府以刑事起訴，指其持有的龔如心遺囑是偽造的。最近一場紛爭是龔仁心和負責管理遺產的會計師大鬥法，榮登了封面故事，跟著是會計師給請了去「飲咖啡」，然而還未上演的尾聲是上訴到終審法院的哨牙仔陳振聰。

總之，華懋到了最後，落到了一個慈善基金之手，不消說，這基金是由人控制的，而這些管理階層對這筆龐大的財富只有控制權，並沒有擁有權。華懋並非上市公司，但它擁有兩間上市公司的控制權：「丹楓控股」(股票編號：271)和「安寧控股」(股票編號：128)，這兩間公司的股價在官司完結、管理階層正式接手後，便大炒特炒了一輪，股價大升特升，其中有何玄機，是有待猜測的。

慈善基金常常有一個弱點，就是其掌舵人不一定有商業經驗。以龔仁心為例子，他似乎有把華懋的管理現代化的打算，但這位醫生出身的「大當家」，六十歲過後才開始做生意，真的能勝任嗎？這中間至少有三個問題：

第一，錢並不是他的，而是屬於慈善基金，而凡是這種情況，管理階層都難

以盡心盡力。

　　第二，做生意是一種天生的技能，白手興家者必然有這種才能，因為時間和往績已證明了一切。但是空降下來的，則要撞手神了。

　　第三，做生意也是後天的學習，我的觀察是，最好是在二十歲前有經驗，過了三十歲後，尤其是打過工後，學會了打工的「壞」思維，便較難去學做生意了。

　　但如果龔仁心居然是不世出的生意奇才，只是當年做醫生綁住了這份天才，那我只有收回我以上的分析和結論了。不消提，我是常常跌眼鏡的。

25.8.4 小結

　　「大股東不是人」的變數太多，這裡難以一一分析，只能就此打住。但簡單的總結是：經營自己的錢，和經營別人的錢，其方法和態度都是大有分別的。後者多半會引來經營者搵公司著數，甚至是偷錢。這種情況有多嚴重，固然視乎基金接班人的人格，但也得視乎其身家，如果其人餓了太久，窮得太瘋，那就難免「吃相難看」，如果其人也君子，當然也不會不吃，不過會遵守餐桌禮儀，吃得有文化得多了。換言之，有錢人偷錢的方法比較有秩序，窮人偷錢，就難免飢不擇食了。

第 六 部 份
財技的目的

先前的討論，都是比較基本的原理。到了這裡，開始逐步深入，進一步討論比較深奧的財技概念。

我在第一章說過，財技是一種「目標為本」的操作方式，所以，究竟如何操作財技，研究其目標，是先決條件。在這一部份的內容，所討論的，就是使用財技的各種不同目的。

26. 控制董事局

擁有一間公司的董事局，就可以使用它的所有資源，幾乎相等於擁有這間公司。從財技的角度去看，用越少的本錢，去控制一間越大的公司，這種做法是最成功的。但是，正如我在上一章談過，你控有的股份數量越少，其控制權便越是薄弱，越是容易遭到別人惡意收購。換言之，這是一個弔詭的情況：用越低成本控制一間公司，代表了成功，但成本低，也即是股份少，這卻會造成控制權不穩。

因此，如何在這中間，找到一個最佳的平衡，即是說，成本既低，但又能牢牢的掌握著控股權，這才是最高的財技。我記得，在上世紀的八十年代，我還在唸中學，那時候「怡置系」的幾間巨無霸公司還在香港掛牌上市，常常看到經濟版的評論，說凱瑟克家族用八億元的成本，控制著「怡置系」一百億元的財富，評論說這就是凱瑟克家族的成功之處。

或許，我可以用另外一個更簡單的方式去表達：公司上市的目的，就是為了賣出股票，因為每賣出一股，便收了一股的錢。所以，股票越賣得多，收到的錢便越多，大前提是，收錢收到了最後，可別要將公司也丟了才好。

26.1 李嘉誠和李兆基的例子

李嘉誠擁有 11 間在香港上市的公司，包括了「長江實業」(股票編號： 1)、「電能實業」(股票編號： 6)、「和記黃埔」(股票編號： 13)、「和記電訊」(股票編號： 215)、「和記港陸」(股票編號： 715)、「長江生命科技」(股票編號： 775)、「長江基建」(股票編號： 1038)、「TOM 集團」(股票編號： 2383)、「泓富產業信託」(股票編號： 808)、「匯賢房託」(股票編號： 87001)、「志鴻科技」(8048)。前 3 者更是恆生指數成份股。這一系列的股票，統稱為「長和系」，是李嘉誠家族透過「長江實業」這一間旗艦公司，直接或間接，甚至是間接又間接，

母公司持有子公司的股份，子公司持有孫公司的股份，孫公司控制曾孫公司的股份，一層又一層的控制下去，便持有了 11 間上市公司之多。

然而，李嘉誠主要持有的，只是「長江實業」一間公司的股票，從而便控制了 11 間上市公司。

在 2012 年底，這 11 間上市公司的總市值，大約是港幣一萬億元。李嘉誠家族擁有的「長江實業」股票，一共有 1,003,651,744 股。以 2012 年 12 月 31 日的收市價 119 元計算，李嘉誠持有的股票，總市值是 119,434,558,536 元。換言之，李嘉誠家族是以一千二百億元左右的錢，控制著一萬億元的巨型王國，槓桿比例是接近九成，這個財技，不可謂不高。

這裡必須注明一點：李嘉誠家族在 11 間上市公司之中，並不止於持有前述的 1,003,651,744 股「長江實業」。例如說，他也持有少量的「和記黃埔」股票。但是，這些是小數目，不去算了，大致上、總括而言，他是以一千二百億元來控制一萬億元的王國，這是錯不了的大數。

至於李兆基家族的「恆基系」，則是透過旗艦「恆基地產」(股票編號：12)，控有另外 4 間在香港上市的公司的控股權，分別是，「恆基發展」(股票編號：97)、「中華煤氣」(股票編號：3)、「香港小輪」(股票編號：50)、「美麗華酒店企業」(股票編號：71)。在 2012 年底，這 5 間上市公司的總市值是 3,448 億元。

李兆基家族一共持有 1,538,909,305 股「恆基地產」，佔了該公司總發行股數的 63.73%，如果以 2012 年 12 月 31 日的收市價 54.7 元計算，他持有的股票市值是 837,397,338,984 元。換言之，他是以八百三十億元的金錢，去控有三千四百億元的股票，槓桿比是七成多。

相比之下，李嘉誠的槓桿比率遠高於李兆基，因此，從這個角度的分析之下，李嘉誠的財技也遠高於李兆基。值得注意的是，乍看上來，李嘉誠的九成不到，和李兆基的七成多，似乎相差不遠。但在數學上，七成多的一倍，是八成多，所以李嘉誠的實質槓桿比率，是李兆基的一倍以上。

有關這一點，數學不精的讀者可能會有點混淆，搞不清楚：為甚麼七成多的一倍，會是八成多呢？我可以舉一個例子，來作為說明：假設李嘉誠家族本來是用一千億元來控制一萬億元，槓桿率是 90%。現在，他忽然大有長進，控制的財富升了十倍，變成了以一千億元，來控制十萬億元，那麼，現在他的槓桿率是幾倍呢？一千億對十萬億，即是一千對十萬，答案是 99%。十倍的絕對數值增大，只是從 90% 增加到 99%，只多出了 9% 的槓桿比率，以此類推，七成多的一倍，是八成多，這數字是沒錯的。

26.2 控股權的爭奪

大股東通常也能夠控制董事局，也即是代表了管理階層，但是，在某些情況

之下，大股東和並沒有進董事局，而它和現存的董事局成員突然鬧翻了，因而發生了控股權的爭奪戰，也是不時出現的事。

例如說，在 2001 年上市的「國際融資」(前股票編號：8004)，在上市後不久，便發生了股東爭拗。其中的一方，是持有 39% 股份的許尊建，他並且控制了董事局。另一方，則是持有 24% 的朱靄君，持有 3% 的梁玉潔，以及持有 7% 的「數字地球」(股票編號：109)，即今天的「金威資源」)，至於其餘的股東，則為公眾人士。這些「公眾人士」，當然也不一定全部都是真正的公眾人士，一部份人是「各具立場，各為其主」，不在話下。

梁玉潔等要求委任 7 名新董事，申請召開股東大會。然而，在股東會中，許尊建引用了證監會條例的 26 條 A，去作出反擊。這條例是因為「國際融資」不是一間普通的公司，而是一間註冊的投資顧問，若然有人購進超過 35% 的股票，等如收購了一間投資顧問公司，需要得到證監會的批准。(周按：當時「收購與合併」的觸發點」是 35%，而不是現在的 30%。)

由於當時梁玉潔、朱靄雲和「數字地球」加起來的持股量，共有 35.54%，而許尊建指他們是「一致行動人士」，不但根據 26 條 A，不准在股東會中投票，甚至要引用《收購與合併條例》，迫使他們提出全收購。結果是，梁玉潔等人雖然不用付出巨額金錢，作出全面收購，但是，也不能在股東大會中投票。

在股東大會中，如果計算梁玉潔等人的投票，本應可以 56% 贊成，44% 反對，把新的 7 名董事加進去。但是由於她們的投票無效，於是反對票的比例增加至 72%，7 名新董事便進不去了。

沒多久之後，原董事局把公司內的數千萬元現金，購進了北京的一間寫字樓，公司的現金沒有了，生意也荒廢了。在 2005 年，這公司便清了盤，在香港交易所除牌。

唉，這事件涉及的有關人等，全部都是我的好朋友，於今看來，這實在是一場悲劇，許多的遺憾。所以，本段的寫作，完全是依照新聞來編寫，我所知道的內幕故事，統統都不加進去了。

26.3 發行 B 股

世上一共有很多種不同的「B 股」，各具特色。在中國大陸的 B 股，正式名字是「人民幣特種股票」，在 1991 年開始發行。至於原來的、普通的中國股票，則稱為「A 股」。這是因為中國的股票向來只准中國人民購買，外國人則只准購買 B 股。B 股是以人民幣作為面值，卻要用外幣來買賣。同時，A 股和 B 股所享有的公司權益雖然相同，可是，A 股有 A 股的發行數量，B 股也有 B 股的發行數量，兩者是不能交換買賣的，所以，在市場價格上，A 股有 A 股的價格，B 股有 B 股的價格，兩者的價格可以大不相同。

在 2001 年，中國公民准許購買 B 股了，到 2013 年，香港人也給准許購買中國的 A 股了。

至於香港的 B 股，則完全是另外的一回事。

這一種 B 股，是西方人發明的一種股票方式，主要的目的，就是讓原有的大股東，用更低的成本，去擁有公司的控制權。它相對於 A 股，所享有的面值、股息等等，都是大折讓，例如是 20%，或者是 10%，因為它必須要很低很低，才能夠達到以小控大的目的。然而，B 股雖然甚麼都是折讓，卻有一種權益，和 A 股是完全相同的，就是投票權。

所以，只要一個人擁有了大量的 B 股，便可控制一間公司。由於 B 股的成本較低，他便能夠做到以較低成本，控制更高市值的公司。當然了，公司發行 B 股，是需要股東大會通過的，反過來說，如果股東們要取消 B 股，也要召開股東會，通過了便成了。

香港的第一家 B 股的公司，是成立於 1857 年的「會德豐」(股票編號：20)，而它旗下的上市公司，如「連卡佛」(1999 年給私有化) 和「聯邦地產」(2003 年給私有化)，都有發行 B 股。在 1973 年，「太古洋行」(股票編號：19) 亦發行了 B 股，1987 年，「怡和集團」亦送出 B 股紅股。

當一間公司發行了 B 股之後，大股東可以沽出部份 A 股，但依然可以保存有控股權，這是一個非常有效的套現方式。但是，在 1989 年之後，香港交易所修訂了條例，除特殊情況之外，不再考慮 B 股上市。

現時香港碩果僅存只有一間 B 股公司，就是「太古股份 B」(股票編號：87)，因為這是歷史的遺留，沒法子。值得注意的是，在爭奪控制權的時候，B 股的相對價格比較高，因為其投票權有價，是值錢的。但是，當控制權不成問題時，B 股的相對價格，相比起 A 股而言，反而會有折讓，這是由於 B 股的流通量比較低：流通量高的股票，有溢價，流通量低的股票，有折讓，這是定律。所以，「太古股份 B」的價格，相比起「太古股份 A」，一般而言，也有折讓。

話說在美國，股神巴菲特的「巴郡」(Berkshire Hathaway) 在 1996 年，也發行了 B 股，面值是 A 股的 1/30。沒錯，這些 B 股，就是拆細了的股票，而且，不單是拆細，這些 B 股還沒有投票權。沒有錯，是沒有投票權，所以巴菲特本人並不會持有 B 股。換個說法，巴郡的 B 股的條款，比起香港的 B 股，更加揞笨，因為香港的 B 股，最少還有 1 成至 2 成的投票權，但是，巴郡的 B 股卻是沒有投票權的。

然而，誰教巴菲特是股神呢？他所發行的「揞笨 B 股」，豈不也是給人一掃而光。反正，散戶買股票，不是為了投票，而只是為了贏錢，更加不是要獲得控制權！

最後的消息是：在 2010 年，巴菲特再次把 B 股拆細，1 拆 50，根據其巴菲特傳記作者 Andrew Kilpatrick 的說法：「以後人人都買得起巴郡的股票了。」

26.4 資產折讓

我在前文説過，資產放在上市公司之內，會有折讓，因為上市公司應該持有生財工具，而不應持有資產。問題在於，如果上市公司持有資產是無效率的，那麼，為何很多的上市公司，仍然持有大量資產呢？

隨便舉出一些例子，在 2005 年，「新鴻基證券」對「泛海國際」(股票編號: 129) 的股價折讓是 58%，在 2013 年 3 月 1 日的報紙報導，交通銀行國際估計，「新鴻基地產」(股票編號: 16) 每股資產淨值為 192.8 元，比較當時的股價，資產淨值折讓 38%……資產折讓的例子實在太多了，數也數不盡。

為甚麼會有這樣的資產折讓呢？在這情況之下，為甚麼大股東不去私有化這公司，又或者是，反了過來，股民不去購入這股票，去作出一個套戥呢？簡單點説，為甚麼這些平貨沒有人買呢？

也是正如我在前文的所言，這是由於管理權是有價的，股價的折讓，是去到了管理權的身上。從大股東的角度去看，雖然小股東能夠以資產折讓的價錢，去買到股票，可是，這又有甚麼用呢？大股東的想法，是以更低的成本，去擁有公司的控制權，這個目的，始終是達到了，就算是資產折讓，又有甚麼所謂呢？反正大股東所付出的「成本」，不過是股息一項而已，但是同時，大股東卻已經得到了「以小控大」的目的。

26.5 防止董事局的被奪權

現在大家已經知道了，控制董事局是如何重要的一回事。反過來説，如何防止董事局的被奪去，亦是重要的財技。

鞏固控制權的手法，有很多，例如説，在上世紀的八十年代，「怡和集團」為了防止華資大亨去敵意收購，便和其旗下的「置地集團」互相持有對方的四成股權。在近年，香港財技高手最喜歡用的手法，是向公司「種」下一條債務，例如説，發行十億元的債券，債主是自己：如果有人敵意收購上市公司，便得還債十億元給自己，這當然嚇怕了所有的潛在敵意收購者了。

對於防止公司被人敵意狙擊，這自然是好事，但是，這對於公司的形象、賬目、股價，都是壞事，自然也會影響到公司的未來發展，究竟這是有利，還是有害，就見仁見智了。

26.6 小結

從以上的故事，我們可以得知控股權在財技中的重要性：如果財技不精，連大股東，也可能會喪失公司控股權，那些以小控大、以高槓桿來控制公司的老闆們，豈非更是一等一的財技高手？

27. 獲得更多的股票：私有化和其他

股票是有價值的東西，如果能夠用一個低價去買到股票，便是一盤有利可圖的生意。從獲得更多的派息，到鞏固控制權。在很多方面，大股東或董事局都大有理由，希望獲得更多的股票，甚至，他們必須擁有更多的股票，才能夠在將來把它們賣掉，都是理由之一。從這個角度看，以低價買到股票，也是財技的手法之一，而且還是非常重要的財技手法。

27.1 如何把股價壓低？

以低價購入股票，最重要的兩個字，就是「低價」。究竟如何把股價壓低呢？正如我的良師大凌張的至理名言：只要不理股價，它自然就會向下走的了。可是，這顯然不是一種積極的法子，而且，等待市場力量，把股價慢慢的壓下來，時間未免太長了。

我在第三部份的「公司的價值」中，列舉過很多提高股票價值的方法，例如說，搞好形象，迎合市場；發行更多的股票；製造虛假買家，粉飾賬目，甚至是做假賬，都是提高股票價值的方法。理論上，如果要把股價壓低，方法十分簡單，只要把上述的方法，統統逆向操作，那便成了，例如說，自己大手砸出大量的股票，便可以有效地把股價壓低了。

剛才說到，大凌張說的名言：只要不理股價，它自然就會向下走的了。為甚麼會有這個情況呢？因為我們說過很多遍，股票的流通量，是決定其價格的因素之一，流通量越低，它的價格便越低，所以，只要不理它，讓它縮減成交，股價自然會向下走。這就是「大凌張名言」的正解。

股票的成交是沒有負數的，但是股價可以下跌，所以，如果大股東在市場沽出股票，也會造成股價下跌的後果。當然了，大股東公開的沽出股票，代表了他對公司前景的不看好，對於公司的形象，很是不利，這也會有效的壓低股價。

27.2 從市場買進股票

把股價壓低只是第一步，第二步是買到股票。換言之，壓低股價只是手段，以低價買進股票，才是目的。這正如送禮物是手段，把美女追到手，才是目的。

然而，以低價買進股票，也有很多種不同的方法，以下列出幾種普遍的做法。

27.3 從市場購入

最簡單的方法，當然是在市場上買進這些低價股票，就跟所有的散戶一樣。

這種做法的好處，是簡單、直接，而且完全合法。但是這種做法，也有一個壞處，就是你以低價買進的同時，其他人也可以用同樣的價錢買進，說不定其他人比你更手快，買得更多，那麼，你便是變相的吃虧了。

在法例上，對於擁有超過總發行股數超過 5% 的股東，必須向交易所申報持股量。此外，在大部份國家的法例，大股東的增持股票，也是有限制的。以香港法例為例，如果大股東擁有 30% 至 50% 的股票，每年不能購進超過 2% 的股票，否則便要提出全面收購。這等於說，如果是只持有 30% 至 50%，要想藉著公開增持股份，以鞏固自己的控制權，是受到法例所束縛的。

27.4 配售新股

如果不想其他人也可以同自己一樣，用低價購進股票，則可以用上另一個辦法，就是增發新股，也即是印刷新股票。當然了，對於大股東配售股票給自己，法例是不允許的，但大股東卻可以把這些股票配售給自己熟悉的朋友，便可以達到相同的目的。例如說，在 2005 年，「兒童基金」累積了大量的「新世界發展」(股票編號： 17) 的股票，由於當時「新世界發展」的控股公司「周大福企業」只持有 1,219,100,242 股 (十二億股)，也即是 35.26% 的股票，控制權並不牢固，所以兒童基金的增持，威脅到「周大福企業」的控股權，因此，「新世界發展」便配售了 2.8 億股，作價 11.5 元，佔了當時總發行股數的 8.02%，也即是已擴大了的股數的 7.42%。這些股票的承配人，不消說，都落入了其大股東，也即是「周大福企業」的鄭氏家族的友好的手上，這其中，還包括了喜劇泰斗周星馳。既然股票落到了友好的手上，當然也是鞏固了大股東的控股權。

27.5 供股

除了配售新股之外，還可以採用供股的方法。在理論上，供股是每一個股東都能擁有的權利，可是，由於供股要付錢，並不是每一個股東都有能力付出這筆錢，一定會有人放棄供股。在這個情形之下，股東便可以乘機得到更多的股票了。

供股的藝術千變萬化，有著很多不同的應用，自然也不止於只是「獲得更多的股票」。在下文，我將會有專章，去論述有關供股的一切。

27.6 私有化殺得更快

無論是從市場購進、配售新股，或是供股，都只能夠買到部份的股票，只有一種方法，是可以快捷地吃掉整間公司，連骨頭都不剩的：就是「私有化」。

「私有化」(privatization) 有兩個意思，一個是把國有企業變成民營企業，其中有很多不同的具體方法，例如說，香港政府的把「港鐵」(股票編號：66) 和「領匯」(股票編號：823) 在香港交易所上市。另一種意思，則差不多是相反，意指大股東向其他股東全面收購公司的股權，也即是把上市公司的股票全部買光，從而使這公司從變回私人公司，其上市地位亦會被取消。用另一種說法，這一類的私有化就是把公司上市的逆向操作。

27.6.1 私有化的條件

　　私有化的三個先決條件是：

　　1. 公司擁有優厚的資產或業務，更理想的情況，是公司有著很多的現金，私有化成功之後，收購者便可以提取這些現金，去彌補私有化的成本了。

　　2. 公司的股價十分低殘，與其資產值有著很大的差距。當然了，正如前文所言，股價的低殘是可以人為地做出來的，只要持之有恆地運作，任何股票的股價都會拾級而下。

　　3. 公司的資產價，必然遠遠高出「殼價」。正如前文所分析，一間公司的上市地位是有價的，在我執筆撰寫此文的時刻，一個「殼股」的價值，大約是三億元左右，如果把公司私有化了，等於這三億元的殼價也化為烏有，這自然是划不來的事。要把這三億元殼價扔進大海裡，先決條件就是必須能夠賺到遠遠超出三億元的錢，這才划算。

27.6.2 私有化的成本和效益

　　一般來說，公司的資產值，相對於股價的折讓，必須要高於一半或以上，提出私有化才有利潤可言，因為私有化的成本十分高：

　　1. 收購者必須提出溢價，才能夠吸引到小股東願意出售股票，這個溢價最少得是市價的兩成以上，否則這項收購便沒有吸引力了。

　　2. 私有化需要現金來收購，除非收購者自己擁有大量的現金，否則必須向財務機機求助，如此一來，就是要付出利息成本。所以，在私有化的過程中，要付出一筆高昂的利息。值得注意的是，就是私有化失敗了，這筆利息成本也是要付出的，因為必須有現金在手，肯定交易可以成功進行，交易所才會讓收購者提出收購計劃，而財務機構在提供了備用信貸，就算還未「提款」(drawdown) 時，也是得付出利息或手續費的。

　　3. 種種瑣碎的法律文件、會計手續、證券行的手續費等等，也是不菲的成本，而這些都是不得不付，甚至是收購不成，也得付出的。

　　4. 很多時候，要想收購成功，可能得進行一些「秘密工作」，有關這些工作，下面的「電盈種票案」將是一個例子。而這些「秘密工作」，也要付出成本的。

5. 私有化的收購，不一定會成功，可能功敗垂成，失敗收場。潛在的失敗可能性，是風險。從某角度看，風險也是成本之一，在計算時，得把「風險成本」也打上去。

6. 既然要付出成本，那就是當成功時，必須要得到合理的回報，這個收購、這宗生意，才做得過。所以，合理利潤也得打上去，才能夠完成私有化行動的成本與回報的計算。

經過無數前人實踐出來的精密計算，私有化行動最少要有五成的折讓，才叫做有成本效益，值得作出這項「冒險收購」。當然了，如果有超過五成的折讓，那就更理想了，皆因利潤是越多越好的，那一個生意人會嫌錢多呢？

27.6.3 私有化的時機

但從另一方面看，錢是沒有人嫌多，為甚麼人們不等到股價跌得更低，賺更多錢時，才提出私有化呢？畢竟，折讓五成以上雖佳，但如果等到它折讓七成、八成時，才提出私有化，豈不是更為理想嗎？

答案在於：

1. 私有化通常是在股價低殘的時候，才好進行。股價之所以低，往往是由大市氣氛所影響，如果再等下去，當大市的氣氛變好，就算是收購者出盡了九牛二虎之力，去壓低股價，股價也不一定會跌下去，反而可能會上升。

2. 私有化也很可能是在公司的業務位於低潮時，才去進行。當公司的業績快將見底回升時，正是提出私有化的好時機，如果收購者再等下去，說不定會延誤了時機：當公司亮麗的業績公佈出來之後，股價便會上升，反而不利於私有化。

3. 時間是金錢，如果今天可以賺錢，為甚麼要等到明天呢？今天提出私有化，賺到 50% 的折讓，與 5 年後提出私有化，賺到了 65% 的折讓，計算下來，還是先賺 50%，雖然賺得較少，但賺得較快，更為上算，因為 5 年之後的事，誰去管得！

27.6.4 私有化的最佳策略

前文已經分析過，私有化是一種賺錢的行為，理論上，大股東擁有的股票越少，私有化的利潤就越高。可是，在實際的運作上，這個現象反而是倒轉過來，私有化的個案，多半是大股東擁有很多很多的股票，才會提出。原因如下：

我們在前面討論過，財技的本質，就是用最低的成本，去控制最多的資產，因此，公司上市的作用，就是令公司的股東越多越好。當牽涉到私有化時，其實是這個如意算盤失敗了，不能不使出的「B 計劃」。試比較兩者：

1. 用 10 億元的資本，控制到 100 億的資產，以小控大。

2. 假設資產股價折讓是 50%，用 10 億元的資本，再加 40 億元的收購價，去

提出私有化，那即是用 50 億元的資本，去擁有 100 億元的資產。

以上兩者，何者更為划算？何者的財技更高呢？

就算有的人十分硬頸，喜歡 100% 擁有一件資產，遇上這種情況，也沒有用。因為：

1. 如果他只持有少量股份，卻要收購大量的股份，他，有沒有這筆現金，也成為疑問。你拿著 10 元，可以問銀行去借 5 元，來做收購，這個十分容易。可是，你拿著 5 元，問銀行去借 10 元，來完成收購，這當然是困難得多的事了。

2. 私有化計劃必須要股東大會通過，而且要有 75% 的出席股東贊成。大家都知道，私有化是「合法搶錢」的行為，如果大股東居然沒持有接近 75% 的股票，而要經過被搶錢的苦主的同意，才能夠通過這項搶錢行動，這是不是「不可能的任務」呢？

27.6.5 私有化的過程

至於私有化的過程，第一當然是大股東提出一個收購條件，也即是私有化方案，其中有一個作價，多半是現金，又或是股票，也可以是現金加上母公司的股票。理論上，還可以提出其他的要約條件，例如說，一張債券，甚至是送一瓶紅酒，也都可以，不過沒有人這樣做過，就算這樣做，也不會有人傻到居然答應。

大股東並且須於 21 日之內，向股東發出通函，邀請他們出席股東大會。在股東大會之中：

1. 大股東及其一致行動人士不能投票。

2. 超過 75% 的出席股東，都投了票去通過。

3. 反對票不能超過 10%。

4. 投反對票的人數，不能超過出席股東總人數的 50%。

只要要符合了以上的 3 項條件，私有化便會通過。到了這個時候，公司的小股東不管是在股東大會中投了同意票，還是投了反對票，都會收到收購者的支票，而他手上的股票，當然也化為廢紙了。

5. 如果私有化被否決，在 12 個月內，不能再次提出私有化建議。

27.6.6 私有化的例子

「和電國際」(前股票編號：2332) 是「和記黃埔」的子公司，經營流動電話和固網電訊業務，業務地區包括了香港、澳門、印度、以色列、斯里蘭卡、印尼、越南等地。它在 2004 年，在香港交易所上市。

上市之後，它曾經有輝煌的日子：在 2007 年，它把持有的 67% 印度業務「Essar」的股權，賣給了 Vodafone，作價 1,022 億元，並且因而此而派出特別股息 6.75 元，母公司「和記黃埔」因而收到了 160 億元。在 2008 年，「和電國

際」持有 370 億元現金，因而又派息 7 元，「和記黃埔」收到了 203.35 億元。在 2009 年，它把香港和澳門的業務，分拆出來上市，就是「和電香港」(股票編號：215)。同年，它又出售了所持有的 Partner Communications 的 51% 股份給以色列的跨國公司 Scailex，作價是 107 億元。

到了這個時候，「和電國際」已經把最值錢的印度和以色列業務都賣掉了，又把香港和澳門業務分拆上市了，「和電國際」的歷史任務也完結了，母公司認為它再也沒有維持上市地位的必要性。然後，在 2010 年，在「和電國際」的股價是 1.65 元時，「和記黃埔」又以每股 2.2 元，即是用了 42.3 億元，把「和電國際」私有化了，一切又還原基本步了。

27.6.7 私有化的失敗例子

前面說過了，要通過私有化，得要有 3 項條件，其中的第 1 項：超過 75% 的出席股東，都投票通過。要做到這一點，並不困難，因為大股東往往持有接近 75% 的股票，這自然有利於通過私有化方案。

但是，要通過第 2 項和第 3 項條件，卻是並不容易，因為正如前面的分析，私有化的先決條件，就是資產值大幅高於股價，這樣一來，大股東藉著提出私有化，就可以合法搶走小股東的權益。但是如此的「合法搶錢」，自然會引來小股東的反抗。

「鱷魚恤」(股票編號：122) 成立於 1952 年，1971 年上市，是老牌的上市公司，經營時裝的零售和批發。在 2009 年，每股資產淨值是 0.983 元，手頭現金有 1 億元，其中最值錢的資產，就是在觀塘的鱷魚恤大廈，當時正在拆卸重建，總面積有 24 萬呎，單單是這件物業的估值，已經是 9 億元，大約是每股 0.9 元左右。

在當時，它的股價長期徘徊在 0.2 元左右。在這之前的 3 年，由林建名以 0.62 元的代價，向弟弟林建岳收購了 51% 的股權，成為了大股東。就是在 3 年後的 2009 年，林建名提出私有化，作價 0.4 元，資產折讓率接近 57%，後來，林建名更把收購價提高至 0.42 元。這個作價，涉及現金是 1.2 億元，如果扣除公司的現金，林建名實際只需要付出 0.2 億元的現金，自然是十分划算之至。

在林建名提出收購期間，「鱷魚恤」多出了 42 名股東，有的是「鱷魚恤」的員工，有的甚至是全家總動員，人人都是股東，都來參加股東大會，投票贊成通過私有化。很可惜，在股東大會時，雖然是超過了一半的出席股東投票贊成私有化，符合了一個條件，但是其餘的兩項條件：75% 以上的股東贊成、10% 以下的股東不反對，也許正是因為這宗收購對於大股東太過划算，小股東卻太過不滿，所以這兩項條件通通不能達到，結果就是私有化失敗。

簡單點說，吃得太盡，因而吃不到，這是私有化失敗的常見原因。但是，如

果沒有高昂的利潤，又怎值得費神去搞私有化呢？

27.6.8 「電訊盈科」種票案

正是由於私有化方案的不容易成功，所以，人們往往會想出種種票的點子，為了增加成功的機會率。這些點子，從某個角度去看，也是「財技」的手法。

在 2008 年，「電訊盈科」的兩個大股東「盈科拓展」和「中國網通」提出，以 4.2 元的價格，去私有化「電訊盈科」(股票編號: 8)，作價是 4.2 元，而停牌前的股價則是 3.45 元。稍後，兩位大股東又把收購價提高至 4.5 元。

一個多月之後，獨立股票評論員 David Webb 公開表示，收到匿名網民的舉報，說有人和保險經紀提供一手，即 1,000 股「電訊盈科」股票，但要簽署投票授權書，在會議投票支持私有化建議。David Webb 翻查股東名冊，發現有些日子之內，有數以百計的 1,000 股成交和轉戶記錄，其中有部份來自同一間保險代理公司。他遂把這事件向證監會和廉政公署舉報，交由政府去調查此案。

沒多久之後，《壹周刊》也報導了：「中央股票過戶處登記的一千三百多名股東中，有一群澳門幫及與賭場密切關係的人士突然成為電盈股東；無獨有偶，大劉劉鑾雄旗下的證券行天發證券也是電盈的『大戶』。而與澳門賭場甚有淵源的金利豐證券老闆朱太，更全家出動做電盈股東。」

在 2009 年的股東大會中，出席股東有 94.2% 的支持票，5.7% 的反對票，反對人數也不超過一半，私有化議案正式通過了。

在股東大會時，證監會一直派人監察投票過程，在股東大會之後，證監會派人取走了表決的投票記錄，在 19 日後，證監會引用《證券及期貨條例》，向高等法院提出反對「電訊盈科」的私有化。

初審時，高等法院裁決「電訊盈科」在私有化的過程中，並沒有觸犯任何法例，因此批准電盈私有化。證監會馬上提出上訴，結果是上訴庭一致裁定，證監會上訴得直，否決電盈私有化。

27.6.9 「南太電子」私有化變清盤

「南太電子」(股票編號: 2633) 是一間工業公司，製造電子產品，大股東是「南太集團」，老闆叫「顧明均」。

在 2004 年，顧明均捐了 1 億元給浸會大學，因而聲名大響，一個月後，他旗下的「南太電子」申請在香港交易所上市，招股價是 3.88 元，賣的全是舊股，換言之，是由母公司套現七億多元，上市的子公司是沒有集資的。上市的當日，已經插穿了招股價，之後一直在招股價以下，不停猛跌，到了年底，跌穿了 2 元。

在 2005 年，大市轉好，「南太電子」的股價最高升至 2.8 元，跟著又跌回到 2 元的水平。然後，在年中，「南太集團」在市場減持了二千三百萬股「南太

電子」，股價介乎 1.62 元至 1.9 元之間，令到它在 4 天之內，急跌了三成。

在這件事後的一個月，顧明均向傳媒解說：因為深圳廠房需要融資，又不想問銀行借錢，所以母公司只有出售「南太電子」的股份。同時，顧明均亦表示，「南太電子」旗下盈利能力最高的公司「世成」，儘管已經通過上市聆訊，亦花了過千萬元上市費用，但是「因為市場唔睇好工業股」，所以擱置了上市。這樣一來，「南太電子」的前景變成了全無幻想，股價繼續急跌。

又過了一個月之後，「南太電子」的股價創了新低，到達 1.14 元，母公司提出全面收購，也即是私有化，作價是 1.8 元，較市價溢價 47.5%，即是上市價的一半還不到，涉及資金四億多元。

換言之，母公司「南太集團」在這一上市一私有化之間，假如成功了，如果不計成本，在 17 個月之內，淨賺三億多元。不過，很「可惜」，這一次的私有化計劃，由於有超過一成的股東投反對票，因而不能通過。

在 2009 年，「南太集團」又再提出了第二次私有化，這一次的作價更低，只有 1.5 元，當然又給小股東否決了，贊成票只有 88.46%。於是，「南太集團」一計不成，二計又生，提出了一個破天荒的計劃，就是提出把「南太電子」清盤。

所謂的清盤，就是把公司的資產全部賣掉，然後按照股權比例分錢給股東，其中當然包括了「南太電子」。按照清盤程序，「南太電子」的業務必須公開招標拍賣，可是，這公司欠母公司的債務高報 2.8 億美元，買家必須償還這筆巨款。如此一來，如果把「南太電子」的業務賣掉，毫無疑問，唯一的買家就是其母公司，換言之，就是變相的私有化。「南太集團」聲稱，在清盤之後，至少向每股股東派發 1.52 元。

按照法例，股東大會要通過清盤，必須有 75% 股東通過，卻沒有少於 10% 出席股東投反對票這一項，而由於母公司「南太集團」擁有 74.88% 的股票，這等於就是變相私有化了。

證券界形容這次史無前例的清盤計劃是「曲線私有化」：「極具創意，甚為霸道」。證監會的反應，是對「自願清盤」這件事作出譴責，並且禁止大股東使用香港證券市場設施兩年，但是，為了給大股東一條出路，容許「南太電子」無需等待一年，馬上再次申請私有化。於是，在 2009 年，「南太集團」第三次提出私有化「南太電子」，小股東們實在經不起一而再，再而三的折騰，終於以 90.57% 的贊成票，通過了最後一次的私有化建議。

最後一提的是，在「南太電子」成功私有化之後，在 1 年之後的 2010 年，它的全年銷售量升了 31%，盈利增加了 27%。

一條純屬知識性的問題是，如果私有化再三失敗了，它的經營會不會如此成功呢？

如果按照我對財技的知識去作出判斷，如果它的私有化失敗了，盈利將會大

跌。這是因為前述的一條 2.8 億美元的債務，只要是在利息方面。例如說，加息 5%，已經需要每年多付出 1.092 億港元，足以把其盈利吃掉了一個重要的部份了。在財技手法上，這就是我前面說過的「種債」。

27.6.10 以賣出資產來變相私有化

「南太電子」企圖用清盤來變相私有化的計劃，是失敗了，主要是因為提出「自願清盤」太過嚇人，引起了公眾的嘩然，自然也觸動了證監會的神經，結果是以失敗告終。

話說，「恆基系」的李兆基才是財技的箇中高手，用了另一種「曲線私有化」的財技，清脆俐落地成功了。

「恆基發展」(股票編號： 97) 是「恆基地產」(股票編號： 12) 的子公司，其擁有最為貴重的資產，為「中華煤氣」(股票編號： 3) 的 39.6% 股權，以及「美麗華酒店」股票編號： 71) 和「香港小輪」(股票編號： 50) 的股份。

在 2005 年，母公司「恆基地產」提出私有化子公司「恆基發展」，條件是每 2.6 股子公司的股票，可換取母公司的 1 股。換言之，如果私有化成功，子公司「恆基發展」的股東的股票沒有了，但是，卻可以憑著手頭的股票，以每 2.6 股兌換 1 股的比率，得到母公司「恆基地產」的股票。然而，這一次的收購，終於因為股東大會的不通過，因而失敗了。於是，李兆基另外想出了辦法，就是在 2007 年，母公司「恆基地產」再以 121.06 億元的代價，從子公司「恆基發展」的手裡，購進了 44.21% 的「美麗華酒店」和 31.36%「香港小輪」的股份。由於出售重大資產所需要的股東投票門檻，遠比私有化為低，只需出席股東的 50% 通過，就可以了。這一次的收購方案，結果以 84.66% 通過了。

這一次的收購重大資產，表面上，母公司是付出了 121.06 億元的代價，但是，由於母公司持有 67.94% 的子公司股權，而在完成交易之後，子公司將把收到的錢，派發特別股息，所以母公司可以收回 103.5 億元的現金。計算下來，母公司收購所需要付出的現金，只是 17.56 億元而已。

從此，母公司知道此路可行，便食髓知味，再以現金加股票的形式，總代價是 45,981,000,000(即 459.81 億) 元，向子公司購買最貴重的資產： 「中華煤氣」的 39.06% 股份。在完成收購之後，子公司將賣資產得到的股票和現金，再以派息方式，派給股東。於是，到了 2008 年，母公司已經成功的買光了、掏空了子公司「恆基發展」的資產，變相私有化了子公司。

27.6.11 上述兩個故事的啟示

為甚麼「南太電子」的曲線私有化失敗，而「恆基發展」的曲線私有化卻成功呢？這固然是由於李兆基的個人能力和影響力遠遠大於顧明均，但是另一方

面，也是由於顧明均所使用的財技手法太過駭人聽聞，雖然在表面上是合法，受到傳媒和公眾的抨擊太大，畢竟，「清盤」兩字是不為人所能接受的，所以證監會不能不出頭，去「主持公道」。

反之，李兆基所使的財技手法，雖然是換湯不換藥，卻遠為柔性得多，也較為公眾所接受，所以，證監會也只能讓它通過。

這兩個故事教訓我們，當使用財技時，除了必須合法之外，也必須顧及公眾輿情，因為公眾輿論太差，難受的就是官方機構，迫得它不得不出來干預，正是貧不與富敵，富不與官爭，但是官最怕的卻又是民憤，所以，富人可以憑著走法律罅而為所欲為，但先決條件是別要惹起民憤，也別要挑戰政府的權威，否則，吃虧的終究還是財技者自己。

這個故事的最終結果，是在 2008 年，證監會修訂《公司收購、合併及股份購回守則》，規定日後出售重要資產的交易，投票要求與私有化方案相同，以後再無李兆基「那支歌仔唱」了。

所謂的「財技進化」，就是監管機構不停的修改法例，財技高手不停的發現新的法律罅的遊戲。正是道高一尺，魔高一丈，道再高十丈，魔再高一百丈，雙方都在不停的進化，這令我想起了，有一位在上世紀八十年代，已經在大玩財技遊戲的二世祖同我說過：「在那時，上市公司借錢給大股東，連申報都不用申報！」

27.6.12 上市、私有化、再重新上市

前文說過了，「南太電子」上市後 17 個月，便提出私有化。其實，大市氣候有好有差，理論上，一間公司可以在市況好時，申請上市，集到大筆資金，然後在市況不好時，乘著股價低迷，便去申請私有化，以廉價收回公司。只要這個上市／私有化機制所花的成本，低於其股價的差價，那便是有利可圖的事。

這種做法，周而復始，理論上可以永不停止，但是，在實際上，這當然不可以，太過猖獗了。先前也已經說過，儘管有錢大晒，但也不能令到證監會太過難做，所以上市公司也不能做得太過份，再說，如果做得太過份，市場相信你一次、兩次、三次，第四次就決不能再信下去了。不過，儘管不能玩得太過份，玩上一次、兩次、三次，在還未引起公憤之前，便收山不幹，倒還是可以的。

據我的所知，至少有兩間公司，是上市後，又私有化，再重新上市的：

第一間是「偉易達」(股票編號：303)，業務是生產室內無線電話，1986 年上市，1990 年私有化，1991 年在倫敦再上市，1992 年又再在香港上市了，從私有化到再上市，只隔了 2 年。

第二間是「利豐」(股票編號：494)，主要業務是消費產品的貿易，在 1973 年上市，1989 年私有化，1992 年再上市，從私有化到再上市，只隔了 3 年。

以上的這兩間公司，都（至少曾經）是基金愛股。由此我們又可以得出另一個結論，就是股民是善忘的，縱使公司的老闆在大玩特玩這些上市／私有化／再上市，股東先是吃了虧，但只消用幾年去「洗底」，把公司的賬目和形象粉飾得亮麗好看，老闆本人也擺出一副受過現代高深教育的實業家的良好形象，股東很快就會忘記一切，重新購進這股票。

27.6.13 私有化所需要的現金

大家看前文，可以看到，私有化要成功的一個重要條件，就是現金。

當然，大股東如果是上市公司，可以用換股的方式，來作收購，但是，畢竟還是現金更為實惠，成功的機會更大。所以，更重要的條件，當然就是提出私有化的收購者必須擁有大量的現金，用作收購。

這個道理，說來簡單，如果投資者用十億元，甚至是一百億元，去進行一項私有化計劃，自然是閒過立秋的事。

可是，假如是「長江實業」，又或是「新鴻基地產」這種巨無霸公司，要想私有化它們，動用的就是過千億元的現金，這當然是不可能的事，因為實在很難有人擁有這麼多的現金，就算是大型銀行，也是調動不了。所以，這些巨無霸公司是非常難以私有化的。

當然，這只是很難以私有化，並不代表完全沒有這個可能性。在我執筆寫這一段的時候，全球第三大個人電腦生產商 Dell 的創辦人 Michael Dell 和私募基金 Silver Lake Partners 正在聯手，提出對 Dell 私有化。

這間公司的一年股價高位是 18.36 美元，在私有化消息傳出之前，股價大約是 10 美元，在消息公佈之後，股價已升至 13 美元以上，估計收購價將會在 13 至 14 美元之間。這公司的估值高達 240 億美元，可知道牽涉到的金額之巨。

27.6.14 私有化的總結

私有化並非沒有缺點。用比市價高的價錢來收購，是吃了一點兒的虧。但當你已經大贏特贏時，何妨施捨一點點麵包屑給小股東，當是打發乞丐也好，甚麼都好吧。私有化的優點是用最快的速度吃了整個餅，留給股東少少的餅屑，即是高於市價的收購價，這就叫皇恩浩蕩了。

有些情況是不宜私有化的。

當公司擁有大量資產，而股價極度偏低時，就可藉著私有化鯨吞資產，是成本低效益高的妙法，快手快腳的搶走了小股東的「應份」（equity，我只能這樣譯）。但當公司是空殼一個，私有化也就沒有作為，只能繼續利用它的上市地位，去搶小股東口袋裡的錢。

27.7 總結

這一章的主題本來是「獲得更多的股票」，但是花了大部份的篇幅，去論述私有化。這是因為在後文會另外討論配股、供股等等概念，所以在這一章中，有關的內容只能較輕帶過，變成了「一黨獨大」，也是迫不得已的事。

但是，我們仍然要緊記著，「獲得更多的股票」是有很多很多方法的，私有化只是其中的一種罷了。

其中有很多的「低價買股票」方式，是創意非凡的。例如說，「寰亞礦業」(股票編號：8173) 在 2010 年宣佈供股，令到股價大跌，但是後來又取消了供股，理由是有了另外的集資方式，原來是找到了新投資者入股。結果這股票大炒特炒，後來當然又是跌到阿媽都唔認得收場，而且，那位說要入股的新投資者，最後也沒有了踪影。後來有股民認為，這公司是「假裝供股」，實則是乘機把股價打下來，以便莊家在低位買到更多的股票。我對於股民的這種說法，也是半信半疑，因為我從來也沒有見過這種「收貨」招數，姑妄記之，讓讀者自己去分析吧。

28. 槓桿和借貸

玩財技的目的，當然是為了自己謀利益，而最基本的利益，就是為了得到金錢。在財技上，要得到金錢，有兩種基本的手段，第一種，是貸款，第二種，是出售股票，這兩種手段，都可以得到金錢，在本章中，先說第一種：借貸。

究竟甚麼是借貸，相信不必浪費篇幅，去作解釋了。至於在財技上的借貸，正如我在本書的開首的所言，申請私人貸款、借錢買樓，又或是把房子拿到財務公司去作二次按揭，都是財技。本書所說的「財技」，當然要更為複雜，可是複雜歸複雜，然而萬變不離其宗，它只是普通個人財技的進化版，追本溯源，其基本原理還是不變的。

在這裡，我並沒有使用「貸款」這個名詞，而是用上了「槓桿」，這是因為，「貸款」只是「槓桿」的一種，卻並非「槓桿」的全部。而由於這兩者密不可分的關係，所以我也把它們合而為一，在一個章節中，作出統一的論述。

28.1 甚麼是槓桿？

「槓桿」，說穿了，就是以小博大，利用小量資金，去作出大額的投資。在前文，我已說出了，財技的其中一個方向：利用最小資金，去控制最大財富，就是最大成功，而這種方式，就是槓桿了。其實，在上一個章節，我已經說了一個「槓桿」的例子，就是只須持有小量的股票，再加上控制了董事局，便相等於是控制了一間公司，因為這就是以小控大，換言之，這也是「槓桿」。

28.2 把公司上市

把私人公司變成上市公司，是槓桿的最基本方式。前面說過了，上市公司的大股東，可以憑藉控制部份股票和董事局，去控制公司，這便已經是一種槓桿了。此外，如果從借貸的方面去看，因為上市公司受著更嚴格的法例和監管機構所監察，銀行和財務機構對於上市公司更有信心，所以，用上市公司來申請貸款，也比普通公司更為方便。

28.2.1 撤消私人擔保

一般的公司借貸，銀行或財務機構會要求大股東作出私人擔保，才會願意借出款項。對於大股東而言，這當然不是一件好事：如果有私人擔保，這和無限公司又有甚麼分別呢？那又為甚麼要成立有限公司呢？然而，如果銀行有此要求，公司為了借錢，大股東再是無奈，也只有答應了。

當公司上市之後，一般來說，銀行和財務公司將會撤消大股東的私人擔保。

從道理上說，大股東為著自己的公司，去為貸款作私人擔保，是天公地道的事。但是，當公司上市了之後，這就變成了一間屬於公眾的公司，要大股東個人為一間公眾公司，作出私人擔保，這自然是一件說不過去的事。

如果從銀行或財務機構的角度去看，大股東取消了私人擔保，當然不是一件好事，因為它們的「還款保證」，在這方面是少了。可是，如果從另一方面去看，上市公司比私人公司更有價值，銀行貸款給上市公司，也更有信心，這叫做「失之東榆，收之桑隅」，所以在銀行和財務機構而言，還是樂於見到其「債仔」上市，縱使這將會失去了私人擔保的這個保證。

從大股東的角度看，取消了私人擔保，當然是一個好處，畢竟，公司再強大，在不可見的將來，也不無倒閉的可能性。再說，如果沒有了私人擔保，公司可以採取一些更為大膽的投資策略，反正，縱是虧光了，最多也只是把公司丟了，大股東本人，不會因而牽連上身。也不待言的，上市的好處多不勝數，這只是其中之一而已。

把公司推上市，雖然能夠取消了私人擔保，可是，在上了市之後，大股東要提出新的貸款，如果銀行或財務機構對於這筆貸款甚為不放心，也是有權要求大股東特別為這筆貸款作出私人擔保的。

28.2.2 發行債券

公司也可以藉著發行一些票據，例如債券、可換股債券，又或者是優先股等等，去向公眾借錢。對於這些不同的票據，後面的部份將有專章，去逐一分析。

公司可以向銀行或財務機構貸款，也可以向私人，又或者是向私人公司貸款，大前提是，對方願意借給你。把公司上市，公司的地位因而提高了，所以，借錢也更為容易。同樣道理，私人公司也可以藉著發行債券、可換股債券、優先股等，去籌集資金，不過，上市公司要做這些事情，當然更為容易。

所謂的「更為容易」，意思不只是說，可以借到錢，抑或是不可以借到錢，還包括了，利息究竟是高是低，貸款的年期究竟有多長，以及其他的條款究竟有多苛刻，等等等等。簡單來說，一間上市公司申請借貸的條件，當然比私人公司優厚得多。另一方面，如果是由一位財技高手在市場借款，不論是找銀行，還是發行債券之類的票據，都能夠借得到更多的錢，而且借款的條件也會有利得多。

28.3 私人借貸

貸款的申請人不一定是公司，也可以是個人。個人可以拿公司的股票去借錢，在理論上，任何股票都可以，問題在於，有沒有人或機構，願意借出這筆款項而已。正如前文所言，由於上市公司的股票的流通性比起非上市公司高得多，

所以其價值也高得多。因此，用上市公司的股票來作為抵押，去申請貸款，將會比用非上市公司的股票去借錢，更為容易。

28.3.1 大股東的控制性股權

前面說過，一間公司的價值分為兩個部份，一個是股東權益的部份，是由股票所代表，另一個則是管理層的部份，由董事局所代表。作為大股東，可以把自己的控制性股權去申請貸款，這也即是說，這個貸款的抵押品，除了大股東本人的股東權益之外，還包括了自己對公司的管理權，也一併交出。

一般來說，如果財務機構接受了控制性股權的抵押，將會派出一個或一些人，加入公司的董事局，以監察公司的運作，有沒有違規的地方。所謂「違規」，只是著眼於這些行為會不會導致公司的資產或收入流失，因而影響了公司的還款能力。至於同還款能力沒有關係的行為，這些代表了債主的董事是不會置喙的。

我在先前的章節，舉了不少例子，指出當股東和管理階層翻臉時，雙方大打出手，股東可能會失利。所以，債主為了保障自己，派出自己人到債仔的公司，去當董事，也是一個非常有效的做法。

「泰興光學」(前股票編號：389) 成立於 1960 年，主要業務是生產光學和眼鏡產品。其創辦人馬寶基被稱為「眼鏡大王」，可知其江湖地位之高。在 2005 年，它因財政問題而停牌，最後因負債太高而清盤收場，馬寶基則因包括虛假交易、發假信用狀等串謀詐騙罪行，入獄 12 年，其子馬烈堅則入獄 10 年。

在案件爆發之前，馬寶基曾經向多個財務機構借錢，由於他在行內的聲名甚佳，大家都不虞有詐，很樂意借錢給他。唯有一個朋友，叫「林前進」，本來是共產黨員，專門為中國政府做生意，後來退黨從商，發了大財，是財技界的大高手，卻早具慧眼，拒絕了這筆貸款申請。

我好奇問林前進：「你怎知道這公司出問題的？」

林前進回答：「『泰興光學』並非是垃圾的殼股，而是一間市值二十多億元，年年有盈利的正派公司 (周按：這正是人人都願意借錢給它的原因)，它要融資，有很多的方法，可以同銀行貸款，可以發行可換股債券，怎會淪落到要抵押控制性股權呢？這其中一定大有問題，所以我決定不借。」

所以，林前進作為老江湖，的確是有他的一套。

28.3.2 化整為零借款法

如果大股東不喜歡把控制性股權去作抵押，也可以化整為零，把股票分批抵押給不同的債主，去獲取貸款。問題在於，如果抵押控制性股權，只是被一個人知道，沒有甚麼，但如果分批押給不同的債主，那就可能會弄至全行皆知，名聲就十分惡劣了。這好有一比，一個女人如果被一個男人所包養，還可能保持秘密，但如

果她逢客皆接，那就難以守秘了。

不過，把股票化整為零地去抵押，也未嘗沒有好處：

第一就是不會被一個債主所牽制，如果這個債主心懷不軌，財技也很高，隨時會乘機吃掉債仔的上市公司。

第二就是，假如債仔的關係較好，財技較高，很可能可以藉著化整為零的抵押股票，給不同的債主，以借到更多的錢。我認識的好幾個人，均是憑著這個方法，完全不花成本，就買下了一間上市公司，而且不止做到了十成按揭，還借出了十成以上的按揭，連把股價炒高的炒作成本，也都是借回來的錢。這箇中的財技，後文會敘述。

28.3.3 用他人的名義去借

有時候，大股東也不 定需要用自己的名義去借錢，而是把股票放在別人的名下，由別人去代為借錢。這便省卻了不少的麻煩，例如說，不會被人在背後訴說大股東的財政不穩。但這又衍生了另一個問題，就是把股票放在別人的名下時，借錢的也是別人，把股票和錢都放進了別人的口袋裡，這個人究竟可不可靠，又是費煞思量的問題了。

28.3.4 股票戶口的孖展

一般來說，拿股票到財務機構借錢，並不容易，而且借貸的槓桿比也不高。相比之下，拿它們去證券公司，利用孖展戶口的方式借錢，手續就容易得多了，唯一的缺點，只是利息稍高而已。不過，在許多財技高手的眼中，利息並不是成本，因為玩財技的收入往往很高，相對來說，利息成本就變得微不足道了。

你拿股票到證券公司的孖展戶口，要借錢，把現金取回家中，那是非常困難的事。然而，如果是把股票存在孖展戶口，用來作為買股票的抵押，那就易如反掌了。所以，另一種拆衷做法，是利用這些股票和孖展戶口，在市場購入更多的股票。不消說的，市場的沽家，也是他本人。在這種財技操作之下，他的左手把股票賣給了他的右手，不過他的右手是借錢的孖展戶口，左手則因賣出了股票，得回了現金，這就相等於把股票抵押了。

其中的一個技術性問題，是自己同時買賣一隻股票，叫做「虛假交易」，是犯法的。不過，這也並非沒有法子可以解決，正如我說過，有一種「職位」，叫「人頭」，也即是代理人。只要買賣其中的一位，並非本人，而是「人頭」，那就沒有相干了。

有一宗事件，就是某位以炒股票著名的仁兄，在 2004 年，大炒「希臘神話」（股票編號： 959，現時名字：「奧馬仕控股」）時，錯誤地買下了自己沽出的股票。後來，他被監管機構問話，他經過高人指點之後，回答說：「我被甲證券公

司 call 孖展，迫得只有從乙證券公司買回了。」

28.3.5 火燒連環船

證券公司有一些守則，防止一個孖展戶口借貸購買太多的同一股票，以免因這股票突然大跌，甚至是停牌，因而遭受到太大的風險。所以，在很多時候，證券公司對於一隻股票的借貸要求甚高，例如說，只能借出 20%。但是，如果一個孖展戶口當中，有好幾隻不同的股票，便可以分擔風險：總不會幾隻股票一起大跌、一起停牌呢？因此，如果一個戶口同時有著幾隻股票，便可能借到更高的比率，例如說，40%。

如果一個莊家同時操控著幾隻股票，他便可以把幾隻股票同時按揭，在表面上，平衡了債主的風險。當然了，不是每個莊家都有這個實力，同時持有幾隻股票，可是，莊家也有為他辦事的手下，例如幫莊、扒仔、經紀之類，這些人可能同時為幾個莊家做事，於是他們的手上，很可能同時持有好幾隻股票，如此一來，便可以憑著表面上的「分散風險」，因而借到更多的錢，結果當然是風險更大。有關莊家、幫莊、扒仔、經紀這些專業，後文將會有專門的章節去介紹。

這樣子的做法，有一個很不好的可能性，就是當 A 股票大幅下跌時，影響了整個孖展戶口的借貸比率，也即是「孖展額」。當孖展額超過了危險水平，例如說，超過了 50% 吧，證券公司很可能就會強迫客戶沽出股票，而且是不分青紅皂白，不問價錢，在市場強行沽貨，戶口的甚麼股票都沽，直至戶口的孖展額回復到安全位置。

換言之，在同一個戶口中，當 A 股票暴跌時，可能會令到 B 股票和 C 股票也大量沽貨，變成了三隻股票一起暴跌，這就是三國時代曹操的「火燒連環船」。而且，當 A 股票暴跌時，它往往買家寥寥，難以沽出，況且其價格也低，就是沽光了，也不一定能夠清還債項，反而當時安然無恙的 B 股票和 C 股票仍有成交，而且價格亦高，這才是更佳的出貨還債的對象。

所以，我們會發現，在市場上，有某一隻股票暴跌時，往往牽連到另外的股票的下跌，這正是因為它們是「同一系」的：不一定是同一個老闆，也不一定是同一個莊家，也許只是同一個幫莊，也說不定。

「火燒連環船」的蔓延程度，也是各有不同，例如說，有一個莊家，旗下有 5 個幫莊，這 5 個幫莊之中，有 3 個經營著其他的股票。假如這個莊家的股票暴跌了，那 3 個經營著其他股票的幫莊，究竟會不會也跟著出事呢？他們持有的其他股票，會不會被殃及了，遭到「火燒連環船」呢？

答案是：這得視乎個別情況而定。

第一是幫莊們的個別經濟實力，假如他們的戶口有錢，又或者是孖展額很低，當然不會被牽連。

第二是幫莊們持有這些股票的比例。例如說，他們持有很多很多出事的股票，只有很少的其他股票，那麼，就算要被迫沽出其他的股票，沽售壓力也不大，下跌幅度也不多。反過來說，如果他們持有很少很少出事的股票，那就更沒相干了。這即是說，最危險和最大的破壞性，在於幾隻股票持有差不多的數量，一隻出事時，便會嚴重的波及其餘。

第三是幫莊們的重要性，如果是一些「二打六」，手上根本沒有多少的股票，那不論他們怎樣被迫沽貨，也只是他們本身的財務問題，影響不了其持倉股票的價格。

第四是莊家的實力，如果莊家有大把大把的本錢，那無論對方怎去「火燒連環船」，莊家都有實力把沽出了的股票接光了，股價當然也就不會下跌了。

28.3.6 借錢炒股票

在金融的世界，最精粹的要點就是借貸，如果沒有借貸、沒有槓桿，金融世界就會喪失了九成以上，更加沒有財技了。當一間公司上市時，老闆除了多出了集資得回來的現金之外，還令到其手上的股票，變成了上市公司股票，而這些上市公司股票，是可以拿來按揭借錢的。

大家都知道，炒股票是需要成本的。當大股東找莊家炒股票，又或是莊家找幫莊炒股票，他們當然不會說：「晦，這裡有大筆現金，你拿來幫我炒股票吧。」我的說法是：現金是有腳的，一旦到了別人的手上，這筆錢便會跑走了。

在大多數的情況之下，要拉進別人來炒股票，條件多半是：「晦，我給你一手『free 貨』（免費的股票），你給我炒這隻股票吧。」這些人拿到了「free 貨」，便可以送到證券行，利用它們，拿到孖展，利用這些孖展去炒股票了。上市時，把股票變成了有價證券，把它們拿去按揭，按揭得回來的錢去炒股票，炒股票則可得回現金……這個流程，相等於不用成本，便可以得到現金，這就是金融。這就是財技的精粹所在。

28.3.7 借錢變成沽貨

以上所述及的種種方法，其原理都不過是，用股票來作為抵押，以申請貸款。但是，用抵押來貸款，如果「違約」，也即是放棄還錢，結果就是抵押品被沒收，又或者是抵押品被沽出。這相等於把抵押品，也即是股票沽出了，以換回現金，這和直接沽出股票，兩者有著相同的效果。

因為不還錢而導致股票被強行沽出，一共有兩個可能性，一個是被迫的，另一個則是故意的。

如果是被迫的情況，那是因為股價跌了下來，變成了槓桿過高，甚至是資不抵債，因而被迫沽貨還錢，這是常常發生的事。

至於故意的情況，那就一定是抵押品的價值比不上貸款額，才值得放棄抵押品，以「換取」借錢不還。但是，由於股票的孖展戶口，客戶是必須簽上私人擔保的，如果欠債不還，除了沒收抵押品，即是把股票強行在市場沽出，證券行還可以控告客戶，要他賠償欠下的的款項，甚至可以迫令他破產。

換言之，欠債不還的成本，除了股票被沒收、迫令在市場沽出之外，還有的就是莊家本人，或是其人頭的個人聲譽，以及破產的威脅。乍看上來，一間證券行不會向單一客戶借出太多的款項；把股票抵押來「換取」欠債不還，所得到的，也不會多，似乎是並不划算。但是，如果這位仁兄，同時在三十間不同的證券行中，開立孖展戶口，然後同時欠債不還，這就是一宗有利可圖的大生意了。

28.3.8 「時富金融」parking 的例子

我有一個朋友，代號為「L小姐」。在 2011 年，有人介紹她一宗很好的生意，就是代為持有「時富金融」(股票編號： 510) 這股票，月息是 3%。在股票的世界，這是一種常見的交易，專業名稱叫「parking」：該人只是代為持有，收取利息，不論賺蝕，都不關本人的事。換句話說，這也是一種抵押收息的玩意，不過，按揭比率往往是十成，即是說，價值 1 萬元的股票，可以「按揭」到 1 萬元的現金，方法當然不是一邊抵押另一邊付錢這麼簡單，而是另外經過一重手續，就是借貸方在市場上沽出股票，你則在市場上購入，對方便能收到錢了。

不消說的，如果是十成的按揭率，風險就是只消股價跌去了 1%，抵押品都會變成了負資產。而 parking 的安全程度，端的有賴借貸一方的誠信，因為 parking 是非正式的股票按揭，並沒有法律文件保障，如果對方不認賬，後果就會很嚴重了。

L小姐為了這 3% 的利息，一共買下了總值六百萬元的「時富金融」，平均價是在 0.4 元以上。結果呢？她一共收下了 3% 的利息，然後，在 2011 年 6 月 9 日，它的股價突然從前一天收市的 0.49 元，下跌至最低的 0.208 元，收市是 0.24 元。

事後，L小姐企圖尋回事主，收回款項，結果當然是不得要領。我把以上的情況，叫作是「假借錢，真沽貨」。

28.4 雙重借貸

現在大家都知道，一間公司可以憑著資產去作抵押，去向銀行或財務機構借錢，也可以發出債券或是可換股債券等等，去向市場借錢。同時，一間公司的股東也可以用股票作為抵押品，向任何機構或人去借錢，條件是對方願意借錢給他，但是，假如他持有的是上市公司的股票，很多機構都願意接受以此作為抵押品，尤其是證券行的孖展戶口。

　　於是，我們可以知道，一間公司的老闆，可以同時利用公司貸款，再加上抵押股票，這便構成了雙重借貸，結果就是，可以多借很多的錢。

　　假設有一間地產發展公司，用 10 億元買下了一塊地皮，再把地皮向銀行抵押貸款 10 億元，如果他想要加按再借更多的錢，卻有點兒問題了。這是因為銀行的內部規定了一塊地皮所能抵押的按揭成數，不能超越某一個百分比，所以他要把地皮來加按，在技術上也是不可能的。但是，由於他是用上市公司買下了這塊土地，以至於整個發展項目，他便可以光明正大地，把股票用來抵押，借到現金。

　　在這個時候，在理論上，他的公司仍然有著 10 億元的淨資產，如果以資產值計，股票可以借到五成按揭，他便能借到 5 億元了。(以上只是一個假設性的說明，因為在法律上，一個人不能持有一間上市公司的 100% 股份。)

　　總之，雙重借貸是一種財技，也是非常重要和有效的融資方式。

28.5 地產發展商的借殼上市

　　地產發展是一門資本密集的生意，資金十分重要，因此，地產發展商常常有需要花錢購買現有的上市公司，來一個「借殼上市」，以增加它的貸款能力。一來，上市公司比私人公司更容易借到錢，二來，也是因為可以雙重借貸，這也能夠借到更多的錢。

　　在我執筆這一段的 2013 年中，正在泛起了內地房地產股在香港借殼上市的熱潮，「萬科集團」買了「南聯地產控股」(股票編號： 1036)，「金地集團」收購了「星獅地產」(股票編號： 535)，「招商地產」買了「東力實業」(股票編號： 978)，「萬達集團」買了「恆力商業地產」(股票編號： 169)……以上的公司，全都是國內的房產巨無霸，它們當然不是因為需要資金，才在香港買殼上市。我的看法是，它們買殼的目的，是要在香港大展拳腳，發展地產項目，因而需要在香港融資，得到港幣，以供其在香港發展，因此，他們在香港的借殼上市，也就是看著其在財技上的用途。

28.6 股價和借貸

　　前面說過，內地的大型房地產發展商「萬達集團」收購了香港上市的「恆力商業地產」(股票編號： 169)。總部在大連的「萬達集團」創立於 1988 年，在 2012 年，它的資產是三千億元，年收入 1,417 億元，年納稅是 202 億，董事長王健林在《福布斯中國富豪榜》中，排名第二。

　　在在收購前，「恆力商業地產」的股價大約是在 0.35 元左右徘徊，在宣佈收

購之後，它的股價漲到了 1.9 元左右，又過了一個多月，股價在幾天之內，突然打上了 5 元以上。

問題在於，股價的高低，對於財技的運作，究竟有著甚麼好處呢？

好處有很多，多得不能盡錄，所以在很多的時候，莊家才需要把股價炒高。但是在這一節中，討論的是「股價與借貸」，所以我將集中討論它與借貸的關係。

假如是一個房地產的項目，抵押給銀行的，以換得貸款的，是一塊土地，那就和股價沒有甚麼關係。但是，假如抵押給財務機構，或者是證券公司的，是股票，那麼，股價是高是低，就和借貸得到的款項大有關係了。簡單點說，股票的價格越高，所能借到的錢就越多，所以，單單為了貸款的問題，已經是把股價炒高的一大動機了。不過，本書的主題是財技操作，而不是炒股票、買股票，所以我集中討論的方向，也只是把股價打高，以獲得更多的貸款，這是從財技的角度去看，而不是從投資者的角度，更不會述及在這情況下，應該用甚麼方法去買入股票，來投資獲利。

28.7 小結

在這一章中，主題集中於槓桿中的借貸部份。但是，有關「槓桿」的內容實在太多，一章是說不完的，只能分散在幾個章節之中，去作討論，在下面的「收購、合併、出售」章節中，續有敘述。

29. 出售股票

用財技來賺錢的途徑，最為人熟知的，就是賣出股票，便可以得回現金了。但是，賣出股票，說來容易，在實際的操作上，卻是最最困難的事。股市有一句術語：「Exit is always the problem.」要股票升，還不容易？買它，它就升了。可是要散貨、要沽股票，就得需要極高的技巧，百門千樣，有著種種數不清、說不完的財技操作方法。

29.1 公司出售股票

所謂的公司出售股票，就是印發新股，賣給別人。公司印了新的股票，總發行的股數，自然是增加了，這也即是說，原有股東的權益是給攤薄了。但是在印發股票、出售股票的同時，公司也因出售股票，而收回了現金。在這情況之下，公司的戶口也多出了現金，也即是多出了資產。

換言之，股東的權益雖給攤薄，但公司的資產也因而增加了，這究竟是有利還是有害，當然要看增加了多少資產，又印發了多少股票、攤薄了多少股東權益，兩者比較之下，才能夠得出答案，並不能夠一概而論。

總之，公司出售股票，和借錢一樣，都是集資形式的一種，但是，如果是借錢，在資產負債表上，多出了一筆欠債，這些欠債是要償還，也是要付出利息的，如果付不起利息，又或者是還不起錢，債主是可以申請公司破產的。然而，如果是印發新股，壞處是當公司賺錢時，多隻香爐多隻鬼，要分錢給多了出來的新股東。可是，萬一公司虧了本，這一筆憑著印刷股票而集資得到的錢，亦無需要償還。

所以，我們得出了一連串的結論：

1. 當公司需要現金，便有集資的需要。

2. 集資的最基本形式有兩種，一種是借貸，另一種是發行新股。

3. 當公司預見未來可以賺大錢時，借貸比較有利，因為最多是付出利息，卻不會攤薄原有的股東利益。

4. 當公司預見虧本時，出售新股比較有利，因為不用付出利息成本。

5. 當公司賺錢，但賺得不多時，便是介乎兩者之間，視乎借貸的利息有多高，以及出售股票的價格，視乎兩者哪一個較為有利而決定。

6. 當然了，如果預見公司賺大錢，更有利的方法，是把股票出售給自己，或自己的代理人，不過，這種行為已在前面的章節「獲得更多的股票」中敘述了，不贅。

最後一提的是，公司要發行新股來集資，除了配售之外，還可以供股。然而，供股是非常複雜的玩意，所以我會另闢一個專門的部分，去作出詳細的闡述。

29.2 私人出售股票

另外的一種出售股票的形式，就是出售原來的股票，也即是專門術語所稱的「舊股」。

出售舊股的，並非公司，而是舊股的擁有者，因此，得回現金的，也不是公司，而是舊股的擁有者。當然了，如果是普通的散戶，擁有少量的股票，把股票在市場沽出，便已成功了，用不著懂得甚麼財技。但是，如果一個人擁有了大量的股票，必須吸引大量的買家，才能把手頭的股票沽清，這就需要高深的財技了。

簡單點說，私人出售股票，是給擁有大量股票的重要股東的套現方式。

29.3 出售股票的人

要出售股票的人，可以是大股東，或是其代理人，但也可以不是。

黃振隆是漫畫大王，筆名叫「黃玉郎」，以出版《小流氓》成名，後來《小流氓》改名為《龍虎門》，黃玉郎也發了大財，其公司「玉郎集團」(股票編號：343，即今日的「文化傳信」) 並於 1986 年上市，最高峰時是在 1987 年，「玉郎集團」的市值高達 20 億元。在 1991 年，黃玉郎被控與胞妹和秘書串謀訛騙公司三千多萬元，被判入獄 4 年，而他在公司的控股權亦拱手相讓了給「星島集團」(股票編號： 1105) 當時的老闆胡仙。

黃玉郎在 1993 年出獄。在他出獄之後，「玉郎集團」的股價暴升了好幾倍，結果他以高價沽出了手頭的股票，套現了一億元，還用這筆錢創立了「玉皇朝」，再闖漫畫市場。

我在這裡並不討論：當年的黃玉郎究竟採用了甚麼財技，去將手頭的股票沽清，因為本段的主題，是企圖說明，出售股票者，並不一定是大股東本人，甚至不一定是大股東的代理人，或是其友好，而可以是和大股東的關係不很密切的人。當然了，如果出售股票的人在出售之前，不和大股東先打一個照面，得到其首肯，擁有大量股票的大股東便可以大手沽出其手上的股票，把股價打下去，便有效的破壞了出售者的如意算盤。

29.4 股票的價格

誰都知道，如果你要出售一件商品，其價格是越高越好，因為出售的價格越高，所能收到的錢便越多。所以，如果財技操作者要出售一隻股票，便有需要抬高一隻股票的價格，越高越好，不論是要公司出售，抑或是私人出售，都需要把股價抬高，才能夠賣得到理想的價錢。

究竟如何可以把股票的價格抬高，我在前文「提升股票的價值」列出了最基

本的幾種方法：市場定位、分股合股、粉飾賬目、派息、增加買家、減少賣家等等，都可以有效的把股票的價格抬高，不消提的，當股價要下跌時，令它沒跌得那麼快，也是「抬高」價格的一種。

值得注意的是：股票是一種投資品，而不是消費品。在消費品的世界，服從供求定律的曲線，價格越高，需求越低，反之，價格越高，需求越低。但是，在投資品的世界，有時卻是反其道而行之，價格升得越高，越是吸引人們去買入，反而是價格低廉的股票，往往無人問津。不過，這也並非盡然，有時候，股價升得太高，亦會嚇怕了很多投資者，令到他們不敢購入。此所以，從這方面看，財技操作是一門藝術。

29.5 購買股票的人

購買股票的人可分為兩種，如果大家認為，這兩種人的分類是機構投資者和散戶，這就錯了。以下的這二分法是我發明的，分別是「自己的錢」(own money) 和「別人的錢」(other people's money)。我認為，這種分類會更清楚，和更能解釋現實。

29.5.1 自己的錢

「自己的錢」包括了散戶，以及很有錢的大戶，總之，他輸的錢，是由自己荷包掏出來的，他贏了的錢，也是屬於他自己的。如果你要令到「自己的錢」去購買你的股票，只有一個方法，就是令到對方相信，買入這股票，可以贏錢。這是唯一的方法。

29.5.2 別人的錢

「別人的錢」就是機構投資者啦，即是基金經理之類，總之，凡是為他人掌管金錢，而這些錢的是贏是輸，都不關決策者的荷包的，就是「別人的錢」了。

要「別人的錢」去購入你的股票，令到他相信，購買這股票是有利可圖的，當然是方法之一，但是，另外還有其他的方法，例如說，給他很高的佣金，這些佣金是他私人收下的，他便很可能會買下你的股票。不消說的，這筆佣金很可能是犯法的，所以交收這筆佣金時，便得用上非常神秘的方法，神秘得有如洗黑錢。請注意：我並不是鼓勵讀者使用財技時，使用這種不合法的手段，但是，當我企圖巨細無遺地描繪「甚麼是財技」這一個課題時，卻不可能漏掉這一種在市場上常常使用的「財技」手法。

至於最有效的方法，當然是兩者皆用：既表示出這股票的必賺性，也付出高昂的佣金，只要對方相信了你的說法，便能夠順利把股票沽出了。至於他買入這

股票後，股票究竟會不會上升，那就是另外一回事了。

在某些情況之下，就算是明知必定虧蝕，控制「別人的錢」的人往往也願意購買一些必蝕無疑的股票。例如說，有一位基金經理，去年的業績是賺了 2 億元，在今年，他的業績更好，足足賺了 5 億元，相比去年，升了 150%。在這個情況之下，他就算買了一隻垃圾股票，虧蝕了 1 億元，今年的業績還是賺了 4 億元，比去年，還是升了 100%，依然是明星級的基金經理。在這個情況之下，他是很不介意收下 0.3 億元的佣金，去花 1 億元，購進一隻明知必定輸清光收場的股票。

29.5.3 兩者之間

在「自己的錢」和「別人的錢」之間，也有一些 border-line case，例如說，一些對「自己的錢」很有影響力的「別人」，例如說，股票經紀往往能夠遊說客戶購入股票；財務顧問對其客戶，也往往很有影響力，只要能夠說服到這些「別人」，便也能夠動用到「自己的錢」。在這種情況之下，也是服從這兩大規則：令人相信這股票能夠贏錢，或者是付出吸引的回佣。兩者兼備，自然是最佳的。

29.6 令人相信的方法

令到別人相信，購入股票可以贏錢，方法有很多，例如說，這公司的前景很好啦，這行業的未來看俏啦，它將會注入優質資產啦，甚至是莊家將會大炒特炒，都是方法之一。另外的一些方法，小者有如找一些財經演員，或是專欄作者，去在其地盤作出推介啦，大者有如找一些證券行，去撰寫分析報告，並且向公眾發表啦。這當然也不可以忽略到有一些大型證券行監守自「炒」：當自己持有大量某股票時，正想大手沽出它們，因而發表分析報告，大力唱好這股票，當公眾因而買入時，乘機出貨。

最精彩的故事是，我有一個朋友，持有大量某股票。於是他付出了 4 萬元，給一個分析員撰寫報告，而這報告公開發表了。結果此事東窗事發，兩人都遭到拘捕。結果是，我這個朋友提出了一個聰明絕頂的說法：我持有這股票，於是花錢聘請這個分析員，私人為我兼職工作，我又怎知這個分析員會把私人兼職撰寫的報告，去公開發表呢？

免責聲明：這個人是我的朋友，我當然無條件地相信他說的每一個字，相信他是無辜被拘捕了，這件事上，他是清白的。

29.7 人傳人

另外一種很有效的出售股票方式，是「人傳人」。嗯，by the way，「出售

股票」的專業術語，叫「散貨」。

所謂的「人傳人」，簡單點說，就是我叫你買，只要我是一個有說服力的人，便能夠有效的勸服你，令你購買這股票了。前面說過，這個人可以是股票經紀，可以是財務顧問，可以是任何一個人，只要他肯同朋友去講，就可以了。公司老闆叫屬下員工瞞身買股票，又或是在社交圈子廣結朋友，然後一次過把這些朋友，全都騙去買股票，這些例子我統統見過了。但最絕的，還是以下的故事：

有一位老闆，其女兒在公司當董事。有一天，叫他的女兒去律師樓，查看和簽署一份重要的收購與合併文件，這是「超筍」的一個收購，一旦成功，股價必然一飛沖天。女兒簽署了這份機密文件之後，少不免要告訴其閨中蜜友、至愛親朋，好讓大家沾沾光，分享一下橫財，朋友賺錢，自己開心，也有面子。她的爸爸在「缸」湖之中，雖然名聲不佳，可是這位女兒的人格，口碑卻是很不錯的。既然她這麼肯定的說出來，當然是錯不了的。而當她的朋友買入了之後，也會連鎖性地「人傳人」下去，朋友的朋友，朋友的朋友的朋友，朋友的朋友的朋友的朋友，也一個一個的買進這股票。

實情呢，卻是：這份「超筍」的收購文件，其「目標讀者」只有一個人，就是該位老闆的女兒。它騙倒了女兒，也吸引到大批的股票買家，當然是一個非常成功的「散貨」案例。

29.8 失敗的可能性

讀者看到這裡，很可能會有一個錯覺，以為財技是一項戰無不勝的工具，只要施展出來，便能夠成功的炒股票、賣股票，得到豐厚的回報。實質上，正如我在前文說過，莊家財技操作失敗，輸得傾家蕩產，也是常有的事。

其中最常見到的一種失敗情況，就是當炒股票的操作到了一半的時候，遇上了不可預見的股災。須知道，使用財技是需要成本的，例如說，提高股票價值，以及吸引股民購買的種種方法，都是成本。在企圖出售股票的初期，是投資期，得付出高昂的成本，如果付出了成本，卻在半途遇上了股災，沒法子成功出售「產品」，自然就會虧本了。

更常見的一種失敗，是當客觀的形勢逆轉了之後，財技操作者還抱有錯誤的幻想，不但不鳴金收兵，反而繼續投資下去，這就會造成泥足深陷，終至不可自拔，輸光收場。

具體的情況，就是莊家大鑼大鼓地，又造了假賬，又發放了假消息，每天製造大量的虛假成交，把股價打高了幾倍，在這個「炒作項目」之上，投資了大筆金錢，但還未收回本利。然而，在這個當兒，卻遇上了金融危機，股市大跌。

在這個情況之下，莊家有兩個選擇，一是馬上停止炒作活動，止蝕了事。另

一則是死頂著股價，因為現時的股價是花上了巨大的成本，才能達到的。死頂著現時的股價，就是暫時保有「已佔有了的土地」，不肯撤退。

在散戶而言，「撤退」就是止蝕，不肯撤退，頂多是手頭的股票通通變成廢紙罷了。但是，在莊家而言，要想死頂著股價，除了不能沽出現有的股票之外，還得去買下在市場上沽出的股票，這即是說，他需要擴大投資，把資金繼續投進這股票之內。這自然是非常危險的事，擴大投資的最終結果，很可能是彈盡糧絕，莊家炒爆了自己，慘淡下場。這種「可憐的莊家」，我也遇上過好幾個。

總之，這其中有一個基本原理，是變不了的，就是資金越多，所要求的回報率越低，廣東話所謂的「按地游水」，越是安全。反過來說，如果投入這麼多的資金，要求這麼小的回報，那又為甚麼要炒股票、玩財技呢？用財技來炒股票、出售股票，最吸引人的地方，就是高槓桿、高回報，小本大利、無本生利，如果要「按地游水」來玩財技，倒不如正正經經的做生意，甚至是放在銀行收息了。

29.9 股價的滾滾而上

如果要把股價炒高，有甚麼技巧呢？答案是十分簡單的，只要你能夠令到買家在購入股票後，不再沽出，好比是把那張股票用火燒掉了，這就是出售股票的最高境界了。

然而，要把股價炒高，需要的，是不停的用高價買進股票，它的價格才會越炒越高。不消多言，把股價炒高所需的金錢，一部份是市場力量，另一部份則是由莊家自己製造、自買自賣的虛假交易。那麼，莊家的錢，又從何來呢？

當然了，莊家自己必須有本錢，才能炒股票。另一方面，當莊家出售了股票之後，又可得回現金，而這些現金又可以用來繼續購買股票，把股價越炒越高，一邊賣股票、一邊用買股票得回來的錢，去買、去炒高股票，如此滾流不息，直至有一天，莊家賣光了股票，也不再買下去了，又或者是，市場完蛋了，莊家挺不住了，股價急瀉下去，莊家也輸光光了。

舉個例子，有一段時期，內地莊家很喜歡玩的一種炒法，就是召集友好，齊齊購進自己的股票，然後堅決不沽出。大家都知道，內地很多「哥兒」是很友好、很團結的，說了不沽出，就不沽出，反正做莊家的這個朋友，是拍胸脯，擔保這股票是會上升的。莊家沽出了第一批股票，收了錢之後，便拿這筆錢，來再把股價炒高，當炒高了之後，又把另一批股票賣給了第二批朋友，也是要求他們堅決不沽，如是者，不停的炒高股價，不停的叫親友去買進，自己只花了很少很少的本錢，但股價已炒得老高了……跟著的劇情，有一百萬個發展下去的可能性，不妨想想吧。

29.10 令股東別出售股票

市場是由供求關係，也即是買家和賣家，所共同組成的，缺一不可。一個財技操作者要出售股票，除了要令到有新股東加入，購買其股票之外，還得符合另外的一個條件，就是原有的股東別要沽出股票。這道理很簡單：他本人是賣家，而賣家的數量越多，其競爭也就越大，正是僧多粥少，其股價也就越低，這自然是非常不利的事。

在芸芸出售股票的情況之中，難度最高的，莫過於大股東要在市場出售其股票。是的，一個上市公司老闆，最重要的才能是甚麼呢？答案是：如何在股價的高峰期，沽出自己手上的股票。

散戶沽股票，易過借火，打個電話可以了。要知道，大股東正是最為瞭解公司運作的人，如果連他也沽出手頭股票，這豈不是代表了，連老闆也不看好公司的前景？但是，上市公司老闆要沽出股票，得通報給交易所，如果給公眾和股東都知道了這件事，豈不雞飛狗走、股價大跌？

在 1975 年，蓋茨和保羅•阿倫成立了「微軟公司」，8 年後，後者因病退出公司，變成了由蓋茨全力經營。「微軟」在 1986 年上市，在 14 年後，即 2000 年，它的股價上漲了 550 倍。在這時，正值科網股的高潮，也是微軟的最高峰期，蓋茨也正是在這時，説要沽出股票，把錢用來做慈善事業，把賣股票的錢注進他在 1994 年成立的慈善基金，也即是「Bill & Melinda Gates Foundation」。「Melinda」是他太太的名字。

順理成章的，他須得沽出自己的股票去做善事。也是為了避免人家説他在股價的高位沽出股票，所以，他設立了一個客觀的沽出股票制度，叫「定期釋出機制」，是定期地，逐批沽出他持有的股票，以開解投資者的心靈：看，我不是看淡公司而沽出股票，這只是一個定期沽出股票的機制而已！

這個時候，就是科網股的高峰期，「微軟」最光輝的時刻，而在跟著的年份，隨著科網股熱潮的爆破，「微軟」經歷了長達幾年的大跌。由此可以見得，蓋茨沽貨拿捏時間之準確，以及「定期釋出機制」之高明。

我在股票世界，從來沒有見過一個上市公司老闆「散貨」，比蓋茨散得更高明的。果然不愧是全球首富。

29.11 售後服務

一個財技操作者，是不是應該在成功地沽出了股票之後，便馬上散水，棚尾拉箱，不顧而去呢？不是這樣子的，而是需要有「售後服務」，把事後一切整理得妥妥當當，才好離場。

為甚麼出售完股票之後，不可以「趙完鬆」，就此離場呢？

首先，就是把手上所有的股票都出售清光了，這間上市公司依然是存在的，公司依然要混下去，如果把公司的形象搞得太爛，下次再要出售股票時，便會有困難了。

第二，如果股東驟然離場，而不是分步驟地逐步退市，股價多半會跌得很迅急，很可能會引來麻煩。例如說，如果有一位仁兄，收下了回佣，用「別人的錢」買下了這股票，而股票的價格突然急跌，可能會令到這位仁兄惹上了麻煩。

因此，股價慢慢地下跌，莊家逐步退市離場，應該是較為體面的做法，也較能夠保住那位使用「別人的錢」買股票的仁兄。當然了，這種「體面」是需要付出代價的，財技操作者願不願意為了面子工程而付出額外的成本，那又是另外的一回事了。

最理想的情況，當然是在沽清手頭的股票之後，馬上遇上了股災，到了這時，甚麼股票都下跌了，當然也包括這股票在內，當事人便可以乘機攤開手，說：「踫上了股災，有甚麼辦法，我也不想的！」

比最理想更為理想的情況，是一位叫「林前進」的股壇前輩，在 1997 年，炒一隻股票，在 1.3 元的最高價，把股票沽清光之後，結果由於市況太勁，市場力量把股價推到 2.5 元，方才下跌。這當然更加是沒有任何責任了。問題在於，當發生了這種情況，你又會懊悔：原來市場力量這麼大，為甚麼不晚一點沽、賺多一點呢？

29.12 集資的 4 種方式

上一章和這一章的主題，都是有關集資。公司的集資，一共可以分為 4 種方式：公司借錢、私人借錢，公司售股、私人售股。

如果要把這 4 種方式作出分類，可以用集資的方式去分：公司借錢和私人借錢是一組，公司售股和私人售股又是另外一組，這就是我在本書所使用的分類方法。但是，我們還可以有另外的一種分類方法，就是用集資的個體去分：公司借錢和公司售股是一組，私人借錢和私人售股又是另外一組。當然，我們更可以完全不分類，把 4 種模式分別呈列。

無論我們使用甚麼的分類方法，必須要緊記著一點：這 4 種模式，在概念上和在運作上，是緊密而相通的，很多時，它們也會同時運作。

例如說，公司把價值為 1 億元的新股，賣給了一個莊家，這個莊家可以是大股東本人及他的代理人，也可以是第三者。在這時，公司集了資。然後，莊家成功的把這股票的股價炒高，以 3 億元的總售價，沽出了所有的股票，這就是私人出售股票。在這個個案，公司集資和私人售股是一系列的事件，是不可分的一件

事，可以簡稱為：「公司批一手股票給你去炒啦！」

如果公司配售給莊家的，不是新股，而是可換股債券，這就是公司借錢了。然而，如果莊家把可換股債券換成了股票，這又變成了公司售股，然後他又把這些換來的股票，在市場上出售，這則是私人售股了。

以上的例子，都是告訴我們，這4種方式是混不可分的，只是在前文我為了把概念一一解說，才把不可分的概念斬件來作闡述。以後，我還會另外寫成一本《混合財技》的專著，以大量例子，去說明各種不同財技的實際應用。

30. 收購、合併、出售

「收購」和「合併」是兩種相類似的財技活動，英文叫作「mergers and acquisitions」簡稱為「M&A」，中文的簡稱為「併購」。由於這兩者實在太過相似，所以常常合在一起，說成為「併購」就算了，但當然，兩者是大有分別的，在下文，就會有所分解。

除了「併購」之外，本章的討論範圍，也包括了「出售」。「併購」是把公司的規模擴大，「出售」是把公司的規模縮小，這兩者的功用是相反的，然而，在矛盾之中，也可以有其統一。理解一個概念，也必須正正反反地，才可以清楚地探討出完整的一幅圖像來。

30.1 甚麼是「收購」？

買東西，是「購買」，你可以購買一件衣服，也可以購買一項服務，例如按摩，更加可以購買一間公司。但是，我們不可以「收購」一件衣服，也不可以「收購」一位按摩師為我們按摩，但是，你卻可以「收購」一幢大廈、一間公司，或一系列的連鎖店。換言之，「收購」是商業上的活動，當你購買一間公司的股票、一件資產，或一些業務時，便可視之為「收購」了。

我們買下了一間公司，當然算是收購，但很多時候，沒有買下 100% 的股份，只是買下了控制性股權，也算是收購的一種，甚至在有些時候，只是買下了某公司的重要股權，例如說，一成，或是兩成的股票，也算是收購。

30.2 錢從何來？

購買一件東西，最重要的構成條件，就是要付錢，一方交錢，一方交貨，才叫做一項交易。收購的情況，也是一樣，而在本節，我就打算討論「付錢」這個問題。不過，在財務的世界，習慣上會使用一個比較高級的字眼，叫作「consideration」，我把這個字譯作「交換條件」。

我們去得到一件東西，不一定是付錢，以物易物也是可以的。在收購的世界，也可以用「以物易物」的方式，例如說，用自己的股票，換對方的物業，又或者是，用自己的股票，去換對方的股票，諸如此類。所以，專業的字眼不是「付錢」，而是「consideration」。在本節，說的就是「consideration」。

30.2.1 要約

你要收購一幢大廈，向業主直接開價，就成了。你要收購一間公司，向股東直接開價購買，那就成了。但是，如果你要收購一間上市公司，你可以和其大股

東私下協議，由大股東把名下的股票都賣給你。另一方面，你可以開一個價，向所有大大小小的股東購買其股票，這個開價，稱為一個「要約」。

這個要約可以有著不同的彈性，例如說，可以全面收購，即股東要賣出多少股票，你都統統買下來；也可規定一個特定的數量，例如說，你只肯收下51%，當買齊了股票之後，其他人要把股票賣給你，你也拒絕接受了。

當然，你也可以在市場買進這股票，直至買齊了心中的數量為止。按照香港的法例，如買5%或以下的股票，可以偷偷的買，沒有人知道你在吸納股票這件事，買了5%以上，就要通知交易所，公開持股數量了。例如說，馬來世亞郭令燦家族的「國浩集團」(股票編號：53) 在這幾年，在市場上吸納了14.03%的「東亞銀行」(股票編號：23)，而「東亞銀行」的董事局並沒持有控制性股權，因此，市場認為郭令燦家族將會在不久後的某年某月某日，向公眾提出收購。

當然了，你也可以利用「人頭」，用不同的名字，分開購買，但當然，在實質上，你們是「一致行動人士」。如果你購進的股票數量到達了30%或以上，按照規定那就得向所有的股東提出一個「要約」，也即是「全面收購」了。

30.2.2 槓桿收購

所謂的「槓桿收購」（Leveraged Buyout，LBO），簡單點說，就是借錢去作出收購，就像是使用槓桿原理，以小的力量，去移種一件重的物體。我們借錢去買樓，借孖展去炒股票，統統都是「槓桿」，嚴格來說，都是財技的方式，只是，這些槓桿的方式是為人所熟知的，而本節則集中於說明公司財技所使用的槓桿方式。

30.2.2.1 抵押品

槓桿收購需要借錢去完成，而凡是借錢，都會牽涉到兩項重大的考慮，第一是抵押品，第二是利息。

在抵押品方面，抵押品的價值，當然是遠高於借貸額，否則便沒有人願意借出了。換句話說，你所收購的東西，最好是其價值遠遠高於借貸額，如果不是的話，又有沒有其他的辦法呢？答案是有的，就是把自己的家當也拿出來，作為抵押品。你去買一個物業，固然可以付出一部份的錢，同時拿這個物業，去同銀行做抵押。但是，如果你想九成按揭，銀行當然做不到，但你可以把另一個物業，也送到銀行的手裡，作為抵押，銀行便會接受了。

換言之，如果你是A公司的老闆，想槓桿式收購B公司，很可能銀行會要求你同時把A和B兩間公司的股票都拿過來，作為擔保，才肯借出這筆款項。

為甚麼我會特別提到這一點呢？因為很多有關財務學的教科書，只著重於你收購B公司，便只用B公司的資產來作計算槓桿額，但在很多的情況之下，這

並不符合現實。金主，不論是銀行、財務機構，或者是私人，都不會這麼笨，任由你以力打力，以少許成本，便作出大型的槓桿收購，贏了就是發大財，輸了就只是輸掉付了出來的本金。一個正常的金主，一定會要求借貸人把所有的家當，私人的資產，都拿出來，作為抵押，兼且還要私人擔保，才會答應借出這筆款項。

換句話說，成功的槓桿收購的必要條件，是私人擔保，把借貸者的命運和交易綑綁了，這收購才有可能成功。但是，這一點，教科書卻往往是忽略了的。

30.2.2.2 利息

在利息方面，我們得從金主的角度去看：槓桿越大，金主的風險也越高，為了彌補其風險，所以必須收取更高的利息。因此，我們也可以得出一個結論，槓桿的比率越高，它的利息也就越高。

總括而言，槓桿收購是要付出利息成本的，槓桿比率越高，也即是供借貸越多，它的利息也就越高，也就越難負擔。如果從反方面去看，借錢的另外一方面，是還錢。當你借貸的時候，必須心裡有底：究竟應該如何還錢才好呢？如果槓桿比率越高，借貸人就需要更快地還錢，否則單是付利息，就已經很要命了。

至於還錢的方法，有很多，隨便說說，把股價快速打上去，然後賣掉一部份的股票，用來還錢，就算不還清欠債，只消減掉部份債務，也不失為減輕負擔的途徑。另一招是「拆骨」，後文將會提及。

30.2.2.3 槓桿的必要性

前文說過，財技的最高技巧，在於以小控大，因此，使用槓桿來玩財技，是極其重要的。甚至我們可以說，大部份的財技活動，都涉及了槓桿，只視乎槓桿比率的高低而已。

有一些財技活動，例如說，私有化，又或者是，全面收購，都會普遍地使用槓桿，作為「過渡性」(bridging) 的貸款安排。當然，我們也可以說，使用槓桿比率越高，代表了以小博大，假如成功了，代表了財技越是高明，反過來說，槓桿比率越高，借貸人的位置便越是危險，越是容易失敗、破產收場，這是一個硬幣的正反兩面，勝者為王，敗者為寇，這是沒有話說的。

30.2.3 賣方借貸

在很多的情況之下，在收購行動時，都會出現「賣方借貸」的行為，英文叫作「selling financing」或「vendor financing」。用另一種說法，「賣方借貸」也是一種槓桿，也即是借錢的一種，不過買家不用另外找金主了，賣方借給你就可以了。

賣方借貸其實是很常見的財技活動，分期付款就是其中的一種，不過記著，

刷信用卡的那一種分期付款，並不是賣方借貸，而是信用卡貸款，因為信用卡公司已經代你付清了錢給賣家，你的債主就只是信用卡公司而已。

為甚麼賣方借貸會如此流行呢？這是因為抵押品的可信性問題。一個人向金主貸款，用一件資產來作抵押，金主最大的可能損失，在於抵押品抵不上貸款的數額，這就會造成了資不抵債，如果債仔不還錢，就算沒收了抵押品，賣掉了，也是得不償失。

一件抵押品究竟值不值一個價錢，如果是樓宇，那還好辦，找一個測量師，就可以估價了。可是，假如這是一間公司，究竟如何估值，那就難上加難了。當然，估值是一定能夠的，只要估一個保守的價錢，肯定沒有風險。但這樣一來，估到的價錢不高，借不到債仔想借的數字，這宗交易便做不成了。

最為清楚一件資產的真實價值的，當然是賣家本人。因此，如果由賣家去為買家作出融資，理論上，可以借到最高的比率。這當然有一個先決條件，就是賣家必須不急於使用這筆款項，才可以提出賣方借貸，如果賣家欠下別人大筆款項，等著賣掉資產來還債，賣方借貸便搞不成了。

在某些情況下，也是只有賣方提供借貸，才有可能成功。例如說，我們去發展商那裡，買新房子，賣方提供九成的貸款，香港的「華懋集團」便常常提供這一項槓桿優惠。由於新房子的售價，已經包括了發展商的龐大利潤，也即是說，這個價格包括了發展商的利潤溢價。換言之，如果有第三者代為提供九成的借貸優惠，一定會「領嘢」收場，此所以「新鴻基地產」（股票編號： 16) 不可能接受「長江實業」（股票編號： 1) 的房貸，反之亦然。

如果用廣東的土話來說，賣方借貸是「荷包跌落兜肚」，自己的錢交給自己，對方至少先付了一筆，自己根本就沒有吃虧。如果是貸款給別人，去購買第三者的資產，自己的風險當然就大得多，借出時也必須審慎得多。

查良鏞，也即是寫武俠小說馳名的大作家金庸，在 1959 年創辦《明報》，在 1991 年的利潤是七千萬元，1992 年的利潤是一億元，它是在 1991 年上市，股票編號是「685」，現已改名為「世界華文媒體」。在 1992 年，查良鏞以優惠價錢，並且提供了分期付款，把這間上市公司賣給了商人于品海。這當然也是一宗賣方借貸的個案。

有關「賣方借貸」，我將會在下面的「金主財技」一章中，再作論述。

30.3 敵意收購

如果你收購一間公司，並不先經過原來的大股東和董事局的同意，意圖強行買進，便叫做「敵意收購」(hostile takeover)。

香港有史以來最有名的一宗敵意收購，當然是在 1980 年，包玉剛強行收購

「置地集團」手中的「九龍倉」(股票編號: 4)。然而，今日香港的上市公司，大都股權集中，難以作出敵意收購，所以個案並不太多。

30.3.1 「中國燃氣」的個案

1999 年，白手興家的商人劉明輝成立了「中國燃氣」，主要的投資者是「中石化」、由阿曼政府全資擁有的「阿曼國家石油公司」、印度政府控股的「印度燃氣」、亞洲開發銀行、阿曼政府投資基金、荷蘭國家開發銀行等，真的是粒粒都是天皇巨星。這公司在 2001 年，在香港交易所上市，股票編號是: 384。

「中國燃氣」在中國的 20 個省區直轄市，擁有 151 個城市管道燃氣專營權，是五大城市燃氣供應商之一。擁有優良的資產，是被敵意收購的第一個條件。

在成功上市之後，劉明輝為「中國燃氣」打造了國際化的股東結構: 2004 年，引入了「中石化」(股票編號: 386) 作為股東，買了 2.1 億股，佔 9.35%。在 2005 年至 2008 年之間，引入了「印度燃氣 GAIL」、「阿曼石油」、「亞洲開發銀行」、韓國最大的石化能源企業「SK 控股」。結果是，最先注資進來的「中石化」，被攤薄到目前的 4.79%。引入外國資本，因為有外資股東就是「國際事件」，不會被國資「玩晒」，可以作為對國資的一種制衡，這是劉明輝極為高明的一著。

劉明輝身處於多個股東的中間，可以用靈活的政治手段，利用不同股東之間的矛盾，以小股東的身份，控制到整間公司。但是，這也會令到公司的股權分散。沒有了單一的大股東，造成了被敵意收購的第二個條件。

不消說的，購成敵意收購的第三個條件，是它的股價偏低。在 2011 年和 2012 年之交，「中國燃氣」的市值約為 150 億元，我並沒有詳細計算過它的價值，但是，在我執筆時的一年半之後，它的市值已經翻了一倍不止，可知道當時它的價值是偏低的。

這場敵意收購的導火線，在於劉明輝作為公司的創辦人，以及執行總裁黃勇，在 2010 年底，在深圳被公安局以涉嫌「職務侵佔罪」，帶走收柙。隨即，內部發生了大改組，一個月後，劉明輝被公司停止了董事總經理的職務，多名董事也被迫離職。

在 2011 年底，作為股東之一的「中石化」(股票編號: 386) 發難，伙合民企「新奧能源」(股票編號: 2688)，宣佈以 3.5 元的現金價，收購「中國燃氣」。

面對敵意收購，劉明輝和「富地石油」不斷的增持「中國燃氣」的股份，而其它的股東，例如「SK 控股」也在密密增持，在 2012 年中，它的持股量已達到了 15.34%，遠遠高於「中石化」的 4.79%。

如果只是現有的股東出手幫助劉明輝，「中石化」和「新奧燃氣」還可以控制大局，但是，到了後來，連「北京控股」(股票編號: 392) 的母公司「北控集團」

也加入了戰團，站在劉明輝的一方，到了這時，事情便開始失控了。

「北控集團」和「中石油」(股票編號：857) 是合作伙伴，而「中國燃氣」的其中一個主要業務，就是在北京，所以「北控集團」也就有了加入收購戰的理由了。換言之，這已經變成了中國石油業兩大國企巨頭：「中石油」和「中石化」之爭。不過，「北控集團」也為這場國企之爭留了一手：如果民企「新奧能源」退出，「北控集團」也可以相應退出，不參與和「中石化」的對抗。

這項收購戰一直持續到明年，由於「北控集團」不停在市場上購進股份，先是收購了「阿曼石油」手中的 2.38 億股，繼而在市場吸納，致使它的持股量升至 14.94%，成為了第三大股東。「中國燃氣」的股價因而升了很多，超過了要約價 3.5 元，當然也就沒有股東願意出售股票，因此，「中石化」和「新奧燃氣」的敵意收購終於以失敗告終。

30.3.2 劉鑾雄的連串收購

香港的敵意收購個案雖然不多，但是卻有一個富豪，是靠著敵意收購而發財、而成名的。就是劉鑾雄。

劉鑾雄在 1978 年，成立了「愛美高風扇廠」，這公司於 1983 年上市，為他賺到了第一桶金。

在 1985 年，劉鑾雄透過「愛美高集團」，大手吸納「能達科技」(當時的股票編號：65，1989 年除牌)。這公司的大股東是莊士家族，由於莊家不想讓出控制權，唯有以高價購回劉鑾雄手上的股份，結果在這一次的狙擊戰中，劉鑾雄獲利超過六百萬元，比「愛美高集團」的全年盈利還要多。

「華人置業」(股票編號：127) 成立於 1922 年，在 1968 年上市，創辦人是香港兩個世家大族：馮平山家族和李冠春家族。這公司的業務相對簡單，只是持有大量的優質物業和股票，最值錢的，就是位於中環的娛樂行，以及另一間上市公司「中華娛樂」(當時的股票編號：206，1992 年被私有化) 的控股權。

在 1986 年，出任「華人置業」主席的，是馮氏家族的馮秉芬，出任「中華娛樂」的，是李氏家族的李福樹。

這事件的導火線，是馮、李兩大家族不和，更有甚者，李氏家族的內部也不和。首先是李氏家族中的李福兆把手頭的股票賣給了「公司醫生」韋理，韋理遂聯合了馮秉芬，把李氏家族的成員全都擯出了董事局。問題在於，在這時，馮秉芬和韋理兩人加起來的股票，也不足 35%，而當時的法例，全面收購的觸發點，是 35%，而不是今日的 30%。

李氏家族不甘被逐出局，於是伙同「新鴻基證券」的馮景禧家族的次子馮永祥，提出以 16 億元，來作全面收購。在這時，他們擁有 28.5%，再加上 2.8% 的股東同意接受，加起來，就是 31.3% 了。

就在這時，劉鑾雄介入戰團，提出以每股 16.5 元，去全面收購「華人置業」，旋即將收購價提高至 18 元。以這個價錢，李氏家族把股票都賣了，連馮秉芬弟弟的股票，也都賣了。劉鑾雄獲得了超過四成的股份，馮秉芬本來就已經有財務困難，根本沒法抗衡，只把股份賣了給韋理，而韋理亦與劉鑾雄達成協議，由前者去當董事局主席，後者是大股東，則只當董事總經理。

經過了 3 次的收購戰，劉鑾雄旗下的上市公司增至 3 間，於是他食髓知味，再去尋找那些資產價遠高於股價，但大股東又沒有絕對控制權的公司。

跟著他挑中了「中華煤氣」(股票編號： 3)，但李兆基是老江湖，及時購進了足夠的股票。劉在事敗之後，將手頭的股票出售，也賺了三千四百萬元。

「香港大酒店」(股票編號： 45) 創辦於 1866 年，旗下資產包括半島酒店、九龍酒店、淺水灣影灣園、山頂纜車、中區聖約翰大廈，由梁仲豪家族和嘉道理家族共同持有，前者擁有 30.4%，後者只有 12% 的股權。

在 1987 年，當時的梁氏家族意欲退出這公司，便把手頭的股票賣給了劉鑾雄和林百欣，後兩人便約見米高•嘉道理，意欲加入董事局，卻遭米高拒絕了。劉和林的應對，是在股東大會中，投票反對米高•嘉道理連任主席，但是，由於嘉道理家族作為香港的「電王」，擁有「中華電力」(股票編號： 2)，長期被稱為「香港首富」，在香港商界享有崇高的地位，在股東大會的投票，米高僅僅可以連任主席，而劉和林則被拒諸於事局之門外。

嘉道理家族並非省油的燈，他向香港收購及合併委員會投訴，劉和林兩家是「一致行動人士」，共同持股量已超了 35%，必須以半年來的最高價，向「香港大酒店」的股東提出全面收購。這故事的結果，是收購及合併委員會的最後裁定，並無明顯證據證明劉和林是「一致行動人士」，但是嘉道理家族已贏得了時間，趁此段空隙，在市場上大量買入了「香港大酒店」的股票，捍衛了控股權。另一方面，市場也傳出，嘉道理家族正想與韋理合作，把劉鑾雄踢出「華人置業」，這一招，正是反守為攻，火燒敵人的後欄。

在這情形之下，劉鑾雄只有把手頭所持有的 34.9% 的股票，賣給了寶源投資安排的銀團及匯豐銀行的一家附屬公司。這是由於嘉道理家族為了避免超過觸發點而引來全面收購，所以必須假手第三者，來接下對方的股份。在這一役，劉鑾雄旗下的「愛美高」和「中華娛樂」，分別賺到四千二百萬元和九千四百萬元，可算是獲利豐厚。

30.3.3 敵意收購的心得

縱觀以上的敵意收購例子，我們可以得出兩個結論來：

第一，收購不一定需要成功，就是收購失敗了，往往也可以獲得到豐厚的利潤。

第二，單純因為在計算上「抵買」，就去提出敵意收購，成功的機會率是微乎其微的。廣東俗語說：「無鬼死唔到人。」我們可以看到，「中國燃氣」的爭奪戰是因為股東吵架，「華人置業」也是因為股東不和，令到劉鑾雄得以坐收漁人之利，「香港大酒店」則是劉鑾雄先買到了梁仲豪手頭的股票。至於「能達科技」和「中華煤氣」，劉鑾雄雖然都是賺錢收場，但只是 hit and run 式的短線快錢，利潤和「有內鬼」的情況，可差得遠了。最重要的是，這兩宗「沒有內鬼」的收購，也沒有成功。

30.4 管理層收購

管理層收購（Management Buyout，MBO）指的是公司的管理階層，買下了公司的大量股票，從而獲得了公司的控制權。在大部份的情況之下，公司是由大股東控制的，但是，有的公司卻並沒有大股東，例如說，「佐丹奴」（股票編號：709），而其管理階層也只是持有少量股份。

理論上，任何公司只要是股價遠遠低於資產值，便有可能被收購，但是，究竟公司的資產的價值是多少，卻是一個並不容易知道的事實。如果公司的主要資產是持有幾幢大廈，其價值自然很容易去瞭解：找一個測量師去測量，就甚麼都明白了。可是，假如這公司有如「中國燃氣」般，持有的是輸氣往家庭的管道，又或者是，這公司是「大家樂」（股票編號：341），持有的是快餐連鎖店的經營權，那又該如何去估值呢？一般的財務計算，是計算它們的現金流，可是，一盤生意在未來的經營前景，是不能用現時的現金流去預測的。

簡單點說，最明白公司前景的人，就是公司的管理階層，如果連他們自己也肯出資，甚至是使用槓桿借貸，也願意去購進這公司的股份，這一筆的交易，當然是很「安全」的。甚至可以說，當管理階層自己斥資去買進公司的控制性股權時，他們的管理當然也會更為盡力。理論上，長期而言，對公司是有利的。

香港史上最為大宗的一宗管理層收購，是榮智健在 1986 年，加入了「中信香港」，擔任董事總經理，後來當上了主席。跟著的幾年，「中信香港」經過了一連串的收購，變成了上市公司「中信泰富」（股票編號：267），又入股「國泰航空」、「港龍航空」，以及西區隧道等等，演變成一間大企業，而榮智健亦在 1997 年，以槓桿式的借錢方式，以超過一百億元的代價，以管理層身份購進了「中信泰富」的 18% 股權，從打工仔，變成了僅次於中國政府的第二大股東。

30.5 逆向收購

一間上市公司去收購另一間非上市公司，是十分平常的事，一間非上市公司

去收購一間上市公司，也是十分平常的事，算不上是「逆向收購」。所謂的「逆向收購」，英文叫「reverse takeover」，或「reverse merger」，意即一間非上市公司，把其業務注進了一間上市公司之內。於是，這一間非上市公司的業務沒有了，卻得回了「consideration」(還記得在前面說過甚麼是「consideration」嗎？)，這「consideration」就是該上市公司的股票。

換言之，這非上市公司用業務來換取了上市公司的股票，從而：

1. 獲得了這上市公司的控制性股權。

2. 它的業務等於變相上了市。

請記著一點，這種財技做法，必須要非上市公司獲得了上市公司的控制性股權，才算是「逆向收購」，否則，這就只能夠算是用股票換資產的普通收購行為了。

順帶一提，「逆向收購」是財務學和管理學的名詞，並非法律名詞，在香港的法例，這是屬於「VSA」，即「very substantial acquisition」，中文是「非常重大收購」。

30.5.1 電訊盈科的例子

1993 年，李澤楷成立了「盈科拓展」，在 1998 年，他又得到了數碼港的發展權。跟著在 1999 年，李澤楷把「盈科拓展」的部分資產，以及數碼港的發展權，注入「得信佳」(當時股票編號: 1186)，獲得了控制性股權，並且改名為「盈科數碼動力」。

後來「盈科數碼動力」的股價大升，變成了逾千億市值的巨無霸，這宗併購，也成為了香港股票史上最有名的逆向收購個案。

30.5.2 借殼上市

大家可以看到，逆向收購是一種變相的上市形式，它是「借殼上市」(backdoor listing) 的一種，但是，反過來說，後門上市卻不一定是逆向收購。在 1996 年，一間叫「錶準時國際集團」的公司上市，股票編號是「1031」。這間公司因為發生了財政問題，在 2000 年易手了，在 2004 年，再度易手，給「金利豐證券」的老闆娘朱李月華，人稱「朱太」，把澳門的賭業注進去，改名為「黃金集團」。到了 2007 年，朱太把她名下的「金利豐證券」注進了「1031」，實行借殼上市。但這卻不是逆向收購，因為它並沒有牽涉到控制性股權的轉變，大股東由始至終，都是朱太。

30.5.3 為甚麼需要借殼上市呢？

好端端的申請上市，不就很好了嗎？至少，申請公開招股上市，即「IPO」，

可以在市場集到資金，但是，逆向收購卻不涉及集資，自然是吃了虧。

這是因為《上市條例》以及證監會、交易所等等，在申請上市的過程中，有著種種成文或不成文的規例，如果那公司不符合資格，但又想上市，那就只有通過借殼上市這個途徑了。

舉一些例子，在 2007 年，有很多的礦類資源，均是有資產，沒有開採，也即是沒有盈利，所以通過不了法例上的「持續三年利潤」的要求，只有出諸借殼上市一途，其中最有名的個案，當然是把外蒙古煤礦注進去的「新世界數碼」(股票編號：276)，並且改名為「蒙古能源」，大炒特炒股票，並且發行了多種認股證，在最高峰時，市值超過一千億元。

前述的「黃金集團」，也是由於盈利不符合要求，所以無法 IPO 上市；「金利豐證券」則因為被證監會的調查個案太多，也是難以 IPO 上市。至於另一間公司「壹傳媒」，由於太多誹謗訴訟，構成了上市的不明朗因素，所以在 1999 年，借殼「百樂門」(股票編號：282)，來作上市。

30.6 合併

合併和收購的最大分別，就是後者的財技行動完成了之後，仍然是兩間公司，只是股權結構有所分別罷了。可是，在「合併」的情況，就是兩間公司合而為一，是一間消滅了其中一間，又或是互相消滅了對方，總之，不管如何是好，到了全部財技工作完成了之後，只會剩下一間公司。

合併的具體形式有很多種，可以互相兌換股票，也可以用現金加兌換股票，方法多得很。不管如何，事後只會剩下一間公司，一種股票，這就是「合併」了。

30.6.1 「電訊盈科」的例子

前面說了，李澤楷利用逆向收購的財技，獲得了「盈科數碼動力」，跟著他馬不停蹄，在 2000 年，勸服了藍籌股「香港電訊」(股票編號：8)，與他的「盈科數碼動力」合併，由中銀、匯豐、法巴、巴克萊等 4 大銀行，合共提供了 110 億美元的資金，讓李澤楷可以用換股加現金收購的形式，獲得了「香港電訊」這一間擁有電訊業務專營權的百年老店。

在合併完成後，「盈科數碼動力」，也即是股票編號「1186」沒有了，李澤楷獲得了二十多個巴仙的「電訊盈科」股票，而「電訊盈科」也得負起當日「盈科數碼動力」借錢購買其股票的巨額債務。

30.6.2 美國在線

Steve Case 在 1983 年進入了「Control Video」當銷售員。這是一間很失敗

的公司，不停的改名，也不停的轉換股東，而 Steve Case 的身份，也由打工仔，變成了股東。在上世紀八十年代的後期，它開始交上了好運道，並且改名為「美國在線」(American Online)。到了九十年代，它成為了第一批互聯網公司，生意大好，股價大升，在 1998 年了，收購了 CompuServe 和 ICQ，在 1999 年收購了 Netscape。年輕的一輩也許還知道 ICQ 是甚麼，但應該沒有聽過「Netscape」。簡單點說，Netscape 就是第一代的瀏覽器，在還沒有 Internet Explorer 的年代，要看互聯網的資料，如果是非電腦專業人士，只有用 Netscape 了。由此可知，當時的 Steve Case 和「美國在線」是多麼的牛。

在 2000 年，也即是「美國在線」如日中天的日子，它宣佈與傳媒巨頭「時代華納」合併。它也是以現金加換股的形式，出資 1,640 億美元，去收購「時代華納」；在這時，兩間公司合起來的總市值，是 2,800 億美元。合併之後，名字變成了「AOL Time Warner」，立時成為了當時世界上最大市值的傳媒公司。

合併完成後，Steve Case 當上了「AOL Time Warner」的主席，但是好景不常，合併完成後，股價不停的猛跌，在 2002 年，市值蒸發了一千億美元。於是，在 2003 年，Steve Case 只有放棄了主席的地位，到了 2006 年，他連董事也當不了。在 2009 年，「美國在線」重新分拆上市，比起 9 年前的全盛時期，市值蒸發了 98%。

30.7 出售

很多人都會知道，收購與合併是非常重要的財技活動，但很少人會留意到，「出售」也是非常重要的財技，其重要的程度，不在收購和合併之下。

如果是收購，買家得付錢，或是付出一個「consideration」，反過來說，如果是賣方，當賣出了資產之後，就可以得到一個「consideration」，作為補償。

30.7.1 李嘉誠的「賣橙」

香港史上最大的一宗出售行動，莫過於李嘉誠的「賣橙」。

李嘉誠旗下的「和記黃埔」(股票編號：13) 在 1994 年，創立了 Orange 電訊公司的品牌，總投資額是 84 億港元。3 年之後的 1996 年，它在英國上市，在上市之後，「和記黃埔」所佔的股份份額，是四成多。1999 年的科網股最高峰，李嘉誠把 Orange 電訊公司的四成多控制性股權，賣給了德國的電訊公司 Mannesmann，作價是 1,130 億港元，「和記黃埔」的利潤就是超過了一千億元。

因為這宗交易，在 1999 至 2000 年度的賬目，「和記黃埔」成為了全地球最賺錢的公司。而和黃的股價也昇到了史上最高的 138 元。在 1997 年的股市高峰期時，和黃股價的高點，不過是 75 元而已。就算是在 2007 年，香港股市達到了

31,958 點的新高，和黃的股價也超過不了一百元大關，由此可以知道，出售資產對股價的影響力，而股價對財技的重要性，大家早已是得知的了。

30.7.2 拆骨

「拆骨」的表面意思，是把一間公司的資產分拆出售，但在實際上，它卻有深一個層次的意涵。一般而言，當一個人，或一間公司，使用了高槓桿的比率，去購進了一間公司。由於高槓桿比率意即高借貸，當這個人或公司獲得了公司之後，便有需要快速出售公司的資產，以減輕負債。當然，這種情況，必須發生在公司的股價，也即是收購價，遠遠的低於其資產值，才有可能發生。

這種「拆骨」方式的鼻祖，得數「價值投資之父」，巴菲特的師傅 Benjamin Graham。他最活躍的年代，就是在美國大蕭條之時，不少公司的股價，遠遠的低於其資產值，所以，他便可以藉著收購公司的控制性股權，買進了公司，然後把公司的資產出售，「拆骨」圖利。

30.8 收購和合併的獲利方式

為甚麼財技操作者要作出收購或合併的行為呢？很簡單，因為有利可圖。這又衍生出另外的一個問題：收購的利潤何在，換句話說，收購和合併這項財技活動，究竟是循甚麼途徑，去獲得利潤呢？

30.8.1 買平嘢

收購最基本的獲利方式，就是買了一件平價的資產。劉鑾雄之所以憑著當股壇狙擊手，而大賺其錢，正是因為他看中了機會，能夠以廉價購進了一些資產優厚的公司的股票。

在合併的例子，李澤楷把「盈科數碼動力」和「香港電訊」合併了，賺錢的方法就是把「盈科數碼動力」的價值給高估了，然後再和對方合併。Steve Case 所使用的方法，也是一樣：高估了「美國在線」的價值，然後和「時代華納」合併。

簡單點說，這是利用對方的愚笨來賺錢。

30.8.2 買貴嘢

你的公司用平價買下了一項寶貴的資產，就賺了錢。反過來說，如果你的公司用很貴的價錢，去買下了一件垃圾資產，也可以是一種另一種賺錢的方式。

買垃圾資產怎可以賺錢呢？答案十分簡單：用公司的錢，去買大股東名下的垃圾資產，公司是虧了本，但是大股東卻賺了錢。這種情況，也即是變相的「偷錢」。

這種情況，大規模地出現在 1999 年的科網股的熱潮，也大規模地出現在 2007 年的資源股熱潮中，上市公司用天價去買進一個網站，以及用天價去買進一個礦，都是那時常見的行為。到了後來，當然發覺了這個網站，或這個礦，是一錢不值的。

當然了，如果大股東要把私人資產注進公司，叫做「關連交易」，受到了法例嚴格的限制。但是，大股東也可以利用「人頭」，去把項目賣給公司，那就可以逃過法例的限制了。當然，使用這種不合法的招數，一旦給識破了，後果是要坐牢。

30.8.3 協同效應

兩間公司合在一起，在同一個大股東之下去經營，在某些情況之下，可以產生「協同效應」(synergy)。所謂的「協同效應」，用一句話去解釋，就是：「一加一大於二」。這即是說，兩間公司經過了收購或合併之後，會發揮到更大的作用。

30.8.3.1 橫向收購

假設有兩間銀行，各有 100 間分行，也各有 100 億元的客戶存款。如果這兩間銀行合併了，可以將部份地區重疊的分行關掉了，這就可以有效的減少支出，但是，客戶存款的總額，卻並沒有任何的改變。

所謂的「橫向收購」，意即收購或合併相同業務性質的公司，例如說，銀行收購銀行，印刷廠收購印刷廠。

30.8.3.2 垂直收購

所謂的「垂直收購」，就是收購或合併同公司的生產線，或經營環節有關係的公司，例如說，報紙收購印刷廠，電影公司收購電腦特技製作公司，諸如此類。

垂直收購在某些情況之下，可以保證了生意額，例如說，當印刷廠收購了報紙，便可以保證到，報紙肯定不會把印刷工作給了別的印刷廠。反過來說，如果報紙收購了印刷廠，也可以保證到印刷工作的不會受到障礙，不會突然有一天，印刷廠走來對你說：「我不做你的生意了，請找別家去印吧。」更大的憂慮是：你的競爭對手買下你的最重要的供應商。

換言之，報紙和印刷廠可以產生互補的作用，因而出現了協同效應。

30.8.3.3 協同效應的失敗

協同效應是教科書上的說法，在實際的運作上，它的失敗率是非常之高的。這是因為兩間公司的合併，在磨合方面，是十分困難的，這是管理學上的大難題。

如果用橫向收購來作例子:

第一個情況: 兩個人互相競爭地去找生意。

第二個情況(即收購): 兩個人各走不同的路線,互相協調地去找生意。

第三個情況(即合併): 兩個人走在一起去找生意。

很明顯地,有競爭,才能有進步。在長遠而言,大家互相廝殺,不留情面,才能夠爭取到最多的生意。兩個人走在一起,行「孖咇」,反而浪費了時間精力。

一般來說,在「合併」的情況,除非是在「合併」之後,能夠獲得了壟斷市場的地位,否則只會因為成本減低了,在短期收到利潤增加的效果,長期而言,往往反而有害。

至於在垂直收購方面,雖然可以保障到某些利益,但是,這也會造成了管理上的某些不利。 畢竟,多管理一間公司,也需要花去管理階層的很多精力。也是以報紙和印刷廠為例子:如果印刷廠的印刷質素不如理想,報紙可以取消和它的合作嗎?換言之,如果一間公司做得不好,很容易造成了「火燒連環船」的後果。

所以,協同效應有可能成功,但也很可能會失敗,其中尤其以合併,失敗機會最高。大部份的「合併」,都是以災難收場,「電訊盈科」和「美國在線時代華納」只是其中的兩個例子罷了。

30.8.4 「利豐」的例子

「利豐」是一間廣州公司,成立於 1906 年,股東是李道明和馮柏燎。在 1937 年,馮柏燎的第三子馮漢柱在香港成立了分公司。這間分公司把「利豐」的招牌發揚光大,在 1973 年上市,現時的股票編號是「484」,是一間藍籌公司。

「利豐」的業務是貿易、物流、分銷及零售,而它的壯大方法,是通過一系列的橫向和垂直收購,例如說,在 1995 年,收購「英之傑」的「Inchcape Buying Services」, 在 1999 年,收購「太古貿易公司」和(Camberley Enterprises),在 2000 年,收購「Colby Group」,在 2002 年,收購「美利洋行」,在 2009 年,收購了美國童裝及男士服飾銷售公司 Wear Me Apparel,在 2010 年,收購了香水及個人護理產品企業 Jackel Group、香港牛仔服裝設計 HTP Group,和在美加的男女配飾設計及分銷公司 Cipriani Accessories 及其聯營公司 The Max Leather Group。

為甚麼「利豐」有本錢作出這麼多的收購呢?這是因為它不但是一間上市公司,而且還是一間藍籌公司。諸位讀者可還記得,在前文說過,上市公司相比起非上市公司而言,享有高溢價,而藍籌股的溢價更高,換言之,像「利豐」這種藍籌公司,享有很高的溢價,也即是很高的市盈率,所以,它就算用很高的價錢

去收購其他的公司，也有著降低其市場盈率的作用，相比起其溢價而言，還是便宜了。

另一方面，「利豐」也可以乘著它的高市盈率，也即是高股價，去配股集資，例如說，在 2012 年，它便透過了先舊後新的方式，以每股 18.52 元至 18.82 元的高價，配股集資 5 億美元。

「利豐」的個案，並不單單是簡單的收購，而是集合了很多不同手法的「混合財技」。至於有關「混合財技」的種種，會有另外一個部份，去作出描述。

30.9 出售的利潤何在？

說完了收購和合併所能產生的利潤，現在該說到出售的利潤了。

和收購與合併一樣，如果能夠以高價出售一件資產，給一個「凱子」，那就可以獲得豐厚的利潤了。其中最好的例子，當然是前述的李嘉誠以高價賣出「橙」給德國的電訊公司，因而賺到了過千億元的神奇故事。

另一方面，出售也可以同收購合併一樣，如果上市公司可以用低價把資產賣給大股東，也可以令到大股東得利。

在 2004 年，「華人置業」的管理階層表示，樓市升勢開始放緩，於是大股東劉鑾雄斥資六億四千萬元，向「華人置業」購入了一些豪宅和一批古董擺設，包括白加道四間獨立屋。最後，這批物業為劉鑾雄賺了 3 億元，古董也升值了不少。

30.10 好消息炒股票

不論是收購、合併，還是出售，都可能為公司帶來了好消息，有利於其股價。例如說，在 1999 年和 2000 年之交，「盈科數碼動力」和「香港電訊」合併之前，「盈科數碼動力」的股價在 1999 年創了新高，達到了 19.5 元。在 2000 年，「香港電訊」也達到了史上的最高價，28 元。「和記黃埔」也是在「賣橙」的時候，創出了 138 元的史上高價。

在 2009 年，「中策集團」(股票編號: 235) 提出聯同私募基金「博智金融」，收購「台灣南山人壽」的 97.57% 股權，動用資金是 21.5 億元，融資方式是配售票據和發行新股。

因為這個消息，它的股價由宣佈前的 0.3 元左右，大升至最高 1 元，跟著的大半年，在 0.5 元至 0.7 元之間的價位徘徊。雖然，有人曾經計算過，這個收購價並不划算，假如收購成功了，對於股價來說，反而應該是利淡消息才對，因為 21.5 億美元的買價是貴了，是笨了。

可是，「中策集團」的股價硬是不跌，長期企在高位。這個故事擾攘了大半年，終於，台灣當局否決了這項交易，當交易告吹之後，股價馬上打回原形，變回0.2元至0.3元之間。但是，無論如何，這公司已經轟轟烈烈的大炒特炒了一會。

至於股價企在高位，有甚麼好處呢？前文已經說過，股價高，就能賣得更好的價錢，這是錯不了的道理。因此，有著收購、合併，或出售的消息去宣佈，不管這消息到了最後，究竟是好還是壞，甚至是有如「南山人壽」般，化為烏有，但在宣佈消息的那當兒，還是一個好消息，可以刺激到股價。

30.11 小結

收購、合併、出售是高深的財技，如果要詳細論述，寫一本書，還不足夠。以上只寫了一萬多字，未免是浮光掠影，深度不足。但是，這應該足夠給讀者一個簡明概念，使其明白，收購、合併、出售在財技方面，究竟是扮演著甚麼角色。

31. 公司的債務重組

公司重組有很多種方法，前面已經討論過，諸如收購新資產，出售舊資產，分拆上市，把子公司私有化等等，都是重組的具體方法。在本章之中，主題卻是集中在債務的重組。

一個人欠下了很多的高息卡數，以及財務公司的私人貸款之類，可以想辦法重組債務，再去舉一些利息比較低的新債，以還清利息更高的舊債。一間公司如果乖乖的依期清繳欠債，也用不著債務重組。

但是，當它發現，現金流不足以還錢，它可以選擇像普通人一樣，拖長還款期，但這是有限度的，如果現金流真的太少，還款期是不能無限期延長下去的。以私人借貸作比喻，如果一個人的收入，連還利息也不夠，也就不可能作出任何的債務重組了。

在現金流完全不足以債還債務的情況之下，公司有兩個選擇：第一，變賣資產來作償還，然而，如果它的債務比資產更多，資不抵債時，那就只有選擇第二了。甚麼是第二個選擇呢？

31.1 清盤程序

當一間公司無力償還債務時，債權人可以向法庭提出「清盤」，也即是說，著它解散公司，把公司的資產賣掉，用來還錢給債主。

公司也可以自動提出「清盤」，即是說：老子不幹了，你們這些債主迫死了我，大家走著瞧吧！

如果一間公司還未清盤，要債主答應吃虧的重組方案，是難如登天的。尤其是大型銀行，負責人都是打工仔，當一間公司未曾清盤時，他不可能損害銀行的利益，去接受吃虧的債務重組方案。但當公司宣佈了清盤之後，他才有合理的理由，去談判和接受債務重組的條款。

然而，在會計費用方面，清盤所花的錢，也是很多很多的。一筆巨額的費用，將會進入了會計師的口袋裡，而會計師所收的費用，是比所有的債權人更為優先。換言之，清盤所得回來的現金，會先走進會計師的賬戶，餘下的，才分給債權人，而且，清盤的會計費用，還是很高很高的，反正那公司已是「死人」，而「死人」是無法開口講價的。如果你說：「這豈不是搶錢？」答曰：「這不是搶錢，是好過搶錢。」

31.2 重組債務方案

如果公司欠下巨債，沒法子償還，可以選擇以下的方法，去還清債務：

1. 同所有的債權談判，把債務按照比例削減。這即是説，債權人願意以折扣價收回債務。

2. 把債務變成股票，這叫做以「以股代債」。這即是説，債權人不要他的債款了，把這筆錢當作是入股公司，換言之，債權人的身份，從債主變成了公司的股東。

3. 發行新股集資。發行新股也有兩種方法，第一是找一個或一些新股東進來，購進這些新股，第二就是向原有股東著手，用供股的方式，去向他們集資。

以上的幾種方法，並非互相排斥，相反，是常常交叉使用。

31.2.1 集資還錢

我在寫作《炒股密碼》的第三版時，曾經提過福建人當上市公司老闆，統計學上有著特多的假賬風險，其中的一個例子，就是「中國包裝集團」(股票編號: 572)。在我寫作時的 2009 年，它停了牌，被德意志銀行申請清盤。

結果在 2011 年，它提出了重組計劃，然後以每股 0.12 元的作價代債:

1. 發行 2.3 億股新股，集資 0.276 億元。

2. 發行 5.2 億可換股優先股，集資 0.624 億元。

3. 發行 1.5 億股可換股債券，集資 0.18 億元。

以上的 3 項集資，可得款 1.08 億元，其中的 0.62 億元，用來還錢給債權人，0.17 億元「用作抵銷投資者根據專有及託管協議墊付予本公司之墊付費用」，0.29 億元則用作流動現金。

31.2.2 以股代債

當年的「夜總會大王」鄧崇光創辦了「柏寧頓集團」，在 1992 年借殼「萬年置業」(股票編號: 202) 而上市。因為它過度擴張，借貸太多，踫上了 1998 年的金融風暴，因而資不抵債，被交易所勒令停牌，進入了清盤程序。

我的朋友簡志堅的出身，是美資銀行的超超超高層，所以不但財務和財技知識豐富，銀行知識也是專家中的專家。在重組公司的過程中，除了財技知識之外，還得有銀行知識，因為重組的公司，十居其十，都需要債務重組，而會計師只能解決債務重組的文件問題，如何同銀行談判，如何令銀行接受重組方案，以符合銀行內部的審批過程，就必須要有銀行專家，用銀行家的語言，talking with the bankers，才能解決也。

所以，有一次，連國際四大會計師樓的重組專業會計師，也沒法子，只有想出一個絕妙的辦法，同簡先生「偷橋」了。至於這個「偷橋」的辦法是甚麼？當然不能説，否則被人告誹謗告到甩褲！

簡志堅負責重組「柏寧頓集團」，就是把債務減去了九成，剩下的一成呢，

就以股代債，這等於是不用還錢。於是，「柏寧頓集團」改名為「國中控股」，在 2000 年復牌。

結果呢？

神奇的事情是，這股票在復牌之後，股價炒高了十倍，換言之，如果「削債九成，以股代債」的債權人在那時沽出股票，便可以全數收回債項。而在不久之後，簡志堅也把控股權賣掉給國內一位叫「張揚」的投資者了。

31.2.3 供股兼配售新股

「英發國際」(股票編號：439) 是一間紙品公司，是由我的「老」朋友馮廣發和他的哥哥創立的，1992 年在香港上市。所謂的「老」朋友，是因為他的年紀很大，我在上世紀的九十年代認識他，他已經六十多歲了。後來，因為他和哥哥的兒子爭產，結果他以三億元左右的代債，賣掉股份，退出了公司，另創一間「意志高」，而他哥哥的兒子則接管了公司，卻因為經營不善，又賣掉了。這間公司在 2008 年停牌，進入了清盤程序，結果由投資者王顯碩以 0.1 元一股的代價，買進了 4.5 億股，再以 1 供 8 供股，價格也是 0.1 元，包銷商是王顯碩和金利豐證券。

這公司在 2012 年復牌，當天的收市價是 0.26 元，在 2013 年的最低潮時，曾經跌至最低的 0.101 元，我在執筆的幾個月前，以 0.17 元買進，直至現時這一刻，還未沽出此股。

31.3 注入資產

法例規定，上市公司不能夠是一間空殼公司，而必須擁有業務。《上市規則》13.24 規定：公司須證明有足夠業務運作或充足資產價值，其證券才得以繼續上市。假設一間公司需要重組債務，很多時候，它的業務都是虧本的、是不值錢的，才還不起錢，才需要搞重組。而在經過清盤過程的這一番折騰(前面不是說過了，清盤需要龐大的費用)，這些業務在很多時都只能結束了。在這個情況之下，有需要把一些業務注進上市公司，才能夠令到它在交易所復牌，繼續保持它的上市地位。

每間上市公司在交易所的註冊記錄，都注明了業務，例如說，前述的「英發國際」，其業務便是印刷業。如果要維持上市地位，其注入的業務，必須是相同的，或者是大有關係的，才能夠獲得批准。而且，復牌條件當中，也會要求公司預估明年的盈利。

31.3.1 注進同類資產

於是，「英發國際」的復牌條件，便是用 1.1 億元的代價，其中包括 0.9 億

元的現金，和 0.2 億元價值 0.1 元的股票，收購一間「主要從事根據客戶設計及規格製造及銷售紙包裝產品及紙製禮品以及印刷紙製宣傳品業務」的公司，因而成功申請了復牌。

這些新注進來的公司，雖然也有盈利的要求，但並不如申請新上市嚴格。否則，這些業務只須自己申請上市就可以了，何必搞這些注資活動呢？事實上，交易所的本意，是為了不致讓原來的小股東血本無歸，才會打開方便之門，容許本來已經倒閉了的公司，重新「復活」。但當然又為財技高手製造出新的賺錢機會。

31.3.2 注進不同類資產

有時候，要找到一間相同業務的公司，去注進去停牌公司，也不容易。

「匯多利」(股票編號: 607) 在 2007 年停牌，簡志堅出資 350 萬元，向原大股東楊渠旺收購了 1.518 億股，佔 36.03% 的總發行股數，計下來，每股是 0.02302元，停牌時則是 0.48 元。

簡志堅的計劃，是公開發售 1 供 1 零息可換股票據，每份供 0.2 元，換股價是 0.05 元，全部皆由簡本人包銷。這公司本來欠下三千七百萬元的債務，削債之後，債權人只能收回 500 萬元。

以上的交易，在 2008 年已經作實了，但是呢，它是一間電器廠，專門製造燈飾。簡志堅找了好幾年，都找不到適合的燈廠，去注進公司之內，作為業務，所以它一直不能夠復牌。直至在 2013 年，交易所接受了他注進一間完全和燈飾、甚至是電器也都全無關係的公司，終於批准了其復牌的計劃。注進去的公司，叫作「南京豐盛資產管理有限公司」，是一間房地產開發商，業務是「開發及銷售中國江蘇省鹽城及重慶市的住宅綜合樓」，而收購的代價是 5 億元。所以這公司再需要供股，供股比例是 1 供 4，每股供 0.05 元，集資 8,440 萬元。

注進和電器關係全無的公司，其規格和要求當然是嚴格得多。那天我和簡志堅吃午飯，我問：「這豈不是和新上市差不多？」他的回答是：「優惠了一點點啦！」

31.4 賺了一隻殼

這麼大費周章的去搞債務重組，究竟有甚麼賺頭呢？答案是：賺了一個上市地位，也即是賺了一隻「殼」。如果以今日的買殼價，大約是 3 億元，就是賺了這 3 億元，但這當然會扣除成本。

如果是申請新上市，最低成本大約是三千萬元至五千萬元，就足夠了。可是，如果是搞重組呢？成本一定高得多，像上述的「匯多利」，由於時間太久，所牽涉的功夫又多，簡志堅甚至為此而買下了一間製造暖爐的公司，足足花了過億元，才能夠成功搞到其復牌。由此可見，重組上市的成本，相比起新上市而言，

是高得多。不過話說回來，要找有資格新上市的業務，去申請新上市，也不容易，退而求其次，花多點錢，用重組的方法，去弄一隻「殼」回來，未始不是一盤生意經。

說回那間暖爐公司，本來是用來搞復牌的，但它的盈利不足夠，所以也可以多收購另一間電器公司，兩間公司加起來，便有可能提供了足夠的盈利。所以，縱是它的盈利不夠，簡先生也買了下來，因為這始終是近了一步。但是，簡先生又找了幾年，始終找不到另一間電器公司，可以加起來滿足法例要求的條件，於是，只有另找了一間公司，去注進「匯多利」，使它復牌。我之所以特別提起這間暖爐公司，是因為，它的暖爐特別好用，而且外型美觀，我家裡全都用它，朋友用了，也是讚不絕口。

第 七 部 份
財技工具一覽

　　財技不是平空變出來的，在很多的時候，它需要有一些財技工具，才能施展出來。最普遍的，當然是股票。把非上市公司股票，推上交易所，上市之後，變成了流通性更強的上市股票，便是其中的一種。

　　在下文，我將會列舉幾種財技工具，以供大家參考。不消說的，下文的財技工具，只是最為普遍的幾種，還有很多很多，是不能盡錄的，而有更多的，是還未發明、將來會一一為聰明的財技高手所創造出來，以賺取人們的金錢。

32. 發行新股

　　正如我在《我的揀股秘密》所言：股票是一種印刷品，每張的成本是 0.39 元，是每張，不是每股。同時，股票也是商品的一種：你得付出金錢，來購買股票。

　　簡單點說，股票是一張紙，而這張紙可以換取金錢，或貨物。但是，上市公司可以藉著大量印刷和發行這一張紙，用來換取現金或資產。不過，正如我在《我的揀股秘密》的所言，所謂的現金，也不過是一張紙而已，而且還是一張會長期貶值的紙。發行股票以換錢，專業的名詞叫「集資」。這其中有很多種方法，其中最大型和最重要的，是上市時的新股發行，以及供股。現在介紹其他的狀況。

32.1 配售股份

　　配售股份（Placing）指的是向特定人士賣出股票，俗稱「批股」。請注意，在內地的市場，是不會用「批股」這名詞的，因為這和普通話的「屁股」很相近。但是有一些香港化了的內地人，也不管這個了，常常把「批股」放嘴邊了，亂說一通了。不過如果同不熟悉港情的內地人說話，最好還是小心一點，別要亂說了。一個由「金利豐證券」主席朱沃裕說的笑話，據他說是真人真事：一位香港上市公司老闆對一位內地的財技專家說：「你給我搞批股，收多少錢？

32.2 股東大會通過

　　在股東週年大會，可以通過一些「一般授權決議案」，例如配股，限制條件是不超過已發行股本總額之 20%；又或者回購，也是不得超過已發行股本總額

的 10%。這種「一般性授權」的有效期普遍是 12 個月，即是不管在這一年來，有沒有用到這個授權來作批股，在明年股東周年大會上，可以更新一次，周而復始。上市公司獲得了「一般性授權」(mandate) 之後，它喜歡在哪一天批都可以，不必另外申請。如果是玩「朝三暮四」的把戲，上市公司可以先回購 20%，再配售 20%，或者是反過來玩，先配售 20%，再回購 20%，也是合法的。這等於是在前文說的，上市公司和小股東對賭了。

32.3 包銷商的包銷

在理論上的流程，上市公司決定了批股後，便找包銷商，通常由是證券行作包銷。只要證券行答應了包銷，上市公司就可以把股票賣給證券行，至於證券行賣給了誰人，是不關上市公司的事。實際上，上市公司很可能會左右配售名單，這通常會發生在三種情況：

1. 很筍的交易：很廉價的股票或即將大炒的股票，老闆當然不會隨便配售給外人，而是交由自己人全拿了。

2. 老闆可能答應了一些朋友，給他們一些股票，作為應酬。

3. 上市公司老闆早就找到了買家，證券公司只是做做手續而已。

32.4 集資的用途

上市公司在批股時，須公佈集資的用途，例如說，開展新業務，收購新業務之類，但也可以「用作未來資本開支及一般營運資金」，更加可以在後來改變計劃，說了不算數。簡單來說，它必須在批股時說出一個理由，但這理由是不必兌現的。所以我們也根本不用理會批股的理由。

32.5 承配人的身份

如果獲得批股者少於 6 人，便需要披露各人的姓名。如果是 6 人或以上，那就只需要對要對他們作一整體性的簡介，概述其資料。所以，在一般的情況下，承配人的數目都超過 6 人。對於創業板公司，則承配人的身份可能需要較詳細的披露。

32.6 批股的折讓

現時批股的折讓價，是不超過 20%，基準是下列兩者，以較高者為準：

1. 簽訂配售協議當日的收市價。
2. 公布配售協議當日之前五個交易日的平均收市價。

32.7 新股和舊股

在本書很早關於公司的討論，已經說過了，股票有新股和舊股之分。這裡重新敘述一遍，因為我們必須理解這概念，才能繼續以下的分析。

32.7.1 新股的發行

公司發行新股，是集資方法的一種。所謂的「新股」，就是新印刷出來的股票，印刷過程一般需要兩星期至一個月不等。供股所印發出來的，也是全新股。

上市公司把新股賣給投資者，賣出新股的金錢將會存進公司的戶口。表面上，就是如此簡單。所以，印發新股是公司集資的一個途徑。

32.7.2 新股的票面值與發行價

前文已經解釋過甚麼是票面值，也即是它的股本價值。股本是形容公司的，例如說，一間公司有 1 萬元股本。票面值是形容股票的，公司如果有 1 萬元股本，而有 1 萬股，每股的票面值便是 1 元了。

但是，正如我們在討論「供股」時已提出過，發行新股時不能低於票面值，卻可以高過。這是因為票面值只是代表了原始資本的成本，但是 (以下是只理論上的說法，實際的操作當然有很多竅門)：

1. 一間公司可以在原始資本中賺了錢。投資額是 1 元，但它賺了 10 元，資產值就是 11 元了，當然不能以原始資本，也即是票面值來發出新股了。

2. 一間公司可以大有前途，例如說，30 年前的微軟，購買其新股當然也得付出溢價，不可能以原始股的成本價出售。

32.7.3 全舊股

「舊股」就是市場上正在流通的股票。舊股可以是由大股東出售，也可以是由第三者出售，如果你有十萬股「長江實業」(股票編號： 1)，你也可以在市場把股票批售出去。

如果是大股東批出手上持有的舊股，當然要報知港交所，發出通告。如果是同上市公司管理階層無關的人，所持分量又不到 5%，那就可以在沒有通告的情況下賣出，散戶並不知情。很多時，舊股的配股都是莊家，或是莊家的人頭沽出股票。不是莊家，誰有這麼多的舊股？當然也有可能是持貨甚多的基金，或大型投資者。記著，批舊股是市場的自由買賣，賣股收錢的是原有股東，公司是並沒有籌集資金的。

32.8 大量發新股

一般公司的授權發出新股，法例規定是兩成。如果要發出超過兩成的股票，就得股東大會通過。所謂的「大量發新股」，是發出超過兩成：五成、一倍、兩倍，甚至以上的股票。

發行這麼大量的股票，如果只是以市價折讓兩成的價格去發行，那牽涉到的金額未免太大，太過犯本了。法例規定了：「除非發行人能令本交易所信納：發行人正處於極度惡劣財政狀況，而唯一可以拯救發行人的方法是採取緊急挽救行動，該行動中涉及以較證券基準價折讓 20% 或 20% 以上的價格發行新證券；或發行人有其他特殊情況。凡根據一般性授權發行證券，發行人均須向本交易所提供有關獲分配股份人士的詳細資料。」

簡單點說，公司要想發行大量的新股，要不是它欠下了巨債，要不就是它有重大的收購，需要很多的現金，才可以根據這一條款，去大數量兼價格大折讓地發行新股。通常，新股發得越多，折讓越大。其中最有名的例子，當然是 1999 年李澤楷收購「得信佳」，所作出的「逆向收購」了。

當然了，要想大量發行新股，除了要交易所通過之外，還得召開股東大會，由出席股東通過了，所允許了的才可成事。但實際上，誰都知道，只要大股東安排了大量的友好持有他的股票，要通過股東大會，是一點兒也不困難的。

現有價格大折讓的發行新股，對現有股東的權益傷害極大。我不明白為何交易所可讓這種合法搶錢的行為繼續存在。當然，反過來說，這也可以是財技高手的賺大錢途徑，因為通過大量發行新股，可以在極短時間之內，大幅增加了公司的市值，只要他能夠把這些股票變成資產，或是變成現金，就可以贏得了巨額利潤。當年的李澤楷在「得信佳併購」之後，和「香港電訊」的合併，就是一個最佳的演繹。

值得注意的是，在大量發行新股的情況下，由於涉及的金額巨大，不一定可以在短時間中，一口氣悉數出售，所以也可以在一段時間之內，盡量出售，賣得多少，就是多少，這叫做「best effort」。

33. 優先股不是股票

我在中學時，唸經濟學，常常唸到「優先股」。但究竟甚麼是「優先股」呢？我死背了其定義和內容，卻並不明白它為甚麼是如此。到了長大之後，出來接觸股票，但是，仍然沒有接觸過優先股，皆因香港市場不大流行優先股。

但是，優先股是證券市場的一個重要產品，重要得連中學教科書也列為內容。而且，下文會說到可換股債券，所以不妨在這裡談及一下優先股。

33.1 優先股的條款

優先股的條款是：沒有股東投票權，但在派息方面，比股東優先，然而其股息率是固定的。

換言之，如果公司優先股的派息率是 5%，而公司也賺了 5%，其他股東一毛錢也分不到。但如果公司賺了 15%，優先股的股東也是分 5%，其餘的 10% 則由所有的普通股股東按照比例分配。

看到這裡，大家可以得出，優先股既然沒有投票權，而派息率也固定了，這豈非等同於債券呢？答案是：不。因為債券不管公司是賺是蝕，都可以收到利息，而優先股則要公司賺了錢，才可以收到股息。此外，債券持有者可以 call loan，要求公司還錢，但是優先股的持有者是「入股」，所以沒有 call loan 的權利。在公司清盤時，優先股的債權次序是低於債券，而高於普通股。所以，優先股絕對不是債券，因為它是比債券更壞的次級債券。

最重要的是，在公司的財務報表上，優先股的擁有人是股東，而不是債主，所以，公司發出優先股，就不會在資產負債表上看到欠債的賬目，從會計學的角度去看，這自然是美觀得多了。但，要發出「次級債券」如優先股，先決條件是，對方願意接受這種「次級」的東西，而不要求正式的債券。

33.2 巴菲特購買的高盛優先股

在 2008 年，金融海嘯方興未艾的時候，世界第一的投資銀行「高盛證券」的周轉也出現了困難，巴菲特斥資 50 億美元，向「高盛證券」買了一批優先股。這些優先股的每年股息，是 10%，而高盛證券則可以在任何時間，用 10% 的溢價，向巴菲特買回這些優先股。

先前不是說了嗎？優先股是次級的債券，為甚麼以巴菲特如此精明的商人，居然會買下這些次級債券呢？

答案是：巴菲特在購進這些優先股的同時，也獲得了 50 億美元的「高盛證券」的認股證，可以在「5 年內任何時間」行使，行使價為每股 115 美元，而當

時「高盛證券」的收市價是 125 元。

別忘記，當時的「高盛證券」的股價是「金融海嘯價」，已經是大平賣了，而且在 125 元的收市價和 115 元的認購價之間，也有了幾個巴仙的折讓。再者，在跟著的 5 年之間，巴菲特將可以收到 5 次各 10% 的優先股股息，合共就是 50%。當他在 2013 年，決定去行使認股權，換取達到「高盛證券」總發行股數 10% 的股份時，減去了這 50% 的利息，以 25 億美元的代價，也即是每股 57.5 美元，就得到了「高盛證券」的一成股份。在我執筆時的 2013 年，「高盛證券」的股價是 150 美元左右，換言之，巴菲特的這筆投資，在 5 年間的利潤大約是 1.6 倍。

33.3 小結

所以，結論是：優先股不是股票，而是次級債券。但是，在公司的賬目上，債券是債務，在資產負債表上得記上一筆，但是在優先股而言，這是股東權益，而不是債務。這是優先股唯一的優點。

有一天，在一個吃飯聚會上，踫到了「紀惠集團」的湯文亮兄，他是一個炒樓大家，從 2003 年到 2013 年，把公司的資產從 3 億元變了過百億元，真是地產界的一大高手。那晚，他握著我的手說：「我是看了你在《明報》的文章，才知道『優先股』究竟是甚麼的一回事！」

為甚麼當年的我不明白，而當日的湯文亮也不明白究竟甚麼是「優先股」呢？我們當然熟知它的條款和權限，所謂的「不明白」，只是不知它為甚麼要架床疊屋，把好端端的一種證券搞得如此的複雜。簡單點說，這只是一種財技，是一種障眼法，這是單靠死記條款，如果不明白其內裡的財技思維，就難以理解它。當然了，要像巴菲特那般的把這種財技玩得出神入化，賺了大錢，那還是極不容易的。

34. 可換股債券是保本股票

債券就是一間公司的欠單，而可換股債券就是欠單之外，還有權利憑著債主的身份，把債券轉換成別的東西，例如股票、優先股、其他公司的債券或股票（假如欠債公司有辦法得到的話，例如它本身正已擁有），這就是「可轉換債券」（convertible bond，簡稱「CB」）了。

由於它主要的形式是以債換股，所以也常譯為「可換股債券」，意即持有者可以選擇放棄債主的身份，用以債入股的方式，變成了公司的股東。

可轉換債券是一種很複雜的財技工具，其中有很多變化，包括了數也數不盡，想也想不到的條款，例如說，利息的計算，必須轉換，又或者是轉換的限制條款，又或者是債仔的可贖回條款，諸如此類，而且是隨著財技的進化，不停有新的改良。如果要對它作一概括性的描述，也得寫一本專書。所以我們只能擇其大者，簡單地述說。

34.1 一個例子

2011 年 5 月，「九龍倉集團」（股票編號：4）發行 3 年期可換股債券，融資 62 億元，換股價是 90 港元，較市價有近 60% 的溢價，利息是 2.3%，集資用途是香港及中國內地的地產投資。

這例子告訴了我們可換股債券的幾項最重要的基本條款：年期、總融資額、換股價、溢價（或是折讓）、利息，至於集資用途，則是其次了。

34.2 大量發行的優勢

可換股債券的其中一個特色，是它可以大量發行，甚至超過了股份的總發行量，更可以多出數倍。根據交易所的條款，發行的股數越多，折讓價也越大，同樣也適用於可換股債券。

要大量發行可換股債券，過程同大量發行新股一樣：如果只有周年股東大會的「一般性授權」，只能發行 10% 或以下的數目，折讓價也不能超過 10%，如果要超過此數，得召開特別股東大會，以獲得股東批准通過。

依交易所的思維，可換股債券是欠債。舉債是任何公司的基本權利，交易所沒理由不准上市公司舉債，所以對於大量發行可換股債券的規定，也寬鬆於大量發行新股。

此外，當它大量發行時，由於牽涉到大量的資金，所以也同樣可以採用「best effort」的形式，在一段期限之內，能出售多少，就是多少，不一定要同時出售全部的債券。

34.3 可換股債券不是債券

大部份的可換股債券都是無抵押欠債，如果這是借債，根本是不可能出現的條款。換言之，從債券的角度看，可換股債券是不成立的，因為條件不足夠借出這筆款項。

所以，可換股債券的本質，應該是反過來想，其實是股票，不過是「保本股票」：如果它的股價沒升，便變回債券，要上市公司還錢了。

因此，可換股債券的本質是「保本股票」，即是比股票更有保值能力的股票。而前述的優先股，則是比普通債券更壞的次級債券。可換股債券不是債券，而優先股則不是股票，金融世界的騙人，而被騙者的愚笨，可見一斑。金融界的人往往連這麼簡單的概念也分不清，而中學教科書甚至教導這等既錯誤又騙人的概念，我之瞧不起這些人，也就大有道理了。

34.4 行使可換股債券

所謂的「行使」可換股債券，也即是行使了其換股權，把債券換成了股票。在這同時，也即是債券持有人放棄了債主的身份，不再享有利息了。

在 2010 年，「國美電器」（股票編號：493）的大股東黃光裕對決以陳曉為首的董事局，前者呼籲全體股東罷免陳曉及替換公司管理層。在股東大會之前，貝恩資本（Bain Capital）把手上 2016 年到期的可換股債券，轉換為股份，轉換價是 1.108 元，換回了 16 億股強，佔股本大約 11%，成為第二大股東，並表態支持現任管理層。最後，在股東大會上，罷免陳曉及其他董事的議案以 3% 的票數不獲通過，現任管理層得以留任。

由此可見，控有可換股債券，相等於控有股權，是一種進可攻退可守的做法。

34.5 可換股債券作為控股

前面說了：「控有可換股債券，相等於控有股權」，所以，如果控有超過總發行股數的可換股債券，也等於掌握了公司的控制性股權。因此，轉讓公司股權，也即是「賣殼」時，如果只是轉讓了超過控制性股權的可換股債券，也算是賣了殼。

根據《公司收購、合併及股份購回守則》，新股東買入一間上市公司 30% 或以上的股權，將被要求向全體股東提出全面收購，買入餘下的股份，並證明擁有收購所需的資金。更有甚者，這筆資金往往是得借貸回來，要付出利息。但是如果買下的是可控制性的換股債券，而不是股票，便能迴避相關規定。

另一方面，前面也說過了，可換股債券可以印發超過 100%，很容易便能達到攤薄原有股東的效果。

利用可換股債券來作買賣殼的交易，是很常見的做法，隨便舉一些例子，便有 2004 年澳門賭業股熱潮時的「奧馬仕控股」（股票編號：959）、2008 年的「光匯石油」（股票編號：933）等等。

附帶一提，在 2007 年以後，上市公司的「殼」的價錢大漲，正是因為上市公司大量使用可換股債券這種大殺傷力武器，可以任意大印股票，以屠宰散戶。

在 2010 年，「殼價」又回軟了，卻是由於交易所對上市公司大量發出可換股債券作出了比前嚴格的規定，而且對於廉價換股也有了新的限制，使得換股也有了操作上的困難。

34.6 魔鬼細節的一個案例

正是「魔鬼藏於細節」，可換股債股的細節條款，往往才是最重要的。

時維 2004 年，一個莊家想炒一隻數十億市值的做生意股，於是，老闆在低價發了一手 CB 給他，時價是 3 億元。這位莊家玩的是空手入白刃，於是，便把這 CB 按了給金主，當然是很有名很有錢的大亨，而這按揭除了 CB 的原有利息之外，還得另付。但這樣一來，莊家便可以不付出 3 億元，只付出利息的代價，便能控有這一批 CB，正是空手入白刃，除笨有精。

當然了，這些 CB，必須在莊家炒高了股價，再換回股票，沽走了，才能變錢。而金主也不是省油的燈，如果莊家炒股失敗，拿著這 3 億元 CB，如果公司無錢可還，豈不是全數泡湯？於是，額外的條款是：借出這 3 億元，但是不能動用，必須存在指定的銀行，直至炒高了股票，換了股，還了錢為止。當然了，這些條款是不能寫在 CB 之上，但卻可以加上一條：CB 持有人可隨時要求上市公司還款。這樣子，上市公司一旦提款，金主立即要求還錢，就可以保障到金主的利益了。

當時我問那位金主：「上市公司不能動用這筆錢，你的借款可說是毫無風險可言，還可以坐收貴利，天下豈有這麼便宜的生意！」金主淡淡說：「他雖然不能花這筆錢，我卻已『expose』了，當然要收利息。」按：「expose」這個字是專門術語，由於太絕，所以不能譯。

34.7 另一個例子：和認股證的對沖

一些證券行會發行上市公司的認股證，如果它同時買入了這些上市公司的可換股債券，便可以作為對沖：萬一股票的價格升了，它便行使 CB，換回股票。因為認股證的溢價最少也超過一成，而 CB 的利息卻多數只是幾%，所以這種對沖是有利可圖的。

34.8 探測 CB 的兌換

可換股債券在兌換之前，理論上只是債務，而不是股票，所以也不能在市場上沽出。散戶要想知道 CB 持有人有沒有換股，只有經常察看著交易所的網站。由於 CB 的兌換意味著市場的股票供應量多了，尤其是大折讓換股的 CB，更是有如一把「德膜克拉西之劍」，懸在散戶的頭上，不知何時丟下來，插破人們的腦袋。

34.9 種債

在經典電影《如來神掌怒碎萬劍門》中，飾演「天殘腳」的石堅，把一條蠱蟲種了在飾演「小龍女」的蕭芳芳的肚子裡。把一筆龐大的債務「種」在上市公司，是古已有之的做法，但是當時的主要原因是把公司「下毒」(poisoning)，例如說，公司有優質的資產，但是大股東的持股量不夠，便「種」下了一條巨債，即是要它欠下巨款，免致它遭人惡意收購。

正如前文所言，現時法例收緊了對可換股債券的兌換，上市公司大股東退而求其次，便把一條債「種」了在它的身上，方法有很多，例如借款買下一件天文數字的垃圾資產。如果債主要求上市公司還錢，但上市公司還不起錢，只有破產清盤一途。但是債主「寬宏大量」，准許以股代債，則交易所不可能不允許，因為不許，就只有任由公司破產，後果將會更壞。

故此，種債是比可換股債券更高明的玩法，缺點是萬一要運作時，最多只能玩一拍兩散，如果要奪得公司，從追債到迫交易所准許換股，所需的時間太長，遠不如可換股債股方便快捷。

35. 供股的細則

上市公司要發展，但不夠錢用，有很多集資途徑，例如說:

1. 銀行貸款：不過沒抵押品，銀行不一定肯借，況且借貸率太高，對公司的財政很危險。

2. 發行債券：也有同樣問題，一是借不到，二是要還錢。可換股債券如果到期時未到股價，也要還錢。

3. 批股：這是最簡單快捷的方法，但是市場的集資能力有限，這方法只能集到小額或中額數字，要巨額集資，就得另想辦法。

其中的一種最方便，能在市場拿到最多錢的方法，就是供股。不過，供股也是最複雜的財技之一，因此，這一個章節中的內容，也是所有章節之中，篇幅最多的。

35.1 供股的原理

我們一伙人夾錢做生意。當公司需要資金時，大家便要按照股權比例，大股東付多點，小股東付少點，一起把現金打到公司的戶口，這就是供股了。當供股時，因為股東們按照比例，付出了現金，所以他們也會按照比例，收到用這些現金買到的新股票。至於沒有付錢的股東，就不會獲得股票。

供股得來的資金放回公司，股票多出了現金值。所以，在股票的價值而言，供股前和供股後是沒有分別的。因此，這一個章節本來是放在前文的，但因為這個問題太過複雜，所以我必須另闢戰場，給它獨立發展。

總括而言，供股是一門高深的藝術，一門從小股東手上合法搶錢的藝術，搶得愈多，藝術成分愈高。擁有這種天分的人並不多，得經過長期培養品味，一旦品味培養出來，便能藉著供股，對大股東進行「反搶錢」，就更加是樂事一樁了。

35.2 供股的種類

供股一共有兩種，一種叫「供股」（rights issue），另一種叫「公開招股」（公開發售，open offer）。它們的定義十分複雜，我也看不明白，簡單點說，前者的供股權是可以買賣的，後者的供股權則不能買賣，不供，便是放棄了權利。

35.2.1 供股權

「供股權」是一種權利證，你擁有這張權利證，才能參與供股。年輕的一輩可能沒有聽過，在改革開放之前的中國，有一種東西，叫「布票」，或「糧票」。譬如說，一匹布的價錢是 2 元一尺，你拿 2 元去店裡，是買不到布的。你必須同

時拿一尺的「布票」，再加 2 元，才能買到一尺布。供股權就是同樣的東西，只不過買的不是布，而是供股發行的新股。

假如這張「布票」，是可以轉售的，市價是 3 元，於是，你要買一尺布，可以先用 3 元去買一張布票，拿著布票，再加 2 元，就能買到一塊布了。如果你家裡的衣服已經夠多了，不想要布，你可以把「布票」賣給別人，收回 3 元。

35.2.2 公開招股

但是，當時的中國的法律是很嚴厲的，它可能禁止人們把「布票」出售或轉讓，如果你不去買布，而「布票」是有限期的，過了這日，你不拿 2 元去買布，這權利便自動取消了。

這就有如公開招股的不設供股權買賣。

理論上，公開招股由於沒有了供股權的買賣，供股程序會比較快捷，可以為財務上有困難的公司加快集資活動。又例如說，一些公司資不抵債，而且還長期停牌，需要供股來渡過難關，由於公司被停牌，供股權不能買賣，也只有選擇公開招股。

在實際的操作上，公開招股的壞處是令到供股的人數減少了，因為不願供股者只能放棄供股，而有心供股的人也不能購入供股權來供股。所以，公開招股常見認購不足的情況。

公開招股可以加快供股的過程，卻可能減少了供股的人數。通常，供股價相比起市場價格而言，是有折讓，對於不供股的股東而言，不供股便是白吃虧。但這缺點也可能是好處，因為「包銷商」可藉此以廉價購入股票。當然了，包銷商的廉價入股多半得到了大股東的默許，也不排除和大股東有秘密的交易。

35.2.3 兩者皆是「供股」

「供股」和「公開招股」的分別，以及「供股權」的解釋，大抵就是這樣。但一般來說，「供股」和「公開招股」皆合稱為「供股」，這好比天主教和新教皆合稱為「基督教」。

35.3 供股的比例和優惠

股票就是數學，而供股最重要的兩項數學條款，一是比例，另一就是折讓。

35.3.1 大比例與小比例

所謂供股的比例，就是股東持有多少股，便要供多少股的股票。例如說，如果每持有 2 股要供 1 股，叫做「2 供 1」，每 1 股要供 5 股，就叫做「1 供 5」，

也可以不是整除的數字，例如「2 供 13」，「7 供 9」，餘此類推。

按照供股的比例程度，可以分為「大比例」和「小比例」，如果是「1 供 10」或以上，當然是大比例了。「小比例」這名詞很少出現，但是「2 供 1」，則可算是小比例了。

35.3.2 供股價和大折讓

供股的意思，即是由原有股東，付出一定數額的金錢，去購買新發行的股票。這個購買新股的數額，叫「供股價」，這跟認股證的「行使價」是相同的意思。供股價的最低價格，不能低於其「票面值」，也即是其原來股本的價值。如果要低於其票面值，那就要先削減股本，即是證明了股本已經輸掉了一部份價值，所以不值這個價格了，需要削減了。有關甚麼是股本，在前面的章節已有介紹。

供股價不能低於票面值，但沒有上限，不論多貴都可以。不過，如果定價比現價更貴，那就沒有人去認購了。所以，供股價幾乎一定有優惠，其中一項最常見的優惠就是價格打折，即是比現價便宜。如果比現價便宜很多，譬如說，現價是 1 元，供股價是 0.3 元，折讓額達到 70%，便叫「大折讓」。

在供股文件的描述，折讓價是以公佈前的收市價去作為基數，再除供股價，以計算出折讓比率。例如說，公佈當天前的收市價是 2 元，供股價是 1 元，便是折讓了 50%。但這只是文件上的折讓計算，在實質的操作上並沒有意義，因為沒有人關心公佈前的收市價。在股民的心目中，真正重要的折讓價，是決定付錢供股的那一天的股價，如果當天的股價也是 2 元，當然是付錢供股，但如果是 1.1 元，那就要周詳考慮了。

35.3.3 大比例和大折讓

大比例的供股，必然也會伴隨著大折讓。

試想想，如果是 1 供 10，只是小小的折讓 20%，即是說，凡是持有市值 1 萬元的股票，便得拿出 8 萬元，來作供股，他當然不會考慮了。就是想拿，也不一定有這筆現金。

從另一方面看，如果也是 1 供 10，但是折讓是 85%，即是持有 1 萬元市值的股票，要付出 1.5 萬元的現金，去取得 10 倍數額的股票，這時很多人會認真去考慮了。

很多人對於大比例兼大折讓的供股深具戒心，事實是，這種供股法，還真是殺人如麻。然而萬事都有例外：

2011 年，「漢基控股」（股票編號： 412）1 供 22，供股價 0.062 港元，每 5 供股附送 1 紅利認股證。它的供股權的市價是 1 仙至 1.5 仙，供股成本是 7.2 仙至 7.7 仙，供股新股出來時，市價是 20 仙 (2 毫)。

35.3.4 贈送「禮物」

供股除了提供折讓價以外，還可以提供其他的優惠，常見的有送紅股和認股證。上文中已經說過了甚麼是紅股。供股送紅股，例如說，1供2，2供股送1股紅股，相等於1供3，所以這又是「朝三暮四」的把戲。其中當然也有微小的分別：

1. 又以1供2，送1股紅股為例子，假設供股價是0.6元，如果把它轉換成1供3，供股價就變成0.4元了。我們在下文將會推論出，不論供股價是多少，都是「朝三暮四」，重要的是集資額，而不是供股價。然而，供股價之所以重要，皆因它是一個心理關口。雖然1供2送1股紅股，和1供3，在本質上毫無分別，但是在價錢上則是分別為0.6元和0.4元，兩者自然也是有分別的。

2. 另一個分別，在於1供2，3送7紅股之類，連算也算不清，可以有效的模糊了股東們的成本計算。如果再加上了贈送認股證，這數學也就更困難了。

至於甚麼是認股證，後面的章節會再有討論。

35.4 供股的程序

供股的本質是印發大量的新股，同新上市股票也差不多。因此，它首先提出供股建議， 解釋需要集資的原因，以及供股的條款。跟著會印行一本厚度幾乎可比新股上市招股書的文件，列明了整個時間表，如果是「供股」，大約需時三個月，如果是「公開招股」，則可省掉了除權買賣的過程。

過程順序如下： .

1. 股東大會 (2供1或以下的比例則不需開股東會)。
2. 除權。
3. 供股權買賣 (公開招股沒有這項。)
4. 供股權停止買賣。(公開招股沒有這項)。
5. 付錢供股和付錢申請額外供股權。
6. 公佈分配結果。
7. 新股開始買賣。

附帶一提，「除權」即是「除淨」的意思。由於供股時「除掉」的是供股「權」，所以稱為「除權」。

35.5 股東大會

凡是在比例上超過2供1的供股，都得經過股東大會的通過。所以，大比例供股會較花時間，因為召開股東會就要三個星期，而2供1或以下，則可省回這時間。

35.5.1 為何是 2 供 1

法例的規定是：在 12 個月之內，因供股而發行的新股份不能超過已發行股本的 50%，否則便要開股東大會，通過供股。

在理論上，上市公司可以在 1 年之內，供好幾次股，只要總數不超過 2 供 1，都不用開股東大會。不過，每次供股都勞民傷財，又要停牌，又要審批，當然不會分幾次來供。

35.5.2 控股股東的投票權

根據《上市規則》，在超過 2 供 1 的供股，控股股東不准投票。「控股股東」的定義，是持有 30% 或以上投票權的人士。

在此岔開一筆，為甚麼是「持有 30% 或以上投票權的人士」，而不是「30% 或以上股份人士」，因為在某些情況下，投票權和持股量是分開的。例如說，B股。現在我們買賣的，是普通股，也即是 A 股。B 股是一種面值比不上 A 股，例如說只有 10% 至 20%，但是投票權卻相等的股票。換言之，在派息利益方面，A 股和 B 股完全按照比例，但是在投票權方面，則兩者相等。要發行或取消 B 股，都得經過股東大會。

說回原題目：如要超過 2 供 1 的股票，又要通過股東會，大股東又不准投票，當然有一定的難度。但是，佔投票權 30% 以下的主要股東，就算是 1 供 5、1 供 10、1 供 20 的大比例的供股，照樣可以投票。

35.5.3 我的經驗

話說在 2002 年，「大凌集團」(股票編號：211)宣佈大比例、大折讓供股。前文說過，這種供股的特色，是其大部份的價值都在其供股權之內，正股的價值甚低。我在除權前一天買入，第二天正股價格大升，我把股票沽出，已收回了一半成本，只待把供股權買賣時，賣出供股權，便袋袋平安地賺到估計有一倍的利潤了。

結果出人意表。它的正股價格不停的升上去，並且傳出了遭人敵意收購的消息。在它股東大會的那一天，小股東投以反對票，供股無法通過。於是，我的供股權化為烏有，倒輸了 50%。

所以，在以後，我必須等到股東大會通過了供股之後，才會沽出股票，但也因而吃了不少虧。現在已修改了法例，股票要在股東大會之後，通過了供股，才開始除權，所以這種情況已不復見。

35.6 供股權

「供股」的英文名稱，是「rights issue」，即是「印發供股權」。因此，股

民並非直接拿出現金出來，便能供到一股。他將收到供股權，拿著這份供股權，憑此加上供股價，才能換到一股。

35.6.1 供股權的數目

1. 假設是 2 供 1：每持有 2 股便可收到 1 份供股權。
2. 假設是 1 供 9：每持有 1 股便能收到 9 份供股權。 餘此類推。

35.6.2 供股權的市值

當股票除權之後，它的市值分成了兩部份，一個部份是正股，另一部份走到了供股權的身上。

而有多少市值走到了供股權呢？

答案是：供股的比例越大，市值走到供股權便越多；供股的折讓越大，也是有更多市值走到供股權之上。

所以，越是大比例和大折讓供股，供股權的市值越大；反之，如果是小比例小折讓，供股權的市值便越少了。

當然了，當供股權的買賣時間完結了，它的市值也就變為零。當人們供股完畢，錢付完了，新股也出來了，新股和舊股混在一起了，所有的市值也就全部回歸到正股的身上。

一般來說，市值越大的股票，需要更多的金錢去推動，相反，市值越小，便更容易炒上，因為所需的資金比較少。

35.6.3 供股權的價格計算

供股權是認股證的一種，但是買賣的的時間很短，只有兩個星期，真的是只爭朝夕。窩輪有溢價，但供股權加上供股價，相比正股，卻往往有折讓價。這是由於付款供股之後，新股需要大約十天時間，才能收到，折讓價就是這約十天凍結期的反映。

供股權加上供股價，其價格並不完全等於正股，它和正股的分別在於其時間值和槓桿，它在買賣期間的價格究竟是溢價還是折讓，是由三個因素互動而成：

1. 正股與認股的價格比。因為認股權提供了槓桿，因此它理應出現溢價。槓桿愈大，溢價愈高。

2. 市場權益：現時在市場發售的認股證，當時間期滿時，會立刻以市場價結算。在這情況下，股民並沒損失時間值。但供股時則發以新股，由付款的一刻到獲得股票，中間相隔大約一星期，在這一星期當中，假如股價大跌，因為股民的新股尚未到手，所以不能沽出。由於供股權吃了這個虧，於是便出現了折讓。

3. 大家都知道，認股證是有時限的，它的溢價是取決於其時限。一個有趣現象是，它的時限與溢價並非平均分配在每一天，而是集中在「末日時刻」，急速燃燒。

因此，當認股證初發行時，它的溢價損耗十分少，愈到最後，其溢價消失得愈快。這好比一個年輕人，因為他有大把的時間，因此其時間並不值錢，人們用很便宜的成本，就能購買時間。一個老人，則認為時間十分寶貴，願意付出高價來購買生命。例如一個只有三個月壽命的癌症病人，如果給他多一個月的性命，他可能願意付出整副身家。這就是為何不少人在死前傾家蕩產來為自己治病，但在年輕時則又煙又酒，燃燒生命。人類和認股證一樣，其溢價損耗的最高速度放在最後，因此，凡是認股權益，在最後階段的燃燒速度最快，而供股權天生「短命」，只有 6 天，因此，它的溢價也是消失得最快的。

總括這一段：供股權有時有溢價，有時有折讓，並沒有一定的公式。

35.6.4 供股權的買賣

如果股東拒絕供股，可在市場賣掉供股權，換回現金，就像以前的中國人賣掉「布票」一樣。通常，交易所會安排 6 天的時間，在市場買賣這些供股權。

35.6.4.1 買賣 Rights 與供股

當公司宣佈了供股之後，有一部份的股民，如果看好供股後的股價，買供股權來供股，也即是行內說的「買 rights 供」。也有一部份的股東，因為不夠錢，可能會沽出正股，然後參與供股。但也有一部份的股民，反而會沽出供股權，保留正股，所以是每種可能性都有。

不消說的，當股民有買或賣出供股權的行動時，財技操作者也可以有炒賣供股權的行為：一是操控供股權的價格，二是乘機在市場沽出或買入供股權。

35.6.4.2 控制股價

有關供股的目的，後文將會提及。不同的供股目的，可以有不同的財技操作，以達到其目的。例如說，財技操作者可以藉著炒高或壓低股價，或者是供股權，以達到其供股的目的。

不消說的，炒高或壓低股價可以在宣佈供股之前去操作，也可以在宣佈供股後去操作，亦可以在除權之前，或供股權正式買賣的那一個星期之內，甚至是在供股權買賣期之後、付錢供股之前，都可以操作。但是，在股東們付錢供股之後，則是大局已定，就再沒有操作股價的必要了。

35.6.4.3 買入股票

前面提過的故事：在 2010 年，「寰亞礦業」(股票編號： 8173) 宣佈大折讓、大比例供股集資，令到股價大跌。但後來它又宣佈另有集資途徑，將會引入一個極有實力的股東，因而取消供股。結果因為這個消息的刺激，股價倒頭狠狠的升了好幾倍。

後來有人懷疑，它的宣佈供股，只是一個姿態，令到市場因而恐慌，以廉價拋出股票，莊家因而可以以廉價買到大量的股票，隨後得以把股價炒高。

35.6.4.4 出售股票

另外的一種手法，就是在宣佈供股前，大量沽售股票，這可以「捕獲」更多的股東，令到他們參與供股。此外，在宣佈供股之後，亦可以乘機炒賣、沽售連供股權的股票。但要成功沽售股票，當然得使出適合的市場操作招數，才能引誘到股民購入股票。

35.6.4.5 綁住焗供

出現情況：當莊家在供股之前，或在供股期間，大量沽售連供股權的股票，而股民買入了。在很多股民的心態，可能本來是買來炒賣的，誰知價格下跌，給「綁住」了，又不想蝕本沽出，唯有「焗住」參與供股，這就是「綁住焗供」，是常常發生的狀況。

很多時候，莊家沽售供股權，或是含有供股權的股票，就是為了這一幕。

這好比一個女人玩一夜情，誰知給搞大了肚子，只好結婚，道理是相同的。原來對方故意不用安全套，也正是為了同她結婚。（附注：這個女人一定很有錢，或者是男人的條件很差，對方才會設下這「陷阱」。）

35.6.5 額外供股

凡是供股，不會 100% 的股東全供，總會有人放棄。現有股東可以申請，取得別人放棄了的供股權利，是為「額外供股」（excess）。換言之，額外供股權無需購買供股權，卻能用供股價購得股票，但必須是在除淨前擁有股票的股東，才能享有這「福利」。如果申請額外供股的人太多，董事會便要作出分配，這分配大約和抽新股的原則相同：申請股數少的，得到的比例會比較多，申請股數多的，得到的比例會較少。還有一項，就是碎股擁有者可得優先分配。

35.7 供股的成本價

在數學上，供股的成本等於當時的股價。

假設現有股價是 2 元，供股價是 1 元，理論上，供股權的價格也應該是 1 元。當你決定不供股時，你可以在市場沽出供股權，拿回 1 元，所以不供股也是沒有吃虧的。

2009 年，「滙豐控股」以 28 元供股價來「世紀供股」，我寫下了以下的評語：28 元這供股價格是否適合，是公司財務的問題，而非股民應否供股的問題。

滙豐的董事們和包銷商決定 28 元這數字，是尋求一個股民願意供股、包銷商願意包銷的價格。股民研究 28 元這數字，是研究滙豐在得到這筆資金後，其財務數字能否改善，從而提高其業績，長遠而言，便有利於股價。

至於供股價，反而不是散戶的問題。 事實上，無論是一供十，二供一，三供七，不論是怎樣的供法，歸根結蒂的問題只有一個，就是以現在的市場價格，這股票值不值得購買。當一間公司是有前途時，投資十萬、一百萬下去，你都能夠得到照此乘數下去的利潤，但當這公司沒有前途（或售價太貴時），則投一元下去也嫌多。

以上的大前提，有著兩個局限條件:

1. 如果是「公開招股」，由於供股權不可以出售，則其供股價多少，自然是大有關係。

2. 這是假設供股權加上換股價，相等於市價。如果兩者是有差價，當然便會出現「抵供或不抵供」的問題。

35.8 質數供股法和小數點供股法

在前文中，我前文指出了「供股的成本等於當時的股價」，以及「無論是一供十，二供一，三供七」，在數學上是等價的。匯豐控股（0005.HK）2009 年 3 月的供股計劃便是 12 供 5，供股價 28 港元，以匯豐控股每手 400 股計算，股東需持有十二手 4,800 股（以股價 50 港元計算，即二十四萬元），才能確保供股後沒有碎股。要供股集資，匯豐控股為何捨棄集資總額相若、二供一，供股價 27 港元的計劃？

當日滙豐供股，第二天我便在傳媒直斥其是「質數供股法」，對於這一條供股奸計，我比所有人的反應都要快。滙豐大可選擇二供一，把供股價降低少許，集資的額將同十二供五相同，但它卻選擇了後者，目的就是為了製造碎股。

這些碎股將難以在市場出售，縱要出售，也只能在碎股板以折扣價賣出。一個有一千萬股的大戶，供股後的碎股數目將是微不足道，但一個只得一手的散戶，其碎股佔持股量的百分比便極高了。在此之前的「渣打集團」（股票編號: 2888）的供股方式是 91 供 30，也是質數供股法的賤招。

其實，香港炒慣小股票的散戶對此「質數供股法」應已十分熟悉，滙豐不過是小兒科。在質數供股當中，滙豐和渣打只是「一個質數」，前者的質數是「5」，後者的質數則是「91」。更毒辣的是「兩個質數供股法」，例如「31 供 17」、「19 供 7」，然後除了供股之外，股東還可「每 7 股送 13 股紅股」。最絕的還是: 「長期股東額外再送 3 股紅股」，所謂的「長期股東」，就是從供股的當天開始，持有股票一年不沽的股東。能算出這種數學的，簡直是天才，我個人是十分欣賞的:

雖然輸了給他，也欣賞幕後人有這麼高的創作能力。雖然，我認識的一位供股天王，自己也算不清這一串數字，他的說法是：「連我也算不清，散戶當然更算不清了。」又：他本人雖然算不清，可是他自有手下把所有的成本價計算好了，交給他過目參考，不在話下。

2010 年，「工商銀行」(股票編號： 1398) 宣佈供股，每 10 股供 0.45 股，供股價 3.49 港元，較公布前股價折讓逾四成。注意，這不是質數，而是小數，和質數異曲同工，但是更勝一籌。官方的說法是：內銀股的供股集資額是早已確定了的，其後確定供股價時，則受到「供股價不得低於資產淨值」的限制。這當然也是出千，因為改為 20 供 1，相信也是分別不大，採用了小數點供股法，也肯定是故意的。

在 2010 年供過一次股之後，在 2013 年，「招商銀行」又再宣佈供股，這一次的供股是每 10 股供 1.74 股，也是小數點供股法集資 350 億元。

很明顯的，「小數點供股法」和「質數供股法」有著相同的效應。當然了，如果同時使用質數和小數點這兩種數學概念，可能會更具效力，不過我一時之間，想不到真實例子。

35.9 供股包銷

供股包銷是一項十分複雜的行為，我得很小心和很詳細地去解釋，而一般的讀者也許要細看幾次，才能完全掌握理解。

35.9.1 包銷商和 FRR

法例規定了，主板上市公司供股，必須要全數包銷，否則交易所不會批准。所謂的「供股包銷」，也即是說，假如有一部份股東沒有付錢供股，這些包銷人便有責任買把剩下的股票全都買下來。我說的是「包銷人」，而非「包銷商」，因為包銷者可以是個人，也可以是證券行，亦可以是一間有限公司。當然，不是阿豬阿狗或是領綜援者都有資格包銷，而是有資金規定。當然了，一間證券行或一個人包銷 10 億元的供股，是用不著拿出 10 億元的現金來作擔保，否則供股包銷得來的佣金，分分鐘連利息也不夠付。

老實說，箇中的情況我也不甚了了，我知道的是：

證券行能夠包銷多大數目的供股，得視乎它在交易所的孖展信用。這個孖展信用由證監會監管，而每月得填寫一份 Financial Resources Return (FRR)，報告各類財務及營運資料。而且，證券行每天都得監察它的 FRR Ratio，看看有沒有超過額度，一旦超過，就會被命令暫時禁止買股票，直至它存入了新的現金，或是沽出了股票，待得 FRR Ratio 回復正常為止。證券行如果做供股包銷，會「使

用」了它的 FRR 額度。

如果客戶簽署了某部份的「分包銷」(有關甚麼是「分包銷」,下文會有解說),如果客戶的戶口有現金,便可以按照其所包銷的份額,相應地補回證券行「使用」了的這個份額的 FRR 額度。

我不知道的是:

1. 客戶要包銷一億元的供股,戶口當然也不需要有一億元的現金。但究竟應該用甚麼公式來作計算,多少現金可以包銷多少供股,我不知道。

2. 客戶如果戶口沒有現金,只有股票,其額度又怎去計算。我也不知道。再說,如果股票也可獲得額度,是不是藍籌股和財技股的額度都是一樣?如果不是,又怎麼計算?

3. 我曾經試過,戶口空空如也,也可以簽署分包銷。相信我是用去了證券行的 FRR 額度。但這機制究竟是怎樣,我也不知道。

4. 除了證券行外,個人、基金、私人公司也可以作為供股包銷商。要作為供股包銷商,是不是一定要在證券行開設戶口,由證券行代辦,抑或可以不透過證券行,另有其他的機制。我亦是不知道。

35.9.2 供股不需包銷

首先,創業板股票如果要供股,是無需要包銷的。

主板股票供股,也可以申請不作包銷,但必須符合兩個條件:

1. 公眾持股量的市值超過 5 億元。所謂的「公眾持股量」即是大股東的股份不算在內。

2. 過去兩個會計年度均有盈利。

不過,主板股票申請供股不包銷,是很罕見的,至少我沒有想到有什麼例子。

35.9.3 大股東承諾供股

供股文件很多時會說明大股東的供股傾向。理論上,大股東如果承諾供股,是對未來股價有信心,當然是好事。但大股東參與供股後,股價跌到阿媽都唔認得的股票,也是數之不清。

大股東不承諾供股而急升的,也有案例,例如前述的「珀陽太陽能」。

按: 大股東最多是不承諾供股,但是表明不供股的個案,我好像沒有見過,待查。

35.9.4 包銷人和或大股東包銷

供股的包銷人多半是證券行,但也可以是公司,甚至是個人。很多時,包銷的就是大股東本人。表面上,大股東答應包銷,是對未來股價有信心。但再說一

遍，股票是沒有凡A則B的公式，大股東包銷並沒有必然的原因，也沒有必然的結果，用不著去胡亂忖測。

2010年，「恆力房地產」（股票編號：169）1供1，供股價為0.1元，包銷人就是大股東本人，而這一次的供股，股東無權申請額外供股。結果公眾股東只有18.98%供股，剩下的6.9億股由大股東陳長偉「包銷上身」，也即是接下了所有沒有人供股的股票。3個月後，「恆力房地產」的股價最高見0.9元，是供股價的9倍。這當然只是一個特殊案例，沒有任何的普遍性。

35.10 限制供股的折讓

內地法例規定，上市公司不得以低於資產值供股。我的建議是，香港不必仿傚，而只需要一項限制：不得大折讓供股，例如說，停牌前的價格距離供股價，不能超過10%。

現時的供股方法，大比例和大折讓是並行的，例如說，如果是1供10，沒有七至八成的折讓價，不會有人供股。但是，七至八成的折讓價，沒錢供或不想供的股民，根本無路可逃：供股權可能大幅折讓，沽出也回不了本，如果遇上了公開招股，更是連供股權也無法變錢。他們只有白白眼看股權被人廉價攤薄。

正確的做法應該是反轉而來，供股的比例越小，例如前述的「中國財險」（股票編號：2328）供股，10供1，便可以大折讓至5成，因為就算股東放棄供股，其遭攤薄的損失都不致於太大。反而是越大比例的供股，越是不准大折讓，以免股東利益受損。

35.11 「偷錢」

前文分析了，供股不過是「朝三暮四」的行為，股東付出了金錢，去供購新股，結果是公司的現金值多了，在會計學上，兩者是完全等價的。

供股的可怖之處，是公司把供股得來的現金，用來購買不值錢的垃圾資產，例如在1999年科網股盛行時，便「億億聲」買下一個不值一毛錢的網站，在2007年資源股流行時，以十億計買下一個全無價值的礦。這些交易，多半是和大股東或莊家有關的關連交易，或者是表面無關，而實際有關。這種做法，行內叫做「偷錢」。

「偷錢」可以出現於任何時候，但是和供股常常是是焦不離孟的兄弟。皆因供股要大股東掏荷包，自己也要供上一份。在大多數的情況，大股東的資金不夠，便找金主支持，供股完畢後，便偷錢來清還本利。更有甚者，反正都是偷了，不如把心一橫，本利一併偷出來，更加爽快。

公司給偷錢後，短少了現金，就不是朝三暮四，而是朝七暮零，會計學上也能計算出其分別了。

我的想法是：在供股後的一年之內，不能提出大型的收購行動，例如說，不能超過供股集資額的 20%。要麼，在供股前提出，或是在供股時一併提出。這雖然不能禁絕偷錢的關連交易，卻能有效的令到大股東的「回本期」長達一年，增加其利息成本，減低其誘因。再者，供股前或供股時提出收購計劃，雖然也不能禁絕關連交易，但最少小股東在付錢時已知悉所收購項目的真相，輸了也心甘命抵。

由於大股東想小股東出錢供股而不想自己出錢，很多時所謂的「偷錢」，就是大股東把集資回來的錢「偷」出來，放進自己的口袋。方法多數是利用高價買下自己的垃圾資產，股民屢見不鮮了。批股也是集資，但批股並不經常伴隨偷錢。偷錢最盛行於供股，

35.12 結論

有些人，例如 David Webb，認為供股是最公平的集資方法。而在當局的心中，也是這樣想。因此，法例對於批股的折讓，有很多的法例限制，但是供股卻可以大折讓，因為當局認為這是最公平的，皆因家家有求，每位股東都可以供也。但是，在實際的操作上，這是有資本者和沒資本者的智力博奕，也是有資訊和沒資訊的同場遊戲，大股東掌握了資本和資訊，小股東則處於劣勢。這好有一比，「隻揪」是最公平的，但是如果兩人的身形懸殊，一個體重一百公斤，一個體重二百公斤，這就很難說成是公平了。

36. 供股的原因

本來，我把這一段放在本部份內容之首，因為按照順序，原因總是放在開頭。但是在寫作本書時，我把它移往後面，因為這一段牽涉到比較複雜的理論，必須先掌握了某些概念，才好理解。

我用財技操作的理由，把供股以性質分類，分為6種：「供錢」、「供乾」、供大」、「供炒」、「供賣殼」、「供減持」。

36.1 供錢

理論上，凡是供股，都是集資，都是想要錢。所以凡是供股，都可以說是「供錢」。當然了，在文件上，供股是必須說明一個供股用途，例如說，供股來作為日常營運資金，作為購買資產，用來還債等等，都是很好的供股理由。正如前文所述的，這些理由，很多時是真材實料的，例如集資的目的是購進優良資產，但當然，也有可能是騙人的。

從大股東的角度看，供股最美好的地方，是股東拿錢給自己用。最壞的一點，是自己也要拿錢出來。我們必須記著，絕大部分的供股，大股東都不是真正的「大」股東，意即其所佔股份比例並非甚多，如果持股量在七成以上，供股的資金大部分是由自己拿出來，就太沒意思了。

簡單點說，供錢是供股的最基本理由，它有一億個好處，唯一的壞處是，大股東也要按照比例拿錢出來。當然，這個壞處也有解決的辦法：

辦法之一： 大股東乾脆放棄供股，任由股份遭到攤薄。

辦法之二： 大股東大把錢，大家齊齊供股，反正供股得來的現金，在公司的手上，和在自己的手上，根本沒有分別。

辦法之三： 大股東付錢供股後，當現金打進了公司的戶頭，再想辦法，把現金從公司套出來。這自然需要另外的財技去輔助。

當然了，以上的只是騙人的做法，堂堂正正的供股，去把公司壯大，例子還是有不少的，「匯豐控股」和「渣打銀行」的供股，最多只是使用了「質數供股法」，至少不會偷錢騙人。

36.2 供乾

「乾」是專門術語，英文叫「corner」，指莊家能夠控制的股票，通常是指莊家擁有的股票。其詳細的解釋在下面的章節會再討論。

要「搾乾」一隻股票，有很多不同的辦法，其中最有效一種，就是供股。因為每次供股，總有些股東會放棄付錢，大股東便能夠拿到更大比例的股票。只要多供幾次，供供合合，把小股東的股票合成碎股，就必乾無疑了。不過，不停

供股未免太過分，交易所一定找你麻煩，不讓你次次得逞。要想一次到位，一口氣供乾，法子就是提出非常愚笨的供股方案，嚇走股東，就成了。 例如說，現價 0.2 元，一供二，每股供 0.18 元，折讓只是一成。假如手上有 0.2 元股票，卻要拿 0.36 元出來供股，豈非妹仔大過主人婆？這樣的條件，恐怕股東都跑光了。其實用不著如此兇殘，現價 0.2 元，就算是溫和的二供一，每股供 0.19 元，肯供的人也不會多。

36.3 供大

假設你有一件估值三十億元的資產，要放進上市公司。如果上市公司的市值是一億元，那是虛不受補，放不進去。你就是把股價打高十倍，市值到達十億元，要放三十億元的資產，好像還是不夠。 一個最直接的解決方法，是供股。一供二之後，一億元市值變成了三億元，再炒高十倍，剛好是三十億元。 所以，「供大」的股票，一定是有大交易在背後。但是，要知道哪間公司是為了「供大」而供股，當然是十分困難的事。

36.4 供炒

供股是一個集資的方法，而凡是集資，都得提出一個理由，如果這是一個非常有吸引力的集資理由，當然可以吸引股價上升。另一方面，先前說過，供股股票有「除權日」，在除權之後，新股推出之前，可供在市場發售的股票是減少了。如果是 1 供 1，是減少了一半的股票，如果是 1 供 9，便是少了 90% 的股票。這有效的減少了沽售的壓力，自然也有利於把股價炒高。

在 2009 年，「意馬國際」(0585) 因為投資卡通片「阿童木」而大幅虧損，1 年後的 2010 年，引入新的大股東梁伯韜，再加上「資本策略」(股票編號：497) 的大股東鍾楚義，合佔公司 52% 的股權，然後宣佈 10 合 1，再 1 供 4，集資 1 億元。

結果這股票在供股期間，從 0.25 元喪炒至 4.25 元，成為了一時的風頭躉。

供股單單為了供炒的個案是很少的，但這不失為一個「甜品式」，附送的一個理由。

36.5 供賣殼

每一間上市公司都有不同的客觀情況，而每一宗賣殼交易都有不同的細則條款，因此，賣殼也有很多種不同的方法，也牽涉到不少的財技。其中的一種，就是經由供股，而達致賣殼的目的。

因為供股意味著大量印發新股，而只要找出一個辦法，讓新來的大股東買去

了這些新股，賣殼便告成功。

2009 年，「紅發集團」（股票編號： 566）公開發售新股，即是沒有供股權的那一種，1 供 4，供股價每股 0.1 港元，較停牌前收市價 0.72 港元，大幅折讓 86.1%。背景資料是，其大股東已將所持有的股份抵押給包銷商金利豐證券，作為貸款，可知其缺錢的程度。而大股東沒有承諾參與供股，最終亦是放棄了供股，任由供股者攤薄其股份。

這一次供股的結果，是認購稍多於一半，包銷商金利豐證券以 0.1 元的成本，接收了 274,640,468 股未獲認購的股份，買下了這公司 34.6% 的股權。

附帶一提，在公佈供股結果後，該公司股價已超過 0.7 元，三個月後，它宣佈收購太陽能光伏組件生產商 Apollo，進軍環保行業，也因而改名為「珀陽太陽能」，股價勁升至 1.58 元。

正如前言，每一宗賣殼交易都有不同的背景故事，而故事的內容是外人不會知悉的，我們看到的，只是其表面而已。

36.6 供減持 = 批新股

供賣殼，可能是太沉重了。供股的本質，同發新股是一樣的。只要大股東放棄供股，相等於把新股賣給了其他人士。供賣殼和供減持的分別是：

1. 如果供股後的股權分配，是大股東喪失了控股權，就是供賣殼。

2. 如果供股後的股權分配，大股東只是減持了，而照樣擁有控股權，便是供減持，這在某程度上，相等於批新股。

在 2010 年，「杏林醫療」（股票編號： 8130）公開招股，4 供 1，折讓 17.4%，是小比例小折讓。大股東沒有承諾供股，結果只有 691 萬股供股，大股東既然沒有承諾，當然也沒有供，其權益便從 29.8%，下降至 23.8%。

包銷商金利豐證券上身，沽出了股票，股價大跌。

有兩點是需要注意的：

1. 包銷商上身，不一定是它承接了這批股票，它也可能是判了給分包銷人，後者接了貨。有關分包銷的解說，會在下文敘述。

2. 不一定是把股價炒高，才算是炒股票。所以，不一定是在供股時，把股價炒高，才算「供炒」。莊家沽出了大手股票，就算把股價大幅壓下了，也算是「炒」股票。

36.7 混合供股原因

前面說的 5 種供股原因，有時互相混淆，並不能完全分開。首先，大股東的

本意可能是「供乾」，不過有現金走進來，先收了再說，反正多供幾次，遲早一定乾，不必心急。「供乾」和「供大」也有重疊。很多人是又想大又想乾。供大的目的是重大的收購，沒理由重大的收購還要同股東分成利潤，更加是非乾不可。

無論是任何的供股方式，都不排除大炒一輪，所以「供炒」是常見的「供股甜品」。此外，如果是「供賣殼」，可以附送「供乾」、「供炒」，「供大」，而且還可以「供錢」，有現金打進公司的戶口，當然也是一件妙事。

有時候，大股東「且戰且進」，希望供點錢回來，可是事與願違，錢進不了多少，自己卻供到「一褲都係」。前文說過散戶有「綁住焗供」，大股東亦有「綁住焗炒」，因為自己拿了滿手股票，不炒的話，怎沽出去？

所以說，供股沒有必然的公式，莊家也沒必然的策略。他同散戶一樣，也會有算錯的時候，而當他算錯了，也只有改變策略，另尋出路。

話說有一次，我問有「供股天王」之稱的「大凌張」：「為甚麼你的供股計算如此準確，我做你的包銷商，從來沒有包銷上身，每次都是乾收佣金？」

「無他，」大凌張聳聳肩，輕鬆地回答：「先前錯過太多次，從錯誤中學習，慢慢就學精了。」

36.8 後記

有關供股的章節，本來是放在《炒股密碼》的第一版之中。它在 2007 年初出版時，最為震撼的人心，莫過於供股這一部份。由於它用行內人的角度去寫，揭露了不少行內技術上的秘密，因而啟發了不少有志於股票的年輕人，其中一些投入了股票界，有的還成為了股評界的偶像級人馬。當我滿懷自負地重看和重寫這一章時，赫然發現了，原來這一部份竟然是寫得那麼的稚嫩，邏輯也有點兒混亂，應該放在東的段落，卻放了在西，諸如此類的概念不清，不知凡幾。我的臉皮雖厚，看了卻也有點臉紅；我想，一些小朋友認為他們的程度，已超越了我，實在不無道理。

為免令到《炒股密碼》從先知變成了落後，當這書不停再版的同時，我也不停的改寫本章，其中最重要的一次修改，是在 2005 年，花了整整 5 天來寫這一章，幾乎是重頭寫過，從一個日寫萬字以上的快筆的角度看來，寫時的感覺就像是快速部隊的戰車，墮進了泥淖中。

在這一次的修改之中，我把這一部份切成了兩塊，一塊是財技性的，是理論性的部份，放在本書(即《財技密碼》)之內。另一塊則是實務性的，同炒股票有關的，則仍然留在新修改的《炒股密碼》的裡面。我認為，這種二分法，對於讀者的閱讀和理解，是比較恰當的。

我記得，在很多很多年前，我在電視看到戴卓爾夫人演說，而且只聽到了一句。平常我不大看電視的新聞報導，這是我唯一的一次聽她說話。她說的是：「(我的首相職位) 有 649 名申請者，但沒有空缺。」(There are 649 applicants, but no vacancy.)

　　對於意圖打倒周顯大師的人們，我的回應是這一句話。然而，今天說此豪言的我也許忘記了，當日的戴卓爾夫人說了這句話沒多久，便因黨內倒戈而下台了。但是，世上又有幾日能夠在台上鞠躬盡瘁至死，不用下台的呢？

37. 期權和認股證

在概念上和在本質上，期權和認股證是相同的事物，但因為應用條款的不同，所以分成為兩種不同的金融工具。它們的關係，就好比汽車和摩托車，本質相同，卻有外觀上和用途上的分別。

無論是期權和認股證，都可以作為使用財技的工具，所以我才會在這裡去為它們作出描述。這兩種財技工具，比諸股票複雜得多，因此，這裡只是一鱗半爪地說明它們的基本概念，而它們在應用上，千變萬化，博大精深，單單就這個題目，就寫上十本書，也不能夠寫出它們的奧秘的一成半成。事實上，以我在這方面的知識水平，也沒有這個能力，去詳細分析它們的應用和功效，幸好，亦無此必要。皆因本書的主題，只集中於財技，我只需要論述它們在財技方面的應用，而且是只限於概念上的論述，對於發行者的數學計算，風險評估，以及購買者的攻略方式等等，在這個章節，以至於在這本書裡，都是不會說及的。

37.1 甚麼是期權？

期權是一張合約，合約的內容，是有關於甲方可以有權利用某個價格，向乙方買入、或賣出某一件商品。有關「期權」的概念，表面上很複雜，但實際上，它存在於我們的生活中，任何人都會遇上過。

假設我有一幅畫，你很喜歡，我說：「你出 100 萬元，我賣給你。」你也同意了，但手頭的現金不夠。於是，我說：「你付給我 5 萬元，我保證在一年之內，不會把這幅畫賣給別人。在這 1 年之內，你甚麼時候拿 95 萬元給我，我就把畫給你。」以上的情況，就是一種期權關係。這 5 萬元叫作「期權金」，你付出了，就擁有在這 1 年內隨時付錢交易的權利。所以你是買進了一個「認購期權」)(call option) 權」。

你去買房子，如果在買賣合約中，沒有寫明是「必買必賣」，而你付了一成的首期，根據合約，你必須在 1 個月之內，付清其餘 9 成的欠款，而對方則會在你付清了 1 成 +9 成，即是全部 10 成款項之後，把物業交到你的名下。大家都知道，如果你不能夠如期在 1 個月之內，付清那 9 成的款項，你便買不到那個物業，而且，對方還可以沒收你那 1 成的已付訂金，稱為「殺訂」。這種情況，如果用上述的「期權理論」去作解釋，相當於你付出了 1 成的「權利金」，來獲得了一張「認購期權」，有權在 1 個月之後的一個特定日子，以 9 成的價格，去購進這個物業。

37.1.1 認購期權和認沽期權

有「認購期權」，自然也有「認沽期權」。賣出期權也普遍出現在我們的日

常生活當中，例如說，你買了一粒名貴鑽石，珠寶商願意在 1 年之內的任何時間，以 8 折的代價，回收這粒鑽石。在這種情況之下，你是相等於擁有了一個「認沽期權」（put option）。

於是，我們從上文的分析之中，得出了 4 種不同的期權形式：

1. 買入認購期權（Long Call），
2. 賣出認購期權（Short Call），
3. 買入認沽期權（Long Put），
4. 賣出認沽期權（Short Put）。

37.1.2 期權之於股票

換言之，當你買進了一個期權時，是先付出了錢，因此，你擁有了這個權利，但是，你在擁有這權利的同時，卻用不著負上任何的責任：我不能迫你買進那幅 100 萬元的畫，那物業的業主不能強迫你付出那 9 成的餘數，來完成交易，那位鑽石商更加不能強迫你把鑽石用 8 成的價錢，再賣回他。

期權這種產品，不但可以適用於名畫、物業、鑽石等等商品，也可以用於股票。即是說，我可以買進一張認購期權合約，便能夠擁有權利，在某段時間之內，用某個指定的價格，去買進合約說明的股票。又或者說，我買進一張認沽期權合約後，便有權在某個特定的時間之內，用特定的價格，去把股票沽給該位對手。當然，你不一定是買進期權，也可以自己收取權利金，去賣出一張期權。但，無論是認購期權也好、認沽期權也好，無論你要買入也好、賣出也好，最先決的條件是：有一個對手，你賣時他買，你賣時他買，當沒有對手時，一個人是不可能自己跟自己做交易的。

但有一點要記著的：無論，大部份財技所使用的期權技巧，都是和股票有關的。我在本章所說的，也是股票的期權。

37.2 認股證和期權的分別

本質上，期權和認股證是相同的東西，在實際上，只是在形式上有所不同。最重要的分別是：

1. 前面說過的，期權是一張合約，合約內容可以是任何東西，從鑽石到房子都可以，當然也可以是股票。但認「股」證顧名思義，只限於股票的期權。

2. 期權是一張合約，合約的內容可以是不同數量的股票，從 1 股到 100 億股都可以。但認股證卻是格式化了的期權，規定了 1 張認股證加上若干金錢，便可兌換 1 股，也可以是 10 股認股證，才換到 1 股正股。我曾經以折扣優惠券來比喻認股證：「憑券加 5 元換 1 個漢堡包。」

這是格式化了的換領方式，如果是期權，則是老闆說對下屬說：「這個老伯好可憐，你們每日都用特價 5 元，賣 1 個漢堡包給他吃吧！」這是特殊對待，並沒有格式化了，所以這是期權，不是認「包」證。理論上，供股時期的供股權，也是認股證的一種，只是時效很短，只有一個星期。當然也可以是免費兌換，不用加錢，這叫做「換股證」。

在 2013 年，「李寧」(2331) 供股，股民供股後得到的，不是股票，而是換股證：供股者可以憑著 1 份換股證，換到 1 股股票。換言之，換股證相等於股票，只是得多花一番手續和時間，麻煩地去換股而已。

37.3 備兌證

發行期權或認股證的，可以是上市公司，可以是大股東本人，更加可以是毫無關係的第三者，例如證券公司，又或者是個人投資者。

證券公司發行的認股證，在市場上有著頻密的買賣，甚麼「高盛輪」、「法興輪」等等，相信香港人知之甚詳，不必多解釋了。這些由第三者發行的認股證，稱為「備兌證」。

37.3.1 賺取溢價

證券公司的定期發行備兌證，是為了賺錢。因為備兌證的價格比股票低，股民購買了之後，相等於是以較低的價錢買進了股票，也即是說，做了槓桿。但世上當然沒有這麼便宜的事，股民購進認股證，必然也是要付出更高溢價。這即是說：認股證的價格＋換股價，必然高於股票的價錢。證券公司發行認股證的利潤，就是來自其中的差價。

在大部份的情況之下，證券公司都可以憑藉賺取這個差價而賺錢，只有在股市大上大落，差價填補不了股價的虧蝕時，發行認股證才會賠本。不消說，這種機會是不大的，否則也就沒有人去當發行商了。

37.3.2 變相沽股票

除了證券公司之外，私人機構也可以發行備兌證。香港最有名的個案，就是在 1992 年，「南豐集團」的老闆陳廷樺發行了 15 種大型股票的備兌證，套現了接近十億元，未幾，股市就大瀉了。

在陳廷樺的情況，那是一種變相沽出股票的形式。如果在市場上，沽出正股，那牽涉到數十億元的金額，數目未免太大，比當時一天的總成交量還大得多，市場實在難以承受。

但如果以備兌證的形式來沽出，由於備兌證的價格只涉及了與正股的差價再

加上溢價，絕對數值要低得多了，結果是不到十億元，市場便容易吸納得多了。

37.4 認股證的條款

　　認股證是一張換股的文件，可以有著不同的條款，而不同的條款，可以蘊含著不同的財技玩法。

37.4.1 上市和非上市的認股證

　　認股證可以是上市的，也可以是非上市的。如果是上市的，就會同股票一樣，有一個號碼，可以在交易所的平台上買賣。如果是非上市的，那就是一張紙，拿著這張紙，隨時可以轉換股票，但是這張紙卻只能私人之間去轉讓，不能透過交易所的平台去買賣。

　　例如說，我的手上便持有 1 萬股「文化傳信」(股票編號： 343) 的認股證，換股價是 1.2 元。這公司的股價長期在 1.5 元以上，但是因為證券公司不能代勞換股，得由我親自去辦理，賺取幾千元，我因為怕麻煩，所以一直沒有去搞換股。

　　換言之，這種非上市的認股證，和一張期權合約幾乎是沒有分別的。只是這認股證是由上市公司發出的，所以在術語上，也稱為「認股證」，而不是「期權」。

37.4.2 認股證的期限

　　《上市規則》訂明了，認股期間由發行日期計起，不得少於一年或多於五年。持有人必需在「到期日」前行使權證，否則便當放棄。行使了認股權之後，通常不會遲於 28 天，取得新股。

　　以上的限制只是在於上市公司的「私家輪」，而「公家輪」則是由證券行所發出，因為不是印發新股，則不受這限制。一般來說，認股期只有半年，換股的所需時間也由證券行自行決定，甚至可以不必換股，只以現價和兌換的差價作出現金交收。

37.4.3 是贈送還是配售

　　認股證是可以「免費贈送」的，例如說，平均送給每個股東，這等於是變相供股，只不過普通的供股，只有在不久後的某特定一天，才可以付款供股。如果是送認股證，則可以在一年至五年之內的特定一天 (歐式輪)，或任何一天 (美式輪)，去付錢換股。至於甚麼是「歐式輪」，甚麼是「美式輪」，下文會再述。

　　有時候，在供股時，上市公司會把認股送給參與供股的股東，不付錢供股，就沒有這個福利了，例如說，1 供 2，再 2 送 1 認股證。從概念上，我們也可以把認股證視為供股的一部份，以前述的「1 供 2，再 2 送 1 認股證」，亦可以視

為「1供3」，只是第3股可以在較後的時間付款換股，甚至可以放棄其供股權利。

認股證除了贈送之外，還可以訂下一個價格，在市場發售。發售認股證的方法和過程，與配售新股是完全相同的。

37.4.4 換股價

前面說的例子：用優惠券去換漢堡包，要加5元。同樣道理，如果用5元來換股票，這5元就是認股證的換股價。如果是贈送的認股證，當然不用付錢，但如果是配售認股證，認購者便得付錢去買，最低的認購價格是1仙。

37.4.5 歐式輪還是美式輪？

我在先前，沒有使用「窩輪」這個名詞，其實「窩輪」就即是「認股證」的英文「warrant」的音譯。

有時候，認股證都是「美式輪」，也即是說，持有者不論在那一天，都可以行使換股權，把認股證換成股票。然而，也有歐洲式的認股證（即「歐式輪」），意即只有在期滿的當天，才可以換股。而在到期之前的日子，不管股價升至多高，升至10倍、100倍，持有者都只能乾看著流口水，不能把認股證換作股票。由於「歐式輪」的條款對買家較為不利，因此，它亦越來越流行。

37.5 員工認股權

在不少公司，會向員工發放「認股權」(share's option)，也即是認購股票的期權，作為對員工的一種福利，這在科網股尤其流行。員工不用付錢購買認股權，卻需要付出換股價。公司的年報會透露向員工發出了多少認股權，在交易所的網站，也可以看到認股權的兌換情況。

37.5.1 作為員工福利

員工認股權是一種員工福利，普遍流行於上市公司，以及科網公司。在技術上，這相等於員工可以用現時的股價，入股公司，以後當公司的股價上升了，員工便可以付錢認股，分享公司的盈利。

這種做法，好處有很多，第一這是變相的花紅，把公司股價和員工收入掛鈎，令到員工更努力為公司賺錢，第二是這種「變相花紅」的形式，體現在公司的股票發行數目方面，公司並不用付出現鈔去「派花紅」，不影響到公司的現金流。

37.5.2 科網公司

很多科網公司在開始時，只求吸引到更多的客戶，在賬簿上，長期處於虧蝕的狀態，在現金流不足的大前題下，唯有向員工派發大量的認股權，以吸引人才

留下。因此，我們可以看到，像「谷歌」、「阿瑪遜」、「雅虎」這些科網公司，員工往往擁有很多的認股權，就是因為這個原因。

有時候，公司雖然大賺其錢，擁有良好的現金流，仍然大量派發員工認股權，例如說，當年的「微軟」。這是因為當年的「微軟」是高增長公司，公司的每一元現金都能夠賺取到巨額的利潤，一年又一年的滾存上去，現金自然是留在公司發展，比派發花紅，更為上算。另一個原因是科網人才有價，如果要付薪水加花紅，相信要天文數字，才能留得住這些人才，相比之下，自然是付出認股權，更為上算。

37.5.3 作為管理階層賺錢

在公司派發員工認股權的時候，除了員工得益之外，管理階層往往也是得益者。尤其是，當管理階層也是打工仔，又或者是，他們並非大股東本人，而是大股東的親屬，自己並不持有大量公司股票時，這份認股權的收入，也就格外重要了。假設你就是一位打工仔的管理階層，你會在甚麼情況之下，決定發出認股權，給包括自己在內的員工呢？

答案當然是：在公司的業績轉好，股價即將騰飛之前，派發員工認股權，給包活自己在內的所有員工，對自己是最有利的。

「大家樂」（股票編號：341）的大股東是羅騰祥家族，主席陳裕光是羅騰祥女兒羅寶靈的丈夫，並不屬於羅氏家族的成員，嚴格來說，只是打工仔一名。所以我們可以看到，當「大家樂」發行員工認股證之後，股價就會直線上升，持續好幾年。另一方面，也可以預期，如果陳裕光在主席之位退休了之後，假如羅騰祥的兒子羅開光，也即是我執筆寫此段時的行政總裁，接任了主席之位，羅開光對於派發員工認股權，必然及不上陳裕光那麼的慷慨，皆因羅開光是羅騰祥家族的最主要承繼人，名下擁有大量的股票，就不會那麼著重員工認股證了。

37.5.4 用人頭來拿員工認股權

在 2002 年，「太平洋興業」（上市編號：166，現已改名為「新時代能源」）的主席蔣麗莉，涉嫌串謀批出 2,388 萬股員工認股權，行使價是 0.32 元，後來有公司用 0.35 元的價格，向員工收購了這些認股權，但這筆三百一十萬元的款項，最終則要交回給蔣麗莉。

結果，蔣麗莉在 2008 年被捕，2011 年被判入獄 3 年半。

這案件由蔣麗莉的助手葉玉珍作為特赦證人，供了出來。另外，葉玉珍還供出了另一宗案件：在 2001 年，蔣麗莉在當「環康集團」（股票編號：8169）的主席，在上市前，先把八百萬股轉讓給葉玉珍，在上市後，把其中的 84 萬股沽出了，賣得了 37 萬元，蔣麗莉收回了 34 萬元，換言之，葉玉珍可以得到 3 萬元的「人工」。

37.6 認股證財技

最流行的一種認股證財技，當然就是由公司發出一批認股證給莊家，然後莊家炒高股價，再兌現認股證，把認股證變回股票，再沽出股票，去大賺其錢了。

為甚麼不直接發行新股呢？這是因為如果莊家用現金買下了新股，未免太過犯本了，用上了太多的本錢。當然，如果使用認股證的形式，到了最後，當認購股票時，還是需要付出這筆金錢，可是，炒高股價的時間可能需要半年，那即是說，資金需要積壓半年，如果用認股證的形式，兩個星期就可以換到股票了，積壓資金的時間短得多。相對來說，兩星期的短期融資，不但更容易借到錢，利息成本也低得多。

另一個可能性，是炒股票的時候，不知道到時的市況如何，能夠沽出多少。如果市況不佳，沽出的股票不多，使用認股證的形式，相比起使用發新股而言，前者也可以有一個彈性：當市況不好，股票沽得不多時，頂多就是不去付錢認購罷了。最後，如果炒股失敗，使用認股證的形式，最少可以保住成本，不致於輸得太慘。

37.7 認股證騙局

有一種方法，是常常被人使用，而且經常可以騙到老闆的錢，屢試不爽，我便見過不少這樣的例子。問題只在於，使用這種方法，很容易會惹怒老闆(當然了，騙他的錢，他怎會不怒？)，很多時會派人毒打騙子，我由於怕疼，所以不敢去試，但真的看到不少人用了這法子，一次又一次的賺到大錢，其中一位仁兄，在好幾年的時間當中，幾乎每個月都被人毆打一次，他的名句是：「我唔信你真的打死我！」結果是，他的預料中了：他果然沒被打死，而且在後來，還發了大財。這種人，在中文成語的描述，叫「膽正命平」，只要不被打死，是肯定發大財的。

這種方法，說穿了，十分簡單，就是首先用花言巧語，勸服老闆讓你去炒這股票，去做莊家。這其實並不太難，因為要真的做到，當然有難度，但如果明知做不到，亂吹一通，那就易如反掌了。

這好比我要去哄騙一位女明星去上床，要送她一間豪宅，這當然是不可能的事，因為我沒有這個錢。可是，如果我是明知不成而亂吹，別說是送一間豪宅，送十間，也是開口即是。同樣道理，如果你要把一隻垃圾股票，從1元炒到10元，再找一個傻瓜基金去接貨，這當然是不可能做到的事，但如果只是胡亂吹吹，那就易如反掌了。

這個世界上，有很多初出茅廬的女明星，以為自己真的值上很高的身價，便給那些無良分子的花言巧語騙上了。同樣道理，這個世界上，也有很多很傻的上

市公司主席，以為自己的公司很值錢，所以也往往給這種花言巧語給騙了。最常見的一種情況是：A君說這股票最多值 1 元，B君說連 0.5 元也不值，突然來一個 C 君，說：「老闆你這項目太好了，公司的財務狀況太美了，包在我的身上，最少炒到 10 元！」

結果呢，老闆信以為真，批了一批認股證給這莊家，代價只是 1 仙。

這位莊家將會怎樣做呢？答案是：甚麼也不做。

他買下了這批認股證，成本可能只是二三百萬元，可是呢，如果認股證的年期是兩年，這即是等如說，他可以有兩年的時間，去等待它的股價炒高，乘機換股賺錢了。換言之，除非在這兩年之間，這公司的股價紋風不動，否則他就可以小本大利，不勞而穫了。

在這種情況之下，老闆還有一個應對方法，就是堅決不讓對方換股，寧願對簿公堂，由律師和法官去解決，又或者是交由黑社會去作交涉。但亦有很多老闆為了省卻麻煩，寧願付錢，送走瘟神算了。要知道，一間上市公司是很值錢的，因為區區的一手認股證，因而喪失了以一年兩年計的機會成本，是非常划不來的事。

以上的案例，不少已經鬧上了法庭，但由於我知道的案例，往往涉及雙方都是朋友，所以不方便多提了。

給大家一個貼士：如果想用這一招，當然是找一個很笨的老闆，而且還沒有黑社會背景的「凱子」，被騙後不會找你尋仇，成功機會才高得多。

37.8 「騰訊」的例子

「騰訊」(股票編號：700) 在 2004 年上市，招股價是 3.7 元，在 2009 年中，其股價大約是在九十元的價位，其主席馬化騰沽出 500 萬股認購權，以及同時買入 500 萬股認沽期權，為期一年，即在 2010 年中到期。

結果到了 2010 年 1 月，「騰訊」的股價曾經高達 175 元，到了年中時，股價在 146 元時，對方向馬化騰認購了其 500 萬股，原來行使價是 102.7 元。但由於股價上升了，馬化騰並沒有行使其認沽期權，所以我們亦無法知道這 500 萬股認沽期權的認沽價是多少。

《壹周刊》對於這宗財技事件，引述一名投資銀行家說：「當初投資銀行能成功推銷此套期權交易，一定是馬化騰睇淡股價才肯做。」《壹周刊》的看法是：「此套交易在在證明馬化騰睇淡騰訊股價。」

這還不止，馬化騰除了這 500 萬股的期權之外，還有其他的期權。《壹周刊》的結論是：「現時馬化騰所持的騰訊淡倉總共涉及二千多萬股，按市價涉資達二十六億元，騰訊的股價在這半年至一年間，註定『無運行』。」

按：當時「騰訊」的股價，已經跌至127元了，所以《壹周刊》的説法是：「單日成交金額比滙豐或中移動 更多，反映沽壓嚴重。」但後來的發展是怎樣呢？在當年的年底，「騰訊」的股價已經回升至174元，在2012年的2月17日，它已升到了206.6元，而在我執筆寫此文時的2013年中，它的股價已是350元左右了。

所以，《壹周刊》的結論是大錯特錯，而我們要麼相信馬化騰看錯市，賤價沽出了股票，要麼這其中必定是另有玄機，另有財技。

且讓我們回到2009年中，馬化騰用102.7元的換股價，出售了500萬股認購期權。在這種情況之下，那位購進了認購期權的人，豈不是有很大的誘因，去炒高「騰訊」的股價呢？假設説，假設咋，並非真實故事呀，假設説，這個買進了認購期權的仁兄，有一位很好很好的朋友，是一位基金經理，而這位仁兄對這位朋友，又很有影響力，令到這位基金經理可以用基金的資金，去把股價炒高，至於這位仁兄，則可以坐地分肥，當股價炒高了之後，便可以沽出股票，賺到大錢了。

這個too good to be true的故事，其中有一個重大的缺陷，就是前文説過的：假如那位買進了認購期權的仁兄，甚麼也不做，只是袖手乾等股價上升，那又有甚麼方法去防止呢？

別忘記，還有一套500萬股的認沽期權，如果股價不升，甚至是下跌，馬化騰大可以行使其認沽期權，那麼，對方便要大虧其本了。可惜的是，我並不知道這套認沽期權的換股價，對於這套財技的細節，也就無法全數瞭解了。不過這也無傷大雅，因為本書一路以來的敘事原則，是只重概念，不重細節，只求讀者明瞭基本原理，從而可以一理通，百理明，至於實際的應用，則是千變萬化，要説也説不完這許多，只是存乎一心，萬變不離其宗而已。

37.9 出售認股證來換錢

我們也不能忽略了，認股證作為一種金融產品，本身就能夠在市場出售，得回現金。在很多時候，大股東或莊家，可以透過合約安排，和證券公司合作，利用證券公司的名義，去發行公司的認股證，出售以套取資金。

在有的時候，一些股票的股價炒得太高，例如説，在2008年的「蒙古能源」（股票編號：276），又或者是2013年的「騰訊控股」(700)，嚇怕了不少潛在投資者，但是也有部份投資者，意欲在高股價時，仍然作出買賣投機，在這個情況之下，投資認股證，以小博大，也不失為一個選擇。認股證的發行，也可以有這一個「迎合市場需要」的作用。其他的衍生工具，例如説，ELN和accumulator等等，也都可以發揮大同小異的功效，為財技操作者提供了其他方向的得到資金的機會。

第 八 部 份
參與財技操作的人們

這是本書的最後一部份，説的是參與財技操作的角色扮演分類。

本來，這一部份的內容，應該放在很前面的位置。但是，我在敘述前文的時候，卻是一氣呵成，根本沒有位置，去強行插進這部份的內容。迫不得已之下，我只能夠到了最後，才作這部份的討論。

38. 金主站在制高點

支持你做生意的人，就是「金主」。中文一般的用法，向「銀」行借錢買樓，沒錢供樓時，「銀」行把房子拿出來拍賣，這些房子叫作「銀主盤」。但是，當涉及支持做生意時，就叫「金主」。換言之，「銀主」和「金主」的關係，是「銀主」是個別的抵押貸款關係，但是「金主」則是長期的財政支持者，在某程度上，還可以直接干預公司的運作。

在現行的法例下，大股東把手頭股票按揭給別人，並不需要向交易所申報，令得投資者失去了知情的權利。當然了，一些市場消息靈通人士可能循其他途徑得悉到這項重要的資訊。

38.1 金主和大股東

一般而言，大股東就是一間上市公司的最高領導人，但也有不少的情況，在大股東的後面，還有一位「太上皇」，這就是金主了。為甚麼金主會有比大股東更高的權力呢？這是當大股東的資金不夠時，只好把其手上的控制性股權，抵揭給一個人，這位付鈔的仁兄 (或仁姐) 就是「金主」了。

如果你同銀行借錢，銀行除了要你交出抵押資產，以及依期還錢之外，並不會干涉你的日常運作。但是，如果一間上市公的大股東，把手頭上的股票抵押給一位金主，金主卻常常會干預公司的運作。從某方面來看，這也是沒有法子的事，因為人們把房子抵押給銀行，其自主權便完全失去了，除了房價下跌之下，銀行並沒有任何的風險可言。但是，如果是上市公司大股東把控制性股權抵押了，他可以玩的花樣實在太多，金主一旦失策，隨時血本無歸，因此非得看緊這筆貸款不可。

從以上的角度看，假如大股東把股權抵押了給金主，則金主才是該公司的真

正領導人,大股東只是其次而已。

先前同大家提起過「人頭大股東」,即是幕後另有大老闆。但本段指的「金主」並非如此。(因「大股東」指的是真正的大股東,不管他是在幕後還是幕前。我是個搞理論的人,定義是分得絕不含糊的。)

我的定義很實際,不管他是金主、是債仔,還是無負債地擁有上市公司的控制權,總之,公司的揸弗人就叫「老闆」。老闆就是擁有對公司股票操作的最終決定權的人。

38.2 金主的控制方式

在這裡,我得去解釋抵押貸款的兩種基本方式,第一種是控制性股權,第二種是小量股票。

38.2.1 控制性股權抵押

控制性股權的抵押,便是由大股東交出 50% 以上的股票,去交給金主,作為抵押。

通常,金主隨時可追債仔還債,只要一見風吹草動,債仔不乖乖的聽話,金主便隨時可能使出這最後殺著。單是這一招緊箍咒,便能把最反斗的債仔都制服得服服貼貼了。

先前說過,大股東的實力強不過董事局,因此,金主往往也派駐人手進入董事局,以保障本人利益,防止債仔耍花招,偷盜公司資產。當年上海首富周正毅向中國銀行借錢購買的「農凱集團」(當年股票編號: 1104),中國銀行也派了兩人駐進董事局監視,以防「蠱惑的周」隨意動用公司的現金。

值得注意的是,如果是控制性股權的抵押,金主只要拿著 51% 的股票,來作為抵押,便已足夠了,更多的股票作用不會更大。有一位叫作「林前進」的金主,曾經對我說過一句至理名言: 「假如債仔不還錢,我拿著 51%,還可以先供一次股,收回一些成本。如果我拿著 75%,供股時,豈不是自己要付大半?」

所以,債仔用 51% 來作抵押品,和他用 75% 來借錢,兩者所借到的數目,是差不多的。但值得注意的是,當用控制性股權來作借貸時,所能借到的數目,是以殼價來作為標準,通常是殼價的幾成之類,例如說,殼價的一半。至於股價的高低,和借貸額是沒有關係的。

38.2.2 小量股票抵押

另一方面,債仔也可以把小量股票,抵押在證券行,然後以「孖展信貸」的形式,去借錢買股票、炒股票。

在這情況之下，債仔可能是大股東本人，也可能是他的人頭，更有可能是他的手下，或者是其手下的人頭，多半是負責炒股票的那一些人。在很多時，莊家炒一隻股票，叫手下去負責炒作，炒作的本錢何來呢？通常是不付現金，又或者是只付少許現金，但卻以一些「free 貨」(免費的股票)，來給證券行，作為孖展抵押。

值得注意的是，如果是小量股票抵押，證券行是必定關注股價的高低。一般來說，證券行對於孖展額，也即是槓桿比率的計算尺度，是以股價和欠款的比例來作計算，例如說，三成孖展、四成孖展、五成孖展，諸如此類。

如果是以五成孖展去作計算，一個客戶在戶口中，有 100 萬股 A 股票，欠下孖展債項 50 萬元，如果股價跌至 1 元以下，即是說，戶口的股票總額只有不到 100 萬元的價值，欠下 50 萬元，那就需要斬倉止蝕了。

當然了，證券行強迫客戶去沽出股票還債，要經過一定的手續，例如說，對客戶發出足夠的通知時間，讓他去準備還款的金額，如果客戶能夠:

1. 存進不足數的款項，重新把孖展額減至可以接受的水平;
2. 自動自覺，沽出部份股票，重新把孖展額減至可以接受的水平;
3. 把股票轉到其他證券行的戶口。

只要他做到其中的一項，便可以避免被斬倉的厄運了。

然而，必須記著一點: 按照大部份的合約，貸款人是有權不用任何理由，隨時「call loan」，要求債仔在很短的時間之內，馬上還款的。當然了，如果是銀行貸款，雖然是有這個條款，真正執行的機會率並不太高，如果是樓宇按揭，這更是極不可能。然而，如果是股票的孖展貸款，卻是常常遭遇到證券行改變政策，突然取消，或大幅削減孖展額，令到槓桿比率即時提升，證券行便會要求客戶即時存進現金，或沽出股票來還錢了。這一點，極其重要，因為在部份的「金主財技操作」，是利用這方法來操作的，後文會述及。

38.2.3 債仔的借貸模式

債仔為免自己的公司沒了，當然不會輕易的把控制性股權去作抵押。可是，廣東人有一句俗語: 「有頭髮，邊個想做癩痢?」當資金不夠時，把控制性股權抵押，還是最快最可行的捷徑。

前面說過，控制性股權的抵押，金主只要求 51%，假如債仔還擁有以上的股票，便可以把它們拿到證券行中，去作出「孖展借貸」，以求得到最高的貸款額。

以上的做法，如果得到有效的運作，所能借到的款項，有時候，甚至可以高於殼價。換言之，債仔可能不花分文，便能夠買下一間上市公司，還有少量現金剩下來，作為未來的財技操作之用。所以我常常說，如果要賺取第一桶金，最佳的方法，莫過於買一間上市公司回來，做莊印股票、炒股票，因為這是無本生利

的發達妙計。然而，先決條件當然是，這個人必須有知識、有網絡，外行人是無法這樣發達的。

38.2.4 金主的殺著

當金主的最後殺著，是當發現債仔有任何不妥的情況，例如說，債仔企圖偷偷的發出新股，以攤薄抵押股票的價值，又例如說，管理階層偷取公司的現金，或是公司斥巨款買進了垃圾資產。但最重要的一項，當然是債仔欠債不還，或者是久息不還，那麼，金主隨時可以要求債仔還清借款，如果債仔沒法還錢，那麼，債主就可以用出最後的一招殺著，就是在市場上沽出債仔的股票，以償還債務。

值得注意的是，金主沽出股票時，當其沽出價值已足夠還清欠債時，金主便不能夠繼續沽下去了。反過來說，當金主在市場上沽清了所有的股票，假如還不能夠還清欠款，金主還可以繼續向債仔作出私人的追討。

38.3 吃掉公司

抵押品的第一號原則，就是它的價值，一定要高於貸款額，否則便不成為抵押品了。所以，如果債仔欠債不還，吃虧的是自己，而不是金主？但是，反過來說，如果金主把抵押品吃掉，其獲利豈非很高很高？

事實上，在大約二十年前，這是很流行的做法，有好幾個「兇殘成性」的金主，玩過好幾次這種玩意，吃掉了對方的上市公司，狠狠的賺了好幾票大錢。

關鍵在於：一般來說，金主不能隨便沽出債仔的抵押品，而是要符合一定的理由，才能根據借款合約，沽出抵押品。當一個債仔依期還錢，債主有甚麼理由，可以斬其倉、奪其殼呢？

38.3.1 狂沽其股票

其中的一項常見條款是：要求股價不能低於某價格，例如說，不能低於貸款總額的某個比例，理論上，這是防止資不抵債。但是，這一條款卻令到債仔必須把股價支持在某一價位，否則當股價守不住時，便有被金主「斬倉」，強行把抵押了的控制性股權沽出，以作還債了。

在以前，金主可以把手上持有的抵押股票，偷偷的在市場大手沽出，由於數量龐大，股票是不可能不狂跌的：如果債仔有實力去支持股價，他也用不著去借錢了，對不？

但是，這種手法太過卑鄙，而且把抵押品在市場偷偷沽出，也是不合法的。這幾年來，監管比以前嚴密得多，要這樣做，在今時今日，技術上也是不可能的。

然而，古法雖不可行，但是其大原則：「狂沽其股票，令其股價下跌，從而

奪取其公司」，這個手法，卻是千古不變的，只要具體做法作出適度的變化，也並非是完全不可行的。

38.3.2 如何令到股價暴跌

前已言之，令到股價暴跌，是金主吃掉上市公司的最簡單方式，但有甚麼方法，可以做到這一點呢？

如果控制性股權的抵押股權不能動，那麼，要想把其股價打下去，唯一的方法，就是乘著股價不高時，不為人知地，在市場買下大量的股票，然後在短時間一口氣沽出，便能夠造成股價暴跌的後果。

要知道，把控制性股權去抵押，債仔得付出極高昂的利息，所以他有很大的誘因，去打高股價，做出財技運作，這就令到意欲吃掉其公司的金主，有了可乘之機。

當債仔當上了莊家，把股價打高了之後，金主突然把在低位買下的股票一口氣沽出來，莊家要想去買下，不夠錢去買，要想不接這批貨呢，只有任由股價丟下來，更有甚者，當股價下跌時，亦會有很多的股民因為恐慌，同時沽出股票，造成了羊群效應。股民爭相逃生，互相踐踏，對於股價的影響，當然是壞得不能再壞了。

當股價下跌了之後，握有控制性股權抵押的金主，縱使不去追債，債仔的財政狀況也已「內傷」，再加上高昂的利息，不停的「利疊利」疊上去，到了最後，債仔多半還是迫得把公司賣出去，金主作為「第一順序」的買家，能夠把上市公司吃下的機會率，自然是大增了。

38.3.3 「第一順序」的原因

先前說了，金主是公司的「第一順序」買家，就這一點，必須再加解釋。

為甚麼他是「第一順序」呢？這並非由於法律或合約的原因，而是有其「天然」的理由。

第一點，金主和債仔合作多時，對於上市公司的內部情況，必然比第三者更為清楚。如果是一名不名裡的第三者，貿貿然去買進一間上市公司，可能會踩上不知就裡的「地雷」，冒上不必要的風險，例如說，公司已經欠下了很多隱藏債務，諸如此類。然而，金主既然已經熟知了公司的內部情況，吃下公司便安全得多了。

第二點，購買上市公司者，不一定是財技專業。可是，作為一個金主，有如一間銀行，必然擁有專業的「盡職審查」(deal diligent) 團隊，因為專業，就不會買錯了一隻不值錢的「爛殼」了。因此，我們也可以發現，買賣上市公司者，往往也是由金主所操控，因為無論是買家，還是賣家，都可以信任金主的專業判斷，

所以，金主要買進一間上市公司，或賣出一間上市公司，都比別的人更為方便。

第三點，債仔不大可能在購買了上市公司，問金主借錢之後，馬上就完蛋大吉。換言之，債仔必然是向金主借錢之後，過了一段時間，才有可能炒作失敗，死翹翹了。但在這一段時間當中，債仔必然也付出了不少利息，在金主的賬簿中，它必然也計算了這些利息收入在內。

假設一個債仔把控制性股權抵押了給金主，為時已經好幾年了，這時，金主所收取的利息總收入，已經遠遠超過了其借款額。在這個情況之下，假如金主要和其他人爭相出價，競投這間上市公司，金主必然佔了極大的便宜，因為在他的算盤中，可以把先前的利息收入，也打進出價之內，大大的減低了成本，其他人自然無法與他競爭了。

有關向金主付息的一個例子，是漫畫大王黃振隆在 2002 年，以六千五百萬元的代價，買進了「環球飲食」(股票編號: 970) 的 70% 股權，在兩個月後，又以九百萬元，購進了 10% 的股權。在最高峰時，他總共付出了七千四百萬元，得到了超過八成的股票。他在付了足足 6 年的利息之後，終於在 2008 年，金融海嘯之後，又把這上市公司賣出了。市場估計，他付出的利息總值，遠遠比其買殼價還要高得多。

38.3.4 送他上路

如果金主要主動出擊，有甚麼更為積極的方法，可以吃掉債仔的上市呢？

其中的一個方法，就是「借爆佢」。金主可以借多點錢給他，甚至，可以找別人，多借點錢給他，這一招，就叫做「送他上路」。

具體的運作方式，可以有很多種。例如說，債仔把控制性股權抵押了給莊家，又企圖把小量股票，押給其他的證券行，以取得孖展額，用來炒作股票。在這個大前提下，金主只須找一個相熟的證券行老闆，或者是有牙力的大經紀，大家說好了，由對方借給債仔高昂的孖展額，例如說，五成孖展，兩千萬總額。

在債仔正在使用孖展，大炒特炒其股票的時候，證券行突然收回孖展額，要求債仔還款或沽貨。同時，金主也把手頭用平價買下的股票大量在市場沽出。這樣下來，股價暴跌，債仔同時還遭到斬倉，不死也不成了。

38.3.5 更狠毒的方式

金主要吃掉別人的公司，有很多的辦法，「送他上路」只是其中的一個簡單的方式，其他的招數層出不窮，數也數不盡。

我見過的一個最狠毒的方式，就是由金主本人，向證監會舉報，債仔在上市公司做假賬。結果呢，債仔「著草」，遠走他方，金主順順利利，不費成本，便把上市公司拿到手。記得這位債仔在出事之前的半年，還同我去吃日本菜，說請

我到外地旅行遊玩，我和其兒子還是朋友，結果呢，不到半年，他已隻身「著草」到那個我們本欲去旅行的地方，而其子則在不久之後，也步其後塵，去了該地了。

38.4 金主的賺錢方式

金主主要賺的是利息。問題是，支持一個投資者買入一間上市公司去「做世界」，其利息也遠高於一般的借貸，我曾經見過最高年息 40%，這實在是小本大利的暴利生意。由於金主賺的是暴利，所以在近年間，已經沒有了「吃掉公司」的金主了，大家都寧願當貴利佬，收息維生，更為簡單。

38.4.1 為甚麼股票借貸的利息這麼高？

前面說過，股票借貸的利息是很高很高的，尤其是控制性股權的抵押，基本上，在所有合法的借貸之中，這是最高利息的一種。

究其原因，這是因為控制性股權的借貸，需要極高的專業知識，才能經營。因此，經營這種業務的金主，非但本人必須有著這個知識，手下也必須有著相關的團隊，才能做到，而以上這些，都是成本，普通的有錢人，沒有這個知識，也沒有這個團隊，是做不到的。

當然了，由於相關的法例所限，銀行要借出這種高風險的貸款，也是不許可的，因為銀行的息率是最低的，當銀行不能夠就這項目作出貸款時，其利息就會提高。

在很多情況之下，當債仔無力還債時，金主只有被迫收下上市公司，作為欠債還錢的代價。有一位香港最大的金主，在股市市道不佳時，收下了兩間上市公司的兩間工廠，由金主變成廠佬，其無奈可想而知，況且，就是不介意「接貨」，也得有這個專業知識，去經營工廠，這真的是無奈又無奈了。

題外話：這位接手工廠的金主，後來得意洋洋的說：「我經營這兩間工廠，還有錢賺呢！」問題在於，如果以資金回報率，和以投入的時間和精力去計算，經營工廠的投入和回報根本不成正比，和放貴利的高效益更是連比也沒法比。

此外，作為債仔者，很多時都會認識一些黑社會大哥，甚至自己本人就是黑社會大哥，如果金主沒有一定的地位，不怕這些刀來劍往的衍生物，要做這種一本萬利的生意，實在不容易。

以上的是從 seller's side 看的角度，如果從 buyer's side 的角度去看：用控制性股權去抵押借錢，目的當然是炒股票、做世界、賺大錢，正是本大利也大，利息貴一點點，只要能夠十倍賺回來，那又有甚麼相干呢？

反過來說，當你是一個金主，明知對方借錢的目的，是為了做世界、賺大錢，利息多一點點，根本不在乎，你又怎會同他客氣，利息又怎會少收呢？

38.4.2 陳姓金主的例子

不久前，我同一位陳姓的金主聊天，我說到：「市場中人都說你出手凶殘，怕同你交手，但我冷眼旁觀，看你對 E 君，可說是有情有義。E 君在 2003 年時，窮得快要上吊，我猜他連利息也交不出來，那時你要吃掉他的上市公司，隨時可以。2003 年後資產價值上升，E 君才算脫了身，如你那時沒放他一馬，他不可能活到有今日。」

陳姓金主大笑：「我吃的是利息。他去奔跑賺錢，付高息給我，他是我的搖錢樹，我吃掉他的公司，只是一次性的暴利，怎及得上每年二三十巴仙的長流不息？」

這位陳姓金主是我在金融界見過數一數二的精明人物。因為他的精明厲害，所以很多人不敢同他做生意。我認識一位在企業融資部當董事的朋友，說不想和他做生意：「賺他十萬八萬元的財務顧問費，要逐隻字去細看，看他有沒有出古惑。這麼辛苦的錢，我寧願不賺了。」

38.4.3 首次做莊人士

可是生意之道，各師各法，他的必殺技是收取很少的訂金，便把上市公司賣給客戶，分期付款、短期出租，都是無任歡迎，所以特別適合「首次置業人士」，不，應該是「首次做莊人士」才對。

在 2009 年，他的客戶炒了一隻股票，從找項目、使財技、把股價炒上，在市場吹風、叫朋友購買、引基金落疊，出錢出力，擔擔抬抬，結果是賺了 2,000 萬元。陳金主只負責借出上市公司，不花一元，不用工作，只需收取利息，和同債仔一起 (或比債仔更高出手) 沽出股票，利潤是 1 億元，既不花成本，也沒有風險，也完全合法，因為犯法的事情都由客戶做了，這才是一本萬利的生意。

是的，金主志在收息，他們要做的最重要工作，就是密切留意債仔的經營狀況，還款一旦出現問題，才很不願意的插手接管公司，平時則給予很大的自由度，甚至出手幫忙，好讓債仔努力賺錢，努力還債。

38.4.4 債仔無力還款時

一個金主縱是再仁慈，如果債仔還不了錢，也還不了息，始終是迫不得已，必須是要把債仔的公司吃掉或賣掉，迫令其還債的。另一方面，前已說過，在今時今日，陰謀要吃掉上市公司的金主，已經少之又少。所以，仁慈和狠毒的金主，兩者的分別，只是：

1. 在甚麼時候才會吃掉債仔的公司，例如說，在欠息不還的三個月後，還是一年之後？

2. 用甚麼手法去令債仔還債，例如說，是慢慢去為上市公司去覓一頭「好人家」，把它盡量賣得好價錢，還是不管三七二十一，只管在市場沽出其股票，不問價錢？

38.4.5 金主的經營困難

在股壇，真正有實力的都去當金主了，當市場莊家，炒來炒去，又犯法、又高風險，就像拿刀劈友，只適合博上位的人士，有錢人不宜沾手。但是呢，金主也有其煩惱所在。

話說有一位金主，我有一位姓「蔡」的朋友說：「這個人大把現金，在 1997 年至今日，沒有一天的現金額是不足十億元的。」

這位金主，我也是認識的。就我所知，他在我寫此書時，身家大約是二十至三十億元左右吧。換言之，在這十多年間，他的財富增長並不快，很多在 1997 年比他窮得多的人，今日動不動就過百億元身家了。再說，這位金主，在 1997 年的金融風暴時，由於手持現金，基本上是毫髮無損，反觀其他莊家，在金融風暴時，很多都輸得損手爛腳，差不多要跳河了，但是到了十多年後的今日，反而比這位金主有錢得多，這究竟是為了甚麼原因呢？

前面說過了，當金主，收貴利，是一本萬利的生意，究竟為甚麼其財富增長率反而比不上別人，甚至是比不上向他借貴利的債仔呢？

答案是：借出貴利，固然是一本萬利的生意，但是卻有一個先決條件，就是必須有這麼多的債仔，去向你借貴利才成！

要知道，能夠付得起高昂利息的債仔，在市場上並不太多：很多人都想借錢，但是有還款能力的，就不多了。況且，如果對方有黑社會背景、被證監盯緊了、手腳不乾不淨會在公司做手腳等等，都不宜借錢給他們，左篩右選之下，誠實可靠兼且有能力還錢的債仔，並不太多，而且那人還會長期借貸、長期付出高息，更是鳳毛麟角，一旦遇上了，得好好愛護才成。所以，在很多時，金主對於長期顧客，會酌量減少利息，以免這些好客人給行家搶走了。

正是因為客人不多，所以作為金主，能夠賺到大錢的，比當莊家的還要困難！

38.4.6 一條龍服務

年息三分以上的債務，要債仔長期付出，有時真的並不容易，因此，有的金主甚至幫忙債仔在市場集資，以協助還債。換言之，金主的一大責任，是為債仔尋找商機，好令後者有力還債。在這情況下，這間上市公司其實是金主和債仔 (即大股東) 的共同事業 (joint venture)。我熟悉的幾位金主，其主力的工作，便是為債仔去奔走，提供有關的客戶服務。有一些落力的金主，借出款項之後，債仔簡直不用擔心還錢的問題，因為金主會設法令客戶籌到資金，償還利息，找人批股，

包銷供股，甚麼都幹。至於本金嘛，長命債長命還，並非大不了的事情。事實上，金主希望生意長做長有，也不希望對方償還本金，因為一旦還錢，便失了客戶。

我見過最精彩的一個故事，是一位仁兄空手買殼，成功在市場找到了資金，之後捧錢還債，金主語重心長地說：「我們是兄弟，你欠我的錢，暫時不用還，你先還了欠日本仔那條陳年老債吧。」於是，金主又可以繼續大收利息了！他一共又收取了 3 年的貴利，才終於同債仔反目，最後賣殼了事。

從這方面看來，誰是金主對一隻股票的股價事關重大。一個有力的金主可是債仔的最佳合作伙伴，能令該上市公司脫胎換骨，至不濟也會做到熱鬧一陣，好令債仔有力償還利息。

所以我們會發現，最成功的金主，都是能夠提供到一條龍服務的人，才能夠長做長有。也即是說，他必須也是一位成功的市場莊家，才能夠把這業務做得很成功。我的比喻是：他所提供的一條龍服務，有如一個搶劫集團，從租鎗、偷車、收風、策劃打劫、逃亡路線、賣出贓物，都有著完善的配套。

38.5 結論：金主的利潤不如莊家

在 2007 年，香港的大牛市時，金主繼續做他的貴利生意，而各大莊家則蜂擁而出，各各在市場上大賺其錢。結果呢，金主所賺的不多，但是很多莊家，卻賺到了數以十億計的巨額財富。所以呢，總計而言，做金主的收入不如做莊家，不過呢，做金主的位置卻也安全得多：做莊家，炒爆股票，因而破產的，並不在少，因而犯上刑責，坐牢的，也有，但是做金主，既不會血本無歸，也不會被抓到監獄，這自然是一件划算的事。

39. 莊家究竟是甚麼？

在 2007 年，香港的大牛市時，金主繼續做他的貴利生意，而各大莊家則蜂擁而出，各各在市場上大賺其錢。結果呢，金主所賺的不多，但是很多莊家，卻賺到了數以十億計的巨額財富。

所以呢，總計而言，做金主的收入不如做莊家，不過呢，做金主的位置卻也安全得多：做莊家，炒爆股票，因而破產的，並不在少，因而犯上刑責，坐牢的，也有，但是做金主，既不會血本無歸，也不會被抓到監獄，這自然是一件划算的事。

在中文，「莊家」的定義，是指主持賭局的人，兼且是和所有閒家對賭的那一位。在英文，他叫作「banker」，是和「閒家」(player) 相對的一個名詞。如果是以賭場遊戲來作例子，在「廿一點」、「骰寶」等等遊戲中，賭場就是莊家了。如果我們一伙朋友，去玩「廿一點」和「骰寶」這些賭博遊戲，也得有一個莊家，去接受所有人的投注。

順帶一提的是，「百家樂」遊戲的「莊家」(banker)，其稱為莊家，是有其歷史上的原因，我曾經寫過一篇文章去述說，大家可以在網上找到，這裡不多敘了。

在股票的世界，也有被稱為「莊家」的角色，中文和賭博遊戲的「莊家」相同，但是英文卻被稱為「market maker」，而不是「banker」。股票莊家的角色，和賭場莊家一樣，是接受客戶的投注，不過，在股票的世界，投注者不是叫作「閒家」，而是叫作「散戶」。

在賭博的世界，有的是由莊家直接和所有閒家對賭，例如「廿一點」，有的則是散戶和散戶互相對賭，但是，由於兩者的數目不能完全對等，故此多出來的餘數，則由莊家去統統接受了。以「骰寶」為例子，假如同時間有 10 萬元的投注買「大」，有 8 萬元的投注買「小」，那麼，莊家相等於只是接受了 2 萬元的投注，其餘的 8 萬元，則是由買「大」和買「小」的閒家互相對賭。當然了，如果開出來的是圍骰，即三顆骰子點數相同，莊家可以通殺買「大」和買「小」的所有閒家。

在股票的世界，閒家也是互相對賭，然而，莊家也會主持大局，接受閒家的買賣。

39.1 合法的莊家

換言之，負責維持股票在市場的買賣和流通的，就是莊家。這好比在賭博的世界，做莊家者，有責任接受賭客的投注，這兩者的原理是一樣的。

在美國，做股票的莊家是合法的，在紐約證券交易所，它稱為「specialist」，

其義務是：不間斷地提供買方和賣方的報價，好讓散戶可以隨時買賣股票，得到流通性。

在香港，法律並不允許股票莊家的存在，但是，在認股證的世界，卻是必須由莊家去提供流通性。

然而，大家可別要誤會，以為美國的「莊家制」，相等於炒股票騙人合法化，它的內涵只是要求有人為股票提供流通性而已。如果買賣雙方都是同一人，或者是人頭，用這種方法去把股價打高，這是「虛假交易」，無論在那一個股票市場，都是不合法的。

39.2 財技操作和莊家

前面說了，大股東、董事局、金主這三個身份，可以也是財技的操作者，也可以不是操技的操作者。然而財技操作者，也不一定是莊家：他可以是，也可以不是。

所謂的「版面操作」，也即是股票的買買賣賣，也即是操控股票的成交和股價，而莊家的專業領域，也即是負責版面操作的那個人。他可以是財技操作者，也可以是獨立的個體，不是金主、不是大股東、不是管理階層、更加不是財技操作者，甚麼配搭都可以。

如果是玩骰寶，有專人負責搖骰子，有專人負責收錢和派彩，也有專人負責監察，但是我們知道，這些專人，統統不是莊家，莊家是賭場，是賭場和我們對賭的。同樣道理，在股票的世界，莊家就是那位同散戶對賭的人，即是負責市場操作、版面工作的那一個人。

可能有十個人、二十個人、三十個人負責某一隻股票的日常版面工作，但是，這些人，也許通通不過是打工仔，只是為莊家工作而已。我們知道，在幕後出錢、並且操控一切，管理一切的那一位，才是莊家。

金融遊戲需要許多人一起「演奏」，財技操作者便是指揮所有人各就各位演出的指揮家，他是整個金融遊戲的策劃人，負責整個佈局的安排，無論其目的是注資、批股、供股、借消息炒高派貨，由前期的財技安排，中期的版面操作，後期的把股票變成現金，到事後的維持秩序，都由他一手導演，全盤計劃皆在他的腦中。以上的工作繁多，不可能由一人獨力完成，而是分由多人合力操作而成。

莊家的角色，是一個出錢出力的人，他當然是一個財技操作者，但也許並非這公司、或是這項目的唯一財技操作者，而只是其中之一，當然也可以是其中的全部。莊家和財技工作者一樣，都是一個演奏的指揮家，要做的只是主持大局，安排一切。

換言之，所謂的「莊家」，也就是負責市場操作的最高負責人。美國的合法莊家，實質上只是莊家工作的其中一部份而已。

39.3 莊家的三種工作

前文説了，莊家就是版面操作的最高負責人，當然，他也可以是，而且通常是一個財技工作者，但我在這裡説的是定義，所以它必須是一個精確的描述。這好比一個歌星通常也會演戲，不過，歌星和演員的定義是截然不同的。

所謂的版面操作，一共分為三個工作範疇：

1. 成交操作。在賭場，有一種稱為「點火」的專業，就是假扮賭客，以吸引其他的賭客來賭。這是因為賭徒不喜歡獨自賭錢，而是傾向於多人一起賭，才夠熱鬧，所以賭場會聘請專業的「點火」，以造成熱鬧的假象，從而吸引賭客。在股票的世界，也是一樣，如果它的買賣暢旺，成交眾多，股民便會傾向於買賣這股票。

2. 股價操作。把股票的價錢舞高弄低，當然亦是莊家的工作之一。

3. 買賣操作。把股票在高價賣出，當然是莊家的賺錢途徑之一，但是，別忘記，正如我在前面提及了，有時候，當股價太便宜時，莊家也會乘機「收貨」，買下股票，這也是莊家的獲利方法。所以，把手頭上的股票買買賣賣、或買或賣，都在莊家的工作範圍之內。

39.4 太空蟑螂

《侏羅紀公園》的作者 Michael Crichton 寫過一本小説，叫《Sphere》，其中有一段，具體的內容不清楚了，大約是這樣的：在太空中，有一隻蟑螂，走到了一個發電站，觸蹤到高壓電，給電死了。它在臨死之前，心中在想：為甚麼會有一個生物，製造出這一副殺人機器來，專門殺死我們這種太空蟑螂呢？

我們當然知道，發電機是另有用途，不是用來殺死太空蟑螂的。但是，從蟑螂的眼光看來，這具發電機的功用，卻確實是如此。散戶看莊家，往往也有這種錯覺，常常以為莊家這樣做那樣做，就是為了贏掉散戶的錢。但實際上，莊家的把股價舞高弄低，往往是另有目的。

例如説，它約定在某個價位，把大批股票賣給某基金，而且是利用買賣合約 (bought and sold note) 來交收，並不透過交易所的平台去做交易。當然了，在交易過後，股價是跌了下來，散戶心中認為，股價下跌是因為莊家想殺掉散戶，但實質上，散戶只是當上了太空蟑螂，在沙塵滾滾中下，殺錯了良民而已。

39.5 R 君的例子

我有一個很好的朋友，叫「R 君」，是內地一位很清廉的幹部之子，到外國唸書，拿了外國護照後，到了香港闖天下，我是他在香港的第一個朋友，所以我

們的感情很是要好。

是十多年前的事了，R君在一間金融機構當小職員，因家庭的關係，認識了一間上市公司的老總。無巧不巧的是，這間紅籌公司在上市之後，竟然沒有莊家去負責版面的操作，更加沒有人去負責其財技運作，所以十分苦惱。

R君得悉了這個機會，便鼓其如簧之舌，大吹自己在某大金融機構是高層，在金融世界既有經驗，又有實力，諸如此類。最精彩的一段是，在他和該公司談判期間，股價升了上去，他便說：「現在你看到我的實力了吧？」當股價下跌時，他便說：「不知你們是不是有心想搞，所以我不買你的股票了。」

結果呢，這公司決定讓R君作為莊家，批了一手認股權給他。

R君先是找了一個小莊家，把認股權分給他一小部份，著他把股價打高一至兩成。跟著呢，他又找了另外的一位小莊家，也是把認股權分給對方一小部份，著他把股價打高一至兩成。如是者好幾次，股價已經升了七至八成。

早在更早之時，他已經找到了一個拍擋，這位拍擋是做貿易的，認識一些大型基金的負責人，大家早談好了，當股價到了某一個價位，基金便會買下R君手頭上的股票。當然，這少不了要付給基金經理的回佣，那也是不必細表了。

於是，當股價到價了之後，R君借了一筆短期貸款，行使認股權，得到了股票，賣給基金，完全是不用成本，空手入白刃，賺到了數千萬元，這是他的第一桶金。後來他使用財技，賺了不知多少個數千萬元，那也不在話下了。

在這宗事件中，我幫了他一個小忙，就是在股價的高位，他差兩天才能賣出股票的緊急關頭，我找了一個基金，在市場買了一千萬元左右的股票，令到股價維持在高位，才不致於功虧一簣。

在這個個案中，R君當然是財技操作者，也是莊家，但在這個大莊家之下，也有一些小莊家，在過程中賺些小錢。至於那間上市公司，也有財技操作，當它批出認股權，而R君也用錢認購了這些認股權，上市公司也成功的集了資，公司收到了現金，也是有賺了。從這個例子中，我們可以看到，財技操作者和莊家之間，其定義和關係，是錯綜複雜，糾纏不清的，我們必須抱有清醒的頭腦，才能夠把其中的細微分別辨認出來。當然，這只是在概念上的分別，在實質上，這兩者往往是同一個人，就像R君。

39.6 核心技術

管理學上的「core competency」，一共有三個條件： 1.難以模倣。2.可以重覆使用。3.對於消費者是有效用的。我認為，這應該譯作「核心技術」吧。

以汽車工業為例子，其實，一架汽車的製造過程，從設計到引擎，以至於輪胎、車身，甚至是冷氣、音響，全都有專門的公司去負責製作，例如說，你可以

找 Pannifarina 去設計車身，也可以去購買本田的引擎，輪胎可以選石橋牌……諸如此類，理論上，你可以創辦一間車廠，但是這間車廠甚麼都沒有，只需要一個手提電話，再加一本支票簿，便可以用全部外判的形式，製造出自己品牌的汽車出來。

但是實際上，世界上並沒有這種車廠。就算是小如日本的「光岡」，幾乎全部配件都是外判，從別的公司買回來的了，可是，它的外型設計，還是由自己一手負責的。

事實上，任何的公司，均沒有可能把所有需要的東西，全由自己一手一腳製造出來，而必須有部份是由自己製作，有部份卻是外判買回來。原因很簡單，一個人的能力有限，一間公司的專門才能也有限，所以甚麼都由自己製作出來，是沒有效率的，因為別的人／別的公司，總有一些東西做得比自己好，強如法拉利車廠，也得要從別的公司，購買輪胎回來，組裝到自家製的超級跑車之上。

但是，在另一方面，一間成功的公司也必然有其獨特的才能，是其他公司模做不了的，最少也得有一項，否則，這公司是不可能成功的。因此，這一部份的工作，也是不能外判出去的，因為只有它自己，才能做得到。這一門的特殊才能，就叫做「核心技術」了。

做莊家的情況，也是一樣：需要至少有一項核心技術。

前面說過，理論上，一個莊家可以甚麼都不做，把所有的工作都外判到不同的專門人才，從注進項目，到製造成交、打高股價，以至於出售股票，統統由外判的專門人才，去作負責。但理論上雖是如此，實際上卻不可能，因為，如果沒有最少一門的核心技術，這個莊家是不可能做得成的。

舉一些例子：有的莊家專門打成交，有的專門向散戶出售股票，有的則有幾個相熟基金，專門購買他的股票，有的專門引入項目……諸如此類，都是核心技術的一些例子。當然了，最常見的一種「核心技術」，就是那位莊家正是大股東本人，那他就有了自然優勢，去當這間公司的莊家了。以前述的 R 君為例子，他擁的「核心技術」，就是和那間上市公司的老總大有交情，那老總十分相信他的才能，就是憑著這一項「核心技術」，他方能夠成為莊家，就算是把所有餘下的工作都外判出去，給別的專門人才去處理，都影響不了他作為該公司的莊家的地位。(按：後來因為該公司換了老總，R 君的「核心技術」因而喪失了，自然也失去了成為這家公司的莊家的地位。)

40. 幫莊

前文說過，莊家的工作繁多，不可能一個人包辦所有的工作，這是「有組織的嚴重罪案」，必須合上一大伙人，合力演出這台好戲。這些莊家的幫手，就叫「幫莊」。不待言，莊家的一些助手負責覆印文件，有些負責打電話到餐廳訂位，有些做負責當跑腿送文件，有些負責開車，這些無關痛癢的掃地阿嬸，甚至高級如法律顧問，都決不能算作幫莊，只有那些直接沾手股票有關工作的，例如製造虛假交易把成交額打大的，找客戶批股的，找傳媒作宣傳的，等等等等，才能算上一份子。

英文的「jobber」意即莊家的分銷商，我不去找其嚴格定義了，總之我認定它就是「幫莊」的意思，就算我搞錯了，經我金口鐵定，錯的也變成對的了。

40.1 甚麼人會當幫莊

能當幫莊的，都必須對股票運作(的某部份分工)有上一定的認識，故此大多是股票從業員出身。例如說，現役經紀為莊家炒股票、搞「版面」，自己既可從公司賺到佣金，也可偶然從買賣中賺到差價。

這些幫莊有的很富貴，有的很窮。我認識的一位幫莊，代號「AL」，身家少說也有十億八億，他同時也是莊家，亦是上市公司的老闆。

他這位仁兄是天才，手法極其殘忍，卻肯紆尊降貴，去擦一些身無分文、卻大有潛質的老闆的鞋。例如說，有一個上市公司的老闆，在賭場贏了六千萬元，提了現金走人，下一個星期，輸回八千萬元，一毛不給，賭場中人大怒，他也不肯付錢，可知他的現金短絀程度。

AL對他不離不棄了三年，結果這個人在 2007 年賺了二三十億元。AL 是炒作的經手人，可知他的利潤之厚。到了 2009 年，這位老闆著了草，AL 以代理人的身份，接管了他在港的全部生意。(按: 2012 年，這位老闆又風光地回到香港了。) 又有一個老闆，在 2007 年 5 月，窮得連幾乎連開飯也沒錢，由於他對我有恩，我幫忙了他一點點，這時我發現 AL 已在他的身邊「工作」了半年。結果是兩星期後，AL 為他的上市公司批股，得回了一億五千萬左右的現金，三年之內，套現了五億元。

以上故事，是教導讀者做人的道理: 擦鞋向上擦容易，向下擦則非個個甘心，張松橋和楊受成是圈中最有名「好口」的富豪，正是「手抱都叫大佬」，從上擦到下，這是中國人傳統上的美德，能做到這一點，所以他們是富豪，我不是。

有關張松橋這位圈中最有錢途的富豪的軼事，是我的司機告訴我的: 他的手下每天都交給他一大疊一百元鈔票，他從泊車、知客、開門阿叔，人人派錢，可以猜想得到他的受歡迎程度。那時我的司機當代客泊車，有一天，附近檔口的

人叫他趕過去，因為張松橋正在派錢。當司機趕到去時，張松橋說：「你不是在這裡泊車的。」吓，咁都認得出，難怪他二十七歲已當上市公司主席，現在沒有一千億，也有五百億，論年紀(1964年出生)和財富比例，香港無人能及。

總而言之，莊家往往(但不一定)只是幫莊的客戶，而非其上司，正如我是匯豐銀行的客戶，但這並不代表我比匯豐銀行更富有，只是兩者的分工不同而已。

40.2 阿堅的個案

我有一位朋友，代號叫「衰堅」，九十年代出道，一邊在市場當經紀，一邊當些小幫莊，為莊家作些簡單的跑腿工作。他的事業浮浮沉沉，沒有多大的起色，在1997年時還輸掉了一大筆錢，難以償還。衰堅在市場混到2002年，終於出事。他為莊家搞著幾隻股票，其股價因仙股風暴而單日大插水，他的戶口全遭斬倉，從此欠下巨債。窮途潦倒之餘，搬到了深圳居住，在深圳遭債主打到吐血，在香港申請了破產。他因走投無路，迫得搞些非法的股票操作，以騙取生活所需，最後，因犯上欺詐罪，被法庭判處了半年監禁。大家倒說說，做人至此，是否已到了絕路呢？

就在他出獄前不久，發生了一件奇得不能再奇的奇事。

話說在入獄之前，他做幫莊，搞一隻股票的成交，即是為這股票打成交，由於他坐了牢，這隻股票在他的戶口中，還有一些「貨尾」。當時他已瀕臨破產，沒用自己的戶口，用了太太的。這些不值錢的股票，都放在太太的戶口。更有趣的是，由於這股票他是空手得來，還欠下了巨額孖展，完全有賴他的經紀朋友為他去「頂」，才不致於被斬倉。這股票的名字，叫「慧峰集團」(股票編號：8228)。結果是，在他出獄前不久，這垃圾股票忽然變成了寶物：因為這公司突然宣佈參與發電業務，股價一日間升了十倍。當衰堅出獄時，這筆橫財正悄悄躺在戶口，等待著他。於是，他拿著這一千萬元，連同他的國內妻子長住國內，只是偶爾回港，三天打漁兩天晒網地做些小幫莊，過著逍遙自在的快樂生活。在股壇，真是無奇不有，甚麼事都有可能會發生。

40.3 版面工作

正如前文說過，負責操縱股票價格的財技專業，叫作「版面」，又或是「版面工作」，「版面」的意思，是大利市股票機的畫面，也即是即時的股票價格和買賣。散戶很多時以為，這就是股票莊家的全部工作，但看了本書之後，大家可以得知，這只是財技的很少很少的一部份而已，但由於它是表面工作，所以特別

惹人注目，而冰山下面，有著它 90% 的體積，一般散戶的知識不足，自然看不到了。

版面是每天的日常工作。在重要的日子，莊家自然會親手操作，去把股價舞高弄低，製造巨額成交，大量出貨或入貨，然而在平常的日子，沒有甚麼特別事情，也要有人維持版面的「秩序」，大致上操縱著股價，免得它大升，或大跌。又或者是，當莊家不能長期在大利市機的前面，去看著股價，當有人大手沽出股票，令到它的股價大跌，最少也有一個人是緊盯著局勢，急忙致電莊家，好使莊家作出緊急決定。

當然了，找人頭去買賣股票，或者是不合法的交易時，用現金來作交收，這些煩瑣的粗重工作，也是幫莊的日常工作範圍。

40.4 幫莊是自僱人士

值得注意的是，在莊家的手下，可能會聘請不少月薪員工，為他辦事。例如說，莊家的秘書可能要為他負責現金交收，甚至是為莊家找人頭，但這位秘書只是秘書，而不是幫莊。幫莊的定義，是自僱人士，和莊家並沒有僱傭關係。正如前述，幫莊很可能是證券經紀，這是一份工作。但我指的並非是幫莊沒有工作，只是化他和莊家並沒有僱傭關係而已。

另一個問題是，為甚麼幫莊常常會是證券經紀呢？這是因為證券經紀去當幫莊，有著很大的優勢：人頭可以從現有客戶去找，那是現成的資源。當他為莊家辦事時，藉著買賣股票，可以賺取經紀佣金，不用莊家另外掏錢，價格自然也相宜得多。他也可以為莊家提供股票的孖展抵押，幫助莊家的周轉。如果不是證券經紀的身份，便不會有這些方便。

幫莊並不一定是賺錢的。很多時，莊家「宰割」的目標之一，就是幫莊。其中一個很方便快捷的方法，就是利用人頭開孖展戶口，炒股票時欠下巨額孖展，然後欠債不還。如果這個人頭是來自內地某邊遠省份小鎮的不知名人物，那就不知道找誰去收取這筆爛賬了。

41. 人頭

有很多時候，本人不便以自己的名字持有股票，這個時候，他便需要一些代理人，來代替他本人買股票、炒股票，或持有股票。這種代理人，便叫做「人頭」。

41.1 為甚麼需要人頭？

需要人頭的原因很多，中文成語的「不勝枚舉」，恰好形容了這個情況。我把其原因劃分成兩大類，應該可以蓋涵了絕大部份的可能性。

41.1.1 法例所限

法例對於上市公司的股東，有著不少的限制，例如說，持股超過了某一數量，便得提出收購，股東人數不能少於若干名，諸如此類。幕後人士為了繞過這些法律責任，便有誘因去用人頭，去代為自己持股。對於大股東的個人身份，法例也有著一定的限制，例如說，電視台的牌照擁有人，必須是香港永久居民，如果一個人買下了「電視廣播」(股票編號：511) 的股份，他也必須是香港的永久居民。

如果一位外國人士要控制這類型的公司，自然也非得找一個人頭不可。

41.1.2 形象所限

有些人認為，當上市公司主席是一件十分光彩的事，不惜花費巨金，也要把公司搞上市，甚至是買來了一隻殼，令自己過上市公司主席的癮。可是，一些現實至上的人，卻認為當上市公司主席沒有甚麼了不起的地方，尤其是那些炒股騙人的上市公司，不單有損形象，更會因種種不法操作，惹上麻煩。大股東有法定的地位，是在證監會和交易所登記了名字的箭靶子，為免麻煩，真正的操作者還是躲在幕後，指點江山，安全得多了。另外一個情況，就是大股東的形象不佳，只要一上場，就會令到股民生了戒心，或者是馬上成為了證監會的主打對象，這自然不利於市場的操作。

41.1.3 法例和形象的結合

有一些人，不止是因為形象不佳，而是在法例上，也不適宜當上市公司的股東。例如說，因為犯了事，而被證監會「冷淡對待」。又或者是犯了刑事罪行，雖然可以買股票當股東，卻不能當董事，直接管理上市公司，倒不如索性連大股東也找人頭來當了。

41.2 人頭的分類：按持股數量去分

不同的持股數量的人頭，例如說，持有一萬股，和持有一億股，不止是數量的

問題，也是性質的問題。所以，如果要把人頭作出分類，我會用持股量來作定義。

41.2.1 人頭大股東

這個是芸芸人頭當中，身份最高的。因為他不單持有股份，還需要管理公司，是幕後老闆在公司的最高代理人，地位比行政總裁還要高。他不但要懂得處理身為大股東的工作，還要是一個有錢有身份的人，如果隨便在街上捉一條茂利回來，去當大股東人頭，是很引人懷疑的，因為一條茂李根本沒有能力去管理一間上市公司，也沒有錢去買一間上市公司！

不少人本來是當人頭的，後來在當人頭的過程中，摸清了玩法，自己也去搞上市公司了。人名不便列出，不妨猜猜他們是誰？

41.2.2 人頭小股東

有時候，一些上市公司把股份打散，分由多人持有，例如說，持有 1%、3%、10%，便是小股東人頭了。這些人頭小股東的作用很多，隨便列出幾個：

1. 同一人名持有的股份超過了某個數目，便有全面收購的規定，例如說，買入超過 30%，便得全購。另外交由第三者去當人頭，持有股票，便可以繞過這些規定。

2. 這些是準備沽出的股票。大股東如果減持，是需要公佈的，交由第三者去持有，買賣都比較方便。

3. 把一部份股票交給人頭去控制，除了買賣方便之外，還有其他的彈性。例如說，一些情況是大股東不能投票的，大比例供股就是一例，在這時候，人頭小股東便可以發揮功用，出面投票了。

4. 與其把全部的股票交由一個人頭大股東去控制，不如分由多人持有，比較安全。

有關人頭小股東的作用，數也數不清。值得注意的是，有一些上市公司，索性連大股東也沒有，分由多個人頭小股東擁有，這自然是只有大集團經營，擁有多隻殼股，才能擁有這麼多可信任的人頭。

41.2.3 散戶人頭

法例規定，上市公司的股東人數有著最低的限制，例如說，主板公司上市，股東人數最少要有 300 人，這也即是說，在公開招股時，至少要有 300 人申請股份，上市才有效。因此，一些股東數目不足的小型上市公司，往往得找上大量的迷你人頭，去充撐場面。這些股東們所持的股票數目，只是一手兩手，不在話下。

我見過最絕的做法，是把所有散戶人頭的股票，一張一張的收集回來，放在夾萬，那就萬無一失了。但是鎖在夾萬，也有不妥當的地方。一些議案，例如私有化，是根據人數決定的，這時人頭們便得蜂擁而出，親往股東大會，舉手通過

了。如果要把股票從夾萬拿出來，再分發給眾人，豈非麻煩透了？

按：散戶人頭是我發明的名詞，並非慣常用語。

41.3 人頭的收入

不消說，當人頭是有利益的，不然誰肯去當？這也是理所當然的，牽涉到的金額越大，利益越是深厚。如果你是一名人頭小股東，持有的股票價格漲了 10 倍，相信股票的真正主人要從你的手上拿回股票，或要你沽出股票，拿回現金時，你也懂得漫天開價，去收取分紅吧？就是只有一手股票的迷你人頭，例如說那在新股上市時，申請了一手股票的人們，也會有應得的報酬。

在 2002 年，「太平洋興業」(當年的股票編號： 166) 主席蔣麗莉向公司 10 名員工批出 2,388 萬股購股期權，但蔣麗莉在員工出售該批股權證後，取回其中 5 人的得益，獲利至少 310 萬元。這事件最終被揭發，蔣麗莉的同謀葉玉珍當上了控方證人，結果是蔣麗莉被裁定串謀詐騙罪成，入獄三年半。對於這事件，坊間已有不少評論，如果不看道德問題，純從收買人頭的技術上來看，蔣麗莉獲得了最少 310 萬元，但這些人頭得到了甚麼？

《莊子•外篇•篋第十》說過：「夫妄意室中之藏，聖也。入先，勇也。出後，義也。知可否，智也。分均，仁也。五者不備而能成大盜者，天下未之有也。」當行事者把肉吃光了，連骨頭也不留下來，給下面的人啃吃，這種做賊方式，就是「不仁」，失敗也是必然的。

41.4 人頭所需要的條件

人頭是一份很輕鬆的工作，而且沒有甚麼風險 (法律風險除外)，便能夠得到收入。然而，並不是人人都可以幹這工作，而是必須擁有一定的客觀條件。當然了，他的條件越好，收入也越高。

有一種上市公司，是投資公司，根據《上市條例》的二十一章而成立，所以在市場上稱為「二十一章」。它的上市規定了，只有「專業投資者」，才准去認購，而「專業投資者」的定義，是有 4,000 萬元資產，或是 800 萬元現金。而且，認購「二十一章」新股的專業投資者，一手不多不少，是 50 萬元正，沒有這個錢，就不能認購它了。

因此，這種「二十一章」的上市公司，在上市時，要找到的人頭，必須也是專業投資者。要吸引專業投資者去當人頭，自然需要更高的成本了。

41.4.1 身家和財富

前面已經說過了，如果要當人頭大股東，其身家地位需要令人相信他買得

起。就算是當人頭小股東，要有這個財力，也不是隨便一塊蛋散可以做得到的。此外，人頭最大的技術困難，在於金錢的流轉：如果他能用自己的錢去購買股票，自然是上上之策，如果要從他處轉來現金，便有了追查的證據，甚至可能被控為洗黑錢。這自然不是一件很好玩的事。

所以，人頭最好是自己有錢，但用自己的錢來當人頭，這自然不是一件易事，不單要他有這個本錢，還得他願意這樣做。這自然也牽涉到成本的問題，也牽涉到找人頭的人的面子問題。香港某位金融巨子，便有這個實力，令到很多身家數以億計的人，都肯為她當人頭，去認購新股、去持有股票。無他，她夠面子就是了。

41.4.2 可信任程度

如果是人頭自己出錢買了股票，他必須相信其真正的主人（真主？），不會騙他以高價買入了垃圾股票，然後不認數。反過來說，如果股票是付足了錢，免費交到了人頭的手上，那害怕不認數的，就變成了「真主」了。所以，無論是怎樣的結構，始終要一個人相信另一個，而且關係著一筆巨款。要找一個可靠的人，無論是誰相信誰，當然不是易事。

一宗真人真事：一隻在 2002 年上市的股票，找了 20 個人頭，每人 1 手，時價大約是 5 千元左右，而每個人頭，包括了批發人頭的那位仁兄，都收到了一封紅包。2007 年，股票大漲，比前升了十倍不止，便要找回這些股票。當然了，過了 5 年，20 個人頭，著草的著草，失蹤的失蹤，當然也有一些偷偷沽掉，套回現金，拒絕承認這件事。到了最後，只能找回幾個人頭，而缺失了的股票市值，足足超過 1 百萬。結果是批發人頭的那位仁兄上了身，賠款 50 萬元了事。

我的看法是：「沒有每年的 maintanance fee，再加上經過了 2003 年的『沙士』，可以說是『不可抗力』(false majeure)，所以根本不用賠錢。」不過當時那位仁兄十分有錢，50 萬元是區區小數，不成問題，所以也懶得爭拗，乖乖的照付了。

41.4.3 智力水平和知識水平

畢竟，當人頭是不合法的，很可能會給召上證監會，接受調查。究竟這個人頭給證監會的人召去問話，會不會應答如流，還是口齒不清，一點兒法律常識都不懂，甚至是害怕得馬上如盤托出，吐露一切。所以，不能找無知婦孺去當人頭，這是「人頭學」的常識，但是有識之士會不會去當人頭，又是另一回事了。

41.4.4 炒賣股票的人頭

有一些人頭，其戶口是專門負責炒賣股票的，有進有出。這些人是「高危分子」，最好是經常炒股票的人，才不致於令人懷疑。

2002 年，在傳媒大亨梅鐸收購「道瓊斯公司」之前，梁家安及王克勤夫婦以平均每股 35.14 美元買了 41.5 萬股「道瓊斯公司」的股票，涉及 1,500 萬美元，是他們原有投資組合總金額的四倍以上。

在這些交易交收之前，都有人匯入資金，以補足資金缺口。而他們在之前，非但從沒有買這這公司的股票，除了少許英特爾的股票外，只有商品型金融工具的投資紀錄而已。

他們之所以會捲上此案，惹下麻煩，原因正是因為這些交易在生手而言，實在太過突兀了。

如果有一個投資者，天天都在大手炒賣大量的股票，而且全是由自己的戶口出錢，這自然是難以指控得多。

41.4.5 百鳥歸巢的困難

2011 年有一宗案件，事主是一位涉及「洗黑錢」的股壇紅人。據說，他只不過是急著用錢，把所有放在人頭的錢，來一個「百鳥歸巢」，收回己用而已，想不到居然被控以「洗黑錢」，真的是有口難辯。

由此可見，要把放在人頭的錢，收回給自己，也不是一件容易的事。另外的一宗例子，就是某位超級富豪變成了植物人，但他的其中一個人頭，在賬面上，還欠下他二十多億元，究竟這筆債務該當如何了結？超級富豪的承繼人，也即是他的兒子，會不會承認這筆債項？在我執筆之時，仍然是懸而未決的公案。

41.5 小結

有關人頭的種種瑣事和趣事，多得說也說不清，只有就此打住。最後要說的是，在當人頭的過程中，最開心的莫過於真主暴斃，那筆錢遂可以收歸己有。近期的例子我想不到了，但是，在 1971 年，宋子文在吃雞時，遭雞骨鯁死，據說他的人頭因而發達了的，也有好幾個，包括了香港的一名巨富。這些掌故軼事，真是信不信由你了。

後記

我通常是在周末和假期寫作書本的，花了五個月的時光，終於完成了本書，也總算是了結了眾多心事的其中一椿。但寫完了本書之後，又得馬不停蹄，去寫作下一本，那是一本有關吃喝玩樂的散文結集，應該會寫得比較輕鬆吧。

這本稱為《財技密碼》的著作，水準當然夠不上完美，可是，它在市面之上，卻是從所未見的，甚至是在西方的著作當中，也是從來沒有出現過。我寫作的大原則之一，就是發前人之所未發，講前人之所沒講，反過來說，如果只是抄抄外國書，說一些老生常談，寫來又有何用？

在本書的最後，本來還有幾個章節，說的是「混合財技」，其中包括了很多實例。但經我細心考慮之後，終於還是放棄了這些內容，原因是，我覺得兩者格格不入：實例書和理論書是不應該混在一起的。我當然會另寫一本《混合財技》，但那很可能是好幾年之後的事了。

炒股密碼

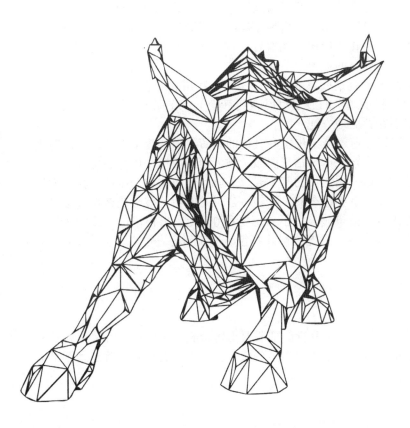

1. 總論：甚麼是股票？

我在《財技密碼》對「股票」的定義是：「公司的經營者是董事，而其擁有人則是股東，而股票則是證明股東身份的法律文件。換言之，股票就是股東的身份證。」

以上的定義，你不一定明白，也用不着明白，作為一個炒股者，你只要知道：股票是一張紙，它的價格和其他的商品一樣，不停的在變動，而你可以藉着買入和賣出這紙張，高沽低揸而賺錢，又或者是高揸低沽而輸錢。換言之，買賣股票是一種財富轉移的活動，不是把別人的錢轉入你的口袋，便是把你的錢轉入別人的口袋。

到了今日的虛擬網絡年代，股票甚至可以無紙化，只是一個電腦上的數字。但我們知道，這個數字可以轉換成現金，當然了，在今日的虛擬網絡年代，現金也不過是一個虛擬數字而已，但我們也知道，這堆虛擬數字可以換成洋樓、汽車、食物，也可以令人聽你的話辦事。

1.1 雙贏的故事

有人認為，股市可以構成雙贏：上市公司發行股票集資，它得到了現金，利用這些現金，可以賺到更多的錢，股民得到股票，則可分享到其利潤。

我並不完全反對這說法，不過，這種雙贏狀況只發生在上市公司發行新股、出售給股民這一刻，上市後，股民互相買賣，就是相互之間的對決，你贏我輸，我贏你輸，並沒有任何雙贏的地方。

另一種常見的狀況，就是股票的價值是 1 元，我用 0.8 元賣一部分給股民，但因有了這筆現金，我手頭上的股票可以賺到每股 1.2 元，這便有賺了。然而，這種說法的問題出現在甚麼地方呢？

第一，我真的很需要這筆錢，也沒有其他的融資渠道，否則，我為甚麼不去用私人名義或公司名義借錢，而要沽出股票，被人攤薄股權，以作融資呢？更大的矛盾在於，監管當局對公司上市的基本要求，就是財政穩建，因此，無法融資而能上市的情況，基本上是不存在的，除非，公司的成功上市，是靠着造假賬。

第二，縱然是我需要這筆錢，也不一定要用 0.8 元去出售價值 1 元的股票，因為只要我花點心思和成本，去把公司好好包裝，說不定它可以 1.5 元或以上的價值去出售呢？

1.2 成本與效益

說穿了，股票是一種商品，發行商把股票出售給股民，所作的計算，就是成本與效益，也即是花了多少錢成本，用多少錢出售，兩者的相差，就是利潤了。

我們可以把派息、製造虛假成交、宣傳等等，都當作是發行股票的成本。

發行商把股票出售到市場，它仍然有二手市場，可以買賣，如果是上市公司股票，便可以在交易所買賣，這好比房地產，或者是 iphone，也有二手市場，甚至有人炒 iphone，也可以賺錢。

不過，要想在交易所發行股票，也需要付出很高的成本，即是上市費用，如果直接購買上市公司，則要付殼價。上市公司的會計費用和核數費用會比非上市公司更高，因為要求標準也更高，也必須要聘請一些專門人才，例如公司秘書，這在非上市公司並非必須僱用的長期員工，但上市公司卻最少要有一個。公司的年報也是一項不輕的支出，如果是只值幾百元股票的小股東，把厚厚的一本年報寄給他們的成本更是得不償失。每年開股東會也要付場租，酒水茶點費。

除此之外，維持一間上市公司，也要按其股本面值，付出年費，以下是主板上市公司的年費。

上市股本證券的面值（百萬港元） ｜上市年費（港元）

不超過：

200	145,000
300	172,000
400	198,000
500	224,000
750	290,000
1,000	356,000
1,500	449,000
2,000	541,000
2,500	634,000
3,000	726,000
4,000	898,000
5,000	1,069,000

超過：

5,000	1,188,000

以下則是創業板的上市年費

上市股本證券的面值（百萬港元） ｜上市年費（港元）

不超過：

100	100,000
2,000	150,000

超過：

2,000	200,000

所以說，新發行股票的一手市場，講求的是發行商的成本與效益，至於二手

市場，則是純粹你死我活的市場買賣行為。然而，在很多時候，發行商也會兼營二手市場：它把股票慢慢在二手市場沽出，同時自己操控市場，製造虛假成交、虛假價格，這便是「造市」和「做莊」了。

1.3 另一種成本效益：樹的「獨生果」

一些日本人種水果，把果樹的所有果實都摘下來，只剩下一顆，由於這一顆水果把所有的養份都吸收了，因此特別鮮甜多汁，好比獨生子女特別惹父母疼愛。

有的老闆擁有幾十間上市公司，有的則只擁有一間，毫無疑問，後者特別用心去經營。再講到股票的成本，因為一間上市公司「印刷」股票的次數和數量是有限的，也需要成本，因此，它必須按照其成本效益計算，去出售股票。除此以外的成本，則是老闆本人的時間成本，以及心血成本：如果你要李嘉誠親自去賣鹹豆，他可能要賣 1 億元 1 顆，才能收回成本。這並不是因為鹹豆（鹹蛋？）的成本很貴，只不過是李嘉誠的機會成本很高，如此而已。

一個例子是「中國天然氣」（股票編號：931），我在 2012 年，參加了《爽報》的炒股比賽，投注在當時市值只有幾億元的這股票的身上，結果這股票爆升了十倍以上，我也憑此贏得了大約一百萬元的獎金。我買它的理由很簡單，不過是因為其大股東簡志堅實力雄厚，而且旗下只獨有這一隻股票，這好比樹的「獨生果」，必然要有很高的效益，才足以吸引到他的投下心血和時間也。

1.4 賭博性紙張

現在要教導大家一個金融概念，一如周顯大師筆下的很多概念，都是原創的知識，並非抄自西人。這概念叫作「賭博性紙張」（gambling papers）。

根據生物學，人類對於賭博，有着天生的興趣，皆因原始人的生存，每天的生活、覓食、尋找交配等等，都是不停在賭博。至於現代人，也有頗大的一部分，鍾愛賭博，否則賭場也不會生意滔滔。

所謂的金融市場，就是買賣賭博性紙張的市場。沒錯，大家以為是投資的市場，說穿了，其中不少是賭場，主要買賣的是賭博性紙張，只是用投資產品來作為包裝而已。

第一個例子就是期貨市場，其中的買賣，超過 95% 是投機性賭博，只有不到 5%，甚至更少，是拿實貨交割。或者我們可以用另一個說法，如果一個期貨市場主要是靠着實貨交割，它早就倒閉了。

第二個例子是債券市場，大家以為，債券是收取利息，怎麼可以算是賭博呢？這樣想的人，一定很少炒賣債券。實則上，由於債券比較穩陣，因此往往可

以使用高槓桿來借貸，以把利潤倍翻，最高的槓桿比例，可以高達九成。所以我們常常在傳媒上看到，那些債券大王炒債券賺大錢，自然也大有人輸到跳樓。

從債券的例子，我們可以見到，就算明明是十分安全的投資，也可以藉着高槓桿比例，令它們變成了賭博性紙張。

第三個例子，當然是股票了。我們也知道，股票有藍籌股，相對來說，較為穩陣，然而，大家可又知道，活躍的股民是如何炒賣藍籌股的呢？

由於藍籌股的安全度很高，如果是 day trade，最高可以高達九成槓桿比率，如果是過夜，50% 至 70% 的槓桿，也不難做到。我認識很多炒家炒藍籌股，戶口一千萬元現金，一買便是一億幾千萬元，比比皆是。這些人一天可以進帳幾百萬元，也一天可以虧蝕幾百萬元，大上大落。

一個股票市場的大部分成交額，並非來自長期投資者，而是來自這些賭客。簡而言之，股票市場出售的，並非長期投資收息的股票，而是賭博性紙張。反之，如果靠長期投資者來生存，股票市場就要倒閉了。

簡單點說，股票就是一種賭博性紙張，而這是社會的基本需求。

2. 股市的波動

在這一章，我分析的是股市本身的波動特性。看官讀到這裏，我必須作出申明：在解釋股市的原理時，我不得不把理論分門別類，以章節的形式，以先後的次序，去把理論敘述出來。然而，在真實的世界，這些現象卻是不可分的，股市的波動，和牛市，或熊市，是連在一起出現的，只是為了行文的方便，我才不得不把這些本來連結在一起的狀況，分開地去作出陳述。

2.1 牛市和熊市

所有有價物品的價格都會波動，這是定理。它的價格每天、每時、每分、每秒都在浮動，這些浮動在某程度上是隨機的，但如果從長遠的眼界去看，例如一年至數年之間，便可以看出一個趨勢來。「牛市」和「熊市」這兩個名詞，是人們對於市場長期趨勢的描述。如果一個市場在一段長時間之內，價格是升多跌少，便稱為「牛市」，反過來說，如果在一段長時間之內，其價格是跌多升少，那就是「熊市」了。然而，必須記着的是，「牛熊」這個形容，描述的是長時間的趨勢，是以「年」來作為單位的，一天半天、一星期半星期、一個月半個月，甚至是幾個月的持續上升或下跌，都不能夠稱作是「牛市」或「熊市」。

關於「牛市」和「熊市」這兩個名稱的由來，有很多不同的說法，但沒有一個說法是完全可靠的。我個人的想法是，牛很能耐熱，是熱帶地方的耕種動物，熊則很能耐冷，主要生活在寒帶地方。因為這兩種都是常見的大型生物，很有代表性，所以人們會用「牛」來代表炒到翻天的市場，像南方般熱，像牛的生活環境，用「熊」來代表淡靜的市場環境，像北方般冷，像熊的生活環境。以上只是我的個人想法而已，完全沒有根據，但我卻認為以上的解釋，比所有的其他解釋合理得多。補充一句，有一些牛的品種，是很能耐寒的，例如西藏的犛牛，身體長滿了長毛，不過，牛給人們的印象，始終是南方的生物，例如在印度。而熊，則永遠是北方的生物，如北海道的「熊出沒注意」，不過，四川省也有同類的熊貓。

無論如何，早在 1785 年，已經出現了這兩個名詞。牛市和熊市可以用來形容所有有價商品的市場價格波動，從房地產、農產品，以至於金屬如黃金、白銀、銅，股市也是其中之一。在全世界的股市，都是使用牛和熊這兩種動物，來形容升與跌這兩種完全相反的市場趨勢。在大部分的證券交易所，都以一頭牛來作為門前的標誌裝飾，這是代表了股民對於牛市的渴望，只有德國的法蘭克福交易所比較公道，門前同時有着牛和熊兩種動物。

牛市和熊市的基本理論，是《華爾街日報》的創辦人「道瓊斯」（Charles Henry Dow）創立的分類法。對，這位道瓊斯就是發明了現時美國股市尚在使用

中的「道瓊斯指數」的那一位仁兄。但是，「道氏理論」這個名詞，則是在他死了之後，由他的門徒所整理，予以命名的。換言之，道瓊斯本人並沒有用過「道氏理論」這個名稱。

牛熊的最基本理論，是把兩者各分為三期：牛市一期、牛市二期、牛市三期，去描述不同階段的上升趨勢；熊市一期、熊市二期、熊市三期，去描述不同階段的下跌趨勢。

在這個部分，我雖然採用了道氏的牛熊三期分法，但卻沒有採用他的詮釋。我根據的是自己的經驗，綜合出來的創新理解。我當然不一定對，但是，《炒股密碼》這本書的寫作概念，就是一套完全是我，周顯自己的炒股理論，這是全新的、獨創的，我當然也認為是最好的。

然後我也會解釋波動的原理、成因、幅度，自然地，如果讀通了，當然有助於對股市的了解，從而製作出自己的攻略來。

2.2 隨機漫步假說

所謂的「隨機漫步假說」(Random walk hypothesis)，意指股票的價格是隨機運作，就像擲毫，又像是布朗運動下的粒子碰撞，無法預測結果。

這首先是由法國股票經紀 Jules Regnault 在 1863 年提出，接著數學家 Louis Bachelier 在其博士論文《投機理論》(The Theory of Speculation) 把它變成了學術理論，但這理論真正的發揚光大，則是在 1973 年，由 Burton Malkiel 教授寫的暢銷股票著作《A Random Walk Down Wall Street》。不過，也有一些人的見解是：雖然無法預測股價，但卻可看出其趨勢（trend），也即是說，在某程度上預測股價。例如說，麻省理工大學的 Andrew W. Lo 和賓州大學的 A. Craig MacKinlay 寫了一本叫《A Non-Random Walk Down Wall Street》，擺明是抽前書的水。

照我周顯大師去看，預測股價只能測出未來在該股價的機率，但卻無法精確預測。例如說，今天股價是 1 元的股票，明天幾乎不可能變成 10 元，但在 0.9 元至 1.1 元的可能性卻很大，這好比電子雲，究竟電子在哪一位置出現，完全是機率，但是，它在某些地點出現的機率卻比較大，某些則比較小，你鼻子的電子下一秒在月球出現，不是不可能，只是機會太少，可能等到宇宙滅亡，也等不到該秒。所以，股價並非完全是 Random walk，也並非完全可測，但卻可測出其大致的機率。

2.3 有效市場假說

「效率市場假說」(Efficient-market hypothesis)，其實是「隨機漫步假說」的

進化版，説穿了，這好比經濟學上的「無形之手」，認為價格永遠是因應市場而均衡，反映出現實的需求狀況，説穿了，這是一種哲學，而用不着與現實相吻合。

這理論是由 Eugene Fama 於 1970 年提出，他對有效市場的定義是：如果價格完全反映了所有可以獲得的信息，這市場就是「有效市場」。《維基百科》的定義是：「衡量證券市場是否具有外在效率有兩個標誌：一是價格是否能自由地根據有關信息而變動；二是證券的有關信息能否充分地披露和均勻地分布，使每個投資者在同一時間內得到等量等質的信息。根據這一假設，投資者在買賣股票時會迅速有效地利用可能的信息。所有已知的影響一種股票價格的因素都已經反映在股票的價格中，因此根據這一理論，股票的技術分析是無效的。亦可以理解為一個其擁有良好的監管體系，莊家以及成熟的市場機制的資本市場。市場具有很好的深度與流動性，在此市場中觀察到的價格是真實價值的完美指標，市場價格準確的反映了市場上可得到的信息，並隨着新信息的披露而做出相應的反映。」因此，在「有效市場假説」之下：「股票市場的價格是不可預測的，無論是碰運氣或是根據內幕消息，在對股票價格進行預測中付出的時間、金錢、和努力都是徒勞的，任何對股票的技術分析都是無效的。」

當然了，我們知道，市場並非是有效的，股票也許不能絕對準確地預測出價格，因為相關的變數實在太多，但是在統計學上，大致上作出某程度準確的預測，卻是可能的，否則世上沒有股神巴菲特這個人，也沒有長輸不贏的股民了。

Eugene Fama 對於市場的效率性分為三個等級：

1. 弱式效率（Weak Form Efficiency），目前價格反映了過去價格的所有資訊，因此以過去價格來作技術分析的預測效果將會不準確。換言之，不能看圖表來作出分析。

2. 半強式效率（Semi-Strong Form Efficiency）：目前股票價格已充分反映了所有公開資訊，因此無法利用資訊分析來作預測而獲取高額報酬。換言之，你不能研究股票的財務、以及客觀的政治經濟局勢，來進行基本分析來賺錢，因為價格已經反映了。

3. 強式效率（Strong Form Efficiency）：價格已充分反映了所有已公開和未公開之所有情報。換言之，這包括了內幕消息，意即價格連內幕消息也包括了在內。

根據 Eugene Fama 的理論，效率市場的存在，有三個基本假設：

1. 市場會立即反應新的資訊，調整至新的價位。（周按：反應需要時間，就是光速也要一定的時間，故此立即反應並不可能，聽消息買股票需要時間，籌錢買股票也需要時間。）

2. 新資訊的出現是呈隨機性。（周按：如果是有意發放的內幕消息就沒有隨機性可言，大市的波動也可能受到政治人物的有意操控。）

3. 市場上許多投資者是理性且追求最大利潤,而且每人對於股票分析是獨立的,不受相互影響。(周按:投資者並不完全理性,更不可能每人獨立不互相受影響。)

既然有效市場的基本假設並不成立,這理論自然也不可能符合現實,我們的投資股票戰勝市場,也就是有可能做到的事了。)

2.4 股市的波動幅度

有一個投資大師,叫「Fischer Black」,書讀得不好的股評人應該沒聽過他的名字,但是讀財務學的人都應該讀過他的 Black-Scholes Equation,這是一套為期權定價的數學模型,也是計算金融衍生工具定價的經典方程式。研究出這方程式的另外那位 Myron Scholes 因此公式而得到了 1997 年的諾貝爾經濟學獎。Fischer Black 本該也得到的,但是他在 1995 年死掉了,而諾貝爾獎是不頒給死人的。

Fischer Black 在 1986 年,在《The Journal of Finance》有一篇經典的論文,叫〈噪音〉(Noise),內容説的是投資市場上的過多信息。其中有一段講及股票市場價格的波動:

假設現時的合理價格是 2 萬點,升 100%,就是 3 萬點,跌 50%,就是 1 萬點了。所以,我們可以見到,由 3 萬點跌至 1 萬點,是由可能性的最高位,跌至可能最低位,是根據這模式計算出來的極限。這就是金融海嘯時,香港股市的下跌情況。

「Still, the farther the price of a stock moves away from value, the faster it will tend to move back...However, we might define an efficient market as one in which price is within a factor of 2 of value, i.e. the price is more than half of value and less than twice value. The factor of 2 is arbitrary, of course. Intuitively, though, it seems reasonable to me, in the light of sources of uncertainty about value and the strength of the forces tending to cause price to return to value. By this definition, I think almost all markets are efficient almost all of the time. "Almost all" means at least 90%.」

這一段話究竟是甚麼意思呢?首先是假設了股票市場有一個「合理價格」,跟着表示出:價格波動會在合理價格的一半或一倍以內,也即是 50% 至 100%。以上理論的有效性,可以包含了「almost all」的情況,他的定義是至少 90%。而在這個波幅範圍之內,市場都可算是有效的。

究竟甚麼是合理價格波動的 50% 至 100% 呢?

如果按照這個理論,假設市場的合理價格是 20,000 點,那麼,在 90% 的機

會率之內，它既不會升超過一倍，即是不會超過 40,000 點；縱使下跌，也不會跌破了 10,000 點。換個說法，如果現在是 40,000 點的股價，它不會跌穿 10,000 點，即是下跌的幅度不會超過 75%，至於上升，也不會從 10,000 點升至 40,000 點，這也即是說，它的總升幅不會超過三倍。

換個說法，股市的下跌可能性，是從高位下跌，可以跌去 75% 的市值。根據 Fischer Black 的說法，這可以包含了「almost all」，定義是至少 90% 的情況。或者可以用其他的方式說：跌去 75% 之內，在至少 90% 的情況之下，市場都可算是有效的。

從這理論衍生出來投資策略，是當股市下跌了 50% 之後，便要開始入市。而當下跌了 75% 之時，手頭的現金應該是剛好買光了。如果是進取的投資者，則應該在下跌了 60% 時，便買光所有的現金，之後便用槓桿去購入，當下跌至 75% 時，則已將所有的孖展信用額度都用光了。

萬一出現了下跌超過 75% 的情況呢？答案是：這理論已經說明了，這是極度罕有的風險，投資當然要冒上一定的風險，才能賺到錢，如果連這一點點的風險都不肯冒，那就不如回家吃菜抱孩子算了，又怎可以買股票呢？

那為甚麼不能在稍後時期，例如說，在股市跌去了 60%，甚至 70%，才開始入市呢？這豈不是更安全嗎？答案是：畢竟，股市跌去 75% 的機會是很微的，在當年的金融風暴時，也只是跌去了六成而已。因此，如果必須要等到跌去 75% 時，才去入市，你的一生可能只有一兩次的入市機會，這當然是非常不划算的。

必須一提的是，以上的計算方式，只應用於「大數定律」，不能應用在單一的股票的身上，只能用來計算整個市場的指數。

Fischer Black 加上了一句：這適用於 90% 以上的情況。問題在於，它也有不適用的情況，例如說，在 1967 年，恆生指數是 50 點左右的熊市三期低位，升至 1973 年，達到了 1774.96 點的高位，但在一年之後的 1974 年，又「自由落體」地急跌至 150.11 點，跌幅達到了 91.54%，這肯定是遠遠的超過了 Fischer Black 所說的「within a factor of 2 of value」。

如果按照 Fischer Black 的理論，可以得出一個簡單（但不負責任）的結論：這代表了市場的「沒有效率」。然而，我卻打算在這裏，提出一個更深入的論述，去解釋為甚麼市場會沒有效率。

我的第一個看法是，在一個市場，槓桿比例愈高，其波幅也愈大。在那時的香港股市，股民可以做「九成孖展」來炒股票，這即是說，用 1 元的成本，便可以買 10 元的股票，這當然是激發了股市的波幅增大。更有甚者，在當時，買股票並不是即日交收，甚至沒有確立交收的日子，於是，在交易所完成了股票交易，但還未付錢也未交付股票的空檔期，也有好幾天，而這幾天的空檔期，相等於是 100% 的槓桿，不用錢就可以買股票，這自然更加激發了股票上升的速度。

所以，我的第一條解釋 Fischer Black 的定律是：槓桿比例影響了市場的有效性，槓桿愈高，市場愈無效，升跌波幅愈大。

至於我的第二個看法是：在 1967 年時的股市，一天的成交額大約是幾百萬元，到了 1973 年，成交額升到了幾億元，在 1973 年 3 月 9 日，恆生指數升到了 1774.96 點的最高位時，成交額是 6.19 億元。

然而，客觀的因素是：當時香港的經濟總量，相比起美國和英國等大國，只是小菜一碟，而香港是個金融自由的城市，以外國資金來港炒賣股票，十分簡單，而英國人更加是香港的宗主。另一方面，當時香港主要是貿易城市，金融經濟只是雛形，相對來說，並不是主要的經濟支柱。

也正是因為當時香港的股市總額不高，所以它更加容易受到市場資金流出流入的影響，加強了它的波動性。

所以，我第二條解釋 Fischer Black 的定律是：股市的總市值愈大，波幅愈低，反過來說，總市值小的，無論是股市、股票，甚至是貨幣，均是「細細隻，容易炒」，波幅也就會大得多。

所以，當香港的股市快速發展，槓桿比率小了，加快了加速時間，總市值和總成交量也增加了，於是，股市的波幅也減小起來。在這個時候，股市的波幅應該是趨向於「within a factor of 2 of value」。

必須注意的是：以上的理論，只適用於股市，而不適用於單隻股票，這是因為單隻股票的參與者太少，因而總市值也小、成交量也小，所以沒有代表性，波幅也會增大很多很多。這好比統計調查上的數字：調查人數愈少，統計數據愈不準確、愈沒有代表性。

因此，前述 Fischer Black 的引文的第一句：「The farther the price of a stock moves away from value, the faster it will tend to move back.」我是很有保留的。因為這理論只存在於股市，而單一的「price of a stock」由於代表性太低，這理論是行不通的，我們也常常見到一些垃圾股票，股價長時間太高或太低，也是常見的事。

2.5 蝴蝶效應

這十年來，混沌學中的最基本理論，「蝴蝶效應」，從無人識得的學術思想，變成了無人不識的意識形態。

1904 年，挪威物理學家 Vilhelm Bjerknes 計算大氣狀況的數學模型，英國數學家 Lewis Fry Richardson 將之發揚光大，製造出史上第一個利用數學計算出的天氣預報，預測了未來六小時的天氣。到了 1953 年，由加美國數學家約翰·馮·紐曼領導的高等氣象計劃研究所利用電腦，只花了六分鐘，已經預測了未來

二十四小時的天氣。當時的人相信，只要有足夠的強大的電腦，將可預測一小時、一星期、一個月、一年，甚至永遠的天氣，而電腦的強大是指日可待的事。

故事的開始是這樣的：羅倫茲（Edward Lorenz）是美國氣象學家，在 1961 年，他利用了三個數據「風速、氣壓、溫度」來製作氣象預測模型，數據的準確程度到達小數點後六個位。他計算出答案，然後複核一次。那時，電腦的計算速度不高，為了省時間，他這一次就偷懶，沒有輸入最後的三個小數位，原先是 71.043567，偷懶後輸入的是 71.043，乍看全無分別。少輸入三個小數位，手指偷的懶不多，但電腦的計算就快多了，是五位數字（萬級）和八位數字（千萬級）的分別。趁着這空檔，羅倫茲走了去喝咖啡，一小時後回到電腦前面。令人吃驚的事情出現了。

他預算，複核時只保留小數點後三個位的數據，只會造成 1/1,000 的差異。結果是，複核數字跟第一次的數字截然不同。他很快想出了答案：小數點後三個位和六個位的分別看似微小，然而，初始條件的微小不同，經過多次計算後，結果可能放大、縮小、扭曲，甚至消失，於是，答案也就分別極大。其實，數學一向有「精確度衰退」的理論，意指錯誤的累積疊加，和早期的錯誤在後期被放大。只是，在羅倫茲之前，沒有人把這個和混沌理論聯想在一起。

這即是說，計算結果對初始條件極為敏感。1979 年 12 月 29 日，羅倫茲在一次演講中，用一句話繪影繪聲地描述了這套理論：「一隻蝴蝶在巴西搧動翅膀，會在德州引起龍捲風嗎？」自此，它就叫作「蝴蝶效應」，相信大部分讀者都聽過這個名詞了。

做過生意的人都知道，經營公司是一門極困難的事，永遠有意外發生。有些是意外之驚，有些是意外之喜，總之，今天不知明日事。叫十個老闆預測明年公司的利潤，五個會猜不準，另外五個罵你「黐線」，因為根本無法預測。這是做生意的常識。但許多分析員連這顯淺的道理都不明白，硬要預測公司的明年盈利，最離奇的，是股民也信。分析員可能沒做過老闆，不知做生意的市場波動，但商人變成股民後，居然也糊塗起來，就難免令人搔頭了。

一個迷思，當大家都相信時，差不多變成了事實，直至它被戳穿後，大家才恍然大悟————然後下次再犯同樣的錯誤。

通常，上市公司為了滿足市場的心理需要，都想辦法作出盈利預測，更有辦法的，每年都有盈利增長。這些可預測性並非違反了蝴蝶效應，而是通常使用了財技來粉飾賬目。例如「匯豐控股」（股票編號：5）喜歡用大量撥備，天知道它的真實賬目；「和黃」（股票編號：13）幾乎年年都有非經常性收入時，非經常性就變成了經常性……簡而言之，撇賬、撥備、資產重估，這些都是合法的粉飾辦法。

蝴蝶效應並非混沌學的惟一理論。如果混沌是無法計算的，它就無法成為一

種科學了。以天氣為例子，短期波動難以計算，我們無法預測龍捲風的出現，難以算出一年打多少次颱風，但一年有四季，下雨和打風的日子會有約數，這些都是可計算的，但只能算出機會率，無法確定。

從股市到所有的投資市場，都服從蝴蝶效應。它永遠都會出現不確定性，惟一確定的，是有牛市，牛市過後，就是熊市，但牛市甚麼時候開始，甚麼時候結束，是無法準確預測的。正如夏去秋來，冬天又至，是肯定的，但冬天甚麼時候來臨，任何天文台也預測不到。

幸好，也正如天氣預告，準確預測太遠的未來固然不可能，但預測某事件發生的可能性，還是可以的。但是，蝴蝶效應可以影響到股市的供求關係，也是不爭的事實。

2.6 羊群效應：跟風

股評人很喜歡取笑散戶是羊，政府教導股民的廣告叫人不可做羊。這是圈外人的說法。真正內行者的叫法，是「魚」。譬如說，不時有莊家問我：「現時炒一隻股票，會有多少魚？」意即有多少散戶參與。被稱為魚，被莊家用網來捕，散戶不亦可悲！

且說回羊。散戶被叫羊是因為「羊群效應」，雖然這道理人人都懂，我還是再說一遍比較恰當。

一群羊在吃草，突然一頭羊開始奔跑，其他的羊不管是不是有猛獸來襲，第一時間是跟隨而奔。這種不仔細問，跟隨大隊的做法，就是「羊群效應」。見到別人買股票，自己不問底細，也跟着買，是羊群效應的人類版。

首先要反駁的，是羊並不蠢。相比人類，牠不識字，不懂算術，更不會炒股票，肯定比我們蠢。不過羊群效應是牠們在地球上生存了數百萬年建立出來的求生策略，非但不蠢，簡直聰明到了極點。

羊雖然不像人類，像小馬哥般能從跑步中獲得快感（說這句話時，我也有懷疑。看紀錄片，那些瞪羚閒着無事也跳上跳下，似乎真的與人類一樣，能在運動時獲得快感），跑一會，頂多消耗一些氣力，損失不會太大。但給獅子老虎吃掉，損失就是全部。

當大家在跑時，一頭羊硬是不跑，去當奇連伊士活（獨行俠），大貓來到，就死定了。牠縱是跑，但不跟着大伙兒跑，那麻煩更大，因為落單了的羊最礙眼，更易被擒。

最聰明的辦法，是混在羊群中跑，一群羊中如果給大貓挑中自己，那就是倒霉到了姥姥家，死了活該。

問題來了：假如有一天，上帝忽然大發善心，對每位香港居民都派發一千元

現金，遺憾的是，你和你的家人每人只有五百元。幸好，你們的錢雖少了一半，但有別人沒有的權力————否決權，可以否決上帝這項決定。我不知大家的反應會是怎樣，就我而言，除非等着這五百元開飯，否則多半會行使這個令七百萬人怨恨的否決權：這明明是歧視，對我太不公平，我受不了。

今日這富裕社會，財富之於人類，是相對的。在香港，就是最貧窮的人，只要有綜緩可領，生活質素不但勝過原始人，也勝過清朝時的中產階級，亦勝過現在非洲許多國家的中產階級，甚至勝過大部分中國農民。但這並不代表他們不貧窮。

譬如說，在現代社會，沒有電視機可被視為赤貧，因為你沒有了與人溝通的話題，這句話可不是我說的，而是諾貝爾經濟學獎得主、全世界研究貧窮的天字第一號權威 Amartya Sen 說的。

我的高見是：沒電視不算最窮，露宿也不算最窮，但沒手機就真的是赤貧了。沒手機，非但沒朋友找到你，連找工作也有困難，因為僱主不可以在取錄你時「打電話通知你」。沒朋友、沒工作，難道還有更慘的嗎？

前面說過，投資的目的，是令你的資產保值，即是相對於其他資產，它就算沒升值，至少沒貶值。舉個例子：假設在一個大牛市，你的資產在一年來升值了100%。可是別太高興，香港人在這一年來的資產增值平均增幅超過 150%。假設去年你在香港的財富排名榜是 1,575,274（同時假設真的有這種排名），今年則降至 2,132,234，以資產值來計算，你的財富是增加了，但以財富排名來看，你是下跌了。

如果你的感覺不爽，這想法是對的。

那些告訴你不管鄰居有多少，只管自己有多少的教導，不能說錯，但只是阿Q精神。人是社會動物，注重社會地位，說沒有是騙人的。社會地位一部分來自財富，一部分來自權力。權力的定義很模糊，能影響別人行為的能力就是權力，故此可以說創作人有軟權力。至於財富，非但能買東西、令人過好生活，也能令你的社會地位增高。所謂的「鄰之厚，君之薄也」，如果每個鄰居的財富都比你增加得快，很快你就會感到有壓力，不只在心理上，還有實質的壓力。

假如你指摘上文的說法是教壞人，我同意，因為人根本就是這樣壞，我只是教你做人而已。當然，如果你的修為練到無慾無求，不與鄰居比較，我佩服你，也鼓勵所有人練到這境界，因為這樣生活會開心得多。但注意，這境界中的你，並非活在現實，只是幻想中的世界。

現實是殘酷的，就是生活在幻想世界的人，也不可能逃避。以樓價為例，別人的財富增加得比你快，便有更多的財富，追逐數目不變的樓宇供應，你會發現你的資產能換成樓宇的能力愈來愈低，直接點說，你的財富雖然增加了100%，但樓價升了 200% 時，你能買到的單位面積反而變小了。假如你是單身男子，大家知道，男人對女性的吸引力跟財富成正比，你會發現，你的擇偶範圍也隨着財

富的相對值減少（雖然絕對值是增加了）而減少了。

因此，1997年時，大家明知樓價是不合理地高，也要飛撲入市。「摩頂平」（澳門有名的大撈家，以最高價購入資產的人俗稱「摩頂」，我不知這位大哥的大號是否來自這投資術語）並非傻瓜，而是有其理性。

當大部分同輩都是業主時，自己持有現金，固然可能因將來樓價下跌而佔了便宜，但買樓的本意並非為了賺錢，而是為了保值：保住自己持有的資產不致貶值，至少保住「排名榜」的位置。萬一樓價下跌，都是人人有份，個人的「相對資產值」並無改變。換言之，這是防守性的投資。

始料不及的是，後來幾年樓價下跌之深，令到上車的羊群都變成了負資產，但這是事後孔明之見，並不代表先前的羊都是笨蛋。

逆向投資，即是人人看好我看淡，血腥遍地時我入市，才是進取的投資策略。當你押中時，財富在「排名榜」中會升得很快，不過看錯市時，跌得一樣的快。

經濟學上的「嘉芬物品」，指的是價格上升時，需求量反會增大的物品，通常指的是奢侈品。事實上，所有奢侈品都有品質優勝之處，有它貴的理由，大部分顧客都非因貴而買。

相反，每次優質的奢侈品大減價，都引來搶購潮，可見它們並非十分「嘉芬」也。因此，有些經濟學家，例如張五常認為，世上沒有「嘉芬物品」這回事。不過我告訴大家，「嘉芬物品」是有的，股票就是了。

股票是資產，也是投資工具。凡是資產，都是「嘉芬物品」：價格上升時，幾乎必定引起羊群效應，原因正如前述。當身旁的人都因炒股票而贏大錢時，自己不買很吃虧，如果買了而最後蝕本收場，雖然也蝕，至少在「排名榜」上沒吃癟。這種笨蛋（被罵「笨蛋」別要不高興，作者本人雖然自命聰明絕頂，也常被人叫「笨蛋」）的出現，是由於資訊的不完全。

羊如果確實知道老虎沒來，牠用不着跑。但當無知時，牠只能跟着大隊跑。股民如果深知內幕，就會在低位時買進，高位時沽出，但他們缺少資訊，見到股價上揚時，只能假定跟隨大眾是有利的，所以買進。

散戶得不到資訊，只有以羊群方式行動。資訊不全時，羊群是最好的策略，跟大隊是最有效的保護。這就是我常常說的：「別人贏錢我沒份，比輸錢更令人難受！」

股票和資訊的關係，我會在結論跟大家討論，可是羊群效應會在突然間左右了市場對股票的供求關係，卻是不爭的事實。

2.7 股市的世代更替與成熟化

大家都知道，香港每隔幾年，便會發生一次股災，像1965年、1973年、

1982 年、1987 年、1997 年、2008 年等等，都是股災的年份。這個每隔幾年一次股災的定律，並不止是存在於香港這塊土地，還存在於全世界所有其他的股市，可見得這是一條永恒的法則。

在每一次的股災之後，一定會淘汰出一部分的股民，發誓永遠也不沾股票，但當然了，這些發誓在這一生當中，永遠不沾股票的「前股民」，其中也有一部分人，是在一段時間之後，也會重蹈覆轍，再一次投身進股市之內。

不消說的，其中也一定有一部分人，又是在牛市三期，股市最高位的時候，因為忍受不住太多的友人在股市中賺了大錢，在股市快將崩潰之前不久，才撲進這個火海之內，其結果自然是當了股壇炮灰，又一次輸清離場。

另一方面，在一個股市，也永遠有新投身進來的「新股民」。這是因為股災之後，一直有年輕人新進職場，開始賺錢，又或者是新發了財，有了餘錢去作出投資，以上的這些人，是初生之犢，從來沒有見到過熊市，也正是因為他們從來沒有見到過熊市，所以這一批生力軍的投資，也就特別勇猛了。

所以，在一個成熟的股市之中，初生之犢沒輸過錢的生力軍，歷經多次股災而不退出的股壇老將、發誓不賭之後又再重新投入股市的「劣馬專吃回頭草」、輸光一次後從此斬手指戒賭，這四種人的比例，大致上是一個常數，只會微調，並不會發生大變。

簡而言之，在一個成熟的股市之中，不懂炒股票的笨蛋、最後接火棒的輸家，其佔人口的比例，大致上是維持不變的。以上的規律，在全世界都是一樣。

以上的情況，當然有其例外，就是新興市場。

中國的股市是在 1984 年才開始試點交易，在上世紀九十年代，才逐漸成熟，至於越南，它的胡志明股票交易中心，更是在 2000 年才成立。很明顯，這些新興市場的股民，全都是生力軍，從來沒有見過股災，因此，他們的投資水平究竟到達哪一個地步，那就可想而知了。

簡單點說，這些投資者，都是待宰的魚。所以，我們也可以預期，在新興市場的股市，永遠是比成熟股市升得更高，跌得更快。

不過，這種升得高、跌得快、被宰的魚特別多的狀況，並不僅限於新成立的股票市場，像在香港，早在十九世紀中葉，已經有了股票交易，但為甚麼我們在 1973 年，會出現了只有新興市場才會發生的暴升和暴跌呢？

這是因為在這之前，香港實在太過貧窮了，香港的股市只是由一小撮人所買賣交易，皆因連吃飯也成問題的低下階層，是沒有閒錢買股票的。直至到了上世紀六十年代，因為經濟起飛，大量中產階級冒起，市場上突然出現了大批股票的新買家，而這些新買家是從來沒有在股市中輸過錢的，所以才會造成了 1973 年前幾年的股市暴升。

這也證明了另一個事實：如果一個地方突然有大量的中產階級冒起，因為這

些新興中產階級從來沒有在股市輸過錢，所以，這個股市雖然是有很多年的歷史，但其走勢很可能和新興市場差不多，也即是會大起大落。反過來說，像美國這樣成熟的市場，其股市波幅也是比其他地方的波幅為低。

2.8 恆指歷史波幅

如果參考歷史紀錄，在 1964 年恆生指數成立了之後，至 2013 年為止，它的最大波幅是在 1973 年，高低位相差是 78%，第二位則是 2008 年的金融海嘯，高低位相差是 66%。值得注意的是，這兩次的大波幅，都是大跌市，可見得在股市的世界，下跌所需的時間遠遠少於上升所需要時間，換言之，上升的時間長，但升得慢，下跌的時間短，但跌得快。

至於在波幅最小的一年，是 1966 年，高低位只相差 8%，其次則是 1977 年，相差 11%。而在 1964 年至 2013 年的 49 年間，平均每年的波幅是 37%。

多謝股榮兄，以上數字是他做的研究，讓我省掉了不少翻查資料的功夫。

理論上，根據這些投資波幅記錄，我們可以定出某些程式操作，例如由於平均波幅是 37%，最高值是 78%，假如我們每逢遇上波幅超過 50% 的市況，便去入市，作出相反操作，長期平均而言，可以有着穩定的回報，假如你活得長到可以等待到符合大數定律的長期回報時間的話。

3. 周期論

3.1 萬物均有周期

我有一篇文章叫「相同的數學，不同的世界」，指出世界很多不同的事物，都是由相同的數學來構成，例如說樹枝、閃電和河流分叉，外型相似，其建構的數學也是相同。這有如 2+2=4，既可以計算兩個美女加兩個美女等如四個美女，也可計算兩頭烏龜加兩頭烏龜等如四頭烏龜。

很早的時候，人類就已發現，很多事物都有盛衰周期。這好比一天的日夜交替，春夏秋冬的四季來去，各種生物的生命周期，其中以昆蟲的從生到死，尤為明顯。

周期除了在大自然之外，也存在於社會科學之間。羅貫中寫《三國演義》時，也觀察到：「話說天下大勢，分久必合，合久必分……」這是說政治的周期。《創世紀 • 41 章》說：「過了兩年，法老作夢，夢見自己站在河邊。有七隻母牛從河裏上來，又美好又肥壯，在蘆荻中喫草。隨後，又有七隻牛從河裏上來，又醜陋又乾瘦，與那七隻母牛一同站在河邊。這又醜陋又乾瘦的七隻母牛，喫盡了那又美好又肥壯的七隻母牛，法老就醒了。」於是，他便去詢問著名的猶太裔解夢人約瑟，約瑟的解答是：「埃及遍地必來七個大豐年，隨後又來七個荒年。」以上故事證明了，在三千年前的人類，已經知悉了經濟有盛衰周期。

以上的這個故事，並不是我周顯大師的穿鑿附會，胡說一通，而是很多嚴肅的投資學術著作，都很喜歡引用這「七隻母牛」的寓言，來作為說明古時的經濟盛衰周期，我只是引用這些學者的說法而已。

3.2 周期出現的成因

第一，萬物有周期。第二，所有的經濟活動，如零售、運輸、建築等等，也有周期。第三，所有的投資工具，例如黃金、石油、房地產等等，均有周期。第四，因此股市也有周期。

股市的周期，和其他所有的周期活動一樣，可以分為上升和下跌兩種大趨勢。上升趨勢就是大部份的股票價格都在向上，稱為「牛市」。下跌趨勢就是大部份股票均在向下，稱為「熊市」。

3.3 股市周期和經濟周期

經濟是由商業活動構成的。大部分大企業都是上市公司，大大小小上市公司

的股票，構造出股票市場。因此，股市也可以是經濟的寒暑表，反映出經濟活動的盛衰周期。至少，教科書是這樣說的。當然了，在實際上，股市周期並不完全相等於經濟周期，在有些時候，經濟狀況不算太好，也會出現股票的牛市，有關這一點，後面章節的「泡沫」會有討論。然而，儘管經濟周期和股市周期並不完全對等，但是，由於股票反映的是商營公司的盈利能力和市場價格，它和經濟周期有着極度密切的相關系數，也是肯定的。

經濟周期又稱為「景氣循環」，它包括了繁榮、危機、衰退、復甦四個階段，這同股市的所謂「牛熊循環」，過程是相同的。按照我在「相同的數學，不同的世界」的說法，它們是採用了「相同的數學」。

3.4 牛熊市出現的原因

對於經濟周期的發生原因，有很多種不同的說法，其中最為大多數人採用、也最為合理的，就是經濟周期影響了股市周期，但也有其他的原因。

3.4.1 經濟周期

傳統經濟學對於經濟周期的解釋是：

市場上有了需求，於是商人大量生產，去滿足這些需求，但是生產力的增加速度將會超越需求量，終於變成了投資過度，求過於供，衰退便由此出現了。但是當衰退出現後，過多的生產力由於沒有購買力承接，慢慢萎縮下來，終於從求過於供，又變回了供不應求，於是新的一輪繁榮，又出現了。

3.4.2 技術創新

另外一個補充是經濟學家熊彼得提出的，是技術創新，因而引起了新的需求。1820 年，英國建造了第一條鐵路，從此掀起了鐵路狂潮。互聯網技術在二十一世紀前才開始出現，至今方興未艾。這兩種技術創新，都引起了整個經濟的大變動，改變了整個市場，也引發了新的需求。不說這麼大的創新，就是電話、電視機、錄影機，以至於電影、汽車、電燈泡這些創新發明，無不創造出新的市場需求，幫助了經濟。十九世紀初期開始出現的紡織機器，減低了製衣的成本，而廉價衣服也是一種新的需求，因為一萬元一件的衣服雖然需求甚小，但是一百元一件的需求就大了。如此類推，甚至是新的科學管理方法，只要能夠降低成本，也是創新發明，也可創造出需求來。再說小一點的，武打片突然流行，片商一窩蜂地去拍，也是創造了一種需求。

同樣地，因創新而出現的需求也會生產過剩，當這時候出現了，又會出現衰退了。這正如電視機或智能手機，在大家由無到有，從奢侈品變成人人皆有的必

需品時，它的增長會最快，而它的生產能力也在以極高的速度增加，但當家家戶戶都有了電視機，人人的手上都有智能手機，對它們的需求便不再是從無到有，而只是舊換新，或替換新款式，這需求當然會大大的減少了。這正如武打片一窩蜂地拍，觀眾看膩了，需求可以一下子消失得無影無蹤。

假設市場上有四成的人擁有智能手機，其餘六成的人眼看這個潮流，也非得擁有一部不可，所以大家都急着去買。這時，從四成的普及率，增加一倍至八成普及率，是很快達到的事。但是，當普及率變成了八成之後，不可能再增加一倍，那麼，市場主要的購買力，是來自舊款更新。但是，從無到有，人們很急着去買，但從有到更新，需求便不那麼大了，很多人會等到電視機用舊或用壞了，才去更換，也有很多人會等到智能手機換款了兩代至三代，才去更換，而不會不停的去轉換最新的款式。這當然會影響了購買力，使得購買力後續不繼，然而，購買力減少，是很快的，但是製造能力的相應調整，速度卻慢得多，這因而造成了製造能力高於市場需求，簡而言之，就是供應過剩，而這種供應過剩，正是造成了經濟上的衰退。

不過，技術創新並不是經濟周期的必要原因，也不一定是因為技術創新，才會導致生產過剩，甚至並不因為生產過剩，才會導致經濟衰退。在古代，生產力發展緩慢，也沒有甚麼大規模的技術創新，在《創世紀》法老王的時代不一定有甚麼特別的技術創新，在羅貫中時代的中國，也沒有很大的技術創新，中國的「分久必合，合久必分」，很多時只是因為人口過剩，土地生產力不足，令到大量人民捱餓，因而也造成了經濟衰退，人民起而作反，把封建王朝推翻，如此簡單而已。

從炒股票的角度看，以上的這種傳統的經濟周期理論，可以解釋股市的牛熊，而技術創新，也會用來解釋股市的泡沫。至於其他有關經濟周期的理論，例如天氣的影響，太陽黑子的影響，甚至是女人穿裙子的長短，也有人拉扯上關係，但這些「理由」太過遙遠了，不贅。

3.4.3 貨幣供應周期

股市的升跌可以用一個最簡單的理由去解釋，就是：有人買，它就升，沒人買，它就跌。為甚麼有人買股票呢？原因也很簡單：經濟暢旺，就有人買了，經濟不好，就沒人買了。

可是，除了經濟之外，還有另一個同樣重要的原因，就是貨幣。簡單點說：人們有錢，買股票的人就多，人們沒錢，買股票的人就少。然而，人們的口袋有沒有錢，除了和經濟有關之外，也和貨幣供應量有關。就算是經濟不景，只要政府願意放鬆銀根，人們還是可以有餘錢去投資買股票。

有一派的意見認為，貨幣的增長和收縮有周期，這正是經濟周期的成因。且讓我們作一個假設：貨幣供應永遠不變，經濟會不會有周期呢？答案是「會」，

因為既然甚麼都有周期，經濟不可能沒有周期。貨幣可能是影響經濟的一個重要因素，但是反過來看，經濟也是影響貨幣供應量的一個重要因素，兩者的關係應該是互為影響才對。

政府很多時會在經濟衰退的時候，放寬銀根，增加貨幣供應。其中一個原因就是當經濟衰退時，往往伴隨金融危機，而政府為了保持金融體系的穩定，很多時會投進市場，以挽救出現了危險的金融體系。在 1998 年，香港特區政府為了穩定聯繫匯率，付出了 1,181 億元購入港股，這相等於政府放出了 1,181 億元到市場，放寬了銀根。由 2007 年起的好幾年，美國也出現了金融危機，政府因而也採用了「量化寬鬆」的方式，去放寬銀根，以挽救金融業。

除了挽救金融危機之外，政府有時也會為了政治因素，採取放寬銀根的措施。例如說，美國總統四年一次選舉，現任總統為了連任，或是為了讓其接班人得以順利接任，往往在大選前放寬銀根，以粉飾經濟，製造民意。因為美國是世界經濟的龍頭，因此經濟周期也有四年一周期之說，正是回應了四年一次放寬銀根的理論。

然而，必須注意的基本理論是：貨幣政策可以救得了金融體系，也能令到經濟暫見好轉，但這有如感冒特效藥，雖然救得了性命，也能令到病人的自我感覺良好，但卻不能醫病。感冒是要靠身體的抵抗力去自癒，正如經濟衰退也要靠整個經濟體系的生產力和需求量互相調節來回復正常。咳嗽、流鼻水、發燒等，都能殺死或驅逐感冒病毒，正如讓經營不善的公司因資金鏈的斷裂而倒閉，也有利於增強整個經濟體系的競爭力。因此，放寬銀根雖然可以在短期刺激經濟，卻反可令到衰退期更形延長了。

3.4.4 心理因素

每一個人在心理創傷之後，都需要一段回復期，過了一段時間，便能回復原狀。這正如人類失戀以後，過了一段痛苦期，便又可以重新投入，開始一段新的戀情。同樣道理，一個人在熊市中輸了大錢之後，也要一段回復期，才能回復心情，重新投入市場。

所以，牛熊之分，也可以是炒家輸錢後的心理回復期。另一方面，每一代都有新人湧入，有幾年的時間，足以培養出一些新的年輕人，他們是初生之犢，剛走進社會沒多少年，從來沒有見過熊市，從來沒有在股市中輸過錢，以為自己天下無敵，又或者是這幾年來的新發財，剛剛有大量現金去作投資。因為每隔數年，一部分老的忘記了創傷，一部分新的走進了市場，所以能造成了新的牛市。

3.4.5 陰謀論

從基本因素看，經濟有循環盛衰，因此股市也有牛熊。從陰謀論看，沒有牛市，莊家們無法散貨，沒有機會以高價把股票賣給別人；沒有熊市，市場莊家們

也不能以低價入貨，買到大量的廉價股票。

伏爾泰說過：「假如神並不存在，人們也有必要創造祂出來。」(Si Dieu n'existait pas, il faudrait l'inventer) 如此類推，縱使沒有牛熊市，莊家們也要製造出來。(If Bull and Bear did not exist, it would be necessary to invent them.)

這種說法當然不大可信，姑妄錄之。但是，也並非沒有例子去證明這種「不大可信的說法」，例如說，次按風暴是在 2007 年爆發的，但是，香港的股市雖然也因此而下跌了，可是跌幅並不大，只是下調了兩成而已。跟着中國政府宣布港股直通車，股市居然反升了上去，直穿 31,958 點的歷史新高位。

次按風暴股市居然不受影響，後來發現港股直通車是虛構的，後來並沒有推出，這即是說，壞消息沒影響，好消息卻是假的，這除了有利於莊家沽貨之外，我想不出別的理由了。由此可見，陰謀論並非毫無道理的。

3.5 周期的維持時間

經濟有盛衰周期，但是這盛衰周期究竟多少時間，才算是走滿了一周呢？這說法有很多，由幾年一個周期，到數十年一個周期都有。而每一種投資產品，都有盛衰周期，也即是牛熊市。一般來說，商品的周期比較長，以黃金為例子，二三十年一期，也不出奇，樓市稍次於商品，一般認為是大約二十年一個周期，股市的周期則比較迅速，但也有很多不同的說法。

大致上來說，在周期當中，又有大循環和小循環。大循環例如氣候轉變，可以是數十萬年、數千年、數百年一個周期，國家興衰以中國為例，強盛朝代如兩漢分別各是兩百多年、晉朝是一百多年、宋朝、明朝、清朝都是二百多年……然而，這些「大周期」動輒是以百年以上為基礎，比人類的生命還要長，這就變成了純學術研究，對實質炒作完全沒有幫助。作為炒股者，並不需要認識這些有趣卻無用的知識。

在我們去討論一個周期的時間長短時，有一個更基本的問題，就是究竟甚麼是完成了一個循環的周期呢？這個問題看似很簡單，但卻有不少人，甚至是不少所謂的「專家」，也會弄錯的。所謂的「周」或「周期」，是起點回到起點，從春天回到春天，從牛市一期回到牛市一期，才可以叫作是「一周」，或一個「周期」，但是很多人卻往往誤以為，從起點到終點，從牛市到熊市，從春天到冬天，便已經是一個周期了。這自然是錯誤的想法。

總之，從原點回復到原點，才是一個周期了，以股市為例子，從一個牛市的最高點，對比下一個牛市的最高點，或者是一個熊市的最低點，到下一個熊市的最低點，高位對高位，低位對低位，才可以叫做一個「周期」。

3.5.1 Kondratieff cycle

至於時間比較短的周期，例如說，由俄國經濟學家 Nikolai Kondratieff 提出的 Kondratieff cycle，就是以發明和創新來作為增長動力，一般長達 45 年至 60 年，第一次長波以 1810—1817 年是上升期，1844—1851 年是衰落期，第二次長波以 1870—1875 年為上升期， 1890—1896 年為衰落期，第三次長波則是 1915—1920 年為上升期，而衰落期則開始於 1914— 1920 年間，到他寫作這理論時，第三次長波的衰落期仍在繼續。由於他是第一個正式講出周期理論的人，所以他的理論也是最受人注意的。

不過，他的理論有兩大缺點，第一是樣本太少，只有三個周期，第三個周期還是未完結的，代表性實在不夠。第二則是這種理論在股票的投資世界好像沒有甚麼用，因為人類沒有那麼長命。但是，如果從長期的觀點去看，我們以抓着一個機會，去捉中一個長波，例如說，戰後的香港的「自由經濟獨市生意，上世紀八十年後的中國的制度改革，也不失為一個投身高速增長的經濟體系，jump on the bandwagon 的機會。

3.5.2 Simon Kuznets 周期

至於短一點的周期，例如說，1930 年，在美國的 Simon Kuznets 一種提出了與房地產和建築業相關的經濟周期，平均時間長度是 20 年。我們在預測房地產市場周期時，往往引用到他的這套周期理論。順帶一提，這一位 Simon Kuznets 發明了 G.D.P. 的計算方法，因此被稱為「G.D.P. 之父」，並且在 1971 年獲得了諾貝爾經濟學獎。

3.5.3 Joseph Kitchin 和 Clement Juglar 周期

也有一些更短的周期，例如在 1923 年，英國經濟學家 Joseph Kitchin 用存貨增加和出清存貨來計算周期，計出了 2 年至 4 年的「短波周期」。在更長久以前的法國經濟學家 Clement Juglar 則用計算廠商的固定投資和更新設備，提出了一個 9 年至 10 年的經濟周期。

3.5.4 Economic Confidence Model

1949 年出生的 Martin Arthur Armstrong 是投資界的奇才，據說他在 15 歲時已有了過百萬的財富，成功預測了 1987 年的股災，2007 年因巨額詐騙而被判坐牢 5 年。他最為人所知的，是提出了 (美國) 的經濟在周期是 8.6 年，或 3,141 日，名為「Economic Confidence Model」，而這模式同時也適用於股市。但我在本書只看它在股市的適用程度，先不管其經濟預測的有效性。

在這個模式計算，他用 1929.75(年)，即華爾街股市崩潰年，來作為基數。8.6 年的一半，即 4.3 年，即 1934.05，即 1934 年 1 月，是羅斯福新政的第二年，是熊轉牛的轉捩點，該年底股市上升。下一個 4.3 年的點就是 1938.35，美股在 1939 年跌了 18%。下一個 4.3 年是 1942.65，美國是在 1941 年被日本偷襲珍珠港，加入二戰，美股在 1942 年 4 月 28 日的 92.92 點是低位，跟着連升了 4 年。

再下一個 4.3 年是 1946.95，二戰在 1945 年完結，股市在 1946 年達到了 220 點的高位，在跟着的 3 年，股市在 160 點至 200 點橫行。再下來是 1951.25，1955.55，美國是在 1950 年參加韓戰，1953 年結束，美股則從 1950 年的 195 點升至 1956 年的 525 點。

美股在 1957 年急跌，陷入熊市，1958 年重拾升軌，Economic Confidence Model 的下一站則是 1959.85 和 1964.15，由於通貨膨脹，美股在 1964 年到了 890 點，1966 年 2 月 9 日到達了 1,001 點，股市隨即急跌。

跟著是 1968.45，美國政府和六大西歐國家在 1968 年宣布政府不再向私人兌換黃金，換言之，金本位已死亡了一半。在 1972.15，杜指在 1970 年 5 月 26 日跌至 627 點的低位，1973 年 1 月 11 日則回升至 1,051 點的高位。在 1977.05，1974 年 12 月 6 日距離上一個高位，跌了接近兩年，指數不見了接近一半，股市在 1976 年開始回升。跟着是列根年代的 1981.35 和 1985.65⋯⋯

大家看到以上的計算，相信同我一樣，也覺得有點兒穿鑿。但由於此公之說頗為流行，姑錄出來，聊備一格。順帶一提，如果照他的計算方式，最接近本書寫作的時間，是 2015.75 和 2020.05。

3.6 周期並無統一定義

照我的經驗，一個正常的股市，從牛市到熊市，大約是數年一個周期，但這只是一個大約數，究竟數年是三年，還是九年，甚至是長達十多年，這是無法確定的，而且，這也得視乎你們對一個周期的定義為何。

有的書本會說，股市周期中，牛市的時間比較長，熊市的時間比較少，我當然承認這是大多數情況會發生的現象，但這應該是因為人口增加和經濟發展的反映。假設在一個經濟愈來愈差，人口也長期減少的經濟體系，我認為，應該是反過來，牛市的時間短，熊市的時間長。

3.7 馬克思的説法

先前我一直説「周期」，這是西方的説法。顧名思義，「周期」中的一「周」，是還原基本步，「一周」之後，回復原狀，一點兒也沒有變。如果用科學的説法，

這就像是牛頓所講的物理學，星體的運作有如時鐘一樣的運行，永恒不變，就是把它們的過程拍了下來，倒着來放映，也看不出其分別。

然而，我們知道，以上的這種說法，並不正確。宇宙星體的運行，例如太陽系，每一次的周期，縱是還原到原位，也是和上一次的軌道，有着微小的分別。如果是在股市，一個牛市變成了熊市，又變回牛市，好像是沒有變，但實在則是變了很多，像在香港的股市，從 1964 年至 2014 年，經過了五十年，有過好多次的牛市熊市，然而，市場並非還原到了原點，而是指數總體地上升了，從 1964 年的 100 點，變成了 2014 年的兩萬多點，一共升了兩百多倍。

是的，我認為，任何投資品的長期價格，都脫離不了周期，所以必須熟識周期，才能夠成為真正的投資高手。可是，這只是「在西方」的理論而已，而在中國內地，他們卻另有一套理論，去解釋投資品的周期。這套理論，當然就是馬克思列寧的理論，而我認為，這套理論比諸西方的周期理論，是更勝一籌的。

根據馬克思的唯物辯證法：「人類歷史是一個不斷前進的螺旋式上升的，波浪式前進的過程，事物不斷周而復始的循環過程。」

甚麼是螺旋式上升呢？意即並非直線上升，而是有升有跌，但是長期來說，總是有着上升的趨勢。所以，它的總體上是上升的，只不過也會有着倒退的時候，在牛市時，它也會有下跌、甚至是暴跌的日子，但只要它可以維持總體性的上升，那就是「螺旋式上升，波浪式前進」了。

我們知道，在投資的世界上，不斷的有着牛市和熊市的循環，但是，每一個牛市，都和上一個牛市不同。例如說，香港在 1997 年的牛市最高點，是 16,820 點，在 2000 年的最高點是 18,398 點，在 2007 年的最高點，是 31,958 點。如果用低點來作計算，則 1998 年是 6,545 點，2003 年是 8,332 點，2008 年是 10,676 點。

列寧對此的解釋，是：「發展似乎是在重複以往的階段，但是以另一種形式重複，是在更高的基礎重複。」

「螺旋式上升」是這個意思，那麼，甚麼是「波浪式前進」呢？

大家知道，股市和所有投資市場的升升跌跌，都不是一下子直線上升，亦不是一下子就直線下跌的，而是升升跌跌，有升有跌，這就是「波浪式前進」，即是一進一退，但是總括而言，還是有一個總體的趨勢，可以看到它在大體上，究竟是進是退。

正是由於「波浪式前進」，不容易看出這究竟是處於漲潮期，還是處於退潮期，所以我們常常會使用一些統計學的計算方式，去把「波浪式前進」的大趨勢計算出來，例如說，移動平均值之類。

我在教授學生股票課程時，很喜歡引用以上的馬克思和列寧的名句，照我的看法，馬克思列寧的「螺旋式上升，波浪式前進」的說法，以此來比較西方的「周期」理論，指出馬克思的說法比西方的說法更加精確。所以，我在教授學生股票

課程時，很喜歡引用以上的馬克思和列寧的名句。

有同學問過，這和炒股票有甚麼關係呢？我的回答是，內地不少炒股書籍，都會引用這番話，而這番話又比西方的「周期論」高明，所以我必定也要同大家說明，好讓大家有機會和國內的股友討論股票時，不致於相形見拙，給比了下去。投資者可能不覺得理論架構的重要性，但是我作為寫作的，理論寫不過人，道理說不過人，那就十分「蝕章」了。

3.8 用指數來定義牛熊

通常，人們定義牛市和熊市，使用的是指數來作計算單位，美國用杜瓊斯工業指數，香港用恒生指數，新加坡用富時指數，日本用日經指數。這些指數的構成和計算方式，不外是挑出一些成份股，主要是大市值、大成交，而且在不同的商業範疇各有代表性的，再按其在市場上的重要性，分別佔不同的比重，這即是說，重要的佔的比重高，不重要的，比重低。

例如說，恒生指數的計算公式是：

CI：現時指數

YCI：上日收市指數

P（t）：現時股價

P（t-1）：上日收市股價

IS：已發行股票數量

FAF：流通系數

CF：比重上限系數

它的基準日是 1964 年 7 月 31 日，即是說，當當天，指數是 100 點。由 2015 年 6 月 8 日起，恒生指數最大的成份股是「匯豐控股」（股票編號：5）和「騰訊」（股票編號：700）分別佔了 10%，其次是「中國移動」，佔 7.14%，「友邦保險」則佔 7.56%。所謂的「指數」，只是為了方便計算股市升跌的方法，在股市，大多數的股票均非成份股，在上世紀七十年代，美國股市的「Nifty Fifty」，便是幾十隻藍籌股猛升，但其他股票的股價卻文風不動。在 2013 年，香港的細價股猛炒狂升，但恒生指數只是窄幅上落，都是指數不能完全代表股市的例子。在美國，道瓊斯工業指數只是由 30 隻成份股組成，因此，也有人會使用標準普爾指數，這是 Henry Varnum Poor 在 1860 年發明的，現時一共有 500 隻成份股之多。

3.9 四季和牛熊

照我周顯大師的高見，用「牛熊」來描述股市的長期趨勢，並不很是貼切。

牛熊的說法，有點像西方人說的「周期」，雖然在很大程度上也是正確的描述，但正如牛頓力學，雖然大致上是正確，但這並不是精確的、最佳的描述。馬克思的「螺旋式上升，波浪式前進」就是比「周期」更加美麗的描述方式，正如愛因斯坦的相對論也比牛頓的機械式力學更為精確。

那究竟用甚麼方法，去描述股市的長期上升或下降趨勢，是最好的呢？我的高見是，使用春、夏、秋、冬的四季周期。

四季周期是一個大自然的描述，正如我在前面所說的，「相同的數學，不同的世界」，股市和其他的資產價格市場，以至於整個宇宙的多種事物，都有相同的共相，其中之一，就是周期。其實，從生物的生命，到消費品市場的「產品周期」（即市場學所謂的「Product Life Cycle」），以至於股市的牛熊周期，都可以用四季的春、夏、秋、冬來作描述、春天是發芽、夏天是生長，秋天是收割，冬天就完蛋，這種描述，比「牛熊」更加符合大自然的規律，也更加容易理解。例如說，所謂的「牛熊分界」，或者是牛市和熊市的一、二、三期，用「二十四節氣」的春分、夏至、立秋、冬至、大寒等等，去作形容，將會更加貼切。如果你同一個原始人，或一個小孩子，去解釋甚麼是牛市和熊市，倒不如用「四季論」去同他解釋，他會更加容易去吸收其內涵。

另一方面，在牛市或熊市時，所應該使用的對應策略，其實只要把它們化成了四季，便可以解答得更清楚：我們在春天播種，夏天生長，秋天收割，冬天則吃存糧，正是春耕夏耘秋收冬藏，我們對待股市，也應該使用相同的、對付大自然的策略。換言之，四季的策略是自然的描述，而牛熊的策略則是 arbitrary 的說法，所以我認為，這種「四季論」比「牛熊」是更好的說法，我在後文，說到炒股票的策略時，也會用到「四季」來作說明在不同的市況環境，所使用的不同策略。

不過，雖然「四季論」是更好的描述，可是市場上大部分人的用法，都是用牛市和熊市來作形容，所以，當我在討論這一個課題時，也會繼續使用「牛熊」的說法，以便和市場「對口」和「接軌」。

3.10 成交量和牛熊

據說，史達林曾經講過一句名言：「量是質的一種。」（Quantity has a quality all of its own.）同樣地，成交量和股價兩者之間，也可以作出類似物理學上的質能互換計算，也即是說，成交量上升，可被視為股價上升的一種表現方式，成交量下跌，也可被視為股價下跌的另一種表現方式。因此，我們也可以用成交量來作為衡量牛市和熊市的標準，因為，成交量高，意即更多的資金入市，成交量低，意即更少的資金入市，假設股票供應量不變，前者會造成股價上升，後者

會造成股價下跌。

從理論上來看，用成交量來判斷牛熊，比用股價／指數去計算，更為客觀，也更為準確。從宏觀的角度去看，成交量高，可以養活更多的股票從業員，交易所賺更多的錢，政府也可有更多的稅收。然而，從投資者的角度去看，我們着重的是個人的賺／蝕錢，而不是社會或股票行業的整體利益，因此，才會用股價來作為計算指數、判斷牛熊的方式。

3.11 為何叫「牛熊」？

對於為何把持續上升的趨勢叫作「牛市」，持續下跌的趨勢叫作「熊市」，有多多種說法，人言人殊。《維基百科》的說法是牛會用角向上攻擊，熊會用爪向下攻擊：「The names perhaps correspond to the fact that a bull attacks by lifting its horns upward, while a bear strikes with its claws in a downward motion.」

我的想法則簡單得多，因為牛在炎熱的南方比較多見，熊則主要活在寒冷的北方，因此便有了牛代表現，熊代表冷的比喻。

4. 牛市的定義

當一個市場的大部分股票價格都出現了長時間的上升，回落的時間則比較短，即是大漲小回，便可算是牛市。牛市又稱為「多頭市場」，台灣就是使用「多頭市場」的說法。

4.1 時間說

究竟甚麼是牛市呢？它的基本定義是，一段長時間的上升趨勢，但是，「長時間」和「趨勢」又究竟怎去定義呢？如果它持續上升了一天，當然不能算是牛市，但如果持續上升了一星期、一個月，甚至只是一年，又算不算是牛市呢？

一個市場的上升經歷了幾個不同的階段，即是人們常用的牛市一、二、三期，也即是我喜歡使用的春夏秋冬四季，假如一個牛市有着了這個「一二三」和「春夏兩季」的特性，但卻持續了不到一年，只有七八個月，這又算不算得上是牛市呢？

以香港股市為例子，在 1998 年，因為金融風暴，恒生指數在 8 月 13 日最低跌至 6,545 點，但是後來由於香港政府入市干預，股市反彈，再加上 1999 年至 2000 年間的科網熱潮，恒指在 2000 年的 3 月 28 日漲至歷史新高 18,398 點，整個牛市只維持了一年半，這又算不算得上是牛市呢？

我的習慣是，只要一個牛市的經歷時間超越了一年，也可以算成是一個牛市。正如在前文所言，理論有兩種，一種是學術性的，另一種則是實用性的，我們炒股票時，注重的是實用性，如果從炒股票的角度看，一年的上升趨勢，已經足夠一個股票投資者贏到了在一個正常牛市應該贏到的金錢了，所以我會認為，一年或以上的大體上升，已可以被視為是一個牛市。

4.2 升幅說

然而，如果是一個長期的上升趨勢，究竟要上升多少，才能叫作是一個牛市呢？在技術上，有一種東西，叫作「反彈」，也是股票的持續上升，然而，我們知道，反彈的時間和上升幅度，一定比不上牛市。我們在前文說過，牛市至少的維持時間是一年，那麼，在超過一年的時間，股價整體上升了 10%，或 20%，究竟算是牛市，還是反彈呢？

有的人會認為，一次牛市的定義，是必須要升破上次牛市的高位。如果是純粹從學術上定義來看，這未始不能言之成理，可是，如果從炒股票的角度去看，有些時候有的市場是長期不能突破上次牛市的高位，例如日本的股市，在 1990 年達到了史上最高的 38,712 點，然後泡沫爆破，輾轉下跌至 1999 年的 13,779 點，

隨即發生了科網泡沫，一年之後的 2000 年暴升至 18,937 點，當科網熱潮爆破了之後，2003 年又回落至 8,669 點，跟着的四年卻又急升了一倍，至 2007 年的 17,322 點。

在 2000 年的科網熱潮的那一次，在一年之內，升了 37%，時間不夠長、升幅不夠大，當然可以視之為反彈。但是，從 2003 年至 2007 年的那一次升市，持續了四年，升了一倍，足夠炒股票者贏很多錢了。然而，這一次升市的最高點，距離史上最高、十七年前的 38,712 點，卻連一半也及不上，那麼，這又算不算得上是牛市呢？

或許我們可以乾脆這樣說：如果是必須要升破上次牛市的最高點，才算是另一個牛市，那麼，有一些日本人可能終此一生，也見不到牛市的重現。如果一種市場狀況是可能終生也見不到的，這雖然在學術上是可能存在的，可是在實質的操作上，這顯然是無用的廢話。而「牛熊」之說，很明顯地，不單是學術理論，也是實質的市場操作，如果把牛市定義得如此的嚴謹，那大家都不用炒股了。

4.3 黃金分割

有的人會用黃金分割來做計算，即是 0.618 這個神奇數字。然而，這又衍生出了兩個問題：

1. 假設是從高位下跌的幅度去計算，日本從 38,712 點，用了十三年的時間，跌至 8,669 點，跌了 78%，如果要升破黃金分割點，要那就上升一共 18,566 點，即升至 27,235 點，才算是升破了黃金分割，那麼，2003 年至 2007 年的那一次，既然升不破黃金分割，當然算不上是牛市。雖然在這一次的升市之中，股民可以贏到在一個正常牛市中應該贏到的錢，莫非這也不能算是牛市？

2. 假如從低點升破了 61.8%，便算是一個牛市。那麼，上述的日本這個升市，當然是牛市了。然而，舉一個極端的例子，如果一個股市跌去了 90% 之後，再升回 61.8%，這又算不算得上是牛市呢？具體地說，如果一個股市從 1,000 點，跌了 900 點，只剩下 100 點，再在一年之內，升了 61.8%，即是升到 161.8 點，這遠遠及不上最高的 1,000 點，股民也是傷亡慘重。莫非，這也可以算是一個牛市？

4.4 模糊的定義

有的人會用黃金分割來做計算，即是 0.618 這個神奇數字。然而，這又衍生出了兩個問題：

1. 假設是從高位下跌的幅度去計算，日本從 38,712 點，用了十三年的時間，

跌至 8,669 點，跌了 78%，如果要升破黃金分割點，要那就上升一共 18,566 點，即升至 27,235 點，才算是升破了黃金分割，那麼，2003 年至 2007 年的那一次，既然升不破黃金分割，當然算不上是牛市。雖然在這一次的升市之中，股民可以贏到在一個正常牛市中應該贏到的錢，莫非這也不能算是牛市？

2. 假如從低點升破了 61.8%，便算是一個牛市。那麼，上述的日本這個升市，當然是牛市了。然而，舉一個極端的例子，如果一個股市跌去了 90% 之後，再升回 61.8%，這又算不算得上是牛市呢？具體地說，如果一個股市從 1,000 點，跌了 900 點，只剩下 100 點，再在一年之內，升了 61.8%，即是升到 161.8 點，這遠遠及不上最高的 1,000 點，股民也是傷亡慘重。莫非，這也可以算是一個牛市？

5. 牛市的三期分析

前文說過，牛市和熊市的交替，是自然的現象，這就有如春夏秋冬四季的定時出現，都是理所當然的事。然而，這種說法，是宏觀層次的，如果我們從微觀層次去看，卻可以有着其他的成因，這好比在宏觀層次而言，天氣變冷是因為冬天來了，但是從微觀層次來看，天氣變冷的原因，則可能是有一股冷空氣從北方吹襲到來，在這個情況之下，「冬天來了」和「一股冷空氣從北方吹襲到來」這兩個不同層次的原因，是可以同時並存的。

所以，牛市的出現，從宏觀地看，有如「天要下雨，娘要嫁人」，是誰也沒法子的事。但是，從微觀的角度去看，卻可以有着不同的原因。在下文，我故意忽略「泡沫」的部分，因為有關「泡沫」的分析太過重要了，所以我將會在後面另闢章節作討論。

5.1 牛市第一期

表面上，牛市第一期和熊市反彈難以區別。實質的分別是，熊市反彈後，市場會繼續熊下去，但牛市第一期完結後，會進入牛市第二期。可惜，這明顯的表象必須在過程完結後，才能完全顯露出來，對股民來說，這未免太遲了。

牛仔的出生，緊接熊市三期的死亡。這時，絕大部分買家的購買力都已消磨殆盡，而熊市的結束，通常先有更壞的消息，跌下地再多踩幾腳、沉船更遇打頭風，轟轟烈烈的狂插一輪，然後是無了期的沉寂，經過連續幾年的踩躪後，絕大部分散戶都絕望了。牛仔正是專門在沒人注意的情況下，悄然出生。

大家都記得沙士吧？沙士完結後，小牛出生了。驚魂初定，而且先前插得太深，大部分人仍然以為是熊市的反彈，沒有人敢大舉入市。這正是牛市一期的特色。

牛仔出生後的暴升，幅度可以很驚人，甚至不比牛市三期低多少，但是論參與者、論成交額，都不會太高。畢竟那時是劫後重生，人們手上沒閒錢。大家回憶沙士後的情況，便知一二了。

炒股票有兩個市況，可以「瞓身」投入，也只有這兩個市況之下，才可以瞓身。其一是牛市一期，其二是牛市三期。至於其他市況，都是絕對不宜瞓身的。

以上所言，大部分是廢話。最大的問題是，怎去界定牛市一期？你必須肯定它是牛一而非熊三反彈。但兩者從表面看來，十分相像。幸好，就算你判斷錯了，它是熊市反彈而非小牛出生，只要你能緊貼市場，比其他人早一步入市，始終只賺不賠，只是賺得比較少罷了。事實上，牛一能賺錢的散戶並不少，但多半是基於壞消息入貨，反彈就沽出，不敢持有至牛一完結。

我在 2003 年初，那時沙士還未出現，已判斷新一輪牛市將出現，只是當時

實在太窮，沒錢買貨。剛才不是說過嗎？三期的熊市已把所有人的購買力耗盡了，就算看準市場，也有心無力。

說我看準市場，那是吹牛。其實是我的經紀Jason告訴我的：牛市快要來臨了，準備大幹一場吧。這位經紀的市場觸覺極佳，猜市十有九中，我絕對相信他的判斷。說他英明神武，看出牛市將臨，也是過譽。他的預言有小部分來自觀測，大部分來自消息。那時他發現了許多大型基金正在悄悄入貨，而且正在密鑼緊鼓，準備大展財技。再看時間表，熊在市場已走了好幾年，按照經驗，差不多時候要變天了。

這裏再次說明了消息的重要性。我雖講過一萬次，但要時時提醒大家，千萬別嫌我煩，因為我真的是煩。從熊轉牛的技術分析，包括看時間表、看跌幅（是不是夠低）、看市場氣氛（參與者是不是都絕望退出了）……這些都很主觀，全靠感覺，我想不出有任何明顯的徵兆，可令人早着先機。

至於剛才說的基金偷偷入市，我估計他們看的是未來的資金流向，這牽涉到多國政府的貨幣政策和經濟狀況，變數太多了，不但要求參與者對整個國際金融體系有通透的認識，還要有數據支持，而有些數據是我們散戶得不到或難以得到的。畢竟他們有資源，我們沒有；他們受過長期專業訓練，我們沒受過；他們是全職工作，兼有大批助理幫忙找資料，我們只是個體戶。故此，太宏觀的局勢我們是看不到的，也千萬別假裝懂得。像我那位親愛的經紀一樣，留意大款的一舉一動，留意着市場消息，是最快捷省力兼準確的做法。

5.2 牛市第二期是波幅

牛市的第一期是反彈，第二期則是上落市，這段日子可以很長，也可以很短。它先是鞏固牛市一期的成績，繼而慢慢把市場推上去。這段期間，會有多次的反復，令人以為是熊市的反彈，但一次又一次的一浪高於一浪，會有愈來愈多人承認它是牛市。

這段期間，炒的是波幅。

你要把握每一個高峰和低潮，這可從成交額和股價猜出來。因為波幅有許多次，你只要參考上一次的高低位，便能大約掌握這一次的高低位了。

牛市二期的特色，是回落時也回得兇殘，令有些淡友以為仍在熊市，或者是牛市已過。牛市二期也有升得兇狠的時光，往往令人誤判是三期，這些人更會誤判後來的調整為熊市一期。無論牛二怎樣升，一定會有調整的一天，這就是入貨的良機。2003年以後的大牛市，每一次跌市都有人認為反彈完結或牛市已死，相信大家是記憶猶新的。

必須記着的是：無論怎樣調整，一浪高於一浪的本質是不變的，雖然，有時

候波幅太大，實在很難看出它是否一浪高於一浪。

5.3 牛市第三期是真正高潮

終於等到一天，高潮來了，那便是牛市的第三期。當每個人都確定它是牛市了，沒人再相信熊市論，所有的熊都給殺個乾乾淨淨時，便是牛市第三期的開始。這相等於花開得最燦爛的一刻。

牛市三期會把股價推到不可思議的地步，讓人忘記了它們的原來價格，如果股價還是合理的，它會再上，如果股價不大合理，它還會再上，到了最後，大家都會覺得不合理是正常的，變成了很合理，這時候，連最頑固的人都不得不承認這是牛市了。這段光輝日子大概會持續半年，直至每個人都習慣了這種升幅，就在這個人人歡樂的大派對時分，熊悄悄的來敲門了。

換言之，這時期的特色，是「炒到你唔信」，1997 年是最明顯的例子。如果配合概念，更會有瘋狂的升幅，例如 1997 年的紅籌國企和 1999 年的科網熱，還有 2007 年的資源概念。至於 2004 年的濠賭股，雖有概念而不在牛市三期，非但持續時間較短，涉及公司數目及成交額也較少，殺傷力低得多了。

在牛市三期，信奉「價值投資法」的分析員會覺得股票太貴，無法入市。但是，股市還是愈升愈有，升到不合情理的地步，才會爆破。值得注意的是，牛市三期往往跟股市的泡沫連在一起，這兩者也往往是不可分的。但有關股市的泡沫，由於這個課題太過重要了，我會另闢一章，去作講解。

通常，牛市三期的機會窗口，大約是以半年為中心點，可以短至兩個月，也可以長至一年，視乎你如何定義，但是它的終極一炒最高潮期，則只有更短。如果以恆生指數一口氣直上來作牛市三期的最高潮位，

1. 1997 年的牛市三期的最後高潮始於 4 月 3 日的 12,036 點，終於 8 月 7 日的 16,820 點，一共是 4 個月又 4 天。

2. 科網熱則由 1999 年 10 月 20 日的 12,262 點，升至 2000 年的 3 月 28 日的 18,397 點，一共維持了 5 個月又 8 日，算是時間最長的一次。

3. 2007 年的牛市三期始於 8 月 17 日的 20,761 點，終於 11 月 1 日的 31,897 點，真正的高潮只有 2 個月又 16 日。

4. 牛市三期也有很短的，例如 2015 年的牛市三期，以 3 月 18 日的 23,938 點起步，到了 5 月 26 日的 28,524 點，已告終結。「大時代」暴升只維持了 2 個月又 8 日。

注意：以上的最後一段高潮，並不代表牛市三期的維持時間是這麼短，只是在三期的最後一次也是最輝煌的一次上升的維持時間而已。正如前言，牛市三期並沒有嚴格的定義。更值得注意的是，通常是牛市到了三期的高潮，也即是只有

一個月或幾個月不到的最後上升時間，才會被市場確認為牛市三期。

5.4 牛市三期的成因：生意淡薄，不如賭博

著名分析員張化橋說過：「中國內地股市，一直有個謎：從 2000 年到 2005 年，宏觀經濟很不錯，貨幣供應量也年復一年地以 20% 左右的速度增長，政府又不斷支持資本市場的發展（通過發表很多《人民日報》社論，以及減少印花稅，減緩新公司的上市和老公司的股票增發等等），可是股市就是不聽話，一直跌了五年。我聽過很多關於這個謎的分析和解釋，但我覺得都很牽強。」

他所說的現象，恰好是解釋牛市三期的關鍵。

當時，貨幣雖然增加了，但是，經濟的狀況更是紅火。企業家有了資金，把這些資金投資在實質經濟之上，其回報遠比投資在股市上更高。因此，他們寧願拿錢用來做生意，而沒有買股票，也就難怪股市疲不能興，而經濟卻一直保持高增長了。

到了 2007 年，經過了五年的高增長期後，政府發行了更多的貨幣，企業家賺了很多錢，手頭有了大量現金，但這時，做生意的高增長期也過去了，主要是由於生意大大的賺錢之後，經營成本也為之大漲，租金、貨源、薪水，而官員吃了好幾年，胃口大了，在八十年代，幾條煙便可以辦得到的事，在今日，可能要一幅數千萬元的張曉剛畫作才能成事。

一來做生意是愈來愈困難，二來人賺了錢，除了做生意之外，也想買點兒資產，既可保值，又可增值。在這情況底下，企業家把資金投進股市之中，也是理所當然的事了。

但記着，在這種情況之下，企業的增長只是放緩了，而不是沒有增長，這即是說，經濟出現了疲態，但仍然沒有衰退的跡象。而由於會計只是計算過去的事情，而當會計報告發表出來時，已是滯後了實質經濟半年至兩年，因此，在統計上，我們也不能知道現在的經濟出現了疲態。

當企業的收入增加了，會大幅增加人工，員工也會從此得益。他們的錢多了，首先就是改善自己的生活質素，衣食住行，多加消費，這有利於實質經濟，令到貨幣回流到企業家的手上，因此企業的生意也就愈做愈大了。這是一個良性循環。一個打工仔，當他開始賺到多一點的薪水時，消費之餘，便是儲蓄起來，留來應急，並不會想到投資。如果每年薪金都以雙位數字增加，還是努力工作，最為前程似錦。但是，當一個人的收入增長持續了一段時間，手頭有了積蓄，到了後來，收入增長也放緩了，他對投資品的興趣才會大增。

以上是企圖解釋，當一地的經濟發展了一段時候，到進入放緩期時，股市，或是整個資產市場，才會進入大升市。

從另一方面看，當大升市形成的時候，並非企業盈利最高的時候，也並非打工仔的收入增速最快的時候，反而是開始出現危機時。更有甚者，當企業家把資金投進了資本市場時，代表了投進本業的錢也就比較少了，這對於企業的盈利的發展，是有害的。

至於說到當資產市場的價格持續上升，所引發起的羊群效應，以及到了牛市第三期時，市民「恐慌性買入」資產等等，不問價錢，甚至是虧蝕少許，也不介意，因為在面臨模糊的前景，投資的主要目的是為了保住老本，至於賺錢不賺錢，升值不升值，倒是其次了。

從以上的分析，可以得出結論：牛市第三期的出現，以及其快速崩潰，是因為股市最暢旺時，恰好就是企業盈利無以為繼時，既然企業盈利難以繼續，牛市的第三期只是暫時的虛火，因此很快便會消失。

上文可以用一句八字中文諺語去說明：「生意淡薄，不如賭博」。這就是牛市三期的精要，因為如果人人不做生意而賭博，將會愈賭愈縮，同樣道理，因為經濟不前而投身股市，牛市也就難以為繼，牛轉熊也就是必然的結果了。

5.5 香港的超級大牛市

有趣的是，以十多二十年的較長周期來看，香港歷史上出現過兩次「超級大牛市」：

第一次從 1968 年開始，高潮在 1973 年。

第二次由 1984 年開始，高潮在 1997 年。

1980 年牛市的高位，以接近 1973 年的高位下場，2000 年科網熱的高位，也跟 1997 的高位極之接近。從技術上來看，兩次都是「雙頂」，第一次雙頂是恆指在 1973 年的 1,774 點和在 1981 年的 1,810 點，第二次的雙頂是在 1997 年的 16,820 點和 2000 年的 18,398 點，餘此類推，2003 年開始的牛市，（按：本段最初寫於 2006 年 12 月）是第三次的「試頂」，非但必破，而且還是大大的破，可能在三萬點才「埋單」。看圖的推論是如此，想想也覺吃驚。

（2009 年後記：結果港股在 2007 年的歷史新高位是 31,958 點，我不得不佩服自己的先見之明。2008 年我在網上電台戲言，因為第一次和第二次的高峰分別在 1,700 點和 18,000 點，升幅是十倍，第三次的高峰應在十七萬點，也應該升十倍才對。這當然是說笑之言，但居然有不少人當真。）

5.6 春夏秋冬四季

如果用我的「四季分類法」去作出區分，牛市就是春天和夏天，牛市一期就

是「乍暖還寒」的初春,而牛市二期相等於中文所言的「暮春三月」(農曆三月),以至於初夏,牛市三期就是熱死人的盛夏,熱到令人難以置信。有趣的是,一年之間日照時間最長的是6月21日至6月22日之間,即是二十四節氣中的「夏至」,但是最熱的日子卻是在7月22日至24日左右,即是二十四節氣中的「大暑」。這是因為從太陽的熱力轉化為地面的熱力,需要一段時間去作出轉變,這正如白天最熱的時間,不是正午十二時,而是下午一時至二時之間,晚上最冷的時間,不是凌晨十二時,而是日出之前。

換言之,在最熱時,日照的日子反而已經愈來愈短了,在這時,其實秋天已經悄悄來臨了,只是不為人知罷了。

同樣地,股市在已經到達高點之後,但購買力還在持續地去購進,這個過程將會持續一段時間,這就是牛市第三期了。在牛市三期的日子,熊市也是靜悄悄的埋伏在一旁,等候着現身了,只是人們還不察覺而已。

5.7 牛市的成交量

正如在前文所言,股價和成交量是一體兩用,量是價格的另一種表現方式,所以,牛市中的價格和成交量走勢,也有不同,這好比前述的「夏至」和「大暑」,是在不同的日子。

一般來說,在牛市一期,股價上升,但成交量並未回升,換言之,這是沒有成交量的乾升。這原因是,當熊市三期過後,所有的待沽股票已經全部沽清光,因此市場已沒有了沽家,只有有小量買家出現,已經足以令到股價上升。這就是牛市一期的「價升量不升」的原因。

在牛市二期,成交量開始上升,股價則波幅增強,但呈一浪高於一浪的宏觀走勢。到了牛市三期,則無論是成交量,抑或是股市價格,均告瘋狂式上升,這也是牛市崩潰、轉型成為熊市的先兆。

6. 泡沫的定義

首先我們必須明白基本的重點：本書的主題是「股票」，但是牛市和熊市並不單是存在於股市，而是存在於所有的資產市場，包括了房地產、商品期貨等等，都有着牛市和熊市的存在，這正如泡沫，也存在於所有資產之中，而不只是存在於股票市場。

「泡沫」是由英文「bubble」翻譯而成的。但按照我有限的英文程度，卻知道「泡沫」的英文是「foam」，而不是「bubble」。「bubble」和「foam」的分別是，前者是可以爆破的，而且是脹大到了一定的程度，是肯定會爆破的，所以才會被稱為「bubble economy」。但是，「foam」卻是不會爆破，也不會突然消失的，只會慢慢的消去。

如果照以上的分析，「bubble」是對的，但把它譯成「泡沫」，那就錯了，它應該是「泡泡」才對。不過，為了約定俗成，和廣大的中國普遍用法掛鈎，我只能夠繼續使用錯誤的「泡沫」作翻譯。我把「泡沫」定義為「某一資產的價格上升到極不合理的地步」。要知道，資產價格有升有跌，不會長期在某一價格不動。可是，資產價格的升跌雖然是正常的，但只是在合理的波幅範圍，但是，如果是不合理的波幅，升到了令人難以置信的地步，這就是泡沫了。因此，價格上升不是泡沫，不合理地上升，才是泡沫。

美國道瓊斯指數在 1955 年 1 月 3 日的收市價是 408.89 點，在 1968 年 12 月 31 日的收市價則是 943.75 點，十三年內，一共升了 131%。然而，在這段期間，美國的經濟增長正值黃金年代，GDP 的平均增長率是 4%，換言之，在這十三年來，它的實質經濟增長率也有 66.5%，再加上 26.28% 的通貨膨脹率，已經相等於 110% 的升幅。因此，雖然在這些年間，美股是有着倍數的升幅，但因為有着實質的經濟支持，所以它並沒有泡沫。

另一個例子是前述的津巴布韋，雖然在一年之間，其股市有着 390 倍的升幅，但是由於它的通脹率是 371 倍，所以它的股市也是沒有泡沫。這就像我常常說，在 2009 年之後，至 2013 年，香港的樓價雖然是急升了一倍，但卻並沒有泡沫，只是供應不足、供求失衡，因而導致樓價急升，但這並不是泡沫，因為在供應不足的大前提下，它的價格上升是必然的。

如果因為供應不足，或者是需求大增而引起的升市，是可以長升長有的，例如說，香港的人口從 1945 年的五十萬人，急升至 1960 年的三百萬人，再加上經濟增長，以及人們改善居住環境的生活質素要求，因而對於住宅產生了極大量的剛性需求，因此而引起的樓價急升，並非泡沫，而是因需求產生的價格上升。

所謂的「泡沫」，是短時間發起的突然大量需求，因而引起了價格的急升。但這需求來得快，去得也快，很快便又消失了，至少是消失了大半，所以又會突然導致價格的快速急跌，這就是「泡沫」了。換言之，泡沫是有着「來得快，去

得也快」的特徵。

此外，泡沫在很多時，也是局部性的：只是某類型的資產價格上升，其他的資產價格則可以不受影響，例如說，下文會講的鬱金香泡沫，炒的就只是鬱金香，而在 1999 年至 2000 年的科網泡沫，其他板塊的股票並沒有上升，主要只是炒科網股的概念而已。

7. 歷史上的泡沫（從古到今的四大泡沫）

為了令到大家更加容易明白「泡沫」的原理，我在下文所舉的説明其中一些例子，一部分並非來自股市，但卻是西方歷史上最有名的泡沫事件，原因是，我認為這些例子更加容易去令大家理解「泡沫」的基本原理。

在本節的最後一個例子，我採用了在 1999 年至 2000 年的互聯網泡沫，由於這個泡沫，是我躬逢其盛，還是我初進股市，賺取了炒股的第一筆「種子本金」的時間，所以印象也是格外深刻。我認為，由於這是一個世界性的泡沫，而且距今未久，所以也是最有代表性的例子。當然了，在人類的泡沫史中，值得引述，以作為股市理論説明的例子實在太多，不勝枚舉，但我卻沒有這個精力去一一的舉例下去了。換言之，有很多值得提出的例子，卻是遭我忽略了的。

7.1 荷蘭的鬱金香泡沫

在 17 世紀時，發生了荷蘭的鬱金香泡沫，這並非是史上最大的泡沫，影響力也僅限於荷蘭一地，然而，由於這是歷史記載的第一宗泡沫事件，在 1841 年已經由蘇格蘭記者 Charles Mackay 寫了一本叫《Extraordinary Popular Delusions and the Madness of Crowds》的其中一章提及了這個故事，所以也最受到後世的注意，常常引以為説明例子。

Ogier Ghiselin de Busbecq（1522-1592）是神聖羅馬帝國駐鄂斯曼帝國的大使（鄂斯曼帝國，又稱「奧斯曼」，現為伊斯坦堡），也是一位植物學家，他把在鄂斯曼帝國時的見聞經歷寫成了《The Turkish Letters》（Turcica epistolae），在 1554 年出版，其中提及了鬱金香。因此，一般相信，在 1554 年，鬱金香便已經傳入了歐洲，來源地是土耳其，即鄂斯曼帝國的所在。事實上，鬱金香的英文名「tulip」，便來自土耳其文的「turban」（tülbend），即頭巾的意思，因為它的形狀，的確有點像當地人的頭巾。

在土耳其文和阿拉伯文，鬱金香的讀法是「lale」，和真神「阿拉」（Allah）的讀法一樣，所以它在土耳其是聖花，也是國花，亦是當時鄂斯曼家族的標記。根據記載，在西元 10 世紀時，人們已經開始在波斯人工種植鬱金香，第一株在歐洲種植的鬱金香，是在 1573 年，在維也納。至於記載中在荷蘭種植的第一株鬱金香，則是在 1594 年。

大家可以看出，我在研究時，總會把旁枝末節的故事也發掘出來，一來是為了趣味性，二來這些旁枝末節，往往告訴我們一些很有價值的資訊。這正如我們研究股票，很多時也會旁及一些表面上不相涉的資料，但往往也很有價值。我記得，在 1997 年時，有一個老闆，擁有兩間上市公司，因為「喜愛夜蒲」，習慣上是睡過了中午才起床，故有「三點不露」的外號，以喻他是過了下午三時之後，

才會現身。因此，他的股票也往往是過了下午三時之後，才會去炒。正是「魔鬼出於細節」，很多時候，決定股價的因素，很可能反而是一些很小的細節，尤其是，一些成事不足，敗事卻有餘的細節。

在 16 世紀晚期，鬱金香初傳入歐洲時，由於非常罕有，已經是昂貴的事物了，一些特殊的品種，更加是愈炒愈貴。如果我們從 16 世紀晚期開始計算，在半個世紀之後，鬱金香便成為了狂熱，在整個歐洲，皆是如此，只不過在荷蘭尤其瘋狂罷了。

Mackay 的記載甚為誇張，例如説，在 1635 年的荷蘭，40 株鬱金香球莖可以賣到 100,000 枚 florins，即「佛羅倫斯金幣」，一枚重 3.5 克，是當時的國際流行貨幣。相比之下，當時一個技術工人的年薪，也不過是 150 枚 florins 而已。

然而，今日的學者經過了嚴謹的深入研究，卻懷疑 Mackay 的説法的真實性。畢竟，在一百多年前的西方，新聞記者和學術研究的嚴謹程度，遠遠比不上今天，亂吹亂作、以訛傳訛的情況，反而是慣例，尤其是，為了書籍的銷路而故作聳人聽聞的故事。

根據近人的研究，這些鬱金香球莖之所以能夠炒至天價，很可能是商人互相哄抬的結果，而這種互相哄抬的價格，是不用真實交收的虛假交易，而只是簽訂了買賣合同的「期貨」，只看有哪個外行人會走進來，當傻蛋買下了這株天價球莖。如果從這角度看，這好比是炒股票的「虛假交易」，莊家們互相抬高股價，以吸引散戶入場購買。然而，儘管是誇大了，「鬱金香狂熱」的確是一個歷史事實。鬱金香的牛市大約是在 1630 年開始，維持了七年左右，在 1636 年 10 月開始進入瘋狂的泡沫，4 個月後的 1637 年 2 月初，便崩盤了。

剛才説過了，鬱金香的天價交易，大部分是虛假交易，結果在 2 月 24 日，花商聚在一起開會，決定要在當年的年底之前，所有的鬱金香期貨合約必須交易完成，但買家可以少付一成，即是九折優惠。但這當然沒有用，因為鬱金香的跌價已遠超出了一成。結果在 4 月 27 日，荷蘭政府出手，終止了所有的合同。但由於抗議實在太過劇烈，所以在一年之後，荷蘭政府又再宣布，買家要支付合同貨款的 3.5%，才可以終止合同。總之，這樣下來，早已付清了貨款的人們，就變成了笨蛋。由此可見，泡沫爆破的結果，往往就是政府出手，收拾殘局，從古到今，皆是如此。

7.2 密西西比泡沫

鬱金香狂熱之後的八十年，發生了「密西西比泡沫」。要説「密西西比泡沫」，得説出一個很長很長的故事，但由於這個故事我準備留給《貨幣密碼》的第二集去作述説，所以在這裏只能簡略地描述。

密西西比河是北美洲的一條大河，歐洲人當中，是西班牙人先到該地，但後來被法國人反佔了，在那裏搞屯墾。法國人把這個地區稱為「Louisiana」，就是為了記念路易十四。在當時法國人的傳說中，密西西比地區充滿了天然資源，而且還是金銀遍地，隨處可掘。法國政府把開發這地區的二十五年專營權批給了它的中央銀行（Banque Royale）行長勞約翰（John Law），也就是「密西西比公司」，後來因為這公司更獲得了政府在東方貿易的專營權，改名叫「印度公司」。

勞約翰的偉大計劃在 1719 年開始，發行了 5 萬股密西西比公司的股票，每股售價是 500 livres（印度公司發行了 5 萬股股票，每股面值 1000 里弗爾），也即是法郎。要點是，這些股票是以中央銀行所發行的紙幣去支付，而紙幣在當時，是新的事物，是新的金融產品。

由於勞約翰保證了股票將會派發高息，這股票一上市，即引起了市場狂熱的搶購，股價急升。勞約翰做戲做全套，還找了大批流浪漢，攜帶着掘礦的工具，在巴黎港口等候到美洲的船，表面上是赴美掘金，但實際上，船是開到了法國的其他地方。但當巴黎市民見到了這個局面，把股票搶購得更瘋狂了。

到了三個月之後，在 1719 年底，密西西比公司的股價已經升至 15,000 法郎，一共升了三十倍。

但在這段期間，勞約翰仍然不斷的濫發新股，去吸取市場的更多資金。結果，股價到了 1720 年 3 月，已經跌至 9,000 法郎。到 9 月，跌至 2,000 法郎，到了 1 年後的 1721 年 9 月，跌回原價 500 法郎，泡沫正式爆破。

法國政府幾乎因此而破產，經濟元氣大傷，一直不能復元，有人甚至認為，法國大革命之爆發，正是因此而起。勞約翰逃亡，回到了倫敦，最後到了威尼斯，貧病交迫而死。

7.3 南海泡沫

南海公司（South Sea Company）是擁有英國在美洲貿易專營權的專利公司，它買下了大量英國政府的債券，而英國政府則發給它專營權，作為回報，而當時的人都知道，美洲有着豐富的天然資源，是商機無限的地方。

當時，英國政府也欠下了巨債，很多人民擁有政府發行的債券，令到政府要支付 7% 至 9% 的高息，負擔十分沉重。

在 1720 年，南海公司和政府達成了一項協議：政府允許人民拿政府債券來換南海公司的股票，而南海公司拿到了這些政府債券之後，則只向政府收取 4% 至 5% 的低息，這樣子，政府便可以減輕支付利息的財政負擔了。同時，南海公司為了促銷股票，也提出了新的財技：容許股民分期付款買股票。

就是這樣的財技結構，令到股民陷於瘋狂，在 1720 年初，股價只是 129 鎊，

到了 7 月，股價更加已經升破了 1,000 鎊的高位，其公司董事不停的「出貨」，把手頭的股票以高價沽出，不在話下。

在這段期間，不停有股份制公司，向市場公開發售股票，很多還是未有真正業務的概念股，例如保險公司，以圖混水摸魚，分一杯羹。英國國會有鑑於此，在 6 月通過了《泡沫法案》（Bubble Act），禁止其他公司在市場上集資。注意：這是「泡沫」一字在正式的法律文件中首次出現。

然而，在《泡沫法案》推出了沒多久，南海泡沫也完蛋了，到了 9 月，股價跌回 190 鎊。不過，雖然南海泡沫令到不少英國人民輸了很多錢，但這並沒有影響到英國的經濟。而南海公司在泡沫爆破了之後，也繼續存在，最重要的是，英國政府藉着這次的以股換債，也成功地減低了政府在國債方面應付出的利息。換言之，泡沫是爆破了，但英國政府也達到了目的，只是 at the expense of 英國人民的輸錢而已。

7.4 英國的鐵路股泡沫

鐵路是蒸汽機後發明的副產品，在 1825 年 9 月 27 日，世界上的第一條鐵路，英國的 Stockton and Darlington Railway 開通了，最高時速是 15 英里。但真正在商業上大成功，並且引發狂熱的，還是在 1930 年 9 月 15 日開通的 Liverpool and Manchester Railway，連了 2 個大城市。市場認為這是革命性的運輸方式，但是製造成本昂貴，每英哩的成本是三萬六千美元，是當時中產階級的年收入的三十倍以上。因此，要大量建造的惟一方法，就是在市場融資。

於是，大量的鐵路公司成立，大量的鐵路股上市，根據數學家 Andrew Michael Odlyzko 在 2010 年 的 論 文《Collective hallucinations and inefficient markets: The British Railway Mania of the 1840s》的計算，1830 年的鐵路股指數是不到 60 點，1846 則升破了 160 點。請注意：在當時，英國採用金本位制，並沒有今日採用 Fiat Money 的通貨膨脹率，也沒有今日的完善金融制度和膨脹信貸，因此，股市的上升比今日困難得多。

順帶一提，在英國前殖民地美國，也受到感染，有了鐵路狂熱。1835 年，美國只有 3 隻鐵路股，1840 年有 10 隻，1850 年則急增至 38 隻。

然而，因為鐵路股太多，而且只需要一成保證金，便可以炒賣九倍孖展，即是 1 元成本，可以買 10 元股票，不可避免地形成了泡沫，因此，英倫銀行決定加息，把利率提高一倍，到達 7%，鐵路泡沫崩潰，到了 1850 年，又跌回了 60 點的起步價。

不過，鐵路股泡沫雖然爆破了，也大約有三分之一的鐵路計劃是爛尾收場，但是到了 1850 年，英國的總鐵路長度已經達到了六千英哩。至於美國，則更達

到一萬英哩，在 1854 年，美國更已達到了三萬英哩。

7.5 從倫敦炒到中國的橡膠股

因為德國人 Karl Benz(1844-1929) 在 1886 年發明了汽車，而汽車需要用橡膠來製造輪子，因此，市場興起了橡膠熱。在英國，大量橡膠股在倫敦交易所上市，由於馬來西亞是大英帝國的殖民地，也吸引了大量南洋華商買其股票，口號是「買橡膠股就是買明天」，而且，銀行還接受橡膠股的抵押，其價格更是炒到飛天。

英國人開始把目標移向上海，1903 年，英國人成立了蘭格志拓殖公司，這名字是橡膠的產地，開始招股，初時反應不佳。但 1909 年起，橡膠價格起飛，蘭格志的股價由 60 兩炒至 1,675 兩，其他的橡膠股也是大炒特炒。請注意，當時已經有了電報，可以用電報直通英國的消息，不過大家當然也不知橡膠的來龍去脈，只是亂炒一通而已。

到了 1910 年初，在上海售出的股票總值，已有 2,600 萬至 3,000 萬兩，還有直接投在英國的 1,400 萬兩。夏天時，倫敦股市崩盤，中國的橡膠股也隨之大瀉，最高升到 1,675 兩一股的蘭格志，不到一個月，便跌至 105 兩。

那時上海有八大錢莊，其中的正元、兆康、謙餘三家，接受股票抵押，其餘五家森元、元豐、會大、協豐、晋大因借給前三家頭寸，也牽連在內，連號稱「錢莊中的錢莊」的兩大票號，買辦背景的源豐潤和官方背景的義善源，也被波及了。7 月 21 日，正元和謙餘兩大錢莊破產，三天後，其餘六間無一倖免，不久，連源豐潤也倒閉了，義善源幸得有政府支持，才得以倖免。

這故事有兩個重點：第一，當時還未有證券交易所，股票是經私人買賣。第二，泡沫爆破後，政府和金融界元氣大傷，也令到浙江商人不信任中央政府，有人認為，這是令到一年後滿清政府覆敗的原因，皆因商人不在支持政府。

7.6 互聯網泡沫

在 1969 年，美國軍方把國防部和加州大學的兩台電腦，以及史丹福大學和猶他州大學各一台電腦連結起來，是為互聯網的前身。然後互聯網逐漸發展，在1991 年，World Wide Web 協議成立了，互聯網進入了高速發展的時代。

1995 年，瀏覽器 Netscape 上市，1996 年，搜索器兼入門網站雅虎上市，這兩隻股票，在上市後，股價不斷猛升，開始了互聯網的大牛市。然而，如果按照我的定義，由於互聯網在實質上是在高速發展中，所以在那個時候，我並不視之為股市的泡沫。

　　然而，當互聯網經濟發展到了一段時間，泡沫開始快速地形成了。它是在 1999 年開始瘋癲起來的，代表科技股的納斯達克指數，在 1999 年 1 月 4 日的收市價是 2,208 點，到了該年底，已經急升到了 4,041 點，升了接近一倍，到了 2000 年 3 月 10 日，更加是升到了 5,048 點收市，當日還曾經升到了 5,123 點，比起一年多前，升了一倍有多。

　　這個互聯網泡沫，非但在美國發生，也廣傳到了全世界的其他股市，例如說，在香港、日本、歐洲，無不受到互聯網熱潮的影響，有關這方面的版塊股票均是以數倍、十倍，甚至是百倍的幅度大升。

　　在 2000 年 3 月 2 日，UBS Asset Management 炒掉了其英國的 chief investment officer，原因是他堅決不肯炒科網股，令到其績效太低，很多客戶跑了。科網股幾乎是他離開後馬上爆破。然而，由於科網股有着實質的業績支持，雖然泡沫是爆破了，股價急跌了下去，但是經過了一段時間休養生息，也還是可以慢慢回復元氣。因為，互聯網畢竟是有實質業務，有的互聯網公司甚至升破了其在 2000 年時的高價，例如說，amazon.com 在 1997 年上市，股價是 18 美元，經過了三次拆細，相等於 1.5 美元，2000 年最高是 107 美元，2017 年的股價則是一千美元左右，比起科網股的最高峰時，也升了接近十倍。

8. 泡沫的特徵

綜觀前述的四個老掉了牙的泡沫故事，再加上一個十多年前才發生的「新事」，我們可以得出一些最重要的的共通點，也即是它們的特徵。

8.1 泡沫所需要的醞釀時間

我有一位莊家朋友，根據實戰經驗，說出過一番至理名言：

大家都以為，要把一隻股票的股價炒高，把它的貨源歸邊，並不是最好的方法。貨源歸邊雖然很容易把股價向上炒，但由於沒有參與者，反而較難把股價打高。所以，高手所使用的方法，是把小部分的股票沽出市面，讓散戶可以炒賣，在這股票上賺點錢，這些散戶自然會繼續炒賣，也愈來愈留意這股票的一動一靜，還會把炒這股票賺錢的故事廣傳開去，這更可以吸引到更多人進入市場。

所以，泡沫的形成，是需要一定的醞釀時間。如果社會上大部分的人對互聯網都是一無所知，縱使它的市場潛力再高，也是炒不起來的。但是，正是在互聯網發展了好一段時間，市面上有了一些專家，可以在媒體作出廣泛的評論，也有一些投資者，正在一知半解地迅速學習中，而先進入市場作出炒賣的人，亦在大賺其錢，種種原因累積之下，泡沫才快速地形成。

我相信，在幾百年前的荷蘭，必定也有很多一知半解的「鬱金香專家」，才可以把鬱金香的價格炒到飛天。無知的股民不會輸錢，一知半解的股民才會輸錢，這正如廣東俗語的所云：半桶水才會響。反之，如果人人均是精通該項產品的細節和「錢」途，那就不會有泡沫可言了。

我記得當年有一位賭馬很叻的專家說過，因為馬迷輸得太慘，因此投注也減少了，令到他的收入也減少了。因此，他決定加入講馬行列，提升馬迷的水平，吸引馬迷重回投注，這反而會令到他的收入增加。這個故事，實在是很好的寫照。

8.2 泡沫的爆破時間

泡沫的醞釀期可能要很長的時間，也可能只要很短的醞釀期，可是一旦爆發起來，只能夠維持幾個月，便會迅速爆破：

鬱金香狂熱的牛市持續了 7 年，但真正的泡沫時間，只是半年左右，便爆破了。密西西比泡沫也是在 1719 年底開始的，也是維持了半年左右，1720 年 3 月開始爆破，南海泡沫是在 1720 年初開始，7 月開始爆破。晚清中國的橡膠泡沫在 1909 年開始，1910 年 7 月已爆破了。

當我在教授股票課程時，喜歡用 Fibonacci numbers 去解釋泡沫的生長速度。Leonardo Pisano Bigollo（約 1170-1240）是意大利比薩的數學家，對，就是比薩斜塔所在的那個比薩。他的父親叫「Bonacci」，「Fibonacci」即是「Bonacci 的

兒子」的意思。這位 Fibonacci 創造出一系列的序數，可以計算繁殖的速度：1，1，2，3，5，8，13，21，34，55，89，144，233，337，610，987，1,597，2,584，4,181，6,765，10,946，17,711，28,657，46,368，75,025，121,393，196,418，317,811，514,229……叫做「Fibonacci numbers」。

這一堆數字，數學上的計算公式是：$F0=0$，$F1=1$，$Fn=Fn-1+Fn-2$（$n>=2$，nN*），簡單點說，就是後一個數字是之前的兩個數字的相加。為甚麼會有這個計算的出現呢？假設有一對夫婦，或者是一公一母兩隻兔子，又或者是一雌一雄兩隻牛或羊，要想繁殖，其數量增加的速度，究竟是多快呢？這個數字不是單純翻倍就可以計算，因為父親生下了子女之後，子女再生孫兒，但是，在這時，祖父母和父親，以及兒子、孫兒，同時可以繼續生產，所以，人們就需要用這個方法，去計算生長的速度。

順帶一提，當這系列數字的數值增加時，它的最後兩個數字將會愈來愈接近「黃金比例」，即：1 比 1.618，或 1.618 比 1。

這個 Fibonacci numbers，就是生長的計算方式，我認為，金融泡沫的爆破，也是根據這個基本的原理。

這些金融泡沫，好比傳銷騙局：人傳人的傳銷產品，其傳播速度也得依照 Fibonacci numbers 的計算方式，可是，當整個地區的所有人都被傳銷完畢時，這個傳銷騙局便只有爆破了，因為再不可能有新人加入，去付錢支持傳銷騙局繼續脹大下去。金融泡沫的情況，也是一樣：當沒有新人加入時，泡沫便只能爆破了。

假設參加泡沫遊戲，人數翻倍的時間，是三個月，那麼，它的爆破時間，需要多久呢？答案是：如果在三個月前，只有 20% 的人口參與泡沫，三個月後變成了 40%，六個月後是 80%，九個月就是 160% 的人口了，這還得假設沒有洞悉先機者，先把股票拋掉，逃生去了。

從以上的計算，我們會發現，泡沫發生時，它的增長速度可能很慢，可是一旦傳播起來，它的脹大速度將會以幾何級數推上去，很快便可以吸引到全民參與，到了這時，市場上已不可能有新的資金流入，讓這場泡沫繼續下去，所以，它只有一個結局，就是爆破，血流成河，全民皆輸，只有很幸運和很聰明的投資者，才能全身而退。

8.3 泡沫的創新和信念

我們可以看到，泡沫很多時源自一個信念，而這個信念，是創新的，以前並沒有出現過，例如說，稀有的鬱金香，又或者是，到美洲去發大財的公司股票，以及新發明的鐵路、用來製造汽車輪子的橡膠，互聯網等等，也即是，奧地利經濟學家熊彼得所說的「技術創新」。

為甚麼這些新的技術會引致泡沫呢？

第一個解釋，是這些創新物品的市場需求，確實是在飛快地發展，互聯網不用說了，它的確是影響了整個社會，也的確是改變了整個世界，當年荷蘭的鬱金香，也是愈來愈流行，家家戶戶都在搶購，延至今天，它仍然是荷蘭的國花。

第二個解釋，是由於它實在太新了，市場上大部分的人都不能夠有這個專業能力，去計算出它的真正價值，但是其價格又在亂炒一通，這令到市場參與者只能夠盲目地加入這場瘋狂的「接火棒」遊戲。這正如我在前面所說的：只有市場參與者的普遍無知，才會造成泡沫。

然而，大家必須注意的是，「創新」只是一個泡沫常見的現象，但卻並非必要條件，在很多時，根本不需要創新科技，也能夠做到泡沫，例如說，在2007年香港的「資源概念」，便是一個例子：資源何來創新呢？但是，當時香港人對資源開採的運作過程，卻是一知半解，只看到蘊藏量有多少，完全忽略了開採成本的重要性，便興興頭頭的去投資了。換言之，「創新」不是必要條件，但「一知半解」卻是必要條件，只要能夠說得出一個「概念」來，並且贏到人們的廣泛「信念」，這便構成了泡沫的形成條件。

8.4 泡沫的傳染性

很明顯，南海泡沫的出現，是因為英國政府看到了法國的成功，因而另外複製了一個相類似的金融騙局，去騙英國人的錢。晚清中國的橡膠泡沫，是從倫敦傳來中國的。互聯網的泡沫，是從美國傳播到了全世界，由此可以見得，一個概念的泡沫是可以透過空氣，傳播到其他地方去。

就炒股票而言，這一點是極其重要的，然而，有關實戰股票的部分，將留在後面去作出專門的述說，在這裏，我只集中說明股票的基本概念。這正如在我的股票課程當中，我是留在最後一課時，才去講解炒股票的實戰策略，有同學問我理由何在，我的回答是：「我怕先把最重要的炒股實戰策略講完了，你們全都跑光，不去上下一堂了，課室冷冷清清的，太不像樣了。」

8.5 仿傚的投機者

在一個泡沫，能夠賺錢的，當然是最初的時候去擁抱泡沫、投資於泡沫，而又能夠在泡沫爆破之前，及時沽清逃脫的「先知」們。然而，最賺錢的，卻並非他們，而是另有其人。簡單點說，真正能夠在泡沫中賺大錢的，就是製造泡沫的人，例如當年荷蘭的鬱金香花農，或者是在科網股熱潮中，及時把科網公司推上市集資的老闆們。

這些趁機上市的科網公司有的是真正很有前途的公司，但更多的是魚目混珠的公司，成立和上市的目的，只是為了在股票市場上大撈一筆，例如說，在英國

的「南海泡沫」時，便有大量股份制公司成立，而在 1999 年和 2000 年的科網熱潮，在香港，幾乎全部的本地公司，都不是真正的科網股，但也照樣把股價炒到飛天。事實上，直至我寫作本文的今天為止，香港本地還沒有一間像樣的科網公司。

總之，在泡沫開始了之後，必然會有很多意圖魚目混珠的仿傚者出現，意圖在這個瘋狂的市場上分上一筆。所謂的「魚目混珠」，意即這間公司的成立目的，並非是為了公司的正常操作，而只是借助泡沫的力量，在市場上賺快錢、撈一筆而已。

8.6 泡沫的土壤

泡沫不會憑空而形成，最基本的成因，它必須要有資金的推動，才能夠形成泡沫。如果人人都一窮二白，銀行戶口分文也沒有，甚至是欠下巨債的負資產，那根本沒有錢去推動泡沫，概念再是創新、再是吸引，也弄不出一個泡沫來。

換言之，泡沫的形成，必須要在人們有着投資的「閒錢」時，才能夠成形，這好比種子必須埋在適當的土壤，才會成長：泡沫的概念是種子，資金的充裕就是讓種子發芽的土壤了。例如說，香港在 1997 年已經陷進了經濟衰退，股價和樓價均是大跌特跌，然而，由於金融風暴，港府在 1998 年 8 月，動用了一千二百億元來買入香港的藍籌股，最高時佔了港股總市值的 7%，令到股市突然多出了大筆資金，這裡伏下了在一年之後，科網股泡沫開展的「優質土壤」。

我們當然知道，種子不在土壤，長不成植物，土壤沒有種子，也不可能無中生有。資金沒有概念，不能造成泡沫，有概念而民間沒有資金，也不可能造成泡沫。問題在於，究竟需要多少的資金，才能夠造成泡沫呢？

在 1999 年至 2000 年間的香港，雖然得到了香港政府的入市支持，但是經濟還未復甦，1997 年的人均收入是 27,055 美元，1999 年只有 24,600 美元，2000 年也只有 25,144 美元而已。然而，在 1998 年的最低點，恒生指數只有 6,545 點，到了 2000 年的 3 月 28 日，已經升至 18,398 點的史上新高。儘管經濟不大好，然而還是足夠造成了科網股泡沫。

香港經濟在 2003 年的沙士期間，進入了最低點，當年的人均收入只有 23,428 美元而已。在此之後，香港的經濟緩慢復甦，但是直至 2007 年，才重新超過了 1997 年的水平，足足花了十年的時間。然而，恒生指數在 2003 年 4 月 25 日的最低位 8,332 點，升至 2004 年 12 月 2 日的最高位 14,339 點。儘管在 2004 年，香港的人均收入只有 24,393 美元，只是稍微復甦，但是，在當年 9 月開始的濠賭股泡沫，卻是照樣發生了。

以上的例子，證明了泡沫的出現，不一定是在牛市第三期：它可以在任何的時間發生，只要市場還有資金，就可以發生。另一方面，泡沫出現時，大市未必

去到史上的最高位，但是一定上升到某一程度，不會在低位發生泡沫的。這是因為市場必須要有資金，才能夠生出泡沫，而當市場有資金時，大市縱非破頂，也不會太低。此外，當泡沫如火如荼時，雖然會扯走了部分流進其他股票的資金，但同時也會吸引到另外的資金，帶動整個大市，所以，當泡沫發生時，大市不一定會破頂，但總會走得不錯。

換言之，它除了不會在熊市第三期出現之外，在任何時間，都會出現。如果換作是我的「四季」理論：它可以在春天、夏天或秋天發生，但卻不會在冬天出現。因為，當市場沒有資金時，泡沫是不可能出現的，這正如杯子裏根本沒有啤酒，怎去攪動，也攪不出泡沫來。

8.7 泡沫的大小

或許我們還可以問一個問題：究竟一個泡沫要有多大，才能夠算得上是一個泡沫呢？如果是一個小小的泡沫，只有很少的投資者參與，又算不算是泡沫呢？畢竟，我們很清楚地知道，一隻單一股票的升跌，並不能夠算是一個泡沫，最少要是一個板塊的股價普遍上升，才能夠稱之為「泡沫」。

8.7.1 濠賭股的經驗

在 2004 年的濠賭股泡沫，起因是在當年的金沙賭場開幕，大收旺場，因而觸發的。然而，股票市場的炒到飛天，卻是在醞釀了四個月之後，在 9 月才開始的，然後在六個月之內，「新濠國際」（股票編號：200）升了 4.2 倍，「信德集團」（股票編號：242）升了一倍，「嘉華建材」（股票編號：27）則因為注入了呂志和投得的賭牌，因而暴升十三倍。

最誇張的還是「奧瑪仕」（股票編號：959），在 2004 年 11 月 1 日的股價還不過是 0.045 元，但到了一個多月後的 12 月 23 日，則升到了 4.1 元的瘋狂高位，一共升了九十一倍。我近年的一件最遺憾的事，就是在當年，一位老闆委託我去買殼，有朋友同我說，就是這一隻編號「959」的公司，正在準備出售，給我一個星期的時間去考慮。老闆考慮了一個星期，那位朋友來電，說另有買家洽購，如我不在明天回覆，他就要把這公司賣給別人了。儘管最後通牒已出，老闆尚在扭擰，沒法子，朋友惟有把殼賣了給別人。我明知該殼剛賣掉，有這個內幕消息，卻沒有偷偷買它十萬八萬元，否則便可賺到過千萬元了。固然，我明知內幕交易是違法的，但我也並非一個道德君子，你明白的。

然而，濠賭股泡沫來得快，去得也快，到了 2005 年 1 月，澳門賭王何鴻燊公開說：「賭業不可能永遠這樣紅，差不多已到了飽和點。」濠賭股的泡沫爆破，當然不是這句話，而是真的炒得太過分了，然而，把駱駝壓垮的，卻往往是最後的一根稻草。

綜觀這一次的濠賭泡沫，牽涉到的股份不過是 11 隻，維持時間不過是 3 個月，總市值也只是幾百億元，最大市值的公司更不過只有一百多億元而已。然而，相比起 1999 年的科網泡沫，「和黃」（股票編號：13）和「中國移動」（股票編號：941）都是數千億元市值的巨無霸，牽涉到的公司總市值是數萬億元，涉及的股票數目是數以百計……科網泡沫和濠賭泡沫真的是蚊髀和牛髀了。

究其原因，當然是因為濠賭泡沫的市場吸引力遠遠不如科網熱，另一個重點，則是在 2004 年的香港經濟和購買力，已經因沙士一役而元氣大傷，因此濠賭股所能夠得到的效果，也就遠遠及不上科網泡沫了。

以上的分析，也證明了：泡沫雖然可以在除了熊市第三期的任何時間發生，但是在不同的時間發生，畢竟還是大有分別的。在「春天」和「秋天」發生的泡沫，威力當然比不上在夏天，即是在牛市第三期的泡沫。

8.7.2 板塊泡沫和整體泡沫

我們可以看到，在濠賭股的狂熱，只有 11 隻股票加入戰團，這只是一個板塊的「戰事」，但是在科網股的熱潮，卻有大量的股票大肆炒賣，是全面性的大升市。以上這兩者之間，又怎樣去作出分類呢？我的分類方式，是分為大小兩種泡沫：小的一種，是「板塊泡沫」，只會影響到某一特定板塊的股價，大的一種，則叫「整體泡沫」，足以影響到整個大盤指數的升跌，即如在科網泡沫時，恆生指數破了新高，成交量也破了新高，這自然是「整體泡沫」了。

8.7.3 泡沫可以有多大

前述的法國的密西西比公司和英國的南海公司的例子，證明了泡沫升幅的可怕，前者的股價在一年間升了三十倍，後者的股價在一年不到，升了十倍左右。炒得最激烈時，一天的漲跌可達三成。但是這些常常被人引用的例子，和今時今日的泡沫相比，可又差得遠了。

在 1999 年，我買了「光通信」（股票編號：603，現改名為「中油燃氣」），買入價是 2.8 元，兩星期後，沽出價是 20 元，最高它曾到過 22 元。2007 年 3 月，我買入了「金匡企業」（股票編號：286），購入價是 0.35 元，三星期不到，最高峰 3.5 元我沒放，沽出價是 2.2 元。有一隻股票叫「中國鐵路貨運」（股票編號：8089），2006 年 9 月的股價是 4 仙，2006 年底的股價是 6 角，漲了十五倍，有一位好心的朋友勸我買入一點，我口說多謝貼士，心底已在咒罵他了：漲了十五倍才叫我買，不是叫我去送死嗎？後來在 7.1 元批股，任我認購，認多少有多少，我也一邊罵一邊拒絕了。結果這股票在 2007 年 7 月最高見過接近 20 元，半年間再漲了三十多倍。

根據湯財的資料搜集，香港在 2000 年至 2009 年升幅最高的紀錄，自高至低的排列是：

1. 升得最多的環能國際（1102，轉主板前8182，前軟迅科技）由0.45仙，升至3.39元（經調整），升幅達75,233.33%。

2. 亞博控股（8279，前萬佳訊），由2006年1月低位0.4仙，升至2007年5月的2.17元（經調整），升幅達54,150%。

3. 中國鐵路貨運（8089，前寶訊科技）則是由2006年9月的4仙，升至2007年6月的19.64元，升幅達49,000%。

4. 名家國際（8108，前盛創企業系統、匯盛），由低位0.64仙，升至最高1.675元（經調整），上升達26,072%。

5. 華彩控股（1371，轉主板前8161，前金屬電子交易所）由最低位2.5仙，升至5.05元（經調整），上升20,100%。

6. 太陽國際（8029，前豐裕興業、嘉利盈、嘉利福）由低位2.4仙，升至4元（經調整），上升16,566.67%。

7. 榮暉國際（990，前三商行）由最低位1.225仙，升至2.02元（經調整），升幅有16,389.80%。

8. 環球能源資源（8192，前藝立媒體科技、環球工程），8192由低位0.5仙，升至74仙（經調整），升幅14,700%。

9. 中國鐵聯傳媒（745，前榮康控股）由2.1仙，升至3.08元（調整後），升幅14,566.67%

10. 中彩網通（8071，前絲綢路數碼、光彩未來、中國金屬資源）由0.325仙（經調整），上升至46.5仙，升幅達14,207.69%。

11. 進能國際（8272，前百富控股）由低位2.1仙（經調整），升至3元，升幅達14,185.71%。

12. 中國生物醫學（8158，前邦盟匯駿）由低位1.8仙，升至2.3元，升幅達12,677.78%。

13. 蒙古能源（276，前宇宙航運、保華地產、新世界數碼基地）由低位14.7仙，升至18.06元，升幅12,185.71%。

不只是這些小型股票，就是「中國人壽」（股票編號：2628）這些大型的股票，也可以在短短的兩年之內，升了十倍以上。所以說，今天的股市泡沫，是遠遠的在以前的任何一個時期之上的。所以，大家也不用悔恨沒有趕上當年鬱金香狂熱的好時光，因為真正的投資發財好時光，是在今天。（不消說的，「投資發財好時光」的另一面，是「投資輸光」，這可能是更常發生的結局。）

8.8 唯心主義的定義

直至現在，問題仍然沒有解答：究竟多大的泡沫，才可以被稱之為「泡沫」

呢？科網泡沫比濠賭泡沫大，但是，在 2013 年底至 2014 年初，香港股民熱炒了一輪手遊股，其中的「雲遊控股」（股票編號：484），超額認購了 312 倍，上市價是 51 元，當日收市是 67.5 元，升了 32%，最高炒至 73.95 元，但在執筆時的 2014 年 6 月 15 日，它的股價只有 28.45 元，和最高價相比，跌去了 61.5%，比起招股價也跌去了 44.2%。這個現象，究竟又算不算得是「手遊泡沫爆破」呢？

對於這個問題，我只能夠唯心主義的去說：究竟甚麼是泡沫，甚麼不是泡沫，就像一個人的究竟長得有多高，才能算是「高」，實在是難以嚴格定義的。但當然了，假如一個人身高 2.2 米，肯定算是長得極高，就像科網泡沫，肯定算是泡沫，但是手遊股熱，究竟算不算得上是泡沫呢？

我的看法是，如果以股民的參與程度、股價的上升幅度、時間的維持長度來計，手遊股應該是很難被視為泡沫的。然而，正如前面所言，泡沫是一個漸進的定義，最多只能夠有 個 arbitrary 的定義，不可能有一個客觀的定義，這句話，卻是永遠沒錯的。

8.9 泡沫的殺傷力

諺語有所謂的「一節淡三墟」，同樣的道理，一個泡沫的爆破，也會導致了整個大市的下跌。這是因為當泡沫吸乾了市場的購買力，當它爆破時，同時也會令到大量的投資者輸掉大量的資金，因而令到市場疲不能興。

那麼，究竟在泡沫爆破了之後，市場要多久才會復元呢？理論上，泡沫愈大，爆破的規模便愈是轟烈，所需要的復元時間便愈是長久，正如科網泡沫在 2000 年爆破，足足休息了三年，在 2003 年才下跌完畢，見底回升。但是，規模較小的濠賭泡沫，在最高點時，恒生指數是在 14,339 點，在 2005 年初爆破了之後，但是由於泡沫不大，很快便復元了，不過是短短的幾個月之後，在當年的 8 月 16 日，已經升突至 15,509 點的高位了。

然而，以上的規則並不一定是常態，因為當泡沫爆破了之後，往往有着很多其他因素，因而影響了它們的復元時間。例如說，政府入市救市，把資金投進市場，便可以加速市場的復元。

8.10 牛市三期和泡沫的分別

我在先前說過，有實質增長支持的，是牛市三期，但是沒有實質業績去支持的大升市，就是泡沫了。

然而，我們對於股市，有一個基本的理論，就是它有一個正常的波幅，即是說，股價的波動是正常的，所以，當實質經濟快速增長中，再加上一個正常的波

幅，股價上升到了一個高得嚇人的地步，可是，後來股價卻爆破了，急速下跌了。但由於有實質經濟的增長支持，股價雖然下跌到一個地步，然而，過了好幾年後，增長追了上來，往時覺得是天價的股票，到了幾年之後，由於盈利急速上升了，這時反而覺得很便宜，這也是常常發生的事。

因此，有人認為，從 1996 年至 2013 年，納斯達克指數的平均每年真實收益率是 8.2%，以此來作出推論，在 1999 年至 2000 年間的科網泡沫，並不能夠算是泡沫。當然了，香港那時的科網泡沫，卻是無論如何去算，都必須是泡沫不可，因為這個泡沫爆破了十多年，當日的科網股仍無一可以翻身，也沒有其他的科網股出現過，這當然是貨真價實、如假包換的泡沫了。

在 2004 年的濠賭泡沫，雖然是大升特升，但是在跟着的十年之間，澳門賭業收入每年均以雙位數字增長，在 2004 年覺得很貴的濠賭股，不少在 2014 年已經覺得超便宜了，例如「銀河娛樂」（股票編號：27），就是最好的例子，但是也有泡沫時升至瘋癲的高位，直至十年之後，股價仍然未能翻身的，例如「奧瑪仕國際」（股票編號：959）。香港在 1970 年底，恆生指數是 211.91 點，到了 1973 年 3 月 9 日，恆生指數已升至了 1774.96 點新高點，但當股市爆破之後，在 1974 年的 12 月 10 日，急跌到了 150.11 點，足足跌去了 91.54%。然而，在這之前和之後的二十多年之間，香港的實質經濟也是在急速增長中，不到十年，恆生指數已經破了在 1973 年的高位，在二十多年之後的 1997 年，相比起 1973 年，更是升了十倍之多。這樣的高速增長，在 1973 年的股市，算是泡沫嗎？然而，如果是急跌了九成以上的股市，還不能算是「泡沫爆破」，那麼，世界上根本不會有泡沫爆破這回事了。因此，如果說，有實質增長去支持，就沒有泡沫這回事，這是說不通的。也許，學究們會堅持這個定義，但是從炒股票上、從實質操作上，這種定義是完全沒有意義的。

8.11 泡沫的預測

在 2008 年 11 月 6 日，金融海嘯之時，英女皇伊莉沙白二世在倫敦經濟學院的新教學大樓的開幕時，問了一個問題：「Why did nobody notice it?」

其實，在當時，不少學者已經在警告說，這是泡沫，包括了 Robert Shiller，以及印度政府的經濟顧問 Raghuram Rajan 等人在內，問題在於，看出是泡沫容易，只要計算出收益率太過不合常理，已經足夠。但是猜中泡沫將在甚麼時候爆破，卻是難事，誰能想得到科網股的 CAPE 值可以高達四十多倍呢？

不過，這也並非無法預測，例如說，在 2007 年，對沖基金經理 John Paulson 是身體力行，沽空次按債券，暴得了差不多 40 億美元的暴利。

9. 泡沫的再定義

綜合以上的分析，我們可以得出一些零零碎碎的結論，就是泡沫很多時和牛市三期掛鈎，但也不一定，它可以與實質經濟無關，只是因為一個概念、一個風潮而產生，但是它一定要有實質經濟的支持，當經濟嚴重衰退時，它是不會發生的。泡沫也很少會是全面性的股市上升，很多時只是某些板塊出現泡沫，其他則不受影響，又或者是，當牛市第三期時，大部分股份的股價普遍上升，但是有着泡沫的板塊則上升得更加快。

如果用最簡單的分析方法，則可以把泡沫定義為「某一板塊的股價普遍太高」。

之所以用「某一板塊」，因為「泡沫」是一個集合名詞，單隻股票的上升是不能成為「泡沫」的，至於「普遍太高」的定義，有人會用回報率去計算，有人會以利息成本去作比較，利率的基數是利率在大部分的時間都在 2% 至 6% 之間徘徊，而長期債券的最合理回報，則是 3%。

當然了，如果是負回報的板塊，例如在 1999 年的科網股，那就肯定是泡沫了。不過，在此我又得加上了一點補充：在 2000 年之後的香港創業板股票，肯定有極為高的負回報，然而，其股價卻是普遍不振，跌完又跌，跌得毫無止境。這當然不能夠說成是泡沫。同樣道理，如果股價下跌，但公司的盈利下跌得更快，甚至是由賺變蝕，這在熊市時是常常發生的現象，但也會造成了回報率的急速下跌，但這當然也不能說成是「泡沫」。換言之，要想入選成為「泡沫」，必須要符合另一個條件：價格的急速上升。

至於急速上升到了哪一個地步，才可以說成是「泡沫」呢？這當然不只是稍高於合理值，因為基本的波幅偏離，是常見的現象。或許我們可以採用後文將會提及到的 Fisher Black 的定義，那就是比合理值偏離一倍的升幅，便算是「泡沫」了。

不過，這定義其實只適用於大盤指數，而大盤指數很少會偏離「一倍」這升幅，但是，如果是某一板塊的泡沫導致它急升一倍以上，卻是常會發生的事。不過，另一個重點是，「泡沫」的定義，可以指的是大盤指數，也可以指的是某一板塊，不過個別股票的大升，不管升幅有幾多倍，也不能稱為「泡沫」。可以說，「泡沫」是集合名詞，不適用於個股。

10. 熊市的三期分析

　　熊市又叫作「空頭市場」：當某一個資產市場的價格長期呈着下跌的趨勢，然後呈一浪低於一浪的走勢，便是「熊市」了。

　　換言之，一天兩天的價格下跌，或者是一成兩成的股價下跌，並不能夠構成一個熊市，而是以長期的趨勢來看，它是持續地下跌的，而且所跌的幅度很大，才能夠算作是「熊市」。

　　如果要我下一個比較精確的定義，我會 arbitrary 地說：「總體下跌的時間必須要維持在一年以上，而且總跌幅也在 38.2% 以上，才可以算成是『熊市』。」至於為甚麼是 38.2% 呢，其實這只是黃金分割的數字，看上來比較科學，如此而已。反正這只是一個 arbitrary 的數字，誤差是一定有的，用不着如此的精確。

10.1 熊市的基本條件

　　在上一章，我說過，牛市的形成，可以有很多的原因，例如說，經濟增長啦，貨幣供應量啦，利率高低啦，外國資金流入啦，政府救市啦，等等等等。但是，熊市形成因素，則主要是因為經濟不景。因為，經濟因素是股市起跌的最基本因素，只要經濟好，縱是其他的因素不好，也會有基本的購買力，去支持着股市。所以，當熊市發生時，多半其經濟狀況也會是很差。不過，當我們討論到這一點時，必須同時也考慮到前面說過的「張化橋：生意淡薄不離賭博」，以及「李嘉誠：預測公司三年未來」的因素，

　　換言之，即是滯後效應：當小熊初「受精」時，股市見頂了，意即市場再也沒有更多的購買力去推高股市，但在這時，經濟放緩的壞消息還未出現，所以在表面上，仍然是暫時看不到熊蹤的，因為，這時它還只是一顆「受精卵」而已。因素也是大有問題。

10.2 熊市第一期

　　根據傳統的股票理論，熊市和牛市一樣，可以分作一、二、三期。這三期的熊市，反映了下跌的不同階段和不同的特色。太極圖是非常有智慧的哲學。中文的「太」字，意即是「最大」，大到了「極」點，就是「太極」。太極圖中，一邊是陰，另一邊則是陽，但是陰中有一點陽，陽中也有一點陰，這即是說，當一件事物到了最大值時，衰敗就開始出現了。

　　股市的情況，也是一樣。當牛市第三期到了極點時，熊市就靜悄悄的誕生了，但這時，熊只是很小很小的熊，沒有人可以看到，也沒有顯示出威力，但是，它的確是出生了，而且正在迅速中長大中。

10.3 熊市一期和牛市三期

熊市一期緊接牛市三期出現。它的特色是數次驚心動魄的大跌，會把無數股民的錢都跌了出來。問題在於，在大升市的時候，在牛市二三期之交，以及在牛市三期的中間，也一定發生過好幾次的大跌，這令到許多人誤讀為熊市一期，熊已經來臨。然而，往往到了後來的事後孔明，總體股價非但升回了原狀，還升破了先前的高點，在這個時候，人們才赫然發現，這是「大震倉」，是牛市中的「調整」，而不是熊來了。

當這些大震倉發生了好幾次，好比「狼來了」的故事，人們對於「熊」的戒心漸漸消失了。大家請注意，熊市的來臨，多是在於人們對熊市的戒心消失了之後，反之，如果人人擔心着熊市的來臨，不敢放盡心地去投資，熊市反而是不會來到的。

但當擔心熊來了的人一次又一次的發現自己錯了，他們對於熊市的戒心也日漸鬆懈，到了最後，當熊真的衝進來的時候，先前的鋪排發生作用了：由於「防熊」的演習次數太多，令人以為這次又是演習，這就中計了。

然後，奇怪的事來了。在熊市一期，通常有一個極強烈的反彈，牛市愈牛，或者先前持續暴跌的跌幅愈深，反彈便愈強烈。但這反彈只是曇花一現，股民參與度和成交額都已證明了這是熊市第一期的反彈，而非牛市的重臨。

10.4 熊市反彈和牛市調整

熊市第一期的反彈，往往比牛市更劇烈，令人誤會牛市未死，於是重新入市。噢，熊正是想你這樣做，你一進來，牠便把你撲殺撕裂。

一個很少香港人知道的事實，就是美股的單年升幅，史上最高的一年，非在牛市，而是1929年歷史性大崩盤後的反彈，時為1933年，從1月3日的59.29點，升至12月30日的99.99點，一年之間，上升了68.6%。如果以香港的「七三股災」為例子，在1973年的3月9日見過1774.96的最高點，然後急跌至1974年5月2日的290.14點，只消一年，跌去了83.7%。然後，它開始急速反彈，猛升至6月14日的466.45點，短短的一個月之間，急升了60.8%。

由此可見，在熊市第一期的反彈幅度，不一定比牛市的升幅為低，股民所能獲得的利潤，也不一定比牛市三期低。但記着前文的定義，這個反彈雖然升幅強勁，但維持的時間太短，因此只能算是反彈，不能算是一個牛市。

10.5 熊市一期的定義

如果要對熊市一期的開始作出一個定義性的描述，我會說，熊市一期的出

生，是在牛市三期的最高點產生的。這即是說，在美國的 1929 年，道指最高點是在 9 月 3 日星期二的 381.17 點，也正是在這一天，牛三完結，熊一出生，然而，牛三雖然已經完結了，但是股市仍然未死，熊一雖然出現了，但卻並沒有人發覺牠的出生，或許可以用這一個比喻：小熊也許並未出生，不過，牠已經成功受精了，成為一顆受精卵了，即將就要出生了。

換言之，從 10 月 23 日星期三，到 10 月 29 日星期二之間的一個星期之內，道指從 22 日星期二收市的 326.51 點，急跌至 29 日收市的 230.07 點，足足跌去了 29.5%，單單在 29 日的那天「黑色星期二」，便由前一天收市的 260.64 點，跌至當日收市的 230.07 點，單日跌去了 11.7%。但這並不能夠算是熊市的開始，這好比一個人在青春期的快速發育長大，也並不是他的生命的開始。在技術上，熊市開始的一天，仍然是它在最高位的那一天。

熊市一期的特徵，是它的出現，往往是毫無徵兆，也看不出理由的。這正如一顆卵子剛剛受精了，從孕婦肚子的外表，也是看不出來的。在熊市一期的初期，經濟的基本面依然是很好，在表面上，也看不出任何下跌的理由，但其實，它卻已經埋伏了下跌的種子了。然後，在壞消息出現時，市場將會突然下跌、暴跌，在這時，孕婦終於「見肚」了。

可能有人會想，壞消息並非要有就有，可能它並不出現呢？經驗告訴我們，這是不可能的事，壞消息一定會不停出現的，只要肯等，當等來等去都等不到時，就是不那麼壞的消息，也能構成作用。甚至是完全沒有壞消息，在一個風和日麗的平靜日子，它也有可能會突然暴跌，例如說，在 1987 年 10 月 19 日著名的「黑色星期一」，全球股市暴跌，香港跌了 420.81 點，即 11%，日本跌了 3,836 點，即 14.9%，紐約則從 2,246 點跌至 1,738 點，跌了 508 點，即 22%，然而，這樣的全球性暴跌，卻是並沒有任何的壞消息出現，而是突如其來地出現。

照上述的定義，牛市熊市的分界定義，是必須在事情過去了之後，以事後孔明的姿態去作出分析，才能夠確定的。事實上，所謂的「牛熊分界」，往往只是歷史上的解釋，在當時，是不容易分辨出來的，這正是「不識牛熊真面目，只緣身在股市中」了。

10.6 股災

熊市一期的出現，通常也即是股災。所謂的股災，就是突發性的股價暴跌，而且不是個別股票，而是蔓延至大部分的股票之上，這通常和基本經濟面的出現問題是互為影響。這即是說，現在或未來的經濟衰退，便引發股災，但是股災也會反過來引發經濟衰退。

不過，股災也會因為經濟以外的其他原因而發生，例如說，1987 年的全球性股災，據說是因為由電腦操作的程式買賣，因而引起。但當時的股市是處於高

位，所謂的程式買賣，只是令到股災發生和蔓延的速度更快而已。然而，股災也可以不在股市的高位產生，政治、軍事、自然災害等，也會造成股災，例如香港在 1989 年 6 月 5 日，由於當時距離八七股災只有一年多，股市仍處於低位，但由於在之前一日發生了「六四事件」，該日的香港股市仍然出現了股災。

史上最有名的股災，莫過於美國在 1929 年。當年 9 月股市到達最高點，在 10 月 4 日那一天，股價暴跌，不少炒家自殺，到了 1932 年，美國杜瓊斯工業指數從最高的 381 點，跌至 36 點，跌了 90.5%，大量銀行倒閉，每 4 人即有 1 人失業，直到 1941 年，以美元計算的產值仍然低於 1929 年的水平。

1987 年 10 月 19 日的全球性股災，稱為「黑色星期一」，道瓊斯工業股票平均指數跌了 508.32 點，達 22.62%，同時波及了全世界股市。10 月 20 日，東京交易所跌幅達 14.9%，創下其單日下跌最高紀錄，香港的聯合交易所停市 4 日後復市，10 月 26 日狂瀉 1126 點，跌幅達 33.5%，創香港股市單日跌幅歷史最高紀錄。

日經平均指數在 1984 年突破了一萬點，縱使在 1987 年的全球性股災，也不受影響，1989 年 12 月 29 日，指數高達 38,957 點，收報 38,915 點，創下了史上最高記錄，總市值高達 611 億萬元，是 G.D.P. 的 1.48 倍。其後開始暴跌，1990 年 10 月，跌破了二萬點，1992 年 4 月 1 日，跌破了一萬七千點，8 月 18 日跌至 14,309 點，但真正的最低點，是 2008 年 10 月 28 日的 6,994 點，是距離高位的 29 年後。

從「中華民國到台灣」開始，實現了連續 40 年平均 9% 的高增長，從 1987 年到 1990 年，加權指數從 1,000 點飆升到 12,682 點，上漲了 12 倍，1989 年的台股市盈率高達 100 倍。它從 1990 年 2 月開始崩盤，用 8 個月的時間，跌了一萬點，一直跌到 2,485 點才到低位。作者執筆寫本段的時間是 2017 年 8 月 7 日星期日，台股在周五 8 月 5 日的收市是 10,506.56 點，27 年後，台股仍然未能回復原價。

10.7 股災前的先兆

朋友股榮 2017 年的一篇文章中，總結了股災發生前的 5 個特點。我同意了八至九成，作出了一些修改。

第一：我們這些天天講股票的人，並不構成影響，但如果連權貴也唱好，那就有危機了。2007 年，四叔李兆基財演上身，唱好股市「好掃貨喇」。最經典的一幕，就是 10 月的見頂月，手持「貓紙」卻不用看，講出了 11 隻心水股。2015 年 4 月上旬，港股大升市兼成交 2,500 億，港交所 CEO 李小加說：「現在只是開始」時任財爺的曾俊華說：「未見泡沫爆破。」一個月後，股市完蛋。

第二：蛋散變股神。大學生變股神，清潔阿姐都炒股票，有經理辭職炒股，

好比以前的擦鞋童入市，便是股災先兆，不過今日已沒有了擦鞋童，所以要看其他職業。

第三：全民皆股，冧把渴市。2007 及 2015 年兩次大升市，到了最後，如 2007 年 10 月最高每日成交達到 2,000 億元，2015 年 4 月最高每日曾見近 3,000 億元。

第四：好消息變反高潮。2007 年 10 月 30 日恒指於三萬二千點見頂，11 月 1 日，有炒家狂吸港元，港府五度入市捍衛聯滙，以為有熱錢湧入，誰知卻是大跌先兆。2015 年 4 月 20 日，人行降準備金 1%，港股卻於 4 月 27 日見頂。

第五：A1 魔咒。財經新聞成為 A1 頭條，雖然不時出現，但持續性高密度，大家要特別小心。

10.8 四季和熊市

現在又說到我的「四季理論」和牛熊市的比較。在每年的 12 月 21 日至 22 日左右，是白天最短，夜間最長的日子，二十四節氣被稱為「冬至」。奇怪的是，這一天並非一年當中最冷的日子。根據科學的解釋，這是因為冷凍需要時間來完成，在冬至之後，日光照着大地的時間，雖然多了，但是由於黑夜的時間始終比白天為長，所以積累下來，仍然是一天比一天更冷，而一年之中，最冷的時間是在 1 月 19 日至 21 日之間，二十四節氣名叫「大寒」。

反過來說，夏至日子是 6 月 21 日至 22 日左右，在這一天，太陽照耀的時間最長。但是，誰都知道，一年之間最熱的日子，是在 7 月 22 日至 24 日，這也是基於同樣的原理。

我用這個來作比喻，熊市來臨的日子，也並不是在股市最低的一點，反而是在一個轉捩點，也即是在牛市最高的一點，就是熊市出生之日了。

10.9 熊二極像牛二

熊市一期的大跌、反彈、彈後再跌，跟着就是熊市二期的出現。在這段時間，將會不停地出現壞消息，而在這個時候，經濟數據也會出現了衰退，或是增長放緩的情況。換言之，在熊市一期，大跌是無厘頭、沒有原因的，當到了一期的後期，總體股價開始大跌時，也可能只是一個很大的壞消息所引致，甚至是沒有壞消息而大跌，也有此可能，然而，到了熊市二期，經濟基本面的崩壞，在這時開始逐漸浮現出來了。

熊市二期的本質，跟牛市二期差不多，都是反復的上落市，只是牛二是反復向上，熊二是反復向下，但是在實際上，牛二和熊二是分不清楚的，這只有事後孔明，才能夠知道。所以，在這段期間，很多股民會爭拗這究竟是熊市二期呢，

還是只是牛市的調整。

在甚麼時候，人們會終於思考這究竟是熊市二期，還是牛市二期呢？答案是：當市況走到了最後期，出現了牛市三期，或者是熊市三期，人們便可以作出最終極的判斷了……這當然也是事後孔明的判斷方式。

總而言之，熊市的兩個特徵，一是總體股價的下跌趨勢，二是壞消息的不停出現，以及經濟基本面陷進了衰退，或增長放緩。

10.10 熊市第三期是磨穿蓆

從熊市第二期，走到熊市第三期，是一個漸變的過程，並沒有明顯的分界。在這個過程之中，經濟的基本面變得愈來愈差，壞消息一個接一個的出現，而總體的大盤股價，也在一級一級的下跌，愈來愈多的股民相信，這是熊市，而不是牛市調整，退出股壇的股民數目，也因而愈來愈多，換言之，股民的數目也愈來愈少了，這也代表了，股市的資金愈來愈少，所以股價非但向下，而且大市的成交也日漸萎縮下來。

所以，熊市三期的特徵，是「陰乾」，是參與的股民數目減少，是股市的日漸為人所遺忘，相比起熊市的一期和二期，縱然下跌，也跌得轟轟烈烈，有股民的同聲哭股喪，有傳媒的大幅報道股災，三期的特徵卻是不聞不問，慘淡經營。在這時，太極的作用又出來了，不過這次是陰極變陽，否極泰來，牛市一期正在熊市三期之中，悄悄出生。原因很簡單，在熊市時，股民的數量愈來愈少，到了第三期的末期，仍然留在股壇的，只剩下一些最基本的忠貞分子，例如不炒股睡不着覺的病態股民，又例如買了股票便不賣的長期投資者，而這些人是不會離開市場的。

在這個時候，參與者已經少得不能再少，股價自然也很難再跌下去。只要經濟的基本面稍為回復，任何新的股民再走進市場，也會令到成交增加，也會令到股價上升，這自然會引起另外一輪新的牛市：牛市一期又要開始了。

如果要我說一個熊市三期的定義，我會說：「在這個時候，幾乎是所有人都確定了，這是熊市。因此，市場氣氛變得很灰暗，覺得完全沒有前途，這就是熊市三期了。」

10.11 毆打和熊市

每一次熊市給我的感覺，就像校園欺凌中被當做人肉沙包毆打的苦主。當股市不斷暴跌，而每次暴跌都是因為不同的理由，就像被不同的人毆打。

從這比喻，我們也可得知熊市在何時終結。

毆打的初期，苦主的反應就是反抗，和被打得身體破裂流血，是撕裂般的極

度痛苦。如果是第一次做人肉沙包，等同第一次在股票上輸錢，或者輸錢的經驗不多時，這痛苦也就加深了十倍。被毆經驗和輸錢經驗比較豐富的人，雖不覺好過，但也比前者易受得多。像本人，本來就是個專業人肉沙包（唏，我指的是我乃專業炒家），這好比在 2000 年，科網泡沫爆破的初期，恆生指數從 3 月 28 日的高位 13,597 點，在沒有甚麼具體的壞消息之下，跌至 5 月 26 日的 4,801 點，我根本不為所動，一心只希望「快點完事」。皆因被毆或輸錢之事，我們已習慣了。這就是熊市的第一期。

但就算是專業沙包，被圍毆的話也不會好受。熊市第二期出現時，就是圍毆的開始。對付一個大力的「胖虎」（日文是「剛田武」，日文綽號是「ジャイアン」，即「Giant」，音譯為「技安」），苦主可以反抗，因為不管雙方力量有多懸殊，畢竟是以一對一，而人力是有極限的，就算是大雄遇着技安，反抗也能給予對方一定的麻煩。

但圍毆就不同了，以一個人的體力，去對抗多人聯手的侵犯，後果只有一個，就是更大的痛苦。因此，在這情況下，投資者要入市博反彈，結果就是輸得更多。到了 2001 年至 2002 年，經濟轉壞的消息開始一個一個的出現了，董建華政府的「八萬五」政策，因大量推出房屋，導致資產價格普遍下跌，其惡果也逐漸浮現了，因此，恆生指數也逐漸下滑，成交也逐漸萎縮，而熊市二期也逐漸過度至熊市三期。以上就是熊二的景況：圍毆是痛苦的，傷口擴大，血流得更多，痛苦也更加劇烈，但千萬別反抗。因為你不知底在何方，所以也切勿企圖撈底。換言之，在熊市二期，雖然痛苦依然，但只會出現零星的反抗，而且隨着時間過去，反抗會愈來愈小。

甚麼時候是熊市三期，和整個熊市的結束呢？

這就是當做人肉沙包變成了常態，長時間不斷地被一堆同學所踐踏，天天被打時，繼續打下去已不再痛苦，因為已失去了感覺。在男校，有不少人長期扮演着這種角色，這是教育工作者長期迴避卻迴避不了的事情，也有不少日本漫畫以此作為題材。

10.12 牛一的重現

終於在 2003 年 4 月 25 日，到達了 8,332 點（也有說法是 8,331 點）的最低位，而在這時，牛市一期又悄悄的出現了。

不過，當時的股民已經給嚇怕了，並沒有人敢於相信牛市已經重來。在投資市場，大家不再看股價，股票有關的新聞也牽動不了人心，再也上不了頭條，大家日出而作，日入而息，腦中已忘記了股票這回事，財經節目也因缺乏收視而關門大吉，到了這時，才是校園欺凌事件被揭發，苦主獲救之時————熊三結束，牛市重來之時。我們這時才能買股票入市——如果那時還未輸光跳樓的話。（按：

以上「校園欺凌」的比喻故事是一則「潔本」，它的原來版本是一個非常不雅但更貼切十倍的比喻，不過經過了編輯的刪除，只有換上了以上的故事。）

在 2003 年 4 月 29 日，恆指大升 3.67%，至 8,744 點，翌日《蘋果日報》的財經版的報道是：「港股期指昨日結算，加上世界衛生組織專家預料本港非典型肺炎的高峰期已過，刺激股市出現大挾倉情況，恆指被大幅挾高，一度急升 322 點，全日成交額激增至 106 億元，創前一年 7 月以來最大單日成交額。不過，證券界人士認為，港股暫時只屬技術反彈，短期要升至 8,900 點有阻力。」這可以見得，在熊三轉為牛一之時，縱是有好消息或市況大幅逆轉，也沒有人敢相信「大師兄」已經回來了——他們的膽子早被嚇破了。

10.13 成交量和股價

如果用成交量和股價的特徵來表達，熊市初期，股價大跌，但成交量只是微跌，皆因流通性高的資產，會先跌價，再跌量，反之，流通性低的資產，如房地產，會先跌成交量，再跌價格。

在熊市二期，則股價和成交量均是徐徐下跌，慢慢陰乾，到了熊市三期，兩者再進一步萎縮。但記着一點，通常股價會先見底，在股價見底之後，成交量反而繼續陰乾，遲一步才見底，這好比先有冬至，之後一段時間，大寒才會出現。因此，我才會認為，用四季來表達股市的升跌趨勢，比用傳統的牛熊更加有效。不過，當大家都使用牛熊分界，則吾從眾，以方便溝通。再說，把四季和牛熊的概念互換，也並非甚麼難事。

11.1 熊市的維持時間

從以上的例子，我們可以發覺，從牛三轉為熊一，以至於小熊的呱呱墮地，也即是說，從股市見頂，以至於指數的突然暴跌，所需的時間是很快的，幾個月就可以完成了整個「動作」。然後，壞消息猛出，愈來愈多的人確認熊市，即是熊二的來臨，也不需要太長的時間，一年左右，便已足夠了。然而，到了熊市三期，即是熊市已經被幾乎是全部的股民都確定了，這一段時間，卻是可以很漫長很漫長，也可以很短促很短促，是完全不能夠確定的。

不消說，在熊三的等待期中，往往還得包括了牛一／熊三曖昧期：明明是已經見底了，明明是已經復甦了，但是人們的心中，還是不敢相信熊市已經結束了，這令到股民的主觀等待時間，會變得更長。這好比香港的股市是在 2003 年 4 月 25 日見底的，但是直至翌年的 2004 年，大部分的股民仍然主觀地相信，熊市還未完結。換言之，股民等待熊市完結的主觀時間，往往比實際的熊市維持時間更長，這也是一個普遍的現象。

然而，反過來說，從熊三變成牛一，過程可以很快，例如說，後文所說將會討論的政府入市，便可以迅速的把市況扭轉過來。但是，它的過程固然可以很快，但也可以很慢很慢，過了很長很長的時間，仍然未能正式由熊轉牛。

如果從定義來看，由熊三轉成牛一的，只是見底的那一點，那很容易就能計算出來。然而，在那一轉捩點之後，是成為「受精卵」的時候，究竟小牛將會在甚麼時候呱呱墮地，即是好消息開始出現，股價也在輾轉上升，這其中所需的時間，卻是說不定的，可以快至幾個月，也可以慢至好幾年。

11.2 政府救市有助熊市縮短

前文說過，熊市三期是一個漫長的等待，要等到人們的入市意欲完全磨蝕了，才會是由熊轉回為牛的時機，但這也會有例外的，最明顯的例子，就是政府的入市干預。

香港股市在 1997 年 8 月 7 日達到了 16,820 點的高位，隨即爆發了亞洲金融風暴，股價急劇向下，10 月時已經跌去了一半，只有 8,044 點，跟着反彈至 1998 年 3 月 26 日的 11,926 點，再急落至 8 月 13 日的新低 6,545 點。然後，香港政府在 8 月 15 日決定動用儲備，投進了大筆資金，入市干預，結果股市急劇上升。如果從 1997 年的高位和 1998 年的低位去計算，這個熊市的維持時間，只花了一年而已。

美國股市在 2007 年 10 月 9 日到達了 14,164.53 點的最高點，之後因為次按風暴，大市急劇下挫。由於這個危機影響了美國的金融穩定，本來美國打算用 7,000 億美元去救市，但卻在 9 月 29 日被眾議院否決了，結果股市繼續急挫，全

球的金融系統也在逐漸崩潰，最後美國政府還是不得不入市干預，終於在 10 月 1 日通過了救市方案，主要是從銀行體系購進不良資產，以為銀行提供現金的流轉。但在這時，股市還是在繼續急跌，在 10 月 8 日，聯儲局宣布大幅減息 50 個基點，至 1.5%，但股市還是下跌，一直跌至 2009 年 3 月 9 日的 6,507.04 點，才算是見了底，跟着就谷底回升，展開了一個長期的大牛市。

從以上的兩個例子，我們可以看到，香港式的救市，收效比較快，因為是政府直接在股票市場注入資金，所以股市是在當天就急升了。但是，由於美國的救市方法是政府為銀行提供了流動現金，而聯儲局則以減息來加速現金的流動，即是放寬了銀根，因此有一個滯後效應，過了一段時間，才發揮效用。這對於股民而言，當然是一件好事，因為股民可以憑藉這一段時間的滯後，去作出部署，調動現金，購進股票。有關投資者應對政府救市的種種炒股策略，我將會在有關炒股的實戰部分，才跟大家分享。

問題的另一個重點在於，如果沒有政府的救市，這兩次的股災會不會繼續猛跌下去呢？如果按照在前文的「熊三結束」的定義，是以「指數見底」的那一天為準，在 1998 年的香港政府，以及在 2008 年的美國政府如不救市，港股會不會跌得比 6,545 點還要低，美股會不會跌得比 6,507 點還要低呢？

以上的問題，由於並沒有真實的發生過，所以只能算是「想像中的虛擬歷史」，誰也說不出一個確切的答案來。所以，如果要我肯定的回答一句，政府救市會不會減低熊市的維持時間，我不敢說出一個肯定的答案來。然而，我卻可以肯定的說，當政府救市時，至少可以令牛市一期加速進入牛市二期。

換言之，政府救市不一定可以/ 也不一定不可以減少熊市的維持時間，但卻一定可以令到牛市加快，這好比它不一定能夠令到卵子加快受精，但卻可以令到受精卵快點長大，孵化成形。因此，港股在 1998 年政府入市之後，在兩年後的 2000 年，已經突破了 1997 年的高位，美股在 2008 年政府救市之後，在 2013 年 3 月 5 日，大升了 125.95 點，收盤價是 14,253.77 點，升破了 2007 年的高峰點，之後屢破新高，距離 2009 年的熊三低點，只用了四年的時間，便破了新高。

11.3 政治的影響

以上的「經濟因素」分析，也並非沒有例外。例如說，港股在 1981 年 7 月 17 日到達了 1810.2 點的最高點，但是由於中英談判香港的回歸問題，陷入了僵局。由於香港的政治前途不穩定，股市大跌，跌至 1982 年 12 月 2 日的 676.3 點是最低點，在一年多的時間之內，跌去了 62.64%，稍稍破掉了「黃金分割」的 0.618 位置。

換言之，政治因素也會嚴重影響到熊市的出現，而政治因素的影響力，往往

比經濟因素更大。或者我們可以說，政治因素不一定可以令到股市上升，但如果政治不穩定，令到股市急劇下跌，卻是易如反掌的。

其中的一個極端例子，就是中國的北洋政府在 1914 年，頒布了《證券交易所法》，在 1916 年成立的漢口證券交易所是中國的第一間證券交易所，在這之後，證券業一直在發展，在 1948 年，由於國民黨政府推行金圓券貨幣改革，命令上海和天津兩大交易所暫停營業。到了 1949 年 3 月，上海證券交易所重新開業，但到了 5 月，上海給解放了，交易所也停業了，直至三十七年後的 1986 年，才重新以試點形式，開始了股票買賣。這三十七年，已經不能算是熊市，而是一頭死熊了。

換言之，經濟原因最多只能令到熊市出現，或者是延長熊市，但是，政治原因卻可以把牛熊同時宰掉，股市也沒了。由此可以見得，政治的影響力是遠遠大於經濟影響力的。

11.4 心理因素

從心理學的角度去看，一個人在經歷了創傷之後，需要一段時間，才能夠把這創傷減弱，甚至是遺忘。這個時間究竟有多長，視乎兩項變數而定：

1. 創傷究竟有多深。創傷愈深，所需要的遺忘時間愈長。

2. 年紀有多大。年紀愈大的人，愈難回復原狀，反過來說，年紀愈輕的人，愈快復元。

同樣道理，一群股民在熊市中輸了大錢，也是極大的心理創傷，需要時間，才能夠恢復，而他們輸的錢愈多，也需要愈長的時間，才能夠忘記創傷，再次投入股市。由於一個人愈是年輕，愈是容易復元，因此，一個三十歲的年輕人在熊市中輸了大錢，只要過幾年之後，便會恢復平衡的心理，「輸完又來賭過」；但是，當一個五十歲的人輸光了錢，結果很可能是「斬手指戒賭」，永遠訣別股壇了。

正是「有人辭官歸故里，有人漏夜上科場」，在這個世上，永遠有舊人因輸光了而退出股市，也永遠有新人加入股市，成為新血、中堅，這些人包括了剛進入職場不久的初生之犢，也有新發財剛有餘錢可作投資的新貴，如果這些人是在熊三/牛一曖昧期進入股市的話，在其仍屬新手期間，也是有賺無蝕，反而很容易成為了「股神上身」，以為自己炒股無敵，因而愈炒愈勇，投進去的資金愈來愈多，甚至是瞓身而賭，辭去正職，或無心於事業，而專注於炒股，這也是常有的事。

有關於投資者的忘記速度，我曾經下了一個比喻：

在 1949 年，中國共產黨成立了中華人民共和國，正式成為了中國的統治者。由於共產主義與西方世界不和，所以，中國政府充公了大西方企業的在華資產，

這在投資世界而言，是 total loss 的極刑，沒有比這種結局輸得更慘的了。然而，在 1979 年，即三十年之後，中國實行「改革開放」的政策，歡迎外資加入，在這時，西方投資者好像忘記了當年的慘痛記憶，又再樂於在中國投資了。三十年的時間，說短不短，可是，它仍然是在人類的合理壽命範圍，一個在 1949 年時三十歲的壯年人，到了 1979 年，也只是六十歲而已，還是處於智力的高峰期。但是，在 1979 年的西方投資者，居然可以忘記了三十年前的全軍覆沒，來一個捲土重來。

於是，我得出來的結論是：投資者的最長恢復時間，是三十年。但由於以上是「極刑」的最極端例子，無論是金融風暴，還是金融海嘯，投資者的受傷程度也都遠遠及不上這種「極刑」，因此，所需要的「忘記時間」，自然也短得多，幾年就足夠了。

11.5 網友的精闢比喻

對於股市為何有牛熊之分，有一位叫「donotforgive」的網民，有一段對於黃金價格的評論，最為有趣，也可以應用於股市之中：

「黃金點解暴跌？你應該要知市場經濟學。有一個商人到咗一個山村，山村四周嘅山上住滿馬騮。商人就同村裏耕田嘅農民講：『我要買馬騮，100 蚊一隻。』村民唔知係真定係假，嘗試搵馬騮，商人果然畀咗 100 蚊。於是全村嘅人都去搵馬騮，因為這比耕田賺的錢更多也更快。好快商人買咗兩千多隻馬騮，山上馬騮好少數目。商人這個時候又出價 200 蚊一隻買馬騮，村民見馬騮價升咗，便再那那聲去搵，商人又全部買晒，呢個時候，馬騮已經變得好難搵到。商人又出價 300 蚊買馬騮一隻，馬騮幾乎搵唔到了。商人出價到 500 蚊一隻，山上已經無馬騮，三千多隻馬騮都喺商人手上。某日，商人有事出埠，佢助手到村裏同農民講：『我把馬騮 300 蚊一隻賣比你地，等商人回來，你地 500 蚊賣畀商人，你們就發達啦。』村民瘋咗一樣，把所有資產變賣，湊夠錢，把三千多隻馬騮全部買返來。助手帶着錢走咗，商人亦都無返來。村民等咗好耐好耐，他們堅信商人會返來 500 蚊買返佢地的馬騮，終於有人等唔切，馬騮都要食香蕉，費用唔少啊，於是把馬騮放回山上，山上仍然到處係馬騮。呢個就係傳說中嘅股市！就係傳說中嘅信託！就係傳說中嘅黃金市場！就係傳說中嘅樓市！！呢個係我見過嘅最精闢嘅解讀！」

12. 炒股與炒市

前面的幾個章節，講的是大市的大走勢，即是牛市和熊市，以及在牛市和熊市之間的波幅。然而，股票市場的客戶主要投資在個別股票，而非投在大市之上。因此，本章的內容，就是討論炒市和炒股的取向。

12.1 投資大市的方法

作為股票投資者，除了投資在個股的身上，也可以投資在大市。我想到的，一共有四種方法：

第一種是買賣期指，即指數期貨，缺點是期貨有到期限制，最高是半年期限，到期需要轉換新的合約，這非但要付出成本，如果新舊合約有折讓差價，還得付出這額外代價。當然不排除兩者之間的差價是溢價，你便可以從中賺錢，但是，在大部分的情況下，折讓的機率大、溢價的機率小，因此，長期而言，單單就轉換合約的差價方面，幾乎是虧定了。

第二種是投資恆生指數掛鈎的衍生工具，例如認股證和牛熊證，缺點是衍生工具的風險比較大，而且要付出溢價來購買。

第三種是買入部分恆生指數成份股，缺點是除非你很富有，投資組合有幾十億元的資產總值，否則難以做到完全照足恆生指數的成份去買進相關股票。換言之，如果你挑錯了股票，買進了走勢落後大市的股票，不排除會有大市升、你的組合反而輸錢的情況。當然了，這也有優點，就是如果你有眼光，有可能挑中了跑贏大市的優質股票。

然而，炒市不炒股的目的，就是只看大市，不看個別股票。如果要勞心去研究個別股票，還用得着炒恆生指數嗎？倒不如炒個股算了。

12.2 指數基金和盈富基金

有關投資大市的方法，上一節說了三種，第四種是購買指數基金，也即是所謂的「ETF」。由於這一段的內容頗長，因此另起一節來作說明：

《維基百科》對「ETF」的定義是：「交易所交易基金、交易所買賣基金（英：Exchange Traded Funds），是一種在證券交易所交易，提供投資人參與指數表現的指數基金。ETF 將指數證券化，投資人不以傳統方式直接進行一籃子證券之投資，而是透過持有表彰指數標的證券權益的受益憑證來間接投資。ETF 基金以持有與指數相同之證券為主，分割成眾多單價較低之投資單位……到目前為止，幾乎所有的交易所都有 ETF 基金。」

這其中最有代表性的是「盈富基金」（Tracker Fund of Hong Kong，2800）。根據《維基百科》的說法：「1998 年 8 月，香港政府因亞洲金融風暴

而通過市場運作買入了大量香港股票，以穩定聯繫匯率，擊退國際炒家……以交易所買賣基金為結構的盈富基金於 1999 年 11 月成立……1999 年 11 月，港府把購買的港股以盈富基金上市，分批售回市場……是在香港股票交易所買賣的交易所買賣基金 （ETF），是香港交易所上市的一種投資信託，其買賣方式像股票一樣，以 500 股為一手，股價大約是當日恆指的點數除以 1,000……投資者可透過購入盈富基金，而買入代表恒生指數的證券組合。信託的目的是複製恆生指數的表現，包括回報率和價格。由於盈富基金是一個開放式單位投資信託，而且代表了 50 隻恆生指數成份股的實益權益……「盈富基金」給單位持有者提供定期派息（每半年一次），跟股票一樣。」

購買「盈富基金」的最大優點，是它的管理費最為廉宜。由於指數基金的平均增長率不會太快，因此，其管理成本是非常重要，所有大師級的提示，都是要找收費最低的指數基金，反正指數基金的升跌和指數同步，沒有思想、也沒有績效可言，自然要找成本最低的那一個。

80 後博客史兄是博客群組《香港原人圈》成員。2013 年出版首本著作《婚姻這種邪教》，空餘時以玩弄 excel 表為樂，他自己認為是「多麼變態的嗜好」。無聊之下，與友人共同開發 app「求偶大作戰」，臉書個人帳號：https://www.facebook.com/relgitsjg.gjstigler」。他主理的「捐條毛做善事」的臉書號是：https://www.facebook.com/donateahair。他的投資方式就是月供「盈富基金」：從 2005 年起，月供兩千元「盈富基金」，其後加過幾次金額，十多年後，「盈富基金」佔了他的投資組合的 30%。

根據史兄的計算，「盈富基金」每年的管理費加開支大概 0.15%，一般基金則是 15-3%。它在 1999 年 11 月上市，如果由 1999 年 12 月開始，每月買入 1,000 元，到了 2017 年 6 月底，共買了 211 個月，總投資成本 21.1 萬元，當時的股價市值係 32.4 萬元，中間派股息約 8 萬，總回報是 40.4 萬，這還未算收股息的「利疊利」。

總之，總回報平均每年約 6.9%，同期每年通脹則是 1.6%，換言之，實質增長是 5%。但別忘了，引用史兄的說法是：「真真正正坐喺度有錢收，不勞而獲。完全唔需要任何功夫、努力、勞力，定時定候畀銀行扣數就得，乜嘢係 P/E ratio MACD RSI 陰陽燭牛一牛二牛三全部唔使理……」

另一方面，經濟學者林本利在 2016 年 11 月 3 日的《蘋果日報》專欄題為《買指數基金，不如自己揀股》則指出：「筆者發現，一些指數基金（例如恒生 H 股指數上市基金）的股息率，往往低於恒生中國企業（H 股）指數股息率，差距多於每年 0.6% 管理費及受託人費，這可能是因為基金額外收取其他費用。今年 6 月，負責管理盈富基金的道富環球，被證監會譴責及罰款 400 萬元。證監會指該基金把現金結餘存放在一間有關連的公司，沒有支付利息給盈富基金，並且在 6 份中期報告及年報中作了錯誤陳述。規模達 800 億元的盈富基金被證監會發現

內部程序出現問題，相信其他基金亦有類似情況，證監會實應多些抽查。」

由此可以見得，買指數基金的收入，會低於實際恒指掛鈎的收入，投資者要「蝕水」，這是必須注意的。

12.3 股榮對炒市不炒股的說法

我有一個好朋友，名叫「股榮」，在《蘋果日報》寫專欄，我是其長期讀者。他曾經寫過文章，研討過這課題：

「究竟何謂炒股、可謂炒市呢？股榮角度而言，期指、恒指牛熊證屬投機產品，不當炒市，暫只視「盈富基金」（2800）及「A50」（2823）等這類產品為炒市工具，買賣其他股票則屬炒股。其實炒股不炒市如此氾濫，這種港式傳統，與港人鍾情即抽即中獎的性格有關，有求就有供，財經節目上，觀眾打電話問冧把成為必然環節，就算個市幾好或幾差，我都未聽過有人打上去問：「師父，我隻『盈富』潛緊水，好唔好止蝕啊。」歐美股市 ETF 大行其道，成交甚至超越正股，屬於典型的炒市不炒股。由過去 10 年港股經驗話你知，除非你碰上大牛市或眼光一流，你炒股跑贏大市的機會少於一半。」

12.4 巴菲特的看法

事實上，很多投資大師，都對炒市不炒股情有獨鍾，例如說，寫《A Random Walk Down Wall Street》的 Burton Malkiel 便是其中的一位，巴菲特也說過，在他死後，要求把遺產一成投在政府債券，九成投在標準普爾 500 基金之上：「My advice to the trustee could not be more simple: Put 10% of the cash in short-term government bonds and 90% in a very low-cost S&P 500 index fund.」

12.5 炒市不炒股的優勢

無數炒股大師支持炒市不炒股，至於我本人，也在某程度支持炒市不炒股的基本原則，這當然是因為炒市有着其基本優勢。

第一點，個別股票，縱是最大型的上市公司，也有倒閉的可能，但是幾十隻指數成份股，可以做到平衡風險，減低其波幅。我並不是說，炒大市絕對安全，1949 年 5 月，當解放軍進入上海之後，上海證券交易所關門，但這種交易所倒閉的機會率，畢竟是很低很低，可以肯定的說一句，指數基金的安全性，遠遠高於個別股票。

第二點，大市的人為因素比較個股為少……雖然很多人認為，大市波動，也是大戶做市的結果，但無論如何，大市的人為性總比個股為低。雖然，就很多專

業炒家而言，就是希望有更多的人為性，一來比較容易猜心理，二來也更少的變數以供研究。反之，大市的變數太多，更難以掌握所有的數據。

第三點，正如前言，指數的波幅不如個股，雖然，有些賭性較強的投資者，也有些急於發達的投資者，認為這是缺點。但如果是炒恆指期貨，又或是其他的衍生工具，這雖然也算是炒市不炒股，但風險當然是大大的增加了，隨時比炒個別股票更高得多。

第四點，炒市更需要的是宏觀經濟的知識，在某角度看，這是常識，只要留心時事的人，很多時都會有基本的知識，足夠應付炒大市動向。然而，炒股票、研究個別股票，卻需要專門的股票知識，要特意費時失事地去作出個股研究。簡單點說，不炒股票的人，也會看經濟新聞，也有能力去炒大市，但是要炒個股，就需要特別的去研究了。

第五點，炒市相比起炒股而言，其最大的優勢是需要更少的時間去作研究，只需要日常瀏覽經濟新聞，便已足夠，反之，研究股票卻需要更多得多的時間，投身其中。換言之，炒股票可以是一份全職工作，也可以是一份兼職工作，但是，炒市根本就不是工作，不用花任何額外的時間，已可以做得很好。

第六點，大市的市場很大，比大部分的個股的成交都要多，因此，市場承接力也會比較高，可以大手買進而不虞市場承受不起太大的買賣盤。

12.6 炒市的策略

正如前言，炒市的優點，是不需要擁有專業知識，也不用太多的時間去研究，而炒市的策略，也正是針對這些優點。

第一招，是定期買入，例如說，巴菲特給信託基金的囑咐，便是如此。這種策略的優勢是，完全不用思想，總之股市升你就賺錢，股市跌你就蝕錢，但由於這與大市同步，也即是與整個社會絕大部分人的財富增減也同步，理論上，巴菲特作為世上第二富豪，只要他的遺產與社會上絕大部分人的財富同步升降，他的後人相信也可以繼續作為富豪，不多不少，沒有懸念。

所以，如果一個人全職工作，完全不花一秒鐘去思考投資的問題，他只要不用腦子地，每月發薪水後，便把用來投資增值的錢，全數用來買指數基金。

第二招，是自己研究，例如看基本因素，看圖表走勢，但這涉及專業知識和手段，這裏不述了。畢竟，照我的看法，如果要太花時間來作研究，倒不如去研究個股算了，何必炒大市呢？

第三招，是高沽低賣，賺取其中的差價，我列出四種方法：

1. 根據你對宏觀經濟的知識，對比股市和經濟狀況，認為股市過高的，則沽清存貨，甚至沽空，認為股市太平的，則買入，甚至是以孖展買入。

2. 你甚至可以連宏觀經濟也不用懂得，只要出現股災時，便買入，股市出現

泡沫，連擦鞋童也炒股票時，便要沽出。很不少人使用這招數，也賺了大錢，這其中包括了我的哥哥，他就是在 1998 年金融風暴時，買入了幾百萬元股票，賺了不少錢。

3. 但如何客觀地評估股災還是泡沫呢？前文也說過一個不用腦子去想的簡單方法，就是根據 Fischer Black 的研究結果出來的策略：「從這理論衍生出來投資策略，是當股市下跌了 50% 之後，便要開始入市。而當下跌了 75% 之時，手頭的現金應該是剛好買光了。如果是進取的投資者，則應該在下跌了 60% 時，便買光所有的現金，之後便使用槓桿去購入，當下跌至 75% 時，則已將所有的孖展信用額度都用光了。」

12.7 CAPE（Cyclically adjusted price-to-earnings ratio）

前一段說明了三招，而第四種方法，由於太過繁複，因此另外分出這一節，來作解說。你還可以使用客觀的指標，去為經濟和股市的比率去作出簡單的計算： CAPE 的全名是「Cyclically adjusted price-to-earnings ratio」，或「P/E 10 ratio」，是由經濟學家 John Y. Campbell 和 Robert Shiller 在 1988 年發明出來的，用以計算股市是不是過高或過低的方法。

這其中的原理很簡單： 如果只計算當年的市盈率，來作評估大市，這可能會因樣本太少而失準。因此，我們用 10 年、甚至是 20 年的平均市盈率去作計算，結果便會更加準確。當然了，這還得把通脹率也計算上去。

根據他們的計算，美股在 20 世紀的平均 CAPE，是 15.21，從 1881 年起，只有 3 年的 CAPE 是超過了 25，就是 1929 年、1999 年、2007 年，大家都知道，1929 年和 2007 年美股都發生了股災，1999 年的後一年，即 2000 年則是科網股爆破。在 2015 年，發展中國家的 CAPE Ratio 中，以俄羅斯和巴西最便宜，分別只有 4.6 倍和 7.4 倍，翌年兩地股市分別勁升 59% 和 69%，同年發達國家中 CAPE Ratio 最貴為 39.8 倍的丹麥，翌年該國股市急跌 13%，為發達國家中最劣。

根據 S&P 500 指數而計算的 Shiller PE Ratio，你不用懂得方程式，因為你可以在網上看到它每天更新的數字，至於港股，也有人不時公布，其實自己只要花點時間，也可以每天得到。不過，這些宏觀的數據，也用不着天天追查，一星期監察一次，已經足夠了。

更簡單的操作是： 低於 15 倍市盈率，便分批買入，高於 25 倍的市盈率，便逐步沽出。

不過，使用這些統計計算，缺點是羅素的雞。「羅素的雞」故事出自大哲學家 Bertrand Russell 寫的《The Problems of Philosophy》的第二章：「The man who has fed the chicken every day throughout its life at last wrings its neck instead, showing that more refined views as to the uniformity of nature would have been useful to the chicken.」

雞不可能知道，天天被餵食的時間，某一天卻被絞斷脖子，這證明了歸納法的不可靠。美股在 1929 年的 CAPE 最高達到了 32.6 倍，沒有人想到過在 1999 年 12 月它可以升到了 44.2 倍，如果你在 25 倍、甚至是等到 32.6 倍時才沽出，也難免會犯上了「過早沽出也是死罪」。

12.8 A 股在的狂升例子

上證指數是在 1991 年 7 月 15 日出現的，但基準的日子卻是 12 月 19 日，以當時的收市價來作為 100 點。史上最低市盈率的那天是在 1994 年 7 月 29 日，指數見了最低點 325 點，市盈率是 10.65 倍。至於它的史上最高市盈率，並非大家所熟知的 2007 年，而是在 2002 年 6 月 25 日，指數到了 1,748 點，市盈率是 76.7 倍。不過當時香港正在進入熊市第三期，市場上一片愁雲慘霧，當然感受不到 A 股的亢奮。

後來在 2005 年 12 月 30 日，上證指數又作出了一次的重整，以當日的收市價來作為 1,000 點。

在 2005 年的 6 月 3 日，上證指數是 998 點，當時的市盈率是 15.42 倍，跟着一直以爆炸式上式，一直升至 2007 年 10 月 16 日的 6,124 點，即是在兩年多之內，升了六倍有多，市盈率是 47.04 倍，然後因為金融海嘯，又急速下跌，跌至輾轉尋底，跌至 2008 年 10 月 28 日的 1,664 點，當時 A 股市盈率是 22.59 倍。

溫家寶的四萬億救市計劃，受惠的主要是房地產，出現了地產泡沫股市依然不振，但也有比較像樣的升幅，以 2009 年 6 月 19 日來作為一個例子，也已經升到了 2,869 點，相比起低位也升了 72.34%，這數字也高過了 2007 年 8 月 7 日的 2,187 點。

不過，假如以中國的平均經濟增長率 8% 去計算，在這 6 年之內，經濟增長也已經有 71% 了，如果把這個因素也加了上去，則上證指數應該是 2,845 點。這也即是說，如果用去年今日和 2008 年金融海嘯時的最低位相比，當時的股價還要低過金融海嘯時。

至於下一次的升勢，如果以 2014 年 10 月 27 日的收市價 2,290 點去作起點，一直升至 6 月 10 日的 5,164 點，即是八個月之內，升了 1.25 倍。如果用 2008 年 10 月 28 日的低位來計算，則是在六年之內，升了 2.1 倍。

跟着，上證指數又出現了暴跌，急跌至 7 月 9 日最低的 3,373 點，即是在一個月之內，跌去了 34.68%，不知是不是巧合地，這很接近黃金分割的 38.2%。

對於 A 股的市盈率，有一點是需要知道的，就是它的上市股票的數目受到了嚴格的限制，常常用暫停 I.P.O. 的方式，去挽救股市的跌勢，也正是由於股票的數目不合理地少，所以它的殼價，以及它的市盈率，均是不合理地高，而這種高

雖然不合理，但由於是制度問題，因此也是常態，所以也必須加進入考慮的因素。如果以現時 18 倍的市盈率去計算，相比起香港的市盈率，當然算是太貴，但如果計算上證指數的平均市盈率來說，則又完全不貴，因為縱是在 2008 年的最低點，市盈率也有 22.59 倍，但是上證指數在 6 月時的高位，市盈率仍然只有 21 倍，甚至比不上最低點的時候。

總括而言，如果用歷史因素去計算，上證指數根本是完全不算高，在 2015 年，簡直還是在低位！，不過深圳指數是 53 倍市盈率，創業板則是 126 倍，這遠遠比上證指數高得多，但這已經不是本段的討論範圍，暫且不談。

12.9 市盈率的缺陷

用市盈率來計算股市，也有失準的時候。最極端的例子，是在 2009 年，金融海嘯之後，美股相比起 2007 年的高位，已經下跌了一半，但是由於公司利潤跌得更大，當時的美股市盈率，竟然高達 123 倍，相比起正常歷史平均的 15 倍，多出了 7 倍。

但誰都知道，在 2009 年，是美股入貨的好時機。所以，也不是市盈率高，便一定不能買股票，也要看看是甚麼時候和為甚麼入貨。

12.10 甚麼是市盈率？

順帶一提，市盈率（Price-to-Earning Ratio，P/E），又稱為「本益比」，指每股市價除以每股盈利，即 price/earning。理論上，市盈率愈高，代表愈貴、愈不值，從好的方面看，則代表市場很看好這股票，才把它的價格炒高了。反過來說，市盈率愈低，代表這股票愈抵買，但也代表了市場不看好它。

發明市盈率的是加拿大投資者 Arthur William Cutten（1870—1936），他做期貨出身，賺得了第一桶金，1904 年開始投資股票，在 1929 年，杜指市盈率是 15 倍，他認為公司盈利會繼續升，市盈率會下跌，股市會繼續漲，所以大手買入，結果當然是大敗虧輸。本來他的陣地在期貨市場，因此雖大輸但未全敗，不過美國政府指控他做莊操控市場，又指控他在期貨市場不正當交易，禁止他繼續從事期貨，甚至控告他瞞稅，令他打官司都花了巨款，沒幾年便去世了。

如果從炒垃圾股的角度去看，我常常說，高市盈率倒不如沒有市盈率，市場有更大的幻想空間。70 倍的市盈率很多投資者會覺得很貴，但沒有市盈率，市場反而摸不着頭腦，無法評估其真實價值。

12.11 港股的例子

然而，使用任何的計算方程式，先決條件是輸入的數據是正確的，反之，如

果數據錯誤，不管方程式和計算過程是如何的正確，也會計出錯誤的答案。

其中的一個例子，是港股在 2015 年 4 月 27 日創下 8 年新高，即 28,588 點，當然市盈率不足 13 倍，卻發生了股災，跌至 2016 年 1 月 18 日的 19,237 點，但相比起 1973 年、1981 年、1987 年、1994 年、1997 年、2000 年及 2007 年的 7 次股災，大市是在接近或超過 20 倍市盈率，牛市才告終結，為甚麼 2015 年的牛市如此短命呢？

推而廣之，經濟學者林本利漸漸發現恒指成分股裏多隻收租股，如九龍倉（00004）、領展（前稱領匯，00823）的利潤中，物業重估部分也相當高，九倉及領展 PE 分別約 4 倍多和 3 倍多，其實也被大幅低估。

根據林本利的研究，香港在 2005 年引入、並在 2006 年全面實施以「公平價值」入股的新會計制度，上市公司每年度要重估資產價值，並入賬至公司賬目。換言之，公司擁有的資產升值了，縱然沒有沽出套現，其升值的部分，也當作是利潤。他舉了一個例子，在 2014 年，「領展」(823) 的利潤為 272 億元，但其中有 227 億元是來自商場及車位的升值，換言之，這佔了盈利的 83.45%，自然影響了市盈率。

他算出，在當年，有多達 20 隻恒指成分股有物業及資產重估利潤，佔 50 隻成分股總盈利 14,818.19 億元的 12%，單單李嘉誠的「長和系」，在 2014 年的出售資產及特殊利潤，已超過 1,100 億元。這些紙上利潤，拖低了恒指逾一成。

除此之外，9 隻成份股裏有 9 隻國企股，2015 年 8 月 17 日的市值合共 33,849.78 億元，佔恒指總市值約 23%，但其總利潤卻高達 5,226.5 億元，佔恒指成分股總盈利的 35%，單單一隻「建設銀行」（939），便佔了恒指比重約 6%，其 H 股稅後利潤高達 2,740 億港元，佔恒指成分股的總盈利接近兩成之多。

但是，9 隻國企股的市盈率卻不足 7 倍，大大的拖低了恒指的表現。它們之所以低市盈率，皆因內銀股雖然大賺，但市場憂慮它們太多潛在可能的壞賬，一旦爆發，造成連鎖反應，便會有嚴重的後果。

12.12 股和市未必同步

大市是由數以千計的個別股票所共同構成，因此，個別股票和大市的走勢未必同步，這好比李嘉誠今年賺了數百億元，香港經濟欣欣向榮，但我也有可能在同年輸到破產，另一個例子是，在上世紀的七十年代，香港經濟突飛猛進，但我的家庭卻王小二拜年，一年不如一年，便是跑輸給大市的好例子。

七十年代初期的美國，有幾十隻當炒的藍籌股，名為「Nifty Fifty」。查實這只是泛指市值最大的幾十隻股票，例如可口可樂、IBM、Johnson Johnson、麥當勞、通用電氣、3M、Philip Morris 等等，並沒有統一的名單，並非指定了的 50 隻特定股票。

在這時，Nifty Fifty 喪炒，在 1972 年底，蘭克思樂（現稱「富士施樂」）的市盈率是 49 倍，Avon 是 65 倍，寶麗萊是 91 倍，但其他的股票卻是紋風不動。

查實這種「只炒局部」，不炒全部的情況，並非沒出現過。二千年時的科網熱，便是只炒部分版塊，但大部分的股票都不怎麼動過。

回看「Nifty Fifty」，當時美國陷入越戰泥淖，經濟狀況不佳，人民的現金無法避險，惟有買一些「有買貴，無買錯」的大藍籌。對，當經濟的基本面不算好，但市場仍有資金時，便會出現「只炒局部」的現象，如果通解了股票理論，便當發現，這是常態，而非異態。

「Nifty Fifty」的結果，當然是炒爆了，在 1974 年，相比起一年多前的高位，蘭克思樂跌了 71%，Avon 跌了 86%，寶麗萊跌了 91%。）就是在熊市過後，牛市重臨，它們也落後大市，惟一的例外是 Wal-Mart，由 1972 年至 2001 年，連續 29 年保持了 29.65% 的高增長。

12.13 股和市的同步

雖說是個別股票和大市未必完全同步，但這只是就正常的波動而言，如果是遇上了特別激烈的狀況，例如股災，大部分的股票都不能不和大市同步。

根據中郵基金副總任澤松的計算，由 2012 年 12 月 1 日到 2014 年 11 月 28 日，在這兩年之內，A 股 2000 多家上市公司，有 30 隻股票升了 5 倍，超過 3 倍的，有 120 間，超過一倍的，有 1,100 間。總括而言，如果你在當時閉目買一隻股票，有 50% 的機會股價翻倍，如果買的是創業板，則有 80% 的翻倍機會。

另一個例子是 1989 年 6 月 5 日，緊接着「六四事件」的後一日，最低曾造 2,028.88 點，跌 646 點，當天收市報 2,093.61 點，跌 581 點或 21.7%，全港所有股票無一倖免。

12.14 市之內也不一定同步

所謂的「大市」，其實是由幾十隻藍籌股所組成的指數成份股所決定。然而，這幾十隻藍籌股的表現，並不一定同步，很多時，會有某些指數成份股上升，某些成份股下跌的情況，換言之，指數升，也即是大市升的同時，某些成份股也可能會下跌，反之亦然。

本文執筆於 2017 年 9 月 3 日，是星期日，周五的恆指收市價是 27,953 點，相距 28 個月前，即 2015 年 4 月 28 日的 28,588 點恆指高位，只有六百點，即 2%，但其實最主要是因為佔了指數比重 10% 的「騰訊」（700）的價格，從 163.6 元升至 326.2 元，差不多升了一倍。此外，比 28 個月前收市價高的，只有 21 隻股份，但卻有 18 隻比起當日，低了 2 成以上。所以，縱使大市上升，部分藍籌股也可

以是天國與地獄的分別。

12.15 炒股和炒市的相比

根據老友股榮的計算：「統計 2003 至 2012 年，10 年時間，恒指 8 升 2 跌，跑贏恒指股份的比例，只有五次超過 50%，2008 年及 2011 年遇上跌市，你揀中跑贏大市好股的機會只有 27% 及 36%。今年是體驗基金經理實力的一年，恒生指數年內累積升幅接近 20%，跑贏大市的股份僅 255 隻，佔整體（只計 10 億以上市值股份）只有三分一，比例是最近 10 年第二低，僅次 08 年海嘯股災年。單買盈富，炒市不炒股，你已經立於不敗之地……另一個炒市勝炒股的地方，是投資者對回報的態度。每年就算市況多惡劣，芸芸股海中，總有數隻是倍升股，但撫心自問，誠如 2009 年市場有 333 隻倍升股，你能等到一倍先放手嗎？可能升夠兩成，已經急急腳食糊，然後換錯馬，睇住舊愛愈升愈有，得不償失。買盈富，你預期有相當回報始套利，不會貿然衝動。炒市不炒股，回報唔嘢少……」

不過我也可以告訴大家，就是股榮本人，也是買個股，不買指數基金，至於作者本人，當然也是。我們當然認為，自己的能力可以炒贏大市，相信本書的讀者也會這樣認為，否則也不會購買本書了。正如股榮的説法：「每當遇上市況不明朗，外圍波動時，財經演員向股民的建議，十之八九是炒股唔炒市，記者寫到唔識寫，唔知睇好定睇淡時，炒股不炒市成為必然金句，又可以撐多五個字。股榮無聊用 wiser 系統統計，過去一年，全港報章雜誌合共有 637 篇文章用到炒股不／唔炒市，用炒市不炒股的，只有 40 篇……炒股唔炒市這句説話，某程度幾矛盾。大家不妨想想，如果個市睇唔透，點解你又睇得出邊啲股份係掂呢，如果揀得出，咁即係你睇得清個市啦。」

當然了，如果你是大明星如成龍、李連杰，收入是天文數字，只要財富不要負增長，和大市成正比，已經心滿意足，可以繼續做人上人了。但我們一介小民，內心很想有朝得以發達，希望投資回報高於大市，這自然非炒股不炒市不可。

12.16 牛市炒股，熊市炒市

市場主要的投資者的做法，則是在大部分的時間，都是炒股不炒市，但是在某些極端的情況下，主要是在熊市時，卻變成了炒市不炒股。

這分為三種人，第一種是最聰明的人，在牛三最旺盛之時，預先「嗅」到熊市來臨的氣味，把手頭的個別股票沽清，以避開股災。這種人，買的是個別股票，即是炒股不炒市，但在氣氛不對時，卻只看大市走勢，無差別地沽貨，變成了炒市不炒股。

第二種人可能不那麼聰明，但卻是老江湖，當熊一或熊二出現了，見到大市不妙，毅然離場，沽清全部股票，止賺、或減少虧蝕。

第三種人則是市場上最笨的人，往往等到熊三走到了末期，才現炒市不炒股，把手頭的沽票沽清。通常，當他們也沽光了股票，市場上再也沒有了任何的沽售壓力，股價便會止跌回升，牛市一期又再出現了。

總括而言，一般的做法，是在牛市時，炒股不炒市，即是只炒個別股票，熊市時，則會炒市不炒股，也即是簡單地把手頭股票清倉。然而，策略是如此，究竟如何把握時機，能不能夠賺錢，那就是憑不同人的資質和努力了。

13. 供應量 (大股東的持股量)

通常，大股東是對公司的運作和股票操作的最高決策人，但也有例外的時候。大股東的持股量，直接影響他對公司的影響力，我把其持股量分成五個不同的種類，予以分析。

13.1 持股不足 30%

一個大股東雖然持股量不足 30%，但是仍然可以去當單一的最大股東。但仍然是最大的單一股東，例如李澤楷之於「電訊盈科」（股票編號： 8）。

大股東的持股量必須超過一半，這位子才能坐得穩當，這應該是常識了，用不着多作解釋。如果他的持股量低於一半，這代表了市場的股票數量超過了一半，在理論上，如果有人能夠在市場上購買到超過一半的股票，便可取大股東的地位而代之。

一般來說，如果大股東的持股票不足 30%，最大的倚仗就是他控制了董事局。但這當然也不是絕對的安全。

在上世紀的八十年代，當時新崛起的股壇大亨劉鑾雄，先後「狙擊」了多間上司，都是大股東沒有控制性股權，因此他可以藉着在市場大手購買股票，以取得其控制權。被他「狙擊」過的上市公司包括了： 莊紹綏家族的「能達科技」(當時股票編號： 65)、「華人置業」（股票編號： 27)、「東亞銀行」（股票編號： 23)、「香港上海大酒店」(股票編號： 45) 等。劉鑾雄因而被冠上了「股壇狙擊手」的稱號。按： 「狙擊」並非這種行為的專業術語，而只是傳媒的鮮活形容。這種行為的專門名詞叫「敵意收購」（hostile takeover）。

但是數到香港有史以來最為經典的收購戰，則不得不數 1980 年的「九龍倉」（股票編號： 4）收購戰。

「九龍倉」是在 1886 年由遮打爵士和怡和大班凱瑟克所共同創立的。對，就是「遮打道」的那位遮打（Sir Paul Chater）。它的主要業務是經營九龍的碼頭及倉庫業務，因而擁有了一堆最貴重的物業： 尖沙咀的海港城。港島中環的置地、九龍尖沙咀的九龍倉，是怡和集團在香港的左右兩翼，不可缺其一。

這公司沒有單一的最大股東，因此只要買下了 29% 的股票，已可成為它的單一最大股東。早在 1978 年時，李嘉誠已早着先鞭，默默吸貨，令到九龍倉的股價由 13.4 元，狂升至 56 元。

據說當時怡和的老闆和匯豐主席商量，後者「勸退」了李嘉誠。於是，李嘉誠把手上的股份統統賣給了包玉剛，包本來也是在收集「九龍倉」的股票，登時如虎添翼。而包玉剛則「回報」李嘉誠，把手頭的「和記黃埔」股票賣了給李，因而奠定了李嘉誠後來在 1979 年購入「和記黃埔」的基礎。（按： 這個故事流傳已久，但我有點懷疑，理由是包玉剛背後的銀行家也是匯豐銀行，為何匯豐勸

退李嘉誠,而不勸退包玉剛。我認為更大的可能,是「和記黃埔」當時已因財困被匯豐銀行接管了,而匯豐銀行則已決定把手頭的「和記黃埔」股票賣給李嘉誠,所以促成了包李兩人的互相交換對方心儀的股票,使兩宗收購都可以成功,而匯豐銀行也可以同時做成兩宗生意。)

早在 1977 年,包玉剛的「環球航運集團」以 1377 萬載重噸,成為國際級的船王。相比之下,董建華的父親董浩雲的「東方海外」(股票編號: 316)的載重量「只有」1000 萬噸,比包還要小一點點。但是當時的包玉剛已感到全球航運業將會盛極而衰,已有了棄舟登陸的打算,才會去打算收購「九龍倉」。

包玉剛順利成為了單一最大股東,當然也進入了董事局。到了這時候,包玉剛的意圖是昭然若揭。他和怡和的收購戰已到達了短兵相接,大家都在市場不停購入股票,把股價搶高至六十多元。最後,包玉剛動用了 21 億元,以 105 元的超高價去提出收購,這是志在必得的價錢,最後終於把持股量增至 49%,奪得了控制權。但事後他才發現,他所買的股票當中,原來有一半是怡和放出來的,因為對方心想反正收購戰已打輸了,倒不如趁這高價,乘機出貨,也可以收回本利。

在香港早期的公司,很多都是一堆富豪「圍威喂」,大家夾份投資,湊合成為一間公司,因此股權分散,沒有單一大股東,是很普遍的事。但是經過了八十年代的多宗收購戰之後,不少人學乖了,採用了更嚴密的方法來防止被敵意收購,例如說,當年的怡和見過鬼怕黑,於是採用了「互相控股」的複雜方式,來防止旗下的公司再被收購。

總括而言,由於大家的害怕被敵意收購,所以現時大股東持股量低於 30%的公司,是愈來愈少了。

13.2 持股在 30% 至 40% 之間

《公司收購及合併守則》是這樣寫的:「當某人或某群一致行動的人士: (i)買入一間上市公司 30% 或以上的投票權……則有關人士便必須提出全面收購建議,買入該上市公司餘下的股份。」因此,三成持股量又叫做「觸發點」(twigger point)。打個比方,如果你持有一間上市公司三成的股份,有人要挑戰你的控制權,當他的持股量一旦超越了三成,要挑戰你的地位時,他必須提出全面收購,價錢是這半年來買入這股票的最高價。換言之,他要馬上準備買入其餘七成股份的資金。

要準備這筆大錢,並不容易。我且舉前面包玉剛收購「九龍倉」的故事,作為例子。當日他提出的以 105 元收購,是只購入五成的股票,作為界限,一旦他買夠了,收購便立時停止。這一招,就是為了避免以高價購入了 100% 的股票,構成了資金壓力。所以,只要大股東的持股量超過三成,便有了這重保護罩,如果敵人要攻進來,就得預備大筆的資金。這當然比低於三成的持股量為佳。

問題是：利字當頭，只要有利可圖，儘管困難，也需要資金，也會不少人願意去發動敵意收購。近期最有名的例子是由林建岳控制的豐德麗（股票編號：571）遭遇美資基金 Passport Capital 的狙擊。

當時，林建岳只持有 36% 的「豐德麗」，Passport Capital 發現了其中大有商機，便在市場增持「豐德麗」。它在 2007 年，已收 5% 以上，依例需要公佈，買入平均價是 5 元。然後是股價大跌，它不斷買入「溝貨」，到了 2008 年 12 月，它向兩個對沖基金購入了 5% 的股份，作價是每股 0.32 元。（你沒看錯這數字，前面早說過了，股價大跌嘛。）

這時，它的持股量已升至 28%，快要挑戰到岳少的大股東地位。背景資料是，Passport Capital 當時管理資產達到，嗯，根據不同的資料，分別為折算港元 200 億或 320 億，也許是因為「股票價格可升可跌」，在不同的時間，有不同的數值，要不就是有一則資料是錯的（當然不排除兩個都錯），但我不去深究了，反正也無關宏旨。總之結論是，它完全有財力吃下整間豐德麗，因為豐德麗的市值僅為 12 億港元，卻擁有價值數以倍計的優質資產。事實上，林建岳擁有的最有價值的地產項目，都放在這間公司之內，真像一頭肥美健康的水魚。

在這時，輪到林建岳吃虧了，因為前述的《公司收購及合併守則》，其後半段是是這樣的：「當某人或某群一致行動的人士：……（ii）已經持有一間上市公司 30% 以上，但不多於 50% 的投票權，並在隨後任何 12 個月的期間內，再增持 2% 以上的投票權，則有關人士便必須提出全面收購建議，買入該上市公司餘下的股份。」所以，林建岳最多只能增持 2%，到達 38%，便要停止了。這令他的局勢變得很被動。

在這關鍵時刻，「豐德麗」突然宣布配股，並且發行認股權證，佔擴大股份後的 8.82%。Passport Capital 唯有反擊，向高等法院申請禁制令，要求禁止這次配股，理由是林建岳和負責配股的中南證券可能是「一致行動人士」，故意以此來攤薄 Passport Capital 的持股權益，並且間接增加岳少的持股量。結果這宗官司，是「豐德麗」和中南證券贏了，因為並無實證的據顯示林建岳與中南證券有聯繫（當然沒有實質證據，因為不可能有文件記錄或錄音！），自然也無法證明前者透過配股來攤薄 Passport Capital 的權益，以及間接增加了林建岳本人的持股量。Passport Capital 的下場是估計輸去了 1 億元，而後來更面對中南證券的索償，理由是這一宗官司令到中南證券損失了因配股而賺到的利潤。我找不到這一宗官司的判決，但是中南證券的老闆莊友堅的一名得力手下對我說，官司是他們贏了，具體的賠償金額我忘記了，記得大約是五千萬元左右。

13.3 持股在 40% 至 50% 之間

很多公司的大股東的持股量都是在這個水平，例如李嘉誠之於「長江實業」

（股票編號： 1），郭氏家族之於「新鴻基地產」（16），鄭裕彤家族之於「新世界發展」（17）。這證明了，城中最富有的人都是持有這個持股量，當中一定有着玄機。

其中最為明顯的原因，當然是距離 30% 這觸發點更遠，所以安全系數更強。以前述的 Passport Capital 為例子，當他們已持有 28% 時，只有 36% 的大股東林建岳會覺得不安，因為對方只差 8% 便可以追上他了。然而，持有 42% 的安全系數當然更高，因為對方要加買 14%，才可以超越他。而 8% 和 14% 的差距，是足足多出了七成半。

當然，不排除有第二個原因，就是他們可能有很多友好，持有一定數量的股票，自己持有四成多，加上這些友好的持股，也即是實質上的超過五成了。

13.4 一般性授權批股

另外一個很多人會忽略了的技術性因素，就是上市公司召開股東周年大會時，可以通過發行新股票的決定的「一般性授權」。如果印行股票超過了兩成，則要另開股東大會來投票通過，這便多出了一重障礙。

更好玩的地方，在於在股東大會通過了「一般性授權」之後，股票可以暫時不發行，永遠扣着這個權利，隨時甚麼時候發行都可以，作為一張王牌之用。

大股果扣着這兩成的股票，甚麼時候出現了危機，便可以效法前述林建岳之於「豐德麗」的例子，把股票配售出去。當然了，配售人士必須是和大股東和上市公司無關的「獨立第三者」，至於這些獨立第三者是甚麼人，用的是甚麼定義（是法例的定義、大股東的定義，還是旁觀者如你和我的定義），就人言人殊了。

最後一提的是：四成股票再加兩成，總數是幾成？答案是 4+2 ≠ 6，而是 4+2=5，即五成。本來總數是 100，其中有 40，現在多出了 20，所以總數是 120，而原來的 40，加上新來的 20，那就是 60，相比起新的總數 120，60/120，得出是五成。

13.5 批股限制的最新進展

在我改寫本書的進度到了尾聲，當局正準備修改法例，把一般性授權在批股數目方面的上限，從 20%，減低至 10%。所以我在完成本書後，不得不回過頭來，補寫了這一段。

大股東手持 45% 的股票，假設發行 10% 的新股，也假設新股全發了給自己人，總發行股數變成了 110%，而大股東加上自己人的股數是 45%+10%=55%，也即是 110% 的一半。換言之，當批新股的發行股數從 20%，減至 10% 時，大股東必須擁有 45% 的股份，才能和以前的 40% 是相同的安全系數。

舊的法例既然已經沒用，我為甚麼不取消了上一段，乾脆把這一段新寫的補上去呢？這是因為，不排除在這段時間，有一些持股量在 40% 以上，45% 以下的大股東，因為法例的改變，而酌量增持股票。為了立此存照，所以便把舊的一段都留下來了。再說，本書講的是理論，只要理論通了，實務和法例怎樣改變，也可以相應變化，完全難不倒讀者。

13.6 持股在 50% 至 75% 之間

如果大股東持有超過五成的股票，那就是絕對安全了，因為沒有人能夠取代他的大股東地位，例如李兆基之於「恆基地產」（股票編號： 12）。很多時，大股東持股量甚多的公司，都是對股價利好的因素。以下是 2010 年的主板股票十大升幅榜，可見一斑。

	股票編號	公司名稱	升幅（%）	主要股東持股量（%）
第一位	0377	新州印刷集團	+1,444	72.71
第二位	0195	威達國際	+1,006	72.00
第三位	2362	澳門投資控股	+823	53.60
第四位	2678	天虹紡織	+710	73.15
第五位	1049	時富投資	+571	36.69
第六位	0838	億和控股	+492	66.18
第七位	0609	天德化工	+484	73.00
第八位	0872	錦恆汽車安全	+451	59.47
第九位	0448	漢登控股	+440	59.12
第十位	1014	冠亞商業集團	+423	74.00

13.7 持股在 75% 以上

法例規定上市公司的股票流通量必須佔上 25% 以上，所以大股東最多的持有量是 75%。

但是，如果公司在上市時，市值超過 100 億港元，便可向交易所申請酌情權，公眾持股量可以減低至 15% 至 25% 之間。這也是情不得已之舉，因為市值太高時，集資額也會高，如果市況並非超好，市場上往往難以提供足夠的現金，這個酌情權可以令到不少大型公司克服了這個技術性問題，順利上市。

在 2011 年底上市的「周大福珠寶」（1929）就是市值過千億的巨無霸企業，因此非但獲得了酌情權，而且是非常特別的酌情權。在上市後，大股東鄭裕彤家族持有的股份數量是 89.3%。這即是說，街貨只有區區的 10.7%。

13.8 大股東的隱藏股票

根據法例，只要持有 5% 的股票，便得向交易所申報，並且公開在交易所的網站。然而，在交易所的「披露易」網站，雖然可以查到存在大股東名下的股票數量，但是其真正控制的股票數量，卻不一定為世人所知。

法例雖然規定了「一致行動人士」得被視為同一個體，但是如何舉證，卻是難以．定義。如果持有股票者是大股東的太太子女，兄弟姊妹，又或者是兩人有着金錢上的往來，該人買股票的錢，是由大股東的銀行戶口所「借」出的，當然是無可抵賴，捉個正着。但是法例卻不禁止大股東的朋友購入股票，有甚麼方法證明這些「股東朋友」是「一致行動人士」呢？答案是：沒有，所以前述的 Passport Capital 也沒法子去證明林建岳和中南證券是，雖然大家都知道林先生和中南證券的莊先生是好朋友。所以，雖然大股東的持股數量，是非常重要的資訊，可是別要輕信官方的資料就是真實的數字。

對於大股東對於不屬於其名下戶口，卻能直接控制的股票，專業術語稱為「橫手」。本人持有的則是「正手」。這個名詞在下文將會常常出現。

另一個必須注意的要點是，大股東買賣股票，必須申報交易所。可是，橫手的持股量只要低於 5%，則不用申報。他的買賣當然較為方便，因此如果大股東持着隨時準備賣出的股票，還是放在橫手倉裏，買賣較有彈性。

13.9 大股東持股量為何重要

對於分析一隻股票，大股東的持股量是非常重要的參考指標。例如説，大股東持有股票愈多，他對炒高股票的興趣愈大，而他的持股量愈少，則供股的機會愈高，諸如此類，不勝枚舉。

梁杰文小弟寫的《香港股票財技密碼》，有一段説過：「但也不是説主要股東佔比大的公司，便會立刻上升，只是升的機會高，這是一個概率的問題。股價能否炒上，還看外圍的因素。

正如玩德州撲克，你的底牌是一對 A，All in（晒冷）是合理的做法，因為勝算很大，但卻並非保證必勝。股票不是純科學，沒有凡 A 則 B 的情況，但如 A 則很可能會 B，或假如是 A，則 B 的機會遠高於 C，則是恰當的描述。」

我在前文已經列舉了在 2010 年，香港主板股票的十大升幅，以下列上跌幅十大的股票，以供參考。

	股票編號	公司名稱	升幅（%）	主要股東持股量（%）
第一位	0736	中國置業投資	-97.38	11.28
第二位	0692	寶源控股	-96.46	53.40
第三位	0885	福方集團	-88.31	0.29
第四位	0986	南興集團	-86.23	49.21
第五位	0263	中國雲錫礦業	-84.26	29.52
第六位	0901	萊福資本	-79.02	44.98
第七位	0897	位元堂	-78.10	16.10
第八位	0630	國金資源控股	-78.00	21.49
第九位	0412	漢基控股	-77.39	0.38
第十位	1142	西伯利亞礦業	-76.67	5.43

這表格來自《香港股票財技密碼》，需要表明是引用？或有其他資料來源？

我們根據上表，可以約略看出，大股東的持股量和股票下跌，雖然有一定的關係，但這並不是絕對的關係。皆因影響到股票升跌的因素，還有很多很多項，不止是大股東的持股量一項。

前述的《香港股票財技密碼》，我給了一些意見，另外還有很少的片段是由我執筆的，其中包括了下面的一段：「大家必須緊記，大股東佔比例大的公司的表現較好，正如高大的男人的女朋友比較漂亮，只有統計學上的意義，而不是萬試萬靈的真理。因為男人除了高大之外，還有其他因素，例如說，他的財富、他的容貌、他的言行舉止等等。正如股票除了大股東所持有的股票比率之外，還有其他的因素。」

13.10 《財技密碼》大股東分析

「大股東」分析的一部分放了在《財技密碼》之內，為免重複，惟有省略掉。反正《財技密碼》和《炒股密碼》都是長銷書，兩者相輔相成，只要讀者把兩本都買下來，問題便不存在了。

14. 應量（原理）

經濟學上最基本的理論，就是「供求定理」，一言以概括之，就是價格是由供應和需求的互相關係而決定，這兩者的相交，就是市場價格了。股票的情況也是一樣，人們對股票有需求，也有供應，而這市場的供求的合成，便是股價了。因此，股票的供求定理，也可以稱為「價格定理」。在這一章，我們先講供應。

14.1 上市公司數目和市值

在 2017 年 8 月 31 日，香港一共有 1,758 間主板上市公司，302 間創業板公司。假設市場有 10 個住宅單位，每個的面積是 500 呎，又或者是每個的面積是 1,000 呎，這兩者對於樓價的衝擊，當然大有分別。數學上，10 間 1,000 呎單位的供應量，其實是 10 間 500 呎單位的一倍。

同樣道理，我們看股票的供應量，除了看上市公司的總數目之外，也要看其總市值。在 2017 年 7 月 31 日，港股市值達到了 29.99 萬億元。但相比起 2015 年 5 月 6 日的 31.5 萬億元的總市值，仍然有一段小距離。

14.2 增量分析

所謂的「增量」，也即是「增加了的數量」。理論上，有「增量」，當然也有「減量」，這兩者可合稱為「變量」，但是，直至現在為止，上市公司的數目通常是在增加，就算是在非常成熟的美國股市，納斯達克（NASDAQ, National Association of Securities Dealers Automated Quotations）的上市數目也從 2015 年的 3000 間急增至 2017 年的 3800 間。

分析這部分的數據時，請別忘記史達林的那句真言：「量是質的一種。」所以，當整個股市的市值增加時，縱然其指數／總股價並沒有增加，也已經等價於股價的上升。

其實，香港的上市公司總數目一直在增加中，從 2017 年 1 月 1 日至 8 月 31 日，已有 69 間主板上市，有 6 間是已批准但還未掛牌正式上市，有 103 間正在申請中。大致上，新上市的數目幾乎是年年在增加，換言之，股票的總數量也在年年增加，在 20 年前的 1997 年，上市公司數目只有 610 間，總市值也只有 3.2 萬億元而已。但在 2017 年的今天，單單「騰訊」（700）的在 9 月 1 日的市值，已經有 3.09 萬億元，差不多等如當年港股總市值了。

然而，要研究增量，除了首次集資之外，還要研究二次集資的數目。以 2017 年 1 月 1 日至 8 月 31 日計，新股上市的首次集資額分別是：公開發售 63.79 億元，發售舊股 32.66 億元，配售 581.17 億元，即合共 677.62 億元。但是二次集資的數目，則有配售 671.58 億元，供股 323.52 億元，公開發售（open offer，另一種

供股形式）24.42 億元，代價發行（例如印股票換資產）248.79 億元，行使認股證 16.22 億元，股份認購權計劃（例如員工認股）88 億元，合共是 1,372.53 億元，比起新股上市的集資額多出了一倍。然而，大家也別忘記，新股上市通常只是發行了 25% 的股份，但其餘下由大股東控有的 75% 股份，將來也可以在市場沽出，這些潛在的供應量，則仍可以一併計算在港股的總市值之內，也可以在將來沽出市場。既然股票總量的增加，會影響到股價，如果按照供求關係，這會是影響股市下跌的壓力。反過來說，如果股票總量減少，或最少沒有增加，也有有助於股市價格的上升，或至少可以止跌。

在中國的 A 股市場，曾經因為股市大跌，有過 8 次的暫停新股上市，直至股市回穩，才重新讓新股上市。

第 1 次：1994 年 7 月 21 日至 1994 年 12 月 7 日

空窗期：5 個月

第 2 次：1995 年 1 月 19 日至 1995 年 6 月 9 日

空窗期：5 個月

第 3 次：1995 年 7 月 5 日至 1996 年 1 月 3 日

空窗期：6 個月

第 4 次：2001 年 7 月 31 日至 2001 年 11 月 2 日

空窗期：3 個月

第 5 次：2004 年 8 月 26 日至 2005 年 1 月 23 日

空窗期：5 個月

第 6 次：2005 年 5 月 25 日至 2006 年 6 月 2 日

空窗期：1 年

第 7 次：2008 年 9 月 16 日 -2009 年 7 月 10 日

空窗期：10 個月

第 8 次：2012 年 11 月 16 日 -2013 年 12 月

空窗期：13 個月

需要注意的亮點是，第 6 次暫停 I.P.O. 的空窗期最長，足有 1 年，但在此之後，卻經歷了 A 股有史以來最劇烈的一次牛市，上證指數從 2005 年 6 月 6 日的低點 998 點，一直漲至 2007 年 10 月 6 日的史上最高點 6,124 點。由此可以見得，暫停供應量對於股價是有絕對的正面幫助。

14.3 個股的供應量

從上文的推理得出，股市受到股票的供應量所影響，同樣道理，個別股票的價格，也受到其供應量的影響：理論上，供應量愈多，股價向下的壓力就愈大。

然而，股票的供應量究竟是多少呢？例如說，大股東持有 75%，公眾持股量

則是 25%，我們當然知道，大股東不會輕易沽出其股票，但這也並非絕對不可能，換言之，這些是「潛在供應量」，這究竟是如何定奪呢？此外，公司也可以隨時透過發行新股的方式，例如供股、配售等等，去突然增加供應量，這也是散戶無所預料的。

簡而言之，我們雖然知道了供應量的重要性，但在實際操作上，這卻包含了很多的變數。

14.4 供應創造需求

《維基百科》對 Say's Law 的定義是：「在資本主義的經濟社會一般不會發生任何生產過剩的危機，更不可能出現就業不足。商品的生產數量完全由商品的供給面所決定，透過物價指數高低的調整，商品的供給量最後必將等於商品的需求量。」

通常對這理論的簡單說，就是「供應創造需求」，也即是說：「所有商品生產以後，一定能夠銷售。」

姑不論以上的說法在經濟學上是對是否，但是在股票的世界，卻有着一定的可檢驗性。理論上，一隻股票增加了供應量，例如說，發行了大量新股，很可能會令到股價下跌，但是，在不少情況下，這卻反而令到股價上升。

其中的一個理由，就是「供應創造需求」，這多半是新發行的股票，都落在了莊家的手上，莊家為了沽售手上的股票，必須創造出大量的需求，例如宣傳，又或者是注資這些吸引市場的財技活動，以吸引股民購買股票。這就是「供應創造需求」。不過，長期而言，供應量始終會壓垮股價，因為當莊家把手頭的股票都沽光了之後，便再也沒有誘因和動機，去繼續「創造需求」，原因是「創造需求」需要成本，沒有人會把魚餌餵給已經上釣了的魚吃。

14.5 需求超越供應

當供應量增加了之後，長期股價也不一定下跌。例如說，「騰訊」（700）2004 年 6 月 16 日上市時，發行價是 3.7 元。招股文件顯示，其主席馬化騰擁有 14.43% 的股份，他在 7 月 13 日隨即減持至 13.91%，在 2007 年 8 月 21 日減持至 12.95%，在 2014 年 4 月 2 日減持至 10.18%，2017 年 7 月 26 日再減持至 8.71%。

理論上，馬化騰的持續減持股份，相等於公眾持股量增加了，對於股價有壓力，但他的減持速度很慢，而且數量不多，13 年來減掉了 5.72%，加上這 13 年來，「騰訊」的業績快速增長，令到需求超越了供應量，所以其股價不跌反大升，在 2017 年 9 月 1 日的收市價是 326.2 元，由於它在 2014 年曾經 1 拆 5，這相等於拆股前的 1,631 元，比起上市價升了 440 倍，還不算中間的派息。

15. 需求面

大家都知道，價格是由供應和需求兩個變數所交合出來的結果。本章節講的就是股票的需求。

一個股市的上升，簡而言之，就是因為人們對股票有需求，因而購買，所以它就上升了。換言之，市場對股票的需求愈來愈大，而且這需求是長期性的，因而造成了牛市，這句話是完全不會錯的。問題在於，這些對股票的需求，是從何而生、因何而來的呢？

15.1 標準模型

所謂牛市的「標準模型」，也即是說，最基本的牛市發生方式。經濟學的教科書告訴我們，當一個經濟體系的經濟發展暢旺，就會得到了資金流入，公司的盈利因而上升，上市公司亦因盈利上升，股價普遍地提高了，這就會出現牛市。

這正如香港在上世紀中至回歸之前，經濟增長超速，股市從 1964 年至 1996 年，平均回報率是 25%，但是，從 1997 之後，香港的經濟放緩，從 1997 年至 2012 年，股市平均回報率只是 8% 而已。

然而，正如人沒有完人，每個人或多或少都有缺陷，例如太高太矮太胖太瘦、左撇子、有先天性疾病、躁狂症……諸如此類。所以，世上也不存在着「標準牛市」這一回事，因為牛熊只是一個人為的分類方式。這好比前面說到的牛熊之別：如果股市分階段上升，用了三年至五年的時間，最終升破了上次的高位，這就是標準的牛市了。但是，正如前文的分析：如果升市的時間很短，或者升幅不如標準，這又算不算得上是牛市呢？

15.1.1 經濟增長

經濟是由商業活動所構成的。大部分的大企業都是上市公司。因此，股市也可以是經濟的寒暑表，反映出經濟活動的盛衰周期。其中有一個說法，是「股市比經濟先行半年」。這是已經被證實肯定了的說法。我們需要的，只是解釋其原因。

第一個解說，是股市只比經濟數據先行半年，而不是比經濟先行半年。因為搜集經濟數據，再經由政府綜合分析、公布出來，中間是有時間落差的。所以說法可以是，股市應該是與經濟同步，只是經濟數據的公布延遲了。當然，數據的時間也是可以調整的，經過調整後的數據，也是證明了股市比經濟先行。

第二個解說，李嘉誠在 2011 年 8 月 4 日，在長和系的業績發布會上說：「作為公司高層，對未來三年的業績基本上都有充分的掌握，例如後年業績，差不多知道九成業績會如何。」

既然有人可以對公司未來的發展有一定掌握，這些資訊便可以反映在其股價

之上。因此，股價往往比公司的業績走得快，而經濟在很大程度上，是多間大型藍籌股的業績反映，因此股市的走勢也往往先行於實質經濟。

15.1.2 股市和實質經濟的相關系數

我們必須注意，股市和實質經濟的關係，只是一個相關系數，這個相關系數是極高的，但也並非完全對等。兩者仍然有可能關係不大，甚至背道而馳，儘管不會離譜地一個狂上，一個狂下，但是一個急升，另一個不動，甚至是小跌，或者是一個大跌，另一個不動，或者小升，其可能性是不容抹殺的。

最有名而且最常被舉的例子是：1964 年的 12 月 31 日，美國的道瓊斯指數收市是 874 點，但在 1981 年 12 月 31 日的道指收市則是 875 點，十七年間，只升了 1 點，但是同期美國的 GDP 則升了 373%。但在跟着的十七年，到了 2000 年的最後一天，道指的收市價是 11,723 點，升了 13.3 倍，股票大師 Peter Lynch 稱之為「美股在歷史上最快的增長」，但在同期，美國的 GDP 則不過是升了 196% 而已。

如果用通脹率去計算，在頭一個十七年，通脹增加了 209%，換言之，GDP 上升的 373%，大部分是通脹，實質的增長只是 164% 而已。至於在後一個十七年，通脹率則降了下去，通脹只是 89.53%，GDP 上升率相減，實質增長只有 106.47%，也是遠遠的比不上前十七年。

很多人誤會了，以為是因為這兩段時間的利率不同，所以才令到股市的升幅也不同。根據股神巴菲特的說法，這是因為在 1964 年底，美國政府長期國債的票面利率是 4.2%，在 1981 年底，已升至 13.65% 了。利率高，股市的吸引力相對下降，是股市的剋星。但是，在第二個十七年，聯儲局打擊通脹，到了 1998 年底，長期國債的票面利率降到了 5.09%。

但是，以上的利率計算，只是用幾個高點和低點來作出評估，但我認為並不正確。因為我找到了這兩段時間的利率，用人手計算了一遍，計的是平均數：頭十七年的利率是由 1964 年的 4.5%，一直加至 1981 年的 20.5%，平均息率是 8.43%，主要的原因是為了壓制從 1974 年開始急升的通脹率。到了 1982 年之後，通脹終於受控，從 1980 年和 1981 年的 13.58% 和 10.35%，急降至 1982 年和 1983 年的 6.16% 和 3.22%，但是後來也回升至 6% 至 8%，平均息率是 8.7%。（按：一年之間，利率會變化好幾次，我用的是最簡單的說法：把當年的最優惠利率的最高和最低，加起來，再除 2。雖然不是很精確，但可以快速地得出大約的數字。）

由此可知，在這兩段時間，平均利率其實是差不多，只是因為巴菲特僅比較了某一年的高點和某一年的低點，才會出現了和我不同的答案。

以上的情況，只因 GDP 的增長，只是構成大市上升的原因之一，但卻不是全部原因。其實，在 1964 年至 1981 年間，美股的平均市盈率是從二十倍，下跌

到六到八倍，這即是說，美國上市公司的盈利是升了不少，只是股價沒升而已。

至於其他的原因，也會影響到股市的升跌，這將會在下文述說。

15.1.3 股市上升快於經濟升幅

在另一個常常發生的情況，則是當經濟上升時，股市的升幅，遠遠快於實質經濟的升幅；而當經濟陷入衰退時，股票的跌幅，也遠遠大於實質經濟的跌幅。例如說，如果用美國股市在 1929 年的高點和 1932 年的低點去對比，股市跌去了81%，但股息只是跌走了 11% 而已。那些認為股市會和經濟同步升跌的想法，只是天方夜譚式的迷思而已。

簡單點說，在經濟上升的時間，投資資金的增長速度是高於經濟增幅，投資品的價格增幅也往往高於經濟增長，除非是：1. 投資品的數量增加得太快，例如太多的新股上市，扎薄了進來的資金；2. 資金走進了別的投資品，例如說，買樓不買股票。

但反過來說，當實質經濟下跌時，投資品的跌幅，也往往更甚於經濟的跌幅。

15.1.4 經濟上升而貨幣供應量不升

其實，這一節是不存在的。貨幣就是惟一的因素。但是，很多人會認為，經濟增長也會令到股票上升。假設一個情況：經濟增長，但貨幣供應沒有增加，商品價格也是不會上升的。問題是，如果經濟增長，但貨幣不增加，便會造成通貨收縮，這當然是沒有政府願意見到的事。因此，當經濟增長時，貨幣數量通常也會增加，自然也會令到商品價格上升。

為甚麼股市上升，貨幣供應量也一定上升呢？這是因為今日已經沒有了金本位，而是採用了虛頭的「紙本位」（fiat money），所以，貨幣數量是不停增加的，因此在實際上，經濟增長同時又貨幣減少，這情況是不存在的。

寫這「不存在」的一段，是因為一定有人會問：經濟增長也是增加股票需求的原因呀，作者為甚麼不寫呢？是不是遺忘了呢？所以我就不得不補加了這一段。

15.2 資金流入

有關股票的升跌，我在初學炒股票時，有「供股天王」之稱的「大凌張」教導過我一個基本的定理：「要股票升，還不容易？買它，它就升了。」

是的，股價的上升，只有一個原因，就是資金流入，也即是最基本的「有人買」。如果是根據「標準模型」，資金流入股市的最基本原因，就是因為經濟好了，上市公司賺的錢多了，投資股票的回報率也高了，而人們因為賺錢多了，也就有更多的錢可以用來投資，所以普遍的股價也就提升了，這就是牛市了。

然而，假如有一個情況：經濟的基本面並沒有提升，上市公司的盈利也沒有

增加，但是卻有資金流進，去大買股票，正是「一個願打，一個願捱」，在這個情況下，股市會不會上升呢？正是千規律，萬規律，股市規律只一條，「大凌張定律」是沒錯的：「要股票升，還不容易？買它，它就升了。」所以，當資金流進股市時，不管股票的盈利是高還是低，股價是一定會上升的，這是鐵律。

然而，問題來了：在投資市場，只有「聰明反被聰明誤」的「聰明笨伯」，並沒有傻瓜，為甚麼當經濟基本面不好的時候，還有人去把錢投進股市呢？

15.3 通貨膨脹

如果注入資金，就會令到股市上升，那麼，如果政府大量印刷鈔票，造成了惡性通貨膨脹，這即是說，用更多的資金，去追逐同等數量的股票，同樣也會令到股市上升。

相信大家讀西方近代史的時候，一定會讀到在 1923 年，德國的惡性通貨膨脹，令到馬克變成了廢紙。然而，在當時的股市，卻也是瘋狂地暴升，一共升了 300 億倍。在 2007 年中至 2008 年中，津巴布韋的通貨膨脹率是 371 倍，成為了世界性的新聞，不過，很少人留意到它的股市卻上升了 390 倍。這可以見得，通貨膨脹對於股市的幫助，究竟有多大了。

不過，必須要注意的是，通貨膨脹對於所有的資產價格，都有好處，並不止於股市，也包括了房地產之內的所有資產。

在這裏也要提醒大家，經濟學上的「通貨膨脹」的嚴格定義是「流通貨幣的大量增加」，這必然會導致資產價格的普遍上升，皆因在現代社會，最大宗的商品並非消費品，而是投資品。但是很多時，通俗的定義卻是「消費物價指數的上升」，因為這是小市民日常生活所感覺到的。這兩種定義的分別極大，不過為免讀者分心，還是改天有空，寫一本《經濟密碼》，才來詳細分析吧。

15.4 利率的高低

貨幣的發行量是它的絕對數值，而它的流通量則可充當發行量的另一方法。

舉個例子：

1. 如果在市場上有一張一百元鈔票，把這一張百元鈔票花上 4 次，相等於 400 元的總交易額。在這個情況之下，一張一百元鈔票是發行量，花上 4 次就是它的流通次數了。

2. 現在假設市場上有兩張一百元鈔票，把這兩張一百元鈔票各花上 1 次，即是二百元花上 2 次，加起上來，也是相等於 400 元的總交易額。

以上的兩個情況，總交易額都是 400 元，從這個角度去看，這兩者是等價的。所以，我們便可以得出一個結論，就是貨幣的流通量和發行量是等價的。順理推

論下去，假設貨幣的總發行量不變，只要增加了貨幣的流通速度，那就可以得到增發貨幣的相同效果。

要增加貨幣的流通速度，有很多方法，其中之一是，在一個政權快要崩潰時，其發行的貨幣也就快要變成廢紙，大家自然急着要將手上（快要報廢的）鈔票花光，在這個情況下，人人急着花錢，貨幣的流通量便會增加了。另一個方法，就是利率的高低。

當利率高時，人們喜歡把錢存進銀行，享受高息，不喜歡花錢，也不喜歡投資。當利率低時，人們喜歡花錢，喜歡投資，不喜歡把錢存在銀行。因此，利率高低影響了貨幣的流通速度，也影響了人們的投資意欲。

然而，我們在分析利率這個因素時，必須記着：

1. 利率對投資市場的影響力，是全方位的，從房地產，到商品期貨，以至於基金、保險，甚至是古董和藝術品市場，無一不包，股票只是其中一種受影響的投資品而已。

2. 此外，利率影響股市，也並非決定性的，很多時，當利率上升時，股市反而下跌，又或者是，當利率下跌時，股市反而上升，也是不時會發生的事。不過，如果是「負利率」時，股市多半會不理性地上升。但不管股市有多強，當利率不停的加上去，終於會達到一個臨界點，不管多強的股市，都會給更高更強的利率所壓垮的。

3. 利率的升升跌跌，也是有着周期性的，很少會這個月升，下個月跌，而是多半一升就是連升多次，維持一年以上，下跌的情況往往也是一樣，一跌，便會跌上好一段時間。所以，加息和減息的周期，往往也會影響到股市的周期。

最後一提，話說華頓商學院的著名教授 Jeremy Siegel 根據過去的研究顯示，在開始加息之後，股市繼續上升 9 個月至 2.5 年，股價才會開始下跌。

15.5 外國資金流入

中文成語有一句名言：「兩害取其輕」。你的股市的盈利雖然很高，但是如果別的股市的盈利比你的更高時，投資者便會把錢投進別的股市去。反過來的，你的股市用不着有很好的盈利，只要別的市場比你的更壞，資金便會走進來，把你的股市打高了。

換言之，如果別的投資市場的環境很差，資金便會走進一個相對風平浪靜的「資金避難所」，即是比較安全的投資環境，在這個情況之下，往往就會跳過了經濟的基本面：在沒有盈利跟進的時候，股市照樣會上升，因為外國的投資環境太差了，所以外國的資金也流入來，不管本地的經濟面和股價是高還是低，因為，你的經濟基本面用不着太好，只要比別的地方好，資金就會被吸引進來，把股票的市場價格扯高。

這裏也要補充一點：外國的資金流入，不一定會流進股市，也可以流進別的地方，例如買樓。

毋庸置疑的，如果外國資金流入，但這些外國資金並不買股票，對於股市的高低升跌，是牛是熊，也是沒有影響的。

15.6 政府救市

當一個經濟體系遇上了金融危機，往往會導致了整個金融體系的崩潰，這當然是政府很不願意見到的事。於是，在金融危機這種情況之下，政府往往會注資金融體系，作出救市的行動。注意的是，這種救市的做法，並不是為了拯救蕭條的經濟，因為經濟盛衰，是大自然的周期，沒法子去阻止，但是金融體系一旦崩潰了，要想恢復，就很困難了。

所以，當金融體系面臨崩潰時，有必要運用行政手段，注資進去，把它救活，這好比打一支強心針，目的不是要把病治好，而是先要把死者救活。

香港人最熟悉的例子，相信就是 1998 年的金融風暴，美國金融大鱷索羅斯同時間狙擊港股和港元，結果當時的財政司司長曾蔭權入市干預，大買藍籌股，令到索羅斯無功而退。

十年後，2008 年的金融海嘯，結果是導致了美國政府入市干預，運用了「量化寬鬆」的政策，向金融體系注入資金，暫時解決了燃眉之急。

在政府救市的情況之下，經濟的基本面不好，但股市卻因資金進入，因而小好，甚至是大好，由此造成股市和經濟脫節的現象。香港在 2009 年至 2010 年間，便出現了這種情況。

有兩點是值得注意的：

1. 政府救市，大致上有兩種方法，第一種是直接注入資金，第二種是減低利率，當然是前一種的效用較快，但後一種卻可維持比較長的時間。很多時，政府會兩者並用。

2. 前面說過，如果是減低利率，受益的將會是所有的投資品，不止是股票。如果是直接注入資金，也有不同的方法，可以注進不同的地方。例如說，美國在金融海嘯時，所使用的「量化寬鬆」救市方式，是向銀行回購政府債券，銀行把手頭的政府債券沽出了，套回現金，這變相向銀行體系注入資金。但是，在金融風暴時的香港，則是直接以買股票的形式，向股市注入基金。

當然了，直接向股市注資，股市肯定會受惠，但是像美國般，向銀行注資，雖然股市並沒有直接得其益，但是當銀行的資金充裕了，整個投資產品市場也會得益，自然也包括了股市在內。

因此，當年金融海嘯後美國政府注資救市，雖然注資的對象是銀行，但股市最終也得益了，結果大升特升，不在話下。

15.7 人口增長

經濟是由人類活動而來的，如果沒有人口，經濟數字就是零。反過來說，一個地區的人口愈多，GDP 總量也就愈高，這是不證自明的道理。GDP 總量愈高，也即是經濟愈好，對於股市也就愈是有利，這也是很容易得到的推論。

有一點題外話，是必須解釋的：人類的經濟活動來自分工合作和交換，所以，在理論上，一個經濟體系愈大，分工便愈是細緻，交換活動也就愈多，經濟也是更加蓬勃。所以，人口愈多，對於經濟也愈是有利。但為了簡化條件，以便讀者易於明白要點，所以在這裏，我故意不去深入討論這一個重點。

15.7.1 香港的人口增長

以香港為例子，在戰後的人口是五十萬，新中國在 1949 年成立了之後，因為政權變更，1950 年香港人口急增至二百二十萬人，接着人口一直猛升，除了因為市民踴躍生育之外，來自內地源源不絕的偷渡客也是重要的人口來源。到了 1974 年，香港實行了「抵壘政策」，內地的偷渡客必須穿越了新界，到達了市區，才能夠得到居留權。而在這個時候，香港政府也開始宣傳節育，宣傳的口號是「兩個就夠晒數」。在這個時候，是人口增長數字開放緩的轉捩點。

到了 1980 年，中國剛開始改革開放之時，香港的人口已經到達了 514.5 萬人了。就在這一年，香港政府取消抵壘政策，轉而採取「即捕即解」政策，即是偷渡客統統要送回內地，沒有了「抵壘」就可獲得身份證這回事。同時，政府的節育政策也已經收到了成效，因此，人口的增長進一步放緩，增長的高峰期過去了。

當人口的增長速度這樣快的時候，經濟增長想不迅速也難。更何況，偷渡客幾乎全都是青年人，沒有老弱婦孺，都是能夠增進經濟的勞動力。人口不但是製造經濟的動力，經濟增長令公司的盈利增長，也即是股市的基本因素增長，而且，這些人口同時也可以是股民，是買股票的生力軍，自然也因而增加了對股票的需求，從而令到整體股價的上升。

15.7.2 小孩、退休老人、家庭主婦

當我們討論到人口增長對股市的影響時，必須認清一個基本的事實：這些人口的增加，必須是經濟動力的一部分，也即是工作人口，才能夠對經濟和股市有幫助。這即是說，小孩子增多，對於現階段的經濟和股市，並沒有幫助。同樣道理，已經退休了的老人家，對於經濟和股市，也是沒有幫助。有的經濟體系，女人留在家裏，當家庭主婦，不出外工作，這當然也對經濟和股市沒有幫助。

但是，小孩子會長大，終於還是會成為成年人，變成了工作人口，所以，小孩子雖然暫時不是經濟和股市的動力，但是，在可計算的未來，終於還是會幫助到的。所以，當一個國家的生育率很高時，可以預期，它在未來的經濟增長和股市增長，都會很不錯，今日的印度就是一個好例子。

然而，退休的老人家只會繼續是退休人士，不會再變成工作人口。但做家務的婦女，則有可能大量轉化成為工作人口。例如説，在早年，香港的婦女很多都是家庭主婦，並非勞動力。然而，在上世紀的七十年代，香港的教育快速普及，而 1978 年，菲律賓政府鋭意發展外傭事業，在 1978 年起，把海外勞工中介公司民營化，大量菲國婦女到來香港當外傭，因而把香港婦女從家務中釋放出來，投進職場，變成了社會的勞動力，這當然也有助於經濟和股市的增長。

　　最後一提，小孩子、退休老人、家庭主婦雖然不是工作人口，但卻均是消費者，他們對於經濟並非完全沒有作用。但是總括而言，他們對於經濟增長的動力是負數。因此，這十多年來陷於高齡化的日本，老人佔人口的比例愈來愈多，經濟增長和股市才會這樣子的一蹶不振。

15.7.3 經濟總量和人均收入

　　我們知道，一個經濟體的國民收入（GDP）增加，並不等於國民真的富有了。假如説，一個經濟體的 GDP 增加了一成，但是人口也增加了一成，在這種情況之下，雖然經濟的總量是增加了，但是人均收入卻並沒有增加。

　　問題在於：股市是由經濟總量而決定，還是由人均收入而決定呢？答案是前者。因為當經濟總量大了，不但公司的市值也會因此增加，股民也因而減少了，自然也會令到股市下跌。以日本為例子，在 2005 年開始，人口呈現了負增長，再由 2007 年開始，變為自然減少，而且缺口還急速擴大，從 2007 年的減少0.088%，至 2012 年的減少了 0.21%，一共減少了二十多萬人，這樣的人口急跌，經濟和股市的長線走勢想好也難。

　　假設有一個情況：人均收入增加了 5%，但是人口則減少了 10%，換言之，經濟總量是下跌了。那麼，假設其他一切因素不變，股市應該是上升，還是下跌呢？

　　答案是下跌。因為股市的高低，是由股民，也即是總購買力而決定，而不是由人均購買力去決定。

　　假設另一個情況：人均收入減少了 10%，但總人口則增加了 20%，換言之，經濟總量是上升了。在這個客觀環境之下，假設一切其他變數沒變，股市也是應該會上升的。

　　但必須記着，以上的是簡化了的模式，假設一切變數都不存在。之所以要用這個簡化模式，只是為了令到大家易於理解以上的概念，但當我們明白了基本概念，把模式轉換到現實時，必須明白到一個事實，就是簡化模式在現實中是不存在的，因為每項變數都在不停的轉變。

　　此外，我們也必須明白一些投資學的基本原理，其中之一，就是當人均收入增加時，其收入在分配於投資項目之上的比率，也會有所變化。有關這一點，我會在另外一本講述投資學基本原理的書籍中，再作講述。但是由於本書要用簡化模式，去講解概念，所以也把人均收入和經濟總量這兩項變數的影響簡化了，不

去進一步地，把人均收入的增加或減少，對投資股市的心理行為影響，也一併計算進去，免得把問題搞得愈來愈複雜，永遠也説不完。

15.8 陰謀論

我在第一章也講過，從基本因素看，經濟有循環盛衰，因此股市也有牛熊。從陰謀論看，沒有牛市，莊家無法散貨，把股票高價沽出；沒有熊市，市場莊家們入不了貨，不能以低價買入股票。所以，縱使沒有牛熊市，莊家們也要製造出來。雖然這種説法不大可信，但是，後文卻有着很多鮮明例子旁證出，莊家縱然不能夠製造出牛熊，但卻能夠加強牛市，或減輕熊市的影響，1997年的金融風暴，和2007年的「港股直通車」，顯然有着莊家活動的「手影」。

在2016年，特朗普和希拉莉爭奪美國總統之位，當時分析皆以為，希拉莉當選，美國股市會大升，特朗普當選，由於他的極右政綱，美國股市則會大跌。然而，在特朗普當選、就職之後，美股卻屢創新高，升個不停。我寫了一篇文章，提出了多個理由，例如説特朗普要減税，諸如此類。但一位讀者卻在我的臉書留言，指出只是美國的莊家收乾了貨，不管由誰來當選，都會大炒特炒，理由只是創作出來，如此而已。

15.9 資金流向決定一切

前面一共説了有關股市需求的8點因素，包括了經濟增長、資金流入、通貨膨脹、利率升跌、外國資金流入、政府救市、人口增長、陰謀論等，其實總括而言，8點只是一點，就是離不開大凌張那句名言：「要股票升，還不容易？買它，它就升了。」

是的，有人買股票，只要買入的人比沽出的人多，股票就升了。如果用一個高層次的説法，就是只要有資金流入，股市就升了，這是不會錯的説法。因此，我們把7點股市需求作出一個總結，就是一句話：「資金流向決定一切。」

但必須記着：股票的需求，不是由人數來決定的，而是由投入的金錢來決定的。假設有一百個人想買股票，但這一百個人的口袋都沒有錢，這股票的需求仍然是零。假如有一個一百億富豪，他打算用十萬元去購買某股票，這股票的需求便是十萬元了，而這個人有一百億身家、一千億身家，或者是全副身家只有十萬元，這無關宏旨，因為市場不管一個人的身家有多少，只管他有多少錢願意投放在市場。

這好比有一位很富有的老闆，但我也並不一定要去奉承他，不一定要去拍他的馬屁，原因是：「你有錢啫，你一毛不拔，對我有甚麼好處？」然而，一位仁兄雖然窮，但傾囊而出，對我有好處，我也會感激。所以我發現，發財的訣竅往

往是甘於奉承比他窮的人，因為，從比你窮的人的身上賺錢，遠比從比你富有的人身上賺錢，更加容易。

15.10 貨幣需求的互相爭奪

股票是一種商品，需要用貨幣來購買，但是貨幣能夠買到的商品不止是股票。錢可以用來消費，不作投資股票，也可以用來投資別的，例如買房子，買債券、藝術品，甚至是存在銀行收利息。以上的種種商品，都是股票的直接競爭者，如果錢的主人買了它們，購買股票的錢便少了。

當金融海嘯發生了之後，在 2008 年底，美國決定了推行寬鬆的貨幣政策，增加了貨幣供應。我當時預言香港的股市也會大漲，而在跟着的一年多，香港的股市果然大漲，但卻並沒有像我的預言般，進入牛市第三期，喪炒一輪。我把這原因歸究於貨幣雖然增加了，但卻沒有走進股市，而是投進了樓市，所以令到股市的牛市難產了。這就有如擠牙膏，如果把蓋子閉上了，用力猛擠，牙膏將會從牙膏筒的最脆弱位置擠出來。在 2010 年，香港的投資市場中，供應最缺乏的，是樓市，所以資金都往樓市跑，扯走了本來投資於股市的錢。

其他的投資產品會扯走流入股市的資金，減低了需求，不同的股票也在互相競爭。一個人把資金買了 A 股票，便沒有錢買 B 股票了。所以，股票的供應量，也會影響到股票的價格。但本節討論的是股票的需求，有關股票的供應，後文會再述。

15.11 供求關係

說穿了，股票的升跌，就是供求關係，只要需求大於供應，太多的資金追逐相對較少的沽盤，股市和股價就升，沽盤多於流入的資金，股市和股價就跌，說來就是這麼簡單的一回事，但實際操作起來，則千變萬化，存乎一心。

在 2011 年 1 月，香港一共有 1,420 間上市公司。在 2012 年 1 月，則有 1,506 間，多出了 86 間，即是 6%。香港股市的總市值則由 192,325 億，升至 212,338 億這，增幅為 10.4%。以上的，就是香港股市總供應量的增幅。

換言之，假設一切其他變數不變，投入股市的資金，也即是它的需求，應該是要超過 10.4%，才能夠令到股市上升。

如果我們再運用前文的方法去分析，香港在 2012 年的人口是 7,136,300 人，比 2011 年多出了 64,700 人，人口增長是 0.9%，遠遠比不上 10.4% 的股票價值增幅。我並沒有忘記，如果要計算股票的購買力，主要得計算就業人口的增減，但很可惜，我手頭並沒有這兩年之間的就業人口數字，這也只好將就算了，希望讀者體諒。但我卻有 2011 年和 2012 年之間的經濟增長率：GDP 增長 10.2%，

實質 GDP 則升 6.3%。正如在前文所言，股市的升跌，計算的是經濟的總量，而非人均收入，同樣道理，我們的計算標準，也是 GDP 增長，而非（扣除了通脹率的）實質 GDP 增長，這正如前述的津巴布韋例子，股市的升值 390 倍，也是只計升幅，並沒有減去通脹率。

如果以股票增長率 10.4% 計算，對比 GDP 增長 10.2%，供應量的增幅多於需求量，在理論上，股市是應該下跌的。當然了，影響股市的升跌因素有很多，例如，前文說過的外來資金的加入，香港的情況，便是有很多內地和外國資金參與，這就把事情複雜化了。也正如前文所言，我故意使用簡單化的例子，也只是為了易於向讀者解釋原理而已。這正如我在這裏，也忽略了「派息」的因素，因為派息會令到股市的總市值減少了，但因為這與理解本章節無關，所以我也是故意忽略了它的。這兩個要素的交叉點，就是價格的均衡點了。先前我們說過需求，現在開始說供應了。

總之，股票的數量愈多，其價格便愈低，這是不易的真理。順着推理下去，上市的股票愈多，股票的平均價格也就愈低，這也是不易的真理。中國 A 股的市盈率往往高於香港的股票，皆因中國的上市程序遠比香港複雜，令到其供應量減少。

值得注意的事實是：由於種種已述原因，長線而言，股票在市場上的供應量和需求總是不斷的增加，不過，供應量的增加是相對持續不斷的，縱然增量偶有減速，甚至是短暫的停止，但總的來說，變化並不太大。然而，需求的變化卻可以很突然，很快速，尤其是市場氣氛，更加可以一朝逆轉，因此，股市的價格大牛大跌，往往是因為需求的突變而引起。

16. 誰是大股東

這一段和供求關係無關，但由於上一段講到大股東，因此要順着思路，繼續講下去。

股票是「人性的行業」（human business），誰當大股東，對股價和未來發展均是有影響。

16.1 大股東是猛人

如果大股東是猛人，對股價當然有正面的影響。最經典的例子是當年李澤楷入股「德信佳」，股價升了數十倍，原因只有一個：李澤楷比原大股東黃鴻年的來頭更猛。

我的看法是，如果由猛人當大股東，由猛人當股東，就算股價不升，或者只熱炒一會，便告打回原形，但最少不會突然拉閘關門，停牌執笠，這也可以算是優點。

16.2 大股東是衰人

猛人當大股東是優勢，反過來說，衰人當大股東，當然是大缺點了。

周潤發做過一個角色，叫「殺人王」，股壇也有一些殺人如麻的大鱷，如果由他們去當大股東，當會對股價有着反效果。這些大鱷當中最凶殘的，我差不多全認識了，所以不便直接透露其姓名，從略。

我的一位經紀叫 J 君，是個分析股票的專家，其專的程度，我，周顯大師，連他的一成功力都及不上。有一次，我的一位莊家朋友正想大炒「中國包裝集團」（股票編號：572），對我大力推介，我不想自己分析，便求教於 J 君。

J 君對該股票的論點是：「該公司年年賺錢，年年派息，市盈率三倍，偏卻又年年印股票集資，最大的疑點是，其大股東是福建人，我恐怕這是一盤假賬。」

此言最畫龍點睛的是「大股東是福建人」，這番話固然是對閩籍人士的人身攻擊，但對我把這番話向多名行內高手複述時，竟然是不約而同的讚賞 J 君的分析高明。更精彩的事在後頭：這故事發生在 2006 年，我第一次寫此段的時間是 2009 年 6 月 16 日，赫然發現此股票竟在月前停了牌，交易所的通告寫得含糊其辭，其中一項理由是被追數千萬元的債項。試想想，年年賺大錢的公司，怎可能欠債不還？

現在是 2012 年，果然，這間公司的結局就是清盤、注入新資金，復牌，原有股東的權益被攤薄得不知去向。

必須澄清，我並非完全否決購買高危股票，相反，我本人也常常投注在這些股票的身上。只是我們購買前，必須評估它的危險度，投資高危公司的股票時，

也須將其風險牢記於心，深明其化為烏有的可能性：不知其風險而胡亂投資，是為羊牯，經準確評估其風險而大手買入，才是現代智人（homo sapien）的作風，由此，我們可以得出結論：大股東是誰，對股價的影響可以是決定性的，比大股東的持股量更為重要。

16.3 大股東不是人

大股東不一定是個人，也可以是一個機構。當然，一個人可以成立一間公司，然後用公司的名義來控股，但是公司也會有最後的受益人，而交易所的記錄也會把實質的受益人的名字列出來。這裏說的「不是人」並非指這個，而是指一些沒有最後受益人的機構。

16.3.1 國家

沒有甚麼人不知道甚麼是「國企」了，這即是「國家擁有的企業」，在香港，泛指中國政府當大股東的上市公司。另外，「地鐵公司」（股票編號：66）和「領匯房產基金」（股票編號：823）的大股東是香港特區政府。其他國家的主權基金也可以成為上市公司的大股東。

一般而言，這些公司得顧全形象，作風比較正派，更加不會賣盤，放棄大股東的身份。當然了，國營企業的經營通常低於私人企業，又是另一回事了。

問題是，國家不會在國企中偷錢，但是國家派進國企當董事的人，卻可能會大動手腳。2011 年 5 月，「中國移動」（股票編號：941）的 7 名高層管理人員下台，理由包括涉嫌收受賄賂、攜款外逃等，就是一個例子。

16.3.2 家族基金

公司的創辦人在一命歸西之後，或是在年老退休之時，由於不想分家，往往便把財產放進家族基金裏，由家人共同管理。這些公司包括了「九龍倉」（股票編號：4）、「新鴻基地產」（16）、「大家樂」（341）等等。

由於創辦人通常有不少子女，這些子女共同管理公司時，往往各立山頭，大家互有親信，插進公司，而子女的外家也會和公司大做生意，接受訂單，幹一些合法地「搲公司着數」的行為。

有一宗私有化事件，母公司正是由家族基金持有。話說子公司向下炒了十年八年後，然後母公司以接近一倍的超高溢價，私有化子公司。坊間的評論皆以為大股東是無比慷慨，但，我從來沒有見過慷慨的大股東。因此，評論一定是錯的，所謂的「慷慨」，必定有坊間不為人知的原因。況且，如果大股東是慷慨的，那就不會向下炒，炒足十年，炒到私有化的溢價接近一倍，還有利潤，可以向家族基金交代。

這也可以反證出，原來的股東如果持有了股票十年，其損失是多麼的巨大了。

我的高見認為，惟一的合理猜測是：在近年來，管理階層已趁低價密密收了不少股票，高價私有化，他們正好順理成章，把股票賣回給家族基金，無驚無險賺大錢。

16.3.3 慈善基金

現時不少富豪都把部分財富撥出，成立了慈善基金會，甚至有些還捐出了大部分的財富，例如「震雄集團」（股票編號：57）的創辦人蔣震先生。在他們生前，這些基金會對公司和股價的運作，應同成立基金之前，不會有多大的分別。但當他們百年歸老，騎鶴歸西之後，慈善基金會由別人接手，這筆財富變成了「別人的錢」（other people's money），其在上市公司的作風會否隨之而改，也是一件耐人尋味的事。

近期最有名的例子是「華懋集團」。

它的原大股東王德輝被綁架者殺掉了，經過一連串的事件，先是龔如心把亡夫王德輝的生意一步一步的接手過來，跟着是同老爺王廷歆的官司，以一張曾經受過質疑的遺囑取勝，然後當龔死後，又走出了一個風水師和按摩師陳振聰，又上演了一幕震驚香港的好戲。這場官司最後得勝的是龔如心的弟弟龔仁心，繼續的故事是，敗訴的陳振聰遭政府以刑事起訴，指其遺囑是偽造的，最近一場是龔仁心和負責管理遺產的會計師大鬥法，榮登了封面故事，跟着是會計師給請了去「飲咖啡」，然而還未上演的尾聲是上訴到終審法院的哨牙仔陳振聰。

總之，華懋到了最後，落到了一個慈善基金之手，不消說，這基金是由人控制的，而這些管理階層對這筆龐大的財富只有控制權，並沒有擁有權。華懋並非上市公司，但它擁有兩間上市公司的控制權：「丹楓控股」（股票編號：271）和「安寧控股」（股票編號：128），這兩間公司的股價在官司完結、管理階層正式接手後，便大炒特炒了一輪，股價大升特升，其中有何玄機，是有待猜測的。

慈善基金常常有一個弱點，就是其掌舵人不一定有商業經驗。以龔仁心為例子，他似乎有把華懋的管理現代化的打算，但這位醫生出身的「大當家」，五六十歲才開始做生意，究竟真的能勝任嗎？這中間至少有三個問題：第一，錢並不是他的，而是屬於慈善基金，而凡是這種情況，管理階層都難以盡心盡力。第二，做生意是一種天生的技能，白手興家者必然有這種才能，因為時間和往績已證明了一切。但是空降下來的，則要撞手神了。第三，做生意也是後天的學習，我的觀察是，最好是在二十歲前有經驗，過了三十歲後，尤其是打過工後，學會了打工的「壞」思維，便較難去學做生意了。但如果龔仁心居然是不世出的生意奇才，只是當年做醫生綁住了這份天才，那我只有收回我以上的分析和結論了。不用提，我是常常跌眼鏡的。

16.3.4 小結

　　「大股東不是人」的變數太多，這裏難以一一分析，只能就此打住。但簡單的總結是：經營自己的錢，和經營別人的錢，其方法和態度都是大有分別的。後者多半會引來經營者搵公司着數，甚至是偷錢。這種情況有多嚴重，固然視乎基金接班人的人格，但也得視乎其身家，如果其人餓了太久，窮得太瘋，那就難免吃相難看，如果其人也君子，當也不會不吃，不過會遵守餐桌禮儀，吃得有文化得多了。

16.4 共產黨員

　　2014 年，「中國忠旺」（1333），以溢價供股，擺明是意欲供乾，所以大家便跟着去供了。這股票我也買了十幾萬咁大把啦，之所以不敢買得太多，原因是這種股票雖然是供乾了，但是仍然不排除它在供股後，股價繼續下滑或橫行一年半載，悶死你為止。需知道，資金是有機會成本的，時間值也是它的機會成本之一，如果給下滑的股價綁着了，眼看它長久必升，又不能忍痛止蝕把它沽出，這可是十分尷尬的事。

　　其實，這公司的低潮期應該已經過去了，但是，根據資料顯示，它的新投產機器運作，產量倍增的時間，是 2015 年，這即是說，它的股價高峰期，估計是在 2017 年，距今是 3 年，資金能不能等這麼久呢？這就是問題了。

　　然而，「中國忠旺」這公司最吸引的地方，並不是因為它的業務，而是因為它是一間黨員企業。大家知道，在習近平的新政，民企將會抬頭，而我的看法是，不是所有的民企都能得到政策上的傾斜，而是黨員控制的民企，才有資格優先。

　　「中國忠旺」的大股東劉忠田，曾經多次被評定為「優秀共產黨員」和「十佳黨部書記」，並且曾經獲得過共青團省委和人民銀行頒授的「青年崗位能手」的稱號。這股票在我買入之後，上升了幾成，算是有點微利。

　　另一個有名的黨員民企老闆是「天工國際」（826）的朱小坤，我也在 2014年，曾經買過，沒有太大的盈虧。

　　這公司生產的是高速工具鋼，簡單點說，就是武俠小說的「精鋼」。

　　這些精鋼是用來切割其他鋼具的，可知道它的堅硬程度。生產精鋼的技術，是重點工業，因為所有的重工業和軍事都要利用精鋼。儘管「天工國際」只是製造精鋼工具，而不是煉鋼，但它是國家重視的工業技術，是無可置疑的，所以，它也必須是由「信得過」的共產黨員去作領導，國家才會放心，這也是無可置疑的。而國家對於這些「信得過」的黨員企業，不消說的，有着很多的政策優惠，這更加是無可置疑的。

　　朱小坤是貧農後代，青年時便根正苗紅地當上了江蘇省丹陽市後巷鎮前巷村的黨支部書記，因為一間五金廠快要倒閉，可能導致二十多名工人失業，他便膽粗粗

的接了手，結果把這公司搞得蒸蒸日上，還在香港上了市，這就是「天工國際」了。

朱小坤發財之後，也十分之「識做」，懂得回報共產黨。例如說，他花錢去辦老同志活動室，設立黨團員之家，對老幹部和老團員發於退休金、養老金。不消說的，政府也對這公司提供了種種的優待和優惠政策，以作為「識做」的回敬。

第三間要說的黨員企業，是耿瑩的「神州資源」（223），我是在 2007 年買入的。

耿瑩就是被鄧小平罵「胡說八道」的前國防部長耿飆的女兒，而習近平之所以進入軍方，就是由當耿飆的私人秘書開始。「神州資源」的背景非常強勁，只是，在幾年前，當它意圖注進黑龍江項目時，卻遇上了極大麻煩、官司訴訟，令到它元氣大傷，久久未能恢復，股價自然也是疲不能興。

暫時看來，共產黨雖然是中國的執政黨，但是其黨員作為大股東的上市公司，並看不出有太大的優勢。

16.5 上市公司主席和董事

大股東通常也是上市公司主席，但也不一定。外國人尤其喜歡這一套。我不翻查資料了，只憑記憶對大家說，當年的怡置系凱瑟克家族，又或是「太古股份」（股票編號： 19），其大股東史懷雅家族便沒有進入董事局。

不進董事局有一大好處，就是台灣人說的「不沾鍋」。要知道，上市公司董事有很多繁文縟節需要遵守，也有法律責任，因此一些老牌家族索性啥也不當，付錢（給出任董事的人們）省麻煩。

順帶一提，公司不能沒有董事局，卻可以不設董事局主席。一些上市公司只有幾名董事，卻沒有主席。這些公司多半另有幕後的大股東，一般情況下，其作風並不正派，可以殺得極度凶殘，因為粉墨登場並非大老闆，而是另有替死鬼，幕後人士不妨做得有多絕便多絕，反正被散戶「燒數簿」的並非是他。

也有一個可能性，就是這些「人頭董事」只是暫時性的，大局底定後，真正有實力的幕後大股東才正式登場。這當然是好事。

16.6 大股東和董事局鬧翻了

董事是負責管理和營運公司的人，所以控制了董事局，也即是控制了公司。大股東「不沾鍋」，不進董事局，當然可以避開了所有的法律責任，但也有「不沾鍋」的頭疼處，就是當大股東和董事局鬧翻時，就會吃了眼前虧，失利的往往是大股東。

表面上，董事的任命和罷免，都要在股東大會投票表決。但在 2001 年上市的「國際融資」（當年的股票編號： 8004），發生了股東爭拗，大股東要想進

入董事局，卻給原來的董事局阻止了。於是大股東要求召開股東大會，罷免現任董事局。但是董事局來一個反制，指出懷疑幾個股東是「一致行動人士」，成功阻止了他們在股東大會中投票。結果是董事留任，公司的資產流失了，在 2005 年還被申請清盤除牌。

一般來說，如果大股東和董事局鬧翻了，大股東是吃虧的一個。作為散戶者，必須緊記的要點是：

1. 如果大股東也是董事局主席，他和市場莊家鬧翻，對股價的影響是有的，但並不深遠，不用多久就能恢復過來。

2. 如果大股東並不控制董事局，而他和董事局鬧翻了，結果可以是災難性的，前述的例子都是感人至極悲劇，令到不少小股東痛哭流淚，悲傷欲絕。因此，當投資進去大股東和董事局分開的公司，這是必須小心的重點。

16.7 沒有主要大股東的公司

有些公司並無主要大股東，例如「匯豐控股」（股票編號：5），完全由董事局控制一切。

記着一點：雖然沒有大股東，但並不代表董事局無法操作股價。他們雖然沒有許多股票，但一定同一些主要股東有着深切的聯繫。2009 年，「匯豐控股」宣布供股後，我寫了以下的一段：

「這些國際性大公司在供股之前，得做上一些前期工作，最主要是詢問一二十個主要股東，看他們的供股意欲，如果這些大戶不同意，供股是不可能完成的。大戶們不單要付錢來供股，而且還要負責在市場維持秩序，以他們認為可以接受的價錢，購入股票，以頂住股價，如果股價太低，例如跌破 30 元（按：供股價是 28 元），供股也就很可能失敗了。」

正如前文所言，凡是大股東不能控制到董事局的公司，都有極強的道德風險的可能性。所謂的「道德風險」，意即其董事們很不道德地對公司的資產或股價上下其手。反過來說，大股東和董事局合而為一的公司，也存在着道德風險，只是其上下其手的手法殊異而已。

17. 股票的合理價格

我們在聽坊間的股票分析時，常常聽見「股票的合理價格」，或是「合理的市盈率」這些術語。但其實，客觀性的合理價格並不存在。

我在《我的投資哲學》說過，股票的價格是一個機率包，只能猜測它在某一個價位出現的機率有多少，而不能確切地預測在某時間的某一個特定股價。但實際情況是：這個機率包的所有機率，都會隨着貨幣供應的變化，而作出調整。

讓我們用一個假設來作說明：假設現在的貨幣供應量是 1 萬億元，市面上某一隻股票的價格是 1 元，市盈率是十倍。如果貨幣供應量增加至 1.5 萬億元，就算這股票的一切基本因素不變，其價格也非得相應地向上調整不可，市盈率當然也會上升。反過來說，如果貨幣供應量少了，股票的「合理價格」也非得向下調不可。

所以，如果我們說一隻股票的合理價格，意思是指它在現時的貨幣供應量之下，它的合理價格是多少。由於貨幣供應量是不停變動的，所以股票的合理價格也在不停地變動着。如果要更精確，我們更可以說：隨着貨幣供應量的變動，股票合理價格的機率包也在變動，但這說法太複雜了，我想不用說得這麼囉嗦，讀者也會明白我的意思。

其中最為典型的例子，要數三四十年代的美國，在大蕭條過後，由於貨幣供應量不足，造成了大量超值的股票。葛拉漢的「價值投資法」便是由此而起，換言之，「價值投資」是因為貨幣供應量不足而產生的事物，因為當時太多「抵買」的股票了。

17.1 簡化分析架構

我在《周顯論勝》中〈相同的數學，不同的世界〉一文當中，說明了「合理股價」並不存在，因為股價服從「機率包」的計算。但在這篇文章之中，我們為了更為容易地建立分析架構，簡化分析的程序，因此不得不返回原點，假設「合理股價」是存在的，否則以下的分析便困難得多了。

這種「在現實世界中並不存在的假設」，在經濟學上，是常用兼又必不可少的分析工具，例如說，現實世界並不存在完美競爭，可是在經濟學的論文經常假設完美競爭的存在，否則，其分析將因變數太多，而變成了不可能。這種分析事物的方法，正如維根斯坦在《邏輯哲學小冊子》說：「我的命題可以這樣來說明：理解的人當他通過這些命題——根據這些命題——越過這些命題（他可以說是爬上梯子後，把梯子拋掉了），終於會知道是沒有意思的。」

當然，我們也可以這樣說：在「機率包」中最大可能性的「點的集合」就是股票的「合理價格」了。

17.2 四種角度

如果你是一個投資者，你會喜歡股價企在「合理價格」呢？還是「不合理價格」？如果是後者，那麼，你喜歡的股價應該是「不合理地高」，還是「不合理地低」？

按道理說，一個正常的投資者應該是希望在他買入之前，股價低於合理價格，愈低愈好，但當他買了股票之後，便倒過來希望它升了，升得愈高愈好，最好是遠遠超出合理價格。既希望它高，也希望它低，這顯然是矛盾的想法，雖然，矛盾得也有其合理性。

好了，現在換一個觀點與角度去看這問題：不再是從投資者的角度了，而是從上市公司管理階層的角度。

從股價管理的層面看，世界上有四種管理階層，一種令股價長期高於合理價值，一種令股價長期低於合理價值，一種是停留在合理價格，一種則令股價忽高忽低，有時高於、有時低於合理價值。問題是：這四種管理階層之中，哪一種是「優秀的管理階層」？

17.2.1 高股價政策

很多股票都高於其合理價格，其中兩種最普遍的，一是垃圾股票，因為「貨源高度集中，導致股價居高不下」，二是盈利迅速增長的股票。這兩者的股價都是常常不合情理地太高。

人們普遍以為，垃圾股票的價格太高，是「引人中伏的老千」，但是，高增長股票的價格太高，豈不也是「引人中伏」？事實是，絕大部分的垃圾股票，也有其價值，正如垃圾也可用來發電，只視乎價格如何而已。而一間優質豪宅，如果售價太貴，其投資價值甚至不如價錢便宜的垃圾。

如果一間公司的股價偏高，它是「反映了股票的價值」，還是「引人中伏的老千」？這種管理階層，是好還是不好呢？他們的行為是值得讚賞，還是應遭譴責呢？

17.2.2 低股價政策

說到股價長期低於合理價格的公司，這種公司也有很多，而導致其股價低迷的原因不外有二：一種是公司的管理階層常常「食公司自肥」，例如利用關連交易，偷取公司的貴重資產；另一種是長期不做事，既然偷懶不辦事，股價長期不振，也是理所當然的結果了。

第一種是賊人，不必談下去，第二種只管吃飯、不管做事的管理階層，自然算不上是合格的管理階層了。但是，也是只有這種管理階層，才能令到「價值投資者」能夠有機會用便宜的價格買到股票。假設它的股價是永遠低於合理值，但

是，股東可以用廉價的成本，去分享它的資產和利潤，其得益是極大的。

17.2.3 合理股價政策

第三種是股價長期處於合理價格。對於這一種管理階層，我們只能說一句：如果它的價格只是合理，這即是說，管理階層完全沒有作用，這可能是最壞的情景。但從另一方面看，這種管理階層可能是最合理的，因為你不能說他是「老千」，也不能說他「向下炒」，當然，「合理價格」代表了「水清無魚」，這又是另一個問題。

17.2.4 炒股票政策

那些股價忽高忽低、忽上忽下的股票，通常存在於一種情況：就是管理階層很喜歡炒股票。這種股票的好處，是可以讓有意的投資者低價買入，也可以讓人有機會高價沽出。但這是一把兩刃劍，「高沽低買」的同時，也存在着「高買低賣」的可能性。從一般的批評者的眼中看來，這種管理階層令到股價大上大落，是最壞的一種人。

17.3 橫看成嶺側成峰

以上的分析是企圖說出一件事實：很多散戶會批評一隻股票的股價策略，認為這種做法不好，那種做法也不好，但實際的情況是，無論採用哪種股價策略，都有人讚賞，也有人不喜，只視乎批評者身處哪一個位置，是從買家、賣家、炒家，還是旁觀者的角度來看，總之是「橫看成嶺側成峰，高低遠近各不同。不識股價真面目，只緣身在股壇中。」

請注意的是：以上的分析只集中於分析股價策略，有些管理階層利用關連交易來偷取公司資產、有些管理階層向下炒只是為了私有化資產、有些管理階層把股價升高是為了其他原因，例如向金融機構融資……這些林林總總的原因，都給「假設」並不存在，正如文首所言，減去了多項變數，只是為了便於分析而已。

最後必須要假設的是：假設管理階層的行為可以影響股價。這固然是肯定的事實，只是法例所限，理論上，股價由市場決定，管理階層無法干預，因此我特別加上了這一條。

17.4 好公司壞股票與壞公司好股票

要想分析股票，不得不分析上市公司，因為股票和上市公司這兩件事，有如一枚硬幣的正反兩面，是扯不開分不掉的，是兩者渾然一體，不可須臾分的。然

而，說這兩者是完全一樣的東西，也不盡然：誰人都知道，硬幣的正反，是不相同的。

甚麼是好的上市公司呢？

一些公司有着實質的資產，實質的業務，而且年年賺錢，年年派息，管理優良，業績每年都有穩定的增長，這就是典型的好的上市公司了。

甚麼是好的股票呢？

這個更簡單，那些會上升的股票，能夠令你賺錢的股票，就是好股票了。

我們當然知道，一間管理優良、年年賺錢的上市公司，股票多半也走勢不錯，多半也是好股票，「匯豐控股」（5）就是最好的例子，雖然在 2008 年金融海嘯時，它的下跌和世紀供股傷透了股民的心，但不過是一次咁多啫。在香港上市百多年，可以說是「先有匯豐股票，再有香港交易所」，一次半次的出軌，是可以原諒的錯失吧？

但是，「好公司，好股票」這條法則，也並不盡然，這其中最佳的佳子，就是當年的「阿里巴巴」（當年上市編號：1688），2007 年上市，招股價是 13.5 元，最高炒至 41.8 元，一年後跌至 3.46 元，在 2012 年以 13.5 元私有化，等如還原至未上市時，當然了，魔鬼隱藏在細節當中，在這個「與魔鬼共舞」的過程中，不少相關人等已經在股票的高低上落差價中，賺了巨額金錢。

換言之，這股票是不折不扣的壞股票，因為它在上市時，超額認購 276 倍，申請公開發售的股民，所分得的股票根本不多。在上市當日，開盤價已經是 30 元了，收市價是 39.5 元，已經接近後來的史上高位了，所以，在這隻股票上，股民根本贏不了錢，輸錢的人就數之不盡。所以，「阿里巴巴」是「好公司，壞股票」的典型個案。

有「好公司，壞股票」，但究竟有沒有「壞公司，好股票」呢？答案是有的。被中國的《財經時報》評為「大中華第一妖股」的「蒙古能源」（276），那些礦產資源其實不值一文，現今仍然沒有利潤，但是它從由 2007 年 2 月 7 日的 0.27 元起步，1 年 3 個月之後的 2008 年 5 月 30 日，已經升至 17.7 港元，它的幕後人陳振聰，據說投進了二十多億元進這股票之上，簡直是派錢出街，不少人因而贏了大錢。

後來因陳振聰本人的個人資金鏈斷裂，「蒙古能源」的股價暴跌，當然也令不少人大輸特輸。但如果有人在一隻股票之上，輸了二十多億元，其他股民還不能在其中分一杯羹，那就實在與人無尤了。這好比在一張賭桌之中，有一位仁兄輸光了離場，在數學上，留在賭桌上賭錢的人的贏錢機會率就可以大增。反過來說，如果有位賭神贏大錢「割禾青」而走，即是留在賭桌上的錢少了，剩下的人的狀況便很悲情了。

像 2007 年至 2008 年的「蒙古能源」，便是「壞公司，好股票」的典型。但

必須注意的是：在「壞公司，好股票」這種狀況，「好股票」的時間不能維持太久，因為歸根究底，股票和公司是不可分的一體，股價需要公司的業績去支持，「壞公司，好股票」畢竟不是一個穩定的狀態，不可能長期存在的。

17.5 效率市場

所謂的「效率市場假説」（Efficient-market hypothesis），是由諾貝爾獎得主 Eugene Fama 提出的：假如在一個證券市場中，價格完全可以反映出所有的信息，這個市場就是有效率了。

就市場的效率，又分為三個等級：

第一級：弱式效率（Weak Form Efficiency），現價格已反映了所有過去的資訊，即我們無法根據過去資訊，經過計算和分析，而去獲利。換言之，技術分析，如圖表，已無作用了。

第二級：半強式效率（Semi-Strong Form Efficiency），現價格已反映了所有公開資訊，即投資者再也無法用財務報表，以及政治經濟的知識，去獲得利潤。

第三級：強式效率（Strong Form Efficiency），即現價格已反映了所有已知和未知的資訊，即包括了內幕消息在內。換言之，投資者縱使得到了內幕消息，也沒有作用。

很明顯，在股票的世界，是有着強者和弱者，有着贏家和輸家，因此，這個假設是不實用的。這原因是，第一，分析過去資訊、現時資訊、內幕消息，也有着能力的分別，此外，股票有着很大的心理因素，例如前文所述的羊群效應，都會不理性地左右股市的價格。

不過，我們也要知道，雖然股市並不可能完全有效率，但也有效率高低之分，正如一堆醜女，也可以挑出最美的一個。一般來説，市值愈大、成交愈高的股票，愈有效率，大市又比個別股市更有效率，期貨市場，如貨幣、資源等等必需品，又比股市更有效率。

17.6 CAPM

所謂的「資本資產定價模型」（Aapital Asset Pricing Model，CAPM），是由 Jack Treynor、 William F. Sharpe、 Jan Mossin 等人發明出來的，用來計算資產價格的合理性。由於這是金融學的必備公式，因此，本書也聊備一格地，作出簡介。它的公式是這樣的：

這其中：

是 expected return on the capital asset，即預期收益：

是 risk-free rate of interest，即無風險利息，即美國政府債券的利息。注意：其他的政府債券是有風險的，皆因美元是國際定價標準，因此才沒有風險。

（the beta）是資產 i 的系統性風險，即不可避免的風險，如天災、戰爭、股災、超級通脹、政策改變，諸如此類。港式中文叫「啤打系數」。

是（expected return on the capital asset），即是整個市場的期望收益率。

對比前述可以看到，這減式是市場期望收益率減去無風險利息，這就是市場風險溢價（Market Risk Premium）了。簡單點說，因為投資者願意冒風險，因而得到利潤。

對比前式，這減式是預期收益減去無風險利息，這是就個別資產 i 所得到的風險和利潤，稱為「Risk Premium」。

我並不以為以上公式有其實用性，皆因其成立的基本假設，如沒有稅金，所有投資者均可供到無風險資金（你能以美國政府債券的利息去借錢嗎？借錢的數目沒有上限，沒有交易成本等等，均是不可能出現的。最重要的是，以上的風險和收益，也根本無法量化。）

這好比我常常說的故事：太空總署計算出，穿梭機的失事率是十萬份之一，但偏偏挑戰者號在 1986 年爆炸了。諾貝爾物理學得主費曼負責研究事故成因，問了一個問題：穿梭機沒有起飛過十萬次，怎會得出失事率是十萬份之一這個統計呢？這就是把任意數據加進公式之內，所得出來的結果，而任何不能量化的數字，都是任意數據。

事實上，在這公式發明了的幾十年，無數實證研究也指出，這公式和「效率市場假說」一樣，是不切實際的。

然而，我的看法是，這公式至少告訴了我們，股票／投資品的收益，必須要顧及其利息成本，以及機會成本。它不能令你直接從股票上賺錢，但能令你更明白股票的性質，最終也對炒股成績有幫助。

這正如以下的就個別股票的 CAPM 公式：

是前述的啤打系數。

是市場風險系數。

是小型股票的風險系數。

是該特定公司的特定風險。

一如前一則公式，這公式也沒有實戰價值，但我們可以憑此知道，在計算某細價股的值博率時，有需要把小型股票的風險和特定公司的特定風險也考慮在內。

18. 上市

所謂的「新股上市」，就是公司的股票在證券交易所掛牌，從此這股票便可以在這平台之上，作出買賣交易了。從此之後，私人公司（private company）變成了公眾公司（public company），其股票也因而從非上市股票變成了上市股票。

交易所買賣的，除了股票之外，還有認股證、牛熊證等等證券產品，因而不叫股票交易所，而統稱為「證券交易所」。

18.1 甚麼是上市？

你擁有一間公司，意即該公司的股票屬於你的名下，你可以把這些股票出售給任任何人，用任何價錢都可以。假如你把股票賣了給 B 君，在這之後，B 君也可以把股票賣給 C 君，如此類推，股票賣給誰、轉讓多少次，都完全合法。

只是，在實際操作上，我們要買賣這些私人公司的股票，只能找朋友，又或是朋友的朋友，或者是通過中間人介紹，才可以做到，因而十分困難。所謂的證券交易所，就是集合了很多很多個專門買賣股票的中間人，即是「股票經紀」，來負責為客戶買賣股票，如果有很多很多的中間人，當然比自己親自去找人，方便得多，網絡也大得多。

不過，通過這些股票經紀買賣的股票，只能夠是在交易所登記了、認可了的公司（的股票），而這些被認可交易的公司，便是上市公司，其股票，便是上市公司股票。

18.1.1 股票經紀的進化

在很多年前，股票經紀是一個個人，是交易所的會員，他們負責為客戶買賣股票，平台就是交易所。這些經紀當然賺了很多錢，既然發了財，那就不想困身在交易所，非但太過辛苦，而且他們的主要工作，是應酬客戶，如果在交易時段把肉體困在交易所，也浪費了應酬的時間。因此，到了後來，經紀也派代表人，去交易所進行買賣。

又到了後來，大家覺得，用個人身分當交易所會員，實在太不商業了，畢竟，證券行已經進化成為群體作戰，不可能一人公司單打獨鬥。因此，會員／經紀不一定是個人，也可以是有限公司，因此，那些甚麼「莫應基證券」、「秦志遠證券」之類的個人色彩濃烈的公司名字，通常是舊公司，新的公司的名字已經沒有了個人色彩，如：太陽證券、耀才證券、富昌證券等等。

又到了後來，交易所也要公司化，跟着還上了市，在其平台買賣的人，也從會員／經紀，變成了被交易所發牌的對象，換言之，只有這些持牌人，或向交易所申請了牌照之後，才可以在這個平台上買賣上市公司股票。

18.1.2 平台的進化

上市的本質，就是令公司的股票可以在交易所的平台買賣。在以前，是有一個交易大堂，經紀或出市代表在這個實體交易所的裏面，通過大聲喊價，在黑板寫上文字，從而完成交易。但在股票買賣電子化後，這個的所謂「平台」，就只是一個電腦系統，而持牌經紀可以透過這個系統，為客戶買賣股票。

18.1.3 股票的買賣

我們買賣私人公司股票，第一當然是預備金錢，第二就是買賣雙方簽署股票買賣文件，可以用標準格式，稱為「bought and sold note」，最好還要加上一張股票過戶名單，稱為「instrument of transfer」，便可以把股票從甲方的名下，轉名到乙方了。

至於在香港交易所的股票買賣程序，則是設立一個「中央結算系統」（CCASS，Central Clearing and Settlement System），所有證券行的實體股票都要存進這個系統，也即是說，它們的所有客戶的股票，都存進這個系統。當證券行的客戶互相買賣上市公司股票的時候，其實只是 CCASS 的內部戶口轉換，並不涉及股票的轉名。

交易所網站的「披露易」，可以查看 CCASS 系統的持股記錄，但只能看到證券行的持貨記錄，而無法看到其個別客戶的持貨記錄。假設有一位叫「周顯」的仁兄，在 A 證券行買了 100 萬股「賭鬼」（噢，假設真的有一間名字這麼奇怪的上市公司吧），而這 100 萬股之中，有 70 萬股屬於 B 證券行的客戶「趙天生」所沽出，30 萬股是由 C 證券行的客戶「賀心瓏」所沽出。由於交收時間是 T+2，因此，兩天之後，你可以在「披露易」的「中央結算持股記錄查詢服務」欄，查看到 A 證券行多出了 100 萬股「賭鬼」，B 證券行少了 70 萬股、C 證券行少了 30 萬股。

如果你通過證券行買了某股票，可以要求它向 CCASS 系統提取實貨股票，然後拿回家裏，或存進保險箱，甚至是用火燒了，悉隨尊便。據說，一位姓「莊」的炒股高手便喜歡提取實貨股票，因為他認為自己比證券公司更可靠。此外，一些專業人士也往往會提取實貨，作為借貸抵押，或者是交給別人保管，以保證自己不會沽出。

如果你有實質股票，也可以存進證券行，要求他們代為存進 CCASS 系統，在這之後，你便可以在證券行沽售這些股票。不過，第一前題當然是你在這間證券行開設了戶口，第二則是文件手續，CCASS 系統要檢驗股票是真貨還是偽造，以及有沒有沒被報失、牽涉訴訟而被法庭凍結等等等，才會接受轉名，為時 3 至 10 個工作天。因此，電影《竊聽風雲》中，拿着一滿袋實體股票，到證券行，要求馬上出售，應該是不可能在真實發生的劇情。

如果你不經 CCASS 系統，而只是拿着實體股票的股東，便要透過股份過戶記處，這是專責處理上市公司與其眾多股東之間的聯繫及通訊中介機構，主要負責「股東名冊」的保存及更新，股份的轉讓，股票及股息單的編印和寄發。香港的股份過戶登記處共有 19 間，上市公司可自行委任，最大的兩間是中央證券登記有限公司，和卓佳，後者旗下有 7 間分公司。

有時候，我們作為股民，雖然老是把股票存進證券行，即是進入了 CCASS 系統，但也會有和股份過戶處打交道的機會。例如說，上市公司也會發行非上市的認股證、債券、可換股債券等等，由於這些證券是並沒有上市，也即是沒法子透過交易所平台，因此，便要透過股份過戶處來登記交收。

中國也有相同的機構，名為「中央證券登記結算有限公司」。

一般來說，很少人會偽造假股票，股票以特製的防偽紙印成，並有水印、過戶處專用條碼、獨特的股票編號等多種防偽特徵，也不容易偽造。其中最有名的，當然是在 1973 年 3 月 12 日，市場發現 3 張「合和」各 1,000 股的偽造股票，當時的 4 間交易所的 3 間，遠東、九龍及金銀，暫停「合和」的買賣，並稱售出假股票的第一個會員需負責任。股市是在翌日，即 3 月 13 日，到達了 1,774 點的高峰，隨後便猛跌不止，一直跌至下一年年（1974 年）12 月 10 日的 150.11 點，才算到了最低位，一共跌了 91.54%。至於「合和」股票，也跌了 97%，比恆指跌得還要多。

至於近期的惟一假股票事件，則是 2014 年 6 月 20 日上市的「長港敦信」（2229），主要業務是產銷紙板和包裝產品等，客戶包括製造商、果園及零售商等，並生產撲克牌，分自家品牌及客戶訂製。

其大股東鄭敦木抵押 1.5 億股予第二大股東馮建國，佔已發行股本高達13%，以向馮氏借款 6,800 萬元，其中 4,500 萬股已沽售，套現 2,205 萬元。馮建國把股票交到卓佳，要求卓佳將 1.5 億股轉至自己名下，未幾馮接到卓佳通知，指該筆轉名股份「有問題」（Defective），已存入建設銀行戶口的 970 萬元則被凍結。

「長港敦信」在 2016 年 1 月 20 日停牌。停牌前，馮建國曾以每股 0.49 元，將持股由 1.4 億股減持至 1.05 億股，即持股量跌至 8.81%。鄭敦木則於 2015 年底，由 4.98 億股減持 1.5 億股至 3.48 億股，持股量由 41.8% 跌至 29.21%。

最後要說的，是縱是上市公司股票，也可以像私人公司股票般，只要簽了「bought and sold note」和「instrument of transfer」，便能夠轉名買賣，而且，買賣價格還不一定和交易所平台的市價相同，例如說，當日的股價是 1 元，你可以用 2 元來成交價，也可以用 0.5 元來作成交價，甚至可以先把股票轉名過戶，暫不付錢，皆因這是私人之間的股票買賣，既然沒經過交易所平台，它就管不着你們。

不過，如果這些股票、或你的這交易，被證監會，或商業獨犯罪調查科，或廉政公署調查，問及你為何要用折讓價／溢價買賣，又或者為何交易並沒有付錢，那你最好要有一番好的說辭，例如說，對方是你的愛人，諸如此類，否則便可能有麻煩了。

18.2 股票的新與舊

股票有新股與舊股之分。新股就是全新發行的股票：公司印了新股票，賣了給認購的新股東，集資回來的錢，是進了公司的戶口，作為營運之用。至於舊股，則是原股東的股票，如果賣出了，收錢的是原股東，公司並沒有多出了資金，也即是說，並沒有集到資。

所以，上市時賣新股，是公司集資。賣舊股，是原股東套現。兩者的界限是很清楚的。但當然，兩者皆有，同時間出售新股和舊股，即是公司既集了資，股東也賣了股票，收了錢，是常常發生的事。

理論上，原股東套現，並不是一件好事，因為這代表了原股東的不看好公司前景。但是財技有很多種，也不時會有售賣舊股，反而大升特升的個案。例如說，原股東賣舊股的原因，就是為了套現來炒股票。

18.3 申請上市

為了達成這一個目的，首先，當然是要向交易所提出申請，提交文件，通過審查和面試，才能夠獲得這個地位。在這個時間，你需要的是找一個保薦人，這必須是由持牌人士所代表的公司，以及你的賬目和經營狀況，要符合法例的要求。

18.4 上市集資和介紹形式

新上市公司要把 25% 的股票讓公眾持有，其中的一種方法，是把這些股票以新股上市的形式，賣給公眾股東。但有一種特別的情況，就是如果如果這間公司的母公司已經是上市公司了，它只是把子公司分拆上市而已。換言之，這間公司的母公司經有了大量的公眾股東，那麼，它只須把準備上市的子公司的股票，平均分派給股東們，便已符合了這要求。

這種情況，即是所謂的「介紹形式」（introduction），也即是分拆子公司上市的一種方法，它並沒有售出股票，也沒有集到資金，但卻多出了一間上市公司。值得注意的是，在這一種介紹形式，母公司並不需要把全部手頭上的子公司股票，全都發給子公司，母公司仍然可以繼續持有子公司的控股權，只是把手頭

上的部分子公司股票，平均分配給股東罷了。

例如說，在 2013 年，「TCL 多媒體」（股票編號： 1070）把旗下的「通力電子」（股票編號： 1249）分拆上市，每持有 10 股「TCL 多媒體」股份可獲分派 1 股「通力電子」，但母公司「TCL 多媒體」仍然持有 61.21% 的「通力電子」股份。

這一隻股票，是我的學生梅偉琛向我推介的，理由是：「TCL 多媒體的市值接近六十億，而通力電子（周按，在當時）則只有約七億多，市值只有母公司約八分之一，有些基金因限制不可持有細市值股票，它們收到細市值的通力電子股票，會被逼拋售，而忽略其基本因素，這會為散戶製造投資機會；TCL 多媒體本身有不少基金股東，有些基金可能只對分拆後的 TCL 多媒體業務感興趣，而非對通力電子的業務感興趣，這些基金作為 TCL 多媒體股東收到通力電子的股票後可能會儘快拋售⋯⋯當通力電子股價大約回到 4.5 元時市值只有約六億，而它過去三年每年的溢利也超過九千萬，市盈率不足七倍。」

梅偉琛是我的「周顯炒股課程」的第一屆學生，現在是我的助教。他本來是個「四大會計師樓」的高級會計師，但在炒股三年之後，賺到了八位數字的第一桶金，便辭去了那份薪高前途好的厚職，全身投入炒股。現時的他，開奔馳房車，出入都是高級餐廳，我從不諱言，他在研究股票方面的能力，比我要高明，炒股成績也比我好得多，不過他仍然屈甘於當我的助教，無他，尊師而已。

所以我常常說，我是孔子和耶穌，因為我的門生的俗世成就，遠遠比我更加出色。

介紹形式上市的股票，不是會有大事炒作。至於「通力電子」這股票，我賺得不多，用了半年的時間，大約只是賺了三成左右，便沽出了。有趣的是，當日我在專欄介紹了這股票，它的股價突然急升了一倍以上，那時我不明所以，梅偉琛說是我的推介之功，我半信半疑。那時我還不知道傳媒的威力。

18.5 配售和發售以供認購

如果不是分拆公司、介紹形式上市，為了製造公眾流通量，就要把部分的股票出售給公眾了。出售股票以上市的形式，一共有兩種，一是「發售以供認購」（offer for subscription），一是配售（placing）。

18.5.1 發售以供認購

這即是公開招股，也即是大家熟悉的「抽新股」。任何一個投資者，都可以白表或電子方式認購，也可以透過證券商或銀行代為申請，上限是發售總股數的一半，如果申請上限的數目，也即是俗稱的「頂頭槌飛」。申請者最終所獲得的

股數，是按照比例而決定，這即是説，如果有很多人認購，每人所得便少，如果認購的人不多，申請者所得便多了。

當然了，上市保薦人也有一定的決定權，去決定分配股份的政策，例如説，申請股數少者，獲配的比例較多，又或者是人人有份，最少一手。

至於史上最多人認講的新股，是在 2000 年招股的 TOM.COM（當時的股票編號：8001，現已轉為主板，股票編號：2383），這是李嘉誠人氣最盛、也是科網股人氣最盛的時間，可謂是全城瘋狂，認購人數是 40 萬。它的上市價是 1.78 元，上市當日升至 7.75 元，一星期後，升至 15.3 元，後來科網泡沫爆破，股價跌到阿媽都認不出來，不在話下。

18.5.2 配售

理論上，人人都可以申請配售，但實際上，不過只限於證券行客戶，銀行的散戶就不可以了。但是，公開發售是公平申請，人人的機會均等，配售卻是全由承銷商去決定分配，無論申請者的數量是多還是少，都不一定可以獲得分配。換言之，這是一種「大細睇」的分配方式。

在 2014 年，一共有 24 隻全配售在創板上市的新股，全部在上市當日都是上升，更有 10 隻的首日升幅超過一倍，無他，當一隻股票是全配售上市時，散戶根本沒有參與的餘地，只要把股票全配在「自己人」的手上，可以做到完全沒有沽售壓力，便要升多少有多少了。

在 2013 年的某一天，我在上投資課程時，一名學生問我：「我以前在譽宴（8107）當會計，同老闆個阿媽好熟，但是問他阿媽拿配售，為何一股也拿不到？」

我心想：「股票場上，連父子也沒情講，何況是媽媽的朋友？」

它上市後單日漲了一倍多，當然是人人都拿不到，才可能有這個升幅啦！如果連這名前會計同學也拿到了股票，反而大件事了。我不是説過了很多次嗎，新股上市的升跌，和它的基本因素無關，只是純炒供求關係，譽宴咁乾，當然熱炒了！

18.5.3 混合發售方式

在以前，全部股票都是公開發售，沒有配售這回事。只是後來有一段時間，市道不景，為了公司得以順利上市，才出現了「配售」這種新發明。

但到了現在，公司首次招股活動時，多半是混合了公開招股與配售兩種方法，很多時是九成配售，一成公開招股，但設有回撥機制，即是公開發售的反應良好時，可以從配售回撥一部分，到公開發售去。

從公開發售的「人人有份」分配方式，到配售的回撥到公開發售，可以看出，發行股票的基本策略，是盡量令到更多的投資者參與。至少，交易所的良好意願

是如此，市場莊家是不是這麼想，又是另一回事了。

不過，主板和創業板的配售要求，也有分別。主板的全配售需要最少 300 名投資者「入飛」，創業板也要 100 名股東，在操作上，會有困難。但是如果把一成股份拿出來公開發售，雖然多出了一重麻煩，成本也增加了，大佬，招股書都印多好多本啦！但這一來，卻可以引來比較多的股東，比較容易達到股東的最少人數規限。

然而，以上的，只是法例的表面限制。在實際的操作上，現時交易所絕少批准主板公司可以全配售來上市，卻必須要求有部分股票「發售以供認購」，所以我在近年也沒有見過主板股票是全配售、股票全公開發售的，但是在創業板，卻常常見到全配售，把股票全都配售到自己人的手上，這做「貨源歸邊」，對於股價來說，自然是比較容易控制。

18.6 綠鞋和回撥

企業初次發行上市，最少得發售 25% 股票給公眾。這是下限，但卻沒有上限，理論上，甚至可以把 100% 股權也出售。

不過，按照經濟學上的「邊際效用遞減定理」，愈是賣得多股票，其價格愈低，大股東當然寧願少賣股票，而賣的價格高一點。

有時候，新股上市，承銷商會有「綠鞋」（greenshoe，正確名稱是「over-allotment option」）。意即如果認購反應熱烈，承銷商可以額外出售 10 至 15% 的股份，使公司可以集到更多的資金。

「Greenshoe」這個名字，有一個故事。據說，在很多年前，發明這種新財技的人，因為額外為公司集到了資金，因而得到了老闆的賞識，老闆送了一隻「綠鞋」（莫非是翡翠製的？）給他，以作獎賞，因以為名。

此外，在公司的上市時，雖然規定了「配售」和「發售以供認購」的比例，可是，如果後者的申請人太多，保薦人可以進行「回撥」，把部分的「配售」股票，撥到了「發售以供認購」的部分，這當然也可以增加公眾流通量。

回撥的例子，例如成立於 1999 年的「利駿集團」（8360），是本港室內設計及裝修解決方案提供商，在 2016 年年 7 月 12 日上市，招股價是 0.52 元至 0.64 元，獲得了 15.29 倍的超額認購，因而從配售回撥了共 30% 的股份到公開發售部分，因為反應理想，故而以招股價上限，即 0.64 元定價。順帶一提，在它上市當時，市場氣氛並不佳，當日的走勢，只是略略衝破 0.76 元，很快便沉至水底，當日收 0.49 元，申請新股者大多輸錢。

記着一點，公開發售和配售，任何人只能挑一種來申請。如果同時申請兩種，結果是，放心，不用坐牢，「both out」，兩者皆否決，無得玩而已。

18.7 分拆上市

假如一間上市公司，把其子公司也申請上市，這就是「分拆上市」，換言之，在分拆上市後，這個集團控有的上市公司數目將會多出了一間：由1間變成了2間，如果本來已經有2間，則變成了3間。

分拆可以在同一交易所發生，例如說，經營「崇光百貨公司」的「利福國際」（1212），在2013年分拆了子公司「利福地產」上市，發售8,360萬股，每股作價1.98元。我有兩個年輕朋友，一個叫「梅偉琛」，一個叫「渾水」，在2014年買了幾百萬股。在2017年4月13日，母公司「利福國際」向福州三盛投資創辦人林榮濱以12.93億港元，相當於每股5.18元，出售利福地產59.56%股權，梅偉琛和渾水大約以5元至6元之間沽出，各贏了接近一千萬元。這其中的理由之一是：分拆上市的勝出機會率比普通上市的股票高得多。

我的朋友股榮在2013年5月12日在《蘋果日報》有一篇名為「股場母子兵要仔唔要乸」的研究，列出了幾年來8間大型上市公司把子公司分拆後的股價表現：

另一方面，在A交易所上市的公司，也可以把其子公司在B交易所上市，例如說，「和記黃埔」（當時上市編號：13）便在2011年，把「和記港口信託」在新加坡交易所分拆上市，資產包括香港國際貨櫃碼頭、鹽田港部分權益、內河港資產（江門碼頭50%股權、南海碼頭50%股權及珠海九洲碼頭50%股權）、APS、和記物流及深圳和記集裝箱倉儲，其是招股價1.01美元，集資54.5億美元，上市當日收市是0.95美元，跌了5.9%。

一間上市公司要維持最低的公眾持股量，通常是25%。如果一間上市公司分拆子公司上市，也可以選擇不發新股或出售舊股集資，而是把手持子公司的股份以實物形式，發放給母公司的股東，便可以不出售股票，但仍然維持公眾持股量。這種做法，叫做「介紹上市」。

一個例子是在2013年，「永利控股」（876）以介紹形式分拆從事物業投資業務的「永利地產」（864）上市，每股「永利控股」獲分派一股「永利地產」。值得注意的是，在它分拆上市之後，最高價是在2014年10月8日的1.6元，但這只是借勢而炒，皆因這價格的市值不過是6.18億元，相比起當時的殼價5億元以上，並沒有多少的溢價可言。固然它相比起史上最低位，2013年7月4日的0.47元是高出了不少，但相比起上市當日的收市價0.94元也就不見得怎樣了。再說，作者執筆寫此段時的2017年9月3日，收市價也不過是0.96元，上市4年多，也沒有多大的進展。

所以說，分拆上市後股價大升的機會率，雖比普通的新上市為高，但也並沒有必然性。也可以這樣說：要想增加分拆上市股價大升的機會率，還要有其他的因素配合，例如說，前述的「利福地產」，梅偉琛和渾水大賺一筆的另一個理由，便是相信大股東劉鑾鴻的網絡、實力和地位。

18.8 合併

合併是分拆上市的相反運作，換言之，如果合併成功，集團原本的上市公司將會少了一間：如果原來有 3 間，合併後將會變回 2 間，如果原來有 2 間，則變回只有 1 間。

由於上市地位有價，即是所謂的「殼價」，一旦合併成功，將會少了一隻殼，以寫作當日殼價 7 億元計，即是白白失去了 7 億元的資產。因此，合併必須是在中型或以上的公司，才有效益。

例如說，2015 年，「長江基建」（1038）便計劃和旗下的「電能實業」（6）合併，「電能實業」以 1 股換取 1.664 股「長江基建」股份，同時前者派發 7.5 元特別股息給股東，不過這建議被股東大會否決了。

18.9 退市

所謂的「退市」，即是撤銷上市地位，也即是除牌。在本質上，這兩者並沒有分別，但是在中文語意上，「退市」有着自願性質，但「除牌」則有着被逼的意思。不過大部分的人的中文用法當然沒那麼講究。

在香港，由於上市「殼」有價，而且不斷升值，上市公司的總數目只有愈來愈多，但是在美國這個成熟市場，上市公司的數目卻在減少中。根據 Wilshire 5000 Total Market Index，這是專門計算美國上市公司總市值的指數，股份包括了紐交所、納斯達克和美國證券交易所（即是 American Stock Exchange，在 2012 年改名為「NYSE MKT LLC」）的股票。它在 1998 年夏天的史上最高峰期，一共有 7,562 隻股票，但了 2016 年，但到了 2016 年底，則只剩下了 3,618 隻了。

18.9.1 私有化

私有化就是上市的逆向操作，也即是把公眾公司變回私人公司，英文是「privatization」，但 privatization 有兩個意思，同時可解作「私營化」，但中文「私有化」則並無這個混淆。

簡單點說，只要大股東全面收購其他股東的股權，並撤銷公司的上市地位，這就是私有化了。在這情況下，大股東會宣布私有化方案及私有化作價及代價，多半是現金，又或是股票，也可以是現金加上母公司的股票。理論上，還可以提出其他的要約條件，例如說，一張債券，甚至是送一瓶紅酒，也都可以，不過沒有人這樣做過，就算這樣做，也不會有人傻到居然答應。

在這 21 日的「要約期」，公司要向股東發出通函，邀請他們出席股東大會。在股東大會當日，按出席股東計算，若有超過 75% 的獨立股東，即非大股東及與股東行動一致的人士投票支持，並且不超過 10% 的獨立股東投票反對，私有

化便能獲得通過。在這之後，大股東需取得法庭審批，獲批後，港交所便會取消公司的上市地位。但若私有化被否決，該公司於 12 個月內不得重提私有化建議。

通常，當熊市時，公司股價低殘，資產值高於股價，大股東便有誘因提出私有化。

2016 年 5 月 30 日，從事設計、製造及分銷浴霸（集加熱、照明及通風功能於單一產品上之浴室用電器裝置）、換氣扇及其他家用電器的奧普集團（477）大股東提出私有化，每股作價 2.71 元，較停牌前報 2.17 元，溢價 24.8%，較 2015 底的每股資產淨值約 0.69 元，則溢價 2.9 倍，涉及收購股份約 4.66 億股，佔公司已發行股本約 44.47%，主席方傑就指出，認為股價低迷不僅對公司業務造成影響，還讓奧普在客戶中的聲譽、公司員工的士氣受到持續不利影響。因而計劃以每股 2.71 元私有化，較停牌前 2.17 元溢價約 24.9%。是另外，每份未行使購股權可換取 0.64 元現金。全面執行將涉資 12.6 億。

博客湯財在其「Real Blog」寫：「公司涉嫌隱瞞前幾天其投資杭州海興電力科技有限公司股權已獲證監會通過的消息，該部分股權已增值成接近 6,300 萬，預期可以增值至 2 億人民幣。公司現時亦有 4 億元港幣的現金，並無負債，加上可以變現的土地及投資，合計估計有 7 億港元，私有化代價約 13 億元，如果扣除可以套現的資產，實際代價不足 6 億元，但公司現時盈利約 2.5 億元，即假設把全部盈利派發，2 年多即可回本。A 股同業友邦集成現時市值約 55 億，以奧普現時規模，未來回 A 股市值約在 100 億之間，現時以約 28 億市值私有化，相對上對股東不公平。」

湯財及其一致人士持有大量「奧普」股票，9 月 14 日，他們前往股東大會投反對票，但還是通過了私有化，其後大法院也於開曼群島時間 9 月 22 日批准私有化計劃，聯交所批准撤銷其上市地位，自 9 月 30 日上午 9 時正起生效。

私有化也有失敗的例子，例如在 2008 年 11 月 4 日，「電訊盈科」（8）兩名大股東「盈科拓展」和「中國網通」，便提出以每股 4.2 元，將公司私有化，在停牌前，其股價是 3.45 元。

2009 年 1 月 31 日，獨立股票評論員 David Webb 翻查股東名冊，發現部分交易日在一天內有數以百計 1,000 股成交及轉戶紀錄，部分更來自同一間保險代理公司，懷疑有不當股份轉讓，即是「種票」，並把有關事件交給證監會及廉政公署調查。

在這之後，隨後兩位大股東把要約價格提高至 4.5 元。結果在股東特別大會中，出席的股東（佔股權多於 50%）有 94.2% 支持，即是多於門檻的 75%，5.7% 反對，即是少於門檻的 10%，私有化議案獲得通過。2009 年 4 月 6 日，高等法院裁決電訊盈科私有化過程並未觸犯任何法例，批准電盈私有化。證監會隨即提出上訴並要求暫緩執行裁決，4 月 22 日，高等法院上訴庭一致裁定證監會就電

盈私有化上訴得直，否決電盈私有化。翌日，大股東宣布私有化在期限以後自動失效，並宣布派發特別股息 1.3 元，4 月 23 日收市報 3.58 元，回到私有化之前的價格。

如果用正式的手段，去私有化而失敗，也可以用曲綫的財技方式，去進行相同效果的操作，例子是「電訊盈科」收購「SUNDAY」。根據《維基百科》的說法：

「2005 年 6 月 13 日，電訊盈科宣布購入香港流動電訊服務供應商 SUNDAY 六成股份，並打算以 19.4 億對 SUNDAY 進行私有化，雖然私有化失敗，但這是電訊盈科在 2002 年向澳洲電訊沽清旗下流動電訊服務供應商 CSL 的權益後，重返香港流動電話市場。2006 年 11 月 30 日，SUNDAY 舉行特別股東大會，以 99.5% 通過把所有資產賣給電訊盈科、把所有現金派發特別股息及撤銷上市地位，電訊盈科最終成功對 SUNDAY 進行私有化。」

18.9.2 被逼除牌

私有化是大股東買光了小股東的股票，然後撤銷上市地位，被逼除牌則是只撤銷上市地位，但股東所持有的股票則不變，只是由上市股票，變成了非上市股票。

如果一間上市公司不能符合交易所的持續上市條件，交易所有權要求撤銷其上市地位，也即是被逼除牌。這些條件包括了：

(1) 發行人未能遵守《上市規則》，而本交易所認為情況嚴重者；

(2) 本交易所認為公眾人士所持有的證券數量不足（參閱《上市規則》第 8.08(1) 條，周按：即流通證券不足 25%）；

(3) 本交易所認為發行人沒有足夠的業務運作或相當價值的資產，以保證其證券可繼續上市（參閱《上市規則》第 13.24 條）；

(4) 本交易所認為發行人或其業務不再適合上市。

通常，交易所不會一下子就逼令上市公司除牌，而是先行知會，要求它改至符合要求，第二招是停牌，如果一直未能做到，才會作作除牌處分。

在 2017 年 8 月 4 日，交易所要求「華多利」（1139）「暫停本公司股份買賣及將本公司列入除牌程式第一階段除牌」，其理由是：「（a）2016 年，兩項業務的營業總收入僅為港幣 490 萬元，營業收入不足以支付集團的費用及開支。造成淨虧損和經營性現金流減少⋯⋯截至 2016 年 12 月 31 日，集團總資產僅為約 56,600,000 萬港幣。存貨及貸款 應收利息金額分別約為 530 萬港幣及 13,100,000 萬港元。如上所述，這些資產 沒有產生足夠的收入和盈利，以確保公司有一個可行和可持續的業務。它沒有提供任何資訊來證明其資產將使其能夠大幅度改善其業務和財務業績。本公司未能證明其具有繼續上市所需的足夠資產值。」

這封信要求「華多利」在「信函日期起滿六個月前至少 10 個營業日（即 2018 年 1 月 22 日）提交復牌建議，以顯示其按上市規則第 13.24 條所規定，有足夠的業務運作或資產。」在收信之後，停牌之前，「華多利」還有 10 天的公開買賣時間：「根據上市規則第 2B.06(1) 條，本公司有權要求轉介有關決定至上市委員會以作覆核。本公司可於 2017 年 8 月 15 日或之前要求將該裁決提交上市委員會。如公司未能於 2017 年 8 月 15 日或之前提出覆核，本公司股份買賣將會於 2017 年 8 月 16 日上午九時正暫停買賣。在此之前，本公司股份將會繼續買賣。」

這封信的要求固然符合《上市規則》，但卻從來未切實執行過。誠然，交易所有權要求不合資格的上市公司除牌，問題在於，這是個別事件，還是將會長期執行的政策呢？

第一個矛盾在於交易所監管事務總監兼上市主管戴林瀚一方面說，涉及的只有小量上市公司，相信對市場影響不大，另一方面則說將會加快除牌程序。前者意指個別行為，後者則意指政策改變，這明顯是自相矛盾，難免令市場生出了極大的混淆和疑慮。

正如前引的條文，沒有人否定交易所擁有為不合資格上市公司除牌的權力，事實上，類似被除牌的公司，也已事出多例，例如「中金再生」（773）、「泰豐床品」（873）等等，然而，像「華多利」般，從通知到停牌，只有 11 日，時間之倉猝，卻是從所未有。

對於有意見指 DQ 的準則不清晰，李小加的回應是：「不叫的狗不一定不咬人，但咬了就不會咬錯，咬的一定是對的地方，咬下去再說。」另一方面，戴林瀚指出，交易所將會推出加快除牌諮詢，並已在市場進行「軟諮詢」，同時或會推出規管公司供股合股諮詢，規管借殼上市的諮詢則擬於明年推出。

市場當然歡迎任何把現有監管規範化的行為，可是，未諮詢、先動手，未叫先咬，遊戲規則說變便變，肯定損害了金融中心的形象，也會令市場恐慌，投資者寒心。

香港向來的監管政策，是懲罰老千，保護投資者，公司財政危機，也要盡量令它復牌，令小股東逃生有門，皆因香港並無次板買賣，一旦除牌，小股東便全軍覆沒。「華多利」在 2006 年停牌，進入除牌程序，但在 2012 年 1 股供 110 股，隨後復牌，正是基於這項大原則。反過來說，如今肆意 DQ 上市地位，卻正是一貫原則的違背。個別事件，不足為訓，可是自相矛盾、未叫先咬、長期政策的突然改變，才是最令市場不安的地方。

18.9.3 破產倒閉

一間上市公司如果破產清盤，則連公司也不存在了，自然也不可能繼續上市。金至尊（870，現稱恒豐金業）主席林世榮在 2008 年突然死亡，9 月 30 日

開始停牌，2010 年 12 月 1 日進入了停牌程序第三階段，其間「萊福資本」（901）和「首都創投」（2324）企圖充當白武士拯救該公司，支付了 2,000 萬元誠意金，其中 500 萬元不可歸還，但拯救終於失敗，由於第三階段在 2011 年 5 月 31 日到期，終於在 2012 年 7 月 9 日正式除牌。在 2017 年 7 月 31 日，一共有 3 間公司進入除牌程序第一階段，4 間公司進入除牌程序第二階段，13 間公司進入除牌程序第三階段。

18.9.4 除牌的 4 個階段

根據法例，除牌分為 4 個階段：

第一階段：停牌後首 6 個月，「發行人須有足夠的業務運作或擁有相當價值的有形資產或無形資產（就無形資產而言，發行人須證明其潛在價值），其證券才得以繼續在本交易所上市。」這不符合也包括了：「出現財政困難，以致嚴重損害發行人繼續經營業務的能力，或導致其部分或全部業務停止運作；及／或發行人於結算日錄得淨負債，即發行人的負債額高於其資產值。」在 6 個月期限結束時，交易所會決定是否應延長此首階段，或進入程序的第二階段。

第二階段：交易所發信給上市公司，要求於 6 個月內，呈交復牌建議。這段期間內，交易所會繼續監察進展，並要求董事按月呈交進度報告。在此限期結束時，本交易所會考慮上市公司的建議，決定是否應當進入第三階段。

第三階段：交易所發出公告，指出上市公司的資產或業務運作不足以維持其上市地位，並訂出呈交復牌建議的期限，一般為 6 個月，上市公司亦須繼續按月呈交進度報告。

第四階段：第三階段結束時，如尚未接獲復牌建議，發行人的上市地位將予取消。

從 2017 年 1 月 1 日至 7 月 31 日，一共有 3 間上市公司被強制除牌。

18.10 金句

對於公司上市，我有一金句，所有的炒股人都必須謹記在心：所有股票的上市目的，都是為了賺股民的錢，而非有心送錢給股民。股民萬一贏錢，只是因為在方贏的過程中（方贏？），偶爾吃掉了魚餌的漏網之魚罷了。賓州大學 Wharton School 的 Jeremy Siegel 在《The Future for Investors: Why the Tried and the True Triumph Over the Bold and the New》作出過統計：在 1968 年至 2003 年的九千隻新股當中，有 4/5 跑輸給細價股的大市。

19. 第一種分類：板

這一部分講的是股票的分類。這將會涉及很多章內容。

如果我們要向一個外星人解釋甚麼是人類，可以藉着多種不同的分類方法，去作出這個解釋：男人女人以說明性別，富人窮人以說明社會階梯，國籍以說明國家觀念，職業種類以說明社會分工，黑人白人黃種人以說明基因人種……諸如此類。同樣道理，我們可以藉着對股票分類，增加讀者對於股票的認識。

透過不同的分類，一個人可以有着不同的身分，例如說，一個男人可以同時是黑人、富翁、某非洲小國的總統，但種族相同，同是黑人，也可以是窮人、住在美國的哈林區、是一位失業的女性……而一位失業的女性，也可以是一個黃種人，但卻極其富有，皆因她看了周顯大師所著的《炒股密碼》，因而悟通了炒股之道，發了大財……諸如此類，組合可以是無窮無盡，但是，其分類也可以只有數十種而已。

同樣道理，一間上市公司、一隻股票，也可以有着很多不同的分類，這些分類方法是互不排斥、可以共存的。當我們理解了這些分類方法，也就可以對於股票的本質和特性，有着進一步的暸解了。

然而，當我們使用這些分類方法的時候，必須要小心，這正如每個人都是獨特的個體，所謂的「分類方法」，只是一種「任意的分類」，強行把一個人歸類成為某一類型，以方便作出分析。這固然是很有效的分析方法，但使用它的同時，我們亦必須要很小心，因為某些很獨特的資訊，是免不了了在「任意分類」的大前提下，被逼喪失了的。這好比一個擁有多國國籍的混血兒，也身兼兩職，是一個三更窮五更富的賭徒……這些獨特情況實在難以用標準定義，去作出分類，如果我們使用「任意式分類」，便只有丟失了以上的資訊。

股票的原理也是一樣。當我們選擇採用下文的幾種股票分類方法時，必須時刻地緊記着：每一隻股票都是獨一無二的，有着獨一無二的特性，但我們仍然要用分類法，去為它們定出分析架構，這是因為我們並沒有更好的描述和分析法，畢竟，抽象方法是分析架構之母，沒有抽象式的分類方法，也就難以去理解和描述一個概念、一件實體。

生物學家把生物分類，是理解生物的重要知識，同樣地，把股票分類，也是理解股票的絕佳方法。我在本書之前的版本，一直有着這部分，但在這個版本，又作出了大量的修改以及增訂，原因很簡單，思想和知識均是不停的進步的。

19.1 交易所和「板」

有一些國家，有着不止一個的證券交易所，例如說，在美國，一共有 13 個股票交易所，在中國，也有上海和深圳兩個交易所，如果是在「一個中國」的大

前題下，香港和台灣的交易所也可以算成是中國的交易所，那麼，可以說中國一共有 4 個證券交易所了。如果這還不算多，那麼，我可以告訴大家，在 1921 年的北洋軍閥年代，中國一共有超過 140 間證券交易所。

當然了，每個交易所也有不同的上市條款和規限，所以，在不同交易所掛牌上市的股票，也可以有着不同的特色，像在美國的紐約交易所，主要掛牌上市的是傳統的工業，但在納斯達克交易所上市的，則以新興的科技股為主力。

另一方面，就是在同一個交易所之內，也可以有着不同的「板」，可以有不同的上市規條，除了主板上市的公司之外，還有一個低一個檔次的股票分類，以較低的上市要求，去吸引那些不夠資格在主板上市的公司，退而求其次，可以在這個「板」掛牌上市，這叫做「Second-board Market」，直譯是「二板市場」。

例如說，在倫敦的證券交易所，這個二板市場叫作「Alternative Investment Market」簡稱為「AIM」，它並沒有最低公眾持股量的規定（主板最少是 25%），也沒有營業記錄規定（主板是至少 3 年），亦沒有最低市值規定（主板至少是 700,000 萬英鎊），上市要求低得多。

至於中國的二板市場，叫作「創業板」，早在 2000 年，已經在籌辦了，後來由於科網泡沫爆裂，因而擱置了。在 2004 年又再度重新提出，2009 年正式上市。

除此之外，中國在 2001 年 7 月 16 日開始，「代辦股份轉讓系統」正式啟動，即是證券公司以其原有的業務設施，為非上市公司提供股份轉讓服務業務，目的是為法人股和退市後的股票提供流通交易。這個系統並不成功，因此在 2012 年，又有了一個「全國中小企業股份轉讓系統」，簡稱為「新三板」，只限於擁有證券市值 500 萬元以上的投資者參與，並且追稱舊的那個叫「老三板」。

在美國，也有類似的系統，稱為「over-the-counter」，中文譯為「場外交易」，意即證券行可以用和其他券商個別議價的方式，去買賣非上市股票，也包括了退市後的股票。在 2014 年，美國有四成的股票，是在這場外市場作交易。

19.2 香港的主板

要在香港交易所的主板上市，除了必須要有三個財政年度的營業紀錄，即是成立了最少三年之外，還必須符合以下三個條件的其中一項：

1. 盈利測試：最近一年的純利不少於 2,000 萬港元，加上之前兩年純利不少於 3,000 萬港元。

2. 市值/收益/現金流量測試：最近一年的收入最少是 5 億港元，以及過去三年的現金流入不少於 1 億港元。這種公司在上市時的市值不能少於 20 億港元。

3. 市值/收益測試：上市市值至少 40 億港元，最近一個財政年度的收入最少為 5 億港元，及上市時至少有 1,000 名股東。

　　除此之外，上市時的預計市值不得少於 2 億港元，其中由公眾人士持有的證券的預計市值不得低於 5,000 萬港元，股東也不能少於 300 個。所以，一般來説，這代表了 75% 由原股東繼續持有，而 25% 則以發售股票的方式，去把股票賣給至少 300 個公眾股東。

　　4. 在上市後，也有一個最低的公眾持股量規定。正如前述，發行股票最少要有 25% 由公眾人士持有。如果新股上市時的預計市值超過 100 億港元，交易所可酌情接納比較低的公眾持股量，例如 15% 至 25%，如果超過 400 億元，更可以低至 10% 或以上的公眾持股量。這其中最特殊的個案，是在 2011 年上市的「周大福」（股票編號：1929），新股加上舊股，只是出售了 10.66% 給公眾股東，大股東鄭裕彤家族仍然持有 89.34% 的股票，皆因它在上市後的市值達到了 1,500 億元之鉅，所以獲得了交易所的特別酌情權。

　　值得注意的是，在上市之後，某些要求也會因應而取消，例如説，有關市值的基本要求是 2 億元，但是在上市之後，市值跌破 2 億元的也比比皆是。此外，上市時有純利要求，但在上市之後，利潤大走其樣，變成了年年虧本的公司，也是大有其在。在香港，這並不構成取消上市資格的條件，但是，正如前述的「華多利」（1139），則因營業額、利潤、和資產不足，被交易所要求除牌。

　　在某的證券市場，例如在內地，《公司法》的第 157 條規定了：「上市公司有下列情形之一的，由國務院證券管理部門決定暫停其股票上市：………(4) 公司最近 3 年連續虧損。」

　　前文説過，在 2003 年至 2014 年間，殼價從不到 1 億元，升至超過 5 億元，但在這同時，申請上市的費用，也從 2003 年的一千多萬元，急增至最少六千萬元，這還是一切順利的最低價格。如果申請上市的過程遭遇到麻煩，拖慢了進度，超過一億元也是不時發生的事。當然，這其中更有許多花了逾千萬元的申請成本，但卻上市失敗的個案。如果從申請失敗的「死亡率」，再加上申請成功的必需成本來計算，則 5 億元的殼價，似乎也不算很高了。

19.3 創業板

　　香港的二板市場叫作「創業板」，因為它的本意是用較低的上市要求，好讓新創業的公司在實力未夠時，可以在這個市場上市集資，故名為「創業」。它是在 1999 年 11 月 25 日，仿照美國的二板市場「納斯達克」而設計。

　　創業板的上市要求比主板要為寬鬆，例如説，它只要求申請公司在上市前的 24 個月，有活躍業務紀錄，並且在前兩個財政年度的淨現金流入，合計不得少於 2,000 萬元，如果是規模更大、公眾持股量更多的公司，更可減免至 12 個月。不過，創業板也有比主板更加嚴格的規定，例如説，主板公司每年只需公布 2 次

業績，即是每半年一次，但是創業板公司則需公佈 4 次，即是每季一次。

那時，正值是科網熱的高峰，當科網泡沫爆破時，創業板股票也大跌，結果到了 4 年半之後的 2005 年 3 月，創業板指數只有初成立時的一成。我記得，在創業板剛推出時，老闆們製造一間公司出來，推上創業板，成本大約是一千萬元左右，而當時的創業板殼價也是一千萬元，即是說，單單以殼價而論，這宗生意是沒有賺頭的。不過，由於當時對創業板公司的上市監管鬆懈，上市極度容易，所以在莊家心中的算盤而言，這也不失為一個用低成本所創造出來的「廉價賭場」。

正是由於創業板的上市太過容易，令創業板根本乏人投資，絕大部分的股票均是沒有成交，市值只有幾百萬元的公司比比皆是，於是，港交所於 2008 年改革《創業板上市規則》，將創業板重新定位為第二板和躍升主板的踏腳石，並且簡化了創業板公司轉往主板上市的流程。

這直接令到創業板的上市更為困難，成本也大為增加，但這樣一來，它的殼價也水漲船高，大大的增加了。在 2016 年，創業板的殼價已升值至 3.5 億元以上，但是上市費用也升至五千萬元以上。然而，由於創業板的質素大升，投資者、甚至是基金，對於投資創業板的興趣也大大的增加了，所以，創業板的成交額也大大的增加了。

「阿松」（我從來不知他的真名）是我認識了多年的老朋友，大家常常一起「鋤大弟」，他有一間證券公司，名叫「東方匯財」，這一間公司曾經三次申請上市，第一次碰上金融海嘯，作為證券公司，是首當其衝的被打擊者，當然是上市失敗了。第二次碰巧保薦人公司高層大執位，舊的班子走了，新的班子接任。它的保薦人就是「招商證券」，因為當時的交易所修改了法例，如果被保薦上市的公司出現了問題，保薦人要負以刑事責任。新班子當然不肯負上這個刑事責任，那就寧願賠錢，拒絕為它保薦上市。要知道，當時阿松已經抽中了「8001」，作為股票編號，這是當年李超人的 tom.com 留下來的幸運號碼，居然臨門一腳，只差幾天，便上市失敗，真的是時也命也。儘管「招商證券」賠錢了事，但是除了保薦人之外，那些律師費、會計師樓的核數費等等，也全都泡了湯。

第三次的申請上市，才終於成功了，在 2014 年 1 月 14 日掛牌，

如果第三次才終於成功，真的是好事多磨，那個「8001」的幸運數字，交易所為它保存至它再次申請上市成功，才把這號碼再交給它。而我則用了 600 萬元，申請了「頂頭鎚飛」，即是最高限額，也即是所發行新股的總數目的一半。結果中籤率是 2.1%。它的上市價是 0.6 元，股價最高升至 3.2 元，為我賺到了合理的利潤。

19.4 創業板轉主板

價格告訴了我們品質的分別。在 2017 年，主板的殼價是 5 億元，創業板的

殼價則是 2 億元，這個價格分歧，當然也代表了它們在吸引投資者，以至於集資能力，均有差距。

在 2013 年的上半年，「中國汽車內飾」（當時的股票編號：8321）的股價一直在 0.2 元左右徘徊，在 2007 年 8 月才開始上升，不久，便傳出了它從創業板轉為主板的消息，繼而發出通告，證實了它正在正式申請轉板，而它的股價也一直急升，升至 10 月 28 日的 1.63 元。在升上了高位之後，股價又慢慢的回落下去，到了 2014 年 8 月 24 日，它的收市價是 0.56 元，而在翌日，即 8 月 25 日，它將會正式轉至主板掛牌買賣，號碼是「48」。從這個例子可見，創業板轉主板，往往是炒作股價的原因之一。

19.5 創業板忘記了初衷

香港交易所在 2008 年至 2017 年的基本政策，是鼓勵合資格的創業板公司，當其盈利條件符合了轉板之後，申請轉為主板公司。它在 2008 年，宣布了簡化由創業板轉往主板的程序並且將轉板的主板首次上市費減了 50%，以作支持。但這樣一來，創業板成為了盜賊的溫床，因此，到了 2017 年，證監會決心要大力整頓創業板，尤其是要收緊創業板的上市要求，以圖杜絕「啤殼」的泛濫，於是，在 2017 年推出了創新主板和創新初板的諮詢，由於這和創業板的業務有着直接競爭，因而創業板的前途也未卜。

有一個熟悉股市的朋友告訴我一句話：毋忘初衷！

話說創業板在 1999 年推出，當時正是科網股炒到㷫　之時，第一隻上市的就是「天時軟件」（8028）。根據「維基百科」的描述：「仿照美國的納斯達克（NASDAQ）進行設計，主要目標是給有增長潛力的新企業提供融資渠道，新興科技企業是香港創業板的重要組成部分。相對於聯交所主板市場來說，創業板具有更高的風險，主要供專業投資人士參與。」

以上的說法，當然有胡說八道的成分，皆因散戶要買賣創業板股票，並不需要有專業投資者的資格，而只是需要另外簽署一份創業板風險證明書，證明他充分知道其風險，便可以買賣了。到後來，證券行把這份證書附在開戶文件之內，兩者渾然一體，只是多簽一個名字，因此是連這一重功夫也名存實亡了。

請注意的是，由於創業板的本意是給 Growth Enterprise 上市的，所以並不設公開發售，以免散戶申請，買了中伏。換言之，全配售本來是一項德政，可以有效阻隔散戶買進高風險的創業板。

在這個時候，上市程序十分容易，幾乎是甚麼垃圾公司也可以上市，而上市費用也只是幾百萬元，正如如此，當時的創業板殼價也十分便宜，不用一千萬，便有交易。而創業板指數也在不斷下跌，在 2005 年，只有 1999 年時的 1 成左右。有一

位老闆，甚至是把手上的殼送了給一個朋友，作為禮物，反正也值不了甚麼錢嘛。

在這個時候，自然也不存在創業板啤殼上市的問題。

直至 2008 年，交易所決定不再把創業板視為 Growth Enterprise 的集資渠道了，而是收緊了上市要求，把它成為第二板，也即是主板的踏腳石，當它的業績足夠了，可以轉主板時，不但程序簡化，而且費用也將減免 50%。

這一收緊，令到創業板的上市難了十倍，也令到其殼價大升，亦令到投資者對創業板的興趣大增，股價炒上炒落，逐漸地，創業板成為了炒家的溫床，也即是盜賊的天地。原因很簡單，主板殼價 6 億以上，入場費太貴，太過犯本，新進莊家倒不如買一隻創業板，更為上算。

但是，當到了這個時候，創業板已不再為「創業」而設，所以，它上市的公司，有餐廳、有建築工程公司、有地產公司、有證券公司……絕大部分都是傳統產業，哪來有 growth enterprise 可言呢？

也正因如此，現時香港的 growth enterprise 已經沒有了集資渠道，這就是我的朋友所說的「毋忘初衷」的意思。

19.6 二十一章

香港聯合交易所證券上市規則章數二十一的內容是「投資公司」。一般來說，主板的上市公司必須有至少一個持續經營的業務，不能是一間純投資的公司，可是，根據第二十一章的上市的公司，卻是以「投資公司」作為本業而上市：「本章所考慮的上市申請包括現有投資公司及新成立的投資公司投資的證券（不論已上市或 未上市），此包括認股權證、貨幣市場的金融工具、銀行存款、貨幣投資、商品、期權、期貨合約及貴重金屬，以及投資在其他集體投資計劃的投資公司。投資亦可能以合伙經營、參股、合營公司及其他非法人公司投資的方式進行。」

換言之，以「二十一章」來申請上市的公司，非但可以是用純投資公司的身分，而且還不能有着持續經營業務。所以，它和其他的主板公司是不相同的。

「二十一章」的上市費用比主板和創業板要低，因為所牽涉到的文件和手續也簡單得多。不過，有其利必有其弊，它的市場集資能力，也比不上主板和創業板公司，所以，它的殼價也低得多，在主板殼價 5 億元、創業板殼價 3.5 億元的 2017 年，「二十一章」的殼價只需要 1.5 億元而已。

在 2013 年，香港交易所便有 18 隻的「二十一章」投資公司的新股上市。

我記得有一位當會計師的好朋友，在 2003 年，其客戶有一宗「二十一章」的上市申請，但因為「沙士」，百業不景，客戶放棄了申請，並且豪氣地把這宗申請無條件送了給這位會計師，反正客戶不想付錢下去，這宗申請也不能繼續下去了。

風頭火勢之下，這位會計師朋友當然也不會把這間「二十一章」繼續申請上

市程序，直至沙士過去了，他的申請書也過期了。有一天，他和一位朋友聊天，無意說起了這件事，他的朋友提醒他說，其實可以向交易所申請特別延期，理由是因為「沙士」，這是一場不可抗力的天災。

於是，會計師朋友便向交易所申請了延期，交易所十分爽快，馬上批准了，反正當時也沒有甚麼新公司上市。然而，會計師朋友卻遇到了另一個問題，就是原先的律師樓認為這是額外的工作，所以要求收取額外的費用，是 50 萬大元。要知道，當時的「二十一章」殼價並不值錢，會計師朋友不肯支付，拉扯了一陣子，律師樓也很想做成這宗生意，因為當時它也沒有生意，於是，雙方達成了協議：在成功上市後，才收取費用。

結果，這一間「二十一章」在幾番磨練之後，成功的上了市，集了資，不但集了資，而且還把股價炒高了，沽出了。在跟着的時間，它不停的炒股票，不停的印發新股集資，會計師朋友憑此賺得了第一桶金，跟着用第一桶金滾來滾去，現在已是十億富豪了。

不過，由於近年交易所改了法例，規定「二十一章」上市時，只准「專業投資者」（professional investor，簡稱為「PI」）去申請，而它的最低申請金額，是 50 萬元。換言之，如果你去搞一間「二十一章」上市，得找到最少 300 名專業投資者，每人付出至少 50 萬元，去申請新股。所謂的「專業投資者」，即是最少有 100 萬美元的流動資金，包括了現金或股票，這當然是增加了很大的難度。

正因為交易所收緊了有關的上市規例，大大的增加了「二十一章」上市的難度，所以在 2007 年之後，足足有 4 年，完全沒有「二十一章」上市。直至 2011 年，才有一間「中國新經濟投資」（股票編號： 80）上市，配售價是 1.03 元，每手 10 萬股，但最少申請單位是 5 手。

它一共配發了給 348 名專業投資者，每人得到 5 手，而我本人，就是其中的一個。這股票在上市當日的開盤價是 1.06 元，收市價是 1.12 元，我忘記了是在哪一個價位沽出，但很記得是賺了四萬元。

這一隻股票是 10 萬股一手，上市後，依然是令到不少小投資者卻步。法例規定，它在上市後的 3 年，才能夠修改公司章程，才能夠改變每手的股數，才能夠吸引到小投資者，即散戶入市。我在先前說的，「二十一章」的殼價是 1.5 億元，當然是以在它 3 年後「鬆綁」之後的價錢。

在 2013 年，一共有 18 隻「二十一章」上市。為甚麼在如此嚴厲的新法例之下，數量會大增呢？原因很簡單，因為主板的殼價大升了，創業板的殼價也大升了，都升到了令人「買不起」的程度，因此，連帶「比較便宜」的「二十一章」的殼價也大升了，升到了 1.5 億元一隻的高價，這自然是吸引了大量的「專業人士」，去製造「二十一章」申請上市，去賺取這筆暴利了。

另外一宗有趣的例子，是在 2002 年，有一個客戶，想把控制性股權作為抵

押品，去借取一筆款項。我問他：「這是不是創業板，創業板股票是不值錢的。」（請參閱前文：當時的創業板殼價是不到一千萬元。）他堅決發誓：「絕對不是創業板。」

果然，他並沒有說謊，這公司「絕對不是創業板」，只不過是更不值錢的「二十一章」而已，因為「二十一章」的法例，是刊載在「主板上市規則」之下，不是屬於創業板。

那位金主看到了這些「二十一章」的股票，當然不肯答允貸款。當於這宗事件，她輕描淡寫的說：「我還遇上過一宗，說絕對不是二十一章的，但結果出來，卻是二十二章！」(按：根據「二十二章」上市的，是「債務證券」，即是可換股債券之類的東西。)

19.7 十八章

第十八章的內容是礦業公司的上市。

礦業公司上市，根據這一章的條款，可以繞過交易所對於新上市申請的經營年期、營業額和利潤的要求，而是根據該礦藏的蘊藏量，去作出上市的評估。條文的內容是：「若礦業公司無法符合《上市規則》第 8.05(1) 條規定的盈利測試、第 8.05(2) 條規定的市值／收益／現金流量測試又或第 8.05(3) 條規定的市值／收益測試，其仍可透過以下的方式申請上市，即向本交易所證明並使本交易所確信其董事會及高級管理人員整體而言擁有與該礦業公司進行的勘探及／或開採活動相關的充足經驗。當中所依賴的個別人士須具備最少五年的相關行業經驗。相關經驗的詳情必須在新申請人的上市文件中披露。」

這當然還要符合其他的條件，例如說：「證明而使本交易所確信，其集團目前的營運資金足以應付預計未來至少 12 個月 的需要的 125%，當中必須包括：

向本交易所提供現金營運成本估算 （如公司已開始進行生產），包括與下列各項 有關的成本：(a) 聘用員工；(b) 消耗品；(c) 燃料、水電及其他服務；(d) 工地內外的管理；(e) 環保及監察；(f) 員工交通；(g) 產品營銷及運輸；(h) 除所得稅之外的稅項、專利費及其他政府收費；及 (i) 應急準備金。」

值得注意的是，這些依照第十八章上市的公司，雖然上市的要求比較低，但是其殼價也因而大大的減少了，因為它只能繼續經營礦業，而不能另謀別業，又或者是注入其他的資產，「玩法」是大大的減少了，這自然會影響到股票的「幻想性」，而股票的價格，往往是受到其未來的「幻想空間」所決定的。

「高鵬礦業」（2212）是在 2015 年上市的十八章礦業股，招股價是 0.88 元，集資額只有 5,610 萬元，所以雖然在逆市上市，依然有大量散戶申請認購，一共有 23.2 倍的超額認購，經過回撥後，令到它的公開發售數目變成了 30%，所有

散戶均能獲派一手。在上市當天,它的表現不好也不差,沒有跌穿招股價,最高升至 0.94 元,最後收報 0.89 元,僅比招股價高出了一格。由於它的成交不大,當時我的估計,是由於這股票參與的散戶太多,因此必須作出一個收貨過程,才會再有上升的動力。果然,在它上市後的半個月,它開始上升,但最高只升至 1.61 元,比招股價升了一倍不到,而大成交的日子在它的剛上升期,成交額是 7,072 萬股,當時的股價是在 1.23 元至 1.52 元之間。後來快速炒了幾天,又快速回落了。

19.8 重組的股票

所謂「重組」,就是一間公司快要倒閉,為挽救而提出一個全新財務計劃,從注入資金、削減舊債,到重整舊業務,或注入新業務,工作程序十分繁複,又要花上好多的錢,才能夠把一間公司重組成功。

其中的一個例子是「三丸控股」(2358)。它從 2008 年停牌,停了 5 年,去年底才重組成功,復牌。這公司市值 5 億元左右,2014 年 1 月 22 日收報 0.138 元,屬於復牌後接近低位,重組時供股價是 0.1 元,如連供股權價格也計上則是 0.18 元。根據線人分析,絕大部分股東的成本都在 0.22 元以上。

19.8.1 「匯多利」的例子

重組後的股票,有時馬上便炒高股價,如「匯多利」(股票編號: 607),它在 2006 年停牌。這隻股票的重組者是我認識了多年的財技高手簡志堅。

話說簡志堅的出身,是美資銀行的超超超高層,所以不但財務和財技知識豐富,銀行知識也是專家中的專家。而在重組公司的過程中,除了財技知識之外,還得有銀行知識,因為重組的公司,十居其十,都需要債務重組,而會計師只能解決債務重組的文件問題,但是如何同銀行談判,如何令銀行接受你的重組方案,就是必須要有銀行專家,精於同銀行談判債務重組的部分,用銀行家的語言,talking with the bankers,才能解決也。

簡志堅當年重組了了鄧崇光的破產公司,即是現在的「國中控股」(202),「宏通集團」也是他重組得回來的,差點又當上了葉劍波的白武士,真是高手中的高手,而我對於重組公司的很多高深知識,都是從他的身上學回來的。

所以,對於簡志堅這個人,我是財「識」(知識的「識」)兼收,十分感激他的。我這一生中,遇上不少貴人,得到不少人的提攜和幫忙,他是其中的一個。

然而,這公司原來是電器公司,所以要想重組成功,注進項目,這些項目也必須和電器有關,才能獲得交易所的批准。簡志堅買下了一些電器公司,但是營業額和盈利均不足夠,還想多找一間至兩間,把營業額和利潤湊夠了,但一直找不到。這公司的重組復牌大計在延期又延期之後,結果沒有法子,只有硬着頭皮,

注進一個地產項目。問題在於，如果要注進地產項目，由於和原來的電器業務扯不上關係，根據交易所的規定，那要幾乎相等於新上市，要求嚴格得多。但在沒有法子之下，簡志堅只有用內地地產項目來硬闖。

終於在 2013 年底，這股票復牌，其重組計劃有 5 部分：

1. 進行債務重組，清償三億元的債項，把殼清洗乾淨，但大前題是和銀行和所有的債權人談妥條件，並且要對方接納這計劃。

2. 出售原有業務，把原來製造及銷售家用電器的業務賣回給公司的前主席楊渠旺，作價一千萬元。

3. 公開發售新股，以 1 股供 4 股的比例，集資額是 8,440 萬元，供股價是 0.05 元，相比起停牌時的 0.48 元，折讓了 89.59%。這次的公開發售由南京地產商季昌群包銷，由於公開發售的結果是只有 34.65% 認講率，季昌群因「包銷商上身」而佔股 52.28%，變成了大股東。簡志堅則由於沒有供股，股權已由 36.03% 攤薄至 7.21%。

4. 發售發行 4.2 億元的可換股債券，年息 2%，五年期，換股價 5 仙。

5. 注入新項目，即是以 5 億元現金，向季昌群收購他旗下的南京豐盛資產管理，這公司持有江蘇豐盛房地產及重慶同景昌浩置業，專注江蘇省鹽城及重慶市的地產項目。

這事件對我最大的貢獻是：由於簡志堅買下了一些電器公司，其中有一間的暖爐特別美觀又好用，所以我向他拿了七、八部，當然沒有付錢，但用了兩個冬天，全都壞了。

至於「匯多利」，在停牌 6 年後，復牌日收市價是 0.148 元，比起停牌前和參加了供股後的已調整股價，上升了 8.82%。這固然是因為簡志堅本人的功力，但在這 6 年間，殼價也升了一倍以上，這當然也是有利於股價的重大因素。在我寫這段的 2014 年 8 月 31 日，它的收市價則是 0.325 元，比起復牌後的第一天，也升了一倍有多，由此可以見得簡志堅的厲害之處。

更厲害的是，這股票後來賣殼給南京的季昌群，炒到 2016 年 10 月 5 日的 4.69 元，市值 925 億元，成為了一時的佳話。

19.8.2 簡志堅的其他例子

經簡志堅重組成功的公司，除了「匯多利」之外，還有「國中控股」（股票編號： 202），這股票在 2014 年改名為「潤中國際控股」，還有「宏通集團」（股票編號： 931），這股票我曾經多次贏錢，所以特別有感情。

前述的「國中控股」，原來是由創辦「中國城夜總會」的「夜總會大王」鄧崇光的「柏寧頓國際」，在 1997 年後，因香港的經濟衰退，令到鄧崇光的生意陷進了困境，銀行接管了「柏寧頓國際」，給簡志堅拿了來重組，條件是削債九

成，再以股代債，然後在 2000 年，把這間公司賣了給內地商人張揚，讓張揚把自己創辦的「國中控股」注資進入這一間公司。結果，這公司在復牌後，股價上升了十倍，即是說，如果債主們持有「以股代債」後的股票，直至這時，那就可以完全歸本了。

19.8.3 海域孖寶

香港有一位商人叫「葉劍波」，曾經擁有兩間上市公司，一個美麗的明星老婆，叫「傅明憲」，我和葉不認識，但和美女傅明憲就喝過幾次酒，也認識她的現任男朋友「莊家彬」，也即是著名的「莊士集團」的太子爺，他的父親莊紹綏是身家數百億元的富豪，也是我最富有的一位讀者。我們偶有碰面吃飯，據他說，他有把我的財經書籍要家彬閱讀，用來「教子」之用。

葉劍波在 2006 年因做假賬而「出事」，兩間上市公司清盤，太太也離婚了，後來他因而鋃鐺入獄。這兩間公司「海域孖寶」，落進了四大會計師樓的「德勤」的手上，由它的大中華區主席，也是我的好朋友勞建青負責。

簡志堅在這一次也差點當了白武士，買下了其中的「海域集團」（當時的股票編號是：1220），可惜無功而還，這公司落到了別人的手上。但這已令我一直追縱留意着這股票。

勞建青是我的好朋友，我們常常一起打牌吃飯。他的社會關係很好，全港的超級富豪均和他相熟，他很快為這兩間清盤中的公司找到了白武士，其中的一間叫本來叫「海域化工」（當時的股票編號：2882），經過重組後，改名叫「香港資源」，在復牌後，股價猛升，狠狠的炒了一頓股票。這證明了，勞建青作為天字第一號的會計師，的確有他的本事。

「海域孖寶」的另一「寶」，即「海域集團」，則在重組後改名為，「志道國際」（股票編號：1220），在 2012 年前復牌後，並沒有甚麼大動作，雖然在兩年之內，股價升了不少，但只是相應這兩年來，殼價升了一倍的客觀事實而已，算不了甚麼。

然而，在 2014 年前，它的控股股東 Goldstar Success 向兩名獨立人士出售 1.89 億股普通股，佔股本 23.58%，在交易完成後，他的持股量跌至 37.5%。我的判斷是：這公司已經賣了盤，因為法例規定，復牌兩年後，大股東才准賣盤。之所以暫時不全部轉讓股份，只是因為法例上方便注資而已，我也估計正在準備注進資產，所以在寫作本段時，我正在慢慢的買進它的股票，大約會買幾百萬股，我預期，它就會爆升上去，為我帶來可觀的回報。

至於「香港資源」，要知道，我曾經說過，因為以重組公司來獲得一隻殼，成本過億元，遠遠比 I.P.O. 的成本高得多，因此公司重組之後，多半有一次大炒，只是不知何時何日而已。

19.8.4 重組股票特別當炒

理論問題來了：為何重組的股票特別當炒呢？

第一個原因，有一天，我的一位很聰明、炒股技術很棒的肥仔朋友問我一個問題：「究竟重組後的公司，是不是特別當炒呢？」論到炒股票，他比我高明，但如論炒股票的理論，他就不如我了。我咳了兩咳，清了清喉嚨，對他說：是的，經過重組的股票，通常在公司倒閉前，曾轟轟烈烈炒過一次或好幾次，股東到處都是。不管這些股東是贏錢也好，輸錢也好，他們都是這公司的 client base，很易召集回來，重新炒過。因股民有惰性，很喜歡炒以前買過的股票。故曾經炒過的股票也特別受歡迎。

第二個原因則是重組成本很高。如果新上市公司成本是五千萬元，一隻殼能賣到了三億元，那就甚麼也賺回來了。但重組成本卻很高，搞下搞下，這樣付錢那樣付錢，很易便超過一億元，像前述那一隻簡志堅的「匯多利」，成本足足是三億元之多，如果不在市場「做世界」，大炒特炒一頓，很難賺回成本。

第三個原因則是，公司的新上市，並不需要甚麼財技，但是重組所牽涉到的財技更高，所以必須是專家，才能解決。所以，新上市公司的老闆很可能只是茂利一條，自然更不會炒股票，但是，重組者幾乎肯定是財技高手，其炒股票的動力自然也更大了。

但也正是因為重組的股票特別容易炒高，特別多股民參與，因此，用上更高的成本去搞一間舊公司的復牌，也很可能值回票價。

另外的一個對股民更加有效的理由，是因為重組的公司經過了交易所、會計師、清盤官等等無數人的嚴格審閱，令到它的造假賬的機會率，比新上市公司還要低得多，因此，其安全系數也要高得多。所以，在香港股史上，有上市沒多久便發生賬目問題的公司，如「洪良國際」（股票編號：946）、「諾奇股份」（股票編號：1353），但是，重組公司短期便出狀況的公司，好像真的是一間也沒有過。

20. 第二種分類：新舊（新股）

所謂的「新股上市」，就是在證券交易所掛牌，從此這股票便可以在這個平台之上，作出買賣交易了。在香港這金融城市，小孩子也明白，不必白費篇幅了。

股票在上市之前的申請階段，以及上市的當天，是「新股」，在它上市之後第二天，就變成了「半新股」了，這好比女人在結婚的那一天，才是「新娘子」，在結婚後的第二天和打後的一段日子，就不是「新娘子」，而是「新婚太太」了。

所有的新股上市，都是為了從投資者的身上賺錢，從來沒有是意圖藉着上市，去派錢給公眾的。以上結論的論證，不證自明，不須多贅。

不過，如果把這句話擴大來說，我們也可以說成：所有的股票的發行，都是為了為發行者，即是上市公司的老闆賺錢，而不是派錢給散戶。問題在於：如果公司上市，是為了在市場賺錢，那麼，我們為甚麼還要買股票、炒股票呢？

我也曾經講過一個比喻：所有的男人結識女孩，第一步都是心謀不軌，想和她發生關係，但女人可不能因為不想被男人欺騙身子，因而因噎廢食，當一世的老處女。問題只在於，她要小心選擇男人，以免遭到欺騙，如此而已。

這在西諺的說法，叫「no venture, no gain」：我們雖然明知印刷和發行股票的人不安好心，但也必須去冒這個輸錢的風險，原因很簡單嘛，因為我們想贏錢，但不冒着輸錢的風險，則不可能贏錢，這也是永恒的真理。

20.1 新股的莊家部署

進一步討論下去之前，我們先約略說一下新股的概念。這是極深奧的學問，內裏乾坤能寫十本書，我只挑與本節有關的，就是莊家的心態。這裏是把上市公司、保薦人、包銷商、市場莊家等等有關的內幕人士捆綁在一起，視為「莊家」，我們散戶則被視成另一方，即「閒家」。

為新股定價是很玄妙的功夫。很多時，時事評論員批評某些（主要是跟政府有關的）新上市股份定價太低，損害了公司利益。這種言論，議員會說不奇怪，但有時連財經報紙的社論都有類同的說法。這也難怪，就算是財經報紙的主筆，只會是蛋頭，唸懂經濟學而沒實際操作經驗。證券公司的董事不會降價去當主筆。請注意我的用語，是「降價」而非「降格」或「降級」，在我心中，報紙主筆比滿身銅臭的金融鉅子高級得多，因為我做過報紙主筆，卻沒做過金融大亨。只是論到「身價」，客觀地看金錢數字，便知道主筆的收入少得多了。

當我還是作家時，進出美加或日本這些「文明國家」，不論是在海關還是在坊間，說起我的職業，無論是西洋或東洋鬼子，登時肅然起敬。回到中國人的地方，我的身價便低了一截。現在我搞金融，凡到中國人之處，都得到人們的艷羨神色，他們認為金融從業員都是賺大錢的人，無視現時許多華資中小型行的股東

和員工都窮得快要「着草」了。但身為金融界一分子的我，到了外國，則被人視若無睹。這顯示了中國人和「化外之民」的分別，外國人之重視文化和中國人之重視金錢，證明了中國人的實用主義。

新股定價太低，集資額便少了，理論上，公司受害；但定價太高，市場的水位便低了，受害的是股民。有沒有雙贏方案？有的。不要把定價定得太高，把股份配售到肯在市場落力工作的人（或基金）的手裏，所謂重賞之下，必有勇夫，這些人收到了大筆廉價股票，便有動機把股價向上推。先前收到的廉價股票，減低了推高股價的成本（因「高價貨」和「低價貨」的成本攤平了）。

把股價推高，他們也是最大得益者之一。至於大股東，雖然集資額是少了，但股價高了，手持的股票有價，水漲船高，自己的身家也豐厚了。別忘記，「出街」的新股只是 25%，就算加上 5% 至 15% 的「綠鞋」，大部分的股票仍是握在大股東的手上。

在一切向錢看的大前提下，股價上升對比集資額的高低，前者對大股東更有利得多。

首天掛牌便跌破招股價的新股，行內會罵它是「衰股票」，若然本人是苦主之一，我會把它的數簿拿出來大燒特燒。（這是廣東粗口，純情者千萬別以為我真的會衝到該公司的會計部。）

從另一方面看，這公司的老闆是成功了。新股之所以上市即跌，原因只有一個，就是老闆把市場的水位都吸乾了，贏盡每一毫子，散戶豈能不輸？尊貴的議員們和時事評論員們常常呼籲（中國和香港）政府不要「賤賣資產」，對着這些莽漢，不知好氣還是好笑，搞不清該去燒他們的數簿，還是勸他們多看數簿，理解一下甚麼是金融。

前文已說過，留點水分給市場，讓每個參與者都能賺錢，股價上升了，老闆也「笑騎騎」，是新股成功的不二法門。要做到這一點，只有在市場最暢旺時把股份推出，才最妥當。但港交所可不管這些市場細節，總之上市聆訊通過了，股份便排期上市，管你上市時市況怎樣。

老闆當然可以因市況不妙而退出，但退出後要再上，一切就得從頭來過，費時又失事。不過不要緊，保薦人有本事微調（「宏調」就不可以了）上市的速度，他們預測市場的能力也遠比散戶為強。因此，市場最佳時，往往是最多新股的時刻。

大致上，每個參與者都希望上市後股價上升，保薦人和包銷商均不想破壞招牌，這會影響下次的表現。上市後股價節節上升，「省靚招牌」，擁躉便愈來愈多，下次搞新股時的表現就會更好了。從這方面看，新上市公司的位置處於相反。它們的上市多半是「老虎做愛，一次過」，雖然不排除以後還有再搞股票的（集資或炒股票）機會，但很多上市公司老闆也會採取「先殺一筆，以後再算」的策略，這就是不少公司上市後，股價會呈插水式下跌的原因。

20.2 招股書

基本上，申請新股的基本原理就是炒資金流向，當炒就升，不當炒就跌，給莊家圍乾了就升，派了給散戶就跌，這才是鐵律。如果細心閱讀上市招股書，你會發現，所有的新股都是圈錢的，不是派錢的，只有兩種股票是例外，一是香港政府發的，如「港鐵公司」（股票編號：66）；另一種是內地政府發的，如國企。

所以，當我申請新股時，永遠只看市場氣氛和圍飛情況，從來不看招股書。但這是否代表招股書沒有用呢？其實是有用的，而且很有用，但不是一般分析員的那種用法，只是因為我太懶，所以不看而已。不看當然是很吃虧的。

招股書的用途是看輸面（downside），不是看贏面（upside）。贏面看的是前述的市場氣氛和圍飛情況，但輸面則看基本因素，這就得看招股書了。打個比方，有一隻股票的上市價是 10 元，但真正價值是 5 元，它上市後能到 11 元、12 元，還是 15 元，主要是看市場氣氛和圍飛情況，只要市場氣氛夠好，手花夠乾，飛上天都得，那時誰會管它的真實價值呢？

在 2014 年，我申請了「百本醫護」（股票編號：2293）的新股，一共獲得分配了 180 萬股。

在申請新股之前，我其實細讀過「百本醫護」的招股書：公司業務是政府支持，醫護工作是增長迅速和前景秀麗的行業，公司兩個大股東，一個是行政專才，另一個則是醫護專才，曾獲得過很多個機構頒發的管理優良獎。

雖然，我看來看去也看不明白，究竟甚麼是「醫護人手解決方案服務的領先供應商」，因為在法例上，一，它與登記的醫護人員並無僱傭關係，二，它們的客戶與它們配置的醫護人員並非僱傭關係。其實它在法例上，並非一間職業介紹所，只是一間在今日的日本大行其道的「人材派遣株式會社」，即中文的「有限公司」而已。但當然，為了把事情簡化，我們雖然明知是錯，也可以把它視為一間職業介紹所。

簡而言之，我根本沒有真心留意過它的招股書，之所以申請配售，只是因為看中了它全配售上市，集資額不多，當時的市場氣氛又好，而我碰巧在它的保薦人的證券公司有戶口，而且是長期客戶，自信可以申請到配售新股，如此而已。

20.3 政府企業的上市

通常，一個政府會擁有一些以商業模式運作的公司，有時候，政府為了政治理由，會把這些公司推上市。其中最有名的就是戴卓爾夫人在上世紀八十年代，一連串的「私有化」行動，把國有公司以股份形式出售。而投資大師彼得林治的評語是：「Whatever the queen is selling, buy it.」無他，市場莊家很多時也是老千，但政府不是，當它出售任何一種資產時，一定為投資者預備了一張保護網，儘量

令他有賺無蝕。要知道，賤賣資產時，雖有人反對，反對者也不會落力，貴賣資產時，接貴貨者輸了錢，對政府的怨恨可以其深似海，這是政府所不願見到的。所以政府是不會讓人民虧本的！

我常常說的故事：當一間政府機構要公開上市時，其管理者和負責的財金官員，當與投資銀行開會，為上市股票定價時，會說甚麼話呢？答案是：上市後，千萬不要跌破招股價，否則財金官員便有難了。至於這是不是政府的最高利益，卻不是他們的考慮之列，只要不會賣得太平，被人譏為「賤賣資產」，將他們陷進了另一種批評，就可以了。

但是，私營企業的老闆，很多時的說法卻是：「給我賣得愈貴愈好，集資額愈高愈好！」至於上市後，股價是升是跌，卻並非他們的首要考慮。

香港有一種公司，叫「大型國企」，它們的大老闆，就是中國國務院。這幾年來，大型國企像乖小孩般，一個一個排隊上市。毫無疑問，如果前面有公司在新股上市後的股價大跌，會影響後上公司的集資能力。為了保持「商譽」，國務院的政策是儘量不令大型國企的新股讓人虧本。

另一個原因是保薦人。大型國企通常找巨型商人銀行當保薦人，因為商譽值錢，一定努力去做，不想壞了招牌。散戶見名牌出場，也更有信心，見到後就在心口鑲個「勇」字，上陣撲殺去了。

20.3.1 香港的例子

當然了，更重要的，是它把上市價故意訂得低了，自己人便可以經配售而獲得廉價股票，因而大賺特賺。我曾經做過一宗生意，當事人拿到了一億元的新上市配售股票，但是卻身無分文，於是我介紹他認識了一個金主，全借了一億元，條件是純利的一半。結果這位當事人無驚無險，不用花半分錢，淨賺了接近一千萬。香港政府也把旗下不少公司搞上市，例如說，「港鐵公司」（股票編號：66），和「領匯房產基金」（股票編號：0823）。後者是由香港房屋委員會分拆其商場物業及停車場，在 2005 年 11 月上市，發行價為 10.3 港元，首日掛牌，股價大漲 14.56%，至 11.80 港元。其後一年的股價表現，亦大幅拋離同時期的恆生指數。原因無他，上市定價夠平而已。

20.3.2 美國的例子

金融海嘯時，「美國國際集團」（AIG）因財政危機而差點倒閉，美國聯儲局出手相救，成為了它的大股東。

「美國國際集團」最值錢的業務，就是亞太地區的「友邦保險」。2010 年，英國的保誠集團提出以 355 億美元，收購「友邦保險」。「美國國際集團」回應說收購價太低，「不符合股東的最佳利益」。

然後，令人奇怪的事發生了。半年後，「友邦保險」在香港上市（股票編號：1299），其上市的集資額僅為 180 億美元，即市值是 300 億美元，竟然低於保誠集團的收購價。「友邦保險」招股價是 19.68 港元，上市首日收報 23.05 港元，其後香港的股市有高有低，但它的股價從未低過招股價。它在上市後半年，成為了恒生指數成分股。2011 年 8 月公布的半年業績，利潤更創出新高，股價當然也是屢創新高。

究竟這公司為何如此「筍」，以如此低價上市，至今還是不解之謎。不過這又再次證明了一個定理：政府出售的資產，一定要瞓身去買。

20.4 真上市、假集資

我在《財技密碼》講過「真上市、假集資」的狀況。從原則上，凡是貨源歸邊，沒有或只有少量股票落在外人手上的 I.P.O.，都可算是這一類。這有幾個可能性，一是市場氣氛太差，根本沒有人認購，不得不假集資。二是貨源歸邊，更加方便炒作，可以用更低的成本，把股價炒得更高。

購買假集資的股票有一個好處：100% 的股份都在莊家手裏，它的下跌風險很小。股評人常說：「貨源高度集中的股票，容易快上快落，必須小心。」這種風險只存在於已然炒高了一至數倍的股票。如果是一隻沒有炒過的股票，無論貨源如何集中，莊家也不可能把它的股價壓下，一來不想給人有機會買到平貨，二來打高股價也有成本，把股價壓下了再打高，是浪費金錢。三來他們一夥人手上持有着股票，始終是股價較高，持有時的心理較為舒服，也更容易借到孖展。

更有可能股票在別人手上，代你保管，這叫「代客泊車」（parking），很多時候為免交收麻煩（現鈔交收，搬來搬去，又費事又危險），都由「泊車仔」代出錢，保證利潤。如果股票跌破底價，「泊車仔」們難免大叫大嚷了。

這種情況下，我們買他一二十萬股，叫做「攔途打劫」，莊家再不願意，也得乖乖付鈔，因為不付的成本更高。

發掘這種公司的方法，是時刻關心市場，用相反理論去思考。這種公司在熊市末期會大量出現。先看出售股票的機制，假如 100% 配售，完全沒有公開發售，那又對了幾成。繼而詢問你的資訊網絡，假如線人回報：沒有人參與，噢，有機會了。

這種股票上市後的走勢，通常是先炒幾天，看看能沽出多少股票，然後寂靜下來，慢慢回落，等一等高追的傻瓜蝕本離場。跟着就是等待，這一等，少則以月為位，多則以年計，必須等市況好轉後，才會再炒一次。幸好的是，這種股票很少跌破上市價，就是破，也破不了多少。

我企圖向大家證明，在股票市場，買垃圾股票也能賺錢，只要你懂得「攔途打劫」之道。

20.5 民企造假賬之道

美國有一間研究公司，叫「Muddy Waters Research」，在 2011 年發表了多份研究報告，披露在美國上市的中國民企的財務問題，並且在發表報告前預早沽空，以獲巨利。它的創辦人 Carson Block 當然因而賺了大錢，但也坦承，是在投資中國民企吃了大虧後，才反過來狙擊這些民企。

而在我寫這一段的 2012 年 4 月中，已有大量民企被疑造假賬，因而引起了一波又一波的民企風暴。其中一則新聞就是民企「博士蛙」（股票編號：1698）被質疑一筆 3.92 億元的交易的真偽。

對於以上的新聞，我不作評論。但是對於民企的賬目，我倒有一些經驗，可予分享。

話說，有一間長期停牌的上市公司要搞復牌，條件是注入一個有利潤的業務。於是，有中間人來電，要我為它找一間相同業務的公司，年賺一千萬左右吧，來注入這間上市公司裏頭。由於來人是好朋友，所以我不得不為他而出一點綿力，奔走一番。

大奔走之後，得出來的報告是：凡是賺一千萬元左右的公司，都瞞稅，所以賬目出來，並沒有錢賺。他們答應可在明年的賬目中，把利潤反映出來，以配合大事。但是長期停牌的公司，已進入了第三期，也即是「末期癌病」，怎能等到一年之後？這單生意還是做不成，賺少少佣都唔得。

這故事揭露出一個問題：以香港稅率之低，中小型企業尚且大量瞞稅，內地的稅率是 33%，比起香港的公司利得稅稅率 16.5% 高出一倍，那麼，瞞稅的情況豈非更加嚴重得多？事實的確如此。以內地稅率如此之高，做生意付出這個稅，雖不能說是無利可圖，但是必定影響了資本的增加速度。故此實在很大的誘因去瞞稅。

因此，內地民企初創業時，瞞稅狀況很嚴重。而這些民企老闆到了最後，為何選擇交稅呢？皆因這些民企要想在香港上市，就要交稅，以製造足夠利潤，滿足上市的要求。

但是，交三年稅，加起來便超過了一年的利潤，再加上上市費用，這顯然是一筆不少的數字。

假設一間公司年賺兩億元，付出的三年稅款加上上市費用，已經超過兩億元了。如果股票能夠以十倍市盈率賣出，收回二十億元，當然很好。但可惜，公司上市不能集到公司價值的全額，而是大約能集到 25% 的資金，以上述為例子，即是五億元左右。

問題來了：花兩億元以上，來獲得五億元，這宗生意划不划算？如果其他支出不用成本，這宗生意當然還可以做。但是股票並非完全不值錢（雖然我說過股票的價值只是一張紙），老闆還是需要年年派息給股東（假設這公司有錢賺吧），

而且維持上市費用，包括交易所、會計、核數、公司秘書等等，也是小數怕長計，還有公司的稅不能在上市後便停下不交，否則股價會下跌，如果要維持交稅，又是一筆很重大的支出。

分析到了這裏，結論來了：民企在香港上市，未必不是生意經。所以它的上市可能是另有原因，例如說，除集資以外，大股東還可以用股票來向銀行借貸，諸如此類。而另一個深層原因，就是做假賬。公司交足稅上市，不是生意經，但是把利潤作大幾倍，來集到更多的資金，就是一盤賺大錢之道了。

這就是民企為何常常被揭發做假賬的原因。我分析一間民企時，並非分析它為何做假賬，而是反過來，去分析它不做假賬的理由。我必須給自己一個理由，說服到自己，才會去買一間民企的股票。所以至今為止，我還未買過民企股。

20.6 回水股

新股最驚嚇的模式，叫「回水」。

回水股是一種鴨子划水的行為，外人是看不到的，但希望能從蛛絲馬跡中看到。

市況不好時，老闆堅持上市，但找不到足夠的買家，惟一的方法，是降低招股價。但減價也有一定限度，價錢太低，就不像話了，港交所也有最低的上市市值要求，我記得大約是兩億（上市後就沒有最低市值要求了）。況且，先前說過，「殼」的公價是一億元，故此再廢紙的股票還是值點錢的。

在這背景下，更有效的做法，是招股價不減，說不準還輕微加價，但給買家折讓。我見過最多的有五成。算術是這樣的，小學生也能計出來：上市市值二億元，集資五千萬，給予五成折扣，100% 剛好是一億元。

有折扣便是有表面利潤，這些「批發商」便能以較小的折扣一層一層的批發下去，找些「蠱惑經紀」，給他們一點回扣，叫他們找些輸得起的客戶（例如有錢到不在乎，或者剛剛贏了大錢）吞下一部分，公開發售時，不會一個申請者都沒有吧？最後，到了上市的那一天，任何股票都不可能一條魚都沒游過來吧？如果能賣出五成以上的股票，平均價是八折，手上的股票便幾乎是免費了。

跌得慘烈的新股，我曾是受害者。話說有個經紀，向我推銷新股。他說很辛苦拿到配售，肯定必贏，只能給我一點點，貪小便宜的我接受了。結果，「一點點」是一百萬股，我記得是三十多萬元的價值吧。結果是早上跌三成，收市跌一半。我恨自己恨得要死，而那位該死的經紀，不久後便人間蒸發了，至今未獲。澄清：他的失蹤，與本人無關。根據本人觀察，太蠱惑的經紀通常沒有好下場，正是「獵犬終須山上喪」。

只有是「真集資」的股票，棚尾拉箱，才會在上市後大跌。反而是「假集資」，

股票都在有心人的手上，你要它跌，它還不肯呢！

20.7 抽新股是賭博

申請公開發售股份的股票，簡稱為「抽新股」，我的看法是：這是賭博。

抽新股時，你：

1. 不知道價格。招股書上寫有價格的上下限，保薦人可因應市場氣氛和反應熱烈程度來定價，但你不可能知道實質的價格究竟是多少。

2. 不知道能得到多少股票。保薦人會按照發行數量和申請人數量來按比例分配，換言之，反應熱烈時，你會獲得較少股票，反應不佳時，你會獲得較多股票。但前者的獲利機會更大。因此「入飛」後你的心情會很矛盾，一方面希望它的反應好，上市後大升，一方面又希望它反應差，多獲得幾手股票。

3. 「綠鞋」能影響市場的供求關係。

4. 借款申請者，因為不知道將會得到多少股票，無法計算出每股成本。

未知因素太多，所以抽股只能算是賭博。其他的投資雖也有不確定的成分，但不至於到這程度。

幸好，我們這一派功夫的前提是：不怕賭博，只要贏面高於輸面的賭博，便不妨下注。

在牛市時，一年中總會有些日子，抽新股雖非穩賺不賠，但平均來說，十隻也能賺八隻以上。這段期間，只要隻隻參與，隻隻下注，拉上補下，便是坐享其成的良機。這些美好日子維持約二至三個月，通常是一年當中市道最暢旺的時間。我們要做的，是捉緊市場氣氛，第一時間入市，入市愈早，贏的錢愈多。然後在氣氛最好的時候，便要離場，因為第一隻跌穿上市價的新股，便意味着遊戲的終結。

但當然了，這只適合牛市的部署，熊市時抽新股，輸多贏少，那就十分危險了。

20.8 抽新股必須借錢

小本經營抽新股，申請一至兩手，成本數千元，收到股票馬上拋出，通常獲利數百元。請原諒，我並非財大氣粗，但賺幾百元的金錢遊戲，真的不能説成「投資」。正如我用信用卡來借錢，不能稱為「融資」。在投資世界，幾百元根本不是錢。

新股弔詭之處是，申請數目愈多，所得比例愈少。但要贏到有具體意義的數額，必須獲得很多股票。於是，很多人會使用「人頭」，找來多位至親好友，大舉圍捕，一人贏數百，十人便贏數千了。

但一個人的至親好友有限，數千元也不是大數目，這顯然並非發財之路。對，抽新股本來就非發達大計，不過賺點小錢，也屬錦上添花。我抽新股，一來企圖幫補利息支出，二來讓經紀從我身上多賺些佣金，如此而已。

要想在新股世界賺到「有意義的數字」，惟一的方法，是借錢。用真金白銀來抽新股，數學上並不明智。假如有一隻新股，超額認購是一百倍（這是常有的數字），你投下一百萬現金，得到的是一萬元股票（假設如此，實際數字當然不是「照除」）。這股票上市後很成功，上升兩成，你沽出了，贏錢 happy happy 了。一百萬的資金，得到的利潤是兩千元，而抽新股的過程大約鎖住資金一星期。我們可以簡單地算出，相等於年息 10.4%。這也算不俗了，但並非很聰明，因為儲蓄穩勝不賠，買股票則始終有風險。而且，別說超額一百倍，超額三五百倍的股票，也時有出現，那時你得到的股票會更少。新股上市後也不一定有兩成以上的回報。

我的高見是，玩新股，一定要借錢，而且是大借特借，多多益善的那種。如果不借錢，不可能有合理利潤。以申請「招商銀行」（股票編號：3968）為例，我投了二千萬元，100% 全借（不瞞大家說，我有神奇的借錢能力），開市便沽出，賺了三萬元，如果真金白銀的申請，哪裏去找二千萬元現金去？

借錢抽新股，成本高了，風險是不是更大呢？絕對是。但計成本之餘，也得算效益。前文分析過，不借錢申請新股，就沒有合理利潤，成本效益更低。大家要記着，劣質的股票，根本不要去抽。我們申請的，只會是估計上市後大升特升，夠付利息有餘。連利息成本都收不回來的股票，根本不應去抽。

用二千萬元抽新股，輸了怎還？簡直是杞人憂天，銀行敢借出（我們問證券行借，證券行問財務公司借，財務公司問銀行「拆」—大戶（借短期錢時，用「拆」不用「借」），它都不怕我們賴賬了，我們難道不敢借入？

借二千萬元，銀行全無風險，只是乾收利息。它要「債仔」先付 5% 的訂金，很多時還要付 10%，假設超額認購是二十倍時，你的訂金已足夠支付全數股價。就算公司在上市當日突然倒閉，銀行的風險仍然是零。玩過新股的朋友都知道，超額二十倍實在太容易了。只得這倍數的新股，簡直是失敗。

新股的技巧，在於估算超額倍數，投注多少錢，得回多少股票，成本又是多少。這非但要看招股書，還得留意市場氣氛。這一點因時而異，是教不來的。股票經紀對市場氣氛一定比你知道得多，交由他處理。記着，你是老闆，他是下屬，你發佣金給他，他為你提意見，出主意，那還用說嗎？

還有一項值得注意的技巧，就是要在一開市，就把股票拋掉。我通常在試盤時，已沽清股票。詳情請看下節。

20.9 沽出新股

抽新股有太多未知數，技巧就是從未知數中尋找已知——預期升幅、所得股數、成本，都是必須計算的未知數。

買股票時，你可確切知道花多少錢能買多少股，這裏所需要的，是另一種數學。兩者的計算方式是完全不同的。

如果你看好該新股的前景，應該等它上市後，股價對胃口時，再出手購買，不必冒不可知的風險去「抽新股」。除非你是李嘉誠、李兆基、鄭裕彤、劉鑾雄等大戶，得到國際配售，「抽新股」等於買新股，那就另當別論了。

20.10 為甚麼抽新股

很多專家都不贊成投資者去抽新股，皆因它的回報不高，浪費了資金的成本。我同意回報不高的前提，卻不同意這結論。

從投資的角度看，抽新股的確並不聰明。但是，正如前文所述，我們手上必須長期持有一些現金，以應付不時之需。當然，我們也不會甘心把這些現金存在銀行，收取微薄的利息，因此，當有一些短線的投資機會出現時，也不妨把現金投進去，賺一些快錢。這就是抽新股的戰略意義。

記着，用來炒股票的資金是中長期的投資，你必須有 holding power，才能有賺大錢的可能。但抽新股則永遠是短線投資，只為手頭的現金作「舒展筋骨」之用。

20.11 一個有趣的新股個案

以下說的是我一次申請新上市股票的個案，我覺得極有趣，和各位分享。

先旨聲明，我並不認識這上市公司的任何有關人士，非但不知情，甚至股票編號也忘記得一乾二淨。這間可愛的公司，我假定它是絕對清白、絕對合法，其作為跟我上述所說的違規行徑全沾不上邊。我只是個小股民，申請新股，贏了點小錢，

如此而已。

如果沒記錯，那是 2001 年，科網熱剛玩完時。一天早上，我看《經濟日報》，見到一則小小的上市通告。我見到這廣告出得太鬼祟了，簡直不想散戶購買，碰巧其保薦人是某間證券行，而我在那裏又有戶口，它的前任 dealing director 還是我的老友記。

好奇心驅使，打電話去問，得來的信息是配售全沒了（它是 100% 配售，沒有公開發售）。時為早上十時多，有無搞錯，第一天登通告，馬上「截飛」？於是，我飛車趕到證券行在金鐘的大本營，拿了一本招股書，坐在大堂，細細地讀

了起來。

我讀到了一點：公司三年前成立，三年間蝕了四億元，這次上市的集資額，是五千萬元，全配售。

這是令人震驚的。科網泡沫爆破後，能有實力去蝕蝕四億元的公司，後台背景一定很硬。再者，蝕了四億元的公司，肯定不會志在區區五千萬元集資額。最重要的是，我算是早起鳥兒，一股也拿不到，其他散戶想來也拿不到，相信股票全落在實力人士之手。

照我的判斷，這種股票是不可能輸的。

問題是，怎樣才能拿到股票呢？

它有三間證券行作其包銷商，其中一間我有戶口。於是我打電話給那裏的經紀，她也沒聽過這股票，可見這股票根本沒人推銷。她查找了一輪，終於給了我答覆：公司有二十萬股，反正沒人要，如果我要，可以給我。

這股票上市後，馬上漲了三成，我沽掉了。當天的升幅是五成，過了幾天，差不多升了一倍。沒等到高價才沽出，我很後悔，但也掩蓋不了當初發掘這股票的喜悅，雖然贏的錢不多，但證明了我的醒目，也證明了垃圾股票也有大升之道，只視乎你用哪把尺去量度和分析。

20.12 新股長揸輸梗

根據吾友股榮在《蘋果日報》2013 年 7 月 14 日的專欄《賴死唔走　你冇得救》：「翻查 2008 年至今共近 300 隻主板上市股份，下跌股份達 190 隻，上升股份則有 106 隻，換言之，買新股輸錢機會接近三分之二，而且無論大、中、小新股，一樣可以輸到仆直。熔盛當年集資逾百億元，同樣籌逾百億難返家鄉的還有恒盛（845）、俄鋁（486）、忠旺（1333）及中聯重科（1157）等。二三線新股一樣可以輸到見骨，上市迄今市值唔見八成的有超過十隻，包括曾熱炒的永暉（1733）及霸王（1338）。股價跌五成或以上的更有 83 隻，佔整體近三成。2009 年至 2011 年，香港連續三年成為全球新股集資王，諷刺地，過去兩三年出現問題並長期停牌的新股，就是在這段時間蜂擁而至，任意放行、沒有嚴謹職前審查，令一個又一個的炸彈逐漸引爆。這個新股王美譽，不要也罷。」

這正如我說了很多很多次的大法則：股票上市的目的，是為了賺錢，不是為了派錢。根據我不完全的統計，九成以上的新股，在上市後，或多或少都經歷過最少一天低於招股價，就算是股王如「長江實業」，在 1972 年上市，1973 年的股災還是跌過不亦樂乎，後來見家鄉兼倒升了不知多少倍，又是另一個故事了。

但當然也有例外的，最有名的例子是「微軟」，在 1986 年上市，原因並非為了賺散戶的錢，而是因為它發得太多認股權給員工，股東超越了 500 名，也超

越了私人公司的股東上限，因此必須要上市，把它變成公眾公司。它的上市價是 21 美元，當日收 27.75 美元，到了 2010 年，升了 288 倍。

20.13 新股和半新股的法則

新股的升跌，究竟是由甚麼因素決定呢？

這好比男女的初見印象，不是由內涵修養決定，而是由外表的樣貌身材衣着品味所決定。上文提到，基本因素只能夠決定股價的長期價格，但是，新股上市的升跌，則是由上市的第一日，甚至是由第一個試盤價所決定。我在這裏重申一次：決定新股的升跌的因素，只有一個，就是它的集中程度：股票集中在某一小撮人的手上，股價就升，不集中的，分散在各離散股民手上的，就跌。

因為，在新股上市了之後的那一刻，那就不是新股，而是「半新股」了，皆因這時已經有了市場價格，你亦可以在市場上輕易買賣，它所要服從的，是普通上市公司股票的規律，而不再是新股的規律了。不過，由於半新股有着新股的宣傳效應，因此，它也會比其他的股票更為「當炒」。

發掘這種公司的方法，是時刻關心市場，用相反理論去思考。這種公司在熊市末期會大量出現。先看出售股票的機制，假如 100% 配售，完全沒有公開發售，那又對了幾成。繼而詢問你的資訊網絡，假如線人回報：沒有人參與，噢，有機會了。

這種股票上市後的走勢，通常是先炒幾天，看看能沽出多少股票，然後寂靜下來，慢慢回落，等等高追的傻瓜蝕本離場。跟着就是等待，這一等，少則以月為位，多則以年，必須等市況好轉後，才會再炒一次。幸好的是，這種股票很少跌破上市價，就是破，也破不了多少。

我企圖向大家證明，在股票市場，買垃圾股也能賺錢，只要你懂得「攔途打劫」之道。正如我一直所言，炒新股，就有如去蘭桂坊找一夜情，看上的不是對方的賢良淑德，只看她當晚「得唔得」，炒新股也不看基本因素，只看它乾不乾、炒不炒。線人的回答是：「圍乾了，一定炒到上火星！」

這好比當日有一位老闆，說不知道某間公司做的是甚麼生意。我驚訝地問：「你借了 3 億元給它，居然不知它做甚麼生意？」

老闆輕描淡寫地答：「借錢畀人，最重要的是看它有甚麼抵押，有無錢還，利息是多少，做甚麼生意，又有甚麼關係呢？」

20.14 不存在「凡 A 則 B」的法則

這證明了一個另一條我常常説的法則：在股票的世界，只有一條絕對的法則，就是沒有絕對的法則，因為，股票並不是一種「凡 A 則 B」的機械式關係，同一

個前提，可以有不同的結果。不過，同一前提導致某一種結果的機會率比較大，這卻是存在的。

例如說，在 2013 年底，有一隻叫「神州數字」（股票編號：8255）的新股，以全配售形式上市，配售 1.2 億股，以配售價上限 0.6 元定價。集資淨額約 4,740 萬元，我有兩個朋友輕易地拿到了配售，詢問我的意見，我的回答是：「輕易拿到的東西，多半不是好事。」

事實上，據我所知，「神州數字」的配售早就大量出售了給散戶，理論上，這種貨源分散的股票是易跌難升的。但誰知這股票在上市後，不停的猛升，一個月後，升至 4.67 元，這簡直是在直升機上大撒鈔票，我的兩個朋友贏得笑逐顏開。我相信，這是因為當時的細價股正當熱炒，市場氣氛的關係，把股價捧了上去。

另一個例子，是在 2014 年，「鴻福堂」（股票編號：1446）上市當日，勁升了 31.5%，同日上市的另一隻新股「康達環保」（股票編號：6136），也升了 14.6%。但只是一個月不到之前，才剛出現過新股大插水潮，例如「長港敦信」（股票編號：2229），上市日大跌了 22%，上市前超額認購 354 倍的「泛亞國際」（股票編號：6128），雖然上市時氣勢如虹，也難逃一跌的命運，首日收市報 1.18 元，比起上市價 1.2 元微跌了 0.02 元。現時只是短短的十多天後，市場已經發生了扭轉性的變化，真的是在股票市場，一天也嫌太多！

其實，資金的流進新股，早在當日大跌之時，已有先兆。因為市場傳聞有些新股，本來是想趁着市況不佳時，先「圍乾」了，把股價炒到天高，待以後市況暢旺，有人接貨了，才去慢慢的出貨。誰知突然有無名的資金流進來，申請新股，咦，有點不妥，乾又乾唔晒，炒高不就等於派錢出街？一眾炒鬼不如先放軟手腳，等市場力量自己運作一排，才算吧，所以，股價也就跌下來了。

誰知，一隻「鴻福堂」，上市日勁升了 31.5%，把大局一下子扭轉了。正是「天不生聖股，萬股如長夜」，於是，馬上出現了上市日大升幾倍的「百本醫護」（當時股票編號：8216）這種盛況了。

正是由於股市有着太多的即時變數，才會難以有「凡 A 則 B」的必然關係。很多教導股票、或者是學習股票的人，意圖去找出這一種必然關係，這是懶惰的想法，希望可以不用深度思考，便能賺錢，但這將是徒勞的，結果多半是應了香港人的一句俗語：「輸死未得天光。」

20.15 新股派錢給散戶的原因

總括以上的分析，要在炒新股中贏錢，也並非沒有機會。以下的 5 種可能性，是新股攻略成功的理由：

第一種情況，便是政府的股票上市，當年投資大師彼得林治說過：「Whatever

the queen is selling, buy it.」

　　這是因為政府官員對於市場價格，通常及不上市場人士，但是，由於這是政府發行的股票，它不可能一上市便跌破招股價，未免太過難看，政府也會給市民責罵，因此，政府官員在開會時，往往要求把價格訂得低一點，好讓市民有上一點點的利潤，以免給市民責備政府。

　　通常，這會有過猶不及的效果，保薦人和包銷商會把股價訂得更低，然後自已取得大量股票，以獲得更多的利潤。換言之，這是一個「搵政府着數」的過程。

　　但是另一方面，如果新股上市後，股價炒得太高，民間也會責罵官員，訂價太低，令政府蒙受損失。因此，新股上市之後，多半只是比招股價略高，直至兩年左右之後，才開始正式開車。無論是香港還是其他的地方，皆是如此。

　　第二種情況，當然是負責的官員受賄，故意把股價訂得低一點，然後由自己的親人去拿配售，去賺快錢。先前大量中國的國企上市，皆有這個情況的出現，我也曾經作為中間人，賺過一點錢。

　　第三種情況，則是像微軟上市，並非因為需要集資，而是因為它常常對高級員工發出認購股權，令到它的股東超過 500 名，按照法例，它必須上市。

　　第四種狀況，則是以炒股票作為一種賄賂形式：只要對方在股票市場中賺了錢，便是完成了金錢上的交收，這是完全合法，也無法可以控告的。

　　第五種情況，是莊家本來不想派錢，但他想賺更多的錢，所以先把股價炒高了，然後再以高價賣給其他人。但在這個過程中，你先在低價買入，高價沽出，攔途截劫了他的錢。

　　以上的，是新股的派錢原因，但在市場上，除了新股之外，還有很多已上市多時的股票，也會有可能派錢給散戶，有機會再述。

21. 第二種分類：新舊（半新股與其他）

本來本篇屬於上章的後半部，但由於內容太長，為免混淆，唯有分為兩部分。

新股像處女，從第一宗買賣開始，就不算新股了。然而，這種「很新」的股票，都有新的成分，這叫「半新股」。

我有一個朋友，對「新」的定義十分嚴謹。有一天，我見他穿了一對新鞋，出言稱讚，他的回應是：「這是舊鞋。我第二次穿它了！」

傳統智慧，半新股沒有往績可循，基金和保守的投資者會觀察它兩三年，覺得沿路走勢良好，才會考慮購買。這限制條件顯然不適用於市值五百億以上的大股票，例如「周大福」（股票編號：1929）和「友邦保險」（股票編號：1299），剛上市，便有大量的機構投資者買入了。香港上市的大股票實在太多了，基金不管三七二十一，手上不夠貨時，先掃了再說。這跟投資組合有關，也跟窩輪有關：必須有足夠的股票在手，才好發窩輪。

傳統智慧沒有錯，要徹底認識一隻股票，最好有兩年以上的「觀察期」。但要炒股票，又是另一回事了。

21.1 熱炒半新股

半新股乾淨明白，上市時的宣傳活動又多，正是「新廁所三日香」，總有一段日子會很熱鬧。所以說，半新股往往是熱炒的，這構成了它在市場上的一個優勢。

從理論上看，我們可以從招股書中看到新上市公司的財政和經營狀況，但它的市場吸引力，則必須在上市後，才逐漸顯現出來。由於市場資訊的相對不明朗，新股會有一段劇烈波動期，所以老派的投資者不肯購買新股。

但正因波動，買賣的人才多。正如我一直強調，股市含有濃烈的賭博成分，一隻太悶的股票，有興趣的人不會多。一隻大上大落大成交的股票，卻有人飛撲購買。2004 年末，「嘉華建材」（股票編號：27，現已易名「銀河娛樂」）從 1 元炒至 7 元（最終炒至 10 元以上），明明已經十分危險了，我有不少朋友還一百萬二百萬股地大掃特掃，只因它有波幅、成交大，就有賭徒敢去衝了。半新股最「當炒」，就是這原理。

換言之，這種股票將會是很好炒、很好玩的，所以很多投資者才有興趣炒返轉。這好比剛發售完的新樓認購，當變成了「半新樓」之後，也是特別當炒的，當樓市暢旺時，第二天便會在地產代理的櫥窗中，見到了「加十萬」、「加十五萬」出售之類的標語了。「半新股」和「半新樓」特別當炒，這兩者的道理真的是相同的。最佳的例子是「阿里巴巴」，2014 年在美國上市，一天的成交額可以超越一百億美元，超出了相近市值規模相近的成交量，部分原因，也是因為半新股的當炒。

炒當炒的股票，沒有技巧，有膽子敢買就可以了。許多大型國企初上市時，例如工商銀行（股票編號：1398），大炒特炒一輪，哪用講甚麼道理？最重要的，是轉勢時懂得跳車，這完全是憑感覺，教不了。至於我本人，是從不買這種股票的。我只買精密計算過後的股票，儘管計算過後可能輸，贏面可能不及亂買一通。但我仍然喜歡我的做法。

21.2 半新股的投資原理

炒新股的原則是甚麼呢？就是沒有一個人上市的目的是為了派錢給散戶，所有人上市的目的就是為了賺投資者的錢，因此，凡是新上市股票，價錢一定貴，這是鐵律。我沒有正式統計過，可是根據經驗，95% 以上的股票在上市之後的兩年之內，都有最少一天是跌破底價的，所以一些傳統基金是不准購買新股的，的確有着傳統智慧。

我在課堂上教導學生：「新股的升跌，究竟是由甚麼因素決定呢？」

如果回答是基本因素，那就錯了。基本因素只能夠決定股價的長期價格，但是，新股上市是升是跌，則是由上市的第一日，甚至是由第一個試盤價所決定，因為，在新股上市了之後的那一刻，那就不是新股了，皆因這時已經有了市場價格，你亦可以在市場上輕易買賣，它所要服從的，是普通上市公司股票的規律，而不再是新股的規律了。

我常常說：新股的上市，究竟是升是跌，看的不是其公司的管理質素和賬目優劣，而只是看它乾不乾、炒不炒而已。所以，這正如前述我之所以申請「百本醫護」，真正的原因，當然並非看中了它的管理和業務，只是因為在市場中傳聞，這一隻全配售的股票圍到乾晒，所以必定會大炒特炒，就是這麼簡單的一回事。

當然了，就是明知某一新股上市，必然大炒特炒，也不一定會贏錢。

究竟一隻股票會先高後低，還是先低後高，抑或是亂炒一通，甚至是向下猛跌，也是說不定的事。不過，如果明知它是圍乾了來炒，上升的機會總會比人人有份「派通街」的股票高得多吧。

21.3 半新股的表現

2014 年 7 月 18 日博客畢氏財演的說法：「在此筆者斬釘截鐵的講，想作長線投資的話，若果新股抽唔到，就一定唔好追半新股。」根據他的統計：「無圖無真相，先睇 2012 年下半年在主板 IPO 上市的公司，總共 25 間，上市至今，股價較招股價上升的有 11 間，跌的有 14 間，平均升幅都有 12.7%，看似不錯。但細看之下，25 間入面有 20 間從高位回落超過 25%，平均回落 37.2%。」

代號	公司	上市日期	現價與上市價比較變動（%）	現價與高位比較（%）
1240	新利	18/10/12	273.9	(6.1)
2196	復星醫藥 －H	30/10/12	133.1	(12.4)
1699	普甜食品	13/07/12	62.9	(41.6)
6889	Dynam Japan	06/08/12	53.6	(41.1)
1314	翠華	26/11/12	47.1	(42.3)
3939	萬國國際礦業	10/07/12	44.2	(30.0)
1335	順泰	13/07/12	36.7	(28.8)
3816	金德	15/10/12	32.4	(41.4)
1190	航標	13/07/12	29.3	(33.5)
884	旭輝	23/11/12	11.3	(23.7)
3669	永達汽車	12/07/12	3.5	(24.2)
1616	銀仕來	12/07/12	(4.5)	(9.5)
815	中國白銀	28/12/12	(8.5)	(30.6)
1339	中國人民保險 －H	28/12/12	(10.1)	(37.3)
1829	中國機械設備工程 －H	21/12/12	(18.9)	(42.7)
1237	美麗家園	06/07/12	(21.0)	(63.8)
2223	卡撒天嬌	23/11/12	(28.0)	(58.3)
3666	小南國餐飲	04/07/12	(28.7)	(38.4)
2236	惠生工程	28/12/12	(29.0)	(56.8)
2068	中鋁國際工程 －H	06/07/12	(30.8)	(36.7)
1030	新城發展	29/11/12	(50.3)	(59.9)
1332	確利達國際	12/07/12	(50.9)	(54.4)
564	鄭州煤礦機械 －H	05/12/12	(55.4)	(63.3)
3948	內蒙古伊泰 －H	12/07/12	(75.4)	(53.7)

　　根據畢氏財演的另一個統計：「2013 年上半年情況更恐怖，15 間上市，12 間已跌穿招股價，11 間較高位回落超過 25%，平均回落 38.9%。」（見下表）

代號	公司	上市日期	現價與上市價 比較變動（%）	現價與高位比較 （%）
1148	新晨中國動力	13/03/13	106.7	(18.2)
1319	靄華押業信貸	12/03/13	50.0	(14.7)
1369	五洲國際	13/06/13	38.5	(7.7)
6881	中國銀河證券－H	22/05/13	(1.9)	(27.1)
2033	時計寶	05/02/13	(8.9)	(22.1)
6888	英達公路再生科技	26/06/13	(18.1)	(47.2)
2386	中石化煉化工程－H	23/05/13	(18.6)	(31.1)
3836	和諧汽車	13/06/13	(23.5)	(31.8)
1348	滉達富	23/01/13	(24.7)	(46.9)
1270	朗廷酒店投資	30/05/13	(28.6)	(28.6)
2178	百勤油服	06/03/13	(31.1)	(64.4)
3668	中鋁礦業國際	31/01/13	(43.4)	(44.3)
1232	金輪天地	16/01/13	(51.2)	(61.4)
540	迅捷環球	15/01/13	(53.7)	(69.1)
2078	榮陽實業	05/02/13	(70.5)	(69.5)

他的第三個統計：「2013 年下半年，59 間上市，30 間已穿招股價，平均較招股價升 22.4%；29 間較高位回落 25% 以上，平均回落 26.1%。」（見下表）

代號	公司	上市日期	現價與上市價 比較變動（%）	現價與高位比較 （%）
2393	巨星國際	11/10/13	296.4	(4.5)
1363	中滔環保	25/09/13	281.1	(16.2)
1271	佳明	10/08/13	269.4	(9.1)
1316	耐世特汽車系統	03/10/13	114.6	(5.0)
1661	智美	11/07/13	105.7	(31.8)
1680	澳門勵駿創建	05/07/13	99.6	(53.7)
1297	中國擎天軟件科技	09/07/13	97.9	(29.0)
1515	鳳凰醫療	29/11/13	59.9	(20.3)
3315	金邦達寶嘉	04/12/13	47.7	(19.4)
1421	工蓋	30/12/13	46.0	(43.8)
1250	金彩	05/07/13	45.1	(38.0)
434	博雅互動	12/11/13	44.1	(51.3)
1689	華禧	06/12/13	43.0	(5.4)
2023	中國綠島科技	11/10/13	42.5	(18.8)
586	中國海螺創業	19/12/13	37.9	(21.7)

3608	永盛新材料	27/11/13	31.4	(20.7)
1884	eprint	03/12/13	30.8	(32.9)
1681	康臣藥業	19/12/13	30.7	(16.9)
2112	優庫資源	03/07/13	30.0	(18.8)
636	嘉里物流聯網	19/12/13	26.5	(12.0)
1448	福壽園	19/12/13	21.6	(27.1)
1345	中國先鋒醫藥	05/11/13	16.3	(3.0)
2030	卡賓服飾	28/10/13	13.0	(2.7)
1359	中國信達 – H	12/12/13	12.8	(28.0)
1396	毅德國際	31/10/13	11.2	(65.0)
1373	國際家居零售	25/09/13	11.0	(26.8)
3380	龍光地產	20/12/13	8.6	(8.8)
2213	益華百貨	11/12/13	6.4	(21.2)
6898	中國鋁罐	12/07/13	5.0	(39.2)
1819	富貴鳥 – H	20/12/13	3.0	(4.7)
3623	集成金融	12/11/13	(0.4)	(13.5)
1268	美東汽車	05/12/13	(1.1)	(7.8)
1678	中國創意家居	20/12/13	(3.9)	(10.4)
3698	徽商銀行 – H	12/11/13	(4.2)	(7.1)
3386	東鵬	09/12/13	(4.4)	(19.1)
1246	毅信	16/10/13	(7.5)	(36.1)
1219	天喔國際	17/09/13	(9.2)	(27.0)
2283	東江	20/12/13	(9.6)	(27.7)
1273	香港信貸	02/10/13	(11.7)	(25.0)
1426	春泉產業信託	05/12/13	(12.3)	(12.6)
1233	時代地產	11/12/13	(12.8)	(19.8)
6818	中國光大銀行 – H	20/12/13	(14.3)	(14.6)
1372	怡益	11/12/13	(15.0)	(28.2)
1963	重慶銀行 – H	06/11/13	(16.0)	(16.7)
1390	環亞智富	19/12/13	(17.3)	(67.5)
153	中國賽特	01/11/13	(19.4)	(35.9)
2211	金天醫藥	12/12/13	(19.6)	(25.3)
1107	當代置業（中國）	12/07/13	(20.1)	(17.2)
1370	恒實礦業	28/11/13	(20.3)	(20.6)
1862	景瑞	31/10/13	(20.4)	(20.6)
3369	秦皇島港 – H	12/12/13	(26.1)	(26.5)
3313	雅高礦業	30/12/13	(27.2)	(28.1)

3313	雅高礦業	30/12/13	(27.2)	(28.1)
1255	港大零售國際	11/07/13	(29.6)	(41.2)
1360	MegaExpo	06/11/13	(31.6)	(41.7)
1290	中國匯融金融	28/10/13	(32.6)	(35.2)
6863	輝山乳業	27/09/13	(32.6)	(44.4)
2183	利福地產	12/09/13	(47.5)	(53.2)
484	雲遊	03/10/13	(49.4)	(68.7)
1431	原生態牧業	26/11/13	(52.6)	(52.8)

還有：「2014 年至今，59 間上市，30 間已穿招股價，平均較招股價升 5.7%；10 間較高位回落 25% 以上，平均回落 14.6%。」（見下表）

代號	公司	上市日期	現價與上市價比較變動（%）	現價與高位比較（%）
8216	百本醫護	08/07/14	226.0	(40.7)
1400	宏太	25/04/14	122.2	(4.8)
6123	先達國際物流	11/07/14	57.6	(3.6)
1321	中國新城市	10/07/14	41.5	(12.7)
1622	力高地產	30/01/14	33.6	(18.3)
1778	彩生活服務	30/06/14	27.0	(14.0)
1599	北京城建設計 - H	08/07/14	26.9	(1.1)
1619	天合化工	20/06/14	25.6	(0.9)
1397	碧瑤綠色	22/05/14	23.3	(8.1)
6199	中國北車 - H	22/05/14	20.3	(1.7)
1367	恒寶企業	11/07/14	19.2	(17.1)
1330	綠色動力環保 - H	19/06/14	18.8	(13.0)
2014	浩澤淨水	17/06/14	18.5	(2.8)
2186	綠葉製藥	09/07/14	14.5	(2.7)
1980	天鴿互動	09/07/14	13.8	(5.1)
1446	鴻福堂	04/07/14	11.5	(16.2)
2111	超盈國際	23/05/14	5.6	(9.2)
6136	康達國際環保	04/07/14	5.0	(13.9)
2399	中國虎都	15/07/14	4.9	(2.4)
1856	依波路	11/07/14	4.7	(5.4)
3709	珂萊蒂爾	27/06/14	4.3	(6.1)
1353	福建諾奇 - H	09/01/14	1.4	(4.1)
2329	國瑞置業	07/07/14	1.3	(10.1)

2329	國瑞置業	07/07/14	1.3	(10.1)
2303	恒興黃金	29/05/14	1.3	(5.2)
6139	金茂投資 - SS	02/07/14	0.9	(0.7)
3639	億達中國	27/06/14	0.8	(3.5)
2298	都市麗人（中國）	26/06/14	0.6	(2.2)
6138	哈爾濱銀行 - H	31/03/14	0.3	(9.1)
1771	新豐泰	15/05/14	0.3	(10.2)
1848	中國飛機租賃	11/07/14	(0.4)	(4.0)
1432	中國聖牧	15/07/14	(0.8)	(4.9)
1418	盛諾	10/07/14	(1.9)	(3.7)
1588	暢捷通信息技術 - H	26/06/14	(2.3)	(5.6)
6188	北京迪信通 - H	08/07/14	(3.6)	(5.1)

21.4 上市後大跌的股票

凡是上市後大跌，不管集資是真是假（除非是內幕人士，否則也不可能知道），都值得留意。

21.4.1 跌穿底價的藍籌股

我最喜歡這種股票。凡是藍籌股，基本因素一定良好，數百億元的市值，做假賬很不容易。它之所以插穿招股價，多半只是市場氣氛不夠。這種股票，在市況最差時，應該密密收集，市場轉勢後，一定有令你意想不到的表現，中國移動（股票編號：941）和中石化（股票編號：386）都是在股市不好的時候，去作上市，市況轉好後，就不停的猛升，一升就是好幾倍。

蚊型股升幾倍，還不容易？反正你買不到多少股票，最多買數萬元，給你儘量去贏，你能贏得多少？但是大型國企的成交量一天足以吃掉一億元買盤，買得大贏得大，我常常說，大型的藍籌股以倍數上升，還給你抓中了，這才是贏大錢的惟一方式。

21.4.2 大跌五成以上的殼股

這是我觀察了很久的現象。過了一段日子，股價一定飆升上去，而且常常是遠遠超過招股價。

「東方娛樂」（股票編號：9）上市的那天碰上九一一事件，大跌五成，過了約兩三年後，果然大炒特炒，就是一個好例子。

我說過，上市後大跌特跌的股票，一定是「真集資」，一定有資產、利潤，頂多不過是作大幾成而已。既然賬目是真，其股票便有一定的價值，跌到某地步時，便有谷底反彈的可能性。

一隻股票的股東，就是炒家的「客戶基礎」（client base）。曾經殺個血流成河的股票，知名度就高，這是用很多錢才能買回來的「商譽」，唉，還是稱為「無形資產」比較恰當。股票的本質，就是要有人參與，沒人參與的股票，就算炒到價比天高，也與廢紙無異。總之，「大屠殺股票」會給人深刻的記憶，就像女人總惦記着對她最負心的漢子，卻總是忽略了對她最好的那位癡心人。股民們一直留意着這「負心漢」，股票再炒時，就像三年不見的負心漢突然再來電話，不管是股民還是女人，都會像鐵碰上磁鐵般，馬上吸住。

既有這樣的優勢，上市後大跌的股票，以後很難不再炒一次，而再炒一次的目標價，通常遠遠高於招股價。我們要抓在手中的，就是它的「第二春」！市場炒家的技術性做法，是等它重新升破招股價時，升勢充分形成了，便投機性地小量買入。我嫌這做法利潤不足，而且時間太短，買不足我心目中的股數，我買的數量最少是數十萬，成交少而時間短，不一定買夠貨。因此，我的做法是等它跌至低位，徘徊了一段時間，俗稱「跌定」了，便分段買入。明顯地，前述的技術性做法，風險較低。照我的炒法，一旦股票長期不動，要沽也沽不了，那就真的變成牆紙了。可惜江山易改，本性難移，我好賭的性格是改不了的。

21.5 香港天線

香港最有名的炒半新股例子，是 1973 年股災前的一間公司，叫「香港天線」（Hong Kong Antenna）。它的主要業務是經營安裝電視天線的業務，當時是高科技公司了。傳聞它的股價於上市當日上升四十九倍，因此被稱為「香港黐線」。

根據博客湯財的研究，這公司在 1966 年成立，1972 年 11 月 15 日加入中文名，一星期後即招股上市，在九龍交易所上牌，認購價是 1 元，第一口價 1.5 元，最高 3.2 元，最低 1.15 元，史上最高價是在 1973 年 1 月 23 日，上升至 30 元，在 2 月 8 日跌回 20 元，其後已無成交及報價紀錄。因此，一天從 1 元升至 50 元的傳聞，並非事實，而它的升幅記錄，也早已被今日的股票破了。

21.5.1 半新股的倒閉

香港的爛股票實在太多，最慘痛是買了一隻股票後，它突然「拉閘」，被港交所「勒令停牌」，跟着清盤，賣盤得回來的錢，債權人都不夠分，股東當然全軍覆沒了。我有一位經紀，他的客人買了大量的「和順特種纖維」（前股票編號：285），借了兩成孖展。經紀朋友問我的意見，我的回答是：「垃圾股票跌去九成並不稀奇，但市值二十億元以上的公司，一定有實質業務，除非做假賬，否則不容易跌掉八成股價。」（當時的市況確是如此，但經過了 2007 年之後，上市公司大幅升值，二十億元市值以上的垃圾股票多不勝數，景況已不同了。）

結果，就是不幸烏鴉口言中，這公司果然是有賬目問題，突然一天拉閘，全盤皆輸，兩成孖展是一百萬元。我那朋友辭職離開證券行，證券行遂派收數佬去向他收數。股市之兇險，可見一斑。

但新上市後馬上「拉閘」的公司，我沒見過，也不可能發生。因為新股在上市前，經過了推薦人的盡職審查，有一定的可靠程度。相比之下，公司每年雖然也要經過核數，但是論到嚴謹程度，則和上市前的審查過程差得遠了。

我寫上一段的時間是在 2007 年至 2009 年之間，因為修訂再版太多，我也忘記了正確的日子。當時的我以為這分析是對的，誰知在 2009 年底，「洪良國際」（當時的股票編號：946）上市，三個月之後，便因造假賬而被停牌，取消上市資格。但這當然是特別個案，大體上來說，半新股停牌拉閘執笠的機率，終究是低於已上市很久的股票。

21.6 2013 年至 2017 年的半新股喪炒

從 2013 年至 2017 年中，香港有多隻半新股喪炒到飛天，上市後升了數十倍，引起了一個現象。據報導，這是一位名叫「阿粉」的莊家的大手筆。

電視藝員「翠如 bb」的爸爸黃永華擁有的「聯旺集團」（8217）在 2016 年 4 月 12 日上市，當日大幅飆升，配售 2.08 億新股，1.04 億舊股，價格是 0.26 元，配給 122 名投資者，即是上市前市值是 3.24 億元，和創業板的殼價差不多。在上市當日，它最高升了 17.5 倍，收市仍報升 14.4 倍。在隨後的三個交易日，它的升勢更是一發不可收拾，最高位時升了 53.6 倍，市值達到 177.22 億元，超過了「電視廣播」（511）的市值，登時成為了傳媒爭相報導的大新聞。

相似的喪炒創業板新股還有 2015 年上市的「立基工程控股」（8369），當日升了 58.52 倍，升幅比「聯旺集團」更是誇張，只不過後者有「翠如 bb」的娛樂板效應，作為宣傳，才受人注目罷了。

總之，在我們這些行內人看來，這是正常現象，根本全不稀奇。

之所以有這個現象，誰都知道，這是因為法例容許，創業板股票可以全部配售，並沒有公開發售，技術上可以全配售給自己人，貨源完全歸邊，自然是任升幾多都得。

至於說，今日的升幅比去年更勁，理由很簡單：以前的新股上市升五倍，咦，證監沒採取行動，下一隻就膽粗粗，不如升夠七倍，也沒事，哦，下一隻又升多點，就是這樣，這些創業板新股便愈升愈勁了。

從實質的操作去看，新股之所以不能升太高，主要的障礙在於配售人，如果他們只持有一手，二千元左右，升 50 倍，利潤便是十萬元了。有十個八個見錢眼眼開唔生性，大拿拿一百萬，已經化為烏有。但是，經過了這幾年來的篩選和磨合，

只有乖乖聽話的配售人，才能夠繼續獲得配售，去蕪存菁，現在留下來的，全都是坐定定不沽貨的好孩子，這才能夠造成幾十倍的升幅。

不過，其實大部分創業板的莊家都很「保守」，別人升五倍時，自己只會升三倍，人家升十倍，自己只升七倍，永遠不做出頭鳥，這樣的做法，自然是明哲保身得多了。當然了，也有一些莊家膽大生毛，像前述的「立基工程控股」（8369），上市當日急升，翌日則急插了94.9%，收報0.255元，只比招股價0.25元略高而已。

21.7 2017 年 6 月 27 日的事件

這個半新股和細價股的暴炒熱潮，在2017年6月27日終結。在當天，多隻細價股暴跌，其中19隻股票跌了三成以上，蒸發市值480億元。在這之前的一個多月，「股壇長毛」David Webb點名50隻不能沾手股份，很多傳媒均報導過，事緣在2015年，Webb持有多年的「隆成金融」（1225）突然賣殼，轉手後連番供股，令到Webb輸了過千萬元，遂發表了這份「復仇報告」，把關連的網絡揭露出來，矛頭直指近年風頭最勁的年輕莊家F君。

對於這份研究報告，我寫過幾篇評論，指出第一，當日曾有中間人搭路，問及講和的可能性，誰知F君以一貫不妥協的作風回應：「車，使乜講數？供死佢咪得囉。」第二，50隻不能沾手的股份，F君真正控制的，不到20隻，其他只是友好持有，但命中率已然很高了。

如果要評價F君的作風，我會說很像以前的黑社會電影，那些很出位的新晉，目空一切，不把舊規矩放在眼內，即是由譚耀文飾演的那一種。他不斷的挑戰證監會的權威，例如說，新股全配售第一天上市的升幅，不停由他打破新記錄，細價股的最高市值，居然可以超越五百億元。

以前的莊家，如果證監找上門，應付手法是找最好的律師，花錢打官司，你奈我如何？但他這一派的做法，是買賣全不出面、全用人頭，來信打回頭、找上門不開門，出事後暫避內地，甚至索性改一個假名，就是絕到這個地步。

但毫無疑問，在這幾年來，最成功的莊家就是F君，據知，他控制的股票，已經到達了40隻以上，這是前無古人的數字，皆因這雖有協同效應，但也極難操作，很多莊家在控有十多二十隻殼之後，發現了操作困難，反而要把數目減持，畢竟，每一隻殼每月的基本支出，至少要數十萬元，如果是40隻殼，就是甚麼也不做，每月單是「點鼓油」，已經要八位數字，這還未算利息和孖展支出。F君的秘密武器，是有一隊在內地的傳銷隊伍，出售股票，因而做到股價的長升長有，正是祖國有13億人口，即是無數的購買力。然而，傳銷有窮盡時，13億人口也不全買股票，再者，這兩年中國的經濟也不太好，總之，F君的銷售網絡

支撐不了他今日的龐大王國，近月來開始發生了資金困難，因而再也沒有了當日的「屢創新記錄」的豪氣。

David Webb 的報告，成了最後一根稻草。有趣的是，內地股民特別相信《蘋果日報》和 David Webb，那些傳銷批發商見到這段報導，一傳十、十傳百，漸漸出現了恐慌……這些高市值股票，只消有幾個人沽出，已經足以觸發骨牌效應了。

據我所知，股災之後，並沒有大股東被斬倉，控制性股權出售。換言之，輸錢的只是駁腳，大股東元氣未傷。至於隆成的附屬公司貝格隆證券，雖然持有首20跌幅榜中的18隻，其中4隻持超過10%或以上，但證券公司的持有股票必然通過 FRR，只有主動斬客戶倉，用不用被逼斬倉。

另一個例子是一間關聯公司 QPL　INT'L（243），出售了漢華專業服務（8193）、美捷匯控股（1389），及中國集成（1027），共虧損 7,483.8 萬元。我認為，作為上市公司的 QPL，借孖展的機會率並不高，因此也沒有斬倉的必要性。

所以我的意見是，這些關連的公司非但沒有被斬倉，反而先發制人，沽出股票，套回部分現金，把損失減至最低。這是精明的決定。

總括而言，這次的細價股災，F 君的傳銷渠道是摧毀了，他手上持有四十隻殼左右，其中二十多隻是 full paid 了，十多隻未付清全數，其中部分上市公司持有的股票，因股災而輸掉了絕大部分，但也有一些公司仍然持有現金，包括幾間證券行在內。計算下來，沒有一百億元，也有八十億元。

講完資產，現在講負債。他的負債，主要是人頭輸了錢，找他對數，以及人頭欠了的孖展數，還有那些買了股票的基金或友好，可能有某些「guaranteed profit」的協議，數目估計是十億級數。問題在於，這些都不是「on the book」的債務，縱是賴債不還，也是「你吹我唔脹，又搣我唔長」，一般的情況，是逐步償還大部分，discount 是肯定有的。

我會把這種情況定義為「財政穩健」，皆因控制性股權仍然在他的手上，並沒斬倉。惟一的擔心是未全付清的十多隻殼，市場懷疑他有沒有現金，去完成交收。

21.8 半新股變舊的過程

那麼，究竟半新股在上市之後多久，才可以完全釋放，變成一隻普通的股票呢？

這得根據法例的規定，才能斷定，每個地方均不同，甚至是在同一地方，不同的時間，相關的法例也會不停的修改。在寫成這篇文章時的 2014 年香港股市，對於「新股變舊」，有着兩個關限：

第一個關限：上市半年之後，才可以發新股集資，大股東也可以減持。例如說，「毅信控股」（股票編號：1246）是在 2013 年 10 月 16 日上市，發行 1 億股新股，招股價是 0.93 元。在剛剛半年後的 2014 年 2 月 22 日，其大股東便以每股 0.95 元的價格，配售 21.21% 的股份，把持股量減至 51.08%。

第二個關限：上市一年之後，大股東才可以賣殼，把手頭的股份悉數賣掉。例如說，「施伯樂策略」（股票編號：8260）是在 2013 年 4 月 10 日上市的，上市價是 0.41 元，在一年多後的 2014 年 7 月 9 日，大股東出售了 51% 的股票，每股作價 0.42 元。

所以，我會把半新股變成普通股票的定義，分成了兩個關口，一個是半年，另一個則是一年，當一年之後，它才可以成為一隻正常的股票，甚麼都可以做了。

請注意：在這裏，我故意不用「舊股」這個名稱，而用「正常的股票」，因為正如前述，在股票的世界，「舊股」另有意思，指的是相對於新發行的「新股」的已發行股票。

21.9 正常股票與重組股

本分類的主題是用股票的上市後的時間長短，去作出分類，但是當講了新股和半新股之後，因為其他的所有股票都不是新股和半新股，而這是整本書的內容，無法在這裏講。此外，重組的股票也有着大部分新股的特色，不過由於前文有專文講過重組股票，因此也不另贅了。

22. 第三種分類：市值與流通

Ernest Cassel（1852-1921）爵士是猶太人，普魯士出生，17歲移民英國，發了大財，和英國國王愛德華七世是好朋友，他說過一名句：「我窮的時候，人們說我是賭徒，開始成功時，我是投機者。但如今，我是銀行家了。」（When as a young and unknown man I started to be successful I was referred to as a gambler. My operations increased in scope and volume. Then I was known as a speculator. The spheres of my activities continued to expand and presently I am known as a banker.）

由此可以見得，不同的規模，性質雖然一樣，但也有着外表上的分別。上市公司的規模大小，和它們的投資價值和炒作策略，也有着截然不同的分別，雖然，其在本質上，也統統只是用來騙散戶金錢的紙張而已。

如果按照股票的市值來分類，可分成三種，市值從大到小：藍籌股、二三線股、細價股。這三類股票各有不同的本質，也有着不同的特色，同時，我們買賣它們時，也有不同的態度和方法。

22.1 藍籌股

維基百科對「藍籌股」的定義是：「『藍籌』的名稱據說來自賭博桌上、最高額的籌碼是藍色的，引申為最大規模或市值的上市公司。一般人將藍籌股等同股票成分股，但事實上成分股不一定是最大或最佳的上市公司。」

所以，代表了最大市值和最大成交量的股票，諸如美國的道瓊斯平均工業指數成分股、中國的上證50指數成分股，以及香港的恒生指數成分股等等，當然是屬於藍籌股。但是，除了指數成分股外，還有一些市值和成交量比起成分股不遑多讓的大公司，雖然並無列入指數，但亦視為同類，因為它們的本質相同。不過，指數成分股除了市值和成交量之外，也有其他的要求，例如類別要求，因為它分為金融、公用事業、地產、工商業四大分類，在香港這個情況，金融股的門檻較高，但是由於工商業股的市值通常比較低，所以工商業股要成為指數成分股，其市值和成交量的要求，比金融股的要求還要低。例如說，在寫此段的2014年8月17日，「招商銀行」（股票編號：3968）的市值是714億元，比起「華潤創業」（股票編號：291）的市值是577億元，「中信泰富」（股票編號：267）的市值是600億元，「招商銀行」的市值更高，但是由於在恒指成分中，金融股的類別已經有了「建設銀行」（股票編號：939）、「中國銀行」（股票編號：3988）、「工商銀行」（股票編號：1398）和「交通銀行」（股票編號：3328）這4間市值更大的指數成分股，所以「招商銀行」的市值雖大，卻也只能落空了。

在同一日，「長江基建集團」（股票編號：1038）市值是 1,397 億元，但它並不是恆生指數成分股。此外，「中國神華」（股票編號：1088）的市值是 797 億元，「百麗國際」（股票編號：1880）的市值是 827 億元，「華潤置地」（股票編號：1109）的市值是 997 億元，「利豐」（股票編號：494）的市值是 846 億元，也比不上「長江基建」，但是這些公司是恆指成分股，但由於「長江基建」是「長江實業」（股票編號：1）屬下的子公司，而「長和系」已經有「長江實業」、「和記黃埔」（股票編號：13）和「電能實業」（股票編號：6）這 3 間公司是恆指成分股，為免重複計算，所以「長江基建」便不能列入恆指成分股了。

因此，納入恆指成分股的公司，除了市值和成交量之外，也有很多其他的考慮，但是，我們作為投資者，卻用不着考慮這些考慮，只需要看它的市值和成交量，便可以決定它是否能夠列入「藍籌股」的類別了。

如果一定要下定義，我會把「藍籌股」定義為「它的市值和成交量均大於恆生指數成分股中的最低門檻」。必須注意的一個重點是：要求是市值「和」成交量，是「和」而不是「或」，單單其中的一項，並不足以成為藍籌股。

另外的一點要注意的，是在一個股票市場，有着很多的不同指數，像在香港的股票市場，也有諸如「恆生中國企業指數」、「MSCI（即：Morgan Stanley Capital International）大摩香港指數成分股」形形色色的各種指數，但我們作出這個分類時，必須用在該市場當中最有代表性的一個指數，在香港，就是恆生指數了。

22.1.1 大中華第一妖股

在 2007 年，「新世界數碼」（股票編號：276）斥資 12 億元，收購了在蒙古和中國新疆省的煤礦，改名為「蒙古能源」，跟着展開了一連串的資源收購計劃，股價也隨之而飛升：由 2007 年 2 月 7 日的 0.27 元起步，一年三個月之後的 2008 年 5 月 30 日，已經升至 17.7 元，市值達到了 1,070 億元，而當時身為恆指成分股的「神華能源」（股票編號：1088），市值也只是 1,183 億元，只比它多出一點點而已，而它在當時的市值，也已經高過了好幾間恆指成分股，不在話下。

在 2007 年 9 月，中國的《財經時報》發表了頭版文章，把「蒙古能源」評為「大中華第一妖股」，理由是：公司聲稱的多宗交易和合作公司，實質上是不存在的，蒙古法律也訂明了礦山資源是國有資產，可以隨時收回……等等。

「蒙古能源」在高位的「快樂時光」並不長久，2008 年 8 月，已經暴跌至 2.6 元，蒸發了 85%。在我執筆時的 2014 年 8 月 17 日，「蒙古能源」的股價是 0.226 元，市值變成只有 15 億元了。

正是由於我要避免將像「蒙古能源」這種「妖股」混進藍籌股的類別，所以我對於「藍籌股」的定義，得再加上兩項：

第一是它必須有持續三年以上的利潤，最好還要有派息，像「蒙古能源」這種持續多年沒利潤、不派息的公司，便不合格了。

第二是它的市值和成交量必須要維持兩年以上，都能夠達到「市值和成交量均大於恆生指數成分股中的最低門檻」的最低要求，像「蒙古能源」這種暴升上去，在高位不久，又暴跌下去的「妖股」，便不及格了。

22.1.2 同生共死遊戲

我寫了很多本投資書，在其中的一本，有一章提及了「同生共死遊戲」的概念。我把金錢遊戲分為三種：莊家遊戲、零和遊戲、同生共死遊戲。顧名思義，「同生共死遊戲」就是很多人參與的金錢遊戲，一旦它的價格崩潰了，也有很多人陪你一起輸光，所以你輸的只是絕對的金錢數值，而你同其他人比較的相對金錢數值，則減少得並不多，也不大能夠影響到你的財富排名。正如金融海嘯時，人人皆輸，其感覺比獨自一人輸光好得多了。銀行存款、房地產、藍籌股都是同生共死遊戲，而買賣同生共死遊戲的產品是不用大腦的投資方式。

22.1.3 藍籌股的停牌

根據維基百科的說法，在恆生指數裏面：「任何一隻指數成分股如連續停牌一個月，該成分股將會從指數中剔除。在非常特殊的情況下，例如該成分股被認為極有可能在短時間內復牌，才有可能獲保留在指數內。」所以，我們可以說，它的穩定性很強。即使有消息公布，也很少停牌，就算停牌，停不了兩天，很快便能回復交易。要知道，藍籌股停牌，對銀根影響甚大：停牌的股票市值變為零，影響了孖展額，證券行可要求客人沽出其他股票，降低借貸成數。大股票的股東比中型股多得多，受影響範圍也較大。況且，停牌便沒成交，港交所的收入也受影響。故此，港交所會調配較多人手，專門照顧大型上市公司的公告，很快就能復牌了。這個在 2010 年又發生了特別案例。「中國平安保險」（股票編號：2318）從 6 月 30 日起，一直停牌至 9 月 2 日，然後復牌，剛剛超過了兩個月。

22.1.4 藍籌股的優點

藍籌股的最大優點，是它的流通性，是除現金之外最強的投資產品。投資者持有現金，但又不甘心於現金的回報太低，因而改為投資藍籌股，必要時，例如生病、買房子，或者是其他急用，可以馬上把它沽出，變回現金。換言之，藍籌股的特性，是作為現金的替代品。因此，當我們計算藍籌股的價值時，並不能單純地用回報率和派息率，來作為計算單位。

有時候，藍籌股也有一天超過一成的波幅，在今日的經紀佣金，即交易成本極低的時候，也有很多投資者短炒藍籌股，視此為短炒對象。況且，藍籌股的波

幅雖然不如細價股，但卻可以做很高的槓桿，如果是即日平倉的 day trade，甚至可以高達九成孖展。這即是說，只要把它用高槓桿比率來放大，其實也可以像細價股般的大上大落，但卻仍然有着高流通量的優勢。

22.2 二三線股

二三線股其實即是中型的股票，「二三線股」是香港股票界的獨有俗稱，所以吾從俗而已。

從藍籌股往下數，以至於細價股以上，統統屬於這個類別的，市值從十多億元到過千億元的都有，所以它們是上市公司的最大數目，由於數目眾多，所以也有着很多的不同特性，我只是「按照市值分類」，把它們強行組成一起而已。如果要加深對它們的了解，只有寄諸於其他的分類和分析。但是，大致上，我也要把它們分成為兩大類。

22.2.1 有實質資產或業務的

這一種公司就像一間具體而微的藍籌股，就是正正經經的做生意，有實質經營的業務，或者有資產，假使沒有，便得有極實在的資產，這些資產當然指的是實質的資產，而且是有收入的，例如用來收租的房地產，其他的資產，例如給董事自住的宿舍，就是幾億元市值的山頂豪宅也不算，因為這沒有租金收入，如網站也不算，現金不算，股票也不算，皆因現金可以很快地套現出來，股票也很容易變成現金，這些雖然是資產，但是太過「速動」，所以也不能算。

這種股票的必要條件，是它們在近三年以來，在大部分的時間，多半有着盈利，也在大部分的時間，會去派息，換言之，如果不計算規模大小，單單看其本質，它和藍籌股的分別是不大的。

這種公司最典型的其中一個例子，便是「大家樂」（股票編號：341），此外，有一些好公司，其市值並不高，例如在 2007 年初的「保利香港」（股票編號：119），當時的市值只是十億元左右，但是卻有很優質的上海地產資產，後來在幾個月之內，股價漲了十倍以上，在我撰寫這一段時的 2014 年 8 月 18 日，它的市值則是 48 億元。有些股票則是「萬丈高樓從地起」，由於盈利迅速增加，股價遂快速打高十倍以上，例如年前的「宜進利」（股票編號：304），我的幾個炒家朋友在初炒這股票時，它只是毫子股，但後來股價最高時炒至十多元，在 2008 年停牌，進行清盤，2011 年除牌，撤銷了上市地位。

要分析這種股票，最重要的是看它的基本因素：盈利能力和資產淨值。分析員最喜歡這種股票了，既可考眼光，又可有倍數升幅，從沙中礫金賺大錢。這種股票也是基金的愛股，因為購買藍籌股的利潤並不高，基金的表現幾乎全靠它

了，就算是股神巴菲特，也是靠着買賣這種股票發大財的，民運分子李祿推薦他買了一隻「比亞迪股份」（股票編號：1211），便成為了「股神接班人」了，不過他可不稀罕這名銜，寧願自己去當一個獨立的基金經理，也不去接股神的班。

22.2.2 沒有實質資產或業務的

這一類的二三線股，雖然它可能有很龐大的資產淨值，但只是類似礦產資源之類的資產，又或者是高價買回來的網站域名，並沒有像房地產之類的，可以很容易在市場沽出的實質資產。同時，它也沒有持續盈利的業務，甚至是不管盈利了，連持續經營的業務也沒有，只是打游擊般，做幾年地產，做幾年網站，做幾年資源，這種形式的「業務」，正名應該叫做「項目」，意即是未成熟的業務。

一般來說，這一類型股票的市值會低於有實質資產或盈利的，但也並不盡然，因為它沒有實質的資產和業務。但這當然是有例外，最鮮活的個案就是前述的「大中華第一妖股」，「蒙古能源」了。

另外還有一隻很經典的個案，就是「北方礦業」（股票編號：433）。我對這公司不熟悉，但在這十多年來，經紀J君常常炒這股票，賺了不少錢，也曾向我多次推介過這股票，所以我也不時聽到它的名字，那時候，它還叫做「新萬泰」，在2009年才改名為「北方礦業」。當初我沒有炒這股票的原因，是它十幾億元市值，那時的殼價還不過是六千萬元左右，這個市值未免太高，所以，J君炒這股票，幾乎次次贏錢，但我卻沒份。

它的大股東是比較早發跡的富豪。大家知道，因江澤民當國家元首關係，上海幫是比較早發財的一批，所以這位富豪在1998年，已經買下了「瑞昌控股」，並且改名為「新萬泰」。但跟着的幾年，上海幫就不吃香了。所以，在2007年的那段日子，當人人賺大錢的時候，這公司並不算做得很出色，然而，在近一兩年間，它卻又開始活躍起來了。在我寫這段文的2014年，它的市值已經是六十億元了，真厲害。它比「蒙古能源」更為神奇的是，它的高股價、高市值，從2000年一直維持至2014年，時間軸比起「蒙古能源」長得多，要做到這一點，當然也困難得多。

令人更有點難以置信的是，在這些年間，它只輕微的供過一次股，二供一，沒有合過，既沒有小炒過，更加沒有大炒過，亦沒有小跌過，更加沒有大跌過，股價大致上保持了平穩。它配過多次股，但配股後也沒有大跌，所以，這些年來，這股票的股東沒有賺過大錢，但可以執到不少小錢，也沒有輸過大錢。

大家必須注意，沒有實質業務、也沒有太多資產的二三線股，其實質相等於細價股，不能視作二三線股。

2012年，李河君買入「鉑能太陽能」（股票編號：566），先改名「漢能太陽能」，再改名「漢能薄膜發電」，注入光伏業務，到了2015年3月5日，市

值最高達到了 3,778 億元，李河君亦曾經成為中國首富。但在 5 月 20 日，它的股價急跌 50%，並且停牌，而其帳目亦被證監所質疑。

由於「漢能薄膜發電」的股價、成交量都不能長期維持，資產和利潤亦沒有長期的往績，因此，雖然它的市值達到了幾千億元，比部分藍籌股還要高，但是它只能夠算是二三線股。

22.2.3 二三線股的攻略

由於二三線股的流通量不大，因此並不能看作是「半現金」，這是它和藍籌股的最大分別。雖然，有的散戶的投資額，只有幾萬元，在這情況下，二三線股的流通量，和藍籌股的分別不大，然而，本書講的是一般情況下，適用於大中小所有的股票投資者。無論如何，你不會把買樓首期，放在二三線股，因為一旦看中了心水平樓，要把股票套回現金，也並不容易。當然，就是你買了藍籌股，一旦遇上了股災，還是會不見了一截，但至少可以把現金套現，提款出來。然而如果你買的是二三線股，就不同了。

二三線股通常有一定的業務，而且炒作周期比較長，可能要幾年才會炒完一個周期，前述的「漢能薄膜發電」就是一個例子，從 2012 年至 2015 年，也炒了 3 年之長。要炒這種股票，必須要研究其業務，有時業務可能有虛假作大，但弄虛作假也不無股價爆升的可能性。

記得在 2000 年，朋友祥官同我說起，他剛剛同「建滔化工」（股票編號：148）的大股東張國榮碰過面，相信這公司的前景極好，其股價將會大放異彩。當時我並不以為意，但過了幾年，這股票已經升了十倍以上，市值數百億元，成為了有名的工業股了。

「思捷環球」（股票編號：330）在 1993 年上市，股價為 3.7 元，它在 2002年晉身恆生指數成份股，2009 年的利潤是 47.45 億元，股價升到 133 元，市值是 1,715 億元。但股價亦在此到達高峰，其後業績滑落，股價在 2 年之間，跌去了九成。

炒二三線股的策略，便是找出隻像 2000 年後的「建滔化工」，又或是在2009 年前的「思捷環球」，賺取倍數升幅。相比起藍籌股，二三線股的流通性不及，不能當作是現金，但是，它的潛在升幅卻是大得多，只要買中一次，可以有十倍以上的利潤。相比起細價股，它的優點是總量比較大，細價股贏幾百萬元是可以的，幾千萬元的難度非常高，但是，買二三線股，這卻是可能的數字。

最後，我告訴大家一個真實的故事。我有一個朋友，名叫「曾華山」，是弟腳兼食友，常在一起打牌和研究美食。他在 1998 年，以 0.5 元的價格，買入了五千萬元「安徽海螺」（股票編號：914），到了 2007 年，以三十多元的價格，沽出了一半，套現 17 億元。這應該是買二三線股最為振奮人心的故事了。

22.3 細價股

「細價股」是一個統稱，意即市值小的公司。它的價格單位通常很小，很多時是以「毫」，甚至是以「仙」作為單位，故此被稱為「細價股」。但是這也不是一定的事，例如說，在 2013 年以 0.93 元上市的「毅信控股」（股票編號：1246），最高時股價炒至 1.33 元，當時的市值不過是 5.3 億元而已。但是，前述的「北方礦業」，在執筆時的 2014 年 8 月 18 日，正在停牌當中，其停牌前股價是 0.435 元，但是其市值已經高達 64 億元了。

22.3.1 細價股的股價

所以，「細價股」並不一定是「細價」，而「細價」的，也不一定是「細價股」，我們應以市值來作劃分，而不是以股價來作劃分。在 2002 年，當時由鄺其志當行政總裁的香港交易所發表諮詢文件，建議將股價連續三十個交易日低於港幣 0.5 元的主板上市公司股票除牌，史稱為「仙股事件」，結果鄺其志之後辭職。我曾經在報章專欄寫過：「很多股票界老行尊連公司市值也不認識，只是看股價來決定一隻股票貴不貴，即是說，10 元的股票就是貴，毫子股就是廉，諸如此類。」

在 2015 年 3 月 11 日上市的新股，名叫「KTL INT'L」（股票編號：442）。這公司是老牌珠寶製造商，產品包括了戒指、耳環、吊墜、項鏈、手鐲、臂鐲、袖扣、胸針、踝飾等等，過去 3 年的利潤分別為 6,837 萬元、3,377 萬元、3,757 萬元，最大的銷售地點是俄羅斯，所以近期俄羅斯的政經局勢不穩，盧布貶值，它的利潤便因匯率而跌了下去，估計當俄羅斯經濟回復正常時，這公司的利潤也會回升上去。

它的發售價是 3 元至 5 元，結果以發售價的下限 3 元出售，即是上市市值只有 2.4 億元，很可能是本年度最小的一隻主板股票了。它的總發行股數是 2,800 萬股，每股 3 元，即是集資額是 8,400 萬元，由於超額認購是 40.79 倍，需要作出回撥，因此公開發售的比例是 30%，其餘的 70% 則是配售。

我之所以對這股票大感興趣，皆因它的發售價是 3 元，注意，是 3 元，而它的市值是 2.4 億元，注意，是 2.4 億元。如果以這股價和這市值去比較，它是在股壇中股價最高、市值最低的一隻。

大家都知道，散戶對於股價很敏感，但對於市值卻不大注意。所以，很多股票都寧願拆細，把元股變成毫股、仙股，以增加流通量。為何這隻「KTL INT'L」卻偏偏反其道而行之呢？這就是我留意這股票的原因了：它愈是 de-sale，我愈想買，因為這其中很可能有「陰謀」。

前天它公布了其配售結果，雖然是 40 倍的超額認購，但是申請一手 1,000 股的股民，中籤率卻是 100%。申請 2,000 股、3,000 股，以至於 30,000 股的，也統

統只有一手 1,000 股。換言之，不管申請多少，其獲配發的股票都是一樣，怪不得在討論區有人說：「又益晒啲一手黨，唉。」

當天它的收市價是 4.82 元，最高去過 5 元。抽中了這股票的股民，當天贏得皆大歡喜。它在 3 個月後的 6 月 10 日，最高升至 15.2 元，但也不過是 15.24 億元市值而已。

在 2015 年聖誕節前，麥浚龍父親麥紹棠當大股東的「中建置地」（股票編號：261），引進了國企新興鑄管，入股 12 億元，作為大股東，令到它急升 70%，從前收市價 2 仙，升至 3.4 仙收市，足足升了 70%，成交是 3 億元，震驚了整個市場。

由於「中建置地」帶動之下，連隻另一隻仙股「毅信控股」（股票編號：1246），也急升 35%，成交額也有 0.44 億元，不過它的市值比起「中建置地」低得多，前者是十幾億元，後者則只有 3 億元貨仔，低於殼價幾成，自然是易炒得多。

我在之前，曾經寫過好幾篇文章，指出仙股特別當炒的原因，其中一條當然是因為仙股「仙仙聲」，看起來好像很便宜，另一個很少人提及的原因，則是仙股每一格波幅均有幾個巴仙，這引致了很多的即日鮮炒家，日日炒上炒落搵食。

所以，仙股一旦當炒，就會炒到飛天，皆因入場的散戶特別多，昨日「中建置地」和「毅信控股」的喪炒，便是最佳的例子。但其實，「中建置地」的發行股數極多，足有一千多億股，就是 1 仙股價，市值也有 13.43 億元，比 2017 年的殼價還要高出一倍。相比之下，「匯豐控股」（股票編號：5）的總發行股數也只有二百多億股已。

據說，當局很想麥紹棠把「中建置地」合股，使它脫離仙班，但鬍鬚麥不為所動，寧願自願放棄供股的機會（仙股不准供股），也要繼續仙股。而這股票也不負所望，每次大牛市，也均猛炒特炒，升幅以倍計，總成交以百億元計，可見得仙股的奧妙所在。

當局常常說要減低買賣差價，針對仙股。然而，從實際操作去看，把仙股變成蚊股，買賣差價是減少了，但並沒有用，因為差價懸空數十格，照樣是維持幾個巴仙的差價，根本是自欺欺人，但這的確足以減少細價股的成交量，扼殺莊家搶散戶錢的機會。是由於市面上的仙股不多，但僅存的仙股也就十分珍貴，一旦炒作，散戶便來湧上，如痴如醉。

22.3.2 細價股的市值

所以，細價股的定義，是從二三線股以下，以至於市值最低的創業板、垃圾股，均是屬於這個類別。它在市值的底線是不存在的，但是它的市值上限，和二三線股的分界，又究竟在哪一個地方「劃線」呢？

我的建議是：應該以殼價來作劃分。我的一貫計法，是用主板殼價的一倍來

作為界限，例如說，主板殼價是 5 億元，便以 10 億元來劃分，市值高過 10 億元的，就是二三線股，市值低過 10 億元的，就是細價股了。

為甚麼要用「殼價一倍」，而不更簡單乾脆地用「殼價」呢？

一來是因為不想把這條線劃得太低，以免這個類別的股票數目太少，沒有代表性；二來是一個理論性的探討：如果一間上市公司的市值不到殼價的一倍，意即它的主要價值還是在於其「殼價」，所以也應該屬於這類別。

反過來說，如果這間公司的市值在「殼價」的一倍以上，那麼，它的主要價值就不是在於其殼了。所以我認為，殼價一倍的定義，比單純用殼價來作定義，更為合理。不過，大家也可以知道，細價股可以喪炒，炒至一百數十億元市值，也是常有的事，所以，我會用長期市值，來定義細價股。我認為，只要它在過去 3 年之內，只要有一天或以上的時間，股價低於殼價一倍，便可以視為細價股。

究竟細價股可以有多「細」呢？極端的例子是，它的市值可以是「殼價折讓」的八成以上，例如執筆時的 2017 年 8 月，「華人飲食」（8272）的值只有 0.58 億，比起創業板殼價可以折讓 83.5%。細價股也可以完全沒有資產，實質業務的營業額可能只有一千數百萬元，更加是年年虧本，甚至是欠下巨額債務的負資產，都是可能的，正如前述的「華多利」。

22.3.3 有實質業務的細價股

有一些公司，上市已經有很多年，有着實質的資產，也有着穩定的業務，以及長期的派息政策，在這方面看，它們的「外貌」是很像二三線股，但由於這些股票的市值不高，所以我還是會把它們列進「細價股」的行列。

例如說，在 1991 年上市的「白花油」（股票編號：239），便是年年賺錢、年年派息的老牌上市公司，在 2014 年初，市值一直在 7 億元至 8 億元之間徘徊，正是由於它的市值不大，所以我仍然要把它列進「細價股」。原因很簡單，因為當時的殼價是 4 億元左右，這即是說，它的一半以上的市值，是在殼價的身上。

大家可以看出，細價股和「殼股」是非常類似的事物，甚至可以說是「相同的事物，不同的說法」。本來，在這裏，我應該順理成章，去討論甚麼是「殼股」，但是，由於在後面的章節，也會有專門討論「殼股」的部分，因此在這裏就只能從略了。

又例如「華信地產財務」（股票編號：252），擁有大量物業，年收租數千萬元，但在 2017 年 8 月 11 日，其市值只有 7.83 億元，因此我也只能把它視為細價股。

22.3.4 細價股的攻略

細價股的缺點，是在不當炒，幾乎完全沒有成交。以「華信地產財務」為例子，就是要買賣幾萬股，也不容易。我曾經買了接近一個月，也買不到一手，買

貨如此困難，沽貨更可想而知了。

但它的優點，是周轉期快，一個周期往往只有幾個月，已足夠升上幾倍至十倍以上。相比之下，二三線股也可以贏十倍，但這需要好幾年的時間。對於心急決勝的投資者，這未免是缺點。

大部分細價股，都是不務正業的老千股，至於像「白花油」和「華信地產財務」這樣的有實質業務的細價股，卻多半沒有成交，不容易買得到。

然而，細價老千股的最大優點，反而它完全是假貨，無需太過深入的研究其實質業務，只要研究供求關係，實在簡單得多。這正如我的哥哥評論賭馬之道：「造假馬比跑真馬更易賭，因為賭馬要研究馬的質素、騎師、排位、天氣等等因素，十分困難，但如果明知是造假，則只要研究供求關係，總之多人買的，就輸，少人買的，就贏。」

所以，賭老千細價股，好處是簡單，缺點是長期而言，它必將變成廢紙。至於有實質業務的細價股，則不建議買賣，因為它們多半是很平穩的股票，變成高增長股票的機會甚麼，又沒有流通性，因此並無投資價值。

22.4 流通定義

本章的分類方式，是用市值來把股票分成三類，但其實，所謂的「市值」，和流通量是等價的，二者是一而二，二而一的關係。

說穿了，藍籌股的特點，不過是因為流通量大，容易買入賣出而已。我們看的根本就是流通量，市值表面上沒有半點關係。但是，我們深知道，流通量和市值是不可分的，因為市值大，股東多，client base 就大，其股民也多，所以我們便用市值來做定義了。

所謂的「流通量」，可以分為兩個部分：

第一是公眾持股量，例如「匯豐控股」（股票編號：5），最大的股東是BlackRock，持有 6.74%，由於不是大股東，也沒有參與管理，人們把它視為流通股份，在 2008 年 8 月 11 日，它的市值是 15,297 億元，這完全是其流通市值。至於「恆基地產」，李兆基持有 73.08%，同日它的市值是 1,871 億元，但因假設李兆基作為大股東不會沽出股票，因此，它的流通股票只有 22.92%，故此它流通市值只有 428.8 億元而已。

第二是成交量，即是每天的成交股數和金額。

我們當然也知道，公眾持股量可以是虛假的，有很多非常高市值的股票，如高峰期的「蒙古能源」和「漢能薄膜發電」，大部分的股票都是拿在友好人士的手上，不會沽出，才會打造出千億元以上的市值。

另一方面，成交量可以是虛假的，很多細價股，都是有莊家來打成交，增加

流通量，是為之「liquidity provider」，以吸引股民買賣。實際上，如果以股民的實際利益而言，市值和公眾持股量都是虛假的，只有成交量，才是切身的問題。可是，誰都知道，真正的成交量，是由市值和公眾持股量，也即是公眾流通量所決定。

你們也許會問，為甚麼不用幾年的平均成交量，又或是用更複雜的數學計算，去定義藍籌股、二三線股和細價股呢？答案是，這完全可以，但雖然長期的成交量比較難以作假，但畢竟也有虛假的成分，並不完全準確，倒不如簡單地只用市值來計算罷了。

22.5 沒有嚴格定義

其實，藍籌股、二三線股和細價股的界限，就像高矮、肥瘦、美醜，並沒有嚴格的定義和界限，只有存乎一心，用模糊的自由心證，來作決定。況且，這三種不同的股票，也有跳 bar 的可能性，像「思捷環球」，便在 2002 年，晉身藍籌股之列，2011 年則跌回變二三線股。另一個例子是「嘉華建材」（股票編號：27），在 2004 年之前，不過是二三線股，跟着注進了澳門賭牌，2013 年晉身藍籌股系列。

看看美國的狀況，I.B.M. 在 1932 年入了杜指成份，1939 年又被剔出了，1979 年再次被納入。「可口可樂」則同樣是在 1932 年被納入杜指，1935 年被剔出，1987 年再加入。至於香港的「新世界發展」（股票編號：17），在 2003 年被剔出了恒生指數成份股，在 2005 年重新加入。有意思的是，在它被剔出之前，股價不停下跌，但在正式剔出之後，其股價反而回升，一直升至重新加入成份股，又再度停止上升了。

23. 第四種分類：價值（資產）

公司股票的價值一共有 3 項：資產價值、業務價值、流通價值。

這部分的內容是概念性的，也是原創性的，所以採用了跟前文不同的敍述方法，就是從解釋和分析的角度着手：首先把概念搞清楚，再根據這些概念，去對不同的股票作出分類。

請注意，本書是從買股票的角度，也即是 sell side 去分析股票，但正如銅錢有正反，force 也有 dark side，股票分析也可以從 sell side，也即是發行、印刷、銷售股票的角度去看，如要學全整套功夫，最好一併閱讀拙作《財技密碼》，才能收到一窺全豹、睇足全相之效。

23.1 餐廳的比喻

假設你搞了一間餐廳，每月的利潤是 30 萬元，每月交租 10 萬元，即是説，年賺 360 萬，年交租 120 萬。

一個一年收租 120 萬元的舖位，以 3% 的回報率計，價值是 4,000 萬元。一間餐廳，年盈利 360 萬元，如果是上市公司，以十倍市盈率計，價值是 3,600 萬元。換言之，兩者的收入雖然相差了三倍，但是其市場價值是差不多等價的。

當然了，十倍市盈率，是上市公司的數字，如果公司沒有上市，肯定連五倍市盈率都不到。試用「代入法」來想，如果有一間餐廳，沒有上市，年賺 360 萬元，以 1,000 萬的價錢賣給你，你願不願意？肯定會深切考慮，也不一定答應吧。但是三倍的市盈率，在上市公司而言，卻是超筍！

現在，你的餐廳賺了錢，公司有了一定的現金。你想再作投資，你會選擇把舖位購買下來，還是另開分店？一個舖位，如果不算升值（但也有可能會下跌），回報率是 3%，但是開一間分店，回報率有三成，也即是比買舖的收入多出十倍，也是極度正常的事。開分店表面上是比較佔優的選擇，因為利潤較高，但也有兩個考慮：

1. 開分店畢竟是冒險，有可能虧蝕。

2. 把舖位買下來，肯定可以省下了 10 萬元租金。

這個考慮，表面上是「一鳥在手」，還是「百鳥在林」，兩種哪一種比較好的關係。但是從深一層次去想，開分店是進攻的策略，買舖是防守的策略。賺錢的時候，當然是兩間餐廳比較好，但當遇上經濟不景時，兩間餐廳的防守能力，不如一餐廳一舖位，因為餐廳需要付出燈油火蠟人工租金，多一間店，就是多一倍開支。餐廳會虧蝕，舖位的價格也會下跌，但是餐廳的所謂「資產」，是其裝修、桌椅、廚房設施、桌椅等等，一旦出售，全不值錢，舖位的價格縱使再跌，也有一定的基本價值。有人問過我，有一隻生金蛋的鵝，有一堆金蛋，要金蛋，

還是要鵝？我的回答是反問一句：金蛋的數目是多少？鵝會死，是不是繼續生金蛋下去，也成疑問，因為鳥類都會停經吧？又有可能被偷走或劫走（如果真有這一頭鵝，恐怕我還得請保鏢、買保險）。所以，只要金蛋的數量夠多，我寧願要蛋算了。

請記着以上的餐廳比喻。在下面的分析，我會常常引用到這故事。

23.2 上市公司的價值

我們購買股票，就是購買其公司的價值。究竟一間上市公司，有甚麼價值呢？我會把其價值分成三部分：

1. 資產價值
2. 業務價值
3. 流通價值

以下將逐點討論。

23.3 資產價值有折讓

我曾經説過很多遍：股票的本質是一張紙。

假設有一幢大廈，你擁有這幢大廈，和擁有這幢大廈的相關股票，兩者是有很大很大的分別。

一般來說，股票的價值比不上實物，一幢價值十億元的大廈，你擁有一成股票，這股票的市場價格幾乎是必定低於一億元。如果用理論去解釋，這是因為一部分的價值去了管理階層的身上，所以股票的價值相應低了。如果用日常語言去解釋，你寧願擁有十億元的房地產的一成股份，還是擁有一億元的物業？任何阿茂都懂得揀後者啦！因為可以自己話事，租金收幾多，要不要裝修，人家出高價要不要賣，都由自己去決定，多爽！因此，大廈的股票的價值比不上大廈本身，如果你要向我出售大廈的股票，必須要有大折扣，我才會考慮。

我在課堂中，常常問學生一個問題：有一間公司，名下有十個太古城的單位。你寧願擁有這間公司的 10% 股票，抑或擁有自己名下的 1 間太古城單位？

在會計學上，這兩者的價值是等值的，但是在實質上，當然人人都會選擇後者。這原因很簡單，就是因為：管理權是有價值的。當你只擁有股票，而不直接擁有房子，便是喪失了對該房子的管理權，這自然會令到其價值出現了折扣。

結論一：如果上市公司有資產，其資產相對於股票價值，必然有折扣。

結論二：既然有折扣，就是浪費。上市公司擁有資產，就是一種對資源的浪費。

結論三：優秀的上市公司不會擁有太多的資產。

23.4 資產的分類

會計學上的資產，定義十分廣闊，我則通常有一把尺，其中一端是白癡，另一段是李嘉誠。即是説，一端的資產，是白癡也懂得去管理，另一端，則是只有李嘉誠的商業頭腦級數，才能管理。記着，我不用「智力」這名詞，因為我在《我的揀股秘密》已把智力和做生意的才能劃分得很清楚：智力太低對做生意固然沒有好處，太高智慧如愛因斯坦，對於做生意也反而是缺點。

對於這把尺，用上甚麼量度方法，我會用兩種方法去分析，第一種是有沒有市場、有沒有客觀的價格，第二是所需要的專業知識。這兩種分類方法，在本質上是回復到那把尺上：持有資產者，要有多愚蠢，或是要有多聰明，才能保存它的價值。

23.5 資產的客觀價格

最客觀的資產，莫過於現金，其次就是黃金，但是黃金無息可收，所以已不流行了。藍籌股的價格雖然不停浮動，但也有客觀的價格。或者是大型屋苑的住宅單位，甚至是一幢商業大廈，一幢酒店，也有頗為客觀的價格。又或者説，一個最愚蠢的投資者，如果獲得了這些資產，要把它們變為現金，都可以很容易在市場，以市價，或很低的折扣價脱手。然而，如果是一些存貨，例如成衣、罐頭等等，在會計賬目上，當然算是資產，但是卻沒有客觀的價格。簡單點説，一間餐廳，其現金和自置物業，是有客觀價格的資產，其商譽和存貨，是沒有客觀價格的資產。

23.6 管理資產所需的專業知識

要管理一些資產，也需要專業知識。當收租佬，當然很容易，但是要管理一盤生意，那就困難得多了。就算是當收租佬，住宅單位收租，可以很簡單，商業大廈就困難得多了。商舖找合適的租客，令到舖位升值，是一門學問，如果是一個商場，更要像一盤生意般去經營。後文説到的「業務型資產」，則是更複雜的資產。

23.7 資產值折讓的一個理論分析

一天無聊，看哈佛大學經濟學教授 Andrei Shleifer 講非有效市場的金融學論文集，這位仁兄是克拉克獎的得主，這個獎專門頒給年輕的經濟學家，可算是諾

貝爾的前奏。

其中一篇有關封閉式基金的論文是這樣的：每份封閉式基金並不等於其資產總值，而通常有一至兩成的折扣。文中列舉了一些傳統的理由，例如說，1. 基金經理和管理所需要的費用，2. 有一些股票沒有流動性，所以必須用折扣價計算，3. 應繳稅項未計在內，諸如此類。而作者自己認為的重要理由，卻純屬投資者的心態問題。也即是說，只是因為投資者的個人心理而已。

而正是因為這種個人心理的影響，導致了憑藉對沖而賺錢變成了不可能，也即是說，不可以購入基金的同時沽空基金所持的股票，從而賺取差價，因為這種心理是長期性的，所以基金和其所持有的股票的折讓差價也永不會收窄。

我不明白，這樣的經濟學大師級數，為何會犯這種簡單的錯誤。

其實這種差價，並不止存在於封閉式基金之內，而是一個普遍的現象，例如說，地產股和其所持有的資產，也是常常有差價折讓的。

為甚麼會有這種情況出現呢？前文已經說過了，因為你擁有五間房子，和擁有十間房子的 50% 股票，兩者之間是有很大的分別。這是因為管理權的問題。如果管理權在我手上，我會寧願要十間房子的 50% 股份，但如果管理權不在我的手上，我便寧願要五間房子了。擁有管理權，等於擁有決策權和主導權，你可以決定賣掉其中的任何一間，甚至可以多買一間，或者是向銀行借錢，隨你喜歡甚麼都成，所以這個管理權是有價值的。因為管理權誰屬，代表了彈性在誰人的手上，而作為小股東，雖然（在理論上）權益是一樣的，但是卻沒有了彈性，所以其價值也是比較低。

因此，在通常的情況下，地產股相比其資產淨值是有折讓的，因為擁有房子的股票，其價值畢竟比不上擁有房子本身。說穿了，股東價值是一個零和遊戲，不會無中生有，憑空產生一些價值出來的。當大股東的股票更有價值時（因為他擁有了控制權和管理權），這代表了小股東的股票相比來說，沒那麼的有價值。所以，地產股大股東手中的股票價值高於其資產值，而小股民手中的股票的價值則低於其資產值。

同樣道理，封閉式基金的市場價格也一定低於其手中所持股票的總值，因為如果股票握在股民的手裏，可以自行決定買哪沽哪，但是基金卻是一種「綑綁」，逼令基金持有人共同進退，因為基金持有人並沒有管理權，所以其所持基金的份額價值便不得不折讓了。這明明是一個簡單的道理，但是經濟學大師竟然不明白，可能是他不炒股票的關係吧。

23.8 垃圾資產

有一些資產，在會計賬目上，登記為「資產」。但是，說它是資產呢？它賣不出去，有時送也沒有人要。說它是業務呢？它根本是一間擺明虧本的生意，也不會有前途，更不會有「錢途」的了。這些，就是垃圾資產了。

23.8.1 為何有垃圾資產？

上市公司經營或持有垃圾資產的原因，一共有三種：

1. 投資失敗，本來以為它們不是垃圾，後來才知是不折不扣的垃圾。買錯了資產，收購錯了公司，或者是經營了一門業務，但因經營不善而虧本，是司空見慣的事，不值得奇怪。

2. 法例規定，上市公司必須經營業務，所以就算是殼股，都得經營一盤生意，意思意思，以維持上市地位。

3. 上市公司以關連交易，或不為人知的關連交易去購入垃圾資產，是為了在公司之內調走珍貴的現金，這種常見的現象，又稱為「偷錢」。

23.8.2 垃圾資產的計算

垃圾資產有時候的價值是零，有時候的價值是負數，因為假如它是一盤年年蝕本的業務，這盤業務的價值就是負數。更奇怪的是，垃圾資產居然也有可能是正數值，例如說，它在剛過去的一年，虧掉了 3,000 萬元。以公司稅率 16.5% 計，如果把 3,000 萬元的純利撥到這間蝕本公司，便可以省掉 495 萬元的稅款。

23.9 資產價值和市賬率

在股票的世界上，計算資產價值和股價比例的方式，叫「市賬率」（Price-to-Book Ratio，P/B），計算方法是每股市價除以每股淨資產。這即是說，如果市賬率是 1，股價就等於資產值，如果市賬率是 2，資產值只有股價的一半，如果市賬率是 0.5，股價就是資產值的一半，也即是說，股價低於資產值了。

前面說過，有一些資產是垃圾資產，在會計的賬目上，也算是資產。如果我們要認真的去計算，應該把它們剔除，所以資產值和市賬率，都可以有兩個：一個是會計賬目上的，另一個則是我們自己用手去計算的，真實的價值。

23.10 現金和營運資金

如果你有一百萬現金，這一百萬就是你的資產，你可以用來隨便亂花，看戲、吃飯、付房租，送給愛人，怎樣做都可以，沒有甚麼好說的，因為花光了也是自己的事。但是，如果公司有一百萬現金，那就是另一回事了。

如果公司沒有任何業務，公司現金和私人現金在本質上沒有分別，當然，挪用公司現金是犯法的，但我並非想討論這個。我要說的是，如果公司有業務，這些業務需要投入資金以產生利潤，所以，放在公司的現金，不一定是能動用的。

在專業術語上，這些現金，叫做「營運資金」，技術上是不能動的。所以，如果一間公司擁有現金，必須要看其有多少是屬於營運資金。記着，營運資金

並不能算是資產，而究竟多少營運資金才算是足夠，得視乎不同的生意狀況而定。如果是本少利大銷售高的那一種，例如開一間門庭若市的私房菜，並不需要太多的現金儲備，但是以本博本的業務，便需要更大份額的營運資金。如果是初起的生意，銷售量既不穩定，甚至沒有保證，例如廿一世紀的科網股，或者是 Facebook，那就需要更多的營運資金了。

23.11 楚人無罪，懷璧其罪

一間公司，如果有太多優質的「白癡資產」，而其股價又長期偏低、大股東的控制權又不穩，那就很容易惹人敵意收購。劉鑾雄在當年意圖收購的「華人置業」（股票編號：127）、「香港上海大酒店」（股票編號：45）等等，都是這一類型的公司。

巴菲特的師傅 Benjamin Graham 的「價值投資法」，說穿了，就是收購擁有很多「白癡資產」的上市公司，然後把它們的資產出售，變回現金，再分錢。因為「資產型公司」的股價必然低於其資產淨值，因而分拆出售，便成為了有利可圖的生意了。至於巴菲特本人所採用的投資法，又是另一回事了。

23.12 結語

我們前文的其中一個結論是：「資產價值有折讓」。因為資產放在上市公司，不如放在手裏。從此推論下去，愈是「愚蠢的資產」，即是任何人都能經營的資產，愈不宜放在上市公司，因為這些資產是有折讓價格的。

上市公司擁有的資產，愈需要專業知識、愈「聰明」愈好。

如果你有一間餐廳，你要自置一個物業，應該用餐廳的名義，還是用自己的名義？

如果用餐廳的名義，萬一餐廳要倒閉時，物業便一併清盤了。

但是如果物業在自己的個人名下，餐廳要倒閉，要賣掉物業去救，還是不救，主動權在自己的手上，你完全可以把餐廳倒閉了，餐廳的欠款不還，然後繼續保有這些物業。同樣的原理，資產和業務應該放在不同的戶口名字之下，上市公司並不應該保有資產，因為這會失去了彈性。

所以我們可以看得出，所有的上市公司資產，都是有着折讓的：它的股價長期低於資產值，例如說，收租股、酒店股、持有大量現金的股票，皆是如此，就是這個原因。

24. 第四種分類：價值（業務）

我曾經說過，一間上市公司的靈魂，在於它的業務。再說一遍：如果是希望擁有資產，你應該自己去購買，把主動權放在自己的手裏，上市公司的本質是經營生意，不是持有資產。

24.1 業務的例子

以下舉出幾個有名的例子，用例子去說明理論。

24.1.1 碧桂園和它的地產發展

有一天，與才子陶傑吃午飯，他問起我關於股票的情形。我回答說：「凡是有大量實質資產的股票，都不炒。你看『蘋果』和『Facebook』有多少資產？單一業務、單一產品，缺乏防守能力，一旦出現了產品滯銷，送出去也沒有人要。『蘋果』的開發部門、生產線、租用的舖位裝修，價值一定大倒退，可以說是負資產。但是當炒的股票，卻是這一類。」最當炒的時候，「碧桂園」（股票編號：2007）的股價曾經一度高過「恆基地產」（股票編號：12），現在「恆基地產」反而是「碧桂園」的一倍市值，但是「碧桂園」的真正資產價值，可能比不上「恆基地產」。但是，「碧桂園」是做業務的公司，着重進攻，而「恆基地產」的大部分價值都是持有資產，所以就不當炒了。

24.1.2 周大福和新世界

在 2012 年，有人說，鄭氏家族的旗艦是「周大福」（股票編號：1929），而不再是「新世界」（股票編號：17）了，因為前者的市值是一千億以上，而後者只得其一半。我不知這些人是怎樣分析公司的，因為如果把這兩間公司隨便送給我一間（假設啦，幻想下都得嗜），打我一百次，問我一百次，我都會揀「新世界」。我沒有詳細計算過這兩者的資產，但在我的心目中，「新世界」的真正價值最少是現價位的一倍以上，即是有一千多億，這是起碼的數字。但是我認為「周大福」，可能不及五百億元。

為甚麼「周大福」的市值高於「新世界」？很簡單，因為它是業務型的公司，屬於全攻型，沒有甚麼資產負累，好比「蘋果」和「Facebook」，自然會值得更高的溢價。然而，照我的看法，鄭家的旗艦仍然是在「新世界」，那還用說嗎！

24.2 盈利和市盈率

市盈率（Price-to-Earning Ratio，P/E），台灣稱作「本益比」，計算方式是

每股市價除以每股盈利，計算的基準是最近一年的利潤。用另一種方法去說：七倍的市盈率，意即假如盈利不變，七年後的利潤就可以得回用現價位買入股票的成本。如果是十倍市盈率，回本期就要十年，餘此類推。

市盈率的計算有很多的陷阱，例如說，計算的基準只在於過去的紀錄，但是卻預測不了未來。在未來一年，假如盈利狀況逆轉，由盈變虧，市盈率變成了零，也是常有發生的事。此外，盈利當中，也有分為經常性和非經常性，所謂的「非經常性」收入，意即「可一不可再」的收入，例如一間餐飲集團，經營餐廳賺錢，是經常性收入，但是賣了一個舖位，賺了幾千萬，卻屬於非經常性收入，因為這不是業務之一。但是「長江實業」賣樓時兼且賣舖，卻是經常性收入，因為它是一間地產公司。

有一點值得注意的，就是在股票界有一個流行的說法：高 PE 不如沒 PE。高 PE 的股票，意即很貴，會嚇怕了投資者。但是沒有 PE，則是無可計算，將來究竟會是怎樣呢？反而會引來無限幻想。

24.3 生財工具

有一部分會計賬目中的「資產」，在我的心目中，根本不是資產。在中國人的心目中，有一個專業名稱，叫「生財工具」。如果以餐廳作為例子，那些杯杯碟碟、桌桌椅椅、廚房設施，一旦不做餐廳，退租了，新的業主如果是開時裝零售的，簡直視此為負累，還得花錢拆掉。

商譽的價格可以在極短時間從高點跌至負數，例如一間餐廳給發現有蟑螂在食物裏頭。此外，當公司推出的產品滯銷時，廠房、生產線、租來的店面、員工，統統變成了負資產，每天吸掉手頭的現金。一間餐廳沒有人來吃飯，每天都在燒錢！

換言之，在我們分析一盤會計賬目時，必須分辨出甚麼是資產，甚麼是生財工具。資產是有折扣價的，例如餐廳買下的物業，但是白癡也能管理，交由地產代理放租，就可以了。但是，公司的值錢地方，是它的生財工具，包括了公司文化、和員工（可美稱為「人才」），甚至包括了餐廳的菜牌，因為菜牌的菜式和價目，都能反映顧客的偏好，是非常重要的商業資訊。但這些放在專業人才的手裏，才能變錢，如果是由「獃子」去經營，就只能是負資產了。不消說，一間公司最重要的生財工具，就是其商譽。在會計學上，商譽很多時會被定義為資產。

24.4 業務型的資產

現在我們知道了，業務是很難經營的，如果把「蘋果」和「Facebook」送給我，我也無法經營。說到資產，還是現金、房地產等，較為「白癡」。

但是，有一些大型公司，其業務已經上了軌道，擁有優秀的管理團隊，和固定的生財工具，以及多元化的客源，只要是做過大生意的商人，都能把它管理。這些資產性的業務，與位於另一端的「白癡資產」，沒有多大的分別。

又用回餐廳的例子，如果只有一間餐廳，這是業務，資產只佔很少的部分。「喜尚控股」（股票編號：8179）持有四間餐廳，主要也是業務。但是，經營數百間餐廳的「大家樂」（股票編號：341），卻可在某程度上算是資產。

然而，當很多很多的業務聚集在一起，就成為了一項很有價值的資產了。以前我舉過「佐丹奴」（股票編號：709）作為例子。在 2011 年，「佐丹奴」在全球擁有 2,671 間店舖，要成立一個如此龐大的網絡，需要時間來累積，就算是投入一千億資金，也不可能在一兩年之內，設立二千多個銷售點。所以說，一個兩個租來的店面不值錢，但是一個由數以百計、數以千計店面組成的銷售網絡，卻是一項貴重的資產。至於有興趣購買這網絡的，只會是同行，例如 Zara、UNIQLO、H&M 之類。

我再舉一個例子：我有一個生意上的伙伴，在 2010 年時，想辦一間證券行。他有兩個選擇，一是自己入表申請，零星費用加起來，成本大約是一百萬元。另一是收購一間現成、正在經營的，收購價是三百萬元。他差點選了後者，可惜給第三者捷足先登，買了下來。為甚麼他不自己去申請，而要多花二百萬元，買下一盤業務呢？因為可以省回大約半年的申請時間，亦可馬上擁有一個網絡，節省了創業初期的摸索期。所以，公司的業務從某方面看，還是值錢的，可以視為一項資產。然而，它的主要性質，畢竟還是業務。

24.5 業務型資產的定義

業務型的資產，是需要投入資金，才能得到回報。也是用餐廳作為例子，餐廳的資產，是其裝修、桌椅等等生財工具，但是生財工具是不能單獨生財的，東主必須聘請廚師、樓面，甚至是會計員，才能把生財工具變成收入。又以「東亞銀行」作為例子，它的其中一個重要資產，是其商譽，可是商譽是不能獨立賺錢的，而是配合一盤生意，才能把商譽變成了實質化的收入。

絕大部分的資產，除了銀行存款可以收息之外，其他的都需要投入資金，才能變成收入，就算是房地產，用來收租，也需要保養、維修、管理費等等雜項支出。前文說過，資產的「白癡程度」，可以用管理所需的專業知識來界定，現在則可多加一項，就是也可以用投入的資金以產生的利潤去作決定。

舉個例子，經營一間貿易公司，那是一盤生意，經營一間酒店，資產和業務各佔一半，但是一幢收租的大廈，則是資產佔了大部分的價值，投入的資金和管理只是微不足道。

24.6 專利權資產

一些公司擁有某種行業的專營權，例如「中華電力」（股票編號：2）擁有九龍和新界的電力供應專營權，「電能實業」（股票編號：6）擁有香港島和南丫島的電力供應專營權，「載通國際」（股票編號：62）擁有在九龍經營專線巴士的專營權。它們從政府的手上，獲得這些專營權，其中最重要的條件是：它們必須具有經營有關業務的能力。換言之，其運作能力和專利是分不開的，這即是說，它們不能停止經營，單純把專利租出去給別人，便能坐地分肥。此外，如果其經營出現了問題，政府有可能在期滿之後，不再續約給它，例子是「中華巴士」（股票編號：26）在 1933 年獲得了在香港島經營巴士的專營權以後，持續經營了巴士業務六十五年，卻終於在 1998 年被香港特區政府收回了專營權。

由此可見，專營權並非是固定不變的。但從另一方面看，專營權的批出和續約，並非單單價高者得。政府會考慮到，如果把專營權另外批了給別的公司，在交接期間，將會出現不少技術上的問題。此外，在政治上，把專營權轉走，也會受到社會的質疑，因此，在一般的情況下，如果專營公司沒有引起市民的普遍不滿，續約是沒有問題的。

儘管專營權可能會被取消，但是這個可能性並不大，因此它仍然可被視為資產。呂志和在 2002 年取得了澳門的博彩牌照，這個賭牌即被視為重要的資產。呂志和於 2004 年把賭牌注入了「銀河娛樂」（股票編號：27），即可換回這家上市公司的股票，也可發出新股，換回資金，以發展賭業。

從那把尺去量度，專利權資產既不「白癡」，也不像「蘋果」或「Facebook」般難以經營，正如位於尺的中間位置。可是一間「白癡式」的房地產，價格可升可跌，但是專利權的收入卻是穩定得多，香港的兩間電力公司固然年年賺大錢，澳門的六間賭場雖然利潤有多有少，可是盈利最少的一間，所賺取的也是暴利。相比之下，其他所有形式的資產的值錢程度，或可稱為「含金量」，都遠在其後。

24.7 資產升值和業務的分析

有人認為，餐廳買下舖位，可以減低成本，改善利潤。但是，從財務管理的情況去看，如果經營一間餐廳，連租金也付不起，那就不應該繼續經營下去了。事實上，以香港在 2003 年打後的情況，如果那些連鎖飲食集團不開餐廳了，把資金投往炒舖，將會賺到數以倍計的利潤。

打個比方，航空公司為應付燃油價格波動，而購買石油期貨，作出對沖。如果航空公司的機票售價連燃油費也付不起，倒不如把飛機賣掉，改為炒石油期貨，利潤會更大。但從另一方面看，機票是預售的，其價格是幾個月前定下的，石油卻是即用的，其價格卻是現價，兩者有着時間差，因此航空公司購買石油期貨，作出對沖，也是可以理解的。至於對沖的成本太高，令到它變成了不可能，

我在其他的投資書中，另有論述。

　　我的意思是指，資產可以作為一個緩衝，有效地減低短期成本衝擊。例如說，如果租金在短時間大幅增加，必然會導致經營困難，不少餐廳因而倒閉。但是附近的餐廳倒閉了，意即我的餐廳的生意將有增加，但前提是：我的餐廳必須比鄰近對手挺得更久，到他們都死光了，我便可活下來了。這時，我的自置舖位，便產生功效了。但是，如果長期而言，我的餐廳盈利也追不上租金的上升，連租金也付不起，倒不如關掉它，把店子租給別人，也可收到更高的回報。

　　至於，應該把資金用來買「白癡資產」，還是用來投資和開發業務，這純粹是看眼光，不能一概而論。但是在一個健康的經濟體系，投資和開發業務所賺的，應該遠勝於「白癡資產」的升值，但是在一個畸形的、白癡的經濟體系，則坐擁「白癡資產」者所賺更多，投資和開發業務反而變成了輸家，這也是說不準的事，最佳的例子自然是曾蔭權時代的香港，開店的利潤不及店舖的業主，不過本書不作道德審判，表過不提。

24.8 公司資產和它的防守性

　　前面說了，公司擁有太多的資產，對於它的發展，並不是好事。我們所舉的例子，是餐廳老闆應該把自置舖位放在自己的名下，再租回給公司。但是在某些情形之下，這種做法是不可行的。要知道，在某程度下，資產和生財工具的分界是很模糊的。以一間餐廳為例子，自設廠房、中央廚房，可以有效地降低成本，增強競爭力。然而，這間自設的廠房，又算不算是「白癡資產」呢？做生意有高峰期，又有低潮期，在高峰期多賺錢，在低潮期，能不虧蝕，或是少蝕一點，就偷笑了。有時候，一間公司能不能挺過低潮，就看它的經營成本，如果一間餐廳能夠擁有自置舖位，往往就是能夠屹立不倒的一大因素。

　　在財務上，自置舖位相當於交租給自己，如果餐廳賺不回租金，已相當於虧蝕。餐廳在賺錢時，把利潤全部派息，派得光光的。到低潮時，再向股東供股集資，這在概念上，是完全可以的。這種做法，在私人公司時，不過是左袋交右袋，易如反掌。然而如果在上市公司，每種財務動作都費時失事，以供股為例子，不單花時間，也得付出為數不少的交易費用。所以，一間上市公司仍然需要持有某些資產，以增強逆境時的防守力，也是必不可少的。以「大家樂」（股票編號：341）為例子，它固然是一間「全攻型」的公司，但也擁有一些舖位，以作「防守」之用，也是有效的財務管理。

24.9 和黃和它的全攻型生意

　　「和黃」（股票編號：13）其中一個為人疑慮的大缺點，就是負債率高企。

當然，它亦持有大量現金，但是其負債比率如此之高，也是嚇怕人的。但如果根據前文的分析架構，「和黃」的資產和業務比例，才是最高明。

如果你是一個富豪，你會不會借貸？答案是當然不會，因為無論任何借貸，都有風險，一旦市場逆轉，自己的情況便會很麻煩了。

這答案是對的，所以今日的李嘉誠是不會借錢投資的。第二個問題是：借錢做生意雖然危險，可是做生意怎能不借錢？沒有借貸的公司，發展也不會太快。

這問題也是問得對的，所以李嘉誠本人雖然不用借錢，可是他的旗艦「長江實業」（股票編號：1）卻不妨借一點點，以維持財務的健康，和公司的發展。

好了，現在是第三個問題：「長實」的借貸比率很低，可是「長實」以下的公司，例如「和黃」，是不是應該有更高的借貸比率呢？答案是：Yes。因為借貸比率愈高，代表了可用更少的本錢去做更多的生意，何樂而不為？

我舉個例子：我有一千萬元，現在成立了一間炒股公司，用公司來炒股票。現在我要購買一千萬元的股票，我應該動用多少現金？我的打算是動用五百萬元，再向銀行或證券公司借貸五百萬元，然後自己省掉五百萬元，一旦市場逆轉時，我便把公司關掉，只蝕去戶口的五百萬元，而不用「蝕入肉」，蝕足一千萬元。

我認為，在「和黃」而言，還有一個優點，就是高負債令它的市值變小，從炒股票的角度看，將會令它變得更好炒。試想想，現時它的市值是三千億元，如果減少一千億元的負債，其市值隨時增加不止一千億元，因為負債減少了，代表財務狀況健康了，自然會更好地反映出來。但從另一方面看，莊家炒這股票，豈不費力甚多？如果要玩任何財技，也是市值愈小，愈容易玩。

當然了，一間負債很高的公司，結果可能是倒閉，母公司不用負責。但「和黃」所持有的業務都是專營或半專營事業，或者是自然壟斷事業，例如貨櫃碼頭、電網、超級市場、移動電話網絡等。這些根本是人人垂涎的生意，如果李嘉誠肯賣，大把人撲倒去買，所以它也是不會執笠的，甚至比現時高一倍的溢價去賣殼，也能容易地找到買家。總括而言，「和黃」的高負債，可能是李嘉誠故意的，因為這才是經營一盤生意最高明的財務管理方式。

24.10 結語

簡而言之，一間公司的成立目的，就是為了做生意，因為，業務型公司才是值得投資的，因此，往往有其溢價存在。我們可以看到，像美國的「Facebook」，中國的「騰訊」（股票編號：700），均是沒有很多固定資產，只有業務經營中的公司，但是其股價卻是升到了不可思議的地步，完全脫離了合理的市盈率。但是資產型公司，則永遠是股價低於資產淨值，因為沒有人希望把資產託付在別人的手裏。我們之所以投資股票，惟一的目的，就是希望上市公司的經營者，為自己賺錢，如此而已。

25. 第四種分類: 價值（流通）

正如前文說過，上市公司的股票，流通量是其價值之一。

一間非上市公司的股票，你會願意用幾倍市盈率去購買？三倍、四倍、還是五倍？無論如何，一間公司在上市後，其股票價格一定會比上市前高。它在上市前和上市後的差價，就是股票的流通價值。

我曾經用過公路上的農作物來作比喻：在以前交通不發達的年代，一地的蔬菜豐收了，往往任其腐爛，因為交通不方便，所以爛掉也無法運到其他地區去。農作物使用公路來作運輸，增加了其流通性，同時也增加了其價值。股票上市的優勢，就是藉此而增加了其價值，因而令到股票升值了。

一間全無資產，也全無業務的上市公司，惟一剩下的價值，就是其流通價值，這反映在其「殼價」的身上。

必須註明：根據法例，一間上市公司不能沒有業務，但是不少上市公司一年的營業額只有一千數百萬元，相比起其數以億元計的「殼價」，這營業額可以當作是零。

25.1 流通價值的乘數效應

對於「流通價值」這概念，最重要的一點是：資產價值和業務價值是固定的，是不變的。但是對於流通價值，卻並不止於殼價。對於有資產、有業務的上市公司，其流通價值是一個乘數效應，即是可以把其資產價值和業務價值同時放大。

同一項資產，或者是同一項業務，放在流通量大的上市公司當中，比起非上市公司，或小型上市公司，前者會有更高的股票價值。因此，有一些上市公司便可以藉着這個流通價值的優勢，去收購別家企業，因為資產或業務放在這公司裏，可以提高其股票價值。這即是說，一項業務可能現值 5 元，但是放在這間公司，因為其流通價值的優勢提高了其原來的股票價值，所以可能令到業務的價值升了，到達 10 元。於是，這間公司以 7 元去購買這項業務，這對於雙方都是有利的，變成了雙贏方案。

打一個比喻，成交量愈大的股票，例如藍籌股，相等於一條更為寬大的公路，可以把農作物運送得更快捷，當然也值更高的溢價。所以，藍籌股的市盈率會比其他的股票高，而高成交量的股票，等於其流通價值更高，對股價也有幫助。

同樣道理，如果一間公司在一個成交量更大的交易所上市，例如香港交易所的成交量比新加坡交易所大，因此，股票在香港上市，也有更佳的成交量，即乘數效應會更強。也正如香港交易所有主板和創業板，這好比兩條寬窄不同的道路，但在同一位置，流通量也有分別。

如果說，股票在不同的交易所上市，有不同的流通價值，那為甚麼公司不會全都在最暢銷的市場上市呢？

　　一來，上市費用有所不同，像香港交易所的上市費用，就比新加坡交易所高。二來上市的要求有所不同，像香港創業板的上市要求，就比美國納斯達克為高，因此雖然前者的流通價值比後者高，也會在後者上市，因為其條件可能在前者無法上市。三來交易所提出的 offer 有所不同，像美國紐約交易所容許「同股不同權」，香港交易所不容許，因此在 2014 年，「阿里巴巴」決定放棄香港上市，而是在紐約上市。順帶一提，據我所知，福特汽車是世上第一間同股不同權的公司。它成立於 1903 年，當時亨利福特是 39 歲。創立不久，亨利 • 福特已經設計出同股不同權的架構，由福特家族牢牢的以小數股權控制着公司。在 1908 年創造出 Model T，從此一帆風順，成為了世界上數一數二的汽車生產商。

　　福特汽車在 1956 年在紐約交易所上市，由高盛證券作保薦人，酬金是 25 萬美元。然而，福特家族擁有的投票權，只有 40%，仍然沒有絕對的控制權，因此，只要股東齊心合力，依然是可以把它拉卜台的。

　　四來不同的交易所，由於位置和資訊的關係，可以吸引到不同的客戶，例如紐約交易所的股票當然更能吸引美國股民，香港傳媒也會特別多報導在香港交易所上市的股票的消息，因而也更能吸引香港股民去購買，所以，如果一間公司在有很多熟悉其業務的股民的交易所上市，便能吸引到更多的成交量。這也許可以稱為「主場之利」。所以，儘管新加坡交易所的成交量及不上香港，但是新加坡公司在「主場」上市，也還有其優勢。

25.2 流通價值的自乘

　　前文說過，流通價值的本質是乘數效應，當它上市之後，其流通價值可以乘數增加。但是，最基本的數學是，無論 0 乘以幾多，結果都是 0，因此，一隻全無流通量的股票，也即是一間垃圾公司的股票，無論在甚麼交易所上市，其價值都是 0。然而，在經濟學的世界，有一個名詞，叫「供應創造需求」，在股票的世界，只要自己創造成交量，即只要有基本的買賣，其成交量便會以這基本買賣再以乘數擴張開去。當然了，這個乘數效應究竟有多大，就得要看宣傳、製造成交量的手法等等要素，去決定其數字，並不可以一概而論。這種自我創造的需求，我叫作「自乘效應」。但無論如何，你必須要把股票放上交易所這個平台，才能讓股民買賣。所以，交易所上市這個地位，還是值錢的，這就是後文所說的「殼」的價值，也即是流通價值的表達。

25.3 殼股

　　香港股票市場最大的特色，不是藍籌股，不是 H 股，而是俗稱的「殼股」。
　　一隻硬殼動物，如蠔、蝸牛、鮑魚等，其身體可以分成兩部分，一是「肉」，

另一是「殼」。上市公司的價值，也可以分成兩個部分，一是其業務和資產，即是「肉」，另一則是其上市地位，市場上稱它為「殼」。

申請上市的過程不但繁複，而且昂貴，最少也要五千萬元，但上市後，其股票便可以在交易所買賣，這增加了股票的市場流通性，也增加了上市公司的價值。換句話說，因為有着「殼」的保護，「肉」會長得更快更大，所以，「殼」可以增加「肉」的價值。

我們到餐廳去吃法國蝸牛，有時候，蝸牛殼和肉並不是原裝成對，而是湊合而成：廚師把肉塞進蝸牛殼之內，客人把肉吃掉，蝸牛殼回收到廚房，洗乾淨後，再塞進蝸牛肉，循環不息。

在食品市場上，有無肉的蝸牛殼出售，在港股市場，也有沒業務的上市公司出售，這叫做「買殼」。廚師買了蝸牛殼，要把肉塞進去，才能奉客。買家買了「殼」之後，得把資產或業務注進上市公司，才能夠發揮這個「殼」的作用。

根據香港的法例，上市公司不能沒有業務，否則會被取消上市資格，不過，現時的「殼」，市價高達 5 億元，如果公司的年營業額只有區區的一千數百萬元，那相等於沒有業務。這些沒有業務的上市公司，稱為「殼股」。

如果把「殼價」視為公司的資產，當「殼價」上升時，意即其資產淨值也急升了。過去兩年，正是因為殼價升了 50%，這是基本因素的改變，令到細價股大炒特炒，因為這代表了細價股的最重要資產也升值 50%。這即是說，理論上，假設一切不變，細價股的平均價格也應該上升 50% 才對。

在 2014 年，一間上市公司的殼價是 5 億元，如果它的市值低於 6 億元，我發明的術語，叫作「殼價折讓」，相等於資產折讓。我常常買進「殼價折讓」的股票，是投資，也是投機，例如說，在 2014 年執筆寫這一段的兩個星期前，我買進了「志道國際」（股票編號：1220），市值 3 億多元，「殼價折讓」三成，在同年我買進了「恆寶企業」（股票編號：1367），市值 2 億多元，「殼價折讓」接近五成，結果，後者在近一個星期之內，急漲了一倍以上，從 0.55 元，升至 1.1 元以上，為我帶來了豐厚的回報，但是前者卻還未有上升的跡象。

25.4 殼價的急升

說「殼」的價格高達 5 億元，其實這是 2014 年的市價，在 2012 年，「殼價」不過是 3 億元不到而已。這即是說，在兩年間，藍籌股的大盤指數不升也不跌，但是細價股卻炒到飛天，科網、手遊等等概念都炒過，但真正熱炒的，是賣殼潮，「殼價」急升了接近一倍，遠遠高於恆生指數的升幅。

這個賣殼潮，主要是香港人負責當賣方，內地人則是主要買方，結果就是殼價上升了至少 50%，從 3 億元左右升至 4 至 5 億元，如果是「好殼」，還可以獲得更高的價錢，或者是其他的優惠，常見的「優惠」例如原殼主（即賣家）可以

留下 5% 至 10% 的股票在手裏，待新買家注進資產，股價大升之時，才會有秩序地沽貨套現，有錢齊齊賺，免得買家賺錢，自己沒份，徒自傷心。

25.5 殼價帶動股價

所以，在 2013 年至 2014 年間，細價股的普遍上升，其中的一個原因，就是因為殼價從 3 億元，上升至 5 億元，上升了接近七成。如果單單就這個獨立因素，細價股的資產淨值也是升了七成，這當然也會反映在細價股的股價之上，因此造成了細價股的普遍急升。

這令我想起在 2003 年，殼價不過是幾千萬元，細價股的市值，也有很多是只有幾千萬元，但是現在幾千萬元市值的主板公司，已不復見了。這可以見得，殼價和公司市值、股價的關係，是密切不可分的。

以上所說的，當然不是會計賬目上的資產淨值，因為會計賬簿上的資產記賬，是不算進「殼價」的，但是，殼價卻是明顯存在於世上，只是不記載於會計賬簿之上，然而，在沒有記賬的「財技賬目」之上，卻會把這一項的「資產淨值」計了上去。因此，一間幾乎完全沒有生意的上市公司，當出售時，也能以 5 億元的總價格出售其股票，正是殼價所致。

殼價之所以大升，當然也有其他的原因，例如說，內地證監局規定內地創業板交易所收緊上市保薦人的要求，一旦保薦了不合格的公司上市，保薦人會被釘牌。（大家要知道，保薦人（Principal）的薪水是多麼的高，最低也有十幾萬元一個月，被釘牌的成本是多麼的高。）保薦人愈是驚青，上市的收費也就愈高，而上市的成本增加，直接導致了殼價的急升。

當日「招商證券」正是因為換掉了企業融資部門的 Principal，當時我的朋友「阿松」的「東方匯財證券」（股票編號：8001）已經獲批了上市，還抽了上市號碼，但正是因為新的 Principal 上任幾天，不知這公司的來龍去脈，為怕負上刑事責任，不肯簽名批准，以免「踩飛」，導致「阿松」臨門失敗。幸好「東方匯財證券」的實質業務夠硬淨，真金不怕洪爐火，再來一次，終於還是成功上市了，不過上市的成本超高，前前後後，相信要七、八千萬元才足夠支付上市費用。

殼價這麼貴，如果「阿松」要賣殼，要賣上多少錢，才能收回成本和應有利潤？當時一隻創業板殼的價格也到達了 2.5 億元，相信收回成本，是不成問題的，只是論到投資回報率，就不敢說是很值得了。

內地人用這個高價，來收購香港的上市殼，當然不會是笨蛋。在 2014 年，謎底終於揭穿了，原來是「滬港通」要實行了，這些「春江鴨」當然是早知道內情，齊齊來港，霸定欄仔坐定定，等待「滬港通」正式推行時，便可以發大財了。

如果你有一間公司，一年賺六、七千萬元，賣殼後還可以繼續保留自己的公司（財技方面，自可作出安排），但賣殼可以剩袋 6 億元，兼且還可以留下小量

的股份，如果對方在買殼後大炒一輪，隨時可以袋多幾億！如果是你，你會不會賣殼呢？

當然了，新上市公司要想立即賣殼，在法例上，是不容許的，但是，在財技高手的眼中，並沒有不可能的事，只要殼主想袋錢鬆人，一定會有人為他想出辦法來。

所以說，在現時的市道之下，作為一間小型上市公司的老闆，根本就不會有心機做生意，因為單單是隻殼價，已經升值到令人難以置信，而且還是有買家搶着來買，一放風出去，馬上有好多買家，飛身撲入來買。至於內地人為甚麼紛紛來港買殼，那又是另外的一個有趣問題，有機會再跟大家談吧。

一次，我跟一個朋友在茶餐廳聊天，他的說法是：「在 2006 年，殼價是 6000 萬元，現在則是 5 億元，但是，如果計算回報率，今天的殼價比當年還要便宜。在 2006 年，沒有多少散戶進場，股票很難賣出去，但在今天，實在太多太多人炒股票了，買一隻殼回來，去炒股票賣股票，回本期比當年更要快得多呢！」

25.6 細價股

在本書，我先後提過三個名稱不同，但意義近似的名詞：細價股、財技股、殼股，事實上，這三個不同的名詞，大部分的內容，都是重疊的，只有少許的不同，但正因為這少許的不同，我很難把它們用同一名詞來概括。所以，我惟有繼續用三個不同的名詞來描述它們，雖然兩種做法都會引致混淆，但是我認為維持三個名詞，其混淆將會比較少，所以只有兩害取其輕了。

1. 細價股着重於其市值，只要是市值小的，就是細價股了。但是細價股不一定是大玩財技的，也可以是正正經經的搞業務，或者是長期持有資產，作為長期投資，而不必是藉着玩財技，在股票市場賺錢的。所以，細價股並不一定是財技股。

2. 財技股也不一定是細價股，例如說，在我寫這一段時的 2014 年 9 月 22 日，「宏通集團」（股票編號：931）的市值是 215 億元，是二三線股市值，一點也不「細價」，但是它始終未有穩定而長期的業務和盈利，所以，它仍然是「財技股」，但卻怎也不能算是細價股。

3. 「殼股」的基本定義，是一隻很有潛質，或很有可能會賣殼的公司。一間很大市值的公司，例如說，在寫作本書之前的幾年，很多香港本地中小型銀行，例如「永亨銀行」、「永隆銀行」、「亞洲金融」等等，均先後出售了給國際和國內的大型上市公司。

然而，這些中小型銀行股，市值動輒是幾十億元、幾百億元，但是這些公司的出售，並不能說成是「賣殼」。

25.7 殼股

對於「殼股」，我會用另一個方法來作出定義，就是它的資產和業務加起來的總價值，比殼價還要低。這即是說，這公司的市值，比其殼價還要低，例如說，在 2014 年上市的「恆寶企業」（股票編號：1367），市值約 3 億元，「創業集團」（股票編號：2221）約 4 億元，而當時的殼價則約 5 億元，因此也可以說，它們的資產價值低於殼價，即是殼的價值佔了其大部分價值，它們自然是殼股了。事實上，如果殼價市值是 5 億元，只要市值在 10 億元以下的，其殼價佔了價值的51% 以上，都可以稱為「殼股」。

在這個定義上，它和細價股差不多是重疊的，然而，在某些實際的文字使用上，當我們描述到股票的炒賣時，很多時會用上「細價股」這個名詞，但當描述到整間小型上市公司的買賣時，我們習慣上會使用「買殼」、「賣殼」，至於其買賣的定價，我們也會使用「殼價」 詞。

不過，有時候，一間十多億元，以至於二十多億元市值的公司，往往也會成為「殼股」，例如說，在 2013 年的時候，「恆力商業地產」（股票編號：169），它的市值有 16 億元，但也是一種賣殼。這些高市值的賣殼，很容易發生在地產股的身上，又或是擁有大量現金的公司的身上，因為房地產有價，現金也很容易去處理，所以買殼時，不妨連這些房地產和現金資產也一併買下來，正如「大連萬達」這種巨無霸公司並不介意買下「恆力商業地產」的房地產資產和業務。買下這種高市值的殼，也有財技上的好處，但這是另一範疇，在這裏不贅了。

所以，「殼股」和「細價股」的微小分別是，前者的市值可以到從數億元以至二、三十億元，因為這始終是買賣殼的可能交易金額範圍之內，但是從股票炒賣的角度去看，十多億元以上市值的公司股票，很難以說成是「細價股」，因為這個市值的股票，普通的小型莊家難以打高其股價，而它也需要更多的散戶，才能夠左右其股價的升跌。因此，如果從這個角度去看，細價股和殼股之間，還是有着微小的分別的。

25.8 財技股

所有的上市公司股票都玩財技，說到底，上市本身就是財技的一種。如果玩財技就是財技股，那「財技股」這名詞太過籠統，也就沒有意思了。

我會把「財技股」定義為沒有主要資產和業務，主要收入是靠財技操作而賺錢的公司。所以，流通型股票的資產和業務在大部分時間都不會有很高的價值，不過在短期間，股價也會可能炒至飛天，例如說，在 2007 年，「新世界數碼」（股票編號：276) 宣布購入蒙古國西部的礦區後，並且改名「蒙古能源」，股價由 2007 年初的 $0.27 元，升至 2008 年 5 月 30 日的 $17.7 元，市值達到 1,070 億元。

至於股價大跌的例子，是在 1992 年上市的「首創」（股票編號：273），後來

先後改名為「怡南實業」、「華匯控股」、「互聯控股」、「威利國際」，如果在 1999 年買入了 62.5 萬股，在 2007 年只剩下 1 股，8 年的虧損是 99.99984%。如果你在 1997 年買進「國際資源」(股票編號：1051)，相等於 2017 年 4 月 24 日價格的 7,125 元，但當天的收市價則是 0.14 元，即是說，20 年內，跌去了 99.998%。

注意：財技股、殼股、細價股這 3 種不同股票概念，並不完全重疊，也不完全排斥，一隻股票可以是任何一種、任何兩種、甚至是三種皆是。然而，這 3 種股票的相關性很高，是一種也很可能同是另一種、也可能三種皆是，也是客觀的事實。

25.9 財技股和老千股的分別

很多人會把財技股和老千股視作同一事物，然而，股票出老千，並不止於使用財技，例如說，在 2013 年，「中金再生」(股票編號：773) 被證監會指連續 6 年造假賬，申請強制性清盤，股民當然血本無歸。

然而，「中金再生」的本質並非財技股，雖然，你也可以照着周顯大師所寫的《財技密碼》說：「造假賬也是財技的一種，不過是犯法的財技吧了。」不過，這裏所說的「財技股」，指的是狹義的財技，意即沒有主要的、持久的業務，雖然可能會注入資產或業務，但這些資產或業務並非長久保存在公司，只是為了財技操作而注入，中短線的結果不是結業，就是抽離公司。像「中金再生」，它的主要業務是廢金屬回收再加工，雖然涉及假賬，可是業務卻是真實的、長期運作中的……直至它清盤為止。

所以我們可以說，財技很多時是老千股，但是兩者並不完全相等。

有一點是必需注意的，如果你公開直指一隻股票是「老千股」，很可能會惹上誹謗官司，當然了，很多不出真名的博客是不理這個，直呼「老千股」，但我告訴大家一個基本的法律常識：縱是隱藏真名的博客，法律上也是會被告入的，只視乎訴訟者的決心究竟是不是足夠大、所花的時間和金錢是不是足夠多而已。香港某傳媒已經有過了多宗勝訴案例。所以，David Webb 也沒有說那些股票是老千股，只是含蓄地指出它們是「The Enigma Network: 50 stocks not to own」而已。我也永遠不會公開指一隻股票是「老千股」，除非它像「中金再生」，已被成功定罪。

26. 四種分類：價值（分析與結論）

在先前的討論，我指出股票的價值是由資產、業務、流通性三項所結合出來。但在這裏，我會好像物理學上的大一統理論，用一條程式，把以上三者結合起來，成為一套統一的說法。

以下是一個例子，究竟「礦」，算是資產，還是業務呢？

26.1 資源

這一小節，我們是去探討，資源股，也即是「礦」的本質是甚麼，究竟是資產，還是業務？由於香港有太多的資源股，而交易所亦會吸引資源股來港上市，又或者是「借殼」上市，所以我們有必要另外認識「礦」這資產，或業務。

26.1.1 礦業的經營方式

礦業的基本過程有兩個步驟，一是勘探，二是開採，兩種都是專業性很強的工作，無論是石油、煤、金屬，都離不開這兩種過程。

26.1.2 勘探

礦產資源的位置、數量、品位、形狀、礦物含量，可以從具體的地質證據來勘探出來，這就是俗稱的「蘊藏量」。在這方面，我們只有相信專家，而交易所也指定了幾個專家，是它接受的。在這方面，我們不要問，只要信，就成了。他們透過估算，從而推斷礦場最終可予開採以獲得的經濟價值。

一個礦場就像一間工廠，它生產的礦石，並非不用成本，而是必須付出開採成本、運輸成本，以及各種不同種類的成本。有的礦成本較高，有的礦成本較低，這就像有的工廠成本較高，有的工廠成本較低。反過來說，如果我們不把資金投進去開礦，而是投進去別的地方，一樣有回報，而且回報可能會更多。

在 2007 年，股壇人士紛紛去看礦場，有邀我去的，我拒絕了。看工廠還可以看到成本，人家騙你五億元，還得拿出兩億元去開廠，但是去看礦場，能看出甚麼來？一道樓梯，通往地底，分析員能看到甚麼來？有的甚至是乘坐飛機，在空中轉一個圈就算了。有一個例子更離譜，因為石油在海底，所以坐直升機看的是茫茫大海，指着水面說，裏面的石油藏量是多少多少。問你服未？

如果去看工廠，還可以有餘興節目，因為內地凡是工廠，例有一 K，可以擁女唱 K，還值得一行，正是醉翁之意不在酒，記者之意不在廠，但是去看礦場，吓？一片荒地，前不巴村，後不着店，有何好看的地方？

所以，如果有一個分析員，或者一個財經演員對公眾說，親身去看過了這個礦場，他不是笨蛋，就是騙人，兩者必居其一。因為正如前言，看礦場是沒有用的。

26.1.3 開採

開礦需要很長的時間，要好幾年之後，才開始有回報。不計那些繁瑣的文件手續，例如土地使用權證及生產許可證等等，勘查、豎井、發掘巷道、建礦廠，全都是錢、錢、錢。通常，還需要進行基建項目，即是興建公路，或者是碼頭，才能把礦石運到買家手中。

通常，最令人震驚的是基建項目的成本。據說，當年某上市公司的負責人帶着一眾分析員去看礦，只能在飛機上，遠遠觀看，因為當時根本沒有路。但是曾經有一位編輯告訴我，至少他去看的那一次，是的而且確親「腳」踏到了實地觀察的。

26.1.4 一個礦的價值

因此，討論礦藏量是多少，而且根據礦藏量而去作價，根本就是無稽之談。因為礦藏最重要的是開採成本。

梁杰文在《香港股票財技密碼》的說法是：你有十億元的黃金，可以隨時拿到金行沽出，換回港幣，你的身家便有十億元。如果把值十億的金磚埋在內蒙古鄂爾多斯的地底呢？要把金磚從地底「開採」出來，便得先請一班礦工、買挖土機、起道路、起橋樑，把金磚運出來，前前後後，花了九億元，你的身家便不是十億元，而是一億元。如果開採時發生礦難，要作出賠償，停產整頓，金礦更很可能變成了「負資產」。

礦藏量的意思，是指它的總開採量。我用農地去表達：一塊農地可以生產一千年、一萬年，這相當於它的農產品蘊藏量是無限，但這塊農地，是否可以值一百億、一千億、一萬億呢？就是小學生也知道答案：並不。因為生產農產品是需要成本的：農人下田耕作是人力成本，機械和肥料都要成本，這正如礦場的開礦成本。

因此，一個礦的價值比諸農地還不如，無怪乎在 2007 年大家瘋狂買礦時，礦主紛紛出讓，拿現金到大城市享福去了。

26.1.5 計算礦的價值的方法

其實，計算礦股的方法，應該是每年投入多少錢，每年的回報又是多少，然後計算現金流量。基本上，所有的生意業務，從餐廳到科網事業，都是用同樣的方法去計算其價值。不過其他生意的營業狀況難以預測，全都是「靠估」，但是礦產的價格卻有客觀的標準，然而，隨着市場價格的變動，收入也會因而改變，不排除市價跌得太低時，比開採成本更低，這礦便變成了負資產。

現時對礦的評估方法如成本法、收益法、市場定價法，以及資本市場上的市盈率比較法、市賬率比較法、EV／ EBITDA 倍數法，到了最後，都是萬變不離其宗。

26.2 投入與回報

從以上的分析，我們可以知道，礦的本質，其實是資產和業務的混合，不能算作是純資產，因為要投入資金、人力之類的成本，才可以釋放出其價值來。但其實，每一種價值，不管是資產或是業務，都要作出投入，才能夠釋放其內在價值。

例如說，你有一個住宅單位，用來收租，好像不用成本，但其實，房子會折舊，也要用錢來作維修，才可以長期住人。歐洲有一些幾百年的老房子，本來沒有洗手間，也沒有電力，是後來才加進的基建，才能夠在今日的社會出租賺錢。就會是一幅畫，也要儲存放在乾燥通風的環境，才能持續保存其價值。黃金要存放在安全的地方，防止小偷，鈔票更加會貶值，但如果存放在一間倒閉的銀行，則會血本無歸。像可口可樂這種品牌，也要不停的大量投錢進去廣告、公關等等宣傳，才能繼續維持其品牌價值。縱是藝人，也要持續地作出形象活動，才能保持其人氣。

除此之外，由於任何資產都有可能失去，例如一幢商業大廈，可能因遇上恐襲，化為烏有，因此要買保險，這自然也是成本。一個藝人如果遇上醜聞，形象插水，更是血本無歸。

因此，無論是資產還是業務，其實都需要不停的投入，才能保存其基本價值，甚至是用來生產、增值、收息、賺錢等等釋放價值的形式，也是需要投入，才能有回報。如果從這方面看，資產和業務其實是一而二、二而一的物事，只是程度上，資產的投入比較低，業務的回報比較高，如此而已。

至於流通價值，則正如前文所言，莊家可以透過自我製造成交，即是「自乘效應」，去增加其流通價值，這自然也是用投入來增加回報的種方式。

值得注意的是，投入和回報，並不一定成正比。你把一個住宅單位重新裝修，如果裝修的美觀不佳，並不一定可以增加回報。你投入大筆資金在業務上，更有可能虧本。至於莊家製造虛假成交，如果「版面」做得動感十足，可以吸引到大量散戶，但如果做得不佳，效果也會大減。

26.3 資本回報率

如果要計算投入和回報，有效的方法，是計算資本回報率，換言之，是公司用多少成本，去賺多少錢。

我常常用的比喻，是炒股票做莊，只要本錢足夠，是必賺無疑的，可是，假設你要炒 1 億元的股票，用 10 個戶口，每個戶口付足現金，那就是 10 億元成本了。假設這個莊家的利潤是 2 億元，即是用 10 億元，來賺 2 億元，利潤是20%。但假如一位莊家只用 1 億元的本錢，去炒 1 億元的股票，每個戶口都是不付錢的空倉，縱使利潤只有 1 億元，也是有 100% 的利潤。

根據博客湯財的研究，從 2009 年至 2014 年，「金利來」的資本回報率是

12%，「中國利郎」（股票編號：1234）的資本回報率是 21%。表面上，「中國利郎」的回報更高，然而，「金利來」持有大量物業，即是說，「金利來」是半資產型半業務型的混合體，一般來說，資產型的回報率比較低，從會計學上來看，收租物業的收入名為「yield」，通常要求不高，1 年 3% 回報已經足夠，但是業務卻要計算市盈率，1 年 10% 以上的回報，也不嫌多。

26.4 資產型的特色是折讓

綜合前文，股票的價值是由資產、業務、流通性三項所結合出來。其中資產和業務兩項關係密切，相輔相成，然而，股票的真正價值是在於其業務，如果把資產放在上市公司之內，其價值是會有折讓的。

而從其價值，我們可以把上市公司分成「資產型」和「業務型」兩大種類，「太古股份」（股票編號：19）算是資產型，因為它的大部分資產，都是固定的不動產，在新加坡上市的「怡置系」，也是如此，「新鴻基地產」（股票編號：16）的租金收入比重愈來愈大，也可以算是這一類型，其實，絕大部分的「收租股」，最典型的是「領匯」（股票編號：823），都是這一類型的股票。

這類型股票的特點，是價格相對於資產值，是有折讓，而這個折讓是長期的，永遠的。不過，正是由於這折讓是永遠的，因此可以視為常數，當其資產增值時，股價也是會上升的。然而，純資產型的公司，正如前文說過，股民寧願自己持資產，不願買入其股票，因此，它不受股民青睞，成交量很少，正如「華信財務地產」（股票編號：252）。

26.5 業務型的特色是受大市影響少

至於「思捷環球」（股票編號：330）和「富士康國際」（股票編號：2038）、「蒙牛乳業」（股票編號：2319）和「騰訊」（股票編號：700）等等就是典型的業務型了。這些並非靠資產作估值的「業務型」公司，其以市盈率計算的股價會更高，像「蘋果」，它的產品一旦滯銷，其生產線將會一文不值，股價亦可以跌至一文不值，就像被「蘋果」搶奪了曾穩佔手機市場一席位的「諾基亞」的地位，便是如此。但是，當「思捷環球」、「騰訊」和「蘋果」的銷售額和利潤不斷上升時，股價愈炒愈高，不斷的破了新高，可是絲毫也不會受到其公司沒有太多實質資產，因而無險可守的影響。

在股市有一個奇怪的現象，就是在大市進入熊市時，最當炒的，反而是高速增長中的業務型股票。理由是，在熊市，資產價格不濟，資金找避險的投資工具，最有效的，便是業務型股票。所以，正是在 2002 年的香港熊市，「思捷環球」進入了恒生指數。「蘋果電腦」因智能手機業務的初期股價起飛，也正是在

2007 年的股災之後。

26.6 流通型股票的特色是大上大落

　　除非上市公司清盤或除牌，任何股票都有價值，這就是殼的價值，也即是其流通價值。上市公司或許一文不值，但只要老闆想藉這部上市機器繼續賺錢，它的股票一定有底價。這個底價，就是它的流通價值，源自它的上市地位，其股票便可在其交易所的平台上買賣了。

　　所謂的「流通型股票」，主要是財技股，也即是說，是藉着股票的流通價值，去為其老闆賺取金錢。它的股價通常大上大落，股民可以在短時間贏得幾倍的利潤，但是長期而言，則必然輸光無疑。根據博客張瑋略的計算，從 2000 年至 2011 年，「漢基控股」（股票編號：412）一共有 7 次合股，2011 年的 1 股等如 2000 年的 0.1 億股。在 2000 年 1 月 25 日，漢基市價約 0.129 元，如果買入 0.1 億股，相等於 129 萬元，到 2011 年 1 月 25 日，股價只有 0.054 元，即是 5.4 仙。

　　前面述過，在 2000 年至 2009 年間，升幅最大的股票，是環能國際（股票編號：1102，轉主板前 8182，前軟迅科技）由 0.45 仙，升至 3.39 元（經調整），升幅達 75,233.33%。亞博控股（股票編號：8279，前萬佳訊）的升幅沒那麼大，但上升的所需時間短得多，由 2006 年 1 月低位 0.4 仙，升至 2007 年 5 月的 2.17 元（經調整），升幅達 54,150%。第三位中國鐵路貨運（股票編號：8089，前寶訊科技）的上升時間更短，由 2006 年 9 月的 4 仙，升至 2007 年 6 月的 19.64 元，升幅達 49,000%。

　　以上的股票之所以有如此驚人的升幅，皆因它們都是流通型股票，而且享有市值小、貨源乾等特徵，一旦遇上了泡沫性的大牛市，升幅比任何股票都要驚人。

26.7 資產、業務、流通的相容性

　　股票的三種價值：資產、業務、流通，並不互相排斥，反而可以並存，當然地，一旦價值並存，它的特色也就會因並存而被削弱。

　　例如說，「新鴻基地產」（股票編號：16）在 2016/2017 年度中期報告，其物業銷售收入是 83.45 億元，租金收入則是 108.03 億元。租金收入是資產帶動，物業銷售收入則是業務型，那究竟「新鴻基地產」是資產型、還是業務型公司？我們也可以進一步分析：「新鴻基地產」的租金收入，大部分是來自由自己管理的商業大廈和商場，這大批管理人員，也算是投入的一種，這又究竟算不算是資產收入呢？另一方面，買入地皮，地皮升值，蓋好的房子，在出售之前，也是資產的一種，這並不相同於餐廳買入廚具枱椅食材來做生意，所以也可以說，其業務也有着資產的性質，這兩者是分不開的。

26.8 型格的改變

「高山企業」（股票編號：616）的 2016/2017 年報，它於 2017 年的資產總額是 34.076 億元，其中包括了 5.1349 億元的現金，但也有 7.797 億元的負債，也即是說，它的資產淨值是 26.279 億元，但它在該年的營業額只有 0.365 億元，虧損 0.266 億元，換言之，其業務並不重要，因此它可以算是資產型公司。

然而，這公司當年名為「永義國際」，也曾經試過連續多年的財技股向下炒操作。根據博客湯財提供的資料：

1. 2003 年 8 月，40 合 1，同時 2 供 1，每股 1 元（最早合股前 2.5 仙）。
2. 2004 年 1 月，1 供 5，每股 25 仙（最早合股前 0.625 仙）。
3. 2005 年 7 月，10 合 1，然後 1 供 10，每股合股後 40 仙（最早合股前 0.1 仙）。
4. 2006 年 5 月，1 送 9 紅股。
5. 2007 年 12 月，2 供 1，每股 5.2 仙（最早合股前 0.13 仙）。
6. 2008 年 8 月，100 合 1。
7. 2008 年 12 月，1 供 10，每股 15 仙（最早合股前 0.00375 仙）。
8. 2009 年 8 月，10 合 1 後，1 供 4，每股 38 仙（最早合股前 0.00095 仙）。
9. 2011 年 1 月，2 供 1，每股 35 仙（最早合股前 0.000875 仙）。
10. 2012 年 8 月，2 供 1，每股 7.7 仙（最早合股前 0.0001925 仙）。
11. 2012 年 10 月，20 合 1，後 1 供 5，每股 40 仙（最早合股前 0.0002 仙）。
12. 2013 年 4 月，1 供 3，每股 10 仙（最早合股前 0.00005 仙）。
13. 2013 年 11 月，40 合 1，1 供 5，每股 60 仙（最早合股前 0.000075 仙）。

湯財說：「如果以不供股的情況，在 2003 年 8 月的 40 萬股，就等於現時（周按：即 2013 年）的 1 股，或者上市後 1 股，變成 0.0000025 股，未來合股後會變成 400 萬股，等於現時的股 1 股，或者上市後 1 股，變成 0.00000025 股，估計已創下香港合股股數最多紀錄。」

究竟「高山企業」/「永義國際」算是資產型，還是流通型呢。我會這樣說：「它以前是流通型，但現在則是資產型了。」

2015 年 6 月 8 日，《文匯報》由記者周紹基寫的一篇《仙變毫再變仙 黑莊設局謀財》的深入報導說：

「本港其中一個經典的例子，是德金資源（股票編號：1163）。該股在 2009 年前，一直是一家務實的工業股，有盈利、有派息，但因公司先後引入新主要股東釀成內鬥，就懷疑淪為莊家股，股價不斷「向下炒」，由 2010 年年中起一直派貨，多次發新股、認股證，並兩次進行 4 合 1 及 10 合 1 比例的合股。結果股價由以前一直在 11 元之上，跌至 0.215 元，跌幅逾 98%，股份自 2014 年 5 月 16 日起停牌至今，目前並面臨清盤邊緣，料復牌無期，小股東很大機會血本無歸。」

以上的故事，就是一隻本來是業務型的股票，變成了流通型股票。

26.9 負資產股

甚麼是「負資產」呢？誰都知道，這是資不抵債。顧名思義，「負資產股」就是資不抵債的股票。但如何定義「資不抵債」，又可分為幾個級別。

第一級：業務長期虧蝕，換言之，其價值可能是負數。

第二級：其欠債高於其資產加上業務值，但扣除這兩種價值之後，欠債仍然低於殼價。換言之，買家在買殼後，還清欠債，仍然有利可圖。

第三級，其欠債高於資產、業務、殼價之總和，換言之，它是完全的負資產，連賣殼也不會有人要。

26.9.1 負債的分析

負債可以分為兩種：第一種是「街數」，即是欠別人的錢，第二種是欠大股東的錢，在後者的情況下，縱然是資不抵債，公司也不會倒閉，皆因大股東不可能申請自己的公司清盤，平白失了了一隻殼。

26.9.2 負資產股有價值嗎？

一間公司縱是負資產，也還有其價值，皆因假如它改善了財務狀況，由負資產變成正資產，那升幅也是極為驚人的，皆因資產由負變正，數學上，升幅是無數倍。

例如說，在 2003 年 6 月 25 日沙士之時，「富豪國際」（股票編號：78）的股價是 0.047 元，皆因當時它已是負資產，欠債高於其資產值，但是，短短兩個月之後，沙士瘟疫過去了，在 8 月 25 日，它的股價居然去到了 0.248 元，升了 427.65%。

相比之下，財務狀況穩建得多的「新鴻基地產」（股票編號：16），在同日 6 月 25 日的股價，是 39.3 元，在 8 月 25 日的收市價，則是 56.5 元，只是升了 43.76% 而已。

所以，當市況扭轉時，往往買入由負資產變成正資產的股票，收益會更高。

在 2017 年 8 月 4 日，交易所根據《上市規則》規則第 6.01（3）條，決定暫停「華多利」（股票編號：1139）的股份買賣，及將其列入除牌程式第一階段，然而它是在 8 月 16 日才正式停牌，因此，仍有 11 日的期限，即 9 個交易日，但在這段期間，「華多利仍然有 45 萬元至 780 萬元的成交額，由此可以見得，願意冒着幾日後的停牌威脅的投資者，照樣願意火中取栗。至於後來「華多利」提出了覆核申請，致使在 8 月 16 日之後，此股票仍然繼續交易，又是另一個故事了。

27. 第五種分類：產品周期

「產品生命周期」（product life cycle），簡稱「PLC」，是市場學的必讀概念。根據《維基百科》：「……是產品的市場壽命，即一種新產品從開始進入市場到被市場淘汰的整個過程。美國經濟學者 Vernon Lomax Smith 認為：產品生命是指市上的營銷生命，產品和人的生命一樣，要經歷形成、成長、成熟、衰退這樣的周期。」

如果要下一個比喻，我會繼續用上「春、夏、秋、冬」四季，來形容「產品生命周期」，我認為是最恰當的。

27.1 股票的產品周期

股票也是一種商品，因此也可適用於產品周期分析。不過，有一些業務是長青的，例如飲食業、地產發展等等，永遠不會死亡，但卻仍然有牛市熊市的衰退周期，好像四季交替，冬去春來。本章的主題，就是把公司的業務性質，按照產品周期，來作分類。

27.2 引入期

《維基百科》說：「引入期是指產品從設計投產直到投入市場進入測試階段。新產品投入市場，便進入介紹期。此時產品品種少，顧客對產品還不了解，除少數追求新奇的顧客外，幾乎無人實際購買該產品。生產者為了擴大銷路，不得不投入大量的促銷費用，對產品進行宣傳推廣。該階段由於生產技術方面的限制，產品生產批量小，製造成本高，廣告費用大，產品銷售價格偏高，銷售量極為有限，企業通常不能獲利，反而可能虧損。」

引入期就是全新類型的股票，像 1999 年香港引入創業板股票，2001 年，東京交易所作為亞洲第一個引入「房地產信託基金」（real estate investment trust，REIT），2004 年，「嘉華國際」（股票編號：173）第一個引入濠賭股。

在新引入時，飲了「頭啖湯」，固然是大有利潤，但是引入期的股票，沒有成功往績，未必一定成功，失敗者也多不勝數，因此，買入引入期的股票，必須冒上不可測性的風險。

27.3 成長期

《維基百科》說：「成長期是指產品通過試銷效果良好，購買者逐漸接受該產品，產品在市場上站住腳並且打開銷路。這是需求增長階段，需求量和銷售額迅速上升。生產成本大幅度下降，利潤迅速增長。與此同時，競爭者看到有利可

圖，將紛紛進入市場參與競爭，使同類產品供給量增加，價格隨之下屬，企業利潤增長速度逐步減慢，最後達到生命周期利潤的最高點。」

這個成長期的初階段，因為需求太大，產品太小，很可能造成泡沫。像 1999 年的互聯網泡沫，最終在 2000 年 3 月爆破，但實質的互聯網經濟仍然繼續發展，像中國的三大網王「百度」、「阿里巴巴」、「騰訊」（股票編號：700），都是在互聯網泡沫爆破後，才正式起飛，像「騰訊」，從 2004 年 6 月 16 日上市的 3.7 元，經過 2014 年的 1 拆 5，在執筆時的 2017 年 8 月 18 日，收市價是 325.8 元，13 年升了 439 倍。

在成長期的初階，假如出現了泡沫，策略就是亂買一通，但是大家須知，泡沫爆破的窗口期很狹小，必須及時逃脫。

很多人都聽過，垃圾債券大王 Michael Milken 的大名。其實，他的成功轉捩點，是在他唸大學時，發現了一本奇書，名叫《Corporate Bond Quality and Investor Experience》，作者叫 Walter Braddock Hickman，本書出版於 1958 年，這位作者在 1963 年當上了克利夫蘭聯儲局的主席。書中計算出從 1900 年至 1943 年，低級債券的平均回報率，扣除了違約，也有 8.6%，至於高級債券的回報率，則只有 5.1%。所以，只要把這些高風險的低級債券，集體打包出售，便可以把風險抵銷，反而可以獲得很高的回報。於是，在他正式工作，去向客人推銷時，總是帶着這本 536 頁的巨著，以助促銷，也不消說的，他很快便成功了，而且是大成功，否則大家亦不會在這裏看到這一篇關於他的文章。有趣的是，他向經紀提供的報酬，竟然高達 3.5% 的佣金。注意這個神奇數字： 3.5%+5.1%，就是 8.6%。不過，售賣高級債券，也要收佣金，因此，客戶買垃圾債券，還是比買高級債券的回報，要高出一點點，只不過經紀的佣金可就高多了。

由此可以見得，經紀佣金在銷售世界的重要性，甚至是賣樓，付出更高的經紀佣金，也是高價出售的不二法門。普通賣家很少會用這一招，但是一手樓發展商，則是常用此招。

這個看似天衣無縫的計算，問題究竟出現在甚麼地方呢？

答案是：鼻屎好食，鼻囊挖穿。

在 Hickman 寫那本書，以及 Michael Milken 開始銷售垃圾債券的時候，也許垃圾債券真的有 8.6% 的平均回報率，但是，當垃圾債券大行其道，銷售得如火如荼的時候，那時便有大量的垃圾債券應市而出，而這些垃圾債券，回報率當然是愈來愈低了。假如 3.5% 的經紀佣金不變，它們很快便會成為負回報的蝕本貨了。

2007 年的次按風暴，說穿了，也不過是同樣的原理。它們本來是很安全的，但是愈出愈多，其水準便難免愈來愈低落，於是便由安全，變成了不安全，當出事了之後，就連安全的也被波及，也變成了不安全了。

不過，在這時，那些專門計算其安全性的數學家們，還未能夠計算出其風險來。原因很簡單，違約是在它開始了一段時間之後，才會被發現的，但在這時，

已經太遲了。產品周期的狀況，就是這樣：最初的時候，回報率很好，但後來，回報率不斷的減低，終至無利可圖。至於在成長期的中後期，我們就要買經營得最好的龍頭股，如「騰訊」，其增長速度很快，但是，通常它的市盈率也會很高很高，一旦高速增長期過去，其市盈率也會快速下跌，變回正常，如果不在這時沽出股票，其損失也是很大的。

27.4 成熟期

《維基百科》說：「成熟期指產品走入大批量生產並穩定地進入市場銷售，經過成長期之後，隨着購買產品的人數增多，市場需求趨於飽和。此時，產品普及並日趨標準化，成本低而產量大。銷售增長速度緩慢直至轉而下降，由於競爭的加劇，導致同類產品生產企之間不得不加大在產品質量、花色、規格、包裝服務等方面加大投入，在一定程度上增加成本。」

換言之，現時的飲食業，時裝業等等，都是成熟期的股票。這種情況下，市場已經不再高速增長，因此，應該買股不買市，挑選管理最完善，股價也相對廉宜的公司，才好購買。

最為香港人熟悉的成熟期股票，莫過於「大家樂」（股票編號：341）和「大快活」（股票編號：52）。在 2017 年 6 月 26 日，《香港 01》的余秉峰寫了一篇《大家樂、大快活對對碰 阿活憑 3 個指標暫時鍊 》，指出了「大家樂去年度營業額按年上升 4.3% 至 78.95 億元，惟純利按年下跌 2.7% 至 5.04 億元。反觀大快活，同期收入上升 6.3% 至 25.81 億元，純利輕微上升 2.2% 至 2.05 億元。至於盈利比率方面，大家樂毛利率及純利率分別為 13.4%、6.38%，而大快活則為 15.5%、7.9%，反映阿活在人工、食材等成本方面的控制較為優勝。更重要的是，大快活的股東權益回報率（ROE）高達 28.7%，遠高於大家樂的 14.4%。事實上，投資者一早已用錢押注他們的眼光，大家樂今年至今股價僅升 2.4%，大快活則大升 16.4%。」

在此，我會再加上一種狀況，就是一種新科技的出現，從奢侈品變成了必需品，其銷量必然有一個爆發期，例如電視、手機，在北美洲市場的汽車等等。但是，當其普及率已經到達了 100%，則其銷售額只剩下從舊更新，再沒有更多的新買家進場，在這個時刻，銷售額將會先暴挫，再陷入長期的穩定，電視機便曾經遇上過這情況，但手機則因有智能手機的更新，所以暫時未出現這現象。

27.5 衰退期

《維基百科》說：「衰退期指產品進入淘汰階段。隨着科技的發展以及消費習慣的改變等原因，產品的銷售量和利潤持續下降，產品在市場上已經老化，不

能適應市場需求，市場上已經有其它性能更好、價格更低的新產品，足以滿足消費者的需求。此時成本較高的企業就會由於無利可圖而陸續停止生產，該類產品的生命周期也就陸續結束，以至最後完全撤出市場。」換言之，這好比中文所說的「夕陽工業」。

27.6 個股的生命周期

前文說的是某一個工業，例如互聯網、飲食業等的生命周期，但個別股票也有它的生命周期，例如一隻財技股，在它收貨、供股、把貨源歸邊，就是其引入期，到了剛開始注入項目，股價上升，就是成長期，莊家開始逐步出貨，大量股民進場買貨，就是成熟期，到了莊家派貨完畢，股價開始下落，就是衰退期了。有一些經營得很好的個股，例如前述的「大家樂」，它的成熟期可以維持很久很久，至今維持了二、三十年，依然沒有衰落的跡象。

像「思捷環球」（股票編號：330），在 1993 年上市，幾年後便進入了高速成長期，2002 年成為了恒生指數成份股，從成長期轉變成為成熟期，2009 年到達高峰，期後開始衰落，一直至 2017 的今日。但別忘記，前文也說過，產品周期就像四季，不一定會在冬天死亡，如果熬過了冬天，又來一個春天，浴火重生，也是不無可能。以上說的是中型股票，但就個別細價股而言，一個產品周期很短，可能只是維持幾個月而已。

27.7 資產的生命周期

除了業務之外，資產也有產品生命周期，一些資產型的股票，例如礦產、地產等等，雖然業務是永遠不死，但也有生命周期，例如房地產市場，產品生命周期便大約是 13 年至 33 年一個循環，平均數是 20 年。資產型股票的價格，難免無受到外圍資產價格升跌的牛熊所影響。

27.8 流通的周期

除了資產和業務之外，股票的流通價值，也有其產品生物周期……這個周期，流通性高的，我們叫作「牛市」，流通性低的時間，叫作「熊市」，很簡單，不是嗎？

27.9 受「四季」影響很大的股票

前面說過，任何股票都有周期，但是，有的股票的周期對其股價的影響比較

嚴重，例如說，地產股，因受到資產價格上升／下跌的影響，有些則比較輕微，例如說，餐飲股，因為飲食是永恆的需要。但有兩種狀況，是受到周期影響特別大的：

第一，負債特高的公司，因為槓桿營業狀況的放大器，本來受到的周期影響，在槓桿效應下，便會不成比例地放大。因此，在牛市時，槓桿比例高的地產股，特別漲得快，在熊市時，槓桿比例高的地產股，也比財政穩健的地產股跌得慘。

有人問：「那是不是在樓市牛市時，買槓桿比例高的地產股，樓市熊市時，才買財政健全的地產股呢？」我會回答：「還用問？樓市衰退時，當然是甚麼地產股都不要買！」

第二，行業的龍頭，難免受到周期的影響，這好比大型動物，吃量很大，饑荒時特別容易餓死，小型動物則比較容易渡過艱難日子。大環境不佳，大企業無論經營得有多優良，都難免遭受到打擊，但是小公司只憑少數客戶便足以維持下去，只要它的管理良好，反而更容易生存。

27.10 轉型

1965 年，巴菲特買進了「巴郡」（Berkshire Hathaway）這間紡織公司，它有很優良的管理階層，但是紡織業在當時的美國已經是夕陽工業了，營業額連年下跌。巴菲特研究為甚麼別的公司比巴郡的盈利高，卻原來對方投入更多的資金，但是巴菲特卻認為，如果把這些資金投進別的生意，回報率會更高。因此，他決定將巴郡的紡織業務淡出，全力投資別的公司，在 2016 年，巴郡的總資產是 6,200 億美元，從 1965 年至 2017 年間，52 年來，它升了 51,400 倍。

27.10.1 轉型至高增長行業

當你預見／或已然發現公司遇上了衰退周期，及時把公司轉型，改營別的生意，自然也會避開了其周期。但是，也未必一定要是遇上了衰退周期，才可以把公司轉型。例如說，在 2004 年／2005 年，「嘉華建材」（股票編號：27）便轉型澳門賭業，從此其周期便變成了賭業周期，和建材周期再也沒有關係了。

27.10.2 逆向收購

所謂的「逆向收購」，英文叫「reverse takeover」，或「reverse merger」，意即一間非上市公司，藉着把業務注進一間上市公司，因而印發大量新股，而這些新股的數量多得令到控股權也變更了。換言之，非上市公司的原大股東，取代了上市公司的原大股東，成為了該上市公司的大股東，而該上市公司的主要業務，也變成了該非上市公司的業務。田此，這又叫做「借殼上市」，英文是「backdoor listing」。

　　由於借殼上市是繞過上市基本要求及審批程序的「走後門」上市行為，因此監管當局不鼓勵，並且設嚴格關卡予以阻撓，例如說，轉換控股權後兩年內注入或收購重大資產，便屬逆向收購，被視作走後門借殼上市的一種行為，因而必須按規則視作新股重新申請上市等來加以註釋和規範。

　　在 2014 年的 2 月，大孖沙「保利協鑫」（股票編號：3800）認購了現名為「協鑫新能源」的「森泰集團」（股票編號：451）的 3.6 億股新股，代價是 14.4 億元，完成收購後，「保利協鑫」持有了擴大股本後的 67.99%，是典型的逆向收購。

　　凡是逆向收購，股價多半會大升。原因很簡單，這相等於原大股東一分錢也收不到，雙手拱手送出上市公司，如果股價不升，原大股東豈非吃了大虧？因此，在一般的情況之下，逆向收購後，股價會大升，原大股東慢慢地，以高價沽出股票，賺到的利潤，會比原價賣殼更高出數倍。

　　高數倍的利潤，表面看起來是很高，但細想起來，也是當然的和合理的。因為原大股東如果以市價賣殼，是先收錢，然後甚麼也不用管了。但做一宗逆向收購，是先吃了大虧，付出了投資成本，慢慢才收回本利，這是冒了風險，自然也需要更高的回報，才值得這項投資。

　　當「保利協鑫」接手了「451」之後，馬上改名為「協鑫新能源」，而且開始注入光伏的業務，不消說的，是要把它來一個大變身，變成了一間新能源公司，要知道，光伏能源向來是中央政府政策支持的行業，而「保利協鑫」也向來是箇中的翹楚，其商機和潛力也是可以預卜的。

　　「協鑫新能源」在完成了逆向收購之後，股價一直維持堅挺。在 8 月開始，它突然開車，股價升個不停，升至過百億市值，跟着它到宣布以每股 2.55 元，以先舊後新的方式，配售最多 2.91 億股。

　　它的股價最高升至 10 月 28 日（2014 年？）的 5.36 元。

28. 分析股票的方法（Analyst＇s Approach）

宏觀上看，一共有 3 種基本的方法，去分析股票。這是我發明的分類。第一種是分析員，即 Analyst＇s Approach。

28.1 分析員看得最遠

分析員的目光看得遠，通常以「年」作為單位，也即是看最長線。他們分析的是一間公司的長期營業狀況，從它未來的市盈率和現金流向去預測它的未來股價。我的評價是：這是最正派的分析股票的方式。

這種人的天敵是「蝴蝶效應」，這效應下文會有評述。正如前述，Que Sera Sera，無論現在計算得如何仔細，未來的故事始終難以預料，既然未來無法預測，長線持有股票永遠存在難以預測的變數，分析員的計算結果當也要有所保留。

28.2 價值投資法

我本來不想介紹「價值投資法」，因為它太成功了，成功得家傳戶曉，既然人人耳熟能詳，介紹它便是浪費（寫的我和看的你的）時間。但寫完本章後，重看一遍，還是決定補加這一段，因為它太基本了，不寫出來，活像缺少了鼻子的臉孔，硬是異相。再說，「價值投資法」是分析員方法最基本的知識，一本股票書不介紹是不成的。

價值投資法是由巴菲特的老師葛拉漢（Benjamin Graham）所創，他是二十世紀前半段有名的基金經理，他的基金的平均年增長，是兩成。這數字看似不太驚人，且讓我加上一個註腳：他的基金的主要運作期，是大蕭條後的美國。在那時代，能有兩成的增長，已是很高的成就了。值得一提的是，股神巴菲特是他的弟子。如沒廉價資金相助，股神的旗艦巴郡的平均年增長率也是兩成。徒弟的投資成績竟然同師傅一樣，也算奇事了。

論身家，葛拉漢絕非當時美國投資最成功的人。前文所寫過的老甘迺迪的投資成績便比他優秀得多，也比他富有得多。不過甘迺迪是私人投資者，葛拉漢是基金經理，後者為他人賺錢，容易成名。再者，葛拉漢是大學教授，並著書立說，還收了一個名叫「巴菲特」的弟子，這江湖地位就非老甘可比了。打個比方，假設兩個都在全盛時期，李小龍恐怕打不過泰臣，但李小龍自創截拳道，有理論兼有著作，因此他是武術大師，而泰臣不是。

有一次，我去看散打冠軍賽。中量級冠軍的功夫極好，重量級冠軍的身手明顯差上了一點。到了最後，大會竟然荒謬得安排了三級的冠軍再打兩場，以決定誰是全場總冠軍。在這次決鬥當中，我目睹了技術優勢難以戰勝體重優勢這一事實。中量級碰上重量級是難以抵抗的，當然前提是兩者都是身懷功夫之人。因此

拳賽一定要按照重量來分級。李小龍的技術再高，也難以打勝比他重了一倍的泰臣。說穿了，價值投資法的精要，就是買入價錢偏低的股票，然後想辦法令股票反映其真正價值。他們要找出股價低於資產值的，或者市盈率極低的股票，就是這樣簡單。這一點就是精粹，理解這重點後，如何閱讀財務報表云云，不過是末節罷了。

這種投資法的確極棒，但有局限條件：

1. 在大蕭條的年代，低股價股票極多，任買唔嬲。但在牛市，很難找到這類股份。

2. 時代進步了，千術推陳出新。香港不少公司的資產值遠高於股價，但老闆是向下炒的高手，供供合合，最後以大比數低於資產值的價格私有化，碰着這些高手，葛拉漢能奈他們何嗎？這一點，我在《我的揀股秘密》一書中已有詳細分析，不表。

3. 葛拉漢的第二手準備，是「拆骨」。他買下了公司後，不管業績是否理想，只要資產值夠高，就可清盤，本利都收回來了。

這其實是必賺的投資方式，但只限於作為基金經理的玩法，因為使用者就算不能買足其控股權，然後拆骨出售，至少也要有力進入董事局，改變公司的財務策略，才能做到反映其價值。價值投資法的局限條件，在於不知何時才會反映其價值，這就像皇帝的妃子等待皇上來寵幸，可能等到死的那一天，也等不到。（這得視乎她生在那個朝代，漢朝和晉朝比較困難，因為供應量太多。清朝則最容易，尤其愈到末代，皇帝的妃子愈少，同治和光緒的后妃都少於何鴻燊，溥儀更只有兩個，不過他是性無能，其一妻一妾是永遠等不到，比漢朝更差。）

對小股民而言，沒有「拆骨權」，資產可能會隨着時間不斷流失，這種情況香港已發生過無數次，我稱之為「大破價值投資法」，具體操作叫「向下炒」。它並非無效，只是不適用於散戶而已。那些教散戶使用價值投資法的人，非但不懂價值投資法，還是笨蛋。

因此，真正的價值投資法是不買藍籌股的，因為藍籌股有很高的炒賣溢價，市盈率很高，股價也會高於資產值。至於增長潛質，這一派是用不着看的，只需看其資產淨值，來評估其現值是不是抵買，縱使以後的增長再快，現在先吃頭虧，老葛也是決不會同意的。

但是，並非每個人都有實力採用價值投資法。例如說，老葛的得意弟子巴菲特在初出道時，也沒有這個實力去購入控制性的股權。在這情況下，巴菲特會怎樣做呢？

話說巴菲特21歲時，對保險公司「GEICO」（Government Employees Insurance Company）很有興趣。由於 Benjamin Graham 是這家公司的主席，巴菲特坐火車到華盛頓找 Graham。

當年一個寒冷的周末晚上，巴菲特沒找着 Graham，卻見到了 GEICO 的高

層 Lorimer Davidson，兩人談了 4 個小時。在下一個周一，巴菲特開始買進了 GEICO，數目是他全副身家 20,000 美元的 65%。

後來，他加入了 Graham 的公司……以後的故事沒找出處，因為書弄丟了，純靠本人記憶……他對 Graham 説，買了這股票，Graham 問他原因，他説是因為得悉 Graham 買了，Graham 有點不屑地走了，巴菲特很後悔説了這句話，他想補説，我也研究了這股票很久和很詳細。

這告訴我們兩條道理：

1. 巴菲特的第一隻發達股票，正是消息股；

2. 當你不夠本錢令股票反映其內在價值時，惟一的方法，就是抓住一個有能力的人，聽消息，乘搭順風車。這就是散戶的「價值投資法」。

28.3 未來價值投資法是惟一王道

前述的「價值投資法」看的是一間公司的現在價值，重視的是它的資產。「未來價值投資法」是其改良版，看的是它的未來價值，重視的是它的未來盈利能力，也即是説，看它的業務和經營。換個説法，後者是前者的改良版。

價值投資法側重於「量」，主要看公司的財務報表，精粹是令其馬上體現其資產價值，看的是短線。如果買下了之後，不能馬上拆骨沽出，便會陷入長期作戰，贏輸便未可逆料了。

未來價值投資法卻可看重其「質」，即是看重公司的未來價值，鼓勵長期持有。這當然困難得多，因為看一間公司的未來發展，需要的是一個人對未來世界的洞察力，這需要極高的天分，但傳統的價值投資法則只需一個普通的會計師，便能有效地分析該公司的價值。

巴菲特到了上世紀的七八十年代，便改用了這種投資方式，因為市面上的便宜股票已不多，照傳統的價值投資方式買不到太多的股票，偏偏巴菲特管理的資金已太多，一定要改變經營模式，才能為資金找到出路。但大家記着，巴菲特每次投資股票，都持了一定的控股量，雖然他不直接參與管理，但一定足以影響到董事局，如果他要把手裏的股票反映價值時，一定可以反映到。

如果你有一百萬元，有很多投資方法，都可以讓你賺錢，而且賺得比未來價值投資法多得多。但是，如果你有一百億元或以上的資金，則只能採用未來價值投資法，因為這是惟一的王道投資法。你可以有一萬個方法在股票市場賺錢來花，但要靠投資股票發達，只有未來價值投資法一途。

很多資深股評人都不知 size 的原理，例如有人批評巴菲特在 2008 年太早入市，錯失了在股市最低位進入的機會。他們以為巴菲特買股票，是像一般散戶般，一手一手的購入？當你要在市場購入一成、兩成，甚至以上的股票時，別無他法，一是用很長的時間慢慢購入，一是靠該公司的管理層大手批出股票。也即是説，

大戶無法等到最低位才入市，因為他們要買入大量的股票。

在熊市時，大戶可能要用一年以上的時間，才能買足心目中想要購買的股票數量。大戶入市，是從大局着眼，當市價到達最低位時，可不一定有機會買齊心目中的數量，因此要在它差一截時間見底時，便要分段購入。因此，看巴菲特是否做錯，不是看幾個月後，而是看五年後，只要在五年之內，股價能翻倍，股神便算押中。

是的，市場玩家不管所進和所出的股票數量都極巨大，一買一賣均是極不方便，而所有的其他方式，當大量購進沽出時，均是先吃了差價的大虧。例如說，當你購入了「可口可樂」的一成股權，惟一賺錢的方法就是讓它成為你的長期賺錢機器，而不是像一般散戶般，待它上升一成後，馬上拋掉套現。

現時大部分分析員所使用的架構，都是這一派的功夫。因此不用多贅其內容了。

然而，如何去評估一隻股票的未來價值，則有兩種不同的方法，一是「常識」，另一則是「路紙」。

28.4 此法之優劣

價值投資法是最王道的研究方法，理論上，如果數據沒錯，幾乎是可以立於不敗之地，而且就算是輸錢，也不會輸得太多，皆因公司的價值假使仍在，股價也不會有太大的變動。

有兩種情況之下，是必須使用價值投資法:

第一種是大額投資，皆因後述的兩種投資法，Trader's Approach 和 Corporate Finance Approach，都含有同莊家或少量對手對賭的意味，因此也規限了其規模，只有價值投資法，才能夠承受最大的規模。

第二種是莊家活動，因為你作為炒股票的散戶，永遠有莊家同你做對手，你把股票沽給對方，事情便已完結。但如果你是一個莊家，手上持有股票，必須知曉其基本價值，才能定價出售。這好比我們買東西，只要知道它的價格，就可以決定買或不買，但如果要做批發商，則必須知其成本價。

沒錯，價值投資法就是研究股票成本的方法。

但是，價值投資法也有缺陷，就是儘管我們可以憑此而買下平價股票，但卻不知何時反映其價值。在股票的世界，時間就是金錢，時間值就是成本，買一隻股票，等上 3 個月，它才反映其價值，或者是等 3 年，才反映其價值，其回報率是截然不同的。

用另一種說法，價值投資法看的是市賬率，着重的是資產，也即是現在的價值。未來價值投資法看的是市盈率，着重的是業務，也即是未來的前景。

傳統的價值投資法着重看抵買，往往忽略了高增長公司，這些公司的市盈率較高，但是高增長，令它從長期的角度來看，則變成了便宜。這好比在 1986 年

時購買剛上市的微軟，21 美元上市，收市時是 27.75 美元，當然是極度昂貴，但是從二十年後去看，這價格就極度便宜了。

巴菲特正是因為貪圖資產淨值的折讓而購入巴郡，卻沒想到紡織是夕陽工業，這正是傳統價值投資法的最大缺陷：當他買下公司，卻不馬上拆骨，立即反映其價值，在長期作戰之下，原來的資產溢價漸漸變成了負數，他便由賺變蝕了。後來他把「巴郡」轉型，改變業務，終於成就了今日的王業，但已是另一個故事了。這個故事好有一比，就是一間房子，比市價折讓兩成，買家買了下來，長期持有，但是樓價跌了五成，這位貪圖其「價值投資」的買家到後來卻價值下跌了。因此巴菲特慨嘆買下巴郡是他一生人最錯的投資。這也令他在後期改良出未來價值的投資法。

28.5 常識研究法是散戶之寶

「常識研究法」是未來價值投資法的分支，因為它對散戶特別重要，所以我特別拉它出來，同讀者們見見面，打個招呼。

眾所周知，巴菲特「喜歡簡單的東西」，絕不投資在陌生的生意上，因此，他從不沾手互聯網和科技股，因為他不懂。他投資的業務，除了可口可樂之外，還有傢俱店、報紙、航空公司、剃刀公司，這些公司業務，都在人類常識範圍以內，至於保險公司和投資銀行的業務，就複雜得多了，幸好他正是金融專家，這種生意雖難，卻也難不倒他。

現在介紹第二位出場的常識研究法的大師，彼得林治（Peter Lynch）。

彼得林治的投資指南針，是他的女兒。

他的愛女是個新潮的少女，兼且老爸有錢，她有財力去留意和購買最流行的事物。她喜歡喝 Clearly Canadian 的碳酸飲品，喜歡到 Gap 買衣服，喜歡到 Chili Pepper 吃飯，常穿着這餐廳送的運動衣。這些公司在她光顧之時，都不過是新上市的小明星，但到了後來，都變成了大升特升的股票。有一次，父女到一個商場購物，她首先探訪的竟然不是 Gap，而是當時還未出名的 The Body Shop。大家亦可以看得到，今日的 The Body Shop 已成為了國際知名的牌子，而彼得林治的女兒的先見之明，可為她的老爸帶來多巨的利潤。

彼得林治偏愛零售股，理由是：「零售商不見得百戰百勝，但經營狀況是消費者有目共睹的。」這和巴菲特「購買熟悉的事物」，何其相似！

常識投資法是散戶最佳朋友，它是散戶惟一可以戰勝基金經理的工具。具體地說，這法門的精要，就是購買你熟悉的股票。

如果你的工作單位是船務公司，你應留意船務股；若你是纖體公司職員，便留意纖體和美容股；你是地產從業員，那就要留意地產股了。溫馨提示：我用的動詞是「留意」，不是「購買」，你先要留意這些類型的股票，但要下注購買，

還得再符合下列的條件：首先要知的是整個行業的大氣候，繼而發掘哪家同業經營得最佳（優質），加上股價吸引（抵買），還要看出增長潛力（有前景），以上四項因素的觀察都是正面時，才構成了你「落注」的充分條件（necessary and sufficient condition）。

可惜的是，你身處的行業未必有「買得落手」的股票，例如投身夕陽工業的人，整個行業都走下坡，買任何一隻都是死路一條。在這情況下，你就得效法彼得林治，留心你的女兒，以及你身邊的人，但最需要留心的，是你自己。

如果你是快餐店的常客，注意到「大快活」（股票編號：52）重新裝修和找了杜汶澤當代言人後，生意突飛猛進，看看股價，約略計算，發現尚未將近期的業績反映，這就是購買訊號了。2003年，「自由行」效應才剛出現，「莎莎國際」（股票編號：178）的股價轟轟烈烈的從0.8元炒至3元，如果你是女士，單憑數看莎莎零售店的人流，便不會錯失這股票。

通常，公司的業績增長了，股價就會炒上。但兩者的時間會有落差，因為組織炒作班底和資金，需要一段時間。這段空檔，就是我們購入的良機。值得留意的是，「常識股票」的成績有目共睹，落差時間極短，雖然香港的股評人沒有介紹過常識投資法，但懂得這一招的散戶並不少。

找一份報紙看看，符合常識投資法的股票並不少，例如「大家樂」（股票編號：341）、「東方報業」（股票編號：18）、「恒生銀行」（股票編號：11）、「新鴻基地產」（股票編號：16）、「中華煤氣」（股票編號：3）……注意，我並非「推介」上述這些股票，只是叫大家「留意這類型的股票」，因為它們都是看得見、用得着、計算得到的，用常識足以理解的公司。

實質操作方面，如果你是某報的長期讀者，有一天，發現它的廣告大量增加，你便有需要做些實質研究，如到報攤詢問它近期的銷量，打電話到其營業部詢問廣告的價格變動（如果剛加價，這股票便有運行了），從網上看其年報，作些簡單的計算，認為適合，便可落盤購買。反之，如果你是股東，見到它的廣告大減，那就要趕快逃生了。一些距離香港太遙遠的公司，例如「思捷環球」（股票編號：330），主要業務在歐洲，或者業務複雜的公司，例如「和黃」（股票編號：13），都不是這投資法的對象。它們的業務太難理解了。再用先前說的滙豐做例子，這是太好的典型例子。

自從當年它的上海總部被共產黨政府沒收後，滙豐就是植根於香港的第一流公司。香港人大多數都在滙豐銀行有戶口，運用常識投資法，任何人都知道它是值得投資的公司。滙豐的質變始於上世紀的八十年代，中英談判出現問題時，它便部署衝出香港，進軍世界。第二個轉捩點是浦偉士在1986年成為新一代領導人，就像鄧小平一樣，在他的管治下，公司脫胎換骨，盈利增長迅速，從地頭龍變身成為國際級的大猛龍，製造出二十年來的驚人業績。歷史證明了，滙豐是好公司、好股票，大型公司極難有高增長，算上這一點，說滙豐是香港的No.1上

市公司，相信沒有人會反對。但這二十年來的滙豐，並不符合常識投資法。如果巴菲特或彼得林治是香港的散戶，也不會購買這股票。

諸位散戶，誰能真正認識「滙豐控股」？它是國際大銀行，香港佔業務的三成，在可見的未來，香港業務將在比例上繼續萎縮下去。滙豐在歐洲和美洲有大量業務，你能一一知道，並且分析其前景嗎？巴菲特每天喝可口可樂，我們卻難以到倫敦的滙豐開個戶口，察看它的服務水平，也很少有機會詢問在美洲的朋友，了解他對滙豐的看法。

像滙豐這種大公司，要了解其內容，並非普通散戶能做到，而是一個熟悉金融運作的人的全職工作。他還必須認識滙豐的高層，不時溝通。

（後記：後來的事態發展急轉直下，我不敢自認未卜先知，但它果然是在美洲的業務出事，而香港人到了很後期才發現此事，這時已太遲了。這證明了常識投資法的有效性。）

理解地產發展商的業務，比理解銀行容易得多；理解以傳統借貸為主要業務的銀行，例如恒生銀行，相比理解一間兼營許多金融工具，而且常做收購合併的銀行，前者容易得多。因此，根據常識投資法，應取恒生而非滙豐。這並非說前者比後者質優，只是一般人對它比較熟悉，因而較有安全感。

恒生銀行在 2008 年也出了事，這證明了我沒下苦功去研究它的年報，是條廢柴兼懶蟲，但卻也證明了我的理論是正確的。我因為沒看年報，還一直天真地以為恒生銀行的主要業務仍然是傳統的借貸，而不知它已兼營了其他的金融產品，而且還主動地去大手投資。這些界外業務顯然脫離了普通人的常識理解範圍。這也恰好證明了常識之於投資的重要性。

為甚麼我要向大家推介常識研究法呢？皆因這雖然是低一級的價值研究法，但準確性非但一點不差，而且所需要的專業知識和研究時間門檻更是低得不能再低，因此它是散戶之寶。我認為，大部分的散戶只需要懂得這一種研究方法，便已足夠。

常識研究法和其他的研究方法一樣，也有重大的缺點。就是股票除了研究其價值之外，還要研究其價格。用常識，可以知道這是一間好公司，但如沒經過計算，卻不可以知道其股價是不是值得，是太高，還是太低。所以，很多人用常識買好股票，卻不時因而買了貴貨，中了伏。

說穿了，常識研究法是未來價值投資法的補充：憑着生活經驗和實地考察，去評估未來的業務前景，然而，常識投資法着重身邊事物，但人的視界有限，因此錯失不少機會。所以，正確的常識分析方法，應該是除了常識之外，還盡量閱讀所有的文件，兼且實地考察，亦得從日常生活中，獲得靈感和線索，才能作出最為準的評估。

我本人則喜歡人棄我取，用廉價買垃圾股票，正是尿只要價格夠平，都可以購買，因為可以當肥料，提煉出尿素來，也是值錢的。

29. 分析股票的方法浦（Trader's Approach）

這裏說的「交易員」是一種原型，意指像交易員般不停賣出買入的股民或經紀。但其實，trader's approach 作為短炒，炒上炒落，只是其末道。它的根本，是很深奧莫測，是基於數學。

它不看公司的基本因素，就只看它過往的統計，一個是價格，另一個是成交，憑這兩個數字，去作出買賣決定。然而，股票的長期走勢，必須看其基本因素，即是它的資產、利潤等等，只有用 analyst's approach 才能計算出來。反過來說，analyst's approach 看的是長期走勢，短期波幅並不作準，因此，我們要採用 trader's approach，它準確程度，愈是短期，愈是有效。

29.1 交易員的原型是圖表派

交易員的原型是圖表派，他們並不看公司的經營狀況，只是拿着圖表看走勢，看它的成交和升跌，十年圖、五年圖、一年圖、月線圖、日線圖，隨着大市的資金流入流出順流買賣，這就是他們看股票的「有色眼鏡」。不過，理論上，Trader's Approach 所需要的數學知識，並不止於四則運算和會計學，比 Analyst's Approach 要高出一級。

29.2 分析員如何炒股票？

他們拿着圖表，只看短線，一萬年太久，只爭朝夕，甚至是時分。這些人的炒作以星期、以日、以小時，甚至以分鐘作為單位，看圖表時，注重的是短期波幅，每日炒作時，注意股票的交投情況，尤其看重買盤和賣盤是陣容龐大還是疏疏落落，對市場過度敏感，到達草木皆兵的地步。這一派中的某些太活躍的門徒，甚至同一隻股票同一天買賣數次的，也大有人在。這種行為，市場術語叫「即日鮮」。

舉個實例，一隻股票從 1 元打上 2 元，再回落 5 角至 1.5 元，回氣後再上 2.5 元。分析員會建議你一直持有，交易員則會在 2 元拋掉，1.5 元再上車。如果交易員的時機拿捏不準，往往是 1.3 元沽出，1.8 元再追入，反而少賺了 5 角。

29.3 即日鮮的天敵

即日鮮的天敵是「水分」，即是佣金、釐印費、聯交所和證監會的收費等。買賣太多，付出的水分便也多，成本大幅增加，除非盈利極高，否則一定是長賭必輸。而且，玩即日鮮必須長期留意股價，因為他希望在每個波幅中獲利。這種行為太花時間了，是一份全職工作。這種人一是白天無所事事的師奶，她們親自

在股票行「落盤」（即是下買賣指令），另一則是經紀，他們反正要向公司「交數」，不夠數時惟有親自「下廚」。這兩種人只需付經紀行佣金，不用付經紀佣金，買賣成本大幅降低，「蝕水」也不會太多。

29.4 兼職 trader

還有一種人，有一份正職，工作時偷偷在電腦看股價，網上落盤，省回經紀佣金。這是最笨的人。即日鮮的特性，是眼睛一秒也不能離開股票機，你要工作，間中開開會，先天已吃了大虧，不可能是全職者的對手。更何況，整天注意着股票機，也耽誤了正事。最重要的是，炒即日鮮，賺的是蠅頭小利，機會一眸即過，經紀和交易員下盤買賣較快，如果你並非股票專業人士，要買賣股票時，得打一個電話，或在網上操作，才能下盤，而在這短短的時間中，機會已稍縱即逝了。交易員和經紀比散戶快上這半分鐘，往往就是取勝的關鍵！

所以說，兼職的 traders，永遠敵不過正職。因此，我會奉勸所有的投資者，如果不是全職，千萬不要使用 trader's approach。

29.5 我認識的成功例子

我並非 trader's approach 這一派別的成員，因此並不瞭解這其中的奧秘。不過，我也認識好幾個箇中的高手，成就足以賴此為生。

第一個是阿龍，中文大學數學系博士未畢業的宅男，不過後來也結婚生子了。他因炒股票輸了錢，轉而精研期指，每次買賣幾張，波幅幾十點便止賺／止蝕，每年穩定地收入幾百萬元。不過，由於時機稍瞬即逝，速度之快，連長期坐在他身旁炒作的黃紙兄弟 Ben 照着買賣，居然也無法贏錢。

第二個是老行尊貓叔，每日炒十幾隻熟悉的股票，波幅在 1% 至 5% 之間。由於他本人是英皇證券的總裁，經紀佣金有優惠，也是長期賺錢。他的另一秘訣是長期坐在特快股票機 (direct line) 的前面，兼且按鈕手法快如閃電，買賣速度可以比散戶快上一至幾秒。至於他的收入，不詳，只知他的職位是總裁，家住半山區豪宅，在中環極受尊敬。

第三個，嗯，代號叫「光頭星」，他拖着一個手提旅行箱，走遍神州大地，居無定所，視乎當時他交到了那個城市的女朋友而定。我們約他碰面，可以在中國的任何一個城市，他也會攜同女友飛來和我們會合。他惟一炒股票的時刻，是每逢股市大跌，他便大掃一輪，過幾天，股市強烈反彈，他便沽出，掌握拿揑得分毫不差。我也不知他的收入，只知這十多年來，他從來沒有工作過，穿的是潮牌如 Evisu 牛仔褲，總是咬着古巴雪茄，白天沒追女生時，便打高爾夫球，幾乎打遍了中國的場地。

第四個，是《港股策略王》的社長陳承龍。他總能買入 momentum 很好的股票，像 2017 年中，大市急升中，他大手追入當時落後大市的「匯豐控股」(5) 認股證。大家都知道，大手買入認股證，如果股價不升，並不容易沽出，大有「不成功，便成仁」的決心。後來「匯豐控股」的股價果然升了上去，結果他賺了過千萬元。這當然並非他的首次建功，而是這些年來，屢有斬獲。

29.6 Trader's approach 和炒財技股

很多人說，財技股向下炒，股價最終會變成零，但為甚麼會有這麼多散戶炒呢？我寫過好幾篇文章，講述這個現象： 如果一隻股票我們只打算持有幾天，那麼，它有沒有實質業務又有甚麼關係呢？在這個情況下，trader's approach 看的是短期未來的動力，它的長期因素，只有鼓吹長期持有的分析員，才有興趣。

29.7 無法解釋的統計

有一些很無聊的炒股統計，根本無法去用常識去作解釋，例如說，有統計研究所得，假如今天升，明天多半也升，假如今天跌，明天多半也跌，換言之，用賭場玩百家樂的術語去表達，即是股票市場比較少會出現「單跳」。

如果以上的統計是正確，你每天收市前，買或沽一手期指，當天升便買入，當天跌便賣出，一年下來，你的收獲應該是正數。然而，這種方式的危險處在於，知其然而不知其所以然，只是純粹根據統計學，去作出決定。如果也是用賭場的術語，甚麼時候「爆路」，即是現實不再依往績的統計去走了，也是不可逆料的。

簡單點說，不能解釋的數學，不能算是數學。如果把這種數學方法也算是 trader's approach，等於把「路紙投資法」當作是 analyst's approach，或是把聽消息當作是 corporate finance approach，雖然不排除有一定的準確程度，也可以贏錢，但這的確不是科學，甚至不能算是股票知識。

30. 分析股票的方法（Corporate Finance Approach）

以金融遊戲概念為分析主軸的股票買賣方法，上焉者是「財技操作」，下焉者則是有一個通俗的名詞，叫「炒消息」。兩者的本質是相同的，只是財技操作者知道整個故事的誰人、怎樣、何時、哪裏、為何，以及過程（who, what, when, where, why and how），而炒消息者則只知這股票的號碼。

財技操作的時間單位是「月」，幾個月通常是一個股票的炒作周期。我會視因這遊戲而入市的股民為「投機」。當然，投機的定義並不止於因消息而入市，這就如你阿媽是女人，但並非所有的女人都是你阿媽（如果真有「所有的女人都是你的媽媽」這情況，惟一最高興者可能是你的爸爸。）

凡是因消息而入市的，都是這一派的門徒，但炒消息的人不一定是有關連的內幕人士。一隻股票的參與者並不少，人多便口雜，有時內幕人士無意或有意（為了掀起炒風）把消息洩露出來，「春江鴨」便入市了。

我常常說的「練拳不練功，到老一場空」，如果單憑聽消息來炒股票，結果是十賭九輸，能勝的多半只是一種人：真正內幕人士的女朋友，然而，女朋友輸光的也不在少數。我認識一個美女，就是收了三百萬來當一位市場莊家的女朋友，卻因買他做莊的股票而輸了四百萬。要想憑着炒消息股來獲勝，必須先把內功練好，這就是財技知識。

分析員的參考資料是公司年報，而財技這一派則得看全所有的公司通告，有經驗者可從這些報告中讀到蛛絲馬跡，從而得知公司未來的財技動向，奪得先機。

「練拳不練功，到老一場空」的真正意思是指：打功夫求的是強身健體，但如果你天天在練打架的硬功夫，例如泰拳、西洋拳之類，年輕時的確身壯力健，老虎可打死幾隻，出街不用帶保鑣，但年紀大了之後，這些功夫便用不着了，更有甚者，如果功夫練得太勤，很可能會操傷筋骨，比完全不練更差。一生受用不盡的是氣功，因此中國功夫要求內外兼修，一邊練拳，一邊練功，才能收到強壯身體，延年益壽之效。

30.1 心理投資法

我看過不少有關心理投資法、證券心理學之類的書，內容不是講投資者應有的心理修養，就是研究投資者的集體心理，前者我在第一章已說明了，後者其實是市場氣氛的另一說法。

我要說的不是這些。我這派別，研究的是莊家心理。說穿了，所謂的「財技投資法」，就是從財技去研究莊家的心理。

這種投資法很多人喜歡用，我就是其中一個。它的中心思想，就是要猜中幕後人士的心理，然後以作為指標，制訂投資策略。這些不單是心理學，還得加上

豐富的財技知識、莊家知識、市場知識，從公開資訊中尋找蛛絲馬跡，識破莊家的用心，只要能變成他們肚裏的蛔蟲，投資也就戰無不勝了。

傳統分析派的人，認為心理投資法是邪派，做法不足取。但按照實質表現，心理投資法的有效度，勝過了任何傳統分析，論難度和所需專業知識，亦賽過了所有的投資法。

30.2 簡單的例子

其實，心理投資法無處不在，大家分析股票時，難免用上簡單的心理投資法，胡亂找些例子，就有：

1. 在牛市第三期，雞犬皆升，普遍殼股都升十倍八倍。有一隻股票第一天炒，急升五成，你可以合理地猜想，它不升十倍八倍，最少也有三至五倍的升幅，因此不怕追入。

2. 凡是追落後股，都是心理投資法。大市上升，「和黃」（股票編號：13）落後，故此追入和黃，也是這道理。

3. 李兆基、鄭裕彤、劉鑾雄入股的新上市公司，股民因名牌效應追入。

4. 大股東增持，證明股票抵買。

5. 升破心理關口（多為整數），追入；跌破心理關口，沽出。

30.3 如何猜測莊家的心理

我哥哥是賭馬高手，他說過一句令我終生受用的話：「我從來不怕別人造馬，因為假馬比真馬更容易賭！」

是的，對於馬，你的認識有多少？我們不是馬伕，不可能對馬有專業的認識。正如賭球的人很多，但有多少人真正懂得足球？我不懂足球，但最少知道足球要看陣法，你在足球場縱觀全場，也許能看出陣法，但在電視機前，受到鏡頭的限制，能看出多少來？基本上，賭足球是一份全職，夠專業的人，在丙組時已注意到未來的球星。在香港，誰人有這份專業？

因此，跑真馬，踢真球，是最難賭的。反而愈是假，愈易賭。因為莊家跑假馬、賭假球，我根本用不着懂得太多專業理論，只要猜中莊家的心理，便能贏錢。猜心理是一個正常人都懂得做的事，當然比讀通專業理論更為容易。古語有云：「賭奸賭猾不賭賴」，就是這意思：我不怕出千，只怕你輸了不賠錢，而幸好，只要你不賭外圍，贏錢是一定能收錢的。

股票也是一樣。

我從來不怕股票有莊家在幕後操縱，只要我能勝過他，就有中央結算公司為

我交收，我保證沽出股票的兩天後能收到支票，第三天下午四時後就可以拿着現金，喜歡怎樣花就怎樣花。懂得股票不容易，你看完所有周顯大師寫的股票書還不能學會皮毛（因為作者也只是懂得皮毛），但猜莊家心理就易得多了，你完全不懂股票也能做到。我的一位女性朋友在股壇上十戰七勝，十年來贏了一兩千萬，靠的就是「捉心理」這一招。

炒股票很難，猜心理則容易得多。所有金錢遊戲，既然是由莊家主持，分析時必須以人為本，猜中市場莊家的心理，這是贏錢的終南捷徑，不管是賭球、賭馬、炒股票，都是一樣。

30.4 莊家也無法脫離基本因素

是的，上一節說的是「莊家論」，其中假設了市場莊家的存在。但為免讀者斷章取義，給誤導了，必須提出一個莊家論成立的先決條件：沒有這先決條件，莊家論就不能成立。

說是市場莊家，說炒作是人為，畢竟脫不了基本因素。一間中央銀行，雖然有利率作為武器，也可多印鈔票，亦有多項調節工具，例如發債券，但是貨幣滙率的升降，最終還是由基本因素決定。莊家只能在短期扭轉局勢，但長期而言，只能收窄波幅，令到趨勢更平滑，但大勢所趨，是誰也改變不了的。

舉個例子，巴西對日本，假設盤口是讓三球，就算是打假波，再假只會是二比零收場，不可能巴西反輸三球，因為假球也不可能太假。不過，莊家比閒家優勝的，是他比我們更清楚基本因素，高沽低揸時，更能到位。

30.5 炒莊家股有如街頭賭局

有一些街頭賭局，擺明是老千，買大開小，買小開大，你要從中贏錢，當然是逆勢而走，人家買大你買小，人家買小你買大，買大小的賭注相同就買圍骰。喔，別開心得太早，賭客漸漸多了，投注額也多了幾倍，開賭者突然大叫：「警察來了！」一捲桌上的錢，逃了個無影無蹤，不管大小和圍骰都通殺。

幾乎全部的股票都是同性質的騙局，我們要做的，是從開始就參與，因為開始得愈早，你贏得愈多。擺一個街頭賭局需要成本，除了賭局外，還有人工，更要付「陀地費」。況且，他們今天在這裏擺了，明天必須要換地方，而能擺街頭騙局的地方是有限的，老千不可能到陌生地方擺攤，還未開檔已給人揍成豬頭炳。因此，他們不會為了贏你那區區一百幾十元而捲檔舖，這是殺雞取卵。你遂可乘此漏洞，「攔路打劫」這些老千，當然打劫的數目不能太多。

「警察來了」的時候，並非沒有先兆。當你發現攤上的投注額愈來愈多，「散

水」的風險便愈來愈大。股票的情況也是一樣，成交額決定了股價的高點。參與這種老千賭局的好處，是只要你看通了局勢，贏面比到澳門還要高。正是不怕他出千，最怕他不出千。他賭假的時，你更能猜到他怎樣去殺大注，賠小注，他要逃跑時，也得同伙伴打眼色，如果這是貨真價實的賭場，則賭仔必輸無疑，只有那些職業賭徒，才能在不出千的賭場中取勝。

世界上，有小老千，有大老千，每個老千的胃口都不同，你必須持之有恆地觀察，分析他們在甚麼時候給你贏錢機會，甚麼時候會「警察來了」，時間長了，就能揣摩出結論來。當然，我們不可能排除真有警察來了，把老千也抓走了。因「六四事件」而突然發生的股災，就是一例，連市場莊家和散戶一起「充公財產」。

30.6 財技的重要性

我常常說的心法名言：「練拳不練功，到老一場空。」前文雖然一直強調猜心理的重要性，但如果整天顧着猜心理，賭人為因素，結果只有一個，就是輸清光。無論是炒股票或者是任何金錢遊戲，你都必須熟悉所有的基本因素，才能獲勝。反過來說，連基本因素都無知，你一定猜不中市場的心理，更猜不着莊家的心理，故此兩者是相輔相成的。

再進一步，就要懂得財技，基礎知識是必須的。基本功課是留心上市公司的通告，從其出招，猜其財技，從而捉到心理。後文講的供股就是一個例子。我們必須熟知供股的程序和計算方式，才能猜中大股東的心理，從而「截擊」，中途搶錢。

譬如一隻股票，低價發行一套可換股債券，有理由相信這手債券是給莊家的低價股票。莊家打高股價，便會把債券換股，沽出股票。一位大陸富豪買殼後，相信他會注入國內資產，但由於法例規定買殼後兩年內不得改變業務，炒作應該在買殼一年後發生。很多股票炒高批股後，升勢便完結。以上這三種，都不過是猜心理，但不懂得法例，就連心理也無法猜。

總括而言，炒消息股最着重就是心理投資法。如果不識箇中原理，就無法辨清消息的真偽，還胡亂落注，便變成了羊。羊是不懂猜人類的心理的。要精益求精，惟一的方法，是增進自己的財技。財技愈高，能看到的內裏乾坤愈多，出手投資，也就愈有信心。市場公認的第一流高手，分析股票的方法一樣是捉心理。可知這門投資法的博大精深，是眾多投資法的最高境界。

31. 混合三種分析方法

　　大部分散戶的股票知識，都是從分析員角度，或者從交易員角度去看，而沒有財技操作的概念。反之，所有老闆，或者是所有的大型炒作活動，都是從財技開始，沒有這背景支持的炒作，視之為「乾炒」，股價不可能打到太高，也維持不了太久。

　　這三種雖然是「原型」，但並非水火不容，反而必有混合。好比一個「脾四」（脾氣）暴躁的女人（比「發脾四」更激烈的形容詞，可稱為「發脾八」），遇上喜歡的男人時，也會變得溫柔。

　　分析公司背景的人，很難不受市場氣氛所影響。炒即日鮮的人，多半也聽消息。金融遊戲和公司的基本因素息息相關，更不可分，很多時更是公司的基本因素良好，才會興生玩玩財技的念頭。

　　例如說，一間公司的盈利暴升七成，預算明年還會再升五成，既然看好未來，老闆當然不想被人現在低價買了貨。反正要把股價打上去，不如趁勢打上去後批股集資。既然要炒上批股，最好還是想一些美好橋段出來，粉飾未來，吸引買家。諸如此類。同時，也沒有一個金融遊戲的玩家不看基本因素，因為缺乏基本因素支持的純財技運作，只能有短期的爆炸力，而無法維持長時間的股價穩定。

　　我奇怪的是，在報上讀到或在有聲傳媒聽到的股票的分析，主要是從「分析員角度」去看，既然看的是營利的基本因素，應該是以「年」作單位的長期投資，但是他們同時又用這作為分析架構來教人以短炒操作，例如「上望賺三成」，或「兩成止蝕」之類，這明明是炒即日鮮的操作方式。對於這種分析股票的方法，我實在無話可說，只能說講者能夠找到「分析股票維生」這份工作，騙騙無知股民，實在幸運得很，因為如果用這種方法親自在市場炒作，結果只有一個，就是賣妻棄子，燒炭輕生。

　　注意：我在前文說過要融合三種不同的投資思維方式，但並非如上文的財經演員般融合法。你可因交易員、分析員或財技操作人員角度的任何一個理由買入一隻股票，也可因這股票同時符合兩至三種理由購入。你也可以因甲理由（例如消息）而購入，乙理由（走勢不對頭）而沽出。但，你決不能用自相矛盾的操作方式。

　　例如說，你購入一隻股票是覺得它的前景良好，相信它在未來三年，盈利都以雙位數暴升，因此打算長期持有。在這情況下，假如其股價上升了六七成，提前達標，你沒有理由不沽出。但假如你因看中它的「前景秀麗」而買入，卻賺了兩成而沽出，這便是自相矛盾的操作方式。同樣，當大市下跌了兩成，但這間上市公司的基本面貌並無改變，你卻因嚴守止蝕而沽出它，這也是自相矛盾，要知道，你當初買入它時的想法是長期持有，不能因一時失利而放棄它，除非發生了一些根本的逆轉，這有如你不能因一次劇烈的吵架而放棄你的結婚對象，除非，

他愛上了另一個人（基本因素的逆轉）……「分析員」是不應因股價下跌而沽貨止蝕的，只能因基本因素的改變而沽貨。這一點下文會有評述。

31.1 擇偶條件去找一夜情

許多人寫的評論，甚至可以說是絕大部分的評論，都是嚴重的自相矛盾，既然是自相矛盾，也就不可能是對的，但是很多人看了這些自相矛盾的評論，卻看不出來，皆因已經習以為常了。

最常見的一種評論，就是：某公司去年賺多少，估計明年賺多少，這行業的前景秀麗，列出了很多證據來說明它的管理狀況良好，跟着分析它的財務狀況，最後的結論是現價 1 元，上望 1.1 元，諸如此類。

這種常見的分析方法究竟有甚麼問題呢？

一間公司的股價是不停波動的，它可以上，也可以落（這句真是廢話），上落波幅一成至兩成，是十分平常的事。這可以是由於大市波動，也可以是由於有個別股東的突然拋售。以「大家樂」（股票編號：341）為例子，它是一間百億市值的公司，但是一天的成交量常常只有數十萬元，如果有一天臨收市前，一位股東忽然不知因甚麼事情，沽出了二三百萬元的股票（在股票的世界，這是微不足道的數目），結果就是這股票可能會跌了一成左右。諸如此類的非預見變故，是常常發生在股票世界的。

如果發生了這些股價的突然事件，有沒有影響這公司的基本因素呢？答案是完全沒有。OK，你分析這公司有一二三四個優良因素，而這一二三四個優良因素仍然存在，不過股價跌了一成或兩成，而這種情況是常常出現的，你應不應該沽出止蝕呢？又，換了另一個情況，你分析了一間公司有一二三四個優良因素，但是它要升一成兩成，根本不需要這些因素，只要大市有資金流入，升一成兩成易如反掌！但是要升上五成六成或以上，就一定要看這公司的實力，這就需要分析了。

前文說的，分析股票一共有三種「方法」（approach），其中一種是「分析員方法」（analyst's approach），也就即是我們慣常在報章見到的分析方法。這種方法是看長線的，既然是長線，預期波幅也比較大，所以一般是不看短期的波幅的，例如巴菲特呀，死去了的東尼呀，都是這派別的信徒。當然了，這並非一本通書看到老，如果是預見到未來有大型股災的出現，那就當然是快點逃生了。

那些看一成半成的波幅，而且十分市場敏感，天天看着股票機的，叫做「交易員方法」（trader's approach），賺的是快錢，看的是銀根和圖表，是完全不同的兩個派別。

所以，當我看到一些股票評論是用「分析員方法」去分析股票，卻教人用「交

易員方法」去作買賣，便是有了內在的自相矛盾，不用細看其內容，就知其人不懂股票。這就好比甚麼呢？好比有人說了一大堆擇偶條件，要心地善良，受過高等教育，文化水平很高，有經濟基礎，說了一大堆，諸如此類啦。但是原來他只是到蘭桂坊找一夜情，那個人心地善良、文化水平高、有經濟基礎，又有甚麼關係呢？那些分析了一大堆基本因素，然後叫人賺一成就沽，蝕一成就止蝕的，就是這種人了。

當你使用價值投資法時，股價下跌，你得回的是資產；當你使用未來價值投資法時，股價下跌，你得回的是市盈率；但如果你只看圖表來炒股票，一旦股價逆轉，得回的可能是一張廢紙。當你使用其他的數學模式，又或是財技投資法去入市，你得到的將是一身的債務。

31.2 兼收並蓄的分析方法

我常常說：當你使用價值投資法時，股價下跌，你得回的是資產；當你使用未來價值投資法時，股價下跌，你得回的是市盈率；但如果你只看圖表來炒股票，一旦股價逆轉，得回的可能是一張廢紙。當你使用其他的數學模式去入市，你得到的將是一身的債務，因為數學專家會教你舉債去玩套利，利用高槓桿去以大博小，然後你會連贏五年的小錢，到了第六年，你將會因輸光而破產，就像那些相信數學的金融機構和基金一樣。

一張股票的最基本價格由它的價值決定，圖表永遠只能是輔助品，只看圖表而不看基本因素就是本末倒置。這正如炒股票的基本功是當分析員，財技只是輔助的參考工具。但作為一位博學的炒股者，必須兼收並蓄，正如我最佩服的胡適所說的：「學問要如金字塔，要能廣大要能高。」你不妨專精某一範疇的分析方法，但如因此而不理會和不學會其他的分析方法，到頭來，吃虧的只會是自己。

最理想的，當然是兼收並蓄，這也是我最喜愛的分析方式。正是炒股無必勝，本書只是我個人的觀察和經驗。雖然市場氣氛不停轉變，一本通書不可能看到老，意外更是難以閃避，但我相信，自己胸中包羅萬有，便能料敵先機，不管對方怎樣去搞，總之自己按牌理出牌，打勝出機會率最大的正章，就是致勝的最有效辦法。

31.3 路紙投資法

最後一種，也是最常見的投資法，叫「路紙投資法」。但我卻要提醒大家，「路紙投資法」並不是一種研究股票的方法，因為它並沒有經過任何的研究或計算。

在賭場玩百家樂，有一張叫「路紙」：寫滿了先前開出的「莊閒」和次序，玩家憑着這張「路紙」，評估下一鋪是開莊、開閒、還是開和。骰寶也有類似的做法，賭客可以清楚看到先前開的是大、是小、還是圍骰。

在數學上，路紙並沒有根據，因為上一盤開出來的結果是甚麼，並不影響到下一盤的機會率。大致上如此，因為骰子的每一盤都是獨立的，撲克牌卻是上一盤能夠影響到下一盤，不過影響的方式也決不是路紙上的四條路：大路、小路、豬仔路、曱甴路，而是有另外的計算公式。利用以上的四條路去賭百家樂，結果只有一個，就是「四路歸西」。

從邏輯學上看，路紙相當於演繹法，而演繹法最大的破綻是「羅素的雞」。羅素（1872-1970）在「論歸納法」說：「一隻雞自從出生以來，均被同一人所餵養，它很有信心每次見到這人，代表的便是食物，但一天，這人反而扭斷了它的脖子。」羅素的結論是：「我們的本能當然使我們相信明天太陽還會出來，但我們所處的位置並不比脖子出乎意外被扭斷的雞更好些。」

只看往年的業績，來評估一間公司在來年的利潤，就是「路紙研究法」，結果可能很準確，也有可能變成了「羅素的雞」。最典型的例子就是「滙豐控股」，由於從上世紀九十年代以來，它一直為香港市民帶來了高增長的利潤，所以香港人一直相信它將會繼續也有穩定的增長，而不管它在這二十年來，已經逐漸改變了不少基本因素，例如逐漸新陳代謝了管理階層，從地區性銀行變成了國際大銀行，諸如此類。但是，「路紙投資法」的信奉者，卻並不管這些，因為這種投資法的使用者一部分是變成了信仰，所以用不着任何的分析。

路紙投資法，根本不涉及任何的研究，而是一種根據經驗出來的信仰，所以根本談無可談。然而，路紙投資法也並非完全沒有作用。正如「羅素的雞」如果堅決不出來，可能未遭扭斷脖子，先餓死了。路紙研究法的優點是不需要任何的知識，也不需要花上任何的時間，而因此研究出來的結果，也會有一定的準確性。這是成本低，效益高的投資方法。

31.4 總論各種投資法

以上的投資法是分析股票的「1、2、3」和「＋－×÷」，必須精通了，才能去學代數和幾何。它們是所有投資理論之母，任何一個認真的股民，不能不識。它們的缺點是保守，但弱水三千，我只取一瓢飲。錯失良機不要緊，最重要的是要贏不要輸。反正我們的資金不多，不需要有很多種，只要一種有效的投資法，能找到的優質股票已夠一生人所有的資金都買不盡了，其他的股票再高增長，與我又有何關係？話是這麼說，但貪心的我，當然不這樣想。希望穩健發展的股民，想法應不同於我。

32. 研究所需的知識

研究股票，需要一定的知識基礎，第一是識字，這不用説了，第二是股票知識，你正在閱讀中的《炒股密碼》，以及其姊妹作《財技密碼》，便是基本的股票知識，至於第三，則是基本的學校知識。

32.1 研究股中需要懂得的數學

從賭博到炒股票，所有的金錢遊戲都是數學遊戲，而股票的基本性質，就是計算其現時股價和其實質價值的相差額。如果我們需要有效地計算，究竟需要懂得甚麼數學呢？這一點，相信數學盲是急需了解的，而世上的數學盲並不少。

32.2 四則運算是必需品

我認識一位美女，她的數學可算是極差，連四則運算也只懂得一則：加數。話說她是一名銷售員，我問她：「假如妳賣了兩件貨物，怎麼去計算銷售數字？」答曰：「加兩次就可以了。」我再問：「假如賣十件呢？」再答曰：「我賣的是高價貨品，沒有人買十件的。」

這位美女顯然只適宜眼前這份職業，或者去找一個財富配合她美貌的男士去當老公，而不適宜轉工，更不可炒股票。

炒股票必不可少的數學十分簡單，連小學生也能操作自如，就是四則運算。只要你能精通四則運算，在股票世界也就無往不利，這不是我說的，許多大師級的炒股高手，包括巴菲特和彼得林治在內，都有過類似的説法。反過來說，如果你連四則運算也搞不清楚，那，我實在無話可說了：加減乘除都不懂，還想學人炒股票？（雖然這種人也並不少。）

32.3 會計學是常識

計算一間公司的資產和盈利是會計師的專業，當一間上市公司要買賣一件重要資產時，也要發布由專業人士寫的評估報告。有關一間上市公司的經營狀況，只有用會計學的角度，才能把內容表達得透徹。

不過，懂得寫和懂得看是兩回事。只有學過會計學的人才能寫得出公司年報，但公司年報的讀者並非會計師，而是一般投資者。李嘉誠是公認的生意奇才，劉鑾雄是公認的投資高手，我相信他們都沒有學過會計學，也不會懂得撰寫年報，可是他們在從一間公司的資料中看出其（不）可投資性的眼光，一定高於絕大部分會計師。那些每天寫出大量上市公司報道的記者們，閱讀和消化的年報和通告不知凡幾，其中正式學過會計學的人相信也沒有幾個。

食家不一定是廚師，一般人只需懂得四則運算，加上正常的智力和常識能力，就能夠看懂全部有關上市公司的資料。會計師是寫會計報告的專家，而非研究會計報告的專家，這兩者是大有分別的。

32.4 統計學和圖表派

統計學在分析股票的應用可以説是無窮無盡，五花八門，千奇百怪，甚至有人會計算迷你裙的長短和股市升跌的相關系數，但這些無聊的統計顯然並非知識。有意義的計算也不是沒有，例如資金流向、經濟數據、投資者心情等等，都是值得統計，而且也同股市息息相關的數據。但以上這些的基礎是經濟學，統計學只是一種工具，正如在物理學而言，數學只是一種工具，以令物理學家理解這個宇宙。

在股票世界的統計學中，圖表派是自成一派的奇葩。它就像路紙一樣，自身就是一種完整的學問，而且其重要性已到達了不可取代的地步。沒有一個股民可以脱離它而有效地分析股票。譬如，經濟數據可以用統計方法計算出來，但要分析它和股市的關係，倚仗的是經濟學理論，因此它是經濟學而非統計學。但圖表分析本身就是一種統計學，同其他學科全無關係。

32.5 統計學和圖表的基本原理

假設我手頭上有一些數據，所有的數字是離散的，我們必須找出一些辦法，去形容這些離散的數字，否則無法對數字進行分析。這就是統計學。

平均數、中位數、最大數、最小數，都是描述的方法。至於圖表，則是用一條線去將數據串連起來。圖表派的人認為，這種圖有預測能力，因為數據可以顯現趨勢。我的看法則是：圖表只能表現歷史，我看圖表，主要是看走勢的歷史。

可能我是唸文科出身，在炒股票的人當中，沒有人比我更重視歷史的了。我認為，如果熟知一隻股票的歷史，勝算最少增加兩成。一隻股票從上市以來，炒過多少次，去過甚麼價位，在哪些價位把股票派了給甚麼人，做過幾次集資，用甚麼形式和集資的錢去了哪裏，它歷年的盈利紀錄和資產變動是怎樣……愈是翻看歷史，對該股票的認識愈深刻。所有的經濟學大師（例如佛利民）都認為，歷史對學習經濟學絕對重要，但那些「數佬」卻難以明白這道理……

32.6 圖表包含了甚麼信息？

每一宗股票買賣都包含了一些信息，例如説，其成交價、買賣雙方的身分、成交的數量、誰出的價誰主動成交（who offers and who takes, or who bids and who sells）、成交的時間等等。這些信息可以羅列出來，逐條檢視，但這太麻煩了，

因此我們得使用統計學的方法，把它們串連起來，以作閱讀。

這好比有一千個人，我們不可能把它們的特徵逐個檢視，而是分門別類，例如說，其中有 427 名男人，569 名女人，4 名無法辨認性別，然後也可用身高、收入、年齡等來分，這樣我們便可更清楚的了解這一千個人的面貌了。

在投資世界的圖表，統計數據比較簡單，最重要的是四項：價格波幅、開市及收市價、成交量、時間，其中時間一項，可細分為時、日、周、月，視乎用者需要的精細度而定。個人認為，炒股票最有效、也惟一有效的是日線圖，商品不妨以月或年來看，至於那些以時或分來統計的「圖表」，簡直全無意義，我寧願細細的檢視每宗成交算了。

我記得小時候看的圖表，都是只有一條直線，中間伸出一條短短的橫線，代表了收市價。現在流行的「陰陽燭」是日本人發明的，其包含的信息多出了「開市價」一項。我最初接觸陰陽燭時，有文章介紹說它是「日本國寶」，果然，這國寶用了十多年時間，征服了整個世界的金融市場，完全取代了西方人發明的圖表。這真是日本人對世界最大貢獻的三大文化輸出之一（另外兩種則是卡拉 OK 和漫畫）。

32.7 圖表派的基本假設

圖表存在的前提，有一個預設的假設：投資者記得自己買入股票的成本價，因此當他賣出時必定參考這買入價，以決定沽出的時間和價格。因此，不管其價格是在上升還是下跌，這些現時的股票持有者的入貨價，永遠左右着未來的股價走勢。這就是以上假設的演繹推論。

32.8 圖表派的文字含義：一個例子

凡是有關人類行為的統計，都有其文字上的內涵，例如說，死亡率最高的地方是醫院，皆因進醫院的不少是快死的病人。同樣道理，凡是股票圖表上的理論，都必定牽涉到有關現實生活的文字描述，有些人死記圖表理論而不知其文字含義，就像以為醫院是「殺人如麻」的地方，原因只有一個：他的所謂「知識」是硬記回來的，而非真正理解。

我且用一個例子去說明這理論。

股票的價格並非在每一個價位都地位等同，在某些價位，它很容易升破，另一些則是「阻力位」，是很難以升破的。在下跌的時間，它也有一些「承接位」，難以跌破，而一旦跌破時，那就會江河日下，直至下一個承接位才跌停。

正如前述，股民永遠記得股票的買入價。當股價在某一個位置時，例如說，1 元吧，這時股民大量買入了這股票，所以在這個價位會有大成交，這意味着大

部分的人認為這是一個便宜的價格。所以，當股價升了上去，又跌回來，第二次跌回這位置時，在高位沽出了的股民，也會再一次去試圖買入。

打個例子，股民用 1 元買入，1.3 元沽掉了。當股價再跌回 1 元左右時，不少人會試圖再度買入。此外，在 1 元買入，高位沒有沽出的人，也很少會在 1 元沽出，因為平手離場是很多股民的心理關口，他們不是賺錢而走，就是失望而打靶，很少人會願意平手沽貨的。所以，當股價升至 1 元時，兼有大成交，這個價位就有承接力。

以上是圖表的文字解釋的其中一例，如此類推。

32.9 用圖表來看趨勢

股票的價錢是升升跌跌，如果每天觀察着它的升升跌跌，有時反而看不清它的大趨勢，究竟是長期向上，還是長期向下。移動平均線的作用就是：把每天的波幅用平均化的方式去給「磨平」了，沒有了稜角，趨勢便會明顯的走出來了。

這好比一個班級的人有高有矮，單看每個人的高矮記錄，看不出這些年來學生有沒有長高了的趨勢。於是，我們把每年某個班級的人的高矮算出了一個平均數，再去逐年比較，便能看出學生有沒有長高了。

32.10 統計學和圖表的缺陷

圖表是統計學的方式之一，脫離不了統計學的基本原理。這原理是，數據愈多，統計結果愈精確。反過來說，如果數據不多，那就會影響了統計的精確性。這即是說，成交量愈大的圖表，其代表性也是愈強。

恒生指數或藍籌股的圖表是有效的，因為成交量大。但成交量不大，或者沒成交的中價股或垃圾股，莫非還可相信它們的 RSI、五十天平均線、一百天平均線？未免太離譜了吧。

32.11 統計樣本不足的缺陷

電視劇《大時代》，主題講的是炒股票，鄭少秋飾演角色的名字叫「丁蟹」。「丁蟹效應」或「秋官效應」的所指，就是當鄭少秋的影視作品上畫，就會引發恒生指數下跌，名字本來只是可堪玩味的都市傳說，但卻被里昂證券煞有介事地出了研究報告，分別有 2004 年 market outlook 的《Adam Cheng Effect》和 2012 年《Hong Kong Slice of life. Mind war》兩篇。

小友人渾水居然是「丁蟹專家」，因為他的畢業論文，正是寫「丁蟹效應」。他的結論是統計數據太少，不可以當真。

我當然同意這位小朋友的說法，因為統計學的最低樣本，應該是 30 個至 50 個，由於鄭少秋的電視劇的播映次數並不到最低值，所以其統計應該是沒有科學性的。

然而，我也必須要告訴大家，在投資的世界，尤其是長期的趨勢，其樣本往往太少，所以得出來的結果，也往往是不準確的。以諾貝爾經濟學家 Simon Kuznets 的研究經濟周期的著名論述為例子，只列出了幾個……原因很簡單，美國自從開國以來，直至今天，也沒有過 50 次以上的經濟周期，怎可以有這麼多的樣本呢？

又以研究樓價周期來做例子，由於樓價周期大約是 20 年一次，我們手上的數據有限，也很難以採集到足夠的樣本，去證實周期理論。當然了，如果我們把樣本擴大，不限於一國，而是從多國去收集，每國收集 100 年的數據，也是可以的，不過工程實在太龐大了。

所以我，以及很多評論員，在論及香港的股市周期時，只從近幾十年開始講起，以預卜未來的股市走勢，但其實，這幾十年來，只是經歷過幾次的股市周期，根本完全不準確。

問題在於，樣本不足夠，統計不準確，我們還是要炒股票的。事實是，所有的炒股指標，都是不足夠、不完全準確，但我們還是在用，丁蟹效應也應作如是觀。如果我們等到數據完美，才去買股票，好比要等到一個完美情人，才去結婚，這注定只有一個後果，就是獨身終老。

32.12 日本國寶陰陽燭

我記得，在很多年前，香港流行的圖表，都是一種叫「High-Low-Close chart」的圖表，是由一條直線，去代表了當日的高位和低位，然後再在右邊有着短短的一條橫線，顯示了收市價。絕大部分的經紀，以及在報紙中刊登的股票、外匯、黃金等等的價格圖表，都是採用這一種表達方式。

其實，「High-Low-Close chart」還有一種比較詳細的畫法，叫做在「Open-High-Low-Close chart」，簡單點說，就是在左方多出了另外一條短短的橫線，用來標誌着開市價。

我看「維基百科」，方才知道，以上的這種畫圖方式，叫「美國線」。

為甚麼叫「美國線」呢？因為這種畫圖的方式，是美國人發明和流行的。既然「美國線」，當然也有別的線，而這種「別的線」，就叫做「陰陽燭」。

對，這就是大家熟悉的陰陽燭圖表。當年，初進投資界，學的就是畫陰陽燭。

陰陽燭是日本人的發明，英文叫「Candlestick charts」。在內地，它叫做「K線圖」，據說是因為是日文「罫」線的音譯，但我一時找不到「罫線」的來源，因為在日文它叫做「ローソク足チャート」：「ローソク足」是「蠟燭」的意思，

「チャート」就是「chart」。「ローソク足チャート」是現代日文,我相信,「罫線」是古時日本對它的稱謂。

陰陽燭有「日本國寶」之稱,出自十九世紀時,日本米商用來記算米價的升跌。他們用紅線來代表升市,用黑線來代表跌市。值得注意的是,升市和跌市是以開市價和收市價來作為定義,換言之,收市價高於開市價,就是紅線,儘管它相比昨日的收市價,是跌了,還是紅線。反過來說,收市價低於開市價,就是黑線,儘管它相比起昨日的收市價,還是升了,這也算是黑線。

以上是彩色的畫法,如果是用黑白單色,則用空心長方形來代表紅線,用實心長方形來代表黑線。

陰陽燭用顏色來表達升跌,相比起美國線而言,醒目得多,「日本國寶」之名,實在是當之無愧。但它有一個很大的缺點,就是畫圖麻煩,製作時間相比起美國線,時間是數倍之上。這個做法,也可以顯出日本人做事的一絲不苟,不怕麻煩,以美觀為上,卻犧牲了效率。

大家可以想像得到,當年的我去畫這陰陽燭,是花了多麼大的心力。多少個晚上,下班回到家中,花上幾個小時,去畫這見鬼的陰陽燭,又要畫上多少個晚上,才能畫完一張某股票的三年圖。還得每天晚上收市後,或是每天對照着報紙刊登的最新價格,去進行更新。所以,一張三年圖的寶貴,可以說是千金不易,而把這張三年圖借給伙伴,去傳抄一份,那可能是一頓午餐的代價了。但是,親手畫圖,也有一個好處,經過了辛勞工作,對於它的走勢,可以說是特別的深刻,格外的有感覺。這種感覺,加深了我對這股票的認識,對於未來的炒作投資,當然是很有幫助的。

自從電腦和互聯網流行之後,一切都變了。圖表用電腦程式便可以畫出,下載即是。正是因此,日本國寶的惟一缺點消失了,很快就打敗了美國線,時至今日,舉目皆是陰陽燭,有誰會看美國線呢?新的一輩小伙子,都忘記了這些古董了。然而,用電腦畫圖,固然方便,但也有一個副作用,就是沒有了辛苦的勞作,感覺也就消失了。就這一點而言,當然不是一件好事。

32.13 價位的心理關口

在西元 1000 年之前的那幾年,整個歐洲的人民都陷入了恐慌。他們認為「千禧年」的來臨之日,就是世界末日之時。因此當時的世界陷入了混亂,不少人都做着只有在末世才會做的種種千奇百怪的事情。認為世界會末日的思想並不奇怪,奇怪的是世界會在千禧年末日的想法:這想法的大前提是西元 1000 年這年份確有特別的意義,意即上帝非但相信整數,而且還是十進制的擁護者,必須要符合這兩個先決條件,才能賦予西元 1000 年特殊的地位。

靈活運用小說《動物農莊》所說的話:「所有的數字都是平等的,但有些數

字比其他的更平等。」（不要挑剔這本書有沒有說過這句話，周顯大師是權威，他說有說過，便是有說過。）

既然「一千」這數字比其他的數字更平等，如此類推，其他在十進制之下的齊頭數也比其他的數字更有價值，例如說，1 元就比 1.1 元更有價值，因此當一隻股票的價格升破 1 元時，等同於升破一種阻力，從 1 元上升至 1.05 元，是比從 0.9 元上升至 0.94 元更為容易。同樣道理，一隻股票跌破 1 元時，也會對市場造成下跌的壓力，2008 年的花旗銀行便曾經試過這種恐慌性的崩潰。

以上的整數稱為股價的「心理關口」。我們從此導出的理論是：股票並不單是數學上的計算，也牽涉到人類的心理狀況。這就是本節的主旨。

32.14 自我實現（或永不實現）的預言

「自我實現的預言」，意指因為這預言的出現而影響了未來，以下有兩個例子：

1. 盲公陳預言一個男人會在四十歲前死去，結果他因每天擔心而死掉。

2. 股神周顯預言恒指會升穿十七萬點，因為股民相信他是股神，因而追捧他的預言，故此恒指真的升破了十七萬點，但如果他不作此預言，則是升不破的。

既然存在自我實現的預言，也有「永不實現的預言」，也是因這預言的出現而影響了未來，但前面的例子是影響了未來因而發生了某事，這次則是因影響到未來，而令到本來應該發生的事沒有發生。且看下面兩個例子：

1. 假設盲公陳預言柏芝與霆鋒會因吵架而離婚。事實上，兩人婚姻當中真的常常吵架，但因柏芝聽了盲公陳這預言後，改變了性格，變得對霆鋒千依百順，從此改變了命運，美滿婚姻到終生，沒有離婚。

2. 又是股神周顯出場的時間了。他這次預言股市上了十七萬點後，馬上下跌到十萬點，足足會跌七萬點。很明顯，如果你是股民，也對周股神的預測深信不疑，你一定不會等到十七萬點才離場，而在十六萬九千點左右，便已沽清手頭存貨，兼且沽空。因為等到最後一刻才跳車，不單失去了逃生的時間（十七萬點可能只出現一秒），風險也會加大。故此，當周股神預言十七萬點是高位時，這一點可能永不來臨。

這牽涉到一個流傳已久的哲學命題：預言能否改變命運？換個說法，一個命數專家能否為你改運，抑或只能預測未來，但卻無法改變？如是後者，則所有的趨吉避凶都是枉然，算命和風水等玄學家的生意最少會失掉一半。

從哲學和玄學的角度來看，未來能否改變，實在是個無從稽考的難題。但從圖表派的角度看，圖表卻肯定能夠改變未來：有時是自我實現，有時則是永不實現。無他，如果全地球只有你一人懂得圖表分析，這張圖表也就難以影響到未來，很可惜，股價是由市場上所有參與者的共同行為所決定的，當市場所有人都看着同一張圖表，用同一套分析架構去分析這一張圖，便能得出同一結論，因而也會

作出同樣的決定，就這樣，圖表的走勢便會影響到整個市場。

32.15 套套邏輯

套套邏輯（tautology）又稱為「永真式」，即是永遠不會錯的說法，例如「他要麼是人，要麼不是人。」廣東話說的：「乜你都講晒啦！」

圖表派的濫觴，就是套套邏輯，即是永遠不會錯，例如說：「跌穿 15,500 點時，便會下試 13,500 點的支持位」，不能說不對，更不能說對，因為這沒有實質意思，就難分對錯了。

在邏輯上來說，凡是會錯的語句，才有意義。任何分析都有錯的可能性，但是圖表派的分析卻往往是永不會錯的套套邏輯，這才是它的最大弱點。

32.16 高深數學：火箭方程式

我雖然沒有讀過工商管理課程，但因天性好奇，也閱讀過不少有關的教科書。當然了，我的閱讀方式正如我的為人方式，都是隨便翻閱，不求甚解。正如我不停強調的，我是一名智者，當我水過鴨背地看一本書時，原因只有一個，就是這本書對智力沒有幫助，有時甚至是對智力的妨礙，因此我便本能地拒絕去吸收其內容了。

工商管理教科書內載有不少方程式，在我看來，這些方程式的作用其實是用作推理，就如經濟學上的許多方程式一樣，用數學來推理，很多時比用文字推理來得準確。但這些推理只可以把概念搞清楚，在實際操作上，往往一無是處。舉一個例子：「風險」如何量化？一個人「對風險的厭惡程度」更是無法量化。既然方程式上不少內容無法量化，它們也就無法在實際上操作了。

有關炒股的數學也是一樣。那些數學專家，例如諾貝爾經濟學獎得獎人，或者是火箭工程師，如今安在？告訴大家一件事實，就是在投資者的世界，要挑出一隻抵買的股票，最基本的條件就是用四則運算，也能計算出這是值得購買的好股票。反過來說，如果一隻股票必須使用高深數學，才能看得出它有利可圖，這股票也就必定好極有限。又或者說，一件投資產品是由數學專家設計出來的，你想也不用想，惟一的反應就是轉身而逃：既然已給算到盡了，你還想買？凡是最值得購買的股票，都是小學三年級程度的數學就能算得出來的：有無搞錯，咁大隻蛤蟆隨街跳？即是說，只有用最簡單的數學都能知道它的價值的時候，這蛤蟆才值得我們去捉。

高深數學在投資世界並非沒有用處。當老千們要去設計一些騙人的金融產品，例如雷曼債券，或者是牛熊證、認股證之類時，便得使用高深數學，去評估其可行性、風險和利潤，以及設計出一些像路紙一般的「疑似數學」，例如（無

法肯定的）回報率、風險溢價、引伸波幅之類。換言之，這些數學的用途，是給騙子用來設計騙局的，所以投資銀行都要用高薪去聘請數學專家來設計產品。

高深數學，好比四條路之於百家樂世界，是死路一條，大家應對此視而不見，知而扮不知，這樣對自己的身心和荷包都是上算之策。

32.17 數學分析的缺陷

為甚麼所有數學專家，包括了前述的諾貝爾獎得獎人和火箭專家在內，一到了投資市場，都變成了「石堅」——只是開場威風一陣，到了最後，都是衰收尾。這同數學模式的天生缺陷有關。

投資市場是一場博奕遊戲，你不單要做得好，還要做得比其他人好，或者也可以說，你不需要做得好，只需要其他人做得更差，你便能取得勝利。換言之，你要在別人進場前入貨，在價格炒至最高峰時比別人先一步出貨，就是勝利者。

這好比當所有從商者都是老實商人時，你去做惟一的奸商，一定可以騙到最多的人。但當奸商遍布時，只有當老實商人，才能賺到最多的錢。投資學上的數學模式也有這個天生的缺陷：當太多人仿傚時，這模式便告失靈了。這即是說，如果你使用數學模式去炒股票，便陷入了一場惡性競爭：當人們開始懂得了這套模式後，你便得改進現有的模式，才能勝過其他的競爭者。

至於那些套利交易，更是無稽。當一位玩家買進的數量佔了市場總量的一半或以上時，即使他要出貨，市場上也根本沒有承接力。size 和流通性是任何數學模式也無法克服的最大問題：散戶永遠可有流通性，但在市場大幅波動時，大玩家卻難以出貨，或是必須以極高的折讓價才能盡數沽出手頭合約。

所有的套利方程式，包括擁有諾貝爾得獎人坐鎮的 LTCM 在內，都無法解決這死症，基金遂因而暴斃。這明明是簡單不過的道理，我在中學生時代已明瞭其中原理，而那些數學專家竟然至死不明，這就難怪我看不起他們，認為這些人除了騙人之外，全無用途了。

32.18 電腦盤

電腦計算的程式買賣，早已存在多年。據說，1987 年的環球性股災，便是因為程式買賣而引起的。幾十年後的今天，程式買賣已經愈來愈普遍，甚至已經蔓延到細價股。很多時，我買／沽一隻股票，買／沽之後，幾乎是馬上已有買／沽盤跟進，由於人手不可能有這個速度，因此，它們必然是電腦程式買賣。

32.19 研究的地理環境

無論你使用甚麼分析基礎，屁股都要放在一個地方，這即是說，你的肉體必

須要在某一地理環境，才可以展開研究。

對於電腦程式買賣，正如前文所言，它必然有一個人文因素的説法，不過用數學來作表達。暫時還未見到過有莊家使用電腦程式來買賣，它只適用於散戶對莊家，或散戶互相「PK」。

就散戶對莊而言，如果電腦程式能戰勝莊家，莊家大可撒手不玩，殺死了宿主，電腦程式也沒飯開了。因此，在這個情況下，電腦程式只是令到莊家贏得更少／散戶輸得更多，但卻不可能破壞其原有的生態，否則市場會消滅，程式也會滅亡。如果是散戶「PK」，也有同樣的情況，電腦的「殺戮」必須有其最高數字，超過了，散戶死亡率太高，也會影響市場生態，變成了電腦間的互相「PK」。到了這個時候，最強的電腦便會取得勝利。

最後，大家千萬要記得一點，就是電腦程式也是在不斷的進化，未來究竟是怎樣？我也實在無法逆料。

32.19.1 home/office 研究法

home/office 研究法就是舒服地坐在辦公室，或是在家裏，閱讀年報，以及一切可以找得到的文字資料，加以綜合、分析，從而預測一間公司的未來走勢。

如果你是研究一個餐飲集團，首先當然是細心閱讀它的年報，分析它的每一條會計資料，然後再找出整個餐飲業的市場資料，研究整個市場的未來前景，市場大氣候究竟是會增長，還是萎縮，然後再研究這公司所佔的市場份額，預估它的未來發展。

同時，你也需要作出大量的計算，研究統計圖表，甚至是利用高深數學，去作出計算。

簡單點説，這種投資法就是閱讀、閱讀、閱讀，計算、計算、計算，然後作出綜合分析，研究資源股時不用去看礦，研究民企時也不用親去內地考察，就是去考察，也只是走馬看花，去同公司的老闆、財務總監或投資者關係經理做一個訪問，便算是完成了工作。一般分析員所用的研究股票方法，就是這種「辦公室研究法」。很明顯，這和唸書時寫論文，或寫研究報告，其過程沒有分別。所以當分析員者，還是以唸書成績優良者為首選。

32.19.2 實地考察

Home/office 研究法是利用文件資料去評估未來的前景，但純看文件，很容易被虛假的資料騙倒，民企就是利用虛假的資料騙倒了不少分析員。為避免出現錯失，最好實地考察，例如説，你買「大家樂」的股票，便去實地光顧，計算它的人流，吃它的食物，評估其賬目。

有一些業務，是難以實地考察的，例如當年「蒙古能源」（股票編號：276）在外蒙古的煤礦，除非你是獲得邀請去當地實地考察的分析員，普通投資

者難以問津。但是，你有一個方法，可以應付這個解決不了的難題：就是拒絕購買任何無法實地考察的股票。

至於我本人，當然絕少去實地考察，但是，我亦深深明白到，沒有經過實地考察的業務，是不真確的，但我甘心根據這種不真確來買賣股票，皆因我並不需要長期持有，只是中短線炒賣，業務的真確性，對於股價的中短線價格，影響並不大。

我不去實地考察的原因，只有一個，就是它太過辛苦了，我懶，不肯吃苦。但必須知道，一個正式的 analyst's approach 研究員，實地考察是必須的。

32.19.3 開市時在報價機前

如果你是 trader's approach，賺取的是單位數的買賣差價，其買入／沽出的時間窗口，可能只是以秒計的時刻，因此，在開市時段，你的屁股必須時刻在股票報價機前，眼睛不轉地望着每一個跳動價位，因為你知道，少看一秒，也會令你的優勢降低了很微小的一點點。

trader's approach 也需要計算，但這計算必須要在開市前，已經計算清楚，一旦遇上了機會窗口，馬上便要買進／沽出，因為機會窗口的出現時間，短於你的計算。

2017 年 6 月 29 日，細價股股災，原因是「阿粉系」爆煲，這一系股票其實多達 40 隻，只是有些股價太殘，跌無可跌，有些則買殼不久，未曾開始「做嘢」，因此也未被關注，所以他的一系暴跌的數目，都係十幾隻啫，而且第二天還在續跌。當然，幾乎所有的細價股，或多或少都受到波及，就我的持倉而言，只有兩隻上升。

在當日，我發現了一隻股票，就是品質國際（股票編號：243），股價最低跌至 0.075 元，上午收市是 0.1 元。然而，它在日前宣布派息 0.133 元，換言之，只要買進了股票，便可以淨賺 0.033 元，兼且還賺到免費股票，惟一的變數，只是股東大會不通過派息而已。然而，縱然不通過，2 億元市值的股票，也輪不到哪裏去。

我在中午停市時做完研究，找拍檔開市馬上買入，誰知開市第一口價，已經是 0.15 元，幾秒間，已跳到 0.17 元、0.19 元，當然買不到了。收市它升至 0.285 元。

由此可以見到，要執平貨，得眼明手快，而且一早計定數，見價就要飛撲而買。一個 lunch time，我計掂數時，其他人也計好了，大好的一塊肥肉便飛走了。

由此可以見得，短炒投機，在事先的計算，是多麼的重要。這一隻「品質國際」，能夠在兵荒馬亂時，膽敢買進的，就是早已對此股價格瞭若指掌的人。

33. 政治對股市的影響

　　股市是整個經濟體系的一部分，經濟是金錢的權力，而政治則是權力的總體，因此，股市是政治的附屬品。所以，一個人人都知道的客觀定律就是，政治影響股市，因此，當我們研究股票、研究股市時，不得不也去研究政治對市的影響力。

33.1 股市與政治穩定

　　股市是經濟狀況的晴暑表，股市的升跌也和經濟息息相關，而經濟發展的最大單一因素，就是政治。一言以蔽之，政治穩定是經濟發展的必要條件，但卻不是充分條件，這即是說，要想經濟發展，股市暢旺，政治穩定是必須的，所以，政治不穩定，但經濟好景的情況，是並不存在的，反過來說，政治不穩定，人民便沒有興趣把資金投入，去做長期投資，外資也不會有興趣投入來，經濟自然也不會好起來，自然也會影響到股市的表現。

　　問題在於，究竟甚麼才算是政治不穩定呢？像中華人民共和國、美利堅合眾國、瑞士聯邦這些國家，當然算是政治穩定的國家，經濟發展大致順利，但是，另外的一些地方，例如說，台灣在 1988 年之前，韓國在 1992 年之前，均是「威權政府」，反政府的民眾示威不斷發生，這又算不算得上是政治不穩定呢？

　　我們可以看到的是，在這些威權政府的管治之下，縱有政治不穩定，也不會影響到經濟發展，在這段期間的台灣和韓國，經濟起飛，發展得極其迅速，可說是奠定了今日繁榮的基礎。反而是在 2000 年後，台灣由陳水扁執政，政治兩分，族群撕裂，經濟便有如江河日下了。香港的情況也是差不多，當 1997 年，回歸中國之後，社會也是撕裂成為兩派，經濟發展亦是差強人意。

　　政治穩定，有助於經濟，這自然是一個客觀的規律，反過來說，如果政治不穩定，也會造成經濟下挫，股市大跌。像香港，在 1989 年，由於發生了「六四事件」，令到人們對於政治穩定產生了懷疑，股市便難免大跌了。

　　不過，在分析經濟和股市的政治因素時，必須記着一個基本的概念，就是政治的穩定與否，只是一個相對的概念，如果政治不穩定已經維持了很多年，它將會變成了一個常數，在這個特定環境之下，股市照樣會發生牛市熊市，卻不會因為它的長期不穩定，因而變成了一個長期的熊市。這好比一個貧困到了極點的赤貧人士，也會有偶然發財的時候，例如說，發了特別佣金，或者是在地上拾到了一百元，在他而言，已經是很幸運了。

　　同樣道理，就算是一個政治穩定的國家，也會因為偶然的政治動盪而造成股市的大跌，例如說，在 2001 年美國發生的「911 事件」，便造成了其股市的大跌：在 9 月 10 日，道瓊斯指數的收市價 9,605 點，它在 9 月 17 日復市，收市是 8,920

點，即是下跌了 7%，直至 11 月 9 日，才「收復失地」，回升至 9,608 點收市。

所以說，當我們分析一個地方的政治穩定，或政治不穩定，對其股市的影響，不但要看其常數，更重要的，是看其變數，除了突如其來的大規模政治動盪之外，政治局勢的回復穩定，例如說，香港在 1967 年的暴動／反英抗暴之後，回復了政治穩定，因而經濟起飛，股市上揚，也是值得我們去注意的。

33.2 經濟政策

政府的穩定與否，是其中的一個必要條件，然而，政府究竟使用甚麼經濟政策，亦是決定經濟和股市的一個重要因素。

中國的鄧小平在 1979 年開始了「改革開放」，無獨有偶，英國的戴卓爾夫人也是在 1979 年上台當首相，把經濟向右轉，轉向了市場經濟。從此之後，這兩個國家的經濟上揚，而英國的股市也節節上升。

以上說的，是大角度的經濟政策，影響了整個經濟的盛衰，從而也影響了整個股市的升跌。但是，也有小範圍的經濟政策，所影響到的，只是某一個板塊，例如說，中國和英國在 1986 年簽訂了的《中英聯合聲明》附件三（四）規定了：「從《聯合聲明》生效之日起至 1997 年 6 月 30 日止，根據本附件第三款所批出的新的土地，每年限於五十公頃，不包括批給香港房屋委員會建造出租的公共房屋所用的土地。」這令到在 1997 年之前的香港，因供應短缺而導致了樓價急升，但又無法提高供應量，以平衡急升的樓價，於是，樓價只有升到不可思議的地步，而地產發展商賺到盤滿缽滿，地產股也大升特升，不在話下。

當然了，這十一年的地產急升，雖然是政策所造成，但卻是無意的結果，是一個副作用，但是這個副作用，畢竟也是造成了某些板塊的特別興盛。

33.3 政策傾斜

前面說的，是經濟上的大政策，是整個社會的經濟繁盛與否的問題，然而，如果從比較微觀的角度去看，則無論任何的經濟政策，都有着某程度的傾斜：對某些工業有利，對某些工業有害，諸如此類，這是因為在技術上，政策不可能做到完全公平，人人都得到相同的利益，因此，傾斜是「必要之惡」。

這些政策有的是特別有意傾向某些行業，有的情況是無意的，例如前述的港英政府被逼每年賣地不多於 50 公頃，有利於地產業，是無意的副作用，所以，只能夠說成是經濟政策的副作用，不能夠說是「政策傾斜」。換言之，政策傾斜是故意的，是政府有意扶持某些行業，以達致其經濟上的戰略目的。

例如說，中國政府為了促進乾淨能源的使用，減少對石油和煤炭的依賴，在

2008 年，推出了對光伏產業的傾斜政策，包括了創建光伏產業園、鼓勵引進人才、派發創業資助基金、稅務優惠、對光伏必須使用的硅片生產商提供用電補貼，諸如此類。

這種政策傾斜，當然令到光伏有關的行業大為有利，例如說，「順風光電」（股票編號：1165）是在 2005 年成立的，當政府提供了對光伏政策的優惠的三年後，「順風光電」在 2011 年上市了。當時它的上市價是 1.11 元，當日收報 0.99 元，跌去了 10.81%，但成交額只有 2,584 萬元而已。在我寫本段的 2014 年 9 月 29 日，它的收市價則是 7.25 元，即是在六年之間，大約升了七倍。

33.4 金融政策

前文說的是經濟政策，但在另一方面，大家都知道，除了經濟政策之外，金融政策也會影響到股市，人人皆知的一條基本理論，就是加息會導致股市和所有的資產價格下跌，反之，減息則有利於股市和所有的資產價格。

格林斯潘在 1987 年至 2006 年當聯邦儲備局主席，在 1994 年，由於經濟過熱，他多次提高利率，以圖壓抑過熱的經濟，到了 1998 年，由於金融風暴，他則接連三次削減利率，以免令到美國被亞洲金融風暴所波及。

33.4.1 美國加息的影響

根據往績，美國最近三次主要的加息周期，分別是 1994 年至 1995 年初、1999 年至 2000 年以及 2004 年至 2006 年，但在這三次加息之後，有兩次美匯指數在其後六個月反而向下走。如果比較上述三次美國加息開展前後四個季度，香港經濟的平均增長，試過放緩，但亦試過有改善，或保持平穩，沒有必然的走向。1994 年美國加息後六個月內，恆生指數反覆下跌；但在 1999 年和 2004 年美國加息後的六個月，恆生指數則比加息前更上升了。

以上這些數據說明，經濟和金融市場對加息的反應並不一致，因為息率只是影響環球經濟和股市的其中一個因素而已，而且，每次加息的速度和幅度不一，像 2015 年後的美國利率上升，便是緩慢得有如烏龜。

33.4.2 量化寬鬆的延後通脹／通縮

記得在幾年前，美國政府初行「量化寬鬆」，以拯救市場於金融海嘯，很多人預期，在經濟復甦之後，很可能會因「量化寬鬆」而出現通脹，而且還有可能是惡性通脹，因此政府也將會加息，去遏止通脹云云。

以上的說法的基本理論假設，是「量化寬鬆」會引致「延後」的通貨膨脹。

但很明顯，現在非但沒有出現通貨膨脹，甚至可能會有通貨收縮，這事實證

明了，以上的理論假設是錯誤的。那麼，正確的理論究竟又是甚麼呢？

在這裏，我們得首先明白一個基本的經濟學理論，是連經濟盲也懂得的理論：經濟繁榮之後，便是經濟衰退，這兩者是周而復始，永不停止的。在大部分的時候，在經濟繁榮的時候，會出現通貨膨脹，在經濟衰退的時候，會出現通貨收縮。

但這也有例外，例如說，在以前金本位的時候，由於貨幣供應受到了限制，因此，也會連續出現很多年的經濟增長，但又通貨收縮。在某一些特殊的情況，例如政府打敗仗，快要滅亡了，例如 1949 年的國民政府，又或者是外圍因素所影響到的輸入通脹等等，也會出現經濟衰退同時惡性通脹。但美國在金融海嘯時的情況，卻顯然是因為在前些年的經濟擴張太勁，因而爆破，當爆破了之後，便將會出現通貨收縮，好像 1929 年的大蕭條那樣。然而，當時美國採用了「量化寬鬆」的政策，消除了即將發生的通貨收縮。我們當然知道，單單的「量化寬鬆」，是會引起惡性通脹的，但是，如果在通縮的時間去使用這一招，卻可以抵消了通縮效應，因而把金融危機挽救於無形。

問題在於：當經濟開始回復正常之後，一旦取消「量化寬鬆」，它會不會回復原狀，繼續通縮起來呢？又或者是索性去問：「量化寬鬆」應該是等到經濟復甦時候，才去取消，抑或是等到通脹開始出現的時候，才去取消？或許我們是不是應該再去想另一個問題：是不是政府可以藉着貨幣政策，用來調節經濟，當經濟面臨衰退、通貨正要收縮時，從此便可以永遠的消除通縮問題呢？

無論如何，在這幾年來「量化寬鬆」政策，已經造成了嚴重的通貨收縮，最明顯的收縮，是在全世界最大的消耗性商品，石油。我的看法正是：量化寬鬆只是把通縮延後了，因為這只是數字遊戲，只有是政府真正的把錢花掉，如花在基建，花在戰爭之上，才會導致延後的通脹。

33.4.3 其他的政策

政府的金融政策，除了利息高低之外，還有很多其他的方面，例如貨幣的供應量、改變銀行的準備金額和銀行的信貸額等等，像在 2012 年的香港，因為樓價高企，金融管理局為了壓抑樓價，便收緊了樓宇按揭的比例成數，在 2014 年，中國的經濟鬧「錢荒」，現金量不足，國務院也定下了「定向降準」的政策，即是放寬了向中小型企業的貸款限制。

33.5 股市政策

在政府的政策上，也有專門針對股市的，例如說，在 1986 年香港股票交易所的「四會合一」，又例如說，在 2002 年的「仙股風暴」，以及在 2014 年開始推行的「滬港通」等等，都影響了股市的運作，也影響了很多股票的價格。以上

的幾宗事件，在前文已經敘述過，這裏不重複了。

33.6 官商勾結

我會把官商勾結分為三大類：

第一類是為着私人利益的勾結，例如說，菲律賓前總統馬可斯、印尼的前總統蘇哈圖等等，便是藉着政治權力，去給予商人方便，結果兩者都得到了大量的金錢利益。換言之，這種官商勾結的形式，是賄賂。

第二類的官商勾結，是官方並沒有得到任何的利益，只是為了政府或社會的總體利益，卻要把利益輸送給商人。

在 1976 年，當時還是冷戰時期，有一個叫「王永祥」的商人，本來是「香港興業」的老闆，這公司持有愉景灣的發展計劃，這是包括酒店、豪華公寓及三個高爾夫球場的度假村。但後來王永祥破產，如果不還款，愉景灣的業權便會落入前蘇聯債權銀行 Moscow Narodny Bank Limited 的手上，無論是中國抑或英國政府，都不想這塊地皮落到了前蘇聯的手上。

結果，查濟民家族收購了「香港興業」，據聞政府為了報答查氏家族的慷慨相助，在 1977 年，容許了「香港興業」把愉景灣項目改變土地用途，補地價，變成了住宅項目，結果查濟民家族當然因此賺了大錢。

以上事件，是因為幫了政府的忙，政府為了回報，因而作出的利益輸送。

在 1999 年，行政長官董建華在《施政報告》中，提出了要發展資訊科技，結果由李澤楷擁有的「盈科數碼動力」首先主動提出，大舉投資資訊科技項目，於是，在 2000 年 5 月 17 日，香港特區政府和「盈科數碼動力」簽訂關於「數碼港項目」的協議書：政府豁免數碼港地價 78 億元，以及投資 10 億元來搞基建，其餘建築費用則由「盈科數碼動力」付出，落成後，「盈科數碼動力」得回住宅項目，即是今日的貝沙灣，但數碼港的業權及管理權均需交給香港政府。

結果，「盈科數碼動力」憑着這項目，借殼注資「德信佳」，作出逆向收購，後來還藉此和「香港電訊」合併，空手吃掉了過千億元的資產。再到後來，貝沙灣項目也賺了大錢，不在話下。當時，不少人認為是官商勾結。

這是由於私人公司支持政府的政策，因而得到的政策優惠。由於它並沒有涉及任何政府官員的個人利益，所以也是合法的。如果從政治的角度去看，支持政府的政策，因而得到好處，也有利於政府的管治。

第三類是政治利益集團的輸送，例如說，在美國，如果共和黨執政，軍火商將會得利，在台灣，如果民進黨執政，親綠的商人也會得到了利益的輸送，反之，如果國民黨的執政，親藍的商人也會得利。這一類和第一類的分別，在於這種勾結，不一定是為了執政者的個人利益，在有些情形之下，甚至並不犯法，因為這

種勾結的本質，利益也並非為了個人，而是為了整個政黨，也即是為了整個政權的生存，因為這些商人都是支持政權的金主，所以政權也必須養肥這些金主，才能夠穩定存在。

因此，在港英政府的時代，英商在商場上，獲得了無可取代的政策優惠。到了 1967 年，暴動 / 反英抗暴之後，英國政府刻意培養一些香港本地商家，以穩定在港的管治，港商便快速上位，到了 1984 年，《中英聯合聲明》簽訂了之後，香港出現了權力真空，港商徹底的佔領了整個市場。但是，在 1997 之後，國企開始進入香港市場，在曾蔭權當行政長官的時代，國企駐港的速度加快，到了梁振英時代，國企，甚至是民企，更加逐漸變成了香港市場的主力了。

這一本並非是有關道德情操的著作，而是一本講股票原理的書，自然不必討論究竟官商勾結是不是一件好事，諸如此類的道德問題。本書要處理的，毋寧應該是「官商勾結」對股市的影響。

我在前文有關香港股票史的部分，已經述說了在不同的時期，香港政府對不同利益集團的政策傾斜，像包玉剛的收購「九龍倉」、李嘉誠的收購「和記黃埔」，均是在港英政府一心想在香港本地扶植商人的時間發生，這當然不是巧合。在上世紀的九十年代，本地的四大地產商開始崛起，掌握了香港的經濟命脈，回歸之後，則國企上場……以上這些，如果股民能夠抓着大勢而炒股票，均可以掌握到脈搏，可以藉此賺到大錢。

33.7 外圍政治局勢

在任何的投資市場，除了本地市場之外，還得留意外圍市場的影響。我們炒港股時，也不時會受到外圍的政經局勢所影響，例如說，美股會影響到港股，1987 年的香港股災是因美國的「黑色星期一」而引起的，1998 年的亞洲金融風暴也令到港股暴跌，2008 年的金融海嘯也是因美國的次按風暴而引發的。

除了外圍的金融經濟之外，政治局勢對於香港的影響也很大，例如說，中國的政治穩定，便嚴重的影響到香港的股市。當年美國的兩次海灣戰爭，當美國在軍事上節節勝利時，美國和香港的股市也在節節上升。上世紀七十年代的石油危機，也令到香港的經濟不景，股市大跌。

33.8 政治股票羊毛出在豬身上

2016 年 3 月，電視廣播（股票編號：511）宣布了業績，淨賺 13.31 億元，主要是出售台灣聯意集團剩餘的 47% 股權，獲得 13.96 億元的一次性收益，如果不計算這筆錢，它的持續經營業務則由盈轉虧，由賺 12.51 億元，變成蝕 428 萬

元，這是 TVB 自從 1988 年上市以來，第一次在本業錄得虧損，我相信它在上市前、開台後，也從來沒有虧蝕過。

話說回來，這一次的虧蝕，主要是有多項一次性撇賬，加起來是 9.85 億元，如果撇除了，它應該是還有 9.8 億元的利潤。不過，如果相比起 2014 年的 14.1 億元利潤，還是差了 4 億元左右。

我猜想，它之所以選擇在 2015 年的賬簿之中，多出多項一次性的撇賬，原因正是因為它有了那筆 13.96 億元的一次性收益，用來作為抵消，所以有心選擇了在這一個年頭。不過，縱是把所有的東西都撇除了，恐怕電視廣播業務的下跌，也是一個不可以扭轉的大趨勢了。

如果說起無線電視業務，不得不也說起亞視。我找不到它在 2015 年的業績，但是，從 2008 年至 2015 年，它一共被注資 10 億元至 20 億元，我估計，它在去年（2016 年）的總虧蝕，大約是在 1.5 億元至 2 億元之間，皆因它的支出已經減至最少，因此也不會蝕得太多。

總括而言，整個免費電視的世界，總利潤大約是在 7 億元至 8 億元左右。

有線寬頻（股票編號：1097）去年（2016 年）虧損 9,300 萬元，但電視業務則溢利 1.2 億元。如果論到有線電視市場，有線寬頻佔 55%，Now 只佔 26%，但 Now（2016 年）在去年的 EBITDA 則有 4.91 億元，雖然，我實在不明白為何 Now 可以佔較低的市佔率，但卻可以有更佳的業績。

人們都在批評 TVB，指它是因為經營不善，才會造成收視下跌，業績由盈轉虧，但我則認為，電視個餅係得咁大，縱是它的節目做到會飛，恐怕也只能局部改善其業績，不能發展出扭轉性的變化。像我，是永遠不去看免費電視的，如果收費電視台的節目不好看，我索性熄機，而我的哥哥，則主要只看一個台，就是 Now 的粵語長片台，兩百多元一個月月費。而我發現年輕一輩，很多根本不看電視，只看手機。

如果計 net cash in，整個香港的電視業務只有三幾億元的總利潤，是但一個細價股莊家（也即是大賊），年賺都不止這個數，我相信，這個數字還會繼續跌下去，再過幾年，市場總利潤變成了負數，也說不定。

其實，以上的四間電視台，之所以搞電視，不過是為了政治實力啫，大家都志不在賺錢啦，這叫做「羊毛出在豬身上」，心照不宣。反正幾個擁有電視台的大家族，如李澤楷、吳光正、黎瑞剛和陳國強，都是身家以百億計、以千億計，說到電視的收入，不過是小菜一碟，股市打一個轉，都唔止呢個數。但是，我們作為小股東，既不能分享電視業務的界外效益，對於這種股票，還是避之則吉為妙。

34. 戰爭狀態

所謂的「戰爭狀態」，並非是他國打仗，如美國和伊拉克發生戰爭，而是戰爭在自家的身上發生。

在香港，惟一經過的戰爭狀態，是「三年零八個月」的日佔時期，但是，在這段期間，股市關閉，所以並不存在「戰爭狀態中的股市」的情況。可是，這一本既然是一本理論性的書，自然也不得不去討論這一個課題，因為，在很多時候，股市在戰爭期間，依然是照樣大炒特炒的，我相信今後中國若有戰爭，至少在戰爭的初期，股市仍然是會繼續開放的。事實上，我一直想寫一本關於「戰爭經濟學」的著作，其中當然也會提及戰爭時期的股市，只是一直沒有時間去寫作罷了。

34.1 戰爭的分類

簡而言之，如果要把戰爭分類，它一共可以分為兩大類：

第一大類是從戰爭結果去區分：戰勝國和戰敗國，但當戰事還未結束時，在其過程中，也會分為「戰事有利」、「戰事失利」、「戰事膠着」的狀態。這即是說，不待分出勝敗，在中間的過程，已經可以大炒特炒了。

第二大類是從戰爭的地理去分：是侵略別人，在別國的土地去打，還是被侵略；在自己的土地去打，抑或是雙方爭霸，在第三國的土地去打？

這即是說，以上的兩大類，可以細分為六小類，但這六小類的情況，究竟又應如何去分，甚麼情況股市會升，甚麼情況股市會跌，這得要待我在下一本有關實戰部分的著作，才作分解了。

34.2 股市可以預測戰爭結果嗎？

在投資的世界，有一個理論，就是說股市對於政治大局的未來走向，尤其是戰爭的結果，有着非常準確的預測。這種說法是由西方人提出來的，唐人學者也一如對其他的西方投資理論，照單全收，畢竟，在香港這個社會，只要懂得翻譯英文，便不難寫出 / 抄出一篇「學術性」的通俗文章了。

但是，對於上述的理論，我卻一直大有懷疑：群眾的智慧是否總是那麼準確呢？於是，我動手動腳，找出了一些簡單的數據，作出了檢視。

在二次大戰時，德國和英國決戰，最關鍵的戰役是在英國本土的空戰，爭奪制空權。時為 1940 年 5 月 10 日，敦克爾克大撤退的那一天，至 7 月 31 日，一共維持了 80 日。大家都知道，德國的空軍是多麼的強，而當時德國已經擊敗了法國，美國還未加入，正在保持中立，英國的情況是岌岌可危。

因為在 1929 年開始的世界性經濟蕭條，英國的股市也步進了熊市，在 1932

年見底，後來節節上升，1936 年到達了高峰，相比起低位時，上升了三倍。跟着它又開始下跌了，在和德國開打的前後，跌勢加劇。然而，值得注意的是，倫敦股市的最低點，是在 1940 年的 4 月，到了英倫空戰的那時，股市已經開始止跌回升了，而且是一直的上升，升至空襲停止，德國進軍蘇聯，它都直升沒跌。

所以，那些人認為，這個股市走勢已經代表了，英國股市好像在當時，已經預測得知在 5 年後，將會獲勝。這好像證明了，股市能夠預測得到戰爭的勝負。

現在且讓我用一個資深投資者的身份，假設自己回到了當時當地，正在炒着倫敦股市，我會怎樣想呢？

在事先張揚的災難發生之前，所有悲觀的股民，紛紛拋出股票，令到股市大跌，這是非常正常的事。因此，在災難發生之時，股市不跌反升，這也是常見的現象，這也用不着有甚麼股民的智慧，只是因為，沽家早已在之前沽光了，只剩下對局勢還有信心的人，而這些人是死不沽出股票的。

因此，這很容易出現了有「只有買家，沒有沽家」的情況，股市要挾高上升，也是易如反掌的事。在炒股的世界，這有一個簡單的術語，叫作「超賣」，即是說，4 月最低點時的倫敦股市，其實是過度悲觀，已經預支了一部分「倫敦淪陷，已被德國佔領」的跌幅。但是，大家想清楚，這災難還未發生，還是有得博下去的，這好比玩「一翻兩瞪眼」，對方拿了一張 K，雖然贏面是超過了九成，但我說不定可以抽到一張 A，反敗為勝呢？想到這裏，便不難有了一點點值得博的信心，股市也就有了上升的動力了。

當戰爭持續，德國屢攻不下，英國人也開始習慣了被空襲，至少英國還有可能頂得住，被空襲的滋味還不是壞到了絕地，自己還未死得吖。再說，在 5 月 10 日，也發生了敦克爾克成功地大撤退的奇蹟，好比為英國人打了一枝強心針，因此，股市的回升，也就不足為怪了。

假設在當年一戰，英國戰敗了，我們會見到的股市走勢將是：股市在戰爭初期，曾經作出了短暫的反彈，不過隨着德軍的快速佔了上風，倫敦股市再度急跌，換言之，這是個「彈散格局」，一彈就散，創了新低之後又再創新低，直至被德軍佔領了，股市也停市了……這個狀況，也是正常過正常，一點不值得奇怪的。

34.3 小亂後股市走勢

2010 年曼谷紅衫軍示威，由 3 月 12 日集會開始，至 5 月 19 日軍警清場，為期達 69 天，超過 30 人死亡，期間包括政府部門、警署及銀行都被佔領或縱火，整個曼谷的政治及經濟都被癱瘓了。但其股市卻升了 5%。

2011 年英國騷亂，發生在 8 月 6 日至 10 日，死了 5 人，還有謀殺及搶劫，很多公司暫停營業，倫敦地鐵及全國鐵路局部停駛，富時 100 指數下跌近 5%，

跑輸 MSCI 全球股市指數接近 6%。

2014 年，台灣「反服貿」，從 3 月 18 日至 4 月 10 日，學生佔領立法院長達 23 日，加權指數首日是 8,732，運動最後一日則升至 8,948 點，升了 2.4%，但在學生撤出翌日，卻跌了 40 點。事件發生後的整整一年的後的 4 月 28 日，加權指數更創出了 2000 年後的高峰，到了 10,014 點，即升了 11.9%。這記錄直至 2 年後的 2017 年方才再次被打破。

中線而言，以上三宗事件在發生後一年，股市仍然向上，升幅由 4% 至 43%。

至於香港的「佔領中環」，起於 2014 年 9 月 28 日，當時的恆生指數是 23,678 點。正式行動日是 9 月 28 日凌晨，在翌日，股市下跌了 449 點，跌得不輕，但也不算太重。結束日則是 12 月 15 日，恆指是 23,027 點，跌了 2.75%。

跟着的幾個月，股市接連猛升，最高是 5 個月後的 2015 年 4 月 27 日的 28,588 點，即比「佔領完結日」升了 5.561 點，即升了 24%。跟着股災暴跌，「佔領」後的一年，即 2015 年 12 月 15 日，收市是 21,274 點，比「佔領」當日跌了 1,753 點，即 7.6%。

總括而言，像「佔領」或暴亂這些中小型規模的政治動盪，對於股市的確是有影響，但影響不大。

34.4 戰事勝利有助股市

如果用標準普爾指數去量度美國的歷次戰爭，1991 年的海灣戰爭前的 1 個月，下跌了 6%，開戰後的 3 個月則反升了 25%。2003 年的第二次海灣戰爭，在戰前兩個月，跌了 14%，在開戰前，已經反彈了 9%，開戰後更升了 15%。

如果不算開戰，只是小規模的空襲，即是純粹的「欺凌」，1998 年美國空襲伊拉克前 2 個月，漲了 21%，空襲後 3 個月，繼續漲了 13%。2011 年空襲敘利亞前 1 個月，跌幅是 6%，空襲前反彈了 3%，空襲後一個半月，反升了 5%。

由此可以見得，戰勝對於股市的重要性。

34.5 戰時的股市

如果是小規模戰爭，股市會繼續運作，但如果是長期的全面戰爭，而且戰事失利，則股市有可能會關門。

如果大家認為，戰事失利，股市會下跌，這只對了一半。在戰事失利的初期，股市的確會大跌，但是馬上，貨幣會作出調整，也即是貶值，如果貨幣下跌的速度比股市還要大，那麼，股市急升，也並不出奇。

34.6 戰敗後的股市

東京株式取引所在 1878 年 5 月 15 日創立，6 月 1 日開始交易。1943 年，日本政府把全國的 11 間證券交易所合併成為了日本証券取引所，在戰後，1946 年，被美國佔領總部 GHQ 強行關閉了。1949 年，重新以東京證券交易所的名義開張。

至於中國的上海股市，也是在戰後 1946 年重開了，但是在 1949 年，解放軍進入上海，便又關掉了。

簡單點說，戰敗對於股市，是最大的傷害，散戶如有可能，定必要盡快沽貨離場，不立危牆之下。

35. 政府就是莊家

前文講過，在十八世紀初，法國和英國分別發生了「密西西比泡沫」和「南海泡沫」。簡而言之，這兩大泡沫的背景，就是政府欠下了巨債，企圖使用財技，去應付巨額債務。

法國的方法，就是政府發行紙幣，人民可以用這些紙幣去購買密西西比公司的股票，在財技上，這相等於政府以股代債，用股票來償還債務。英國則是和南海公司合作，允許人民用高息的政府債券來向南海公司換股票，南海公司則拿這些高息政府債券，去和政府交換低息債券，政府則拿美洲貿易專營權給南海公司，作為回報。換言之，這減輕了政府在利息方面的支出。

照我看，如果從財技的角度去看，法國政府的財技較高，可惜遇人不淑，主事者勞約翰企圖沽出手頭的股票套現，因而功敗垂成，造成了災禍。至於英國，則成功減了債券的利息，代價當然是由輸光了股票的人民所付出。

35.1 2007 年港股直通車

之所以向大家說出以上的這兩個故事，是想向大家說明，政府炒股票，然後在人民的身上贏錢，是古以有之的手法。眾所周知的，中國政府是全世界最大的股票莊家，因為它擁有太多的國營企業，可以同步炒作。事實上，它在 2007 年「港股直通車」的那一役，先往上狂炒，繼而宣布取消直通車，欺騙了全世界的投資者，結果不消說，當然是政府賺了大錢。我的意見是，中國政府炒股票賺錢的誘因不容抹殺，這至少比美國政府和日本政府的印鈔票賺錢，中國的方法更為王道得多。

35.2 2005 年暴力救市的政治任務

背景資料是：在 2015 年，全世界的經濟尚未從金融海嘯中復元，因此美國的量化寬鬆仍未完結，歐盟有希臘國債危機，俄羅斯更因油價大跌而陷進了經濟危機，我一直以來的說法是，中國要和日本打貿易戰，除了因為在釣魚島和歷史問題之外，還因為中國正欲走上日本之路，和日本走相同的產業路線，因此，現在的日本是中國的主力競爭對手，所以中國並不怕、反而很樂意和日本打貿易戰……總之，中國的對外經濟，除了非洲、印度之外，在全世界大部分地區，都不好啦。

中國本身面臨的經濟問題，就是產能過剩、產業要轉型，這兩者是一而二、二而一的：

正是因為產能過剩，所以經濟非得轉型不可。中國的其中一條路，是發展內

需，不過，中國的低檔消費產品，即是「平嘢」，正是產能過剩的重災區，本來，增加內需的最佳方法，莫過於發展房地產，改善人民的居住環境，而且地產發展的資本大，利潤高，也可以吸納勞動力，是最好不過的選擇，不過，這一招已經玩了好幾年，玩到地產市場也崩潰了，暫時不可能再玩下去。但要發展其他的消費品，得要產業升級，做高檔貨色，因為中國欠的不是量產，而是品味，要發展高檔消費品，恰恰是它最弱的一環。

除了以上的困難之外，中國還有政治上的獨特困難，就是習近平的打貪，固然是為他本人鞏固了權力，也穩定了整個國家的政權，但由於打貪太用力，也造成了某程度上的經濟停擺。我常常說的是，凡事最困難的，是兩邊作戰，習近平的情況，就是一邊作出激烈的政治鬥爭，一邊經濟改革，那是事倍功半的，如果只對一邊作戰，例如只集中打貪，或者是只集中政治改革，情況將會容易得多。但當然了，以中國現時的險峻狀況，容不容許逐邊作戰，也是很難說的事。

習近平所採用的政策，首先是把資源放到低下階層，減少了貧富懸殊，再說，這些人並非江胡二十年執政的得益者，改善他們的生活處境，也有利於自己的權力。對外貿易，則使用「一帶一路」，至於內需，則有「互聯網＋」。

然而，讓低下階層，如邊遠地方、農民等等也富起來，有一個衍生出來的副作用，就是這些人從來手頭沒錢，也完全沒有投資經驗，甚至是在社會之中知識水平最差、最無知的一群，現在他們的手頭突然多出了幾萬元、幾十萬元、百多萬元，又剛好股市火熱，他們便會直覺地把手頭的資金投往股市，賺快錢。

反之，如果是那些大城市的中產階級，一來知識水平較高，二來很多也經歷過長期熊市的洗禮，炒股票的態度，當然及不上新富階層般的凶。而凡是新富人數多的股市，就炒的更為熱火，這是股市的定律。

另一個原因，是中國政府的有心撥火，國策是希望炒起股市，以圖為企業集資，為企業注進資金，便可以減少債務、發展業務、促進經濟。

但我並不認為，這是可以做到的，皆因中國股市的二次集資市場，並不成熟，更何況，它曾經有過往績，有幾次，為了調控股市，連新股上市，也要去叫停，如果不准新股上市，卻容許二次集資，這顯然是不合理的。

然而，我卻認為，企業雖然不能夠用二次集資來獲得資金，但卻可以用炒股票的方式，把股票炒高、派貨、賺錢，事實上，在這些年來，國務院一直有着炒股票的操作，當國家炒股票賺了錢之後，政府有了錢，自然便有資金，去解決國企的財務問題，也用不着二次集資。

中國的另外一條發展之路，是發展金融業，因為中國的金融業是遠遠不夠成熟，所以可供發展的空間很大。客觀的事實是，中國的二級產業已經發展到極致，衣食住行，甚麼必需品，都可以用最廉價的方式製造出來，要想產業升級，提高質素、發展高端產業，當然是路徑之一，但這條路不好走，高科技需要科研能力，

消費產品則需要美學專才，這些都是不容易培養出來的人才，反而是金融之路，好像更容易走。

事實上，把股票炒高，可以促進金融業，這是肯定的結果。記得我在股票課程上，學生問了我有關的問題，我的回答是：「炒高股票，最後股民梗係會輸晒啦，但是藉着股民輸晒的資金，卻可以發展該產業，像十九世紀的五十年代，有鐵路股泡沫，結果泡沫是爆破了，大量股民輸光了錢，但鐵路也是藉此集資而大量興建了，二千年有互聯網泡沫，股民也是輸光了，但是互聯網也蓬勃發展了，所以不排除這一次的大炒股票，也可以促進金融業的發展，股民的輸光，也是必要之輸。」

當然了，如果要開放市場，需要的是開放市場，外資加入，大家齊齊玩，市場國際化了，才會繁盛起來。所以，中國政府就鼓勵起人民炒股票來了。(按照如意算盤：炒高股價，開放市場，讓外資加入，去接火棒，這可不是很完美嗎？然而，如意算盤是如此，但外資真的會如此順攤嗎？)

在鄧小平、江澤民的年代，是如何吸引外資進來，發展中國的 H 股業務：就是讓外資以廉價進場，最後賺大錢離場，每一隻 H 股，均是如此。為甚麼要用這種方法呢？因為要別人進場買貨，最難是第一次，當入了場之後，便等於開了一個戶口，有一個專門的部門，去負責這個 sector 的股票，以後也不會隨便的離場。所以，最重要的，是初期的大廉價，把客戶先吸引進來，以後再說。

所以，中國政府的大炒 A 股，在外資看來，有點兒立心不良，自然不會「落搭」，當然更加不會把它落入 M.S.C.I. 指數。所以，如果中國政府是有心搞好金融市場，在一年前，應該先批一些廉價股票給外資，讓它們先入場，才往上炒，當然的「中石油」，就是這樣明益巴菲特的了。這固然是白白送錢給外資，有「資敵」之嫌，但也的確是最有效的方法。

前文說過了，中國的股災，是因為在這幾年，以往的低下階層賺了不少錢，而這些人又是從來沒有炒過股票的人，甚至是連知識水平也比較低的，所以形成了一股無知的新動力，因此才會把股市炒到如此的瘋狂。

很多人批評，中國政府入市干預股市，影響了自由市場，但我認為，政府入市干預的做法，在中國這種特殊的環境之中，是沒錯的，因為中國政府擁有大量的上市央企、國企，地方政府也擁有不少上市公司，根本上，政府就是股市的最大莊家，它不穩定股價，誰做這工作？

反觀美國政府、香港政府這種自由市場，縱使也會擁有某一程度的股票份額，但畢竟只是佔上了股市的極小部分，既然是小股東，那就沒有干預市場的必要了。

然而，我雖然認為中國政府出手干預是時，但卻認為它入市得太遲了。

查中國的股市一直在 2 千 1 百點至 2 千 3 百點之間徘徊，是在 2013 年 11 月

才開始攀升的。這當然是因為中國政府的出手「點火」，有着政策上的支持，才能夠煽起這團烈火。

在 2014 年的 12 月 6 日，上證指數突破了 3 千點，在 4 月 8 日，股市突破了 4 千點，在 6 月 5 日，突破了 5 千點，可以見得，增速愈來愈快，漸漸已經不受控制，至 2015 年 6 月 22 日的 5,166 點，然後又急挫至三千多點。下跌的元凶，當然是政府的限制孖展政策。

如果要我對此事作出一個評語，我會說：「政府應該在四千點的時候，便要出手調控，到過了五千點才出手，股民投入了的資金已經太多，孖展也太高，牽涉的資金也太鉅大，這調控很容易變成了失控。」

因此，中國政府在 2015 年的出手控制，本來是正確的。問題在於，從 2 千 2 百點，半年間升至 3 千點、4 千點，已經是很離譜的事，政府在 5 千點才出手，以控制配資來冷卻股市，未免是太遲了。

也就是因為它的出手太遲，才會一直止瀉不住，急跌至 7 月 9 日的 3,373 點，李克強總理發動了「暴力救市」，股市才叫做穩定下來。

所以，中國政府所做錯了的，並非是出手救市，而是在於它應該在 4 月 8 日，股市在 4 千點之時，已經要出手，而不是等到了 6 月 5 日，當股市升到了不可收拾的境地，才逼得使用「暴力救市」這一劑猛藥。

但如果從炒股票的角度，去看這事件，我也並不認為中國政府並沒有在 4 千點時動手。一般來說，莊家在股價高到太過不合理的地步時，首先會做的，是把手頭的可以沽出的股票逐步沽出，去冷卻股市，例如說，那些「橫手」控制的股票，表面上並不在大股東名下的，便會乘着股價高時，逐步沽出。

所以，如果按照正常的炒股做莊思路，中國政府早在 4 月前後，是已經逐步把手頭上的股票沽清，趁着高位套現，到了沽無可沽時，才出動政策，去試圖冷卻股市。

如果一個莊家，從 4 千點沽到五千點，愈沽愈高，它應該從哪裏開始撈底，才適合呢？答案是跌至 3 千點至 4 千點之間，才去慢慢收貨，這才有足夠的利潤。

所以，股市跌到 3 千多點，根本是中國政府的預期範圍，也是它所希望發生的事情，只是因為它跌得太急太快，有點失控的狀況，中國政府才要出手干預。換言之，它其實並非不想股市下跌，而只是不想它跌得太快，影響了金融穩定而已。所以，中國政府最初救市的時候，採用擠牙膏的方式，每日出招，出的力度又不夠大，正是因為一個原因：它在低位還未收夠貨，所以根本也不想它升得太快。

當失控了之後，中國政府採用了「暴力救市」，出乎大家意料的，原來「暴力」的意思，是連公安也出動了，用刑事法去拉人。我曾經寫過了一篇文章，說中國共產黨的統治基礎，是要人民害怕它。現在它要救市，你還要沽空，這不是

錢的問題，也不是金融穩定的問題，而是你不聽政府的話的問題，這是撼動了政權的權力基礎，所以非得去作出懲罰不可。

因此，政府非得調控股市不可，再説，該次炒股，也有其政治經濟目的，尚未達成，股市當然也不能跌。不過，政府炒的，當然是它自己的股票，例如國企，要它付錢去買回股票，頂住股價，也只會頂住自己的股票，總不成會送錢給民企花咩！換言之，「暴力救市」的對象，也僅限於這些大型國企而已。

從政治角度去看，對於中國政府，需要的是 certainty，這並非因為管理的問題，而是因為政治的問題：你能決定一切，像神一樣，主宰着子民，人民才會信服你。反之，如果發生了狀況，老細只是説盡力做，都沒有 certainty，又怎能服眾呢？這就是孔子説的：「民無信不立。」

以上的故事，是用來解釋，為甚麼在 2015 年的股災，中央政府要採用「暴力救市」的政策。因為中國的共產黨政府之所以能夠管治人民，是因為它要令到人民覺得它無所不能，順我者昌，逆我者亡，反之，如果人民認為它連股市也控制不了，這會令人民對政府生出了懷疑，從而動搖了統治的有效性。因此，中央政府救市，是有着其政治任務的。

炒股實戰

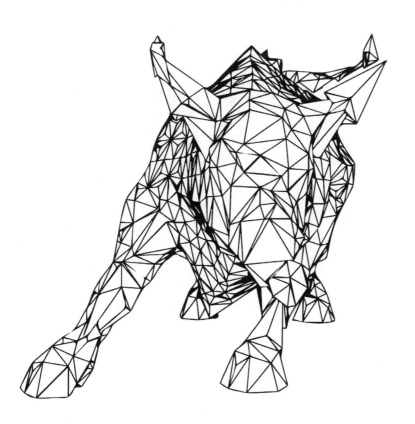

序

炒股票，和其他所有的工作一樣，其知識分為理論和實務兩部份。《炒股密碼》講的是理論，《炒股實戰》講的是實務，這兩者是相輔相成，不可分的。

10年前我寫《炒股密碼》，提出了「財技炒股法」，在當時，是從來沒有人講過的最新知識，但現在，財技炒股法已經成為了無人不識的基本知識了。很明顯，這一本《炒股實戰》不可能繼續在財技炒股法之中糾纏，正如英雄也莫提當年勇，而是必須推陳出新，融合更多更新更齊全的炒股知識，方能長期站在炒股知識的最尖端。

這些年來，太多的新晉財經作者湧現，對於他們的挑戰，我只能效法1990年的戴卓爾夫人所説的：「Current status: 650 applicants and no vacancy.」本書的出版，就是對這句豪言的注腳。

經過了十年來不綴的寫作和思考，對於投資和股票的知識，我已到了前無古人，後無來者的地步。當年王安石登飛來峰，賦詩曰：「飛來山上千尋塔，聞説雞鳴見日升。不畏浮雲遮望眼，只緣身在最高層。」

第 一 部 份
實戰理論

1. 買賣股票的成本

　　《炒股密碼》講的是股票的理論，也即是股票的基本原理，閣下手持的這一本《炒股實戰》，主題則是炒股票的實務，換言之，是一本實戰手冊。然而，縱是實戰，也有實戰的「理論」：打個比方，牛市和熊市，以及其波動的形式，是股票的理論，但如何根據以上的理論，去制定在買賣中取勝的策略，以及有關的基本知識，就是實戰的理論了。至於買賣過程的細節，則是實務。以上兩者，即實戰的理論和實務，均是本書內容涵蓋的範圍。

1.1 交易收費

　　買賣股票的成本，最基本的，就是收費。這包括了很多苛捐雜項。

1.1.1 官方收費

　　1. 交易費，0.005%，交給交易所，也是買賣雙方均要交付。

　　2. 交易系統使用費，買賣雙方均要付，每宗交易港幣 0.5 元。投資者賠償徵費，本來是買賣雙方各付每宗交易金額的 0.002%，但因為賠償基金的淨資產值已經超過 14 億元，證券及期貨事務監察委員會於 2005 年 12 月 19 日起暫停投資者賠償徵費，但不排除以後花光了這筆錢之後，重新再收。

1.1.2 過戶費

　　當上市公司派息，供股時，會宣布截止過戶日期，即英文的「book close date」，或是股東須履行權責的指定日期，中央結算會向證券商，即銀行及經紀行，徵收登記及過戶費，總數多少視乎證券商在中央結算戶口相對上次收取該費用時的淨額增加股數。

　　換言之，如果你買了 A 股票，它又永不派息、供股之類，用不著過戶，便不用付出此費用。你買了某股票後，只會付出一次過戶費，便永遠免疫，用不著再付。然而，如果你沽出了該股票，其後又買回來，又要再付一次了。

　　記得在大約 2001 年，我買了「大凌集團」(211) 的股票，這是一隻仙股，後來它宣佈派息，其老闆得意洋洋的向我表示，派息給股東，是多麼的慷慨。我忍不住說：「你派息，我付過戶費，還要蝕本呢。」

現時的過戶費是每張 2.5 元，由買方支付，近年曾經減價，因此當年的收費更加貴。請留意，這是以每「張」去計算，不管幾多股，只要是一張股票，便要付 2.5 元。由於仙股的價格低，以張數來作計算單位，股民便很吃虧，因此當年我是收取的股息不足夠付過戶費。但由於那位主席手頭的股票早已過戶，因此他並沒有留意到這些小事。

負責上市公司股票過戶的機構，叫「股份過戶登記處」，它是私人公司，由上市公司自行委任，專門處理上市公司和其股東之間聯繫的中介機構。

根據《維基百科》，股份過戶登記處的工作範圍包括了：

1. 股份及認股權證的轉讓登記，及有關資料／文件的保存，更新股東名冊
2. 新股上市的認購者資料登記、新股分配、新股股票及退款支票的印發等
3. 行使認股權證、供股權等附隨的認購權及員工供股權
4. 合併／拆細新股／認股權證證書
5. 行使可換股證券／債券
6. 現金股息／以股代息股份的股東身份確認及發放
7. 處理報失及重發股息單、股票／認股權證
8. 公開配售股份／認股權證
9. 遺囑認證及其他法律性文件的登記
10. 接受公眾查閱，有關上市公司的股東登記冊／認股權證持有人登記冊
11. 處理上市公司與股東之間的通訊（年報及通函等之寄發、股東查詢等）

1.1.3 實貨股票

有一種叫「轉手紙印花稅」，只適用於實貨股票，即是一張張的股票 (hard certificate)，初次在市場沽出，才會收費。不論股份數目多少，每張新轉手紙須繳納轉手紙印花稅港幣 5 元予政府，由賣方負責繳付。

以上是把實貨股票存進中央結算系統的收費，以下則是從中央結算的系統提取實貨的收費，也即是透過銀行或證券商在交易所的平台，買了股票之後，繼而提取實貨，銀行或證券商也會按手數收取提倉費，並設有最低收費或手續費。

《蘋果日報》在 2008 年 9 月 19 日比較過匯豐、恒生、中銀、永隆、永亨等 5 家銀行，和大福、新鴻基、耀才、輝立、時富、東亞等 6 家證券商的收費。提取實貨的收費以每手計的順序是：永隆 10 元最高；東亞 8 元，匯豐、永亨、時富、輝立、新鴻基是 5 元；恒生、耀才、中銀是 3.5 元；大福是 1 元最低。至於最低收費，新鴻基、輝立、東亞是 100 元最高；永隆、時富、大福是 50 元；匯豐、恒生、中銀、永亨是 30 元；耀才不收，但每次另收手續費 100 元。像我這種沒耐性的股民，當然是永遠不會提取實貨股票，免得麻煩，放在家裏，既怕遺失，又怕毀壞。但是很多老牌投資者，並不相信中央結算系統，反而喜歡提取實貨股票。請注意：

實貨股票必須再存進中央結算系統，驗明屬實，才可以在交易所平台沽出。一般來說，從存貨到可以沽出，大約需時十天，因此，電影《竊聽風雲》中存進實股、馬上沽出的情況，並不可能出現。

1.1.4 派息手續費

中央結算會向證券商收取現金股息總值的 0.12%，作為代收股息服務費，證券商會把將此費用轉嫁給股民，有時還會額外加收，銀行通常會收得更貴。至於持有實物股票的投資者，他們要找過戶公司去登記派息，不同的公司的收費不同，但要每次付款，派息的次數越多，股民也要付出更高成本。

1.2 經紀佣金

這是由銀行或經紀所收取的費用，間間不同，最低居然到達了 0.01%，即是市場俗稱的「1 滴」，有的還用免佣來作優惠，當然有附帶條件。也試過有人同我提出，只要每月保證有 50 萬元佣金，就封頂，就算有 100 億元的買賣，都只收 50 萬元。

在以前，最低佣金是 0.25%，即是 25 滴，但在 2003 年，取消了最低佣金，從此便陷進了減佣的惡性競爭。但一般來說，銀行仍然是收 0.25% 的最低佣金，如果證券商的客戶是孖展戶口，即是向證券商借錢，券商也不會客氣，同客戶收足 0.25% 的佣金。然而，如果客戶來足現金，不借錢，當然有條件和券商講價，要對方收取較平佣金。

至於首次公開招股交易，即新上市 (I.P.O.)，經紀佣金為申請款項的 1%。

1.3 經紀佣金

你在股票市場買賣，這是利用政府的法律保障去做交易，當然要交稅，說句笑話，也是老實話，不交稅，政府就沒有誘因去保障你的合法權益了。

1.3.1 印花稅

印花稅即是法律文件所收取的轉名費用，英文「Stamp Duty」。「Stamp」就是蓋印，也即是由政府蓋印去證明這份文件的轉讓是合法、並且經過了認證。很多文件轉名都要交印花稅，例如說，買賣樓宇，而每種不同的文件也有不同的印花稅，像買賣樓宇，由買方負責交付，其印花稅是累進的，從最低的 100元，到最高可以接近 30%。在股票，則買賣雙方都要付錢，稅率劃一是交易額的0.1%。請記著，無論是私人公司股票，抑或是上市公司股票，要想轉名，同樣要

付出印花稅，就是上市公司股票，以私人方式用 bought and sold note 去作轉名，照樣要付印花稅。

有很多國家都不收印花稅，如美國、日本、台灣則有類以的稅項，名叫「證券交易稅」。交易徵費，由 2014 年 11 月 1 日起，買賣雙方須分別繳納每宗交易金額的 0.0027%，這是交給證監會的費用，用以支持證監會的運作。順帶一提，在此之前是 0.005%，現在是減了價。

1.3.2 股息稅

在香港，收股息不用交稅，但在不少地方，股息也要交稅，例如說，在中國內地，從 2013 年 1 月 1 日起，A 股對於股息紅利所得按持股時間長短實行差別化個人所得稅政策：持股超過 1 年的稅負是 5%、持股 1 個月至 1 年的稅負是 10%，持股 1 個月之內的稅負是 20%。至於在香港購買的 H 股，投資者並非個人名義，派息時將會被扣起 10% 繳稅，因為中央結算系統是一間公司，所以要付出這費用，變相是九折收息。但是，如果你提取實貨股票，變成了私人擁有，則可以避免付出這稅項。當然了，這時你需要付出提取實貨的成本，正如前述。A 股和 H 股在派息抽稅方面的差別對待，並不限於中國，如果外國人買賣美國股票，所交付的股息稅，非但和美國人不同，不同的地方也有不同的稅率：中國內地是 10%，香港和台灣則是 30%。所以，在美國，有的股票是完全不派股息，例如巴菲特的旗艦公司「巴郡」，這便可以省回了股息稅的支出。

1.3.3 所得稅

所得稅就是「income tax」，在香港，這包含了公司賺取的叫「利得稅」(profit tax) 和私人賺取的「個人入息稅」(salary tax)。買賣股票賺錢，究竟算不算是「income」，需不需要交稅？在香港和新加坡，原則上免稅，其定義是：在新加坡，專業投資者則例外，利潤要交 17% 的營利事業所得稅率。是不是專業投資者，由新加坡稅務局去自行判斷。至於在香港，對資本增值不徵稅，但如果投資者在短期內頻繁炒作而獲利，其所得可被稅務局裁定為經營性所得，個人入息稅率是 15%，利得稅率是 16.5%。但如果公司在其他的經營上有虧蝕，則可扣除，如果公司有支出，例如租金、薪金、交際費等等，則可從此扣除。

美國則索性把股票的買賣賺蝕，以及股息收入，當作是所得的一部份，合併報稅。如果是外國人，在美國 1 年內居住不到 183 日，則可免交。

日本則另有專門供股票的稅率，即 15%，另加住民稅 5%，在 2013 年前上市的股票的稅率則是 7%，另加住民稅 3%。所謂的「住民稅」，是日本的獨有稅項，是交給申報戶籍所在的地方政府。至於非日本人，則要照交 20% 的所得稅。

美、日兩國都可把虧蝕在利潤中扣除來作課稅，但美國有上限 3,000 美元。

在某些國家，可能是只有大戶，方要交付所得稅，例如韓國，本質上炒股票賺錢是不用付所得稅，但持有該上市股票 3% 或市值超過 100 億韓圜之大股東交易的利潤，則要課稅。在香港上市的「普拉達」(1913)，即意大利國際名牌 Prada，由於在意大利註冊，按當地法律，持有逾 2% 股權的大戶股東，若沽貨獲利，須繳付意大利稅項，其中 50.28% 資本收益可免稅，餘下 49.72% 資本收益則按一般稅率 27.5% 課稅，即大約是利潤的 13.67%。

1.3.4 資本增值稅

　　股票的短期炒賣，很多時會被當作是收入，因而要交所得稅。但是，如果長期持有之後，沽出獲利，就是交付「資本增值稅」(capital gain tax)。通常，資本增值稅的稅率會比所得稅為低，有一個折讓，否則用所得稅就可以了。換言之，在有資本增值稅的地方：

　　1. 長期持有股票要交稅。

　　2. 長期持有的股票所交的稅率低於所得稅。美國便是有資本增值稅的國家，如果持有股票不足 1 年，便要交付普通所得稅率，即是 35%，但如果持有超過 1 年，則要視乎納稅人是在哪一個收入／交稅級別，如果他是付出 10% 和 15% 的中收入人士，要付 5% 的資本增值稅，如果他是 25%、28%、33%、35% 的高收入人士，則要付 15% 的資本增值稅。

1.4 資金成本

　　你用資金來買股票，而資金是成本的一種。通常，買股票所投入的錢，就是你最大的成本。

1.4.1 利息成本

　　所謂的「利息成本」，有 3 種意思：第一是無風險的利息成本，也即是美國債券。這是一個概念上的用法，很多時計算風險／回報，都會用到這個概念，來作計算。第二是你把資金存進銀行，所收取的利息，甚至是定期存款的利率。第三是如果你借貸／孖展來炒股票，你所付出的利息成本。

1.4.2 機會成本

　　《維基百科》對「機會成本」（Opportunity Cost）的定義是：「指決策過程中面臨多項選擇，當中被放棄而價值最高的選擇（highest-valued option foregone），又稱為『替代性成本 (alternativ ecost)』，就是俗語的『世上沒有免費午餐』、魚與熊掌不可兼得。例如某甲現在有 1 小時時間，可挑選 A、B、C

同樣都需要花費 1 小時才能完成的三件事之一來做，他若選擇了 A，就得放棄做 B、C 二事的機會；若選擇了 B，就得放棄做 A、C 兩事的機會。又如在選擇了某項社會福利（如創業津貼）後，受到固定資源的限制，他便得失去選擇其他福利（如選擇國民住宅）的機會—則國民住宅福利即為選擇創業津貼福利的『機會成本』。」

如果你不把這筆錢去買 A 股票，可以用來買 B 股票，可以用來買樓，甚至可以用來花光光，亦可以甚麼也不做，只是存進銀行，收取利息。因此，我們可以說，前述的利息成本，也是機會成本的一種。

在經濟學的概念，機會成本是真正的成本，同樣地，在炒股票的世界，機會成本才是真正的成本。在下文會說到的投資組合策略，機會成本是非常重要的概念，因此必須要把這概念常放進腦袋裏。

1.5 投入

以上的成本，作為一位股票投資者，是必須付出、不付不成。但是，有一些成本，卻是任由投資者自行決定去付出與否。我姑且把這稱為「投入」(input)。查實經濟學上的「投入」，是把資本也加上去，不過我也已聲明了，這裏所說的「投入」，只是作者還未想出最恰切的名詞，姑且的用法，和經濟學的用法有所不同。

1.5.1 時間成本

我們買某隻股票，一定有一個原因，可能是作為專業人士，精研多時，所得出來的心得，也可能是看傳媒專欄作家周顯所推介，更可能是隨便聽三姑六婆的八卦貼士。我本人甚至聽過按腳師傅的推介。但每種揀股方法，都需要花時間，甚至是掟飛鏢揀股票，也要去到有飛鏢的地方、在鏢板加上股票號碼、掟飛鏢、看結果⋯⋯

大家都知道，時間就是金錢，縱然不可以把時間直接換回現金，但時間可以用來賺錢、也代表了享樂。有些人的時間成本很高，例如說，大明星，但就是的士司機，時薪不高，其工作時間也可以換取金錢。我們甚至可以說，玩樂的時間成本也很高，大部份人都覺得，假日十分重要，寧願少收一天薪水，也希望多一天假日。不消說的，那些很多女朋友的花花公子，也一定覺得時間如金。換言之，純從概念上，你也可以把時間成本當作是機會成本之一。

因此，結論是，你投入股票活動的時間越多，時間成本也就越高。

1.5.2 金錢支出

很多時，我們甚至要付出金錢，去輔助炒股票。在以前，人們買財經報紙，

去看股票消息，今天則可以上網了。但是，不少人會付錢，去購買股票資訊，像我的司機，便是沈振盈大師的長期訂戶。我約朋友吃飯，飲茶灌水，花不少錢，也不過是為了交流股票消息。我付出月費，是為了看股票報價和資訊……以上這些，都是炒股票的「投入」，卻是非必要性的，但我認為，卻可以對炒股票的成果有所幫助。這正如我花更多的時間，去研究股票，也很可能對炒股成績有幫助。

1.6 成本和收益的正比與反比

以上說了很多成本，但，這是不是成本越低，收益越高呢？抑或是成本越高，收益也越高呢？

很明顯，如果政府、交易所、利息等等的收費越高，必然侵蝕到你的利潤，將會令你贏得更少、或輸得更多。但是，有關投入方面，卻是投資的一種，理論上，應該是投入越大，成功的機會越高，但這其中的關係，卻並沒有必然性。

例如說，你花時間花錢，請一個人吃飯，他給你股票貼士，誰知卻是山埃貼士，令你輸錢，這也是常有的劇情。如果你的資質不高，或者研究的方法不對，再花更多的時間去研究股票，也不會得出更佳的成績。

最後，我記得有人問過我，為何一開始炒股票，馬上便贏錢呢？我的回答是：

「因為好運。」在炒股票的世界，沒有什麼比好運更加重要的了。這在中國的古語叫做「一命二運三風水，四積陰德五讀書」，研究只是排第五而已。不過，縱使只是排第五，但長期而言，只要有稍微的優勢，根據大數定律，也可以獲得勝利。

總括而言，炒股票的成本和收益，在收費的部份是呈反比，在時間和金錢的投入部份是呈正比，大體上如此。

2. 風險

風險其實是成本的一種。你打電話去外圍賭足球，不用馬上付錢，結果贏了1萬元，這究竟是有沒有成本呢？答案是：有。因為你付出了風險，一旦輸了，你真的要付出1萬元。不過，由於風險這概念實在太重要，分析也很長，因此必須另開一章。

人們的行為很奇怪，一個人平時可以慳儉得一毛錢也捨不得花，但是卻可以輕易相信別人的一句話，買一隻股票，賠上了一大筆錢。而這個介紹山埃股票的仁兄，如是股神，也還罷了，但卻往往只是一條茂李，可能只是一個做普通工的半文盲，這樣都信得過？

這正如一名阿婆，可以輕信一個陌生人的幾分鐘說話，用了畢生積蓄，買下了大批能夠殺死千年蟲的「杜蟲藥」，以為可以一下子轉手，便賺幾倍的錢。

《呂氏春秋》把章節分為八覽、六論、十二紀，其中的「覽」，意即是「view」，也即是「觀點」。八覽之一是「先識覽」，「先識」就是「先見之明」的意思。《先識覽》有一段這樣的故事：齊人有欲得金者，清旦，正衣冠，往鬻金者之所，見人操金，攫而奪之。吏搏而束縛之，問曰：「人皆在焉，子攫人之金，何故？」對吏曰：「殊不見人，徒見金矣。」

那人在晨早流流，執靚衣服，跑到了「周大福」，眼中只看到金，伸手便搶，即使眾目睽睽也無暇注意到了。簡單點說，這叫做「利令智昏」。

大家以為這位仁兄很傻，但是在投資的世界，利令智昏的案例實在太多，人們往往為了回報，卻往往忽略了風險。當然了，這種傻事，我也曾經做過了不少。輸股票，多半是因為這個原因。

2.1 股票的 6 種風險

說到「風險」，經濟學大師 Frank Knight 把它分為「風險」和「不確定性」，我且不管經濟學是怎樣說的，但在投資的世界，這種說法並不精確。

在投資世界的「風險」，分為以下的幾種：波動風險、流通風險、下跌風險、系統性風險、停牌風險、個人風險。

2.2 波動風險

一隻股票並不一定要大跌特跌，永不翻身，才令到股民遭受到損失。常常被人忽略了的，就是「波動風險」。一隻股票先是下跌了一半，然後再上升四倍，相比它直接上升一倍，兩者在數學上的結果是一樣的，但是很明顯，這兩者是大有分別的。大船和小船雖然同樣有下沉的可能性，但是，小船縱是不沉，給波浪衝得忽高忽下，船客也是絕對不會好受的。

假使有一隻股票，先是在一年之內，上升了 9 倍，從 1 元升至 10 元，繼而在第二年，跌去了 90%，即是還原回到 1 元的股價。如果以兩年的時間軸來看，這股票的價格沒升也沒跌，可是，它已經是星移物換，輸死了不少股民了。這種可能令到股民蒙受到極大損失的風險，就叫做「波動風險」。換言之，波動風險就是股價在中短期的不穩定性：波動性高的，股價就比較不穩定，容易大升或大跌；波動性低的，股價則比較穩定，無論是升是跌，走勢都是比較緩慢。

以「蒙古能源」（276）為例子，在 2014 年的股價，跟 2007 年的差不多。如果有一個人，在 2007 年買了這股票之後，再乘坐時光機，來到了 2014 年，把「蒙古能源」的股票沽出了，他將會很沮喪地發現，這公司的股價在這七年間，並沒有甚麼大變。另一個例子是「天工國際」（826），它在 2013 年下半年的股價一直在 1.8 元至 2.1 元之間徘徊，踏進 2014 年，股價急升，升至 1 月 14 日的 2.63 元的高位，它在 4 月底開始急跌，跌至了 6 月 18 日 1.11 元的最低位，跟着它又開始慢慢回升，到了 8 月 22 日，居然又升回了 1.9 元的價位。如果有一部一年的時光機，從 2013 年 8 月 22 日走至一年後的同日，這個人將會發現，股價在一年之間，只是從 2.06 元跌至 1.9 元而已，一年間的波幅，還不到一成。

有一些二三線股，突然爆出醜聞，馬上拉閘關門，股票變成廢紙，這些人間慘劇，一年總發生幾次，在我記憶中，「東寧孖寶」正是好例子。有時等了一年又一年，終於重新「開門」，首天大跌數十巴仙，前述的「新銀集團」（988，已易名為「樓東俊安資源」）便是例子。藍籌股不會突然執笠，至少迄今為止，我未見過，就是在 2008 年突然出事的「中信泰富」（267），最後也能安然無恙，頂多是股價大跌，而不會永遠停牌。它們的股價波動相對較少。但這不一定是好事，當買賣成本固定了，較小的波幅意味較難回本，即是成本效益較低。

2.3 流通風險

前文我曾經要用市值來為股票分類，最主要的理由，是流通性的問題。所謂的「流通性」，意即在市場出售股票，把它變回現金的能力。所有的資產，都是可以被買賣，出售之後，就可以變回現金，皆因貨幣就是所有商品交易的媒介，反過來說，如果資產不能出售，不能變回現金，這種資產就不能說成是「資產」了。理論上，每一種資產都可以出售，變回現金，但是，每一種不同的資產，變回現金的能力是不相同的。換個比較專業的說法，就是它們的「流通性」並不相同。就以股票為例子，我們要沽出價值 1 萬元的股票，十分容易，不管是哪一隻股票，都可快速的沽出這個數目，但是要沽出 100 億元的股票，就很困難了，就算是要沽出「匯豐控股」這種市值大、成交量也大的巨無霸，也是困難的事。這種困難，可以用兩種方式去表達：第一，是必須用很長久的時間，才能夠完成整個沽售的行動，第二則是要用比市場價格更低的折扣價格，才可以把股票沽出。

換言之，流通性高的股票，可以更短的時間、更低的差價、沽出更大數量的股。

　　反之，流通性低的股票，要麼用更長的時間去沽出股票，要麼要提供更大的折扣，要麼只能沽出極少數量的股票，三者最少居其一，但很可能是三者均要。反映流通量的客觀指標，是它的成交量，所以，在理論上，只要一隻股票的成交量夠大，它的流通量便很高了。然而，一隻股票的流通性是常常改變的。

　　例如說，在 2012 年至 2013 年間，「恆力商業地產」（169）的成交量一直是在幾萬股至幾十萬股之間，最高也只有一百多萬股，有很多天甚至是完全沒有成交。當時它的股價是 0.3 元左右。然而，到了 2013 年 4 月 10 日，它宣布賣殼給中國的地產巨頭「萬達集團」，當日的股價急升至 1.95 元收市，成交額是六千多萬元。在跟着的日子，它改名為「萬達商業地產」，成交量也長期維持在百萬股的級數。尤其是一些沒有實質業務的財技股，可能有一半以上的成交量，來自莊家活動。

　　例如說，「中國 3D 數碼」（8078）在 2014 年 6 月 10 日的成交量是 0.2 億股，在翌日，則急增至 2.32 億股，一天之內，升了不只十倍，我相信這當然是由莊家活動所致。因此，如果用成交量去決定一隻股票的長期流通性，很可能會有所偏差。就算我們是用「年」為單位，去計算其每天的平均數，但由於每天成交量的差別實在太大，這也是得不出一個有意義的答案來。

　　所以，我會選擇用一隻股票的市值，去衡量它的流通性：市值大的，流通量便大；市值小的，流通量便小。例如說，在 2014 年 8 月 22 日市值為 1.5 萬億元的「匯豐控股」（5），相比起同日的市值為 7.55 億元的「大凌集團」（211），前者的流通性遠遠高得多。我當然知道，用市值來作為衡量流通性的標準，是有着局限性，甚至是市值本身的計算，也需要作出某程度的修正。以「中國移動」（941）為例，其市值是 1.93 萬億元，相比起同日的「匯豐控股」的 1.5 萬億元市值，多出了接近三成。

　　但是，以我所知，「中國移動」這公司，其大部分的股票，即是 73.99% 的股票，是握在中國政府的手上。換言之，它的真實流通市值，是［1.93 萬億元 x26.01%］，即是 0.5 萬億元（約 5,020 億元）而已。相比之下，「匯豐控股」並沒有任何的大股東，是全流通的股票。如果從「流通市值」的角度去計算，那麼，「匯豐控股」的流通市值，又遠遠的高於「中國移動」了。

　　然而，為甚麼我們不可以用「流通市值」去計算一隻股票的流通性呢？一來，這是多了一個變數，計算是複雜了一步。二來，有很多股票的部分流通量，是握在不記名的「人頭」，即是代理人的手裏，儘管這並不合法，卻是流行的做法。這即是說，我們難以計算出一隻股票的真正「流通市值」，因為我們只能夠從公開資料中，查知其大股東及一致行動人士在明裏的持股量，但是他們在暗裏持有的股票，則是不能被察知的。既然我們不可能知悉一間公司的真正流通市值，倒不如偷懶，只算其總市值，更為省事。

如果我們要作出更深入的理論性探討，不妨問一個問題：為甚麼市值愈高的公司，其股票的流通性也愈高呢？或許我可以用這個方式來作出解說：市值愈高的上市公司，一般來說，意即有着更多的股東，即是更多人持有它的股票。

理論上，現時持有股票，和現時／現價位不沽出這股票，兩者是等價的。再進一步去想，如果在現價位持有它的股價，即是認為，它的未來價值和未來價格，是高出現時的股價。這同時也代表了，有很多股民有興趣以現價位、更低的價位，甚至是更高的價位，去購進這股票。因此，市值愈大的股票，其潛在的買家也會更多，這也是一條鐵律。

有關這個課題的分析，在後文討論有關「公司重組」的部分，將會作出更深入的研究。總之，這裏的結論就是：市值愈大的上市公司，意即有着更大的客戶基礎，因此其流通性也會更強。

至於第二個結論，是從第一個結論，以演繹法的方式，去推論出來的：藍籌股的流通性比二三線股高，二三線股的流通性比細價股高。然而，這個結論只是統計學上的計算，這好比我們說白種人比黃種人長得高，這只是就統計學上，白人普遍長得比黃種人高而言，但是在個別的例子而言，仍然有長得很高的黃種人，例如身高 2.29 米的籃球明星姚明，也有身高只有 1.52 米的白種人明星 Danny DeVito。這好比有一些二三線股的流通性高於藍籌股，一些細價股的流通性高於二三線股，但這並不能否定以上的結論。但更要小心的是，在股市暢旺時，細價股可以一天幾千萬元，甚至是過億元的成交，但是，當市況逆轉，它又可以突然變成極低，甚至是零成交，也很可能完全沒有買盤。一旦買了細價股，它卻突然消失了大部份的買盤，俗語云「熄燈」，蹬這種狀況，就是蹬到了流動風險。

2.4 下跌風險

很多人認為，藍籌股比較安全，我也並不否認這個說法，因為「安全」的定義有很多種，而我也常常說，在股票世界的風險一共有五種，藍籌股至少可以避開其中的兩種：波動風險和流通風險。但是，它卻並不能夠避開下跌風險。然而，很多人認為藍籌股不會大跌，因而認為它很「安全」的，那就是笨蛋了。下跌風險，簡單點說，如果在股票的世界，就是股票價格的下跌。股票就像是船，不管多堅固、多巨大、多安全的船，都有可能沉沒，就是在一百年前被《The Shipbuilder》雜誌指為「practically unsinkable」的鐵達尼號，最終也是沉了。所以說，如果從下跌風險的角度去看，任何股票都有機會下跌到變成零，就是當年被喻為絕對安全的「滙豐控股」和「香港電訊」，均有有大跌的可能性。不過當然了，有的股票的下跌風險比較大，例如說，那些擺明騙人的垃圾股，長期而言，幾乎肯定會下跌，至於那些資產實力雄厚、作風穩建的老牌股票，如果當時的價格不貴，下跌風險就比較低。

「電訊盈科」（8）是經過了重要的收購與合併之後才大跌的，可以視作特殊例子，姑且不算。1992年的「麗新國際」（191）是藍籌股吧？

1997年的「新世界發展」（17）是藍籌股吧？在2000年買了和黃（13）的人，回想起來不會覺得它安全吧？因為以上的這些藍籌股，在某一段特定時間，均是跌個不亦樂乎，幾年間跌了好幾成。

在寫這段時，我同時打開了「恆指服務公司」的網頁，在這裏列出一些曾經是成分股的公司：「寶光實業」（84）、「華光海運」（2000年被私有化）、「永安國際」（289），至今股價如何？「和記企業」和「黃埔船塢」還在，但已是「白頭宮女話天寶」，出現了困難後，先到了匯豐的手上，再賣給李嘉誠，兩間公司也合併了……說到這裏，相信沒有人敢說藍籌股安全吧？

我不否認藍籌股的股價比中型股更加穩定，但這只是就「波動風險」而言，但是就「下跌風險」，兩者是分別不大的。

世事難料，浪花淘盡英雄，蝴蝶效應，江山代有能人出，說甚麼都好，總之任何公司都難以永久存在，所以，藍籌股永久存在的可能性，也是很低的。美國的道瓊斯平均工業指數創立了一百多年，一直存在於指數成分股裏面的，只有一隻「通用電氣」而已。

長期而言，沒有任何股票是安全的。就算買了藍籌股，也得時時刻刻注視着籃子裏的雞蛋，這是一條定律。很多人買下了藍籌股之後，便服從「長期持有」的規條，因而放鬆了戒心，這也是錯的。

以上的這一段寫於2007年的初版，在2009年的再版，我寫了一段「馬後炮記」：「寫完此段後不足一年，港股跌了一半，相信沒有人再敢說藍籌股是安全的了。（按：是因為發生了金融海嘯。）但當我先前向別人談起上述理論時，卻被當成傻瓜。先知被當成傻瓜的滋味是很痛苦的，不單在當時痛苦，當預言應驗後，人家亦常常忘記了你曾經是先知，因為時間太久了，除了先知本人之外，誰記得這種無聊事？因此我必須要不停地提起（我是先知）這件事，以加深大家的記憶。」

簡而言之，從長期的角度來看，藍籌股的下跌風險，的確是少於二三線股，二三線股的下跌風險，也少於細價股，這好比一艘大船，沉沒的可能性比小船為低，這是事實。但是，大船始終是有機會沉沒的，不過，它縱是要沉沒，也會沉得比小船慢，這也是事實。

2.5 系統性風險

《維基百科》對「系統性風險」（Systematic Risk）的定義是：「又稱『市場風險』或『不可分散風險』，是影響所有資產的、不能通過資產組合而消除的風險。這部分風險是由那些影響整個市場的風險所引起的，例如：戰爭、政權更

迭、自然災害、經濟周期、通貨膨脹、能源危機和宏觀政策調整。無論怎樣分散投資，也不可能消除系統性風險。避免集中投資於單一市場可減少系統性風險。單項資產、證券資產組合或不同公司受系統性風險影響不一樣……」

我會把「系統性風險」稱為「天災風險」，即是說，一種突發的，難以預測得到的事件，影響到你的投資，例如說，突如其來的股災。Frank Knight 把不可計算的風險稱為「不確定性」。但如果從投資的角度去看，只要把「天災風險」加上一個任意數值，例如說，20%，這好比會計學上的 contingency 撥備，例如說，每逢一個投資計算，把它加上 20% 的下跌風險，長期而言，便可以為「天災風險」作出風險管理。

事實上，如果把全球性股災也視為系統性風險的一種，這就像香港的十號風球一樣，雖然無法預測，但卻可以用統計學計算出來，每逢幾年，又或是十年八年，便會發生一次，這根本是可以預防的。

2.6 停牌風險

停牌指的並非短暫性停牌，而是長期停牌，這也包括了公司的清盤和倒閉，而且是突然的，無預警的，相等於投資者的 total loss。其實，這也等同於系統性風險的一種，不過系統性風險針對的是整個大市，而停牌風險針對的是個別股票。

2.7 個人風險

最後一種，是更多人忽略了的，就是「個人風險」，也即是說，投資雖然沒出問題，但是你的個人狀況卻出現了問題，例如說，生了重病，急需用錢，這便會打破了你的整個投資大計。

記著，投資不是純數學計算，而是個人的活動，它的決策，離開不了個人的特殊情況，如果忽略了這一點，那就永遠沒法子成為真正的投資高手。

2.8 風險不一定是金錢

風險不一定是金錢的可能損失，它既可能是時間的損失，也可能是其他，例如說，你借了高利貸來買股票，一旦輸了錢，還不起本利，可能損失了生命。

2.9 風險的其他理論

講到風險，其實還有很多理論要講，但這些我將會歸納在《投資密碼》中講，否則本書的內容將會洋洋灑灑，沒完沒了。

3. 回報和值博率

投資除了看風險之外,當然要看回報,而把這兩者相加減,所得出來的,就是「值博率」了。

3.1 Picking up nickels in front of a bulldozer

「Picking up nickels in front of a bulldozer」 這句名句,中文勉強可以譯為「火中取栗」,是出自 Roger Lowenstein 在 2000 年出版的一本書,名叫《When Genius Failed: The Rise and Fall of Long-Term Capital Management,內容說的是在 1994 年至 2000 年,美國的「長期資本管理公司」從盛至衰的故事。LTCM 基金的故事,相信大家是耳熟能詳的了。它的投資模式,主要是投資在不同政府發行的不同年期的不同債券,由於債券之間有時間差別和利息差別,他們同時買進和沽空,便可以利用對沖來套利。對沖套利的利潤是很少的,但是這基金卻藉著槓桿來把利潤放大。由於這些都是政府發行的債券,安全性很高,槓桿比也可以很高,即是可以借到很多錢,把利潤放大很多倍,結果是,它在 1994 年至 1998 年間,平均回報率超過 4 成,但是在 1998 年的俄羅斯金融危機時,它受了重創,4 個月內,虧損了 46 億美元,在 2000 年清盤。

Roger Lowenstein 是前《華爾街日報》的記者,他的名句「Picking up nickels in front of a bulldozer」變成了很多不同的 版本,例如說,把「nickels」變成「pennies」,或把「bulldozer」變成了「streamroller」或「truck」,但都是相同的意思。這句話引申出來的意思,就是投資者很喜歡為了賺取繩頭小利,卻不惜冒上犧牲性命,也即是巨大本金的風險,雖然,這風險的可能性是很低很低,但,卻不是完全沒有可能發生。

我在唸大學的時候,室友是唸統計系的。這位室友有一個非常不雅的綽號,從略。有一天,我問他:「假如我去買大小,輸了 1 元,買 2 元,輸了 2 元,買 4 元,輸了 4 元,買 8 元,輸了 8 元,買 16 元……一直下去,豈不是穩賺不賠?」他的回答是:「你這是以大博小,勝出次數的機會率當然很大,但是一旦失敗,卻是損失慘重。在數學上,無論你採取怎樣的下注方式,機率都是相等的。」後來我才知道,這種輸了加注的投注方式,在賭博界的專業術語,叫作「賭纜」。

「賭纜」有很多種不同的方式,輸了加倍只是其中的一種。一旦失手,術語叫作「斷纜」,便會輸的很慘很慘,就是贏了一百次,也無法回本。

為甚麼這筆投注不划算呢?皆因風險高於回報,即是值博率不高。

3.2 預期回報率

回報率也即是「預期回報率」,因為這是未來的事,而凡是未來的事,都不

能肯定，所以只能稱為「預期」。

預期回報率分為兩種，一種是可以計算的，那是幾乎可以確定回報的回報率，例如說，把現金存進銀行的定期存款戶口，利息五厘就是五厘，七厘就是七厘，這是不變的預期。

另一種則是任意性的，即是英文的「arbitrary」：我預期購進一隻股票，可以為我帶來一倍的利潤，儘管這個所謂的「預期」，根據的是種種看似精密的計算，例如說，它的資產淨值、它的市盈率、它的股權集中程度、估計它的未來利潤……諸如此類，但其實，這些所謂的「計算」，只是「任意性」地插進一些主觀的數字，去得出主觀的答案來。這一種預期回報率，便是「任意性」的計算了。

股票的回報，便是預期回報率的一種。我們其實無法肯定股票究竟會不會升，縱是上升，潛在升幅究竟有有多少呢？然而，一個熟悉股票的投資者，會根據它的資訊，配合自己的知識和經驗，計算出一個預期回報率。但記著，預期回報率始終是一個任意性的數據，並非準確的計算。重點在於，有計算總比沒有計算為佳。

3.3 Upside 和 downside 的不對稱

所謂的回報和風險，又可以稱為「upside」和「downside」。如果要挑選股票，當然要挑出 upside 遠高於 downside 的，這又有幾個盲點，需要注意的。

第一個盲點：很多年前，我有一個好朋友，名叫「阿雞」，他很喜歡賭期指，常說：「期指是最公道的。」我心想：「期指好比賭大小，當然最公道，但我們作投資的，其實就是要找出最不公道，對自己最有利的股票。要公道，就不如去澳門玩兩手。」第二盲點，就是一句老話：「高風險，高回報；低風險，低回報。」如果你去賭場，買大小，機會率是 0.472%，賠率是 1 賠 1，低風險，低回報。如果買單一圍骰，機會率是 1/216，賠率則是 1/150，高風險，高回報。但這是賭博，不是研究股票。我們之所以研究股票，就是因為不相信效率市場的假設，而是認為我們可以憑著知識和努力，找出回報高於風險、upside 高於 downside 的股票來。我在 2017 年初，慢慢收集「太陽世紀集團」(1383)，一共買了一千多萬股。我認為，這是一隻一年難有一次的十倍股，難得捉中了，肯定要揸到底、贏到盡，方才罷休。

話說這公司本名「鴻隆控股」，在 2000 年上市，澳門猛人「洗米華」周焯華在 2011 年收購，值得注意的是：它在 2013 年至 2015 年，虧損超過 10 億元。在普通散戶的眼中，當然是媽媽聲，但在財技高手的眼中，卻必然眼睛一亮。經過了這「10 億元大清洗」之後，所有舊大股東的蘇州屎必然已經洗得乾乾淨淨，而且，原有的股東也多半對它絕望，要沽貨的早已沽清光了。然後，在去年，它

又進行了一次「一供三」的清洗。這一次「一供三」，供股價是 0.2 元，真正付款日（即法定最後付款日的前一天）的供股價是 0.21 元，只有 80% 的供股率，減去大股東持有的 56.84% 股份，即是大約只一半的股東參與供股，因此可知，此股已經是供到乾晒，我在 0.2 元至 0.25 元的價格買入，風險是十分低。

「周焯華」＋供乾晒，這兩大理由，引來了無窮遐想，皆因大家都知道，周先生的身家甚厚，胃口也巨，有心要搞一隻股票，非一百幾十億元市值，恐怕不會放在眼裏。不久後，它又發出了一條通告，就是將會改名為「太陽城集團」。在周先生的王國中，「太陽城」才是旗艦名字，其他的「太陽」，地位未免差了一級。因此，單單「太陽城」這三字，已經引來了無限憧憬。如果沒有這「城」字，目標利潤是 1 倍以上，但有這「城」字，卻要把期望值提至更高了。因此，我的期望回報率是非常高。結果過了幾個月後，這股票最高升至 0.86 元，旋即掉頭回落，我以 0.65 元的平均價沽出了全部股票，也算是得到了不俗的回報。這就是買入回報遠高於風險的股票的一個例子。

3.4 基本因素和 downside

一隻股票，可以因為消息、市場炒作，甚至是一千種原因，可以炒到完全不合情理，當年的「蒙古能源」(276)，最高市值曾經炒到一千億元。但是，當股價下跌時，究竟有沒有底呢？

我常常說：「不論是短炒變長揸，抑或是溝女變結婚，都要看基本因素，這叫做 upside 看外表，downside 看內涵。」

換言之，如果你看一隻股票的 upside，也即是潛在升幅，可以用分析員、財技、交易員，3 種方法的任何一種，但是，如果你要看 downside，就只能用分析員方法，因為這才能算出股票的基本底價……前提當然是你的計算正確，如果計錯了，那就甚麼方法也會失效。這就是：如果你用交易員和財技炒股票，可能發達，也可能輸到甚麼也沒有。但如果你用分析員研究方法買股票，至不濟，也得回公司和股票的基本價值。

3.5 贏錢和輸錢的不對稱

擲毫，贏輸機會是一半一半，100 元博 100 元，這是否公道的賭博呢？行為經濟學家 M. Keith Chen 做過一個實驗，就是先給 Capuchin monkey 一串葡萄，然後玩擲毫，猴子贏了，便額外給牠一串葡萄。接著，再玩另一次擲毫：這一次，猴子先有兩串葡萄，玩一次擲毫，如果猴子贏了，便一無所有，如果輸了，則猴子會損失其中的一串葡萄。以上兩種玩法，在數學上，原來是一樣的，但是，猴子卻會更喜歡第一種。其實，人的情況也是一樣：害怕損失，更多於貪婪賭贏。

順帶一提：原來我們是可以教懂猿猴賭博。第二點要說的是：這實驗只能用猴子去做，如果用黑猩猩，牠輸掉一定賴賬，力大無窮的牠甚至可能把人殺掉。人類和猴子一樣，喜歡規避損失，多於貪婪賭贏，因此，輸 10 萬元的潛在痛苦，大於贏 10 萬元的潛在快樂。因此，我們必須要找出回報遠高於風險的股票來投資，例如 10 萬元博 20 萬元，才有值博率。

有一天，我看到一篇文章，說在上世紀的五十年代，經濟學大師 Paul Samuelson 和同事打賭，五十五十的機會率，用二百美元來博一百美元，竟然沒有人膽敢答允。

這樣的好事，為何竟然沒有人答應呢？我想了一想，才明白其中的意義。因為在那個時代，一百美元是一個很大很大的數目，所以就算是一半機會的賭博，人們都不肯以二來博一。打個比方，如果你有一間自住樓宇，有人願意用二博一，兩間來賭你的一間，你一定不會答應。因為你輸了便一無所有，贏了雖然有三間房子，卻抵不上輸了一無所有的痛苦。但是，假如是以一博十，相信很多人都會考慮，因為這賠率實在太吸引了。

我在《我的投資哲學》曾經說過，贏的和輸的心理計算是不對等的，所以 double or nothing 雖然公道，但卻絕不划算。然而，在投資世界當中，很多人卻忽略了這一個盲點，常常希望以一博一，但是贏了十萬元所能得到的快樂和用途，卻絕對抵不上輸了十萬元的痛苦。

我在寫這一段時，卻忽略了一點，就是用全副身家來博雙倍利潤，雖然並不有利，但是用一百元來博二百元，甚至是只博一百二十元，卻是絕對有利的交易。

換言之，在投資上的所謂「值博率」的計算，並非是一條對等的直線，而是一條傾斜度越來越陡的曲線：數目對你越是微不足道，越是可以用對等的比例去計算值博率，牽涉到越是巨大的金錢數目，所需的值博率就要越高。

有一個關於值博率的故事：一位仁兄從不賭錢，有人邀他玩骰子：「一百元博三百元。」他搖頭。

「一百元博一千元。」他的心動搖了。

「一百元博一萬元。」他當然馬上答應，因為沒有人可以抗拒這值博率。由此可見，世上沒有不賭的人，只是因為值博率不夠吸引而已。只要是值博率夠吸引，誰都會參與投資。為甚麼我會寫下這一篇文章呢？話說有一天，我看到一篇金融論文，內容就是一大堆的實證統計數字，指出在投資世界，人們平均需要兩倍的值博率，即是投資一元，能博到二元。（在此需要解釋：你買 100 元匯豐控股，並不是「投資」了 100 元，因為在你的心中，匯豐控股最多只會跌去 20%，所以你的風險只是 20 元。這即是說，你的平均期望贏錢值是 40 元。）

我看了這篇學術論文後，心裏覺得有點不妥，後來才想到，此文實在有點誤導性，誤導的地方就是「平均值博率」。實則上，「傾斜度越來越陡的曲線」才是正確的描述。

4. 量的重要性

法國大哲學家笛卡兒提出的「方法論」中，說要解決大問題，最好的方法是把它分解成多個小問題，把小問題逐一解決，就能得到大問題的答案了。

這種思維，來自簡單的數學：1+1+1+1+1=5，或 2+2+2+2=8，大是小的總和。可惜，現實世界並非如此，把小的合併起來，實質得到的數字往往並非數學上的總和。我（第一次）寫此文時（作者按：本段初寫於 2007 年），是大閘蟹的季節，一隻六兩重的大閘蟹，其售價遠遠高於兩隻三兩重的。還有一些東西，是無可分割的，例如人（但你可以說某人不是東西，常常有人這樣罵我），我們不能把一個人分割，變成半個人。慢著，人是左右對稱的生物，分成兩片是可以的，可惜心臟分不了，左右腦也分不勻，而且分成兩半之後，能合回來，變回一個人嗎？

物理學上，有量變引起質變的理論。物質因受熱而質變的四個形態，從熱到冷是電漿態、氣態、液態、固態，這是最為人熟悉的，這在物理學上叫「相變」，即是連樣子都變了。有些情況下，沒有相變，也有質變，例如一塊鈾，當重量超逾了二十千克，便會產生連鎖反應，即是越來越快的核裂變，這就是核能的基本原理。核子反應堆的「堆」字，就是把鈾「堆」積至超過二十千克，連鎖反應就能產生核能，用石墨棒把它隔成幾堆，反應就會停止。股票市場和物理世界有很多相似的方，不確定性是一項，量變造成質變是第二項。我不明白這樣簡單的道理為何沒人提及過。

4.1 價格的量

我有一篇文章，叫「朝三暮四和朝四暮三」，在網上廣為流傳，其中提過合股和拆股，本質上，這種做法完全影響不了公司的營運和財務狀況，但實際上，投資者對仙股、毫股和蚊股，以及外國投資者更喜歡的「美元股」（股價超逾 7.8元），有著不同的看法。正如美國，一些傳統的大型基金甚至不會購買十美元以下的股票，真真正正是大雞不吃小米。

簡單點說，拆細成毫股或仙股，有利於散戶參與，適合希望在市場派貨的莊家。相反，合成元股或美元股則可吸引基金入場。相對而言，基金入場可期望「吃更大的茶飯」，英語是「eat bigger tea-rice」，但騙不到基金時，在市場散貨給散戶是次佳的選擇。一個失敗的例子是「黃金集團」（1031），賭股熱時合過股，但濠賭熱潮來得快去得更快，概念不夠性感便難以找到基金「落疊」，後來變身為內蒙古地產股，並且拆細。合股和拆股是自相矛盾的財技，先合再拆，顯得管理階層的進退失據。

由於價位在元、角、分的進位有著不同的意義，股價在某些關口，其漲跌格外不同於其他。舉例說，0.98 元和 0.99 元，以及 0.99 元和 1 元之間，雖然同是

相差 1 仙，但表現會有不同。通常，股價衝破 1 元後，再上幾個價位的機會比較大。這些整數的「大位」，術語稱為「心理關口」。

4.2 市值的量

「朝三暮四和朝四暮三」的主題，正是取笑大部份的投資者只懂看股價，不知市值的重要性。

事實上，不同市值大小的上市公司，其股價有不同的運行模式，這就像物理學上不同尺度的物體，服膺不同的物理規律：黑洞是大質量的事物，同質量比較小的星球的環境完全不同，雖然宇宙間也有質量極小的小型黑洞。人類這種大型動物會行會走，蟑螂這些小昆蟲更能爬牆，細菌和更小的病毒卻不能行走，只能「游泳」。原子和夸克受到很小的重力影響，其「行為」主要服從強作用力。到了最小的尺度，便會受到量子漲落的影響，可以忽然存在、忽然消失，很不穩定。

4.2.1 大市值公司

由於藍籌股有代表性，人們喜歡購買，投資理由是很充份的。羊群效應是其中一大原因：大市主要由藍籌股股組成，以此為主力，就不會跑輸大市，這就是「多人參與的同生共死遊戲」（定義請參閱後文「三種賽局」）。散戶的想法如此，基金經理的想法更是如此，因為他們的表現並非單看絕對數值，相比來說更重要的，是同其他同行的比較。比如說，在大升市中，比別人贏得少（專業術語是「跑輸大市」）固然是死罪，而在股災中，只要比別人輸得少，也可以當贏論。故此，為保住飯碗，很多基金的主力倉都放在熱門的股票之上。

正因為有著大量資金的支持，藍籌股的市盈率通常較高，即是較昂貴。不過，既然有鬥傻理論，貴買無傷大雅，只要在市場上能找到傻瓜更貴地接貨，那就可以了。在物理學上，一個星球的質量有其極限，質量太大的星球就會變成黑洞，這星球就不再存在了。這叫做「強德拉塞卡極限」，大約是太陽質量的三倍左右，視乎這星球的密度而定。同樣地，一間公司的市值也有其局限。我們身處在一個有限的世界，市場也是有限的，市場上的金錢也是有限的，故此公司的成長也是有限的。一間公司當成為市場的領導者時，霸佔的市場份額越大，它的擴張空間便越小，這是不變的定律。故此當微軟控制了全球的操作系統市場時，它的高速增長期就已完結了。它要維持增長的唯一出路，是製造全新的產品，拓展全新的市場，問題是：

1. 推出全新產品有著極大的冒險成份。

2. 沒有一個全新市場比得上它原有的軟件市場大。就算是完全相同一般的大，也給它完全攻佔了，它也只能增加 100% 的利潤。但在以前，當它的增長未到極限時，它的增長是倍數升幅的。到了極限的地步，蓋茨只能離開微軟，創一

番全新的事業，那是一個更大的市場，就是慈善市場，在這市場所得到的回報，不是金錢，而是名聲和成就感。由於公司的增長受到市場大小所限制，到了一定的程度，便會感到市場的局限。換句話說，凡是高速增長的東西，到了一定程度，便會放緩下來。因此，我對極高市盈率而極大市值的股票，都有戒心，因為高市盈率需要高速增長來維持，而大市值的股票意味著市場到了極限或快到極限。故此，這些股票是前途有限，後患無窮的。

4.2.2 投資組合的大小

　　同我合作的經紀，都是能人異士。對於朋友，不妨濫交，因為在家靠父母，出外靠朋友，朋友多，只有好處，不會有壞處。但對於合作伙伴，選擇則不能不從嚴，因為一個「Benz迫力」（辦事不力）的經紀，足以令你傾家蕩產。我在股市的決定，每每有錯，但挑選人的眼光，則從來沒有錯過。

　　話說在本人芸芸經紀當中，有一個格外出色的，也是我畢生見過最厲害的炒家，在2007年他為我賺的錢，令我送了一台Mercedes CLS350給他，你說他對我有多重要？

　　這位仁兄每年拿出來投資股票的現金，不會超過100萬，這十年來，回報少則翻倍，那應該是2002年和2003年；最經典的是2007年，30萬成本，贏了一千五百萬，真神人也。他的格言是「刀仔鋸大樹」，賺到的現金，就拿來定期存款，或者是在內地買房子，總之不會再投進股市上，所以是穩賺不賠的。

　　我們這一伙人，不乏炒細價股的高手，剛才那位仁兄當然是奇才，但所有人在2007年間，最少的都贏了數百萬元，不在話下，而且花費的成本都不用太多。事實上，就是我本人，從開始炒股票到現在，幾乎每年都能把投資組合翻倍，只是我一直以來，都把贏來的錢全花得光光的，故此投資組合的增值十分慢。

　　問題來了：這位三十萬贏一千五百萬的奇才，如果投資三百萬，是不是可以贏到一億五千萬？答案是：明顯不能。

　　拿著三十萬去投資，和拿著三百萬去投資，是完全兩碼子事。我們發掘到一隻有潛質升十倍的股票時，可以一買就是三十萬，只要真的上升十倍，就變成三百萬了，就算事與願違，它1%也沒升，只要不跌下來，把股票沽出，也能拿回本金。但是，當手裡拿著三百萬時，並不可能一下子把所有的資金都投到同一股票上。首先，一隻可能升十倍的殼股不可能有太大的成交量，買上三百萬元，並非易事。接著，如果這股票硬是不炒，你要沽出時，也沽不到三百萬，就是終於能完全沽出，也一定先吃了不少眼前虧，要蝕讓才能沽出。

　　換言之，投資組合越大，管理越是困難。要三十萬本金變成三百萬，找出一隻升十倍的股票，就完成了。但要把三百萬本金變成三千萬，可能要找出十隻十倍股，那是困難十倍的事。就是你把投資額翻倍，每隻股票投進六十萬，也得找出五隻十倍股，這顯然是一件不可能完成的任務。

4.2.2.1 我的個人經驗

就我的個人經驗，手裡拿著三數百萬時，可以說是天下無敵，每年一倍利潤，簡直易如反掌。但當投資組合到達了數千萬元時，增長就有困難了。要賭垃圾股嗎？的確有十隻是贏了，但又有五隻輸回去，想藉著市場暢旺時大手買進一隻股票，投它三五百萬元，但市況逆轉時，一下子就套牢了，要跑也跑不掉。數千萬元的投資組合，要我每年只求兩成升幅，我又不甘心，因為只要給我五百萬元，我有八成把握可以每年賺到三五百萬元，如果碰上了大牛市，就鐵定可以過千萬的利潤。那我要這麼大的投資組合幹嗎？但要拿去買樓或定期存款，回報只有幾巴仙，更不甘心了！

股神巴菲特的投資成績，是平均每年三成的增長，每逢我看到有人讚揚他，就會細看文章，通常細看之下，都發現作者都是無知之輩，寫的是無稽之談。簡言之，就是作者都不懂得股票的「量」的奧秘。例如說，巴菲特在金融海嘯前夕入市，被批評為入市太早，買不到最平的貨。實則大戶不同散戶，他們無論購入和沽出的行為，都要一段頗長的時間，才能買夠心目中的貨的數量。故此他們必須在最低位出現之前的一段不短的時間，便開始入市買貨，才能達成買入的數量指標。批評巴菲特的人的道行太淺，根本想不到這一點。

每年三成增長，易如反掌，問題是你的投資組合有多大。如果是數萬元、數十萬元、數百萬元，那就連我這種質素的人也可輕易超額完成，那些只滿足於三成（或以下）增長的股評人，根本應該掘地自埋，因為太羞恥了。巴菲特的高明之處在於，他持有的投資組合從數百億元、到數千億元，到萬億元（以港元計），一直能夠維持三成的平均增幅。反觀一直牙斬斬的本人，到了數千萬元，就難以為繼，無法控制這個投資組合，因此反贏為輸，其道行也就相差太遠了。

本金一萬元、十萬元、一百萬元、一千萬元、一億元、十億元、一百億元、一千億元、一萬億元，其投資思維、策略和執行方式都有不同，市面上絕大部份值得一讀的投資書籍，其理論都是給一千萬元投資組合以上（或更多）的投資者使用的，皆因大部份的作者都是基金經理，他們從來沒有（或很少有）小本投資的機會。用李嘉誠經營和黃的方式，去運作你獨資經營的小雜貨店，一看就知是極其愚蠢的事，但投資書籍會常常使用基金的思維去教導散戶，大部份人也信以為真。這令我得出一個結論：我真的不算很聰明，但世上的笨蛋實在太多了。

4.2.2.2 雨逍行的意見

內地著名炒股網站貝格隆，在 2017 年 10 月 1 日，有一個叫「雨逍行」的作者，就這題目，發表了一篇文章，題目是《思考快與慢，炒家說他每年的收益有 50%，你相信嗎？》：

「從書籍或網絡，常常聽到有些股市炒家說他的到每年收益，動輒是數十百分點，而且不是一兩年的事，每年都是！還記得我讀過一本名為《炒股的智慧》

的書，作者陳江挺分享了很多炒股的秘笈，例如如何觀察突破點等，到了結尾，說起炒股收益，他輕描淡寫地說：每年 100% 並不是難事。

　　「面對這些近乎吹噓的收益率，你相信嗎？一直以來，我的直覺會馬上跳出來：「吹牛也不用吹得如此大啦！年年 50%，炒十年八載你就是首富，巴菲特的年收益才是 22% 呀！……若炒家每年都賺 50%，為甚麼沒人能超越年收益 22% 的巴菲特。

　　「這近乎無可辯駁的反證，答案只有二字：『倉位』。若你想像自己是一個靈活走位的炒家，你必定是一時造好倉，一時造淡倉，一時全面清倉離場，你的倉位是不停轉動的。無論是期指還是股票，倉位累積到某個階段，看到了好時機，便會沽出獲利。相反遇到逆流便止損離場。到了年結，你拿出所有的交易紀錄埋單計算，總算是賺多蝕少，共賺了 50 萬，而你投入到市場的資金是 100 萬，所以獲利率是 50% 了。到了下一年，你照舊拿 100 萬投入市場，照舊賺了 50 萬即年收益 50%，再下一年又是，年年都是，所以年收益 50% 就是這樣得來的。

　　「看官馬上會問，為甚麼第二年不是拿 150 萬到市場炒？全職炒家也要吃飯的，那 50 萬就權當他一年衣食住行的食費吧。就算不計吃喝，即使炒家有 1 億在手，他也不會把 1 億全都倒進市場去。記得香港股壇怪傑周顯的一本書說過，大約意思是若你給他幾百萬，他可以很輕易地賺一倍。若給他幾十億，他便無能為力了，幾十億不是他的事，是巴菲特的事。不但每個炒家都有其能力圈，而且市場的容量也有局限的。炒五張期指和炒 500 張期指是截然不同，更顯然易見的是細價股，若炒家掃入一億股，考慮的已不是股價問題，而是如何出貨了。

　　「反觀巴菲特，他做的是不斷累積倉位的遊戲。經過了四十年多年，倉位已累積到幾千億美元。莫說他全面清倉是痴人夢話，即使減倉 10% 也已是大新聞。而他的投資收益率是基於累積的倉位而言的，無疑基數不但比炒家的大得多，且會越來越大。假使我有 1 千萬倉位，10% 收益率已足以和 100 萬倉位的炒家的 100% 收益率並肩了。炒家為何難以超越巴菲特不是很明顯嗎？

　　「到此我的結論有兩個：第一、下一次若有人說他的炒股法則能有很高的收益率時，不必馬上嗤之以鼻，不妨虛心參詳，可能有所得益。第二、下一次你感到市況不穩，想全面清倉離場『割禾青』時，不妨問一問自己：『你是追求收益率的炒家？還是追求財富累積的投資者？』」

4.3 小敵之堅，大敵之擒

　　《孫子兵法》有這樣的一句話：「故用兵之法，十則圍之，五則攻之，倍則分之；敵則能戰之，少則能守之，不若則能避之。故小敵之堅，大敵之擒也。」這其中的「小敵之堅，大敵之擒」八個字，有著很多不同的解法。我不管別人的說法，我的解法是：

「對付弱小的對手，你用了一種很勁的方法，很有效，但是把同樣的方法去對付強大的對手，則反而會被對方捕捉，成為俘虜。」為甚麼我會重視這一句話？事緣我有一個 acquaintance，讀書吶，做事醒，未畢業便創業，沒幾年，便掘到了第一桶金。這位仁兄是憑著甚麼發達的呢？答案是：極度卑鄙，不擇手段，對客戶盡情魚肉，對下屬冷酷無情，搶光了銷售員的生意之後，便減扣人工，迫他們自動辭職，而且還欠薪不付，告到了勞工處，在最後關頭，才不得很不願意地付出員工應得的薪金，當然也是七除八扣了的。(現在大家應該明白，為甚麼我和他只是 acquaintance，不是朋友了。) 我並不否認，這種卑鄙的做生意手段，的確比較容易得到成功，正如這位仁兄。然而，在這幾年，這位卑鄙的仁兄，生意卻不那麼的順境，得力員工一個一個的離開，這本來不成問題，可是這些得力員工離開之後，卻是另起爐灶，用相同的經營模式，去作為他的競爭對手，大打對台。

結果不消說，當然是令到這位仁兄的生意大跌，再加上近這一年，資產價格大跌，他在先前買下的磚頭，都給套牢了，但又要個個月供款，正是濕水欖核，兩頭縮，這自然是一件非常頭痛的事。我之所以說這一個故事出來，理由正是前述的：「小敵之堅，大敵之擒也。」一個人創業時，做小生意時，其經營模式和創業成功之後，做中至大的生意，是完全不同的兩回事。所以，如果做小生意賺到了大錢，要想大事擴張，必須改變原來的思維，才可以得到成功。然而，要一個人拋棄成功的方程式，去摸索另一套全新的、未知效果的新模式，談何容易！

再者，就是願意這樣做，也是一種冒險，一種危險，不一定會成功，一旦摸索出一條錯誤的路，更加會全軍覆沒，把先前贏來的錢都輸光了，也是屢見不鮮的事。我常常對跟我一起炒股票的學生說，我們這一派的武功，是 corporate finance approach，優點是成效快，可以很容易用十多萬的本錢，去贏幾百萬，甚至是一千萬。可是，如果用這一套的功夫，要再上一層樓，贏幾千萬，甚至是過億元，那是很難做到的。當你想這樣做時，很可能反而會把本錢也輸光，輸完又來賭過。所以說，corporate finance approach 是一種邪門的功夫，速成，但不能成為真正的高手。遇上這種情況，有兩種方法：第一種，是甘心永遠停留在這一個程度，總之是幾百萬幾百萬的去贏，贏了就用來買樓，永遠不去「升呢」。第二種，就改變投資模式，用「升呢」的手法，去買大型股票，然後慢慢的去等待它的升值，作長期投資。問題是，用這種方法，回報會很慢，等待時期會很長，卻可以越滾越大。我現在所用的，就是這種投資方式，但這也阻慢了我的投資成績。

5. 時間值

周星馳的電影《西遊記》中，有一經典名句：「如果係都要喺呢份愛加上一個期限，我希望係，一萬年。」查實這句話是出自由王家衛導演的《重慶森林》裡，金城武說了一句差不多的對白：「如果記憶是一個罐頭，我希望這個罐頭不會過期。如果一定要加一個日子的話，我希望是一萬年。」由於《西遊記》導演劉鎮偉同時也是《重慶森林》的監製，而且前者在 1994 年上映後，後者才開拍，因此，這句對白應該是出自劉鎮偉之手的機會比較高。

無論如何，這句經典對白告訴了我們：愛情需要時間，沒有時間，就沒有愛情，愛一秒、愛一天、愛一年、愛一萬年，是完全不同的事。事實上，在這個世界上，無論任何事物，從天體運行，到人類生命，從來逃不出時間，因此我們也可以很哲學地說：

「時間就是一切。」同對地，在投資，在炒股票，時間值是最重要的概念之一。

沒有時間，就沒有投資，假如你買了股票之後，時間停頓，這股票自然也是永不會漲價的。

5.1 複利

根據《維基百科》：「複利率法（compound interest），是一種計算利息的方法。按照這種方法，利息除了會根據本金計算外，新得到的利息同樣可以生息，因此俗稱『利滾利』、『驢打滾』或『利疊利』。只要計算利息的周期越密，財富增長越快，而隨著年期越長，複利效應亦會越為明顯。

「複利是現代理財一個重要概念，由此產生的財富增長，稱作「複利效應」，對財富可以帶來深遠的影響。假設投資每年的回報率是 100%，本金 10 萬，如果只按照普通利息計算，每年回報只有 10 萬元，10 年亦只有 100 萬元，整體財富增長只是 10 倍，但按照複利方法計算，首年回報是 10 萬元，令個人整體財富變成 20 萬，第二年 20 萬會變成 40 萬，第三年 40 萬再變 80 萬元，10 年累計增長將高達 1024 倍（2 的 10 次方），亦即指 10 萬元的本金，最後會變成 1.024 億元。隨著年期增長，複利效應引發的倍數增長會越來越顯著，以每年 100% 回報計算，10 年複利會令本金增加 1024 倍，但 20 年則增長 1,048,576 倍，30 年的累積倍數則達 1,073,741,824 倍，若本金是 1 萬元，30 年後就會變成 10,737.42 億元。」以上只是用來說明複利究竟是甚麼，事實上，這世上當然沒有可以長期年增長 100% 的投資。另一個重點是，複利計算方法並不止於用來計算利率，也可以用來計算股票的升幅回報，以及其他任何投資的回報。

《維基百科》舉出了李嘉誠先生作為例子：「1950 年以 7,000 美元成立長江塑膠廠，在 2006 年擁有約 188 億美元身家計算，撇開其他因素，他的財富在 57 年增長 268.6 萬倍，其每年的複利回報亦僅為 26.68%。」這當然是李嘉誠的超人

能力，美國有一隻股票，叫「Altria」，即以前的 Philip Morris，即是隻萬惡的煙草股，它是 1963 年至 2013 年這 50 年間表現最出色的美國藍籌股，但年均升幅都只是 20.23% 而已。不過記著，利率可以是固定利息，所以能夠計算複利，但是股票的增長卻是不確定的，今年賺多了，明年可能賺少了，後年甚至虧蝕，根本沒有常態，因此，計算股票的複利，只是馬後炮的計算而已。在事前，是不可能知道的。

然而，當很多很多的業務聚集在一起，就成為了一項很有價值的資產了。以前我舉過「佐丹奴」(709) 作為例子。在 2011 年，「佐丹奴」在全球擁有 2,671 間店舖，要成立一個如此龐大的網絡，需要時間來作累積，就算是投入一千億資金，也不可能在一兩年之內，設立二千多個銷售點。所以說，一兩個租來的店面不值錢，但是一個由數以百計、數以千計店面組成的銷售網絡，卻是貴重的資產。至於有興趣購買這網絡的，只會是同行，例如 Zara、Uniqlo、H&M 之類。

我再舉一個例子。我有一個生意上的伙伴，在 2010 年時，想辦一間證券行。他有兩個選擇，一是自己入表申請，零星費用加起來，成本大約是一百萬元；二是收購一間現成在經營的，收購價是三百萬元。他差點買下了後者，可惜給第三者捷足先登，買了下來。為甚麼他不自己去申請，而要多花兩百萬元，買下一盤業務呢？因為可以省回大約半年的申請時間，亦可馬上擁有一個網絡，節省了創業初階的摸索期。

所以，公司的業務從某方面看，還是值錢的，可以視為一項資產。然而，它的主要性質，畢竟還是業務。

5.2 時間、利率、機會成本

《維基百科》又說：「在另一個西方世界常引用的例子中，假設美國土著在 1626 年，願意以 60 荷蘭盾出售今日曼哈頓的土地，並將這 60 盾放到荷蘭銀行，收取每年 6.5% 的複利利率，他們 2005 年將可獲得約 63,960 億港元的存款，較紐約市五條大街的物業總市值還要高。而 2006 年全球市值最大的上市公司艾克森美孚，市值亦只有 34,000 多億港元。」

這第二個例子則不靠譜，因為長期利率根本沒有 6.5%，再說，人類的壽命也沒有幾百年。

不過，正如我們在前文講過，股票的基本成本是利率成本，人們通常用這個方法來做計算。但真正的本，其實是機會成本。但因利率成本容易計算，機會成本則難以量化，因此人們才常常用利率去計算成本。

無論是利率成本和機會成本有著時間值，換言之，時間越長，股票的成本越高。簡單點說，如果你買一隻潛在升幅是 50% 的股票，它在 1 天升 50%，1 年升 50%，抑或是 10 年才升 50%，這其中的分別是很大很大的。

5.3 個人不同的生命成本

我在《理財密碼》中，寫了以下的一段：

「如果我約了朋友，在福臨門吃飯，他遲到沒來，我便不等他了，先點菜，大吃大喝，鮑魚燕窩魚翅，甚麼都吃，那麼，他來不來，對我都沒有甚麼關係。在香港的俗語，這叫做『食住等』。但是，如果我是睡在一張硬板床，肚子餓著，等待著朋友的救濟，給錢給飯，以渡過難關。這種等待法，當然是度日如年，難過得很，等一小時也嫌長。照香港的俗語，這叫做『硬住等』。

換成投資的世界，李嘉誠和巴菲特，如果要做一筆投資，不管成功與否，他們都是過著最好的生活，人人奉承，坐的是私人飛機，想要甚麼，就有甚麼，在這種情況之下，他們根本不急著投資，也不急著賺錢，因為他們天天在賺著錢，多一宗生意，少一宗生意，一點也影響不到他們日常的生活。這就是『食住等』，自然也可以很有耐性，等待到最適合的時機，才去下注投資。但是，一個普通的二十來歲年輕人，住在公屋的硬板床，收入每月萬幾，每年只能夠積蓄到幾萬元，由於太過慳儉儲錢，不去消費，難以交到女朋友，又或是雖然交到女朋友，但是沒有錢買樓，也就無法結婚，成家立室。像這種『硬住等』的等待方式，他們又怎能不心焦呢……人類的生命有限，時間有成本，等待也需要成本：當你越窮、越需要錢的時候，等待的成本越高，因為你『硬住等』多一天，你在人生上所能享受的快樂日子便又少了一天……」

所以說，不同的人生狀況，有著不同的炒股策略和需要，因為生命有成本，正如本人一向強調，炒股的基本策略，不是財富極大化，而是滿足感極大化，而生命成本也即是時間成本，當你一邊炒股時，一邊其實在消耗著你的生命，這是必須注意到的。

5.4 恆產和恆心

孟子在《梁惠王上》中說過：「無恆產而有恆心者，唯士唯能。若民，則無恆產，因無恆心。」

他在說這句話的時候，意在政治，說的是統治之術，意即統治者必須給老百姓吃得飽、穿得暖，而且有產業，否則他們就會不耐煩，就會發生政治動亂。

以上所說的，當然是至理名言，但是這番「孟子曰」，落在投資界的周顯大師的的眼中，卻是解讀成為投資界的一句真理。

周子曰：一個人越是沒錢，投資越是心急，所以，只有有特殊才能的投資者，才能夠在貧困的時候，依然能夠冷靜地投資，這就是「無恆產而有恆心者，唯士唯能」了。

如果採用馬克思「正反合」的辯證法，以上分析的反面，就正是一個人在投資上太過沒有耐性，投資是很難賺錢的，當然也就更難以發達了。這就是「無恆

產，因無恆心。」這說明了，恆產和恆心是一體的兩面，一而二，二而一的。一個人在投資上，必須有耐性，才能夠長期賺錢。

有一個朋友，大約擁有五百萬元股票，欠孖展一百多萬，安全系數相對來說，也是不差。然而，有一天，我們討論到「中國忠旺」(1333)這股票，他十分有興趣，居然想買一百萬股，那是二百多萬元的價值。

我說，這一隻雖然是好股票，但是假如市況逆轉，一旦證券行call起孖展來，你無險可守，必然被斬倉。在斬倉之後，這股票就算升至十元，也不關你的事了。

事實上，這位朋友的股票知識是很強的，時常能夠發掘出賺錢的股票，也長期能在股票市場上賺錢，生活得很是不錯。然而，股票挑得好，如果策略錯誤，財產增長的速度反而比較慢，這就是「欲速則不達」了。我常常說，巴菲特並非選股最高明的投資者，但他卻是最有耐性的投資者，總是持有大量現金，在牛市時保持冷靜，不動如山，只有在熊市時，股價跌到最低的時候，方才出擊入市。正是他的這份耐性，才令他成為了世界上最成功的投資者。

不如我們問一個問題，就是假如我上述的那位朋友，如果他的投資組合總值不是五百萬元，而是五千萬元，甚至是五億元，他會不會比較有耐心，去等候機會呢？

相信是會的。但為甚麼呢？這是因為一個人有五百萬元，買鹽不鹹，買糖不甜，連一間比較像樣的住宅單位也買不到，花了幾十萬元，就害怕「使崩」了那筆錢，自然心急去贏錢了。但正是因為這份心急，反而很可能變成了他輸錢的原因。

但是，如果一個人有五千萬元、五億元，那就可以慢慢的等下去，因為只要花得不過份，他的生活狀況可以永遠維持下去。在廣東話的說法，這叫做「食住等」。總括而言，《滕文公上》中，孟子曰：「有恆產者有恆心，無恆產者無恆心。」周子則曰：「要想炒股票賺錢，必須有耐性，我們不要賺快錢，而是要賺大錢，這才是股票的王道致勝之道。」

5.5 時間在投資學的定義

從物理學的角度看，時間定義為「熵」值的不斷增加。從投資世界的角度看，時間定義為「利息收入的折讓」，其中最典型實例就是「零息債券」。

假設一張「零息債券」的面額是一萬元，期限為三年，這即是說，買入債券者，也即是借款者，可以在三年後收回一萬元，而在這三年之間，沒有一分一毫的利息可收。債券買家賺取的，並非利息，而是折扣，例如說，這張三年後到期的債券，現價是七千五百元。這樣子，投資者花了七千五百元，三年後可以收回一萬元—假如「債仔」（債券的發行人）在三年後準時還債的話。用我的術語來說，投資者賺到的二千五百元「折扣」，就是時間值的折讓。

分析員也常常利用這種時間上的折讓值，去計算一間公司的現金流和未來價值。總之，時間距離越遠，折讓額就越大。一來是因為時間可以製造收入和利息，現在的錢可以在未來製造利潤，所以在現在一萬元比未來的一萬元更值錢。二來未來有著不確定性的風險，因此公司和未來收入的價值也得加以折讓。

本文主題並非這些理論，而是看重時間值的實用性。這些定義表過就算。

5.6 在資產賺錢的情況

一些二流分析員口中的「價值投資法」，很多時會估計一隻股票的「合理價值」是若干若干元。我的看法是，「合理價值」必須加上時間值，因為一件資產的價格定義是包含了其時間值的。

假設說，一個叫「西尼」的亞洲股神和一個叫「七叔」地球股聖，分別提供了股票貼士給閣下。他們既然分別是亞洲股神和地球股聖，貼股當然是十有十中，結果這兩隻優質股票：一隻在一年內升了一倍，另一隻則用了十年去升一倍。

豬也看得出，一年升一倍的股票和十年升一倍的股票，其分別實在太太太大了。其中最大的分別是，一年增長一倍的股票，在剩下的九年當中，還有一百零八個月的增值機會，而後者則沒有了。在上面囉嗦的討論中，我們看出了時間值的重要性。像張愛玲說的：「成名要早。」賺錢，也是越早越好。

5.7 在資產價格下跌的情況

假設有一個叫「周顯」的壞蛋，向你提供了一隻山埃股票貼士。這位「周顯」自稱為「大師」，在股票界很有點聲名，於是你相信了他，花了一百萬元，投資在這股票之上。結果是，一天之內，這股票暴跌，一百萬元剩下了十萬元，你血本無歸，痛不欲生。周顯這衰人害得你雞毛鴨血，你非得找他尋仇，斬他數十刀洩憤不可。但這是兩人間的私怨，與本文無關，暫且按下不表。現在又有一個叫「周賓四」的人，給你貼士，引誘你買第二隻股票。這位仁兄之所以擁有「賓四」這奇怪的名字，皆因這是藝名。話說他在家裡排行第四，而他誤打誤撞的，進入了香港中文大學的新亞書院就讀。這書院的創辦人是一代大學問家兼大教育家錢穆，字「賓四」。這位周先生因仰慕錢賓四師的一代風骨，所以改名「周賓四」，以茲紀念。周賓四的人品比周顯高尚得多，他不介紹朋友買垃圾股票，向你推介了一隻他認為很安全的藍籌股。你也為它而瞓身，買了一百萬元。可惜這位「四哥」（話說澳門的賭客見到戴眼鏡的人士，都會尊稱為「四哥」，我每逢聽見這名詞，都忍不住笑）的人品雖高，眼光卻低。他介紹的這藍籌股其實不大妙，每逢大跌市時，它跌得別的股票多，大升市時，它的升幅也不夠其他的股票勁，

經過了十年的折騰，它跌去了九成，不消説，這股票令你痛不欲生。

問題是：一隻股票在一天之間跌去了九成價格，和在十年之間跌去九成價格，這其兩者之間有沒有分別呢？答案是：分別當然很大，而這分別就是其時間值。

5.8 藍籌股和垃圾股的分別

凡是投資，都有風險。大家不妨留心眼見的公司，超過十年、二十年、三十年、五十年，甚至一百年的，究竟有多少？

我可以大膽的説，九成以上曾經顯赫一時的名字，到了最後的下場，不是銷聲匿跡，就是煙消雲散。就記憶所及，三十年前美國杜瓊斯指數的成份股，至今改變了大約一半，而香港恒生指數成份股的改變只有比美國更多。

在三十年前，如果有人購買了這些藍籌股，一定覺得很隱陣，很安心，很值得長期投資，但如果一直持有至今，大致上不會化為烏有，但這些給剔出成份股的股票的下場實在不敢恭維，大多數失去了大半的價值。

請注意，前文説的投資期是三十年，並非一百年，如果你三十歲開始投資，六十歲把投資換成現金，以作養老，恰好是人生的平均投資時間。換言之，如果你今天是三十歲，隨便買下了一隻藍籌股，三十年後它失去大半市值的機會超過一半！

從這角度看，藍籌股的安全程度並不比垃圾股高明多少。現很多人對於投資的安全性有著根本性的錯誤。他們認為，購買大型的股票，便很放心，覺得很安全，這種想法顯然是大錯特錯。我不否認，藍籌股的下跌風險小於垃圾股，但在下跌風險方面，兩者其實分別不大。

藍籌股和細價股均有下跌的風險，兩者的危險程度的分別只在「時間值」上。具體來説：藍籌股下跌九成，很可能需時五至十年，例如「電訊盈科」。但細價股只需一個月，甚至一天，就可以完成整個過程了。

5.9 陳廷樺老先生的故事

我中五才唸經濟學，但一直對時事很有興趣，中三已看《明報月刊》，中四已在《明報》的「自由談」發表時事文章。在上世紀的八十年代，那是股票大旺的日子，我看到了一宗財經新聞：南豐發展的陳廷樺老先生發行了價值十億元的其他藍籌股的認股證，這些認股證出後不久，便發生了 1987 年的股災。

但過不數年了，股市非但收復失地，比起 1987 年時，還升高了許多，買下了認股證的人如果向陳老先生認股，守到最後，都贏了大錢。當時，我看到了報紙的評論，有些是吃了虧批評陳老先生的，於是我把案例詢問一位金融界的高

手，他也是陳老先生的經紀之一。後來我有緣見到陳老先生兩次，都是經他的介紹。

我的問題是：「陳老先生這個做法，算是贏了錢，還是輸了錢？」

朋友的答案是：「是贏了錢。陳先生賺的是這些年的時間值。他可以把認股證賺來的錢來作再投資，又可以多賺許多錢了。」

5.10 先蝕後賺的故事

你以1元買了A股票，明天它跌了一半，後年這股票才升至3元。你是賺了，還是蝕了？把股票賣給你的傢伙是賺了，還是蝕了？

我常常說，我並不介意長線投資股票。但不管預算期有多長，這股票最好一買便上升，升的幅度不多不要緊，升得慢也不要緊，但千萬別要一買便跌，就算跌，也不能跌太多。原因很簡單，我買入這股票的時候，手裡可能有錢，但世事難測，說不準下一秒我突然有急用，比方說，患了絕症，要把錢拿出來，快快花光，或者碰上了千年一遇的投資良機，總之，是要馬上把股票換錢的那種情況。但如買入後，股價馬上下跌，眼前的虧蝕便變成了永遠的虧蝕，那就變成了笨蛋了。

我創作的投資一大格言是：「賬面利潤不是真利潤（這在專門術語叫「floating profit」，平倉後提取了現金，才叫『利潤』。但賬面虧蝕（即「floating loss」）則是真正的損失，因為你馬上平倉，也只能提取少於本金的現金。」因此，就算是預期長期持有的資產，也盡量避免吃眼前虧，因為眼前虧一旦吃了，如果以後「無仇報」，那就是吃了一世的虧。

5.11 Timing

買賣股票的 timing 有多重要？如果你在 1982 年投資 1 萬元在標準普爾 500 指數，假設沒有長期持有的合約成本，在 2007 年，你的投資總值是 30 萬元，不過，如果你並沒有在金融海嘯時及時逃生，那麼，在兩年後的 2009 年，30 萬元便只剩下 14.3 萬元了，不見了一半以上。

如果從長期投資來計算，27 年的投資有 14.3 倍的回報，也算不錯，但如果有 30 倍的利潤，豈不更佳？究竟長期持有不沽出，還是要在中期調整之前，沽出避禍，這也是很多投資者所無法抉擇的矛盾。應該如何調和這矛盾呢？

周顯大師給的答案是：這就得視乎你的能力了。如果你是一個股票專家，長期研究著股價走勢，也有多次成功的記錄，對於逃生有著八成以上的信心，你當然有本事去趨吉避凶，但如果你是一條對股市略識有無的茂利，那麼，我勸你還是乖乖的長期持有不放為佳。

5.12 戰勝時間

前文已經說得很清楚，在投資的世界，欲速則不達，如果急躁地投資，亂買那些垃圾股票，很多時會輸光收場，這叫做「財不入急門」。所以，很多的財經書，都會一而再、再而三、三而四、四而五地諄諄教誨，凡是富豪，均是富有耐性，像李嘉誠、巴菲特，均是極度有耐性的人，等待到最佳的投資機會，才會入市投資，賺取巨利，成為一代巨富。

大家也都知道，投資需要耐性，一個正常智力的人，按照保守的方法投資，讓資本慢慢的增值，到他六十歲時，不難累積到一筆巨款，不但足夠退休，而且還有大筆盈餘，可做想做的事，花想花的錢，像投資寫作界老行尊曹仁超，便是憑着慳儉和穩陣投資，至退休時已經身家豐厚，還有餘力作很多慈善捐款，令人羨慕，值得尊敬。

問題在於，慈善捐款和值得尊敬，並非大部份人的願望，大部份人的願望，只是形而下地希望令人羨慕，住大屋，開名車，用名牌，吃美食，甚至有飛機遊艇，諸如此類的生活享受而已。更有甚者，這些生活享受，其實都要趁著年輕有體力，才能去享受，至於做善事所得到的心靈滿足，縱是等到年紀老了之後，沒有體力和心情去玩，也去做做，亦未算遲。

因此，這又回到了先前所講的「食住等」和「硬住等」的輪迴：我們的炒股回報究竟要快，還是要有耐性呢？有一位名叫「ZeRo」的年輕人，很有天份，也寫過文章、出過書，有一天，他對我說：「我沒有時間，不想等。」我的回答是：「這不是你想等，還是不想等的問題，而是我們要做適合的事，買賣適合的股票。炒股票，誰都想一朝發達，一年發達總比十年發達更好，但是反過來看，只要是發達，就是在生命的最後一年才發達，也總比一世不發達為佳。」

簡單點說，我們是要和時間賽跑，但跑的不是短途，而是馬拉松，我們既不能放軟手腳，開始時也要盡力去跑，但同時，也不要在開跑時已經花光了氣力，沒氣力跑到終點。我相信，只要按牌理出牌，用數學上最優的策略，買最優的股票，用不著心急；短期也許有些亡命的賭徒，如果他們足夠幸運，會把你戰勝，但長期而言，你始終是最終的贏家。

6. 學習股票

我們都知道，投資股票是需要學習，如果完全不懂，除非運氣很好，否則不可能在炒股中獲勝。但就算是運氣很好，根據「大數定律」，長期而言，運氣也趨向平均數，換言之，好運氣不可能永遠存在，因此，要長期戰勝股市，畢竟還是要懂得很多的股票知識。

問題在於，我們要如何學習、學習甚麼知識，學習的過程又需要多長久呢？

6.1 股票有關的知識

閣下手持的這本書，以及拙作《炒股密碼》和《財技密碼》，主題都是股票知識。我把研究股票粗分為研究員、財技、交易員等三大 approach，但要細分，則是博大精深，沒有人能夠全懂。我常常說，只要精通其中一小項，便已足夠大富大貴了。然而，要精通其中一項，也不容易。

除了基本的股票知識之外，有一些旁系的知識，對股票也是非常重要。這裏說的當然不是識字和四則運算這些小學常識，而是經濟學，以及會計學，也是研究股票的重要工具。不消說的，也要每天去看經濟和股市新聞，吸收最新的資訊，與時並進。其實，對時裝的知識，有助於炒紡織股，對食物的認識，有助於炒餐飲股，對上網的知識，有助於炒科網股，電影好不好看，和電影公司的股價大有關係，商場人流數目，以及新樓質素如何，自然也影響了地產股的股價……炒股無處不在，只看你是不是留心身邊的事物，以及能不能夠把這些事物 correlate with 股票而已。

6.1.1 一手資訊：披露易

我認為必須參考的，是港交所的「披露易」網站，它是最基本的一手資訊。

「最新上市公司公佈」是「必修科」，我建議大家在開市前先看一遍，雖然我很少這樣做，但正如前言，我是很懶的壞學生。我在中學二年級時，抽獎抽到了一座紙鎮，上面有格言：「Don't do as I do. Do as I say. Study every day.」

上班的投資者，回家一定要看一遍披露易的「最新公告」，小心閱讀每一隻同自己有關的股票的資料，更要企圖從中發掘新的投資機會。如果要去買進一隻股票，也是查閱「進階搜尋」、「披露權益」和「中央結算系統持股查詢記錄」三欄。記著，炒股票前，財技先行，閱讀通告，往往能讀出箇中玄機。而所有股票的原始資料，都可以在這個網站中找到。股市中人很少看港交所網站，他們主要看經濟通，但經濟通的來源是港交所網站，前者是選擇性報導，既不詳盡，也有漏網之魚，刊出時間也較慢，好處是較為簡單，適合懶人。不少醒目的新晉炒家常看港交所網站，一來因為他們家中沒裝經濟通，二來他們的閱讀能力較強。我可以自豪地說，他們之中有一部分是因為看了《炒股密碼》之後，才養成這個

良好習慣。我的一個贏錢經驗，就是看了港交所網站，發現了一隻升十倍的股票：「金匡企業」（286）。這故事後文會再記敘，此處不贅。

6.1.2 二手資訊：傳媒資訊

首先，要每天看報紙，更必須看的是經濟版和投資版極強的報紙。我的首選是《經濟日報》，裏面幾乎包含了所有你需要的股票資訊。次選是《蘋果日報》，它的投資版在綜合報紙中首屈一指，但資訊可能不如《經濟日報》多，不過，論到細價股炒作，它比《經濟日報》更為貼市。

至於《信報》，是我的個人至愛，但很可惜，《信報》對我來説，只是消閒讀物。我把《信報》定義為「政經報紙」，而非「財經新聞」，它最吸引讀者的是政治分析文章和專欄，經濟大勢的評論水平很高，近期新闢的幾個股票專欄都是一流作品，但對於實際的市場操作，就難免遜色了。

至於免費報紙，財經新聞太少了，營養不夠，只能勉強維生，對於不作投資的市民，資訊是足夠了，但是對於一個投資者而言，單靠它就肯定活不了。當然了，投資專欄也偶有出色的，例如我自己也有寫。我有專欄的《AM730》的經濟評論和分析做得十分好，但股票實戰的專欄則較少。我很少購買財經雜誌，所以對於坊間的雜誌水平，不予置評。

6.1.3 Blog 和討論區

我很少看 blog 和討論區，因為太花時間。但現在，最多的股票資訊，就是討論區，所以要想不看，也不可能。在內地，甚至是以討論區來作為主導，《雪球》和《格隆匯》都有大量的讀者。由於討論區裏，任何人都可以留言，如果你有特別喜愛的 blog，不妨用來參考。兵法上云「多算勝」，多參考別人的意見，就算沒有好處，也不會有壞處。因為垃圾資訊有時也有作用，你可藉此知悉「市場照明燈」的看法。

6.1.4 Webb-site.com

Webb-site.com 是由獨立股評人 David Webb 的網站，背後當然有資金支持。除了他個人的研究文章之外，還有大量資訊和統計資料。交易所的披露易的資訊很多，但是雜亂無章，不容易找，webb-site.com 則把許多資訊整理過，尋找更加方便。例如過往的股價資料，還是它做得最好。

6.1.5 人際網絡

股票是人的遊戲，人際網絡是吸收資訊的最有效途徑。你必須當自己是業界人士，定期與同行聚會、溝通、交換資訊。資訊是炒股票的勝負關鍵。業界人士聚會和交換資訊，是他們工作的重要部分。

除了跟自己的經紀聯繫之外，也得多認識業內人士，或者是積極炒股的人士，有時一句説話，一條資訊，已足以令你發達，或者令你逃過巨額虧損。

麻省理工大學的兩位電腦學者，Alex "Sandy" Pentland 和 Yaniv Altshuler 的研究所得，抄襲大師／族群領袖的「社交投資者」，比「非社交投資者」，也即是單靠自己研究所得去投資的股民，前者的平均回報率高出 10%。

以上的社交投資者當中，如果其資訊是來自多位領袖，而非單一渠道，回報又再高出 4%。所以説，炒股票，一定要多重收風，才可以得到更佳的投資效果。

6.2 學習股票的時間

股票必須活到老，學到老，因為你學的東西越多，勝算越大，所以，學習股票是終生工作，不能停止。

Lewis Carroll 寫的《愛麗絲夢遊仙境》，其中有一個著名的情節，叫「紅心皇后的賽跑」(Red Queen's race)。話説愛麗絲發現自己跑來跑去，都是跑在相同的位置，Red Queen 告訴她：

「Now, here, you see, it takes all the running you can do, to keep in the same place. If you want to get somewhere else, you must run at least twice as fast as that!」

股票的情況也是一樣。2007 年，我寫《炒股密碼》，內容石破天驚，完全沒有前人講過，因而一紙風行，影響了整整一代的年輕股民，製造出大量富人。可是，這本書今日看來，已經是陳舊落後，所以我要不停的重寫再版，皆因這就有如紅心皇后的棋盤，必須不停的跑，才能原地踏步，要想進步，就要跑快一倍。

6.3 實戰經驗

炒股票就如踩單車，單憑閱讀看書，不可能學懂。因此，你只要大約的學會基本知識，就要實戰。但在實戰的同時，一邊要不停的學習，除了要閱讀書本中的理論之外，還要和實戰印證，才能真正的學會股票知識，戰勝市場。

你的每一次買賣股票，都是一次學習的過程，尤其是輸錢，必須要檢討原因，從失敗中學習。反而，成功是不用學習的。反過來説，如果你有一次的失敗，而沒有從失敗中汲取教訓，這一次的「學費」，便算是白交了。

一般來説，如果要得到戰勝市場的知識，需要 1 年至 3 年的積極學習。但是，正如前文所言，學習是終身事業，不進則退，另一方面，大部份人學習股票，均不能成功，學一生一世也無法戰勝市場。亦有一些，是戰勝不了「紅心皇后效應」：曾經有過戰勝市場的知識，但市場進步了，他不進則退，落後在市場之後，終於被市場淘汰了。

就是你的資金全買了股票，也要盯著市場。我認識一個朋友，當年一注獨贏，把全副身家，再用了孖展，買下一隻股票。在等待成果的幾個月，他實行「綺羅堆裏埋神劍」的策略，不理世事，結果也荒廢了市場觸覺。幾個月後，這隻股票大跌，他欠下了孖展，手頭沒有現金，但仍有兩個收租物業。我對他的忠告，是加按物業，換回兩百萬元，快速重新投入市場，但他卻希望把物業賣掉，然而，在香港的物業市場流通量極低，要想賣樓，談何容易！在這段等待期間，他非但失去了不少投資機會，連維持市場觸覺的能力，也漸漸失去了。

6.4 時間和投入

説穿了，時間是投入的一種，投入也即是投資。換言之，我們炒股票，除了投資金錢，還要投資時間，才能夠有取勝的機會。如果要投資有成，便要不斷的親身體驗，學習投資。

像梅偉琛，每天吃飯、坐車、聊天，總是機不離手，不停的看著股票資料。他甚至每天專門去炒一些風險甚高的莊家股，只是為了親身親驗莊家如何和他這種散戶對賭，當然，他買的注碼並不大，只是幾萬元而已，但是學習的精神卻是可嘉。

有一天，我和一位姓「鄧」的大莊家在旺角朗豪坊酒店喝下午茶，這位炒股票炒到身家百億的資深莊家，説他常常炒其他莊家的股票，察看自己作為散戶，一買一賣時，對方如何反應和部署。他藉此觀摩，而去掌握對方的做莊技巧，從而改進自己。有趣的是，他對一位新晉莊家的評語，是對方打得非常「有動感」，但究竟甚麼是「動感」，我沒有問，他也沒有説，總之就是令到股票看上來十分吸引，很能令到散戶入場買賣之類吧。

6.5 學習股票並無帝王之捷徑

根據希臘大學問家 Proclus(公元 410-485) 的記載，大數學家歐幾里德(約前 330- 約前 275) 曾經到過阿歷山卓，教授埃及國王托勒密一世幾何學。托勒密一世問他，除了閲讀(歐幾里德寫的)《幾何原本》之外，還有沒有其他學習幾何的捷徑。歐幾里德的回答是：「幾何學並沒有專為國王的捷徑。」

常常有人問我，學習股票有甚麼方法，我的回答通常是：「你把《炒股密碼》和《財技密碼》各各精讀十遍，然後每天讀報紙的財經版，也要每天看所有的交易所通告，發掘出股票之後，再查看它們在這幾年的股價走勢，以及披露權益和中央結算系統持股記錄……持之以恆幾年，便可以學懂炒股票了。」

很多人追問：「您的大作我都看過了，不過，每天我也有看財經版，但要一併去看交易所通告、披露權益和中央結算系統持股記錄，未免太過繁重了吧？」

在這時候，我會回答一句：「在學習炒股票的世界，也是沒有捷徑的。」我知道的很多小朋友，都是經過了幾年艱苦卓絕的學習過程，才得以成才，例如梅偉琛，直至今天，已經算是過億身家，小有成就，但也整天手機不離手，查看股票資料，就是在夜場裏，眾女環伺，也是目不斜視，五蘊皆股，色既是空，空即是色，受想行識，亦復如是。

不過，有時候，炒股票贏大錢，用不著股票知識了得，好運氣，甚至只是消息準確，也往往比股票知識更加有效。我認識一位美女，完全不懂得股票，但踫巧她在 2007 年時正是炒「蒙古能源」(276) 的那位莊家的女朋友，無驚無險，便贏了過千萬元。據説，李福兆在四歲便開始買股票，我的「股齡」比他晚，但也在九歲開始第一次了。

小時候，我體弱多病，家裏給的零用錢，新年逗的利是錢，一分錢都不花，都儲蓄起來了。經年累月之下，竟也攢積到一個不小的數目。踫到那時，股票進入了大牛市，父親問了我的同意，我把錢從恆生銀行的兒童戶口中提了出來，全數投在股市。記得當日，我的第一次，買的股票就是「和記」，所以我常常説，這是我的天字第一號愛股，是有著歷史因素的。結果是，在一個月之內，贏了一倍的利潤，鳴金收兵，大勝而回。

By the way，我爸爸不務正業，但對於兩項金錢遊戲頗有研究，一是賭馬，二是股票。後來我哥哥承繼了賭馬，我則承繼了股票，真的是家學淵源。我把這個「不幸」，歸咎於爺爺的祖墳，這是閒話，表過就算。但正如前言，運氣不可能永遠存在，我在「和記」之後，又買了「信德」，輸了一些錢，總括而言，也有一點進賬。但從此之後，亦無以為繼，直至二十多年之後，才再戰股壇。因此，要長期戰勝股市，畢竟還是要懂得很多的股票知識。

6.6 跟好的師傅

大家都知道，當年的高級程度會考是多麼坑人的一個考試，多少優秀的學子，把前途斷喪在這個喪盡天良的考試之上。這些學生，其中有一部分，雖然在這個殘酷的公開試中失敗了，但卻幸運地得以負笈外國，最終學業有成，成為大學者的也不計其數，也由此可知，這個高級程度會考是多麼險惡的一道關口。

不消説的，有很多優秀的學生，考這個試，考一次、考兩次、考三次，也考不到合格，或者只是考個 DDEE 的，也是不計其數。這當然是很不出奇的事。

一個考試很難，沒有人能夠及格，從邏輯上來看，是毫不出奇的事。打個比方，有一些物理難題，又或者是數學難題，經過幾千年來，無數才智之士的研究，也無法解得通，這也是常有的事。

奇怪的在於，有一些學生，可能在物理，又或者是數學，在高級程度會考之中，只考到了 DDEE 的成績，自然也説不上是精通這些科目的內容，但是，只

要他們能夠在當年還未升格為大學的浸會學院，又或者是嶺南學院，又或者是去外國留學，唸一個物理主修，又或者是數學主修回來，那就肯定可以精通這一門學科，而且還可以任教中學預科，甚至是指導最優秀的學生，教他們考 AABB，也是毫無困難，毫無懸念的事。

這個矛盾在於：為甚麼一個人唸兩年預科，很可能毫無寸進，但他跳高一層，去唸 3 年大學，便能夠脫胎換骨，把本來讀不通的內容，忽然可以恍然大悟呢？

很明顯，課程的不同，學習目標的不同，得出來的結果也會不同。另一個令人費解的學習問題，就是有很多的事情，我們是學來學去學不懂的，但是只要身在其中，便往往會事半功倍，事一功十。

例如說，我們玩遊戲，如果看文字說明，很多時不知所云。但只要親身去玩一次，就會馬上明白如何玩法。一些研究貧窮的經濟學家指出，一個兒童學來學去學不懂數學，但是看看在街市賣菜的小孩子，心算快如閃電。

這又正如我們學來學去學不懂英文，但是只要去外國唸書，最笨的學生也能夠練成一口流利英語，而一個中學生只要到律師樓當文員，很快也會精通難如登天 (我便常常搞不懂) 的法律英語。

如果把以上的理論，放在投資的身上，便可以得出結論：如果要投資有成，必然要學懂正確的方法，而且是跟正確的人去學。如果你跳高一層，去跟一個高手當師傅，便可以收到事半功倍之效，好比當年巴菲特的師傅，便是寫《證券分析》的 Benjamin Graham。我出道時，由於學習的對象是城中最熱門的莊家和大經紀，因此只學了幾個月，自覺程度已高過不少積幾十年經驗的老經紀。但我也花了多年的時間，才領悟出《炒股密碼》的知識，但梅偉琛等人從《炒股密碼》來作起點，又省了好多年的學習時間，很容易便可以超越《炒股密碼》的知識了。

6.7 培養心理質素

研究股票是資訊和 pure reason 的數學計算，不涉及感情可言。如果你遇上大規模天災，家破人亡，很可能應該沽空保險股，當然更加可能是要趁低吸納，這好比在 1989 年 6 月 5 日，趁低吸納港股的投資者，後來均發了財。

我在 2010 年大病入院做手術，前一晚發現了「宏通集團」(931) 明天復牌，但因太夜，來不及通知經紀，當天晨早做手術，醒來後第一件事，便是好消息出貨，沽出股票。

然而，人非草木，怎能沒有感情？炒股是貪婪和恐懼的混合，不夠貪婪，贏不了大錢，但太過貪婪，則會贏變輸，沒有恐懼，便會貪勝不知輸，但太過恐懼，則不敢去贏。

簡單點說，炒股票是完全冷酷的計算，我們知道，基金經理用的是 other people's money，比較容易做到，這好比外術醫生為家人開刀動手術，難免緊張而判斷錯誤，但為陌生人開刀，則沒有這個問題。但是，由於基金經理和客戶有著基本性的利益衝突，有關這一點，我在一篇網上流行的文章「買基金的是豬」，已經分析得很清楚了。計算所有的優劣點，還是學會股票知識，自己動手去炒，比較划算。與此同時，我們也要克服自己的心理關口，培養優良的心理質素，才能長期在股市中致勝。

在下文，我列舉了一些常犯的心理陷阱，給讀者參考。

6.7.1 財不入急門

有一個朋友，在 2012 年開始的牛市當中，手風不好也不壞，但是因為身邊的友人炒股成績彪炳，自己雖然跑贏了大市，但成績卻比不上幾年前的那次升浪，也比不上身邊的朋友，難免心急。因為心急，他一注獨贏，押下了當時熱炒的「新確科技」(1063)，結果正是財不入急門，該股票在 2013 年 8 月 11 日從前收 0.42 元，跌至 0.265 元，單日大跌了 36.9%，令他受到了重創。其實他買入這股票的決定，計算其理由，只是小錯，並非大錯，更加不是全錯，如果他把總投資組合的 20% 或以下，買進這股票，也不算太過份，但是一注獨贏，瞓身去買，就是太過心急，錯得不能再錯了。

6.7.2 友儕壓力

通常在牛市三期，幾乎每個股民均贏錢，在同輩的吹噓宣傳之下，令到很多本來不炒股票的人，結果也忍受不住友儕的 peer pressure，投進股市了。由於這班新力軍是市場的最後一股動力，因此，當他們進場時，往往正是牛市終結、泡沫爆破，股市進入熊市之時。

另外一種炒股的 peer pressure，則是所謂的 model group，也即是美女群。美女是一種奇怪的生物，很多都沒有正職，但大家都知道，美色不能持久，因此她們趁著青春少艾的時期，會盡量多賺錢。同時，由於她們認識的老闆和股壇中人不少，所以也常常收到股票貼士，因此，她們也買股票……在 peer pressure 之下，美女買股票也就難免成為常態了。

我在 2014 年《AM730》寫的專欄有這一段：

「話說在上星期，我說了因為資金不足，所以向美女推介半新股『恒寶企業』(1367)，勸說她們進場購買這股票。其實，這個故事的內情，只說了一小半。大家都知道，美女，尤其是港女，是一種多麼難以馴養、多麼需要細心呵護的珍貴品種，當她們買進了『恒寶企業』之後，不到兩天，已經不耐煩了，不時來電，問我：『幾時升，幾時升』之類的問題，令我不勝其擾。我的回答總是：『再坐一會，再坐一會。』」

「題外話就是，我除了向美女推介這股票，也有向『野獸』推介，亦即是我的朋友們。不過，美女的利益需要照顧，野獸則可任其自生自滅，不用理會他們的感受也。

「結果，在上星期，「恒寶企業」曾暴升七成，『美女與野獸』分別從 0.67元，一直沽出至 0.87 元不等，誰知其股價最高升至 1.12 元，上星期五的收市價則是 1.01 元。

「這就大鑊鳥！我曾經說過的金句是：『寧願輸錢，也千萬不能人人贏錢，自己沒份。』在美女而言，則是『早沽出了贏錢的股票，比沒贏錢更慘！』至於『野獸』，當然也有這個問題，但由於其地位卑微，可以不理他們的投訴。

「於是，在上星期五，我接到了大量的投訴：『你又話目標價是 1 元，我諗住唔好食到咁盡，便早點沽出，但現在升到咁高，咁點算先？』」

6.7.3 齊家

我的說法是：「修身，齊家，炒股，贏大錢。」這即是說，第一要克服自己的心理，第二是要沒有了家庭和生活的後顧之憂，才可以作出客觀的判斷。所謂的「齊家」，第一是賺錢養家開飯，如果你要靠著炒股票的錢來開飯交租，肯定有心理壓力，成績也不會好。第二則是如果你家嘈屋閉，和太太天天在吵架，炒股成績也不可能好。第三是如果你生了重病，天天擔心生存的問題，炒股成績也不會好。

簡單而言，你必須沒有後顧之憂，炒股才能有好的成績。這正如一個貧窮的小孩子，生於破碎家庭，先天上已經輸了九成，那要十倍的努力，才能夠出人頭地。

第 二 部 份
戰場上的拍擋

7. 證商的四種專業
證券公司之內一共有四種不同的工作崗位，其從業員除了需 要不同的專業知識之外，也因其知識和經驗的局限，造成了不同的思維方式。

7.1 後勤部門
股票的後勤部門包括了會計、交收、信用管理、監察等等。最值得投資者關心的是，這部門也負責控制孖展的額度，只是它不直接同客戶溝通，這工作得留待經紀去做。但是，借不借和借多少錢給客戶，甚麼時候迫客戶還債，以至於強迫客戶斬倉等等令人不快的工作，統統交它去決定，經紀只是負責同客戶溝通而已。散戶往往難以接觸到後勤的職員，但他們卻像一個無形的天使，或魔鬼，控制著炒股人的命運。

我常常說，一間證券公司的靈魂，在於後勤部門。中國古語有云：「鐵打的衙門，流水的官。」我們也可以說，「鐵打的後勤，流水的 AE。」前線人員就有如明星，有如水流柴，是不停變的。不變的，是後勤、是幕後隊伍、是管理階層、是保母、是宣傳人員，他們才是維繫公司的骨幹。在股票的世界，很多的大公司，例如美資大行，後勤人員佔了極重要的地位，不少高層都是後勤出身。不過，香港的證券行重視短線的盈利，所以往往以銷售人員為主，這當然是不健康的制度。

由於後勤部門同一般投資者並不接觸，為了故作簡潔，到此停筆。

7.2 分析員研究股票的前景
分析員的專業，或者說是他的分析架構，又或者說是他的偏見，就是用來評估上市公司的經理團隊、管理方針、管治質素、經營狀況、盈利能力、行業前景……等等基本因素，從而預測它的未來盈利，再以股價來除，就是股票的預計市盈率。再加上整個大市的資金流向、國際大勢、貨幣強弱、利率趨勢、本地經濟數據，每項分析都有實質的數據支持。分析員綜合以上的所有因素，從而向客戶建議，應該購入或沽出哪些股票。

在外國，分析員擁有崇高的地位。外資大行的中短線經營策略，都得參考分

析員的專業意見。但在香港，則功利至上，經紀才是一間港資證券公司的靈魂。

葛拉漢、巴菲特、彼得林治等等大師的分析架構，均是分析員的分析架構。可以説，我們見到的股評人戴著有色眼鏡來看股票，戴的都是分析員的眼鏡。必須澄清，我説的「有色眼鏡」並無貶義。有一本書，毫無疑問是二十世紀最重要的十本學術著作之一，就是孔恩寫的《科學革命的結構》。他指出凡是科學分析，無法離開時代的偏見，皆因沒有架構，就難以分析。同樣道理，不戴上有色眼鏡，就無法分析股票。

説穿了，分析員就是專業撰寫投資報告的研究人員，而寫出來的報告的主要讀者是其公司的客戶。

7.3 經紀和交易員

投資者日常接觸最多的，就是經紀。經紀是前線的工作人員，負責和客戶溝通，以及為客戶買賣股票。他們是證券公司和客戶之間的橋樑，一般來説，證券公司的其他部門並不直接同客戶溝通，而是通過經紀，無論是簽署法律文件或追收保證金，都是由他們負責開口跟客戶解釋。

在證券公司的編制中，經紀一共分為兩種：「職員」（staff）和「AE」（account executive）。在客戶的眼中，兩者毫無分別，其實其本質卻是截然不同。

7.3.1 「職員經紀」是公司員工

職員收的是固定薪水，為客戶買賣股票時並不收取佣金——是他們不收，但客戶照樣得付。即是説，客戶付出佣金的對象是證券公司，他們很多時一分錢也收不到，就是能收，也只收到很少的一點點，或者是年結時算出其工作額超乎理想，便能得到花紅。他們也會處理一些公司客戶。例如説，南華證券的老闆吳鴻生介紹了一位朋友到南華開戶口，他當然不會親自服侍這位朋友（客戶），而是交由「職員經紀」處理一切事宜，這位朋友（客戶）便是公司客戶。又例如説，一位經紀離職，他原有的客戶由公司接收，也會交由「職員經紀」處理。有些公司的編制，職員經紀也有收取佣金的，不過收取的佣金比例，當然比不上「AE」。

7.3.2 「AE」是自僱人士

另一種經紀的分類，就是「AE」。「AE」並不收固定薪金，他們只是按生意額跟證券公司分賬。嚴格來説，「AE」不能算是公司的正式員工，只可算是其「駁腳」，或合作伙伴。「AE」這職位代表了大部分的股票從業員，正如戰鬥兵代表了所有的士兵，雖然軍隊中也有其他的兵種，例如工兵、勤務兵、文藝兵等等，但這些工作統統是為戰鬥兵服務的。「AE」就是這樣有代表性的工種，

他們的喜怒哀樂也代表了整個市場的喜怒哀樂，我們簡直可以這樣說：「AE」代表了整個市場。作為小「AE」，生活是很悲哀的。他們（用金錢來）日曬雨淋，旺市酒池肉林，弱市時望「天」（即市場氣氛）打卦，必須好天搵埋落雨柴，每次熊市都有大量的「AE」被市場淘汰，正應了賭場的術語：「一公失蹤」。但作為大「AE」，卻是有權有勢，十分過癮的事。

由於「AE」的收入靠分賬，一個成功的「AE」，其薪金可能遠高於其上司行政總裁，這就有如一個成名藝人的收入高於其經理人，打個比方，容祖兒和Twins 的收入便高於霍汶希。值得注意的是，一個大「AE」通常自掏荷包，聘請幾位助理，為他處理下盤買賣的事宜。他只管搞好同客戶的關係。當然了，他的關係網必須也是極好，否則不可能客似雲來。對客戶來說，大小「AE」的分別，在於其在公司的「牙力」。

例如說，大「AE」為客戶融資的能力便強得多，因為公司也得聽他們的意見。有一次，我要做八百萬元的供股包銷，但戶口只有二百萬元，新鴻基的「信用控制」（credit control）本來不肯答應，但經我說服了超級「阿姐」李小姐後，她輕輕一句，八百萬元的信用額便搞定了。此外，大「AE」對市場的觸覺、知識、網絡（在通常的情況下），當然也遠高於小「AE」，否則也招徠不了這麼多的大客。

從另一方面看，大「AE」的最大缺點，就是店太大了，你找他時不一定找得著，就是找到了，也只會同你短談幾句，不可能深入討論。他甚至不一定想做你的生意，我認識有幾個最 top 的大「AE」，如非好友介紹，簡直不肯接新客戶，客戶一旦意見多多，他簡直要放棄不做這生意了。相反，如果光顧一些小「AE」，他便可提供到最貼身的服務。這正如女人到路易威登買衣服，銷售員將以公式化的態度去招待她，但同一個女人去到葵涌廣場的服裝店，卻可得到最貼身的服務，那些個體戶服裝店的小老闆娘會對給她提供上賓式的招待。

值得注意的是，當客戶炒股失敗、欠債不還，職員經紀不必負上還款責任，但是「AE」卻往往要被追討部份，甚至是全數欠款，皆因他們是自僱人士。記得我在 2005 年時，在「英皇證券」欠下了巨額孖展，雖然不至於負資產，但是槓桿比例也長期在七至八成，然而幸得老牌經紀「貓叔」向證券行的管理階層拍心口擔保，讓我渡過了難關，後來股價漲回上去，我也賺回了不少錢。這個恩德，我當然是永遠銘記於心的。

7.3.3 AE 的重要

在一個炒股者而言，AE 是你的最佳拍擋，皆因他的收入，倚賴著你的交易。換言之，你的交易多，他的收入也多。因此，他往往是你的支持者、包疵者。如果你是一個普通股民，大可以使用網上交易，連經紀也不用有，但是，如果你需

要借高孖展，作出高風險的買賣，又或者是 T+2 交收，又或者是很多財技活動，例如供股，用 bought and sold note 去買賣實貨股票等等，一個同你建立了互信關係，甚至是同你唇齒相依的經紀，就很重要了。

7.3.4 你就是 AE

有些資深股民，心想既然天天炒作，被吃掉佣金，倒不如自己當 AE，炒賣自己的股票，也省回不少支出。這當然是可行之道，而且，在孖展方面，也會有比較彈性的待遇。

7.4 交易員

交易員（trader）是一種專業，專門代表金融機構，又或是代表莊家「揸鑊鏟」，日炒夜炒的人員。他們是最直接的市場參與者，當證券公司有「公司盤」要下時，便得通過交易員。交易員為公司操盤，每年結算其贏輸，贏了則分巨額花紅，輸了則執包袱走人，換言之，他們就是市場的最大賭徒。

7.5 基金

基金是專門為客戶投資的專業，用的是客戶的資金，但基金經理會收取薪金，當基金賺錢時，也會收取績效費。

香港法例，證券經紀服務需要申請 1 號牌，基金需要申請 9 號牌，證券行不一定是基金公司，它要另外申請 9 號牌照，才可以經營基金。反過來說，擁有 9 號牌的基金公司，也要另外申請 1 號牌照，才能夠經營經紀業務。順帶一提，香港立法會選舉的功能組別，一個 1 號牌照可投 1 票，但投票人是其登記的 RO，而不是公司的大股東，除非兩者是同一人。

7.6 RO

所謂的 RO，即是 responsible officer，證券公司的負責人，也即是 AE 的上司，代表證券公司和證監會、交易所溝通聯繫，也會負責公司的行政和信用管理，相等於證券公司的持牌人。一間券商最少要有兩個 RO，任何時間最少要有一個身在公司，當然大規模的券商會有更多的 RO。

在很多時，大牌經紀自己也是 RO，但只管自己的客戶，不管公司的行政工作，皆因自己是 RO，便不用受到的 RO 的管理，方便得多。

一個 AE 如果有 5 年管理經驗，再經過考試及格，便可以申請成為 RO。如

果他有大學學位，則可縮短至 3 年。

7.7 經紀和交易員就是市場

我常常說，市場的成交很可能有三成是由經紀和交易員創造（即自行買賣）出來的，可見他們在市場的重要性。

1. 經紀時時刻刻盯著股票機，一定能看出比別人多的「機會」（之所以加上引號，是因為這「機會」很多時其實是陷阱），忍不住便要自行買賣。就算沒看出「機會」，大部分人都有賭性，無時無刻都看著股票機這張「賭桌」，不可能不心癢下注。

2.「職員」雖然收取固定薪金，很多時也有績效的壓力。證券公司一樣會迫他們「交數」，交不到令上司滿意的買賣佣金時，便會受到壓力，絕不好過。因此，當他們的成交不足時，往往自製成交，減少來自上頭的壓力。

3.「AE」買賣股票時可收取佣金，換言之，當他們自行買賣時，成本較客戶為低。這令他們有足夠的誘因去自行買賣。

總括而言，經紀是市場的中堅分子，他們經常交易，和交易員幾乎是一般的活躍。這兩種人在市場上的思想和行為，影響了整個市場的氣氛。換言之，他們就是市場。

7.8 財技操作人員

金融機構的「corporate finance」部門通常譯作「企業融資部」，作為專業技巧，一般叫「財技」，擁有這種專業技能的人才叫「財技高手」。教科書叫它「企業財務」。大抵這英文名詞在不同的場合，有不同的譯法，但我對這名詞的用法，通常是三者兼有，每種譯法都不大適合，我想了又想，決定叫它「金融遊戲」，而操作金融遊戲的專業人員則稱為「財技操作」，皆因 corporate finance 所做的工作不一定同融資有關，例如說私有化，或者是印股票換資產等等，因此譯作「企業融資」並不適合。

金融遊戲的本質是以法律和會計作為專業手段，從公司結構和財務結構著手，作出整合，有時這整合還有與其他公司聯合搞作。經過整合，公司可以增值，可以融資，老闆更可以從過程中騙走現有股東的「應份」（我譯不出，英文是「equity」）（編按：「equity」或可譯作「權益」），以及贏走股民口袋裏的錢。金融遊戲是所有生意經營中最高級的一種，正如獅子老虎，位於食物鏈的最高層，專門吃位於下層的食草動物。牠們能在最短的時間賺最多的錢，也能最快輸掉最多的錢。當莊家去炒一隻股票時，永遠是財技先動，股價的「版面操作」

只是末節。打個比喻：莊家是大腦，財技是骨骼，股價只是血肉，沒有骨骼支持的血肉只是一堆爛肉，正如沒有財技支持的乾炒，永遠也不能真正地把股價炒高，這叫「綱舉目張」，財技是綱，炒賣是目，兩者是不可以混淆的。

科網股一役中，李嘉誠憑「賣橙」將和黃（13）變成當年地球最賺錢的公司；他的兒子李澤楷利用一個空殼，空手套白狼，吞掉了當時的巨無霸香港電訊（8），均是財技成功的好例子。

財技操作人員幾乎都不相信股票。他們見過太多內幕，因為他們的專業令到他們發現（是「發現」而不是「認為」）所有股票都是騙人的，股票只是紙張，其成本是印刷價，其價值是零。因此，財技高手買賣股票的手法，都是在消息公佈前買入，公佈後沽出，持有的時間愈短愈好，以減低市場風險，而且買的數目也不大。他們賺大錢的不二法門，是「無本大利」，例如說，在出手工作之前，先叫老闆送一手免費的認股權，消息出來後，股票上去了，行使權益，沽出股票，就袋袋平安了，既無風險，也可避開內幕交易的指控。

從以上的角度看，財技操作人員很少是炒股票的高手，因為他們完全不信任股票，但要在股票世界中得到勝利，不可缺少的本質是鬥傻定律，當你拒絕當傻瓜時，也失去了贏錢的機會，這正如一名堅決拒絕被男人「嚼完鬆」（hit and run）的女人，雖然永遠不會失身，但亦可能永遠嫁不出去。有關這些財技操作的原理，由於是屬於 seller side 的分析，所以我把它們放在《財技密碼》之內。

7.9 三種工種的總結

交收部不算，其餘的三大股票市場工種：分析員、經紀和交易員、財技操作人員代表了三種截然不同的思維。記住這三種思維的分別至關重大，我在《炒股密碼》中，已經詳細講述了這三種不同思維的炒股 approach。

8. 投資者

人類是天生懂得角色扮演的生物，一旦角色上身，便會影響思維。一個專業的演員不單要熟記自己的對白台詞，還得記上別人的，當對手偶忘之時，他也能作出提點。同樣道理，作為一個炒股人，也必須對其他的參與者有著一定的認識，方能知己知彼，百戰不殆。請注意：沒有一種已知方法可以令你百戰百勝，孫子也沒說過「百戰百勝」。《孫子兵法》的「謀攻篇」說的是：「知己知彼者，百戰不殆。」意即是只要知己知彼，雖然不一定可以必勝，但至少可以做到不會輸死，這才是正解。

股票市場是人的世界。製造電器的工廠，沒有了員工，還有電器和工廠，酒店沒有了員工，還有一幢大廈，以及大廈內的事物。餐廳的廚師和服務員固然重要，但經營餐飯業的人都知道，裝修格局和人才同樣重要。然而，股票表面上是數字，實質是人的世界、是人的事業，人的因素是決定性的，這好比學校的老師和娛樂圈的明星，「人」才是主導因素。是的，股票是人的行業，就是在極度現代化的今天，交易用自動對盤，網上交易流行得幾已成為了主流，但，直至我撰文的這一刻為止，在股票行業，「人」的地位，依然是至高無上。一間酒店把員工全換了，依然是該酒店，沒有變，但股票界任何一個人都是獨特的，人際關係佔了決定性的地位，而關係網是一種十分微妙的無形事物，甚至是父親，也無法傳承給兒子。

除了人際關係之外，專業知識句是同樣的重要。舉個例子，一些財技專家想出新的財技點子來，或是設計出來的「新產品」，便是在市場發財的終南捷徑。不過，以上的賺錢方法，是「seller side」的賺錢方法，這是另一本書《財技密碼》的內容，但本書《炒股密碼》的撰寫角度，則是從「buyer side」出發，也即是從投資者的角度去看股票，目標是如何從 seller，即莊家，或是其他的 buyer，也即是其他的散戶，的手上去賺錢。

換言之，「sell side」和「buy side」的目的雖然同樣是為了賺錢，但是其操作的方向和角度，是完全相反的。然而，如果我們從 buy side 出發，也有需要去充份理解自己的專業，和在市場上的定位，才能夠做到「知己知彼，百戰不殆」。

股票世界的專業人士由多方面組成，這些參與者的分工和互動，構成了市場的一切，當然也包括了股票的價格。記著，有關股票的專業知識多如汗牛充棟，包括巴菲特和索羅斯在內，沒有人可以完全理解所有的股票知識。但任何參與者只需懂得一門，已足夠成為專業人士，如果精通其中一門，更是足以發財立品，揚名股壇了。

因此，在分析有關股票的一切之前，我們得對炒股時將會面對的人，去作出一個大審閱，逐個檢閱在市場上活躍的人物，與及其在市場上的分工。他們的分工和互動，構成了整個市場的立體全息圖。這有如故事大綱中的人物表，當得悉

了每個角色在股票世界扮演的角色和戲分之後，我們才能對整個故事得到基本的了解，從而對自己扮演的角色作出定位。

至於最後的一步，自然是再用屁股決定腦袋：由你所處的位置，以及你的專業程況，去決定你的行為模式。

上一章說的是股票的專業人員，這是從「公司面」去看，在這一章，我說的則是「客戶面」，也就是股票的投資者。

客戶可能同時也是其他的身份，例如劉鑾雄既是「華人置業」（127）的老闆，但也有買入其他公司的股票，在前者，他是大股東，但在後者，他則是客戶。證券公司的員工很少不炒股票，因此同時也是客戶，正如周星馳既是「賭聖」，也是「情聖」，亦是「大力金剛腿」，在不同的電影裡，扮演不同的角色，是常有的事。

8.1 散戶不一定輸

甚麼是散戶，相信不用下定義了。這裏要說的是，散戶並不一定都是被殺的笨羊（但大部分都是），有一部分散戶有著極強的股票知識，長期能在市場中賺得金錢。我看過一些網上的股票評論，發現在市場上實在藏著不少高手，卻不知名。但要在投資上獲勝，知識並非決定性，投資的方向和模式，市場上的觸覺和人脈，臨場的決斷力和直覺等等，都是同樣重要，因此我見過完全不懂股票但在市場上十賭七勝的師奶，全靠聽消息，憑直覺分辨出誰會騙她，誰說的話則純屬山埃。用人性來炒股票，可能比分析股票更有效。

然而，股票知識強的人，好處是不一定能贏大錢，卻能有效地減少輸大錢的機會。

如果說，大戶是賭廳中的貴賓，散戶就是中場客，賭場用不著逐個招待，只須一桌一桌的殺掉就可以了。市場上的不少「越位陷阱」正是針對散戶的心理，專門製造出來宰殺他們的。因此，當炒股票時，必須確切地探知散戶在當時那一刻的意識形態，在適當時候便要相反而行，才是制勝之道。

據我的觀察，有七至八成的時間，散戶是贏錢的，但他們會在二至三成的時間中輸回兼輸突所有的錢。因此持相反理論者也是非輸不可，我們必須在大部分的時間跟隨散戶方向而走，在最後關頭才掉頭而走，才是取勝之道。

不過，大部分的散戶很可能終其一生，都是散戶，正如大部分的「群眾演員」（香港叫「咖喱啡」）一生都是群眾演員，不一定能夠幸運地「脫籍」（脫出散戶的藉）兼脫貧。我在 1999 年，從 10 萬元成本，在短短的半年之內，快速贏了一千萬元，這數字當然包括了「四捨五入」的數學計算。但當別人問我，如何能夠快速贏到數十倍的利潤，我通常會回答一句：「幸運是不可或缺的因素。」

8.2 機構投資者也是羊群

所謂的「機構投資者」，意即管理「他人的錢」（other people's money）的專業經理，除了在市場買賣的基金之外，還包括了一些非牟利的機構，例如學校、教會、慈善團體，不管有沒有成立投資基金，但都很可能會把其「空閒」的資金（長期或短期地）投進股市之上。

通常，機構投資者有著以下的特色：第一，他是是打工仔，無論賺蝕都有薪水，因此，其下注的模式難免輕率，我在《周顯發達指南》中有過一段說明：「基金經理和客戶的利益並不一致，這就造成了前者上下其手，從中漁利的誘因。」反之，我們作為私人投資者，輸了的都是自己的錢……換言之，他輸的是數字，我們輸的是現金，這兩者是有很大的分別。

第二，他買賣股票的模式有著許多結構性的缺陷，其中最著名的就是「羊群效應」：他們的頭號績效目標是「不要跑輸大市」（贏不贏倒是其次），因為一旦跑輸，其工作職位便隨時不保。這就像獅子來到了，你用不著比牠跑得更快，只要跑得比你的同伴仁兄快，便能保住性命。為了保命，機構投資者決不會朝別的方向跑，因為一頭離群獨自跑的羊更惹獅子的注意力，因此，他們難免要隨著大伙兒跑，其思考模式必須緊隨其他人的方向，難以有獨立思考的能力。

第三，由於他輸了不用自己付錢，反而照樣可收薪水，但贏了，卻有花紅可分，因此，他也會傾向冒險的策略。在經濟學上，這叫做「道德風險」（Moral Hazard），《維基百科》的定義是：

「指參與合約的一方所面臨的對方可能改變行為而損害到本方利益的風險。比如說，當某人獲得某保險公司的保險，由於此時某人行為的成本由那個保險公司部分或全部承擔。此時保險公司面臨着道德風險。如果此人違約造成了損失，他自己並不承擔全部責任，而保險公司往往需要承擔大部分後果。此時某人缺少不違約的激勵，所以只能靠他的道德自律。他隨時可以改變行為造成保險公司的損失，而保險公司要承擔損失的風險……道德風險的概念在 1960 年代被經濟學家更新，在那時道德風險不暗指不道德的行為或詐欺罪，反而經濟學者使用道德風險來描述當風險被取代時的無效率，而不是團體的道德。」

8.3 扒仔也會輸到著草

扒仔就是莊家身邊的人，為其辦事並在過程中「扒」一點錢的人，有如賭場中在你的後面說「老細，這一把買莊」的疊碼仔。讀者可能會混淆：這人和前述的「幫莊」有何分別？正解是：在大部分的情況下，兩者並無分別，只是在他為莊家做事時，叫「幫莊」，在為自己買賣股票時，叫「扒仔」，這就有如同一個男人，太太叫他「老公」，兒子叫他「爸爸」，指的都是同一個人。但這當

然也有例外，一個女人的老公很可能不是其兒子的爸爸（她多半要兒子叫他「叔叔」）。我有一個朋友，其兩歲不到的女兒對他說：「我有兩個爸爸。」聽到了這句話，都咪話唔驚！

例如說，如果你的工作是每天為莊家製造虛假成交，專業名詞叫「Liquidity Provider」，那你是幫莊，但有時莊家也會給你一些股票貼士，也有一些折讓股票 (discounted shares)，在這時，你便是扒仔了。另一種情況，如果你只是跟出跟入、陪去夜總會的跟班，但莊家也會給你一些股票上的好處，也可以算是扒仔。

值得注意的是，扒仔的投資成績並不比一般散戶高出多少，也許只高一點點。市場莊家並不會同扒仔講出其計劃的全部，在不少的情況下，扒仔也是他們宰殺的對象之一。我就見過不少輸得要逃亡深圳的扒仔，股市凶險，可見一斑。

8.4 大戶不一定贏

這裏指的「大戶」是下的注碼很大的散戶。多大的散戶才叫大戶，得視乎不同的股票的市值和成交量而定，「匯豐控股」（5）這些超巨型的大股票，不買上三、五億元不能算是大戶，而在一般小股票而言，買上二、三百萬元已算是大戶了。

我把「大戶」定義為：其投資的金錢數量高於一般散戶，能夠影響到一天或是一小時的股價，卻不足以影響到整個股票的走勢。這即是說，一個「戶」是不是「大」，或者是該「戶」究竟有多大，是由他在市場上的影響力而決定。

一般人的誤解是：大戶是長勝將軍。但實則上，大戶也常輸錢，他們甚至是市場莊家專門宰殺的對象，因為夠「肥」也。不少大戶也不精明，典型例子是「師奶兵團」：有錢太太一買便是二、三百萬元，許多時不過是聽了旁邊的師奶的一面之辭。

有一個真實的故事：很多年前，一名很有名的 Y 姓市場莊家，把消息洩漏給太太知道，告訴她這是必贏的股票，他太太便把這消息廣發給友好。大家都知道，這位太太是一級好人，決不會騙人，更不會欺騙她的手帕交，於是那些師奶們便拚命去買了。結果是：股價急瀉，師奶兵團一敗塗地。那位市場莊家在贏了大錢後，把太太輸了的一份，賠還了給她，所以這位莊家的老婆並沒有輸錢，不過，她的下場是失去了所有的朋友。順帶一提，那位市場莊家還把這「消息」告訴了他的兒子，和他的女兒………

另一個故事，則是這位 Y 姓莊家有一天晨早，叫他的女兒去律師樓簽一份文件，原來是一個極大的收購與合併。女兒簽了這份文件之後，馬上致電給至交好友……結果不用說了，原來這份文件，是專門製造出來，給女兒一個人看的，成本只是幾千元罷了。這兩個故事的「道德教訓」（moral）是：

1. 之後很多人都仿傚這一絕招。

2. 市場上誰說的話都不可靠，包括市場莊家的老婆子女。

3. 這就是《千王之王》的最後殺著：六親不認。其實，假文件這一招，其後我也不時見過，已經變成了常用的招數。反正，造一份假文件出來，成本也花不了多少，如果沒有上市公司的董事簽名，也沒效力，再說，只要我拿在手裏，給你看看，只要沒有被影印下來，也不犯法。到了後來東窗事發，只須說一句：「哎呀，這單 deal 後來遭對方拒絕了，簽不成了，哈哈。」這不就成了嗎？

8.5 結論：L 翁的啟示

我有一個朋友，代號就叫「L 翁」吧。他的炒股票技巧，是個極高明的市場莊家傳授的。

大家有看過金庸寫的小說《連城訣》嗎？主角「狄雲」的師傅，叫「戚長發」，故意教錯他的功夫：原來是「唐詩劍法」，變成了「躺屍劍法」，每一招出去，都要敵人躺下成為一具死屍。這劍法把「孤鴻海上來，池潢不敢顧」改成了「哥翁喊上來，是橫不敢過」，劍招是橫削而非直刺，把「俯聽聞驚風，連山若波濤」改成了「忽聽噴驚風，連山若布逃」，劍勢是像一匹布般逃了出去，把「落日照大旗，馬鳴風蕭蕭」改成了「落泥招大姐，馬命風小小」，劍意是出劍不用太大力……L 翁學到的炒股票技巧，便是專門被教錯了的「躺屍劍法」。

他學會了的炒股票的方式，是假設自己是莊家，放進不同的買盤和賣盤，造成市場暢旺的假象，以便他買入或出售股票。這種做法的錯誤是：明明是散戶，偏要冒充莊家，這就叫「分不清莊閒」，該死有餘。結果是 L 翁用這種方法炒了幾年股票後，便在市場消失了，不在話下。在入場之前，先把自己定位清楚，這是在股壇致勝的基本守則。

9. 全職炒股者和專業投資者

大部分股票投資者，都是另有正職，炒股只是投資方法而已，甚至可能只是其中的一種投資而已。不過，當然也有一部分的股票投資者，是全職炒股的。在本章節，說的就是全職炒股者所需要具備的特質。

9.1 我的個人經驗

首先，要當全職炒股者，最基本要擁有的，是第一筆資金，我稱為「種子本金」。這筆種子本金是怎得來的呢？答案是，多半是在業餘炒股時賺回來的，也往往正是因為在業餘炒股時，賺到了不少錢，所以才會興起了雄心壯志，去當起全職炒股來。

以我自己的經驗為例子，本來，在 1999 年，我在《新報》寫社論，再加上其他零零碎碎的寫作收入，大約月入五萬元，但我大手大腳，一個月的支出是七至八萬元之間，永遠都入不敷支。

在 1999 年中，運氣來了，由於得到蕭若元的賞識，在他旗下的「天網」（當時的 577）任職執行董事，月薪六萬元，但我還可以保留寫作的收入，換言之，收入突然急升至十萬元以上。蕭先生對我很好，另外還加上了 3% 的「天網」認股權，最高時刻「天網」的市值是十多億元，3% 認股權就是數千萬元的面值了，但當然，這筆認股權得在三年之後，才能認購。

除此之外，蕭先生還指點了我炒股票的基本門路，在短短的半年間，我靠問哥哥借來的十萬元本金，贏了大約八百萬元，對外便宣稱是齊頭的一千萬元了，相比起三國時代的赤壁之戰，曹操率領二十萬大軍南下，號稱「八十萬大軍」，我的虛頭已經是很踏實的了。總之，我在半年之間，從一無所有，變成了十多萬元月薪，再加上數千萬元的認股權，還有七、八百萬元隨時可變回現金的股票，也算是一個小小的奇蹟了。

然而，隨着 2000 年之後，科網泡沫爆發，我手頭的股票價值也已蒸發了大半，幸好早在先前贏錢的期間，我已經買樓並且全數付清了樓價，縱然在股票投資上虧蝕了大部分，但總括而言，輸掉了的部分，也只是當日賺來的四成左右而已。

正是屋漏偏逢連夜雨，沉船更遇倒頭風，當科網股爆破的同時，蕭先生的「天網」也失敗了，他把三間上市公司都賣掉，我變成了失業，至於那原來價值數千萬元的 3% 認股權，當然也頓成廢紙了。最不幸的還是，由於那時我太過用心於炒股票，變成了無心寫作，作品的質素每況愈下，社長愈看愈不順眼，編輯眼看我愈來愈不像話，也不停的在打小報告。很順理成章地，我的寫作地盤也統統沒了，所有的收入也都沒了。

從一無所有到小暴發，花了半年，算是快如閃電，但從小暴發打回原形到一

無所有，卻只花了三個月，簡直比光速還要快。到了這個時候，我非但沒有工作，也不容易找回一份似樣的工作。我計算過，如果找一份編輯之類的，可能可以賺到兩萬元左右，我當然也可以選擇另找一個月薪五萬元以上的機會，但這可能要經過一年以上的尋找過程，在尋找期間，也是沒有薪水可收的。

我在無法可想，無路可走之下，想到在這一年之間，我也算是對股票略有所識，至少在科網股爆破之後，雖未至於毫髮無損，但總算可以「半」身而退，相比起本金，也贏了數十倍利潤，已算是十分輝煌的成績了，對於自己的炒股能力和天分，也有了一定的信心。況且，在我的努力經營之下，也搭通了不少人脈，算得上是半個股壇中人了。

最重要的原因，是我也沒有甚麼路可以走了，惟有惡向膽邊生，把房子賣掉，連同手頭上的現金，去當起全職炒股者來。

我之所以把以上的心路歷程寫出來，是企圖向大家說明，我進入全職炒股生涯，純粹是因為命運驅使，並非有意如此。在我全職炒股期間，也從來沒有放棄過別的賺錢機會和工作機會，因為我清楚知道，也必須在這裏明確的勸喻大家：全職炒股的路並不好走，所以我也從來不打算走這條路，只是因為沒有其他更好的出路，才「被炒股票選擇了我」而已。

另一個我比其他人優勝的是，我是從一無所有，炒股起家。我的想法是，就是再輸回原狀，變回一無所有，也只是還原基本步而已，至少賺到了這段日子的生活支出。在我的情況，是有賺無蝕的，所以，我就可以有前無後的，去幹起全職炒股這門事業來。但很多讀者，其「種子本金」是自己辛苦攢聚回來的積蓄，如果當起全職炒股來，一旦輸個光光，可是蝕到入肉，這和我的情況，是不可以相提並論的。

9.2 香港「利佛摩」的個案

我從來沒有摘錄過網上的文章，但是以下的文章，是在「香港討論區」看到的，作者叫「利佛摩」，我覺得很有代表性，所以便記了下來，供讀者參考。（按：我相信「利佛摩」這個網名出自上世紀的美國著名炒家 Jesse Livermore（1877-1940），他曾經多次因炒股暴富，又多次因炒股破產。他在 1940 年 3 月出版了《How To Trade In Stocks》這本經典名著，但當時並不暢銷。他在當年的 10 月吞槍自盡了。）

一來由於版權問題，二來由於網上文字是為了抒發個人情感，難免草率，在免費的網鋪出是無妨的，但是在書上刊登，那就不夠精煉了。所以，我把文字重寫了一次。注意，文中的「我」，是作者「利佛摩」，而不是重寫者周顯：我本來是在一間有名的證券行打工，跟到了一位好師傅，學到了不少知識，之後全職

炒股，已經有好幾年了。

照我所見，全職炒股的人，通常只有三種結果：

1. 七成以上，是炒來炒去得個桔，收入跟打工差不多，可能更差，因為收入不穩定，三更窮，四更富。

2. 輸清光收場，佔兩成。

3. 炒到發達，要賺幾千萬才算，佔一成。我和我的師傅主要用基本分析來炒股票，注意下面這一句：每日基本都是早上五點起床，晚上一點收工。（周顯評語：這句話當然有作大，而且也一定要睡午覺。）我每日的工作流程就是一早起身，在開市前，看報紙、公告、報告，開市時就炒股票，一邊炒，一邊看網站、一邊看通告……從來沒有放過假，就算發燒都無得放。

我的收穫是：已經供斷了一層樓。好了，現在利佛摩退場，又是周顯出場的時間了。其實全職炒股的最大可能性，是在於頭幾年很順利，通常都贏錢，可是到了某一刻，例如金融風暴、金融海嘯，就會一鋪清袋。惟一倖存的機會，是在贏錢的時候，把一部分的利潤提取了出來，買了樓。我見過大部分的全職炒股的贏家，都是靠着買樓發達的。

而我本人，在 2000 年時，把在股票投資贏了的錢，買了一間小小的房子，後來的東山再起，全職炒股，也是仗着賣樓得回來的資金。在 2007 年，我也是暴炒發財，也是買了一個單位，後來這個單位在短短的兩個月之內，為我賺了四百五十萬元，這時正值股市大跌，這筆錢也幫助我渡過了一部分的「流通性陷阱」。以上這位利佛摩仁兄，和其他全職炒股者之所以能成功、生存下去，最大的共同點，是他們都是股票行內出身的，受過了正統的訓練。那些沒有做過股票工作的人，其股票知識是不踏實的，能夠成功的機會率接近零。但偏偏，最想成為全職炒股的人，就是那些沒有做過股票工作的行外人，這可能是因為愈是不懂得，愈多幻想的關係。

9.3 投入全職炒股的盲點

在通常的情況之下，一個投資者會變成全職炒股，很多時是因為碰上了大牛市，因而輕易賺到了不少錢，從而令到自己飄飄然，自以為是「股神上身」，於是辭去了辛苦的正職，提取了多年來辛苦攢積得來的儲蓄，變做全職炒股，意圖在股票市場中，賺快錢和賺大錢。

吾友股榮兄於 2014 年 6 月 15 日在報紙上的一篇名為〈全職炒股變病態賭徒〉的文章，說出了一個故事：

「半年前朋友聚會，其中一位讀書最好的，毅然放棄筍工，投入全職炒股。當時很多人覺得佢好威、好型，唔使返工受氣，每日在家對住電腦炒幾個鐘就收

錢。半年後睇世界盃再聚會，全職炒家極速『收咧』，半個月前已重返舊舖工作。坊間傳媒，不時報道所謂全職炒股賭神，與朋友傾談半句鐘，得他同意，披露四個月的非人炒股生活。足球殘酷，股場更加殘酷，朋友選擇全職炒股，緣於去年贏得太順，『買銀娛、買騰訊，睇完圖食了幾轉，等股價回番又入過，細價股又扑中幾隻，唔夠半年就賺了三、四年人工—時間真係唔夠用，當時諗如果全心炒股睇 technical，會賺得更多，且有四年人工做本，有本錢可守。』

新年後，朋友開始全職炒股生涯，『開市前睇報紙通告做功課，九點半開始落盤，四點收市後，畫圖睇年報做分析，頭一個月科網仲有得炒，每日 trade 十幾宗，當時覺得非常充實。雖然覺得（科網）有泡，但圖表仲好靚，已經 mark 咗位，跌穿就走。』順境波人人識踢，覺得賺到錢是自己本事。3 月份後，所謂新經濟股開始散水，朋友要踢逆境波，『頭幾日輸錢，我還覺得是短暫調整，但持續一、兩個月，生活變得渾渾噩噩，每日的任務是 meet target、追 quota，定了每月賺到原本份糧，今月做唔到，下個月壓力更大，只有攻冇得守，你的底線就是冇底線。』

『昔日肯長揸，因為有份糧去守，現在卻變成飢不擇食，幾格都唔放過。變得太過計算，每日為 trade 而 trade，明明冇心水，但見到隻股仔成交大異動，又不知不覺地買入，好似病態賭徒咁，輸 part 都輸死，唔夠一季輸了去年大部分利潤。技術分析完全失去效用，跌穿止蝕位打靶，就見底反彈，有種感覺就係連個天都唔鍾意我……誠如曾教授話齋，只有兩種人可以全職炒股，那就是莊家與莊家的好朋友。」

9.4 標準差和全職炒股

「標準差」(standard deviation) 是一個數學概念，根據《維基百科》：「可以當作不確定性的一種測量。例如在物理科學中，做重複性測量時，測量數值集合的標準差代表這些測量的精確度。當要決定測量值是否符合預測值，測量值的標準差佔有決定性重要角色：如果測量平均值與預測值相差太遠（同時與標準差數值做比較），則認為測量值與預測值互相矛盾。這很容易理解，因為如果測量值都落在一定數值範圍之外，可以合理推論預測值是否正確。標準差應用於投資上，可作為量度回報穩定性的指標。標準差數值越大，代表回報遠離過去平均數值，回報較不穩定故風險越高。相反，標準差數值越小，代表回報較為穩定，風險亦較小。」

不同的賽局，有不同的標準差，例如說，有人設計過一個數學模型，一個職業的德州撲克玩家，玩 100 元/200 元的賽局，打上了 60,000 手，其中有 95% 的機會率落在贏 27.5 萬元至輸 3.5 萬元之間。不過，如果你和對手玩的是象棋，又

或是打桌球，由於是技術取勝的玩意，因此，標準差便很低了，這即是說，技術高的玩家幾乎是贏梗。

所以，如果要決定全職炒股，必須首先了解自己的技術，但這技術卻受到炒股票這種賽局形式的標準差所影響。這好比說，如果你去賭場玩骰寶，連中了十口，這並非代表你玩骰寶特別有天份，只是你運氣好而已。由於在牛市時，大部份的投資者都會獲勝，但這並不代表他們的炒股技術特別高明，所以我常常說，一個人必須要經歷過至少一次熊市，方能知道自己是不是有炒股天份。這也是巴菲特的名句：「You never know who's swimming naked until the tide goes out.」

在網上看到有人寫「有資金 300 萬元，想全職炒股，請教策略」，其中的內容是：「失業多時，估計很難再找到合適工作，打算放棄找工作索性全職炒股，有資金 300 萬元，目標是月賺 2 萬元，1 萬元作生活費，1 萬元當收入，大家有冇好建議如何投資。」

在股市暢旺的時候，很多時都會有人作出這種決定。但我也可以告訴大家，全職炒股雖然並非不可行，可是照上述那名仁兄的做法，卻是自尋死路。

第一，他沒有表現出任何炒股票上的才能。如果說，他已持續炒股十年，而且保持着長期戰勝市場的紀錄，當然可以全職炒股。換言之，沒有輝煌往績支持的人，貿然投身這行業，幾乎是不可能獲得成功。這就是前述的標準差的問題。

我所認識的小朋友，個個都是炒股票贏了一千幾百萬元，甚至以上，才敢辭職炒股。記着，他們的本金是贏回來的，而不是儲蓄回來的，才有這個底氣，因為輸光了也沒相干。

第二，資金 300 萬元，不可能做到月入 2 萬元，皆因炒股的收入很不穩定，市況好的時候，300 萬元本金，一年下來可以翻一倍，但市況不好，輸得少已經要偷笑，熊市可能持續維持一至兩年，一直在食穀種。這也是標準差的問題。

所以，如果有人真的要拿着 300 萬元全職炒股，我的建議是，他應該只拿出 200 萬元，來用作炒股票，剩下的 100 萬元，用作現金儲備，和日常使用，這足夠他生活好幾年了。如果他不幸輸光了 200 萬元，這證明了，他沒有炒股票的天分，因此輸光了 200 萬元之後，如果繼續炒下去，輸埋剩下的 100 萬元的機會率，遠高於能翻本的機會率。

在這時，他只有疊埋心水，再找一份全職工作，手上還有幾十萬元備用現金，也不用太愁。

9.5 比較我的分別

這種做法，和我的個人情況，有着兩個基本分別：

第一，我是因為被辭退了，找不到工作，才鋌而走險，去當全職炒股者。換

言之，當時的我，並沒有機會成本，但如果有人把工作辭掉，而去當全職炒股人，首先的損失，是失去了一份工作，也即是失去了工作的收入，這機會成本是很不低的。

第二，我的「種子本金」是從股票之上贏回來的，要是因為全職炒股，因而在股票之上輸回去，也只是「取之於股票，還之於股票」而已。計算起上來，我就是輸得光光了，還賺了在這些日子以來的開銷呢！但如果是用血汗本錢來作「種子本金」，情況當然是完全不相同了。

此外，如果一個投資者在股市上投資了十年以上，長期而言，也是贏多輸少，根據往績來作定奪，他能夠成功的成為全職投資者的機會率，也實在是大有依據。然而，如果這位投資者的股齡只有一至兩年，從來沒有經歷過熊市的洗禮，就這樣便貿貿然去全職投身股壇，這可未免太草率了。如果單從統計學來計算，這種做法的成功率，不排除是有的，但也實在是很低很低。

以我本人的經驗，雖然股齡只有短短的一年，便已經全身投進股壇，好像是十分輕鬆。但是，我也可以告訴大家：

第一，當時的我是有着很大的運氣存在，如果單憑知識，我是不足夠成為全職炒股者的。如果單憑運氣，是可一不可再、不能重複發生的好運，我當然不會期望發生在我身上的好運，也同樣地會發生在每一個人的身上。畢竟，六合彩頭獎是不會落在每一個人的身上的。

第二，我在全職炒股的中途，也經歷過很困難的日子，股票給套牢了，沒有現金過活，得靠別的本事，例如賭錢，才能夠得到現金周轉，交租吃飯，渡過難關。換言之，如果我本人單單靠着全職炒股去過活，沒有別的本事，早就要效法 Jesse Livermore，找一把黑市手槍回來，吞槍自盡了。

第三，我很幸運，當時我在股壇上遇上的合作者，從蕭若元、大淩張，以至多個在市場上十分活躍的經紀，都是這行業中的高手，教懂了我很多高深的股票知識。我告訴大家一個事實，就是我在炒股票炒了兩個月之後，遇上了一位老牌經紀，在這行打滾了三十年以上，一談之下，竟然發現他對於股票的基本知識，都是錯的，可以説，他對股票幾乎是一竅不通。

由於我發現了在市場上的人的知識太差，這令我壯了膽子，覺得自己有本事勝過了大部分的市場中人，我才有了決心，全身投進股壇。當年的我，可以在短短的幾個月之內，把股票知識提升至平均水平以上，足以在市場中生存得很好，但這並非因為我的本事，而只是因為其他人太差而已。

但是，在近十多年間，傳媒每天都不停轟炸着有關投資的資訊，人們對於股票和投資的知識大躍進，我也不敢自謙，我的幾本投資書籍，包括大家現在看着的《炒股密碼》在內，對於提升香港讀者的股票知識，是大有功勞的。但在今天的客觀環境之下，一個初學者能否在一年兩年之間，學到了平均水平以上的專業

知識，實在是難説得很，也困難得很。

9.6 如何成為職業賭徒或專業投資者？

我有一個好朋友，代號叫「S君」，這十年來，都是不務正業，胡胡混混的過活。他的過人之長是，有一把滑舌甜口，所以永遠不愁沒有女友，他也認為，自己對賭馬甚有心得，就只是本錢不夠、運氣不佳，才會長期捱窮，只要有上一點點的運氣，他早就發財了。

有一天，他對我説，請求我幫他一個忙，只要我能夠做到，他將會感激不盡，以後任由差遣，諸如此類。而且，在這個要求之後，他這一生都不會有任何其他要求了。

「是甚麼事？」我説：「只要我能力做得到，我一定盡力。」

「我希望你能介紹阿莊給我認識，我想跟他學賭馬。」他説：

「只要我學會了賭馬的心法，那就發達了，自然也不會再有求於你或任何人。」

「阿莊」者，莊永昌是也，是公認的賭馬第一高手，據説在馬場上贏了超過十億元。他的其他賭術也是非常高超，例如説，百家樂，他被全世界的賭場都列為不受歡迎人物，包括澳門在內。又例如説，德州撲克，在比賽中拿到了前十名的名次。再例如説，股票，單單「電訊盈科」(8)的股票，便持有超過1%的股份，因而捲入了當年的「電盈種票案」，成為「證人A」。諸如此類，不勝枚舉。

「我識他，他可不識我，我又怎能介紹給你認識呢？」我説：

「不過坦白説，就是你學會了賭馬的心法，也絕對不能成為職業賭徒，照樣是輸光收場。」

究竟要把賭博，或是投資，作為一種專門職業，需要甚麼才能呢？第一點，當然是你有一門特殊的才能，例如説，對炒股有過人的能力，對挑馬有心得，或者是，懂得百家樂或廿一點數牌……等等等等。這一點是誰都知道的：如果你沒有專業技能，怎能做好這份工呢？

第二點，知道的人就不多了，這就是「紀律」。如果把金錢遊戲作為一個專業，目的是求贏，不是求賭，那就必須很有紀律，這是必要的條件。甚麼是紀律呢？據説阿莊賭百家樂，一副牌只玩一兩舖，很能等待。我同他相比，當然是差天共地，可是曾經有一段時間，我窮得身無分文，差點快要上吊了，也沒有將手頭的股票沽出。換句話説，紀律就是一個「忍」字，而且是很能忍。把金錢遊戲變成一種職業，就像經營一盤生意，必須按部就班，一步一步的去累積本錢。不能希望一朝發達，因為一個一朝發達的機會，通常也是一個一朝輸光的機會。推理是：如果是有能力長賭必贏，為甚麼要去作短期的冒險呢？我在《我的投資哲

學》中分析過投資、投機和賭博的原理：機會是不常發生的，所以必須等待，才能等到機會，它不會天天來，更加不會每場馬都會出現。

所以，我對 S 君說：「你每一場馬都夾疊上，瞓身賭，別說是認識阿莊，就是認識了上帝，也沒有用，都是只有輸光收場。」

所以，每逢有人問我拿股票貼士，我都忍不住心裏在笑，心想：「就是貼士再準，又有甚麼用？你沒有紀律，還不是輸光收場！」

9.7 資金鏈斷裂

全職炒股的最大弱點，是我也曾有過的，就是沒有經常性收入，所以得從炒股收入提取部分出來，作為日常的開支。當遇上長時間的熊市時，便會發生資金鏈斷裂的問題。在沒有錢去開飯交租時，你是賤價沽出股票，還是勒緊褲頭堅守呢？問題在於：你不知熊市何時才會完結，所以也不知堅守到何年何日，林子祥有一首歌的歌詞：「無止境的等，不禁心動搖。」

所以，如果要當全職炒股者，首要條件，就是有充足的本錢，一方面可以提供日常支出，第二方面可以堅守信念。說穿了，炒股票和所有的投資一樣，考驗的就是 holding power，只要堅守到否極泰來的一刻，而你沒有死掉，那就贏了。反過來說，每當熊市的最低潮時，例如說，在 2003 年，本來應該是入市的最好時機，但卻是最多經紀和全職炒股者離場的時候。為甚麼呢？因為在這個時候，他們已經彈盡糧絕，本錢既已輸清光，甚至欠下了一身債務，由於沒有基本收入，連開飯也成問題了，所以不得不退出市場，另謀高就，以作糊口，給市場三振出局了。

然而，在這個最差的時候，也正是否極泰來、市況由壞轉好的時候。能夠捱得過 2003 年的投資者，很多人隨後賺大錢、發大財，但這些賺到盤滿砵滿的機會，卻是出局者無份享用的了。我有不少朋友，都是在 2002 年至 2003 年退出股壇，這實在未免是遺憾了。

9.8 天道酬勤

我有好幾個小朋友，都是在看了《炒股密碼》之後，股票知識突飛猛進，因而在 2009 年至 2010 年的升浪之中，從一無所有，賺到了第一桶金，那是八位數字的財富。這些小朋友當中，其中的一個是個專業會計師，叫「梅偉琛」，另一個則是一個美男子，泰拳功夫也很了得，算是文武雙全，叫「龍生」。

幾個月前，我和他們去卡拉 OK 玩，他們又喝酒，又唱歌，顯得十分開心，而且處處表露出好奇，我忍不住問他們：「莫非你們很久沒有唱 K 嗎？」

一問之下，原來，這兩位小伙子均已經有多年沒有唱K，甚至沒有正常的娛樂。在這幾年的日子，就像前述的那位「利佛摩」，只要有空閒，就看股市通告，找資料、做研究，分析和計算，根本沒有空閒的時刻，哪會有時間去找娛樂呢？空手賺過千萬元，並不容易，正是天道酬勤，也只有這麼勤力的年輕人，才會有這麼豐厚的收穫，當然也少不了一點點的運氣。在股票的世界，沒有運氣是不成的。

我對於這兩位小伙子的評語，是：「你們的炒股成績，比我還要好呢！」這當然了，因為他們投進研究股票的時間，也遠遠的比我多。我甚至常常反問他們，去拿股票貼士呢！

有很多人誤以為，全職炒股票是自由職業，工作性質十分舒服，所以便辭了正職，去當全職炒股者。但實質上，想全職炒股成功，最基本的因素，是必須要比上班時更加勤力，才有機會在市場上取得勝利。這好比創業做生意，本質上也是自由職業，可是如果不比打工更加勤力，生意肯定會失敗收場。自由職業比上班更不自由，更需要紀律，正是「天道酬勤」，這也是人生的定律。

所以，如果你不勤力，不準備全身投進股票，沒日沒夜的去工作，千萬不要當全職炒股者。最後一提的是，前述的年輕朋友「龍生」，後來因為其他事忙，投入炒股的時間減少了，因而炒股成績也大幅下滑了。

9.9 全職炒股人和他的個人支出

作為一個全職炒股人，他的最大敵人究竟是甚麼？如果你認為是技不如人，因而輸錢，這就錯了。因為投資的平均致勝率高過 50%，是作為投資者的先決條件，如果連這也做不到，根本不應入行。這好比一個英文教師可能有很多缺點，但他的最大缺點必然不是不懂得 ABC，因為這是先決條件，是連說也不用說的。

第二個潛在的敵人，可能是要長期戰勝市場，這好比巴菲特所說的，在潮退時，方知道誰沒有穿泳褲。大家都知道，在牛市時，盲俠捉飛鏢都能贏錢，在熊市時，則只要跑贏大市，比別人輸得少，便是大贏家了。所以，有沒有資格當專業投資者，其中的一大關鍵，不是短線勝利，而是長線跑贏。不過，「長線跑贏」的定義，也許可以包括在上一點，即是投資的「平均致勝率」，因為「平均」，已經暗示出「長線」的意思。

但我認為，要作為一個專業投資者，最大的敵人，是他的個人支出。人們常常說，運動很消耗能量，其實，用腦也很消耗能量，我通宵打牌時，大吃都不飽。在一個普通人而言，正常的單一最大能量「支出」是，維持自己的生命。這即是說，不管你動還是不動，用腦還是不用腦，只要你活著，便不停的消耗能量。

同樣道理，不管你的投資是正數，還是負數，不管你的年均回報率是 10%，是 20%，還是 30%，你始終需要吃飯穿衣，交租或供樓，以及應付柴米油鹽醬

醋茶水電煤等等的個人支出，而這些，是永遠沒法子省掉的。

如果你的本金是一千萬元，每月的支出是 4 萬元，一年就是本金的 4.8%，如果你的年投資增長率是 15%，減去了個人支出，那投資增長率就只剩下 10.2% 了。

但如果有一個人，本金足足有一億元，他的年支出是二百萬元，這只佔了他的本金的 2%，那麼，他的增長自然比本金少的人，佔上了很大的便宜，更加容易去獲得增長。所以，我們可以說，在投資的世界，有著更多本錢的投資者，便有著更大的優勢，皆因他們在維持基本生活支出時，所佔的本金比例較少。

所以，當你本金不足的時候，最佳的策略，是繼續打工，讓薪金收入去支付你的個人支出。當然，你研究股票，或其他投資工具的時間，例如炒樓者睇樓的時間，也會減少了，這會影響到你的投資總成績，但由於這令到你的投資收入可以完全不理個人支出，負重輕了，還是除笨有精的。

另一個必須注意的要點就是，當一個人決定捨棄工作，去當專業投資者時，往往是他的本金到達高峰的時候，例如說，當他從三百萬本金，在一個大牛市中，贏到了一千萬本金，便常常會決定要爭取財務自由兼人身自由，辭職去工作主力投資了。但是，往往正是在這個時候，便是遇上熊市之時，即使是一個高手，本金也往往在熊市中輸掉了一半，這時候，他要一邊當專業投資者，一邊為自己的生活支出籌措，那就很麻煩了。簡單點說，捨正職而去做專業投資者的最佳時機，應該是在熊市第三期，不過，真正能夠做到的，又有幾人呢？

9.10 專業投資者

根據《證券及期貨條例》（第 571D 章）《證券及期貨（專業投資者）規則》第 3 條：

「以『個人名義』的專業投資者，需要在有關日期擁有不少於港幣 $8,000,000 或等值外幣的投資組合，組合可以包括投資組合包括現金、存款、存款證或證券等。申請者也需要出示由核數師或註冊會計師於最近 12 個月內發出的證明檔以及客戶的個人或與其有聯繫者開立的聯名帳戶，於最近 12 個月內的戶口結單為有效證明文件。」

不過，如果一位仁兄本來是有幾千萬股票資產、並且已經在某證券行已經登記了成為專業投資者，但是在這一年來的股災，已經輸到剩返三幾百萬元，達不到八百萬元的要求，那他又算不算得上是專業投資者呢？

關於這一點，我會用信用卡的簽賬額來作解說：假如你的收入很好，資產很多，申請了一張過百萬元信用額的信用卡，在發卡銀行來說，這當然不成問題。但是，當你失業了，沒有收入，資產也賣光了，沒有還款能力了，你的簽賬額是不是和以前一樣，是一百萬元呢？

答案是：沒有改變，因為信用卡的額度是由申請時所遞交的文件去決定，以後只會陸續增加，很少會減額的。事實上，亦沒有信用卡公司會要求卡主每年遞交收入證明文件，逐年審批新的額度。

所以，其實專業投資者的限制，和信用卡一樣，都是很不靠譜、很危險的。可是，不靠譜歸不靠譜，也總比完全不管、完全亂來為佳。這好比信用卡雖然有很高的風險，但至少申請者在當時是有這筆錢的，曾經有過，也總比從來沒有過好上很多。

話說保障投資者協會會長呂志華說，如果沽出一個太古城單位，已有一千萬元至一千二百萬元的資產，又如 2008 年的一個雷曼苦主雖是菜販，但卻持有 600 萬元迷你債券。所以，根據呂志華的說法，如果計上通貨膨脹因素，現時對專業投資者的要求，應該是要有一千六百萬元至二千萬元，才算合理。

對於呂志華的說法，如果單單計算通貨膨脹因素，是完全正確、無法反駁的。可是，如果是要把專業投資者和投資知識掛鈎，卻是言不及義了。

在這個世界上，有錢而不懂得投資股票的，實在太多太多，一個菜販不但有六百萬元，甚至有幾千萬元身家，又或者是有幾個太古城單位，又何足為奇呢？當然也有一些人，雖然有三幾千萬元現金，但其欠債也有幾千萬元，是實質上的負資產人士，但這些人也可以成為專業投資者，因為審查過程是看不出其負債的。

所以，法例對於「專業投資者」的原來要求，其實並不在於他專業不專業，而只是在於他輸不輸得起而已。我們相信，一個只有八十萬元身家的人，可能會孤注一擲，盡買一隻垃圾股，但有八百萬元以上資產的人，應該會懂得分散投資，不把所有的蛋放在一個籃子內吧。

在 2016 年 7 月 11 日的《信報》頭版，有這樣的一句：「資深投資者梅偉琛曾透露，早年擬認購一隻股票的配售股份，但一度遭經紀拒絕，原因是未達證券行的專業投資者要求，最後要證券行和經紀協助處理文件才過關，取得配售額度。」

這一事件，記得應該是幾年前的事情吧，當時的證券行是英皇證券，負責他的戶口的是一位總裁級人馬。表面上，所謂的「專業投資者」，資產的最低要求是八百萬元，有趣的是，當時梅偉琛的股票戶口資產淨值，已經遠遠的超過了八百萬元了，那為甚麼他還不是「專業投資者」呢？

答案是：專業投資者在一間證券行，還有一些核准的手續，即是好像填一份文件，要幾位高層作出審批，諸如此類，必須要具備了這些文件，在這一間證券行的記錄之中，他才算是專業投資者。所以，當時的梅偉琛並非是「未達證券行的專業投資者要求」，而只是未曾經過審批核准的手續而已。報紙的報道，並不算是完全正確。

其實，我們這些常常炒股票的人，往往有好幾個，以至好幾十個證券戶口，像我，有很多戶口都是只有幾萬元、十幾萬元，但是長期閒置，在這些證券行而

言，我當然不能算是專業投資者，但是，在某些戶口來説，我則是很資深的專業投資者。

不過，由於某些配售股票，只在某一間證券行去辦理申請，所以，我們便常常有要把現金轉往別的證券戶口，再作一次審批核實，以成為這一間證券行的專業投資者。就算是很多資深玩家，有幾十億元身家，如果揸正來做，都要經過這一層手續。我當然也常常把現金和股票搬來搬去，以達到證券行的要求。

話説當這篇報道刊登了之後，我們都取笑了梅偉琛很久，笑他居然不是專業投資者，要知道，梅偉琛身為幾間上市公司的董事，出入有司機，揸意大利頂級跑車，用的是美國運通黑卡，買 HERMES 如同食菜，居然被人如此揶揄，不火大才奇，我們當然笑到碌地啦。

此外，《持牌人或註冊人操守準則》(「操守準則」) 第 15.3 段也要求：

(a) 該人士以往曾買賣的投資產品種類；

(b) 其交易的頻密程度及所涉金額 (專業投資者每年應進行不少於 40 宗交易)；

(c) 其交易經驗 (專業投資者應在其相關市場上活躍地進行交易達最少 2 年)；

(d) 其對有關產品的認識和專業知識；及

(e) 該人士對有關產品及/ 或在相關市場上進行交易所涉及的風險的認知。

根據梅偉琛在其專欄的説法是：「因此，專業投資者其實只是投資組合比較大，並不一定是「專業」的，更不一定是贏家，不少「專業投資者」如筆者説穿了只是比較大的散戶，常常是莊家們眼中美味的點心。但要成為專業投資者也不是胡謅的，必須有單有據，並不是上一上媒體、胡説八道就是專業投資者。

「成為專業投資者有很多好處，例如可以拿到一些配售的額度。以 2010 年上市的中國新經濟投資 (80) 為例，因為它是一隻 21 章股票，所以上市時以全配售形式進行，不會向公眾人士銷售，而且承配人必須是『專業投資者』，每位承配人最低認購股數為 500,000 股配售股份 (515,000 港元)。另外，因要符合上市規則，上市公司的股東數目必須多於 300 人。所以那次上市單是找 300 個專業投資者去認購便是一項大工程。幸好最後公司仍成功找到 348 名專業投資者承配人，得以令這間 21 章公司上市。」

以上的「中國新經濟投資」配售，我也有參與。上市當天的早上，如果我沽出，可賺 2 萬元，但我挺到收市前的 15:45 時才沽出，結果沒有甚麼驚險地，賺了 4 萬元。如果我不是專業投資者，便無法賺到這筆錢了，雖然賺的不多，但至少快火而乾淨。

9.11 全職炒股人和專業投資者的分別

至於我本人對專業投資者的定義，則只有兩點：

第一，他的炒股能力足以長期戰勝大市。換言之，在經歷一個牛熊周期之後，他仍然可以屹立不倒，一直成為專業投資者。皆因很多股民，在牛市三期，賺了不少錢，因而辭去了工作，全職炒股，但一個熊市下來，便輸凸收場。這種人可以叫「全職投資者」，但卻決不能叫「專業投資者」。所以，專業投資者必須經過時間的考驗，才能算是。

第二，他在股市所賺取的收入，必須足以供給他平時的衣食住行，日常所需。如果炒股票不能養活自己，又何來專業可言？

反過來說，全職炒股人也不一定是專業投資者，例如說，李嘉誠先生，你總不能說他的投資不專業吧？但他的全職，是「長和系」的最高領導人，所以，他並非全職炒股人，但卻是專業投資者。

10. 建立團隊

　　炒股票往往不是一個人的事。當然，沒有人禁止你當一頭獨狼，獨自研究，獨自投資，但你的投資成績，必然也比不上其他有團隊合作的炒股人。所以，當你炒股時，必須要做一件事，就是尋找合作伙伴，建立自己的團隊。

10.1 如何選擇經紀

　　如果你要投資一間私人公司，假設是朋友開設的貿易公司，或者是酒樓吧，你期望團隊的第一個人，便是經紀。現在很多人都會使用網上買賣，但網上買賣，也首先要找出一個，甚至是多個券商，而你去選擇券商時，也需要一個接頭人，去為你開戶，這個接頭人，就是經紀了。

10.1.1 李嘉誠和經紀

　　說到買股票，我相信李超人要付的經紀佣金一定最多，因為他是超人，買股票「億億聲咁買」。就我所知，超人有御用經紀，絕不會用網上交易。每位超級富豪都跟超人一樣，各有經紀，而且不只一位。超級富豪要用網上交易，一定比小股民方便，小股民還得用手去輸入鍵盤，搞上一大輪方能買賣，大亨只需輕輕一句，為他代勞去打字的秘書，要多少有多少，比打電話給經紀還要方便。那為甚麼這些有錢人不省點錢，使用網上交易呢？

　　世上沒有嫌錢腥的人，不孤寒根本發不了達。事實上，有些富豪比普通中產階級更要孤寒。這些絕對是全世界最精明的人，為何送錢給經紀呢？可能的答案只有一個：經紀能幫他們賺更多的錢。

　　那些每天先看報紙，再看電視，又聽收音機，聽了股評家的意見後，便在網上買賣股票，或者親到股票行自行買賣的師奶，在我看來，都是笨蛋。

　　除非你的股票知識極強，即是 David Webb（「股壇長毛」大衛‧韋伯）之類，單憑一己之力，就能研究出第一流的結果，否則，為甚麼不聽專家的意見？話說回來，我也不信「股壇長毛」全憑閉門造車。他在基金界的關係良好，為投資銀行發言出力兼曾任港交所董事，不可能沒有廣大的網絡，不可能沒有和行家交流意見吧？

　　股票經紀是以最低成本聘請的最佳顧問。股票佣金是多少？

　　0.25%，區區之數，買十萬元股票，付出不過數百元。你得到的，不是「落盤機器」的一個動作，而是一位專家的貼身服務。打電話到電視台，你得到的是大路答案，股評人用半分鐘的時間，就回答了問題，next，下一位，前提是你得很辛苦才能打通這電話。你的經紀的意見則是為你度身訂造，他有責任為你找資料、做研究、迎合你的投資習慣、作出建議；你要高風險高回報，他提供市場消息，

讓你捕捉高速波動的股票；你為人保守，他教你買藍籌股，慢慢增值；你要賭窩輪，他會最開心地為你買進賣出。當他有特別的心得時，你是他分享猛料的對象。

不過，以上最後一點有些保留。買窩輪是賭博，既是賭博，策略是儘量減低交易成本。賭博不需投資專家教路，更要親自享受過程，因為反正都是輸，得到的只有過程。在這情況下，不用經紀可能更明智。

10.1.2 挑選好經紀的方法

在以前，我每認識一個新的經紀，都會在他的公司開一個新戶口，然後聽他的意見。認同他的見解時，就會開始做買賣。贏多輸少時，繼續做下去，而且愈做愈大，把在其他戶口的錢都搬進去，輸多贏少時，提錢走人。全盛時期，我有數十個戶口，經過多年來的去蕪存菁，現在只剩下幾個，都是菁英經紀，而且合作多年，和我建立了極深的默契。現在的我已太懶惰了，也初步建立了自己的網絡，因此不彈此調已久。但我仍然認為，多開戶口、多識經紀，對任何人的炒股生涯都是有好沒壞。

我視經紀為員工，區區小數，便能請到又好又多的員工，實在太超值了。他們雖非粒粒天王巨星，但銜頭最低級的也是執行董事或總經理，年薪總在百萬以上，有一位甚至有四百萬年薪，而我付出的代價，一個月頂多數千，就能買到這些人才，為我辦事。那些 loser 設法剋扣經紀佣金，只是為了省下一點點。而我，非但照付佣金，賺了錢後還請吃飯，請唱卡拉 OK，請旅遊。

2006 年，我便請了一位最能幹的經紀去東京，因為他提供了豐德麗控股（571），為我賺了一百多萬元。2007 年，我買了一台平治送給他，而我自己只是開凌志而已。皆因他介紹我購買的中國水務（1129），我用了幾十萬元的本金，持有了一年，贏了五百萬元左右，這還未計算他給我的其他貼士，也讓我賺了不少錢。

由此可知，他的意見對我的幫助有多大。像我這種好客戶，經紀能不為我賣命嗎？研究有心得時，他能不第一時間通知我嗎？

算來真划算，我賺一百萬元時，分出去的不到十萬，甚至連五萬也不到。如果搞私人基金，或者購入基金，基金經理的績效費往往遠高於此數。就是做生意，賺錢時分給前線員工的花紅，也不止這數目。這種做法令我的經紀都知道，我一旦發達，他們也能走運，也即是說我把我們的前途都捆綁在一起。說穿了，我視投資為一盤生意，用最普通的管理方法去運作公司，有員工激勵計劃，他們工作就更起勁，就是這樣簡單。

10.1.3 要經紀做些甚麼

世界上並沒有免費的午餐，我付出這麼高的代價，自然也要收回更多，這門「生意」才是有利可圖。不諱言，我對於經紀的要求也是極高，我付出的錢，預

期回報率必定是以倍數去計算，才符合高效益的大原則。

我對經紀有四大要求，只要他能做到其中一點，就是個有價值的人；如無價值，則永不錄用。四大要求分別是：提供資訊、落盤買賣、融資安排、取股實力。

10.1.4 提供資訊的重要性

經紀提供心水股票，前面已講得很詳盡，不贅。除此之外，市場還有很多資訊，它們不一定是我已買或想買的股票，但要時刻保持「市場警覺性」（market alert），這些資訊就變得很有效。

例如：大型基金的動向，各大莊家的近期動作，市場最當炒的股票，哪間上市公司在搞哪些金融活動，市場氣氛和散戶入市的模式……總之有關股票的事，我都想知道。經紀或者很忙，開市時無暇與我講電話，但我會維持一星期見一次面，吃飯或歡樂時光都可以，交流消息。

除了由經紀提供，我也會發掘股票。當我看中一隻股票，我不會馬上落盤，而是與經紀商量，討論其可行性和值博率，一致同意後，才會購買。投資是重要的決定，我不明白為何有人刨刨報紙，或者聽聽消息，便下重注在一隻股票上。自己努力研究固然重要，但聽聽專業人士的意見，豈不是更好？

我的經紀都是有名的收風站，當我向他們提出研究某隻股票時，得來的反應往往是：「它要打上 3 元，然後批股」、「它準備注入大股東的物業，時間表在今年八月」、「這公司在 2003 年賣了盤，新買家是個大陸富豪，做電器的。賣盤後供了一次股，濠賭概念時注入賭廳概念，炒上 1.1 元，然後回落到現價位，一直徘徊至今」、「某大基金正在沽貨，不用高追，低位收集可以了」、「它的老闆是我的朋友，從來孤寒，不會把股票炒得太高。」以上的這些資訊，有些是內幕消息，有些是公開資料，但縱是公開資料，要想自己去研究、去收集，也要花上很多的時間。要知道，時間就是金錢，有人代我們去找資料，節省了我們的研究時間，相等於為我們省掉了很多的錢。

也許讀者會生出疑問：研究一隻股票，要花上幾多的時間呢？頂多是十個小時吧？為甚麼我們不去親力親為，自己動手動腳去做研究，豈不是更直接嗎？然而，有兩點是被人忽略了的：

第一，研究股票並不等於購買股票，你可能研究一百隻股票，才找到一隻心水的、值得去投資的。如果一隻股票的研究時間是十小時，研究一百隻，就是一千小時了。這並非容易的工作，最好當然是有人代勞了。

第二，你就是一個很勤力的人，每天都願意花十小時去研究股票，可是，就算要花上十小時去作研究，也有優先次序和更有效率的做法。例如說，如果有人先作過濾，把次級的、有重大缺陷的、不合格的股票先篩掉，那就可以省回不少的時間，以免浪費在這些「次貨」之上。在有人代勞前期工作的大前提之下，你

可以先聽簡報，符合了第一步條件的，才自己親身去做研究，這樣做，才是更有效的運用時間。

當然，如果你有錢，可以聘請一個全職研究員，去代勞研究工作。然而，有一些市場資訊，並非一個私人的研究員可以得悉，甚至無論他是多麼利害的股票高手、多麼厲害的一個研究天才，也不可能坐在家裏或辦公室內，就可能知悉。例如說，新股上市時，市場反應是如何，申請時命中的機會率有多高、大約獲配的股份又有幾多，這些即時的市場資訊，是只有市場活躍者，才會得悉的。

事實上，我認識的很多富豪，都聘有研究員和操盤員，但是他們的市場資訊，也是來自經紀。當然，這些富豪也會偶然詢問 in-house 的操盤員的意見，但是這些人員往往也只是轉述其經紀的意見而已。

我敢誇口，香港七成以上的股票，我只需打三個電話，就能知道它的歷史和現在狀況，這樣的炒股票法，不敢說是必贏，但總能把機會率大幅提高吧？說老實話，我的「收風」來源，不一定來自經紀，有很多活躍於市場的小朋友，都是我的收風對象，可是，從這些市場活躍人士所得到的資訊，也往往是來自經紀的二手資料，只是轉述給我聽而已。

我在前文不是說過了嗎：經紀是前線人員，代表了市場，當然也代表了市場的資訊流通。經紀的世界是一個資訊的平台，大家互相交流。在某些情況之下，經紀的市場意見是特別重要，例如說，新股上市，究竟有幾倍的超額認購，將會決定你的中籤率。反過來說，你也會在評估了自己的中籤率之後，才決定申請新股的數目。如果沒法評估到超額認購的數目，就盲目的去抽新股，可能會中得太多，這將令你處於風險過高的危險境地；也可能會中得太少，利潤全不吸引。在這個時候，經紀的市場資訊也就十分之重要，因為他們可以藉着「行家資訊交流」，去探知這一隻新股的熱門程度。你當然也可以利用其他的資訊渠道，去代替經紀，例如說，互聯網的網上討論。

但是一來，網上討論的網民是匿名的，可信度存疑，二來經紀和經紀、經紀和客戶的意見交流，其實是一種資源共享，是長期性的合作關係。如果你有必勝的內幕消息，必然不會胡亂在網上發布，因為你不會想與別人分享利潤，然而，你可能會和其他的經紀分享，因為，你知道，當你與他分享一隻必勝的內幕消息之後，將來他有其他的必勝內幕消息，也必然會與你分享。而客戶是經紀的「老闆」，他當然也會樂於和客戶分享有用的資訊，以保持和客戶的良好關係，增加營業額。

不過，經紀提供資訊，只是條件之一。它是一項充分條件，經紀擁有這一條件，已足以使你聘用他了，但卻並非必要條件，所以，有時候，有一些全無市場資訊的經紀，或者是專放山埃貼士的經紀，我也會照樣錄用，皆因他擁有其他的優點也。

10.1.5 獨立操作下盤買賣的能力

招聘廣告中，常看見一項要求：「能獨立工作」。我要求的經紀，必須做到這一點。我需要的，不只是一個下盤機器，他非得是個精靈 BB 不可。我不是交易員出身，看着股票機買賣，我不在行。我很心急，定力又不夠，看股票機時，往往被市場氣氛所影響，買要買得快，沽要沽得快，短線交易永遠輸給別人，買賣的價錢都不夠「靚仔」，也即是貴買賤沽。

因此，我很少做盤，而是把我的心意告訴經紀，由他去「便宜行事」。我會把想法告訴他，包括了策略和價位，以及最多可買的數量，比方說，快速移動的股票，我會叫他要快速追買，慢熱的股票，則可慢慢等待。彼得林治（Peter Lynch，股票投資家）也說過，後悔在辦公室裝了股票機，常因看股價而作出錯誤決定。既然如此，為甚麼不下放權力，交由這方面能力比我強的人去做呢？很多時候，尤其牛市三期，或熊市一期，股價大上大落，有時快得在打電話的過程中，已升/跌去了一成股價，有時電話不通，更是心急如焚。因應此問題，我會提早下指令，遇上危急情況時，只要破了止蝕位或止賺位，經紀不用事先通知，可以先沽後報。「將在外，君命有所不受」，經紀遇上變故時，自己能決策，我也相信他們的決策，就算錯了，只要有合理的理由，我也決不斥責。但我買了的股票，他們必須時時上心，不時察看股價，不要令我操心。

有這些好夥計幫我「睇住檔生意」，我可以放心懶惰，不負責任的程度令人吃驚。遇着大型股票新上市時，例如幾隻大型金融股，我連招股書也不看，根本懶得去研究，逕自對經紀說：「你認為贏錢，就入票吧。入多少，由你決定。」每個經紀都有他的專長，有的專長分析實力股，有的擅長收風，有的專做新股。抽新股時，我就找新股專家。他的決定總會比我更高明。

入新股時，我完全是空手入白刃，一毛錢都不出，100% 全借。玩新股，除了評估上市後的升幅，還得計算中票比率：因為利息支出，會影響到每股的成本價。中票多少，由市場氣氛決定，經紀坐在市場內，感受氣氛的能力一定比我強。既然如此，我就不必勞心了。

掛牌那天，經紀為我沽出，事後覆盤。於是，我無驚無險，一分錢不用出，一根指頭不動，躲在被窩裏睡大覺，每次淨賺幾萬元。世上硬是有這麼便宜的事！

大家注意，我任由經紀自由買賣，但必須馬上覆盤，告訴我用甚麼價位買入了多少、或沽出了多少。這是道重要的關口，有這一招把關，我想不出經紀有任何欺騙的可能性。惟一可能的輸面，是他們胡亂做盤，故意跟我的荷包作對，但這對他們一點好處都沒有。再說，要你買中一隻必輸的股票，也不容易！

提供消息的人，通常其消息有準有不準，由一半一半到三七開的都有。前述那位收過我平治汽車大禮的超級經紀，消息命中率高達八九成。另有一位仁兄，

是極活躍的財技操作者,他介紹的股票竟然是 100% 都是錯誤的,他說升必跌,他說跌必升,這實在是極度困難的事。所以我對他的意見極為重視,常常去詢問他意見,然後相反而行。但最近期的一個例子是,他提供了「美亞控股」(1116),我看了資料,覺得內容真不錯,便購入了,誰知照明燈果然是照明燈,又給他跌了一百萬元,真是揼心到爆。這一節的最後,要跟大家說一件激心的事。

有一次,有隻新股,我拿了一百萬股配售。掛牌後,急跌一成,我決定止蝕了事,隨即落盤:「給我馬上沽出。」事後五分鐘,我看看股票機,股價不停下跌,自覺有先見之明,但直覺卻告訴我事情有變,於是打電話去問,赫然發覺,那位接單人剛才只是掛了牌等待沽出,並沒立即以市場價沽出。結果是當我氣急敗壞地馬上沽出時,已多輸了兩成。醒目的經紀,聽到我如喪考妣的語氣,一定會醒目地以市場價沽出。就算不夠醒目,沒有馬上沽出,見到股價急速下滑,眼看我等待着的盤是做不到的了,也應該給我一個電話,問我是否改價。我的責任是沒說明是「市場價沽出」,而新股上市時,成交七國大亂,就算盯着股票機,有時也難以看得出我的賣盤是否完成了。

這次慘痛經歷,也說明了好經紀的重要性,壞經紀則可能害你一生。以上的這一位經紀,是某位大經紀的助手,學歷十分好,但辦事能力就一般了。後來這位大經紀辭退了她,改請了幾位學歷較低的,居然運作得十分良好。現在我很放心讓他們自動做盤了,因為他們做得比我自己做還要好。

10.1.6 實力經紀提供融資

上述那位經紀的手下雖然犯了大錯,但我始終沒取消戶口,繼續同他們交易。

原因很簡單,她的上司也即那位經紀的地位甚高,能給我特高的孖展額,單憑這優點,就能把所有缺點蓋過了。

能與有實力的經紀建立良好的關係,是高孖展的不二法門。借孖展買股票,是件危險的事,但孖展也是買股票發達的必要之惡。在這一點,我會在後文有關孖展信貸的專門部分中討論。

10.1.7 取配售講 power

很多股民不知道這是甚麼。新股上市時,部分是公開發售,部分是配售,後者即是指定收股人,不必公開申請,相等於買樓的內部認購。上市公司有時批股,這些打折扣賣出的股票,有辦法者也能拿到。新股的包銷商有時會批出分包銷權,供股也有分包銷,接受了,可以賺佣金。

這些都是圈內人遊戲,參與的結果有賺有蝕,但總是賺的時候多,眼看要蝕本的,你也可以拒絕。總之,在批發商手中直接拿貨,總比在市場買貨的散戶多

佔便宜。然而，這些優惠只有地位高、有「拋牙」（power）的經紀才能拿到。他會分配給他認為有價值的客戶。好的經紀，每年總有幾次這些小便宜，攏絡客戶。既然有「優惠積分」，為何不去拿？

10.1.8 我和經紀的分工

誰都知道，要發大財，首要條件是精於用人。項羽的武功天下第一，打遍天下無敵手，劉邦啥都不懂，就是知人善任，卻憑着這惟一的優點，打敗項羽，取得了天下。

做老闆、發大財，沒有比懂用人、肯用人更重要的事了。自己握在手上的，只是決策權，在定策時，還得廣納幕僚的意見。這是大成功的必要條件。

身有正職的人，更加需要經紀的幫忙，以免因炒股票誤了正事。你是賭博，還是投資？你的目的是贏錢，或說得好聽點，叫「資本增值」，還是尋求買賣時的刺激？

我相信，找專家來做專家擅長的事，所能省掉的錢，遠比我們付出的佣金為多。有了經紀，並不等於我們沒事幹。我們是老闆，動的是腦筋，不是手腳。我要專心地想資金的調動、股票的取捨（因為好股票很多，但資金有限）、市場的大勢、資料的搜集和研究等。總之，大方向和策略由我決定，日常業務由經紀處理。此外，我還不停地留意市場上的傑出經紀—為公司找人才，也是老闆的工作之一。

當聰明人，不要當笨蛋。挑選到好的經紀，正如請到得力的員工，是成功之母。挑選好經紀並非一朝一夕，正如建立管理團隊需要時間。千里之行，始於足下，有用的事，馬上就去做，這就是成功人士的必要條件。

10.2 網上交易

我從來不用網上買賣的，因為我相信人傳人的威力。但是，網上交易才肯定是主流，不但現在大部份人都在使用網上交易了，我認識的很多有錢朋友，也在使用網上交易了。事實上，網上交易真是很便宜，為甚麼不去使用呢？不用的話，豈不是浪費金錢嗎？事實上，如果你是大戶，找一個好經紀，作為你的合作伙伴，有著一定的優勢，但如果你只是一個小散戶，經紀不會著緊你的投資組合，反而是不被重視，倒不如直接使用網上交易，更加划算，至少是省掉了部份的佣金支出。

10.2.1 券商為本

使用經紀，就只是經紀為本，那一個經紀對你的幫助最大，便使用那一個經紀。但是，如果是使用網上交易，儘管法例所定，也一定要有一個經紀來作為你和券商的聯繫人，但在這時，經紀的作用已經減至最低了。因此，這便是「券商為本」。

10.2.2 選擇券商的客觀條件

　　究竟選擇券商，有甚麼客觀的標準條件呢？首先當然是要求它的佣金便宜，但這並不是一切。正如前言，買股票，最重要的是服務，而不是佣金，如果一個券商的買賣平台不佳，買賣緩慢，那就比佣金價格高更嚴重了，因為常常一個價位已經足以彌補佣金餘。不過，就算是使用經紀的投資者如我，在幾次的港股大時代，也常常打不通電話給經紀，因為他們也實在太多電話要接了。從這點看來，有時候網上交易會比經紀交易更要可靠。但完全使用網上交易，忽略了經紀，而且是廉價佣金的券商，在遇上一些財技活動，例如供股，券商不時對那些手續愛理不理，便可能會遇上麻煩。

10.3 高頻網上交易影響工作

　　不可不提的是，在一般的打工仔而言，網上交易的流行，會令到他們在上班時間也關心投資，變成了無心工作。我的看法是，為了炒股票，令到自己無心工作，也是得不償失的事。就是在老闆而言，常常關心股價，也不是一件好事，因為做生意也比炒股票重要得多。此外，也正是由於網上炒股票太過方便了，令到人們整天望着股票價位，心癢難搔，炒股票的頻率也就往往太過頻密，反倒更加容易輸錢。總括而言，太過關心股價，對於人生，是一件壞事，股票經紀除外。而網上炒股普遍地助長了炒股的頻率，這自然也不是一件好事。

10.4 經紀和網上並存

　　法例並沒有規定，一個投資者只能有一個股票戶口。因此，現時我認識的大部份投資者，普遍的做法就是同時開多個戶口，既有經紀，也用網上。畢竟，一個廉價佣金的網上戶口，可以省回很多佣金，不消說的，如果是莊家所使用的高頻交易，更加需要網上的廉價佣金制度。但是一個專業投資者，也毫無疑問需要經紀的多種不同服務，尤其是孖展，因此，他也需要不止一個經紀，去提供不同的專業服務。當然了，如果你是一個投資組合只有十萬元不到的小投資者，我還是建議，一個收費低廉的網上投資戶口，已經足夠。

10.5 志同道合的 / 朋友

　　孔子在《論語．述而第七》說：「三人行，必有我師焉。擇其善者而從之，其不善者而改之。」很明顯地，如果你有很多朋友都是志同道合的炒股人，大家不時會面，交流股票心得，毫無疑問，會提高你的投資成績。

以我本人為例子，在初出道時，常常和幾個相熟經紀，周末一起去玩，順便交流股票心得。現在則同梅偉琛、渾水這些年輕人，除了見面之外，也會通電話，交流股票知識，以及市場資訊。對於以上兩位年輕人，我在 2014 年在《AM730》的專欄寫：

「我現時的課程助教，就是梅偉琛君。他的水平就差了幾籌，炒了股票幾年，只是贏了幾千萬元，開的是奔馳，如此而已。他本來是「四大」的資深會計師，因為炒股票贏了第一桶金，所以辭去了這份人工幾皮嘢的辛苦工作，專心炒股票。現在的他，晚上的主要娛樂之一，就是和富豪權貴們打撲克牌，而他的牌腳之一，就是他當會計師時的上司的上司的上司的上司，也即是這間「四大」的亞太區主席。但由於梅君的錢愈賺愈多愈快，也已漸漸轉了大人聲，我怕他很快辭職不教，所以，著他快點介紹一位新的助教，這位新的助教，就是在 blog 界有點名氣的作者「渾水」。渾水是個激進的左翼分子，不知是不是社民連的成員，但他說，如果認識了女朋友，便將會放棄政治，專心拍拖。他本來在法國國家巴黎銀行旗下的基金工作，是個「芬佬」，但當在股票市場上贏了七位數字之後，便辭掉工作，先去北極玩了一趟，回到香港後，便開始全職炒股票。論輩份，他要叫我一聲「師公」。」

撰此文時，已經是 3 年之後，以上兩位年輕人也已經彈起，成為了股壇無人不識的新貴了。前者是多間上市公司的董事，食午飯時幫他研究股票的助手也有十幾個，至於其座駕，當然是司機開的 Alphard，和意大利跑車馬莎拉蒂啦。至於渾水，亦是上市公司董事，亦是本土派第一健筆，擁有的傳媒專欄比我還要多，由於股票進賬頗豐，他還支持政治上的朋友，是本土派的大金主，支持數字是六位至七位之間。

他們兩人都長袖善舞，關係網絡比我還要好。在這時候，大家討論股票貼士，真不知是誰靠誰了。如果從「投資人」的角度去看，當年我投資在他們的身上，回報是數以十倍計，這還不算他們常常請我吃飯。

我在 2013 年 10 月 23 日在《蘋果日報》寫的專欄說：「在上星期，陳承龍特意向我推薦了宏霸數碼（802），結果他把這股票在專欄寫了出來。在刊登當日，單日竟然升了 26%，我明知呢一期佢好紅，寫嗰隻就升嗰隻，但想不到竟然勁到咁厲害，果然真是紅到發紫。但是，當日他的宏霸數碼只是第二升幅，第一升幅呢，是新灃集團（1223），足足升了 31%。至於這隻股票，是誰提供的呢？答案是一個叫梅偉琛的年青年人。他在一個網站寫了一寫，只有九個人瀏覽了，莫非竟然有這個威力？他先後向我提供了英發國際（439），幾日升了一倍幾，通力電子（1249）則兩日升了三成幾。他自己買了第一天然食品（1076），升了十幾倍，贏了幾百萬元，連德勤的高級會計師也不幹了，專心炒股維生。」

由此可以見得，朋友推薦的重要性。不過，正是打鐵還須自身硬，如果單單

靠別人提供貼士，自己沒有股票知識，可以提供交換，那麼，別人又何須理會你呢？再說，任何的股票貼士，都需要自身去研究，經過詳細分析，才去決定買賣與否。如果單聽消息，自己並沒有分析能力，後果也可以很嚴重。

不消說的，這些志同道合，交流資訊的合作伙伴，必定是股票高手。有些人精於技術分析，有些人精於搜集資訊，有些人專長財技，大家聯合起來，便能夠得到 synergy 的作用了。很多時，你會遇上一些常買股票，但並沒有股票知識，也不時輸錢的茂利，這些人也會同你討論股票，交流意見，但很顯然，他們並非你的 partner。

10.6 網上朋友

網上資訊本來屬於研究股票的範圍，但現在有很多網上群組，大家志同道合，討論股票，這不知要如何歸類。

2008 年，一個筆名叫「湯財」的年輕人，成立了一個網站，叫「Realforum」。他是最早從我的書本中學會了財技炒股法的年輕人，例如說，他在 2008 年在其網站評論拙作《炒股心法－股票的價值到大破價值投資法》：

「這本確是好書，建議大家都買一本來看看。」他並且把整個第三章「股票的法律價值及其攻略」，即是世界上第一篇講「向下炒」的專文，都不厭其煩地打字下來，後來廣為傳閱，成為了網上流傳的經典文章。至於他對《炒股密碼》的評價，則可見於他在 2016 年 8 月 5 日在內地的《雪球網》的訪問：「周顯的《炒股密碼》，這本書啟蒙了我炒作細價股的技術，雖然我並沒真正的利用過這些技術炒細價股，但對於猜度細價股的走勢，確實非常有幫助，並引導我瞭解不少財技知識，後來香港的不少財技書籍，其實都是因為這本書而起。」

由於他是最早領悟到「財技炒股法」的那位，當時很多年輕人都成為了 Realforum 的擁躉，同他討論股票。他也毫不吝嗇，傾自己的知識相授，前述的「龍生」便得益不少，很快賺到了八位數字的利潤。

10.7 團隊的成本效益

記著，炒股票並不是單幹戶的行為，團隊可以大大的增加勝算。但是，也千萬別忘記一點，就是要建立一個團隊，或者收編團隊的一個成員，是要付出代價，一來是社交活動，在在需要金錢支持，二來時間也是金錢。究竟如何找出一個合適平衡點，既可以得到團隊的最高利益，也可以有效的減低成本，就人人不同，各師各法了。

第三部份
策略

11. 制定策略：目標為本

前奏很重要。它不是關鍵，成事不足，做得再好，也不一定保證到正戲「演出」精彩，但卻敗事有餘，做得不好，正戲的成績便可斷定失敗了。

所謂的「前奏」，就如開學前，要購課本買校服做完暑期作業；開戲前，要簽演員搞劇本找外景度攝期；開戰前，要搜集情報調動軍隊展開外交游說；開買股票前，也有相應的前期工作。

在股市，前奏做得好，不一定能令你賺錢，但能令你輸時輸得更少，贏時贏得更多，也大幅降低了由贏變輸的機會率。更要緊的，是減輕過程中的心情跌宕—心理因素往往是作出錯誤決定的罪魁禍首。因此，它是基礎。打穩基礎，萬丈高樓由是築起，入市前知己知彼，當能百戰不殆，明知不殆不敗，出戰時便可勇往直前，一往無悔。

所謂的「前奏」，就是理清自己的心理、生理，以及荷包狀況，然後具體操作的第一步，就是釐定炒股目標。

我在《理財密碼》當中，已經講明了，投資是一種目標為本的行為。投資是手段，不是目標，因為人類行為的最大目的是滿足感極大化，而投資本身，很難以令人得到最大的滿足感。

當然了，看著財富的增加，會令自己產生心靈上的滿足感，像《富比斯》富豪榜上的人物，也會為自己在榜上排名的升級，因而得到滿足。

但是，就大部份的普通人而言，投資的目的，是為了賺錢，而錢是達到更高一層的滿足感的手段，不是目的。

11.1 滿足感極大化

大家可能很簡單地說，炒股票，不是用最短的時間，賺最多錢，便成了嗎？為甚麼還有這麼多囉嗦？

這是因為買股票除了賺錢之外，還要關心其他的問題，例如風險、投入等等元素。例如說，風險和回報在某程度上成正比，你究竟能夠承受多大的風險？你願意為發達而冒的風險又有多大？這好比玩在二千年大受歡迎的遊戲節目《百萬富翁》：你會不會放棄現時的獎金，去回答下一個更多獎金的題目？

前文說過，投入的不止是資金，還有時間、精力等等，如果你把所有空閒時

間都投入股票，那麼尋找娛樂的時間便減少了……除非你的最大娛樂便是研究股票。

同樣地，理論上，如果你把資金一直留在股市內，而你的投資能力又優於平均數，那麼，你的投資成績將會可以極大化。

但是，如果你的資金永遠存在股票戶口，到死也不提取，那麼，投資賺錢又有甚麼用呢？因此，你必須偶爾要把資金從股票戶口提取出來，但究竟在甚麼時候、提取到甚麼程度，那就人行人殊了。

我記得，在 1999 年，我買了「光通信」(603)，踫巧買的時候，和同事 Anthony 在一起，他也買了一點。後來這股票升了好幾倍，他沽出了股票，買了一台奔馳跑車，差不多花了所有的利潤，我則把這筆錢繼續投在股市，希望把資金進步滾大。這也並非是人各有志，而是當時我已決心投身股市，以此作為下半生的職業，但他作為公司的 financial controller，買股票只是玩票，也不會投入精力去全職研究，情況與我是截然不同。

11.2 機會成本

買股票的成本究竟是甚麼呢？很多投資教科書說是利息成本，這是錯的，因為經濟學教科書告訴我們，機會成本才是真正的成本。

重溫一下《維基百科》對「機會成本」的定義：「機會成本（Opportunity Cost）是指決策過程中面臨多項選擇，當中被放棄而價值最高的選擇（highest-valued option foregone），又稱為「替代性成本(alternative cost)」，就是俗語的『世上沒有免費午餐』、魚與熊掌不可兼得。

例如某甲現在有 1 小時時間，可挑選 A、B、C 三件同樣都需要花費 1 小時才能完成的三件事之一來做，他若選擇了 A，就得放棄做 B、C 二事的機會；若選擇了 B，就得放棄做 A、C 兩事的機會……機會成本可以是主觀，例如甲決定買水果，從他最喜歡到最不喜歡的排序依次是香蕉、蘋果和葡萄，如果他購買了蘋果，機會成本便是香蕉而非葡萄；此後，若甲的口味產生轉變，例如排序為葡萄、香蕉和蘋果，他購買蘋果的機會成本便不是香蕉而是葡萄。機會成本有時可以較客觀地衡量，比如用貨幣。例如一名農民選擇養豬就不能選擇養雞，則養豬的機會成本就是放棄養雞的收益，養雞的機會成本便會是放棄養豬的收益。」

所以，我們買 A 股票的成本，是放棄了買 B 股票的機會，你用這筆錢來買了「匯豐控股」(5)，便是喪失了用來買「中國移動」(941) 的機會，又或者是放棄了買樓、買基金、定期存款，或者是把這筆錢用來作為娛樂花費，拍拖旅行吃米芝連餐廳的機會。反過來說，我們也可以說，買樓、買基金、定期存款等等，是買股票的競爭性產品。

11.3 基本策略

　　寫兵法的大師，在中國的孫子之後，就得數普魯士的 Carl Von Clausewitz。他在《戰爭論》中說：「戰爭無非是政治通往另一種手段的繼續。」政治決定戰爭：

　　1. 政治是整體，戰爭是部分。

　　2. 政治是目的，戰爭是手段。

　　3. 政治貫穿戰爭的全過程，不因戰爭的爆發而中斷。張小嫻小姐是才女，當年我為她的《Amy》雜誌寫專欄，她起了一個妙絕人寰的欄名：「投資就是生活。」對於投資，沒有甚麼比這個形容更為貼切的了。沒有錯，投資就是生活，它只是生活的一部分，是賺錢的一種手段，但是賺錢的目的是甚麼呢？是為了生活。所以我們可以說：「投資是改善生活的一種手段。」生活決定投資：

　　1. 生活是整體，投資是部分。

　　2. 生活是目的，投資是手段。

　　3. 生活貫穿人生的全個過程，不因投資的賺蝕而中斷。投資又是甚麼呢？它是一籃子金融遊戲的集合，包括了銀行存款、保險、債券、外匯、房地產，甚至是經營一盤生意，統統都是投資，炒股只是其中的一個部分、一個環節而已。所以，「炒股是投資的其中一種手段。」投資方向決定炒股：

　　1. 投資是整體，炒股是部分。

　　2. 投資是目的，炒股是手段。

　　3. 投資貫穿人生的全個過程，不因炒股的賺蝕而中斷。具體來說，我們必先要決定自己的生活模式，才可以決定出投資的方向：你的人生是希望清茶淡飯，還是不發達毋寧死？你是日進斗金的大明星，還是領取綜援的低下階層？你是收入穩定的公僕，還是三更窮五更富的蠱惑仔？你是三十歲的青年，還是七十歲的暮年？以上種種，皆能影響到你的投資風格。

　　股票只是其中的一種投資方式。你得根據你的生活方向，去決定投入股票的資金是多少。正如前文說過，那位分析股票極為在行的 J 君，他年賺兩百萬元，只花二十萬，所以他的投資方式是絕大部分為銀行存款，每年只會用三、五十萬元來作股票投資，因為他根本不想冒險，而股票是一種進攻型的投資方式，有著極高的風險。

11.4 為甚麼要策略？

　　一個將軍百戰百勝，根不用不著甚麼策略，反正他是贏定了。一個長敗將軍也用不著策略，反正他是輸定了。可是，如果這位將軍的戰勝率是介乎兩者之間，而且，他的戰勝與否也有著局限性，例如說，他擅打空戰，又或者是擅打陣地戰，又例如說，他負有某個特定的戰略任務，其中之一是用不著戰勝，只需要拖住敵

軍，拖得越久越好⋯⋯在林林總總不同的局限之下，定下策略便是在開戰之前，必須決定的先決條件了。

當我炒股票越久，越發現在炒股票時，策略是最重要的，甚至比挑股票更為重要。我當然並不是說，只要你有高明的策略，甚至對股票一竅不通，也可以變成了長勝將軍。我只是說，正確的策略，會令到你在局限的條件之下，得到最大的成功，反過來說，錯誤的策略，不管你選股有多高明，也很可能會令到你由贏變輸，甚至陷進了萬劫不復的深淵。

在這個世界上，自然有不少財經演員，雖然對股票一無所知，但也大言炎炎，胡吹騙人。但是，也有不少人是真正懂得股票，炒股不差的，我的觀察經驗是，大部份炒股專家的命中率約在七成至八成之間，很少能夠超越八成至九成這個數字的。

可是為甚麼這些人的挑股命中率差不太多，但是其炒股成績卻是有天淵之別呢？有的人炒到幾十億身家，有的人則僅堪餬口。如果研究他們的挑股，炒股贏了幾十億元的人，也不時有錯誤判斷，僅堪餬口的股民，也不乏精警之作。為甚麼大家的知識和技術差不多，但炒股的長期成績，卻是差天共地呢？

答案只有一個：挑股相同、炒股相同，但策略有別，則炒股成績也就是兩個模樣了。

我炒股多年的經驗，得出來的最有建設性的心得，就是策略的重要性。不消說的，本書對於炒股最有創見的部份，也是這方面的內容。

11.5 制定策略的考慮因素

前文說了，炒股，策略是最重要的，問題馬上到了下一步：究竟如何去制定炒股的策略呢？

這當然涉及了很多的考慮因素，但在逐點討論這些因素之前，必須先去申明一個基本的條件，就是我在《理財密碼》中所一再又三強調的：「投資的目的，是為了賺最多的錢，理財的目的，是為了快樂的極大化。」

所以，在討論炒股策略的同時，我也不會完全硬銷可賺最多的錢的策略，而只是把所有的不同策略列舉出來，由大家去參考、去選擇。

11.6 明白自己的缺點

常常有人教股民如何炒股票，又或者是應該用甚麼策略，不管他如何教、教的是甚麼，這個人一定是錯的。因為，炒股票根本沒有絕對正確的方法，只有針對某一些人、某一些場合、以及在統計學上是最優的策略，如此而已。

簡單點説，每一種炒股策略，都有它的優點，也有它的缺點，例如説，高回報的策略，其波動必然也大，低回報的策略，其波動必然也會較為穩定。看到這裏，讀者可能會柴台，罵説：「高風險高回報，低風險低回報，阿茂都知啦，使鬼你扮高深去教！」問題在於：人們常説的「高風險高回報，低風險低回報」，指的是個別股票，屬於微觀的炒股層次。況且，這説法也是不對，因為在微觀層次，我們也是要找出低風險、高回報的個股，即是潛在回報率遠遠高出於可能損失。我們正是相信世上有這種股票存在，才值得我們去研究、去選股。反過來説，如果高風險便高回報、低風險便低回報，即是投資與回報可以完全成正比，倒不如擲飛鏢選股便算了，何必去研究股票呢？其次，本章節説的不是微觀層次的選股，而是宏觀的層次的策略，這兩者是有很大的分別的。再説，在策略上，雖然也免不了有風險和回報率不同的計算和選擇，可是去制定時，還是有需要去瞭解一些基本的知識。

總之，我們必須記著的是，當選擇策略時，除了要考慮好處之外，還得去考慮其缺點。這正如人們去擇偶，很多時反而是要選擇缺點，例如長相不佳但內涵很好的，正好適合近視眼，或者是盲人。

最佳的例子，就是人們很喜歡講巴菲特或 Benjamin Graham 的價值投資法。我承認價值投資法是最正宗的投資法，但是它卻有一個最大的缺點，就是其在時間上的不確定性，即是説，不知何時反映其價值，你可能等 1 年，也可能等 8 年，才能夠令到其真正的價值，從股價中反映出來。然而，股價在 1 年之內升 100%，與用 8 年來升 100%，其分別是很大很大的。所以，價值投資法往往是給基金經理來使用，因為他們的資本是 other people's money，等待成本很低，因為在等待的時間，基金經理也是照樣可以個個月發薪水的。但我們的資金卻是自己的血汗錢，投資在一隻股票，如果它不升，已經是喪失了買其他股票贏錢的機會，也即是失去了時間，也即是失去了生命的一部份，這自然是很大的損失。

有一個例子，就是在本書寫作的 2016 年之前的這些年來，「麗新發展」(488)都是大超值、大折讓的股票，執筆時只有十多億元的市值。2014 年 8 月 13 日，曾淵滄博士在《蘋果日報》的專欄寫：

「李嘉誠欲將旗下的和記港陸（715）賣掉，又傳郭炳湘欲買下麗新發展（488）。炒殼最大的噩夢，是所謂賣殼的根本就是莊家（極可能是大股東）放出來的假消息。多數殼股都是垃圾股，資產淨值低，毫無業績可言。前日傳出潛在殼股麗新發展則相當不同。多年前我曾經買賣過此股，賺了些錢。買入此股的理由是其資產淨值是股價的許多倍，事隔多年，麗新發展的股價仍遠低於資產淨值，既然股價遠低於資產淨值，賣殼是否成功，問題都不大，成功固然好，股價可大炒一番。若不成功，以遠低於資產淨值的價錢來持股，風險有限。」當他寫出這一段的當日，「麗新發展」的收市價是 0.215 元，今日是 2016 年 8 月 20 日，

它的價格則是 0.144 元。在這兩年之內，它的最高價只是在專欄刊登之後的翌日的 0.219 元而已，之後拾級而下，從來沒有見過以上的價位。如果曾淵滄的計算，是錯誤的，它的股價也不升反跌，這還罷了，問題在於，曾的計算是完全正確，我是他的讀者，自然也是完全信服、也相信這股票是完全超值，但是它偏偏就是升不上去。價值投資法的缺點，也即是等待時間的成本，也就顯露無遺了。

我很喜歡唱的一句歌詞，來自林子祥的《海誓山盟》：「無止境的等，不禁心動搖。」更可怕的是，當你心動搖了一段時間，等了好幾年之後，便把等了許久的股票沽出了，而往往股票開車大升，正是此時。我在《炒股密碼》所講的「保利香港」(119)，正是描述了這個慘況。

11.7 你的知識優勢

另一個非常重要的條件，是對股票的知識。一個對股票一無所知的人，絕對不可能成為股市的贏家，自然也談不上策略可言。但是，在股票的世界，有著數不清的專業，諸如研究價值、炒財技、炒波幅、炒藍籌股、炒細價股、炒窩輪等等，只要精通其中一項，已經終生受用不盡，足以致富了。問題在於，你精通的，或者是你有心鑽研的，是那一個專業呢？

我有一個朋友，叫做「阿龍」，是香港大學的數學 (未畢業) 博士。唸書時，炒股票輸了不少錢，後來精研期指，每天就是炒期指，每次進場，買的只是兩三手，賺的是幾十點的波幅，這種炒法，正如任何的投資策略，當然也有缺點，就是每次入場的毛利率太低，也不可能買賣太大的手數，以免自我的行為影響了股價，所以，賺到的錢有其上限，不過，也可以一年穩定地賺到幾百萬元，持之有恆，也足以一世無憂，養妻活兒了。

簡而言之，你必須擁有至少一項知識上的優勢，是高於所有股民的平均值，才有炒股成功的可能性，才有資格去談策略。但這究竟是甚麼優勢，則人人不同，不能一概而論。

11.8 投入程度

炒到昏天黑地，又或者是全職炒股，同一個中學教師，自然也要採用不同的炒股策略。或許可以這樣說，你投入的時間，和投入的程度，決定了你的投資策略。

總括而言，你的投入程度越高，也即是 (時間) 成本越高，你的預期回報率就越高。在一個平時有正職，賺取薪水收入的打工族，他投資股票的期望回報率，是一年 10%，但如果你是全職炒股，則期望回報率可能要達到 20%，否則不足以收回投入的時間成本。

11.9 你的客觀條件

李嘉誠買股票、巴菲特買股票，其策略肯定和你不同。他們大把錢，只求資本增值，跑贏大市，但我們縱非希望一朝發達，也希望十年之後，可以有比較高的增長率。查實很多老牌家族，其投資策略十分保守，總之是貼近或稍微跑贏大市，保住財富，已經滿足，因此，他們只要主要買入「盈富基金」(2800)，以及十幾隻重要的大藍籌股，便已足夠。另外的一個重要因素，就是前文説過的「量」。如果你是百億級或以上的富豪，不可能有高速的投資增長，更加不可能用太多的錢去買入細價股。但是，如果你是一個只有十萬元身家的年輕人，隨時可以在幾個月之間，賺到過百萬元，我身邊的許多人，都是如此賺到第一個七位數字，幾年之後，便賺到了八位數字，不過要賺九位數字，就難如登天了。

11.10 為甚麼？

説到機會成本，為甚麼我們要買股票，不買其他的投資工具？ 這豈非必須有一個前提： 就是股票有著比其他投資工具更優越的地方？

11.10.1 股票的優劣

如果要列出股票的優點，我會説：

第一，管理簡單，買賣只要一台手機，作出買賣指示，每日／每月在電子郵件收到單據，根本用不著太過麻煩的手續，不比買賣樓宇，要經過一大輪的文件手續，甚至要現場察看。就是買黃金條，也有存放的麻煩。然而，你也可以説，每一種紙張性投資工具，例如銀行存款，保險，甚至是紙黃金，也有相同的簡單性。再説，有些人不相信證券行，要提取實貨股票，放在家裏，這樣子買賣股票，就麻煩得多。

第二，潛在回報高，一旦買對了優質股，可以升上幾十倍。相對於其他的投資工具，包括房地產在內，如果不做槓桿，不可能有著優質股的升幅。

然而，股票也有不少缺點： 第一，它不像房地產、黃金等實質事物，一旦判斷錯誤，投資失敗，可能化為烏有。如果是房地產和黃金之類，只要不做槓桿，價值不可能變成零。像保險和銀行存款，除非機構倒閉，否則不可能不收回本利。

第二，從槓桿角度來看，一般股票的槓桿比房地產、黃金等等為低，做不到放大效應。當然了，一旦放大了槓桿，本來風險很低的投資，登時以倍數增大。第三，理論上，每一種投資產品都需要研究，但是，正如胡亂賭馬，也有機會買中，胡亂投資，也不無賺錢的可能性。大部份人投資房地產，都不會仔細研究相關的人口、房屋供應、資金流向、利率走勢、地區發展等等宏觀數據，大多數只會研究回報率、樓宇質素等等簡單的資料，然而，由於房地產的價格走勢，個別

樓宇的價格大多數會跟隨大市上落，因此對市場一無所的盲看，亂買也會贏錢。反觀股票，亂買贏錢的機會率，則比買樓為低，如果買二三線股，贏錢的機會更加是絕無僅有。

固然，就一無所知的盲毛而言，買樓、買保險、買黃金等，都容易「擲飛鏢」捉中目標，亂買而取勝。反過來看，如果你認真地去研究房地產市場、去研究保險細則，甚至是黃金市場，那是難如登天，不但非常花時間，而且需要極高的專業知識。研究股票則容易得多，並不需要太高的專業知識，便足以戰勝市場。因此，買保險是給最蠢的人的投資方式，買股票是給中等智力的人的投資方式。

至於黃金，則是最富有的人的投資工具，皆因儲存有問題，買賣有差價，如果你投資槓桿式期貨，那就是最聰明的人才能做的投資。

說到買樓，最大的問題在於單價太大，如果你只有一百幾十萬元，連付首期也不夠，更遑論買樓了。另一個缺點，就是房地產市場的周期極長，一個下跌周期，可以跌上幾年，在這段時間，根本不能買樓，股票便不失為過渡性的投資工具了。

11.10.2 為甚麼投資港股？

有一個年輕人，常常買美國股票，我取笑他：「你除了向別人炫耀，晚上看美國股票是非常酷的行為，還有甚麼其他理由，去買美國股票呢？」作為一個香港人，住在香港，交往的是香港朋友，看的是香港傳媒，對於美國市場的認識，肯定比不上美國人，如果我們要研究美國股票，或其他任何外國股票，不是不可能，但肯定比外國人事倍功半。那我們為甚麼要捨易取難，買賣外國股票呢？反過來看，我們研究港股，有著資訊容易，研究方便，甚至買賣成本也較低的好處，但這並不代表我們完全沒有投資其他地區的股票的理由。我想到的理由有三個：

第一，本地股市狀況實在太差，例如在 2001 年至 2002 年，還是投資美股比投資港股有利得多。

第二，某國的股市實在太好，很多人投資新興國家的股票，正是因為它們的增長比成熟國家更快。

第三，你已經十分富有，有必要分散投資，把部份財富投資在別的國家。但我相信，本書的大部份讀者暫時也未符合以上三大條件之一。至於我對那位年輕人的說法：「你大可以照買港股，不過對外宣傳，你是買美股，別人在時，常常機不離手，看著美股，既可以收到在別人面前炒美股的酷，也可以享受炒港股的優勢，豈不兩全其美？」

11.11 增長率與資本總值

在「量的重要性」的一章，我說過，當投資組合的總量越大時，其增加資本回

報，也就越困難。有一個年輕人，叫「姚經緯」，在 2015 年開始炒股，2017 年已經賺到了第一個一百萬元，這並非因為他特別能幹，而是賺一百萬元並非難事。

其實，只要一次大升市，從百萬元變成千萬元，也有很多人做到，當年的龍生、三文魚、梅偉琛、渾水等等年輕人，先後都做到了。但是，能夠從千萬變億的，卻是很少，暫時只有梅偉琛一人做到而已。但是，要由億級變成十億級，差不多是不可能，除非第一，花很長的時間，例如十多二十年，第二，改變炒股模式。像是說，細價股快上快落，易賺到第一桶金，但規模小，難賺大錢。藍籌股則規模大，可以賺大錢，但升跌相對緩慢，也要用不同的方法去研究分析。慣炒細價股的人，需要另外的學習技巧和分析，但在很多人的眼中，old dog learn new tricks，離開了舒適區，不但困難，而且辛苦，也不一定學得成功。

所以，這往往面對一個兩難局面：究竟是轉換模式，以期更上層樓呢？還是維持現狀，困在 comfort zone？所以，增長率和資本總值，是一個相對論式的關係：事物的質量越重，動得越慢。那麼，當我們決定炒股策略時，往往要搞清一個重點：要高增長率，還是高總值？我有一個朋友，就是永遠維持一千萬元左右的資本額，當賺了錢，便去買樓、買車、亂花錢，原因很簡單，他在這規模的資本額，炒股最為得心應手，幾乎是立於不敗之地。但這樣一來，他便沒可能累積資本，成為巨富了。

11.12 資金回報率

從以上的分析，我向讀者介紹一個簡單的投資概念，就是很多人都會聽過的「資金回報率」（Return On Equity，ROE）。《維基百科》的定義是：「衡量相對於股東權益的投資回報之指標，反映公司利用資產淨值產生純利的能力。」

換言之，你的目標是要資金回報率的極大化，還是資本總值的極大化？當分析到這一點時，必須不要忘記忽略了風險因素：如果你的資金回報率高，是因為提高了風險，那麼，贏錢也只是因為幸運而已。我在這裏指的資金回報率極大化，是長線投資的資金回報率極大化，換言之，這是經過了大數定律的計算，是一個概念性的計算，是對未來炒股成績的預算估計，而不是從往績利潤所計算出來的歷史 ROE。換言之，這是後文會講到的「勝算率」。

不過，有一個問題，是必須說的。以我的一派為例子，最佳的資金回報率，應該是在資本額十萬元或以下時，只要肯花點死功夫去研究，年增長 100% 至 500%，根本不是難事。可是，假設每年平均有 300% 的資金回報率，也即是說，年收入是 30 萬元，雖然也聊勝於無，但 10 年之後，也買不到一個太古城單位的首期，這顯然沒有多大的用途。所以，在追求資金回報率的同時，往往也要追求資本總值，我們只能在這兩者之間找出一個平衡，某一個數目的極大化，也許只是理論上的幻想而已。

11.13 其他特別的目標

其實，炒股的人的目標千奇百怪，甚麼都有。例如說，師奶聚在股票行，一邊吹水，一邊炒股，這是朋友聚會，好比打麻雀，除了希望賺點小錢，也希望殺時間。有很多公司，有閒適的現金，也會用來炒股票，抽新股，以圖把現金的用途賺盡了。有時候，在發薪日前，公司的現金特別充裕，但這時，他們就算有很心水、很有把握的細價股，也不可能用這筆錢來買，而只能買大成交的藍籌股，以及抽新股。曾經有一個老闆，在 2005 年至 2007 年，用現金來大抽新股，結果有一個月，甚至是遲了 7 天才發薪水，我嚇了一跳：他們又不是沒錢，只是為了多賺二、三十萬元，已經不惜這樣做了。在以上的情況之下，當然會使用不同的炒股策略，只能買藍籌股和抽新股，不能做其他。

11.14 策略和統計學

我和孔子一樣：「吾道一以貫之。」本書的哲學理念，在《理財密碼》中，已經有過相同的說法：「每一種正確的理財方式，都只是建基於統計學上的假設。例如說，年輕時儲蓄投資是一件好事，但是，如果有一個人不幸地突然意外死亡，變成了人在天堂，錢在銀行的慘況，如果他在天有靈，就會後悔為何生前不把錢花個光光。可是，另一個可能性，就是一個人在年輕時，揮霍無度，把所有的錢都花光了，既沒有積蓄，又沒有投資，但偏偏卻又不早死，而是壽比南山，那麼，他到了晚年時，一定會後悔年輕時為何不好好的為自己的未來打算。」

同樣道理，所謂的「投資策略」，甚麼「目標為本」，其實也只是根據統計學上的最大值，所作出的判斷。千算萬算，不如老天一算，機關算盡，也是輸光收場，並非不可能出現，所謂的人生籌劃，制定策略，也不過如是罷了。

11.15 策略就是紀律

說穿了，所謂的「策略」，就是紀律，依著策略來炒股，就是嚴守紀律。只要大方向正確，用上了對的策略，就是炒股不精，不用花太多的時間，也可以輕易賺錢。反過來說，如果你用錯了策略，就算炒股再精，也往往有覆頂之災。很多股票老作手，大師級的股神，炒到破產、自殺，就是因為策略出了錯，或是沒有嚴守紀律。

12. 評估勝算

如果你問我，制定投資策略的第一要訣是甚麼？我會回答：

《孫子兵法》有云「知己知彼，百戰不殆」，所謂的「知彼」，就是對股票的認識，至於「知己」，可不是「情人知己」的「知己」，而是對自己的認識。前文講了炒股目標，例如如何獲得最大的滿足感，這是「知己」的一種，至於另一種「知己」，則是自己炒股的勝算。

12.1 戰勝市場

你首先要有能力戰勝市場。如果你是一條盲毛，亂買股票，當然不用制定策略，因為不管用甚麼策略，也會輸光收場。就算你是對股票略懂有無，只要市場勝算低於 50%，也是不管使用甚麼策略，一樣會是輸光收場。

換言之，策略是基於你在市場上的勝算率而決定：你必須有 50% 以上的勝算率，才有資格去講炒股票的策略。而且，不同的勝算率，也會有不同的炒股策略：炒股有 51% 的勝算率，就必須使用最保守的策略，要不就用最冒險的策略，一戰定生死，不是輸光，就是發大財。但如果你是炒股高手，有 90% 以上的勝算，那就可以有著不同的策略。

總之，李嘉誠先生的名句，在所有的投資活動當中，是永遠不會錯的：「擴張中不忘謹慎，謹慎中不忘擴張。……我講求的是在穩健與進取中取得平衡。船要行得快，但面對風浪一定要捱得住。」

12.2 勝算率的改變

前文說過，你必須要有 50% 以上的勝算，才可以炒股票，才有資格去制定炒股策略。一個聰明的讀者，馬上會想到這說法其中的破綻：「我們怎麼能夠有一個客觀的方法，去評估自己的炒股能力和勝算呢？周顯你枉稱大師，這可不是在亂吹嗎？」

我同意一個人不可能客觀地評估到自己面對市場的勝算率，況且，市場會進步，今日的股民，程度已高於 10 年前，10 年前的股民又比 20 年前的股民更高明，我認識的好幾個年輕人，在 2009 年賺到第一桶金，但在 2017 年的今天，又已經受到了新一輩的年輕人的壓力，感覺到贏錢比以前困難得多了。

另一個不容抹煞的可能性是自己的退步。我認識很多年輕人，窮兮兮時，整天宅男在家中，研究股票，炒股有成後，夜夜笙歌，晚晚夜蒲，醇酒美人，醉生夢死，很自然地，研究股票的時間大幅減少了，也很自然地，他的投資成績也大不如前了。正如前文說過，投資組合的規模越大，越需要更高強的炒股知識，也越需要更多的研究時間，當他成功了第一步之後，假設從十多萬元的投資組合，

變成了幾百萬元的投資組合，反而需要投入更多的研究時間，如今研究的時間反而變少了，其結果可想而知。

我認識的某位年輕人，便是企圖用兩招，來作應對，第一是聽消息炒股，以彌補研究時間的不足，另一則是企圖博僥倖，「瞓身」一注獨贏，大注購進單一股票，以圖博運氣取勝。

這兩招本來也並非不可行，但聽消息炒股，第一要點是必須要廣集資訊，聽大量的消息，以量來取勝。換言之，聽消息可能需要比閉在家裏研究更花時間精力。像我，在 2000 年至 2002 年，每個周五六日都要同不同的經紀外遊內地各大夜場，周一至周四從中午到晚上，幾乎全有蒲局，或賭局，或吹水聚會，實在辛苦到了極點。這位年輕朋友卻顧著溝女、溫女，把時間花在女人的身上，而非主力收風，這是「偶然或順便收風」，而非「全職收風」，效力自然大減，甚至在研究之下。

第二要點，是聽消息必須要附以研究，才能收到實效。因為消息有真有假，在投資世界，這叫做「噪音」(noise)，它只是幫助你揀出有可能 (eligible) 的股票，而必須在其中加以篩選，才能得到戰勝市場的力量。但如果連研究股票的時間和能力也欠缺了，聽消息的功效是很微很微的。

至於企圖博僥倖的失敗處，第一當然是運氣不好，博輸了，第二則是他持有該股票接近一年，如果股票有心要炒，早該升了，如果要瞓身投機，則只可短線去博，不可能墮入泥淖，長期作戰，因為炒細價股而長期持有，是太危險的事情了，小注去博還可以，全注投入，則在策略上，是不可原諒的蠢事。我們同他分析，他也同意，但是卻不忍心去斬纜止蝕，優柔不斷、欲斷難斷了好幾個月，結果該股票在單日跌去了 91.6%，他便輸光了收場。總括而言，市場在改變，自己也在改變，但前者總是會在進步，後者則有進有退、不進則退，因此很多本來在市場上十戰七勝的人，兩個世代之後，變成了十戰三、四勝，從贏家變成輸家，只能夠退出市場了。

12.3 學習計算勝算

有一個問題：女人找老公，究竟在幾歲時嫁出，才是最有利的呢？在這裏，我企圖用一個數學模式去解答這個問題。當然了，任何數學模式，都會牽涉到一個無法避免的缺陷，就是必須把其中的所有變數代入假設性的任意數值，否則便無法作出任何的有效計算。

不過，儘管任意數值是難免主觀的，但是，總體的推理過程，我有信心，卻是不會錯的。另外一點就是，儘管我說明這是一個「數學模式」，但是，我卻是以文字，而不是以數學來表達，這固然一來是由於我的文字比數學好，而且好得太多，二來是因為這是一篇文章，當然也不能來一大堆數字和符號，免得悶死讀

者。任意數值是：假設女人嫁人的黃金時期是 19 歲至 29 歲，這 10 年之間。

以上這個數值是怎來的呢？那些 puppy love 可能在十二、三歲便開始，但是 puppy love 的擇偶條件，和成年人是不同的。小女孩往往因為很荒謬的原因，便會愛上一個男孩，也不會考慮經濟實力等等未來的條件。所以我把女人開始選擇對象的下限，任意地定在 19 歲。至於上限，超過了 29 歲，女人年紀大了，條件就會下降，這是人所皆知的事了，不用解釋。

女人一定會有一些追求者，而這些追求者的數量，視乎女人的質素而定。當然，一個女人不會天生就知道，究竟會有多少人追求。也即是說，她不應知道自己的「市場價值」。當然，她有鏡子，可以知道自己的容貌，可是女人的容貌只是她被追求的原因之一，此外還有很多其他的原因，例如內在美。很多美麗女子，追求者並不多，很多樣貌普通的女人，卻是追求者眾，就是這個道理。

於是，她便要等人追求，或者主動追求人，從這個過程中，她可以知道自己的「市場價值」，知道甚麼樣的質素的男人，才會喜歡自己、追求自己。不消說的，這段時間越長，統計數據越多，也即是說，統計學上的「N」值最大，所得到的資訊最多，也最是有利。

我的看法是，如果是以 10 年來作為單位，應該要分為三部份：第一部份是搜集統計數據，第二部分是找尋，第三部分是行動。

換言之，女人應該用 3.3 年的時間，也即是 19 歲至 22.3 歲時，去拍散拖和尋找，以搜集統計數據：目標是找尋出追求者的平均數、中位數、最高值。

當她憑此得悉了這些數據，便可以知道以自己的客觀條件，那些男人是「筍盤」，於是，在 22.4 歲至 25.6 歲之間，一找到了一個在中位數和平均數以上的，在最高的 20% 至 30% 的，便要緊緊抓住，和他認真拍拖，準備結婚了。

到了 25.7 歲至 29 歲時，便是結婚期了。因為，我們假設 29 歲以上，女人的客觀條件便會下跌，所以必須在這一日出現之前，找到一個對象，否則以後的情況，只會越變越壞。

為甚麼一個說財經的人，周顯大師，竟然會大談這些愛情／數學經呢？這是因為有一天，我在講課，有學生問我：「究竟有幾個 % 的勝算的股票，才應該去購買呢？」我便舉了以上的比喻，來作說明：每一個人的網絡不同、知識水平不同、願意投入研究股票的時間也不同，所以不能一概而論。有的人一生遇過最好的投資機會，勝算只有 80%，有的人卻常常遇上 90% 勝算的投資機會。所以，投資者應該像女人一般，用上幾年的時間去練習投資，去搜集統計數據，從而知道好的股票在你的人生出現的機會率，才能決定以後的投資策略。

12.4 勝算的評估
我當然同意，一個人不可能清楚地知道自己的勝算究竟有多高，但他可憑藉

某些客觀的觀察，去判定自己究竟能不能夠戰勝市場，甚至自己究竟是不是周星馳電影《功夫》講的「萬中無一的絕世高手」。

第一個評估：你曾經花過多少時間、現在每天又花多少時間，去研究股票呢？正是天道酬勤，勤力不一定能夠取勝，但勤力的人，肯定比懶惰的人的投資成績更佳，就算是一個笨蛋，用很多的時間去研究股票，成績也肯定好過未研究時。如果你研究股票的時間比絕大部分的人都多，恭喜你，你將有更大的可能，去戰勝市場。

第二個評估，你有沒有先天的優勢？我初學股票時，跟著學習的，是最活躍的莊家，以及在市場上最賺錢的經紀，從炒股的角度看，這自然是有先天的優勢。我也不怕慚愧地說，好幾個年輕人，初出道時，當我的助教，很快認識了市場上最活躍的人脈，再加上後天的努力，後來很快便可青出於藍，投資成績遠遠在我之上了。反過來看，如果你只是一個大學生，一伙朋友都是肉食鏈中最低層的股民，那麼，你必須要用雙倍或更多的努力，才能戰勝市場。

第三個評估，你也可以從自己炒股的往績中，去評估自己的炒股能力。如果你能夠做到十戰八勝，自然可以評估自己有能力戰勝市場。但這往往又有盲點：第一個盲點是在大牛市時，人人都可以贏錢，所以你必須要戰勝其他大部份的股民，比他們的成績更佳，才算是贏家。第二盲點則是你縱是戰勝其他的股民，很可能只不過你比他們更勇，買得更大而已，皆因在牛市三期，是勇者勝，不是智者勝。但在熊市時，勇者甚至比普通人輸得更慘。因此，你必須評估自己的戰勝市場是靠技術和知識，而不是更大膽。

第三盲點，是在熊市時，往往需要和在牛市不同的知識，以及不同的策略。你在牛市時使用的招數，在熊市時並不管用，像我在 1999 年至 2000 年用的招數，到了 2001 年至 2002 年，全都用不上了，必須另用招數，才能渡過難關。所以，在牛市時有戰勝市場的能力，不一定在熊市中也有 50% 以上的勝算率。

第四個評估，是你的知識究竟能不能戰勝市場呢？如果你看電視節目，由財演去主講，聽得頭頭是道，那麼，這就證明了，你的水準是在財演之下。一般來說，財演的水平，處於市場的中游，稍勝於市場，但又贏不了大錢。但是，如果你評估自己，水平遠高於財演，一邊看他們的講話，一邊取笑其分析，那麼，如果你並非自大狂，那便很有可能真的很有水平了。

第五個評估：你當然要看周顯大師寫的《財技密碼》、《炒股密碼》，和現時你手持的這本《炒股實戰》，以獲得正確的炒股知識和概念。

12.5 勝算緩衝

無論如何，你不可能對於自己的勝算，有著準確的評估，因為這是無法量化的，何況，這數據也是不停地在轉變。可是，從邏輯學的角度看，不可量化並非

完全不可確定，正如愛情是不可量化，但你可以大約評估你有多愛對方，或者是愛不愛對方，皆因大約的評估是可以的。

同樣道理，你不可能評估出自己的勝算，不過，你能否戰勝市場，卻是大約可知。如果你的勝算只有 51% 至 55%，你當然很難知道，會不會是 45% 至 49%，但因某些幸運而產生的錯覺。但如果你評估自己的勝算高達 70%，那當然不可能是錯覺了。

因此我認為，在評估自己的勝算時，必須也要預算一定的緩衝，以免給幻覺和錯覺衝昏了頭腦。

12.6 單一目標

前文說過，炒股是目標為本的行為，而人生的目標有很多，例如說，買車、買樓、追女仔，諸如此類。很多人炒股票的目的，是為了買樓付首期，但由於未曾儲夠首期，因此暫時先炒股票，賺取利潤，我也並非不贊同這種做法，因為在某些情況之下，買樓比炒股票的利潤更高。

現在講炒股票的勝算必須要超過 50%，但是，如果在某些緊急的情況下，會不會少於 50%，也要博一博呢？

我當然不會同意，買樓是一件急事，需要在沒有把握炒股票時，也要瞓身去博一次運氣。可是，在某些情況下，例如公司的突然周轉不靈，又或者是生了重病，急著等錢來求醫，那就另當別論了。

在 2014 年 4 月，《東周刊》的編輯轉來了一封讀者的掛號信，來信者是一個五十八歲仁兄，信中的內容大致是：

他是一個小型的貿易商人，連續遇上了好幾宗不幸事件：一個美國的大客戶倒閉了，欠下兩百多萬元應收帳，另一個歐洲客戶也有財政問題，要求延期付款兼六折找數，令到他的周轉出現了困難。屋漏兼逢連夜雨，父親也過身了，外父到醫院做手術，花了六十多萬元，太太又患上了乳癌，需要四十多萬元的手術費，還未算電療和化療的費用。

有一天，他在《東周刊》看到了我的一篇專欄。記着，他並不是我的忠實讀者，只是聽過了我的名字罷了。但他心存了僥倖之心，在早上的九時多，提取了僅存的三十多萬元現金，全部買進我推介的股票，心中打定了輸數：如果虧蝕了兩成，便要止蝕。很幸運地，十多天內，三十多萬變了七十多萬，他沽貨，把錢提出來，為太太交手術費，自己繼續專心工作。我收到了這封信之後，心裏覺得很是奇怪：我在《東周刊》向來很少推介股票，不知署名為「老實商人」的讀者，究竟是買了哪一隻呢？我把這封信交給了出版人，笑對他說：「幸好他買入的不是『天工國際』（0826），否則他便大鑊了。」出版人愛護我，當然不會把這句話寫出來，誰知自己不入這個位，馬上給一位網民留言攻進了這破綻：「若

那位讀者買 8321，8021 之流，那這封信可能

已是遺書了……」所以說，炒股票博僥倖，畢竟是很高風險的事，一生人最多也只是偶一為之，我也不會鼓勵。最後，我奉勸一句：如果你炒股的勝算率是低於 48%，那就算在絕望要博一博時，也決計不可以炒股票，因為，因為百家樂的賭場優勢是 1.06% 至 1.46%，如果你的炒股勝算率低於百家樂，那就不如去賭場好過了。

12.7 學習交學費

前文才剛說過，如果你的炒股勝算率低於玩百家樂，那就切切不可炒股，不如去賭場算了。但現在，我又要推翻這種說法：在某些情況下，儘管勝算低，還是要炒股票，這就是學習的情況。我很幸運，剛接觸股票，便是贏家，從十歲時第一次買「和記」，翻了一翻開始，馬上轉買「信德」，小輸，總括還是大勝。三十以後獲得配售「珠江船務」(560)，贏了三成，但買得不多。沒幾個月後，開始買「天網」(577) 和「中國盛業」(979)，大勝了兩次，奠下基礎。2000 年底，科網股破裂，股市大跌，我也輸了不少，但由於開始時贏得太多，因此也是大勝了幾十倍。但直至當時為止，我還是不懂得股票，真正的股票知識，是在後來慢慢學習的。

大部分的人不及我的 beginner's luck，然而，炒股票長線而言，講的是實力，不是運氣。然而，沒有可以在一開始，便有戰勝市場的實力，一定要經過學習的階段，苦學一段日子後，才能戰勝市場。

像梅偉琛，唸大學時，已經輸光了一次，畢業後，在會計師樓工作。他是德州撲克高手，逢周五到澳門，玩一個通宵，周六早上回港，平均每月賺到外快過萬元。他周日便唸書和研究股票，省吃儉用，把資金全數用來投資，3 年後考到了會計師牌，也贏到了第一桶金。現時他三十歲不到，已經有著過億的身家了。

如果沒有在大學時期的輸光，我再加一句宣傳，以及他沒看《炒股密碼》，他決不可能有著後來的成就。這即是說，他的輸光，可以視為交學費，也可以視為長期投資，從錯誤中學習，才能夠終於成功。不消說的，他現在也是在學習階段，甚至是巴菲特，也在學習，不過是學習科網股，那是一個他本來並不明白的領域，然而，他們已經到達了邊贏錢、邊學習的境界，這自然比輸錢而學習，學得更舒服了。

對於從輸錢中學習，我有 4 點要補充：第一點，可不可以從模擬炒股中，學會了技巧，從而一開始便成為贏家，不用輸錢來學習呢？答案是：不可以。你可以像我般幸運，一開始炒股，便贏錢，但這是幸運，不是學習。有些知識，是必須在輸錢時，才能學會的，我在 2001 年至 2003 年的熊市中，輸了不少錢，也學會了很多知識。

至於模擬炒股，由於和真實炒股的感受完全不同，你是不可能從中獲得戰勝市場的能力。但如果你先學模擬，學一段時間才去投入，將可以減少「交學費」的數目，因為會少做很多笨事。同樣地，如果你在投入實戰之前，先看《炒股密碼》、《財技密碼》和《炒股實戰》，也可以有效減少輸錢的數目和學習的時間。雖然很多人都說，這三本書必須最少有過短時間的股票實戰，方能領會。此外，如果你長期模擬，不投入實戰，也是浪費了時間。第二點，如果你很年輕，相對有著優勢。像梅偉琛，20 歲左右時，已經輸清光，但學到了知識，後來又積蓄到新的本錢，結果反敗為勝。但如果是一個 40 歲的中年人，一旦輸光了，一來年紀大了，學習會有困難，二來，輸光了之後，也很難積蓄到第二筆本錢，畢竟，這時候已到了 / 過了人生賺錢的高峰期，再說，也需要儲錢作退休養老之用，再也沒有輸錢的本錢了。第三點，這是不是代表了，年紀大了，便不能「交學費」學炒股票呢？答案又不是，因為中年人雖然不可以瞓身買股票，但用少量的金錢，邊炒邊學，在財政和資金運用上，還是不無成功的可能性。

　　第四點，也是最重要的一點，就是交學費的天字第一號大原則：交了之後，必須學到知識。有很多人，交了學費之後，也只是白交，從來不學知識，這就是沒用了。

　　我從小學唸到大學，永遠如此，但在炒股票的世界，每次輸錢或贏錢，都會得出經驗，從錯誤中學習，從經驗中成長。如果你炒股票輸錢，但並沒有從中學到任何東西，那麼，你應該把炒股視業餘嗜好，而不應視為投資。

13. 財務策略

炒股票，是金錢遊戲的一種，凡是金錢遊戲，好比做生意，非常講究財務技巧，換言之，必須很好地控制自己的財務狀況，才能夠得出最佳的投資效果。

那究竟甚麼是最好的財務策略呢？李嘉誠先生的格言是錯不了的：「擴張中不忘謹慎，謹慎中不忘擴張……我講求的是在穩健與進取中取得平衡。船要行得快，但面對風浪一定要捱得住。」然而，太過正確的格言，卻也往往太過模糊，不能給予讀者一個明確的指示。

就我的高見，一如我在《理財密碼》所言：在這個世界上，並沒有最優的策略，因為在一方面強，必然會導致另一方面的弱，穩健和進取之間的平衡，說來容易，但是真正的做法，卻是因人而異。所以，這又回到了上一章的主題「目標為本」：你買股票的目標究竟是甚麼呢？

13.1 巴菲特的說法

所謂的「進取」，莫過於供孖展來炒股票。「如果槓桿有效，可以增大你的回報。配偶讚你聰明，鄰居對你妒忌……」巴菲特在巴郡 2010 年的年報說得十分負面：「But leverage is addictive. Once having profited from its wonders, very few people retreat to more conservative practices. And as we all learned in third grade—and some relearned in 2008—any series of positive numbers, however impressive the numbers may be, evaporates when multiplied by a single zero. History tells us that leverage all too often produces zeroes, even when it is employed by very smart people.」簡單點說，就是孖展會令你上癮，到了最後，就是最老手的投資者，遇上了大跌市也會因而輸光。很多人把巴菲特奉之為神，對他的說話深信不疑。但我卻並不完全同意他的說法，皆因人人都有不同的處境，我們統統不是巴菲特。如果我是他，世界第二富豪，當然是會採取他的投資策略：孖展固然可以賺更多的錢，但是縱有 1% 的風險，也不應該去冒，對吧？所以巴菲特非但不會借孖展，而且公司還擁有大量現金，我隨便找到巴郡在 2015 年 9 月 8 日的資料，它還有 666 億美元的現金在手，隨時等待投資機會，擇肥而噬。李嘉誠、李兆基等等超級巨富，也不會借孖展炒股票，而且，看他們的上市公司資料，公司均持有大量現金。

且讓我們看看巴菲特的狀況：父親是國會議員，自己是富家子，唸最好的金融學院華頓商學院，22 歲時面見保險公司 GEICO 的 Vice President Lorimer Davidson 之後，因買這股票而賺到了第一桶金。24 歲進入 Benjamin Graham 的公司工作，時維 1954 年，年薪是 12,000 美元，即是 7,800 港元月薪，別忘記，這是六十多年前的幣值。他在 3 年後買的房子，也只是 31,500 美元而已，而這房子他一直住到今天。換言之，他在 24 歲時的收入，3 年人工已足以購買一間

很不錯的房子了。在他 25 歲時，已經找到了資金，成立了其投資公司，如果我沒有記錯，他應該是乾佔了三成股份，由於投資得利，股東越來越多，他也很快成為了富人。

如果我是巴菲特，當然不會借孖展投資。黃曉明在 2016 年的收入是 1.697 億元人民幣，如果我當他的投資經理，當然會採取最保守的投資策略，別說是不借孖展，也會同巴菲特、李嘉誠等人看齊，持有大量現金，一來以備不時之需，二來也好擇肥而噬，等待最佳的機會。

但是，如果你現在的月入是 1.5 萬元，現年 25 歲，打了 3 年工，存款有 10 萬元，由於學歷所限、競爭激烈，升職無望，每天省吃儉用，乘巴士上班下班，除了要給家用以及自己的基本花費，更要償還大學貸款，不吃館子，不去旅行，當然更加沒有女朋友。我對你說，如果照我的方法去投資，40 歲時，可以有 300 萬元，60 歲時，說不定可以賺到 3,000 萬元。你會反問我：「莫非要 40 歲才可結婚？ 60 歲才開始有錢，那麼有錢又有甚麼用呢，自己有力氣去花錢嗎？」

大約在 2009 年，有一個年輕人，我認為他的研究能力很高，也很有志氣，他是我的讀者，也是巴菲特的崇拜者。我對他說：「以你的天份和努力，也許在 40 歲時，可以賺到幾千萬元，在 60 歲時，比我們所有人都更富有，可是，你在 40 歲前的生命，卻是浪費了。」

後來果然，他的幾個後輩，出道遲他幾年，研究水平也不比他高，可是都賺到了八位數字，而他努力多年，到了三十歲，省儉到走路上下班，約會女友去吃譚仔米線，但總資產也不過是三、四百萬元而已。當然，我並不能說他的做法是錯誤，因為策略是根據每一個人不同的人生目標，而去制定，每一個人也有不同的目標，因此每一個人也會有不同的投資策略。

13.2 錯誤的策略

人人有自己獨有的炒股策略，然而，這並非策略不會錯，事實上，大多數人的策略，都是犯了錯誤，包括本人在內，也常常在策略上犯錯。

最常見的錯誤是，你的目標是 A，但你的策略並非達到 A 的最優值。最佳的例子是，有一個叫「Rex」的學生，對我說過，他人生的最大目標，是「不發達，毋寧死」，但他卻採用了最保守、最君子、最正派的炒股策略。我當然很贊同一個年輕人採用保守、君子、正派的炒股策略，這是有志氣、有骨氣的年輕人應走之路，但是，這顯然和「不發達，毋寧死」的基本目標有著某程度上的矛盾。除非是，第一，他的「不發達，毋寧死」只是隨便說說，並不打算當真。第二，他有更高尚的人生原則，比發達更加重要，需要先去遵守了。

當然了，我們永遠要記得一點，就是所有的策略，都是基於統計學上的最大值，因此，所有的策略，都有缺點，主要是夠穩健，就不夠進取；反之，夠進取，

便不夠穩健，因此，在現實操作中，並沒有最優的策略可言。然而，雖然世上並沒有最優策略，卻有最劣策略。例如說，長期用高槓桿來炒股票，必然導致覆亡，這是肯定的結局，也是絕對的大錯。

13.3 整體的財務策略

前文說過，炒股只是生命的一部份，因為除了金錢之外，還有事業、親情、愛情、友情、理想、朋友、交際、藝術、美食、學習、刺激等等無數的事物。很多人認為其中的一些比金錢更加重要。再者，炒股也只是你的投資組合的一部份，除了股票之外，一個人還可以有現金、房地產、黃金、外幣、保險、基金、藝術品等等無數的投資工具。因此，當我們討論炒股的財務策略，不能不顧及整個人生，以及整體投資組合的財務策略。

以下是會影響到你的炒股財務策略的考慮因素：

1. 你的家庭：你的父母是富豪，不用你負擔生計，你自然可以採取更為進取的炒股策略。如果是我，反而是索性放棄炒股，乖乖的留在家裡，享受榮華富貴算。反過來說，如果你要負擔家庭支出，如父母、子女，當然又是另外一回事了。請記著，現在雖然是個人主義的世界，不再是一百年前以家族為主的社會，但是在投資的世界，以家族、家庭、夫婦為一體的狀況，也是常見。

2. 你的收入：正如前文所述，如果你收入豐厚，年入過億元，又或只是年入十多萬元的基層，自然也有不同的策略。請注意，收入多少是一回事，收入的穩定性又是另一回事。像當明星，收入高，但不穩定，高峰期很短，需要好天賺埋落雨柴，當公務員的話，則幾乎沒有辭職、減薪的可能性。

3. 你的其他投資：如果你擁有大量房地產，打跛腳唔使憂，和你只有股票一項投資，那是天同地的分別。我有一個朋友，叫「鍾仔」，他手握數億元房地產，月收租過百萬元，他炒股票，純粹是當賭馬或打麻雀，玩票性質，輸光也沒所謂，這自然和我們炒股票博命大有分別。

4. 你的槓桿：持有大量已經付清了按揭的房地產，又或者是有一間七成按揭的房子，要每月供款，這兩者自然有極大的分別。我認識一位年輕人，在 09 年炒股票，賺了逾千萬元，他把其中的一部份，在銅鑼灣買下了兩個小型單位，闢作賓館，經營得很成功，後來樓價還升值了一倍，每月收回來的錢，足夠付按揭供款，還有五位數字的盈餘。這樣子的背景，當然足夠支持他去作出進取的炒股策略。

13.4 現金流管理

個人理財，好比經營一盤生意，除了要有利潤、有增長之外，還得兼顧自己的現金流：

須知道，一盤生意除了因為經營不善，有可能倒閉之外，資金鏈斷裂、現金流不足，也是非常危險，隨時轉不過身來。個人理財也是一樣，當收入短暫下滑，但個人的流動現金陷進了困境，也是很容易令到自墮進了萬劫不復的地步。在 1998 年至 2003 年的樓市崩潰，不少香港人賣樓止蝕、宣佈破產，甚至是燒炭而亡，誰知在跟著的十多年，樓價卻是節節上升，非但盡數收回失地，甚至大幅升破以前的高位……先前賣樓止蝕、宣佈破產的人，等不及這個絕地大反擊，除了因為其判斷錯誤、投資失敗之外，其現金流的控制不好，也是原因之一。

現金不足，固然是不好的事，不過，現金太多，又怎麼樣呢？有一位剛剛逝去的富豪，我和他都算是有交往，但一位和他極度熟悉的人，曾經對我說過：「阿邊個，他在 1997 年之前，已經把手頭上大部份的資產沽掉了，手頭的現金超過十億元。在這十多年間，沒有一天的手頭現金是少於十億元的。」

然而，也是正因為他的手頭持有大量現金，在這十多年來的發展，也就及不上那些持有大量資產，但卻欠債纍纍的投資者了。據估計，他的遺產大約是在數十億元之間，但當年和他同級、以及比他窮得多的朋友，因為肯持資產、肯欠債，現在過百億者，也比比皆是，連他以前的手下、我的黃紙兄弟某君，都隨時有十億八億啦。

這個原因很簡單，因為在一個資產快速升值的大升市，只要你願意欠債，借錢來買資產，那是不勞而獲，發達的不二法門。所以，內地的富豪，全都是欠債纍纍，當年曾經借過貴利，去獲得發展生意的資金，才有今日的成就。當年我笑言：「他們是把借錢當成了收入，好似唔使還咁，所以才會用這麼高的借貸成本，去獲得資金。」

反過來說，當市況轉壞，熊市來臨時，這些靠高槓桿來獲取利潤的投資者，就可能轉不了身。那麼，究竟在槓桿和現金流之間，應如何取得平衡，那就是投資的藝術了。

另一方面，持有現金，還有另一個很大的壞處，而這一個壞處，是連我也常常會犯，甚至是，幾乎每一個投資老手，都會犯上的。

這就是，當你的現金結存很緊絀時，你的投資會很審慎，很花心思去研究，不會浪費一分一毫，但是，如果你的現金很寬鬆，你會傾向於胡亂投資，皆因所有的香港人都知道，持有現金是吃虧的，所以，我們和那些大陸富豪的心態一樣，均是不能持有現金，覺得持有現金是吃虧的，事實也的確如此。

但正因我們的深心處認為持有現金是吃虧的，所以才會很不願意地持有現金，當手頭有大量現金時，很想馬上把手頭的現金去作出某些投資。但是，我們卻往往想不到，持有現金固然是吃虧了，胡亂投資，卻是更加愚蠢的一回事。

所以，高智慧的投資者，例如巴菲特和李嘉誠，往往願意持有大量的現金，但並不是閒置著，而是等待機會，一旦機會來到了，便毫不猶豫的去出擊。這自然是很有智慧，兼且很有耐性的人，才能做到的。

我常常從證券公司提取現金去玩樂，那是極壞的做法，大家千萬不要學。投資的錢和花用的錢應該徹底分開，只有在清倉結算時，才能提出來使用。就像做生意，也切忌公私不分，最好在年終結算，賺錢分發股息時，才好動用股息。把投資中的錢提出來用，很大可能會遭受惡果，我已告訴了大家我的慘痛經歷。

最後，你要定期回顧財務策略。資本額增大了，你可能需要更大的孖展額，這要同證券公司磋商，說不準要多找一家，當新的金主。有一天你發了財，不再借孖展了，就要把股票從孖展戶口搬到現金戶口，這在法律上有多點保障。正所謂有錢不花，窮和富沒有分別，股票賺了錢，提錢出來買車買樓，切實花費你的利潤，那也無可厚非。科網股熱的後期，我便是用這一招，買車買樓，縛住資金，鎖住利潤，便不怕股市後來的崩毀逆轉了。以上這些，都需要定期回顧，才能做到。

13.5 現金和股票的比例

在網上，看到有人寫「有資金 300 萬，想全職炒股，請教策略」，其中的內容是：

「失業多時，估計很難再找到合適工作，打算放棄找工作索性全職炒股，有資金 300 萬，目標是月賺 2 萬，1 萬作生活費，1 萬當收入，大家有冇好建議如何投資。」

在股市暢旺的時候，很多時都會有人作出這種決定。但我可以告訴大家，全職炒股雖然並非不可行，可是照上述那位仁兄的做法，卻是自尋死路。

第一，他並沒有表現出任何炒股票上的才能。如果說，他已經持續炒股十年，而且保持著長期戰勝市場的記錄，當然可以全職炒股。換言之，沒有輝煌往績支持的人，貿然投身這行業，幾乎是不可能獲得成功。

我所認識的小朋友，個個都是炒股票贏了一千幾百萬元，甚至以上，才敢於辭職炒股。記著，他們的本金是贏回來的，而不是儲蓄回來的，才有這個底氣，因為輸光了也沒相干。

第二，資金 300 萬，不可能做到月入 2 萬，皆因炒股的收入很不穩定，市況好的時候，300 萬元本金，一年來可以翻一倍，但市況不好的時候，輸得少已經是偷笑了，而熊市可能持續維持一至兩年，一直在食穀種。

所以，如果有人真的要拿著 300 萬元，全職炒股，我的建議是，他應該只拿 200 萬元，來用作炒股票，剩下的 100 萬元，用作現金儲備，和日常使用，這足夠他生活好幾年了。如果他不幸輸光了 200 萬元，這證明了，他炒股票沒有天份，因此輸光了 200 萬元之後，如果繼續炒下去，輸埋剩下的 100 萬元的機會率，遠高於能翻本的機會率。在這時，他只有疊埋心水，再找一份全職工作，手上還有幾十萬元備用現金，也不用太愁。

13.6 決定孖展額

你的貪婪程度，決定了你的孖展額。很多人說，炒股票不應借孖展，很危險。「很危險」這點我同意，但是否「不應」就見仁見智了。

凡是借錢來投資，都有風險。借錢買樓，可變負資產，難道不危險嗎？可是絕少人買樓會選擇付足全數，不向銀行借錢。大家都說，生意要做得大，一定要借錢。但除了上市公司外，私人公司借錢做生意，都要私人擔保，虧蝕了也就可能破產收場，難道這不危險嗎？我把買股票視為一盤生意，而它比做生意更有利的一點是：不用負擔固定成本，靈活性更高。我不明白，有甚麼理由買股票不能借錢？

投資想贏大錢，非得借錢不可，想贏得大，就要借得多。如果害怕，就別借錢，但不要指望有高增長率。我生平第一次投入股市，問哥哥借了 10 萬元贏了 200 萬元，正是大借特借，其中有部分還是股價升高了，可借孖展又再提高，於是再買，結果是成本從 0.26 元到 1.15 元都有，平均價是 0.6 元。三個月後，在 3.8 元到 5 元間全數沽掉。最高峰時我借了八十萬左右，我想想，那是我一年的薪金收入，就是輸光了，也償還得起，於是便放膽去衝了。

我第一次買股票，買的當時叫「盈盛數碼」（979，現已改名為「綠色能源科技集團」）。它從 0.2 元起步，我的買入價是 0.25 元至 1.1 元，三個月後，沽出價是 3.8 元至 5 元。有人說，我在這一役中的身分是幫莊，我覺得十分可笑。那時我是股壇新丁，在市場上不認識任何一個人，又沒炒股票的經驗，本錢只有十萬元，誰會找我來幫莊？那些人以為隨便找個二打六，都可以當幫莊，思維如此簡單，怪不得永世都是 loser 了。

很久以前，我在傳媒打工，有一個熟悉的印刷商，生意做得不很大，一年大約一億營業額吧。幾年後我移了民，又回到香港，再見到他時，他已破產。

我想，假如我炒燶了股票，與他有何分別呢？其實兩者本質是相同的，大家都是借錢投資，不過直至我寫下這個字這一秒為止，我還未失敗和破產罷了。想想也覺得危險，不過想深一層，那些借錢以十億百億計的大商人，其負債也不可能用工作還清，我和他們有何分別呢？換言之，借錢做生意的危險程度，和借錢炒股票相同，想到這裏，我的心就舒服多了，放心借下去。這當然是阿 Q 精神。

入市前，必須作好財務安排，把預算買股票的現金先騰出來。你打算借的孖展額是多少，也要在入市前，同經紀先行溝通。

必須澄清：原則上，我不同意其他人買孖展，皆因賭性如我的人並不多，能接受輸至負資產的人更少。心臟病者不宜。

原則上，我不贊成高借貸炒股，但有些情況下，孖展是很有價值的：

1. 在牛市第三期的開始階段，你有特別的心水股，而且該股是快速移動的消息股，不妨借錢來短炒。注意的是，借錢的時間必須短。你不妨借高利貸來應急，但卻決不可借來供樓。

2. 你有一百萬元現金，準備全數拿來炒股，但又怕突然有用錢的需要，可以選擇投進七十萬，借三十萬孖展，留下三十萬元現金備用。你要付孖展利息，但現金放在銀行，也能收到利息。兩種利息的差價不會超過 10%。你付出三十萬元的利息代價，但獲得了彈性。

3. 抽新股時，不能不利用孖展。孖展不應該常用，但應常備。我認識很多做生意的朋友，順境時不肯作出融資安排，因為覺得沒這需要，逆境時要錢，就借不到了。如果你的生意（包括「股票投資」這門生意）有盈利，不妨間中借點錢，付點利息，同金主預先建立關係。這些小支出，可能會在你需要時發生極大的作用。

13.7 為孖展買保險

孖展的用法，也有技術上的限制。孖展的利息極貴，因此，你只有在牛市第三期的初期，買一些快速移動的股票，速戰速決，才能借孖展。簡單點說，對於某些進取的投資者，孖展是不妨借的，可是無論對任何的投資者，孖展最多只能借非常短的時間，長期借孖展，是絕對要禁止的。孖展只能用於短線炒作。

在說第二個原則之前，先聽一聽股神巴菲特的說法：他知道借孖展的利潤較多，但他很滿意現在的情況，不想冒這險了（大意如此，因為我的原書已送了給人）。未發財時，急於發達，難免借孖展。如果你已發了達，還要這麼貪婪，大借孖展，這麼貪心的人，就算跌倒，也算活該了。畢竟，借孖展一定有風險，未發跡時借借不妨，但獵犬終須山上喪，長期借孖展者，終有一天劫數難逃，這是必須慎記的。順帶一提，即使是做生意，到了某一地步，就該停止借錢，不得不借時，也要留下私己錢，放在配偶的戶口，以防萬一。我有一個朋友，身家超過十億元，主要都是炒股賺來，但是他賺來的錢，都用太太的名義去買樓，家住山頂獨立屋，一共有二十多個單位收租。但是，他的個人投資組合，依然是高孖展、高槓桿。當然，在這種情況之下，配偶捲蓆私逃，又是另一個風險。

有些生意做得大的，就把公司上市，藉此取消所有私人擔保，也是一法。例如說，李嘉誠的上市公司也會做槓桿，不過私人卻一毛錢也不借，也是一個很好的保險方法。

13.8 保持理智的投資額

買賣股票當然是想賺錢，想玩資產升值遊戲，人同此心，不用多說了。但對金錢的看法，則是人人不同。

沒有人嫌錢多，每位股市的參與者都想在市場賺得愈多愈好。但別忘記，炒股票是貪婪與恐懼的混合。你的野心有多大，減去你對貧窮的害怕有多深，構成你對投入股市的進取程度。

在此複述一次先前説過的重點，因為太重要了，所以我不厭其煩地一再提醒大家：不管投資方向如何進取，你所投入的資金數量，必須能令你保持理智。

一般人的想法，多半是認為保守的人要投資安全的股票，野心勃勃的人不妨投資高風險股票。不，這種想法完全錯誤。一般教人投資的人的傳統智慧完全不能適用在我身上。

我的高見是：世上沒有安全的股票，這一點，在後面討論各種不同的股票時會詳細解釋。高風險的股票，不管你的投資態度有多進取，都千萬不要買。那些説「高風險，高回報」的人，都是屁話，世上沒有這回事。買股票的方法，是尋找「低風險，高回報」的股票，這一點，也會在後文解釋。

以上這段話我曾在 2006 年底寫過。現在重看，相信經歷過金融海嘯的人，現在都已明白「世上沒有安全的股票」這句話的奧義，用不著多作解釋了。

13.9 集資炒股票

有極強的賺錢能力而發不了大財，主要的原因是資金不足。能發財而財發得太慢，心急者並不滿意。沒有人希望六十歲才發財，那時有多少錢也沒用，因為沒體力去花了，至於「人在天堂，錢在銀行」，當然是更壞的情況。很多「複利」提倡者都主張用「複利」加上「痴痴地等」來發財，例如等三十年。老實説，我不反對六十歲才發達，這總比六十歲還捱窮好，但能早些發達，就多享受幾年，那豈不是更為有利？「達」愈早「發」愈好，這是更合乎人性的想法。

我常常説，我寧願一生賺十億元，然後花掉九億元，而不情願賺到一百億元，卻只能花一億。但幾乎所有投資書籍的哲學，都是教人如何用長期賺到最多的錢，苦口婆心地告訴你早點儲錢的好處，卻忘記了早點去玩的好處—為可能不幸早死而作對沖。我們在儲蓄之餘，還要持續不斷地享樂，正是因為天有不測之風雲，人有旦夕之禍福，如果辛苦賺錢而不花，早死或橫死時豈不很吃虧？

提早發達的妙方，就是用「別人的錢」（other people's money）。巴菲特出道時，找了七名親友，湊了十萬美元，自己當基金經理，賺錢後他享有利潤的25%。這個私人基金的辦公室，就在巴菲特家的房間裏。這基金平均每年有三成回報，巴菲特還不停找新血入股，因為擴大本錢就是增加利潤。13 年後，巴菲特掘到了第一桶金，買下了一間上市公司，就是他現在的旗艦公司—巴郡。他後來要解散基金，給股東兩個選擇：

一是收錢，一是收巴郡的股票。（巴郡的「巴」字和巴菲特的「巴」字純屬巧合，兩者並無關係，巴郡並非巴菲特的郡。）

巴郡除了投資股票外，還喜歡買保險公司，有時還不惜以高價購買。有人説過，巴菲特真正賺錢的生意是保險。這説法不對，至少不全對。

巴郡原來是一間大型紡織公司，巴菲特經營了一段日子，終於發現紡織業（在美國）是夕陽工業，再傑出的人才也無法同市場大勢抗衡，惟有忍痛結束了

這部門，專心搞他的投資。是的，現在的「巴郡」是投資公司，同類的公司在香港，叫「二十一章」（即據港交所《上市規則》第二十一章在主板上市的上市投資公）。

「二十一章」不算正規的上市公司，它沒有自己經營的業務，全靠間接投資，基金經理都不肯購入這種公司的股票。事實上，「二十一章」主席的工作性質相等於一名基金經理。再者，巴郡原來是上市公司，後來才轉型為投資公司，這一點跟香港的「二十一章」分別甚大。「二十一章」的上市門檻比普通主板公司低一截，市值也通常較低。上文把兩者比較，是把事實簡化了。

巴郡這家美國的「二十一章」，其中一項重要的投資是買入「可口可樂」這股票。好了，問題來了：可口可樂固然是優質股票，你購入可口可樂就的股票就可以了，為甚麼還要買巴郡？

再深入探索下去，假設巴郡只擁有一隻叫「可口可樂」的股票，買它等於買可口可樂，它的股價應與可口可樂同步才對。把討論跨進一步，巴郡擁有一籃子的股票，它的股價升降，理論上應該等同這一籃子股票的升降，正如「盈富基金」（2800）的升降等同恒指的升降。然而，奇怪的事發生了：巴郡的升值速度，遠比它投資的股票的升值快。

本來，還有一個可能性，就是借孖展。借孖展能把輸贏的數目都放大，五成的孖展額，可多買一倍的股票，投資組合的增長率自也升了一倍。但是，巴菲特盡量不借孖展投資，是誰都知道的事。

巴菲特認為，投保者（指的是儲蓄保險）年輕時把錢存進公司，年老後才提走，中間相隔可達三十年，這等於公司有一筆成本極低的巨大資金，用這筆資金去投資，就算利潤不高，也一定多過付給投保者的低息，這變成了是無本生意。他說：「很多分析員把保險業務的價值，單純地等同於保險業務的賬面價值，而不考慮這種浮存基金所具有的價值，這是一個致命的誤解。」巴菲特想到了這一點，便想到了鑽空子的妙計，就是「挪用」（這兩個字其實用得不妥，他有合法的使用權）保金，以低成本的資金去投資高利潤的股票。有了這背景，無怪這位有名慳儉的人，也捨得以高溢價來搶購保險公司了。

有人計算過，假如巴菲特沒有這筆多出來的無本資金，他的長期投資成績，會從現時的平均三成，下滑到平均兩成。這就是和他的老師葛拉漢同樣的投資成績。

最精妙的是，巴郡購買保險公司時，會盡量收購其 100% 的股份，兩者可以合併財務報表，旁人便難以看出兩者資金互調的箇中奧妙。寫出這故事給大家看，目的是用實例指出，如果要發大財，成本低廉而巨額的資金是何等重要。

大約在 2006 年中，「佐丹奴」（709）傳出被日本時裝連鎖店 UNIQLO 收購，後來 UNIQLO 同現有管理階層談不攏，宣佈暫時放棄收購。從那時起，我便開始收集資訊，覺得這股票大有潛質。基金的思維方式我很清楚，它們一定逼迫管理階層「交數」。看佐丹奴的往績，一直在派高息，2006 年有 7%，這在上市公司是罕見的。

近年佐丹奴的經營並不好，前景也不看好。它的概念「款少、色多、價廉、質 OK」，曾經大行其道。但新人類的口味明顯與「老餅」不同，它們追求「個人化和創作意念」，品質要求也比以往高了一個檔次。在現代的知識性社會，成衣創作的成本比上一個世代大大降低了，例如日本的 UNIQLO 和 Comme.Ca、北歐的 H&M、西班牙的 Zara 等，都是比佐丹奴高一個檔次的成衣連鎖店，而獲得了大成功。Zara 空降香港大受歡迎，H&M 開業時更造成了哄動，都給佐丹奴的經營帶來極大的壓力。

佐丹奴最值錢的資產，就是它在國內的七百個零售點，凡是國際性的大型城市連鎖店，都會垂涎這網絡，要建立同樣的零售網絡，最快也得五年以上。如果佐丹奴管理層交不到數，基金賣股的誘因便大增。這一點，顯然連它的主席也知道，因此增持了 141 萬股，平均價是 3.55 元。

從這些基本因素看，在 4 元以下買進佐丹奴，輸面不大。這股票有盈利，有高息收（雖然我從不注重派息），還有被收購概念，實在太完美了。只可惜，我買股票的成本是 15% 的年息，只能買快速移動的股票，「等待」的成本太高了。我再一次提醒大家，像我般付出高昂的孖展利息，去投資股票，是極其不智的事，大家千萬不要學。

如果我能夠像股神巴菲特，得到大量廉價成本的資金，就能購買佐丹奴了。就算收購不出現，收息也都夠了。根據往績，一千萬元一年有七十萬元的股息，資金不用成本時，那是淨賺。

看了以上的例子，大家可知道低成本資金的重要性。就算暫時無能力買下保險公司，也要盡力叫親友給錢讓你代為投資，練成了「借力打力」這一招，終身受用不盡。（後記：寫此後記時為 2008 年 9 月，證明購買這股票的意見是錯的。但這並不代表以上想法是錯。我是思想家，不是行動家，我說的道理通常都是對的，但實際操作時常有出錯。這並不違背我是天才兒童這客觀事實。）

（再後記：在 2011 年，鄭裕彤看中了「佐丹奴」，大手買入，令到其股價升到了 6 元以上，如果在當年買下了，便財息兼收，我好像又從錯變對了，真的是一個不折不扣的天才兒童。）

13.10 年結

股票並無年結，我通常以一個波幅周期作為計算單位，預計大跌市快出現時，便清倉點算，重整財務結構。個人財務把關良好的人，才能得到大勝。嚴守財務紀律，這是我的忠告。

14. 注碼策略

　　無論是甚麼投資，最重要的策略之一，自然是注碼，即是投資額究竟是多少。正如前述，我們的投資組合當中，並不一定全是股票，也可以有其他的資產。但為了把模式簡化，這裏先假定整個股票的投資額是一個不變的常數，即是說，你不會把贏了的錢，投進去買樓，也不會每月把部份的工資收入，加注進股票組合裏，諸如此類。

14.1 一注獨贏

　　以前，一生只准有一個性伴侶，別說不可出軌，連離婚很困難，那麼，男女挑選對象時，必然也會比現在嚴格得多。但在今天，人們隨便去蘭桂芳找一夜情對象，態度便輕佻隨便得多了，反正就是揀錯了對象，明天也可以換另一個，根本不是成本。同樣道理，如果在今年之內，只准買一隻股票，你一定會小心挑選，挑最合心水的股票，不容易下注去購買。

　　但是，現時的情況，是你可以隨便甚麼時候、買甚麼股票、下多大注碼，悉隨尊便，因此，你很可能會隨意地去買一隻股票，像我本人，很多時會接到一個電話，便盲目地依據貼士去買，事後有贏有輸，但是總的成績來看，這些輕佻的買法，效果當然比較差。反過來說，那些精心研究，反覆琢磨後，才去買入的股票，平均成績便好得多了。這因而得出了一個結論：你投資的股票數目越少，成功率越高，

　　反之，投資的股票數目越多，成功率越低，皆因你只買一隻股票，必然是最有心水、機會最大的一隻，如果要買 2 隻，就要加上次佳的股票，買 3 隻股票，就要把機會率第 3 的也加上去，餘此類推，如果你買 50 隻股票，就要把從 1 至 50 名的股票，全加上去。很明顯，在這個簡單的推理之下，得出來的答案，是你買的股票數目越多，投資成績越差。反過來想，就是如果你要發達，唯一的方法，就是一注獨贏，全全副身家，買單一股票。事實上，從廣義來看，世界級首富的發達，如蓋茨的大部份財富，是擁有「微軟」，李嘉誠的大部份財富，是擁有「長和」，也可以算是一注獨贏。如果一名投資者，長期持有他們的股票，而做20%的孖展，股票漲價之後，繼續再買，維持20%的孖展不變，由於孖展不高，縱是股災跌價，也儘可守得住，由於蓋茨和李嘉誠並沒有做孖展，所以你的回報率會比他們高。長期下來，你將會比他們更加富有。

　　所以，揀對的股票，一注獨贏，是發達的不二法門。在 1999 年，我問哥哥借了 10 萬元，買了 20 萬元「盈盛數碼」(979)，它在幾個月之內，從 0.2 元，升上 5 元以上，其中我利用孖展，加注了 3 次，結果在 3.8 元至 4.2 元之間，全數沽出，贏了二百多萬元。這就是我炒股的第一注本錢，也可證明了一注獨贏的威力。

14.2 大數法則與分散投資

我們已知，投資的股票數目越少，贏錢的機會越大。但是，炒股票永遠存在風險，如果運氣不佳，一注獨贏，也很容易會一把輸光，就是有99%把握的投注，也不會因倒霉而輸光的可能性。我認識一位仁兄，在1987年，因為聽到了確切的消息，得悉李嘉誠、鄭裕彤等華資地產商，意圖收購「置地」，他因而大手買入「置地」。誰知人算不如天算，不久後遇上股災，收購告吹，不消說，這位仁兄損失慘重。這故事說明了，炒股票是一命二運三研究，運氣比研究更加重要得多。

《維基百科》對「大數法則」的定義是：「是描述相當多次數重複實驗的結果的定律。根據這個定律知道，樣本數量越多，則其平均就越趨近期望值。人們發現，在重複試驗中，隨着試驗次數的增加，事件發生的頻率趨於一個穩定值……比如，我們向上拋一枚硬幣，硬幣落下後哪一面朝上本來是偶然的，但當我們上拋硬幣的次數足夠多後，達到上萬次甚至幾十萬幾百萬次以後，我們就會發現，硬幣每一面向上的次數約佔總次數的二分之一。」

大數法則在炒股上的應用，就是可以藉著買入更多的股票，去減低個別股票的風險。簡單的定義是：你買入越多不同的股票，因運氣不佳而出現的波動就越小，其結果也趨向於你的研究水平的平均值。

還有一個重點，就是你買的股票的種類越多，所能夠造成的分散風險效應越大。如果你持有30隻股票，但全都是工業股，2007年之後，中國工業沒落，工業股幾乎是全軍覆沒。但是，如果你的股票組合分別持有工業股、金融股、科網股、零售股等等不同行業，那麼，某一行業的蕭條，對你的影響也並不會太大。

理論上，組合的股票種類越多，越是穩定，但這當然用不著無止境的分散下去。

根據學者的計算，只要有50隻股票，當然是小心挑選下的50隻，而不是隨便亂挑，已經足以做到分散投資。現時恆生指數成份股有50隻，不知是不是這個原因。有一點是必須提到的，就是系統性風險，如股災，又例如國家經濟崩潰，這些是投資組合也不能分散其風險。一注獨贏，是炒股發達的不二法門，但分散投資，卻可以平均風險，保持穩定，這似乎是永遠解決不了的矛盾。但在科學上，學者發明了「凱利公式」，企圖調和這種矛盾。

14.3 凱利公式

關於投資的策略，有一個常常會出現的問題，就是在一個投資組合之中，究竟在單一股票之中，投資額應該是多少、或多大呢？

如果你拿著100萬元的投資組合，贏錢最快的方法，當然是把100萬元盡數推出，玩「一注獨贏」，潛在利潤會最高。但是，問題在於，贏錢最快的方法，

輸錢也最快。反過來說，如果我們玩「雞仔注」，1 萬元 1 萬元的投資，當然是很穩陣，不會一下子輸掉，但增長也會很慢。況且，如果 100 萬元的投資組合，每隻股票買 1 萬元，豈不是要找出 100 隻股票去投資？一個普通人，哪有這個精力，去找出這麼多的好股票呢？所以，這應該有一個客觀的計算方法，在不損害到投資組合的安全性的大前提下，也即是說，在不會幾次失敗便輸光的大前提下，盡量獲得最多的利潤。換言之，是控制投資注碼。

通常來說，人們會使用「凱利公式」（KellyFormula）去計算機率。「凱利公式」的計算方法是這樣的：

bp-q

f*=b

f*= 投資額，即是在 (假設)100 萬元的總預算中，拿多少錢出來投資在這一隻股票上。

b= 包含本金的賠率，即是說，如果投資一萬元，預期可以贏到多少錢。

p 為獲勝的機會率，即是說，如果投注一萬元，有幾成的機會能夠贏錢呢？

q 為輸錢的機會率，即是 1-p。假設你贏錢的機會率 (p) 是 60%，輸錢的機會率就是 1-p，即 40% 了。

「凱利公式」是由貝爾實驗室的研究員 John Larry Kelly, Jr.(1923—1965) 所發明的，後來 Edward Thorp 把這公式應用於拉斯維加斯的賭場，果然獲得大勝。Edward Thorp 就是發明了「廿一點」數牌方式的人，他並且把這知識寫下了革命性的賭博天書《Beat the Dealer》。當然了，這公式不單可以在賭博中應用，也可以在投資世界應用，據說，巴菲特也在使用這條公式，去計算單一股票的投資額。

在實際應用之上，「凱利公式」當然大有局限。如果是賭「廿一點」，輸了一手，投注在那一手的本金便輸光了，但如果投資在股票，除非股票是長期停牌，變成了廢紙，否則只會輸掉幾成的本金，不會輸光。如果是投資在商品期貨，由於它的本質就是槓桿，那就可能一下子輸光了。

當然了，如果一個人在玩「廿一點」時，頭頭踫著黑，每注皆輸，那麼，不管使用甚麼公式，都不能獲得勝利，因為沒有數學是能夠戰勝霉運的。

此外，玩「廿一點」輸光了，最多是打道回家，因為「廿一點」本身有限紅，一個人很少會因為使用「凱利公式」投注失敗，而把身家都輸光了，除非他是一個甚麼都沒有、手上只有一萬幾千元現金的光棍。但是，如果使用「凱利公式」去買股票，一旦失敗了，很可能真的把幾十年的積蓄輸光了，也說不定。

如果為安全計，你可以把凱利公式除 2，又或者是除 3，便可以得出更安全的效果。例如說，如果根據「凱利公式」，你是應該投資組合中的 10%，但是除 2 之後，你便投資 5%。這種做法，當然也有缺點，就是像前述一般，因為投資額小了，你將要找出更多的股票，才能夠填滿你的投資組合。

14.4 凱利公式的缺點

然而，使用「凱利公式」去投資股票，最大的問題在於，「廿一點」的賠率只要你懂得計算，也沒有計錯數，答案是肯定的。但是，股票投資勝出的機率，卻是「任意的」(arbitrary)，無法量化去肯定的。

當然，你可以使用「程式買賣」，例如說，統計資料告訴我們，每年農曆新年過後的第一個交易日，開紅盤升市的比率是多少，然後根據這些統計數據，去定出勝負的機會率，再使用「凱利公式」，便可以得出投資的金額是多少。但是，大家都知道，統計數據並不等於撲克牌上的機率計算，後者永遠不變，前者卻是恆變的。所以，縱是這樣，其結果也是不準確的。

我本人當然不會使用「凱利公式」去作買賣，亦不會提倡其他的資深投資者完全依照這公式去買股票，因為就算使用了，也得有限度、有保留、有修正地使用，才能有效。例如說，「凱利公式」假設了投資者每次都投注，如果是在「廿一點」的賭桌，這當然是必須的，因為你坐在賭桌上，不投注便要離開位子了。但是，在股票投資上，我會堅持沒有八成把握的股票，都不去投注。換言之，只要我永遠非常謹慎地投資，然後平均注碼地買下去，那就可以跳開「凱利公式」的計算。因為這條公式雖然沒有問題，但是因為輸入的數據太過「任意」，所以根本就是不科學的。既然它有缺陷，我所使用的「土法」也不會差於它，所以也就毋須使用了。

不過，「凱利公式」也並非完全沒有作用。如果使用程式買賣，那「凱利公式」還是最有效的。此外，對於初學炒股票者，最好也使用這條公式，因為股票初哥的最大問題，就是沒有紀律，所以必須穿一套緊身衣，束縛著他們的行動，以後才可以學好紀律，慢慢的走上正途。這好比初學書法者，必須先學正楷，以後才能學草書，嬰兒初學走路，也得用學行車，對吧？

所以，這裏列出凱利公式，最大的目的，並非給讀者應用，而是給讀者一個參照值，好讓大家知道，就算是注碼，也可以有一個客觀的指標。我們縱然不使用凱利公式去計算注碼，但至少知道了其中的大原則，即是注碼多少，和預期回報率大有關係，當我們衡量注碼大小時，也必須也考慮到這一點。

14.5 目標為本

凱利公式只是學術上的計算，除了基金經理，很少人會真正應用。如果你問我，究竟應該如何去決定注碼，我會說：「目標為本。」

你的炒股目標，究竟是為了甚麼？如果你想一朝發達，當然是一注獨贏，去博它一次，但如果你想穩定增值，就要分散投資，小心建立出一個由多隻股票組成的投資組合了。

對於一注獨贏，有一點是必須注意的，就是只要你每次都一注獨贏，不管你

的揀股水平有多高，始終會是輸光收場。我曾經説過的「投資、投機、賭博三分法」：一注獨贏只能在「投機」出現，而投機是難得出現的機會，可一不可再，一生人不能有幾次一注獨贏的投機，皆因多次連續的投機，便不是投機，而是投資、或賭博。前者必須分散風險，而後者必然輸光收場。但當然，所謂的「一注獨贏」，只適用於非常有把握的股票之上，沒有

95% 的預估勝算，不應使用。如果想分散注碼，製造投資組合，簡單的做法，是平均注碼，例如你有 100 萬元的本金，不妨 simple logic，3 萬元一隻股票，買 30 隻，這是最容易控制的方法。你也可以把股票分成 (假設)3 級 (或更多、或更少)，最喜歡的買 10 萬元，次喜歡的買 7 萬元，普通喜歡的買 3 萬元。像作者本人，就是使用把股票按心水程度分級的方法。至於凱利公式，其實是一注獨贏和平均注碼的協調，它既可以有著一注獨贏的發達機會，也不失分散風險的優點。

以上的 3 種策略，哪一種比較好呢？仍然是那一句：目標為本。在只有一注本錢，希圖一注發達的人，當然是一注獨贏。但贏了第一注之後，最多只能使用凱利公式；當賺到了第一桶金，便只有應用大數法則，讓股票組合慢慢增長了。

14.6 注碼升級

假如你開一間酒樓，賺了不少錢，你把賺了的錢來買店面，買自住居所，剩下來的錢做定期存款，你和你的酒樓的財政狀況肯定十分安全，就算有一天，經濟蕭條，酒樓經營不善，要虧本了，你也肯定不會有財政問題。然而，這種安全的做法，也有缺點，就是肯定無法發達。

另一個假如，就是你開了一間酒樓，賺了錢，然後把這筆錢用來開分店，一變二、二變四、四變八、八變十六，那就有機會發達了。最好的例子，是「大家樂」(341)，在 1968 年成立時，只有一間店面，但四十多年後，已經是擁有一萬多名員工，年營業額幾十億元的上市公司了。然而，這種進取的做法，也有缺點，就是一旦逆轉，很難翻身。

在炒股票的世界，也有差不多的矛盾。如果你有 100 萬元本金，每隻股票平均注碼 5 萬元，一共可以買 20 隻，但如果你炒股成功，本金翻了倍，變成了 200 萬元，應該是多買股票，一共買 40 隻，抑或是改為買 10 萬元一注呢？前者，我們知道，香港的上市公司數目大約是二千間，有投資價值的，一半也不到，可能連一成也不到，投資組合的數字也不可能無限量增加，因此，我們必須面對增加注碼的問題。

任何一個炒股票有成的人，都必然會越買越大，皆因他的投資組合總值也在不斷的增加，縱使是巴菲特，也是一樣。問題在於：你應該在甚麼時候，才去升級注碼呢？如果升級得太快，根基就不穩定，如果升級得太慢，由於沒有太多的

心水股票可買，手頭隨時會出現閒置現金，這也不利於炒股增值的大前提。如果是玩一注獨贏，又或是凱利公式，這不成問題，因為注碼是決定了的。但在平均注碼的情況，那就需要計算了。而究竟採用哪種方法，要快而風險大，抑或是慢而風險小，仍然是那一句：「目標為本。」

所謂的「快而風險大，慢而風險小」，只是概括的說法，皆因不論哪個策略，都不離「發展不忘穩健，穩健不忘發展」的李嘉誠真理，發展和穩健的差別，只是微調之分而已。打個比方，如果你的 100 萬元投資組合，只是些微增長至 110 萬元，還是不升級為佳。

14.7 現金

很久之前，有「不文霑」之稱的才子黃霑在其專欄「不文集」中，說了一句名言：「永遠不要在早上手淫，因你不知晚上會不會遇上美女⋯⋯」

同樣地，我也會向大家告誡：「永遠不要用盡手頭的所有購買力，因為你不知會不會遇上更好的股票。」

我認識的一位年輕人，手頭有 7 位數字的投資組合，可是永遠用光了所有的購買力，只要手頭有現金，馬上用來買新的股票。因此，他看中了一隻股票，往往沒錢買入，因而錯失了良機。我會說，如果他長期留下一筆現金，以作不時之需，雖然即時買少了一隻股票，但可能會有更佳的效果。事實上，最厲害的投資者，如巴菲特和李嘉誠，手頭永遠有大量現金，因此發現了最佳的投資，或是在股災之後，沒有人有現金去買平貨之時，他們卻可以即時付錢買進。

14.8 總注碼和孖展

先前主要說的是單一股票的投資，但有一個更宏觀的問題，就是在整個股票投資組合之中，應該投放多少的注碼呢？

本書的名字是《炒股實戰》，而不是《投資實戰》，所以並不會去討論究竟應該用多少錢用來買樓、多少錢來買保險、多少錢來作為備用現金，而是假定了你在股票組合的資金是一個常數。

我的看法是，你的股票組合的總量，應是介乎 50% 至 150% 之間，這即是說，在你看得最淡，為股市已到達高峰，熊市即將出現，或已經出現了時，最少也要持有 50% 股票。在你看得最牛，認為後市必然大升，現價位也沒有甚麼輸面時，最多可持有 150% 的股票。

所謂的 50%，即是說，你有一半是現金。這裏所指的「現金」，正如前言，是在股票組合裏的資金，也即是說，是用來買股票的錢，這可能是你的全部現金，也可能只是你所有現金的一部份，因為前文已經假設了，你的股票投資組金的資

金，是一個常數，佔你整個投資組合的某個百分比。

換句話說，你的股票組合不能少於 50% 股票，也不能多於 50% 現金，就算明知熊市即將出現，這些股票必然輸了一大半，也不可以。這是因為你有可能看錯市，而在股票的世界，別人贏錢自己沒份，是比輸錢更加難受。這好比買樓，如果連自住房子也賣掉，當樓價急升時，根本連追也沒法子追。

股票組合怎可以超過 150% 呢？答案是孖展。在上一章，我講過了孖展的優劣，但無論是如何進取，決不能令到自己的孖展額超過 50%，皆因一旦看錯市，後果便會很嚴重。

所謂的孖展額不能超過 50%，有一點是需要注意的： 150% 是一個絕對值，即是說，如果你超過了 51%，必須沽出 1%，把孖展額回復到 50% 或以下的水平。由於股價有升有跌，只要稍為略跌，很容易超過 50% 的水平，因此，真正的安全量，是 30% 至 40%，這和 50% 的界線，至少有一個緩衝。

2. 所謂的「50%」，前提是一個投資組合，內有十隻以上的股票，或是好幾隻比較安全的大藍籌，如果你持有的是單一股票，或是細價股，則連一分錢的孖展都不能做。我有一個朋友，持有「中國錢包」(802)，只做了兩成孖展，誰知其股價在 2017 年 6 月 27 日從前收 0.55 元跌至 0.046 元，不單輸光了本金，還倒欠七位數字。另外一位朋友，是老牌莊家，後來潦倒了，以打成交維生，持有 3 隻股票，因其中一隻暴跌七、八成，因而拖累其餘兩隻，也因 call 孖展而被迫沽出。另一個個案，則是另一位小莊家，本來持有兩隻股票，因其中一隻停牌時間太久，迫令他沽出另外一隻，結果後者不久後便大升，喊都無謂。

14.9 買少了股票是不是賺少了錢？

有一個小兄弟，對於股票有上一定的認識，挑出來的股票，通常水準也很不錯，不過他炒股票，有一個毛病，就是用了太多的孖展，買了太多的股票，每當股市急跌，遇上小型股災，往往難以脫身逃命。

究其原因，就是他遇上了好股票，不管是他的精心研究所得，還是由線人提供的貼士，他總是難以抗拒，簡而言之，他對於好股票和對於女人一樣，總是無法抵抗其誘惑，永遠照單全收，但當股票買得太多的時候，不可避免地，孖展額便高，便會出現過度槓桿的情況，因此，當股市下跌時，也就難以轉身，這幾乎是宿命了。

我在上股票課時，不止一次把這個案提出來，並且接續問一個問題：「如果你是一個股票炒家，手上持有大量股票，現在有人提供了一隻股票貼士，你沒有買，這是不是等於少賺了這筆錢呢？」

差不多所有的同學都會回答： 「是(少賺了)！」接著，我會在黑板上寫下一堆數字： 假設這是你現時手頭持有的股票，後面括號內的，是你估計它們的賺

錢機會率。

A 股票 (83%)，B 股票 (76%)，C 股票 (68%)，D 股票 (87%)，E 股票 (76%)，F 股票 (88%)，G 股票 (77%)，H 股票 (66%)，I 股票 (70%)。

我說下去：「假設你現在一共有 11 注本錢，用了 10 注本錢來買進上述的 10 隻股票。現在有某君，向你提供一隻 J 股票，賺錢的機會率是 65%，你會不會用最後的一注本錢，去購進這隻 J 股票呢？」

只有一位叫 Rex 的同學，正確回答這問題：「不會，因為 J 股票的機會率比不上先前的 10 隻股票，所以，如果要用最後的一注本錢，去買 J 股票，倒不如把這筆錢用來加注買入賺錢機會率最高的 D 股票。」

所以說，對於股票，其實並不是凡是有可能贏錢的，都要買入，慌死贏少幾千元，像是虧了本。有一位下屬，學業成績很好，是一級榮譽畢業生，她研究出一隻宣佈了全面收購的股票，由於股價低於全購價，她認為必賺無疑，問我為何不買，我回答說，這問題實在是難以回答，因為，買股票是有成本的，而這個成本，就是機會成本，因此，不少必賺無疑的股票，我也會放棄買進。

另一個例子是劉鑾雄，在很多年前，在他的家裏和他聊天，他說到在上世紀八十年代，曾經洽談過，從影視大亨邵逸夫的手上，收購「電視廣播」(511)，但沒有談成。他回想說：「如果當時成功購入了，現在已經賺了幾倍的利潤。」

但他又補充了一句：「不過我把那筆資金用來投資在其他地方，所賺到的是更加多。」

15. 大市策略

我講過「炒股不炒市」和「炒市不炒股」的分別，本章節所說的，就是「炒市不炒股」，也即是説，只炒大方向，不理個別股票的走勢。

15.1 炒市不炒股的優勢

大家都知道，市場的長期波動分為兩種，長期趨勢向上的，稱為「牛市」，長期趨勢向下的，稱為「熊市」。這兩種長期市況，用不著股票專家，只要是有留心一點點時事新聞的人，都知曉得現時究竟是處於牛市、熊市，抑或是兩者之間的過渡期。

大部份的股票投資者都是業餘，並不擁有炒股票的專業知識，也沒有研究股票的時間。可是，他們作為一個城市人，多少有點關心時事，經濟大事例如股災，泡沫等等，都不可能沒有聽説過。因此，他們也許沒有研究個別股票的能力，做不到炒股不炒市，但是，只憑著對股市的一點基本知識，簡單地炒市不炒股，卻是不難做到。所以，炒大市的策略，也即是炒市不炒股的策略，可以適合大部份的人，也即是完全沒有股票知識的投資者去使用。人們也許會問：如果不認識股票，為甚麼要投資股票呢？這也許是作為現代人的悲哀，因為在 fiat money 的貨幣社會，貨幣再不是保存財富的有效方法，我們為了對抗通脹，無法不去投資，以保存財富。在芸芸投資品當中，最能保值的，莫過房地產和股票，這兩者均有優點，也均有缺點，因此，兩者並存在投資組合當中，是最有效的投資方式。

15.2 Fischer Black 的大市策略

我在《炒股密碼》説過，經濟學家 Fischer Black 有一篇經典的論文，叫「噪音」（Noise），內容説的是投資市場上有過多訊息。其中有一段講及股票市場價格的波動，價格波動在合理價格的一半或一倍以內（按：即是 50% 至 100%），可以包含了「almost all」（他的定義是至少 90%）的情況，市場都可算是有效的。

從這理論衍生出來投資策略，是當股市下跌了 50% 之後，便要開始入市。而當下跌了 75% 之時，手頭的現金應該是剛好買光了。如果是進取的投資者，則應該在下跌了 60% 時，便買光所有的現金，之後便用槓桿去購入，當下跌至 75% 時，則已將所有的孖展信用額度都用光了。

萬一出現了下跌超過 75% 的情況呢？答案是：這理論已經説明了，這是極度罕有的風險，投資當然要冒上一定的風險，才能賺到錢，如果連這一點點的風險都不肯冒，那就不如回家吃飽飯抱孩子算了，又怎可以買股票呢？

那為甚麼不能在稍後時期，例如説，在股市跌去了 60%，甚至 70%，才開

始入市呢？這豈不是更安全嗎？答案是：畢竟，股市跌去 75% 的機會是很微的，在當年的金融風暴時，也只是跌去了六成而已。因此，如果必須要等到跌去 75% 時，才去入市，你的一生可能只有一兩次的入市機會，這當然是非常不划算的。

必須一提的是，以上的計算方式，只應用於「大數定律」，不能應用在單一的股票的身上，只能用來計算整個市場的指數。換言之，這是炒大市、炒股不炒市的策略，例如說，在大跌時買「盈富基金」（2800），而不適用於個股。

15.3 股災入市

我哥哥精通所有賭博，但對股票一竅不通。他也算是不愁衣食的中產階級，手頭有現金，需要投資。1998 年，金融風暴之後，香港滿目瘡痍，那時我還未開始炒股票，中午無聊，找他吃午飯，他卻說忙著，沒空應酬我，原來他趕著去銀行，存錢去買股票。

他雖然對股票一無所知，也不懂得前述 FischerBlack 的數學，不過，股民血腥塗地之時，正是從來不炒股票的聰明人的入市之時，卻是常識。我哥哥正是懂得這常識，因而在當時賺了大錢，利潤是一倍以上。這也是我一直所說的，要在炒市不炒股中賺錢，用不著有甚麼股票知識，只需要有點常識就可以了。

這種做法的優點是除非遇上了不可逆轉的大災難，例如說，中國在 1949 年以後的三十年，日本在 1991 年之後的二十多年，否則基本上是穩賺不賠。問題在於，在股災發生之後，幾乎全部股民的口袋都沒有現金去買股票了，只有從來不買股票的人，才依然有購買力。但是，從來不買股票的人，縱是在股災時，也是很少會買股票，像我哥哥那種投資者，畢竟是很少很少的。

這種投資法的另一個缺點，就是股災很少發生，可能十年才有一次，在這十年間，常常手持現金去等待，便是浪費了資金的機會成本，也是不化算的。

15.4 機械式依從硬指標

有時候，用不著懂得股票，但卻可以依從一些對他很有信心的意見領袖的寶貴知識，機械式地照辦煮碗，也可以獲得成功。

巴菲特在 2001 年說過，量度股票價值的最佳方法是「股票總量」，即上市公司總市值，除以國內生產總值，即 GDP，當指標升至介乎 70% 至 80%，便要小心，超過 100%，就不要入市了。然而，注意的是，超過 100% 不要入市，並不等於股市將會下跌，只是代表了，在這價位它的值博率不高而已。在這比率之上股市再升幾成，也是常見的事。

另一方面，這種算法在港股，有點不切實際，因為港股的大部份是和中國經

濟有關，但又並非完全如此，因為中國股票的最大份是 A 股。所以，我們無論是把港股總市值和香港 GDP 掛鈎，或與中國 GDP 掛鈎，均不適合。不過，如果把這比率用諸於內地的 A 股和 GDP，倒是可以。

15.5 「盈富基金」(2800) 的缺點

所謂的「炒市不炒股」，有一個破綻，就是究竟如何「炒市」呢？買 ETF、買恒指期貨、買窩輪，均是槓桿，有著波動風險，也即是說，只要大市大幅波動，就算你看中了、買對了、押準了，也可能在大勝之前，先把本錢輸光。

如果你只挑某些成份股來買，可會正買了下跌的，錯過了上升的。畢竟，炒市不炒股的一個理由，是對個股的認識不深，挑錯的機會並不低。

最正路的方法，是買「盈富基金」(2800)，便可將所有的藍籌股一網打盡。但必須記著一點，就是「盈富基金」有管理費，儘管管理費幾乎是所有基金中最低，但始終是支出。再說，恒生指數成份股不時改變，「盈富基金」也因而要隨之調整，沽出被剔出成份股的股票，買入加進成份股的股票，而這種轉換，不免會損失部份資金。簡單點說，「盈富基金」的表現，會稍低於全買所有藍籌股的總表現，但卻會稍優於恒生指數的總表現，皆因藍籌股會派息，「盈富基金」也會把這些股息順派給股東，不過恒生指數的計算方法，卻是減去了股息。因此，「盈富基金」也會出現表現稍優於恒生指數的假象。

15.6 港交所

因為「盈富基金」有著以上的缺點，所以很多人炒市不炒股時，並不把它作為目標對象，而是炒「港交所」(388)，皆因股市上漲時，成交必然也增加，「港交所」自然也會受惠，所以，炒「港交所」是比炒「盈富基金」更加簡單的做法。

問題在於，當大市下跌時，「港交所」往往是首當其衝受到衝擊的股票，跌幅也會比「盈富基金」為大，但反過來說，當大市上升時，它很可能也會上升得比較快。

15.7 細價股的炒市不炒股

炒市不炒股也並不一定是只炒藍籌股。我認識一個朋友，對於股票有點知識，但對於個別細價股卻是全無研究。但在 2006 年底，他用了一千萬元，投資了大約 100 隻細價股，每隻 10 萬元，主要是市值最低的股票，作出一個「大包圍」。

結果，幾個月之內，細價股爆升，不到一年之間，他得到了數十倍的利潤。他為甚麼看得這麼準呢？皆因在 2006 年底，恆生指數升破了 2000 年的高位，根據往績，當藍籌股炒完之後，便輪到炒細價股了。但在當時，很多細價股的市值仍然處於歷史低位，創業板股票的市值甚至低於一千萬元，連上市費用也及不上，他判斷在這形勢之下，大有投資價值，但他又沒有研究個別細價股，唯有用這個大包圍的形式，作一個全數買入。

他這種做法，是看好整個細價股的大市，也是炒市不炒股的一種。

15.8 擁抱泡沫

我們並不像有些人般，追求天長地久，認為買一隻股票，就當與它白頭偕老，死抱過世。所以我們當在遇上泡沫時，也不必大聲疾呼，指出它是泡沫，反而應該乘著這次數年一遇的良機，賺它一筆大錢。

以科網股為例子，我相信大部分在熱潮時入市的股民，都知那是泡沫。那些到處告訴別人這是泡沫的人，相等於到處告訴別人 2+2=4，是笨蛋。告訴別人 2+2=4 還認為自己是先知的人，就是大笨蛋了。但最笨的人，還是相信這些笨蛋是先知！

散戶需要的知識，是在泡沫期間：

1. 何時和怎樣入市；
2. 泡沫爆破前有何先兆；
3. 何時和怎樣逃生。

（免責聲明：我不一定說得對，但我企圖說出大家的心裏話，說出我對在泡沫中獲取利潤的高見。對散戶來說，這比大呼「泡沫不要碰」有意思得多了。碰泡沫是一件很好玩的事，前提是必須趕在制水前把身上的泡沫沖乾淨，然後靜觀滿頭滿身泡沫的人沒水沖涼的狼狽相。不肯玩泡沫的人會很乾淨，但卻享受不到玩泡沫的樂趣。）

15.9 我炒科網股的經驗

至於炒概念的股票，他們更是避之則吉。很多人常常以當年不買科網股而自豪，後來科網股大崩圍，他們更多番自詡有先見之明。

不買科網股的人，當然有他的投資哲學。保守並非壞事，但以為這是最聰明的做法，常常掛在口邊，就有點奇怪了。

我的高見是，在科網股狂熱剛開始時，瞓身投入，在它爆破前，及時退出，才是最聰明的人，可不是嗎？一位我很佩服的投資專家，即《新報》的投資版主

筆高山行對我說過一句聰明話：

「炒股票的秘訣是當別人瘋狂時，你比所有人更瘋狂，當別人忍手時，你比所有人更能忍。」大部分人只能做到二者之一，但真能兩者並重的，才算是真正的高手。高山行此其歟哉？他炒股發達後，早就不再瘋狂，漸趨保守了。這是正確的做法：既然已發達，為啥還要博？

記得當時，我對股票是一無所知，之所以全身投入股票，皆因是炒市不炒股，對科網熱必將成為泡沫有著很大的信心。如果客觀地分析，科網股熱是完全有跡可尋，兼且有機會賺大錢，並且夠時間全身而退，只在乎你的股票知識。

從基本因素看，當年的曾蔭權入市，擊退索羅斯等一眾對沖基金後，香港的經濟作出了急速反彈，不管它是熊轉牛，還是只是反彈（關於大牛市的反彈模式，後文會述及），總之，技術上看，1999 年就算沒有牛市，最少有一段小陽春。在外圍市場，科網股已炒得沸沸揚揚，只是香港因為金融風暴，一時跟不上國際局勢而已。最明顯的指標是，盈科數碼借殼得信佳（當時 1186），復牌後股價暴升，強烈證明了科網股在香港的市場龐大。有人還不信，是不是太笨了？

「盈科借殼」事件時為 1999 年 5 月，距離科網股爆破還有 9 個月的炒作時間，足夠你把身家升值 10 倍。大家倒說說，這時是全身投入科網股，或是躲在一旁冷言泡沫遲早爆破，兩者誰較聰明呢？我對科網股的分析是這樣的：我相信互聯網的確可改變這世界，也的確能減低交易成本。但減低了的成本不一定會回贈在互聯網身上。1950 年代的「綠色革命」，令作物的收成大大增加，減低了種植成本。結果，得益的不是農民，因為作物的價錢也大幅減低了。人民省了吃飯的錢，錢不是放回食物上，而是去看戲、買車、換樓，總之，農業沒得益。

同樣道理，互聯網改變了世界，但因世界改變而省下來的錢，不一定落到互聯網上。我這種想法，直到現在，還未知道是對是錯。我只是想告訴大家，我對互聯網的前景從一開始便看淡，但居然瞓身下注。

從以上的故事，我們可以得出一個結論：在泡沫來到時，你要盡早入市，而且（正如高山行所言）要玩得比最瘋的人更瘋，這是數年難得一次的發達機會，貪心的人絕對不能錯過。然後，你要比任何人更冷靜地清倉離場。

15.10 逃離泡沫的策略

泡沫爆破或牛市崩潰前，會有先兆，知機者一定可以逃生。例如，擦鞋童入市，又或者是大型的併購活動不斷發生。

一位市場莊家對我說過，牛市三期的「逃生窗」（escape window）是很小的。對他而言，這是肯定的，因為莊家手上的股票多，要派發股票，需時以月計，要在市場批股，也至少要三數天的部署。但我們散戶，半天就能夠把所有的貨出光

了。機動性強、夠靈活，是散戶的最大優勢。我們必須盡量利用自己的優勢。

到了 2000 年 3 月，盈科數碼和香港電訊合併，和黃賣了「橙」，成為當年地球最賺錢的公司。師傅教落，大型併購活動密鑼緊鼓，是等待著牛市，大型併購活動完結，是牛市完結的先兆。同時，大多數活躍的中小型公司都已宣佈了科網項目，股價推高了十倍八倍，有些批了股，有些連日大成交，明顯是在市場散貨。喂，到了這地步，還不醒目逃生，誰也幫不到你了。

15.11 基本因素的改變

《孫子兵法》有這樣的一句話：「故用兵之法，十則圍之，五則攻之，倍則分之；敵則能戰之，少則能守之，不若則能避之。故小敵之堅，大敵之擒也。」這其中的「小敵之堅，大敵之擒」的八個字，有著很多不同的解法，但我不管，我的解法則是：「對付弱小的對手，你用了一種很勁的方法，很有效，但是把同樣的方法去對付強大的對手，則反而會被對方捕捉，成為俘虜。」

數年一轉的牛熊，是周期性的，無論升幅和跌幅都有限。但「基本因素的改變」（fundamental change）則由政經大勢所決定，相等於洗牌玩過，不可以用周期性的思維去分析。正如我在前文所舉的例子，如果盲目地使用以上炒大市的策略，但遇上了 1949 年後的中國，或 1991 年後的日本，則也有可能永不翻身。我們因此可以得出結論：政治環境質變會導致大周天的大牛和大熊，其他因素則只能出現小周天的小牛和小熊。沒見過大熊的人，以應付小熊的招式去跟大熊格鬥，難免給撕成碎片。分清牛熊的大小，便能猜出大市的最高點和最低點⋯⋯對不起，我用錯字了，沒有人有這個智慧能「猜出」，但猜得「比較接近」，總可以吧。

以香港為例子，1965 年至 1967 年，以及 1973 年至 1974 年的崩圍，比金融風暴更令人震驚，其中尤以 1974 年那次最是屍橫遍野，那是從 1,700 點跌至 150 點，相比之下，金融風暴只是小意思而已。其實，1974 年是世界政經格局的改變，而 1982 年則是香港政經面臨改變，這兩次變故，事關重大，卻沒有影響到香港的基本經濟結構，所以雖然跌得慘痛，但卻容易復甦。然而 1998 年的大跌，如果單是因為香港回歸中國的政治衝擊，早就復甦了，可是那卻是中國和香港在經濟上的互相競爭，而香港難以定位，找不到出路，才會變成了長期的呆滯。

至於周期性牛熊市、經濟周期、資金流向等等分析，都是老生常談，大家從報紙就可看到，我不想多說了。

15.12 強姦和熊市的近似比喻

股市每次的暴跌，給我的感覺，就像被男人強姦了一次。我必須聲明，這句

話不含任何性別歧視，因為男人不單可強姦女人，也可強姦男人。當股市不斷暴跌，而每次暴跌都因為不同的理由，我覺得像被不同的男人輪姦，而這輪姦好像無休止般，不知輪到幾時方休。

但從這比喻，我們也可得出熊市在何時終結。強姦的初期，苦主的反應就是反抗，給插入時那地方破裂流血，是撕裂般的極度痛苦。如果是 virgin（我用這個英文字是為了避開性別指向），第一次在股票上輸錢，或者輸錢的經驗不多時，這痛苦也就加深了十倍。性經驗和輸錢經驗比較豐富的人，雖則不好過，但比前者易受得多。像本人，本來就是個男妓，唓，我指的是我是個專業炒家，在股市從三萬二千點下跌至二萬點時，根本不為所動。就像是貧困的妓女遇上色魔，一心只希望他快點完事，以及希望他只劫色不劫財。皆因被姦或輸錢之事，我們已慣了。這就是熊市的第一期。

但，就算是久經人道的妓女，被輪姦時也不會好受。熊市第二期出現時，就是輪姦的開始。對付強姦犯，苦主可以反抗，因為不管雙方力量有多懸殊，畢竟是以一對一，而人力是有極限的，要進入一個人的體內並不容易，反抗能給予對方一定的麻煩。輪姦就不同了，以一個人的體力，去對抗多人聯手的侵犯，後果只有一個，就是更大的痛苦。因此，在這情況下，投資者要入市搏反彈，結果是輸得更多。寫到這一段時，我的一名部下 Jacky 仔來電訴苦，原來他在上星期就是入市博反彈，輸了十萬元。我把本文內容告訴了他，他哈哈大笑，説早些聽到我這一番話，就不會輸掉這十萬元了。

（Jacky 仔在公元二千年大學畢業後，便在報紙當財經記者，其間還主持過好幾年電台節目。他在最高峰時，有三間物業，資產淨值過千萬，在他的一輩中算是表表者。但他現在已輸到攤攤腰，這幾天輸的十萬元差不多要了他的小命。這些年來，他一直對我必恭必敬，叫他做事從沒托手睜，我當然也有不少好處給他。）

這就是我們現在的景況：輪姦是痛苦的，傷口在擴大，血流得更多，痛苦也更加劇烈，但千萬別要反抗。因為你不知底在何處，所以切勿企圖撈底。換言之，在熊市二期，雖然痛苦依然，但只有零星的反抗，而且隨著時間的過去，反抗會越來越小。

甚麼時候是熊市三期，和整個熊市的結束呢？我把這叫做「禁室培育」。當強姦變成了常態，長時間不斷地發生時，就是暗室培育。到了這階段，繼續姦下去不再痛苦，因為已失去了感覺。苦主最關心的，可能是今天吃一道好菜，或者電視劇正在上演大結局，諸如此類。在投資市場，大家已不再看股價，而股票有關的新聞則再也牽動不了人心，再也上不了頭條，大家日出而作，日入而息，腦中已忘記了股票這回事，財經節目也因缺乏收視而收皮大吉，到了這時，才是禁室少女被救出，熊三結束，牛市重來之時，才能買股票入市。

15.13 熊市入市

首先問一個問題：究竟甚麼人有資格，或者毋寧說，是有能力，去在股災時撈底購進呢？

表面上的答案很簡單，當然是在當時手頭仍有現金的人了。但進一步的問題是：究竟甚麼人在股災當時，手頭仍有現金呢？

第一種當然是永遠不買股票的人，這種人在泡沫時不買股票，在股災時也不買股票，所以永遠不會輸錢，也永遠不會贏錢，是我筆下的股民分類中的「忍者」。

第二種則是幾乎從來不買股票，但卻篤信「血腥遍地之日即是入市之時」的信念，由於他們在牛市時沒有入市，所以手頭有大量的現金，可以在股災時入市。

然而，問題在於，港股在 2015 年 6 月 23 日星期二，收市是 27,333 點，十天後的 7 月 3 日，急跌至 26,064 點，下跌了 1,269 點，這位智者並沒有入市，在下一個交易日 7 月 6 日，港股再跌，曾經一度急瀉了 1,313 點，以收窄跌幅 827 點收市，但這位智者也並沒有入市買平貨，直至第三次急瀉，即是前述的史上最大跌幅，才去入市買貨，這自然得有超人的定力和智慧，才可以做得到。

不過，這種「等待型的投資者」，等待幾年才有一個股災機會，如果是像郭 Sir 一般，短炒獲利，則一個機會只賺十幾個廿個巴仙的利潤，實在不算多，也不值得去等待。

況且，如果希望短炒獲利博反彈，則相信沒有太多人膽敢瞓身去賭身家，相信大多只是小賭怡情，這自然也贏不了甚麼錢。

然而，如果他 all in，趁股災時去買進一隻股票，準備中長線去持有，則勝敗之數，至今天也未可料也。

畢竟，恆生指數試過從 2007 年 10 月 30 日的 31,958 點高位，一直殺至一年後的 2008 年 10 月 27 日的 10,676 點低位，一年之間，下跌了 66.59%，如果歷史重演，則 2017 年年中的大跌只是敬菜而已，連頭盤也未能算上。第三種手上持有現金的，則是我常常說的 trader，手上並不長期持有大量股票，只是炒來炒去，即買即賣，贏少少就走，輸少少就打靶，這也即是「炒股票」這詞語的來源：夫「炒」者，快速移動，並不沾鑊也。

第四種，則是像我、像梅偉琛這些保守型的投資者，一直沒有 all in，有的是在高位減持了部份股票，手上持有現金，有的則雖然沒有現金，但全無或只有少量的孖展，因此才可以在股市急跌之時，還出手購進。

但當然了，遇上了這種暴風，我們也只能小量小量的去買股票，因為，究竟跌到了那個地步，我們的心裏也沒底，如果長期抗戰，留下現金來作日常生活開支，也是必要的，又怎敢把手頭寶貴的現金用來 all in 呢？

15.14 風、林、火、山

總括而言，面對牛熊市的周期，我們的投資方針，必須記著「風、林、火、山」四字，即是「疾如風，徐如林，烈如火，不動如山」。

這四句話的具體解釋是……其實沒有意思。只是寫到這裏時，忽然想起，覺得這四個字很勁，就寫了出來。

簡單點說，我指的是：有機會時就要搏命下注，例如牛市一期和三期，以及熊市一期轉為二期時的短暫反彈；但要忍手時，一定要比其他人更能忍、更能等。忍和等都不難，但在等的階段，要長期留心著市場訊號（market alert），以免錯失數年一遇的機會，這就不容易了。

看見了機會，買賣「疾如風」，投注和止蝕都不要猶豫，在熊市三期時逐步下注，就是「徐如林」，踫到了牛市三期，要勇敢下注，「烈如火」。在熊二和熊二時，就要「不動如山」了。

第 四 部 份
專炒某種股票

16. 新股和半新股
　　股票的知識無窮無盡，一個股民不可能同時精通每種股票，就是通通都精，必然也有最拿手的，就是種種股票都拿手，時間有限，資金也有限，不可能同時研究、買賣所有種類的股票。以我自己為例子，便只會去買賣細價股，這可以集中資源，令到自己的投資研究更加精到。

　　事實上，只要你精通炒一種股票，已經終生富貴，受用不盡。大型股票行的分析員，不少只攻一瓣，例如只搞科網股，或者是只在賭股，一人研究一個範疇，出來的研究報告便更有水準了。

　　當年我搞股票行，在荃灣有一間分行，其中有一個股民，專炒「越秀地產」(123) 一隻股票，已經足夠她的生活費了。無他，如果只研究一隻股票、只賭一隻股票，它的上落波幅起伏，瞭若指掌，要想炒即日鮮，一個月有三分之二的日子賺錢，也不是甚麼難事。所以，我永遠不會相信電視上的財演的研究，皆因觀眾的光譜太廣，他們用了太多的時間，去研究太多的股票，反而分了心，研究得不夠深入。自然，我也很同情他們的處境，因為這是職業所限，沒有法子。

　　至於我認識的，常常憑研究贏錢的人，當然不會只炒一隻股票，也不會只炒一種股票，但是，他們也只會把精神分散於幾種不同的股票種類，例如我本人，除了主力在細價股，也偶然會炒新股，也會購入一些全購股，但是對於大藍籌，卻敬謝不敏。

16.1 炒新股
　　在下文，我將會把一些常見股票種類，以及其炒法，逐一分析。第一個上場的，是新股上市。

　　新股上市，有集資的，也有不集資的，例如分拆上市的「介紹形式」。集資的則通常有「配售」和「公開發售」兩種方式，由於普通人不容易拿到配售，因此我也只會集中於公開發售，也即是俗稱的「抽新股」。

16.2 抽新股是賭博
　　申請公開發售股份的股票，簡稱為「抽新股」，我的看法是：這是賭博。抽

新股時，你：

1. 不知道價格。招股書上寫有價格的上下限，保薦人可因應市場氣氛和反應熱烈程度來定價，但你不可能知道實際的價格究竟是多少。

2. 不知道能得到多少股票。保薦人會按照發行數量和申請人數量來按比例分配，換言之，反應熱烈時，你會獲得較少股票，反應不佳時，你會獲得較多股票。前者的獲利機會更大。因此「入飛」後你的心情會很矛盾，一方面希望它的反應好，上市後大升，一方面又希望它反應差，多獲得幾手股票。

3. 「綠鞋」或「回撥」能影響市場的供求關係。

4. 借款申請者，因為不知道將會得到多少股票，無法計算出每股成本。未知因素太多，所以抽股只能算是賭博。其他的投資雖也有不確定的成分，但不至於到這程度。幸好，我們這一派功夫的前提是：不怕賭博，只要贏面高於輸面的賭博，便不妨下注。

16.3 牛市的申請新股

在牛市時，一年中總會有些日子，抽新股雖非穩賺不賠，但平均來說，十隻也能賺八隻以上。這段期間，只要隻隻參與，隻隻下注，拉上補下，便是坐享其成的良機。這些美好日子維持約二至三個月，通常是一年當中市道最暢旺的時間。我們要做的，是捉緊市場氣氛，第一時間入市，入市愈早，贏的錢愈多。然後在氣氛最好的時候，便要離場，因為第一隻跌穿上市價的新股，便意味著遊戲的終結。

但當然了，這只適合牛市的部署，熊市時抽新股，輸多贏少，那就十分危險了。寫本文之時，是在 2017 年 11 月，這時新股盛行，最為市場注意的，是幾隻中型新股，「閱文」(772) 超額認購 625.95 倍，凍結資金 5,409 億元，公開發售佔比率從 10% 回撥至 33%；「雷蛇」(1337) 超額認購 290.24 倍，凍結資金 1,239 億元，回撥 50%；「易鑫」(2858) 超額認購 561.22 倍，凍結資金 3,820 億元，回撥 35%。這 3 隻新股在同一個月之內上市，盛極一時。但是，在該段日子，贏錢最多，並非這 3 隻重磅股，而是一隻細價股，「普天通信」(1720)。以「閱文」為例子，公開發售超額認購 624 倍，申請 100 手，即共 2 萬股才穩得 1 手。它的發售價是 55 元，上市當日波幅是 90 元至 110 元，以穩得 1 手 200 股的入場費 110 萬元計，不計利息和手續費的利潤是 0.7 萬元至 1.1 萬元，即利潤率 0.63% 至 1% 之間。再看「普天通信」，超額認購只有 9.8 倍，每申請 2 手即 8,000 股可穩得 1 手。它的發售價是 0.66 元，上市當日波幅是 1.28 元至 1.8 元，以穩得 1 手 4,000 股的入場費 5,280 元計，不計利息和手續費的利潤是 2,480 元至 4,560 元，即利潤率 47% 至 86% 之間，比抽「閱文」的利潤高出很多倍。

「閱文」的中籤率是 0.24% 至 7.72%，「普天通信」的中籤率則是 6.18% 至 7.51%，假如同樣用 275 萬元，甚至是 385 萬元去抽「閱文」，也只可得到 200 股，即是利潤也只有 0.7 萬元至 1.1 萬元，肯定激到吐血。但是，如果用 285 萬元去抽「普天通信」頂頭鎚飛，則可抽到 300 萬股，利潤是 186 萬元至 342 萬元，贏到笑不攏嘴。換言之，用愈多錢去抽「普天通信」，優勢愈是明顯，如果用幾千萬元，甚至 4.16 億元的頂頭鎚飛去抽「閱文」，中籤率只有 0.24%，不計利息和手續費的利潤是 62.3 萬元至 97.9 萬元，除了說「笨」之外，真係幫不到他了。這是因為熱門股票太多人參與，僧多粥少，縱然是升幅不少，反而不及吼中一隻冷門股票，更能獲利。尤其是大額投注，入頂頭鎚飛，這效果更是明顯。趁著市場注意力去炒大型新股，付錢多中籤少，根本無肉食，倒不如吼隻冷門細價新股，中得多升得多，才是玩新股的正確方法。

但有一點要記著，就是炒中型新股，縱是冷門，也很有可能輸錢，例如說，也是在同期上市的「榮威國際」(3358)，集資 10.94 億元，發售價是 4.38 元，上市當天收 3.32 元，跌了 24.2%。反而是細價新股更加安全，皆因細價股有莊家頂住，雖然會輸錢，但是也會贏大錢，計算上來，還是最划算的。

16.4 熊市的申請新股

在熊市時，應該不要炒股票，所以也不要申請新股。如果你想長期持有，在上市當日，去買半新股就可以了，用不著抽新股。

16.5 抽新股必須借錢

小本經營抽新股，申請一至兩手，成本數千元，收到股票馬上拋出，通常獲利數百元。請原諒，我並非財大氣粗，但賺幾百元的金錢遊戲，真的不能說成「投資」。正如我用信用卡來借錢，不能稱為「融資」。在投資世界，幾百元根本不是錢。

新股弔詭之處是，申請數目愈多，所得比例愈少。但要贏到有具體意義的數額，必須獲得很多股票。於是，很多人會使用「人頭」，找來多位至親好友，大舉圍捕，一人贏數百，十人便贏數千了。

但一個人的至親好友有限，數千元也不是大數目，這顯然並非發財之路。對，抽新股本來就非發達大計，不過賺點小錢，也屬錦上添花。我抽新股，一來企圖幫補利息支出，二來讓經紀從我身上多賺些佣金，如此而已。

要想在新股世界賺到「有意義的數字」，唯一的方法，是借錢。用真金白銀來抽新股，數學上並不明智。假如有一隻新股，超額認購是一百倍（這是常有的

數字），你投下一百萬現金，得到的是一萬元股票（假設如此，實際數字當然不是「照除」）。這股票上市後很成功，上升兩成，你沽出了，贏錢 happy happy 了。一百萬的資金，得到的利潤是兩千元，而抽新股的過程大約鎖住資金一星期。我們可以簡單地算出，相等於年息 10.4%。這也算不俗了，但並非很聰明，因為儲蓄穩勝不賠，買股票則始終有風險。而且，別說超額一百倍，超額三五百倍的股票，也時有出現，那時你得到的股票會更少。新股上市後也不一定有兩成以上的回報。我的高見是，玩新股，一定要借錢，而且是大借特借，多多益善。如果不借錢，不可能有合理利潤。以申請「招商銀行」（3968）為例，我投了二千萬元，100% 全借（不瞞大家說，我有神奇的借錢能力），開市便沽出，賺了三萬元，如果真金白銀的申請，哪裏去找二千萬元現金？

借錢抽新股，成本高了，風險是不是更大呢？絕對是。但計成本之餘，也得算效益。前文分析過，不借錢申請新股，就沒有合理利潤，成本效益更低。大家要記著，劣質的股票，根本不要去抽。我們申請的，只會是估計上市後大升特升，夠付利息有餘。連利息成本都收不回來的股票，根本不應去抽。

用二千萬元抽新股，輸了怎還？簡直是杞人憂天，銀行敢借出（我們問證券行借，證券行問財務公司借，財務公司問銀行「拆」——大戶借短期錢時，是「拆」不是「借」），它都不怕我們賴賬了，我們難道不敢借入？借二千萬元，銀行全無風險，只是乾收利息。它要「債仔」先付 5% 的訂金，很多時還要付 10%，假設超額認購是二十倍時，你的訂金已足夠支付全數股價。就算公司在上市當日突然倒閉，銀行的風險仍然是零。玩過新股的朋友都知道，超額二十倍實在太容易了。只得這倍數的新股，簡直是失敗。

新股的技巧，在於估算超額倍數，投注多少錢，得回多少股票，成本又是多少。這非但要看招股書，還得留意市場氣氛。這一點因時而異，是教不來的。股票經紀對市場氣氛一定比你知得清楚，交由他處理。記著，你是老闆，他是下屬，你發佣金給他，他為你提意見，出主意，那還用說嗎？

還有一項值得注意的技巧，就是要在一開市，就把股票拋掉。我通常在試盤時，已沽清股票。詳情請看下節。

16.6 沽出新股

抽新股有太多未知數，技巧就是從未知數中尋找已知——預期升幅、所得股數、成本，都是必須計算的未知數。

買股票時，你可確切知道花多少錢能買多少股，這裏所需要的，是另一種數學。兩者的計算方式是完全不同的。

如果你看好該新股的前景，應該等它上市後，股價對胃口時，再出手購買，

不必冒不可知的風險去「抽新股」。除非你是李嘉誠、李兆基、鄭裕彤、劉鑾雄等大戶,得到國際配售,「抽新股」＝買新股,那就另當別論了。

16.7 暗盤

在我初炒股票時,新股上市並沒有暗盤,「輝立」應該是第一間設立暗盤的券商,後來還有「耀才」加入。

我寫過,新股上市,其開市價比收市價更為波動,皆因開市價並沒有往績可以依循,因此,可能買貴／平了,也可能沽貴／平了,不管買賣,全憑計算和膽色……這句話需要修正,就是新股上市有暗盤價可以參考,不消說,暗盤價比開市價更為波動。

故此,我們也可以說,玩新股,不玩暗盤,那就蝕章了。例如說,如果你在暗盤開市價 77.9 元買入「閱文」,上市開盤 90 元即沽,可賺到 15.5%,利潤比抽新股還要高,但是,如果你在暗盤買入「雷蛇」和「易鑫」,就難免輸錢了。反過來說,如果你抽中了這兩者,能夠及時在暗盤沽出,馬上成了贏家。

16.8 為甚麼抽新股

很多專家都不贊成投資者去抽新股,皆因它的回報不高,浪費了資金的成本。我同意回報不高的前提,卻不同意這結論。

從投資的角度看,抽新股的確並不聰明。但是,正如前文所述,我們手上必須長期持有一些現金,以應付不時之需。當然,我們也不會甘心把這些現金存在銀行,收取微薄的利息,因此,當有一些短線的投資機會出現時,也不妨把現金投進去,賺一些快錢。這就是抽新股的戰略意義。

記著,用來炒股票的資金是中長期的投資,你必須有 holding power,才能有賺大錢的可能。但抽新股則永遠是短線投資,只為手頭的現金作「舒展筋骨」之用。

對於新股,我向來的意見是:它不會令人發達,所以也不適宜瞓身去買進,不過,當你的手頭有現金時,不妨投資新股,賺一些快錢。我認識的一位老闆,在發薪水之前,便把公司的現金用來抽新股,一絲一毫的機會成本也不去浪費,甚至有幾次,因此而延遲出糧,不消說的,員工自然也是媽媽聲了。

以上的,是走火入魔的做法,不足效法。然而,在股市暢旺的時候,把暫時閒置的現金,用來抽新股,也是贏多輸少的有效投資方式。

那麼,半新股又有甚麼炒法呢?一般來說,如果一隻股票在上市之時,已經把大部份的貨源賣掉了給散戶,這隻股票只有下跌的空間,那就沒戲唱了。然而,如果它是貨源歸邊,大部份的股票在一小撮人的手上,那麼,在上市後的兩三個

月之間，它都將會是有成交、有波幅的股票。換言之，這種股票將會是很好炒、很好玩的，所以我才有興趣炒返轉。這好比剛發售完的「半新樓」，也是特別當炒的，當樓市暢旺時，第二天便會在地產代理的櫥窗中，見到了「加十萬」、「加十五萬」之類的標語了。「半新股」和「半新樓」特別當炒，這兩者的道理真的是相同的。

對於新股，我向來的意見是：它不會令人發達，所以也不適宜瞓身去買進，不過，當你的手頭有現金時，不妨投資新股，賺一些快錢。

16.9 一個有趣的新股配售個案

以下說的是我一次申請新上市股票的個案，我覺得極有趣，同各位分享。先旨聲明，我並不認識這上市公司的任何有關人士，非但不知情，甚至股票編號也忘記得一乾二淨。這間可愛的公司，我假定它是絕對清白、絕對合法，其作為跟我所說的一些違規行徑全沾不上邊。我只是個小股民，申請新股，贏了點小錢，如此而已。

如果沒記錯，那是公元 2001 年，科網熱剛玩完時。一天早上，我看《經濟日報》，見到一則小小的上市通告。我見到這廣告出得太鬼祟了，簡直不想散戶購買，碰巧其保薦人是某間證券行，而我在那裏又有戶口，它的前任 dealing director 還是我的老友記。

好奇心驅使下，打電話去問，得來的信息是配售全沒了，它是 100% 配售，沒有公開發售。時為早上十時多，有無搞錯，第一天登通告，馬上「截飛」？於是，我飛車趕到證券行在金鐘的大本營，拿了一本招股書，坐在大堂，細細地讀了起來。

我讀到了一點：公司三年前成立，三年間虧了四億元，這次上市的集資額，是五千萬元，全配售。

這是令人震驚的。科網泡沫爆破後，能有實力去虧蝕四億元的公司，後台背景一定很硬。再者，虧了四億元的公司，肯定不會志在區區五千萬元集資額。最重要的是，我算是早起鳥兒，一股也拿不到，其他散戶想來也拿不到，相信股票全落在實力人士之手。

照我的判斷，這種股票是不可能輸的。問題是，怎樣才能拿到股票呢？

它有三間證券行作其包銷商，其中一間我有戶口。於是我打電話給那裏的經紀，她也沒聽過這股票，可見這股票根本沒人推銷。她查找了一輪，終於給了我答覆：公司有二十萬股，反正沒人要，如果我要，可以給我。

這股票上市後，馬上漲了三成，我沽掉了。當天的升幅是五成，過了幾天，差不多升了一倍。沒等到高價才沽出，我很後悔，但也掩蓋不了當初發掘這股票

的喜悅，雖然贏的錢不多，但證明了我的醒目，也證明了垃圾股票也有大升之道，只視乎你用哪把尺去量度和分析。

16.10 半新股

新股上市之後，就是半新股了。我會把「半新股」的時間，定義為半年，皆因在上市後的半年之內，它不可以增發新股，一般來說，如果莊家包銷了新股，他必須要在半年之內，把股票沽清，否則大股東便可以增發新股，和莊家手上的股票，作出市場競爭了。

此外，由於宣傳等等的關係，也有一些投資者是專門抽新股、或炒半新股，因此，半新股的成交量，尤其是頭幾天，通常會比同級的股票高得多，就算是細價股，也不例外。這在炒股票的角度來看，是一件好事。

16.11 不要長揸半新股

有很多傳統基金，都不會去買入上市時間不到 3 年的股票，皆因上市的時間越越短，越沒有經過時間考驗，股價越不穩定。

我說過無數遍，股票上市的目的，是為了從股民的口袋搶錢，而不是為了送錢給股民花。「長江實業」(1) 在 1972 年上市，明年便遇上了股災，就算後來升了幾萬倍，如果在上市後買下了半新股，也會輸到跳樓收場，不知有沒有命去等到大賺收成。

我曾經戲言：「新股上市之後，有 90% 至 95%，在幾年之內，至少有一日的時間，曾經跌穿過招股價。」這當然是沒有精算過的主觀說法。

這裏又要引用朋友股榮的計算，在某程度上證實 / 戳破了我的說法。他在《蘋果日報》2013 年 7 月 14 日的專欄「300 隻新股 /190 隻要輸錢」中說：

「翻查 2008 年至今共近 300 隻主板上市股份，下跌股份達 190 隻，上升股份則有 106 隻，換言之，買新股輸錢機會接近三分之二，而且無論大、中、小新股，一樣可以輸到仆直。熔盛當年集資逾百億元，同樣籌逾百億難返家鄉的還有恒盛（845）、俄鋁（486）、忠旺（1333）及中聯重科（1157）等。二三線新股一樣可以輸到見骨，上市迄今市值唔見八成的有超過十隻，包括曾熱炒的永暉（1733）及霸王（1338）。股價跌五成或以上的更有 83 隻，佔整體近三成。」

「2009 年至 2011 年，香港連續三年成為全球新股集資王，諷刺地，過去兩三年出現問題並長期停牌的新股，就是在這段時間蜂擁而至，任意放行、沒有嚴謹職前審查，令一個又一個的炸彈逐漸引爆。這個新股王美譽，不要也罷。」

至於長揸半新股的結果，曾淵滄教授的說法是：「選錯股雖然不可避免，但

冇所謂，只要能選中一隻升值 10 倍的股，就足以抵銷九隻大跌 99% 的損失」。

但按照股榮在上文的統計：「2008 年至今，表現最好的新股是華熙生物科技（983），當年集資不足 1 億元，迄今累升 8.4 倍。理論上，教授說的話沒錯，只是執行上說易行難，能夠忍足一倍才食糊的已經鳳毛麟角，更何況要等足十倍。止賺不止蝕是散戶的通病，要成為一個成功的投資者，肯認輸是第一步，賴死唔走，到最後只會不斷悔疚。」

這其中有一個邏輯性的問題：新股和半新股的特色，在於其「新」。如果長揸幾年，它已經不「新」了。如果無差別地長揸所有新股，這和買光全港所有股票，也沒有分別。如果只是挑其中一些新股／半新股來買，那就需要研究、挑選，這和買其他股票又有甚麼分別呢？

16.12 無差別中線持有半新股

我在 2017 年 11 月 8 日在《AM730》寫的專欄說：

「近來最容易賺錢的股票是甚麼？如果你的答案是：抽新股，那只對了一半。實際上，有很多創業板半新股，上市後往往也有幾倍升幅，比抽新股更加和味。

「我不說招股價，只說上市當日的收市價和 11 月 6 日的收市價的對比：「舍圖控股」10 月 16 日上市，當日收 0.245 元，一個月後的今天收 1.03 元，3.2 倍，「永勤控股」也是在 10 月 16 日上市，收 0.36 元，前收 0.83 元，也升了 1.3 倍，比較遠一點的，如「萬成金屬包裝」在 7 月 18 日上市，收 0.68 元，現價是 3.11 元，5 個月升了 3.5 倍。

「當然，也不是沒有輸錢的，例如「凱知樂」，上市一天跌了 11%，還有「大洋環球」，上市接近一個月，跌了 40%。不過前者的市值稍大，因此危險性也稍高，後者同日上市的還有「瑩嵐集團」，至今升了 52%。如果你同時買進這兩隻同日上市的新股，也還是小有進賬。

「簡而言之，中線持有細價半新股，是至今為止賺錢最多的投資法，皆因輸錢的機會很低，但隨時贏幾倍。」

這個現象之所以出現，是因為不少細價股莊家的胃口不小，因此有心把股價炒得老高，才可以賺到大錢。

另一個原因，就是在上文講的「萬成金屬包裝」、「永勤控股」和「舍圖控股」這 3 隻股票，上市時，股市尚未大旺，而細價股在熊市時，往往因為無人問津，貨源反而全落在莊家的手上，更加易升難跌。

不消說的，如果半新股持有太久，還是有危險的，我的建議永遠是：不要把半新股持有超過半年，除非你很熟悉這股票，才當例外。

16.13 開市價、收市價、不問價追入

「亞洲先鋒娛樂」(8400) 在 2017 年 11 月 17 日上市,發售價是 0.28 元,股價 gap 開接近一倍至 0.51 元,升了 82%,快速升至 0.55 元後,跟著急瀉而下,結果,它以全日最低價 0.31 元收市,但仍比定價高出 10.7%。

有讀者在中途 0.41 元買入了,平手沽出,嚇出一身冷汗。至於我本人,當日去了深圳,並沒在收市買入,但翌日開市的第一口價和第二口價,0.315 元,則是身體力行,無驚無險,在不到一小時內,以 0.37 元沽出,小賺了 20%。可惜的是,由於所買的數量不多,只是賺了七千元而已。

本文的主題,正是一個理論性問題:新股開市價和收市價的分別。通常,新股開市,由於沒有往績股價可照參考,由於很多股民抽了 IPO,急於沽出,也有很多股民在 IPO 時買不夠他心儀的數目,心急買入,因此,其價格會大幅波動,必須要精於計算,才可以作出判斷。它很可能可以執平貨,也很可能會買貴貨。

很多股評人會提議「不問價追入」某隻股票,但永遠不會如此建議新股,正是因為新股開市時的價格太過波動,不可能不問價。這些新股故事告訴我們:炒股票最重要的,是其價格。除非你準備持有該股票十年,才可以「不問價追入」。至於新股,收市價也許並不算太過穩定,但最少比開市穩定得多。一個例子是前述的熱門股「易鑫」,上市價 7.7 元,開市第一口價報 10 元,升了 29.9%,但只升至 10.18 元,很快便掉頭向下,收市是 8.12 元,第二天已經跌至 7.87 元,只稍高於公開發售價而已。

17. 三種 approach

我曾經說過很多次，研究股票一共有三個方向，第一是分析員，第二是交易員，第三是財技，因此，如果你決定專炒某類股票，其中的一種方式，就是從這三個方向著手，即是說，專炒基本因素，專炒市場動力，又或是專炒財技動向。

由於財技方向的內容太多，所以另闢一章，本章暫不討論。

17.1 分析員方向

分析員研究的是股票的基本因素，換言之，是公司的資產和業務，其現狀，以及預估其前景。在所有的研究股票方法當中，它是最為王道的，因為它是計算一間公司的價值，也即是計算一隻股票的價值，所以也是最基本的研究方法。

如果是用分析員方向去挑選股票，可以：

1. 用資產去決定，例如說，挑選資產淨值折讓超過 5 成的股票。

2. 由市盈率去決定，例如說，只買市盈率低於某個數字，例如 6 倍，的公司。

3. 用未來的市盈率去決定，當然，未來的市盈率沒有人敢肯定，只是靠著預測。請注意，以上條件並不互相排斥，你大可以挑選一隻股票同時符合 3 個條件，這好比挑選老婆，可以挑一個性格和善、樣貌漂亮、身裁標青，兼且聰明伶俐的，只是對方不一定會喜歡你。可幸的是，只要你挑中了好股票，你便一定可以購買，這是股票比揀老婆優勝的地方。

不過，這當然也有例外，在 2014 年，我看中了「華信地產財務」(252)，認為它是超值的股票，但它的成交疏落，全年只有 24 日有成交，成交額最高的一天只有 18 萬元。所以，好股票也不一定能夠買得到。另一方面，如果你是挑妓女而不是挑老婆，只要你付得起價錢，對方也是決不會不「喜歡」你的。

請注意的是，股票的資產和業務，是長期性的大方向，但是股價的波動，在中短期卻可以很巨大，所以，如果你用分析員方向去炒股票，那就必須是長線持有，才能見效。

不過，也請記著，長揸股票，是贏大錢的不二法門，「騰訊」(700) 就是最佳的例子。長揸「長實」(1)、「新鴻基」(16)，也是發達的不二法門，由生產塑膠花到投資地產業務，由本地公司到國際企業，李嘉誠多年來利用長實的上市地位，發展其商業王國。長實市值在 1972 年 11 月上市時，還只是約 1.26 億元，40 多年來已增加 2813 倍到 3546 億元。

長實在「最後一個交易日」，逆市升 0.4% 至 153.1 元，市值逾 3500 億元。根據《香港地產業百年》一書所指，長實於 1972 年 11 月 1 日上市時，當年招股價為 3 元，已發行股本為 4200 萬股，粗略計算當時市值僅 1.26 億元。其後，李嘉誠主力投資地產，集團在 1979 年 9 月從匯豐 (0005) 手上，收購和黃 (0013)

的股份，打開李氏企業王國由本地通往海外之門。

李嘉誠向以「低買高賣」、避開風險見稱。長實在 1987 年港股股災前，旗下 4 家上市公司長實、和黃、港燈（交易編號現為 2638）及已退市的嘉宏地產，宣布供股集資逾 100 億元，此前亦多次發行新股集資，增加李嘉誠的投資彈藥。隨後集團成為本地地產商「龍頭」之一，旗下和黃亦出手到海外併購，包括「千億賣橙」的市場傳奇。

2015 年 1 月長和系「世紀重組」，2 月下旬通過第一關，獲股東批准其重組計劃第一步，即是長實股份由在開曼群島註冊的長和股份所取代。之後，集團要待和黃股東批准完成跟長和合併，重組計劃最後一步就是分拆地產業務，再以介紹形式上市，成為長地。

由於今次重組後，李嘉誠變相減持中港地產業務，有分析指出李氏對地產後市審慎，並利用今次機會降低地產業務為集團帶來的風險。

當時它的股價回落了兩成多，而恒指則升了一千多點。因此，那時我認為，它很有可能在短期趁勢再炒一次，莊家再把持股量減持多 5% 至 10% 之間，也許有乘搭順風車的機會。但當然了，它的長期投資價值，是 0。

在這個世界，沒有甚麼比投資香港的地產業那麼賺錢，你看看在這幾十年來，沃爾瑪、微軟，又或者是巴菲特的巴郡，其增長率也是和香港的幾間大型發展商差不多，為甚麼李嘉誠先生不像「新鴻基地產」一般，專門發展香港地產呢？

這一點，李嘉誠先生多次說得很清楚了：由於他的公司實在太大，所以單憑小小的一個七百萬人的香港，承載不了他的所有投資。的確，在投資的世界，除了要求毛利率高之外，還要求規模的龐大，菜販種菜後在家旁賣菜，成本很低，毛利九成以上，但規模永遠做不大，銀行賺取息差和匯率差價，毛利率不高，但規模可以很大，因此利潤也可以很高很高。這應該是常識了。

李嘉誠先生未必是香港做地產發展最成功的人，至少「新鴻基地產」做得不比他差，但是論到目光宏大，能夠飛出香港，全城卻只有他一人。換言之，他之所以成為首富、超人，並非因為他的生意毛利率最高，而是因為他的生意規模夠大，而這正是「長和」的優點所在。

我們這些小市民賺了錢，用甚麼方法來儲錢，去保存自己的財富呢？答案是：如果錢不多，暫時先買股票，當錢根壯大了，便去買樓，首先是自住的，越住越大，跟著買樓收租，大致上是這樣。

為甚麼我們要買樓呢？大家都知道，房地產並不穩陣，牛市熊市二十年一個周期，升跌可以很大，但是相比起股票、基金、保險、現金、黃金等等的所有投資而言，買樓卻是相對上最穩陣的投資，至少有舊磚頭揸手吖！

至於買樓的另外一個原因，卻是因為買樓所需要的專業知識比較少，相比來說，它並不像股票那麼的需要專業知識去作研究。我在我的書中，稱它為「同生

共死遊戲」，總之大部份人贏錢的時候，你一定有份，大部份人輸錢的時候，你也一定有份，所以，你也可以稱為某程度上的「保險」：並不是保證你的財富不被蒸發，而是保證你的財富排名可以維持現狀。

當然了，由於你買的是港樓，所以你的財富排名不變，也只是維持在香港，像內地急速發展，深圳樓價暴升，內地人的財富排名快速追上了香港，作為港樓投資者，卻也無力去扭轉這個局勢。

像「新鴻基地產」的郭氏家族，發展地產賺了錢，怎去保存他們的財富呢？哦，原來也是買樓，不過不是像我們這些小民般一個一個單位的買，而是一幢商業大廈一幢商業大廈的買，以及一個商場一個商場的買來經營，作為長線收租，從某角度看，和小市民賺錢後買樓，策略殊無二致。

此外，郭氏也有買香港的專利事業，例如「數碼通」(315) 和在北京、深圳、香港經營巴士的「載通國際」(62)，不過規模遠遠比不上「長和」，其主要業務也局限在香港。

李嘉誠先生的布局，則是由「長地」(1013) 去發展地產和收租，「長和」則在亞洲和歐洲五十個國家，投資港口、零售、基建、能源、電訊五項核心業務，全部都是和民生有關，是生活的必需品，而且不少是專利事業，至於零售業，雖然沒有專利，可是投資大，利潤不高而穩定，也變相的驅逐了新來的競爭者，變相是壟斷了。

換言之，「長和」的本質，就是一個儲藏財富的避風港，但這卻是國際性的，所以，買「長和」，目的並不是為了賺大錢，而是為了保存財富，好比買保險，但是，它的回報當然比買保險穩定得多。

17.2 交易員方向

所謂的交易員方向，也即是圖表派，炒的是市場動力。圖表派的炒法千變萬化，我並非這一方面的專家，因此也從略。簡單點說，股票或股市的波動，有兩個指標，一個是價格，一個是成交量，我們可以根據這兩項變數，去預測股價的走勢。

值得注意的是，純粹的圖表派，是不用看其他因素，只是看其波動的數學，就算是最垃圾的股票，最超買 / 或超賣的大市，只要圖表符合，也可以買入，或者是最優質的股票，只要圖表不符，也要沽出。

例如說，有的人專門追逐市場動力，看著成交來買，追買熱門股，也可以得到很優秀的成績。以我本人而言，雖然對於圖表派沒有甚麼心得，但是少年時學陰陽燭，永遠記得「三空一回」這名詞，即是三次 gap down，必定會有一次大反彈。在這十多年來，這一招用了 3 次，居然每次都贏了幾十萬元，也算是學以致用了。

我本人雖然是財技派，可是在沽出股票時，也往往會採用圖表派的知識。簡單點説，圖表派認為可以贏的股票，我一定不會去買入，但圖表不妙的股票，我卻會沽出。

17.2.1 追大升股
大部份人炒股票，均是股票越升，越要去炒，例如説，在寫本段時的 2017 年，「騰訊」(700) 的股價不停暴升，整個市場的資金，也去追逐「騰訊」，單日成交過百億元。

17.2.2 炒大跌股
現在説一説股票的 marketing。大家不妨猜一猜，新股上市爆升了十幾倍，究竟有沒有股民進場呢？

答案是：有，但不多。第二個問題：當它大升之後，跟著暴跌，又會怎樣呢？答案是：股民將大量進場了。這種銷售手法，好比在零售市場，有一些店舖，幾乎 365 日，日日都七折大減價，日日都説快要倒閉，但正是用這種銷售手法，才能吸引到顧客光顧。你可別説是爛牌子才會時常大減價，名牌也會採用這種推銷，例如法國鐵鍋名牌 Le Creuset。在 2017 年 6 月 26 日，多隻細價股同時暴跌，大量股民入市，多隻細價股成交額過億元，正是這個原因。

17.2.3 炒波幅
在股票市場，有一些是長期投資者，他們不會買賣創業板股票，但又有大量的炒鬼，每天炒波幅，賺差價，他們不在乎股價的長期表現，只要在當天有波幅，有成交，這便構成了賺錢／輸錢／賭博的機會，甚至是一天進出買賣十次以上，也是常有的事。而創業板新股的主要客戶，正是這些活躍的投資者。

17.2.4 炒長線
圖表派的大部份，都是短炒客，但是真正的圖表派，也可以看長線的大方向，例如説，當熊市見底，也可以藉著觀看圖表，大量買入超值的股票。不過，更實用的做法，並非熊市撈底，而是牛市第三期時，嗅出不妥的氣息，盡沽逃生。

換言之，圖表派是短炒客的至愛，但對於長線投資者，圖表的最大作用，就是看出幾年一次的大市見頂，沽清手頭股票。

18. 財技方向

財技投資法的基本原理，是大股東或管理層必然知道大量內幕消息，並且企圖藉此賺錢，但是他們在進行這些操作時，很多時要做一些財技上的動作，我們可以藉著觀察這些財技動作，去跟隨大股東或管理層的方向，藉此賺錢。

18.1 全面收購

有很多個可能性，需要提出全面收購，例如說，有人惡意收購某上市公司，大股東私有化，控股權轉手時買家購入超過 30%，超過了觸發點，依照法例，因而必須作出全面收購。行內稱這種「全面收購股票」為「GO 股」，即「general offer」的意思。

18.1.1 GO 前炒作：中國糖果

在 2017 年 3 月 31 日，「中國糖果」(8182) 公布了一則消息，聲明可能賣殼給一位潛在買家，名叫「宗馥莉」，作價為每股 0.3565 元，較停牌前折讓 31.44%，以其現有發行股份 16.08 億股計算，作價約為 5.73 億元。

1982 年出生的宗馥莉，父親就是「娃哈哈」集團的老闆宗慶后。根據 2016 年的「胡潤百富榜」，宗慶后的身家估計有 1,120 億元人民幣，排名第 5，「娃哈哈」是中國最大的飲料公司，「2016 年中國企業 500 強」排名第 70 (排名在前面的主要是那些大型國企)，宗馥莉是他的獨生女。

被稱為「公主」的 Kelly，畢業於洛杉機的基督教大學 Pepperdine University，主修環球商業。她主管的「娃哈哈」，在蕭山 (對，就是杭州蕭山機場的蕭山) 的二號基地，業務範圍包括了生產和銷售食品、飲料、服裝和日化 (即日用化學品)，估計佔「娃哈哈」總營業額一成左右。在 2015 年，她列入了「全球 35 歲以下億萬富豪」的第 11 名，以及「亞洲十大年富豪」的第 3 名，估計個人財富有 30 億美元。在 2017 年，她也被《福布斯》選為「中國最傑出女性排行榜」的第 13 名。

「中國糖果」在 2015 年的光棍節 11 月 11 日上市，很明顯又是啤殼上市的橋段。至於宗馥莉看上這間公司的原因，相信是因為「糖果」的業務也是食品，比較容易注進「娃哈哈」的業務。更重要的是，「娃哈哈」從來沒上過市 (包括 A 股在內)，「中國糖果」是它的第一間上市公司，這當然引來了市場的無限憧憬。在宗馥莉宣佈買殼後，「中國糖果」的股價從停牌前的 0.188 元，急升至 5 月 16 日的 0.94 元，在交易前一天，股價是 0.53 元。很理性地，沒有人在 0.53 元的價格，把股票以 0.3565 元賣給宗馥莉，結果收購告吹，翌日股價急跌至 0.229 元，再一天，股價進一步跌至 0.157 元。如果在復牌後買入這股票，當天的最低價是

0.22 元，收市價是 0.33 元，炒這隻 GO 股，可以快速獲得倍數利潤，不過，如果持有至 GO 失敗之後，可就損失慘重了。請注意這宗收購的財技要點：由於「中國糖果」的大股東只持有 16.68%，並沒有絕對的控股權，宗馥莉只能向公眾提出收購，當股價高於收購價時，收購便不可能成功。但如果大股東持有超過 30% 的股票，並且以買賣合約的形式向宗馥莉出售，換言之，不管後來的股價炒到多高，由於買賣合約已經簽定了，這宗買殼也非得成事不可。

18.1.2 GO 失敗：新世界百貨

「新世界百貨」(825) 是在 2007 年由「新世界發展」(17) 分拆出來，在中國內地的零售旗艦。在 2017 年，經營管理超過 40 間百貨店，和 2 間購物中心，業務遍佈超過 20 個中國主要城市。它的招股價是 5.8 元，上市後高位曾見 11.22 元，其後一直下跌，2017 年 6 月的價格是 1.33 元。

在 2017 年 6 月 7 日，「新世界發展」提出以每股 2 元私有化「新世界百貨」（中國），總作價 9.345 億元，較停牌前收市價 1.33 元溢價 50.4%。

然而，在要約期間，它的股價並未炒過，在截止日 8 月 27 日只有 83.92%，達不到私有化的 90% 要求，因而告吹。如果企圖在私有化期間炒這股票，也並沒有任何利益可言。

18.1.3 GO 後才炒

科鑄技術 (2302) 是在 1993 年上市，大股東是劉鑾鴻，在 2008 年出售了給「中國核工業集團」，改名「中核國際」，股價從 2 月的 0.65 元，5 月 9 日停牌前價格是 1.89 元，要約價則是 1.82 元，結果股價升至 8 月 4 日的 6.18 元。

「三盛控股」(2183) 本名「利福地產」，是劉鑾鴻的利福國際（1212）分拆出來的子公司，在 2016 年 12 月賣殼，賣殼價為 5.18 元，新買家是泉州商會會長林榮濱，在《胡潤百富榜》中排名 480。

由於有「科鑄技術」的輝煌前科，再加上劉鑾鴻的在賣掉了「利福地產」之後，仍然持有 9.97% 股份，好像是憧憬著甚麼後著，這因而也為股民帶來了憧憬。然而，在賣殼的一年後，它的股價仍然是徘徊在 6 元至 7 元之間，並沒有太大的進展。

18.1.4 總括 GO 股

總括而言，GO 股可分為以下幾種情況：第一種情況：私有化的收購價和現價格通常會有幾 % 的折讓。

只要在中途沒有變化，例如說，發生了股災引致私有化失敗，又或是有些條款規定了，必須私有化成功，即是有 90% 以上的股票接受申請，要約人才會付

錢買股票，否則便全盤告吹。如果沒有變數，在私有化當天，把股票出售，通常可以獲得這幾 % 的利潤。第二種情況：由於買殼或購股數目超過了觸發點，即是 30%，因而必須提出全面收購。與上種情況同樣道理，如果要約價比現價有折讓，假如中間沒有意外，你便可以在當天把股票出售，賺取差價。

第三種情況：全面收購時，如果股價高於要約價，不會有人把股票出售。這種情況我們要代入莊家的思維，用 sell side 的逆向方式，才可明白：一旦全面收購成功，可能要買下 100% 的股票，不但成本高昂，而且在以後還要遵守充足流通量的要求，把股票配售出去，自己最多只可持有 75%。以上操作，未免太過麻煩，因此，要約者 / 大股東往往有誘因把股價炒高，以免真的把股票全面收購回來。這種做法，可能會花一點錢，但成本總比把 100% 的股票收回來為佳。

第四種情況：既然為了避免全面收購，要把股價炒高，不如索性大炒一頓，反正有賣殼消息刺激，兼且股民又會對新買家有憧憬，乘機大炒特炒，說不定莊家還可從中賺錢。

第五種情況：在 GO 後炒，例子就是前述的「科鑄技術」。

18.2 逆向收購

在 2014 年的 2 月 24 日，大孖沙「保利協鑫」(3800) 認購了「森泰集團」(451) 的 3.6 億股新股，代價是 14.4 億元，完成收購後，

「保利協鑫」持有了擴大股本後的 67.99%，是典型的逆向收購。凡是逆向收購，股價多半會大升。原因很簡單，這相等於原大股東一分錢也收不到，雙手拱手送出上市公司，如果股價不升，原大股東豈非吃了大虧？因此，在一般的情況之下，逆向收購後，股價會大升，原大股東慢慢地，以高價沽出股票，賺到的利潤，會比原價賣殼更高出數倍。

高數倍的利潤，表面看起來是很高，但細想起來，也是當然的和合理的。因為原大股東如果以市價賣殼，是先收錢，然後甚麼也不用管了。但做一宗逆向收購，是先吃了大虧，付出了投資成本，慢慢才收回本利，這是冒了風險，自然也需要更高的回報，才值得這項投資。

當「保利協鑫」接手了「451」之後，馬上改名為「協鑫新能源」，而且開始注入光伏的業務，不消說的，是要把它來一個大變身，變成了一間新能源公司，要知道，光伏能源向來是中央政府政策支持的行業，而「保利協鑫」也向來是箇中的翹楚，其商機和潛力也是可以預卜的。

如果純從炒股票的角度去看，母公司有了子公司，通常把炒作的注意力，集中在子公司的身上。這種做法，叫做「炒仔唔炒乸」，是股票的基本知識。這其中自然有著它的財技理由，但由於本文的篇幅不夠，只好從略了。

所以，「協鑫新能源」在完成了逆向收購之後，股價一直維持堅挺。在 8 月開始，它突然開車，股價升個不停，升至過百億市值，然後，又突然出現了另一個「觸發點」(trigger)，就是宣佈以每股 2.55 元，以先舊後新的方式，配售最多 2.91 億股。

這批股票落進了一班市場活躍、兼且很有實力的炒家的手上，所以，它的股價才會「二度發育」，跟著大玩「天天上升」，炒到 10 月 28 日的 5.55 元。

18.3 炒重組

所謂的「重組」，就是一間公司快要倒閉了，為了挽救這間公司，於是便提出了一個全新的財務計劃，從注入資金，削減舊的債務，到重整舊的業務，或者是注入新的業務，工作程序十分繁複，又要花上好多的錢，才能夠把一間公司重組成功。

重組後的股票，有時馬上便炒，例如「匯多利」/「豐盛控股」(607)，在 2014 年 12 月復牌，當天收市價是 0.148 元，第 3 日股價升至 0.237 元，半年後的 2015 年 5 月 25 日升破 1 元，2016 年

6 月升破 3 元，9 月升破 4 元。

有時復牌後過一年半載才炒，例如「香港資源」(2882)，在 2008 年 10 月 3 日復牌，在 2006 年停牌前的收市價是 2.15 元，復牌當日收 0.95 元，10 月 10 日跌至 0.295 元。在 2009 年才開始炒，2 月 10 日升至 1.63 元。

理論性的問題來了：為甚麼重組的股票特別當炒呢？第一個原因，是因為經過重組的股票，通常在公司倒閉之前，曾經轟轟烈烈的炒過一次或好幾次，股東到處都是。不管這些股東是贏錢也好，輸錢也好，他們都是這公司的 client base，很容易召集回來，重新炒過。這是因為股民有惰性，很喜歡去炒以前買過的股票。所以，曾經炒過的股票，也特別受歡迎。

第二個原因，是因為重組的成本很高。通常，新上市的公司，成本是三千萬元至五千萬元左右，如果一隻殼能夠賣到兩億元至三億元，那就甚麼也賺回來了。但是，重組的成本卻很高，搞下搞下，這樣付錢那樣付錢，很容易便會超過 1 億元，如果不在市場「做世界」，很難賺回成本。

18.4 轉主板

在去年，有一隻股票，是令我非常之揪心的，就是「中國汽車內飾」(8321)。這股票我持有了一年以上，記得應該是有 700 萬股，參與了兩次供股，成本價大約是 0.14 元左右，結果，在 0.2 元時，有一熱心的仁兄來電，叫我快點沽出，於是，我便聽從他的忠告，沽出了這股票，take profit 走人。

結果，在我沽出了這股票之後的半年，它巴巴聲的猛升，最高升到了 1.63 元。如果當時我沒有沽出它，就可以賺到一千萬元了。至於那位叫我快沽這股票的朋友，我打算下次到雲南、越南、或泰國遊玩時，高價請巫師下降頭去毒他，以洩（少賺）一千萬元的憤怒。

當然了，「中國汽車內飾」這股票，在 1.63 元的高價，我是不會買它的。但是，現時當它回落了一半以上，這又不同講法了。客觀的因素是，它在 2013 年的業績，有 5.43 億元人仔收入，贏利是 4304 萬元，比去年同期增加 3 倍。我幾乎可以肯定，在 2014 年，它的業績不會差到那裏去，原因很簡單，皆因它正在申請轉主板，死都要頂住利潤同股價，否則交易所不批它轉板，損失可就大了。

要知道，今日的主板和創業板的殼價差額，高達兩億元至三億元，「中國汽車內飾」簡單的一個轉板，便可以賺到這筆大數，這樣的無本億利生意，去邊度搵呀？所以呢，時至今日，「中國汽車內飾」的股價和業績，跌不到哪裏去，但要踢上 1 元以上，作一個有效的技術性反彈，卻是十分容易的事。畢竟，它在 1 元以上的買家，正如我在以前爆過料，很多都是內地的投資移民，這些人買了股票，無論是贏是輸，都不會沽出，因此「中國汽車內飾」的沽售壓力是很低的，非常易炒之至。

18.5 賣殼

「匯隆控股」(8021) 這股票，當日它大升了幾天之後，股價慢慢又回順了。至於我手頭的股票，後來也沽出了，利潤很不錯，但並非在最高位，相信不少讀者都賺得比我多。但是，為了公平起見，我並不會在推介股票的同時沽出股票，而是必定會等上一段時間，才會沽出，所以賺不到最多，也是沒法子的事。

後來，「匯隆控股」的股價卻又節節上升，甚至遠遠的超出了當日我推介時的最高位。看資料，原來它已經成功賣了殼：先是配售了 223,950,000 股給 6 名承配人，即總發行股份的 16.67%，跟著，大股東把它手持的 462,230,000，賣掉了大部份 (315,285,000 股)。

由此我不得不認叻一次：果然猜中了它賣殼。不過，看著它的股價節節高升，我實在很後悔當日把它沽出了，因為賣殼升幅無上限 (因為不知它賣給了哪位猛人)，而大股東賣殼的售價是 0.182 元，股價只升了一成，還有大把水位！

18.6 注資

注資也即是注入資產，可以作為股價炒作理由。根據《維基百科》，在 2009 年 11 月 17 日，中策集團（235）

「提出聯同私募基金博智金融以 21.5 億美元收購美國國際集團旗下的台灣南山人壽 97.57% 股權。中策集團會透過配售票據和新股，集資 93 億港元。中信金控與中策訂立諒解備忘錄，進行兩項股權交易，中策計劃向中信金控出售南山人壽三成股權，以換取中信金控 9.95% 權益，涉資約 6.6 億美元（約 51.2 億港元）。倘若完成交易，中策在南山人壽的持股量，將由 78.06% 下降至 48.06%，而博智金融則持有約二成權益。根據中策宣布，待收購南山人壽完成後，中策將按每股十七點七四新台幣，即合共約五十二點四億港元，認購中信金控約百分之九點九五股權。2010 年 8 月，中策的收購計劃遭到台灣監管當局否決。同年 9 月，中策宣佈終止收購南山人壽的計劃。」

至於它的股價，在 2009 年 6 月 8 日是 0.121 元，在初次公佈消息的停牌前，是 0.37 元，復牌後當天收 0.66 元，復牌後翌日升至史上最高的 1 元，其後股價徐徐下跌，主要在 0.5 元至 0.6 元之間徘徊，直至 2010 年 9 月 6 日正式公佈注資取消，股價跌至 0.31 元。

18.7 改名

話說某位同行寫了一篇文章，講及上市公司改名。香港上市公司數目在 2017 年 11 月底有 2,096 間。根據這位同行的統計，在過去 3 年，平均每年超過 120 間上市公司改名，名字完全改變、面目全非者，有大約 60 間，「公司改名主要有兩個原因，一是主業改變要配合，另一個是先前個名臭晒，逼不得已換名，希望蛋散唔記得當作新公司，重新開始過。」

至於今年 30 隻跌得最慘的主板股份，有 22 隻近年曾經改名，百分比為 73%。超過七成。

那天我同他吃宵夜，我對他的說法有所修正：「改名的股票，就長期股價而言，多半是壞事，但是短期來說，則多半有刺激效應。這好比供供合合的老千股，長期而言，價值是接近零，但是往往維持幾個月的短暫而強勁的升幅，引到大量的魚上鈎後，才去撈獲。」

有關改名的分析，當年有一位朋友才最精闢：「其實改名才是最笨，一隻曾經轟轟烈烈炒過，又殺人如麻地跌過的股票，有很大的 client base，又有很大的公眾認識度，一隻垃圾股，好比一個半紅不黑的小明星，bad name is better than no name(作者按：這好比製造殘廁緋聞總比沒人認識為佳)，人們會因為對這名字有印象，加上有一點點的新聞，又有一點點的成交波幅，就會引起購買意慾，反而是一個新名字，更加要花錢花氣力去宣傳，更難 sell 貨添。」

他舉的例子是「金匡企業」(286)，即今日的「同佳健康」。

時維 2005 年，這股票本屬羅兆輝所擁有，1999 年大炒特炒，輸到好多人跳

樓，炒這股票的莊家後來親口對我說，兩星期沽出了十億元股票：「唔信我可以界單你睇。」

朋友的說法是：「這隻股票，咁多人輸過大錢，咁大的 client base，界我，死都不會改名，下一次大炒，一定好多人跟。」結果，在 2007 年，劉鳴偉做了其董事，受這消息刺激之下，其股價在兩個月之內，由 0.16 元炒到 3.68 元。由此可以見得，上市公司改名，就是從 sell side 去看，也不見得是好主意。

18.8 流消息，真炒作

2015 年，「皓文控股」(8019) 因為宣佈有可能收購亞視而停牌，結果復牌後股價大升，又因亞視的否認而股價急跌，從高位 0.445 元，至低位 0.125 元，兩天之間，上下波幅有兩倍之多，實在驚人。

這消息其實我早已聽到過，當時心想：「車，買亞視這間爛公司，是壞消息，不是好消息嚟架嘛。」再說，「皓文控股」的市值是幾億元至十幾億元，點買得起亞視呀？

但是，這股票畢竟還是大炒了，可見得壞消息也是消息，比靜悄悄的沒消息為佳，好像藝人，上過了報章頭條，就是成功。當年有一個小星，名叫「Coffee」，也是因為和富二代在廁格中親熱，被娛記拍到，因而爆紅。這叫做「壞消息也好過沒消息」，因為吸引到人們的留意。這在股民的身上，也是一樣，壞消息吸引到他們注意這股票，只要注意到的人有千分之一的可能去買進，已經是很不小的數字了。

然後，亞視的執行董事葉家寶卻說並無此事，令到「皓文控股」的股價大跌。這宗「羅生門」事件，其實是亞視有一名潛在投資者 ECrent，與「皓文控股」在一個月前有商務上的接觸，不過並無簽署任何協議。根據我的所知，其實雙方也只是談過一次咁大把而已。

大家倒說說，股民有沒有可能不知道這是一場假局呢？說穿了，股民也是找個藉口炒股票，這好比男女雙方，你騙騙我，我為了好玩，也甘願被騙，如此而已。話說我有一個朋友，老早知道了這個「消息」，購進了這股票，而且賺了一些錢。我問另一個朋友：「如果你也知道了這個內幕消息，你敢不敢去買？」

朋友苦笑說：「當然不敢！」所以，有的錢，是只有心口鑲了個「勇」字的清兵，才有資格去賺的。但是，在股市之中，清兵的數目是很多的。

19. 殼股、財技股、細價股

曾經有一度，我把「財技股」叫作「殼股」。因為財技股的最主要賺錢方法，是其上市地位，行內人稱之為「殼」。但是後來我回心一想，一些財技股雖然也是倚仗其上市地位去賺錢，但是其市值也遠遠超越了一個「殼」的價值，確實不宜稱作「殼股」。例如說，在 2008 年的「蒙古能源」（276），市值超過一千億元，並且成為了「大摩指數」（MSCI）的成份股，說成是「殼股」，也的確是太過了。有一些公司，雖然是切切實實的做生意，但是其殼價高於其公司市值的，也可列入此類。用另一種說法，「殼」的價值是它的流通價值，如果它的流通價值高於其資產價值和業務價值的總和，就是「殼股」了。在執筆時，一隻「殼」的價值大約是主板 3 億元，創業板 1.8 億元。如果一間主板公司的市值在 6 億元以下，這即是說，它的業務價值和資產價值加起來，也不值其「殼價」，當然算是「殼股」，例子是「宏安集團」（1222），正正當當地經營了街市生意很多年，但是今天（2012 年 5 月）的市值卻只有 5 至 6 億元。

必須注意的是，有一些「殼股」，一旦炒作，市值可以從數億元炒至數十億元，甚至更高，但這只是短期的現象，最後又會打回原形。我的定義是，在三年之內，只要有一天，它的市值跌至殼價的一倍以下，它便算是「殼股」了。（記著：是殼價的一倍，因為任何公司，都有它的實質業務，儘管這些業務可能是表面上的。而「殼股」的定義是殼價比實質業務的價值高。）

總結是：「殼股」一定是財技股，但是財技股卻不一定是「殼股」，因為其市值遠遠超出其殼價，所以不適宜用這叫法。但是兩者的本質，和其財技操作方式，是相同的。

至於細價股，即是英文的「penny stock」，也即是市值很低的股票。在大多情況下，市值和股價成正比，不過，也沒有必然性，例如說，執筆時，「工商銀行」(1398) 的市值是五千多億元，股價約是六元多，「匯豐銀行」(5) 的市價是一萬五千億元，但股價卻是七十多元。另有一隻「集成傘業」(1027)，2015 年 2 月 13 日上市，招股價是 1.1 元，當時總發行股數是 1.5 億股，在 6 月

10 日，1 拆 25，換言之，變成了一共有 37.5 億股。在 2016 年 4 月 26 日，再 1 拆 5 股，即總發行股數變成了 187.5 億股，當日的收市價是 0.29 元，但其市值，則已有 54 億元了。

19.1 活火山和睡火山

有一些公司，按照上述的定義，因為市值太低，可以被列為

「殼股」。但它卻完全沒有玩過財技。例如「新澤控股」（95）。我們把這種公司比喻為「睡火山」，意即這火山是有很多年沒有爆發過，是「睡」著了，

但它顯然還是「活」的，還是隨時有可能爆發的。

結果，在《炒股密碼》初版出版了 6 年之後的 2013 年，它終於變身，股價爆升了幾倍。但這當然是很長期的投資了。

有一些公司，按照上述的定義，因為市值太低，可以被列為

「殼股」。但它卻完全沒有玩過財技。例如「新澤控股」（95）。我們把這種公司比喻為「睡火山」，意即這火山是有很多年沒有爆發過，是「睡」著了，但它顯然還是「活」的，還是隨時有可能爆發的。

結果，在《炒股密碼》初版出版了 6 年之後的 2013 年，它終於變身，股價爆升了幾倍。但這當然是很長期的投資了。

19.2 殼的買賣

買賣上市公司，可叫作「買殼」、「賣殼」。「殼」的交收，通常以「加減零」為標準，即是賣方負責拿走公司所有的資產，賣給對方的，只有公司的上市地位一項，因此叫「賣殼」，因為殼內的肉都拿走了。這點需要解釋一下。

資產落在不同的人手裏，有著不同的價值。以罐頭為例，我拿著大堆罐頭，一定十分惆悵了，假使我擁有的不是罐頭而是罐頭廠，要我天天經營，這間罐頭廠更非變成負資產不可，到時我只有「死界你睇」。不少生意或資產，埋藏著財務上的陷阱，行內稱之為「地雷」。這些地雷，只有熟知內情的「殼主」才能拆解。買殼者為免麻煩，一定不敢要這些「可疑資產」，寧願只買上市公司，乾手淨腳。

此外，一個人要買上市公司，目的一定不止過主席癮，第二步一定是注入資產，是實質資產也好，拿來「做世界」的騙人資產也好，若不注資，買殼作甚？既然要注資，原來的資產還是拿走方便。最後一點，資產難以估值，殼價則是公價，正如買樓易算價錢，但樓內有名貴古董傢俱藝術品，我一定不肯一併買下，最好統統搬走，把吉屋交給我，方便又快捷。拿走資產，需要一點財技，這些財技多半是在法律邊緣，不多贅了。如果資產是現金，可另有處理辦法，如果是地產，不少人也懂得去搞，假設價錢合適，一併收下也不妨。若是經營中的生意，就可免則免了。嚴格說來，只出賣上市公司地位的，才叫「賣殼」，如果買家連生意也接收下來，則是連殼連肉一起賣。但一般用法，只要是出售上市公司，不管包不包生意，都叫「賣殼」。

19.3 殼股的變身

殼股也有可能「一朝從良」，大做其生意，例如「銀建國際」（171）便在 2004 年變身，成為了一間專門處理不良資產的「業務股」。

19.4 財技股 VS 業務股

先前所說的「宏安集團」是其中的一個例子，證明了財技股和業務股有時難以定義，正如一個端莊的女子，三數年才間中一次心情不好，去玩一夜情，其他的時間則極其保守，你說她是濫交，還是正經？

因此，我無法告訴大家這兩者的分別，但在財技上：當賣殼時，做生意股的買家購買它的業務，例如可口可樂收購「滙源果汁」（1886），乃因看中了它的業務。但財技股的買殼者，買的卻是它的上市地位，雖然賣殼時公司業務不能一併賣掉，但將來一定會逐步把資產轉走。

當股價極低時，做生意股的老闆會選擇私有化，因為這是吃掉貴重資產的最快方法，相對而言，上市地位的「殼價」只是小錢而已。但財技股的最重要資產卻是其上市地位，也即是流通價值，因此決不會私有化。

19.5 殼的市值

一般的財技股並沒有賺錢的業務，它的市值也有著限制，我曾經見過一隻市值不到一千萬元的公司的主板股票，猜想這是市值的下限了。至於上限的定義，我曾向一位高手請教，他告訴我一條理論，令我終生受用不盡：凡是財技股，不論怎麼炒，市值不可能炒至二十億，十七八億是「人體極限」。但當 2007 年的大炒市出現後，市值一百億的股比比皆是，縱是把定義的上限定至一百億，也有一定的漏網之魚。

最經典的例子相信是 2007 年的「蒙古能源」（276）。最高市值時它曾經超越八百億元，相等於外蒙古全國人民的三年國民總收入。這片礦藏的總蘊藏量是數千億元，但據說要建上接近兩千公里的公路，才能把出產的煤運出發售。這是有「資產」而無盈利的好例子，也是香港有史以來（成交量加升幅）炒得最轟烈的三隻股票之一。

19.6 可換股債券

在 2007 年，礦股大流行，這些礦股動輒便是一百億以上的市值，上市公司以大比例發行可換股債券，以作換礦。

這些大比例發行股票，以公司的總股數的倍數計，一倍、兩倍、三倍、四倍、五倍，或以上者，比比皆是，一印就是百數十億股。假如一間上市公司的市值是一百億元，再印五倍股票，就是五百億了。因此，在礦股流行時，過百億的市值是很容易的事，但如果交易所並不准許大規模發可換股債券，高市值股票就不可能了。

財技股的典型特色，就是一隻空殼。它是無生意、無盈利、無資產，是謂「三無」。它們當然不能真的無生意，因為要有生意才能保持上市地位，像前述的「華多利集團」（1139），在注入工廠業務前，便曾被港交所質疑過「持續上市能力」，即是沒有正在經營中的生意，這是可以導致上市公司除牌的指控。（今天「華多利集團」已成為了長期停牌公司了。我想起當年同它的老闆「財叔」一起鋤大 D，他輸錢給我後，邀我玩沙蟹，都是很遙遠很遙遠的往事了。）

如果生意都不賺錢，只是為了「持續上市」而勉強經營，這些生意便等於無。它們的資產可能是網站，可能是現金，就算有幾個住宅單位，市值數千萬，在上市公司而言，也不能叫甚麼資產，你到中半山、淺水灣，或者是禮頓山，隨便點中一幢大廈，都有數十個單位，每個單位的市值都是數千萬，如果有數千萬市值的不動產便可以做上市公司，香港上市公司的數目最少比現時多上 50 倍。有一個經典的例子，就是某上市公司擁有一整幢的商業大廈，但這幢大廈的主要租戶全是老闆旗下的眾多上市公司，或其關係人士，這幢大廈的業權也在其旗下多間上市公司搬來搬去，以作「轉錢」之用。擁有這種「資產」，顯然同沒有並無分別。

19.7 為甚麼有市值限制？

要知道，買賣財技股等如賭博，它能獲得的購買力是有限制的，因為它的主要客戶是不理公司實質資產的散戶。我估計，在香港，財技股在牛市時的最高購買力大約是五億元左右，從 1997 年到今日，都不會相差太遠，因為市場上的資金雖然多了，但是財技股的數目也多了，兩者可以互相抵消。簡單點說，一隻股票的市值極限，是由參與的散戶的數量去決定。

一間上市公司的最低股票流通量是 25%，如果散戶的投入資金是五億元，剛好就是二十億元的 25%。所以那位高手的判斷正是基於此。但這條規則在 2007年有部分失效，原因見前述。

最後一提，那位高手的名字叫「Tony」，我們一伙人炒財技股的知識主要是師承於他。但他在 2004 年發了大財後，開始買入做生意股，作長線投資，不再玩財技股了。可知財技股是窮人博發達的玩意，富人是不屑玩的。

19.8 炒賣財技股的小常識

常識一：沒有人會送錢給別人。因此，沒有老闆會無緣無故炒高股價，讓散戶賺錢。把股價打高，一定有目的，而這目的一定不會是好事，可稱為「陰謀」。

常識二：有頭髮沒人願意做癲痢，能做紳士的很少去做大賊。一間公司如果年年賺過億元，它想炒股票「做世界」的誘因便減少了。維持上市地位的費用，

律師、核數師、公司秘書、印製年報、間中製造成交以維持股價秩序，粗略估計，一年沒一千萬元無法埋單。假如這公司年年虧本，不是為了「做世界」，為甚麼要付出這些成本？就是要付，如不炒股票，也無錢付。

常識三：這第三，對行家來說是常識，對外行人來說是知識：上市公司老闆很多時資金不足，把控制性股權（51%或以上）押在財務公司，支付是驚人高息，由 15% 至 35% 都有。他不趕快做一票，連還利息也不夠。

在 2007 年，我留意到一隻小股票，「龍昌國際」（348）的異動，我買了一百萬股，那時的股價大約是 0.1 元。後來它漲到了 0.3 元，我聽到了消息，說其幕後人到處借錢，財政狀況很不穩健，於是我便把股票沽出了。就在我沽出後不到三個月，它的股價漲到了 3 元以上，大家可以想像我當時的揪心。

幕後人愈是沒錢，炒股票博一鋪的誘因愈大，這是錯不了的真理，散戶如此，老闆也是人，心理狀況是完全沒有分別的。

19.9 財技股的財務狀況

維持上市地位的成本是很高的：交易所費用、核數要用四大會計師行、寄發年報、公司秘書，加加埋埋，一年最少也得過千萬元。同時，做莊炒股票的成本也是很高的，維持股價、日常炒作、找人頭、搬運現金，單單發薪水給這些「專門人才」，成本也不低。最昂貴的還是購買項目，沒有項目，就無法發佈消息來炒高股票，所以這也是必不可少的支出。但是最最昂貴的支出，還得數大股東或莊家的私人消費，以及他們把控制性股權抵押給金主的利息支出。

財技股一般來說，沒有產生利潤的業務，就算有，利潤也不多，維持不了上市公司的支出。因此，它只能靠炒賣股票得到收入，以維持龐大的支出。所以，所有財技股的股價，在長期而言，一定是愈走愈低的，問題只在於向下走的速度而已。

19.10 財技股小結

炒財技股需要極高的分析技巧，高手和低手差別極大，在高手而言，贏面是80%，前提是他必須有基本的財技知識。

但記著，80% 的贏面在實際的操作上，只有 60% 左右，因為會踫上股災，或意想不到的變故。至於在低手而言，唉，任何金錢遊戲，高手的利潤便是來自低手。

藍籌股和業務股在股災之後，將會慢慢復元，但財技股的後果卻是永不超生：這一次的跌市從 1 元跌至 1 仙，一次的升市從 1 仙升到 1 毛，的確是升了十

倍，但以往的買家也統統死光了。這是一種典型的以小博大遊戲，由於參與者輸多贏少，所以很多人會反對。可是，六合彩也有大把人買，也幾乎每期都有人中頭獎，如果一期沒人中，獎金便會撥去下一期，讓下期的獎金更多。

事實上，人類常常參與輸多贏少的遊戲，例如創業，失敗率遠比成功率高得多。但是為何仍然有這麼多的人去創業呢？這其中自然有深奧的生物學上的理由，這裏不作分析，簡單點說：工字不出頭，創業才有發達的可能！

一個人如果好運，兼有眼光，在適合的時勢，投資在財技股之上，便可能以小博大，贏得第一桶金。像作者本人，便是在 1999 年，問哥哥借了 10 萬元，投資在科網股，半年之內，贏了接近一千萬元。

至於財技股的最大劣勢，在於其規模有限，只能小額投資。

而且由於「水分」太重，長期持有，則必輸無疑。

第 五 部 份
長揸短炒與買賣

20. 以市值，長揸，短炒
以上的三種股票，都有不同的特色，不同年齡、不同性格、不同財富、不同投資知識的人，都有不同的選擇，並不能一概而論，哪種比較好，哪種比較差。

20.1 藍籌股
藍籌股的優點是市值大、流通量也大，甚麼時候都可沽出，變回現金。缺點就是流通量大的股票，都有「流通溢價」，即是說，平均而言，回報率會比較低。

通常，一間公司有了一定的規模，其營業額和利潤便會比較穩定。打個比方，如果只有五間餐廳，其中一間兩間的租約期滿，一時找不到新店，便會馬上影響了盈利。但是如果有一百間餐廳，便可把突發事件平均了。中小型地產發展商常常因為地皮不足，不能平均於每年售賣，於是，年年的銷售額都有不小的波動。

此外，公司到了一定的規模，一方面有規模效應，有利於大企業，但另一方面卻受到邊際效用遞減定律所影響，發展速度便很容易給拉了下來。簡單點說，一間公司不會無限期地高速發展，規模到了某一程度，就一定會減慢下來。而股票到達了藍籌股的規模，一般來說，是很難再有高速發展的。當然也有例外，如「思捷環球」（330）是在 1993 年上市，2002 年列入恆生指數成份股，在 2007 年才到達歷史性高位 133 元。但這是特例，而不是常態。

藍籌股的第一個好處，是套現容易。

第二個好處，是規模夠大，可供富豪購買，而富豪出手就是以一億數千萬計，如不買藍籌股，根本無股可買。

但，請記著一點：股票是進攻型的投資工具，如果要穩陣，就去買債券、定期存款，要不就去買樓，千萬不要買股票，因為就算是藍籌股，都不會太過穩陣，2008 年金融海嘯時，已證實了這一點，尚未論「電訊盈科」和「思捷環球」兩大跌到仆街股。

20.1.1 短炒藍籌股
藍籌股的波幅極受大市影響，買賣的方法是：

1. 首先選出跑贏大市的股票，例如 2006 年，要買當炒的國內金融股；
2. 掌握大市波幅，調整時買入，火紅時沽出，不宜高追。

20.1.2 流通量高代表了高溢價

藍籌股既有流通量高和穩定性強兩大優點，因而吸引了過多的資金流入，推高了它們的價格。這種股票的市盈率通常較高，換言之，價格不夠「抵」。我在《我的投資哲學》已說得十分清楚：流通量愈大的股票，其溢價愈高，因此長期持有藍籌股，其增長潛質永遠及不上其他較為「低級」的股票。

我們明白，炒股票是貴買貴賣，但貴買了的東西，升幅會受到限制，也會出現潛在的可能跌幅。股票可因加入了恒生指數而出現較高溢價，但這溢價亦可因它被剔出恒指成分而快速消失。

20.1.3 藍籌股 = 現金

藍籌股的最大優點，是它的流通程度幾乎同現金相等。它們有資產、通常有盈利、有成交，持有一億元的大股票，縱使在最差的市道，也不難將它（們）套現。因此，最有錢的富豪們的主力都是持有藍籌股。如果你拿著十億元的資金，不買大股票，根本無法用盡這本錢。

問題是：這優點對小股民來說，有等於無。因為小股民的投資額甚小，就是買下成交額小得多的股票，照樣能套現。

20.1.4 短線炒賣的缺點

我最不贊成短線買賣藍籌股，雖然很多師奶喜歡這樣。前文已說過，買賣股票的成本不低，而且短期升幅不高。升 5% 時沽出，成本超過利潤的一成，這裏已假設使用了網上買賣，省回經紀佣金。試想想，假如你開店做生意，營業稅是 10%，注意，不是利得稅，即是你每做一宗生意，不管賺蝕，都要付出 10%，這門生意未免太難做了。雖然新上市的大型國企可以波幅不小，但短線炒賣始終沒法做到合理升幅。假若你的炒賣技術極高，十有八中，那就不用理會本問題，但我沒見過這種人才。

我從來反對買窩輪，但兩害取其輕，要短線炒藍籌股，我寧願賭窩輪，貪其波幅較大，雖然要付溢價，但炒賣成本較低，不用付厘印費，也是除笨有精的賭法。（也是後記：此段原版寫於 2006 年底，誰知到了 2007 年和 2008 年，藍籌股竟可像財技股一般快升快跌，拆了我的招牌。我雖要面子，但為了存真，也記下此事。畢竟，像 2007 年般的大升市，是人間罕見的盛事。）

我的規條是：買股票不是賭博，不是求賭而是求贏，必須有合理利潤才好下注。不宜高追的理由，正是高追的利潤不高，沒有值博率。

20.1.5 長揸藍籌股

如果一隻藍籌股持有足夠長的時間，也可以獲取巨大的回報。例如說，美國

有一個基金經理，叫「Patrick O'Shaughnessy」，他檢查了從 1963 年至 2013 年的股市回報，最佳的是年升幅達到 20.23% 的 Altria，即是 50 年升了 1 萬倍。這隻 Altria，也即是著名的煙草商 Philip Morris。

事實上，長揸很多藍籌股，都能令你發達，例如九十年代的「匯豐控股」(5)，不過，照我看，如果適時，即是在股價極低的時候，做 20% 的孖展，可能利潤會更加高，皆因其升幅是高於利息。

20.2 業務股

這種股票，才是好股票的典型。我們買股票，就是要買中一隻股票，長揸而後發達，就是在這一類的股票裏找尋。

其實，這一種股票的本質，和前文講述的「細價股」非常類似。這類型的股票的特色是：

1. 它比藍籌股便宜，可用較低的市盈率買到。

2. 但它又有足夠大的市值，讓大型的機構投資者買到足夠的數量，太小的股票根本不合大型投資者的胃口，巴菲特是不會希罕去賺區區的一兩億元。

3. 它有實質的經營業務，而且經常地維持有利潤的狀態。買賣業務股的方法不離分析、持有、等上升。這其中最有名的，當然是「騰訊」(700)，它在 2004 年上市，發行價是 3.7 元，2014 年 1 拆 5，2017 年的股價已超過了 400 元，換言之，它在 13 年間，股價升超了五百倍。

20.3 長揸藍籌股 / 業務股

我們都知道，長揸好股票是賺大錢的不二法門，正如前述「騰訊」。孟子曰：「有恒產者有恒心，無恒產者無恒心。」周子則曰：「要想炒股票賺錢，必須有耐性，我們不要賺快錢，而是要賺大錢，這才是股票的王道致勝之道。」問題在於，如何找出值得長揸的票呢？

在 2016 年 6 月 10 日，香港一共有 1,993 隻上市股票，在 2006 年至 2016 年間，跑贏恒指的股票，只有 301 隻，由此可以見得，減去了在這些年間，新上市約的幾百隻股票，挑中值得長揸的股票，也不容易。

20.3.1 長揸的心理質素

我們都知道，當遇上一隻 Ten bagger，策略是購買一個你可以安心等待的數字。要知道，等待一隻優質股票升十倍，並非一覺睡醒，即到目標價，而是要等待半年至幾年，方才可以食糊。這其中必然會遇上暴升 / 調整的必然周期，要忍

住中間的波動，就要看心理質素。巴菲特就是心理質素最高的一位，因為他的耐性最強。同樣道理，買一隻十倍股，究竟應該瞓身，還是局部購入，端的要看你的心理質素，心理質素越高，可以買的數額越大。在古語，這叫做：「任憑風浪起，穩坐釣魚船」。我常常說，巴菲特並非選股最高明的投資者，但他卻是最有耐性的投資者，總是持有大量現金，在牛市時保持冷靜，不動如山，只有在熊市時，股價跌到最低的時候，方才出擊入市。正是他的這份耐性，才令他成為世界上最成功的投資者。

20.3.2 長揸的心理質素

在亞馬遜 1997 年 5 月 15 日紐約上市，招股價為 18 美元，20 年後的 2017 年，最高升見 962.79 美元。計入 1998 年及 1999 年期間三次拆細（兩次一拆二、一次一拆三），股價累升六百多倍。這再一次證明了，長揸股票的威力。

20.3.3 世界的轉變 / 長揸的沒落

2017 年 5 月，股壇長毛 David Webb 發表了「50 隻不能買的港股」，值得讚賞的是他的苦勞，把它們的互控股票繪製出了一幅複雜無比的圖表。當朋友問起，我用討論區的網民心聲來作答：「點止呢 50 隻，500 隻都唔止。」「值得買的，50 隻都無。」事實是，香港現時有二千多隻股票，八成以上都沒有投資價值，藍籌股也經常包括好幾隻老千股，而且是大老千。為甚麼有這現象呢？首先是私募基金和天使基金的流行，好公司都不用上市集資，到上市時，只是為了圈錢。舊經濟在萎縮，新經濟要不是不派息、少派息，甚至是虧本，都照上市，碩果僅存的好公司，便來向下炒，跟著私有化。換言之，買股票長揸發達的時代已經過去了。不長揸，就短炒，如果炒幾小時、幾天，最多幾個月，老千股和藍籌股又有甚麼分別？老千股是十萬博十萬，藍籌股是一百萬博十萬，還是前者比較省本錢。

短炒股票，十賭九輸，老千股等同炒窩輪、賭馬、六合彩、去澳門，誰不知道呢？

然而，股市的 95% 成交，都是來自中短期炒作，如果個個股民長揸優質股等派息，好比「鄉下佬叫雞」，一動不動，又好比期貨市場個個等收貨，交易所肯定要執笠了。

20.4 流通量問題

在沙士一役之時，許多上市公司的股票，尤其是創業板公司，基本上是完全沒有買家，因此大股東往往收到一手都是貨。又或者是，經過了六七年的供股

合股，散戶的股份早給攤薄至不成股形，完全沒有影響力了。而新上市公司也沒有買家，老闆惟有找友好把股票統統都買入了。這些公司的真正流通數量可能是 5%，或 10%，我甚至見過完全沒有流通量、大股東持有 102%（沒寫錯，是 102%，故事詳見《我的揀股秘密》）的。

假設大股東持有 90%，流通量只有 10%，照樣有五億元散戶加入來買，它的市值便是五十億元。假如大股東持有 95%，流通量是 5%，那市值就是一百億元了。

20.5 為何要買財技股

我對財技股有很強的愛心，因為這是小本博大利、刀仔鋸大樹的不二法門。它的市值小，細細粒容易食，不難在短時間內炒高數倍，老闆借了貴利，也沒本錢慢慢炒，一定要快炒快套現。

換言之，財技股是窮人快發財的法門，也是賭博的一種方式。如果你發了財，像前述的 Tony，那就用不著買它了。又或者有如我的一個好朋友「鍾仔」，雖然有十億八億身家，也不時買財技股，他只當作是買馬一般，作為消遣罷了。

20.5.1 最忌投注過大

2006 年初，我買了「中國金展」（162，現名「世紀金花」），頭一百萬股的入貨價是 0.2 元，那是不會輸的低價。可惜未買夠貨，股價便衝了上去，我惟有追貨，0.35 元至 0.5 元間，陸續追入四百萬股，這就令我泥足深陷了。當時我憧憬它的大股東會繼續注資，因為「金花百貨」是內地有名的品牌，我還去過它在西安的旗艦店。

我當時估計它注入了一間分店之後，最終一定會注入旗艦店，那時股價會漲到 2 元。結果它的走勢愈來愈不像樣，我終於在 0.3 元至 0.35 元的價位完全沽清，蝕了的數字，心痛得懶得去計了。止蝕的價位比起我第一口的入貨價，還有 50% 以上的差價，只因我太貪心，才會遭受此報。

投注財技股，容易翻倍，但切忌巨注，只能小注怡情。我至今還常常犯這毛病，但讀者們千萬不要學我，千萬不要，因為我是錯誤的樣板。

20.5.2 中期持有財技股

財技股不可以長期持有，但可以持有幾個月至 1 年的中期。在 2017 年 2 月，我買入了「太陽世紀」（1383），並且指出它將是一隻「十倍股」，即是傳說中的「ten bagger」，原因不外是（經過四年的財技運作）洗淨了，供乾了（估計強者的貨源有九成以上），但最重要的，還是澳門強人洗米華的威名，這股票宣

佈改名為「太陽城」，相信將會成為冼先生的上市旗艦。

然而，本篇的主題，並非「太陽世紀」這股票，而是投資「ten bagger」的策略。

我常常說，當你炒股的知識和功力到達了某一個水平，決定性的並非你的揀股命中率，而是你的大戰略。

例子是，巴菲特之所以是世界第一，其實比他水平更高的也大有人在，但在策略上，沒有人比巴菲特更能等待，永遠手持大量現金，每次股災時，市場只有他一個人還有錢去執平貨。這幾年來，我的幾個門生炒股有成，越來越有錢，也漸漸發覺到策略的重要性。

說回正題：一隻 ten bagger 並不常有，兩年遇上一次，已經是很不錯的成就了。

有人會說，買入不沽，等發達，不就可以了嗎？

對此，我會回答說：資金是有成本的，成本就是機會成本，如果你能夠預知未來，當然戰無不勝，可以舖舖瞓身，但是，人畢竟有看錯的時候，像我看好「太陽世紀」，也不過是有九成把握而已。一旦看錯了，不一定會輸錢，可是等待一年，可能錯失了其他的賺錢機會。

所以，如果你瞓身買一隻十倍股，必須要抱定一個決心，就是我的一位學生 Rex 所說的：「不發達，毋寧死」：把錢投進去，然後甚麼都不管。每一個發達的成功人士的第一桶金，都是要博的。

另一條策略，就是買入一個非決定性的數額，大約是你的投資組合的 10% 至 20%，然後耐心等待。這樣子，雖然贏不到最大的數額，但進可攻，退可守，等候時，也等得十分舒服。

至於「太陽世紀」，我的買入價是在 0.2 元至 0.5 元之間，最高升至 3 個月後的 0.83 元，我在 0.65 元左右沽清手頭股票，雖然未如所料，並非十倍股，但也已有了不俗的利潤了。

20.5.3 不能長期持有財技股

絕大部份的財技股，只能短線或中線持有，如果長期持有，很大可能會輸光收場。以下列出的是「永義實業」(616) 的例子。由 2003 年 8 月至 2015 年 8 月以來，12 年間，它進行了 14 次供股、9 次合股，及 1 次送紅股。除 2010 年之外，每年均有財技動作。如果從 2003 年計，它的 1 股成本是 100 萬元，追溯至 2000 年 2 月，一股成本是 3.6852 億元。表 1 是它的供股記錄。這是典型的以小博大遊戲，由於參與者輸多贏少，所以很多人會反對。

可是，六合彩也大把人買，也幾乎每期都有人中頭獎，如果一期沒人中，獎金便會撥去下一期，讓下期的獎金更多。

永義「健力士」抽水紀錄

日期	項目	供股價
8/2015	1 供 20	0.48
8/2015	10 合 1	—
2/2015	1 供 20	0.65
2/2015	20 合 1	—
9/2014	1 供 8	0.7
9/2014	10 合 1	—
10/2013	1 供 5	0.6
10/2013	40 合 1	—
4/2013	1 供 3	0.1
10/2012	1 供 5	0.4
10/2012	20 合 1	—
8/2012	2 供 1	0.077
1/2011	2 供 1	0.35
8/2009	1 供 4	0.038
8/2009	10 合 1	—
11/2008	1 供 10	0.15
8/2008	100 合 1	—
12/2007	2 供 1	0.052
5/2006	紅股 1 送 9	—
7/2005	1 供 10	0.4
7/2005	10 合 1	—
1/2004	1 供 5	0.25
8/2003	2 供 1	0.025
8/2003	40 合 1	—

事實上，人類常常參與輸多贏少的遊戲，例如創業，失敗率遠比成功率高得多。但是為何仍然有這麼多的人去創業呢？這其中自然有深奧的生物學上的理由，這裏不作分析，簡單點說：工字不出頭，創業才有發達的可能！

一個人如果好運，兼有眼光，在適合的時勢，投資在財技股之上，便可能以小博大，贏得第一桶金。像作者本人，便是在 1999 年，問哥哥借了 10 萬元，投資在科網股，半年之內，贏了接近一千萬元。至於財技股的最大劣勢，在於其規模有限，只能小額投資。而且由於「水分」太重，長期持有，則必輸無疑。

20.6 結論

我不諱言,以上的分類是有重疊的。大型的業務股像藍籌股一般的多人參與,小型的藍籌股不容易賣到一千萬元的股票,而一千萬元不夠買一間像樣的房子。業務股在牛市三期可以化身後文會講的財技股,搶一輪錢,財技股也可以賣殼變身,變成業務做生意股。但當然,藍籌股和財技股決不會混淆,因兩者的身分地位相差太遠了。這裏沒特別提創業板,皆因創業板股票也服從這三級分類法。不消提的是,創業板中,財技股的比例特高,而創業板的殼價也比主板為低,不過單是上市費用,即是成本價,便超過一千萬了。短期而言,持有藍籌股等同持有現金,它們也最受大市氣氛波動影響。買做生意股要靠研究,價值投資法最有效。財技股是賭博,賭得精的玩家才能得到最大的贏面和倍數的利潤。

21. 其他策略

其實，炒股票的策略有無數種，我常常説，只要挑出一種勝算高於 51% 的，而且可以堅守原則，幾乎可以説勝出了大半。大多數人輸錢，只是因為一個原因，就是沒有堅守原則。

前面幾章列出的，都是基本的挑股策略，但其實，還有很多奇怪的挑股策略，也有很多人採用，如果堅守原則，不去胡亂買別的股票，也有一定的勝算。

21.1 Benjamin Graham 的防守性股票

首先講的，是分析員方向，第一個出場的，當然是大宗師 Benjamin Graham 了。他把防守性股票列出 7 大條件：

1. 公司規模不能太小，否則收入會不穩定。他的底線是年收入不能少於 1 億美元，但隨著時代進步、通貨膨脹，這數字自也應該相應調整。

2. 財務狀況：流動資產是短期負債的至少兩倍，長期負債則低於資產淨值，這即是説，不能超過 1/3。

3. 過去 10 年皆有盈利。

4. 不斷派息至少 20 年，這當然也即是説，公司上市不少於 20 年。

5. 過去 10 年的增長率不低於 2.9%。

6. 過去 3 年市盈率不超過 15 倍，這也即是説，其價格保持穩定至少 3 年。

7. 市賬率低於 1.5 倍，但如果市盈率低於 15 倍，兩者相乘後低於 22.5 倍，則仍可接受。換言之，如果它的利潤比較高，資產較少，也是可以接受。

21.2 CANSLIM

CANSLIM 是由財經作家 William O'neil 所提出的，根據統計，這方法在 1998 年至 2009 年期間，是成績最佳的揀股法，其中包括了 7 大原則：

1. C 是 Current Quarterly Earnings，比去年同期的 3 個月業績上升了 25%。

2. A 是 Annual Earnings Growth，要比過去 3 年高出 25%，資產回報率則至少要有 17%。

3. N 是 New Product or Service，即是它有新產品或創新。

4. S 是 Supply and Demand，即是供求，見諸成交量，尤其是股價上升時，要有成交配合。

5. L 是 Leader or Laggard? 即是要買行業龍頭，可以用過去 12 個月同行業的其他公司來作比較。

6. I 是 Institutional Sponsorship，有沒有大型基金參與。

7.M 是 Market Direction，即是圖表勢是否向上。

21.3 看派息

以上的兩種選股法，其實只是傳統的選股法，只是加上了極度嚴格的限制。但要知道，限制越是嚴格，所能挑選的股票數目越小，挑選的時間也越長。

我們選擇投資對象時，往往也是有著很多的不同要求，例如說，它是一個良心企業，它有著長期的增長潛力，它的賬目很乾淨，而且有穩定的現金流。最完美的，莫過於它的管理層是一個天才兼聖人，不但全力去為公司賺錢，而且還股東謀取利益，不會在公司偷錢。

然而，我們有沒有想過，一間公司之中，不一定能夠符合以上所有的條件。很多良心企業，不一定能夠賺錢，張宇人說要和李卓人合辦的良心企業「人人茶餐廳」，結果難產不出，就是因為大家都覺得「蝕硬」。一個品格高尚的君子，不一定是賺錢的高手，而香港人所共同憎恨的地產霸權，則是年年賺大錢的優良企業。很多財務狀況垃圾不如的上市公司，股價卻是節節上升，而不少資產優秀的公司，因為老闆對於炒股票興趣缺缺，其股價卻是長期不振。

簡單點說，買股票，想賺錢啫，只要股價升，管它甚麼良心不良心，優質不優質，對它有沒有感情呢？股票只是一個性愛的對象，可以一夕春風，如果覺得它好，可以包月，甚至可以一年一年的一起下去，但千萬千萬，別要同它談心，就像不少香港人曾經同「匯豐」講感情，結果？不消提了。

於是，我們也可以選擇一些簡單的方法，去簡單地挑選股票。

1951 年，H.G.Schneider 在《The Journal of Finance》發表了一篇論文，講述了「Dogs of the Dow」的「狗股理論」，上世紀九十年代被基金經理 Michael B. O'Higgins 發揚光大。

這理論的基本假設就是一間公司的利潤有高潮有低潮，但派息率會盡量維持不變。因此，當它的派息率最高時，往往就是它的股價最低時。當然了，這只能算藍籌股，不能算垃圾股，不過垃圾股也很少派高息。

最簡單的操作，就是挑出指數成份股派息率最低的 5 隻股票，例如說，年初買入，年底沽出。用這方法 Michael B. O'Higgins 已經從杜指中獲得過勝利。有人計算過，2000 年至 2016 年的恆生指數成份股，也是遠遠的跑贏指數。

21.4 跟風去賭

更簡單的方法，便是跟某一個 KOL 的意見，去買股票。例如說，自 1999 年至 2008 年，每年聖誕節 David Webb 都會在其網站，推介一隻股票，作為聖誕

禮物送給讀者。這 10 年的 10 隻股票，一共升了 8 隻，如果全買，到了 2009 年，年升幅是 28.4%。

21.5 我的經驗：自我實現的預言

我寫了好幾年財經專欄文章的經驗，寫一隻股票的「事後反應」，一半當然是靠股票的實力，另一半則是「自我實現的預言」：因為專欄有人看，便有影響力，因而也推動了很多讀者跟著購買，股價就升了。

反過來說，推介股票後有沒有人跟風而買，也得看股票的基本實力：太過垃圾的股票，怎樣去寫，也是沒有讀者會跟買的。因為讀者的眼睛，有如市場的力量，是雪亮的。

簡單來說，一篇專欄文章刊出之後，股價究竟升是不升，作者的讀者群和股票的質素均是同樣重要，兩者缺一不可。

21.6 不炒某些股票

其實，講到炒股票，大部份股票都是普通人不會炒的，像我，就不炒藍籌股，很多人則不炒細價股，我的説法是：「千萬不要炒不熟悉的股票。」市面上二千多隻股票，如果要一一去研究，根本是不可能的事。所以，你要放棄研究的股票，數量一定比要去研究的更多得多，因此，捨棄股票、不炒某些股票，有時比挑選股票更加重要。

有一次，同朋友說起一隻股票，我皺眉説：「這是一隻老牌股票，大把物業收租，也有地產發展業務，但從來不炒，遠遠低於資產淨值，你不可能買到大量股票，買了之後，想套現時，也不容易沽出。」

對方說：「但現在第二代接捧，老豆唔炒股票，可能阿仔炒呢？」我説：「第一，我既認識其老豆，也認識其阿仔，老豆在三十年前是炒股專家，在股市上賺了很多錢，但在這三十年，已經轉型地產發展，搵真銀，不炒股票了。第二，富二代是從來不炒股票的，嗯，至少是從來不炒家族的股票。」

對方不明白：「為甚麼呢？」我説：「炒股票需要很廣泛的人脈，但是人脈需要很多次的共同做賊，才能逐步建立，但富二代多數是失匙夾萬，又無錢，老豆又唔信佢，很難有錢和有很多 job 去逐步建立人脈。」對方點頭說：「我都知，建立炒股票網絡要花好多錢同心血。」我説：「富二代通常好孤寒，因為父母一定從小教他，不要被人呃錢，他又會很小心，不會隨便被攞到著數。反而是白手興家的富豪，才會明白小財唔出，大財唔入，肯花錢買人心，這才可以建立到炒股票的網絡。再講，如果我係老豆，都唔想個仔炒股票啦。」

對方問：「何解？」我說：「炒股票是刀頭舐血的玩意，雖然好容易以小博大，但是也可能會坐監⋯⋯雖然，搞地產發展都有人要坐監，但這只是前幾年發生過，只是很罕有的個別例子而已。再講，炒股票也會令身邊朋友輸錢，自己未發達，就話乜都做，無惡不作啫，已經發咗達，就無謂要子女去博命啦。」

朋友恍然大悟：「所以富二代個個專心做地產發展，很少落場炒股票。」我說：「咪係囉，你睇四大家族的第二代，就算是次一級，只有幾百億身家的富豪，第二代都唔會做莊炒股票，個個都是乖乖仔，跟住老豆打工，收幾萬元一個月人工，學做地產發展，一步一步咁爬上去，三十幾歲開始接班。在香港，梗係搞地產發展先至係正路，炒股票係偏門，無人想個仔入偏門。」

對方說：「咁又係，地產發展好像做軍閥，向人民徵稅，是合法的搶錢，做莊家炒股票，只是做土匪，咁梗係前者好啦。」

我說：「所以記住了，股票越老牌，越是不炒，富二代接班了，更加不炒，如果你買了大生地產，華信地產這些富二代股票，可能要等幾十年，先至等到一次沽貨的機會⋯⋯話時話，要買齊貨，也不容易，我曾經企圖收集過華信地產，不過買了一個月，一股都買唔到，所以也都放棄了。」

如果要總結以上的結論，我會說，新上市的富一代股票，當炒，但可能會蝕到你趴街，富二代股票，抵買，股價永遠低於資

產值，不過永遠不炒，不止沽不了貨，連買貨也有困難！所以，富二代股票，是我從來不炒的，例子是「新鴻基地產」(16)、「華信地產財務」(252) 等等。

21.7 統計學記錄

從統計學上看，股市在 1 月上升的機會較大，多半是正回報，反之，12 月則多半是負回報。這有很多解釋，例如說，資產增值稅，出花紅，大量假期等等，不過，沒有人可以肯定這些是不是真正原因。

統計學上的真理，有如羅素的雞，很多時不能完滿解釋，甚至有人說，女人流行的裙子越短，股市越是向好，這根本和股市無關，純是統計的結果。

21.8 星期五不短炒

有一次，我同某位朋友講起「立基控股」(8369)，當時它是剛上市的新股。這位朋友的見解精闢萬分：「它是在 9 月 25 日星期五上市，星期五邊度有人炒股票？好多人都放咗假，放完假回來，老豆姓乜都唔記得啦。星期一又放假，星期二便借勢大跌，星期三再放假，咁即係話，炒股票既嘢，識炒，梗係星期一、二就開始炒，因為可以連炒幾日，等啲股民越炒越狂吖嘛，星期五，係外行新手

先至會炒股票架啫。」

21.9 炒股進化

　　股票的世界，好比生物的世界，不進則退，在以前成功的策略，當別人進步了之後，自己便變成了退步，因此，世上沒有長勝的策略，而是必須與時代同時演進，以前曾經有效的策略，到了後來，卻忽然變成了完全無用，這也是常有發生的情況。BillMiller 最有名的戰績是，由 1991 至 2005 年，連續 15 年跑贏大市，被選為 90 年代最出色的基金經理。但他的成功公式在 2006 年爆破，2008年更輸了 55%，基金排名榜由從第一跌至最低，2006 年基金規模是 200 億美元，2011 年只剩 30 億美元。

　　另一個統計學失效的例子，就是 1966 年至 1975 年這 10 年間，杜瓊斯指數的每天走勢，第一天上升，其後那天也上升，或第一天下跌，其後一天也下跌，機會率是 58%，這也即是說，有 42% 是轉向。如果純從數學來說，連續 10 年皆如此，這種走勢不可能是隨機，而是有著一定的軌跡。

　　不過，在 2000 年之後，這模式便錯了，因為在這之後的 10 年，每天轉向的機會率是 54%。換言之，照過往的模式去賭，就會輸到跳樓。

　　有一點是必須注意的，以上的統計賭法，沒有把交易成本算進去，如果把交易成本計進去，無論哪一種賭法，都會輸清光收場。

　　所以，統計學的賭法永遠有 2 個問題，需要克服：第一就是你只知道其統計數字，不明白統計數字所出現的原因，正是知其然而不知其所以然，當原因改變了之後，統計數字也必然會改變，但你卻因不知其原因，只能繼續照著其過往的統計數字去賭，這必然會導致損失。由於統計學有必然的標準差，你要輸了很久很久，才會發現統計模式已經改變，這時候，已經輸了很多很多錢了。

　　第二就是交易成本。凡是統計學，都要利用大數定律，要多次重覆，才能得出總數上的勝利。但是，由於股票買賣需要成本，當不停重覆，而平均每次的利潤及不上交易成本時，依然是要虧本。

22. 股價的買買賣賣

股票不適合懶惰的人。一個疏忽，它隨時會背叛你、反咬你，買了它，一定要時刻呵護，經常察看，它才會乖乖的留在掌心，為你賺錢。股票市場中，只有嚴格遵守投資策略的人，才能取勝。

22.1 購買股票

前面已經討論過，研究股票的方式。當研究完畢，認為有值博率之後，下一步就是正式「戰鬥」，購入你中意的股票。

22.1.1 決定投資額

很少人提及股票的「量」（size）的重要性。市值及成交額大的股票，可以投入大量的資本，但市值低的，買多了就會給綁住了。每一隻股票都有「最高購入額」，我的理論，是最多購入總市值的 0.1%，安全度才夠高。這即是說，市值一億元的股票，最多投入十萬。雖然，我常常因貪心而不遵守這理論，但這並不否定這理論的可靠性，因為我是思想家，不是行動家，我想出來的事情往往比我做出來的更堅料。

除此之外，買一隻股票的總額，決定於你投資組合的策略。如果你的投資策略是最多買五隻股票，但已買滿了額，便得沽出一隻股票，才能購入新的。如果你規定一隻股票的投注額不能超過二十萬元，不管對這隻股票如何有信心，一定要遵守策略。

你可以自訂任何投資策略。一旦建立，便要嚴格遵守。股票市場中，只有嚴格遵守投資策略的人，才能取勝。

22.1.2 決定投資組合

一個人的精力有限，投資組合內的股票不可能超過十五隻，最好在五隻上下，除非你的資金龐大，另當別論。例如說，一億元的投資組合，不可能只買十隻股票。如果有五隻股票，除非遇上大跌市，否則成績必定榮辱互見。進取的人會把所有的雞蛋放在一個籃子內，然後緊緊盯著。我在 1999 年買了「中國盛業」（979，已易名為「綠色能源科技集團」），成本是十萬元，是我那時的全副身家。還是問哥哥借回來的。這股票我持有了三個月，贏了大約二百萬元。這麼小的本錢，還搞分散投資，一定得不到這特殊效果。

資本愈多，投資組合內的股票愈大愈多，大抵不會錯，因為有錢人得分散風險。如果資本不多，我主張集中投資：股票愈多，你的注意力愈分散，表現愈差。如果每年只挑一隻股票去買，這股票肯定是最棒的一隻。但是如果挑十隻，其水平就是從第一名，一直排至第十名。因此，挑的股票愈多，其平均表現也會愈差，

這定律大抵也不會錯。

22.1.3 不同的購買方式

炒股票有很多不同的購買方式，坊間有不少書籍都曾經介紹過。但有些書沒教的是：不同的購買方式適用於不同的情況。下文是它們的陳述。

22.1.3.1 跌市時，用分段購入法

你預算了買十萬元股票，每天買一萬元，分十天買完，或者是每星期買入一萬元，分十個星期購入，這就是「分段購入法」。這方法只適用於大跌市時。你想趁低吸納，但不知哪裏是真正的低位，於是便分段購入，分散風險。

22.1.3.2 升市時，用一口氣購入法

這是我最喜歡的方式。當升市時，你看好一隻股票，便應一口氣買足你想買的數量，因為它的價格會節節上升，不如一口氣買足了貨。當然了，如果看錯了市，會因而大輸，但這也是沒有法子的事。

22.1.3.3 溝淡法千萬別試

這是愈輸得多愈買得多的方法，也是最危險、輸身家的最有效方法。分段購入法是有了一個預算，再慢慢購入預算的總數量，溝淡則是愈買愈多，超過了預算的數字。

商品如石油等，其價格不會變零，因此勉強可用溝淡法，雖然我也不贊成。但股票是很可能成為廢紙的，因為任何公司都有倒閉的可能，所以決計不能使用溝淡法。最重要的是，此法會愈買愈多，終於超越你所能負擔的數量，炒股票至泥足深陷者，無不是因溝淡而出事的。

我只會在一種情況下，才會溝淡，而且是只溝一次，不會再溝。那就是收到極確切消息，股票會在短期大漲，這種叫重新買入，應叫「追加」，而不是溝。

22.1.3.4 疊加法盡量不要用

買入之後，股價上漲了，我再繼續加注，愈買愈多，是為之「疊加法」，俗語叫作「溝上不溝落」。

疊加法的缺陷是不停提高成本價，令自己的情況更不利。事實上，當股價打高之後，你用相同的現金，只能買到更少的股票，贏也贏不了許多，但卻令自己的風險大大地增加，這實在是極不划算的事。

雖然，我生平買的第一隻股票便是用上了這種方法，令我用十萬元贏了兩百萬元，但我不用這方法，也能贏到一百三十萬，然則冒上的風險就少了許多。現在的我認為，當時的決定是錯誤的。

22.1.3.5 先決條件：買對了股票

以上的購買股票方式，都有一個先決條件，就是你買對了股票。如果買了一隻不停下跌的股票，無論用甚麼方式去購入，都是難免輸到喊的。這好比買樓的策略：如何同經紀討價還價，如何把買賣條款定得對自己最有利……做了一百萬件有利的事，但是只要樓價不停下跌，最終還是難免輸錢收場。

故此，購入的方式，只是技術上的小節，買對了升的股票，才是最重要的。

22.2 緊盯著你的財產

馬克思在《路易・波拿巴的霧月十八日》寫過：「投資就和婦女一樣，像法國人那樣說他們的民族遭受了偷襲，那是不夠的。一個民族和一個婦女一樣，即使有片刻疏忽而讓隨便一個冒險者能加以姦污，也是不可寬恕的。」

股票市場瞬息萬變，不管你買了該股票多久，不管你買它是為了長期投資還是短炒，不管你有多少個籃子，每個都要「緊盯著」。當日「8號仔」災禍，專殺的就是那些長期持有的投資者。股票不適合懶惰的人。一個疏忽，它隨時會背叛你、反咬你，買了它，一定要時刻呵護，經常察看，它才會乖乖地留在掌心，為你賺錢。

22.3 沽出股票的時機

買了股票，結果可能是贏，可能是輸，究竟應在甚麼時候決定沽出呢？我的答案只有一個，一個原則性的答案。中島みゆき（美雪）是我最喜歡的創作歌手，她寫的歌詞有四首可以編進日本中學的日教科書，可知其文采之勁。她寫有一首我很喜歡的歌，由小林幸子主唱，叫〈幸せ〉（幸福），任賢齊曾經翻唱，改名為〈傷心太平洋〉。其中一句歌詞我十分喜歡：

「得到幸福有兩條路，一條是完美地實現自己的願望……另一條是捨棄所有的願望。」沽出股票也有兩個理由，理由都很美：

「沽出股票有兩個原因，一個是完美地實現幻想，另一個是幻想已經絕望了。」女人喜歡男人，總有個理由。喜歡他靚仔、喜歡他多金、喜歡他博學、喜歡他幽默、喜歡他疼惜自己……等等等等。我們買一隻股票，也一定有理由，買它的基本因素、買它的注資概念……當這理由消失了，便是沽出股票的時機。這正如一個女人喜歡一個男子的財富，這女人已經得到了她想得到的財富時，又或者是當他江山輸盡時，便是這女人離開他的時候了。我認識的一個富豪，以前他為了討好美女，以千萬計的數目掟下去，以獲取芳心。結果美女成了億級富豪，他便無法用金錢去控制她們了，這正是因為美女都「完美地實現了願望」。結局是這富豪學精了，以後對女人的策略是「有得使，沒得儲」，美女怎樣亂花都可

以，就是沒有錢進口袋，這便能長期控制她們了。正如前述，購買一隻股票，一定有一個或以上的理由。理由實現了，就要把股票沽掉。

22.3.1 消息股止賺

以嘉華建材為例，買它的理由是期望注入賭牌，期望達到了，這一局也就要結束了。你也可以看好賭業前景，因而長期持有這股票，但那是另一個故事了。你要繼續持有，必須重新評估，才能下決定。你因為 A 原因而買股票，A 原因完全實現了，股票便要沽出。B 原因的出現，是與 A 原因無關的故事，兩者不能混淆。還記得我在「新股上市」那一章的結論嗎？抽新股必須在上市後沽清股票，持有股票是另一種玩法，需要重新分析。玩消息是投機，長期持有是投資，不能把投機變成投資，正如不能炒樓變成自用，一夜情最好不要發展成結婚，因為當炒的樓不一定適合自住，一夜情的情人更非婚姻對象。這理由其實就是大家熟知的：好消息出貨。

22.3.2 沽出實力股

實力股是我們打算長期持有的股票。理論上，這些股票是不沽出的。實際上，只要價錢適合，世上沒有永不沽出的股票。凡是長期持有的股票，必然是經過精密的計算，清楚它的資產值，也相信它的盈利增長能力。我們的心中，一定已計算過目標價。譬如說，「滙豐控股」今日的股價是 150 元，三年後的目標價是 200 元，如果它現在已達到三年後的目標價，我想不出不沽出的理由。

在牛市第三期，很多實力股都會炒至極不合理的水平。我的高見是，無論股票的預期長倉有多長，超越三年後的目標價，還是收取現金比較妥當。沒有任何股票是不能沽的，只視乎它的價錢不合理地高到哪一個地步。

但是李嘉誠並不會沽出其「長江實業」 (1) 的控制權，也不會沽出其自住的風水屋，因為這些都是獨特的資產，一旦沽出去，可能多多錢都買不回來。

但是，我們作為散戶，任何股票都可以買得到，所差的只是價錢問題，因此我們對股票也不需有留戀，只要它的價錢太高，都得把倉底貨也去沽出。

22.3.3 壞消息出貨

這又有三種可能性。一是消息股，二是長期投資股票，三是大市逆轉。

22.3.3.1 消息股打靶

炒消息股時，消息是流料，那就一定要出貨了。但確定是流料時，股價多半已大跌，喊都無謂。因此，我們必須最少比其他散戶早一點知悉噩耗，早一步逃生，可輸少好多錢。

消息支持股價。只要消息屬實，一定有它的相對股價走勢。如果是真消息，

股價只能大漲小回，天天下跌的股票，可能性便不大。下跌可以是震倉，因此在買入時，你必須判斷「合理震倉幅度」。假如消息是真，它不可能跌破這合理震倉幅度。

2006 年底，我買了「天鷹電腦」（1129），一共是三百萬股，成本從 0.27 元到 0.32 元不等。買它的理由，是相信它的「水概念」。

這次我是少有的高追：它從 0.09 元起步，升了兩倍我才追貨。我對這股票的判斷是：先前有一隻叫「中國水務」（855），因注入了水概念，一年之內，股價從 0.3 元打上 3.0 元，升了足足十倍，市值十五億元以上。如果水概念真的會在天鷹電腦重現，它至少值 2 元，市值也大約是十五億元。如果是吹水，則最終會跌回原價。我不敢買太多，只買了三百萬股，這數目，我預算虧蝕七成。高追股票十分危險，必須符合兩大條件：

1. 很有把握；

2. 不能買太多，且要有全軍覆沒的心理準備。從技術上看，它「開車」後的第一站是 0.17 元。這價位徘徊了一星期，才二次開車，打至 0.3 元至 0.4 元之間，然後宣佈注入水業務，並且改名「中國水業集團」，宣示注入水業務的決心。我便是在這站「上車」的。然後，令人震驚的事發生了：它在不到一星期內，暴跌至 0.191 元，跌幅超過三成。換了任何一個人，任何一種技術分析，都應該止蝕了。但我沒有，繼續做「忍者小靈精」。

從技術上看，它必須跌破第一站的 0.17 元，才叫「破位」。我高追這股票時，已預計有大震倉的風險，把合理震倉幅度定在這裏。跌破這價位，則表示水概念是流料，才有「打靶」的需要。三成以下的止蝕位，太令人震驚了，但它的「技術性定位」確在這裏，怕坐過山車，敬請勿買。

今時今日，散戶已經被教育得十分聰明了，故此莊家也需要更高的技巧。例如震倉時，幅度極度兇殘，像 2003 年的「嘉華建材」，2004 年的「中盈控股」（766），一升就是幾倍，調整時，單日跌幅超過三成，心血少的人，非但股票給震走，心臟病也給震發。

更令人嘔血的是，縱使消息屬實，在公佈消息時，公司還會先發表幾次「不明升因」。像「嘉華建材」，否認了幾次注入賭牌後，才告承認。「亞洲金融」（662）也是否認了出售亞洲商業銀行，令股價大跌，大跌之後再回升，才突然停牌，才宣佈出售銀行業務。在這種時候，要判斷「否認」的真實性，只有憑股民的直覺和經驗了。

22.3.3.2 長期投資也要沽貨

長期持有的股票，如果持有的理由消失了，就要沽出。我把滙豐的強勢定性為「蒲偉士班底」的管理，那是由 1986 年開始。現在蒲偉士雖已退下，但他的管理風格仍然在滙豐貫徹執行。因此，滙豐每次轉換管理層，都要切實留意，如

果它的管理風格改變，就是沽貨的時間了。（注意：這是 2006 年寫的評語，直至今天，仍然有效。）

例如香港電訊，它和盈科數碼合併後，其基本因素發生了翻天覆地的變化。無論如何，基本因素改變了的股票，必須重新評估，看看它是否繼續值得持有。剛才說的原則性答案，就是「持有的理由消失了」。不管理由是好消息還是壞消息，它的消失，意味著基本因素的改變。這改變可能是好，可能是壞，總之，改變出現了，等同於一隻新的股票。繼續持有這股票，本質上是沽出了舊有的股票，再買入這新股票。正如合併後的「8 號仔」，本質上是一隻全新的股票。面對這種情況，我的建議是先把股票沽出。「有懷疑，揸現金」，傳統智慧不是這樣教的嗎？

購買優質股票，最大的危險是安全感太強，令人戒心鬆懈。雞蛋放在籃子，就算是鋼造的籃子，也得時刻留神。世上沒有股票是絕對安全的。

22.3.4 預見股災

最後一個沽出股票的可能性，便是預見市場快將逆轉時，作出的洗倉行動。

長期持有的投資性股票，基本策略是不管短期波幅，一直持有下去。原理是我們難以預計短期波幅，如果常常沽出買入，不但蝕了交易費用，還會錯失良機。

看股票大師寫的書，通常建議長期持有股票。這迷思的來源是：股票大師多半來自美國。美國有資本增值稅，這對短期投資者很不利。幸好，不沽出股票，便不用納稅。巴菲特說得好：長期持有股票，等於政府給我們的免息貸款。（這裏說明一下：假設你持有一百萬股可口可樂，股價上升了一倍，沽出股票後，交了稅款，再買回股票，便買不到一百萬股。故此還是長期持有一百萬股，比較化算。）

香港許多股評人並不明白這項「長期持有」的原理，硬將之搬過來香港。誰知香港沒有資本增值稅，長期持有的稅務優勢並不存在。

巴菲特的長期持有策略還有一個原因：作為一個市場主要玩家，他必須要令散戶相信他準備持有一隻股票三十年，否則他如何沽貨？一邊說長期看好一隻股票，一邊不停出貨，是主場主要玩家和莊家賺錢的不二法門。事實上，巴菲特並非常常長期持有所有的股票，他沽出「中石油」（857）就是最好的例子。

但這並不代表我們要玩即日鮮。即日鮮除蝕了交易費用外，典型的情況是這樣：你 1 元買入，升至 1.2 元，你預見會有調整，便先沽出。你的猜測很準確，它升至 1.23 元後，回落至 1.15 元。你想等它再跌下一點，才出手購買，結果是它往回走上去。很快到了 1.19 元，這是個尷尬價位，加上交易費用，便是你的沽出的價錢。最後的結果，不是在 1.3 元重新購入，便是永遠放棄這股票，眼看它升至 10 元。

但是，當大市面臨大幅下跌時，不逃生，是萬二分的吃虧。回應方法是：

1. 一年之內，會有多次的升升跌跌，我們不用理會這個；

2. 每年最大的一次調整，可能有一個月至三四個月的寂靜，就要小心提防，這是可沽可不沽，我建議留下實力最強和性價比最高的股票；

3. 牛轉熊時，就要不顧一切，清倉離場了。

22.3.5 止蝕

香港人第一個使用止蝕法的，應該是已故的恒生銀行創辦人何善衡先生。他把這概念用於炒金，並且藉炒金賺了大錢。這也難怪，在那年代，已是超時代的概念了。現代人使用止蝕，則已成為濫觴。通常股評人評論股票，會同時建議止蝕位，大約是股價下跌一成左右。我懷疑他們懂不懂得止蝕的原理，相信也是隨口亂說的居多。

何善衡說及止蝕，也只是說這是避免泥足深陷的法子。迄今為止，我還未見過有人清楚明確地說出為何要止蝕。

「止蝕」這概念確實矛盾。我們買股票，是因為它質優。股價下跌，豈非愈來愈抵買？就算不買多點，至少也不該在低位沽掉。舉個例子，1元買了一隻股票，一定是認為這股票賣1元是太便宜了，才會下注。1元太便宜的股票跌到0.9元，應該是更便宜才對，為何反而要沽出止蝕呢？

止蝕的原理，來自信息的不平衡。既然這是一間好公司，一定有基本價值，知道這公司的基本價值的人不會少，它的老闆、高級員工、核數師，各色各樣的內幕人士，只要它的價錢夠抵，就有買入的誘因。有價值的股票不會跌得太低的。

從相反角度想，一隻股票下跌到不可能的位置，唯一的可能，是它的內部發生了意料不到的情況，這情況內幕人士都知道了，但你不知道。在這情形下，唯一的選擇，就是本能反應地「有懷疑，揸現金」，把股票拋掉。

假如你自己就是內幕人士，清楚公司內部絕無問題，現價位是超筍價，那麼非但不要止蝕，簡直要借錢來加碼了。

無故下跌至不合理水平，不是沒可能發生。隨便舉一個例子，有個重要股東，忽然急需用錢（例如昨晚到澳門輸了大錢，或者生意周轉不靈），便要急放股票。以我自己的經驗，有時急著用錢，便把股票放了。我的貨通常不會少，一沽便下跌一成以上，是常有的事，但跌到某一價位，總會有人出來接貨。有時候，沽貨時發現「左邊無人」，一沽便下，深不見底，我便肯定清倉決定是對的。這種股票，在我出清存貨之後，十成十還會沉淪下去。總之，跌破價位，意味公司可能出事。為免拿著出事公司的股票，無端變成「出事代表」，自然反應是止蝕，先逃離現場，再作打算。這是因為資訊不平衡所致。你在山上廣佈了線眼，明知道山上沒狼，無論誰叫「狼來了」，都不會走。換了是我，還會乘著所有人都因怕狼來而走個無影無蹤時，順手把羊牽走，發個順風財。不同的情況下，就是同一

隻股票，也有不同的止蝕位，例子可參閱前文提過的「天鷹電腦」。另一個情況是，股災發生了，任何股票都不合理地暴跌，它「跌破底價」也就不出奇，假如在大市風平浪靜時暴跌，事情就有蹊蹺了。

　　總結我先前寫的每一個字，其實可歸結成五個字：「資訊決定論」。我把這套炒股心法冠以一個超勁的名字：「信息投資法」。

23 總結：信息投資法

總結我先前寫的每一個字，其實可歸結成五個字：「資訊決定論」。我把這套炒股心法冠以一個超勁的名字：「信息投資法」。

23.1 甚麼是信息？

在物理學上，信息的定義十分廣泛，總之一切「光」包含的資訊，都可叫作「信息」。如果知識等同於信息，完全的信息就像 1：1 的全息地圖，那需要與宇宙相同的粒子數目才能表達。一百億光年以外的星球發出的光，也會影響到我們的日常生活，亦會影響到股市的價格，因為信息除了包括整個股票市場的所有資訊之外，還得包括了市場以外，所有能夠影響到股價的因素，問題只是在於影響的幅度和機會率而已。

舉個例子，有一次一個莊家言之鑿鑿的說，明天早上便會把股價炒高，但當天的晚上他碰到一個美女，飲酒猜枚到天亮，當他明天起床時，已是下午三時，真真正正是「三點不露」：三點鐘後才露面，這隻股票當然炒不成了。第二個例子是，一隻股票的股價大跌，可能只是第二大股東套現買樓結婚，或者是到澳門賭輸了巨款，被迫賣股還債，前者並不常見，後者則每年都有幾單，司空見慣了。回到股票的世界，總括而言，這一段的結論就是：有關股票的信息實在太多，多得無窮無盡，因為除了和上市公司有關的事項之外，還有人文因素、外圍因素、政治因素等等數不盡的變數，非但一個人無法完全掌握，甚至超級電腦也計算不了。

結論是，我們並不可能得出任何一隻股票的「信息全圖」，因為信息太多了，連只在理論上存在的量子電腦都計算不了。這條道理也道出了為何電腦專家永遠戰勝不了市場：他們永遠是「石堅」的結局，只能在初期成功，一定「衰收尾」下場，皆因市場所牽涉到的信息量之大，連電腦也無法計算得清楚。

23.2 信息的重要性

我從來沒聽聞過一位將軍是只靠實力打硬仗去取勝，完全不倚靠消息。看歷史，不少戰役皆並非領帥者的戰術特別英明神武，大多時候靠的都是偵破敵情，對敵方的佈陣瞭如指掌，難怪他們

（在當時的環境下）戰無不勝了。據說當年共產黨戰無不勝的原因，也是因為消息靈通，不少國民黨的高級將領早已投共，對共產黨暗通消息，故此後者才能百戰百勝。

我也沒見過炒股高手是只靠實力，不聽消息的，那些說不聽的，一定是騙人。對騙人的話深信不疑的，是羊；但為了不做羊而刺聾耳朵的，則是豬。

對的，市場上大部分是「流料」，單靠消息炒股票，那是擔沙填海，多多錢

都不夠輸。但是，沒有人叫你相信「流料」呀！

一位將軍，或者低級點的情報員，每天收到無數消息，其中有真有假，有堅有流。他們的專業判斷，是可以從上千條情報當中，「嗅」出真實的部分。自己沒這個本事，就說情報沒用，收情報的人是羊，要把所有的情報扔掉。我說這些人是豬，是不是恰當呢？（或者也可說是「牛」，死「牛」一面頸。）

每天都有人介紹股票，每天都收到無數消息，要把這些股票全都買了，我沒這個錢，也沒這麼笨。但是，我從不推卻消息，就算沒買而股票漲了，也說聲謝，兼請人吃飯。人家給的是「流料」，我也不介意，我的名句是：「錯信消息買股票輸了，是我不夠道行，不是給消息的人的錯。」

怕廚房熱便不要下廚。怕假消息便不要幹情報科。怕收到流料便不要炒股票！

23.3 信息的分類
我把有關股票的信息分為三種。

23.3.1 上市公司的公司內部信息
每隻股票都有相關資訊，例如它的經營狀況，以及影響它經營的外圍狀況。以汽車業為例，外圍市場對汽車的需求（就算該公司以內銷為主，外圍環境也會影響它的銷路）、鋼鐵售價等等，都是影響因素。除了公司的經營和財政狀況外，它的股份分佈狀態，還有它老闆的主觀意志，都是影響未來股價的因素。老闆和市場莊家是內幕人士，擁有內幕消息，在這方面，他們相比散戶而言，有着絕對的優勢。

23.3.2 金融市場信息
首先是整個國際金融市場的資訊，然後把圈子逐步縮小：本地金融市場，本地股票市場……掌握資金流向的人或機構，例如政府、銀行、大型基金、投資銀行、市場活躍人士等等，都會有優勢。他們會結合上市公司老闆，組成資訊的最強聯合，共同宰割散戶。

23.3.3 金融市場以外的信息
除了金融市場之外，還有很多的因素，會影響到股市的波動，例如說，政治信息，甚至是一些社會信息，例如說，人口和年齡的變化，都會影響到股市的升跌，而一些投資者的想法，也會影響到個別股票的升跌。

23.3.4 有關未來的信息
這方面的信息誰也確定不了。市場消息靈通者都會有局部優勢，例如猜中聯

儲局的利息升降。有些人可以掌握部分，例如 2001 年 9 月 10 日，拉登及有關人士，就掌握了極重要的未來信息，可以憑此獲得巨大的利潤。

23.4 巴菲特的例子

所有的股票大師，都服從信息投資法。先前談及的常識投資法，說穿了，就是散戶惟一獲得資訊優勢的方法。

巴菲特入股中石油（857）之前，請猜猜投資銀行有沒有向他推介過，向他報告了有關中石油的經營實況？他會不會跟中石油的高層見過面，交流了意見，彼此有了認識，令他相信管理階層？你以為巴菲特入股跟我們散戶一樣，單單看了年報和股價，便去入股？

巴菲特最膾炙人口的故事，是他向內布拉斯加傢俬城提出收購。根據後者的創辦人 B 夫人敘述：巴菲特走進店裏，說：「今天是我生日，我想收購妳的店。妳開甚麼價錢？」B 夫人說：

「六千萬美元。」巴菲特走了，不久便帶着支票回來了。這故事就像一男一女不用拍拖，第一次見面，直接辦手續結婚，因為男方肯定對方是賢妻良母，女方也肯定他是模範丈夫。類似事件我見過一次。男方是白手興家的富豪，兼且文化修養極高，還是高大頗靚仔，事件發生時，他才四十歲。他與拍拖十年的女友分手後，傷心欲絕，遂拿起電話簿，逐一尋找以往的女朋友。十年人事幾番新，舊女友不是嫁了人，就是改了電話，沒嫁人的都有男朋友了，整份「舒特拉的名單」中，只剩下一位可能人選，就是十年前見過一面，當時不怎樣看得上眼的普通女子。彼女年過三十，在酒樓做知客，差不多是「末日輪」了。她像突然中了六合彩頭獎，兩人不到一星期便註冊結婚。這故事的註腳是，那男的從結婚後一個月開始，直到今天，已有 N 年的日子，無時無刻不想盡方法殺妻，每一種方法都試過了—在腦中。對殺人，相信他是香港第一號專家。他就像一個坐在輪椅上的金牌足球評述員，從不實踐。

類似巴菲持的故事，我也曾幫老闆做過。A 老闆叫我代表他找 B 老闆，開門見山出價，買入後者的上市公司。A、B 二人並不相識，A 的人也沒去過 B 公司做盡職審查，察看賬目。理論上，A 老闆除了看年報外，無法得知 B 公司的內情。凡是行內人都知道，單靠看年報資訊不夠，隨時踩中地雷也不知，是十分危險的事。（再一次明確地向大家公告：作為散戶也不能只靠看年報去炒股票！）

問題來了：A 老闆憑甚麼直接出價？那還用說？當然是靠線報了。凡是金融界的巨頭，莫不有一個龐大而有效的情報系統，探知市場上所有資訊。金融圈內沒有真正的機密，你要靠線人接收情報，別人也要，線人得到情報的方法，往往是交換情報。在市場上，情報就是金錢，線人左右逢源，如魚得水，不在話下。

A 老闆出價前，已在會計師樓的線人口中，清楚知道了 B 公司的經營狀況，

說不定還看過了其賬目（management account）。其股票的主要分佈狀況，也有經紀線人告知了。換言之，A 老闆看清了 B 老闆的底牌，才敢大膽出價。

說回巴菲特的收購，我並不懷疑這故事的真實性，只關心它的細節。按照美國人的習慣，如果沒有約定，陌生人不可能貿然上門拜訪，這被認為是沒禮貌。更何況，B 夫人並非二打六，而是大老闆。我可以肯定，巴菲特是約了她，會談的目的正是收購。

畢竟，B 夫人當時已 89 歲，有心賣出一手創辦的資產，也是合理事。既然是有心收購，巴菲特當然已閱讀了所有數據，並且心中有數，能立時出價，也不是甚麼奇事。

其實，巴菲特想收購這公司很久了。這是他最喜歡的行業：簡單，容易理解，符合常識投資法（「簡單」是巴菲特的用語，其他是我的詮釋）。早在收購前的十多年，巴菲特向一個朋友說：

「看見那商店了嗎？那是一家很出色的企業。它的年營業額為 a，年銷售量為 b，存貨水平僅為 c，資金周轉速度是 d。」

內布拉斯加傢俬城是私人企業，旁人或許可以猜出營業額和銷售量，但沒看過賬目，不可能知道存貨水平和資金周轉速度。巴菲特對它的內部如此清楚，令我肯定了兩件事：

1. 有線人通風報信，這些線人多半是核數師；

2. 巴菲特在十多年前已想過收購，要不他可沒閒功夫查知這麼多資訊。我想，十多年來巴菲特不斷向 B 夫人提出建議，當 B 夫人有一天想出售時，第一個當然想到他。這故事說明了，勤力的推銷員只要肯鍥而不捨，就算一時不成，機會來了，自會成功。一流人物之所以能發達，就是準備充足，不打沒把握的仗。我們看見巴菲特談笑用兵，其實內裏做了很多資料搜集，不是看年報計數的那種，而是有網絡、有線人——一鴨子划水，水面是看不到的。單憑在水面看，想學會「鴨仔式」，那就太天真了。我們不是巴菲特：買入股票前不可能認識其老闆，或有線人對其經營狀況通風報信，在資訊方面，我們先天處於劣勢。惟一的做法，是勤力搜集資訊，擴大線人網，詳加分析僅有的資訊，在有限資源中做到最好。當我們做到而其他散戶做不到時，已經具備了百戰不殆的條件。

23.5 收集信息的胸襟和修養

我有一個朋友，代號叫……嗯，就叫「鍾仔」吧。他在八十年代已退休，手持幾億元的物業收租，閒時炒炒股票。以前，人家給他「流料」，他輸後喊打喊殺，雖然沒劈友，但也絕了交。這樣下去的結果，非但朋友愈來愈少，消息也愈來愈少了。我教他買股票的修養，這幾年，朋友都樂意給他「貼士」，錢漸漸贏回來了。鍾仔對我非常感激，簡直要叫兒子拜我為師（他兒子在美國長春藤名校

唸書）。其實，我教他的哪裏是股票知識，不過是些常識和做人道理罷了！

我常常對線人說：「給我消息吧，我不怕輸的。」怕輸的人，和輸了發脾氣的人，是沒有人會給他消息的。試想想，你有一隻心水股票，朋友纏著要你給他，但他表明「唔輸得」，你的壓力就大了。這種朋友，再熟也好，也不能給他貼士，免得他責怪你，因為股票無必贏，除非莊家是你自己。如果對方是美女（假設你是男人吧），聰明人都不會給，因為她贏了固然多謝，但不會感激到以身相許（最少我沒見過）；但輸了，你便少了個美女朋友。你可以選擇把錢賠給她，但這倒不如直接送錢，她會更感激。

23.6 判斷消息的可信性

收了大堆消息，如何判斷真假呢？首先是人。誰是消息來源者？是上市公司主席、市場莊家、經紀、朋友，

還是牛頭角順嫂？理論上，愈是內線者，信息愈是可靠，但並不盡然。騙人的上市公司主席，沒有一千，也有八百，他們總是說自己的股票好，但以經驗來看，準確度不到一半。那些以為老闆所給一定是堅料的人，看見上市公司主席便開心得頭暈轉向，馬上去買。對了，這種人便是他們要劏的羊了。

更加不要聽信「輸了我賠給你」的鬼話。首先，你輸了股票，我賠錢，是不合法的，屬於操縱市場。第二，這句話我聽得多了，真正賠錢的不到一成。大人大姐，我輸了決不會要人賠，因為贏了我也不會分錢給他。

理論上，線人對股票的知識愈高，其消息愈可信，因為他在告訴你消息前，已先過濾了一次，這消息最少取信了他，才會到達你的耳朵。我的做法是最現實的，不管是誰的消息，都聽，但都不買，最低限度不落重注，只是小賭怡情。線人和我的關係，是慢慢建立的，他的報料十次準了八次以上時，便能晉升為「高級線人」，我下在他的消息上的注碼，也漸漸多起來。我想，中央情報局或香港警察，對待線人的政策，也是大同小異的吧？

第二道關卡，是自己對股票的認識。一道消息就是一個故事，作為一個有知識的成年人，一定先想一想，這故事可能嗎？有風險嗎？有軍事情報告訴中國解放軍，麥克阿瑟將軍會對平壤進行突擊，這消息不用理會，因為這不可能。但消息說他選擇在仁川登陸，就要小心處理了。仁川是兵家必爭之地，大日本帝國的軍隊十九世紀時進入朝鮮半島，也是選擇「仁川登陸」。

23.7 實力股也要消息

有一些實力股票，我是看其基本因素良好，才去購買，一心長期持有。這些股票，照樣有消息的成分。

我絕少購買 100% 由自己研究的股票，這太吃力不討好了。投資銀行的報告、股評人的推介、經紀的介紹，都會出現對某些實力股的分析。假如他們的分析能說服我，我便會開始研究，把這些股票轉介至下一階段。香港有二千隻股票，憑個人努力，不可能逐一分析。先由別人篩選，自己撿現成便宜，看他們花了時間去做的分析，不是更有效率嗎？

搞情報工作，大部分的資料並非來自線人，而是來自日常資訊。但這些資訊擺在眼前，你要去搜集、分析，才能得出所要的，叫「二級資訊」，它往往比「一級資訊」更有效。實際上，情報科最大的資料來源，是報紙。以前的中國研究專家便是這方面的高手：毛澤東一星期沒上《人民日報》，猜想是病了；食物價格上升，那是糧食歉收……

搜集消息，不一定是炒消息股。炒實力股，一樣需要充分的資訊。

23.8 放棄信息

理論上，掌握了 100% 的資訊，炒股票就可百戰百勝。正如前文，掌握所有的資訊是不可能的，但只要能盡量搜集資訊，就能做到《孫子兵法》所云的：「知己知彼，百戰不殆。」此外，正如上一節所言，掌握所有的信息也是不可能的，為了便於管理，我們必須放棄一些信息。

譬如說，價值投資法是找出抵買的股票，但不管股票有多抵買，始終無法抵禦大市的氣候而下跌。但當你使用價值投資法時，為了把思維簡單化，很多時故意忽略了大市的因素。不少程式買賣，都是採用這種信息簡單化的思維方式，例如說：凡是新股都抽、凡是除夕都入市（博開紅盤）、凡出現「帶尾大陽線」便買入，凡市盈率低於五倍便買入、凡資產淨值折讓七成以上便買入……這種買法用不著每次均贏，只要用上「大數定率」，用它作為準則，長期購買時，能獲得超過一半的勝算，便是有效的方法了。

說到底，股票世界瞬息萬變，我們不可能用一年的時間去分析一隻股票，因此必須把信息簡化，放棄許多有用的信息，才能有效地活用信息投資法。

23.9 總結

我相信讀者在閱讀本書，以及了解了「信息投資法」的奧義後，不一定能成為長勝將軍，因為身為作者的本人也無法長勝，但相信大家可以藉此減低輸錢的機會，也會變得更聰明，以及對股票市場有了更深刻的體會和認識。